T0255223

Rupert Patzelt und
Herbert Schweinzer (Hrsg.)

Elektrische Meßtechnik

Zweite, neubearbeitete Auflage

SpringerLehrbuchTechnik

SpringerWienNewYork

Univ.-Prof. Dr. Rupert Patzelt
Ass.-Prof. Dipl.-Ing. Dr. Herbert Schweinzer
Institut für Elektrische Meßtechnik
Technische Universität Wien
Wien, Österreich

Satz: Reproduktionsfertige Vorlage der Autoren
Druck: Novographic, Ing. W. Schmid, A-1238 Wien
Bindearbeiten: Buchbinderei Salzburg, Almesberger Gesellschaft mbH, A-5020 Salzburg
Graphisches Konzept: Ecke Bonk

Gedruckt auf säurefreiem, chlorfrei gebleichtem Papier – TCF

Mit 360 Abbildungen

ISBN 3-211-82873-7 Springer-Verlag Wien New York
ISBN 3-211-82442-1 1. Aufl. Springer-Verlag Wien New York

Vorwort

Dieses Buch ist für Studierende der Elektrotechnik sowie für Ingenieure gedacht, die in der praktischen Meßtechnik tätig sind. Es gibt eine Einführung in die grundlegenden Begriffe und Definitionen, die fundamentalen Meßprinzipien und Meßverfahren, sowie die Grundprinzipien der Meßgeräte, wie sie heute verwendet werden. Es entstand aus der dreistündigen Vorlesung "Elektrische Meßtechnik", die im 4. Semester des Elektrotechnikstudiums an der Technischen Universität Wien abgehalten wird.

Die 1. Auflage dieses Buches stellte die Grundlage dar, ohne die diese, teilweise erheblich umgestaltete und erweiterte 2. Auflage nicht hätte entstehen können. Das vom Vortragenden erstellte Skriptum diente dabei als Vorlage, die von den bearbeitenden Autoren teils nur mit kleineren Ergänzungen und Änderungen versehen, teils umfangreicher umgearbeitet wurde. Die Unzulänglichkeiten der verwendeten Layoutsoftware beeinträchtigten trotz aller Mühe der Ausführenden das Ergebnis, die grafischen Darstellungen erreichten nicht die Aussagekraft und Detaillierung der Handskizzen. Die große Anstrengung der redaktionellen Schlußbearbeitung bis zur druckfertigen Vorlage blieben damals großenteils dem inzwischen viel zu früh verstorbenen Kollegen Hans Fürst vorbehalten, der die treibende Kraft der Arbeit an der 1. Auflage war. Das Ziel der Bearbeitung der 2. Auflage war es, nicht nur Fehler zu korrigieren und Mängel im Text und in Zeichnungen zu beheben, sondern den ganzen Stoff gründlich zu überarbeiten. Dies konnte wieder nur in unterschiedlichem Ausmaß erreicht werden.

Sache der Herausgeber war es die Richtlinien für Inhalt und Darstellung zu geben und die umfangreiche redaktionelle Detailarbeit durchzuführen. Hervorzuheben sind über die Bearbeitung der jeweiligen Kapitel hinausgehend:

H. Dietrich, der durch die sachliche Betreuung und das Geschick, die verschiedenen Betrachtungsweisen im Bereich der digitalen Meßdatenerfassung zusammenzuführen, das Zustandekommen dieser Kapitel gesichert hat,
A. Steininger, dessen Beispiel einer ebenso gründlichen wie zeitgemäßen Darstellung den gemeinsamen Arbeitsstil wesentlich beeinflußt hat,
A. Wiesbauer und J. Baier, die sich um die Genauigkeit und Konsistenz der Darstellung der digitalen, abtastenden Erfassung und Verarbeitung bemühten,
Ch. Mittermayer, der neben dem neuen Kapitel Sensoren viele andere wichtige Details mit großem Einsatz bearbeitet hat.

Das Buch beinhaltet vier Teile. Im ersten Teil werden meßtechnische Grundlagen - Signale und ihre Kenngrößen, statische Eigenschaften von Meßgeräten, Zahlendarstellungen von Meßergebnissen - behandelt. Neu aufgenommen wurde ein Kapitel über Abtastung und Rekonstruktion von Zeitverläufen, dargestellt in der üblichen analytischen Form mit Hilfe der Frequenzspektren. In diesem ersten Teil ist auch eine kurze Darstellung wichtiger Methoden und Ergebnisse der Netzwerkberechnung einschließlich grafischer Analysemethoden enthalten, die ein elementares Rüstzeug für die in diesem Buch verwendete Betrachtungsweise darstellen.

Der zweite Teil ist den Baugruppen und konstruktiven Details einer modernen, elektronischen Meßtechnik gewidmet. Die einzelnen Kapitel beinhalten die Darstellungen der meßtechnischen Bauelemente, Meßverstärker, analogen Meßschaltungen, Diskriminatoren, DACs und ADCs. Neu hinzugekommen ist ein knappes Überblickskapitel über Sensoren, das vor allem auch die Verbindungen zu entsprechenden Meßschaltungen herstellen soll, sowie ein Kapitel über digitale Zählerbausteine mit ihren für Zeitmessungen wesentlichen Eigenschaften.

Im dritten Teil werden grundlegende Meßverfahren und -geräte für stationäre Meßgrößen dargestellt: Direkte Messung elektrischer Größen, Leistungsmessung, Kompensation und Meßbrücken, sowie elektronische Zähler für die Zeit- und Frequenzmessung.

Neu hinzugekommen ist der vierte Teil Meßdaten-Erfassung und -Darstellung mit einer einleitenden Behandlung der Probleme der digitalen Erfassung analoger Signalverläufe, bei denen das Frequenzband nicht begrenzt ist, im Zeitbereich, sowie mit den Kapiteln über Analogoszilloskopie, Digitalspeicheroszilloskop, Frequenzanalyse und computergesteuerte Meßtechnik. ADCs mit Abtastraten bis über 1 Gigasamples je Sekunde ermöglichen es, daß auch in Standardgeräten der Frequenzbereich des analog arbeitenden Eingangsteiles voll ausgenützt wird. Damit ist die Ablösung der letzten analogen Anzeigegeräte, bei denen der bewertende Mensch noch Teil der Meßkette ist, nur mehr eine Frage kurzer Zeit. Vielseitig verwendbare Digital-Speicher-Oszilloskope ermöglichen dem Messenden eine instruktive Darstellung der objektiv erfaßten und nach seiner Wahl ausgewerteten Ergebnisse. Dabei müssen die Eigenschaften der abtastenden digitalen Signalaufnahme und der zugehörigen Meßtechnik gründlich und kritisch behandelt werden.

In der Lehre der Meßtechnik muß die Fähigkeit vermittelt werden, unbekannte Probleme, für die die mathematische Gesetzmäßigkeit nicht bekannt ist, umfassend, unmißverständlich und genau zu behandeln. Es werden daher begriffliche und grafische Darstellungen gleichberechtigt zur Darstellung mit Formeln verwendet. Auf die formale Ableitung von Formeln wird weniger Wert gelegt als auf eine klare Definition der jeweils verwendeten Begriffe. Besonders wichtig ist dabei immer die Überlegung, welche Einflüsse bei einer Formel vernachlässigt wurden oder werden mußten, um sie benützen zu können, und wie groß die Auswirkungen dieser Einflüsse sein können. Ein gutes Beispiel dafür ist die Temperatur, die auf fast alle elektrischen Vorgänge einen wichtigen Einfluß hat, deren Einfluß aber sehr häufig bei den praktisch verwendeten, vereinfachten Formeln vernachlässigt wird. Wir hoffen, daß wir bei der Darstellung der elektrischen Meßtechnik und ihrer Methoden den richtigen Mittelweg zwischen den Grundlagen, den konstruktiven Details, den Verfahren und Geräten des "Standes der Technik" und den Ausblicken auf die bevorstehende Weiterentwicklung gefunden haben. Eine Detail-orientierte Darstellung derzeit üblicher Meßgeräte wurde bewußt vermieden, da sie häufig schon nach wenigen Jahren überholt ist, wenn neue, eventuell völlig andersartige Geräte die alten ersetzen.

Wir danken der Initiative und dem Einsatz der am Entstehen dieses Buches beteiligten, derzeitigen und früheren Mitarbeiter des Institutes für Elektrische Meßtechnik der Technischen Universität Wien. Ein besonderer Dank gilt auch Herrn Dr. L. Gurtner, der bei zahlreichen Schwierigkeiten mit den für die Erstellung des Buches benötigten Computerprogrammen entscheidende Hilfestellung leistete.

Leider werden sich auch in dieser Auflage trotz gewissenhafter Überarbeitung Fehler eingeschlichen haben. Wir bitten daher die Leser dieses Buches, uns Vorschläge für Korrekturen und Verbesserungen wohlwollend mitzuteilen.

Wien, im Juni 1996

Rupert Patzelt und Herbert Schweinzer

Autorenverzeichnis

Dipl.-Ing. Dr.techn. Josef Baier [*1)]

Ass.Prof. Dipl.-Ing. Dr.techn. Horst Dietrich

Dipl.-Ing. Reinhard Ertl

Ass.Prof. Dipl.-Ing. Dr.techn. Hans Fürst †

Dipl.-Ing. Dr.techn. Leopold Gurtner

Dipl.-Ing. Dr.techn. Fritz Kreid [*2)]

Dipl.-Ing. Dr.techn. Peter Löw [*3)]

Dipl.-Ing. Dr.techn. Thomas Materazzi [*4)]

Dipl.-Ing. Christoph Mittermayer

o.Univ.Prof. Dr.phil. Rupert Patzelt (Herausgeber)

Ass.Prof. Dipl.-Ing. Dr.techn. Herbert Schweinzer (Herausgeber)

Dipl.-Ing. Dr.techn. Andreas Steininger

Dipl.-Ing. Dr.techn. Andreas Wiesbauer [*5)]

Alle Autoren sind derzeitige oder ehemalige Mitarbeiter des Instituts für Elektrische Meßtechnik der Technischen Universität Wien

[*1)] Firma Frequentis, Wien

[*2)] Firma Schrack Aerospace, Wien

[*3)] Firma Hitel, Wien

[*4)] freiberuflich tätig

[*5)] derzeit Forschungsaufenthalt an der Oregon State University, USA

Inhaltsverzeichnis

1. Meßtechnische Grundlagen

2. Funktionsgruppen, Meßelektronik

4. Meßdatenerfassung und Darstellung

1. Meßtechnische Grundlagen

1.1 Meßtechnik-Übersicht

R. Patzelt

1.1.1 Einleitung

Meßtechnik ist ein Fachgebiet, das sich wesentlich von überwiegend theorieorientierten Fächern wie zum Beispiel Mathematik und theoretische Elektrotechnik unterscheidet. Hauptursache dafür ist, daß die primäre Aufgabe der Meßtechnik in den Methoden und Einrichtungen zur konkreten und praktische Gegebenheiten berücksichtigenden Erfassung realer physikalischer Größen liegt. Damit liefert die Meßtechnik sowohl Voraussetzung als auch Berechtigung für die sinnvolle und unwidersprochene Anwendung einer Theorie, die aus den Zusammenhängen gemessener Größen ihre Schlüsse zieht.

Die mathematische Beschreibung naturwissenschaftlicher Vorgänge setzt eine Modellbildung und damit eine Loslösung von der realen Welt voraus. Unter vorher exakt bestimmten Voraussetzungen laufen alle Überlegungen und Vorgänge nach genau vorherbestimmten Gesetzen ab. Die Sprache der Mathematik dient zur Beschreibung dieser Modellwelt in ebenso eingeschränkter Weise, wie das Modell nur eingeschränkt der Realität entspricht. Das Lösen von Gleichungen, die die Modellwelt beschreiben, liefert als Ergebnis Größen, die exakt gleich den berechneten Zusammenhängen anderer Größen sind. In der realen Welt ist aber keine Größe einer anderen exakt gleich, beziehungsweise wäre auch eine solche Gleichheit prinzipiell nicht feststellbar!

In der Meßtechnik ist jeder konkret angegebene Wert einer physikalischen Größe sowohl auf Grund der Physik, als auch wegen der Unvollkommenheit der Meßgeräte als Intervall zu interpretieren, in dem der wahre Wert der Größe mit angebbarer Wahrscheinlichkeit liegt. Das Rechnen mit diesen konkreten Werten ist wesentlich einfacher als das Rechnen mit Intervallen und verlockt damit, auf die Unexaktheit der Meßwerte zunächst nicht einzugehen. Dadurch wird jedoch eine Exaktheit vorgetäuscht, die unter realen Gegebenheiten weder gegeben, noch prinzipiell erreichbar ist. Die Anpassung der Ergebnisse an die realen Voraussetzungen der Meßwerte verlangt somit eine zusätzliche Bestimmung jener Intervalle, innerhalb derer die tatsächlichen Ergebnisgrößen mit angebbaren Wahrscheinlichkeiten liegen.

Ein kurzes Beispiel soll den Unterschied zwischen mathematischen und physikalischen Größen illustrieren. Eine konstante Spannung an einem konstanten Widerstand bewirkt den konstanten Strom von z.B. 1 mA (10^{-3} A). Wird dieser Strom wiederholt über einen Zeitraum von einer Sekunde mit einem fiktiven, völlig fehlerfreien Meßgerät gemessen, so ergeben sich nur geringfügig verschiedene Meßwerte: zwar fließen während der Meßzeit unterschiedlich viele, im Mittel etwa 10^{16} Elektronen. Die damit verbundene Schwankung des Stromes bewirkt eine sehr geringe, aber endliche "Streubreite" der auftretenden Meßwerte von 10^{-8}, somit also Unterschiede der einzelnen Meßwerte, die kaum feststellbar sind. Werden allerdings sehr kurze Zeiträume von jeweils nur 100 ns (10^{-7} s) bei einem niedrigeren Strom von 1 μA (10^{-6} A) betrachtet, so fließen im Mittel nur mehr etwa 10^6 Elektronen, die Streubreite der Meßwerte vergrößert sich auf 10^{-3}, womit die Schwankung in der Realität deutlich erkennbar ist. Dieser Effekt tritt auch als Rauschen im Radio oder als "Schnee" auf dem Fernsehbildschirm bei geringer Empfangsfeldstärke in Erscheinung. Es handelt sich dabei nicht um eine behebbare Unvollkommenheit der Messung oder der verwendeten Komponenten, sondern um grundlegende physikalische Eigenschaften der Materie. Die zusätzliche Unvollkommenheit der Meßgeräte ergibt zusätzliche Fehler.

Es ist also eine besonders wichtige Aufgabe der Meßtechnik, reale Zustände und Gegebenheiten zu erfassen und die ermittelte Information zugänglich zu machen. Nur so kann festgestellt werden, welche Voraussetzungen für die technischen Konstruktionen angenommen werden müssen und in welchem Ausmaß die realen Eigenschaften einer Konstruktion den theoretisch vorausgesagten entsprechen. Ebenso kann nur so festgestellt werden, wie weit sich z.B. früher vorhandene Eigenschaften verändern und daher Gegenmaßnahmen, zum Beispiel Reparaturen, nötig sind usw.

Beim Messen (dem "Erfassen" eines Zustandes oder Vorganges) können grundsätzlich sehr verschiedene Aufgaben gestellt sein:

- Die Meß-Aufgabe kann in dem Aufsuchen eines vorhersagbaren Effektes nach einer exakt definierten, streng vorgeschriebenen Methode bestehen, bei dem alle anderen, eventuell auch zufällig, gleichzeitig auftretenden Effekte nicht beachtet werden dürfen.
- Die Meß-Aufgabe kann aber auch darin bestehen, daß völlig unbekannte Effekte gesucht werden, so daß die "Meßvorschrift" darin besteht, möglichst alles zu erfassen und keine noch so unerwarteten Effekte zu vernachlässigen.

Während im ersten Fall mathematische Berechnungen möglich sind, ein Modell theoretisch entwickelt und mit formalen Mitteln dargestellt und behandelt werden kann, ist dies im zweiten Fall oft nicht möglich. Das Problem kann noch unbekannt sein, oder es sind noch keine formalen Methoden entwickelt, das Verhalten darzustellen oder anzunähern. In diesem Fall ist eine Behandlung mit Begriffen (in Worten) nötig, die zwar nicht im Sinne der Mathematik exakt sein können, dafür aber keinesfalls Einschränkungen beinhalten, die unbekannte, aber wesentliche Größen ausschließen. Um so wichtiger ist es, die verwendeten Begriffe klar, verständlich und möglichst eindeutig zu definieren und zu verwenden.

1.1.2 Definition des Begriffes Messung

Die klassische Definition einer **Messung** lautet:

- Die Messung einer Zustandsgröße (Meßgröße) besteht aus der Ermittlung des Verhältnisses zwischen dieser Zustandsgröße und der entsprechenden, gleichartigen, meßtechnischen Grundeinheit.

Ein praktischer, weiter gefaßter Begriff des Messens lautet:

- Eine Messung ist jedes Erfassen eines realen (physikalischen) Zustandes durch die Bewertung einer oder mehrerer wichtiger Zustandsgrößen im Verhältnis zu Vergleichsgrößen, die für den Zweck der Messung geeignet sind.

Die erste Definition entspricht einer Untersuchung in einem Labor, bei der der Einfluß von Störgrößen vermieden oder vernachlässigt werden kann, und die z.B. Unterlagen für Berechnungen liefert, aus denen Entschlüsse für weitere Maßnahmen oder Versuche abgeleitet werden. Dies gilt insbesondere für Messungen, deren Ergebnisse rechtlich relevante Bedeutung haben. Sie müssen streng nach genau definierten Vorschriften durchgeführt werden.

Die zweite Begriffsbestimmung bezieht sich auf Messungen bei der Fehlersuche, der Schaltungsentwicklung und andere, meist qualitative Messungen, die mehr der Diagnose von Vorgängen oder Zuständen dienen, als der genauen Ermittlung von Werten. Sie berücksichtigt die Rolle der Meßtechnik in der automatisierten, technischen Welt, in der ein Großteil der technischen Einrichtungen von selbsttätigen Regelkreisen gesteuert wird und der Mensch meist nur noch die Funktionen überwacht. Sie hat allerdings, wie fast jede praxisnahe Definition, den Nachteil, nicht streng eindeutig zu sein.

Es ist zu beachten, daß das klassische Zeigermeßgerät in Wirklichkeit nur ein anzeigendes Hilfsmittel ist, das eine elektrische Größe in eine Zeigerstellung umwandelt, aber von sich aus kein bewertetes Ergebnis liefert. Das Meßergebnis wird erst vom Menschen durch die bewertende (und daher quantisierende) Ablesung gebildet; ohne sie existiert kein Meßergebnis.

Im Gegensatz dazu liefern elektronische, digitale Meßgeräte ohne menschliche Mitwirkung bewertete Ergebnisse. Dadurch werden Fehler bei der Ablesung vermieden, eindeutige Vorschriften werden sicher erfüllt, die einzelnen Schritte des Vorganges der Messung können aber weder überprüft noch beeinflußt werden. Die Aufgabe des Messenden besteht dabei darin, zu beurteilen, ob die Bedingungen für die Anwendung der Vorschriften gegeben sind. Zusätzlich können die Ergebnisse von einem Regler oder einer Datenverarbeitungsanlage direkt weiter verarbeitet werden.

Die betriebsmäßige Messung verlangt eine Erfassung des Gesamtzustandes, die Überprüfung aller störenden Einflüsse und die Berücksichtigung aller wichtigen Parameter. Es ist nicht wissenschaftliche Haarspalterei, sondern reale Notwendigkeit, die sehr große, aber doch *nicht unendliche Zahl* der Moleküle eines Stoffes, die nur *fast unendlich feine Abstufung* der Zustandsparameter ebenso zu berücksichtigen wie zahlreiche nur *fast unendlich kleine*, im allgemeinen vernachlässigbare *Einflüsse*. Ein Beispiel dafür sind die elektronischen Halbleiter, bei denen die Konzentrationen der Dotationsatome von 10^{-6} bis 10^{-9} das Grundverhalten festlegen und Beimischungen bis zu 10^{-12} hinunter die Eigenschaften wesentlich beeinflussen.

Die Gegenüberstellung in Abb. 1.1.1 zeigt die Verhältnisse zwischen dem realen Zustand und der abstrahierten Modellvorstellung, in der der Techniker die Rechnungen und Überlegungen ausführt, die schließlich die Grundlage für seine Maßnahmen sind.

Diese Zusammenhänge entsprechen mathematisch zwei Zustandsräumen, zwischen denen Transformationen möglich sind. Die Zulässigkeit und Äquivalenz von Operationen und Vorgängen, die Erhaltung der funktionellen Zusammenhänge ist dabei nicht immer gegeben und daher jeweils zu überprüfen. Selbst das genaueste abstrahierte Modell kann nur eine sehr weitgehende Vereinfachung der komplexen Realität darstellen.

Selbst im Zeitalter der "alle Probleme lösenden" EDV muß man bei der Auslegung des abstrahierten Modells darauf Rücksicht nehmen, daß der Aufwand an Zeit und Kosten für die Berechnungen nicht übermäßig wird. Dieser Aufwand steigt sowohl mit jedem zusätzlichen Parameter als auch bei höherer mathematischer Auflösung sehr stark an.

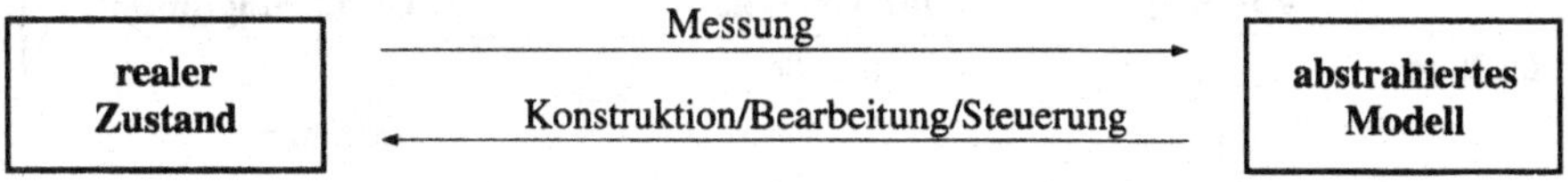

realer Zustand	Messung → ← Konstruktion/Bearbeitung/Steuerung	**abstrahiertes Modell**
Unendlich viele Parameter		Endlich viele ausgewählte Parameter
Zustandsgrößen		Meßgrößen
Quasi-Kontinuum,"unendlich fein" abgestufte Werte für jeden Parameter		Diskrete, endlich fein abgestufte Meßwerte, in Zahlen angegeben daher digital, quantisiert
Nie vollständig erfaßbar		**Nie vollständig genau**

Abb. 1.1.1 Gegenüberstellung von realem Zustand und abstrahiertem Modell

1.1.3 Arten der Messung

Die klassische Meßtechnik hat ein geschlossenes System von Methoden und Vorschriften aufgebaut, das mit den verfügbaren, für heutige Begriffe unzulänglichen, Hilfsmitteln Ergebnisse einer erstaunlich hohen Qualität erzielt hat. Die logische Konsequenz des Systems und die gegenseitige Abstimmung von Geräten, Methoden, Definitionen und Vorschriften sind vorbildlich. Die Halbleiter-Bauelemente ermöglichen jedoch die Konstruktion von elektronischen Meßschaltungen, die unabhängig von den spezifischen Unzulänglichkeiten der elektromechanischen Meßgeräte sind. Die erreichbaren Eigenschaften, im Zusammenhang mit neuen Meßmethoden, konnten um Größenordnungen verbessert werden und werden laufend weiter verbessert. Gerade deswegen kann ein ähnlich konsistentes System wie früher kaum entstehen. Da das klassische System ein wichtiges Beispiel darstellt und viele Details für sich gültig bleiben, wenn sie an die geänderten Gegebenheiten angepaßt verstanden werden, werden die wichtigsten Begriffe kurz behandelt, auch wenn sie in dieser Form nicht mehr alle gültig sind.

Für die Ablesung eines Meßwertes (die Bewertung) durch einen menschlichen Beobachter gibt es zwei grundlegende Meßverfahren, das Abgleich- und das Ausschlagverfahren.

Bei dem **Abgleichverfahren**, dem **direkten Vergleich** gleichartiger Größen, wird die Zustandsgröße mit einer gleichartigen Größe verglichen. Das Ergebnis lautet "zu klein / passend / zu groß", "passend / nicht passend" oder nur "zu klein / zu groß".

Kann die Vergleichsgröße genau definiert eingestellt werden und wird der Abgleich mit einem Nullindikator überprüft, so bezeichnet man diesen Vorgang als **Kompensationsmessung**. Das Ergebnis ist eine Maßzahl mit der physikalischen Einheit der Vergleichsgröße. Beispiele sind die Messung mit einer Balkenwaage, bei der zwei Gewichte verglichen werden oder die Kompensationsmessung einer elektrischen Spannung.

Bei dem **Ausschlagverfahren** erfolgt die Messung durch **Umwandlung** der Zustandsgröße in eine andere proportionale, abgeleitete Meßgröße und **Ablesung** des Wertes an einer Skala, die vorher durch die Messung bekannter Werte der Zustandsgröße kalibriert wurde. Das Ergebnis ist eine Maßzahl mit der physikalischen Einheit der bei der Kalibrierung verwendeten Zustandsgröße. Beispiele sind die Federwaage oder ein elektromechanisches Zeigerinstrument. Bei der

Tabelle 1.1.1 Schema einer Meßkette

	Vorgang	**Information**	**Ausführungsmittel**
Zustand		Meßgröße	
	Erfassung		Meßfühler
		1. Meßgröße	
	Umwandlung		Meßgerät
		2. (Zwischen-)Meßgröße	
	Bewertung		Diskriminator
	(Ablesung)		(Beobachter)
		1. (Brutto-)Meßergebnis	
	Korrektur		Berechnung
		2. (Netto-)Meßergebnis	
	Auswertung		Kombination
Modell		Zustandsbeschreibung	

Federwaage ist (im eingeschwungenen Zustand) die Massenanziehungskraft und die Federkraft einander gleich, sodaß die Dehnung der Feder der Masse proportional ist. Der auftretende Zeigerausschlag kann an einer Skala abgelesen werden.

Bei der Messung durch **indirekten Vergleich** werden Vorteile, aber auch Nachteile beider Verfahren kombiniert. Die Zustandsgröße und die gleichartige einstellbare Kompensationsgröße werden in gleicher Weise in abgeleitete Größen umgewandelt, die leichter miteinander verglichen werden können. Da sich die Fehlerquellen weitgehend kompensieren, sind auch diese Verfahren meist sehr genau.

Eine Messung besteht im allgemeinen aus mehreren Vorgängen mit Zwischenergebnissen, bei denen verschiedene Geräte verwendet werden. Das in Tabelle 1.1.1 gezeigte Schema einer **Meßkette** macht dies anschaulich.

Die Meßgröße selbst kann als diskontinuierlicher Wert vorliegen (Impulszahl, Periodenzahl) oder als Wert aus einem Kontinuum. Die Messung eines diskontinuierlichen Wertes besteht im Abzählen, das Ergebnis ist ganzzahlig. Bei der Messung einer kontinuierlichen Meßgröße entsteht ein Ergebnis nur durch eine Bewertung mit (unvermeidbarer Weise) nur endlich feiner Auflösung (siehe Kap. 1.4). Jede Bewertung (die Ablesung einer Zeigerstellung ebenso wie die Digitalisierung durch einen ADC) stellt eine Quantisierung dar. Das Ergebnis besteht in der Feststellung, daß die Meßgröße in einem bestimmten Intervall liegt. Dieses Ergebnis-Intervall wird üblicherweise durch einen Wert beschrieben. Bei der weiteren mathematischen Behandlung wird die Unsicherheit über die Lage des wahren Wertes innerhalb des Intervalls (die Quantisierungsunsicherheit) meist nicht direkt berücksichtigt.

1.1.4 Maßsystem, technische Einheiten

Das **Internationale Einheitensystem,** abgekürzt **SI** (Système international d'unités) enthält folgende sieben **Grundeinheiten**, die so gewählt sind, daß alle anderen Größen durch sie ausgedrückt werden können [2]:

- Das **Meter** [m], (Länge) ist die Strecke, die das Licht im leeren Raum während einer Dauer von 1/299 792 458 Sekunde durchläuft.
- Das **Kilogramm** [kg], (Masse) ist die Masse des Kilogramm-Prototyps (im internationalen Büro für Gewicht und Maß in Sévres bei Paris).
- Die **Sekunde** [s], (Zeit) ist das 9 192 631 770-fache der Periodendauer der Strahlung des Caesium-Nuklids ^{133}Cs beim Übergang zwischen den beiden Hyperfeinstrukturniveaus des Grundzustandes.
- Das **Ampere** [A], (elektrische Stromstärke) ist der elektrische Strom, durch den zwischen zwei geradlinigen, im Abstand von 1 m parallel angeordneten Leiterstücken elektrodynamisch eine Kraft von $2 \cdot 10^{-7}$ Newton pro Meter Leiterlänge hervorgerufen wird (Voraussetzungen: unendlich lange Leiter im Vakuum, vernachlässigbar kleiner, kreisförmiger Querschnitt).
- Das **Kelvin** [K], (Temperatur) ist der 273,16-te Teil der thermodynamischen ("absoluten") Temperatur des Tripelpunktes des Wassers.
- Das **Candela** [cd], (Lichtstärke) wird von einer Strahlungsquelle in einer gegebenen Richtung ausgesendet, wenn die Strahlstärke ihrer monochromatischen Strahlung bei einer Frequenz von $540 \cdot 10^{12}$ Hertz 1/683 Watt je Steradiant in dieser Richtung beträgt.
- Das **Mol** [mol], (Stoffmenge) ist die Menge eines Stoffes, die aus ebenso vielen Teilchen besteht, wie Atome in 0,012 kg des Nuklids ^{12}C enthalten sind.

Tabelle 1.1.2 Abgeleitete SI-Einheiten: Bezeichnung, Name, Abkürzung, Dimension

Einheit (Bezeichnung)	**Name** (Abkürzung)	**Dimension** (techn. Einheiten)	**Dimension** (SI-Einheiten)
Frequenz	Hertz, **Hz**	1/s	1/s
Kraft	Newton, **N**	$kg \cdot m/s^2$	$kg \cdot m/s^2$
Druck	Pascal, **Pa**	N/m^2	$kg/(m \cdot s^2)$
Energie (Arbeit)	Joule, **J**	$N \cdot m$, $W \cdot s$	$kg \cdot m^2/s^2$
Leistung	Watt, **W**	J/s	$kg \cdot m^2/s^3$
Elektrische Ladung	Coulomb, **C**	$A \cdot s$	$A \cdot s$
Elektr. Spannung	Volt, **V**	W/A	$(kg \cdot m^2)/(s^3 \cdot A)$
Elektr. Kapazität	Farad, **F**	$A \cdot s/V$	$(s^4 \cdot A^2)/(kg \cdot m^2)$
Elektr. Widerstand	Ohm, **Ω**	V/A	$(kg \cdot m^2)/(s^3 \cdot A^2)$
Elektr. Leitwert	Siemens, **S**	1/Ω, A/V	$(s^3 \cdot A^2)/(kg \cdot m^2)$
Magn. Fluß	Weber, **Wb**	$V \cdot s$	$(kg \cdot m^2)/(s^2 \cdot A)$
Magn. Induktion	Tesla, **T**	$V \cdot s/m^2$, Wb/m^2	$kg/(s^2 \cdot A)$

Alle anderen üblicherweise benützten Einheiten können aus ihnen abgeleitet werden und werden als **abgeleitete Einheiten** bezeichnet. Wenn dabei außer den Basiseinheiten keine von eins verschiedenen Faktoren vorkommen, bezeichnet man sie als **kohärente Einheiten**, andernfalls als **inkohärente Einheiten.** In Tabelle 1.1.2 sind einige für die Elektrotechnik wichtige abgeleitete Einheiten angeführt.

Bei der sprachlichen Behandlung elektrotechnischer Fragen werden statt der Angabe von Zehnerpotenzen fast ausschließlich die üblichen Vorsilben für Teile und Vielfache von Einheiten verwendet, wie sie in Tabelle 1.1.3 zusammengestellt sind, also Kiloohm oder Mikrofarad statt 10^3 Ohm oder 10^{-6} Farad.

Tabelle 1.1.3 Vorsilben zur Bildung von dekadischen Vielfachen und Teilen von Einheiten

Vorsilbe	**Kurzzeichen**	**Faktor**
Atto	a	10^{-18}
Femto	f	10^{-15}
Piko	p	10^{-12}
Nano	n	10^{-9}
Mikro	μ	10^{-6}
Milli	m	10^{-3}
Kilo	k	10^{3}
Mega	M	10^{6}
Giga	G	10^{9}
Tera	T	10^{12}
Peta	P	10^{15}

1.1.5 Maßverkörperungen, Meßnormale

Die exakte Definition der Grund- und der abgeleiteten Einheiten ist die abstrakte Grundlage dafür, daß die Ergebnisse von Messungen weltweit vergleichbar sein können. Die Maßverkörperungen sind die realen Hilfsmittel.

Die Ausdrucksweise in diesem Unterkapitel entspricht der, die in den gültigen Vorschriften verwendet wird. Die Feststellungen beziehen sich vor allem auf die Eichung, Kalibrierung und Überprüfung von Geräten und nicht so sehr auf Messungen im technischen Alltag.

Der Begriff **Eichmessung** ist besonders rechtlich geschützt und Messungen in staatlichen oder konzessionierten Anstalten vorbehalten. Für **rechtlich relevante Messungen** (in Fragen der Sicherheit und der Haftung oder mit einer wirtschaftlichen Bedeutung zur Bestimmung von Kosten oder Preisen) gibt es genaue Definitionen.

Eine Messung ist der Vergleich der zu messenden Größe mit einer Größe, deren Wert genau bekannt ist. Dabei wird ermittelt, in welchem Verhältnis eine gesuchte Größe zu einer Maßeinheit steht, die einer geeigneten **Maßverkörperung** entspricht. Die realen Ausführungen der Maßverkörperungen werden **Meßnormale** genannt.

Meßnormale müssen so genau und stabil wie möglich ausgeführt sein, da die Abweichungen ihres Wertes vom wahren Wert in voller Größe (als systematische Fehler) in die Meßergebnisse eingehen. Da die Abweichungen der praktisch eingesetzten Meßnormale nicht exakt Null sind und ihre zeitliche Änderungen nicht beliebig klein gehalten werden können, ist eine möglichst genaue Kalibrierung der Meßnormale und ihre regelmäßige Kontrolle durch erneuten Vergleich (Nacheichung, Kalibrierung) in entsprechenden Zeitintervallen notwendig und vorgeschrieben.

Die **Primärnormale** werden mit der bestmöglichen Genauigkeit hergestellt und in Eichämtern aufbewahrt. Ihre Werte werden periodisch miteinander verglichen und dabei der wahrscheinlichste, bestmögliche "wahre" Wert als gewichteter Mittelwert der besten Primärnormale ermittelt. Die Abweichungen jedes einzelnen Normals von diesem Mittelwert werden bis zu dem nächsten Vergleich als Korrekturwerte verwendet. Von den Primärnormalen werden **Sekundärnormale** und **Referenznormale** niedrigerer Ordnung abgeleitet. Dadurch entsteht eine gestaffelte Kette von Normalen mit abnehmender Genauigkeit. Referenznormale müssen beglaubigt, das heißt staatlich geprüft, und die Richtigkeit in den vorgegebenen Grenzen beurkundet werden, wenn mit ihnen Betriebsmittel geprüft und kalibriert werden sollen. Die Genauigkeit von Präzisionsmeßgeräten wird durch Kalibrierung mit Referenznormalen sichergestellt.

Die wichtigsten elektrischen Normale sind Spannungsnormale und Normalwiderstände, ebenfalls wichtig (aber seltener verwendet) sind Normalkapazität, Normalinduktivität und Normalwandler (Meßtransformator).

1.1.5.1 Spannungsnormale

Mit Hilfe des **Josephson-Effektes** und der modernen Dünnschichttechnik (die Serienschaltung von 1500 Josephson-Elementen auf einem Chip ergibt 1 V) kann die elektrische Spannung extrem genau dargestellt werden. Die Unsicherheit beträgt etwa 10^{-9}.

Beim Josephson-Effekt wird mit einem Gleichstrom I eine dünne Isolierschicht zwischen zwei Supraleitern bei der Temperatur des flüssigen Heliums (4,2 K) durchtunnelt (quantenmechanischer Tunnel-Effekt). Strahlt man in diese Anordnung eine Mikrowelle der Frequenz f ein, so entsteht als Funktion von f eine stufenförmige Kennlinie für den Spannungsabfall U zwischen den Supraleitern, deren Stufenhöhe als Spannungsnormal dient.

Für die Spannung U_n der n-ten Stufe gilt

$$U_n = \frac{n \cdot f \cdot h}{2 \cdot e} \quad , \tag{2}$$

wobei $h = 6{,}6262 \cdot 10^{-34}$ J·s die Plancksche Konstante und $e = 1{,}60219 \cdot 10^{-19}$ A·s die Elementarladung ist.

Der Aufwand für die reale Ausführung ist so groß, daß Josephson-Spannungsnormale hauptsächlich nur in nationalen Eichlabors verwendet werden. Für den praktischen Einsatz kommen daher entweder Normalelemente oder sehr gut elektronisch stabilisierte Spannungsquellen in Betracht, die im Eichlabor kalibriert werden können.

Ein **Normalelement** ist ein galvanisches Element mit sehr gut konstanter Spannung und genau definierter Temperaturabhängigkeit. Aus ihm darf kein Strom entnommen werden (eine kurzzeitige Belastung mit höchstens 100 µA beeinträchtigt die Genauigkeit im allgemeinen nicht dauerhaft). Das **gesättigte Weston-Element** ist das in der Meßtechnik verwendete **Normalelement**. Es liefert eine Quellenspannung von 1,0183 V bei einer Temperatur von 20°C. Die Exemplar-Streuung beträgt bis zu etwa 100 ppm, die absolute Genauigkeit ist also wesentlich besser als die von üblichen elektronischen Referenzspannungsquellen. Der Temperaturkoeffizient der Spannung *TKU* von etwa -40 ppm/°C ergibt sich aus der Kompensation der gegenläufigen *TKU*s der beiden chemischen Elektroden von -350 und +310 ppm/°C. Für genaue Messungen muß daher das thermische Gleichgewicht sichergestellt sein (Lagerung bei konstanter Temperatur). Im Vergleich dazu haben die besten Zener-Dioden einen *TKU* von weniger als 10 ppm/°C, die Exemplarstreuung ist aber größer als 0,1 %, meist bis 1 %.

Wichtige Kenngrößen von Referenzspannungsquellen sind:

Irreversible Drift (Alterung), absolute Genauigkeit (typisch besser als 100 ppm), Temperaturkoeffizient (typisch 1 bis 100 ppm/°C), Stromabhängigkeit.

1.1.5.2 Normalwiderstände

Normalwiderstände sind die wichtigsten passiven Referenzelemente. Sie dienen vor allem als Referenz-Widerstände in Spannungsteilern und Widerstands-Meßbrücken und bei der Strommessung zur Umwandlung des Stromwertes in einen proportionalen Spannungswert. Um Fehler durch einen Spannungsabfall an den Übergangswiderständen der Stromzuführungsklemmen auszuschließen, haben sie getrennte Anschlüsse für den Abgriff der Spannung. Normalwiderstände werden für kleinere Ströme aus speziellen Edelmetall-Schichten auf Keramikkörpern (Cermet-Widerstände) hergestellt, für höhere Ströme wird Manganin, eine spezielle Legierung mit niedrigem *TKU*, verwendet.

Wichtige Kenngrößen von Normalwiderständen sind:

Irreversible Drift (Alterung), absolute Genauigkeit (typisch 10 bis 100 ppm), Temperaturkoeffizient (typisch 1 bis 100 ppm/°C), Spannungsabhängigkeit.

1.1.6 Messung elektrischer Größen

Der Mensch hat zur Erfassung elektrischer Größen keine geeigneten Sinnesorgane (wie die Augen für Licht, die Ohren für Schall). Er benötigt also bereits zur Wahrnehmung und Abschätzung elektrischer Größen Hilfsmittel, von groben **Zustandsanzeigen** bis zu genau bewertenden elektrischen **Meßgeräten**. Entsprechend den Anforderungen wurden im Laufe der Zeit sowohl immer robustere Anzeigen, als auch immer genauere Meßgeräte entwickelt. Elektrische **Meßfühler** (oder Sensoren) wandeln viele andere Zustandsgrößen, wie Temperatur, Druck, Weg, Geschwindigkeit etc. in elektrische Größen um. Diese elektrischen Größen (meist Strom oder Spannung) können auch über größere Distanzen übertragen, gemessen und angezeigt werden. Die Messung elektrischer Größen wird daher heute in fast allen Bereichen der Technik für die verschiedensten Anwendungen eingesetzt.

Die **Erfassung** und **Weiterverarbeitung** der elektrischen Größen ist die unmittelbare Aufgabe der **elektrischen Meßtechnik**. Ihre Prinzipien werden im Rahmen dieses Buches dargestellt.

Elektromechanische Meßgeräte

Von Beginn der Anwendung der Elektrotechnik bis etwa 1960 wurden für die Messung elektrischer Größen nahezu ausschließlich **anzeigende (elektro-mechanische) Meßwerke** mit Zeiger und Skala verwendet. Dabei wird meistens die **magnetische Wirkung** des elektrischen Stroms (in Drehspul- oder Weicheisengeräten) ausgenützt, häufig auch die **thermische Wirkung** des elektrischen Stroms (in Bimetallgeräten), nur in Sonderfällen die elektrostatische Wirkung der Spannung (Quadrantenelektrometer, Blättchenelektroskop). Mechanische Meßgeräte haben typisch eine Genauigkeit von 5 bis 0,5 %, Spezialgeräte erreichen etwa 0,1%. Anzeigende Meßgeräte bestehen aus dem Meßwerk und dem Zubehör (eingebaut oder außen angeschlossen). Zubehör sind insbesondere Vor- und Nebenwiderstände, Meßwandler, Frequenzfilter, Phasenschieber, Gleichrichter, Verstärker, Schutzelemente gegen Überstrom und Überspannung und ähnliches.

Elektronische Meßgeräte

Für spezielle meßtechnische Anwendungen wurden ab etwa 1935 Elektronenröhren und Halbleitergleichrichter eingesetzt. Eine der ersten elektronischen Meßvorrichtungen war ein "Röhrenelektrometer", mit dem österreichische Wissenschaftler am Institut für Radiumforschung 1938 für die Messung der Energie ionisierender Teilchen erstmals Ladungsmengen von 10^{-14} A·s bei physikalischen Experimenten genau und schnell messen konnten.

Während die elektromechanischen Meßgeräte die benötigte Leistung aus dem Meßobjekt entnehmen und daher einen oft erheblichen Belastungsfehler verursachen, ermöglichten schon die Röhrenvoltmeter (ab etwa 1950) eine Messung nahezu ohne belastende Rückwirkung, also "leistungslos", da die benötigte Leistung von einer eigenen Stromversorgung geliefert wird.

Mit Elektronenröhrenschaltungen konnten schon viele typische elektronische, auch schon digitalisierende Meßgeräte entwickelt und hergestellt werden (ebenso wie Computer, Radio, Fernseher usw.). Insbesondere der hohe Aufwand, die große Verlustleistung, die Inkonstanz und die schlechte Lebensdauer der Röhren beschränkten aber die Einsatzmöglichkeit. Erst die Entwicklung der Halbleiterbauelemente (Bipolartransistor, FET, integrierte Schaltung) ermöglichte seit etwa 1965 zunehmend den Einsatz elektronischer Meßgeräte bei fast allen Anwendungen. Seit etwa 1990 werden auch die Eigenschaften des letzten üblichen analogen Anzeigegerätes, des Kathodenstrahloszilloskops, durch das digitalisierend arbeitende Digital-Speicheroszilloskop (DSO) übertroffen (Grenzfrequenz bis zu 1 GHz).

Universell einsetzbare Computer mit Meßperipherie und flexibel anpaßbaren Auswerteprogrammen können für immer weitere Bereiche der Meßaufgaben eingesetzt werden. Gleichzeitig erhalten selbst tragbare Geräte immer weiter gehende Auswerte-Funktionen und liefern informative Darstellungen der Ergebnisse in digitaler oder analoger Form, einschließlich Frequenzspektren und Häufigkeitsstatistiken. Zur Anzeige dienen zunehmend LCD-Rasterbildschirme, die sowohl eine digitale als auch eine quasi-analoge Anzeige ermöglichen.

Eigenschaften von elektronischen Meßschaltungen

Die Übernahme der Meßgröße in die elektronische Meßschaltung kann als **Erfassung** bezeichnet werden und schafft die Grundlage für die **Anpassung (Aufbereitung)** und die abschließende

Bewertung. Die Eingangsstörgrößen der elektronischen Schaltungen, insbesondere der als Meßverstärker verwendeten Operationsverstärker (OpV), begrenzen die erreichbare **Genauigkeit** und **Empfindlichkeit** der Erfassung derzeit auf Werte von 1 µV bis 1 nV und 10 nA bis 10 pA (je nach Aufwand und Umgebungseinflüssen). Die **Unsicherheit** der Konstanz und die **Abweichungen** von der Linearität (Konformität bei nichtlinearer Kennlinie) der Aufbereitung liegen bei 10^{-3} bis 10^{-5}, sie werden weitgehend durch die verwendeten passiven Bauelemente R, C und eventuell L bestimmt. Die Bewertung erfolgt mit einem Diskriminator (für jeweils einen Schwellwert und zwei offene Intervalle) oder einem Analog-Digital-Konverter ADC (für N Schwellwerte gleichzeitig, entsprechend N-1 geschlossenen Intervallen).

Die erreichbare Genauigkeit des einzelnen Schwellwertes von Diskriminatoren entspricht den Werten der Eingangsunsicherheit von OpV (besser als 1 mV und 10 nA). Die **Auflösung (Intervallzahl)** typischer ADCs wird in Bit angegeben (n Bit entsprechen $2^n = N$ Schwellwerten), sie bestimmt die erreichbare Genauigkeit der Bewertung. Die Werte reichen derzeit von 6 bis 8 Bit (entsprechend etwa 1 % Unsicherheit) für extrem schnelle oder einfache ADCs, über 10 bis 16 Bit (etwa 10^{-3} bis 10^{-4}) für typische ADCs und 20 bis 22 Bit (Unsicherheit bis unter 10^{-6}) für extrem genaue und langsam arbeitende ADCs. Der zeitliche Abstand zweier Bewertungen, die **Konversionszeit**, erreicht kürzeste Werte von 1 ns und weniger, liegt typisch im Bereich von 100 ns bis 10 µs, während integrierende, hochauflösende ADCs 10 bis 100 ms für eine Konversion benötigen. Die erreichbare Genauigkeit in Einheiten der Meßgröße wird dabei durch die Erfassung (den Eingangsverstärker und den allenfalls vorgeschalteten Sensor) bestimmt.

Direkte Messung und Kompensation elektrischer Größen

Mit den **anzeigenden Meßgeräte** der klassischen elektrischen Meßtechnik wird der **elektrische Strom** auf Grund seiner magnetischen Wirkung direkt gemessen, z.B. indem der Meßstrom durch eine Spule fließt, die sich in einem homogenen Dauermagnetfeld befindet (Bereich etwa 1 µA bis 10 A). Der Zeiger stellt sich dabei so ein, daß das elektrisch erzeugte Drehmoment durch das Gegenmoment der Rückstellfeder kompensiert wird. Die Ablesung (Bewertung) erfolgt durch den optischen Vergleich der Zeigerstellung mit einer kalibrierten Skala. Spannungen (Bereich etwa 100 mV bis 1000V) werden mit Hilfe von Vorwiderständen in einen

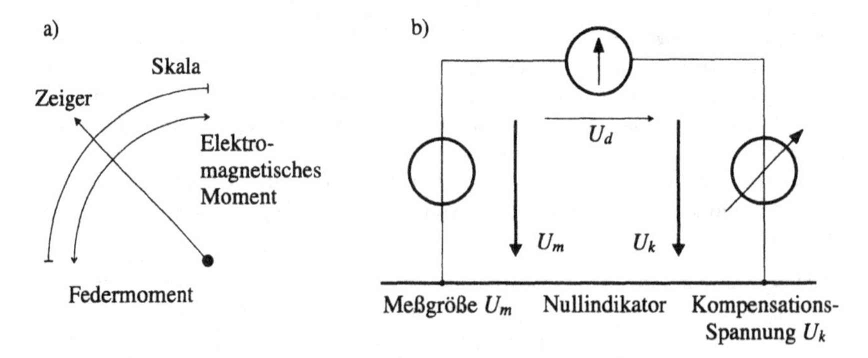

Abb. 1.1.2 a) Ausschlagverfahren: Funktionsschema eines Drehspulgerätes. Die Meßgröße erzeugt ein elektromagnetisches Moment, eine Feder ein Gegenmoment, das dem Ausschlag des Zeigers proportional ist. Der Ausschlag ist daher dem Wert der Meßgröße proportional.
b) Abgleichverfahren: Spannungs-Kompensation. Die Meßgröße wird mit einer fein einstellbaren Kompensationsgröße gleicher Art verglichen; ein Nullindikator zeigt die Differenz an; bei erreichtem Abgleich ist die Meßgröße gleich der Kompensationsgröße.

proportionalen Strom umgewandelt. Allgemein stellt bei anzeigenden Meßwerken insbesondere die Stromaufnahme bei der Messung von Spannungen als Belastung des Meßobjektes eine wichtige Störgröße dar, ebenso der Spannungsabfall bei der Strommessung. Wechselgrößen werden mit Hilfe von Gleichrichtern (Spannungsabfall etwa 0,5 V) in (nichtlinear) proportionale Gleichgrößen umgewandelt. Kleinere Werte der Eingangsgrößen müssen mit einem Verstärker meßbar gemacht, größere Werte mit Spannungsteilern, Nebenwiderständen oder Meßwandlern angepaßt werden

Bei der **Spannungskompensation** wird die zu messende Spannung mit einer einstellbaren bekannten Gegenspannung verglichen. Der Abgleich wird mit einem Meßwerk angezeigt, welches nur als **Nullindikator** dient, dessen genaue Charakteristik also die Messung nicht beeinflußt. Diese beiden Methoden werden als Ausschlagverfahren und Abgleichverfahren bezeichnet (Abb. 1.1.2).

Geräte, die nach dem Abgleichverfahren arbeiten, sind insbesondere **Kompensatoren** und **Meßbrücken**. Kompensatoren dienen zur Messung von Spannungen und Strömen. Meßbrücken dienen zur Messung von Widerständen, Kapazitäten, Induktivitäten und Größen, die in Impedanzen umgewandelt werden können (siehe Kap. 3.3).

Elektronische Meßschaltungen, insbesondere Operationsverstärker, eignen sich besonders gut zur **Erfassung von Spannungen** (Elektrometerverstärker mit OpV, unter 1 mV bis über 10 V) mit verschwindender Stromaufnahme. Ströme können im Bereich von 1 nA bis etwa 10 mA mit verschwindendem Spannungsabfall direkt erfaßt werden (Saugschaltung mit OpV), darüber müssen sie an einem Strommeßwiderstand in eine meßbare Spannung umgewandelt werden. Bei Vielfachmeßgeräten für Strom und Spannung ist der Belastungsfehler (die Rückwirkung auf das Meßobjekt) bei Strommessungen oft stärker störend als bei Spannungsmessungen. Die Anpassung großer Werte von U und I erfolgt meist durch hochohmige Spannungsteiler, durch Nebenwiderstände oder bei niedrigen Frequenzen durch Meßwandler. Signale höherer Frequenzen werden angepaßt (abgeschwächt oder verstärkt, bei Bedarf gefiltert), abtastend digitalisiert, danach mit einem ADC bewertet und rechnerisch ausgewertet.

Arten von elektronischen Meßschaltungen

Genau arbeitende elektronische Meßverstärker und Meßschaltungen, die eine Eingangsgöße verstärken oder (nach einer genau definierten Charakteristik) in eine andere Ausgangsgröße umwandeln, werden mit Operationsverstärkern (OpV) und negativer Rückkopplung hergestellt. Der OpV hat dabei die Funktion eines Reglers: er muß hohe Verstärkung und gute Nullpunktsstabilität haben, so daß die Differenzspannung U_{ed} zwischen seinen beiden Eingängen vernachlässigbar klein bleibt. Die Funktionsweise der Meßschaltung (ihre Übertragungscharakteristik) wird durch das Rückkopplungsnetzwerk (RKNW) so bestimmt, daß die Übertragungsfunktion

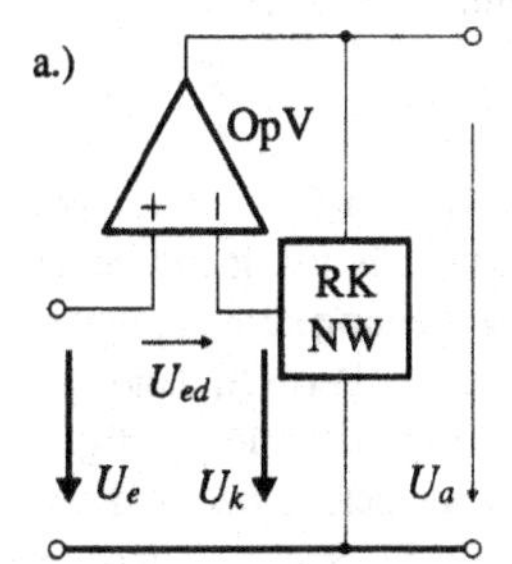

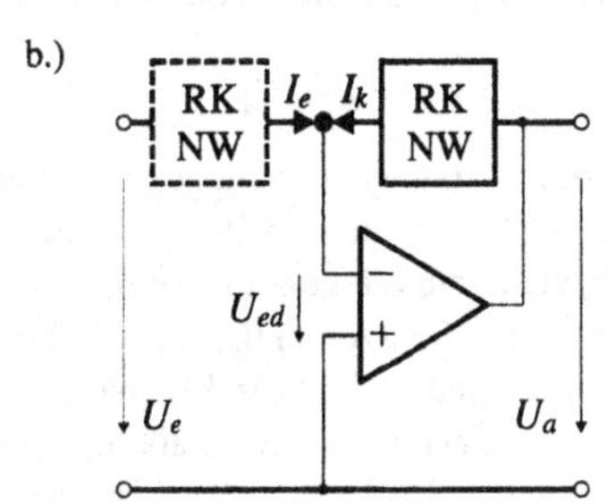

Abb. 1.1.3 Negativ rückgekoppelte Operationsverstärkerschaltungen:
a.) Elektrometerverstärker: Kompensation der Eingangsspannung.
b.) Summierverstärker: Kompensation des Eingangsstromes.

der Meßschaltung invers zur Übertragungsfunktion der Rückführung ist. Ein Widerstandsspannungsteiler als Rückkopplungsnetzwerk ergibt z.B. eine lineare Verstärkung. Die Komponenten dieses Rückkopplungsnetzwerkes bestimmen die erreichbare Genauigkeit und die Charakteristik der Meßschaltung.

Die beiden **grundlegenden Rückkopplungsschaltungen** werden als (nicht invertierender) **Elektrometer-Verstärker** und als (invertierender) **Summier-Verstärker** bezeichnet. Ihre prinzipielle Funktion ist in Abb. 1.1.3 dargestellt. Sie besteht in der Rückführung einer Spannung oder eines Stromes als Funktion der Ausgangsspannung. Dadurch wird die Eingangsspannung bzw. der Eingangsstrom kompensiert. Bei dem Summierverstärker (Abb. 1.1.3 b) wird häufig die Eingangsspannung mit einem Widerstand in einen proportionalen Eingangsstrom umgewandelt.

Diskriminatoren arbeiten mit **positiver Rückkopplung**. Dadurch enthält die Übertragungscharakteristik nur zwei stabile Ausgangszustände, zwischen denen der Übergang sehr schnell abläuft. Die positive Rückkopplung ergibt meist verschiedene Schaltschwellen für positiv und negativ gehende Meßgröße, deren Differenz als **Hysterese** bezeichnet wird.

Rückwirkungen auf das Meßobjekt

Jede Messung stört den Gesamtzustand des Meßobjektes. Der störende Eigenverbrauch eines Meßgerätes ergibt sich aus der Stromaufnahme und dem Spannungsabfall. Die Leistungsentnahme aus der Quelle der Meßgröße soll möglichst gering sein, und daher sollen Spannungsmessungen mit möglichst kleiner Stromaufnahme, Strommessungen mit möglichst kleinem Spannungsabfall erfolgen.

Auch bei einer Messung mit Meßwandlern (Meßtransformatoren) tritt eine Rückwirkung auf, selbst wenn die Leitung durch Anlegen einer Stromzange nicht unterbrochen wird. Durch die elektromagnetische Verkopplung werden die elektrischen Werte der Sekundärlast zurücktransformiert. Sie verändern die elektrischen Werte des gemessenen Stromkreises und erzeugen einen zusätzlichen Spannungsabfall.

Das Ergebnis einer Messung ist nicht nur von der Störung durch den Meßvorgang selbst, sondern auch von vielen anderen, insbesondere äußeren Einflüssen abhängig. Sind diese Einflüsse systematischer Art, dann sind sie korrigierbar, sind sie zufällig, dann sind sie in einer Einzelmessung nicht korrigierbar, können aber eventuell durch wiederholte Messungen und Mittelwertbildung verringert werden. Alle derartigen Einflüsse und die aus ihnen resultierenden Anzeigefehler müssen überprüft oder abgeschätzt und berücksichtigt werden. Die zulässigen Werte für die Fehler ergeben sich aus der Meßaufgabe. Die erreichbare Genauigkeit wird durch die Eigenschaften der Geräte und durch die Art der Messung bestimmt.

Übertragung elektrischer Meßgrößen

Elektrische Meßgrößen können in analoger Form (als ein Wert aus einem Kontinuum von Werten) als Strom oder Spannung übertragen werden. Der Frequenzbereich des übertragenen Signals muß im Vergleich zur Länge der Leitung beachtet werden. Ist die Leitung kurz gegenüber der Wellenlänge bzw. die Laufzeit entlang der Leitung kurz gegenüber der Periodendauer der übertragenen Frequenz, sind die elektrischen Werte R, C und L der Leitung zu berücksichtigen. Die Verbindungsleitung hat immer eine Parallelkapazität C_p, einen Serienwiderstand R_s und eine Serieninduktivität L_s, der Sender (Quelle, Ursprung) einen Ausgangswiderstand r_a und der Empfänger (Senke, Ziel) einen Eingangswiderstand r_e und eine Eingangskapazität C_e.

Ein Strom muß möglichst hochohmig gesendet und möglichst niederohmig empfangen werden. R_s stört nicht, ebenso C_p, solange die auftretende Spannung an Leitung und Empfänger klein bleibt. L_s ist meist so niedrig, daß die Wirkung außer bei sehr hohen Frequenzen vernachlässigt werden kann. Mehrere Empfänger werden in Serie geschaltet.

Eine Spannung muß möglichst niederohmig gesendet und möglichst hochohmig empfangen werden. C_p und C_e müssen auf den vollen Spannungswert aufgeladen werden, r_a und R_s ergeben mit C_p und C_e einen Tiefpaß. Die Spannungsteilung zwischen R_s und r_e ist meist vernachlässigbar, ebenso die Wirkung von L_s. Mehrere Empfänger werden parallel geschaltet.

Für hohe Frequenzen oder lange Leitungen (wenn die Leitung lang gegenüber der Wellenlänge und die Laufzeit entlang der Leitung lang gegenüber der Periodendauer ist) sind Reflexionen möglich und die charakteristische Größe ist der Wellenwiderstand Z_L der Leitung. In diesem Fall soll die Leitung beidseitig mit dem Wellenwiderstand abgeschlossen werden, d.h. $r_a = |Z_L|$ und $r_e = |Z_L|$.

Ein Meßwert kann auch als Wert einer Frequenz in analoger Form übertragen werden. Die elektrischen Werte der Leitung und von Senderausgang und Empfängereingang spielen dabei im allgemeinen keine störende Rolle. Die Überbrückung von Potentialunterschieden ist mit Hilfe von Optokopplern, Trennkapazitäten oder Transformatoren einfach zu erreichen.

Für die Übertragung von digitalisierten Meßwerten können alle Methoden der digitalen Datenübertragung verwendet werden. In Systemen der Meß-, Steuer- und Regelungstechnik werden meist nur kurze Nachrichten übertragen, eine sofortige Empfangsbestätigung (Quittierung) ist besonders wichtig. Es werden daher Datenformate und Protokolle verwendet, die für diese Anforderungen entwickelt wurden.

1.1.7 Literatur

[1] DIN 1319, Grundbegriffe der Meßtechnik.

[2] Frohne H., Ueckert E., Grundlagen der Elektrischen Meßtechnik. Teubner, Stuttgart 1984.

[3] Drachsel R., Elektrische Meßtechnik. VEB Verlag Technik, Berlin 1977.

[4] Helke H., Gleichstrommeßbrücken, Gleichspannungskompensatoren und ihre Normale. Oldenbourg, München 1974.

[5] Stöckl M.,Winterling K.H., Elektrische Meßtechnik. Teubner, Stuttgart 1978.

[6] Tränkler H.-R., Taschenbuch der Meßtechnik. Oldenbourg, München Wien 1990.

[7] Klein J.W., Dullenkopf P., Glasmachers A., Elektronische Meßtechnik: Meßsysteme und Schaltungen. Teubner, Stuttgart 1992.

1.2 Netzwerkberechnung

H. Schweinzer und R. Patzelt

1.2.1 Einführung

1.2.1.1 Allgemeines

Die Grundlagen der Schaltungsanalyse werden in diesem Kapitel aus zweierlei Gründen kurz dargestellt:

- das Meßobjekt bildet gemeinsam mit der Meßeinrichtung ein **Messungs-Netzwerk**, dessen Eigenschaften im Zusammenhang mit der Messung abgeschätzt werden müssen.

- ein rasches Erkennen der Funktion von Meßeinrichtungen ist nur durch eine einfache Darstellung der Prinzipschaltungen möglich, die ohne umfangreichen mathematischen Apparat auskommt.

Dafür ist neben den elementaren Methoden (Kirchhoff-Gesetze, Superpositionsregel) die Methode der Ersatz- oder Äquivalentschaltungen und die grafische Behandlung von Schaltungen wichtig. Bei Schaltungen mit nichtlinearen Bauelementen, deren Kennlinien durch analytische Funktionen meist nur ungenau angenähert werden können, ist eine genaue Berechnung oft nur auf Grund der gemessenen Kennlinien möglich. Dafür eignet sich vor allem die graphische Analyse oder die rein numerische Berechnung, wie sie auch bei der Schaltungssimulation verwendet wird.

Bei vielen elektrischen Vorgängen treten periodische Signale in einem begrenzten Frequenzband auf, die im Frequenzbereich sehr gut behandelt werden können. Bei einem zunehmenden Teil wichtiger meßtechnischer Aufgabenstellungen sind die Signale nichtperiodisch (z.B. Schaltvorgänge), die Meßwerte sind reine Zeitgrößen (Impulsdauer, Verzögerung) und das Frequenzband ist nicht begrenzt (z.B. nichtlineare Verzerrungen). Eine Behandlung im Frequenzbereich ist zwar möglich, aber häufig kompliziert, während die Zeitwerte direkt erfaßt bzw. berechnet

$$u_R(t) = R \cdot i_R(t)$$

Widerstand R (Dimension "Ohm" Ω)

$u_R(t)$

$i_R(t)$

R

$$i_C(t) = C \cdot \frac{du_C(t)}{dt} \qquad u_C(t) = \frac{1}{C} \cdot \int_0^t i_C(\tau) \cdot d\tau + U_0$$

Kapazität C (Dimension "Farad" F)

$u_C(t)$

$i_C(t)$

C

$$u_L(t) = L \cdot \frac{di_L(t)}{dt} \qquad i_L(t) = \frac{1}{L} \cdot \int_0^t u_L(\tau) \cdot d\tau + I_0$$

Induktivität L (Dimension "Henry" H)

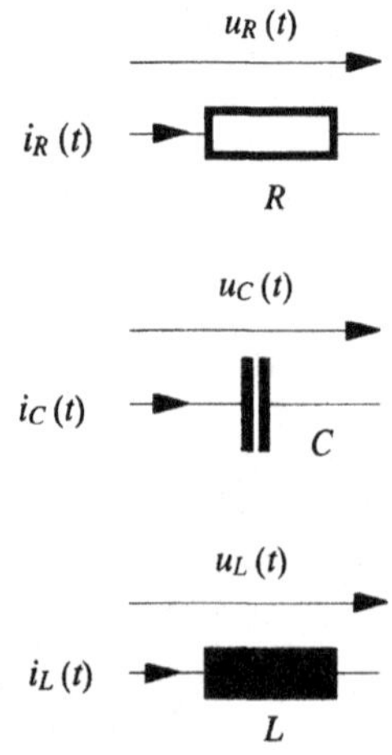

$u_L(t)$

$i_L(t)$

L

Abb. 1.2.1 Beziehungen zwischen Spannung und Strom an passiven, linearen Bauelementen

werden können. Die Darstellungen in Zeit- und Frequenzbereich sind daher aus meßtechnischer Sicht gleich wichtig und werden in diesem Kapitel kurz vergleichend behandelt.

1.2.1.2 Grundgesetze

Die hier behandelten Grundgesetze (Abb. 1.2.1) beziehen sich auf **passive, konzentrierte, diskrete** Bauelemente (Widerstand, Kapazität und Induktivität), die bei konstantem, von jedem Einfluß unabhängigem Wert jeweils einen **linearen** Zusammenhang zwischen den Zeitfunktionen von Spannung $u(t)$ und Strom $i(t)$ und ihren Ableitungen aufweisen. Besonders zu beachten ist, daß im idealen Widerstand die Werte von U und I einander unverzögert folgen und elektrische Energie vollständig in Wärme umgesetzt wird. In idealen Induktivitäten und Kapazitäten wird die zugeführte Energie gespeichert und wieder abgegeben, U und I sind über Differential- und Integralbeziehungen miteinander verknüpft und es tritt bei periodischen Signalen zwischen U und I eine Phasenverschiebung um 90° auf. Die Phasenverschiebung besteht dabei immer in einem Nacheilen der hervorgerufenen Wirkung hinter der auslösenden Ursache, da es physikalisch keine Zeitumkehr gibt, auch wenn technisch oft von dem Vorauseilen einer Größe gesprochen wird.

Alle realen Bauelemente zeigen unvermeidbar eine Kombination der Eigenschaften von R, C und L, im typischen Anwendungsbereich überwiegt eine dieser Größen bei weitem, die anderen sind geringfügige Störgrößen.

Im eingeschwungenen Zustand gilt für sinusförmiger Wechselgrößen:

$$u(t) = \hat{u} \cdot \cos(\omega \cdot t + \varphi_u) \qquad u(t) = \mathrm{Re}(\hat{u} \cdot e^{j \cdot (\omega \cdot t + \varphi_u)}) \tag{1}$$

$$i(t) = \hat{i} \cdot \cos(\omega \cdot t + \varphi_i) \qquad i(t) = \mathrm{Re}(\hat{i} \cdot e^{j \cdot (\omega \cdot t + \varphi_i)}) \tag{2}$$

Die **komplexe Rechnung** ist für sinusförmige Wechselgrößen jeweils einer bestimmten Frequenz $\omega = 2 \cdot \pi \cdot f$ geeignet, weil sich jede derartige Wechselgröße durch das Wertepaar Amplitude und Phasenwinkel φ (definiert in bezug auf eine Referenzgröße mit $\varphi = 0$) beschreiben läßt. ω stellt dabei die **Kreisfrequenz**, $f = 1/T$ die **Frequenz** und T die **Periodendauer** dar.

Es gelten die bekannten Beziehungen:

$$\begin{aligned}
&\hat{u}_R \cdot e^{j \cdot \varphi_u} = R \cdot \hat{i}_R \cdot e^{j \cdot \varphi_i} && \varphi = \varphi_u - \varphi_i = 0 \\
&\underline{U_R} = R \cdot \underline{I_R} && \underline{Z_R} = R \\
&\hat{i}_C \cdot e^{j \cdot \varphi_i} = j \cdot \omega \cdot C \cdot \hat{u}_C \cdot e^{j \cdot \varphi_u} && \varphi = \varphi_u - \varphi_i = -\pi/2 \\
&\underline{U_C} = \frac{1}{j \cdot \omega \cdot C} \cdot \underline{I_C} && \underline{Z_C} = \frac{1}{j \cdot \omega \cdot C} \\
&\hat{u}_L \cdot e^{j \cdot \varphi_u} = j \cdot \omega \cdot L \cdot \hat{i}_L \cdot e^{j \cdot \varphi_i} && \varphi = \varphi_u - \varphi_i = +\pi/2 \\
&\underline{U_L} = j \cdot \omega \cdot L \cdot \underline{U_L} && \underline{Z_L} = j \cdot \omega \cdot L
\end{aligned} \tag{3}$$

Reale Schaltungen bestehen aus passiven Bauelementen, Spannungs- und Stromquellen, sowie aus nichtlinearen und "aktiven" Bauelementen. Aktive Bauelemente sind insbesondere Transistoren, FET u.ä., bei denen eine Eingangsgröße eine "verstärkte" Ausgangsgröße steuert (für den Begriff "aktiv" sind auch andere Definitionen üblich).

Bei einfachen Schaltungen ist eine Berechnung mit Hilfe der **Kirchhoff'schen Gesetze** möglich, (bei komplizierten ist dies meist nur mit Rechnerunterstützung sinnvoll):

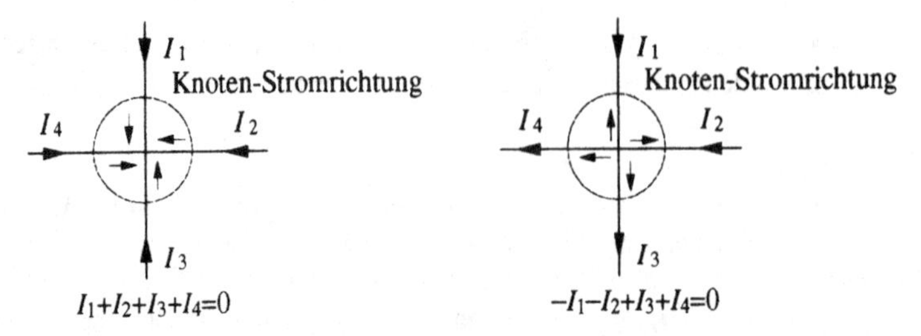

Abb. 1.2.2 Kirchhoff'sche Knotenregel, Knotenstromrichtung zu- oder abfließend gerechnet, Vorzeichenumkehr bei gegenläufiger Richtung der Pfeile

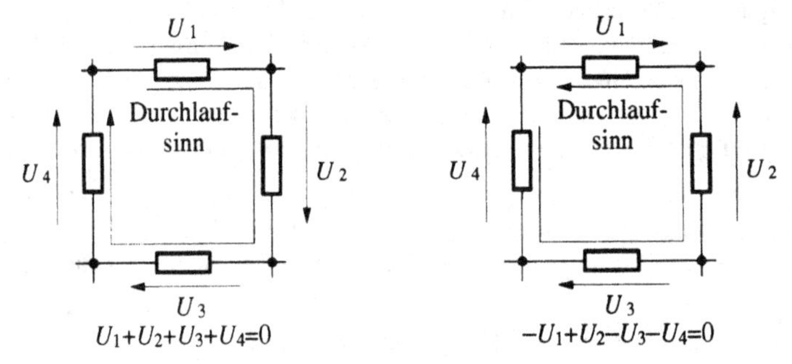

Abb. 1.2.3 Kirchhoff'sche Maschenregel, Durchlaufsinn ergibt die Vorzeichen, Vorzeichenumkehr bei gegenläufiger Richtung der Pfeile

- Stromknoten (Knotenregel): Die Summe aller (vorzeichenrichtig berücksichtigten) in einen Knoten zufließenden (oder abfließenden) Ströme ist Null (Abb. 1.2.2).
- Spannungsmasche (Maschenregel): Die Summe aller (vorzeichenrichtig berücksichtigten) Teilspannungen jeder geschlossenen Spannungsmasche ist Null (Abb. 1.2.3).

Eine Teilung in Quellen und Verbraucher kann hilfreich sein (Abb. 1.2.4), ebenso eine Teilung in einen rein ohmschen Teil und einen rein imaginären (mit C und L).

1.2.1.3 Methoden der Netzwerkberechnung

An Stelle einer Berechnung mit Hilfe der Kirchhoff-Regeln kann in linearen Netzwerken mit mehreren Quellen mit Hilfe der **Superpositionmethode** die Wirkung der verschiedenen Quellen einzeln berechnet werden. Dadurch wird die Rechnung einfacher und zusätzlich der Einfluß der verschiedenen Quellen getrennt erkennbar. Die Teilspannungen und Teilströme der verschiedenen Quellen in jedem Zweig des Netzwerkes werden dabei voneinander unabhängig bestimmt,

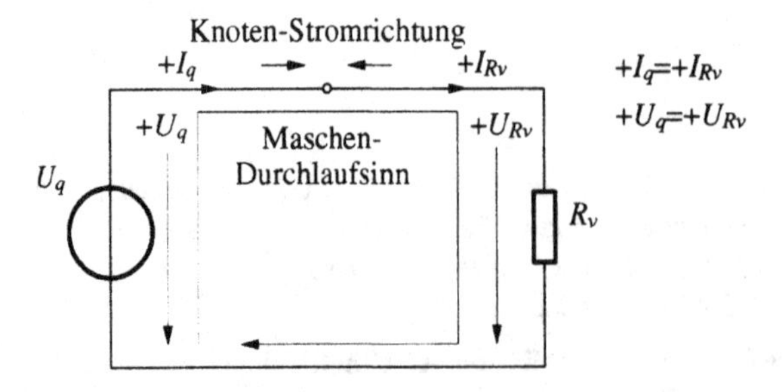

Abb. 1.2.4 Umformung der Kirchhoff'schen Gleichungen: Trennung Quelle und Verbraucher

ihre Betrachtung und Berechnung kann für jede Spannungs- oder Stromquelle getrennt erfolgen. Die Beträge der Teilspannungen und -ströme werden hierauf additiv überlagert, womit sich die Gesamtfunktion des Netzwerkes ergibt.

In Sonderfällen (vermaschten Netzwerken, insbesondere bei Dreieck-Verbindungen) ist es nötig, die **Stern-Dreiecks-Transformation** oder ihre Umkehrung anzuwenden.

Ersatzschaltungen (equivalent circuits) beschreiben das Verhalten eines **linearen Netzwerkes** zwischen zwei beliebigen Anschlüssen durch eine Ersatz-Spannungsquelle oder Ersatz-Stromquelle und einen Widerstand vollständig, sind also bezüglich der beiden Anschlüsse äquivalent. Die schrittweise Umwandlung eines Netzwerkes in die jeweilige Ersatzschaltung ermöglicht oft ein besseres Verständnis der Funktionsweise der Schaltung und der gegenseitigen Beeinflussung der Schaltungsteile. Wichtig ist die Methode der Ersatzschaltungen insbesondere auch für die Berechnung von Netzwerken, die **nichtlineare Bauelemente** enthalten, deren Verhalten im betrachteten Bereich (um den "Arbeitspunkt") **näherungsweise linearisiert** werden kann.

Zusätzliche Bedeutung hat die **grafische Netzwerkanalyse und -konstruktion**. Diese Methode wird insbesondere bei Bauelementen eingesetzt, die einen nichtlinearen Zusammenhang zwischen Spannung und Strom aufweisen. Sie ermöglicht die Bestimmung der Arbeitspunkte der nichtlinearen Bauelemente mit Hilfe der Kennlinie und liefert die Kenngrößen ihrer linearen Näherung im Arbeitspunkt. Die grafische Methode entspricht einer numerischen Behandlung, wie sie auch bei der Schaltungssimulation angewendet wird.

1.2.2 Ersatzschaltungen

1.2.2.1 Ideale und reale Spannungsquellen

Die Ausgangsspannung einer idealen Spannungsquelle ist von den auftretenden Strömen unabhängig (Innenwiderstand $R_i = 0$). Der Begriff **Spannungsquelle** wird für Bauelemente oder Schaltungen verwendet, an denen die **Spannung konstant** bleibt, unabhängig davon, ob diese Spannungsquelle Energie liefert (**aktive** Spannungsquelle) oder aufnimmt (**passive** Spannungsquelle), oder gegebenenfalls auch beide Möglichkeiten zuläßt. Abbildung 1.2.5 zeigt die Schaltzeichen der idealen Spannungsquelle und die Kennlinienverläufe der idealen und typischer real-aktiver bzw. real-passiver Spannungsquellen. Beispiele aktiver Spannungsquellen sind Batterie, Akkumulator und Generator, Beispiele passiver Spannungsquellen sind Zener-Dioden, Spannungsregler und Akkumulatoren im Ladebetrieb.

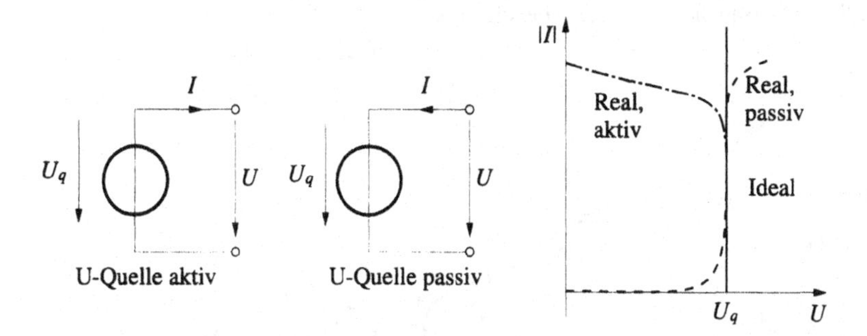

Abb. 1.2.5 Ideale und reale Spannungsquellen: Energie-liefernd (aktiv, innere Pfeilrichtungen gegenläufig) und Energie-verbrauchend (passiv, innere Pfeilrichtungen gleichlaufend), Schaltung und Kennlinien $I(U)$.

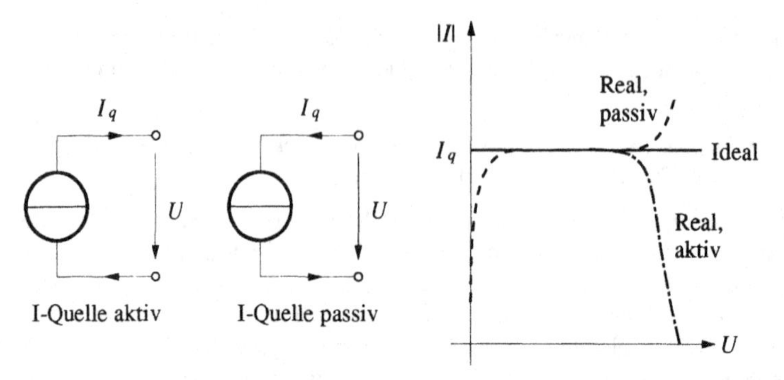

Abb. 1.2.6 Ideale und reale Stromquellen: Energie-liefernd (aktiv) und -verbrauchend (passiv), Schaltung und Kennlinien $I(U)$.

1.2.2.2 Ideale und reale Stromquellen

Der Ausgangsstrom einer idealen Stromquelle ist von den auftretenden Spannungen unabhängig (Innenwiderstand $R_i \to \infty$). Analog zur "Spannungsquelle" wird der Begriff **Stromquelle** für Bauelemente oder Schaltungen verwendet, in denen der **Strom konstant** bleibt, unabhängig von der auftretenden Spannung. In der Praxis sind reale Stromquellen meist **passiv** (Beispiel Stromregler), nehmen also Energie auf. Aktive Stromquellen werden durch passive Stromquellen in Verbindung mit zusätzlichen, energieliefernden Spannungsquellen realisiert. In Abb. 1.2.6 sind Schaltzeichen der idealen Stromquelle und Kennlinienverläufe der idealen und typischer real-aktiver bzw. real-passiver Stromquellen dargestellt.

1.2.2.3 Ersatzschaltungen linearer Netzwerke

Netzwerke werden als **linear** bezeichnet, wenn sie aus linearen Bauelementen (mit linearen Beziehungen zwischen den Werten von Strom und Spannung) aufgebaut sind. Zu diesen Bauelementen zählen Widerstände, Kapazitäten und Induktivitäten mit konstantem Wert, sowie ideale Spannungs- und Stromquellen. Häufig werden die realen Netzwerke in Teilbereichen durch lineare Netzwerke angenähert (**linearisiert**), womit eine gleichartige Berechnung möglich wird.

Das Verhalten jedes linearen Netzwerkes zwischen zwei beliebigen Anschlüssen kann durch eine Ersatzschaltung dargestellt werden, die entweder aus

- einer Spannungsquelle mit Serienwiderstand, oder

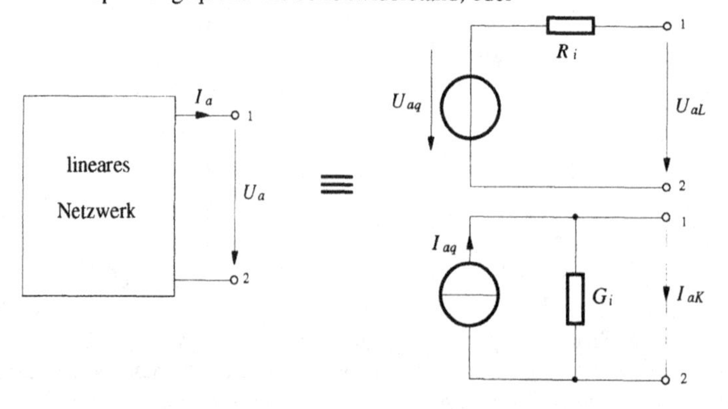

Abb. 1.2.7 Ersatzspannungs- und Stromquellen

- einer Stromquelle mit Parallelwiderstand (Parallelleitwert)

besteht (Abb. 1.2.7). In **linearen Netzwerken** ergibt sich die "Ersatzspannungsquelle" aus der **Leerlaufspannung** U_{aL} zwischen den beiden Anschlüssen (Ausgangsstrom Null), die "Ersatzstromquelle" aus dem **Kurzschlußstrom** I_{aK} zwischen beiden Anschlüssen. Der Widerstand R_i ist in beiden Ersatzschaltungen jeweils identisch und wird im Zusammenhang mit der Anwendung als Innen-, Ausgangs-, Quell- oder Eingangs-Widerstand bezeichnet. Sein Wert ergibt sich allgemein aus dem Verhältnis zusammengehöriger Werte von Spannungs- und Stromänderungen. Im linearen Netzwerk gilt für den **Ersatzwiderstand**

$$R_i = U_{aL}/I_{aK} \quad (= \text{Leerlaufspannung/Kurzschlußstrom}). \tag{4}$$

Auch in nichtlinearen Netzwerken sind kleine Spannungs- und Stromänderungen zueinander oft annähernd linear proportional, sodaß ein Ersatzwiderstand angegeben werden kann, der aber vom Betriebszustand (**Arbeitspunkt**, Ruhestrom und Ruhespannung) abhängig ist. Dieser Widerstand r_i ist ein **differentieller Ersatzwiderstand** und ist definiert durch

$$r_i = dU_a/dI_a \quad (= \text{Spannungsänderung/Stromänderung}) \tag{5}$$

Die Abb. 1.2.8 und Abb. 1.2.9 zeigen am Beispiel des **Spannungsteilers** die Umwandlung eines einfachen, linearen Netzwerkes in die beiden Ersatzschaltungstypen. Die beiden Ersatzschaltungsmöglichkeiten sind formal gleichwertig. Sinnvoll ist jedoch die Wahl jener Ersatzschaltung, die dem Charakter des Netzwerkes eher entspricht: ist die Spannungsänderung im betrachteten Bereich von Stromänderungen klein (R_i klein), dann ist die Darstellung als Ersatzspannungs-

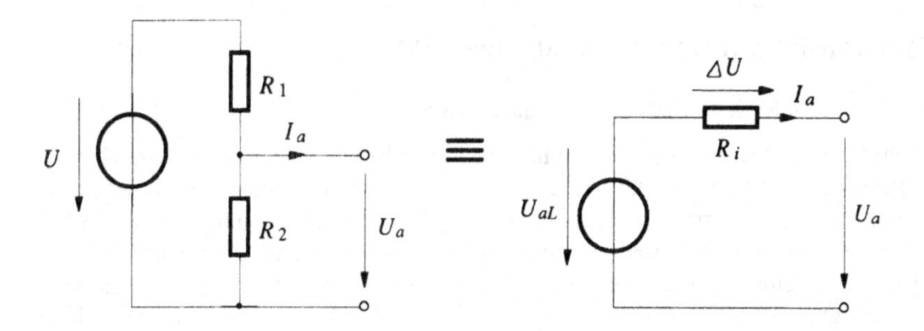

Abb. 1.2.8 Spannungsteiler umgewandelt in eine Ersatzspannungsquelle: der Ersatzwiderstand $R_i=R_1 \| R_2$ ergibt die Spannungsänderung bei Stromentnahme, abhängig von dem auftretenden Ausgangsstrom

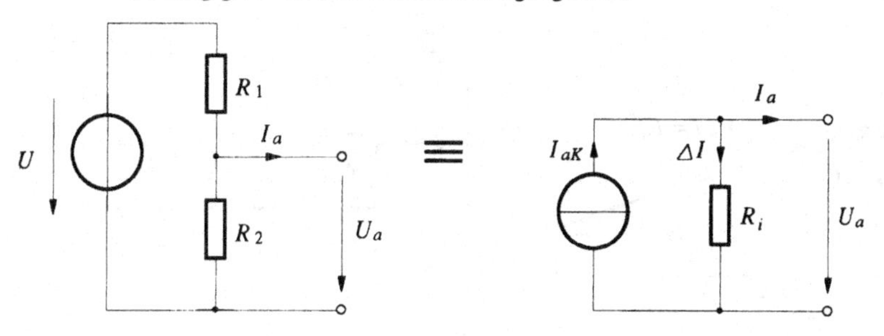

Abb. 1.2.9 Spannungsteiler umgewandelt in eine Ersatzstromquelle: der Ersatzwiderstand $R_i=R_1 \| R_2$ ergibt die Stromänderung, abhängig von der auftretenden Ausgangsspannung

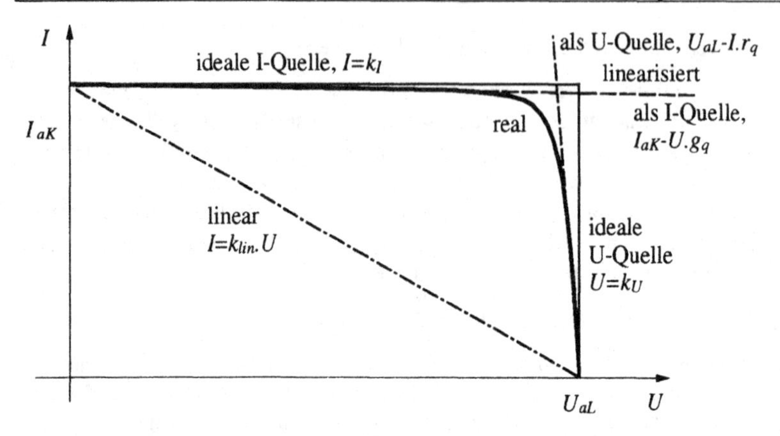

Abb. 1.2.10 Strom / Spannungscharakteristik eines nichtlinearen Netzwerkes (typische reale Spannungsquelle)

quelle besser geeignet, ist R_i groß und die Stromänderung bei den betrachteten Spannungsänderungen klein, dann ist die Darstellung als Ersatzstromquelle besser geeignet. Für nichtlineare Netzwerke kann das bedeuten, daß in verschiedenen Arbeitspunkten unterschiedliche Ersatzschaltungen günstiger sind (Abb. 1.2.10).

1.2.3 Grafische Netzwerkanalyse und -konstruktion

1.2.3.1 Parallel- und Serienschaltung von Bauelementen

Die (statischen) Eigenschaften elektrischer Bauelemente (auch nichtlinearer) können durch ihre (statisch gemessenen) $I(U)$-Kennlinien beschrieben werden. Dies gilt auch für Teile eines Netzwerkes, die durch eine Ersatzschaltung dargestellt werden. Durch die grafische Netzwerkanalyse kann die Wirkung jeder Serien- oder Parallelschaltung von Bauelementen und Teilnetzwerken dargestellt werden. Zur Demonstration der Methode (einer Methode der analytischen Geometrie) erfolgt die Darstellung zuerst an Hand von Widerständen, die eine lineare $I(U)$-Charakteristik aufweisen.

In Abb. 1.2.11 liegt die Serienschaltung zweier Widerstände an einer Gesamtspannung U. Die beiden Widerstandsgeraden werden vom Ursprung des Koordinatensystems bzw. horizontal gespiegelt (als "Spannungsabfall") von U weg aufgetragen. Ihr Schnittpunkt erfüllt die Kirch-

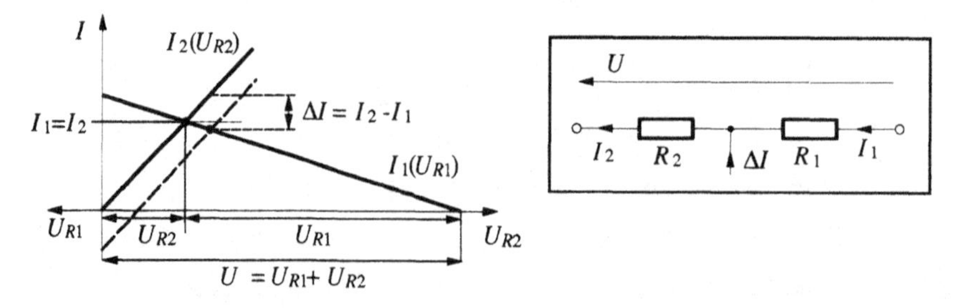

Abb. 1.2.11 Graphische Darstellung der Serienschaltung von zwei Widerständen bei vorgegebener Gesamtspannung: Spannungsaufteilung und gemeinsamer Strom, Auswirkung der Verschiebung einer Kennlinie um einen Differenzstrom ΔI

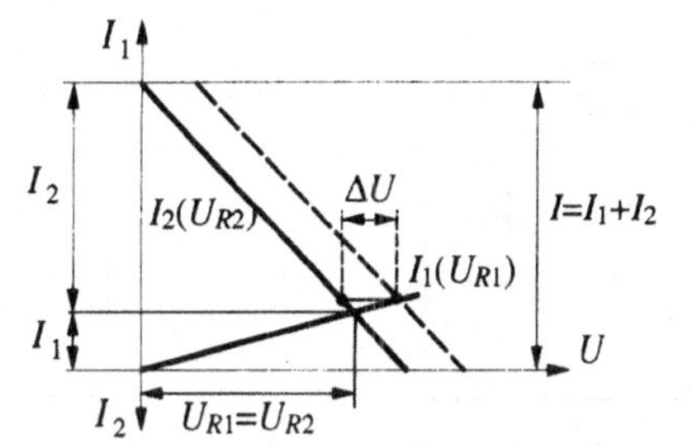

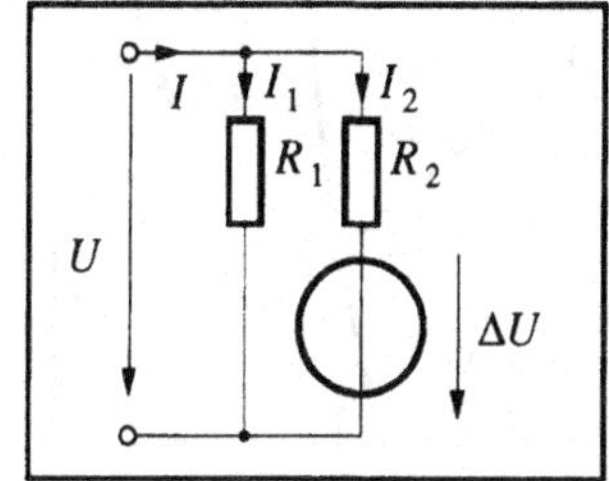

Abb. 1.2.12 Graphische Darstellung der Parallelschaltung von zwei Widerständen bei vorgegebenem Gesamtstrom: Stromaufteilung und gemeinsame Spannung, Auswirkung der Verschiebung einer Kennlinie um eine Differenzspannung ΔU

hoff'sche Knoten- und Maschengleichung, entspricht somit der Spannungsaufteilung und ergibt den durch die Schaltung fließenden Strom.

Wird zwischen den beiden Widerständen ein Strom eingespeist bzw. entnommen, so ist die Knotengleichung nicht durch $I_1=I_2$ erfüllt, sondern es muß dieser Strom berücksichtigt werden. Grafisch entspricht dies der Verschiebung einer der beiden Kennlinien um den Differenzstrom ΔI. Schneidet man nun die erste Kennlinie mit der verschobenen zweiten, so ergibt sich ein verschobener Schnittpunkt und damit die geänderte Spannungsaufteilung. Die Verschiebung der Kennlinie berücksichtigt, daß das zweite Bauelement selbst von einem anderen Strom durchflossen wird als das erste Bauelement und zeigt beide Ströme.

Für die Parallelschaltung zweier Widerstände (Abb. 1.2.12) gelten duale Verhältnisse. Der Gesamtstrom I bestimmt den Abstand der Ursprungspunkte der Widerstandsgeraden, deren Schnittpunkt die Stromaufteilung und den Spannungsabfall. Dual zur Einspeisung eines Stroms ist hier die Serienschaltung einer Differenzspannung zu einem der beiden Widerstände.

1.2.3.2 Kombinationen von Widerstand und nichtlinearem Bauelement

Kombiniert man einen Widerstand mit einer Diode, so tritt die stark nichtlineare Dioden-Kennlinie an die Stelle der zweiten Widerstandsgeraden. Die grafische Behandlung der Serienschaltung Diode und Widerstand (Abb. 1.2.13) ergibt den Arbeitspunkt mit den Werten von I und U und zeigt die Auswirkung einer Änderung des Widerstandes auf die Spannung an der Diode

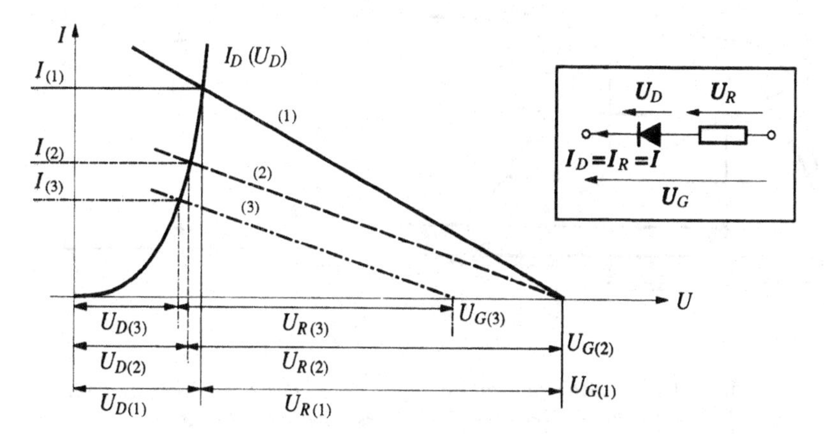

Abb. 1.2.13 Graphische Darstellung der Serienschaltung Diode und Widerstand für verschiedene Werte des Widerstandes und der Gesamtspannung U_G

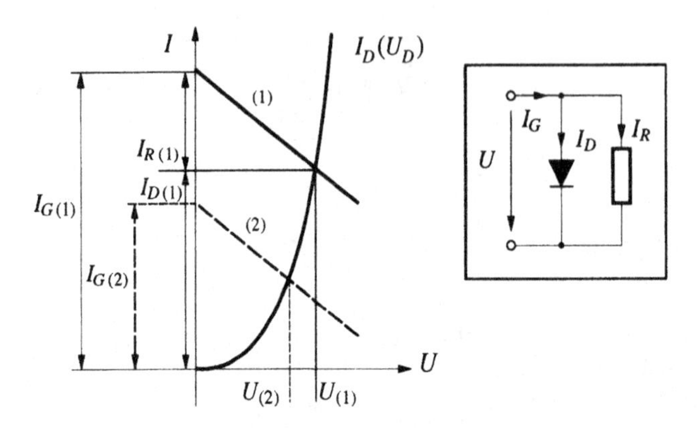

Abb. 1.2.14 Parallelschaltung Diode und Widerstand, bei zwei verschiedenen Werten des Gesamtstroms I_G, Stromaufteilung

und den Strom durch die Diode. Eine Vergrößerung des Widerstandes von Fall 1 auf Fall 2 ergibt eine wesentliche Verringerung des Diodenstroms bei geringfügiger Verkleinerung der Diodenspannung. Fall 3 zeigt den Einfluß der Änderung der anliegenden Gesamtspannung.

In Abb. 1.2.14 sind die entsprechenden Verhältnisse bei einer Parallelschaltung von Diode und Widerstand dargestellt. Wird der Gesamtstrom I reduziert (Fall 2 gegenüber Fall 1), so nimmt die Gesamtspannung an der Parallelschaltung verhältnismäßig wenig ab.

Bei einer Schaltung mit Feldeffekt-Transistor (FET) und Widerstand, einer Verstärkerschaltung, bestimmen die Versorgungsspannung, der **Arbeitswiderstand** und die steuernde Eingangsspannung zusammen einen **Arbeitspunkt** AP. Die Abb. 1.2.15 zeigt das Ausgangskennlinienfeld eines FETs mit den Arbeitsgeraden für zwei verschiedene Widerstände. Durch den aktuellen Wert U_{e3} der angelegten Eingangsspannung wird die entsprechende Kennlinie $I_D(U_a,U_e)$ ausgewählt, der Schnittpunkt mit der Widerstandskennlinie entspricht der Bedingung $I_R=I_D$ für den Arbeitspunkt. Spannungsänderungen am Eingang (auf die Werte U_{e1} ...U_{e5}) ergeben am Ausgang verstärkte Spannungsänderungen umgekehrter Polarität auf die Werte $U_a(U_{e1}, \ldots U_{e5})$.

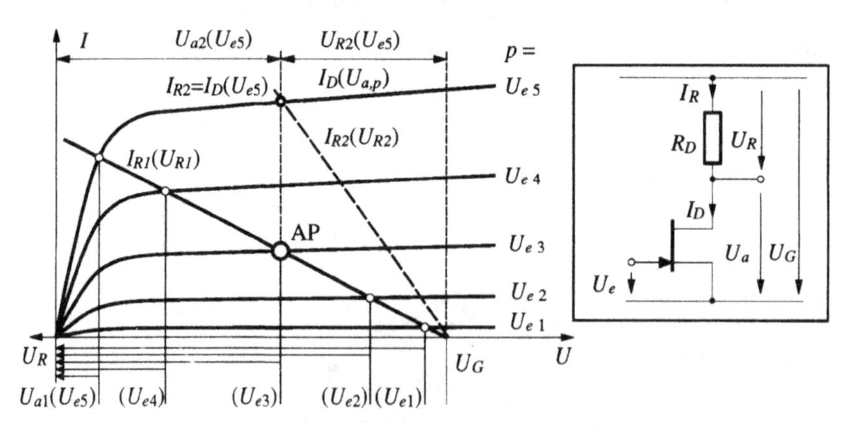

Abb. 1.2.15 Arbeitspunkt einer Schaltung mit FET und Arbeitswiderstand: Der Parameter U_e legt die jeweils gültige Kennlinie $I_D(U_D)$ fest; der Schnittpunkt mit der Widerstandskennlinie $I_R(U_R)$ ergibt den Arbeitspunkt. Die Werte von $U_a(U_{ei})$ zeigen die (nichtlineare) Verstärkung bei gleichen Schritten der Eingangsspannung

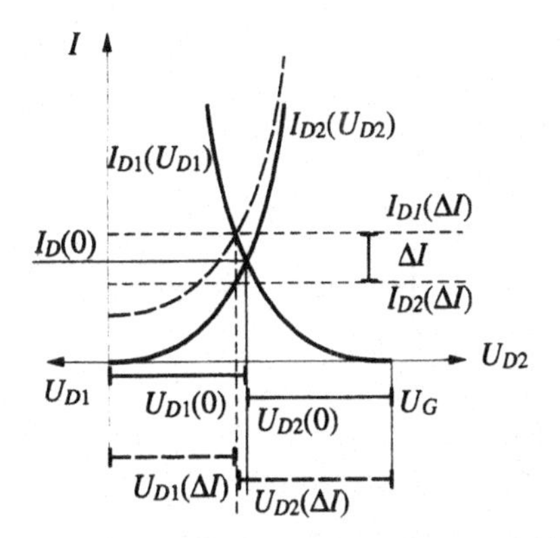

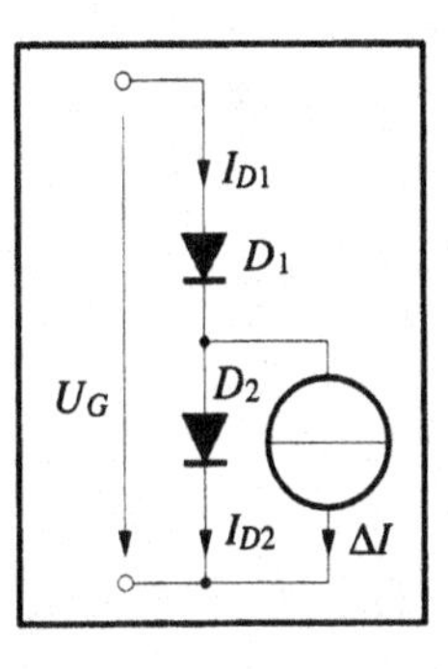

Abb. 1.2.16 Serienschaltung zweier Dioden bei vorgegebener Gesamtspannung: Spannungsaufteilung, Auswirkung der Verschiebung einer Kennlinie um einen Differenzstrom ΔI

Die ungleichen Differenzen dieser Werte zeigen, daß die Verstärkung nicht linear ist. Die strichlierte Linie stellt eine andere Arbeitsgerade dar, die bei niedrigerem Arbeitswiderstand R_2 und höherer Eingangsspannung U_{e5} die gleiche Spannungsaufteilung wie im ersten Fall ergibt.

1.2.3.3 Kombinationen von zwei nichtlinearen Bauelementen

Serien- und Parallelschaltungen nichtlinearer Bauelemente werden in gleichartiger Weise behandelt wie die von linearen Bauelementen. Dabei wird ebenfalls die entsprechende Kennlinie horizontal bzw. vertikal gespiegelt. Die Abb. 1.2.16 zeigt die Behandlung einer Serienschaltung zweier Dioden und wie sich der Arbeitspunkt durch einen Differenzstrom verschiebt. In Abb. 1.2.17 ist die Parallelschaltung zweier Dioden und die entsprechende Verschiebung der Stromverteilung der beiden Zweige durch eine zusätzliche Spannungsquelle gezeigt. Die Verhältnisse sind hier ähnlich wie bei einem Differenzverstärker (der Eingangsstufe eines Operationsverstärkers, siehe Kap. 2.3). Zu beachten ist, daß die Spannungsnullpunkte der exponentiell verlaufenden Diodenkennlinien weit außerhalb des dargestellten Bereiches liegen.

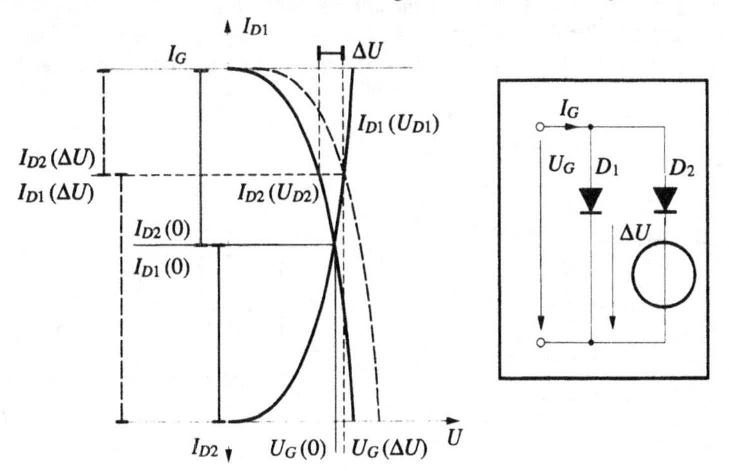

Abb. 1.2.17 Parallelschaltung zweier Dioden bei vorgegebenem Gesamtstrom: Stromaufteilung, Auswirkung der Verschiebung einer Kennlinie um eine Differenzspannung ΔU

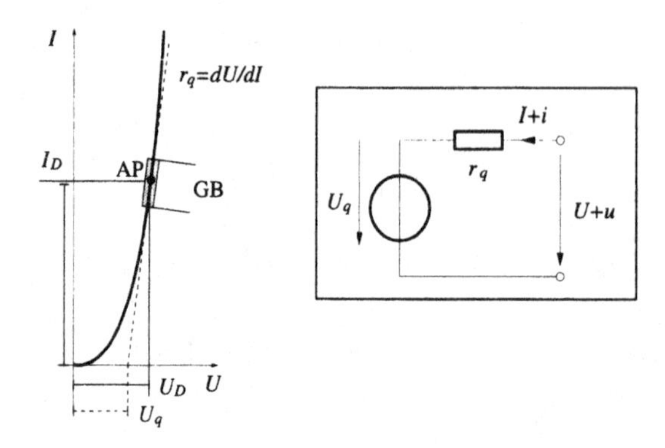

Abb. 1.2.18 Lineare Ersatzschaltung einer Diode: Arbeitspunkt AP, Gültigkeitsbereich GB, differentieller Ersatzwiderstand r_q=dU/dI und Ersatzquellspannung U_q

Für die Behandlung einer Kombination Diode mit Widerstand genügt meist bereits eine grobe Näherung der Diodenkennlinie, solange die Spannung am Widerstand groß gegenüber der an der Diode ist bzw. der Strom durch den Widerstand klein gegenüber dem durch die Diode ist und sich daher ein gut definierter Schnitt der Kennlinien ergibt. Die Aufteilung des Stromes auf zwei Dioden kann aber nur mit einem genauen Modell (insbesondere dem genau gemessenen Verlauf der Kennlinie) ermittelt werden, da schon geringfügig andere Spannungswerte sehr stark abweichende Stromwerte ergeben.

1.2.3.4 Kenngrößen nichtlinearer Bauelemente in Ersatzschaltungen

Wie bereits unter 1.2.2.3 erläutert, können bei nichtlinearen Bauelementen bzw. in nichtlinearen Netzwerken Ersatzwiderstände im jeweiligen Arbeitspunkt durch Differentiation der $I(U)$-Funktion gefunden werden. In der grafischen Darstellung der $I(U)$-Charakteristik stellt die Tangente im Arbeitspunkt den Ausgangsleitwert der Ersatzschaltung dar:

$$g_q = dI/dU = 1/r_q \tag{6}$$

Die Linearisierung erfolgt dadurch, daß die nichtlineare Kennlinie durch die Tangente im Arbeitspunkt ersetzt wird. Der Gültigkeitsbereich ergibt sich aus der geforderten Genauigkeit und der Krümmung der Kennlinie. Die grafische Darstellung liefert den Ersatzwiderstand und zeigt die Abweichungen, aus denen sich die Anwendbarkeit der Ersatzschaltung erkennen läßt.

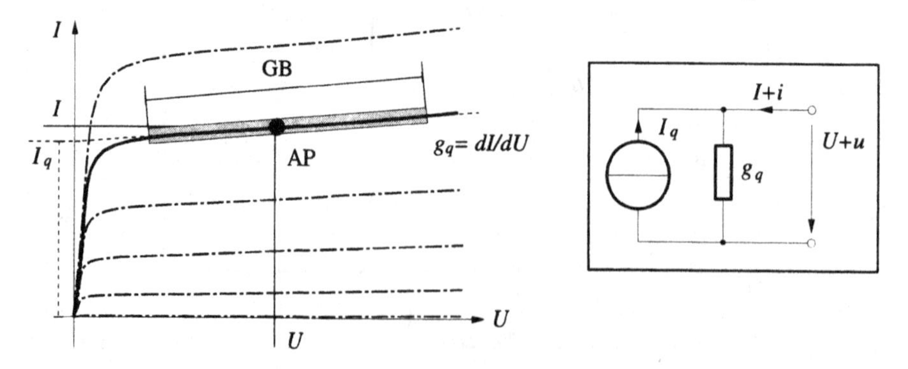

Abb. 1.2.19 Ersatzschaltung einer Transistor-Ausgangskennlinie $I_C(U_{CE})$: Arbeitspunkt AP, Gültigkeitsbereich GB, differentieller Ersatzleitwert g_q=dI/dU und Ersatzquellstrom I_q

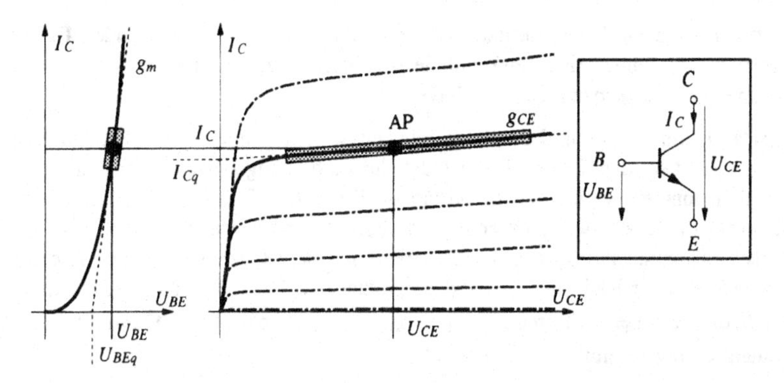

Abb. 1.2.20 Darstellung des Verhaltens eines Transistors im Arbeitspunkt durch linearisierte Kleinsignal-Kenngrößen und linearisierte Eingangs- und Ausgangs-Kennlinien

Die in Abb. 1.2.18 dargestellte Ersatzschaltung einer leitenden Diode wird sinnvollerweise vom Typ einer Spannungsquelle gewählt, da sich die Spannung auch bei großen Stromänderungen nur wenig ändert. Ähnliche Verhältnisse sind bei Emitterfolger und Sourcefolger, beim durchgeschalteten Transistor und Thyristor und bei den Z-Dioden gegeben. Die Werte von U_q und r_q sind vom Arbeitspunkt AP abhängig. U_q ist der Wert des Schnittpunktes der Tangente mit der Spannungsachse, also eine formale Hilfsspannung ohne physikalische Bedeutung. Der schattierte Bereich stellt den Gültigkeitsbereich GB der Ersatzschaltung dar, der wegen der starken Krümmung der Kennlinie entsprechend beschränkt bleiben muß.

In Abb. 1.2.19 ist die Ausgangskennlinie $I_C(U_{CE})$ eines leitenden Transistors mit einer Stromquellen-Ersatzschaltung dargestellt. Die Ersatzschaltung für $I_D(U_{DS})$ eines leitenden FET und für den Sperrstrom $I_r(U_r)$ einer gesperrten Diode ist ähnlich. Die Stromquellen-Ersatzschaltung wird gewählt, da sich der Strom im betrachteten Bereich mit der Spannung nur geringfügig ändert. Der Gültigkeitsbereich ist wegen der geringen, konstanten Steigung relativ groß.

Für Ersatzschaltungen gesteuerter Bauelemente, wie Transistor und FET, ist es notwendig, beide Darstellungsweisen zu kombinieren, da sowohl das eingangsseitige Verhalten, als auch das Ausgangskennlinienfeld berücksichtigt werden muß. In Abb. 1.2.20 ist die Linearisierung von Transistor-Kennlinien bei gegebenem Arbeitspunkt dargestellt. Ein entsprechendes, gemeinsa-

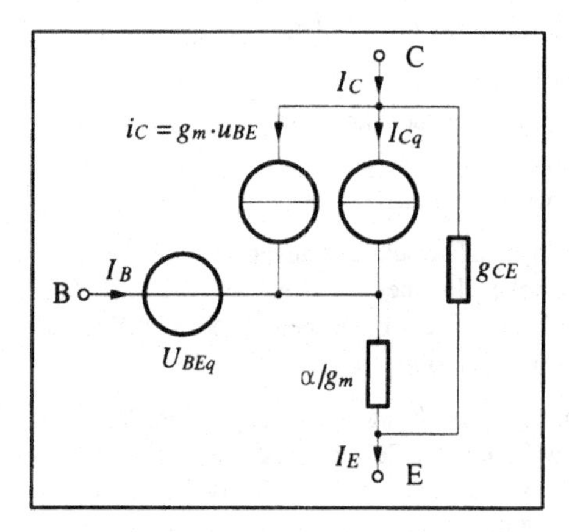

Abb. 1.2.21 Ersatzschaltung eines Transistors im Arbeitspunkt mit den zugehörigen Ersatzkenngrößen. Für FET ist B, E und C durch G, S und D zu ersetzen, es gilt α=1

mes Ersatzschaltbild für Transistor und FET zeigt Abb. 1.2.21. Die erzeugenden Teil-Ersatzschaltungen der Ein- und Ausgangskennlinie sind noch deutlich zu erkennen, obwohl eine Verkopplung der Ersatzschaltungen stattfindet.

Diese Ersatzschaltung kann für die meisten üblichen Schaltungen (einschließlich Differenzverstärker) verwendet werden. Zu beachten ist, daß die Verbindung zwischen der Basis bzw. dem Gate und dem inneren Knoten einem "virtuellen Kurzschluß" entspricht. Ob überhaupt ein Eingangsstrom fließt oder wie groß er ist, ergibt sich (ähnlich wie in einer rückgekoppelten Operationsverstärkerschaltung) aus der Steuerwirkung des Bauelementes. Der Arbeitspunkt definiert die Werte der Kleinsignal-Ersatzkenngrößen I_{Cq}, U_{BEq}, g_m und g_{CE}. Die Steuerung wird durch die gesteuerte Stromquelle $i_C = g_m \cdot u_{BE} = \alpha \cdot I_E$ dargestellt. Für FET sind die äquivalenten Kennwerte mit $\alpha=1$ zu verwenden.

1.2.4 Dynamisches Verhalten linearer Netzwerke

In der Folge werden in knapper Form wichtige Charakteristika frequenzabhängiger Spannungsteiler mit zwei Elementen (*R-C*, *C-R*) in einem Überblick zusammengestellt, da diese Grundlagen an vielen Stellen der folgenden Kapitel eine wesentliche Voraussetzung darstellen. Neben einer Zusammenfassung häufig benötigter Formeln liegt dabei das Schwergewicht auf der Darstellung jener Zeitverläufe, die sich bei sinusförmigem Eingangssignal (Übertragungsmaß, Phasenverschiebung) und bei impulsförmigem Eingangssignal (Zeitkonstante, Impulsdauer) ergeben. Weiters werden bei sinusförmiger Anregung auch Bode-Diagramme und Zeigerdiagramme, bei impulsförmiger Anregung auch Frequenzspektren angegeben.

In Abb. 1.2.22 sind Schaltung und Grundgleichungen des Tiefpasses, in Abb. 1.2.23 Schaltung und Grundgleichungen des Hochpasses zusammengefaßt: Die Serienschaltung von R und C (und ihr Äquivalent $L + R$) wird als Tiefpaßfilter 1.Ordnung, Siebglied oder einfaches Integrierglied bezeichnet. Die Serienschaltung von C und R (und ihr Äquivalent $R + L$) wird als Hochpaßfilter 1.Ordnung, potentialtrennendes Übertragungsglied oder einfaches Differenzierglied bezeichnet.

Diese Schaltungen sind die einfachsten Kombinationen eines zeit- und frequenzabhängigen Bauelementes mit einem von Zeit und Frequenz unabhängigen Element. Die Kombinationen können verschiedene Funktionen erfüllen. Besonders wichtig sind die Anwendungen als Frequenzfilter, als Spannungsteiler oder als einfachste passive "Analogrechenschaltung".

In beiden Fällen lassen sich mit der Grenzfrequenz $\omega_g = 1/(R \cdot C)$ und der Zeitkonstante $\tau = R \cdot C$ drei Bereiche definieren:

- "niedrige Frequenzen" für $\omega << \omega_g$ oder "lange Impulse" für $T_{imp} >> \tau$
- "hohe Frequenzen" für $\omega >> \omega_g$ oder "kurze Impulse" für $T_{imp} << \tau$
- "Übergangsbereich" dazwischen liegend, für $\omega \approx \omega_g$ oder $T_{imp} \approx \tau$

Tabelle 1.2.1 und Tabelle 1.2.2 enthalten die wichtigsten Formeln. Die angegebenen Näherungsformeln gelten für den Bereich "niedriger" bzw. "hoher" Frequenzen. Die Abb. 1.2.24 und Abb. 1.2.26 zeigen für stationäre Sinussignale das Verhalten im Übergangsbereich bei Verhältnissen der Frequenz zur Grenzfrequenz $\Omega = \omega/\omega_g$ zwischen 1/10 und 10.

Die Bodediagramme mit ihrem doppelt logarithmischen Maßstab lassen die jeweilige Veränderung der Amplitude sehr deutlich erkennen, während die Zeigerdiagramme vor allem die Zusammenhänge von Phasenlage und Amplitudenverhältnis zeigen. Der Zeitverlauf mit einem an die Periodendauer angepaßtem Zeitmaßstab läßt die zeitlichen Zusammenhänge der Veränderung des Signales anschaulich erkennen, während der Zeitverlauf mit konstantem Zeitmaßstab

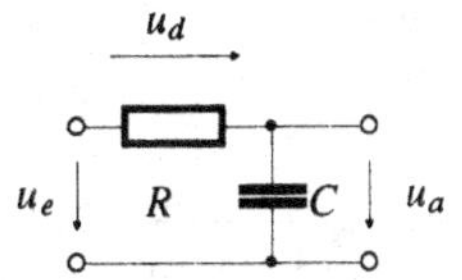

u_d

u_e R C u_a

$$\underline{Z_C} = 1/(j \cdot \omega \cdot C)\,,\quad Z_C = |\,\underline{Z_C}\,| = 1/(\omega \cdot C)$$
$$\underline{u_e} = \underline{u_R} + \underline{u_C} = \underline{u_d} + \underline{u_a}$$
$$R = Z_C(\omega_g) = 1/(\omega_g \cdot C)$$
$$\underline{u_a} = \underline{u_e} \cdot \frac{1}{1 + j \cdot \omega \cdot R \cdot C} = \underline{u_e} \cdot \frac{1}{1 + j \cdot \omega/\omega_g} = \underline{u_e} \cdot \frac{1}{1 + j \cdot \Omega}$$

Abb. 1.2.22 Tiefpaß-Filter: Serienschaltung R + C (oder entsprechend L + R)

Tabelle 1.2.1 Kenngrößen und Formeln des Tiefpasses (Serienschaltung R+C)

Kenngröße, Formel	**Tiefpaß**
Grenzfrequenz ω_g	$\omega_g = 1/(R \cdot C) = 1/\tau$
Zeitkonstante τ	$\tau = R \cdot C = 1/\omega_g$
"Normierte" Frequenz Ω	$\omega/\omega_g = \Omega$
Impulsdauerverhältnis V_T	$T_{imp}/\tau = V_T$
Amplituden- oder Zeigerverhältnis	$\frac{R}{Z_C} = \frac{u_R}{u_C} = \frac{u_d}{u_a} = \frac{1/(\omega_g \cdot C)}{1/(\omega \cdot C)} = \frac{\omega}{\omega_g} = \Omega$
Eingangsimpedanz	$\underline{Z_e} = \underline{R} + \underline{Z_C}\,.\ \ |\,\underline{Z_e}\,| = Z_e = \sqrt{R^2 + Z_C^2}$
Eingangsstrom	$\underline{i_e} = \underline{u_e}/\underline{Z_e}$
Betrag des Übertragungsmaßes, Abschwächung	$\ddot{u} = \frac{u_a}{u_e} = \frac{Z_C}{Z_e} = \frac{1}{\sqrt{1 + \Omega^2}}$
Näherung für niedere Frequenzen	$\ddot{u}_{NF} \approx 1 - \frac{\Omega^2}{2} \approx 1$ (für $\omega << \omega_g$ bzw. $\Omega << 1$)
Näherung für hohe Frequenzen	$\ddot{u}_{HF} \approx \frac{1}{\Omega}$ (für $\omega >> \omega_g$ bzw. $\Omega >> 1$)
Übertragungsmaß, komplex	$\underline{\ddot{u}} = \frac{\underline{u_a}}{\underline{u_e}} = \frac{1}{1 + j \cdot \omega \cdot R \cdot C} = \frac{1}{1 + j \cdot \omega/\omega_g} = \frac{1}{1 + j \cdot \Omega}$
Differenz der Beträge, normiert	$1 - |\,\underline{\ddot{u}}\,| = 1 - \ddot{u} = \frac{u_e - u_a}{u_e} = 1 - \frac{1}{\sqrt{1 + \Omega^2}}$
Betrag des Differenzzeigers, normiert	$|\,1 - \underline{\ddot{u}}\,| = \frac{u_d}{u_e} = \frac{R}{\sqrt{R^2 + Z_C^2}} = \frac{\Omega}{\sqrt{1 + \Omega^2}}$
Phasenlage von u_a zu u_e	$\varphi(u_a, u_e) = \arctan(\Omega)$
Phasenlage von u_d bzw. i_e zu u_e	$\varphi(i_e, u_e) = \arctan(1/\Omega)$

einen guten Überblick bietet und dem Bild am Oszilloskop bei Veränderung der Frequenz entspricht.

Die Abb. 1.2.25 und Abb. 1.2.27 zeigen für Einzel-Rechteckimpulse das Verhalten im Übergangsbereich bei Verhältnissen der Impulsdauer zur Zeitkonstante $V_T = T_{imp}/\tau$ zwischen 1/10 und 10. Der Zeitmaßstab der Darstellung des Zeitverlaufes ist dabei an die Impulsdauer angepaßt, sodaß die Verformung der Impulse gut zu erkennen ist. Der Frequenz-Maßstab der Frequenzspektren (Amplitudendichte als Funktion der Frequenz) ist linear und an den Kehrwert der

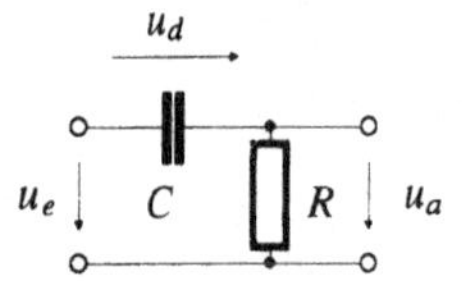

u_d u_e C R u_a

$$\underline{Z_C} = 1/(j\cdot\omega\cdot C)\,, \quad Z_C = |\,\underline{Z_C}\,| = 1/(\omega\cdot C)$$
$$\underline{u_e} = \underline{u_C} + \underline{u_R} = \underline{u_d} + \underline{u_a}$$
$$R = Z_C(\,\omega_g\,) = 1/(\omega_g\cdot C)$$
$$\underline{u_a} = \underline{u_e}\cdot\frac{R}{R + 1/(j\cdot\omega\cdot C)} = \underline{u_e}\cdot\frac{1}{1 + \omega_g/(j\cdot\omega)} = \underline{u_e}\cdot\frac{1}{1 + 1/(j\cdot\Omega)}$$

Abb. 1.2.23 Hochpaß-Filter: Serienschaltung C + R (oder entsprechend R + L)

Tabelle 1.2.2 Kenngrößen und Formeln des Hochpasses (Serienschaltung C+R)

Kenngröße, Formel	**Hochpaß**
Grenzfrequenz ω_g	$\omega_g = 1/(R\cdot C) = 1/\tau$
Zeitkonstante τ	$\tau = R\cdot C = 1/\omega_g$
"Normierte" Frequenz Ω	$\omega/\omega_g = \Omega$
Impulsdauerverhältnis V_T	$T_{imp}/\tau = V_T$
Amplituden- oder Zeigerverhältnis	$\frac{Z_C}{R} = \frac{u_C}{u_R} = \frac{u_d}{u_a} = \frac{1/(\omega C)}{1/(\omega_g\cdot C)} = \frac{\omega_g}{\omega} = \frac{1}{\Omega}$
Eingangsimpedanz	$\underline{Z_e} = \underline{Z_C} + \underline{R}\,.\ \ |\,\underline{Z_e}\,| = Z_e = \sqrt{Z_C^2 + R^2}$
Eingangsstrom	$\underline{i_e} = \underline{u_e}/\underline{Z_e}$
Betrag des Übertragungsmaßes, Abschwächung	$ü = \frac{u_a}{u_e} = \frac{R}{Z_e} = \frac{\Omega}{\sqrt{1+\Omega^2}} = \frac{1}{\sqrt{1+\frac{1}{\Omega^2}}}$
Näherung für niedere Frequenzen	$ü_{NF} \approx \Omega$ (für $\omega << \omega_g$ bzw. $\Omega << 1$)
Näherung für hohe Frequenzen	$ü_{HF} \approx 1 - \frac{1}{2\cdot\Omega^2}$ (für $\omega >> \omega_g$ bzw. $\Omega >> 1$)
Übertragungsmaß, komplex	$\underline{ü} = \frac{\underline{u_a}}{\underline{u_e}} = \frac{1}{1 + 1/(j\cdot\omega\cdot R\cdot C)} = \frac{1}{1 + \omega_g/(j\cdot\omega)} = \frac{1}{1 + 1/(j\cdot\Omega)}$
Differenz der Beträge, normiert	$1 - |\,\underline{ü}\,| = 1 - ü = \frac{u_e - u_a}{u_e} = 1 - \frac{\Omega}{\sqrt{1+\Omega^2}}$
Betrag des Differenzzeigers, normiert	$|\,1 - \underline{ü}\,| = \frac{u_d}{u_e} = \frac{Z_C}{\sqrt{R^2 + Z_C^2}} = \frac{1}{\sqrt{1+\Omega^2}}$
Phasenlage u_a zu u_e	$\varphi(\,u_a\,,u_e\,) = \arctan(\,1/\Omega\,)$
Phasenlage u_d bzw. i_e zu u_e	$\varphi(\,i_e\,,u_e\,) = \arctan(\,\Omega\,)$

Impulsdauer angepaßt; das Spektrum des Eingangssignals ist daher gleich. Die grauen Flächen zeigen, welche Teile des Frequenzspektrums durch das Filter unterdrückt werden.

Folgende Zusammenhänge sind in den graphischen Darstellungen deutlich zu erkennen:

Im Durchlaßbereich (niedrige Frequenzen bei Tiefpaßfiltern, hohe Frequenzen bei Hochpaßfiltern) sind die Abweichungen von Amplitude und Phasenlage klein. Dementsprechend werden lange Impulse von Tiefpaßfiltern samt Gleichanteil übertragen. Hochpaßfilter übertragen kurze

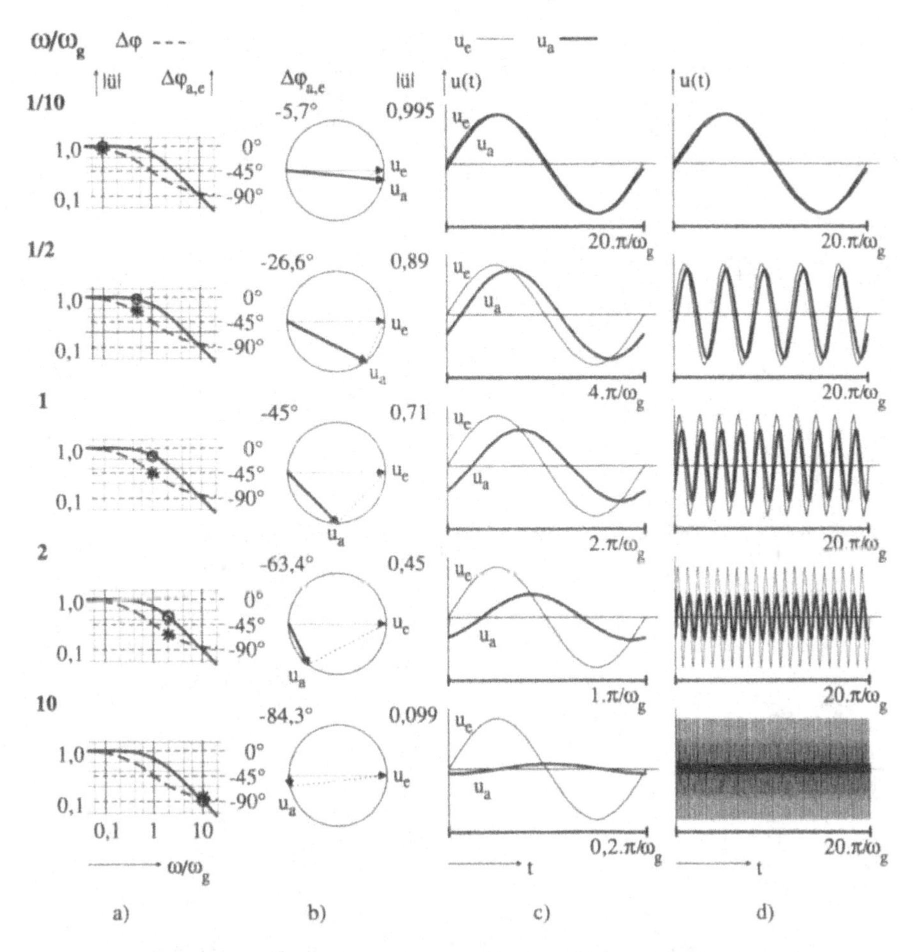

Abb. 1.2.24 Tiefpaß-Filter (Serienschaltung R+C oder L+R), stationäres Sinussignal
Normierte Frequenz $\Omega = \{ 1/10 \ldots 10 \}$
a) Bode-Diagramm (Amplitude und Phase)
b) Zeigerdiagramm
c) Zeitverlauf, Phasenverschiebung $\Delta\varphi_{a,e}$, Abschwächung $|\ddot{u}|$
(Darstellung an die Periodendauer angepaßt)
d) Zeitverlauf in gleichbleibendem Zeitmaßstab

Einzelimpulse nahezu unverändert (siehe Abb. 1.2.27); der Gleichanteil wird jedoch im stationären Zustand einer periodischen Anregung mit Impulsen unterdrückt, da die Zeitintegrale der positiven und der negativen Signalabschnitte den gleichen Wert aufweisen. Dies gilt auch für Einzelimpulse, deren Amplitude (für $\tau >> T_{imp}$) praktisch voll übertragen wird. Das nachfolgende Unterschwingen ist zwar verschwindend klein, dauert aber so lange, daß die Spannungszeitfläche gleich der des übertragenen Impulses ist.

Bei sinusförmigem Eingangssignal erscheint das Ausgangssignal im Sperrbereich (hohe Frequenzen bei Tiefpaßfiltern, niedrige Frequenzen bei Hochpaßfiltern) um nahezu 90° bzw. $\pi/2$ phasenverschoben, seine Amplitude wird stark abgeschwächt. Dementsprechend werden Einzel-

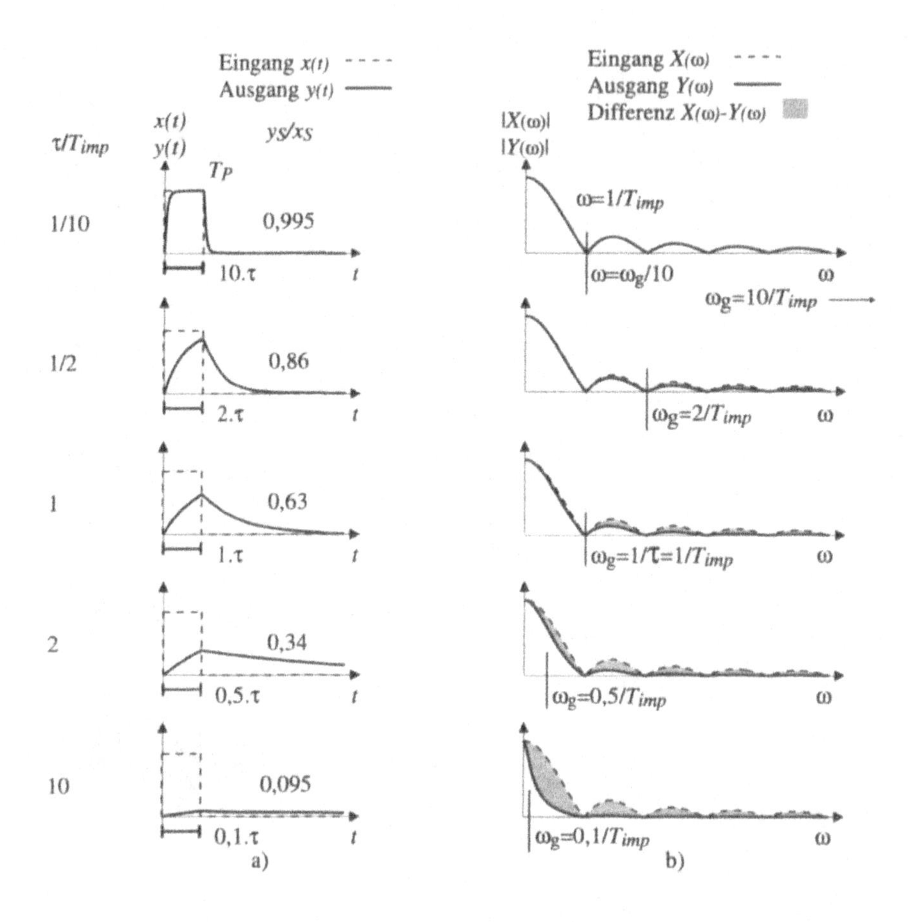

Abb. 1.2.25 Tiefpaß-Filter (Serienschaltung R+C oder L+R), Einzel-Rechteckimpuls Impulsdauer bezogen auf die Zeitkonstante $\tau/T_{imp} = \{\,10 \ldots {}^1\!/_{10}\,\}$
a) Verformung des Zeitverlaufs,
Verhältnis Ausgangsspitzenwert $\hat{y}$ / Eingangsamplitude $\hat{x}$.
b) Verformung des Frequenzspektrums, Differenz.

impulse stark verformt. Kurze Impulse in Tiefpaßfiltern ergeben einen kurzen, nahezu linearen Anstieg gefolgt von einem langen Abfall; das Zeitintegral des Ausgangssignales ist näherungsweise gleich dem des Eingangssignals. Lange Impulse in Hochpaßfiltern ergeben zwei kurze Impulse entgegengesetzter Polarität und gleicher Fläche; die Flanken werden unverändert übertragen. Diese Impulsantworten entsprechen näherungsweise einer Integration bzw. einer Differentiation.

Im Durchlaßbereich weit entfernt von der Grenzfrequenz ($\Omega = {}^1\!/_{10}$ beim Tiefpaß, $\Omega = 10$ beim Hochpaß) ist der Unterschied zwischen sinusförmigem Eingangs- und Ausgangssignal vorwiegend durch die Phasenverschiebung bestimmt, die im Differenzsignal u_a-u_e (siehe Zeigerdiagramme) sichtbar wird. Entsprechende Impulsverläufe (V_T=1/10 beim Tiefpaß, V_T=10 beim Hochpaß) zeigen eine gute Übereinstimmung von Eingangs- und Ausgangssignal. Beim Tiefpaß ist zwar das Frequenzspektrum kaum verändert, die Steilheit der Flanken ist jedoch reduziert.

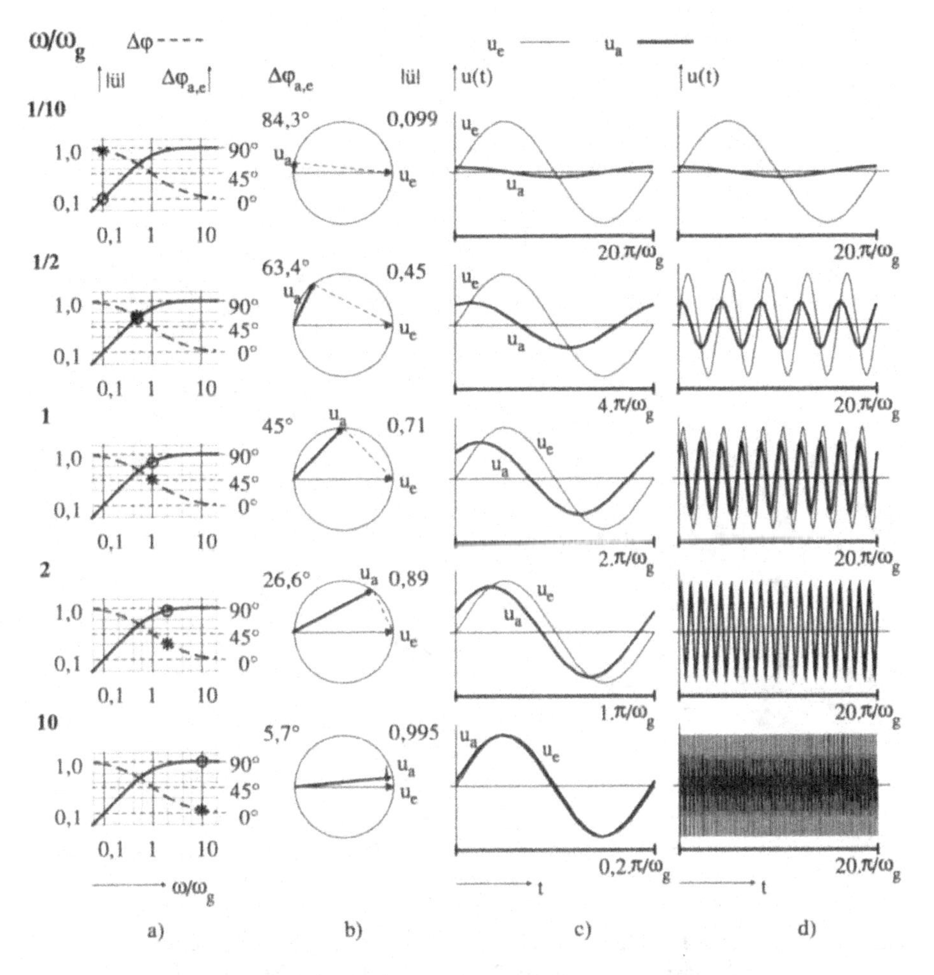

Abb. 1.2.26 Hochpaß-Filter (Serienschaltung C+R oder R+L), stationäres Sinussignal
Normierte Frequenz $\Omega = \{ 1/10 \ldots 10 \}$
a) Bode-Diagramm (Amplitude und Phase)
b) Zeigerdiagramm
c) Zeitverlauf, Phasenverschiebung $\Delta\varphi_{a,e}$, Abschwächung $|\ddot{u}|$
(Darstellung an die Periodendauer angepaßt)
d) Zeitverlauf in gleichbleibendem Zeitmaßstab

Beim Hochpaß bewirkt die im Frequenzspektrum sichtbare Unterdrückung der Gleichspannung eine deutlich erkennbare Dachschräge und das dazugehörige Unterschwingen bei der abfallenden Flanke.

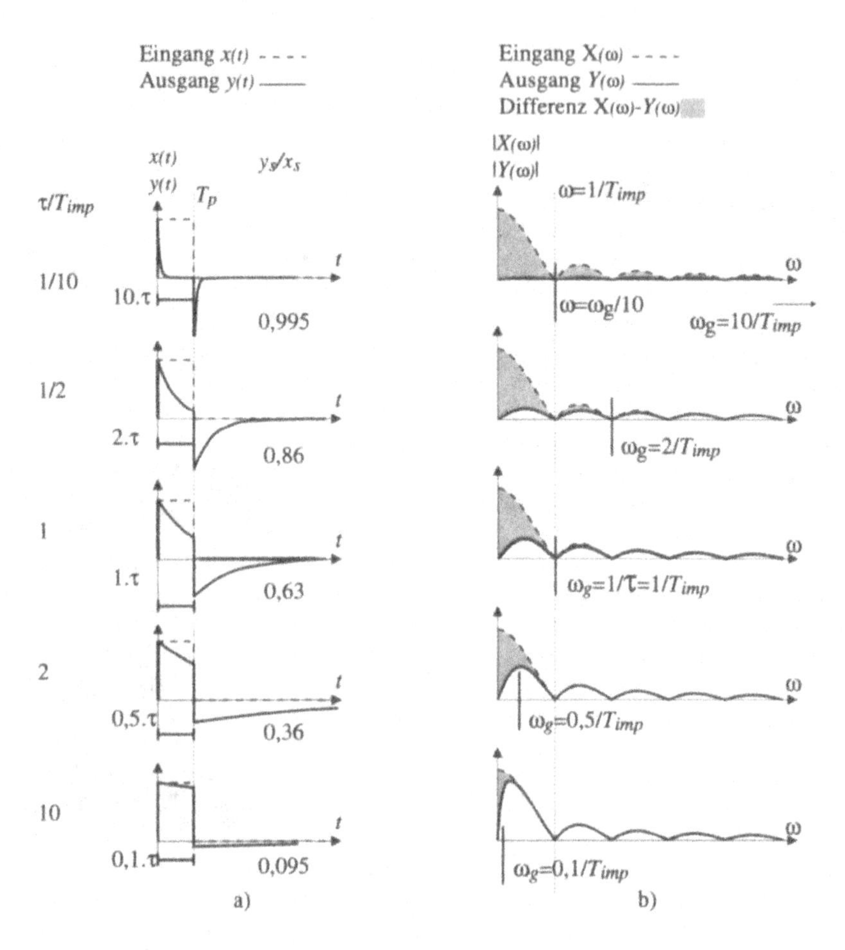

Abb. 1.2.27 Hochpaß-Filter (Serienschaltung C+R oder R+L), Einzel-Rechteckimpuls Impulsdauer bezogen auf die Zeitkonstante $\tau/T_{imp} = \{ 10 \ldots 1/10 \}$
a) Verformung des Zeitverlaufs,
Verhältnis Ausgangsspitzenwert $\hat{y}$ / Eingangsamplitude $\hat{x}$.
b) Verformung des Frequenzspektrums, Differenz.

1.2.5 Literatur

[1] Bosse G., Grundlagen der Elektrotechnik I. Bibliographisches Institut, Mannheim Wien Zürich 1966.

[2] Bosse G., Grundlagen der Elektrotechnik III. Bibliographisches Institut, Mannheim Wien Zürich 1969.

[3] Frohne H., Einführung in die Elektrotechnik, Band 1 - Grundlagen und Netzwerke. Teubner, Stuttgart 1970.

[4] Haug A., Grundzüge der Elektrotechnik zur Schaltungsberechnung. Hanser, München Wien 1975.

[5] Hofmann H., Das elektromagnetische Feld. Springer, Wien New York 1974.

[6] Tietze U., Schenk Ch., Halbleiter-Schaltungstechnik. Springer, Berlin Heidelberg New York Tokyo 1990.

[7] Unbehauen R., Elektrische Netzwerke. Springer, Berlin Heidelberg New York 1972.

[8] Vaske P., Berechnung von Gleichstromschaltungen. Teubner, Stuttgart 1978.

1.3 Signale, Kenngrößen und Kennwerte

J. Baier

1.3.1 Signalklassen und ihre Merkmale

In der einschlägigen Literatur, z.B. in [1], wird ein Signal zumeist als "Physikalische Größe, die Träger einer Information ist", definiert. Die für die Meßtechnik interessante Information liegt meist in Kennwerten des zu messenden Signals, oder im zeitlichen Verlauf dieser Kennwerte. Signale werden in mehrere Klassen eingeteilt, die durch bestimmte Eigenschaften von einander unterschieden werden. Die folgende Darstellung (Abb. 1.3.1) gibt einen Überblick über die wichtigsten Signalklassen.

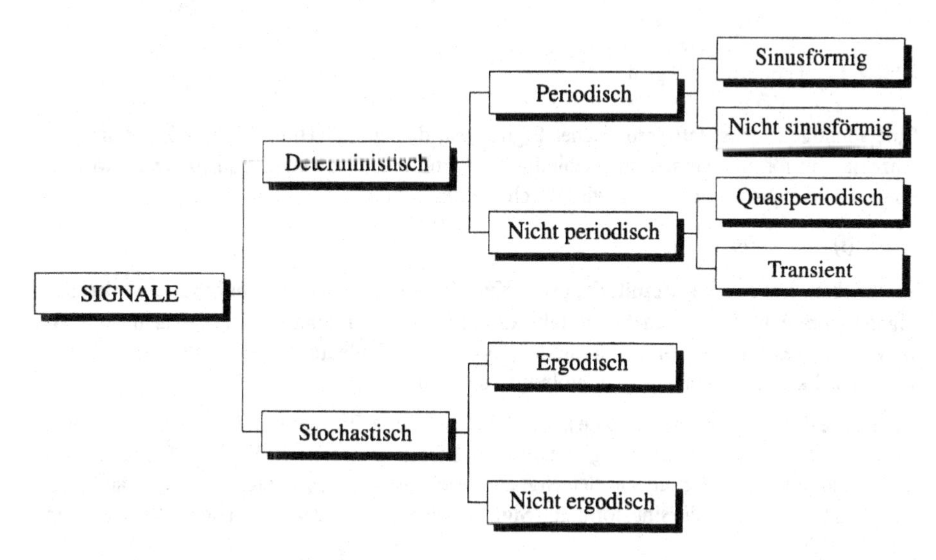

Abb. 1.3.1 Einteilung der Signale

1.3.1.1 Deterministische Signale

Unter deterministischen Signalen versteht man eine Klasse von Signalen, die zumindest im Prinzip in eindeutiger Weise funktional darstellbar sind. Das heißt, daß die Möglichkeit besteht, den **Momentanwert** des Signals zu jedem Zeitpunkt in der Vergangenheit und in der Zukunft zu bestimmen. Ist die Darstellung besonders einfach, spricht man von einem **Elementarsignal**. Die Beschreibung eines Elementarsignals kann entweder durch einen algebraischen Ausdruck erfolgen, wie beim Sinussignal, oder auf etwas aufwendigere Weise durch stückweise Beschreibung, wie beim Rechteckimpuls. Elementarsignale sind auch technisch meist leicht realisierbar. Eine weitere wichtige Eigenschaft deterministischer Signale kann die **Stationarität** sein. Das bedeutet, daß die das Signal beschreibenden Kennwerte (z.B. Amplitude, Frequenz) konstant, das heißt unabhängig davon sind, zu welchem Zeitpunkt (in welcher Periode) sie bestimmt werden. Diese Eigenschaft hat eine sehr große Bedeutung für die Meßtechnik, da sie ermöglicht, daß Signalparameter mehrerer stationärer Signale nicht zum gleichen Zeitpunkt bestimmt werden müssen, sondern zu verschiedenen Zeitpunkten nacheinander bestimmt werden können.

Periodische Signale

Periodische Signale zeichnen sich durch eine exakte Wiederholung des zeitlichen Verlaufs der Amplitude in ebenfalls exakten Zeitabständen, der sogenannten **Periodendauer *T*** (Abb. 1.3.2), aus. Die Funktion

$$x(t) = x(t + kT) \qquad k = 1,2,3,\ldots \tag{1}$$

beschreibt diesen Zusammenhang. Die Periode eines Signals ist auch mit der im Kap. 1.3.2.2 beschriebenen Autokorrelationsfunktion erkennbar.

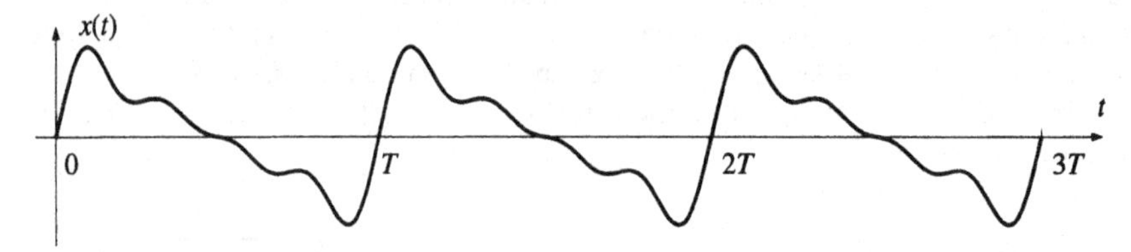

Abb. 1.3.2 Periodisches Signal

Eine wichtige Eigenschaft periodischer Signale ist, daß sie mit Hilfe der **Fourier-Reihen** in einzelne sinusförmige Signale unterschiedlicher Amplitude, Phase und Frequenz zerlegt werden können. Das sinusförmige Signal wird durch die Beziehung

$$x(t) = \hat{x} \cdot \sin(\omega t + \varphi_x) \tag{2}$$

beschrieben, wobei $\hat{x}$ die **Amplitude**, ω die **Kreisfrequenz** und φ_x den **Nullphasenwinkel** des Signals repräsentiert. Es sei an dieser Stelle ausdrücklich darauf hingewiesen, daß dem Nullphasenwinkel eines einzelnen Signals keinerlei physikalische Bedeutung zukommt und er lediglich von der willkürlichen Wahl des Zeitnullpunktes abhängt.

Der Klasse der sinusförmigen Signale kommt eine besondere Bedeutung zu, weil sie, in Hinblick auf die mathematische Darstellung mit Fourier-Reihen und der Fourier-Transformation, als Grundbausteine der deterministischen Signale bezeichnet werden können. Darin ist auch der Grund zu sehen, warum die sinusförmigen Signale eine eigene Klasse innerhalb der periodischen Signale bilden.

Nichtsinusförmige periodische Signale können mit Hilfe der Fourier-Reihe in eine Summe von Sinussignalen zerlegt werden. Dabei entsteht ein Linienspektrum. Als Beispiel dafür ist in Abb. 1.3.3 ein Ausschnitt des Amplitudenspektrums eines reinen Rechtecksignals angeführt. Wichtig

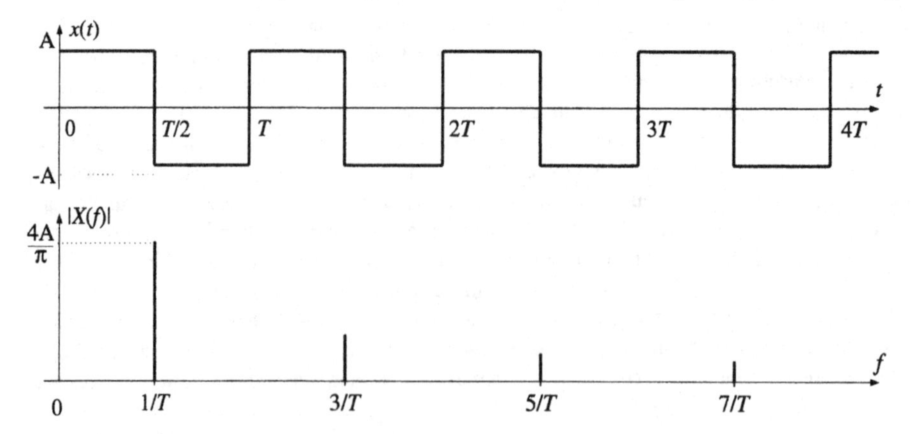

Abb. 1.3.3 Ausschnitt aus dem Amplitudenspektrum eines Rechtecksignals

ist auch die Umkehrung der oben erwähnten Methode. Daraus folgt, daß sich jedes periodische, nichtsinusförmige Signal formal aus der Überlagerung einzelner Sinussignale wohldefinierter Amplitude und Phasenlage zusammensetzen läßt. Für eine eingehende Betrachtung der Fourier-Reihen sei auf [4] und [10] verwiesen.

Bei den periodischen Signalen seien neben dem Rechtecksignal das Dreiecksignal und die Exponentialfunktion genannt. Ihre Bedeutung liegt in grundlegenden meßtechnischen Anwendungen: Ein Rechtecksignal kann zur schnellen Abschätzung des Übertragungsverhaltens einer Schaltung verwendet werden, das Dreiecksignal bietet sich zur Überprüfung der Linearität an. Die Exponentialfunktion ist insoferne von Bedeutung, da sie als Ergebnis einer bandbegrenzten Rechteckschwingung auftritt. Alle diese Funktionen sind zur Gruppe der Elementarsignale zu zählen.

Nichtperiodische Signale

Eine Untergruppe dieser Signale sind die **quasiperiodischen Signale**. Darunter versteht man Signale, die innerhalb des Beobachtungszeitraumes periodisch erscheinen, wie zum Beispiel langsame Änderungen der Signalfrequenz, die innerhalb kurzer Beobachtungszeiträume nicht feststellbar sind.

Eine andere Art sind die **repetitiven Signale**, die zwar in einem definierten Zeitintervall immer den gleichen Signalverlauf aufweisen, aber nicht in gleichen Zeitabständen auftreten (Abb. 1.3.4).

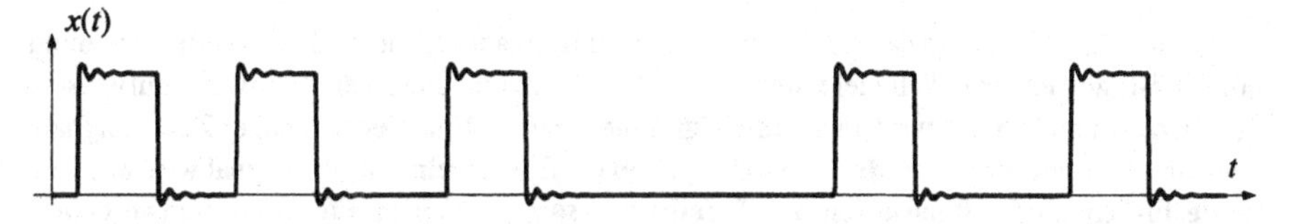

Abb. 1.3.4 Beispiel für ein repetitives Signal

Die zweite Untergruppe sind die **transienten Signale**. Typische Beispiele dafür sind einzeln auftretende Ein- und Ausschaltvorgänge, sowie die in der Meßtechnik besonders wichtigen "allgemeinen" Signalverläufe, die zwar durch einen physikalischen Vorgang bestimmt, aber weder periodisch, noch repetitiv sind, also keine zeitlichen Regelmäßigkeiten aufweisen.

1.3.1.2 Stochastische Signale

Ein stochastisches Signal weist einen Zeitverlauf auf, der ausschließlich zufälligen Charakter hat. Das heißt, daß der exakte Wert des Signals zu einem bestimmten Zeitpunkt nicht vorhersagbar ist. Ein typisches Beispiel eines kontinuierlichen Zufallssignals ist die Spannung an einem rauschenden Widerstand. Wegen der Vielzahl der an der Realisierung eines solchen Signalverlaufs beteiligten Elektronen, existieren für einen Widerstand auf einer bestimmten Temperatur beliebig viele verschiedene Verläufe der Rauschspannung. Ein möglicher Verlauf eines solchen Signals ist in Abb. 1.3.5 dargestellt.

Man könnte versuchen, diesen Verlauf durch Messungen im Zeit- oder auch Frequenzbereich zu beschreiben. Eine solche Vorgangsweise kann aber wegen der erwähnten Vielzahl der möglichen Realisierungen keine Allgemeingültigkeit beanspruchen.

Stochastische Signale unterliegen daher einer anderen mathematischen Beschreibungsform, die durch die Wahrscheinlichkeitstheorie gegeben ist. Die Signale werden dabei durch **statistische Parameter** beschrieben. Diese im Vergleich zu den deterministischen Signalen grundlegend

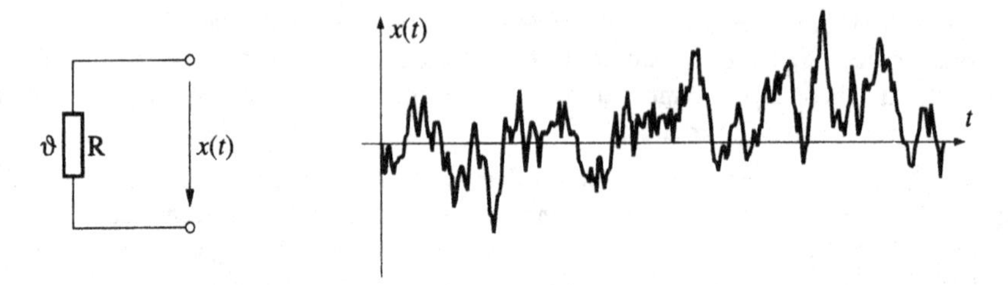

Abb. 1.3.5 Thermisches Rauschen

andere Beschreibungsform erfordert auch eine andere als die übliche Begriffsbildung, die aus den funktionellen Zeitbegriffen Amplitude, Frequenz und Phase besteht.

Alle Kenngrößen der Stochastik sind **statistische Mittelwerte**. So besitzen stationäre, stochastische Signale (und nur solche sollen hier diskutiert werden) in gleicher Weise wie deterministische Signale zeitinvariante Kennwerte wie den linearen Mittelwert oder den Effektivwert, die aus der statistischen Struktur der Signale berechnet werden können, aber auch meßtechnisch aus dem Zeitverlauf ermittelt werden können.

Die Beschreibungsformen für stochastische Signale gelten in einer Sonderform auch für die deterministischen Signale. Die Gesetze der Statistik können somit zur Beschreibung sämtlicher Signalklassen Anwendung finden, in dem die Kennwerte mit statistischen Methoden gebildet werden.

Da bei stochastischen Signalen nur Kennwerte vorliegen, aber keine analytische Beschreibung möglich ist, gibt es unendlich viele Signalverläufe, die ein und dieselben Kennwerte aufweisen. Ein solcher Signalverlauf wird als **Zufallssignal** bezeichnet. Eine **Schar** solcher Zufallssignale faßt man unter dem Begriff **Zufallsprozeß** zusammen. Ein einzelnes Zufallssignal wird auch als **Musterfunktion** oder **Realisation des Zufallsprozesses** bezeichnet. Ein Momentanwert eines Zufallssignales ergibt eine sogenannte **Zufallsvariable** oder auch **Zufallsgröße** [1, 2].

Diese Zusammenhänge sind wieder an einem thermischen Rauschsignal erkennbar. Der Zufallsprozeß ist durch den Wert des Widerstandes und durch die Temperatur gegeben. Es gibt nun beliebig viele Signale, die die Charakteristiken des Zufallsprozesses erfüllen. Ein bestimmtes, diese Charakteristiken erfüllendes Signal wäre eine Musterfolge oder Realisation dieses Zufallsprozesses, der Wert dieses Signals zu einem bestimmten Zeitpunkt die Zufallsgröße.

Fälschlicherweise wird oft angenommen, daß nur Störsignale wie z.B. thermisches Rauschen in die Klasse der stochastischen Signale einzuordnen sind. Es ist daher von besonderer Wichtigkeit zu erkennen, daß auch Nutzsignale, deren Verlauf unbekannt ist, zu dieser Klasse gehören. So ist zum Beispiel ein Sprachsignal eindeutig ein stochastisches Signal, da sein Verlauf funktionell nicht eindeutig darstellbar ist.

Ergodische Signale

Zur Erläuterung des Begriffs des **ergodischen Signals** wird ein praktisches Beispiel gewählt. Wir betrachten dazu das Rauschsignal $x(t)$ eines Widerstand R bei der Temperatur ϑ. Um diesen Zufallsprozeß mit statistischen Methoden beschreiben zu können, müßte man in der Lage sein zu bestimmen, wie sich eine Vielzahl von Realisierungen im Mittel verhält. Die Mittelung

$$\tilde{x}(t_1) = \lim_{N \to \infty} \frac{1}{N} \cdot \sum_{i=1}^{N} x_i(t_1) \qquad (3)$$

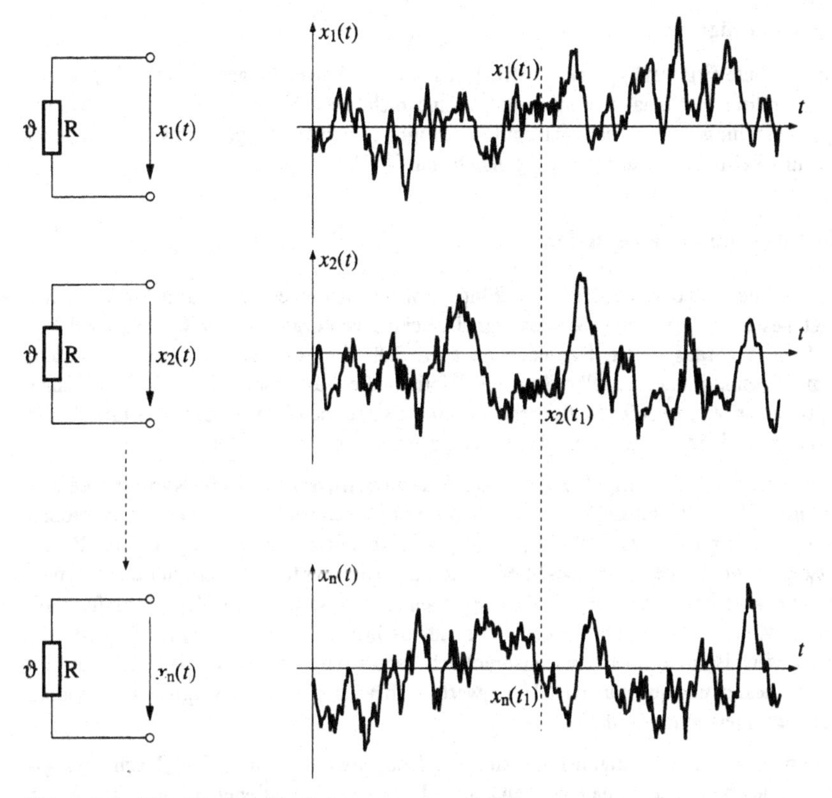

Abb. 1.3.6 Verschiedene Realisierungen eines Zufallsprozesses

über eine große Anzahl von Realisierungen des Zufallsprozesses bezeichnet man als **Scharmittelwert** (Abb. 1.3.6).

Es ist aber in der Mehrzahl der technischen Anwendungen nicht der Fall, oder auch einfach nicht möglich, daß man eine große Anzahl solcher Signale zur Verfügung hat. Es stellt sich also die Frage, ob es für bestimmte Signale hinreichend ist, nur über eine einzige Musterfunktion einen **Zeitmittelwert**

$$\overline{x(t)} = \lim_{T \to \infty} \frac{1}{T} \cdot \int_{-T/2}^{+T/2} x(t) \cdot dt \tag{4}$$

zu bilden. Man kann bei Signalen, denen der gleiche physikalische Mechanismus zugrunde liegt, davon ausgehen, daß diese Annahme korrekt ist [1, 2, 3]. Man setzt also die Mittelung über einen hinreichend großen Zeitraum (im Idealfall gegen unendlich) einer Mittelung über alle Realisierungen des Prozesses zu einem bestimmten Zeitpunkt gleich. Das heißt, es wird angenommen, daß

$$\overline{x(t)} = \tilde{x}(t_1) \tag{5}$$

gilt. Diese Annahme ist allgemein unter dem Begriff **Ergodenhypothese** oder auch **Ergodentheorem** bekannt [3]. Prozesse, für die dieses mathematische Modell gilt, werden als ergodische Prozesse bezeichnet, entsprechende Signale als ergodische Signale. Für ergodische Prozesse gilt nicht nur die Gleichheit der Zeit- und Scharmittelwerte, sondern allgemein die Gleichheit aller statistischen Kenngrößen.

Nichtergodische Signale

Die oben erwähnte Ergodenhypothese trifft für technische Anwendungen "in aller Regel" zu. Den nichtergodischen Signalen kommt daher eine nicht sehr bedeutende Rolle zu. Es sei allerdings darauf hingewiesen, daß nichtstationäre Signale auch nicht ergodisch sein können, da die Schar- und Zeitmittelwerte nicht mehr gleich sind [1, 2].

1.3.2 Kenngrößen von Signalen

Um ein Signal quantitativ beschreiben zu können, bildet man einen zeitinvarianten Wert und bezeichnet diesen als eine Kenngröße des Signals. Bei dieser Vorgangsweise wird die Stationarität des Signals vorausgesetzt. Das bedeutet aber, daß eine bestimmte Messung zu jedem beliebigen Zeitpunkt immer dasselbe Ergebnis liefern müßte. Für die technische Praxis ist daher die Quasistationarität, bzw. die "Stationarität des Signals über den Beobachtungszeitraum" oder den "Zeitraum des Bildungsgesetzes" die wesentliche und hinreichende Bedingung.

Eine Unterteilung dieser Kenngrößen in **lineare Kenngrößen, quadratische Kenngrößen** und andere **Kenngrößen 2.Ordnung** sowie in **Kennwertfaktoren** ist üblich. Lineare Kenngrößen beziehen sich immer auf ein einziges Signal, wogegen Kenngrößen 2.Ordnung auch die Beziehungen zweier Signale zueinander beschreiben können. Die wichtigsten Vertreter dieser Gruppen sollen hier kurz beschrieben werden. Kenngrößen der Statistik, wie die Verteilungsfunktion oder auch die Kovarianzfunktion, werden hier nicht beschrieben. Es sei wieder auf die Literatur [1, 2] verwiesen. Es muß aber noch ausdrücklich darauf hingewiesen werden, daß die hier angeführten linearen und quadratischen Mittelwerte auch bei stochastischen Signalen anwendbar sind und auch angewendet werden.

Für nichtperiodische Impulsverläufe hat es sich als günstig erwiesen, eine andere Beschreibungsform zu verwenden. Solche Signale werden häufig durch Approximationen linearer Funktionen an den Signalverlauf beschrieben. Die daraus resultierenden Kenngrößen werden als **Impulskenngrößen** bezeichnet.

Kenngrößen periodischer elektrischer Signale werden als Wechselstromgrößen bezeichnet, die in reine Wechselgrößen und Mischgrößen unterteilt werden. Die Kenngrößen dieser periodischen Signale sind durch integrale Mittelwerte über eine oder eine ganze Anzahl n von Perioden mit der Periodendauer T gemäß

$$\overline{f(t)} = \frac{1}{n \cdot T} \int_{t_0}^{t_0+nT} f(t) \cdot dt \tag{6}$$

definiert. Im folgenden wird eine vereinfachte Schreibweise verwendet, in der der Bezugszeitpunkt $t_0 = 0$ gewählt wird und die Mittelwertbildung über eine Periode erfolgt:

$$\overline{f(t)} = \frac{1}{T} \int_{0}^{T} f(t) \cdot dt \quad .$$

Für nichtperiodische Signale gilt die Definition (mit T als Beobachtungszeitraum)

$$\overline{f(t)} = \lim_{T \to \infty} \frac{1}{T} \int_{-T/2}^{+T/2} f(t) \cdot dt \quad . \tag{7}$$

Setzt man für die Funktion $f(t)$ entsprechende Funktionen des Signalverlaufs ein, ergeben sich die üblichen, meistverwendeten Kenngrößen. So ergibt die Zuweisung

$$f(t) = | x(t) | \tag{8}$$

den Gleichrichtwert,

$$f(t) = x(t)^2 \tag{9}$$

das Quadrat des Effektivwerts und das Produkt zweier Signale

$$f(t) = x_1(t) \cdot x_2(t) \tag{10}$$

einen leistungsproportionalen Wert oder korrelativen Kennwert.

1.3.2.1 Lineare Kenngrößen

Die linearen Kenngrößen beziehen sich grundsätzlich auf ein einziges Signal. In den entsprechenden Vorschriften (vor allem DIN 40110, [6]) wird bei vielen Kenngrößen eine Unterscheidung zwischen Mischsignalen und reinen Gleich- oder Wechselsignalen vorgenommen. Es wird im folgenden auf solche Unterschiede hingewiesen werden, vor allem dann, wenn sie nicht dem üblichen technischen Sprachgebrauch entsprechen. Im folgenden soll die Funktion $x(t)$ das Signal repräsentieren, dessen Kenngrößen bestimmt werden.

Unter dem **Augenblickswert** oder **Momentanwert** eines Signals $x(t)$ versteht man den Funktionswert zu einem bestimmten Zeitpunkt.

Ein Signal weist innerhalb seines zeitlichen Verlaufes einen maximalen und einen minimalen Funktionswert auf (auch maximaler Augenblickswert oder maximaler Momentanwert). Als **Spitzenwert** oder **Scheitelwert** (Abb. 1.3.7) bezeichnet man den Maximalwert des Signals gemäß

$$X_s = \hat{x} = [\, x(t) \,]_{\max} \quad . \tag{11}$$

Aus der entsprechenden Vorschrift [6] ist zu entnehmen, daß der Begriff Spitzenwert bei Mischsignalen zur Anwendung kommt, der Begriff Scheitelwert hingegen nur bei reinen Wechselsignalen. Als zusätzliche Bedingung für den Spitzenwert wird genannt, daß das Signal diesen Wert in einer gegen die Periodendauer kurzen Zeitspanne durchlaufen muß. Wird diese Bedingung nicht erfüllt, spricht man vom **Größtwert einer Mischgröße**.

Der **Spitze-Spitze-Wert** (Abb. 1.3.7) gibt die Differenz zwischen dem positivsten und negativsten Funktionswert an gemäß

$$X_{ss} = [\, x(t) \,]_{\max} - [\, x(t) \,]_{\min} \quad . \tag{12}$$

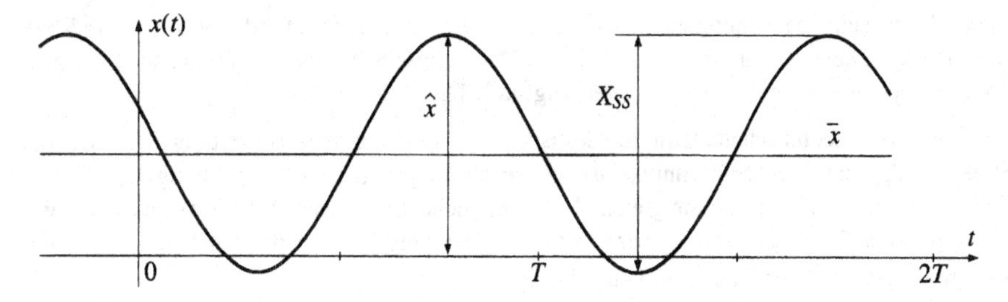

Abb. 1.3.7 Darstellung des Größtwertes einer Mischgröße und des Spitze-Spitze-Wertes

Bei symmetrisch zur Nullinie liegenden Signalen ist der Spitze-Spitze-Wert der doppelte Scheitelwert. Bei Mischsignalen wird dieser Wert auch als **Schwingungsbreite** oder **Schwankung** bezeichnet.

Der **arithmetische Mittelwert**, auch **zeitlicher linearer Mittelwert**, gibt den über die Periodendauer des Signals gemittelten Wert des Signals an:

$$\overline{x} = \frac{1}{T} \int_0^T x(t) \cdot dt \ . \tag{13}$$

Der nach der obigen Gleichung ermittelte arithmetische Mittelwert ergibt also den **Gleichwert** (auch **Gleichanteil**) des Signals. Ist dieser Wert Null, handelt es sich um ein reines Wechselsignal. Als Mischsignal bezeichnet man ein Signal, dessen arithmetischer Mittelwert ungleich Null ist und dessen Gleichanteil von einem Wechselsignal überlagert ist.

Als **Gleichrichtwert** bezeichnet man den über eine Periode gemittelten Absolutbetrag eines Signals. Er ist der Mittelwert der Momentanwertbeträge gemäß

$$\overline{|x(t)|} = \frac{1}{T} \int_0^T |\ x(t)\ | \cdot dt \ . \tag{14}$$

1.3.2.2 Quadratische Kenngrößen und andere Kenngrößen 2.Ordnung

Unter den Kenngrößen 2.Ordnung werden korrelative Kenngrößen sowie Leistungsgrößen bzw. der Leistung proportionale Größen zusammengefaßt. Daraus läßt sich die Wichtigkeit dieser Gruppe bereits erkennen. Wie bereits erwähnt, können sich Kenngrößen 2.Ordnung auf ein oder zwei Signale beziehen.

Quadratische Kenngrößen

Aus dem **Quadrat des Effektivwertes** oder dem **quadratischen Mittelwert**

$$X_{eff}^{\ 2} = \frac{1}{T} \int_0^T x(t)^2 \cdot dt \ , \tag{15}$$

ergibt sich der **Effektivwert** eines Signals zu

$$X_{eff} = \left(\frac{1}{T} \int_0^T x(t)^2 \cdot dt \right)^{1/2} \ . \tag{16}$$

Dieser Wert ist eine der wichtigsten Kenngrößen. Im Englischen ist dafür die Bezeichnung **RMS** gebräuchlich. Diese Abkürzung steht für **Root Mean Square** und beschreibt genau die mathematische Operation, die diesem Kennwert zugrunde liegt.

Aus einer elektrotechnischen Definition des Effektivwertes wird seine Bedeutung plausibel : der Effektivwert einer Wechselspannung $u(t)$ entspricht derjenigen Gleichspannung U_{eff}, die an einem Ohmschen Widerstand die gleiche Leistung (siehe die folgenden Punkte) entwickelt wie die betreffende Wechselspannung $u(t)$. Als normgerechtes Symbol für den Effektivwert des Signals $x(t)$ ist die Bezeichnung X ebenso gültig [7].

Korrelative Kenngrößen

Die **Kreuzleistung** definiert das mittlere Produkt zweier gleichartiger Signale. Es gilt

$$K = \frac{1}{T} \int_0^T x_1(t) \cdot x_2(t) \cdot dt \quad . \tag{17}$$

Die Bedeutung der Kreuzleistung geht weit über den Begriff des mittleren Produktes zweier Signale hinaus. Die Gleichung stellt die Grundlage der Korrelationsmeßtechnik dar. In der Korrelationstheorie werden Ähnlichkeiten von Signalen beschrieben. In einer modifizierten Form ergibt die Beziehung der Kreuzleistung die **Kreuzkorrelationsfunktion** (**KKF**) zu

$$KKF_{x_1x_2}(\Delta t) = \lim_{T \to \infty} \frac{1}{T} \int_{-T/2}^{+T/2} x_1(t) \cdot x_2(t + \Delta t) \cdot dt \quad . \tag{18}$$

Diese Funktion liefert den Mittelwert zweier beliebiger Signale in Abhängigkeit der Zeitverschiebung Δt . Der Wert dieser Funktion beschreibt die strukturelle Abhängigkeit der beiden Signale. Sind die beiden Signale voneinander völlig unabhängig, so ergibt die Kreuzkorrelationsfunktion für alle Werte von Δt einen Wert von Null und man nennt die beiden Signale **statistisch unabhängig** oder **unkorreliert**. Die Kreuzleistung ergibt sich als Sonderfall der Kreuzkorrelationsfunktion für eine Zeitverschiebung Δt von Null.

Die zweite Korrelationsfunktion ist die **Autokorrelationsfunktion** (**AKF**)

$$AKF_{xx}(\Delta t) = \lim_{T \to \infty} \frac{1}{T} \int_{-T/2}^{+T/2} x(t) \cdot x(t + \Delta t) \cdot dt \quad . \tag{19}$$

Diese Funktion beschreibt die Selbstähnlichkeit eines Signals in Abhängigkeit einer Zeitverschiebung.

Beide Korrelationsfunktionen sind für die stochastischen Signale von allergrößter Bedeutung. Für genauere Erläuterungen sei wieder auf die einschlägige Fachliteratur verwiesen. Als Spezialfall der Autokorrelationsfunktion für eine Zeitverschiebung von Null und einem periodischen Signalverlauf erhält man wieder das Quadrat des Effektivwertes.

Leistungsgrößen

Die bisher angeführten Kenngrößen gelten für Signale allgemeiner Natur. Das heißt, es wurden keinerlei Einschränkungen auf elektrische, akustische oder sonstige Signale vorgenommen. Zur Erklärung der Leistungsgrößen, die ebenfalls zu den quadratischen Kenngrößen gehören, scheint es allerdings, auch in Hinblick auf die entsprechenden Normen [6], angebracht, sich auf elektrische Signale zu beziehen.

Das Produkt aus dem Momentanwert der Spannung $u(t)$ sowie dem Momentanwert des Stromes $i(t)$ ergibt den **Momentanwert der Leistung** oder auch **Augenblickswert der Leistung**

$$p(t) = u(t) \cdot i(t) \quad .$$

Daraus ergibt sich durch Bildung des Mittelwertes über eine Periode

$$P_W = \frac{1}{T} \int_0^T u(t) \cdot i(t) \cdot dt \quad , \tag{20}$$

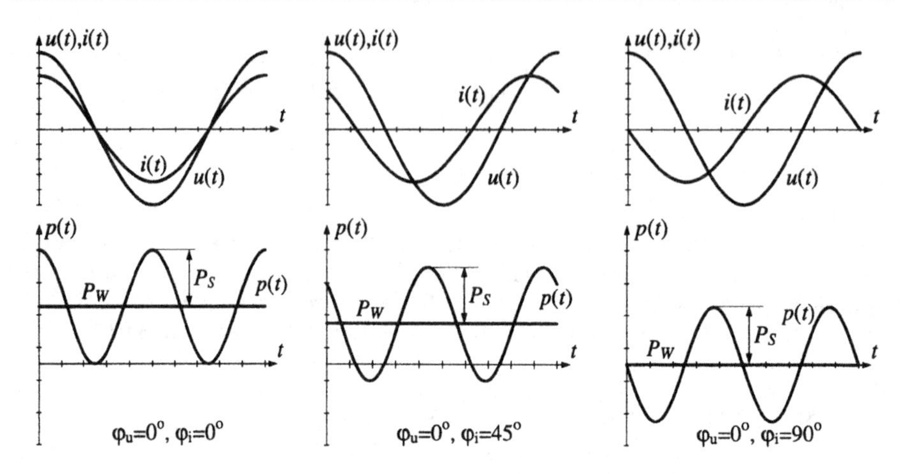

Abb. 1.3.8 Zusammenhang zwischen zeitlichem Strom- und Spannungsverlauf und den zugehörigen Leistungsgrößen bei bestimmten Werten der Phasenverschiebung

die **mittlere Leistung** oder **Wirkleistung** (wenn keine Mißverständnisse möglich sind, auch kurz **Leistung** genannt).

Setzt man für die Augenblickswerte der Wechselspannung und des Wechselstromes die Beziehungen

$$u(t) = \hat{u} \cdot \cos(\omega \cdot t + \varphi_u) = U_{eff} \cdot \sqrt{2} \cdot \cos(\omega \cdot t + \varphi_u) \quad \text{und}$$
$$i(t) = \hat{i} \cdot \cos(\omega \cdot t + \varphi_i) = I_{eff} \cdot \sqrt{2} \cdot \cos(\omega \cdot t + \varphi_i)$$

an, wobei φ_u den **Nullphasenwinkel der Spannung**, φ_i den **Nullphasenwinkel des Stromes** bei $\omega \cdot t = 0$ und U_{eff} und I_{eff} die Effektivwerte der Spannung und des Stromes darstellen (Abb. 1.3.8), erhält man als Momentanwert der Leistung $p(t)$ die Beziehung

$$p(t) = P_W + P_S \cdot \cos(2 \cdot \omega \cdot t + \varphi_u + \varphi_i) \quad . \qquad (21)$$

Die Größe P_W ergibt sich zu

$$P_W = U_{eff} \cdot I_{eff} \cdot \cos(\varphi_u - \varphi_i) = U_{eff} \cdot I_{eff} \cdot \cos\varphi \qquad (22)$$

und wird als **Wirkleistung** bezeichnet. Wie man aus der Gleichung ersieht, handelt es sich hierbei um einen zeitunabhängigen Term, der bei der Bildung des Mittelwertes über eine Periode als Ergebnis auftritt. Er stellt also den Mittelwert der Momentanleistung dar. Der zweite Term ergibt eine Größe, die mit der doppelten Kreisfrequenz ω und der Amplitude

$$P_S = U_{eff} \cdot I_{eff} \qquad (23)$$

variiert. P_S wird als **Scheinleistung** bezeichnet.

Die Scheinleistung kann nie kleiner als die Wirkleistung werden. Für den Fall, daß die Scheinleistung größer als die Wirkleistung ist, ergibt die Summe der beiden Größen für bestimmte Zeitabschnitte einen negativen Wert der Momentanleistung und kann als aus dem Verbraucher zurückfließende Leistung interpretiert werden. Als dritte Leistungsgröße definiert man daher

$$P_B = \left(P_S^2 - P_W^2 \right)^{1/2} \quad . \qquad (24)$$

Diese Größe wird als **Blindleistung** bezeichnet. Sie ist ein Maß für die mittelwertfreien oszillierenden Leistungsanteile.

Die Einheiten der Leistungsgrößen sind aus verschiedenen Gründen unterschiedlich. Nur für die Wirkleistung und die Momentanleistung wird die Einheit **Watt (W)** verwendet. Die Scheinleistung und die Blindleistung werden hingegen in der Einheit **Volt-Ampere (VA)** angegeben.

Aus den bisher angeführten Leistungsgrößen werden außerdem die beiden Kennwertfaktoren **Leistungsfaktor** oder **Wirkfaktor** und der **Blindfaktor** definiert. Die genaue Definition dieser Kennwertfaktoren wird in der Folge angeführt.

Alle bisherigen Betrachtungen bezogen sich auf reine sinusförmige Spannungs- und Stromverläufe. Im folgenden sollen die Leistungsbeziehungen und Leistungsgrößen auf allgemeine Signalverläufe erweitert werden.

Nichtsinusförmige periodische Spannungs- und Stromverläufe lassen sich mit Hilfe der Fourier-Reihe als Summe von einzelnen Sinusschwingungen darstellen. Ausgehend von einem Ansatz

$$u(t) = \sum_{k=1}^{\infty} \hat{u}_k \cdot \cos(k \cdot \omega \cdot t + \varphi_{uk}) \quad \text{und}$$

$$i(t) = \sum_{l=1}^{\infty} \hat{i}_k \cdot \cos(l \cdot \omega \cdot t + \varphi_{il})$$

kann man die Momentanleistung des Signales berechnen. Bestimmt man daraus wieder die Wirkleistung durch Berechnung der mittleren Leistung, erhält man die Größe

$$P_W = \sum_{k} U_{k,eff} \cdot I_{k,eff} \cdot \cos(\varphi_{uk} - \varphi_{ik}) \quad . \tag{25}$$

Die Spannungswerte $U_{k,eff}$ sollen den Effektivwert der Spannung der k-ten Oberwelle bezeichnen, die Werte $I_{k,eff}$ den entsprechenden Effektivwert des Stroms. Man erkennt, daß nur Spannungen und Ströme der gleichen Frequenz einen Anteil zur Wirkleistung liefern. Dieser Umstand ist leicht dadurch zu erklären, daß alle anderen Kombinationen von Oberwellen durch die Orthogonalität der Funktionen $\cos(k\omega t)$ und $\cos(l\omega t)$ für $k \neq l$ bei der zur Berechnung der mittleren Leistung nötigen Integration den Wert Null ergeben. Dieser Umstand ist besonders für den Fall einer reinen sinusförmigen Spannung und eines nichtsinusförmigen Stromes (oder umgekehrt) von Interesse, da sich auch in diesem Fall die Wirkleistung nur aus dem Produkt der beiden Grundwellen ergibt. Alle anderen Komponenten führen nur zu einer Erhöhung der Blindleistung.

Die Leistung der Grundschwingung

$$P_{W,1} = U_1 \cdot I_1 \cdot \cos(\ \varphi_{u1} - \varphi_{i1}\ ) \tag{26}$$

wird **Grundschwingungsleistung** genannt, der aus den Oberwellen gebildete Anteil der Wirkleistung **Oberschwingungsleistung**.

Bei der Berechnung der Momentanleistung erhält man für $k \neq l$ eine Doppelsumme, die die **schwingende Leistung** angibt. Der zeitliche Verlauf dieses Anteils ist nichtsinusförmig, periodisch mit der doppelten Frequenz der Grundschwingung von Spannung und Strom, und sein Mittelwert ist Null.

1.3.2.3 Kennwertfaktoren

Kennwertfaktoren (auch **Verhältniswerte** genannt) werden häufig zur groben Charakterisierung von Signalverläufen verwendet und geben Verhältnisse einzelner Signalkennwerte zueinander an. Für eine eingehendere Beschreibung aller hier beschriebenen Kennwertfaktoren sei auf [5] und auf die entsprechenden Normen [6] verwiesen.

Der bereits im Kap. 1.3.2.2 erwähnte **Leistungsfaktor** oder auch **Wirkfaktor** ergibt sich aus dem Quotienten aus Wirkleistung und Scheinleistung

$$\frac{P_W}{P_S} = \cos\varphi \quad , \qquad \cos\varphi \in \{\, 0..1 \,\} , \tag{27}$$

der **Blindfaktor** aus der Beziehung

$$\frac{P_B}{P_S} = \sin\varphi \quad , \qquad \sin\varphi \in \{\, -1..1 \,\} . \tag{28}$$

Er gibt das Verhältnis zwischen Blindleistung und Scheinleistung an.

Unter dem **Formfaktor** versteht man das Verhältnis zwischen Effektivwert und Gleichrichtwert eines Signals.

$$F = \frac{X_{eff}}{\overline{|x|}} \qquad F_{sinus} = 1.11 \tag{29}$$

Der Formfaktor kann Werte zwischen 1 und unendlich annehmen und ist kurvenformabhängig.

Der **Scheitelfaktor** oder **Crestfaktor** ist das Verhältnis zwischen Scheitelwert und Effektivwert eines Wechselsignals.

$$C = \frac{\hat{x}}{X_{eff}} \qquad C_{sinus} = 1.41 \tag{30}$$

So wie der Formfaktor ist auch der Scheitelfaktor kurvenformabhängig und hat für jede Kurvenform einen bestimmten Wert, der ebenfalls zwischen 1 und unendlich liegen kann.

Bei nichtsinusförmigen Signalverläufen werden zusätzliche Verhältniswerte definiert, die einen Zusammenhang zwischen Oberwellen und Grundwelle herstellen sollen. Der **Grundschwingungsgehalt** gibt das Verhältnis zwischen dem Effektivwert der Grundschwingung und dem Effektivwert des gesamten Signals wieder

$$g = \frac{X_{1,eff}}{X_{eff}} \quad . \tag{31}$$

Als Gegenstück dazu bildet der **Klirrfaktor** (auch **Oberschwingungsgehalt**) ein Maß für die Abweichung eines Signals vom sinusförmigen Verlauf und wird zur Beschreibung von Verzerrungen, vorwiegend im Audiobereich, verwendet. Er ist das Verhältnis des Effektivwertes der Oberwellen zum Effektivwert des gesamten Signals

$$k = \left(\frac{\sum\limits_{i=2}^{N} X_{i,eff}^{\;2}}{\sum\limits_{j=1}^{N} X_{j,eff}^{\;2}} \right)^{1/2} = \left(\frac{\sum\limits_{i=2}^{N} X_{i,eff}^{\;2}}{X_{eff}^{\;2}} \right)^{1/2} , \tag{32}$$

wobei die Indizes i und j die Ordnung der harmonischen Schwingungen darstellen. Wie leicht einzusehen ist, erlaubt der Klirrfaktor keinen eindeutigen Rückschluß auf den zeitlichen Verlauf des Signals.

Alle bisher angegebenen Kennwertfaktoren sind laut DIN 40110 [6] nur für reine Wechselsignale definiert. Zusätzlich werden Kennwertfaktoren verwendet, die auf Mischsignale anzuwenden sind. Dazu müssen zuerst folgende Kennwerte definiert werden:

Unter dem **Effektivwert eines Mischsignals**

$$X_{eff} = \left(\bar{x}^2 + X_{1,eff}^{\,2} + X_{2,eff}^{\,2} + X_{3,eff}^{\,2} + \ldots\right)^{1/2} = \left(\bar{x}^2 + \sum_{i=1}^{N} X_{i,eff}^{\,2}\right)^{1/2} \tag{33}$$

versteht man die geometrische Summe der Effektivwerte aller Harmonischen eines Signals einschließlich des Gleichanteils. Der **Effektivwert des Wechselanteils** ergibt sich hingegen ohne Berücksichtigung des Gleichanteils zu

$$X_{eff\sim} = \left(X_{1,eff}^{\,2} + X_{2,eff}^{\,2} + X_{3,eff}^{\,2} + \ldots\right)^{1/2} = \left(X_{eff}^{\,2} - \bar{x}^2\right)^{1/2} \quad . \tag{34}$$

Aus diesen beiden Kennwerten ergibt sich der **Schwingungsgehalt** sg zu

$$sg = \frac{X_{eff\sim}}{X_{eff}} \quad . \tag{35}$$

Er gibt also das Verhältnis zwischen dem Effektivwert des Wechselanteils und dem Effektivwert des Mischsignals wieder.

Weiters wird das Verhältnis zwischen dem Effektivwert des Wechselanteils und dem Gleichwert der Mischgröße

$$w = \frac{X_{eff\sim}}{\bar{x}} \tag{36}$$

als **Welligkeit** oder auch **effektive Welligkeit** bezeichnet. Als letzter dieser Verhältniswerte sei der **Riffelfaktor (Scheitelwelligkeit)** genannt. Er ergibt sich aus dem Scheitelwert des Wechselanteils und dem Gleichwert der Mischgröße zu

$$r = \frac{\hat{X}_{\sim}}{\bar{x}} = \frac{\hat{X} - \bar{x}}{\bar{x}} \quad . \tag{37}$$

Zusätzlich zu den Kennwertfaktoren, die aus Amplituden oder Leistungswerten gebildet werden, sind auch Zeitverhältnisse von Bedeutung. In diesem Zusammenhang ist vor allem das **Tastverhältnis (duty-cycle)** zu erwähnen. Diese Größe ist für periodische Rechteckschwingungen definiert und gibt das Verhältnis der Dauer des aktiven Zustandes zur Periodendauer an.

1.3.2.4 Impulskenngrößen

Unter einem **Impuls** versteht man einen einmaligen, stoßartigen Vorgang von beschränkter Dauer [8]. Impulse zeigen nach einer bandbegrenzten Schaltung charakteristische Verformungen in den Flanken und im Dach. Diese Verformungen geben Aufschluß über die Schaltung. Die Anstiegszeit kann z.B. der Zeitkonstante eines Tiefpasses proportional sein, die Dachschräge der Hochpaß-Zeitkonstante.

Um solche Impulsverformungen beschreiben zu können werden Kenngrößen verwendet, die aus stückweisen, linearen Approximationen ermittelt werden (Abb. 1.3.9). Diese Approximationen

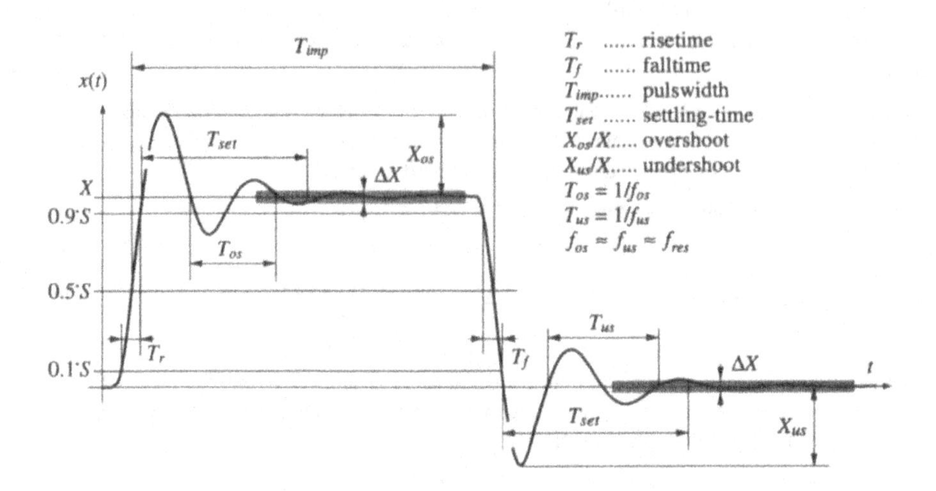

Abb. 1.3.9 Kenngrößen eines Impulses nach dem Durchgang durch ein Resonanzsystem

erhält man durch Differenzbildung zwischen Wertepaaren, die aus Amplituden und Zeitpunkten bestehen.

Die **Anstiegszeit (risetime)** T_r und die **Abfallzeit (falltime)** T_f geben die Zeit an, die die positive (Anstiegszeit) oder negative (Abfallzeit) Flanke des Signals braucht, um von 10% auf 90% der Amplitude anzusteigen, bzw. von 90% auf 10% abzufallen. Bei Bedarf können auch andere Grenzen verwendet werden; sie sind dann aber ausdrücklich anzugeben.

Die **Impulsbreite (pulsewidth)** T_{imp} wird von 50% der Amplitude auf der steigenden Flanke bis 50% der Amplitude auf der fallenden Flanke gemessen. Werden andere Bezugswerte verwendet, sind sie ausdrücklich anzugeben, eine Breite an der Basis (bei "0%") ist nicht exakt definiert und soll daher nicht angegeben werden.

Der **Spannungsanstieg** bzw. der **Spannungsabfall** wird im technischen Sprachgebrauch als **Slew-Rate** bezeichnet. Diese Kenngröße gibt an, wie schnell sich die Amplitude des Signals ändert, das heißt, es handelt sich um die Steigung (erste Ableitung) des Signals. Die Dimension ist daher V/s. (Bei Operationsverstärkern wird Slew-Rate der Grenzwert der Signaländerung bezeichnet)

Zum **Überschwingen** OS **(overshoot)** oder **Unterschwingen** US **(undershoot)** kommt es beim Durchgang durch ein System mit Resonanzfrequenzen. Beide Werte werden in Prozent der Amplitude angegeben:

$$OS = \frac{X_{os}}{X} \quad , \tag{38}$$

$$US = \frac{X_{us}}{X} \quad . \tag{39}$$

Die Frequenz $f_{os} = 1/T_{os}$ des Überschwingens bzw. $f_{us} = 1/T_{us}$ des Unterschwingens entspricht in grober Näherung der Resonanzfrequenz f_{res} des Übertragungssystems. Tritt eine ganze Serie solcher Amplitudenänderungen nach einer Flanke auf, wird dies auch als **Ringing** bezeichnet [9]. Üblicherweise handelt es sich dabei um gedämpfte Sinusschwingungen.

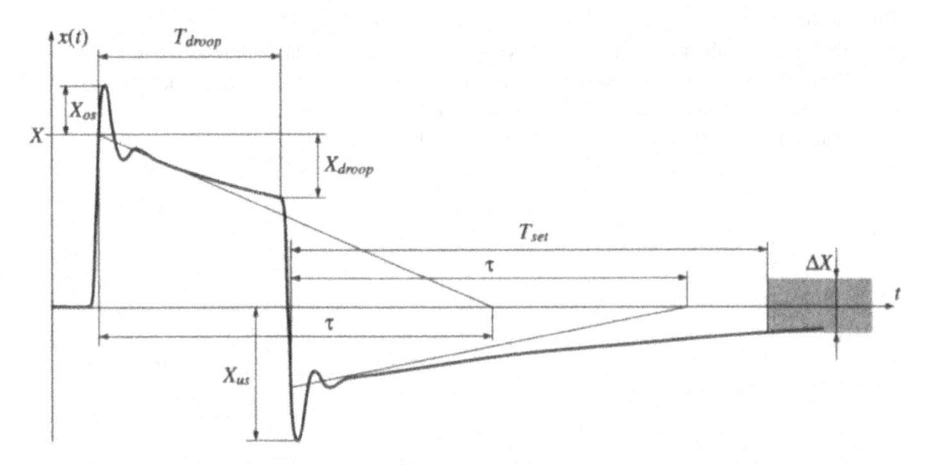

Abb. 1.3.10 Kenngrößen eines Impulses nach dem Durchgang durch ein Resonanzsystem mit Hochpaßverhalten

Ein Abfall des Daches eines Impulses ergibt sich beim Durchgang durch ein Hochpaßsystem (Abb. 1.3.10). Diese als **Dachschräge DS** oder auch **Droop** bezeichnete Größe wird in Prozent der Amplitude pro Zeiteinheit angegeben und ist ein Maß für die Zeitkonstante des Hochpasses

$$DS = \frac{\frac{X_{droop}}{X}}{T_{droop}} \quad . \tag{40}$$

Die Dimension dieser Größe ergibt sich also zu Amplitude pro Zeiteinheit. Die Angabe einer Dachschräge ist in der Praxis nur dann üblich, wenn die Impulsdauer kurz gegen die Zeitkonstante des Hochpasses ist. In diesem Fall erscheint der Abfall des Impulsdaches näherungsweise als Gerade, die Steigung dieser Geraden bezogen auf die Amplitude ergibt die Dachschräge. Ist diese Vorraussetzung nicht gegeben, wird die Zeitkonstante des Hochpasses angegeben.

Die **Einschwingzeit t_{set}** (im Englischen **settling-time**) ist die Zeit, die verstreicht, bis das Signal nach einer Flanke wieder innerhalb eines bestimmten Bereiches ΔX um den Endwert der Amplitude liegt. Es ist also nötig, zur Angabe einer Settling-Time auch immer den Bereich anzugeben, innerhalb dessen sich das Signal befinden muß.

1.3.3 Literatur

[1] Lüke H.D., Signalübertragung. Springer, Berlin Heidelberg New York London Paris Tokyo 1988.

[2] Weinrichter H., Hlawatsch F., Stochastische Grundlagen nachrichtentechnischer Signale. Springer, Wien New York 1991.

[3] Herter E., Röcker W., Lörcher W., Nachrichtentechnik - Übertragung, Vermittlung, Verarbeitung. Hanser, München Wien 1981.

[4] Papoulis A., Signal Analysis. McGraw-Hill, New York 1977.

[5] Unbehauen R., Netzwerke. Springer, Berlin Heidelberg New York 1981.

[6] DIN 40110, Wechselstromgrößen.

[7] DIN 40121, Formelzeichen für den Elektromaschinenbau.

[8] Hölzler E., Holzwarth H., Pulstechnik Band 1 Grundlagen. Springer, Berlin Heidelberg New York London Paris Tokyo 1986.

[9] IEC, Expression of the Properties of Cathode Ray Oscilloscopes, Part 1, Publication 351/1.

[10] Brigham E. Oran, FFT - Schnelle Fourier Transformation. Oldenbourg, München Wien 1982.

[11] Hänsler E., Grundlagen der Theorie statistischer Signale. Springer, Berlin Heidelberg New York 1983.

[12] Kiencke U., Meßtechnik Systemtheorie für Elektrotechniker. Springer, Berlin Heidelberg New York 1995.

[13] Prechtl A., Vorlesungen über die Grundlagen der Elektrotechnik, Springer, Wien New York 1995.

[14] Schildt G.-H., Grundlagen der Impulstechnik, B.G. Teubner Stuttgart 1987.

1.4 Eigenschaften von Meßgeräten

H. Schweinzer, Th. Materazzi, Ch. Mittermayer und H.W. Fürst

1.4.1 Einleitung

Im folgenden werden verschiedene wichtige Begriffe der Meßtechnik definiert und erläutert. Schwierigkeiten und einzelne Widersprüche ergeben sich durch die Tatsache, daß dieselben Begriffe in verschiedenen Bereichen der Technik oder bei unterschiedlichen Anwendungen teilweise unterschiedlich verwendet werden. Weiters werden in der Technik häufig Wörter aus der Umgangssprache verwendet, die aber durch die Weiterentwicklung der technischen Zusammenhänge, in denen sie verwendet werden, und durch die notwendige exakte Definition manchmal eine gänzlich andere Bedeutung gewinnen, insbesondere, wenn ähnliche Bezeichnungen für verschiedene technische Begriffe gebraucht werden. Im Rahmen dieses Buches wird bei der Wahl solcher Wörter sowohl auf geltende Vorschriften, als auf den derzeit üblichen technischen Sprachgebrauch Bezug genommen.

Weiters sei darauf hingewiesen, daß der im Titel des Kapitels genannte Begriff "Meßgerät" nicht einschränkend aufgefaßt werden soll. Unter Meßgerät ist hier jede meßtechnische Vorrichtung, sei es eine Meßschaltung, ein Meßgerät im klassischen Sinne, aber auch ein Meßsystem oder Entsprechendes zu verstehen.

1.4.2 Begriffsbestimmungen und meßtechnische Eigenschaften

1.4.2.1 Meßgröße, Ergebnisgröße, Bewertung, Meßergebnis

Die physikalische Größe am Eingang eines Meßgerätes wird als **Meßgröße** *MGr*, ein bestimmter Wert dieser Größe als **Meßgrößenwert** *MGrW* (eigentlich "Wert einer speziellen Meßgröße") bezeichnet [1, 5]. Elektrische Größen werden immer zwischen zwei Eingangsklemmen des Gerätes gemessen, andere Arten von Größen hingegen mit Hilfe von Meßfühlern erfaßt und sodann in elektrische Größen umgewandelt. Es ist auch üblich, eine elektrische Größe am Eingang einer Funktionseinheit, etwa eines Verstärkers oder eben auch eines Meßgerätes als Eingangsgröße zu bezeichnen, wo immer dieser Begriff in den Zusammenhang paßt. Als beschreibende Symbole werden in diesem Falle zum Beispiel U_e, I_e, R_e für Spannung, Strom, Widerstand verwendet werden oder X_e, falls die Art der Größe nicht festgelegt werden soll.

Ein **Meßgerät** stellt primär eine Umwandlungseinrichtung ("Meßeinrichtung") dar. Es formt die Meßgröße nach einem bestimmten funktionalen Zusammenhang in eine **Ergebnisgröße** *ErG* mit einem bestimmten konkreten **Ergebnisgrößenwert** *ErGW* ("Meßergebnis") um [1, 5].

Somit gilt

$$ErG = f(MGr) \quad , \tag{1}$$

wobei die Funktion $f(MGr)$ linear oder nichtlinear sein kann. Bei Meßgeräten wird im allgemeinen eine lineare Charakteristik angestrebt.

Der Ergebnisgrößenwert kann in Form einer Anzeige oder einer, in gleicher Weise zu beurteilenden, andersartigen Ausgabegröße vorliegen. Anstelle eines abzulesenden Wertes stellt dann zum Beispiel der Wert eines Ausgangssignals das Meßergebnis dar.

Ein Ergebnisgrößenwert wird erst durch eine "Bewertung" zum zahlenmäßig festgelegten **Ergebnis** *E*. Durch diese präsentiert sich ein Ergebnisgrößenwert *ErGW* entweder als ein durch das Meßgerät bereits objektiv bewerteter, eindeutiger **Ergebniswert** *EW*, in Form einer Zifferndarstellung, einer digitalen Anzeige oder eines digitalen Ausgangssignales, oder das Meßgerät liefert eine Ausgangsgröße X_a, etwa in Form eines analogen elektrischen Signals als Strom oder Spannung oder einer Zeigerstellung, die erst von einem weiteren Gerät objektiv oder von einem Menschen subjektiv bewertet werden müssen, um den Ergebniswert zu erhalten. Ein Ergebniswert wird üblicherweise sowohl umgangssprachlich als auch in der Technik allgemein als **Meßwert** *MW* bezeichnet, wodurch sich der Rückschluß auf die erzeugende Meßgröße ausdrückt.

Tatsächlich ist das Ergebnis, also der bewertete Ergebnisgrößenwert jeder Messung in irgend einer Form digitalisiert: durch die Schaltung selbst, einen weiteren bewertenden Teil des Meßgerätes oder auch durch den Beobachter. Man bedenke nur, daß jede zahlenmäßige Angabe einer Größe, somit also jede Bewertung dieser Größe letztlich eine Digitalisierung darstellt. Jemand, der die gemessene Entfernung zwischen zwei Punkten in Zahlen angibt, ist gezwungen, diese Angabe auf eine bestimmte numerische Stellenzahl zu beschränken, er gibt sie also mit einer bestimmten Auflösung an, er digitalisiert sie. Dies bedeutet aber, daß jedes Meßergebnis nicht nur einem Wert, sondern einem bestimmten Bereich von erzeugenden Meßgrößen zugeordnet ist und man daher immer, nicht nur bei der Berechnung von Fehlergrenzen, mit solchen Wertebereichen rechnen müßte. Trotzdem werden Ergebnisse in der Praxis meist nur als Zahlenwert ohne die ergänzende Angabe des Bereiches, in dem sie liegen, angegeben.

1.4.2.2 Meßcharakteristik, Meßkoeffizient

Die **Meßcharakteristik** beschreibt den funktionalen Zusammenhang zwischen Ergebnisgröße und Meßgröße gemäß Gl. (1), beziehungsweise zum Beispiel zwischen Eingangs- und Ausgangsgröße

$$X_a = f(X_e) \qquad (2)$$

eines Meßgerätes im eingeschwungenen Zustand. Sie ist somit eine **statische Charakteristik**. Dabei wird die Meßgröße in Einheiten ihrer physikalischen Dimension zum Beispiel V, A, Ω etc. angegeben und das Ergebnis in den der Ausgabevorrichtung entsprechenden Einheiten. Das kann wieder eine physikalische Dimension im Falle einer analogen Ausgabe sein, Teilstriche, Winkelgrade oder Millimeter einer Zeigerverschiebung bei Analoganzeigen, Ziffern oder Balken bei Digitalanzeigen oder entsprechend codierte Zahlenwerte zur digitalen Weiterverarbeitung. Wie schon erwähnt, kann dieser Zusammenhang linear oder nichtlinear sein, man wird aber möglichst eine lineare Charakteristik anstreben. Dies bietet den Vorteil einer konstanten Empfindlichkeit über den Meßbereich (siehe Kap. 1.4.2.6), außerdem eignen sich vor allem die meisten digitalisierenden Meßeinrichtungen nur bedingt für nichtlineare Zuordnungen. Allerdings gibt es Anwendungen, bei denen man eine Charakteristik wünscht, die einen bestimmten, wichtigen Bereich gestaucht oder gedehnt darstellt, wie zum Beispiel den Bereich um Null bei Nulldetektoren, um dort eine besonders hohe Empfindlichkeit zu erreichen.

Die Meßcharakteristik ist die umfassende Darstellung der wesentlichen, statischen Eigenschaften eines Meßgerätes (Abb. 1.4.1). Die ideale, bei der Konstruktion angestrebte Funktionsweise wird durch die **Sollcharakteristik** $ErG_{soll}(MGr)$ beschrieben, die realen Eigenschaften eines bestimmten Meßgerätes durch seine **Istcharakteristik** $ErG_{ist}(MGr)$, die realen Eigenschaften mehrerer Meßgeräte gleichen Typs durch den Streubereich der Istcharakteristiken. Da die Eigenschaften eines Meßgerätes von vielen Umgebungsparametern abhängen, bestünde eine vollständige Beschreibung desselben aus einer Vielzahl von Meßcharakteristiken oder aus Charakteristik-Feldern. Da solche Einflüsse aber meist nur geringfügige Korrekturen der Meßcharakteristik ergeben, pflegt man sie durch Einflußkoeffizienten zu beschreiben (siehe Kap. 1.4.3.3). Ein typisches Beispiel ist der Temperaturkoeffizient.

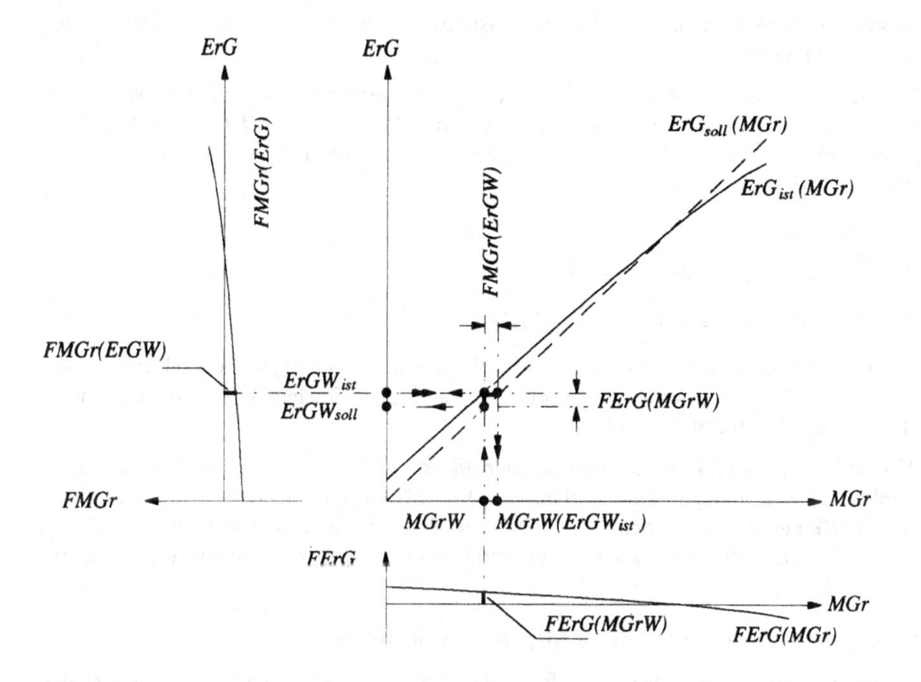

Abb. 1.4.1 Beispiel einer Meßcharakteristik: Soll-, Ist- und Abweichungs-(Fehler-)kurven

Eine lineare Meßcharakteristik wird bei analogen Meßgeräten als kontinuierliche Gerade, bei nichtlinearem Zusammenhang als gekrümmte Kurve dargestellt, obwohl die Meßergebnisse nur als diskrete Zahlenwerte angebbar sind, der Meßbereich also spätestens bei der Bewertung digitalisiert wird. Ein bestimmter Ergebnisgrößenwert wird durch den Bewertungsvorgang dem nächstgelegenen Zahlenwert auf einer bestimmten Skala zugeordnet und führt so zum Ergebniswert.

Ist der funktionale Zusammenhang zwischen Meßgröße und Ergebnisgröße linear und auf Null bezogen, kann die Meßcharakteristik durch einen **Meßkoeffizienten** *MK* ersetzt werden, der der Steigung der Meßcharakteristik entspricht. Der Wert dieses Meßkoeffizienten kann dann beispielsweise durch die Division von Ergebnisgrößenbereich durch Meßbereich ermittelt werden (siehe Kap. 1.4.2.4). Um eventuelle Nullpunktsabweichungen nicht wirksam werden zu lassen, kann man den Meßkoeffizienten besser als Verhältnis der Differenz zweier Ergebnisgrößenwerte zur Differenz zweier Meßgrößenwerte angeben.

Für ein bestimmtes Meßgerät stellt die Differenz zwischen der Istcharakteristik und der Sollcharakteristik den Verlauf der **Abweichung** der Ist-Ergebnisgröße von der Soll-Ergebnisgröße dar. Gemäß DIN 1319, Teil 3 [3] darf eine solche festgestellte (systematische) Abweichung bei anzeigenden Meßgeräten auch **Fehler** genannt werden (für Abweichungen anderer Art, z.B. zufällige, ist der in der Vergangenheit übliche Begriff "Fehler" nicht zulässig).

Man kann somit eine Fehlercharakteristik *FErG*(*MGr*) angeben, der die jeweilige Abweichung für jeden einzelnen Meßgrößenwert gemäß

$$FErG(MGrW) = ErGW_{ist} - ErGW_{soll} \quad (3)$$

entnommen werden kann. Diese Fehlercharakteristik wird mit einer präzisen Vorgabe der Meßgröße ermittelt.

Für das konkrete Ergebnis einer Messung wird aber umgekehrt die Abweichung des Wertes der Meßgröße *MGrW*, der das Ergebnis erzeugt, von jenem Meßgrößenwert *MGrW* ($ErGW_{ist}$), der entsprechend der Sollcharakteristik dem Ergebniswert zugeordnet ist, die eigentliche Abweichung darstellen. Es ist dann

$$FMGr\,(ErGW) = MGrW - MGrW(ErGW_{ist}) \quad . \tag{4}$$

Damit gilt bei linearer Sollcharakteristik

$$FErG\,(MGrW) = -MK \cdot FMGr(ErGW) \quad . \tag{5}$$

Entsprechend der üblichen Sprachgepflogenheit wird daher der Begriff Meßfehler auch als Abweichung des "gemessenen" Wertes einer Meßgröße, des Ergebniswertes, vom tatsächlich erzeugenden Meßgrößenwert verstanden.

Aus der Istcharakteristik und der Sollcharakteristik können weitere Charakteristiken abgeleitet werden, so zum Beispiel eine Istcharakteristik $MK_{ist}(MGr)$ und eine Sollcharakteristik $MK_{soll}(MGr)$ des Meßkoeffizienten. Die Differenz dieser beiden zeigt direkt die Abweichung der Ist-Steigung vom Sollmeßkoeffizienten und damit die Fehlercharakteristik des Meßkoeffizienten *FMK*(*MGr*).

1.4.2.3 Meßcharakteristik digitaler Meßgeräte, Quantisierung

Bei analog anzeigenden Meßgeräten definiert die Skala mit ihren Teilstrichen bei Ablesung die Bewertung der Ergebnisse. Bei sorgfältig konstruierten Geräten entspricht ein Skalenteil dem sinnvollen **Bewertungsintervall**, der Wert des nächstliegenden Teilstriches sollte als Ergebnis verwendet werden. Der bewertende Beobachter muß dabei entscheiden, ob der Zeiger unter- oder oberhalb der Mitte des Skalenteiles und damit des Bewertungsintervalls liegt. Diese Zuordnung zum nächstgelegenen Teilstrich entspricht also einer Rundung des Ergebnisgrößenwertes beziehungsweise einer **Digitalisierung** des Ergebnisses.

Digitale Meßgeräte bewerten objektiv. Der Meßbereich ist bereits konstruktiv in Teilbereiche aufgeteilt. Diese Vorgangsweise bezeichnet man als **Quantisierung**, die Teilbereiche werden **Quantisierungsintervalle** genannt. Die Meßcharakteristik hat die Form einer Stufencharakteristik, da für die Entstehung jedes Ergebniswertes beliebige Meßgrößenwerte aus dem zugehörigen Quantisierungsintervall verantwortlich sein können. Der globale Verlauf der Meßcharakteristik entspricht dem analoger Meßgeräte, den Details der einzelnen Stufen entnimmt man Informationen über die genauere Funktion einer solchen Einrichtung.

Bei digitalen Meßgeräten erfolgt also die Bewertung der Meßgröße durch das Gerät selbst; das Ergebnis wird digital und eindeutig ausgegeben (Abb. 1.4.2). Dabei werden die Quantisierungsintervalle meistens so festgelegt, daß das Meßergebnis wie bei Linealen oder Zeigermeßgeräten dem Wert in der Mitte des Intervalls, dem sogenannten **Intervallmittenwert** *IMW*, entspricht. Es ist jedoch auch eine Zuordnung des kleinsten oder des größten Wertes innerhalb eines Intervalls zum quantisierten Meßergebnis möglich. Solche Ausführungsformen sind bei der Gebührenzählung zu finden, bei der entweder schon für jede angefangene Einheit oder erst für jede vollständig verbrauchte zu bezahlen ist.

Bei der Zuordnung zum Intervallmittenwert *IMW* reicht das Quantisierungsintervall von der unteren Intervallgrenze IG_u

$$IG_u = IMW - \frac{LSB}{2} \tag{6}$$

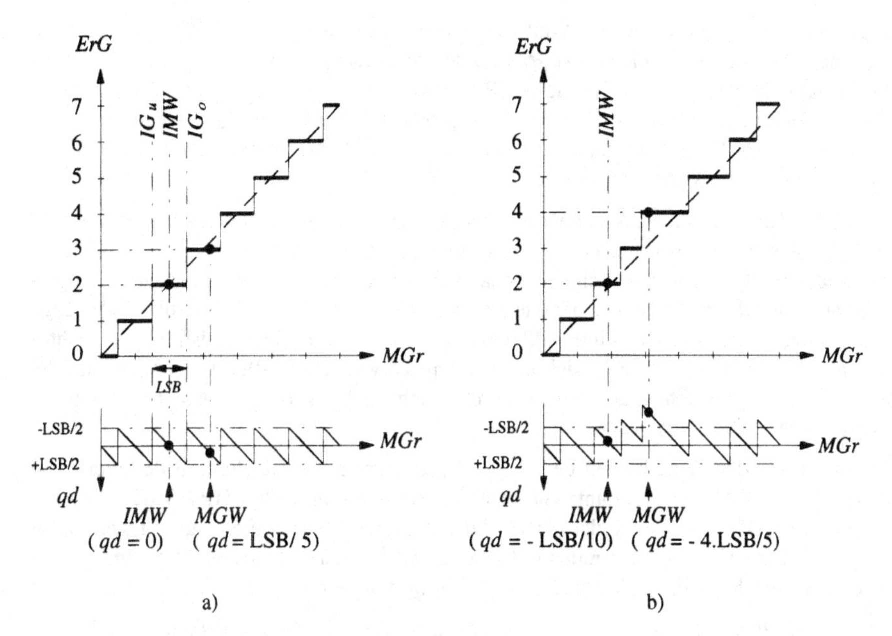

Abb. 1.4.2 Stufencharakteristik und Quantisierungsunsicherheit:
a) ideale Stufencharakteristik, b) nichtideale Stufencharakteristik

bis zur oberen Intervallgrenze IG_O

$$IG_O = IMW + \frac{LSB}{2} \quad . \tag{7}$$

Die Intervallbreite $IB = IG_O - IG_u$ wird LSB (**Least Significant Bit**) genannt. Diese Bezeichnung kommt aus der binären Zahlendarstellung. In dieser wird eine Stelle eines dual codierten Wortes Bit genannt, die niedrigstwertige Stelle Least Significant Bit. In Anlehnung daran wird bei digitalen Meßgeräten auch für den kleinsten unterscheidbaren Wertebereich der Meßgröße (die kleinste angezeigte Einheit) diese Bezeichnung verwendet.

Die **Quantisierungsunsicherheit** *qd* ist die jeweilige Differenz zwischen dem Meßgrößenwert *MGrW*, der einen Ergebniswert erzeugt, und jenem Meßgrößenwert, der diesem Ergebniswert zugeordnet ist [4], hier eben dem Intervallmittenwert *IMW*. Die Quantisierung einer Meßgröße ist zwar im Idealfall beim Übergang von der Meßgröße zur Ergebnisgröße eine eindeutige Transformation, der Rückschluß vom Ergebniswert auf den erzeugenden Meßgrößenwert aber unendlich vieldeutig. Von einer "Unsicherheit" spricht man in diesem Fall, weil auch bei idealer Funktion des Meßgeräts (ideale Stufencharakteristik) die tatsächliche Lage des Meßwertes innerhalb des Quantisierungsintervalls nicht feststellbar ist.

Echte Abweichungen der Ist-Funktion von der Soll-Funktion treten bei realen Meßgeräten zusätzlich und unabhängig von diesem Effekt auf. Bei einer nichtidealen Stufencharakteristik kann ein bestimmtes Intervall größer oder kleiner als 1 LSB sein, die Quantisierungsunsicherheit kann damit unterschiedlich groß werden.

Es sei noch einmal betont, daß eine Quantisierungsunsicherheit bei jeder zahlenmäßigen Bewertung einer Meßgröße auftritt, also auch bei analog anzeigenden Meßgeräten, sobald der Beobachter einen Zahlenwert als Ergebnis abgelesen hat. Diese Unsicherheit ergibt sich auch bei fehlerfreier Funktion des Meßgerätes und fehlerfreier Ablesung dadurch, daß einem Ergebnis anstelle eines Intervalls möglicher Werte der Meßgröße ("Klasse" von Meßwerten) nur ein bestimmter Wert der Meßgröße als **Repräsentant** zugeordnet wird. Das Auftreten einer Quantisierungsunsicherheit als Abweichung des Repräsentanten vom tatsächlichen Wert der Meßgröße ist somit unvermeidlich. Der durchaus gebräuchliche Begriff "Quantisierungsfehler" drückt daher diesen Sachverhalt nicht korrekt aus, da er eine Vermeidbarkeit impliziert (Fehler!), und sollte somit nicht verwendet werden.

Die Ist-Meßcharakteristik eines realen digitalen Meßgerätes kann als Kombination einer kontinuierliche Meßcharakteristik und einer Quantisierungscharakteristik aufgefaßt werden, die beide nichtideal sind. Die kontinuierliche Meßcharakteristik wird dann von der idealen linearen abweichen, die fehlerhafte Stufencharakteristik weicht von der Sollcharakteristik (in der Lage der Intervallgrenzen bzw. in den Intervallbreiten) ab. Diese beiden Charakteristiken sind in ihrer Wirkung überlagert. Man bezieht sich bei der Angabe von fehlerhaften Ergebnissen auf die Meßgröße, da ja die fehlerhafte Ergebnisgröße nicht mehr in der gleichen Form wie bei kontinuierlichen Meßcharakteristiken zugänglich ist.

Als Differenz- oder Fehlerkurven der Meßgröße können die Abweichungen der Werte der Intervallmitte *AWIMW* oder der unteren/oberen Intervallgrenzen $AWIG_u/AWIG_O$ oder auch der Intervallbreite *AWIB* von denen der idealen Zuordnung verwendet werden, um Ergebnisse zu korrigieren oder richtig zu interpretieren. Diese Abweichungen enthalten nun Beiträge sowohl der "eigentlichen Meßeinrichtung" als auch der "Bewertungseinrichtung" (Abb. 1.4.3).

Es ist darauf zu achten, daß diese Charakteristiken nur mehr an den diskreten Stellen der Ergebnisgröße existieren und daß die Abweichungen bei den Endwerten nicht mehr in gleicher Art anzugeben sind, da diese Intervalle zwar idealerweise die halbe Stufenbreite der anderen Intervalle haben, aber auch nach unten beziehungsweise oben offen betrachtet werden können.

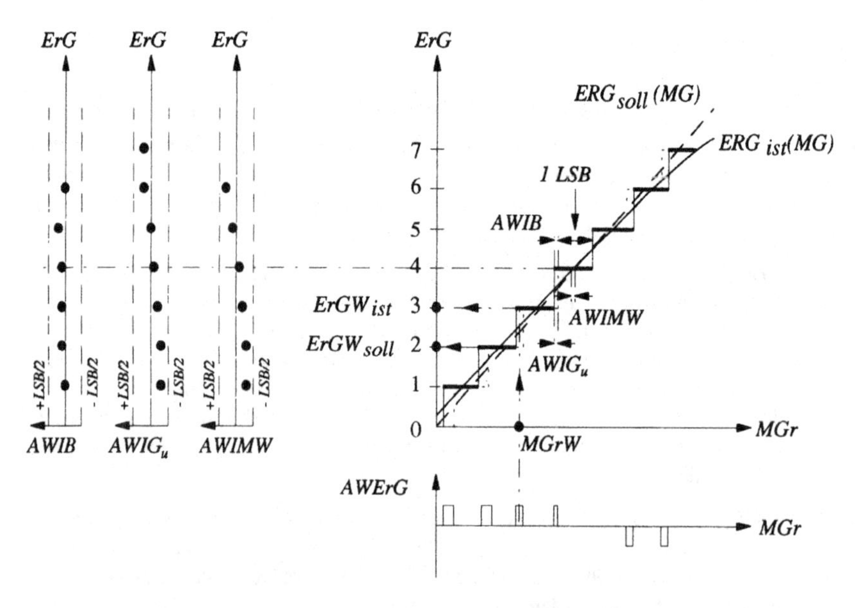

Abb. 1.4.3 Beispiel für die Meßcharakteristik eines digitalen Meßgerätes: Abweichung der Intervallbreiten, der unteren Intervallgrenzen und der Mittelwerte, sowie die Abweichung der Ergebnisgröße in Abhängigkeit von der Meßgröße (ideale Charakteristik strichpunktiert)

1.4.2.4 Meßbereich

Jedes reale Meßgerät kann nur Meßwerte aus einem bestimmten Bereich der zu erfassenden physikalischen Größe verarbeiten. So können zum Beispiel mit einem Fieberthermometer üblicherweise nur Temperaturen zwischen ungefähr 35 und 42 Grad Celsius gemessen werden. Außerhalb dieses Bereiches ist die Körpertemperatur naturgemäß kaum von Interesse.

Somit ist der **Meßbereich** *MB* eines Meßgerätes definitionsgemäß der Bereich von Werten der Meßgröße, die mit Hilfe eines bestimmten Meßgerätes gemessen werden können.

Meßbereiche erstrecken sich je nach Erfordernis einseitig vom Wert 0 bis zu einem **Meßbereichsendwert** *MBEW* oder bei bipolaren Meßgeräten symmetrisch von einem negativen Wert $MBEW_{neg}$ bis zu einem betragsmäßig gleich großen positiven Wert $MBEW_{pos}$. Ein Widerstandsmeßgerät findet mit einem einseitigen Meßbereich das Auslangen, für ein Gleichspannungsmeßgerät kann man einen symmetrischen Meßbereich vorsehen. Bei bestimmten Anwendungen wie zum Beispiel häufig bei Temperaturmessungen kann die Lage der Endwerte beliebig gewählt werden. Man spricht dann von einem unterdrückten Nullpunkt oder von Nullpunktsunterdrückung. Die Bereichsendwerte werden dann unterer Meßbereichsendwert $MBEW_{min}$ und oberer Meßbereichsendwert $MBEW_{max}$ genannt (Abb. 1.4.4).

Dem Meßbereich entsprechend wird auch ein Umfang der Ergebnisgrößenwerte als **Ergebnisgrößenwertebereich** *ErGB* definiert. Die Meßcharakteristik innerhalb des Meßbereiches kann linear oder nichtlinear, kontinuierlich oder eine Stufencharakteristik sein.

Bei einer linearen, bipolaren Stufencharakteristik gibt es im Prinzip zwei verschiedene sinnvolle Möglichkeiten der Zuordnung (siehe auch Kap. 1.5). Im Abb. 1.4.5 a ist die unipolare Stufencharakteristik derart in den negativen Wertebereich verschoben, daß der ursprüngliche Meßgrößenwert Null zum betragsmäßig größten negativen Wert wird. Das Meßgrößenintervall ± LSB/2 wird dem Digitalwert Null zugeordnet. Der Meßbereich ist nicht symmetrisch. Diese Art der Zuordnung nennt man eine bipolare Kennlinie mit echter Null (Mid Tread Characteristic).

Im Gegensatz dazu kann die Meßcharakteristik auch so verschoben werden, daß der Meßbereich symmetrisch zum Meßgrößenwert Null liegt. Diese Art der Zuordnung ist eine Meßcharakteristik ohne echte Null (Mid Riser Characteristic). Sie bietet den Vorteil, daß der positive und negative Meßgrößenteilbereich gleich groß sind (Abb. 1.4.5 b). In der Praxis wird die Kennlinie mit echter Null bevorzugt, da ein solches Meßgerät unempfindlicher bezüglich allfälliger Störungen um Null ist und daher für kleine Meßgrößenwerte ständig ein Ergebnisgrößenwert Null erzeugt wird. Allerdings hat auch das laufende Umschalten bei Null Vorteile. So kann man durch Mittelwertbildung über mehrere Meßwerte auf die Nähe des Meßgrößenwertes zu Null schließen.

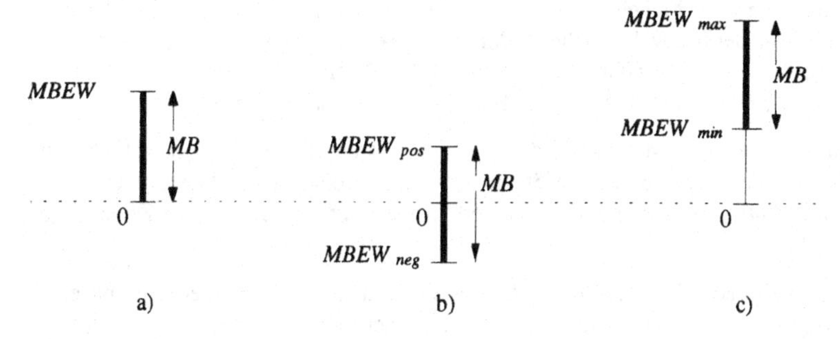

Abb. 1.4.4 Lage von Meßbereichen: a) einseitiger Meßbereich, b) symmetrischer Meßbereich, c) Meßbereich mit unterdrücktem Nullpunkt

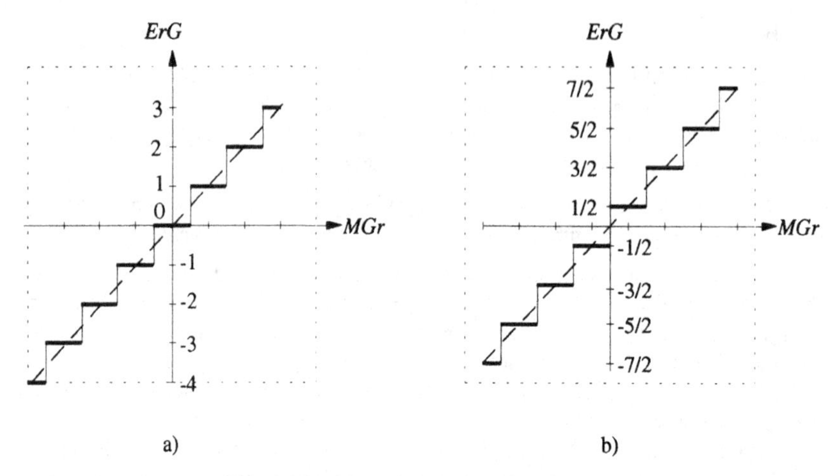

Abb. 1.4.5 Symmetrische Meßbereiche bei Stufencharakteristiken: a) Die Stufencharakteristik mit echter Null liefert für schwankende kleine Meßgrößenwerte ständig den Ergebnisgrößenwert Null, b) die Stufencharakteristik ohne echte Null liefert für schwankende kleine Meßgrößenwerte abwechselnd den Ergebnisgrößenwert -1/2 und +1/2

Ein Meßgerät für universelle Anwendung wird häufig nicht nur über einen Meßbereich, sondern über mehrere verfügen. Diese können aneinander angrenzend oder auch teilweise überlappend beziehungsweise überdeckend ausgelegt sein. Der Meßbereichsendwert bei einseitigem Meßbereich beziehungsweise die Differenz zwischen oberem und unterem Ende des Meßbereiches wird häufig als Bezugsgröße, etwa für Fehlerangaben in Prozent, verwendet und dann als "Meßbereich" bezeichnet. Im Angloamerikanischen hat sich dafür die Bezeichnung "Full Scale", abgekürzt FS oder auch "Full Scale Range", abgekürzt FSR eingebürgert.

1.4.2.5 Auflösung, Genauigkeit, Bewertungsunsicherheit, Intervallgrenzen

Der Begriff **Auflösung** bezeichnet je nach der betrachteten Geräteart verschiedene Eigenschaften:

- Bei digital anzeigenden Geräten den Wert einer Einheit der niedrigstwertigen Stelle, ein LSB oder auch ein **Digit**, angegeben mit der physikalischen Dimension der Meßgröße. Dieser Wert entspricht der Empfindlichkeit beziehungsweise der Nachweisgrenze.
- Bei anderen digitalen Meßeinrichtungen, wie zum Beispiel bei Analog-Digital-Konvertern, die Anzahl der Intervalle, in die der Meßbereich eingeteilt wird, wobei jedes Intervall einem Ergebniswert entspricht. Die Angabe erfolgt als dimensionslose Zahl, bei dualer Codierung auch durch die Anzahl n der Bits, die $m = 2^n$ Intervallen entspricht.
- Bei analog anzeigenden Meßgeräten den Wert eines Skalenteils oder des kleinsten möglichen Bewertungsintervalls, das heißt die kleinste reproduzierbar ablesbare Differenz gerade noch unterscheidbarer Stellungen der Anzeigevorrichtung, etwa des Zeigers oder einer Lichtmarke.

Der Begriff **Genauigkeit** oder auch **Meßgenauigkeit** ist nicht im Zusammenhang mit einer quantitativen Angabe definiert. Er wird lediglich in vergleichender Weise oder zur qualitativen Charakterisierung verwendet, also zum Beispiel, indem man von Meßverfahren hoher oder niedriger Genauigkeit spricht.

Es kann kaum genug betont werden, daß die Begriffe Auflösung und Genauigkeit nicht identisch sind. Viele digitale Meßgeräte haben eine so hohe Auflösung, daß die Abweichung des Absolutwertes eines Ergebnisses vom richtigen Wert mehreren LSB entspricht. Eine Messung ist trotzdem durchaus sinnvoll, wenn Meßgrößendifferenzen, die wesentlich geringer sind als die jeweiligen Absolutwerte, mit demselben Meßgerät gemessen werden können.

In anderen Fällen, besonders bei Analog-Digital-Konvertern mit niedriger Auflösung, ist die Genauigkeit der Lage der Intervallgrenzen oft viel besser, als einer Intervallbreite entspricht. Zu einem Ergebniswert kann zwar prinzipiell nicht festgestellt werden, welchen Wert die Meßgröße innerhalb des Intervalls hat, sie liegt aber sicher nicht in einem der beiden Nachbarintervalle, wenn man von einem Übergangsbereich absieht, der sich aus den Abweichungen der Lage der Intervallgrenzen ergibt.

Die **Bewertungsunsicherheit** äußert sich bei digitalen Meßgeräten in Schwankungen der letzten Stelle des ausgegebenen Ergebnisses bei konstanter Meßgröße. An der Grenze zwischen zwei Bewertungsintervallen besteht bei jeder realen Digitalisierungseinheit prinzipiell eine Unsicherheit der Zuordnung des Ergebnisgrößenwertes zum Meßgrößenwert. Sie wird bei objektiv bewertenden, digital anzeigenden Meßgeräten durch den Wechsel digitaler Anzeigewerte deutlich sichtbar. Die Bewertungsunsicherheit ist in einem realen System unvermeidbar. Sie ergibt sich aus der Funktion des Gerätes, wobei jedoch meist die praktisch immer vorhandenen Instabilitäten der Meßgröße diesen Effekt überlagern und verstärken.

Wie bereits erwähnt, ist die Zuordnung eines Ergebniswertes zu jeweils einem Intervall der Meßgröße eine formale Festlegung. Neben der symmetrischen Rundung mit Festlegung des Repräsentanten in der Intervallmitte mit der Quantisierungsunsicherheit $\pm$ LSB/2 kann auch asymmetrische Rundung angewandt werden. Die Quantisierungsunsicherheit beträgt dann 0 bis 1 LSB oder -1 bis 0 LSB.

Darüber hinaus ergeben sich aus funktionellen Eigenschaften der Konstruktion objektiv bewertender Meßgeräte zwei grundsätzliche Möglichkeiten der Intervallgrenzenzuordnung (Abb. 1.4.6). Diese entsprechen einer definiert kausalen Zuordnung oder einer definiert zufälligen Zuordnung der Ergebnisgröße zur Meßgröße.

- Eine definiert kausale Zuordnung der Grenzen des Quantisierungsintervalls zu dem anliegenden Meßgrößenwert ergibt eine **starre Rundung**: die Wahrscheinlichkeitsverteilung p_k für das Auftreten jedes Meßwertes k ist von rechteckiger Form und entspricht dem Meßgrößenintervall. Ein Ergebnisgrößenwert kann nur aus einem Intervall erzeugt werden, die Quantisierungsunsicherheit beträgt bei symmetrischer Rundung $\pm$ 0,5 Einheiten (Abb. 1.4.6 a). In der Praxis treten jene Meßgrößen, die unmittelbar an einer Intervallgrenze liegen, dadurch in Erscheinung, daß bei ihnen die beiden benachbarten Ergebnisgrößenwerte annähernd gleich häufig auftreten: die oben beschriebene Bewertungsunsicherheit bei Instabilität der Gerätefunktion und ideal stabil gedachter Meßgröße äußert sich in einer Abweichung der Verteilung von der Rechteckform hin zu einem annähernd trapezförmigen Verlauf. Dabei sind die auftretenden Überlappungsbereiche der Verteilungen gerade jene Bereiche der Meßgröße, in denen der Effekt der Bewertungsunsicherheit auftritt.

- Eine definiert zufällige Zuordnung der Intervallgrenzen zu dem jeweils anliegenden Meßgrößenwert ergibt eine **statistische Rundung**: die Wahrscheinlichkeitsverteilung eines Ergebnisgrößenwertes ist dreiecksförmig und weist gegenüber jener der starren Rundung die doppelte Breite auf (Abb. 1.4.6 b). Bezieht man sich auf die einander nicht überlappenden Intervalle der starren Rundung, so stellt man fest: Das Maximum der dreieckförmigen Verteilung p_k liegt in der Mitte des Intervalls I_k. Innerhalb jedes Intervalls I_k können die drei Ergebnisgrößenwerte $ErGW_{k+1}$, $ErGW_k$ und $ErGW_{k-1}$ auftreten, jedoch für jeden konkreten Meßgrößenwert sind nur zwei benachbarte Ergebnisgrößenwerte

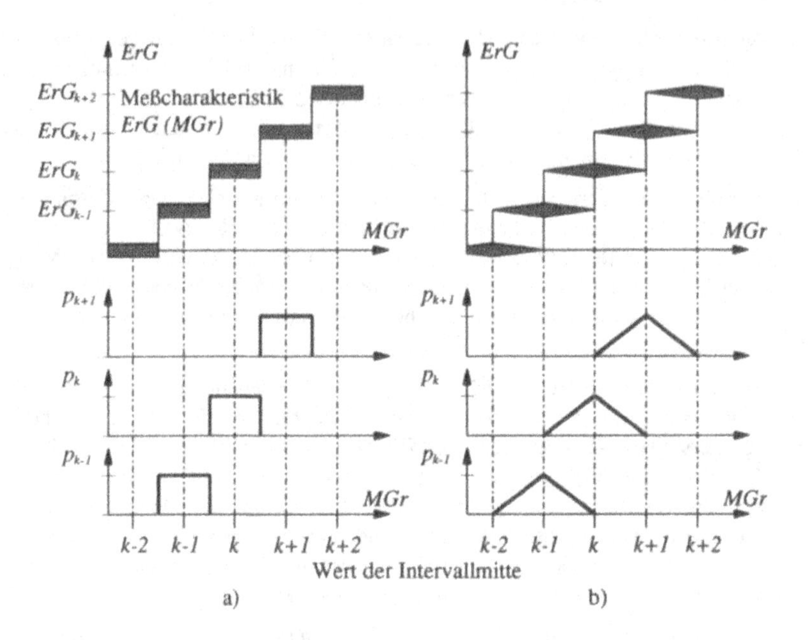

Abb. 1.4.6 Wahrscheinlichkeitsverteilung p_k für das Auftreten eines Ergebnisses *ErG* (*k*): a) starre Rundung, b) statistische Rundung

möglich. Diese beiden Ergebnisgrößenwerte treten mit Wahrscheinlichkeiten auf, die der Lage des Meßgrößenwertes innerhalb des Intervalls entsprechen. Bezieht man sich auf das Ergebnis einer Einzelmessung, so ist die Quantisierungsunsicherheit gemäß der Breite der dreieckförmigen Verteilung auf ± 1 LSB verdoppelt.

Die beiden Möglichkeiten einer Intervallgrenzen-Zuordnung lassen sich am Beispiel der digitalen Zeitmessung deutlich machen (Abb. 1.4.7). Die grundsätzliche Vorgangsweise ist dabei, daß während einer unbekannten, festen Zeit, der Meßzeit, eine Anzahl von zeitlich äquidistanten Impulsen gezählt wird. Die Intervallgrenzenzuordnung entsteht dabei in Abhängigkeit davon, ob diese Zählung synchronisiert oder nicht synchronisiert durchgeführt wird.

- Synchronisierte Messung: wird die Meßzeit mit einem Impuls der zu messenden Frequenz synchron gestartet, so entsteht ein gleichbleibender Ergebnisgrößenwert. Es handelt sich um eine starre Rundung.
- Nicht synchronisierte Messung: wird jede zeitliche Korrelation zwischen Meßzeit und den Zählimpulsen vermieden, so entstehen unterschiedliche Ergebnisgrößenwerte gemäß einer Dreiecksverteilung der statistischen Rundung, da am Anfang und am Ende der Meßzeit ein beliebiger Teil einer Taktperiode verstreichen kann, ohne bei der Messung der Impulszahl erfaßt zu werden.

In vielen Fällen wird eine starre Rundung angestrebt, um bei Folgemessungen gleichbleibende Ergebnisgrößenwerte zu erhalten. Andererseits ist bei dem erwähnten Beispiel eine nicht synchronisierte Messung technisch leichter durchführbar, weshalb man oft die statistische Rundung in Kauf nimmt. Darüber hinaus ist bei statistischer Rundung eine Erhöhung der erreichten Auflösung durch Mittelwertbildung über mehrere Meßwerte möglich (siehe Kap. 1.4.5.1).

a) Abhängigkeit von der zeitlichen Lage des Meßzeitbeginnes zur Zählfrequenz

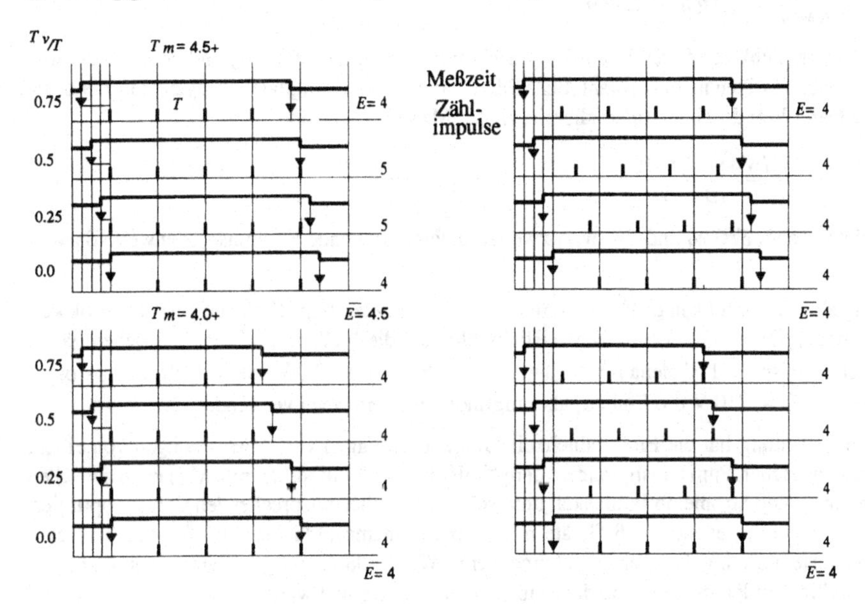

b) Abhängigkeit von der Dauer der Meßzeit

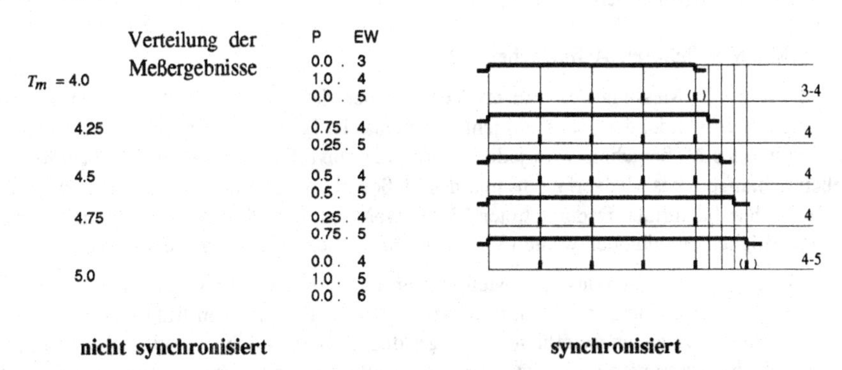

Abb. 1.4.7 Darstellung der synchronisierten und nicht synchronisierten Messung von Zeitintervallen: a) Abhängigkeit von der Phasenlage des Meßzeitbeginns zu den Zählimpulsen, b) Abhängigkeit von der Dauer der Meßzeit

1.4.2.6 Meßempfindlichkeit

Die Empfindlichkeit ε eines Meßgerätes gibt nach der üblichen Definition an, welche hinreichend kleine Änderung der Meßgröße notwendig ist, um eine kleinste reproduzierbare Änderung des Meßergebnisses hervorzurufen. Sie ist somit als Differenzen-, im Grenzfall als Differentialquotient aus dem funktionalen Zusammenhang zwischen Meßgröße und Ergebnisgröße ermittelbar gemäß

$$\varepsilon = \lim_{\Delta MGr \to 0} \frac{\Delta ErG}{\Delta MGr} = \frac{dErG}{dMGr} . \tag{8}$$

Die Empfindlichkeit ist identisch mit der Steigung der Funktion $f(MGr)$ und bei nichtlinearen Meßcharakteristiken nicht konstant. Bei Stufencharakteristiken digitaler Meßgeräte ist der beste erreichbare Wert durch die Intervallbreite *IB* der Meßgröße gemäß

$$\varepsilon = \frac{ErGW_{i+1} - ErGW_i}{IB} \tag{9}$$

gegeben, wobei $ErGW_i$ und $ErGW_{i+1}$ zwei aufeinanderfolgende Ergebnisgrößenwerte darstellen.

Es ist jedoch zu beachten, daß bei diesem häufig verwendeten Begriff oft auch der Reziprokwert Anwendung findet. Für den einfachen Rückschluß auf die Meßgröße werden in solchen Fällen statt zum Beispiel "1 Skalenteil pro 1µA" oder "1 Einheit pro 10 V" die Angaben "1µA pro 1 Skalenteil" bzw. "10 V pro Einheit" als Empfindlichkeitsangaben verwendet.

Große Bedeutung hat die Empfindlichkeit für Beobachtungen von Abweichungen von einem charakteristischen Punkt, insbesondere dem Nullpunkt bei Nullindikatoren. Man kann zwischen Spannungs- und Stromempfindlichkeit unterscheiden, die bei entsprechenden Geräten optimiert werden. So ergibt es sich, daß Geräte mit guter Stromempfindlichkeit häufig eine schlechte Spannungsempfindlichkeit haben und umgekehrt. Weiters können beste Genauigkeit und beste Empfindlichkeit kaum in ein und demselben Gerät verwirklicht werden.

1.4.3 Abweichungen und Fehler

1.4.3.1 Meßabweichung, Meßunsicherheit

Es ist das Ziel jeder Messung, den **wahren Wert** x_w einer Meßgröße zu ermitteln, den eine ideale Messung liefern würde, der aber real nicht ermittelbar ist [1, 3, 5]. Jeder Ergebnisgrößenwert und damit jedes Meßergebnis wird jedoch durch die Unvollkommenheit der Meßgeräte und Meßeinrichtungen, des Meßverfahrens und des Meßobjektes, außerdem durch die Umwelt und die Beobachter beeinflußt. Dadurch treten **Meßabweichungen** auf. Sie sind der Grund, warum es keine Möglichkeit gibt, den wahren Wert einer Meßgröße exakt festzustellen.

Das endgültige, rechnerisch aus einer Meßreihe ermittelte Meßergebnis beinhaltet sogenannte systematische Abweichungen, das sind kausal, also zum Beispiel konstruktiv bedingte oder durch bestimmte Umgebungseinflüsse hervorgerufene, sowie zufällige, statistisch auftretende Abweichungen. Man unterteilt in **bekannte systematische Abweichungen** und **unbekannte systematische Abweichungen**. Erstere können korrigiert werden, wenn der Wert des erzeugenden Parameters, der Einflußgröße, und das Ausmaß ihres Einflusses bekannt sind. Der Korrekturwert, die sogenannte **Korrektion**, hat den gleichen Betrag wie die festgestellte systematische Abweichung, aber das entgegengesetzte Vorzeichen. Unbekannte systematische Abweichungen sind laut DIN 1319, Teil 3, Pkt. 3.3.3 solche, "die auf Grund experimenteller Erfahrung vermutet oder deutlich werden, deren Betrag und Vorzeichen aber nicht eindeutig angegeben werden können oder überhaupt unbekannt sind" [3]. Sie können jedoch in vielen Fällen abgeschätzt werden. "Nicht beherrschbare, nicht einseitig gerichtete Einflüsse während mehrerer Messungen am selben Meßobjekt innerhalb einer Meßreihe führen zu einer **Streuung** der Meßwerte um den Mittelwert der Meßreihe und damit zu **zufälligen Abweichungen** der Meßwerte vom wahren Wert" ([3], Pkt. 3.2), der dem Erwartungswert der Statistik entspricht. Bei unbekannten systematischen und bei zufälligen Abweichungen ist eine Korrektur unmöglich.

Man geht deshalb gedanklich davon aus, daß die durch mehrere Einzelmessungen einer Meßreihe erhaltenen Ergebniswerte x_i Realisierungen einer **Zufallsgröße** X sind. Diese Zufallsgröße folgt einer Wahrscheinlichkeitsverteilung, die durch die beiden Parameter **Erwartungswert** μ und **Standardabweichung** σ beschreibbar ist. Bei Abwesenheit von systematischen, also kausal bedingten Abweichungen, stimmen der wahre Wert x_w und der Erwartungswert μ überein. Die Standardabweichung σ ist ein Streuungsmaß für die zufällige Abweichung eines einzelnen Meßwertes vom Erwartungswert der Meßgröße.

Erwartungswert und Standardabweichung sind im allgemeinen nicht bekannt, es werden aus einer Meßreihe **Schätzwerte** für sie ermittelt. Häufig werden der **arithmetische Mittelwert** $\bar{x}$ als Schätzwert für μ und die **empirische Standardabweichung** s als Schätzwert für σ benutzt. Geht man von einer Annahme über den Verteilungstyp der Meßwerte aus, so läßt sich ein Intervall um den (um die bekannte systematische Abweichung berichtigten) Mittelwert $\bar{x}$ angeben, das den Erwartungswert μ mit einer vorgegebenen Wahrscheinlichkeit, dem **Vertrauensniveau** $(1-\alpha)$, überdeckt [3]. Die Grenzen dieses Intervalls heißen **Vertrauensgrenzen** für den Erwartungswert, das Intervall selbst wird **Vertrauensbereich** oder **Konfidenzintervall** für den Erwartungswert genannt. Durch diesen Vertrauensbereich wird der Einfluß zufälliger Abweichungen erfaßt. Wenn nichts anderes vereinbart ist, dann wird als Vertrauensniveau üblicherweise $1-\alpha = 95\%$ benutzt. Voraussetzung für verläßliche Schätzwerte ist jedenfalls, daß genügend (unter entsprechend gleichartigen Bedingungen gewonnene) Ergebniswerte vorliegen.

In jedem Fall und insbesondere auch bei Vorliegen von Meßabweichungen unterschiedlicher Art gilt: Zusätzlich zu dem aus den Messungen gewonnenen Meßergebnis ist ein Kennwert für den Betrag der Meßabweichung zu ermitteln und anzugeben, die **Meßunsicherheit**. Die Meßunsicherheit dient zur Festlegung eines Intervalls der Meßgröße symmetrisch um das Meßergebnis, innerhalb dessen sich der wahre Wert der Meßgröße befindet [1]. Die Meßunsicherheit ist ein quantitatives Maß für den qualitativen Begriff Genauigkeit, der die Annäherung des Meßergebnisses an den wahren Wert der Meßgröße beschreibt. Eine größere (bessere) Genauigkeit entspricht einer geringeren Meßunsicherheit.

Oft weist die Meßunsicherheit mehrere Komponenten auf: eine betrifft die zufälligen Abweichungen und wird aufgrund statistischer Kenntnisse ermittelt, die anderen ergeben sich aus zusätzlichen Informationen, Erfahrungen oder Annahmen. In dieser Art werden unter anderem auch unbekannte systematische Abweichungen berücksichtigt [5, 6].

1.4.3.2 Systematische Abweichungen

Durch Unvollkommenheit der Konstruktion eines Meßgerätes ergeben sich systematische, konstruktiv bedingte Abweichungen beziehungsweise Fehler in der Meßcharakteristik. Die Gesamtheit dieser konstruktiv bedingten, systematischen Abweichungen von einer linearen Sollcharakteristik, die zur Istcharakteristik führen, lassen sich nach der Art ihres Erscheinens in einzelne, leicht zu beschreibende Fehler aufspalten (Abb. 1.4.8). Es sind dies der:

- Nullpunktsfehler (offset error) $FErG_{null}$,
- Steigungs- oder Verstärkungsfehler (gain error) $FErG_{st}$, Fehler des Meßkoeffizienten,
- Integraler Linearitätsfehler $FErG_{inl}$,
- Differentieller Linearitätsfehler $FErG_{dnl}$, und eventuell noch ein
- Hysteresefehler $FErG_{hyst}$.

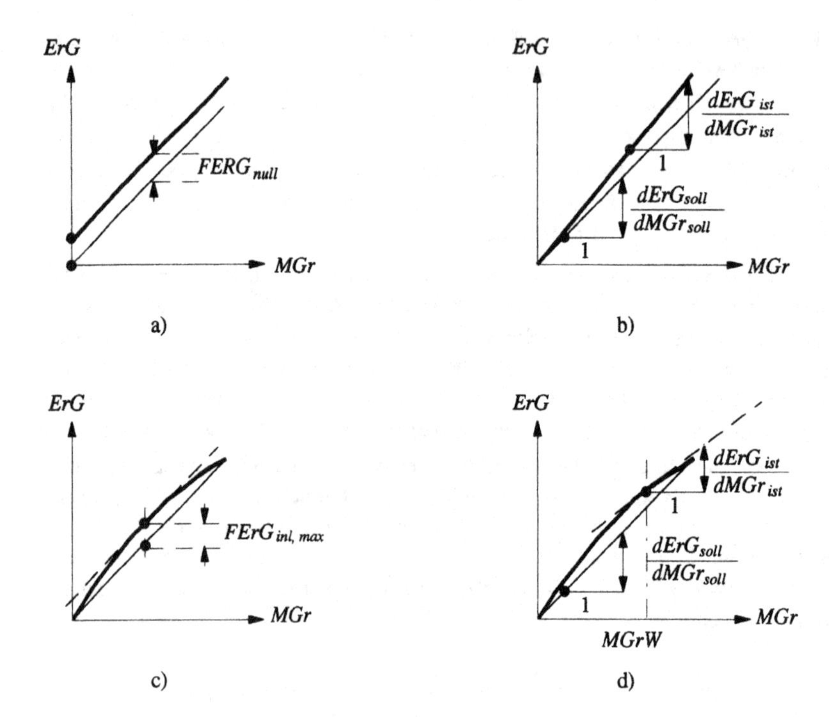

Abb. 1.4.8 Aufspaltung des systematischen Gesamtfehlers eines Meßgerätes:
a) Nullpunktsfehler, b) Steigungsfehler, c) integraler Linearitätsfehler und
d) differentieller Linearitätsfehler

Ein **Nullpunktsfehler** $FErG_{null}$ ergibt sich durch eine Verschiebung der Istcharakteristik. Es führt dann nicht mehr der Meßgrößenwert Null, sondern ein bestimmter anderer zum Ergebnisgrößenwert Null.

Ein **Steigungsfehler** $FErG_{St}$ ergibt sich durch eine gedrehte Istcharakteristik. Er stellt somit unmittelbar einen Fehler des Meßkoeffizientenwertes dar.

Die Abweichung einer nichtlinearen Istcharakteristik von der linearen Sollcharakteristik gibt die integrale Nichtlinearität beziehungsweise der **integrale Linearitätsfehler** $FErG_{inl}$ bei einem bestimmten Meßgrößenwert an. Üblicherweise wird die maximale Abweichung als Wert des Fehlers genommen. Dieser beschreibt somit die "Linearität der Meßcharakteristik im Großen". Voraussetzung ist, daß Nullpunktsfehler und Verstärkungsfehler abgeglichen sind. Allerdings wird dieser Fehler auch manchmal so definiert, daß die Istcharakteristik nach irgend einem anderen Kriterium angepaßt wird, wie zum Beispiel durch eine Approximation zur Minimierung der maximalen Abweichung selbst, durch Minimierung der Summe der Beträge der Abweichungen oder durch Minimierung der Summe der quadrierten Abweichungen (Methode der kleinsten Fehlerquadrate).

Eine differentielle Linearitätsabweichung beziehungsweise ein **differentieller Linearitätsfehler** $FErG_{dnl}$ ist die Abweichung der Ist-Differenz von der Solldifferenz zweier Ergebniswerte bezogen auf die zugehörige Differenz der Meßgrößenwerte, im Grenzfall der Differentialquotient bei einem bestimmten Meßgrößenwert. Er kann daher für jeden Meßgrößenwert angegeben werden und beschreibt die "Linearität der Meßcharakteristik im Kleinen".

Zusätzliche Schwierigkeiten bereitet die geschlossene Beschreibung eines allfälligen **Hysteresefehlers** $FErG_{hyst}$, der außer von der Meßgröße noch von der Vorgeschichte abhängt.

Die systematischen Abweichungen eines digitalen Meßgerätes können wie bei analogen Meßeinrichtungen in Einzelfehler aufgespalten und nach Gl. (5) als Fehler der Meßgrößenwerte angegeben werden. Es sind dies wieder:

- Nullpunktsfehler (offset error) $FMGr_{null}$.
- Steigungs- oder Verstärkungsfehler (gain error) $FMGr_{st}$.
- Integraler Linearitätsfehler $FMGr_{inl}$.
- Differentieller Linearitätsfehler $FMGr_{dnl}$.

zusätzlich unter Umständen jedoch noch:

- Fehlendes Codewort.
- Nichtmonotonie.

Nach der einschlägigen IEC-Norm 748-4 [4] werden solche Fehler als Differenz zwischen dem Istwert und dem Sollwert der Meßgröße entweder in üblichen Einheiten wie zum Beispiel in Volt oder aber als Vielfache oder Teile von 1 LSB angegeben. Ein Fehler kann natürlich auch als relativer Fehler bezogen auf irgend einen anderen Wert angegeben werden.

Die aufgespalteten systematischen Abweichungen eines digitalen Meßgerätes zeigt Abb. 1.4.9:

Ein **Nullpunktsfehler** $FMGr_{null}$ ist die Differenz zwischen dem Istwert des Intervallmittenwertes oder eines Intervallendwertes und dessen Sollwert für den Ergebniswert Null.

Ein **Steigungsfehler** $FMGr_{st}$ ist die Differenz zwischen dem Istwert des Intervallmittenwertes oder eines Intervallendwertes und dessen Sollwert für den maximalen Ergebniswert bei abgeglichenem Nullpunktsfehler.

Der **integrale Linearitätsfehler** $FMGr_{inl}$ ist die Differenz zwischen dem Meßgrößenwert am Intervallende und dessen Sollwert bei einem gewählten Intervall bzw. Ergebniswert. Üblicherweise wird auch hier die größte Abweichung als integraler Linearitätsfehler bezeichnet. Es bestehen zwei Definitionen und zwar entweder die genannte Abweichung, nachdem Nullpunkts- und Steigungsfehler abgeglichen wurden, oder nachdem so abgeglichen wurde, daß dieser Fehler nach einem bestimmten Kriterium minimal ist.

Der **differentielle Linearitätsfehler** $FMGr_{dnl}$ ist die Differenz zwischen der Ist-Intervallbreite und der Sollintervallbreite bei einem gewählten Intervall bzw. Ergebniswert. Die Abweichung der jeweiligen Intervallbreite von der Sollbreite ist wichtig bei der Messung der Häufigkeit des Auftretens von Meßgrößen, da die Häufigkeit des Auftretens eines Ergebnisses direkt proportional zur Breite des zugehörigen Quantisierungsintervalls ist. Abweichungen vom Sollwert verfälschen so die Häufigkeitsverteilung der Meßgrößenwerte.

Im Extremfall können die Abweichungen benachbarter Intervallgrenzen so groß werden, daß ein dazwischenliegendes Intervall ganz verschwindet, das heißt, daß das zugehörige Ergebnis nicht mehr auftritt. Man spricht dann von einem **fehlenden Digitalwert** oder "missing code".

Wenn bei steigender Meßgröße die aufeinanderfolgenden Digitalwerte nicht ebenfalls steigen, spricht man von **Nichtmonotonie**. Solche Fehler treten manchmal bei Stufenschaltern und Digital-Analog-Konvertern auf.

Quantitativ können alle Fehler entweder absolut als

$$FErG_{abs} = ErG_{ist} - ErG_{soll} \tag{10}$$

oder relativ, also bezogen auf ihren Sollwert, als

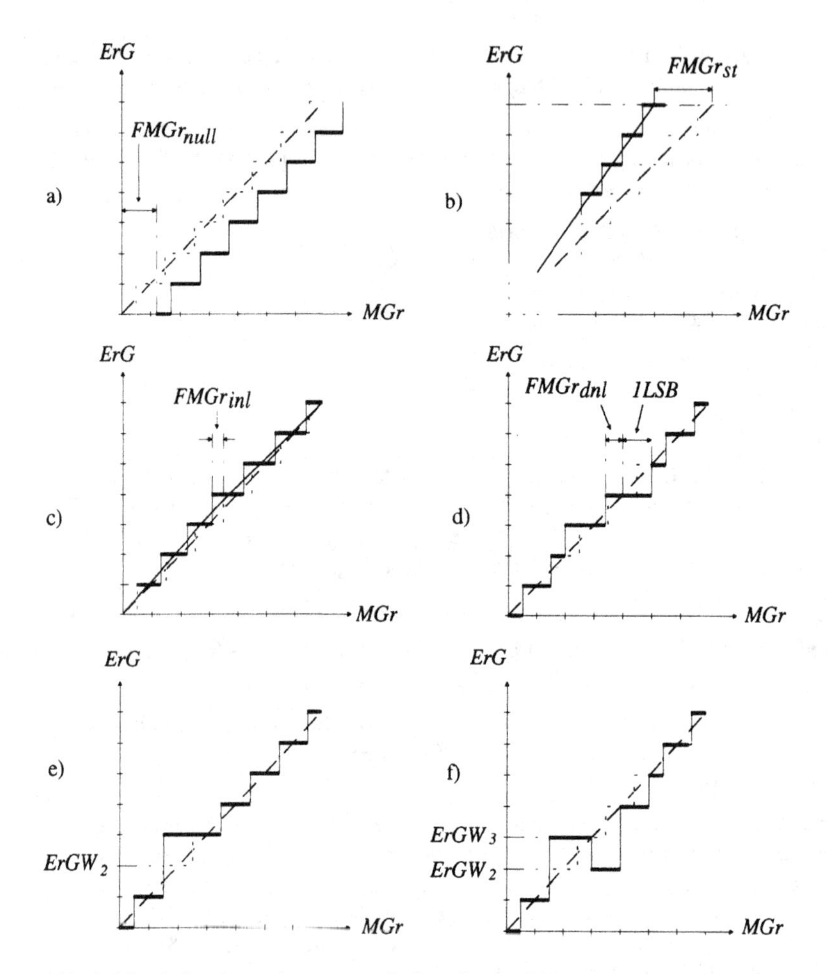

Abb. 1.4.9 Aufspaltung des systematischen Gesamtfehlers bei einem digitalen Meßgerät: a) Nullpunktsfehler, b) Steigungsfehler, c) integraler Linearitätsfehler, d) differentieller Linearitätsfehler, e) fehlender Digitalwert (der Ergebniswert 2 kommt nicht vor), f) Nichtmonotonie (der Ergebniswert 2 entspricht einem höherwertigen Intervall als der Ergebniswert 3)

$$FErG_{rel} = \frac{ErG_{ist} - ErG_{soll}}{ErG_{soll}} \tag{11}$$

angegeben werden.

Häufig wird ein absoluter Fehler auf den Sollendwert beziehungsweise den Bereich der Ergebnisgröße *ErGB* bezogen und damit relativ dargestellt gemäß

$$FErG_{rel,FS} = \frac{ErG_{ist} - ErG_{soll}}{ErGB} \quad . \tag{12}$$

Dies ist vor allem nötig, falls ein Nullpunktsfehler relativ angegeben werden soll, um eine Division durch den Sollwert Null zu vermeiden. Die relative Fehlerangabe erfolgt zum Beispiel in Prozent (%) oder in parts per million (ppm).

1.4.3.3 Einflußgrößen

Es gibt keine absolut richtige Messung. Jeder Meßwert und damit jedes Meßergebnis wird durch die Unvollkommenheit der Meßmethode und des Meßgerätes beeinflußt, daher ist die Ursache, Größe, Wirkung und Gesetzmäßigkeit der dadurch hervorgerufenen Abweichungen zu beachten. Eine falsche Anwendung des Meßgerätes, eine fehlerhafte Justierung oder Eichung kann methodische Fehler hervorrufen. Weiters sind auch die Einflüsse durch die Unvollkommenheit der Beobachtung zu berücksichtigen.

Beobachtereinflüsse sind abhängig von den Eigenschaften und Fähigkeiten des Beobachters, seiner Aufmerksamkeit, Übung, Sehschärfe und seinem Schätzvermögen. Man spricht von subjektiven Fehlern, die naturgemäß bei objektiv bewertenden Meßgeräten nicht auftreten.

Die Beziehung zwischen dem Wert der Meßgröße und der Ergebnisgröße wird außerdem durch verschiedene weitere Parameter wie Umwelteinflüsse, Betriebsgrößen und Störungen des Meßgerätes beeinflußt. Sie bewirken zusätzliche systematische Abweichungen. Diese Parameter werden **Einflußgrößen** genannt. Ein wichtiges Beispiel stellt die Temperatur dar. Die durch sie hervorgerufenen Änderungen der Ergebnisgröße nennt man **Einfluß**, in diesem Fall also "Temperatureinfluß". Die Beziehung zwischen Einflußgröße und Einfluß wird im linearen Ansatz durch den Einflußkoeffizient dargestellt, im angeführten Beispiel durch den Temperaturkoeffizient.

Es gibt reversible Einflüsse, welche mit der Rückkehr der Einflußgröße auf den ursprünglichen Wert wieder aufgehoben werden, und irreversible Einflüsse.

Die wichtigsten Einflußgrößen mit reversibler Wirkung sind:

- (Umgebungs-)Temperatur.
- Betriebs- und Netzspannung.
- Äußere elektrische und magnetische Felder.
- Feuchtigkeit, Luftdruck.
- Eigenerwärmung ("Anwärme-Einfluß").
- Lage des Meßgerätes.
- Umgebendes Material (z.B. Eisengehäuse).
- Beschleunigung, Vibration.

Irreversible Einflußgrößen können sein:

- Zeit (Alterung).
- Überlastung am Ein- bzw. Ausgang.
- Überhitzung.

Für die reversiblen Einflußgrößen werden im allgemeinen der zulässige Bereich für Betrieb und Lagerung sowie die auftretenden Abweichungen angegeben, für die irreversiblen typisch oder maximal auftretende, bleibende Veränderungen. Die Auswirkungen der irreversiblen Einflußgrößen sind im allgemeinen nicht definiert. Sie können nur statistisch erfaßt werden. Es kann zum Beispiel für die Alterung nur eine Wahrscheinlichkeit für das Auftreten bestimmter Effekte angegeben werden.

Die durch reversible Einflußgrößen auftretenden Abweichungen können in folgender Form angegeben werden:

- Als Maximalwert der Gesamtabweichung in einem Bereich Y_1 bis Y_2 der Einflußgröße Y (Abb. 1.4.10 a).

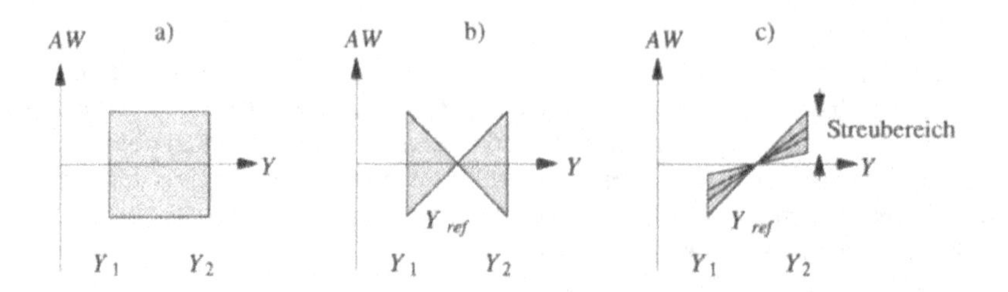

Abb. 1.4.10 Darstellung der Angabe des Einflusses der Einflußgröße Y auf die Abweichung

- Als additive Abweichung durch den Maximalwert des Einflußkoeffizienten in einem Bereich Y_1 bis Y_2 der Einflußgröße Y bezogen auf einen Bezugswert, häufig auch Referenzwert Y_{ref} genannt (Abb. 1.4.10 b).
- Als additive Abweichung durch die typischen Werte des Einflußkoeffizienten mit Streubereich in einem Bereich Y_1 bis Y_2 der Einflußgröße Y (Abb. 1.4.10 c).

1.4.3.4 Fehlerklassen

Die Definition standardisierter **Fehlerklassen**, früher auch Genauigkeitsklassen genannt, war vor allem für die elektromagnetisch-mechanischen Meßgeräte üblich. Sie vereinfachte die Konstruktion, Auswahl und Anwendung der elektrischen Meßgeräte. Es werden dabei für die einzelnen, praktisch auftretenden Einflüsse zulässige Meßfehler festgelegt, die sicherstellen, daß die Fehler einer richtig ausgeführten Messung unter typischen Bedingungen bezüglich Temperatur, Fremdfeldern etc. kleiner bleiben als der Klassenfehler. Dabei wurde aus Gründen der Übersichtlichkeit und wegen der typischen Eigenschaften der magnetisch-mechanischen Zeigermeßgeräte für jede Klasse ein absoluter Fehler festgelegt, der in Prozent des Meßbereiches ausgedrückt wurde. Heute wird diese Standardisierung noch für industrielle Meßfühler, speziell für nichtelektrische Größen, und somit auch für die Meßperipherie verwendet.

Für Meßgeräte wurden speziell die Fehlerklassen 1,5 / 1,0 und 0,5 verwendet, für Zubehör, wie Meßwiderstände und Meßwandler, die Klassen 0,5 / 0,2 und 0,1.

Der Klassenfehler hat über den ganzen Meßbereich die gleiche Größe, das bedeutet, daß im unteren Teil des Meßbereiches viel größere relative Fehler auftreten. Bei einem Meßgerät der Klasse 1 ist zum Beispiel bei einer Anzeige von 10% vom Vollausschlag, dem Meßbereichsendwert *MBWE*, ein Fehler von 10% vom abgelesenen Wert zulässig.

Die Definition des Klassenfehlers ist bei nichtlinearen Meßcharakteristiken nicht auf die angezeigte elektrische Größe bezogen, sondern auf die geometrische Skalenlänge. Es ist daher im allgemeinen recht kompliziert, die zulässigen Fehler zu ermitteln.

Moderne elektronische Meßgeräte haben im allgemeinen einerseits einen Nullpunktsfehler, der absolut im ganzen Meßbereich gleich wirkt, und andererseits einen Fehler des Meßkoeffizienten, einen Steigungsfehler, dessen Absolutwert linear mit dem Meßgrößenwert zunimmt. Dementsprechend wird meist die Kombination eines Absolutwertes in Prozent, bezogen auf den Meßbereich, und eines Relativwertes in Prozent, bezogen auf den abgelesenen Wert, angegeben. Dabei ist der resultierende Fehler entweder als der größere der beiden auftretenden Fehler oder als Summe der beiden Einzelfehler definiert (Abb. 1.4.11 c, d). Eine typische Angabe erfolgt zum Beispiel gemäß

$$F_{ges} = F_{abs}\,[\text{ in \% von MBEW }] + F_{rel}\,[\text{ in \% vom MW }] \quad . \tag{13}$$

Alle standardisierten globalen Angaben ergeben zwar eine leicht überschaubare Einteilung, verschleiern aber die tatsächlichen, genauen Eigenschaften. Besonders für Präzisionsmeßgeräte ist es daher heute üblich, anstelle einer globalen Klassengenauigkeit die wichtigsten Störeinflüsse, zum Beispiel der Temperatur, der Netzspannung etc., einzeln zu spezifizieren. Außerdem wird das Zeitintervall angegeben, nach welchem eine Nacheichung nötig ist, um die Alterung der Geräteelemente so zu kompensieren, daß die spezifizierten Eigenschaften erhalten bleiben. Die Abweichungen bei digitalen Spannungsmeßgeräten liegen zum Beispiel heutzutage typisch zwischen 0,1% und 10ppm und erreichen bei Präzisionsmeßgeräten 1ppm.

Die genormten Fehlerklassen haben den Möglichkeiten der magnetisch-mechanischen Meßgeräte gut entsprochen, was jedoch nicht mehr für digitale Meßgeräte gilt. Digitale Geräte haben üblicherweise zwischen 10% und 100% des Meßbereiches einen annähernd konstanten relativen Fehler, sodaß bei richtiger Einstellung des Meßbereiches im ganzen Anwendungsbereich dieser Geräte unter annähernd gleichen Fehlerbedingungen gemessen werden kann. Besondere Anforderungen ergeben sich bei Gebühren-Meßgeräten. So gilt zum Beispiel für elektrische Haushaltszähler der Klasse 2 ein maximal zulässiger (relativer) Fehler von ±2% im Bereich von 10% des Nennstroms bis zum Grenzstrom und ein maximal zulässiger Fehler von ±2,5% bei 5% des Nennstroms. Weiters sind zusätzliche zulässige Fehler in Abhängigkeit von induktiver/kapazitiver Belastung und Schwankungen der Frequenz, der Temperatur etc. definiert.

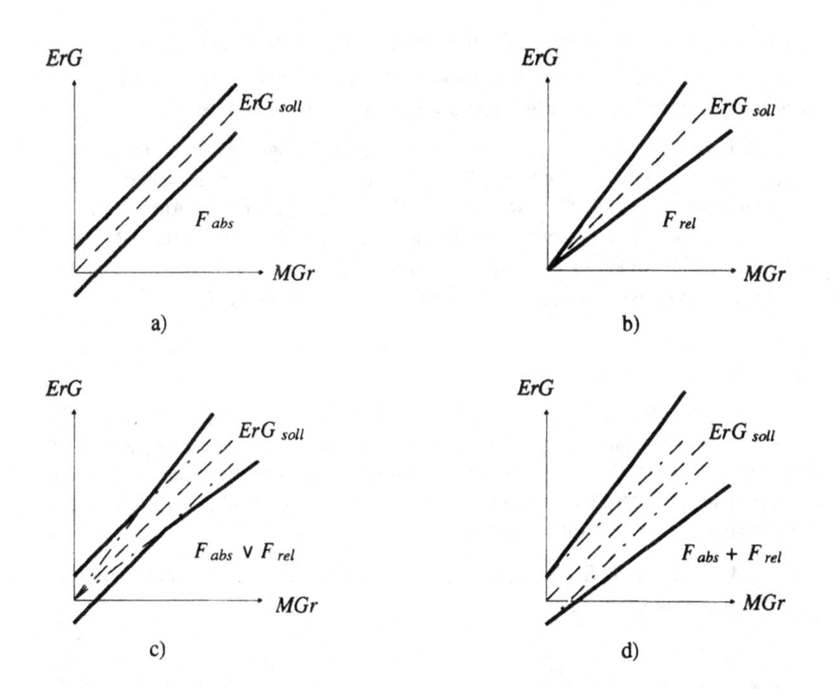

Abb. 1.4.11 Streubereich der Meßcharakteristik bzw. Bereich des auftretenden Fehlers: a) F_{abs} in Prozent vom *MBEW* nach der Definition der Fehlerklassen für anzeigende Meßgeräte, b) F_{rel} in Prozent vom *MBWE*, c) Größtwert der beiden Fehler nach der für Digitalgeräte üblichen getrennten Angabe von F_{abs} und F_{rel}, eine entsprechende Definition gilt für Energiezähler, d) Summe der beiden Fehler F_{abs} und F_{rel},

1.4.3.5 Zufällige Abweichungen, Meßwertverteilungen

Wird eine bestimmte Meßgröße N mal unter Ausschaltung aller systematischen Abweichungen gemessen, so streuen die Meßwerte $x_i = x_w + \Delta x_i$ entsprechend ihrer **zufälligen Abweichungen** Δx_i um den wahren Wert x_w der Meßgröße (Abb. 1.4.12).

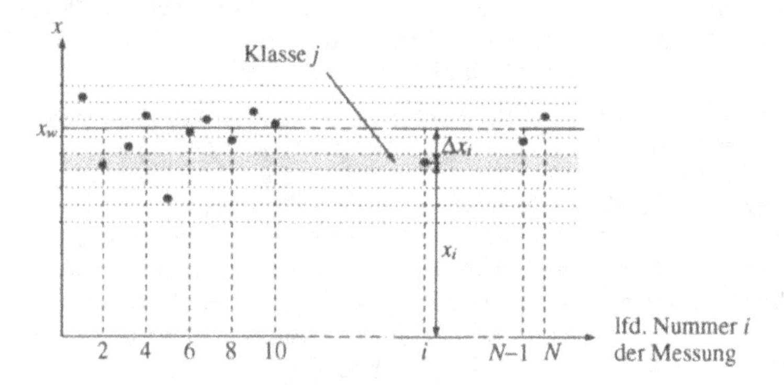

Abb. 1.4.12 Streuung von Meßwerten um den wahren Wert

Würde man den wahren Wert x_w kennen, so könnte man diesen für alle Meßwerte gleichen Anteil eliminieren und ausschließlich die zufällige Komponente als Abweichung Δx_i darstellen, die dann in gleicher Weise um Null streut, wie die Meßwerte um den wahren Wert.

Aus der Unsicherheit, welches Ergebnis bei der Messung einer Meßgröße tatsächlich jeweils auftritt, ergibt sich eine **Häufigkeitsverteilung** für das Auftreten der einzelnen Meßwerte. Diese Häufigkeitsverteilung wird durch die Erfassung der absoluten Häufigkeiten des Auftretens von Meßwerten innerhalb bestimmter Intervalle, meist gleich breiter Meßwertklassen, ermittelt. Tragen N Meßwerte zur Häufigkeitsverteilung bei und ist n_j die Anzahl der Meßwerte in der Klasse j, so ist die Häufigkeit H_j für das Auftreten von Werten in der Klasse j

$$H_j = \frac{n_j}{N} \leq 1 \quad . \tag{14}$$

Anstelle der Verteilung werden, wie schon erläutert, charakteristische Kennwerte benutzt, die aus N Ergebniswerten berechenbar sind. Sie dienen als Schätzwerte für den Erwartungswert und die Standardabweichung der Verteilung. Häufig werden der arithmetische Mittelwert aus N Messungen als Schätzwert für den Erwartungswert und die empirische Standardabweichung als Schätzwert für die Standardabweichung verwendet.

Der arithmetische Mittelwert $\bar{x}$ als Schätzwert für den Erwartungswert μ_x aus einer Meßreihe von N Einzelmeßwerten ergibt sich zu

$$\bar{x} = \frac{1}{N} \cdot \sum_{i=1}^{N} x_i \quad . \tag{15}$$

Zur Charakterisierung der zufälligen Abweichungen wird die Differenz $x_i - \bar{x}$ herangezogen. Als Schätzwert für die Standardabweichung σ_x der Meßwerte wird die empirische Standardabweichung s_x verwendet. Deren Quadrat, die empirische Varianz s_x^2, berechnet sich zu

$$s_x^2 = \frac{1}{N-1} \cdot \sum_{i=1}^{N} (x_i - \overline{x})^2 \quad . \tag{16}$$

Diese Kennwerte ergeben jedoch keine Aussagen über die Form der Meßwertverteilung.

Die Häufigkeitsverteilung geht für großes N und eine gegen Null gehende Klassenbreite in eine Verteilungsdichtefunktion, auch **Wahrscheinlichkeitsdichtefunktion** p_x genannt, über. Die Wahrscheinlichkeit, daß sich ein Meßwert x im Intervall $[a \ldots b]$ befindet, berechnet sich unter Verwendung der Wahrscheinlichkeitsdichtefunktion p_x zu

$$P(a \leq x \leq b) = \int_a^b p_x(\xi) \cdot d\xi \quad , \tag{17}$$

wobei die Skalierung

$$P(-\infty < x < +\infty) = \int_{-\infty}^{+\infty} p_x(\xi) \cdot d\xi = 1 \tag{18}$$

gilt. Sie stellt die Wahrscheinlichkeit für das Auftreten beliebiger Meßwerte dar. In diesen Beziehungen dient ξ als Variable für den Meßwert x. Mit Hilfe der Wahrscheinlichkeitsdichteverteilung werden der Erwartungswert

$$\mu_x = \mathrm{E}\{x\} = \int_{-\infty}^{+\infty} \xi \cdot p_x(\xi) \cdot d\xi \quad , \tag{19}$$

die Varianz

$$\sigma_x^2 = \mathrm{E}\{(x-\mu_x)^2\} = \int_{-\infty}^{+\infty} (\xi-\mu_x)^2 \cdot p_x(\xi) \cdot d\xi \tag{20}$$

und der quadratische Effektivwert

$$\rho_x^2 = \mathrm{E}\{x^2\} = \int_{-\infty}^{+\infty} \xi^2 \cdot p_x(\xi) \cdot d\xi \tag{21}$$

berechnet [12]. Der Operator $\mathrm{E}\{\cdot\}$ wird als Erwartungswertoperator bezeichnet. Zwischen diesen Kennwerten besteht die Beziehung

$$\rho_x^2 = \sigma_x^2 + \mu_x^2 \quad . \tag{22}$$

Meßtechnisch wichtig ist die physikalische Bedeutung dieser Kennwerte: μ_x ist der Gleichanteil, σ_x ist der Effektivwert des Wechselanteils und ρ_x ist der Effektivwert des gesamten Meßsignals x. Mit Hilfe der Verteilungsfunktion eines Meßwerts können also wichtige Parameter berechnet werden.

Der Zusammenhang zwischen einem Signal und der Wahrscheinlichkeitsdichteverteilung seiner Amplituden wird durch die Beziehung

$$p_x(\xi) = \frac{1}{T} \cdot \sum_{x(t)=\xi} \left| \frac{dt}{dx} \right| \tag{23}$$

wiedergegeben, wobei $0 \le t \le T$ der Beobachtungszeitraum ist, in dem die Verteilungsfunktion berechnet wird [12]. Der Beobachtungszeitraum muß so gewählt werden, daß alle zur Bestimmung der Verteilungsfunktion relevanten Signalanteile erfaßt werden. Bei periodischen Signalen muß zur Bestimmung der Verteilungsfunktion eine einzige oder eine ganze Zahl von Perioden herangezogen werden.

Die Dichte p_x beim Amplitudenwert ξ ist nach der obigen Gleichung proportional zur Summe der Beträge aller Kehrwerte der Steigungen des Signals zu den Zeitpunkten, an denen das Signal x den Amplitudenwert ξ annimmt. Durchläuft das Signal einen Amplitudenbereich in kurzer Zeit, so wird die Wahrscheinlichkeit, daß sich das Signal dort befindet, klein sein. Benötigt hingegen das Signal längere Zeit, um einen Amplitudenbereich zu durchlaufen, so ist die Wahrscheinlichkeit, daß sich das Signal dort befindet, groß. Die Wahrscheinlichkeitsdichteverteilung ist also klein, wenn der Betrag der Steigung des Signals groß ist und umgekehrt. Strecken im Signal mit der Steigung Null verursachen Pole in der Wahrscheinlichkeitsdichteverteilung. Umgekehrt liefern Sprungstellen im Signal keinen Beitrag zur Wahrscheinlichkeitsdichteverteilung, da der Kehrwert der Steigung des Signals den Wert Null annimmt. Lineare Teilstücke im Signal erzeugen Bereiche konstanter Wahrscheinlichkeitsdichteverteilung.

Zum Beispiel ergibt sich für ein **sinusförmiges Signal** mit Gleichanteil (Abb. 1.4.13 a)

$$x(t) = A \cdot \sin\left(\frac{2 \cdot \pi}{T} \cdot t\right) + U_0 \tag{24}$$

eine charakteristische, zum Gleichanteil U_0 verschobene **Muldenverteilung** gemäß

$$p_x(\xi) = \frac{1}{\pi \cdot A} \cdot \frac{1}{\sqrt{1 - \left(\frac{\xi - U_0}{A}\right)^2}} \tag{25}$$

im Bereich $|\xi - U_0| \le A$. Im Amplitudenbereich $|\xi - U_0| > A$ ist die Wahrscheinlichkeitsdichteverteilung Null, da sich dort keine Werte des Signals befinden. Der Erwartungswert des Sinus ist $\mu_x = U_0$, entspricht also dem Gleichanteil des Signals. Die Varianz des Signals beträgt $\sigma_x^2 = A^2/2$ und der quadratische Effektivwert ergibt sich zu $\rho_x^2 = A^2/2 + U_0^2$. An den Stellen $U_0 \pm A$ weist die Verteilungsfunktion Pole auf, da sich dort die Extremwerte der Sinusfunktion befinden und somit die Steigung des Signals Null ist.

Für ein **sägezahnförmiges Signal** entsprechend Abb. 1.4.13 b

$$x(t) = \frac{2 \cdot A}{T} \cdot t \qquad \text{mit } -T/2 < t \le T/2 \tag{26}$$

und mit der Periode T ergibt sich eine konstante Amplitudendichte

$$p_x(\xi) = \frac{1}{2 \cdot A} \qquad \text{mit } -A < \xi \le A\,, \tag{27}$$

eine **Gleichverteilung**, da die Steigung des Zeitsignals bis auf die Sprungstellen konstant ist. Der Erwartungswert beträgt $\mu_x = 0$. Varianz und quadratischer Effektivwert sind daher gleich groß und betragen $\sigma_x^2 = \rho_x^2 = A^2/3$.

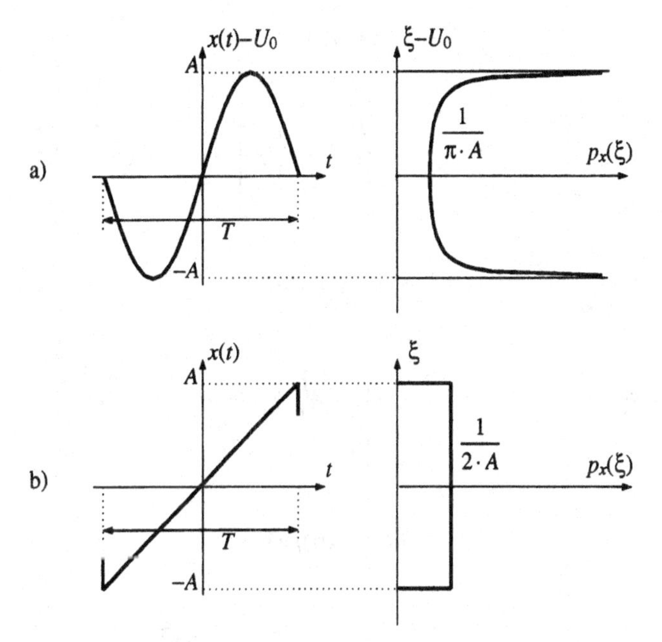

Abb. 1.4.13 Beispiele für Wahrscheinlichkeitsdichtefunktionen von technisch wichtigen Signalen: a) Amplitudendichte einer sinusförmigen Funktion, b) Amplitudendichte einer Sägezahnfunktion

Bei realen Messungen wird eine große Zahl von Einflüssen zu zufälligen Abweichungen führen und damit zur Meßwertverteilung beitragen. In vielen Fällen überlagern sich jene Einflüsse, die Abweichungen hervorrufen, additiv und wirken voneinander statistisch unabhängig. Praktisch auftretende Zufallssignale sind zum Beispiel Widerstandsrauschen, Transistorrauschen, Rauschen in Übertragungsstrecken und vieles andere mehr, welches durch die Überlagerung der Wirkung einer großen Zahl voneinander unabhängiger Quellen zustande kommt.

Unter der Annahme, daß eine Einflußgröße Störungen hervorruft, bei denen jeder Wert innerhalb eines beschränkten Amplitudenbereiches mit gleicher Wahrscheinlichkeit auftritt, ergibt sich für diese eine rechteckige Amplitudendichtefunktion, eine Gleichverteilung. Deterministische Beispiele sind ein Sägezahn- oder Dreieckssignal. Nach den Gesetzen der Statistik ist die Verteilungsdichtefunktion der Summe statistisch unabhängiger Zufallsgrößen gleich dem Faltungsprodukt der einzelnen Verteilungsdichtefunktionen.

Als Beispiel zeigt Abb. 1.4.14 a Amplitudendichtefunktionen, wie sie für die Summen statistisch unabhängiger, gleichverteilter, ergodischer Zufallssignale gelten. Die einzelnen additiven Überlagerungen setzen sich aus den voneinander statistisch unabhängigen Signalen $x_1(t)$, $x_2(t)$ und $x_3(t)$ zusammen. Das Signal $x_1(t)$ nimmt im Intervall $[-0{,}5 \ldots +0{,}5]$ mit gleicher Wahrscheinlichkeit jeden Wert an. Der Zufallsprozeß besteht hier in der zufälligen Variation der Steigungen der einzelnen linearen Teilstücke. Die Signale $x_2(t)$ und $x_3(t)$ sind ebenfalls im Intervall $[-0{,}5 \ldots +0{,}5]$ gleichverteilt. Sie besitzen einen ähnlichen Zeitverlauf wie $x_1(t)$ und sind daher nicht explizit dargestellt. Das Signal $h_1(t)$ ist gleich dem Signal $x_1(t)$. Das Signal $h_2(t)$ ist die Addition von $x_1(t)$ und $x_2(t)$. Seine Verteilungsdichtefunktion ist daher dreieckförmig. Bei $h_3(t)$ wirkt bereits die Überlagerung dreier Zufallssignale. Seine Verteilungsdichtefunktion ist bereits glockenförmig.

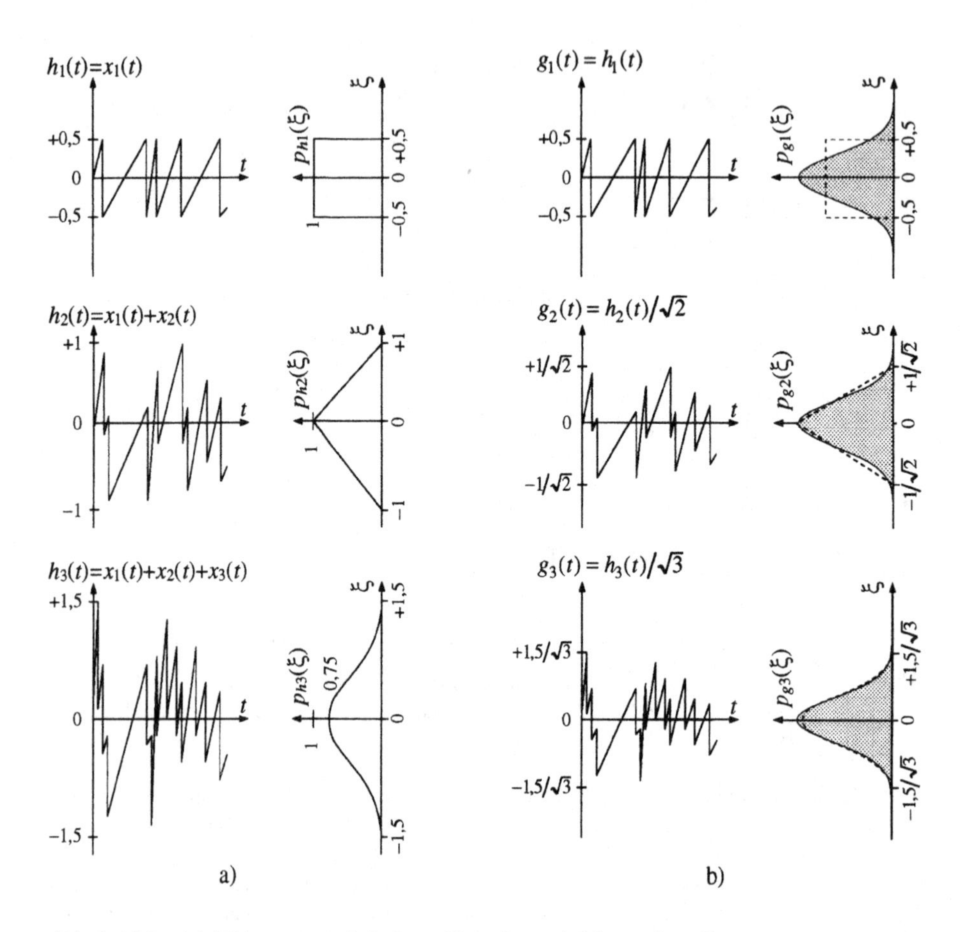

Abb. 1.4.14 a) Addition von statistisch unabhängigen, gleichverteilten Signalverläufen und ihre Amplitudendichtefunktionen. b) Änderung der Verteilungsdichtefunktion durch die Addition unabhängiger, gleichverteilter Signalverläufe im Vergleich zu einer Gauß-Verteilung gleicher Varianz

In Abb. 1.4.14 b werden die Verteilungen aus Abb. 1.4.14 a mit einer Gauß-Verteilung verglichen. Die Signale $g_2(t)$ bzw. $g_3(t)$ sind die mit den Faktoren $1/\sqrt{2}$ beziehungsweise $1/\sqrt{3}$ gewichteten Signale $h_2(t)$ beziehungsweise $h_3(t)$. Die Gewichtung wurde eingeführt, um die Varianz der Signale $g_1(t)$, $g_2(t)$ und $g_3(t)$ gleich groß zu machen. Dadurch können die einzelnen Verteilungen mit derselben Gauß-Verteilung verglichen werden. Die Varianz der als Vergleich dienenden Gauß-Verteilung ist gleich der Varianz der Signale $g_1(t)$, $g_2(t)$ bzw. $g_3(t)$. Aus der Abbildung kann man erkennen, daß die resultierende Verteilungsfunktion der additiven Überlagerung mit zunehmender Zahl der Summanden sich der Gauß'schen Glockenkurve nähert. Dieses Verhalten ist jedoch nicht wie im obigen Beispiel auf die Gleichverteilung beschränkt, sondern gilt nach dem **zentralen Grenzwertsatz der Statistik** auch für die Summen genügend vieler statistisch unabhängiger Zufallsgrößen mit in weiten Grenzen beliebigen Verteilungen. Voraussetzung ist nur, daß nicht eine der Einflußgrößen dominiert, sondern jede für sich nur einen kleinen Beitrag zur Gesamtabweichung liefert. In den meisten praktischen Fällen kann daher mit der Gauß'schen Verteilung, die auch **Normalverteilung** genannt wird, gearbeitet

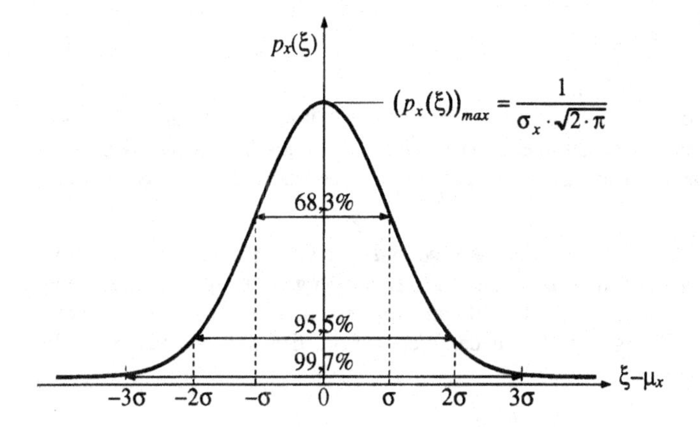

Abb. 1.4.15 Gauß' sche Verteilungsdichtefunktion $p_x(\xi)$

werden. Zu beachten ist, daß sie nicht beschränkt ist und auch bei großen Abweichungen noch einen endlichen Wert hat.

Die **Gauß'sche Wahrscheinlichkeitsdichteverteilung** in Abb. 1.4.15 zeichnet sich durch eine symmetrische Verteilung der streuenden Meßwerte um den Erwartungswert aus. An der Stelle des Erwartungswerts liegt auch das Maximum der Verteilungsdichtefunktion. Betragsmäßig gleich große positive oder negative Abweichungen vom Erwartungswert besitzen gleiche Häufigkeit, und große Abweichungen sind weniger häufig als kleine. Die Gauß'sche Wahrscheinlichkeitsdichteverteilung ist durch die Beziehung

$$p_x(\xi) = \frac{1}{\sigma_x \cdot \sqrt{2 \cdot \pi}} \cdot exp\left(- \frac{(\xi - \mu_x)^2}{2 \cdot \sigma_x^2} \right) \tag{28}$$

definiert. Sie liefert das Maximum $(p_x(\xi))_{max} = 1/(\sigma_x \cdot \sqrt{2\pi})$ an der Stelle $\xi - \mu_x = 0$ und Wendepunkte an den Stellen $\pm\sigma_x$. Man beachte, daß 68,3% aller Meßwerte in einem Bereich von $\pm\sigma_x$ um den Mittelwert liegen. Im Bereich von $\pm 3 \cdot \sigma_x$ liegen bereits 99,7% aller Meßwerte. Eine detaillierte Darstellung dieser Zusammenhänge entnimmt man der Literatur, zum Beispiel [10] bzw. [12].

Bisher wurde davon ausgegangen, daß die Meßgröße kontinuierlich ist. Man kommt so zu kontinuierlichen Verteilungen, die durch eine Wahrscheinlichkeitsdichte beschrieben werden. Betrachtet man aber die Quantisierung der Meßgröße z.B. den Ausgangswert eines ADC so können nur mehr diskrete Werte als Meßwert auftreten. Man erhält dann nicht Wahrscheinlichkeiten für Intervalle sondern Wahrscheinlichkeiten für diskrete Zahlen. Eine solche Wahrscheinlichkeitsverteilung wird als **diskrete Wahrscheinlichkeitsverteilung** bezeichnet. Jedem möglichen diskreten Wert ist eine Wahrscheinlichkeit zugeordnet. Die Summe über alle Wahrscheinlichkeiten ergibt Eins. Für diskrete Verteilungen gelten die Zusammenhänge nach Gl. (19) und (20) für Erwartungswert und Varianz sinngemäß. Dabei ist die Integration für eine diskrete Verteilung durch eine Summenbildung zu ersetzen:

$$\mu_X = \sum_i x_i \cdot P(X{=}x_i) \tag{29}$$

$$\sigma_X^2 = \sum_i (x_i - \mu_X)^2 \cdot P(X{=}x_i) \tag{30}$$

Die grundlegendste diskrete Verteilung ist die **Alternativverteilung**. Bei ihr gibt es nur zwei Werte, die auftreten können (z.B. das Werfen einer Münze, ein logisches Signal). Wenn dem einen Wert die Wahrscheinlichkeit P zugeordnet ist, so besitzt der andere Wert die Wahrscheinlichkeit $1-P$.

Eine weitere wichtige diskrete Verteilung ist die **Binomialverteilung**. Sie ergibt sich, wenn die Ergebnisse von mehreren unabhängigen Zufallsprozessen mit der gleichen Alternativverteilung gezählt werden (z.B. die Anzahl der Münzwürfe mit Kopf bei mehreren Würfen). Die Wahrscheinlichkeit, daß bei N Versuchen k mal der Wert auftritt, der beim Einzelversuch die Wahrscheinlichkeit P_E besitzt, ist:

$$P\,(K=k) = \binom{N}{k} \cdot P_E^{\,k} \cdot (\,1 - P_E\,)^{N-k} \quad . \tag{31}$$

Für den Erwartungswert und die Standardabweichung der Binomialverteilung ergibt sich

$$\mu_K = N \cdot P_E \qquad \text{bzw.} \qquad \sigma_K = \sqrt{N \cdot P_E \cdot (\,1 - P_E\,)} \quad . \tag{32}$$

Für eine große Anzahl N von Einzelversuchen, d. h. für $N \to \infty$ mit einem konstanten Verhältnis k/N, konvergiert die Binomialverteilung gegen eine Normalverteilung. Die Binomialverteilung läßt sich bereits sehr gut durch eine Normalverteilung nähern, wenn folgende Bedingung erfüllt ist

$$N \cdot P_E \cdot (\,1 - P_E\,) > 9 \quad . \tag{33}$$

Im günstigsten Fall bei $P_E = 0{,}5$ sind $N > 36$ Einzelversuche notwendig. Bei großen oder kleinen Wahrscheinlichkeiten P_E erhöht sich die Anzahl N sehr stark.

Beispiel: Statistische Rundung bei unkorrelierter Zeitmessung

Führt man eine Zeitmessung durch, bei der der Zählertakt nicht mit der zu messenden Zeit synchronisiert ist (statistische Rundung, siehe Kap. 1.4.2.5), so erhält man je nach zeitlicher Verschiebung zwischen Zähltakt und Meßzeit eines von zwei benachbarten Ergebnissen. Die Messung stellt damit ein Zufallsexperiment dar. Unter der Voraussetzung, daß die zu messende Zeit x_w konstant ist, bilden die Ergebniswerte einer einzelnen Zeitmessung eine stochastische Größe X mit einer Alternativverteilung. Die Wahrscheinlichkeiten lassen sich aus Abb. 1.4.16 ableiten, indem man untersucht, welches Ergebnis auftritt, wenn man das Zeitraster kontinuierlich über der zu messenden Zeit verschiebt. Wenn alle Zeitverschiebungen zwischen der zu messenden Zeit und dem Zähltakt gleich wahrscheinlich sind, was bei nicht synchronisierter

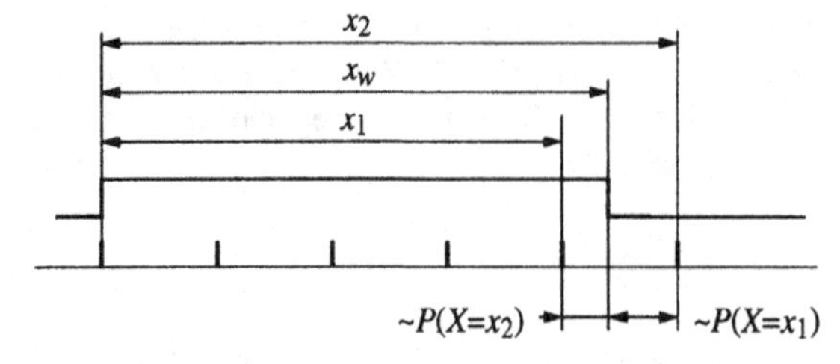

Abb. 1.4.16 Wahrscheinlichkeiten für die beiden benachbarten Ergebniswerte x_1 und x_2 bei der Zeitmessung einer konstanten Zeit x_w

Messung der Fall ist, ergeben sich die Wahrscheinlichkeiten direkt aus geometrischen Überlegungen.

In Abb. 1.4.16 fällt der Beginn der zu messenden Zeit mit dem Zähltakt zusammen. Wenn man das Zeitraster nach rechts verschiebt, erhält man so lange das höhere Ergebnis x_2, bis der letzte Zähltakt aus der Meßzeit hinauswandert und somit die Zeitdifferenz zwischen Beginn der Meßzeit und dem Zähltakt genau $x_w - x_1$ beträgt. Für eine größere Zeitdifferenz erhält man das kleinere Ergebnis x_1, bis Beginn der Meßzeit und Zähltakt wieder zusammen fallen. Die Wahrscheinlichkeiten für die beiden Ergebnisse verhalten sich wie die Zeiten $x_w - x_1$ zu $x_2 - x_w$. Für die Wahrscheinlichkeit für den größeren Wert $P(X=x_2)$ ergibt sich somit

$$P(X=x_2) = \frac{x_w - x_1}{x_2 - x_1} \quad . \tag{34}$$

Die Wahrscheinlichkeit für den kleineren Wert $P(X=x_1)$ ergibt sich zu

$$P(X=x_1) = 1 - P(X=x_2) = \frac{x_2 - x_w}{x_2 - x_1} \quad . \tag{35}$$

Die Wahrscheinlichkeiten in Abhängigkeit von der zu messenden Zeit x_w haben somit einen dreieckförmigen Verlauf. Der Erwartungswert für die Meßgröße ist gleich

$$\mu_X = x_1 \cdot P(X=x_1) + x_2 \cdot P(X=x_2) = x_w \quad , \tag{36}$$

also dem wahren Wert. Dies spielt für die später genauer erläuterte Genauigkeitsverbesserung durch Mittelwertbildung eine wichtige Rolle. Führt man mehrere Messungen hintereinander durch, so ist die Anzahl, mit der in der Meßreihe einer der beiden Werte auftritt, binomialverteilt. Bei einer Frequenzmessung sind die Verhältnisse analog zur Zeitmessung. Es ist lediglich der Takt die zu messende Größe und die Meßzeit die Bezugsgröße.

1.4.3.6 Wiederholbedingungen, Vergleichsbedingungen

Wird die Messung derselben speziellen Meßgröße unabhängig voneinander und unter gleichen Versuchsbedingungen mehrmals durchgeführt, so weichen die einzelnen Meßergebnisse im allgemeinen zumindest um kleine Beträge voneinander ab. **Wiederholbedingungen** ("repeatability conditions") sind gegeben, "wenn derselbe Beobachter nach einem festgelegten Meßverfahren am selben Meßobjekt unter gleichen Versuchsbedingungen mehrmals in kurzen Zeitabständen Messungen durchführt" [3]. In diesem Fall bleiben systematische Abweichungen weitgehend gleich, sind jedoch nicht erkennbar. Damit treten die zufälligen Meßabweichungen in den Vordergrund und können statistisch ausgewertet werden.

Vergleichsbedingungen ("reproducibility conditions") liegen vor, wenn zwar dasselbe spezielle Meßobjekt (oder ein möglichst gleichartiges Meßobjekt) mehrmals gemessen wird, jedoch unterschiedliche Personen die Messung nach den vorgegebenen Meßverfahren mit unterschiedlichen Meßgeräten und an unterschiedlichen Orten durchführen [1, 3, 5]. Durch den Vergleich der so gewonnenen Meßwerte werden Unterschiede der systematischen Abweichungen erkennbar.

1.4.3.7 Eichung, Kalibrierung

Systematische Fehler, die bei Messungen mit einem Meßgerät auftreten, können nur durch eine Eichmessung oder eine Kalibrierung bestimmt werden.

Der Begriff **Eichung** ist gesetzlich definiert und geschützt. Man versteht darunter eine von der zuständigen Eichbehörde nach den gesetzlichen Vorschriften und Anforderungen durchgeführte

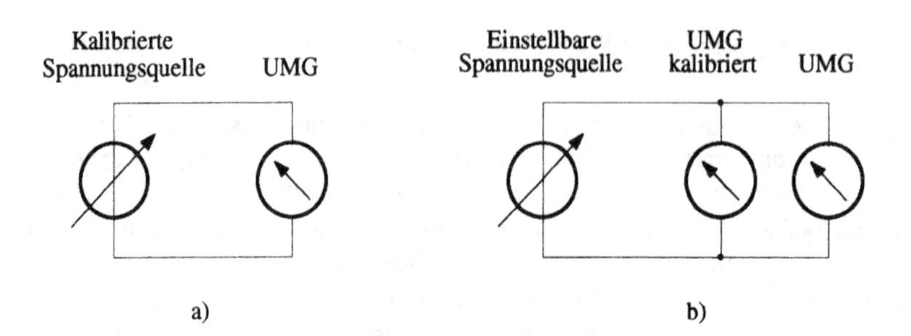

Abb. 1.4.17 Schema einer Kalibrier- und Eichmessung für Spannungen, ausgeführt mit a) einer kalibrierten Spannungsquelle, b) einem kalibrierten Meßgerät zum Vergleich

Prüfung, zum Beispiel, ob ein Meßgerät innerhalb der Eichfehlergrenzen liegt. Ist das der Fall, erfolgt eine Beurkundung durch Stempelung. Eichpflichtige Geräte, etwa solche zur Gebührenverrechnung, müssen innerhalb definierter Fristen nachgeeicht werden.

Vergleichsmessungen mit geeichten Meßgeräten werden **Kalibrierung** genannt. Bei einer Kalibrierung muß der Wert der Meßgröße, der Sollwert, hinreichend genau bestimmt und mit dem Ergebnis, dem Istwert, verglichen werden. Die Meßgröße kann entweder mit einem einstellbaren Kalibriergenerator oder Meßnormal als Quelle genau vorgegeben, oder mit einem Kalibriermeßgerät genau gemessen werden. Im letzteren Fall benötigt man eine fein einstellbare, stabile, aber keine genaue Meßgrößenquelle (Abb. 1.4.17).

1.4.4 Zeitliche Änderungen des Meßsignals

1.4.4.1 Behandlung der Zeit, Darstellung von Meßwerten über der Zeit

In der bisherigen Behandlung der Meßgröße ist ihre zeitliche Konstanz vorausgesetzt. Diese ist dabei in Relation zur **Meßwert-Erfassungszeit** des Meßgerätes zu sehen, das ist jene Zeitdauer, die das Meßgerät benötigt, um den Ergebniswert im Rahmen der festgelegten, zulässigen Abweichungen zu bilden. Erfolgt eine Änderung der Meßgröße nur in einem so geringen Maß, daß diese Änderung in der Meßwert-Erfassungszeit kleiner als die Auflösung der Ergebniswerte bleibt, so kann die Meßgröße einer ideal konstanten gleichgesetzt werden. Häufig wird ein derartiges Verhalten der Meßgröße als "quasi-statisch" bezeichnet.

Für die Erfassung und Darstellung zeitlich veränderlicher Meßgrößen sind verschiedene Ansätze entsprechend den Randbedingungen und Zielen der Messung üblich:

- Bei entsprechend geringer Änderungsgeschwindigkeit der Meßgröße kann diese durch Einzelmessungen erfaßt werden, während deren Meßdauer die Meßgröße quasi-statisches Verhalten aufweist. In diesem Fall erfolgt die Anwendung des Meßgerätes in gleicher Weise wie beim statischen Fall. Zu rasche zeitliche Änderungen der Meßgröße ergeben einen systematischen Fehler, der unter Umständen bei Kenntnis des dynamischen Verhaltens des Meßgerätes korrigierbar ist.
- In vielen Fällen erfolgt eine Messung von Kennwerten einer (rasch) veränderlichen Meßgröße ("Wechselspannung"), siehe Kap. 1.3.2. Die Bildung der ausgewählten Kenngröße der zeitvariablen Meßgröße erfolgt dabei durch eine entsprechende, meist analoge Vorverarbeitung, z.B. eine Gleichrichtung mit anschließender Mittelwertbildung. Für die darauf folgende Messung des Kennwertes wird wieder vorausgesetzt, daß dieser quasi-statisches Verhalten aufweist.

- Für die direkte Messung des Zeitverlaufs einer rasch veränderlichen (nicht quasi-statischen) Meßgröße mit relativ langsamer Meßeinrichtung können Momentanwerte des Zeitverlaufes durch **Abtastung** gewonnen werden, die in der Folge konstantgehalten und als eigentliche Meßgrößen der Meßeinrichtung angeboten werden. Unter bestimmten Umständen kann aus den derart gemessenen Einzelwerten der Meßgröße deren Verlauf **rekonstruiert** werden (siehe Kap.1.6). Die wirksame Meßwert-Erfassungszeit ist dabei durch die Abtasteinrichtung gegeben, bezüglich der die Meßgröße wieder quasi-statisches Verhalten haben muß.

1.4.4.2 Probleme der Meßwertbildung bei dynamischen Meßgrößen

Die bisher betrachteten Eigenschaften eines Meßgeräts beschreiben ausschließlich das **statische Verhalten**, das z.B. durch die Meßcharakteristik dargestellt wird. Weist die Meßgröße jedoch eine große Dynamik auf, d.h. ändert sich der Wert der Meßgröße in entsprechend kurzer Zeit, dann reagieren die Meßeinrichtungen im allgemeinen mit Verzögerungen. Häufig können dabei diese Meßeinrichtungen in guter Näherung als lineare, verzögernde Meßglieder 1. und 2. Ordnung betrachtet werden, die durch eine (Zeitkonstante) bzw. zwei dynamische Kenngrößen charakterisiert sind. Manchmal tritt ein Verhalten höherer Ordnung auf, manchmal auch ein nichtlineares Verhalten.

Prinzipiell ergibt das Zusammenspiel zwischen der Dynamik der Meßgröße und der Meßwert-Erfassungszeit eine zusätzliche Abweichung des Ergebniswertes von jenem, den die Meßeinrichtung in einem eingeschwungenen Zustand ("Beharrungszustand") ermittelt hätte. Diese Abweichung wird als **dynamischer Fehler** $\Delta x(t)$ bezeichnet. Er kann als Abweichung des Ausgangswertes der Meßeinrichtung $x_a(t)$ am Ende der Meßwerterfassungszeit $[\, t_1 \dots t_2 \,]$ vom mit dem Meßkoeffizienten k multiplizierten Wert der Eingangsgröße $x_e(t)$ zu diesem Zeitpunkt dargestellt werden

$$\Delta x(t_2) = x_a(t_2) - k \cdot x_e(t_2) \quad . \tag{37}$$

In dieser Formulierung sind zwei mögliche Aspekte eingeschlossen, die zwar auch gemeinsam auftreten können, jedoch vorwiegend getrennte Bedeutung haben und auch in dieser Form behandelt werden:

- die Auswirkung einer endlichen Meßwerterfassungszeit ohne wesentliches Einschwingverhalten eines Meßwertumformers und
- das Einschwingverhalten eines Meßwertumformers ohne wesentliche Auswirkung der endlichen Meßwerterfassungszeit, die häufig auch vernachlässigbar kurz gegenüber der Zeitdauer des Einschwingens angenommen werden kann.

Für die Betrachtung der Auswirkung einer endlichen Meßwerterfassungszeit wird angenommen, daß sich die Eingangsgröße $x_e(t)$ in der Meßwerterfassungszeit $[\, t_1 \dots t_2 \,]$ ändert. Der dynamische Fehler ergibt sich nun daraus, daß die Meßeinrichtung innerhalb der Meßwerterfassungszeit unterschiedliche Werte des Eingangssignals verarbeitet, womit der Ergebniswert $x_a(t_2)$ eine Funktion des Zeitverlaufs von $x_e(t)$ ist und nicht das k-fache des Eingangssignals am Ende der Meßwerterfassungszeit $x_e(t_2)$.

Ein wichtiges Beispiel für diesen Fall stellen Meßeinrichtungen dar, die in der Meßwerterfassungszeit das Eingangssignal integrieren. Das Ausgangssignal am Ende der Meßwerterfassungszeit entspricht somit dem Mittelwert des Eingangssignals über diese Zeitspanne. Der dynamische Fehler ergibt sich zu

$$\Delta x(t_2) = \frac{k}{t_2 - t_1} \cdot \int_{t_1}^{t_2} x_e(t)\, dt - k \cdot x_e(t_2) \tag{38}$$

und ist vor allem dort von Bedeutung, wo diese Mittelwertbildung unerwünscht ist, wie z.B. bei Abtastschaltungen auf Grund der endlichen Aperturzeit (siehe Kap. 2.4). Bei Frequenzmessung mit Zählern oder integrierenden Analog-Digital-Konvertern ist im allgemeinen keine Messung von Momentanwerten angestrebt, womit diese Definition eines dynamischen Fehlers bedeutungslos wird.

Weist ein Meßwertumformer ein ausgeprägtes Einschwingverhalten auf (z.B. hat ein Thermoumformer mit Schutzrohr eine große Verzögerung in der Anpassung an die zu messende Temperatur), so wird dieses meist beschrieben, indem man die Meßwerterfassungszeit als vernachlässigbar kurz annimmt und das Einschwingen auf den "Beharrungswert" als Reaktion auf eine sprungförmige Änderung des Eingangssignals, das darauf konstant auf diesem Wert x_e gehalten wird, beobachtet. Bei fortlaufenden Messungen zu Zeitpunkten t weist die Messung jeweils einen dynamischen Fehler

$$\Delta x(t) = x_a(t) - k \cdot x_e \tag{39}$$

auf, der aus dem Einschwingvorgang herrührt und mit wachsender Zeit gegen Null geht. Das Zeitverhalten des einschwingenden Meßwertumformers $x_a(t)$ kann in vielen Fällen durch eine lineare Differentialgleichung 1. oder 2.Ordnung mit konstanten Koeffizienten modelliert werden, somit also als exponentieller Einschwingvorgang mit einer charakterisierenden Zeitkonstanten τ (1.Ordnung), oder als schwingfähiges System 2.Ordnung mit den drei möglichen Einschwingtypen "überschwingendes Einstellen", "kriechendes Einstellen" und "aperiodisches, schnellstmögliches Einstellen". Für eine ausführliche Darstellung siehe z.B. [14]. Bei Kenntnis eines ausreichend genauen Modells des Einschwingverhaltens kann aus frühen, fehlerbehafteten Meßwerten zu Zeitpunkten t_1, t_2, ... t_i auf den schließlich erreichten Beharrungswert geschlossen werden. Eine derartige Kompensation der dynamischen Fehler kann rechnerisch, oder aber auch durch analoge Kompensationsschaltungen erreicht werden [14].

1.4.5 Fehler abgeleiteter Meßergebnisse

Sehr häufig wird ein Ergebnis aus der rechnerischen Verknüpfung mehrerer gemessener Größen gebildet. Dies ist zum Beispiel bei der Bestimmung eines Widerstandes aus der Messung von Strom und Spannung oder der Wirkleistung aus Strom, Spannung und der Phasenverschiebung zwischen beiden der Fall. Der Fehler, beziehungsweise die Abweichung des Ergebnisses, ist dann aus mehreren Einzelfehlern (Einzelabweichungen) zusammengesetzt. Man kann eine Aussage über die Unsicherheit eines Ergebnisses treffen, wenn die Fehler beziehungsweise Abweichungen der einzelnen Eingangsgrößen in ihrem möglichen Umfang bekannt sind.

Die Auswirkungen auf das Ergebnis sind unterschiedlich, je nachdem, ob es sich um systematische Abweichungen, welche nach Betrag und Vorzeichen bekannt sind, oder um zufällige Abweichungen handelt.

Die am Ergebnis y der Messung beteiligten M Meßwerte x_k sind mit den Abweichungen Δx_k behaftet. Jede der M Meßgrößen besitzt einen wahren Wert $x_{w,k}$. Es ergibt sich daher für die einzelnen Meßwerte die Beziehung

$$x_k = x_{w,k} + \Delta x_k \quad . \tag{40}$$

Die Meßwerte können von gleichen oder auch von verschiedenen Meßgrößen stammen, je nachdem, ob eine der beteiligten Meßgrößen mehrmals oder nur einmal gemessen wurde. Ebenso wie die Meßwerte besitzt das Ergebnis einen wahren Wert y_w und eine Abweichung Δy. Der wahre Wert des Ergebnisses wird aus den wahren Werten der beteiligten Meßgrößen berechnet. Da die wahren Werte der einzelnen Meßgrößen nicht bekannt sind, ist der wahre Wert des Ergebnisses ebenfalls nicht bekannt.

Unter Verwendung des funktionalen Zusammenhangs f von Ergebnis und Meßwerten erhält man

$$y = y_w + \Delta y = f(x_{w,1} + \Delta x_1, x_{w,2} + \Delta x_2, ..., x_{w,M} + \Delta x_M) \quad . \tag{41}$$

Bei genügend kleinen Abweichungen kann zur Ermittlung von Δy eine Linearisierung dieses Zusammenhangs durchgeführt werden, indem man die Funktion f in eine Taylorreihe entwickelt und nach den linearen Termen abbricht. Nach DIN 1319 [3] kann somit die Abweichung nach folgender Formel berechnet werden:

$$\Delta y = \sum_{k=1}^{N} \frac{\partial f}{\partial x_k} \cdot \Delta x_k \quad . \tag{42}$$

Die einzelnen partiellen Ableitungen werden an der Stelle der konkreten Meßwerte x_k ausgewertet. Dabei ist zu beachten, daß die so berechnete Abweichung des Ergebnisses eine Definition und Näherung ist. Diese Näherung ist dann gültig, wenn die Funktion f an der Stelle der Meßwerte x_k im Bereich um Δx_k ausreichend linear verläuft, also die Abweichungen hinreichend klein sind. Eine zusätzliche Unsicherheit neben der Linearisierung entsteht, weil die Taylorentwicklung von f nicht an der Stelle der wahren Werte $x_{w,k}$ der Meßgrößen erfolgen kann, da diese wahren Werte nicht bekannt sind. Weiters muß beachtet werden, daß in Δy die Vorzeichen von Δx_k und der partiellen Ableitungen eingehen [13, 14].

Als Beispiel sei die Berechnung einer Parallelschaltung von drei Widerständen R_1, R_2 und R_3 angeführt. Der resultierende Widerstand R_p besitzt den Wert

$$R_p = \frac{1}{\frac{1}{R_1} + \frac{1}{R_2} + \frac{1}{R_3}} \quad . \tag{43}$$

Die Fehlerrechnung ergibt in diesem Fall

$$\Delta R_p = \frac{\partial R_p}{\partial R_1} \cdot \Delta R_1 + \frac{\partial R_p}{\partial R_2} \cdot \Delta R_2 + \frac{\partial R_p}{\partial R_3} \cdot \Delta R_3 = \frac{R_p^2}{R_1^2} \cdot \Delta R_1 + \frac{R_p^2}{R_2^2} \cdot \Delta R_2 + \frac{R_p^2}{R_3^2} \cdot \Delta R_3 \quad . \tag{44}$$

Die Einzelabweichungen ΔR_1, ΔR_2 und ΔR_3 der Widerstände gehen in ΔR_p über quadratische Terme ein. Das verdeutlicht auch den nichtlinearen Zusammenhang zwischen R_1, R_2, R_3 und R_p.

Bei einer Messung und den daraus abgeleiteten Meßergebnissen sollte immer die maximale oder die wahrscheinliche Abweichung des Wertes mit angegeben werden. Um die Angabe von Meßwerten zu vereinfachen wird häufig der Begriff der **signifikanten Stellen** verwendet: bei der Angabe eines Zahlenwertes werden so viele Stellen verwendet, daß die maximale Abweichung kleiner ist als der Wert der letzten angegebenen Stelle. Wenn z.B. eine Spannung von 10 Volt mit einer maximalen Abweichung von 10 Millivolt gemessen wurde, so hat das Ergebnis vier signifikante Stellen und wird als 10,00 V geschrieben. Die Anzahl der signifikanten Stellen entspricht etwa der Angabe einer relativen Abweichung. Mit dem Begriff der signifikanten Stellen läßt sich bei abgeleiteten Ergebnissen sehr einfach eine Genauigkeitsabschätzung durchführen. Für die Grundrechnungsarten kann man die signifikanten Stellen des Ergebnisses einfach ermitteln (Abb. 1.4.18). So ergibt sich die Anzahl der signifikanten Stellen eines Produktes aus dem Minimum der signifikanten Stellen der Faktoren, das gleiche gilt für die Division. Bei der Addition und der Subtraktion bestimmt die niederwertigste signifikante Stelle der Summanden, welche die letzte signifikante Stelle des Ergebnisses ist. Dies kann bei der Subtraktion von zwei annähernd gleich großen Zahlen, wie sie bei Fehlerberechnungen auftreten, zu einer erheblichen Verschlechterung der relativen Genauigkeit des Ergebnisses führen. Die Angabe von signifikanten Stellen ist nur eine näherungsweise Betrachtung der Genauigkeit des Ergebnisses, eine genaue Betrachtung kann mit den oben angeführten Methoden erfolgen, die zusätzlich auch eine Analyse für transzendente Funktionen ermöglichen.

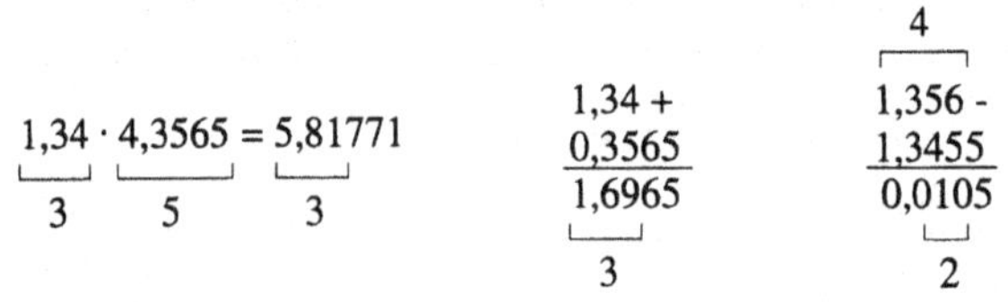

$$\underbrace{1{,}34}_{3} \cdot \underbrace{4{,}3565}_{5} = \underbrace{5{,}81771}_{3} \qquad \begin{array}{r} 1{,}34 + \\ \underline{0{,}3565} \\ \underbrace{1{,}69}_{3}65 \end{array} \qquad \begin{array}{r} \overbrace{1{,}356}^{4} - \\ \underline{1{,}3455} \\ 0{,}0\underbrace{105}_{2} \end{array}$$

Abb. 1.4.18 Signifikante Stellen bei den Grundrechnungsarten

Bei umfangreichen numerischen Berechnungen sollte auch eine Analyse der Abweichungen, die durch die begrenzte Rechengenauigkeit zusätzlich entstehen, durchgeführt werden. Überlegungen dazu finden sich z.B. in [16].

1.4.5.1 Fehlerfortpflanzung statistischer Größen

Analog zu den Meßwertverteilungen existieren Verteilungsfunktionen der Abweichungen der Meßwerte. Die einzelnen an der Messung beteiligten Meßwerte beziehungsweise Abweichungen schwanken gemäß ihren statistischen Verteilungsfunktionen. Daher treten auch statistische Abweichungen des Ergebnisses der Messung auf.

Jede Abweichung besitzt einen Erwartungswert und eine Varianz. Wenn der Zusammenhang zwischen den Einzelabweichungen und der Abweichung des Ergebnisses bekannt ist, können statistische Aussagen über die Abweichung des Ergebnisses getroffen werden. Der Erwartungswert $\mu_{\Delta y}$ der Abweichung des Ergebnisses ist mit linearer Näherung

$$\mu_{\Delta y} = \mathrm{E}\{\Delta y\} = \sum_{k=1}^{M} \frac{\partial f}{\partial x_k} \cdot \mu_{\Delta x,k} \tag{45}$$

unter Verwendung der Erwartungswerte $\mu_{\Delta x,k}$ der Einzelabweichungen Δx_k. Die Erwartungswerte pflanzen sich wie die Einzelabweichungen fort. Der Wert $\mu_{\Delta y}$ ist ein systematischer Fehler des Ergebnisses. Er kann nur eliminiert werden, wenn die Erwartungswerte $\mu_{\Delta x,k}$ bekannt sind. Im allgemeinen wird jedoch $\mu_{\Delta y} = 0$ gelten, da die Einzelabweichungen Δx_k meistens mittelwertfrei sind.

Wenn die Einzelabweichungen unabhängig sind, kann die Varianz $\sigma_{\Delta y}{}^2$ der Ergebnisabweichung mit

$$\sigma_{\Delta y}{}^2 = \mathrm{E}\{(\Delta y - \mu_{\Delta y})^2\} = \sum_{k=1}^{M} \left(\frac{\partial f}{\partial x_k}\right)^2 \cdot \sigma_{x,k}{}^2 \tag{46}$$

angegeben werden. Die Varianzen $\sigma_{x,k}^2$ der Einzelabweichungen pflanzen sich gewichtet mit den Quadraten der partiellen Ableitungen von f fort.

Um eine vollständige statistische Aussage über die Abweichung des Ergebnisses machen zu können, muß neben ihrem Erwartungswert und ihrer Varianz auch die Wahrscheinlichkeitsdichteverteilung bekannt sein. Wenn die Einzelabweichungen Δx_k statistisch unabhängig sind, berechnet sich die Wahrscheinlichkeitsdichteverteilung von Δy aus der Faltung

$$p_{\Delta y}(\xi) = \left(p_{(\partial f/\partial x,1)\cdot\Delta x,1} * p_{(\partial f/\partial x,2)\cdot\Delta x,2} * \ldots * p_{(\partial f/\partial x,M)\cdot\Delta x,M} \right)(\xi) \qquad (47)$$

der Wahrscheinlichkeitsdichteverteilungen $p_{(\partial f/\partial x,k)\cdot\Delta x,k}(\xi)$ der Abweichungen $(\partial f/\partial x_k)\cdot\Delta x_k$. Allgemein ist also die exakte Form der Verteilung von Δy nur mit erheblichem Aufwand bestimmbar. Der zentrale Grenzwertsatz der Statistik besagt jedoch, daß die Verteilung von Δy nach einer Gauß-Verteilung strebt, wenn genügend statistisch unabhängige Zufallswerte mit etwa gleich großen Varianzen $(\partial f/\partial x_k)^2 \cdot \sigma_{x,k}^2$ an der Verteilung beteiligt sind. Die Form der einzelnen Verteilungen spielt dabei eine untergeordnete Rolle. Eine gute praktische Annahme ist daher in vielen Fällen, daß Δy Gauß-verteilt mit der Varianz $\sigma_{\Delta y}^2$ und dem Erwartungswert $\mu_{\Delta y}$ ist. Weiterführende Literatur dazu findet sich zum Beispiel in [12, 13, 14].

Mittels der Wahrscheinlichkeitsdichteverteilung der Ergebnisabweichung können konkrete Angaben über das **Vertrauensniveau** und den **Vertrauensbereich** des Ergebnisses gemacht werden. Für die exakte Konstruktion eines Vertrauensbereiches wird auf mathematische Literatur verwiesen (z.B. [15]), hier soll sie nur skizziert werden. Die Wahrscheinlichkeit P_a, daß der Betrag der Abweichung Δy des Ergebnisses kleiner oder gleich a ist, berechnet sich unter Verwendung von Gleichung (17) zu

$$P_a = P(|\Delta y| \le a) = \int_{-a}^{+a} p_{\Delta y}(\xi)\cdot d\xi \quad . \qquad (48)$$

Bei einer realen Messung erhält man ein konkretes Meßergebnis y_0. Das bedeutet, daß der wahre Wert y_w mit der Wahrscheinlichkeit P_a, dem Vertrauensniveau, im symmetrischen Intervall $[y_0-a \ldots y_0+a]$, dem Vertrauensbereich, um das konkrete Meßergebnis y_0 liegt. Zum Beispiel ergeben sich bei einer mittelwertfreien Gauß-Verteilung für $a = \sigma_{\Delta y}$ und $a = 2\sigma_{\Delta y}$ die Vertrauensniveaus $P_a = 68{,}3\%$ beziehungsweise $P_a = 95{,}5\%$. In der Praxis liegt jedoch für die Standardardabweichung oft nur ein Schätzwert $s_{\Delta y}$ vor, der selbst mit Unsicherheiten behaftet ist (siehe z.B. Gleichung (16)). Daher sind in der Praxis die Angaben über den Vertrauensbereich ebenfalls mit Unsicherheiten behaftet.

Ein wichtiges Beispiel für die statistische Fehlerfortpflanzung liefert die Mittelwertbildung $\bar{x}$ der Meßwerte aus Gleichung (15). Hier wird eine einzige Meßgröße N mal gemessen. Daher gilt $x_{w,k} = x_w$, also, daß alle am Ergebnis $\bar{x}$ beteiligten Meßgrößen denselben wahren Wert besitzen. Die einzelnen Meßwerte besitzen daher auch dieselbe Varianz $\sigma_{x,k}^2 = \sigma_x^2$. An die Stelle der Anzahl M am Ergebnis beteiligten Meßwerte tritt die Anzahl N der Einzelmessungen. Der funktionale Zusammenhang zwischen Ergebnis und den Meßwerten ist hier die Addition. Wenn die einzelnen Meßwerte unabhängig sind, erhält man nach Gleichung (46) für die Varianz der Mittelwertbildung

$$\sigma_{\bar{x}}^2 = \left(\frac{\partial \bar{x}}{\partial x_1}\right)^2 \cdot \sigma_{x,1}^2 + \left(\frac{\partial \bar{x}}{\partial x_2}\right)^2 \cdot \sigma_{x,2}^2 + \ldots + \left(\frac{\partial \bar{x}}{\partial x_N}\right)^2 \cdot \sigma_{x,N}^2 = \left(\frac{1}{N^2}\right) \cdot N \cdot \sigma_x^2 = \frac{1}{N} \cdot \sigma_x^2 \quad . \qquad (49)$$

Die Varianz verkleinert sich um den Faktor $1/N$ beziehungsweise verringert sich die Standardabweichung um den Faktor $1/\sqrt{N}$. Das bedeutet, daß durch Mittelwertbildung eine Erhöhung der Genauigkeit möglich ist. Es ist jedoch zu beachten, daß der gebildete Mittelwert eine statistische Größe ist und somit auch nur statistische Aussagen möglich sind. Die Verringerung der Varianz bedeutet, daß der gebildete Mittelwert $\overline{x}$ entsprechend seiner Wahrscheinlichkeitsdichteverteilung mit einer bestimmten Wahrscheinlichkeit in einem entsprechend kleinen Intervall um den wahren Wert der Meßgröße liegt. Die maximale Abweichung von $\overline{x}$ vom wahren Wert der Meßgröße kann jedoch wesentlich größer sein, wenn sich die einzelnen Abweichungen ungünstig addieren.

Beispiel: Auflösungserhöhung durch Mittelwertbildung bei statistischer Rundung

Bei der statistischen Rundung erhält man für die Einzelmessung eine alternativ verteilte Größe. Die Wahrscheinlichkeitsverteilung wurde bereits in Abschnitt 1.4.3.5 (S. 74) erläutert. Hier soll untersucht werden, wie die Auflösung bzw. die Meßunsicherheit durch eine Mittelwertbildung über mehrere unabhängige Meßergebnisse verbessert werden kann. Führt man mehrere Messungen hintereinander aus und zählt das Auftreten eines Wertes, so erhält man eine binomialverteilte Zufallsgröße. Die relative Häufigkeit eines Wertes entspricht gleichzeitig dem Schätzwert für die Wahrscheinlichkeit dieses Wertes bei der Einzelmessung. Aus den geschätzten Wahrscheinlichkeiten läßt sich durch Umkehrung der Gleichungen (34) und (35) der geschätzte Wert der Meßgröße berechnen:

$$\hat{x}_w = x_1 + (x_2 - x_1) \cdot \hat{P}(X = x_2) = x_2 - (x_2 - x_1) \cdot \hat{P}(X = x_1) \quad . \tag{50}$$

Bei einer N-maligen Messung, bei der k mal der kleinere Wert x_1 auftritt, sind der Schätzwert für die Wahrscheinlichkeit

$$\hat{P}(X = x_1) = \frac{k}{N} \quad , \tag{51}$$

und der Schätzwert für die Meßgröße

$$\hat{x}_w = x_2 - (x_2 - x_1) \cdot \frac{k}{N} = \frac{x_2 \cdot (N - k) + x_1 \cdot k}{N} \quad , \tag{52}$$

also genau der Mittelwert der Meßwerte. Zum gleichen Ergebnis kommt man aus der Tatsache, daß der Erwartungswert des Meßwertes gleich dem wahren Wert ist (s. Gl. (36)); daher ist der Mittelwert der Meßwerte ein guter Schätzwert für den wahren Wert.

Bei N Messungen kann die Anzahl k von 0 bis N variieren; es können N+1 verschiedene Ergebnisse auftreten. Das Quantisierungsintervall ist damit auf $(x_2 - x_1)/N$ verkleinert. Da aber die Ermittlung des Ergebnisses ein Zufallsexperiment ist, kann der wahre Wert erheblich weiter als dieses Quantisierungsintervall vom Ergebnis aus Gl. (52) abweichen.

Das Intervall, in dem der wahre Wert der Meßgröße sicher liegt, ist $[x_1 \dots x_2]$. Ein kleineres Intervall für den wahren Wert kann man mit einem Vertrauensbereich angeben, wenn man eine entsprechende geringe Irrtumswahrscheinlichkeit zuläßt. Man erhält so eine genauere Angabe, die aber eventuell falsch ist.

Die Anzahl, mit der ein Wert in einer Meßreihe auftritt, stellt eine stochastische Größe mit einer Binomialverteilung dar. Eine allgemeine Behandlung der Binomialverteilung zur Angabe des Vertrauensbereiches ist nicht möglich. Es kann beim Vorliegen konkreter Ergebnisse der Versuchsserie numerisch bestimmt werden. Für eine ausreichend große Anzahl von Einzelversuchen konvergiert die Binomialverteilung jedoch gegen die Normalverteilung. Mit der Näherung der Binomialverteilung durch eine Normalverteilung läßt sich ein Vertrauensbereich für die Schätzung einfach ermitteln.

Es ist bemerkenswert, daß sogar bei einer Alternativverteilung des Einzelwertes die Verteilung des Mittelwertes bei umfangreichen Meßreihen durch eine Normalverteilung genähert werden kann, was die Bedeutung des zentralen Grenzwertsatzes der Statistik unterstreicht. Für die Näherung der Binomialverteilung müssen Erwartungswert und Varianz der Normalverteilung den Werten der Binomialverteilung gleich gesetzt werden. Die Anzahl K_{xi} eines der beiden Ergebnisse in einer Meßreihe besitzt eine Binomialverteilung mit Erwartungswert und Standardabweichung

$$\mu_{K_{x_i}} = N \cdot P_{x_i} \qquad \text{bzw.} \qquad \sigma_{K_{x_i}} = \sqrt{N \cdot P_{x_i} \cdot (1 - P_{x_i})} \quad .$$

Der Schätzwert $\hat{x}_w$ nach Gl. (52) ist entsprechend einer Binomialverteilung verteilt mit dem Erwartungswert und der Standardabweichung

$$\mu_{\hat{x}_w} = x_w \qquad \text{bzw.} \qquad \sigma_{\hat{x}_w} = \frac{x_2 - x_1}{N} \cdot \sqrt{N \cdot P \cdot (1-P)} \quad . \tag{53}$$

Nähert man diese diskrete Verteilung durch eine Normalverteilung, ergibt sich mit dem Schätzwert für die Wahrscheinlichkeit aus Gl. (51) der Vertrauensbereich

$$\left[\hat{x}_w - c \cdot \frac{x_2 - x_1}{N} \cdot \sqrt{\frac{k \cdot (N-k)}{N}} \quad \ldots \quad \hat{x}_w + c \cdot \frac{x_2 - x_1}{N} \cdot \sqrt{\frac{k \cdot (N-k)}{N}} \right] \tag{54}$$

mit der Intervallbreite:

$$\Delta VB_x = 2 \cdot c \cdot \frac{x_2 - x_1}{N} \cdot \sqrt{\frac{k \cdot (N-k)}{N}} \quad . \tag{55}$$

Die Breite des Vertrauensbereiches entspricht der echten Auflösungsverbesserung durch die wiederholte Messung und Mittelwertbildung unter der Voraussetzung idealer Gegebenheiten (z.B. ausreichend hoher Genauigkeit) im Gegensatz zur scheinbaren Auflösungsverbesserung des Mittelwertes. Da die relative Häufigkeit k/N sich der Wahrscheinlichkeit nähert und damit bei fortlaufender Erhöhung der Anzahl der Messungen N annähernd konstant bleibt, verkleinert sich die Breite des Intervalles mit der Wurzel aus der Anzahl der Messungen. Im Gegensatz dazu verkleinert sich die "scheinbare" Auflösung, die der Mittelwert aufweist, mit dem Faktor N.

1.4.5.2 Fehlerfortpflanzung bei Summen- und Produktfunktionen

In vielen Fällen setzt sich das Ergebnis einer Messung aus der Addition und Subtraktion oder aus der Multiplikation und Division von Meßwerten zusammen. Für diese Fälle können mit den Gleichungen (42) und (46) einfache Regeln für die Fehlerfortpflanzung hergeleitet werden, die es leicht ermöglichen, die Ergebnisabweichung aus den Abweichungen der Meßwerte zu bestimmen.

Für die Summenfunktion

$$y = x_1 + x_2 - x_3 \tag{56}$$

ergibt sich die Abweichung zu

$$\Delta y = \Delta x_1 + \Delta x_2 - \Delta x_3 \quad . \tag{57}$$

Bei Addition und Subtraktion addieren beziehungsweise subtrahieren sich die absoluten Fehler beziehungsweise Abweichungen. Bei unabhängigen Einzelabweichungen ergibt sich die Varianz von Δy aus der Addition

$$\sigma_{\Delta y}^{2} = \sum_{k=1}^{M} \sigma_{x,k}^{2} \tag{58}$$

der Varianzen der Einzelabweichungen.

Bei der Produktfunktion

$$y = \frac{x_1 \cdot x_2}{x_3} \tag{59}$$

erhält man für die Abweichung des Ergebnisses

$$\frac{\Delta y}{y} = \frac{\Delta x_1}{x_1} + \frac{\Delta x_2}{x_2} - \frac{\Delta x_3}{x_3} \quad . \tag{60}$$

Bei der Multiplikation und Division addieren beziehungsweise subtrahieren sich die relativen Fehler beziehungsweise Abweichungen. Bei unabhängigen Einzelabweichungen ergibt sich bei der statistischen Betrachtung für die Varianz

$$\left(\frac{\sigma_{\Delta y}}{y}\right)^2 = \sum_{k=1}^{M} \left(\frac{\sigma_{x,k}}{x_k}\right)^2 \quad . \tag{61}$$

Hier addieren sich die auf die jeweiligen Meßwerte bezogenen Standardabweichungen der Einzelabweichungen quadratisch.

1.4.5.3 Sicherer Fehler, Garantiefehler

Bei vielen Messungen sind nur die Beträge $\Delta x_{max,k}$ der maximalen Abweichungen bekannt. Für die einzelnen Abweichungen gilt daher

$$|\Delta x_k| \le \Delta x_{max,k} \quad . \tag{62}$$

Die wahren Werte der am Ergebnis beteiligten Meßgrößen befinden sich also in den Intervallen $[x_k - \Delta x_{max,k} \ldots x_k + \Delta x_{max,k}]$ um die konkreten Meßwerte. Das Ziel ist die Bestimmung jenes Intervalls, in dem der wahre Werte des Ergebnisses liegt.

Mit Gleichung (42) kann eine maximale Abweichung des Ergebnisses angegeben werden. Die DIN 1319 [3] definiert den **sicheren Fehler** oder **Garantiefehler**

$$G_y = \sum_{k=1}^{M} \left| \frac{\partial f}{\partial x_k} \cdot \Delta x_{max,k} \right| \quad . \tag{63}$$

Die einzelnen Fehlerbeiträge werden den Beträgen nach addiert. G_y stellt daher den Betrag der größten Abweichung dar, die durch die Wirkung der Einzelabweichungen Δx_k entstehen kann. Für Δy aus Gleichung (42) gilt daher

$$|\Delta y| \le G_y \tag{64}$$

und somit liegt der wahre Wert des Ergebnisses im Intervall $[y - G_y \ldots y + G_y]$. Es ist jedoch zu beachten, daß bei der Fehlerrechnung eine lineare Näherung vorgenommen wurde, und die maximale Ergebnisabweichung theoretisch die durch den Garantiefehler gegebenen Grenzen überschreiten kann. Es muß daher überprüft werden, ob die Linearisierung für das jeweilige Meßproblem ausreichend genaue Ergebnisse liefert.

1.4.5.4 Wahrscheinlicher Fehler

Bei der Berechnung des Garantiefehlers wird davon ausgegangen, daß die einzelnen Abweichungen maximal sind und sich dem Vorzeichen nach ungünstig addieren. In der Praxis wird dieser Fall selten eintreten. Die tatsächliche Abweichung Δy wird kleiner als die größtmögliche Abweichung sein. In der DIN 1319 [3] wird daher der **statistische Fehler** oder **wahrscheinliche Fehler**

$$W_y = \left(\sum_{k=1}^{M} \left(\frac{\partial f}{\partial x_k} \cdot \Delta x_{max,k} \right)^2 \right)^{1/2} \tag{65}$$

definiert, wobei immer $W_y \leq G_y$ gilt. Beim wahrscheinlichen Fehler werden die maximalen Abweichungen $\Delta x_{max,k}$ gewichtet mit den partiellen Ableitungen von f nach den Meßwerten quadratisch addiert. Man sieht, daß die Fehlerfortpflanzung der statistischen Betrachtung der Fortpflanzung der Varianzen ähnlich ist.

Beim wahrscheinlichen Fehler handelt es sich um eine statistische Fehlerangabe. Es sollte daher immer angegeben werden, mit welcher Wahrscheinlichkeit die tatsächliche Abweichung des Ergebnisses kleiner als W_y ist. Ohne Kenntnis der statistischen Eigenschaften der Einzelabweichungen Δx_k kann jedoch keine seriöse Aussage getroffen werden.

Ein einfach zu berechnender Fall, der bei einer unbekannten Verteilung eine gute Annahme darstellt, ist, daß die Abweichungen Δx_k innerhalb ihrer Grenzen $\pm\Delta x_{max,k}$ jeden Wert mit gleicher Wahrscheinlichkeit annehmen können. Die Abweichungen sind in den Intervallen $[-\Delta x_{max,k} \ldots +\Delta x_{max,k}]$ gleichverteilt. Ihre Varianzen berechnen sich daher wie beim Sägezahnsignal aus Abb. 1.4.13 b und ergeben sich zu

$$\sigma_{x,k}^2 = \frac{\Delta x_{max,k}^2}{3} \quad . \tag{66}$$

Wenn die Einzelabweichungen wiederum unabhängig sind, gilt unter dieser Bedingung

$$W_{y,g} = \left(\sum_{k=1}^{M} \left(\frac{\partial f}{\partial x_k} \right)^2 \cdot 3 \cdot \sigma_{x,k}^2 \right)^{1/2} = \sqrt{3} \cdot \sigma_{\Delta y} \quad . \tag{67}$$

Der Index g steht für die Voraussetzung gleichverteilter Einzelabweichungen. Der wahrscheinliche Fehler ist in diesem Fall um den Faktor $\sqrt{3}$ größer als die Standardabweichung der Ergebnisabweichung. Der zentrale Grenzwertsatz der Statistik besagt wiederum, daß Δy näherungsweise Gauß-verteilt ist, wenn die einzelnen Abweichungen in der gleichen Größenordnung liegen und statistisch unabhängig sind. Bei Anwendung einer mittelwertfreien Gauß-Verteilung beträgt die Wahrscheinlichkeit, daß Δy kleiner als $\sqrt{3} \cdot \sigma_{\Delta y}$ ist,

$$P_{Gauß}(|\Delta y| \leq \sqrt{3} \cdot \sigma_{\Delta y}) = 91{,}7\% \quad . \tag{68}$$

Das Vertrauensniveau von $W_{y,g}$ kann daher mit rund 90% geschätzt werden, also

$$P_g(|\Delta y| \leq W_{y,g}) \approx 90\% \quad . \tag{69}$$

Der wahre Wert des Ergebnisses liegt also unter diesen Voraussetzungen mit einer Wahrscheinlichkeit von rund 90% im Intervall $[y-W_{y,g} \ldots y+W_{y,g}]$ um das konkrete Ergebnis der Messung. Wenn die Einzelabweichungen Δx_k nicht gleichverteilt sind, muß ein anderer Zusammenhang zwischen dem wahrscheinlichen Fehler und der Varianz von Δy hergeleitet werden, um eine konkrete Aussage über das Vertrauensniveau von W_y machen zu können.

Beispiel einer statistischen Messung zur Veranschaulichung des Garantiefehlers und des wahrscheinlichen Fehlers:

Die Wirkleistung an einer Last soll aus den Meßwerten für Spannung U, Strom I und der Phasenverschiebung φ_{ui} zwischen Spannung und Strom ermittelt werden. Bei diesem Beispiel nehmen wir an, daß die Meßwerte für U, I und φ_{ui} durch additive Störungen statistisch unabhängig und gleichverteilt in den Intervallen

$$[U_w-0{,}2\text{V} \ldots U_w+0{,}2\text{V}]\ , [I_w-0{,}1\text{mA} \ldots I_w+0{,}1\text{mA}]\ , \text{beziehungsweise}$$
$$[\varphi_{ui,w}-1° \ldots \varphi_{ui,w}+1°]$$

um die wahren Werte U_w, I_w und $\varphi_{ui,w}$ der Meßgrößen variieren. Die Wirkleistung P berechnet sich nach der Beziehung

$$P = U \cdot I \cdot \cos(\varphi_{ui}) \quad . \tag{70}$$

Wiederholt man die Messung N mal, so wird das berechnete Ergebnis für die Leistung ebenfalls zufällig variieren. Die Abb. 1.4.19 zeigt eine Häufigkeitsverteilung gemäß Gleichung (14) für $N = 10000$ Ergebniswerte für die Leistung P. Das Intervall $f = 14$ weist die größte Häufigkeit auf. Dort wird sich mit hoher Wahrscheinlichkeit auch der wahre Wert P_w der Leistung befinden.

Bei einer Einzelmessung kennt man jedoch nur jeweils einen konkreten Meßwert für U, I und φ_{ui}. Zum Beispiel ergibt sich $U_0 = 11{,}9\text{V}$, $I_0 = 4{,}92\text{mA}$ und $\varphi_{ui,0} = 45{,}3°$. Die Leistung beträgt in diesem Fall $P_0 = 41{,}2\text{mW}$. Die Berechnung des Garantiefehlers und des wahrscheinlichen Fehlers mit Gleichung (63) beziehungsweise (65) ergibt $G_{P0} = 2{,}3\text{mW}$ und $W_{P0} = 1{,}3\text{mW}$.

Anhand des konkreten Meßergebnisses lassen sich jetzt folgende Aussagen treffen: Die wahren Werte von Spannung, Strom und Phasendifferenz befinden sich in den Intervallen

$$[11{,}7\text{V} \ldots 12{,}1\text{V}]\ , [4{,}82\text{mA} \ldots 5{,}02\text{mA}] \ \text{und}\ [44{,}3° \ldots 46{,}3°]$$

um die gemessenen Werte U_0, I_0 und $\varphi_{ui,0}$. Der wahre Wert der Leistung liegt daher im Intervall

$$[11{,}7\text{V} \cdot 4{,}82\text{mA} \cdot \cos(46{,}3°) \ldots 12{,}1\text{V} \cdot 5{,}02\text{mA} \cdot \cos(44{,}3°)] = [39\text{mW} \ldots 43{,}5\text{mW}] \quad .$$

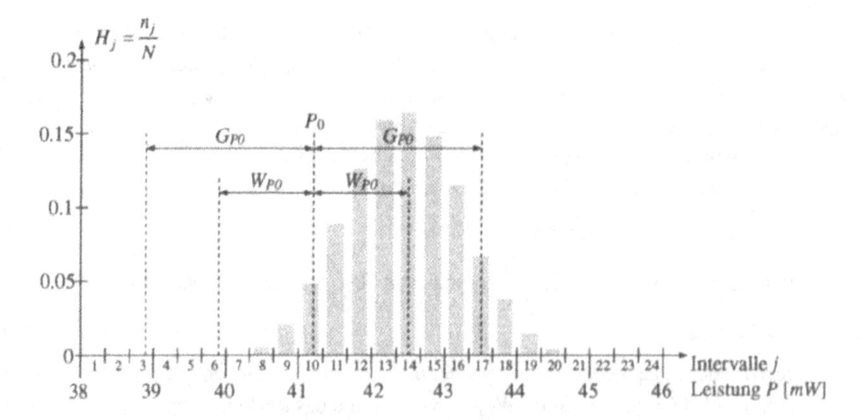

Abb. 1.4.19 Häufigkeitsverteilung der Ergebnisse einer Wirkleistungsmessung

Mit dem Garantiefehler wird dieses Intervall zu [38,9mW … 43,5mW] geschätzt. Mittels des wahrscheinlichen Fehlers läßt sich die Aussage treffen, daß sich der wahre Wert der Wirkleistung mit einer Wahrscheinlichkeit von rund 90% im Intervall [39,9mW … 42,5mW] befindet.

1.4.6 Literatur

[1] DIN 1319 Teil 1, Grundbegriffe der Meßtechnik, Messen, Zählen, Prüfen.

[2] DIN 1319 Teil 2, Grundbegriffe der Meßtechnik, Begriffe für die Anwendung von Meßgeräten.

[3] DIN 1319 Teil 3, Grundbegriffe der Meßtechnik, Begriffe für die Meßunsicherheit und für die Beurteilung von Meßgeräten und Meßeinrichtungen.

[4] CEI- IEC 748-4 Semiconductor Devices, Interface Integrated Circuits.

[5] Internationales Wörterbuch der Metrologie, 2. Aufl. Hrsg.: DIN, Deutsches Institut für Normung e.V, Beuth, Berlin Wien Zürich 1994.

[6] Kessel W., Meßunsicherheit und Meßwert nach der neuen ISO/BIPM-Leitlinie. tm-Technisches Messen vol 62 (1995) 7/8, pp. 306-312.

[7] Frohne H., Ueckert E., Grundlagen der elektrischen Meßtechnik. Teubner, Stuttgart 1984.

[8] Stöckl M., Winterling K. H., Elektrische Meßtechnik. Teubner, Stuttgart 1982.

[9] Pflier P., Jahn H., Elektrische Meßgeräte und Verfahren. Springer, Berlin Heidelberg New York 1978.

[10] Lüke H.D., Signalübertragung. Springer, Berlin Heidelberg New York London Paris Tokyo 1988.

[11] Meschkowski H., Wahrscheinlichkeitsrechnung. Bibliographisches Institut, Mannheim, 1968.

[12] Weinrichter H., Hlawatsch F., Stochastische Grundlagen nachrichtentechnischer Signale. Springer, Wien New York 1991.

[13] Kiencke U., Kronmüller H., Meßtechnik, Systemtheorie für Elektrotechniker. 4. Aufl. Springer, Berlin Heidelberg New York 1995.

[14] Schrüfer E., Elektrische Meßtechnik. 5. Aufl. Hanser, München Wien 1992.

[15] Bosch K., Elementare Einführung in die angewandte Statistik. 4. Aufl. Vieweg, Braunschweig Wiesbaden 1992.

[16] Überhuber Ch., Computer-Numerik. Springer, Berlin Heidelberg New York 1995.

[17] Gellißen H.D., Adolph U., Grundlage des Messens elektrischer Größen. Hüthig, Heidelberg 1995.

1.5 Digitale Darstellung von Meßwerten

H.W. Fürst und H. Schweinzer

1.5.1 Einleitung

Als **analoges Signal** wird ein Signal bezeichnet, welches einen kontinuierlichen Vorgang kontinuierlich abbildet. Diskrete Signale, bei denen die diskreten Werte der Signalamplitude bestimmten Zahlen aus einem vereinbarten Zahlenbereich zugeordnet sind, werden **digitale Signale** genannt.

Analoge Signale verschiedenster physikalischer Natur werden im allgemeinen mit Hilfe von Sensoren in proportionale Spannungen oder Ströme umgesetzt. Diese elektrischen Größen werden von Thermoelementen, Potentiometern usw. als Gleichgrößen oder von Zerhackern, Drehzahlgebern usw. als Wechselgrößen abgenommen. Analoge Signale, auf die im folgenden Bezug genommen wird, repräsentieren also verschiedene Meßgrößen, werden aber als Spannung oder Strom weiterverarbeitet. Ihre Darstellung geschieht mit Hilfe von Zeigern, Lichtmarken etc. auf entsprechenden Skalen.

Die diskreten Werte digitaler Signale werden durch aus **Ziffern** gebildete **Zahlen** dargestellt. Dabei werden **dezimale Zahlen** aus **dezimalen Ziffern** gebildet und **duale Zahlen** aus **binären Ziffern**. Manchmal faßt man zur besseren Übersichtlichkeit mehrere solcher binärer Ziffern zusammen und erhält so zum Beispiel oktale oder hexadezimale Ziffern, die wieder oktale beziehungsweise hexadezimale Zahlen bilden (Abb. 1.5.1).

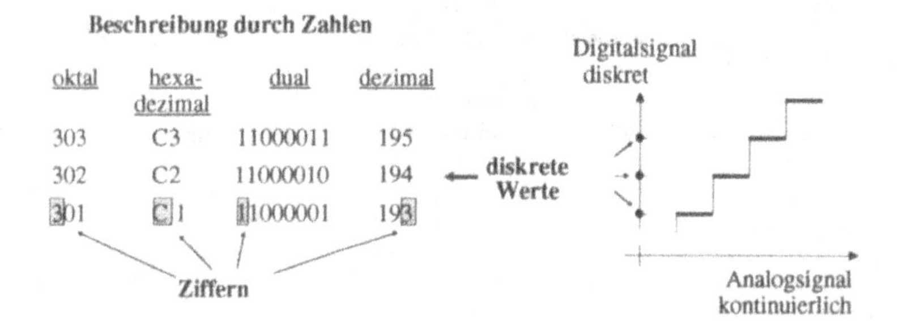

Abb. 1.5.1 Elektrische Meßwertdarstellung durch Zahlen und Ziffern

1.5.2 Zifferndarstellung

In der heute üblichen digitalen Schaltungstechnik werden meistens Signale mit zwei diskreten Zuständen verwendet. Diese eignen sich unmittelbar zur physikalischen Repräsentation von binären Ziffern, die ebenfalls zwei Zustände annehmen können. Die Entscheidung, welcher der beiden Zustände angenommen wird, wird als "binäre Entscheidung" oder als **Bit** bezeichnet und stellt die kleinste Entscheidungseinheit dar. Stellt man nun eine mehrstellige duale Zahl zum Beispiel aus n Bit zusammen, so können diese n voneinander unabhängigen Entscheidungen zu insgesamt 2^n verschiedenen Ergebnissen führen. So ergeben sich bei einer aus drei Bit gebildeten Zahl $2^3 = 8$ verschiedene Möglichkeiten.

Für die zwei möglichen Zustände eines Bits gibt es mehrere, einander entsprechende Bezeichnungsweisen. In der Boole'schen Algebra werden sie mit 0 und 1 bezeichnet, in der Aussagenlogik als F(falsch) und W(wahr) (englisch F(alse) und T(rue)) und in der Schaltalgebra durch Schalterzustände "offen" und "geschlossen". Elektrisch erfolgt die Darstellung durch **digitale Signale** der physikalischen Größen Spannung, Strom, Widerstand oder Frequenz. Für die Behandlung der elektrischen Zustände müssen entsprechende Begriffe verwendet werden, bei Spannung als Informationsträger L(low) und H(high) oder P(positiv) und N(negativ), bei Stromschaltern L(leitend) und 0(gesperrt).

Bei den in den folgenden Abschnitten verwendeten Schaltelementen wird meist die Spannung als Informationsträger benutzt. Die Zuordnung der mathematischen Begriffe zu den elektrischen ist dabei willkürlich. Wird die positivere Spannung der logischen 1 zugeordnet, spricht man von **positiver Schaltlogik**, wird die negativere Spannung der logischen 1 zugeordnet, von **negativer Schaltlogik**.

In realen Systemen ist für die beiden Zustände nicht je ein bestimmter Wert, sondern je ein Wertebereich für die zulässigen Ausgangswerte des sendenden und die zulässigen Eingangswerte des empfangenden Systems definiert. Zwischen beiden Bereichen muß ein entsprechend breiter "verbotener" Bereich liegen; die beiden Ausgangswertebereiche des Senders sind um den "Störabstand" schmäler als die Eingangswertebereiche des Empfängers. Dieser Störabstand muß für alle denkbaren verschiedenen Betriebsbedingungen, zum Beispiel über den ganzen definierten Temperaturbereich [$\vartheta_{min} \dots \vartheta_{max}$] des Systems eingehalten werden. Für Spannung als Informationsträger ist dies in Abb. 1.5.2 gezeigt. Diese Methode ist einfach, betriebssicher und unempfindlich gegen Störungen. Bei manchen Anwendungen wird neben den beiden "aktiven" Zuständen positiver und negativer Spannung ein dritter Zustand "hochohmig" als Ruhezustand oder zum Erkennen von Systemausfällen verwendet.

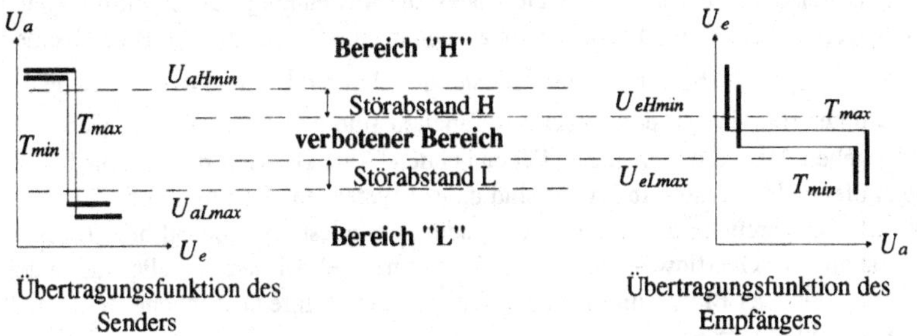

Abb. 1.5.2 Definition der Wertebereiche für Spannung als Träger des logischen Signals

1.5.3 Zahlendarstellung

Zur zahlenmäßigen Darstellung eines Analogsignals wird der Amplitudenbereich in Intervalle unterteilt und damit **quantisiert** (siehe Kap.1.4.2). Jeder der durch die Quantisierung entstandenen Bereiche erhält eine "Benennung", ein Codewort, das ihn von den anderen unterscheidet, er wird **codiert**. Die Gesamtheit aller dieser **Codeworte** oder **Codeelemente** bildet einen **Code**.

Ein Codeelement ist aus Ziffern mit unterschiedlicher Bedeutung und Gewichtung aufgebaut. Beispiele sind:

- Festkomma mit festgelegtem Stellenwert.
- Mantisse und Exponent mit festgelegten Stellenwerten.
- Gleitkomma: Mantisse in Form eines "normiertem Dual-Bruchs" (das heißt kleiner als 1 ohne führende Nullen nach dem Komma) und Exponent.

In elektronischen Meßumformern wird **singuläre** oder **duale Codierung** angewandt.

1.5.3.1 Singuläre Codierung

Bei der Sonderform der singulären Codierung ("**1 aus m**") wird der Zahlenraum [0 … (*m*–1)] mit *m* Leitungen dargestellt, von denen sich nur jeweils eine im Zustand 1 befindet, alle anderen im Zustand 0. Eine solche Codierung ist naturgemäß nur für einen kleinen Zahlenraum geeignet und wird in Spezialfällen, bei Umcodierungen und Anzeigen verwendet. Einen (1 aus 10)-Code, sowie eine Variante dieses Codes, den sogenannten **Thermometercode**, bei dem die Zahl durch die Position der höchstwertigen 1 codiert ist, zeigt Tabelle 1.5.1.

Tabelle 1.5.1 (1 aus 10)-Code und Thermometercode

Dezimalzahl	1 aus 10 Code	Thermometercode
1	0000000001	0000000001
2	0000000010	0000000011
3	0000000100	0000000111
-	--------------	--------------
9	0100000000	0111111111
10	1000000000	1111111111

1.5.3.2 Duale Codes für unipolare Meßwerte

In der Meßtechnik gelangen verschiedene duale Codes zur Anwendung, für die im folgenden eine Übersicht gegeben wird. Es wird dabei davon ausgegangen, daß der analoge Bereich einen Umfang von [0 … U_{ref}] umfaßt, der bei einer Darstellung durch *n* Bit in $m = 2^n$ Bereiche der Breite $q = {}^{U_{ref}}/_m$ unterteilt wird. In den folgenden Tabellen sind alle Intervalle der Meßgröße gleich groß angegeben. Das trifft in manchen Fällen bei den "Randklassen", das sind die beiden äußersten Intervalle, nicht zu: diese Intervalle sind unter Umständen einseitig offen (bei Überschreitung bzw. Unterschreitung des Meßbereichs) oder zumindest abweichend breit (auch in Fällen einer zusätzlichen "Overflow"- oder "Underflow"-Anzeige). Diese Intervalle sind in den Tabellen mit formal gleicher Breite eingesetzt und mit *) markiert. Ihre tatsächliche Breite muß im jeweiligen Fall geklärt werden.

Natürlicher Dualcode

Der "natürliche Dualcode" ("straight binary code") stellt den einfachsten Digitalcode dar. Er wird meist nur als "Dualcode" bezeichnet. Bei diesem Code werden die Bits von rechts nach links mit steigenden Zweierpotenzen gewichtet (1, 2, 4, ...) addiert. Damit ergibt sich die zugehörige natürliche Zahl. Tabelle 1.5.2 zeigt Codeelemente, die einigen signifikanten Werten in einem Spannungsbereich von 0-10V zugeordnet werden. Diese Codierung weist höchste Kompaktheit auf (geringste Anzahl von Bits bei gegebenem Zahlenbereich), verlangt aber für die Meßwertdarstellung in Dezimalzahlen eine rechnerische Umformung und ist für eine direkte Ergebnisdarstellung nur in speziellen Fällen geeignet (z.B. Aussteuerungsanzeige, quasilogarithmisch).

8421-BCD-Code

Die Bezeichnung BCD-Code kommt aus dem Angloamerikanischen (BCD=Binary Coded Decimal). Der Code ist so aufgebaut, daß jeweils eine Dezimalziffer einer zu codierenden Dezimalzahl durch ein Codewort mit vier Bit beschrieben wird. Mehrere dieser 4 Bit Codeworte, oft Tetraden genannt, werden aneinandergereiht und repräsentieren damit die Dezimalzahl. Der Code ist redundant, da nur Ziffern von 0 bis 9 dargestellt werden, obwohl bei einem 4 Bit

Tabelle 1.5.2 Natürlicher Dualcode

Ergebniswerte bezogen auf U_{ref}	Meßwertebereich bei U_{ref} = 10V	Digitalwerte im natürlichen Dualcode	Digitalwert in dezimaler Form
$U_{ref}-q$	$9{,}9976 \pm q/2$ *)	1111 1111 1111	4095
$7/8.U_{ref}$	$8{,}7500 \pm q/2$	1110 0000 0000	3584
$3/4.U_{ref}$	$7{,}5000 \pm q/2$	1100 0000 0000	3072
$5/8.U_{ref}$	$6{,}2500 \pm q/2$	1010 0000 0000	2560
$1/2.U_{ref}$	$5{,}0000 \pm q/2$	1000 0000 0000	2048
$3/8.U_{ref}$	$3{,}7500 \pm q/2$	0110 0000 0000	1536
$1/4.U_{ref}$	$2{,}5000 \pm q/2$	0100 0000 0000	1024
$1/8.U_{ref}$	$1{,}2500 \pm q/2$	0010 0000 0000	512
q	$0{,}0024 \pm q/2$	0000 0000 0001	1
0	$0{,}0000 \pm q/2$ *)	0000 0000 0000	0

Codewort sechzehn unterscheidbare Codeelemente möglich wären. Dies stellt einen erhöhten Aufwand dar, bietet aber andererseits auch die Möglichkeit, gewisse fehlerhafte Codeworte zu erkennen. Vor allem jedoch bietet der Code die Möglichkeit des direkten Überganges von der geräteinternen Zahlendarstellung zu den Bedienelementen, sowohl für die Zifferndarstellung, als auch für die Eingabe von Werten mit Hilfe von dezimalen Schaltfeldern. Die Bezeichnung "8421-BCD-Code" kommt daher, daß die Bits der Tetrade die entsprechenden Gewichtungen aufweisen. Tabelle 1.5.3 zeigt Codeelemente, die einigen leicht überprüfbaren Werten in einem Spannungsbereich von 0...10V zugeordnet werden.

Tabelle 1.5.3 8421-BCD-Code

Ergebniswerte bezogen auf U_{ref}	Meßwertebereich bei U_{ref} = 10V	Digitalwert im 8421-BCD -Code	BCD-Wert in dezimaler Form
$U_{ref}-q$	$9{,}99 \pm q/2$ *)	1001 1001 1001	999
$7/8.U_{ref}$	$8{,}75 \pm q/2$	1000 0111 0101	875
$3/4.U_{ref}$	$7{,}50 \pm q/2$	0111 0101 0000	750
$5/8.U_{ref}$	$6{,}25 \pm q/2$	0110 0010 0101	625
$1/2.U_{ref}$	$5{,}00 \pm q/2$	0101 0000 0000	500
$3/8.U_{ref}$	$3{,}75 \pm q/2$	0011 0111 0101	375
$1/4.U_{ref}$	$2{,}50 \pm q/2$	0010 0101 0000	250
$1/8.U_{ref}$	$1{,}25 \pm q/2$	0001 0010 0101	125
q	$0{,}01 \pm q/2$	0000 0000 0001	001
0	$0{,}00 \pm q/2$ *)	0000 0000 0000	000

Manche BCD-Umsetzer arbeiten mit einem zusätzlichen, führenden Bit, dessen Gewichtung der Referenzspannung U_{ref} entspricht. Vor allem bei Digitalvoltmetern wird ein solcher Code oft zur Angabe einer führenden Dezimalstelle verwendet, die jedoch nur die Werte 0 und 1 aufweist ("halbe Dezimalstelle"). Der Meßbereich eines solchen, z.B. $2\frac{1}{2}$-stelligen Umsetzers reicht dann von 0...1,99V.

1.5.3.3 Duale Codes für bipolare Meßwerte

In den meisten Fällen nehmen die darzustellenden Analoggrößen sowohl positive als auch negative Werte an, sie sind bipolar. Für diese Fälle werden entsprechende Codes aufgebaut. Der Analogbereich wird so verschoben, daß er von $-U_{ref}/2$ bis $+U_{ref}/2$ reicht. Die Randklassen sind in gleicher Weise zu interpretieren wie bei unipolaren Meßwerten.

Dualcode mit Vorzeichen (Betrag mit Vorzeichen)

Dieser Code (Sign Magnitude Binary Code) entspricht unmittelbar dem bereits besprochenen Dualcode. Das erste Bit gibt das Vorzeichen an und zwar eine 1 für positive Werte und eine 0 für negative Werte. Für gleiche Absolutwerte wird jeweils der gleiche Digitalwert ohne Vorzeichenbit geschrieben (Tabelle 1.5.4). Der Dualcode mit Vorzeichen eignet sich zur Darstellung einer Stufencharakteristik ohne Nullintervall, bei der die Intervallmittenwerte, die den Codeelementen zugeordnet sind, um $q/2$ verschoben sind. Mit diesem Code können Multiplikationen und auch Divisionen direkt ausgeführt werden.

Tabelle 1.5.4 Dualcode mit Vorzeichen (Betrag mit Vorzeichen)

Ergebniswerte bezogen auf U_{ref}	Meßwertebereich bei U_{ref} = 10V	Dualcode mit Vorzeichen	Entsprechende Dezimaldarstellung
$U_{ref}/2-q/2$	+ 4,9988 ± $q/2$ *)	1 111 1111 1111	+ 2047
$+3/8.U_{ref}+q/2$	+ 3,7512 ± $q/2$	1 110 0000 0000	+ 1536
$+1/4.U_{ref}+q/2$	+ 2,5012 ± $q/2$	1 100 0000 0000	+ 1024
$+1/8.U_{ref}+q/2$	+ 1,2512 ± $q/2$	1 010 0000 0000	+ 512
$+q/2$	+ 0,0012 ± $q/2$	1 000 0000 0000	+ 0
$-q/2$	- 0,0012 ± $q/2$	0 000 0000 0000	- 0
$-1/8.U_{ref}-q/2$	- 1,2512 ± $q/2$	0 010 0000 0000	- 512
$-1/4.U_{ref}-q/2$	- 2,5012 ± $q/2$	0 100 0000 0000	- 1024
$-3/8.U_{ref}-q/2$	- 3,7512 ± $q/2$	0 110 0000 0000	- 1536
$-U_{ref}/2+q/2$	- 4,9988 ± $q/2$ *)	0 111 1111 1111	- 2047

Versetzter Dualcode

Dieser Code (Offset Binary Code) entsteht aus dem Dualcode, indem dieser um die Hälfte des gesamten Meßbereichs versetzt wird. Das bedeutet z.B., daß aus einem unipolaren, von 0...10V gehenden Analogbereich ein bipolarer Bereich von -5V...+5V entsteht. Damit wird das MSB automatisch zum Vorzeichenbit und ist für positive Werte 1, für negative Werte 0. Die den Digitalwerten zugeordneten Nominalwerte steigen von $-U_{ref}/2$ nach $-q$ für negative Werte und von 0 nach $+U_{ref}/2-q$ für positive Werte an.

Der versetzte Dualcode wird in der Praxis für bipolare Meßgeräte sehr häufig verwendet und zwar vor allem in Schaltungen, in denen mit Hilfe von Summierverstärkern die negativen Werte in positive Bereiche verschoben werden. Der Code ist sehr einfach zu realisieren. Er ist für die rechnerische Behandlung günstig, da er leicht in das Zweierkomplement, das üblicherweise verwendet wird, umwandelbar ist. Er hat nur ein Codeelement für die Null entsprechend einer Stufencharakteristik mit echter Null. Das zugehörige Analogintervall liegt allerdings zu Null asymmetrisch, da der negative Wertebereich ein Intervall mehr als der positive (ohne Null) aufweist. Einen Vergleich mit dem Zweier Komplement Code entnimmt man Tabelle 1.5.5. Beim Durchgang des Analogsignals durch Null ändern alle Bits ihren Wert. Es kann in diesem Fall bei schnellen Umsetzern zu dynamischen Fehlern kommen.

Zweier Komplement Code

Der Zweier Komplement Code (Two's Complement Code) wird in Rechenanlagen praktisch ausschließlich verwendet. Bildet man die Summe der Digitalwerte von positiven und negativen Zahlen gleichen Absolutbetrages, so erhält man 0 und einen Übertrag 1. Eine negative Zahl entsteht aus einer positiven durch Invertieren der einzelnen Bits und einer Addition von 1. Das Vorzeichenbit ist 0 für positive Werte und 1 für negative.

Die den Digitalwerten zugeordneten Nominalwerte sind gleich wie beim versetzten Dualcode, sie steigen von $-U_{ref}/2$ nach $-q$ und von 0 nach $+U_{ref}/2-q$ an. Das Vorzeichenbit ergibt sich durch Inversion des MSB des versetzten Dualcode (Tabelle 1.5.5). Der Zahlenraum ist zu Null asymmetrisch.

Tabelle 1.5.5 Versetzter Dualcode und Zweier Komplement Code (führendes Bit eingeklammert)

Ergebniswerte bezogen auf U_{ref}	Meßwertebereich bei U_{ref} = 10V	Versetzter Dualcode (Zweier Kompl.)	Entsprechende Dezimaldarstellung
$U_{ref}/2-q$	+ 4,9976 ± q/2 *)	1(0) 111 1111 1111	+ 2047
$+3/8U_{ref}$	+ 3,7500 ± q/2	1(0) 110 0000 0000	+ 1536
$+1/4U_{ref}$	+ 2,500 ± q/2	1(0) 100 0000 0000	+ 1024
$+1/8U_{ref}$	+ 1,2500 ± q/2	1(0) 010 0000 0000	+ 512
0	0,0000 ± q/2	1(0) 000 0000 0000	+ 0
$-q$	- 0,0024 ± q/2	0(1) 111 1111 1111	- 1
$-1/8U_{ref}$	- 1,2500 ± q/2	0(1) 110 0000 0000	- 512
$-1/4U_{ref}$	- 2,5000 ± q/2	0(1) 100 0000 0000	- 1024
$-3/8U_{ref}$	- 3,7500 ± q/2	0(1) 010 0000 0000	- 1536
$-U_{ref}/2+q$	- 4,9976 ± q/2	0(1) 000 0000 0001	- 2047
$-U_{ref}/2$	- 5,0000 ± q/2 *)	0(1) 000 0000 0000	- 2048

1.5.3.4 Einschrittige Codes (Gray Code)

Der Gray Code gehört zu den sogenannten einschrittigen Codes. Dieser Name kommt daher, daß beim Übergang von einem Codewort zu einem benachbarten jeweils nur ein Bit seinen Wert ändert. Durch eine derartige Codierung wird das Auftreten falscher Zwischenzustände beim

Tabelle 1.5.6 Gray Code

Gebrochene Dezimalzahl	Gray Code	Natürlicher Dualcode
0	0 0 0 0	0 0 0 0
1/16	0 0 0 1	0 0 0 1
2/16	0 0 1 1	0 0 1 0
3/16	0 0 1 0	0 0 1 1
4/16	0 1 1 0	0 1 0 0
5/16	0 1 1 1	0 1 0 1
....	. . . .	. . . .
13/16	1 0 1 1	1 1 0 1
14/16	1 0 0 1	1 1 1 0
15/16	1 0 0 0	1 1 1 1

Übergang von einem Codewort zu einem benachbarten sicher vermieden. Der Gray Code ist ein zyklischer Code: beim Übergang vom letzten zum ersten Codewort gibt es ebenfalls nur eine Änderung von einem Bit. Einen Vergleich mit dem natürlichen Dualcode entnimmt man Tabelle 1.5.6.

In dieser Tabelle ist jeweils das Bit, das sich beim Übergang von einem Codewort zum nächsten ändert, umrahmt. Wichtig bei diesem Code ist, daß die Position eines Bits, im Unterschied zum Dualcode, keine festgelegte Gewichtung besitzt. Die direkte Durchführung von Rechenoperationen mit Zahlen im Gray Code ist im allgemeinen nicht möglich. Angewandt wird dieser Code zum Beispiel bei verschiedenen Formen der schnellen Analog-Digital-Konversion, da durch die alleinige Änderung von einem Bit beim Übergang von einem Codewort zum nächsten falsche Zwischencodeworte sicher vermieden werden. Die Benutzung des Gray Codes erlaubt daher auch höhere Geschwindigkeiten bei der Umsetzung.

Bei der Anwendung des Gray Codes in bipolaren Meßgeräten ist zu beachten, daß das Codeelement, welches der Analognull zugeordnet wird, auf Grund der willkürlichen Zuordnung der Codewerte frei gewählt werden kann.

1.5.4 Literatur

[1] Elektronik Arbeitsblatt Nr.93, Codes für Analog-Digital- und Digital-Analog-Umsetzer. Elektronik Heft 12, 1975.

[2] Datel Systems Bulletin V12-D050. Know your Converter Codes.

[3] Seitzer D., Elektronische Analog-Digital-Umsetzer. Springer, Berlin Heidelberg New York 1977.

[4] Hoeschele D.F., Analog-to-Digital / Digital-to-Analog Conversion Techniques. Wiley, New York London Sydney 1968.

1.6 Abtastung und Rekonstruktion

J. Baier, A. Wiesbauer und R. Patzelt

1.6.1 Einleitung und Überblick

In Kap. 1.4 und 1.5 ist ausschließlich die Messung und Darstellung von Kenngrößen, die definitionsgemäß (Kap. 1.3.2) zeitinvariante Größen sind, behandelt. Dieses Kapitel betrachtet die Messung zeitabhängiger Vorgänge, somit erlangen auch die Zeit und der zeitliche Verlauf bzw. die Frequenz und das Spektrum eine wesentliche Bedeutung, dabei werden einschränkend nur **abtastende Meßsysteme** behandelt.

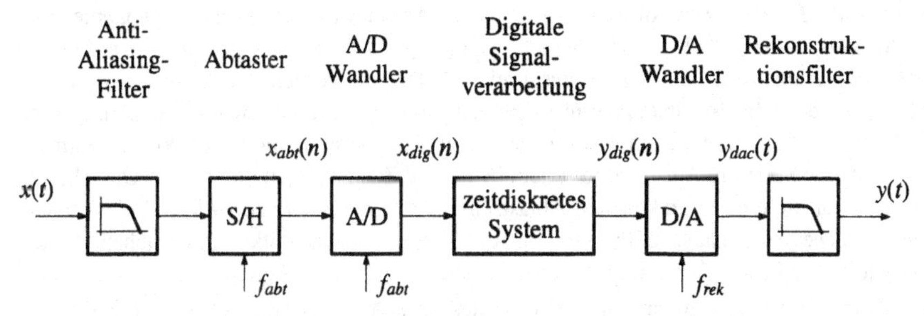

Abb. 1.6.1 Ein Modell für abtastende Systeme

Mit der Abtastung ist praktisch immer eine Digitalisierung verbunden. Systeme, die ein Signal digital verarbeiten bzw. auswerten, kurz **Digitale Systeme**, bieten gegenüber rein analog arbeitenden einige wesentliche Vorteile:

- hohe Genauigkeit, die sich durch Erhöhung des Aufwandes nahezu beliebig vergrößern läßt,
- exakte Reproduzierbarkeit und Eignung zur Vollintegration,
- vergleichsweise geringe Empfindlichkeit gegen äußere Einflüsse,
- Flexibilität der Funktionalität durch Programmierbarkeit,
- einfache Möglichkeit der digitalen Übertragung und Speicherung.

Diese Vorteile sowie die wachsende Integrationsdichte und die sinkenden Preise digitaler Schaltkreise haben dazu geführt, daß immer mehr früher analog ausgeführte Schaltungskomponenten digital realisiert werden.

Die Entscheidung für oder gegen ein digitales System hängt auch von der jeweiligen Anwendung ab. Zum einen ist die Verarbeitungsgeschwindigkeit digitaler Systeme technologiebedingten Grenzen unterworfen, sodaß sie auch weit unter der analoger Systeme liegen kann. Zum anderen sprechen bei einfachen Aufgabenstellungen, die mit analogen Schaltungen lösbar sind, Faktoren wie Kosten, Volumen oder Leistungsverbrauch eventuell gegen digitale Realisierungen.

Die Abb. 1.6.1 zeigt ein Modell eines abtastenden Systems. Im wesentlichen wird das analoge Eingangssignal $x(t)$ durch Abtastung und A/D-Umsetzung (Quantisierung und Codierung) in das digitale Signal $x_{dig}(n)$ umgewandelt, um dann digital weiterverarbeitet oder ausgewertet zu werden. Das Ergebnis $y_{dig}(n)$ kann dann digital übertragen, gespeichert oder angezeigt werden. Durch die Umsetzung in ein analoges Signal $y(t)$ wird eine analoge Weiterverarbeitung, wie z.B. analoge Anzeige, Umwandlung in ein akustisches Signal oder Steuerung eines Aktors, ermöglicht.

Das Modell in Abb. 1.6.1 ist sehr allgemein gehalten und beinhaltet alle wesentlichen Komponenten in der Form, wie sie in diesem Kapitel behandelt werden. Bei der Realisierung eines Meßsystems können unter Umständen einzelne Komponenten weggelassen werden oder mehrere Komponenten in einer Baugruppe zusammengefaßt sein.

Das analoge **Anti-Aliasing Filter**, meist ein Tiefpaßfilter, unterdrückt eventuell vorhandene hochfrequente Komponenten in $x(t)$, die, wie später gezeigt wird, bei der Abtastung zu irreversiblen Fehlern, dem sogenannten **Aliasing**, führen können. In digitalen Meßgeräten werden solche Filter häufig nicht verwendet, wenn gerade diese Signalkomponenten erfaßt werden müssen (siehe Kap. 4.1). Eine Fehlinterpretation muß bei der Auswertung verhindert werden.

Die **Digitalisierung** ist im verwendeten Modell in zwei Vorgänge aufgegliedert. Die **Abtastung** ist die Entnahme von Analogwerten aus dem Meßsignal. Dies erfolgt in den meisten Fällen periodisch mit einer festen Frequenz f_{abt}, der **Abtastrate**, beziehungsweise äquidistant mit Zeitintervallen $T=1/f_{abt}$, der **Abtastperiode**. Reale Abtastschaltungen sind sogenannte Abtast/Halte- bzw. Sample/Hold- (S/H-) Schaltungen (Kap. 2.4.9). Diese entnehmen dem Signalverlauf einen Abtastwert und stellen diesen eine Abtastperiode lang an ihrem Ausgang zur Verfügung. Es entsteht also ein treppenförmiges zeit- und wertkontinuierliches Signal. In diesem Kapitel wird für die Abtastung ein Modell verwendet, das einem Signalverlauf Werte entnimmt und diese Abtastwerte am Ausgang nur unendlich kurze Zeit zur Verfügung stellt. Das Modell entspricht zwar nicht einer praktischen Abtastschaltung, ermöglicht aber, wie später zu sehen ist, eine einfache mathematische Beschreibung des Übergangs vom zeitkontinuierlichen Modell in das zeitdiskrete mittels Dirac-Impulsen. Unter den genannten Voraussetzungen entsteht nach der Abtastung ein wertkontinuierliches, zeitdiskretes Signal $x_{abt}(n) = x(t_n)$ mit $t_n = n \cdot T$. Zwischen den Abtastzeitpunkten ist das Signal $x_{abt}(n)$ also nicht mehr definiert.

Der **Analog-Digital Wandler** quantisiert und codiert das Signal $x_{abt}(n)$ (siehe Kap. 1.4.2.3 und Kap. 1.5.3) und stellt am Ausgang eine zeit- und wertdiskrete Folge von Werten - das digitale Signal $x_{dig}(n)$ - zur Verfügung. Prinzipiell kann die Reihenfolge von Abtastung und Quantisierung auch vertauscht werden (siehe Abb. 1.6.2). Reale Analog-Digital Konverter führen oft beide Funktionen in einem aus. Im weiteren Verlauf wird die Abtastung und Quantisierung getrennt und in der in Abb. 1.6.1 dargestellten Reihenfolge behandelt.

Prinzipiell erfolgt die **digitale Signalverarbeitung** mit **Digitalrechnern**, die entsprechend der Anwendung ausgewählt bzw. konstruiert werden. Bei der digitalen Signalverarbeitung steht im Gegensatz zur analogen Signalverarbeitung das gesamte Instrumentarium der numerischen Mathematik zur Verfügung. Die Möglichkeiten, die sich daraus ergeben, sind nahezu unerschöpflich. Es können alle analogen Filterfunktionen nachgebildet und darüber hinaus analog nicht realisierbare Filterfunktionen implementiert werden. Andere Möglichkeiten sind die Anpassung an einen digitalen Übertragungskanal oder ein digitales Speichermedium, die Aufbereitung für eine geeignete Anzeige, die Berechnung von Kennwerten oder die Realisierung einer digitalen Regelung.

Eine **Rekonstruktion** eines analogen Signals aus einer digitalen Wertefolge erfolgt mittels eines **Digital-Analog Wandlers** und eines analogen Rekonstruktions- bzw. **Interpolations-Filters**. Der D/A Konverter wandelt das digitale Signal $y_{dig}(n)$ in ein zeitkontinuierliches und wertdiskretes Signal $y_{dac}(t)$ um, indem, meist periodisch mit einer festen Rekonstruktionsfrequenz f_{rek}, eine Folge von Digitalwerten analog als Spannung oder Strom ausgegeben wird. Da der Analogwert mit f_{rek} aktualisiert wird, entsteht ein treppenförmiges Ausgangssignal $y_{dac}(t)$, das im wesentlichen dem in Abb. 1.6.2 dargestellten wertdiskreten zeitkontinuierlichen Verlauf entspricht. Das analoge Interpolationsfilter glättet den Signalverlauf, sodaß im Idealfall das ursprüngliche Analogsignal unverfälscht rekonstruiert wird. Vor der Rekonstruktion kann auch eine digitale Interpolation erfolgen, die zeitlich zwischen den Abtastwerten liegende zusätzliche

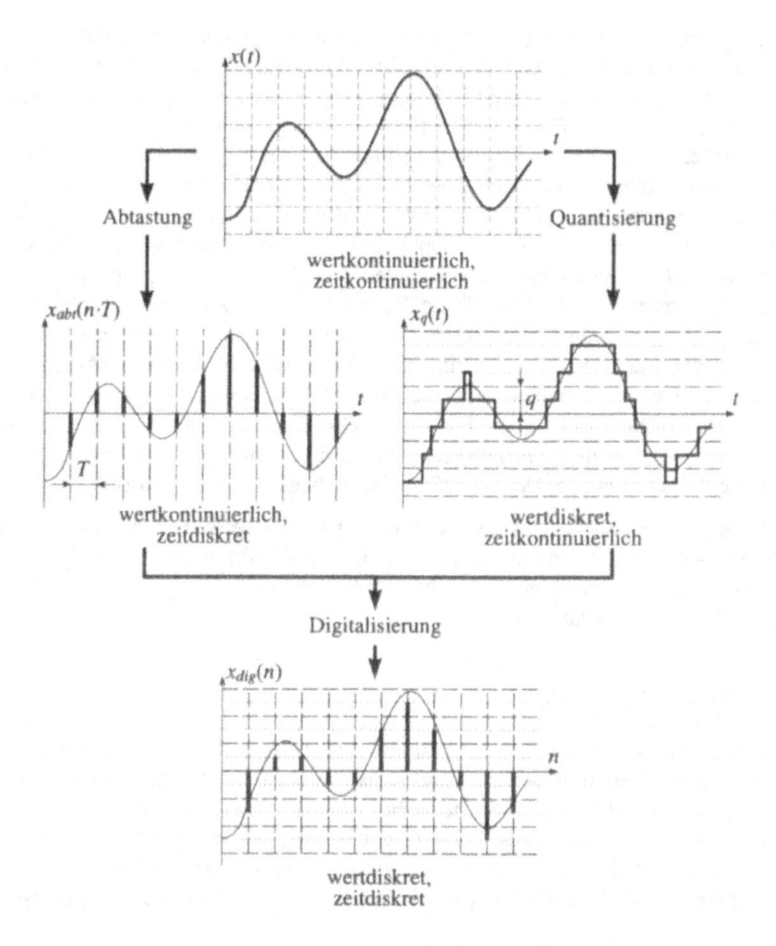

Abb. 1.6.2 Signalverläufe bei Abtastung und Quantisierung. Die Quantisierung eines zeit- und wertkontinuierlichen Signals führt auf ein wertdiskretes, aber immer noch zeitkontinuierliches Signal. Die Abtastung ergibt ein zeitdiskretes und wertkontinuierliches Signal. Die Kombination von Abtastung und Quantisierung ergibt, gleichgültig in welcher Reihenfolge, ein digitales Signal, das zeit- und wertdiskret ist

Digitalwerte einfügt. Das kommt einer nachträglichen Erhöhung der Abtastrate gleich und läßt, wie später gezeigt wird, ein einfacheres analoges Rekonstruktionsfilter zu.

Im folgenden werden die einzelnen Funktionsgruppen genauer behandelt, die Auswirkungen von Nichtidealitäten betrachtet, sowie geeignete Gegenmaßnahmen vorgestellt. Weiters wird darauf hingewiesen, daß in diesem Kapitel die theoretischen Grundlagen für bandbegrenzte Signale erörtert werden. Für Signale, deren Bandbreite nicht bekannt ist, gelten andere Überlegungen (Kap. 4.1) und es kann eine andere Form der Vorfilterung und/oder Rekonstruktion besser geeignet sein.

Für die nachfolgende Beschreibung von Systemen ist eine kurze Erklärung der Begriffe **Übertragungsfunktion** und **Impulsantwort** eines Filters nötig: Ein Signal kann sowohl im Frequenzbereich als auch im Zeitbereich vollständig beschrieben werden. Beide Darstellungsformen haben ihre Berechtigung, wobei die eine oder andere für ein bestimmtes Problem besser geeignet ist. Der Übergang von einem Bereich in den anderen erfolgt mittels Fouriertransformation bzw. inverser Fouriertransformation. Ähnlich den Signalen können auch Filter und ihre Funktion vollständig in einem der beiden Bereiche beschrieben werden. Der Zusammenhang von Ausgangs- und Eingangssignal eines Filters wird im Frequenzbereich durch die Übertragungsfunktion $H(f)$ beschrieben und im Zeitbereich durch die Impulsantwort $h(t)$, die als Zeitverlauf des Ausgangssignals nach Anlegen eines Dirac-Impulses am Eingang definiert ist. Das Ausgangsspektrum eines Filters ergibt sich aus der Multiplikation des Eingangsspektrums mit $H(f)$. Die inverse Fouriertransformierte von $H(f)$ ist die Impulsantwort. Aufgrund der Regeln der Fouriertransformation gilt, daß das Ausgangssignal eines Filters durch Faltung des Eingangssignals mit der Impulsantwort berechnet werden kann. Diese Zusammenhänge werden an einem einfachen Beispiel klar: Das Eingangssignal eines Filters sei ein Dirac-Impuls. Dieser Impuls hat ein konstantes Spektrum mit unendlicher Bandbreite. Das bedeutet, daß das Spektrum des Ausgangssignales gleich der Übertragungsfunktion des Filters ist. Per Definition ist daher das Ausgangssignal selbst gleich der Impulsantwort des Filters. Dasselbe Ergebnis erhält man, wenn zuerst die Faltung des Eingangssignals mit $h(t)$ und dann die Fouriertransformation angewendet wird (die Faltung einer Funktion mit der Dirac-Stoßfunktion ergibt die Funktion selbst).

Für die nachfolgenden Darstellungen von Frequenzspektren sei außerdem daran erinnert, daß jedes Spektrum auch in einem negativen Bereich der Frequenz definiert ist. Für die Spektren reellwertiger zeitabhängiger Funktionen (also für reale Signale) ist der Verlauf spiegelbildlich gleich dem im positiven Frequenzbereich.

1.6.2 Abtastung und Aliasing

Ein analoges Signal ist ein kontinuierliches Signal, sowohl in bezug auf seinen Wertebereich als auch in bezug auf seinen Definitionsbereich auf der Zeitachse. Kontinuierlich bedeutet in diesem Zusammenhang, daß in jedem Intervall eine nicht begrenzte Anzahl von gültigen Werten existiert. Um ein solches Signal in eine Form zu bringen, die eine numerische Bearbeitung ermöglicht, muß die Zeit diskretisiert und der Wertebereich diskretisiert und codiert werden. Die Diskretisierung der Zeit wird als Abtastung bezeichnet, die des Wertebereiches als Quantisierung.

1.6.2.1 Ideale Abtastung eines zeitkontinuierlichen Signals, Abtasttheorem

Der ideale Abtastvorgang entnimmt während einer unendlich kurzen Zeit einen Wert aus dem zeitlichen Verlauf des Signals $x(t)$. Man spricht in diesem Zusammenhang von Momentanwertabtastung (im Gegensatz zu einer Abtastung, die aus dem Signalverlauf jeweils einen integrierenden Kennwert bildet). Theoretische Voraussetzung für die mathematische Behandlung der Abtastung ist die Theorie der verallgemeinerten Funktionen [27]. Darauf genauer einzugehen ist im Rahmen dieses Lehrbuches nicht möglich. Daher werden hier im wesentlichen nur die Ergebnisse dargestellt.

Die Momentanwertabtastung kann mathematisch wie folgt beschrieben werden:

$$\int_{-\infty}^{+\infty} x(t)\cdot\delta(t-t_{abt})\cdot dt = x(t_{abt}) \quad . \tag{1}$$

Gleichung (1) beschreibt den Übergang vom Zeitkontinuierlichen zum Zeitdiskreten, da das Ergebnis nicht mehr eine zeitabhängige Funktion sondern ein Zahlenwert ist, wobei die sogenannte Siebeigenschaft der Diracfunktion ausgenutzt wird. Ein äquivalenter Ansatz dient der Berechnung des Spektrums eines periodisch abgetasteten Signals. Eine mathematische Beschreibung $\tilde{x}_{abt}(t)$ des abgetasteten Signals erhält man durch Multiplikation des Signals $x(t)$ mit einer Summe von jeweils um die Abtastperiode T zeitverschobenen Dirac-Impulsen $x\delta(t)$ [5, 4]

$$x\delta(t) = T \cdot \sum_{n=-\infty}^{+\infty} \delta(t-n \cdot T) \quad , \tag{2}$$

wobei der konstante Faktor T eingeführt wurde, um die Leistung von $x\delta(t)$ auf 1 zu normieren. Damit wird die Leistung des abgetasteten Signals unabhängig von der Abtastrate. Die durch die Abtastung entstehende Funktion $\tilde{x}_{abt}(t)$ läßt sich als Summe von gewichteten Dirac-Impulsen darstellen

$$\tilde{x}_{abt}(t) = x(t) \cdot x\delta(t) = T \cdot \sum_{n=-\infty}^{+\infty} x(t) \cdot \delta(t-n \cdot T) = T \cdot \sum_{n=-\infty}^{+\infty} x(n \cdot T) \cdot \delta(t-n \cdot T) \quad , \tag{3}$$

die zu den Abtastzeitpunkten $t_{abt} = n \cdot T$ die Abtastwerte $x_{abt}(n)$ beschreibt; vgl. auch Gl. (7). Die Multiplikation $x(t) \cdot x\delta(t)$ im Zeitbereich ist gleichbedeutend mit einer Faltung des Signalspektrums $X(f)$ mit dem Spektrum $X\delta(f)$ der periodischen Dirac-Impulsfolge im Frequenzbereich. Das Frequenzspektrum der Abtastimpulsfolge $X\delta(f)$ ergibt sich durch Fouriertransformation zu

$$X\delta(f) = \sum_{n=-\infty}^{+\infty} \delta(f-n \cdot f_{abt}) \quad . \tag{4}$$

Der Abstand dieser Dirac-Impulse im Frequenzspektrum ist umgekehrt proportional zum zeitlichen Abstand der Abtastimpulse. Die Faltung des Signalspektrums $X(f)$ mit einem Diracimpuls führt zu einer Verschiebung des Signalspektrums auf der Frequenzachse in der Form

$$X(f) * \delta(f-n \cdot f_{abt}) = X(f-n \cdot f_{abt}) \quad . \tag{5}$$

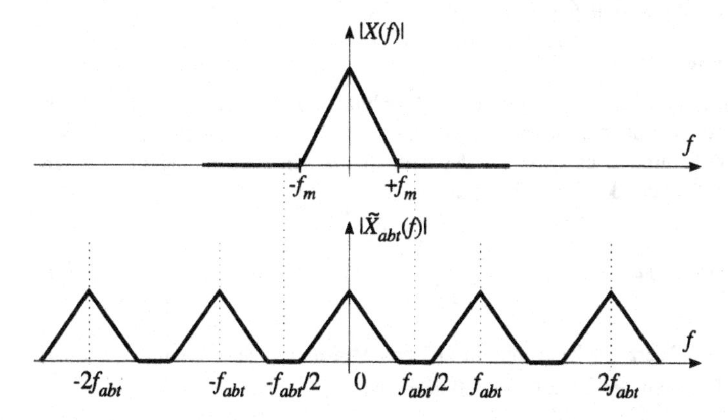

Abb. 1.6.3 $|X(f)|$: Betragsspektrum eines kontinuierlichen Eingangssignals, dreiecksförmig angenommen, um eine deutliche Darstellung zu ermöglichen. $|\tilde{X}_{abt}(f)|$: Betragsspektrum der Folge von Abtastwerten. Durch die Abtastung ergibt sich eine Periodisierung des Originalspektrums im Abstand f_{abt}. Solange die höchste im Signal vorkommende Frequenz kleiner als die Hälfte der Abtastrate ist, kann das ursprüngliche Signal durch eine ideale Tiefpaßfilterung wiedergewonnen werden

Mit den bisher abgeleiteten Beziehungen läßt sich das Spektrum $\tilde{X}_{abt}(f)$ des durch die Abtastung entstandenen Signals $x_{abt}(n)$ zu

$$\tilde{X}_{abt}(f) = \sum_{n=-\infty}^{+\infty} X(f-n \cdot f_{abt}) \tag{6}$$

bestimmen. Das Spektrum $\tilde{X}_{abt}(f)$ dieser Folge von Nadelimpulsen besteht aus dem mit den ganzzahligen Vielfachen n der Abtastrate f_{abt} periodisierten ursprünglichen Spektrum $X(f)$ (Abb. 1.6.3). Ist die höchste im ursprünglichen Spektrum $X(f)$ vorkommende Frequenz f_m kleiner als die Hälfte der Abtastrate, entspricht das Spektrum $\tilde{X}_{abt}(f)$ des abgetasteten Signals innerhalb des Frequenzbereiches $-f_{abt}/2 \leq f \leq +f_{abt}/2$ dem ursprünglichen Spektrum. Man kann also mit Hilfe eines idealen Tiefpasses mit der Grenzfrequenz $f_{abt}/2$ das ursprüngliche Signal exakt wiederherstellen. Auf Grund dessen kann das **Abtasttheorem** formuliert werden [2]:

Um ein frequenzbandbegrenztes zeitkontinuierliches Signal $x(t)$ aus seinen Abtastwerten $x_{abt}(n)$ rekonstruieren zu können, muß die Abtastfrequenz f_{abt} mehr als doppelt so hoch wie die höchste im Signal vorkommende Frequenz f_m sein .

Umgekehrt betrachtet ist die halbe Abtastfrequenz die höchste Signalfrequenz, die bei gegebener Abtastfrequenz gerade nicht mehr erfaßt werden kann. Sie wird als **Nyquistfrequenz** bezeichnet. (Das Doppelte der höchsten Signalfrequenz wird als Nyquistrate bezeichnet, ein Begriff, der leicht zu Mißverständnissen führen kann!).

Diese Voraussetzung zur Rekonstruierbarkeit des ursprünglichen Signalverlaufes wurde bereits 1939 von H. Raabe formuliert, von C. E. Shannon 1948 in die Nachrichtentechnik eingeführt und ist unter dem Begriff **Abtasttheorem, Samplingtheorem** oder auch **Shannon-Theorem** bekannt.

Das Abtasttheorem ist die wesentliche Grundlage der Digitalisierung aus informationstheoretischer Sicht. Meßtechnisch relevante Aspekte, insbesondere die praktische Anwendbarkeit, sowie einfache Erweiterungen sind in Kap. 4.1 ausgeführt.

1.6.2.2 Reale Abtastung

Für die formale Behandlung im vorangegangenen Abschnitt wurde vorausgesetzt, daß der Abtastvorgang während einer unendlich kurzen Zeit einen Amplitudenwert aus dem zeitlichen Verlauf des Signals entnimmt. Dies wird bei der mathematischen Behandlung der idealen Abtastung mit Hilfe der Diracfunktion beschrieben

$$x_{abt}(n) = \int_{-\infty}^{\infty} x(t) \cdot \delta(t-n \cdot T) \cdot dt = x(n \cdot T) \quad . \tag{7}$$

Gleichung (7) ergibt den Wert der Zeitfunktion $x(t)$ des Meßsignals jeweils an den Stellen $t=n \cdot T$, die durch den Term mit der δ-Funktion definiert sind.

Die Abweichung des realen Abtastvorganges von den idealen Voraussetzungen läßt sich durch drei voneinander unabhängige Kenngrößen beschreiben (Abb. 1.6.4).

Die **Aperturzeit** oder **Aperturöffnungszeit** T_{ap}, auch **aperture-time**, ist die Zeitspanne, die für den Ablauf des Abtastvorganges nötig ist. Sie hat nur in der Theorie den Wert Null und kann in günstigen Fällen, wenn sie klein im Verhältnis zu den zu verarbeiteten Signalperioden ist, vernachlässigt werden. Für die Modellierung einer endlichen Aperturzeit, die einer realen

Abtastschaltung inhärent ist oder vom ADC selbst verursacht wird, wird die Diracfunktion in (7) durch eine Gewichtsfunktion $g(t)$ endlicher Dauer ersetzt. Es gilt für $x_{abt}(n)$, das Ergebnis einer realen Abtastung

$$x_{abt}(n) = \int_{n \cdot T - T_{ap}/2}^{n \cdot T + T_{ap}/2} x(t) \cdot g(t - n \cdot T) \cdot dt \quad , \tag{8}$$

wobei vorausgesetzt ist, daß die Gewichtsfunktion außerhalb der Aperturzeit den Wert Null hat. Der jeweilige Abtastwert ergibt sich also aus einer mit $g(t)$ gewichteten Mittelwertbildung über den Signalverlauf. Dies entspricht einem bestimmten Frequenzverhalten - in erster Näherung einer Tiefpaßfilterung. $g(t)$ stellt eine, der Abtastschaltung bzw. dem ADC eigene, zeitliche **Abtastcharakteristik** dar. Sie wird auch **sample characteristic** oder **sampling window function** genannt. Diese Charakteristik hat in der Realität einen glockenförmigen Verlauf. Für die Abschätzung der Filterwirkung wollen wir uns allerdings auf die am einfachsten zu berechnende

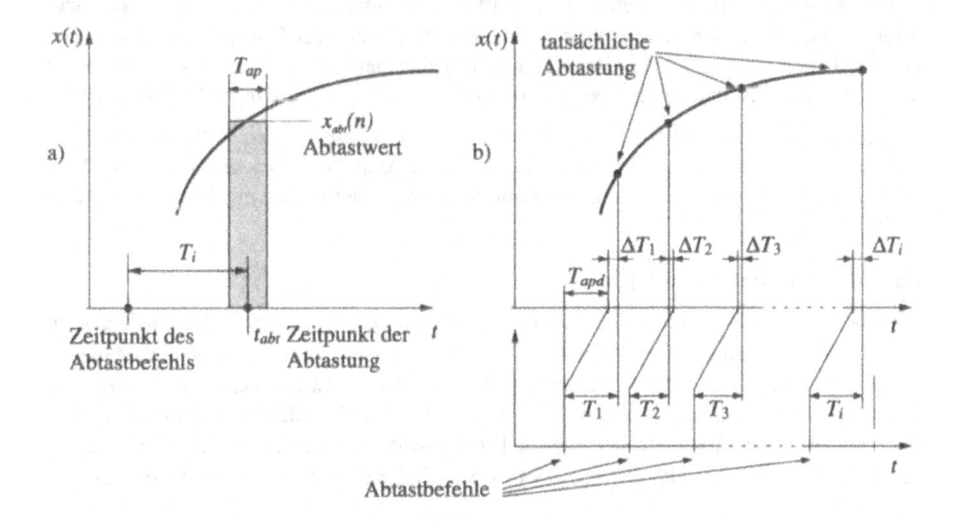

Abb. 1.6.4 Aperturkenngrößen der nichtidealen Abtastung: a) nach dem Abtastbefehl verstreicht eine Verzögerungszeit T_i; der Abtastvorgang dauert eine endliche Zeit T_{ap}, während der ein gewichteter Mittelwert über das Signal gebildet wird,
b) die Aperturunsicherheit ΔT_{apd} entspricht der Standardabweichung der Verzögerungen T_i zwischen dem gewünschten und dem tatsächlichen Abtastzeitpunkt. Die Aperturverzögerung T_{apd} entspricht dem Mittelwert der Verzögerungen T_i

Charakteristik beschränken, die eine rechteckige Form der Höhe 1 hat.

Das Frequenzverhalten kann ermittelt werden, indem man sich anstelle des realen Abtasters eine äquivalente Schaltung vorstellt, die aus einem Filter mit der Impulsantwort $h_{ap}(t) = g(t)$ und einem idealen Abtaster mit unendlich kurzer Aperturzeit besteht. Die Impulsantwort ist als

$$h_{ap}(t) = \frac{1}{T_{ap}} \cdot \begin{cases} 1 & \text{für} \quad -T_{ap}/2 \le t \le +T_{ap}/2 \\ 0 & \text{für} \quad \text{sonst} \end{cases} \quad , \tag{9}$$

definiert und hat eine zugehörige Übertragungsfunktion $H_{ap}(f)$:

$$H_{ap}(f) = \frac{\sin(\pi \cdot f \cdot T_{ap})}{\pi \cdot f \cdot T_{ap}} = \mathrm{si}\,(\pi \cdot f \cdot T_{ap}) \quad . \tag{10}$$

Das heißt, die endliche Aperturzeit führt bei einer rechteckförmigen Abtastcharakteristik auf eine $\sin(x)/x$- Übertragungsfunktion der Abtastschaltung, deren erste Nullstelle bei $f=1/T_{ap}$ liegt und bei einer Signalfrequenz $f=1/(13 \cdot T_{ap})$ immer noch 1% Abschwächung verursacht.

Die **Abtast- oder Aperturverzögerungszeit** T_{apd}, im Angloamerikanischen **aperture-delay**, ist die Zeit, die vom Abtastbefehl bis zur Abtastung verstreicht. Dies entspricht bei einer vor dem ADC angebrachten analogen Abtast-Halte-Schaltung der Zeit vom Abtastbefehl bis zur Mitte des Abtastvorganges, der sich aus dem Abschaltvorgang des Schalters zu dem Speicherkondensator ergibt (siehe Sample-Hold, Kap. 2.4.9). Eine konstante Aperturverzögerungszeit T_{apd} verursacht bei der Signalabtastung keinen Fehler, sie ergibt lediglich eine zeitliche Verschiebung der Abtastung, die im Frequenzbereich einer linearen Phasenverschiebung entspricht.

Durch statistische Ereignisse wie Rauschen ergeben sich Schwankungen des Abtastzeitpunktes. Die Schwankungsbreite wird durch den Begriff **Aperturunsicherheit** ΔT_{apd}, auch **aperture-jitter** genannt, beschrieben. Die Wahrscheinlichkeitsverteilung der Schwankung kann in den meisten Fällen als Gauß'sche Glockenkurve angenommen werden. Dabei wird die Standardabweichung als Maß für die Aperturunsicherheit herangezogen und nicht der Maximalwert.

Die Aperturunsicherheit ist eine wesentliche Fehlergröße bei abtastenden Meßgeräten und ruft eine zur Steigung des Signals proportionale statistische Amplitudenunsicherheit hervor. Diese führt zu einer scheinbaren Erhöhung der Quantisierungsunsicherheit, die mit der Signalfrequenz zunimmt.

1.6.2.3 Auftreten von Aliasing

Wird das Abtasttheorem verletzt, überlappen sich die periodisierten Spektralanteile im Spektrum des abgetasteten Signals $\tilde{X}_{abt}(f)$. Dieser in der Abb. 1.6.5 dargestellte Effekt wird als **Aliasing** bezeichnet. Signalanteile, deren Frequenzen über der halben Abtastfrequenz liegen, werden an ihr zu tieferen Frequenzen gespiegelt. Diese Signalanteile werden Aliasing- (verfremdete) oder auch Spiegelfrequenzkomponenten genannt. Die Wiederherstellung des ursprünglichen Signalverlaufes $x(t)$ durch die Filterung mit einem idealen Tiefpaß ist beim Auftreten von Aliasing

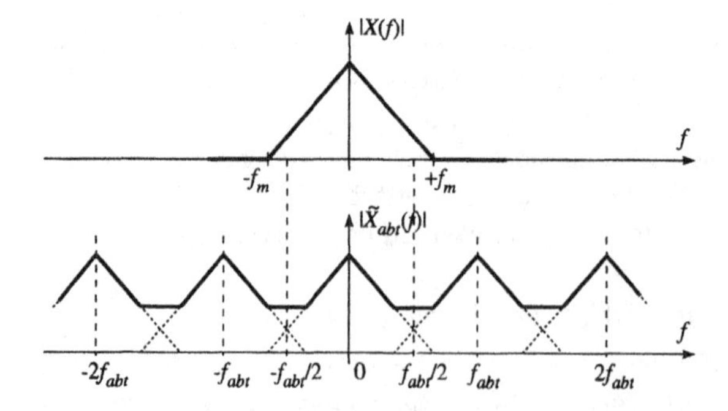

Abb. 1.6.5 Auftreten von Aliasing. Wenn die höchste im Signal vorkommende Frequenz größer als die Hälfte der Abtastfrequenz ist, kommt es zwischen den durch die Abtastung periodisierten Anteilen des ursprünglichen Signalspektrums zu Überlagerungen. Eine fehlerfreie Wiederherstellung des ursprünglichen Signalspektrums, bzw. des ursprünglichen zeitlichen Signalverlaufes, ist im allgemeinen nicht möglich

nicht mehr möglich. Die überlagerten, gespiegelten Komponenten bewirken eine Verformung des zeitlichen Signalverlaufes.

Die eigentliche Problematik des Aliasing ist in der Tatsache zu sehen, daß nach erfolgter Abtastung ohne zusätzliche Maßnahmen nicht mehr festgestellt werden kann, ob Aliasing aufgetreten ist oder nicht. Zur sicheren, vollständigen Vermeidung von Aliasing müßte ein Tiefpaß vor den Abtaster geschaltet werden (Abb. 1.6.1), der alle Frequenzen über der halben Abtastfrequenz vollständig unterdrückt. In der Praxis verwendet man Filter hoher Ordnung mit einer Grenzfrequenz von zirka 40% der Abtastrate (z.B. in Fourier-Analysatoren). In Digitalspeicheroszilloskopen verzichtet man auf die Verwendung von Anti-Aliasing Filtern vor der Abtastung, da sie relevante Information über den Signalverlauf unterdrücken könnten. In diesen Geräten sind Verfahren implementiert, die der Erkennung von Aliasing dienen und in Kap. 4.3 erläutert werden.

1.6.3 Quantisierung

Jede Zuordnung eines Zahlenwertes (Ergebniswertes) zu einer Eingangsgröße aus einem Kontinuum ist eine Bewertung und gleichzeitig eine Diskretisierung. Der Ergebniswert entspricht zwangsläufig allen Eingangswerten aus einem Intervall des Kontinuums. Die Breite des Intervalls kann durch die Verbesserung der Bewertungsmethode verkleinert werden, bleibt aber prinzipiell endlich. Die genaue Lage der Eingangsgröße im Bewertungsintervall bleibt prinzipiell unbekannt.

Eine Diskretisierung des Amplitudenbereiches eines Signals $x(t)$ wird als Quantisierung bezeichnet. Das bedeutet mathematisch, daß die Amplitude des Signals mittels einer Quantisierungskennlinie diskretisiert wird (siehe Kap. 1.4.2.3), die die Grenzen der Quantisierungsintervalle festlegt. Das ursprüngliche Signal $x(t)$ wird damit auf das Signal $x_q(t)$ abgebildet. Das quantisierte Signal $x_q(t)$ ist wertdiskret und zeitkontinuierlich (Abb. 1.6.2), die Zuordnung eines definierten Wertes von $x_q(t)$ ist willkürlich, üblich ist ein Wert in der Mitte des Intervalls. Die Größe q wird Quantisierungsstufenbreite, oder **Least Significant Bit (LSB)** genannt. Die durch die Quantisierung entstehende Abweichung vom ursprünglichen Signal nennt man **Quantisierungsunsicherheit** $qd(t)$, sie ist auch eine Quantisierungsdifferenz, die bei jeder Abtastung auftritt

$$x_q(t) = x(t) + qd(t) \quad . \tag{11}$$

Die additive Überlagerung von Signal $x(t)$ und Quantisierungsdifferenz $qd(t)$ ergibt das quantisierte Signal. Die tatsächliche Differenz zwischen Signalwert $x(t)$ und dem quantisierten Wert $x_q(t)$ ist zwar durch das Signal bestimmt, bleibt aber prinzipiell unbekannt. Nur der auftretende Amplitudenbereich der Quantisierungsunsicherheit $qd(t)$ ist bekannt und liegt im Bereich

$$-\frac{q}{2} < qd(t) < +\frac{q}{2} \quad . \tag{12}$$

Die zeitkontinuierliche Betrachtung der Quantisierungsunsicherheit spielt in der Praxis eine untergeordnete Rolle, da eine Wertdiskretisierung ohne gleichzeitige Abtastung des Signals kaum vorkommt. Daher versteht man üblicherweise unter der Quantisierungsunsicherheit die zeitdiskrete Form $qd(n)$

$$qd(n) = x_{dig}(n) - x_{abt}(n) \quad , \tag{13}$$

die sich durch Abtastung aus der Gleichung (11) ergibt.

Rauschmodell

Da bei der Quantisierung eines Signals $x_{abt}(n)$ die entstehende Quantisierungsunsicherheit $qd(n)$ im allgemeinen nicht bekannt ist, wird daher zur Beschreibung von $qd(n)$ häufig, wie auch in [2], ein statistisches Modell verwendet. Dieses Modell basiert auf folgenden Annahmen:

- Die Quantisierungsunsicherheit $qd(n)$ ist nicht korreliert zum digitalen Signal $x_{dig}(n)$.
- Die Quantisierungsunsicherheit $qd(n)$ entspricht einem stationären Zufallsprozeß.
- Der Prozeß läßt sich als weißes Rauschen beschreiben.
- Die Amplitudenverteilung der Quantisierungsunsicherheiten $qd(n)$ entspricht in den Grenzen von (12) einer Gleichverteilung.

Die Gültigkeit dieses Modells ist nicht sicher vorhersagbar, die obigen Annahmen können nicht direkt verifiziert werden. Ist die Differenz zwischen je zwei aufeinanderfolgenden digitalisierten Werten hinreichend groß (beträgt sie mindestens mehrere Quantisierungsintervalle), so ist eine Korrelation zwischen den Werten von $qd(n)$ unwahrscheinlich und das Rauschmodell anwendbar. Liegen jedoch mehrere Abtastwerte in demselben Intervall, so sind die Werte von $qd(n)$ kaum voneinander unabhängig, ihr Verlauf entspricht einer steigenden oder fallenden Rampe oder einer Kuppe. Wichtig ist die Tatsache, daß es sich bei der Quantisierungsunsicherheit nicht um ein wirkliches Rauschen (wie z.B. thermisches Rauschen etc.) handelt, sondern daß die Quantisierungsunsicherheit $qd(n)$ nur als Rauschen modelliert, d.h. angenähert, werden kann.

Sind die obigen Voraussetzungen nicht gegeben, kann die Quantisierungsunsicherheit als Linienspektrum erscheinen, die Modellierung als Rauschen ist also nicht mehr zulässig. Um dies zu verhindern, kann dem Signal vor der Quantisierung ein Rauschen mit definierter Verteilungsfunktion überlagert werden. Dadurch wird die Gültigkeit des Rauschmodells gewährleistet. Diese Vorgangsweise wird als **Dithering** bezeichnet (z.B. [12]).

Kenngrößen

Das Rauschmodell ist gültig oder stellt eine gute Näherung für Sinussignale dar, die einen großen Amplitudenbereich des Quantisierers aussteuern, deren Frequenz so hoch ist, daß sich die aufeinanderfolgenden digitalisierten Werte um mehrere LSB unterscheiden und deren Signalfrequenz zur Abtastfrequenz ein irrationales Verhältnis hat. Unter diesen Bedingungen kann das Verhältnis zwischen Signal und Rauschen als zu erwartendes Signal-Rauschleistungsverhältnis für einen N-Bit ADC angegeben werden. Es ergibt sich aus dem Verhältnis des Effektivwertes X_{eff} des vollausgesteuerten sinusförmigen Signals

$$X_{eff}^2 = \left(q \cdot 2^N \cdot \frac{1}{2 \cdot \sqrt{2}} \right)^2 \tag{14}$$

und dem Effektivwert des überlagerten Rauschens QD_{eff}, der sich mit q als Breite eines Quantisierungsintervalls und einer Gleichverteilung der auftretenden Werte von $qd(n)$ zu

$$QD_{eff}^2 = \int_{-q/2}^{+q/2} \frac{1}{q} \cdot y^2 \cdot dy = \frac{q^2}{12} \tag{15}$$

ergibt. Je feiner die Quantisierung ist, das heißt, je kleiner die Quantisierungsstufen q sind, desto kleiner ist der Effektivwert QD_{eff} des überlagerten Rauschens. Das Signal-Rauschleistungsverhältnis (signal to noise ratio, SNR) ergibt sich im logarithmischen Maßstab mit N als Wert der Auflösung in Bit zu

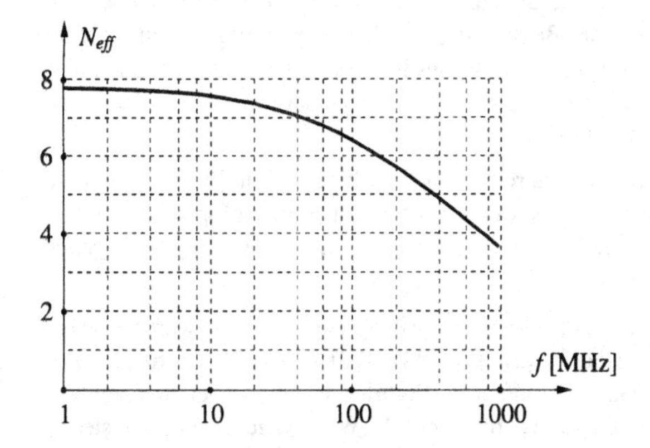

Abb. 1.6.6 Beispiel des Verlaufes der effektiven Auflösung eines 8-Bit Konverters in Abhängigkeit von der Signalfrequenz. Eine wesentliche Einflußgröße ist das dynamische Verhalten der Abtastschaltung

$$SNR = 20 \cdot \log\left(\frac{X_{eff}}{QD_{eff}}\right) \approx 6.02 \cdot N + 1.76 \ \ [\mathrm{dB}] \tag{16}$$

Eine Erhöhung der Auflösung des Analog-Digital Konverters um 1 Bit bewirkt also eine Verbesserung des Signal-Rauschleistungsverhältnisses um rund 6 dB. Der Wert gilt für einen idealen Analog-Digital Konverter. Bei realen Konvertern ist dieses Verhältnis aufgrund der Nichtlinearitäten und nicht idealen Eigenschaften von ADC und Abtaster ungünstiger. Aus dem tatsächlich gemessenen Signal-Rauschleistungsverhältnis bei Vollaussteuerung eines realen Konverters SNR_{real} läßt sich durch die Umkehrung der obigen Beziehung der Kennwert seiner **effektiven Auflösung** in **effektiven Bits** N_{eff} berechnen

$$N_{eff} = \frac{SNR_{real} - 1.76}{6.02} \quad , \tag{17}$$

wobei das Ergebnis im allgemeinen ein nicht ganzzahliger Wert ist. Die effektiven Bits sind ein Maß für die erreichbare Qualität der Rekonstruktion eines Analogsignales aus den digitalisierten Abtastwerten und nicht zu verwechseln mit der Auflösung für die Messung eines einzelnen Amplitudenwertes, die durch die Anzahl der Quantisierungsintervalle definiert ist.

Der Wert der effektiven Bits entspricht dem 2-er Logarithmus der Intervallzahl eines idealen Konverters, der das gleiche Signal-Rauschleistungsverhältnis wie der betrachtete reale Konverter liefert. Der Wert der effektiven Auflösung N_{eff} ist immer kleiner als die Auflösung N, die der Intervallzahl des ADC entspricht. Die effektive Auflösung verringert sich zusätzlich mit steigender Signalfrequenz (siehe Abb. 1.6.6), da neben den statischen Nichtidealitäten des Konverters auch dynamische Einflüsse der Abtastung das Signal-Rauschleistungsverhältnis frequenzabhängig verschlechtern. Das bewirkt unter anderem der Aperturjitter, der durch die Unsicherheit des Abtastzeitpunktes eine Unsicherheit der abgetasteten Amplitude hervorruft, die zur Signalsteigung proportional ist.

1.6.4 Digitale Signalverarbeitung

Unter **Signalverarbeitung** versteht man in der Literatur (z.B. [8]) den Prozeß der Extraktion relevanter Information und/oder die Eliminierung nicht benötigter Information aus einem gemessenen Signal. Liegt das gemessene Signal in Form eines digitalen Datensatzes vor und wird die Signalverarbeitung mit einem Digitalrechner durchgeführt, dann spricht man von **digitaler Signalverarbeitung**. Anstelle des Begriffs digitale Signalverarbeitung wird auch der Begriff **zeitdiskrete Signalverarbeitung** verwendet. Dies ist ein etwas weiterer Themenkreis, da auch analoge zeitdiskrete Signale behandelt werden und daher Signalverarbeitungstechnologien wie switched capacitor filter eingeschlossen sind.

Digitale Signalverarbeitung ist ein sehr umfangreiches Gebiet. Eine genaue Erörterung würde den Rahmen dieses Lehrbuches sprengen. Es werden daher nur einige Möglichkeiten, mit Schwerpunkt auf meßtechnischen Anwendungen, aufgezeigt und auf die jeweils grundlegende Literatur verwiesen.

Die theoretischen Grundlagen der digitalen Signalverarbeitung sowie der Entwurf einfacher digitaler Systeme und Algorithmen sind in [2], [5], [14], [20] oder [23] zu finden. Der Schwerpunkt liegt dabei auf dem Entwurf einfacher **digitaler Filter**, wobei darunter alle Schaltungen und Algorithmen verstanden werden, mit denen die Wertefolge eines digitalisierten Signals definiert verändert wird, also z.B. Bildung von Mittelwerten oder Differenzen und Interpolation. Weiters wird die **Korrelationsanalyse** behandelt, der in der Meßtechnik besondere Bedeutung zukommt, da mit ihr definierte Signalverläufe beliebiger Form mit höchster Empfindlichkeit erkannt werden können, auch wenn sie von anderen Signalen, insbesondere Rauschen, scheinbar völlig verdeckt werden.

Die **Spektralanalyse** (mittels Fourier Transformation) ist in [13] und [18] und im Kapitel 4.4. weiterführend behandelt.

Ein Themenkreis mit besonderer Bedeutung ist die **adaptive Signalverarbeitung,** bei der die verwendeten Methoden (Dauer des Aufzeichnungsintervalls, angewendete Filteralgorithmen u.ä.) laufend an den tatsächlichen Signalverlauf angepaßt werden. Oft ist es nur durch eine adaptive digitale Signalaufbereitung (Vorverarbeitung) schon bei der Erfassung möglich, die Meßdaten so aufzuzeichnen, daß keine relevante Information verloren geht, das Speichermedium und/oder der Übertragungskanal möglichst gut ausgenützt werden und die endgültige Auswertung mit einem günstigen Verhältnis von Aufwand zu Ergebnis erfolgen kann. Eine ausführliche Abhandlung über den Entwurf **adaptiver digitaler Filter** ist in [11] zu finden.

Die Extraktion gewünschter Information aus gemessenen Daten unter Zugrundelegung eines Modells des beobachteten Prozesses wird in der Literatur [24], [25] und [26] unter den Begriffen **Modelling**, **System Identification** und **Parameter Estimation** zusammengefaßt. Besonderes Augenmerk wird auf die Modellbildung (Berücksichtigung der maßgeblichen Einflußgrößen und ihrer stochastischen Eigenschaften) gelegt. Nur wenn ein passendes Modell für das Meßproblem bekannt ist, kann ein zufriedenstellendes Ergebnis erreicht werden. Durch Berücksichtigen aller wesentlichen Parameter und ihrer statistischen Eigenschaften kann die Genauigkeit einer Messung wesentlich erhöht werden. Dabei geht es auch um die gegenseitige Abhängigkeit bzw. Beeinflussung verschiedener Meßgrößen, die zu einem Ergebnis beitragen.

Für die Signalaufzeichnung und Signalübertragung ist eine Anpassung an ein Speichermedium oder einen Übertragungskanal nötig. Zum einen geht es dabei um Störsicherheit und zum anderen darum, die Datenmenge gering zu halten. Die Codierung eines Signals in einer störsicheren Form wird in der Literatur [7] und [16] unter **error control coding** oder **channel coding** beschrieben. Neben der störsicheren Codierung der Bits und der Bildung, Übertragung und Auswertung von Prüfzeichen zur Erkennung oder auch Korrektur von Fehlern ist auch die Art des Übertragungsprotokolls sehr wichtig. In der Meß- und Steuerungstechnik müssen häufig kurze Nachrichten übertragen und der ungestörte Empfang sofort zurückgemeldet (quittiert) werden.

Die Grundlagen der **Datenkompression** sind in [6] und [12] unter **signal compression** bzw. **data compression** beschrieben, wobei der Entwurf adaptiver Filter im Vordergrund steht. Bei Anwendungen in der Datenkompression wird häufig die Reihe der Abtastwerte durch die

Parameter eines speziell für die Anwendung entwickelten Modells ersetzt. Dabei können zum Teil enorm hohe Kompressionsfaktoren erzielt werden, insbesondere wenn eine verminderte Qualität der Rekonstruktion in Kauf genommen werden kann.

Grundlagen der digitalen **Bildverarbeitung** sind in [9], [17] oder [19] zu finden, die der **seismologischen Datenverarbeitung** in [21] und [22]. Diesen Gebieten ist gemeinsam, daß es um sogenannte **mehrdimensionale Signalanalyse** geht, deren grundlegende Behandlung in [10] oder [15] zu finden ist. Die meßtechnische Bildverarbeitung hat besondere Bedeutung in der Produktionstechnik. Die Erfassung der Position und Orientierung des Werkstücks und auch des Werkzeugs ist in der Robotertechnik wichtig, die Erkennung und Vermessung von Objekten in vielen anderen Bereichen.

Je nach Anforderung werden die Algorithmen auf geeigneten Digitalprozessoren implementiert. Es kommen Mikroprozessoren, handelsübliche PCs oder Workstations bis hin zu speziell für die Anwendung gebaute Rechnersysteme zum Einsatz. Wichtig sind vor allem die für die digitale Meßwertverarbeitung speziell geeigneten Mikroprozessoren. Hier reicht die Palette von den mit hoher Rechenleistung ausgestatteten und auf die Signalverarbeitungsalgorithmen optimierten Signalprozessoren bis hin zu den Single-Chip Prozessoren, die nur einen Bruchteil der Rechenleistung aufweisen, aber bereits Komponenten wie A/D und D/A Wandler, Timer, serielle Schnittstellen, etc. integriert haben.

1.6.5 Rekonstruktion

Das Ergebnis des digital verarbeiteten Signals, eine digitale Wertefolge, kann, falls erforderlich, in ein analoges Signal umgewandelt werden. Dieser Vorgang wird Rekonstruktion genannt und wird durch Digital-Analog-Wandlung der Wertefolge $y_{dig}(n)$ und Glättung mit einem analogen Rekonstruktionsfilter, wie in Abb. 1.6.1 dargestellt, ermöglicht.

1.6.5.1 Ideale Rekonstruktion

Der Einfachheit halber wird vorerst die **Rekonstruktion** des Signalverlaufs direkt aus seinen analogen Abtastwerten betrachtet und die Quantisierung, die digitale Signalverarbeitung und die D/A-Konversion nicht berücksichtigt (siehe Abb. 1.6.1). Aus dem zeitdiskreten wertkontinuierlichen Signal $x_{abt}(n)$ kann das analoge Signal $x(t)$ nur dann wiedergewonnen werden, wenn bei der Abtastung kein Aliasing aufgetreten ist (Kap. 1.6.2.3). Aus dem Spektrum $\tilde{X}_{abt}(f)$ ist ersichtlich, daß das ursprüngliche Spektrum $X(f)$ durch Tiefpaßfilterung, also Unterdrücken des periodisch fortgesetzten Spektrums von $x(t)$ mit einem analogen Filter - dem **Rekonstruktionsfilter** - wieder gewonnen werden kann (siehe Abb. 1.6.3). Entsprechend den Voraussetzungen kann das Spektrum von $x(t)$ Komponenten bis hin zur halben Abtastrate enthalten. Daher muß das Rekonstruktionsfilter ein idealer Tiefpaß mit einer Grenzfrequenz gleich der halben Abtastrate $f_{abt}/2$ sein.

Der ideale Tiefpaß hat eine rechteckförmige Übertragungsfunktion $H_{TP}(f)$. Frequenzen f im Bereich $-f_{abt}/2 < f < +f_{abt}/2$ werden unverändert durchgelassen, alle anderen Frequenzkomponenten werden unterdrückt. Aus dieser Übertragungsfunktion kann die Impulsantwort $h_{TP}(t)$ des Filters durch inverse Fouriertransformation berechnet werden.

$$h_{TP}(t) = \mathrm{F}^{-1}\{H_{TP}(f)\} = \frac{1}{T} \cdot \frac{\sin\left(\frac{\pi}{T} \cdot t\right)}{\left(\frac{\pi}{T} \cdot t\right)} = \frac{1}{T} \cdot \mathrm{si}\left(\frac{\pi}{T} \cdot t\right) \qquad (18)$$

T steht dabei für die Abtastperiode. Regt man den idealen Tiefpaß mit einem Dirac-Impuls an, so ist sein Ausgangssignal gleich der Impulsantwort $h_{TP}(t)$. Ist das Eingangssignal eine Summe von zeitverschobenen Dirac-Impulsen, so entspricht das Ausgangssignal der Summe der zeitverschobenen Impulsantworten. Legt man das abgetastete Signal $\tilde{x}_{abt}(t)$, an den idealen Tiefpaß, so ergibt sich am Ausgang das rekonstruierte Signal $y_{rek}(t)$, wie in (19) dargestellt, aus der Summe der mit $x(n{\cdot}T)$ gewichteten Impulsantworten $h_{TP}(t)$; siehe Gl. (3).

$$y_{rek}(t) = \frac{1}{T} \cdot \sum_{n=-\infty}^{+\infty} x(n{\cdot}T) \cdot \mathrm{si}\left(\frac{\pi}{T} \cdot (t - n{\cdot}T)\right) \tag{19}$$

In (19) ist beim ersten Betrachten die rekonstruierende Wirkung nicht so einfach zu sehen. Bedenkt man allerdings, daß $h_{TP}(0)$ gleich $1/T$ und $h_{TP}(n{\cdot}T)$ für $n = \pm1, \pm2, \ldots$ gleich Null ist, ergibt sich, daß das rekonstruierte Signal zu den Abtastzeitpunkten $t = n{\cdot}T$ bis auf den konstanten Faktor $1/T$ denselben Wert wie das Original-Signal $x(t)$ hat. Da die Abtastwerte bei der Rekonstruktion erhalten bleiben, spricht man auch von **Interpolation** bzw. wird das Rekonstruktionsfilter auch **Interpolationsfilter** bezeichnet. Für Zeitpunkte zwischen den Abtastwerten setzt sich die Amplitude des rekonstruierten Signals aus der Summe unendlich vieler si-Funktionen, gewichtet mit den Abtastwerten, zusammen. Es liefert also jeder Abtastwert einen Beitrag zum rekonstruierten Signal, gleichgültig wie weit sein Abstand zum Rekonstruktionszeitpunkt $(t - n{\cdot}T)$ ist, außer an den Abtastzeitpunkten. Dieser Sachverhalt ist in Abb. 1.6.7 am Beispiel von drei si-Funktionen gezeigt. Der Einfluß der Abtastwerte ist umgekehrt proportional zu ihrem Abstand vom Rekonstruktionszeitpunkt. Das zeigt, daß anstelle der unendlichen Summe auch eine entsprechende, endliche Anzahl von si-Funktionen eine hinreichend gute Rekonstruktion liefert. Eine Rekonstruktion mit drei si-Funktionen weist noch sehr starke Abweichungen vom Originalsignal auf (siehe Abb. 1.6.7). Je mehr si-Funktionen, oder anders ausgedrückt, je mehr Abtastwerte vor und nach dem Rekonstruktionspunkt berücksichtigt werden, umso besser nähert sich das Ergebnis dem ursprünglichen Signal. In Abb. 1.6.8 ist dies am Beispiel von sieben und neun berücksichtigten Abtastwerten dargestellt. Daraus folgt, daß die si-Interpolation bei Be-

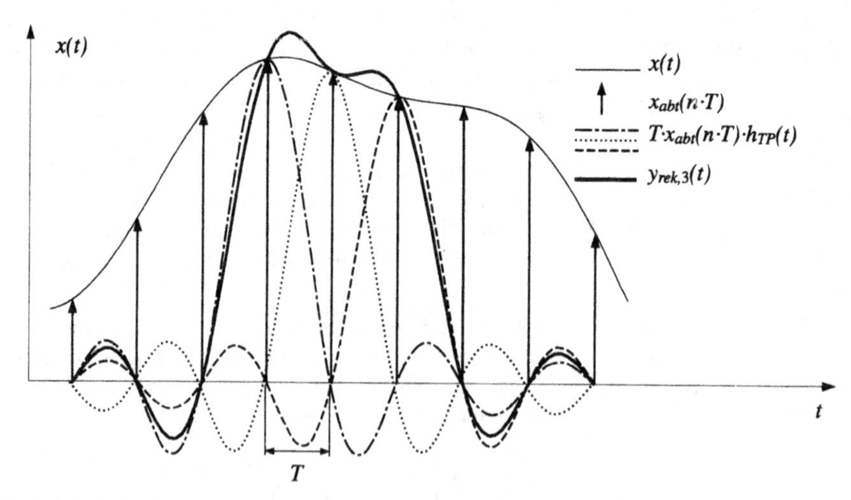

Abb. 1.6.7 Rekonstruktion eines Signals aus seinen Abtastwerten mit einem idealen Tiefpaßfilter. Das Signal $y_{rek,3}(t)$ ist die Summe der drei gezeichneten si-Funktionen. Zu den Abtastzeitpunkten $(t = n{\cdot}T)$ hat jeweils nur eine einzige si-Funktion Einfluß auf die Rekonstruktion, die Zwischenwerte ergeben sich aus dem Zusammenwirken dreier (idealerweise aller) Abtastwerte

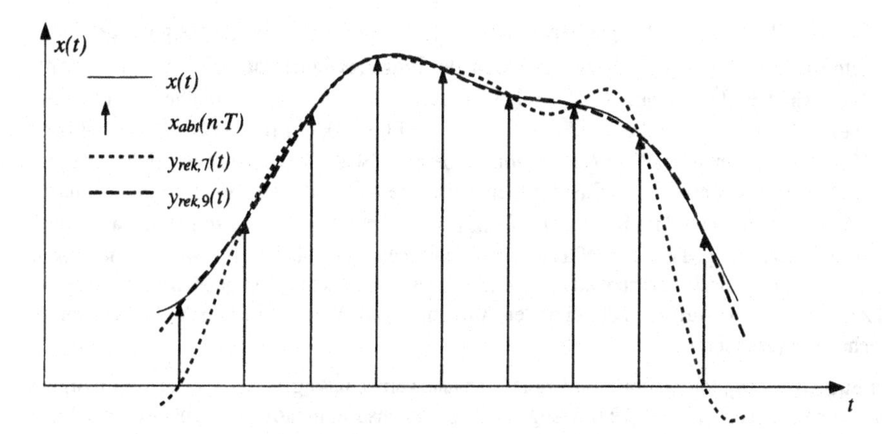

Abb. 1.6.8 $y_{rek,7}(t)$ und $y_{rek,9}(t)$ zeigen das rekonstruierte Signal, wenn 7 bzw. 9 si-Funktionen bei der Rekonstruktion berücksichtigt werden. Mit steigender Zahl der berücksichtigten Abtastwerte nähert sich die Rekonstruktion immer besser dem Originalsignal $x(t)$

rücksichtigung unendlich vieler Abtastwerte die exakte Rekonstruktion liefert, solange bei der Abtastung kein Aliasing auftrat. Diese Folgerung entspricht genau der Filterung mit einem idealen Tiefpaß.

1.6.5.2 Reale Rekonstruktion

Eine wesentliche Komponente bei der realen Signalrekonstruktion ist der bislang nicht behandelte D/A-Konverter. Im Gegensatz zur idealen Betrachtungsweise erzeugt er am Ausgang nicht eine Folge von Dirac-Impulsen, sondern ein treppenförmiges, wertdiskretes und zeitkontinuierliches Signal $y_{dac}(t)$, ähnlich dem in Abb. 1.6.2 dargestellten Signal $x_q(t)$. Diese konstruktionsbedingte reale Eigenschaft wird in diesem Abschnitt näher behandelt. Auch der Einfluß nicht idealer Tiefpässe als Rekonstruktionsfilter wird betrachtet. Nichtidealitäten bei der D/A-Umsetzung, wie lineare und nichtlineare Fehler der D/A-Kennlinie und eine nicht konstante Frequenz des Konverter-Taktes (Jitter der Rekonstruktionsfrequenz) haben gleiche Auswirkung wie bei der A/D-Umsetzung und sind in Kap. 1.4.3.2 bzw. Kap. 1.6.2.2 behandelt. Weiters wird der Einfachheit halber angenommen, daß die Rekonstruktionsfrequenz f_{rek} gleich der Abtastfrequenz f_{abt} ist.

Für die Beschreibung der realen Rekonstruktion ist es hilfreich, den **D/A-Konverter als Filter** zu modellieren. Man definiert die Impulsantwort $h_{DAC}(t)$ für den DAC als Rechteckimpuls mit der Amplitude Eins und der Dauer T der Abtastperiode, das heißt der DAC liefert zu jedem digitalen Eingangswert den entsprechenden analogen Ausgangswert für die Dauer T. Dadurch entsteht aus der digitalen Wertefolge $y_{dig}(n)$ durch Faltung mit $h_{DAC}(t)$ das treppenförmige analoge Signal $y_{dac}(t)$, da der DAC lückenlos aneinander anschließende Rechteckimpulse liefert. Das Treppensignal wird durch ein rekonstruierendes Tiefpaßfilter geglättet (siehe Abb. 1.6.1). Die Fouriertransformation von $h_{DAC}(t)$ ergibt die Übertragungsfunktion $H_{DAC}(f)$ des DAC.

$$H_{DAC}(f) = T \cdot \mathrm{si}\left(\frac{\pi}{f_{abt}} \cdot f\right) \tag{20}$$

Die Übertragungsfunktion (20) hat außer dem konstanten Faktor T zwei wesentliche Eigenschaften, die auch in Abb. 1.6.9 zu sehen sind. Zum einen werden die periodischen Wiederholungen des Nutzbandes oberhalb der Abtastfrequenz gedämpft, entsprechend einer rekonstruierenden Wirkung, die auch der Betrachtung im Zeitbereich entspricht. Zum anderen ergibt sich der ungünstige Effekt, daß das Frequenzspektrum des treppenförmigen Ausgangssignals des DAC auch im Nutzband ($|f| < f_{abt}/2$) gegenüber dem des Eingangssignals zusätzlich verändert wird. Bei $f_{abt}/4$ sinkt das Übertragungsmaß des DAC (zusammen mit oben dem erwähnten Tiefpaßfilter), bezogen auf den Wert bei der Frequenz Null, auf 0,9 (-0,91 dB) und bei $f_{abt}/3$ auf 0,83 (-1,65 dB). Bei einem Viertel der Abtastfrequenz beträgt also der systematische Fehler aufgrund der DAC-Dämpfung etwa 10%. Eine für meßtechnische Anwendungen oft tolerierbare Grenze von 1% Abweichung wird im Bereich $0 \leq f \leq f_{abt}/13$ eingehalten. Dies entspricht der allgemein gültigen Feststellung, daß für meßtechnische Aufgaben sehr häufig eine wesentlich höhere Abtast- und Rekonstruktionsfrequenz im Vergleich zum untersuchten Frequenzbereich nötig ist, als zum Beispiel für Aufgaben der digitalen Aufnahme und Wiedergabe von Audiosignalen im gleichen Frequenzbereich.

Der Einfluß des Digital-Analog Konverters kann also vernachlässigt werden, wenn die im Signal vorkommende maximale Frequenz bezogen auf die Rekonstruktionsfrequenz entsprechend klein ist. Ist dies nicht der Fall, muß bei manchen Anwendungen der Abfall von $H_{DAC}(f)$ kompensiert werden. Dies kann durch ein entsprechendes analoges Rekonstruktionsfilter erfolgen, das im Nutzband einen 1/si-förmigen Verlauf der Übertragungsfunktion aufweist (d.h. eine Anhebung durchführt) [2], oder durch ein gleichartiges digitales Filter vor dem DAC [14]. Bei letzterer Methode ist zu berücksichtigen, daß der Aussteuerbereich des nachfolgenden DACs größer als die gewünschte maximale Ausgangsamplitude sein muß (bei $f_{abt}/3$ um den Faktor 1/0,83).

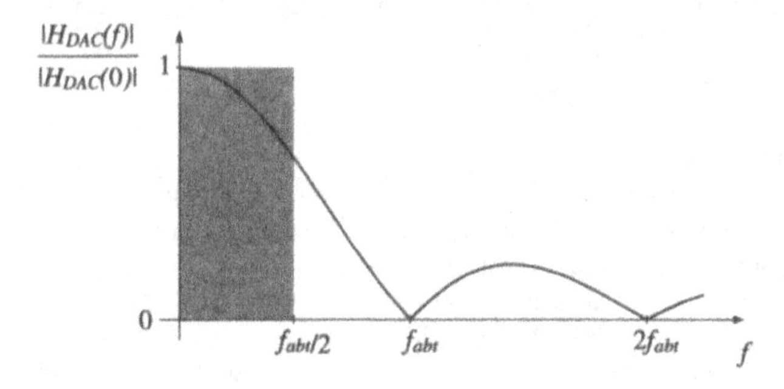

Abb. 1.6.9 Verlauf des Betrags der Übertragungsfunktion des DAC Filtermodells

In der **Praxis verwendete analoge Rekonstruktionsfilter** haben einen endlich steilen Übergang zwischen Durchlaß- und Sperrbereich. Daraus folgt, daß für ideale Rekonstruktion die höchste im Eingangssignal vorkommende Frequenz f_m wesentlich kleiner als $f_{abt}/2$ sein muß. Der Übergangsbereich des Filters, wie in Abb. 1.6.3 zu sehen, muß im Bereich f_m bis $f_{abt} - f_m$ liegen. Je größer das Verhältnis f_{abt}/f_m ist, umso breiter wird der Abstand zwischen den periodisierten Spektren und der nötige Aufwand für das Rekonstruktionsfilter wird geringer. Da auch beim Anti-Aliasing Filter gleiches gilt, arbeiten reale Systeme nicht mit der Mindest-Abtastfrequenz ($2 \cdot f_m$), sondern mit höheren Abtastfrequenzen von $2{,}5 \cdot f_m$ bis $4 \cdot f_m$.

1.6.6 Literatur

[1] Unbehauen R., Systemtheorie. Oldenbourg, München Wien 1990.

[2] Oppenheim A.V., Schäfer R.W., Zeitdiskrete Signalverarbeitung. Oldenbourg, München Wien 1992.

[3] Papoulis A., Signal Analysis. McGraw-Hill, New York 1984.

[4] Carlson A. Bruce, Communication Systems. McGraw-Hill, New York 1986.

[5] Lüke H.D., Signalübertragung. Springer, Berlin Heidelberg New York London Paris Tokyo 1988.

[6] Gersho A., Gray R.M., Vector Quantization and Signal Compression. Kluwer, Boston Dortrecht London 1991.

[7] Blahut R. E., Principles and Practice of Information Theory. Addison-Wesley, Reading Mass. 1987.

[8] Candy J. V., Signal Processing - The Modern Approach. McGraw-Hill, New York 1988.

[9] Castleman K. R., Digital Image Processing. Prentice-Hall, Englewood Cliffs NJ 1979.

[10] Dudgeon D. E., Mersereau R. M., Two-Dimensional Digital Signal Processing. Prentice-Hall, Englewood Cliffs NJ 1983.

[11] Haykin S. S., Adaptive Filter Theory, Prentice-Hall, Englewood Cliffs NJ 1986.

[12] Jayant N. S., Noll P., Digital Coding of Waveforms. Prentice-Hall, Englewood Cliffs NJ 1984.

[13] Kay S. M., Modern Spectral Estimation Theory and Application. Prentice-Hall, Englewood Cliffs NJ 1988.

[14] Leland B. J., Digital Filters and Signal Processing. Kluwer, Boston Dortrecht London 1989.

[15] Lim J. S., Two-Dimensional Digital Signal Processing. Prentice-Hall, Englewood Cliffs NJ 1989.

[16] Lin S., Introduction to Error Correcting Codes. Prentice-Hall, Englewood Cliffs NJ 1970.

[17] Macovski A., Medical Imaging Systems. Prentice-Hall, Englewood Cliffs NJ 1983.

[18] Marple S. L., Digital Spectral Analysis with Applications. Prentice-Hall, Englewood Cliffs NJ 1987.

[19] Pratt W., Digital Image Processing. John Wiley and Sons, New York 1978.

[20] Rabiner L. R., Gold B., Digital Signal Processing. Prentice-Hall, Englewood Cliffs NJ 1975.

[21] Robinson E. A., Treitel S., Geophysical Signal Analysis. Prentice-Hall, Englewood Cliffs NJ 1980.

[22] Robinson E. A., Durrani T.S., Geophysical Signal Processing. Prentice Hall, Englewood Cliffs NJ 1985.

[23] Schüssler H. W., Digitale Systeme zur Signalverarbeitung. Springer, Berlin Heidelberg New York London Paris Tokyo 1973.

[24] Eykhoff Pieter, System Identification-Parameter and State Estimation. John Wiley & Sons, Chichester 1974.

[25] Söderström T., Stoica P., System Identification. Prentice Hall, New York 1989.

[26] Schoukens J., Pintelon R., Identification of Linear Systems. Pergamon Press, Oxford 1991.

[27] Dirschmid H. J., Mathematische Grundlagen der Elektrotechnik. Vieweg, Braunschweig Wiesbaden 1986.

2. Funktionsgruppen, Meßelektronik

2.1 Meßtechnische Bauelemente

Ch. Mittermayer

2.1.1 Einleitung

Dieses Kapitel gibt einen Überblick über die wichtigsten in der elektrischen Meßtechnik verwendeten Bauelemente. Da in der Meßtechnik die erreichbare Genauigkeit im Vordergrund steht, soll das Schwergewicht dabei auf einer Darstellung von wesentlichen Stör- und Einflußfaktoren liegen.

Aufbau von Meßvorrichtungen

Da die meisten Präzisionsbauelemente auf Grund der technologischen Entwicklung nur mehr sehr kleine Abmessungen haben und auch die Leistungsaufnahme der elektronischen Meßschaltungen niedrig ist, werden fast nur noch kompakte, abgeschlossene Geräte verwendet. Offene Aufbauten von einzelnen Normalen, Bauelementen und Meßgeräten werden nur mehr bei Eichmessungen oder bei speziellen Experimenten verwendet.

Verwendung der Bauelemente

Für die Anforderungen an die Bauelemente ist es wesentlich, ob sie zur Umformung der Meßgröße verwendet werden und die Genauigkeit der Messung beeinflussen, oder ob sie als Hilfsschaltung nur die Funktion bzw. den Arbeitspunkt einer Schaltung festlegen. Während im ersten Fall die Bauelemente möglichst genau die erforderlichen idealen Eigenschaften und konstante Werte aufweisen müssen, sind im zweiten Fall eventuell auch erhebliche Abweichungen vom idealen Verhalten und weite Toleranzen ihrer Werte zulässig. In beiden Fällen ist es jedoch wichtig, daß sie ihre Funktion zuverlässig erfüllen. Einer meßtechnischen Verwendung entspricht zum Beispiel ein Strommeßwiderstand, ein Spannungsteiler zur definierten Abschwächung des Meßsignales oder das Rückkopplungsnetzwerk eines aktiven Filters. Beispiele für Hilfsschaltungen sind ein Vorwiderstand zur Strombegrenzung in einer Eingangsschutzschaltung oder Operationsverstärker und Spannungsversorgungen.

Welche Bauelemente als Präzisionsbauelemente geeignet sind, hängt von den physikalischen Eigenschaften, z.B. Temperaturkoeffizient, Alterung, Störeinflüsse, und von der technologisch erreichbaren Genauigkeit ab. Vorwiegend werden passive Zweipole dafür eingesetzt (Widerstände, Kondensatoren, Zener-Dioden und Schwingquarze). Aktive Zweipole, wie Batterien oder Akkumulatoren, finden, abgesehen von Normalelementen, üblicherweise lediglich als Energiequellen Verwendung. Ebenso dienen Verstärkerelemente (Transistoren, Operationsverstärker) generell nur als Hilfsschaltungen, deren meßtechnische Eigenschaften durch passive Netzwerke bestimmt werden.

Mit der Zener-Diode und der Band-Gap-Referenz stehen billige, robuste und stabile Spannungsreferenzen zur Verfügung. Spannungen können mit Spannungsteilern, Widerständen und hochohmigen Meßverstärkern mit großer Genauigkeit und geringem Leistungsverbrauch geteilt und verglichen werden. Ströme werden über Widerstände aus Spannungen abgeleitet oder in sie umgewandelt. Die grundlegenden Referenzen in elektronischen Meßgeräten sind meist mit Zener-Dioden oder Band-Gap-Referenzen stabilisierte Spannungsquellen und mit Schwingquarzen stabilisierte Oszillatoren.

Alterung

Sämtliche Bauelemente, besonders Halbleiter, sind irreversiblen zeitlichen Änderungen unterworfen, die auf chemischen Einflüssen (Korrosion) oder physikalischen Einflüssen (Festkörperdiffusion, Rekristallisation) beruhen. Beide Prozesse werden durch erhöhte Temperatur oder zyklische Temperaturschwankungen beschleunigt. Der Alterungsprozeß ist jedoch im Detail nicht vorhersagbar und kann deshalb nur statistisch erfaßt werden. Ausfälle und Änderungen sind in der ersten Zeit nach der Fertigung am größten und nehmen dann deutlich ab, sodaß vor allem Präzisionsbauelemente oft vorgealtert werden. Sinnvolle Aussagen können nur in Form von Wahrscheinlichkeiten getroffen werden (z.B: maximale Änderung eines Widerstandes ±1%/1000h mit 90% Vertrauensbereich, Ausfallrate 10^{-6}/1000h). Bei hohen Anforderungen kann die Alterung sehr bald die Genauigkeit dominieren. Fehler durch die Alterung lassen sich nur durch laufend wiederholte Kalibrierung vermeiden.

Grenzwerte

Die Überschreitung von Grenzwerten, aber auch ein Betrieb nahe diesen Grenzen führt rasch zu erheblichen Veränderungen oder Totalausfällen. Für genauigkeitsbestimmende Präzisionsbauelemente stellen sie im allgemeinen keine sinnvollen Betriebswerte dar, sondern dienen lediglich für Prüfvorschriften zur Qualitätskontrolle. So darf vor allem die zulässige Leistung meist nicht ausgenützt werden, da sonst durch die Eigenerwärmung Änderungen der Temperatur und damit Parameteränderungen auftreten und weiters durch eine höhere Temperatur die Alterung beschleunigt wird. Zusätzlich dürfen meist nicht mehrere Grenzwerte zugleich ausgenützt werden.

2.1.2 Widerstände

Widerstände gehören zu den wichtigsten Bauelementen der Meßtechnik. Sie dienen der Erzeugung von definierten Spannungsverhältnissen in Spannungsteilern oder eines definierten Zusammenhanges zwischen Strom und Spannung.

2.1.2.1 Kenngrößen und Einflußparameter

Kenngrößen:

- Sollwert.
- Auslieferungstoleranz: 1% bis 10%, die besten Werte reichen absolut bis 0,05%, relativ (Paare) bis 10^{-6}.
- Frequenzabhängigkeit: Induktivität und Kapazität.

Einflußparameter:

- Temperaturkoeffizient: Bei Metallen ist der Temperaturkoeffizient für die meisten Erfordernisse zu hoch. Daher werden Metallschichten und Metalloxide auf Keramik verwendet. Man erreicht so Werte von unter ±50ppm/K.
- Spannungskoeffizient: Ein Spannungskoeffizient ungleich Null entspricht einer Nichtlinearität und bewirkt nichtlineare Signalverzerrungen. Er tritt vor allem bei hohen Widerstandswerten auf.

Störgrößen:

- Rauschen: Das thermische Rauschen ist für alle Widerstandsarten gleich. Abhängig vom Widerstandsmaterial und dem Aufbau tritt aber noch zusätzliches Rauschen auf.
- Alterung.
- Thermospannungen.

Grenzwerte:

- Leistung, Erwärmung: Die maximal zulässige Leistung ergibt sich aus der zulässigen Betriebstemperatur und der Erwärmung gegenüber der Umgebungstemperatur, bei ungestörter Konvektion und ohne Wärmeeinstrahlung.
- Oberflächentemperatur: Eine zu hohe Oberflächentemperatur kann vor der Zerstörung des Widerstandes selbst zu einer Zerstörung der Schutzschicht und damit zu einer erhöhten Drift oder zum Ausfall führen.
- maximale Spannung: Isolationsspannung, Impulsbelastbarkeit.

2.1.2.2 Ausführungsformen von Festwiderständen

Tabelle 2.1.1 gibt eine Übersicht über verschiedene Widerstandstypen und ihre prinzipiellen Eigenschaften.

Tabelle 2.1.1 Eigenschaften von Widerständen

Widerstandstyp	Toleranz [%]	Temperatur-koeffizient [ppm/K]	maximale Leistung [W]	Wertebereich
Kohleschichtwiderstand	5, 10	-200 ... -1000	0,1 ... 2	1Ω ... 10MΩ
Metallschichtwiderstand	0,01 ... 2	5 ... 100	0,1 ... 2	1Ω ... 1MΩ
Präzisionsdrahtwiderstand	0,1 ... 1	10 ... 200	0,1 ... 2	1Ω ... 10kΩ
Leistungsdrahtwiderstand	5, 10	50 ... 500	1 ... 100	0,1Ω ...10kΩ

Kohleschichtwiderstände sind die Standardwiderstände für weniger kritische Anwendungen. Ihr Preis ist niedrig, sie besitzen aber einen hohen, negativen Temperaturkoeffizienten und eine schlechte Konstanz.

Metallschichtwiderstände stellen die Standard-Präzisionswiderstände dar. Sie zeichnen sich durch eine sehr gute Konstanz, eine geringe Induktivität und je nach Material einen niedrigen bis sehr niedrigen Temperaturkoeffizienten aus. Metallschicht und keramischer Träger müssen genau aufeinander abgestimmt sein. Metallschichtwiderstände werden auch als sogenannte Widerstandsnetzwerke ausgeführt. Bei Widerstandsnetzwerken sind mehrere Widerstände auf einem gemeinsamen Keramikträger aufgebracht. Dadurch ist eine gleichmäßige Temperatur der Widerstände gewährleistet und das für viele Anwendungen wichtige Verhältnis der Widerstände zueinander weitgehend temperaturunabhängig.

Drahtwiderstände werden als Leistungswiderstände und als Präzisionswiderstände ausgeführt. Sie weisen vor allem geringes Rauschen und geringe Nichtlinearität auf und sind besonders für kleine Widerstandswerte und große Leistungen, z.B. als Strommeßwiderstand, geeignet. Um parasitäre Induktivitäten und Kapazitäten klein zu halten müssen spezielle Wickeltechniken angewandt werden. Legierungen mit kleinen Temperaturkoeffizienten enthalten fast alle Eisen und sind nicht lötbar. Durch den Übergang der verschiedenen Leiterwerkstoffe können erhebliche Thermospannungen auftreten, wenn die Enden des Widerstandes auf verschiedenen Temperaturen liegen. Ein vor allem für Drahtwiderstände gültiges Ersatzschaltbild zeigt Abb. 2.1.1.

2.1.2.3 Ausführungsformen von Regelwiderständen

Regelwiderstände sind die wichtigsten Bauelemente zum Einstellen von elektrischen Parametern. Ein grundlegendes Problem bei allen Potentiometern stellt der Schleifkontakt dar. Der Übergangswiderstand ändert sich mit der Einstellung und der Zeit sehr stark. Daher sollte für

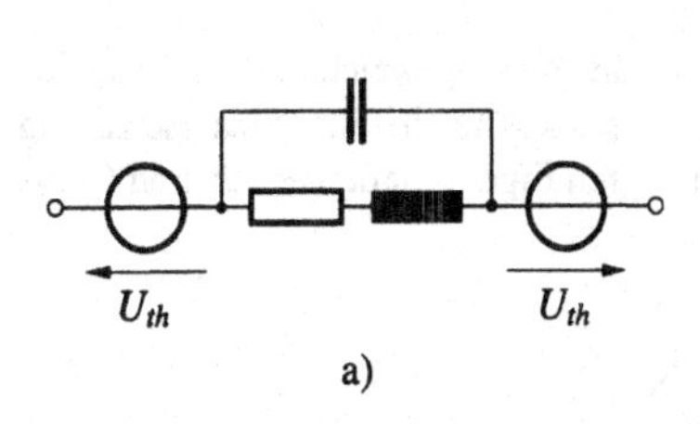

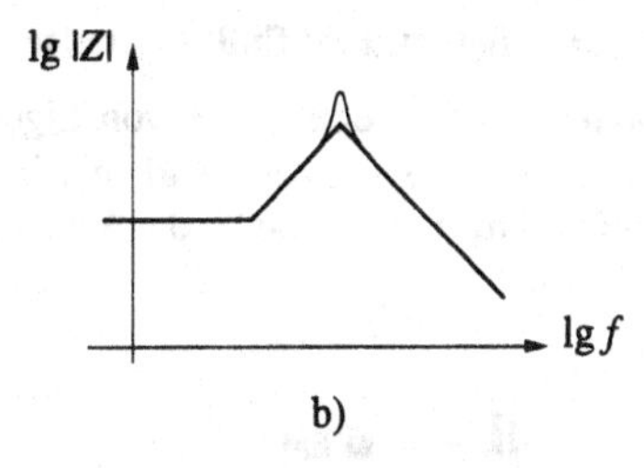

Abb. 2.1.1 Widerstand: a) Ersatzschaltbild mit Thermospannungen U_{th}
b) charakteristische Frequenzabhängigkeit der Impedanz

genaue Schaltungen der Stromfluß über den Kontakt möglichst klein sein. Regelwiderstände werden ähnlich wie Festwiderstände in verschiedenen Ausführungsformen hergestellt:

Kohleschichtpotentiometer sind die billigste Ausführung von Regelwiderständen mit einer schlechten Konstanz und sollten in Präzisionsschaltungen nicht verwendet werden.

Drahtpotentiometer besitzen eine beschränkte Auflösung, die durch die Widerstandssprünge von Draht zu Draht gegeben ist. Die durch die Gleichmäßigkeit der Steigung gegebene Linearität geht bei Spezialausführungen von 1% bis 0,1%. Durch Änderung der Steigung kann auch eine nichtlineare Charakteristik verwirklicht werden. Normale Drahtpotentiometer werden nur als Abgleichelement verwendet. Genaue Drahtpotentiometer finden zum Beispiel als Drehwinkelgeber Anwendung.

Cermet-Potentiometer weisen ähnliche Eigenschaften wie Metallschichtwiderstände auf. Sie werden speziell als Trimmpotentiometer, d.h. zum einmaligen oder seltenen genauen Abgleich, verwendet. Sie haben eine nahezu beliebig feine Auflösung, da keine Widerstandssprünge auftreten, eine gute Stabilität und eine geringe Abnutzung.

Wendelpotentiometer (Helipot) besitzen meist eine 10-gängige Wendel (auch 3 bis 40-gängig) aus Widerstandsdraht, die isoliert auf eine Cu-Seele aufgewickelt ist. Die Cu-Seele sichert die gleiche Temperatur der ganzen Wendel. Dadurch weist das Verhältnis der beiden Teilwiderstände einen sehr geringen Temperaturkoeffizienten auf. Der Temperaturkoeffizient des Teilverhältnisses liegt etwa bei 20 ppm/K. Die Nichtlinearität und die Auflösung sind typisch besser als 0,1%. Damit stellt das Helipot das billigste Präzisionsinstrument mit einer maximalen Abweichung unter 0,1% dar. Durch Kombination mit Stufenwiderständen läßt sich damit auf einfache Weise eine Linearität und Auflösung von 10^{-4} bis 10^{-7} (bezogen auf den Bereich) erreichen.

Stufenwiderstände besitzen Umschalter mit kleinsten Übergangswiderständen und kleinen Thermospannungen (spezielle Kontaktmaterialien z.B. Silber, Gold). Sie werden bei hohen Teilerverhältnissen und niedrigen Widerstandswerten verwendet.

2.1.3 Kondensatoren

Kondensatoren dienen meßtechnisch meist zur Definition von Zeitkonstanten bei Integratoren, Differenzierern, Zeitschaltungen und von Frequenzwerten in Filtern. Sie werden auch zum Speichern von Spannungswerten oder Ladungen verwendet. In diesem Fall kommt es weniger auf einen genauen Kapazitätswert als auf einen geringen Leckstrom und eine geringe dielektrische Absorption an. Durch den Aufbau von aktiven Filtern mit Operationsverstärkern wurden Induktivitäten stark zurückgedrängt, da Kondensatoren in großen Bereichen mit nahezu idealen Eigenschaften realisiert werden können. Weitere Anwendungen sind solche als Koppelkondensatoren (Abtrennung eines Gleichanteiles) und Siebkondensatoren (Störungsunterdrückung). Kondensatoren werden in einem Bereich von etwa 0,1pF bis 10mF hergestellt.

2.1.3.1 Kenngrößen und Einflußparameter

Kondensatoren besitzen eine Reihe von Eigenschaften, die eine Abweichung vom idealen Verhalten einer reinen Kapazität bewirken. Diese Störeinflüsse können in einer Ersatzschaltung berücksichtigt werden, in der die für die Anwendung wichtigen Eigenschaften erfaßt sind (siehe Abb. 2.1.2).

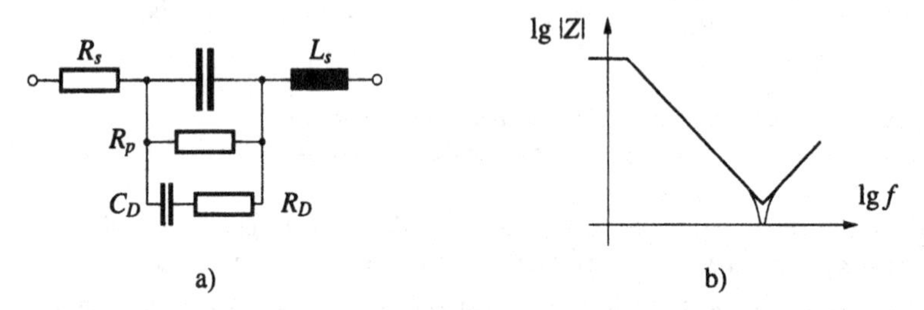

Abb. 2.1.2 Kondensator: a) Ersatzschaltung mit Modellierung von Widerstand R_s und Induktivität L_s der Zuleitungen, Isolationswiderstand R_p und dielektrischer Absorption R_D, C_D, b) charakteristische Frequenzabhängigkeit der Impedanz

Kenngrößen:

- Sollwert
- Auslieferungstoleranz: im Bereich 1 bis 20%. Enge Toleranzen sind schwer herzustellen. Genaue Werte können leicht durch Parallelschalten realisiert werden.
- Ohmsche Verluste: Die Verluste in den Leitungen wirken als Serienersatzwiderstände, die Verluste auf Grund der Leitfähigkeit des Dielektrikums und der Oberflächenströme als Parallelersatzwiderstände.
- Dielektrische Verluste: sind bei den meisten Dielektrika stark frequenzabhängig.
- Verlustfaktor, $\tan\delta$: Das Verhältnis von Wirkwiderstand zu Blindwiderstand ist die Zusammenfassung aller Verluste. Der Verlustfaktor ist daher ebenfalls stark frequenzabhängig und wird meist für ausgewählte Frequenzen oder Frequenzbereiche angegeben.
- Induktivität: Das mit dem Strom in den Zuleitungen verbundene Magnetfeld wirkt sich als Serieninduktivität aus, die mit der Kapazität einen Schwingkreis bildet. Die Zuleitungen sollten kurz gehalten werden, was besonders bei SMD-Bauteilen gut möglich ist. Für hohe Frequenzen werden auch Metallbänder verwendet.

Einflußparameter:

- Temperaturkoeffizient: stark materialabhängig 10 ppm/K bis 0,1%/K.
- Luftfeuchte: bis zu 100 ppm/% relative Feuchte.
- Luftdruckabhängigkeit: ca. 1 ppm/mbar.

Störeinflüsse:

- Dielektrische Absorption: Ladungen fließen in das Innere des Dielektrikums, es entsteht eine bleibende Polarisation. Nach einem Entladen des Kondensators durch temporäres Kurzschließen baut sich wieder eine Spannung auf. Als Kenngröße wird das Verhältnis der Restspannung zur Spannung vor der Entladung verwendet.

- Alterung: Hier ist vor allem die Veränderung des Isolationswiderstandes durch die Änderung der Oxyd-Dicke bei Elkos zu beachten und die Alterung von Foliendielektrika.

Grenzwerte:

- Spannung: Nennspannung ist die Gleichspannung bzw. der Effektivwert der Spannung, für die der Kondensator gebaut ist. Für die maximale Spannung werden je nach Anwendung unterschiedliche Angaben gemacht. Maßgeblich sind zwei Grenzen: Eine Überschreitung der Durchschlagsspannung führt zur Zerstörung der Isolation. Hier ist der auftretende Spitzenwert ausschlaggebend. Die zweite Grenze ist durch die Verluste gegeben. Dabei ist der Effektivwert des Wechselanteiles entscheidend.

- Strom: Ein Wechselstrom führt auf Grund der Verluste zu einer Erwärmung. Für die Grenze ist also der Effektivwert des Stromes entscheidend. Dieser Grenzwert ist vor allem bei Lade-Elkos in Gleichrichterschaltungen zu beachten.

2.1.3.2 Ausführungsformen von Kondensatoren

Tabelle 2.1.2 gibt eine Übersicht über verschiedene Kondensatortypen und ihre prinzipiellen Eigenschaften.

Keramische Kondensatoren werden als Röhrchen-, Scheibchen- oder Vielschichtkondensatoren gefertigt, indem Metallbeläge auf unterschiedliche Keramikmaterialien aufgedampft werden. Bei kleinen Kapazitätswerten besitzen sie einen niedrigen, genau definierten Temperaturkoeffizienten, sodaß sie zur Temperaturkompensation geeignet sind. Bei einer hohen Dielektrizitätskonstante und damit großen Kapazitätswerten (z.B. mit Bariumtitanat als Dielektrikum) ist die Temperaturabhängigkeit allerdings stark nichtlinear und der Verlustfaktor sehr groß.

Kunststoffolienkondensatoren sind in weiten Bereichen des Nennwertes herstellbar. Kondensatoren mit Polykarbonat und Polystyrol ("Styroflex") eignen sich aufgrund ihrer guten Konstanz und ihres kleinen Temperaturkoeffizienten und Verlustfaktors vor allem für genaue Zeitkonstanten. Wickelkondensatoren mit Polystyrol besitzen sehr kleine Kapazitätstoleranzen. Polyester ("Mylar") und Polypropylen besitzen für meßtechnische Anwendungen weniger gute Eigenschaften, sie ergeben aber spannungsfeste, betriebssichere Kondensatoren, die bevorzugt zur Siebung und als Speicherelemente dienen. Polystyrol und Polypropylen weisen eine besonders niedrige dielektrische Absorption auf.

Tabelle 2.1.2 Eigenschaften von Kondensatoren

Dielektrikum	Temperatur-koeffizient [ppm/K]	Wertebereich	Verlustfaktor in 10^{-3}
Keramik mit niedriger Dielektrizitätskonstante	z.B. -750, -150, 0, +100 auf ±30	0,47pF ... 560pF	<1,5
Keramik mit hoher Dielektrizitätsk.	-1500 ... -5600	100pF ... 1µF	30 ... 60
Polystyrol	-100 ... -200	10pF ... 0,4µF	0,1 ... 0,5
Polycarbonat	-200 ... 200	1nF ... 10µF	0,5 ... 5
Polypropylen	-100 ... -300	0,1nF ... 10µF	0,1 ... 4
Polyester	0 ... 300	1nF ... 10µF	8 ... 30
Tantal-Elektrolyt fest	250 ... 1000	0,1µF ... 100µF	20 ... 80
Tantal-Elektrolyt flüssig	400 ... 2500	0,1µF ... 1mF	20 ... 500
Aluminium-Elektrolyt	hoch	0,1µF ... 100mF	40 ... 400
Porzellan und Glas	sehr niedrig	<1pF ... 10pF	sehr niedrig
Glimmer	-80 ... -60	10pF ... 10nF	0,01 ... 1

Tantal-Elektrolytkondensatoren mit festem Elektrolyt besitzen sehr gute Eigenschaften (kleine Leckströme bis unter 1 nA). Mit flüssigem Elektrolyt besitzen sie zwar weniger gute Eigenschaften, aber wesentlich bessere als Aluminium-Elkos.

Aluminium-Elektolytkondensatoren sind nur als Speicher- und Siebkondensatoren verwendbar. Sie haben sehr hohe Kapazitäten, aber hohe Leckströme und eine geringe Konstanz.

Porzellan- und Glaskondensatoren werden für kleinste Werte hergestellt. Sie besitzen eine gute Isolation, eine hohe Durchschlagsspannung und eine sehr gute Konstanz.

Glimmerkondensatoren bestehen aus metallisierten Glimmerplättchen. Sie weisen eine gute Konstanz und einen niedrigen Temperaturkoeffizienten auf. Allerdings beeinflußt die Umhüllung mit Wachs oder Kunststoff den Temperaturkoeffizienten und die Verluste bei Werten unter 100 pF sehr stark .

Papierkondensatoren sind die älteste Ausführung und bestehen aus Metallfolien mit ölimprägniertem Papier als Dielekrikum. Sie altern durch die (langsam) fortschreitende Zersetzung des Öls, weisen aber wegen der guten Kontinuität der Feldverteilung auch bei mehreren Papierschichten eine hohe Spannungsfestigkeit auf.

2.1.4 Meßspannungsteiler

Spannungsteiler dienen allgemein zur definierten Abschwächung einer Spannung. Bei kompensierenden Meßverfahren, aber auch bei Digital-Analog- und Analog-Digital-Konvertern, dienen sie jedoch auch als Maßstäbe zur Ermittlung der Maßzahl mit einer Referenzspannung als Bezugsgröße. Bei Digital-Analog- und Analog-Digital-Konvertern sind sie im Normalfall ein integrierter Bestandteil des Wandlers.

Meßspannungsteiler müssen fein und genau reproduzierbar einstellbar sein. Im Gegensatz zu Regelwiderständen ist der genaue Widerstandswert von geringerer Bedeutung. Wesentlich ist das Verhältnis der Teilwiderstände zueinander und die Konstanz dieses Verhältnisses.

Die meistverwendeten einfachen einstellbaren Spannungsteiler sind Drehpotentiometer mit linearer Charakteristik, die auch als Weg- oder Winkelsensoren dienen können. Man erreicht damit eine Auflösung und Linearitätsabweichung von 1% bei Ausführungen mit einer Umdrehung, bzw. 0,1% bei Wendelpotentiometern. Für eine genauere Reproduzierbarkeit und eine feinere Auflösung werden **Stufenspannungsteiler** mit mehreren abgestuften Bereichen verwendet, die eine unabhängige, additive Einstellung des Teilerverhältnisses ermöglichen.

2.1.4.1 Einfache Potentiometerkombinationen

Die einfachsten Potentiometerkombinationen werden in Abb. 2.1.3 gezeigt. Durch das Hintereinanderschalten zweier Potentiometer (siehe Abb. 2.1.3 a) ergibt sich eine annähernd multiplikative Grob/Feineinstellung (für $R_1 << R_2$), d.h. die Grobeinstellung bestimmt den Bereich bzw. die Auflösung der Feineinstellung gemäß (mit k_1 und k_2 als Teilerverhältnis)

$$U_a = k_1 \cdot k_2 \cdot U_e \cdot \left[\frac{1}{1 + k_1 \cdot (1 - k_1) \cdot \frac{R_1}{R_2}} \right] . \tag{1}$$

Bei der Serienschaltung eines Potentiometers mit einem Regelwiderstand (Abb. 2.1.3 b) ist die Charakteristik komplexer, und zwar

$$U_a = \frac{k_2}{1 + k_1 \cdot \frac{R_1}{R_2}} \cdot U_e . \tag{2}$$

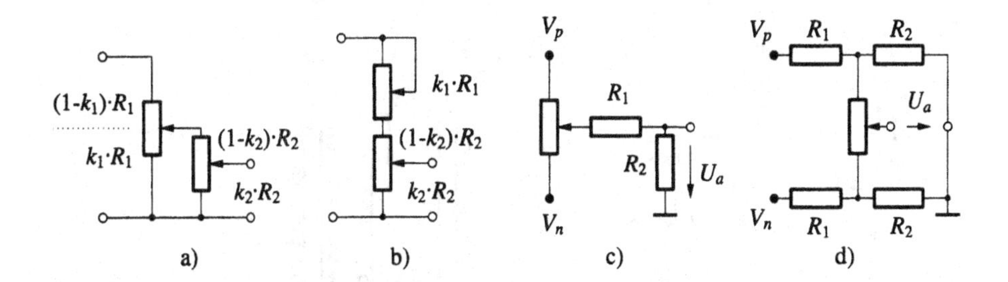

Abb. 2.1.3 Einfache Potentiometerkombinationen: a) Kaskadierung zweier Potentiometer, b) Serienschaltung eines Potentiometers mit einem Regelwiderstand, c) und d) Potentiometeranordnungen für die Einstellung kleiner Spannungen

Eine Grob/Feineinstellung über einen großen Bereich ist hier mit $R_1 << R_2$ möglich. Bei $R_1 >> R_2$ kann nur eine Spannung nahe Null eingestellt werden. Die Charakteristiken beider Potentiometerschaltungen sind nicht additiv. Dadurch kann die Einstellung nicht unabhängig erfolgen und sie ist nicht einfach reproduzierbar. Beide Potentiometerschaltungen sind als Meßspannungsteiler nicht einsetzbar und in Abwandlungen nur für einen Nullpunktsabgleich oder ähnliche unkritische Anwendungen verwendbar. Die Potentiometerschaltungen in Abb. 2.1.3 c und d können zum Beispiel mit $R_1 \approx 500 \cdot R_2$ zur Erzeugung von Spannungen im Bereich von Millivolt aus der Versorgungsspannung für die Offsetkorrektur von Verstärkern verwendet werden. Die Schaltung in Abb. 2.1.3 d gewährleistet im Gegensatz zur häufig verwendeten Variante ohne die beiden Widerstände R_2 auch bei unterschiedlichen Änderungen der Widerstände R_1 durch eine unterschiedliche Temperatur eine geringe Auswirkung auf die Ausgangsspannung.

2.1.4.2 Mehrbereichsstufenschalter

In mehreren Bereichen einstellbare Spannungsteiler werden zur Ablesung durch den Menschen dekadisch, für elektronisch gesteuerte Systeme binär unterteilt. Die Regelwiderstände bzw. Potentiometer werden hier jeweils durch Ketten von Einzelwiderständen ersetzt, sodaß der Wert nur in Stufen verändert werden kann. Die spezielle Konstruktion ermöglicht eine reproduzierbare, unabhängige Einstellung des Spannungsteilerverhältnisses der Form

$$k_{ges} = k_1 + \frac{1}{N} \cdot k_2 + \ldots + \frac{1}{N^{m-1}} \cdot k_m = \frac{n_1}{N} + \frac{n_2}{N^2} + \ldots + \frac{n_m}{N^m} \quad . \tag{3}$$

dabei ist N das Verhältnis zweier aufeinanderfolgender Bereiche und gleichzeitig die Anzahl der Stufen in einem Bereich. m bezeichnet die Anzahl der Bereiche, k_i bzw. n_i den Einstellwert des i-ten Bereiches. k_i geht in Stufen von $1/N$ bis $(N-1)/N$, im feinsten Bereich oft mit einer zusätzlichen Stellung bis N/N zum Einstellen eines Teilungsfaktors von 1 oder ohne Stufen von 0 bis 1, wenn ein stufenloses Potentiometer verwendet wird.

Der Rechenwert für das Teilungsverhältnis gilt nur für den unbelasteten Spannungsteiler. Bei Belastung ergibt der von der Einstellung abhängige Ausgangswiderstand eine nichtlineare Charakteristik. Für eine hohe Genauigkeit des Spannungsteilers darf daher also nur ein gegenüber dem Querstrom vernachlässigbar kleiner Strom entnommen werden.

Die gängigen Spannungsteiler unterscheiden sich vor allem im Hinblick auf den Eingangs- bzw. Gesamtwiderstand, den Ausgangswiderstand und die Anzahl und Größe der benötigten Wider-

Feussner-Stufenschalter

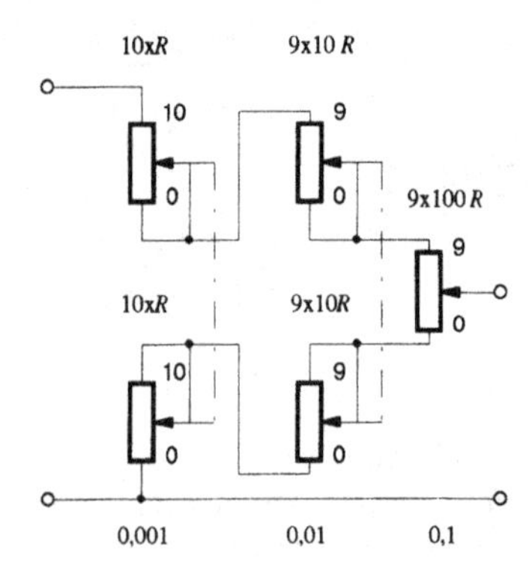

Kelvin-Varley-Spannungsteiler dekadisch

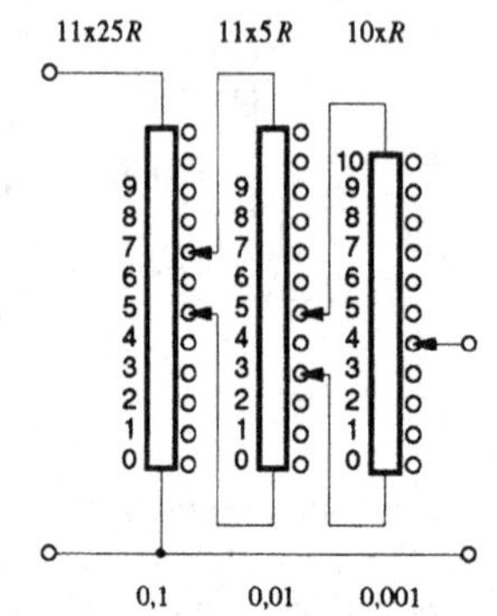

Binärer vermaschter Spannungsteiler

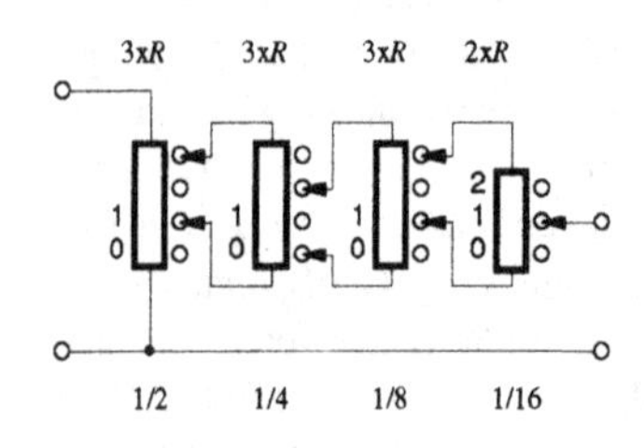

Kettenleiter-Spannungsteiler

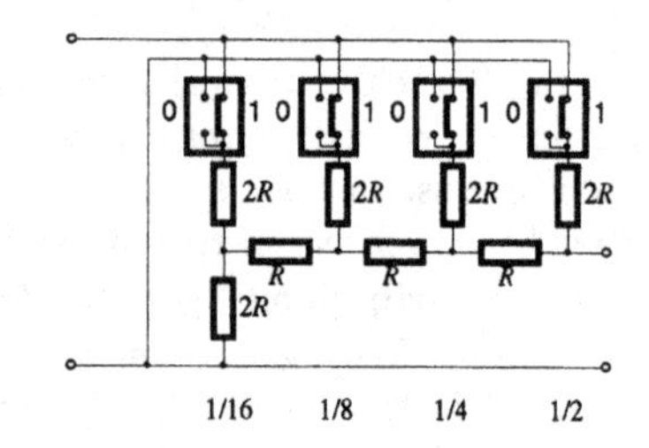

Abb. 2.1.4 Übersicht über die wichtigsten Mehrbereichsspannungsteiler

stände. Ein Überblick über die wichtigsten Mehrbereichsstufenschalter, die in den nächsten Abschnitten behandelt werden, ist in Abb. 2.1.4 gegeben.

Spannungsteiler mit Doppel-Potentiometern (Feussner)

Der Feussner-Spannungsteiler kann aus Abb. 2.1.3 b abgeleitet werden, wenn die Widerstandsänderung von R_1 am anderen Ende des Spannungsteilers so ausgeglichen wird, daß der Gesamtwiderstand konstant bleibt. Daraus ergibt sich der Spannungsteiler in Abb. 2.1.5.

Die Ausgangsspannung ist (mit den Bereichen 1, 2, und 3 von links nach rechts)

$$U_a = U_e \cdot \left(\frac{n_1}{1000} + \frac{n_2}{100} + \frac{n_3}{10} \right) . \tag{4}$$

Die Widerstände verhalten sich wie die Bereiche, bei einer dekadischen Bereichsstufung gilt also

$$100 \cdot R_1 = 10 \cdot R_2 = 1 \cdot R_3 \tag{5}$$

wobei R_i einen Teilwiderstand des Bereiches i bezeichnet. Daher sind für eine hohe Auflösung Widerstände mit sehr unterschiedlichen Größen notwendig. Der größte Widerstand wird üblicherweise in der Mitte angeordnet, da er die höchste Genauigkeit besitzen muß und an dieser Stelle nur einmal benötigt wird. Der Gesamtwiderstand des Spannungsteilers ist

$$R_{ges} = 10 \cdot R_1 + 9 \cdot R_2 + 9 \cdot R_3 = 1000 \cdot R_1 = 100 \cdot R_2 = 10 \cdot R_3 \ . \tag{6}$$

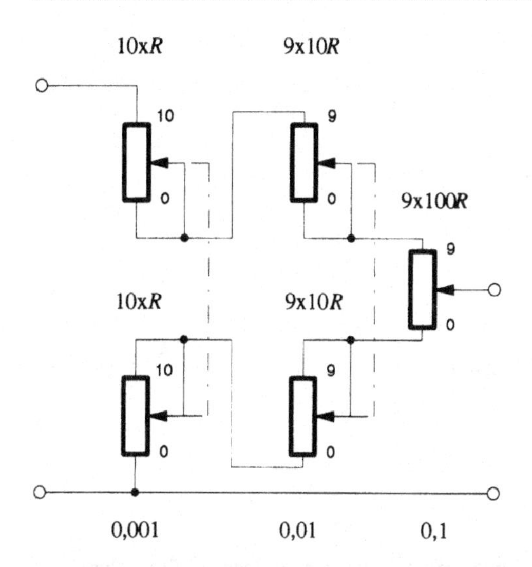

Abb. 2.1.5 Feussner-Stufenschalter mit drei dekadischen Bereichen (R_1, R_2 und R_3)

Der Ausgangswiderstand ist in der gleichen Weise vom Teilungsfaktor abhängig wie beim einfachen Potentiometer gemäß (mit dem Gesamtteilerverhältnis k_{ges})

$$R_a = k_{ges} \cdot (1 - k_{ges}) \cdot R_{ges} \quad . \tag{7}$$

Vermaschter Spannungsteiler (Kelvin-Varley)

Der Kelvin-Varley-Spannungsteiler (Abb. 2.1.6) läßt sich aus Abb. 2.1.3 a ableiten, wenn das Potentiometer R_1 zwei Abgriffe in einem festen Abstand hat, die mit den beiden Eingangsklemmen des Potentiometers R_2 verbunden werden und gemeinsam verschoben werden. Dadurch bleibt der Bereich bzw. die Eingangsspannung für das Potentiometer R_2 konstant. Mit dem Potentiometer R_1 wird ausgewählt, wo dieser Bereich in bezug auf die Gesamtspannung liegt.

Der Gesamtwiderstand des zweiten Potentiometers (bzw. der restlichen Widerstandsketten bei mehreren Bereichen) wird doppelt so groß gewählt wie ein Teilwiderstand der ersten Widerstandskette. Der Abgriff geht jeweils über zwei Teilwiderstände der ersten Widerstandskette. Durch die Parallelschaltung der beiden Teilwiderstände mit der restlichen Widerstandskette bilden sie zusammen wieder den Wert eines Teilwiderstandes der ersten Kette. Der Bereich für den zweiten Spannungsteiler ist daher die Spannung eines Teilwiderstandes der ersten Kette. Die erste Widerstandskette (bzw. alle Ketten außer der letzten) muß einen Teilwiderstand mehr besitzen als Einstellungen.

Für die Teilwiderstände der Bereiche i und i+1 bei der Bereichsstufung N soll gelten

$$2R_i \parallel N \cdot R_{i+1} = R_i \quad . \tag{8}$$

Daraus erhält man

$$R_i = \frac{N}{2} \cdot R_{i+1} \quad . \tag{9}$$

Das Verhältnis der Teilwiderstände der verschiedenen Bereiche ist halb so groß wie die Bereichsstufung. Für einen dekadischen Spannungsteiler ergibt sich daraus ein Verhältnis von 5:1, für einen binären ein Verhältnis von 1:1. Dies stellt einen wesentlichen Vorteil gegenüber dem Feussner-Spannungsteiler dar.

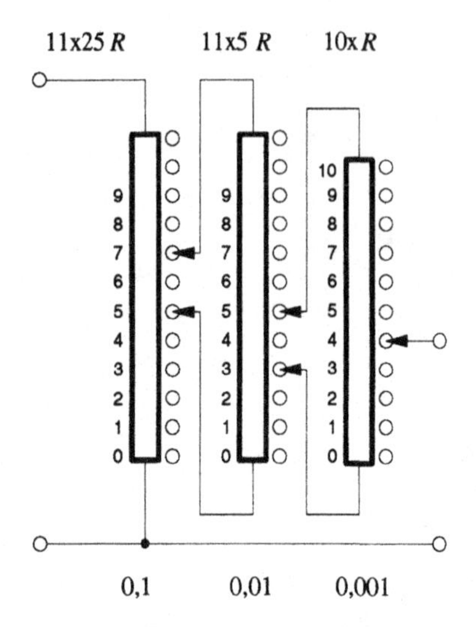

Abb. 2.1.6 Kelvin-Varley-Spannungsteiler mit drei dekadischen Bereichen (Einstellung auf 534/1000)

Der Gesamtwiderstand des Spannungsteilers ist

$$R_{ges2} = n_2 \cdot R_2 + 2 \cdot R_2 || R_3 + (N-1-n_2) \cdot R_2 = N \cdot R_2 = N \cdot \frac{N}{2} \cdot R_3 \qquad (10)$$

$$R_{ges} = n_1 \cdot R_1 + 2 \cdot R_1 || R_{ges2} + (N-1-n_1) \cdot R_1 = N \cdot R_1 = N \cdot \frac{N}{2} \cdot R_2 = N \cdot \left(\frac{N}{2}\right)^2 \cdot R_3 \qquad (11)$$

Bei gleichem Gesamtwiderstand ist der Ausgangswiderstand höher als beim Feussner-Stufenschalter und in komplexer Weise von der Einstellung abhängig. Er kann durch fortgesetzte Stern-Dreiecks-Transformationen für die beiden überbrückten Teilwiderstände eines Bereiches parallel zu den beiden Teilwiderständen des Spannungsteilers des folgenden Bereiches (beginnend vom Ausgang) berechnet werden.

Binäre vermaschte Spannungsteiler (Abb. 2.1.7) finden als Digital-Analog-Konverter Anwendung. Das einfache Widerstandsverhältnis ist dort ein großer Vorteil, da es speziell bei integrierten Schaltungen einfacher ist, Widerstände mit gleichen Werten mit hoher relativer Genauigkeit herzustellen als mit unterschiedlichen Werten. Die Genauigkeit wird vor allem durch das Verhältnis der Widerstände zum Durchgangswiderstand der leitenden Schalter und zum Isolationswiderstand der gesperrten Schalter bestimmt. Die nötige Genauigkeit nimmt zum Ausgang hin mit der Wertigkeit zu.

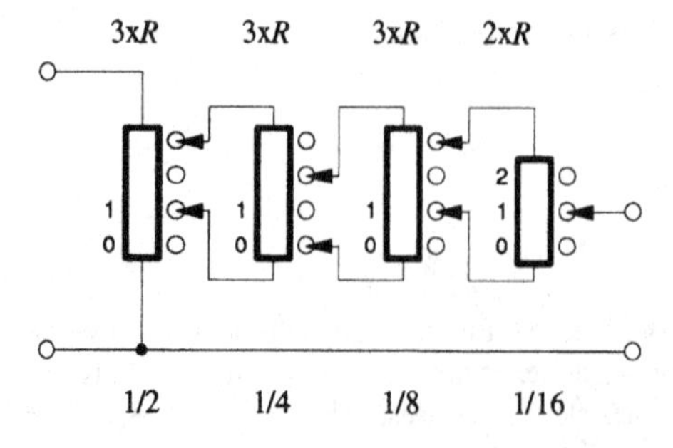

Abb. 2.1.7 Binärer vermaschter Spannungsteiler mit vier Bereichen (Stellung 11/16)

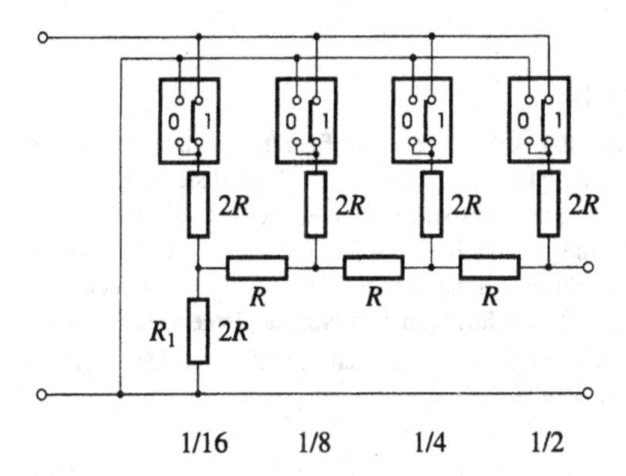

Abb. 2.1.8 Kettenleiter-Spannungsteiler mit vier Bereichen

Binärer Kettenleiter-Spannungsteiler

Dieser Spannungsteiler (R/2R-Netzwerk) wird in Digital-Analog-Konvertern sehr häufig verwendet (Abb. 2.1.8, siehe auch Kapitel 2.7.3.2). Er benötigt im Gegensatz zum vermaschten Spannungsteiler nur einen einpoligen Umschalter, der in Digital-Analog-Konvertern meist mit MOS-Feldeffekttransistoren realisiert wird. Der Ausgangswiderstand ist konstant, unabhängig von der Stellung, d.h. eine Belastung ergibt eine definierte Spannungsteilung, ohne die Linearität der Einstellung zu beeinträchtigen. Die volle Ausgangsspannung kann mit dem Spannungsteiler nach Abb. 2.1.8 nicht erreicht werden. Dazu ist ein zusätzlicher Schalter nötig, der auch den Widerstand R_1 an die Eingangsspannung schalten kann.

Konstruktionsparameter und Störgrößen in Stufenspannungsteilern

- Kontakt- und Leitungswiderstände spielen bei kleinen Widerstandswerten eine große Rolle. Übergangswiderstände können abhängig vom Strom sein. Sie liegen im Bereich von 1 mΩ bis 100 mΩ. Kontakt- und Leitungswiderstände wirken als Serienwiderstände.
- Isolationswiderstände sind bei hohen Widerstandswerten zu beachten und liegen in der Größenordnung von 1 GΩ bis 100 GΩ. Sie treten parallel zu Schaltern und zu den Widerständen, aber auch zu anderen Teilen der Schaltung auf.

Für Widerstände ergeben sich aus den beiden vorhergehenden Punkten für eine Genauigkeit von 10^{-4} verwendbare Werte von 1 kΩ bis 100 kΩ.

- Schaltungskapazitäten machen sich bei höheren Frequenzen und höheren Widerständen bemerkbar. Die Größe liegt im Bereich 1 pF bis 100 pF.
- Leitungsinduktivitäten sind bei Frequenzen bis 1 MHz meist vernachlässigbar, speziell bei der Verwendung von Metallschichtwiderständen. Der Induktivitätsbelag hat typisch einen Wert von rund 20 nH/cm.
- Thermospannungen liegen im Bereich von 1 µV/K. Konstantan ergibt mit Kupfer eine Thermospannung von 50 µV/K und kann daher ebenso wie manche andere übliche Widerstandslegierungen für Präzisionsspannungsteiler nicht verwendet werden.
- Unterschiede im Temperaturkoeffizienten der Einzelwiderstände.

2.1.5 Referenzspannungsquellen

2.1.5.1 Spannungsquellen mit Zener-Dioden

Wie bereits erwähnt, stellen Zener-Dioden (Z-Dioden) die in Meßgeräten meist verwendete Spannungsreferenz dar. Gegenüber den Normalelementen (siehe 1.1.4.2) sind sie robuster und kleiner, außerdem sind mit ihnen kleinere Temperaturkoeffizienten erreichbar. Weiters ist bei Spannungsquellen mit Z-Dioden eine Belastung und teilweise sogar Kurzschluß zulässig, ohne daß sich dauernde Veränderungen ergeben. Für eine hohe absolute Genauigkeit ist jedoch eine Kalibrierung notwendig, im Gegensatz zum absolut hochgenauen Normalelement. Die Durchbruchspannung, die durch die Dotierung festgelegt wird, läßt sich auf ±5% bis ±10% genau herstellen. Sie ist Änderungen durch Alterung unterworfen.

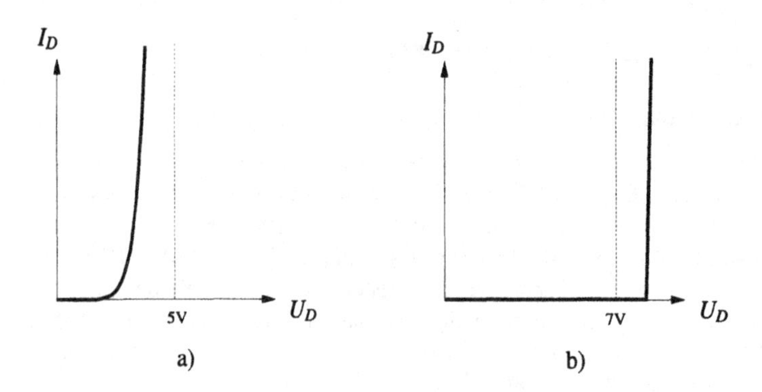

Abb. 2.1.9 Strom/Spannungskennlinien von Z-Dioden bei verschiedenen Nennspannungen: a) Zenereffekt, b) Lawinendurchbruch

Je nach Dotierung überwiegt der Zener-Effekt oder der Lawinendurchbruch (Abb. 2.1.9). Bei hoher Dotierung (Spannungen unter 5 Volt) tritt der Zener-Effekt mit einer exponentiellen Strom-Spannungs-Charakteristik auf (Exponentialkonstante ca. 300 mV). Der Temperaturkoeffizient der Spannung ist negativ (abhängig von der Spannung -500 bis -100 ppm/K). Bei niedriger Dotierung (Spannungen über 7 Volt) überwiegt der Lawinendurchbruch mit einer scharfen Knickkennlinie, einem kleinen differenziellen Widerstand und einem positiven Temperaturkoeffizienten (ca. 500 bis 1000 ppm/K). Zwischen 5 und 7 Volt treten beide Effekte gemischt auf, und der Temperaturkoeffizient wechselt das Vorzeichen. Durch eine Serienschaltung mit leitenden Dioden, deren Flußspannung einen negativen Temperaturkoeffizienten besitzt, kann ein positiver Temperaturkoeffizient kompensiert werden (temperaturkompensierte Z-Diode). Dabei kann ein Temperaturkoeffizient von ±1 ppm/K erreicht werden, der Temperaturkoeffizient des Normalelementes bei 25°C liegt im Vergleich dazu bei -40 ppm/K. Da der Temperaturkoeffizient stark vom Strom abhängt, gilt er nur in einem engen Strombereich und dieser Nennstrom muß bei einer temperaturkompensierten Z-Diode genau eingehalten werden.

Spannungsquellen mit Z-Dioden können mit einer Spannungsquelle und einem Vorwiderstand oder mit einer Stromquelle aufgebaut werden (Abb. 2.1.10). Die Spannungsänderungen der Z-Diode ergeben sich aus den Stromänderungen über den differentiellen Widerstand, der bei ca. 10 bis 100 Ohm liegt. Eine stabilisierende Wirkung ergibt sich daraus, daß der differentielle Widerstand der Z-Diode im Arbeitspunkt wesentlich kleiner (die Steigung der I/U-Kennlinie größer) ist als das Verhältnis aus Spannung und Strom (die Verbindungsgerade zum Nullpunkt).

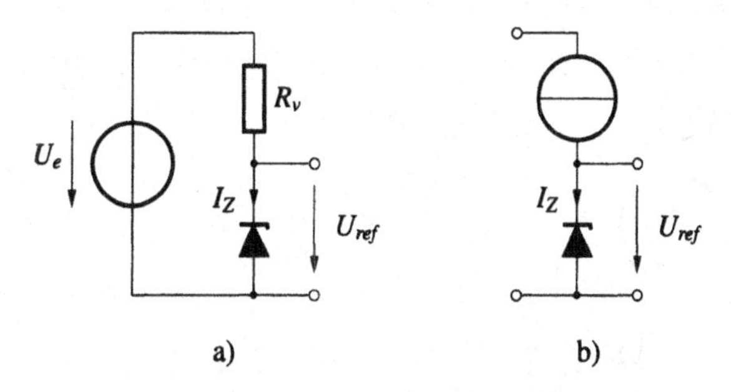

Abb. 2.1.10 Spannungsstabilisierung mit Z-Dioden: a) mit Spannungsquelle und Widerstand, b) mit Stromquelle als Vorstabilisierung

Mit dem differentiellen Widerstand r_Z der Diode ergeben sich bei relativen Stromänderungen dI_Z relative Spannungsänderungen, die um den Faktor

$$\frac{dU_{ref}/U_{ref}}{dI_Z/I_Z} = \frac{r_Z}{U_{ref}/I_Z} \approx 0{,}01\,..\,0{,}1 \tag{12}$$

abgeschwächt sind. Für eine gute Stabilisierung ist daher eine zweistufige Schaltung mit einer vorstabilisierten Spannungsquelle oder einer Stromquelle notwendig. Als Stromquelle kann zum Beispiel eine Transistorstromquelle verwendet werden, als Spannungsquelle eine weitere Z-Dioden-Spannungsquelle mit einer höheren Spannung. Bei Verwendung nur einer Spannungsquelle gilt für die Abschwächung von Spannungsänderungen durch die Z-Diode

$$\frac{dU_{ref}}{dU_e} = \frac{r_Z}{R_V + r_Z} \approx 0{,}01\,..\,0{,}1 \quad . \tag{13}$$

Bei Z-Dioden mit Lawineneffekt ist zu beachten, daß durch den positiven Temperaturkoeffizienten der Durchbruchsspannung der für die Langzeitstabilisierung relevante differentielle Widerstand einer statisch, mit Temperaturausgleich, aufgenommenen Kennlinie größer ist als der Wechselstromwiderstand, da jede Stromänderung die Leistung, die Temperatur und dadurch auch die Spannung gleichsinnig ändert.

2.1.5.2 Band-Gap-Referenz

Temperaturkompensierte Z-Dioden sind nur für Spannungen über 6 V herstellbar. Für kleinere Spannungen kann man die Durchlaßspannung von Diodenstrecken als Referenzspannung verwenden, wenn es gelingt, den negativen Temperaturkoeffizienten der Flußspannung durch eine Spannung mit gleich großem positiven Temperaturkoeffizienten zu kompensieren. Der Temperaturkoeffizient der Basis-Emitter-Spannung eines Bipolar-Transistors bei konstantem Kollektorstrom ergibt sich mit U_g für die Band-Gap-Spannung in erster Näherung zu

$$\frac{dU_{BE}}{dT} = -\frac{U_g - U_{BE}}{T} \quad . \tag{14}$$

Wenn durch zwei Bipolar-Transistoren Ströme in einem festen Verhältnis fließen, dann ist die Differenz der Basis-Emitter-Spannungen im wesentlichen proportional zur Temperatur:

$$\Delta U_{BE} = U_T \cdot \ln\frac{I_2}{I_1} = \frac{k_B \cdot T}{e} \cdot \ln\frac{I_2}{I_1} \quad . \tag{15}$$

Sie weist somit einen positiven Temperaturkoeffizienten auf, der durch das Stromverhältnis eingestellt werden kann. Zusätzlich kann durch eine Verstärkung dieser Spannung der Tempe-

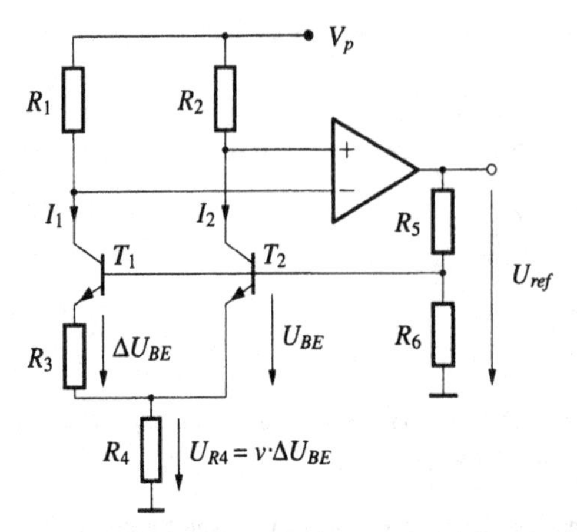

Abb. 2.1.11 Prinzipschaltung für eine Band-Gap-Referenz

raturkoeffizient so vergrößert werden, daß sich der Temperaturkoeffizient der um den Faktor v verstärkten Differenzspannung ΔU_{BE} und der Basis-Emitter-Spannung U_{BE} aufheben

$$\frac{d\,(v \cdot \Delta U_{BE} + U_{BE})}{dT} = v \cdot \frac{k_B}{e} \cdot \ln \frac{I_2}{I_1} - \frac{U_g - U_{BE}}{T} = 0 \ . \tag{16}$$

Aus dieser Forderung ergibt sich

$$v \cdot \Delta U_{BE} + U_{BE} = U_g \ . \tag{17}$$

Die Summenspannung ist also in erster Näherung genau dann temperaturunabhängig, wenn sie gleich der Band-Gap-Spannung ist.

Abb. 2.1.11 zeigt eine Prinzipschaltung für eine Band-Gap-Referenz. Das Stromverhältnis wird durch eine negative Rückkopplung gewährleistet (siehe Kapitel 2.3). Der Verstärker steuert die beiden Transistoren so aus, daß die Differenzspannung an seinem Eingang gleich Null wird, damit ergibt sich das Verhältnis der Ströme I_1 und I_2 aus den Widerständen R_1 und R_2. Die Spannung am Widerstand R_4 ist proportional zur Spannung ΔU_{BE}

$$U_{R4} = R_4 \cdot (I_1 + I_2) = R_4 \cdot \frac{\Delta U_{BE}}{R_3} \cdot \left(1 + \frac{R_1}{R_2}\right) \ . \tag{18}$$

Die Spannung am Widerstand R_6 ist die temperaturunabhängige Summenspannung und muß gleich der Band-Gap-Spannung sein. Der Wert dieser Spannung ergibt sich aus den Widerständen R_3 und R_4 und der Transfercharakteristik der Transistoren. Durch den Spannungsteiler aus R_5 und R_6 kann die Ausgangsspannung der Schaltung auf einen an die Anwendung angepaßten Wert (z.B. 2,50 V, 5,00 V oder 10,00 V) eingestellt werden.

Band-Gap-Referenzelemente werden als integrierte Schaltungen erzeugt und erreichen Temperaturkoeffizienten von bis zu 3 ppm/K. Manchmal ist die Ausgangsspannung wählbar ausgeführt, indem der Spannungsteiler aus R_5 und R_6 mit mehreren Abgriffen ausgeführt ist. Eine externe Beschaltung des Spannungsteilers ist zu vermeiden, da durch die unterschiedliche Temperatur eines externen Widerstandes der Temperaturkoeffizient verschlechert werden kann.

Neben der hier gezeigten Schaltung als dreipolige Ausführung mit Spannungseingang und Spannungsausgang gibt es auch zweipolige Schaltungen, die wie Z-Dioden mit einer Stromquelle bzw. einem Vorwiderstand eingesetzt werden. Weiters lassen sich auch Schaltungen für Stromreferenzen aufbauen [3, 11].

2.1.6 Schwingquarze

Schwingquarze stellen das bedeutendste Bauelement zur Herstellung von genauen Frequenz- bzw. Zeitreferenzen dar. Sie bestehen aus monokristallinen Quarzplättchen oder -stäbchen, bei denen an zwei gegenüberliegenden Flächen Elektroden aufgedampft sind. Der Kristall stellt aufgrund seiner Masse und Elastizität ein mechanisch schwingungsfähiges Gebilde dar. Durch den piezoelektrischen Effekt besteht eine Kopplung zwischen mechanischem und elektrischem System, sodaß mechanische Verformungen zu Spannungsänderungen an den Elektroden führen, bzw. umgekehrt durch eine elektrische Spannung eine mechanische Verformung hervorgerufen werden kann.

Elektrisch verhält sich ein Schwingquarz wie ein Schwingkreis hoher Güte (Abb. 2.1.12). Dabei tritt eine Serienresonanz auf, die der mechanischen Resonanz entspricht. Durch die unvermeidliche Kapazität der Kontaktelektroden, die den wesentlichen Anteil der Kapazität C_0 im Ersatzschaltbild darstellt, kommt es wenig oberhalb der Serienresonanz zu einer Parallelresonanz. Die Größen des Ersatzschaltbildes sind durch die mechanischen Eigenschaften und Abmessungen des Quarzes bestimmt und lassen sich fertigungstechnisch sehr genau einstellen. Typische Werte für einen 10MHz-Quarz sind zum Beispiel: $R_1 < 60\Omega$, $C_1 = 20\text{fF}$ und $C_0 = 4\text{pF}$.

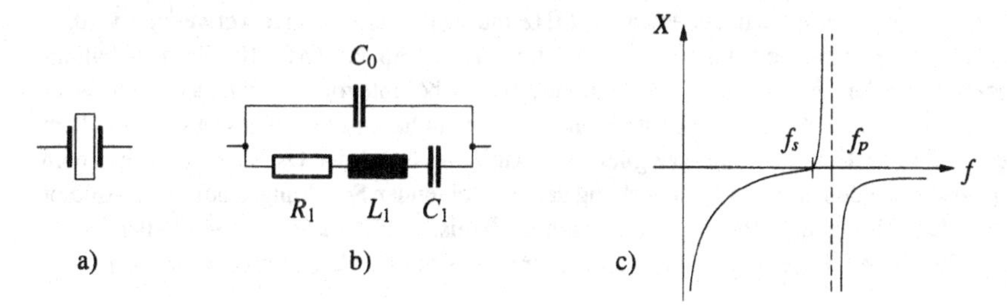

Abb. 2.1.12 Schwingquarz: a) Schaltzeichen, b) elektrisches Ersatzschaltbild, c) Frequenzabhängigkeit des Scheinwiderstandes (prinzipiell)

Die Temperaturabhängigkeit der Größen ist wesentlich durch den Schnittwinkel in bezug auf die Kristallachsen und der damit verbundenen Schwingungsart bestimmt. Dadurch lassen sich mit speziellen Schnitten beispielsweise auch Temperatursensoren herstellen. Für die Anwendung als Frequenzreferenz wird meist der sogenannte AT-Schnitt [2], ein Dickenscherungsschwinger, verwendet, mit dem über einen Temperaturbereich von -10°C bis 60°C Frequenzabweichungen in der Größenordnung von ±1ppm erzielt werden können. Für eine bessere Genauigkeit finden temperaturstabilisierte Oszillatorschaltungen Anwendung, die in einem gemeinsamen Gehäuse mit dem Quarz untergebracht sind und Frequenzabweichungen von unter 10^{-9} ermöglichen.

Bei der Verwendung eines Quarzes als frequenzbestimmendes Glied in einem Oszillator werden die Resonanzfrequenzen durch die Beschaltungskapazitäten verschoben. Dabei werden die Serien- und die Parallelresonanz unterschiedlich beeinflußt [4]. Schwingquarze werden daher auf eine bestimmte Lastkapazität im Bereich von etwa 10 bis 50 pF kalibriert. Mit einem abstimmbaren Kondensator ("Ziehkondensator") kann die Frequenz auch in einem kleinen Bereich, etwa 10ppm/pF, verändert werden. Dies verschlechtert aber die Stabilität.

In Oszillatorschaltungen wird je nachdem, ob der angeschaltete Verstärker invertierend oder nicht invertierend ist, die Serien- oder die Parallelresonanz des Schwingquarzes verwendet. Ein Schwingquarz kann auch auf ungeradzahligen Obertönen angeregt werden. Dazu ist ein frequenzselektives Rückkopplungsnetzwerk notwendig, im wesentlichen ein auf den Oberton abgestimmter Schwingkreis. Ein Obertonquarz weist gegenüber einem Grundtonquarz für dieselbe Frequenz eine geringere Alterung auf. Er ermöglicht es auch, höhere Frequenzen mit

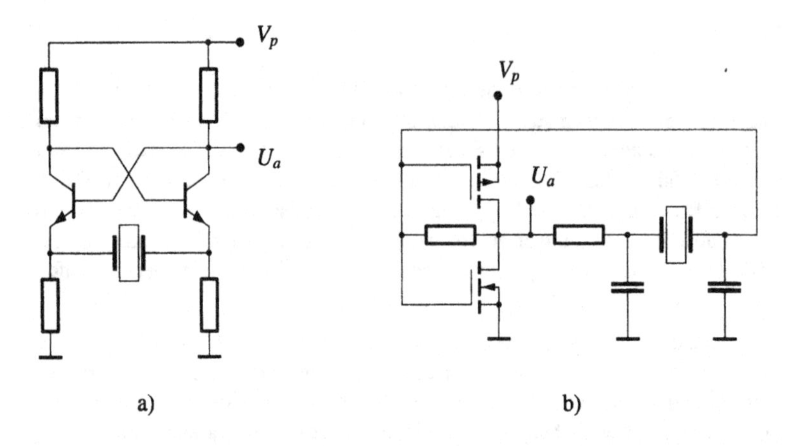

Abb. 2.1.13 Typische Schaltungen für quarzstabilisierte Grundton-Oszillatoren: a) mit bipolaren Transistoren, b) mit einem CMOS-Inverter

Schwingquarzen zu erreichen. Ab etwa 20 MHz müssen Obertonquarze verwendet werden. Beispiele für quarzstabilisierte Grundton-Oszillatoren zeigt Abb. 2.1.13 [5, 10]. Beide Schaltungen arbeiten bei der Serienresonanzfrequenz und finden bei integrierten Oszillatoren Anwendung. Zum Aufbau von Oszillatoren mit besonders kleinen Phasenschwankungen sind vor allem spezielle, schnelle Komparatoren geeignet. Das Ausgangssignal der Oszillatorschaltung muß noch gepuffert werden, um eine Rückwirkung der nachfolgenden Schaltungen auf den Oszillator zu vermeiden. Mit Frequenzteilern und Phasenregelkreisen (PLL) können anschließend auch andere stabilisierte Frequenzen als die Resonanzfrequenz des Oszillators erzeugt werden.

2.1.7 Schalter

Schalter können nach ihrem Verwendungszweck und den daraus resultierenden Anforderungen in Analog- und Digitalschalter eingeteilt werden, eine Unterscheidung, die vor allem bei Halbleiterschaltern Bedeutung hat. Während Digitalschalter nur zum Schalten zwischen zwei Zuständen mit festen Spannungen oder Strömen verwendet werden, dienen Analogschalter zum Umschalten eines Signalpfades. Zur Beurteilung eines Schalters können folgende Kriterien herangezogen werden:

- leitender Zustand: Spannungsabfall bzw. Leitwiderstand, Streubereich, Temperaturabhängigkeit.
- sperrender Zustand: Stromfluß (Isolationsstrom) bzw. Sperrwiderstand.
- Schaltzeiten: Schaltverzögerung, Umschaltzeit und ihre Schwankungen.
- Spannungs- und Strombereich, Schaltvermögen (Trennspannung, Abschaltstrom), Potentialtrennung.
- Leistungsverbrauch der Ansteuerung.

Zusätzlich zu den oben genannten Kriterien kommt es bei Analogschaltern auf eine genaue, verzerrungsfreie Übertragung eines Signales an. In diesem Abschnitt werden hauptsächlich die für Analogschalter wichtigen Aspekte behandelt.

Für allgemeine Anwendungen bestimmen meist der zulässige Strom- und Spannungsbereich die Auswahl des Schalters. In der Meßtechnik stehen jedoch häufig die Schaltzeiten, der Sperrwiderstand und der Leitwiderstand bzw. die Signalverzerrung im Vordergrund, sodaß hier das Meßsignal häufig an den Schalter angepaßt werden muß.

Bei mechanischen Schaltern stellt der Übergangswiderstand ein besonderes Problem dar. Durch die Oxidation und Korrosion der Kontaktflächen können Übergangswiderstände bis zu MΩ auftreten. In diesem Zusammenhang unterscheidet man zwischen "nassem" und "trockenem" Schalten. Vom "nassen" Schalten spricht man, wenn beim Schaltvorgang eine elektrische Selbstreinigung der Kontakte erfolgt. Das Schalten von kleinen Spannungen und Strömen, bei denen eine Korrosionsschicht nicht zerstört wird, wird "trockenes" Schalten genannt. Die Grenze liegt bei Spannungen von etwa 100 mV. Bei "trockenem" Schalten sollten die Kontaktflächen beim Einschalten unter Kraft aneinander reiben, sodaß die Oxid- bzw. Korrosionsschichten mechanisch abgetragen werden, oder die Bildung der Isolationsschichten wie beim Reed- Relais verhindert werden. Bei kleinen Spannungen mit mechanischen Schaltern können auch Thermospannungen durch unterschiedliche Kontaktmaterialien zu einem Problem werden.

Neben einfachen mechanischen Schaltern (Drehschalter, Stöpselschalter und Kippschalter) werden für elektronische Schaltzwecke noch folgende steuerbare Schalter verwendet:

Relais

Relais besitzen eine gute Potentialtrennung zwischen Ansteuerung und Signalpfad und werden für die unterschiedlichsten Spannungs- und Strombereiche und Schaltkombinationen hergestellt. Nachteile sind die großen Schaltzeiten, das Kontaktprellen und die hohe Ansteuerleistung. Die Erwärmung durch die Verlustleistung in der Ansteuerspule kann die Schwierigkeiten mit Thermospannungen erhöhen. Für kleine geschaltete Spannungen werden daher Stromstoßrelais verwendet, bei denen mit einem Stromimpuls zwischen zwei stabilen Zuständen umgeschaltet wird. Für nicht zu kleine Spannungen und Schaltzeiten stellen Relais eine kostengünstige Möglichkeit dar.

Schutzgasrelais (Reed-Relais)

Beim Reed-Relais sind die zungenförmigen Kontakte in einem Glasröhrchen eingeschmolzen und damit vor Verschmutzung geschützt. Eine spezielle Schutzgasfüllung verhindert die Bildung von Isolationsschichten. Die Zungen bestehen aus magnetisch polarisiertem Material, die Kontaktflächen je nach Verwendung aus Auflagen von Gold, Rhodium oder anderen Edelmetallen. Das Relais wird durch einen Elektromagneten oder mechanisch mit Hilfe eines bewegten Magneten angesteuert. Reed-Relais sind besonders für kleine Spannungen und kleine Ströme geeignet (Abb. 2.1.14). Für hohe Frequenzen stellt die hohe Serieninduktivität der magnetischen Kontaktzungen einen Nachteil dar.

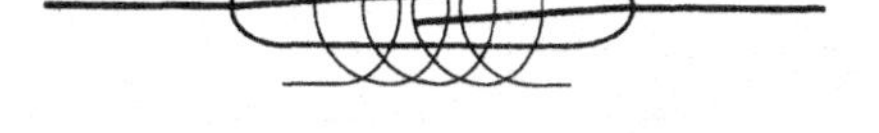

Abb. 2.1.14 Reed-Relais

Quecksilber-benetztes Schutzgasrelais

Um das bei Relais auftretende Prellen zu beseitigen, werden Quecksilber-benetzte Schutzgasrelais verwendet. Beim Prellen der Zungen bleibt hier eine Hg-Brücke bestehen, sodaß keine Unterbrechung entsteht. Allerdings besteht beim Abschalten von größeren Strömen die Gefahr, daß sich eine dauernde Quecksilberdampfentladung bildet. Daher ist eine genau dimensionierte RC-Schutzschaltung unbedingt nötig. Die Schaltzeiten sind extrem kurz (unter 1 ns).

Feldeffekttransistor-Schalter

Bei integrierten Schaltungen ist man auf Halbleiter-Schalter angewiesen, die größtenteils mit Feldeffekttransistoren realisiert werden. FET-Schalter entwickeln sich aber auch allgemein immer mehr zu den Standardschaltern in elektronischen Systemen.

Hinsichtlich des Sperrwiderstandes (1GΩ) übertreffen sie einfache mechanische Schalter. Weitere Vorteile sind die praktisch leistungslose Steuerbarkeit, die kurzen und im Gegensatz zum Relais konstanten Schaltzeiten und die Prellfreiheit. Die Schaltzeiten liegen bei Analogschaltern im Bereich von 50ns bis 2µs. Feldeffekttransistoren stellen einen steuerbaren Widerstand dar, dessen Strom-Spannungscharakteristik im Gegensatz zu Bipolar-Transistoren genau durch den Nullpunkt geht. Allerdings ist der Leitwiderstand verhältnismäßig groß (bei integrierten Analogschaltern 10Ω bis 500Ω, Leistungs-MOSFET bis 1mΩ) und von der Kanal-Gate-Spannung abhängig. Bei der Verwendung eines FET als Analogschalter ändert sich dadurch bei konstanter Steuerspannung am Gate der Leitwiderstand mit der Signalspannung und kann zu einer nichtlinearen Signalverzerrung führen.

Wenn die Sourcespannung konstant gehalten werden kann, können Sperrschicht-FET direkt eingesetzt werden. Zum Schalten von veränderlichen Spannungen wird bei J-FET-Schaltern die Gate-Spannung der Source-Spannung nachgeführt, um einen konstanten Leitwiderstand zu erreichen [11]. Bei CMOS-Schaltern wird die Widerstandsänderung durch Parallelschalten eines p- und eines n-Kanal-FET teilweise kompensiert (siehe Abb. 2.1.15 a). Man erhält einen Verlauf des Leitwiderstandes in Abhängigkeit von der Signalspannung, wie er in Abb. 2.1.15 b dargestellt ist. Zu sehen ist hier auch das Sinken des Leitwiderstands mit steigender Versorgungsspannung, infolge der erreichbaren Gate-Source-Spannung. Durch die Verwendung von selbstsperrenden MOSFET läßt sich der Bereich der Signalspannung bis zur Versorgungsspannung ausdehnen, während bei J-FET zum Abschalten die Abschnürspannung notwendig ist.

Da der Leckstrom eines J-FET-Schalters meist der Sperrstrom eines pn-Überganges ist und damit mit der Temperatur exponentiell steigt, kann er wesentlich größer werden als bei mechanischen Schaltern. Ebenso sind die parasitären Kapazitäten oft größer als bei mechanischen Schaltern. Bei schnellen Schaltvorgängen muß auch die Einkopplung von Ladungen über die Gate-Source-Kapazität berücksichtigt werden [10].

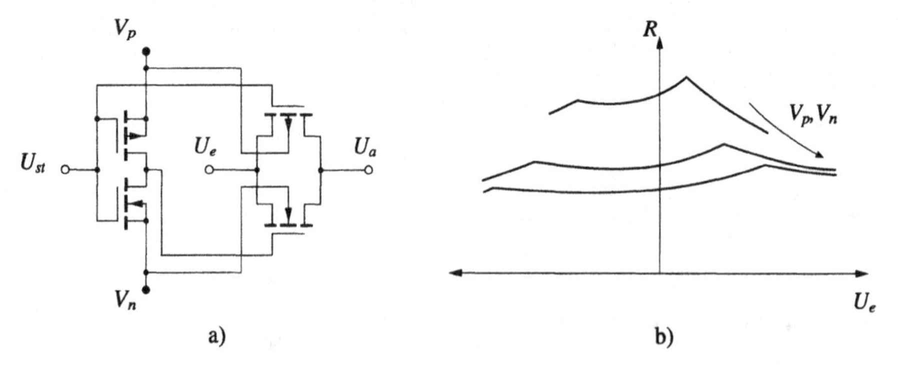

Abb. 2.1.15 CMOS-Schalter a) Prinzipschaltung b) Leitwiderstand in Abhängigkeit von der Signalspannung bei verschiedenen Versorgungsspannungen (Beispiel)

Transistorschalter

Der Bipolar-Transistor wird in der Elektronik sehr häufig als Leistungsschalter eingesetzt. Als Analogschalter werden einzelne Bipolar-Transistoren jedoch kaum verwendet. Der Grund dafür liegt größtenteils in der stark nichtlinearen Kennlinie von Kollektorstrom über Kollektor-Emitter-Spannung, die zusätzlich eine Offsetspannung aufweist und besonders bei kleinen Spannungen Schwierigkeiten bereitet. Um einen kleinen Spannungsabfall zu erreichen muß der Transistor in Sättigung betrieben werden, wodurch sich eine lange Abschaltzeit ergibt. Letztendlich ist zum Schalten von Spannungssignalen die Ansteuerung wesentlich schwieriger als bei MOSFET, da die Basis-Emitterspannung bei etwa 0,7 Volt gehalten werden muß und keine Potentialtrennung zwischen ansteuernder Basis und geschalteter Kollektor-Emitter-Strecke besteht. Verstärkerähnliche Schaltungen mit Bipolar-Transistoren können für das Schalten von höherfrequenten Signalen eingesetzt werden [10, 11]. Im wesentlichen handelt es sich dabei um Differenzverstärker, bei denen der Emitterstrom geschaltet wird.

Diodenschalter

Diodenschalter werden vor allem bei sehr kurzen Schaltzeiten eingesetzt. Mit Dioden können sehr einfach Ströme geschaltet werden, indem der Strom zwischen zwei Stromwegen mit je einer Diode übergeben wird. Ein Beispiel für eine solche Anwendung als Stromschalter ist in Kapitel 2.7.3.2 zu finden.

Mit einem 4-Dioden "Sample Gate", dessen Prinzip in Abb. 2.1.16 gezeigt wird, besteht jedoch auch die Möglichkeit, Spannungen präzise und äußerst schnell zu schalten. Es wird daher häufig als Schalter für hochwertige Abtast-Halte-Schaltungen verwendet.

Im leitenden Zustand des Schalters müssen die beiden Stromquellen eingeschaltet sein und exakt denselben Strom liefern. Die Ausgänge der Stromquellen sind von den Stromquellen potentialmäßig nicht festgelegt, ihr Potential kann sich frei einstellen. Bei einem Strom i_L gleich Null sind die Ströme und damit die Spannungen für alle Dioden gleich groß. Damit ist bei vier gleichen Dioden die Ausgangsspannung gleich der Eingangsspannung.

Bei einem Ausgangsstrom i_L ungleich Null verändert sich die Stromaufteilung in den Dioden so, daß die Differenz der Ströme durch die Dioden D_2 und D_4 den Ausgangsstrom ergibt. Da die Summe der Ströme D_1 und D_2 bzw. D_3 und D_4 wegen der Stromquellen konstant ist, ändern sich die Ströme in D_1 und D_3 gegengleich. Der Eingangsstrom als Differenz der Ströme in D_1 und D_3 ist gleich dem Ausgangsstrom. Damit stimmt die Gesamtstrombilanz, der Ausgangsstrom

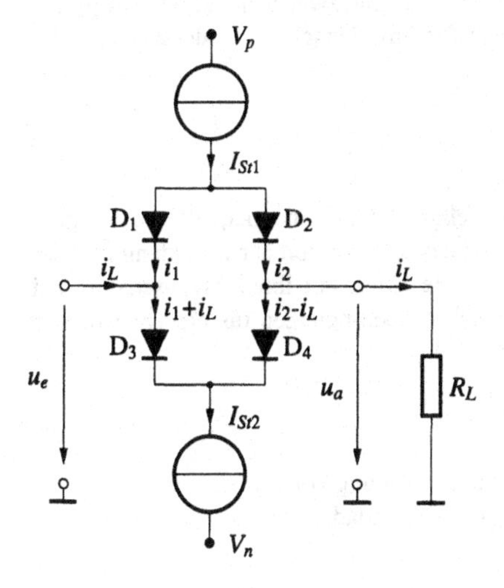

Abb. 2.1.16 Schneller Dioden-Schalter

i_L muß von der Signalquelle geliefert werden und in den Eingang der Diodenbrücke hineinfließen. Für kleine Werte von i_L, bezogen auf I_{St}, ändern sich die Spannungen an den Dioden nur unwesentlich und die Spannungsänderung läßt sich vernachlässigen bzw. als konstanter Innenwiderstand des Schalters nähern:

$$r_S = (2 \cdot r_D) \parallel (2 \cdot r_D) = r_D \quad .$$

Ein kleiner Laststrom ist mit hochohmigen Verstärkereingängen am Schalterausgang leicht zu erreichen.

Zum Unterbrechen des Schalters werden die beiden Stromquellen abgeschaltet (stromlos), in diesem Fall liegt in jedem Zweig eine gesperrte Diode zwischen Eingang und Ausgang, sodaß kein Strom fließen kann. Bei unterschiedlichen Strömen entsteht eine Spannungsänderung am Ausgang und am Eingang, die sich bei linearer Näherung aus dem Differenzstrom, dem diffentiellen Widerstand der Dioden, dem Eingangswiderstand und dem Ausgangswiderstand der angeschlossenen Schaltungen ergibt.

Dieselbe Schaltung läßt sich auch als Stromschalter anwenden, der gesteuert von U_e entweder den Strom I_{St1} oder I_{St2} an den Lastwiderstand R_L schaltet. Mit einer steigenden Spannung U_e nimmt auch der Strom im Lastwiderstand zu. Der maximal mögliche Strom ist I_{St1}, daraus ergibt sich für die maximale Spannung am Ausgang $I_{St1} \cdot R_L$. Wenn die Spannung größer ist als diese Spannung plus der Diodenflußspannung D_2, sperrt die Diode D_1. Der Strom I_{St1} fließt vollständig über den Lastwiderstand. Ebenso sperrt D_4 und der Strom I_{St2} fließt vollständig über die Diode D_3. Das sinngemäß gleiche gilt für eine negative Eingangsspannung. Der Betrieb als Stromschalter ergibt sich somit bei kleinen Lastwiderständen und hohen Eingangsspannungen, ein Zustand, der für den Betrieb als Spannungsschalter den Übersteuerungsbereich darstellt.

LDR-Schalter, Optokoppler

Eine Kombination einer Licht-emittierenden Diode (LED) mit einem Phototransistor ergibt einen Schalter mit galvanischer Trennung von Steuerkreis und Ausgangskreis über große Potentialdifferenzen. Dadurch ist in der Funktion als Optokoppler auch die Übertragung von Digitalsignalen sehr gut möglich. Für die direkte Übertragung von Analogsignalen zum Aufbau von Trennverstärkern (siehe Kapitel 2.4.3) sind Optokoppler nur bei Kompensation der nichtlinearen Übertragungscharakteristik geeignet. Diese Kompensation kann mit zwei gleichen Optokopplern realisiert werden, wovon einer in einer Rückkopplung der Ansteuerschaltung, der zweite in der gesteuerten Schaltung angeordnet wird [11, 10].

2.1.8 Batterien und Akkumulatoren

Batterien und Akkumulatoren dienen in tragbaren Meßgeräten als Energiequellen. Als Spannungsreferenzen sind sie aufgrund des Innenwiderstandes und der von der Entladung und der Temperatur stark abhängigen Spannung ungeeignet. Sie legen mit ihren Eigenschaften bei Batteriebetrieb von Meßgeräten jedoch häufig die Rahmenbedingungen für die verwendeten Meßschaltungen fest.

Die wichtigsten Kenngrößen sind:

- Nennspannung.
- Belastbarkeit, Innenwiderstand: Abhängigkeit der Spannung vom Strom.
- Entladekennlinie: Abhängigkeit der Spannung von der Entladung (bei konstantem Strom).
- Selbstentladung
- Temperaturabhängigkeit des Spannung
- Energiedichte (Energie/Volumen), spezifische Energie (Energie/Masse).

Für Akkumulatoren sind weiters wichtig:

- Anzahl der erreichbaren Entlade-/Ladezyklen: hängt sehr stark von der Behandlung ab.
- Tiefentladefähigkeit: Eine zu starke Entladung kann zur Zerstörung des Akkumulators führen. Dieses Problem kann vor allem bei einer Serienschaltung von Zellen ungewollt auftreten, wenn die einzelnen Zellen unterschiedlich entladen sind und daher während der Entladung umgepolt werden.

Die Tabelle 2.1.3 gibt einen Überblick über die meistverwendeten Batterie und Akkumulatortypen (nach [8],[9]).

Tabelle 2.1.3 Eigenschaften der wichtigsten Batterie- und Akkumulatortypen

Batterie- bzw. Akkumulator-Typ	Bemerkungen	Nennspannung [V]	Energiedichte [mWh/cm^3]
MnO_2/Zn ("Leclanché", "Zink-Kohle")	billige Standardtype	1,3 ... 1,5	100 ... 300
Alkali MnO_2/Zn ("Alkaline")	hohe Ströme	1,2 ... 1,4	200 ... 300
HgO/Zn ("Quecksilber")	Rechner, Uhren	1,25	400 ... 500
Li/SO_2, MnO_2 ("Lithium")	extrem hohe Lebensdauer	2,8	500
Ni/Cd	Standardakkumulator für tragbare Geräte	1,2	60 ... 180
Ni/Metallhydrid	verbesserter Standard	1,2	150 ... 200
Lithium/Ion	in Entwicklung	3,6	225

2.1.9 Literatur

[1] Bergmann K., Elektrische Meßtechnik. Vieweg, Braunschweig 1988.

[2] DIN 45 102, Schwingquarze, Leitfaden für die Anwendung als Steuerquarze.

[3] Feucht D. L., Handbook of Analog Cicuit Design. Academic Press, San Diego New York Boston London 1990.

[4] Germer H., Wefers N., Meßelektronik Band 1, Grundlagen, Maßverkörperungen, Sensoren, analoge Signalverarbeitung. Hüthig, Heidelberg 1988.

[5] Grebene A.B., Bipolar and MOS Analog Integrated Circuit Design. Wiley, New York 1984.

[6] Müller R., Grundlagen der Halbleiterelektronik. Springer, Berlin Heidelberg New York Tokyo 1991.

[7] Müller R., Bauelemente der Halbleiterelektronik. Springer, Berlin Heidelberg New York Tokyo 1991.

[8] Powers R., Batteries for Low Power Electronics. Proceedings of the IEEE, vol.83, No. 4, April 1995

[9] Riezenman M.J., The Search for Better Batteries. IEEE Spectrum, May 1995.

[10] Seifart M., Analoge Schaltungen. Verlag Technik, Berlin 1994.

[11] Tietze U., Schenk Ch., Halbleiterschaltungstechnik. Springer, Berlin Heidelberg New York Tokyo 1990.

2.2 Meßgrößenaufnehmer, Sensoren

Ch. Mittermayer und H. Schweinzer

2.2.1 Einleitung

Zwischen der Erfassung der physikalischen Meßgröße und dem eigentlichen Meßergebnis sind häufig eine oder mehrere Umwandlungen der Meßgröße auf andere Größen und andere Wertebereiche notwendig. Die Reihe dieser Umwandlungen wird als **Meßkette** bezeichnet. Das erste Glied dieser Kette, das die Meßgröße aufnimmt und in eine andere physikalische Größe umformt, nennt man **Meßgrößenaufnehmer** [3, 4]. Diesem Begriff entspricht im Englischen der Begriff **Sensor**, während Sensor in den deutschsprachigen Vorschriften nicht eindeutig definiert ist.

Oft wird unter dem Begriff Sensor viel mehr verstanden als lediglich die direkte Umwandlung der physikalischen Meßgröße. Mit zunehmender Integrationsdichte beinhalten elektronische Bauelemente immer mehr Funktionen und damit können Sensoren in Halbleitertechnologie bereits wesentliche Teile der Signalvorverarbeitung, der Meßwertbildung und Digitalisierung umfassen, sodaß sie bereits ein Meßsystem bzw. **Sensorsystem** darstellen, wodurch eine Reihe von Vorteilen entsteht. Zum ersten ermöglicht die Integration der Auswerteelektronik, eine nichtlineare Sensorkennlinie zu linearisieren. Weiters sind viele Sensoren in ihrer Funktion von Umgebungsgrößen, insbesondere der Temperatur abhängig. Man kann im Sensorsystem entweder eine Kompensation durch gleichartige Aufnehmer vorsehen, die der gleichen Störgröße, aber einem konstanten Wert der Meßgröße ausgesetzt sind, oder man führt mit Hilfe einer zusätzlichen Messung der Störgröße eine rechnerische oder analoge elektronische Korrektur durch. Schließlich kann die elektrische Störsicherheit durch eine geeignete z.B. digitale Meßwertübertragung wesentlich erhöht werden. In diesem Kapitel werden wegen der gebotenen Kürze komplexere Sensorsysteme nicht betrachtet. Vielmehr wird der Begriff Sensor einschränkend auf den meßgrößenempfindlichen Teil des Aufnehmers verwendet.

Zur Messung nicht-elektrischer Größen ist es häufig notwendig, vor der Umwandlung in ein elektrisches Signal eine Umwandlung zwischen nicht-elektrischen Größen vorzunehmen, bis das Signal direkt in eine elektrische Größe umgewandelt werden kann. Man spricht in diesem Fall von einem **indirekten Sensor**, wie z.B. beim induktiven Drucksensor, bei dem der zu messende Druck über die Verformung einer Membran in eine Positionsänderung umgewandelt wird, die eine Induktivität beeinflußt. Bei einem **direkten Sensor** wirkt die Meßgröße unmittelbar auf das Element, das die physikalisch-elektrische Umwandlung durchführt, wie z.B. bei Widerstandsthermometern.

Das Ziel jedes Sensors ist eine starke Abhängigkeit der Ausgangsgröße von nur einer physikalischen Größe bei gleichzeitig geringer Beeinflussung durch andere Größen, wobei natürlich die Umgebungsbedingungen der Anwendung einen wesentlichen Einfluß auf die Konstruktion haben. Prinzipiell ist jeder physikalische Effekt für eine Sensorkonstruktion nutzbar, bei dem die Meßgröße eine elektrische Größe beeinflußt und bei dem die Anforderungen der Anwendung gemäß den folgenden Kriterien erfüllt werden:

- Meßbereich, Empfindlichkeit, Ansprechschwelle und erreichbare Genauigkeit: diese Größen sind vor allem abhängig vom physikalischen Wirkprinzip.
- Art und Ausmaß der Rückwirkungen aus das Meßobjekt beeinflussen wesentlich die Anwendbarkeit des Sensors (siehe unten).
- Störsicherheit, Zuverlässigkeit (Langzeitstabilität), Austauschbarkeit, Platzbedarf, Gewicht und Kosten sind wesentliche Aspekte für die Auswahl eines Sensors im konkreten Anwendungsfall im Vergleich zu alternativen Verfahren.

Allein schon aus der Zahl der physikalischen oder chemischen Größen, die gemessen werden sollen, und der verschiedenen Effekte, die dafür nutzbar sind, ergibt sich eine große Anzahl von unterschiedlichen Sensoren, die durch eine sehr unterschiedliche Gewichtung der oben genannten Anforderungen je nach Anwendung weiter erhöht wird. Gemessen daran kann im Rahmen dieses Buches nur ein sehr kurzer Einblick anhand von einigen wichtigen und häufig angewandten Verfahren gegeben werden, die den hier behandelten Meßwertverarbeitungsschaltungen und -techniken nahestehen.

Sensoren, die zusammen mit einer elektronischen Interfaceschaltung integriert werden können, bieten erheblich Vorteile. Dazu sind Sensorprinzipien notwendig, die sich mit den Mitteln der Mikroelektronik realisieren lassen [6, 20]. Es kommen dafür vor allem Si-Sensoren in Einsatz. Ein weiteres wichtiges Gebiet stellen faseroptische Sensoren dar, die die technologischen Fortschritte auf dem Gebiet der Optoelektronik nutzen. Zur störsicheren Übertragung werden häufig optische Signale verwendet, wobei der primäre Sensor meist auf elektrischer Basis arbeitet. Bei faseroptischen Sensoren wird versucht, das Meßsignal möglichst direkt in ein optisches Signal umzusetzen [6, 7, 16, 20].

Rückwirkung des Meßfühlers

Beim Anbringen eines Meßfühlers an ein Meßobjekt ist zu beachten, daß dadurch das gemessene System verändert wird und die Ankopplung an das Meßobjekt Rückwirkungen ergibt, die unter Umständen sehr groß sein können. Zu diesen Einflüssen zählen:

- Veränderung der Meßgröße am Meßobjekt, vergleichbar mit dem Belastungsfehler bei elektrischen Messungen. So wird z.B. beim Anbringen eines Temperatursensors die Temperatur des Meßobjekts durch die Wärmeableitung statisch verändert, die Erhöhung der Wärmekapazität führt zu einer größeren Trägheit. Bei einer Beschleunigungsmessung kann durch die Erhöhung der Masse durch den Sensor die auftretende Beschleunigung reduziert werden.

- Veränderung der Meßgröße im Meßobjekt durch den Einfluß des Meßverfahrens. Eine Eigenerwärmung eines Widerstands-Temperatursensors führt beispielsweise zu einer Erwärmung des Meßobjekts.

Bei gleichzeitiger Messung verschiedener Meßgrößen mit mehreren Sensoren erfolgt auch eine gegenseitige Beeinflussung der gemessenen Größen.

Die Rückwirkungen sind vor allem bei Messungen zu beachten, bei denen der Zustand des unbelasteten Meßobjektes erfaßt werden soll. Wenn in einer Regelung die Rückwirkung die geregelte Größe direkt beeinflußt, kann sie vernachlässigt werden. Bekannte systematische Abweichungen können durch eine Korrektur eliminiert werden. Ein Beispiel dafür ist die Temperaturdifferenz, die bei einem Temperaturfühler durch den Wärmewiderstand zwischen Oberfläche des Meßgrößenaufnehmers und Sensorelement auftritt.

Im folgenden Abschnitt wird ein Überblick wichtiger Sensorverfahren mit Hinweisen auf übliche Meßschaltungen und Ausgangssignale geboten. In Anschluß daran folgt eine Kurzdarstellung ausgewählter Sensoren.

2.2.2 Überblick

2.2.2.1 Sensoren für wichtige nicht-elektrische Größen

In Tabelle 2.2.1 werden verschiedene physikalische Meßgrößen angeführt, die durch Sensoren mit unterschiedlichsten Wirkprinzipien erfaßt werden können. Jedes Sensorprinzip ist mit der Veränderung einer bestimmten elektrischen Ausgangsgröße verbunden. Die auf dem jeweiligen

Tabelle 2.2.1 Übersicht über Sensoren

Meßgröße	Meßbereich	Sensorprinzip	Ausg.-größe	Empfindlichk. Auflösung	erreichbare Abweichg.	Aus-wertg.	Sensorbezeichnung
Temperatur	-270 ... +850°C	Widerstandsthermometer	R	0,385 %/K	0,15.. 1,5K	A	Pt-Widerstand [11, 11]
	-60 ... +180°C	- " -	R	0,617 %/K	0,15.. 1,5K	A	Ni-Widerstand [17]
	-50 ... +150°C	- " -	R	0,8 %/K		A	Si-Widerstandsthermom. [17]
	-50 ... +350°C	- " -	R	3 ... 6 %/K	0,1 ... 0,5K	A	Heißleiter, NTC-Thermistor [12]
	-30 ... +350°C	- " -	R	7 ... 70 %/K	5K	A, B	Kaltleiter, PTC-Thermistor [12]
	-200 ... +1600°C	Seebeck-Effekt	U	7 ... 75µV/K	3 ... 10K	A	Thermoelement [IEC,17]
	-50 ... +150°C	Halbleiter-pn-Übergang	U	~ - 2mV/K		A	Transistor [12]
	-50 ... +150°C	Halbleiter-pn-Übergang	U, I	einstellbar	1K	A	integrierter Si-Sensor [12]
	-200 ... 573°C	Piezoelektr. Resonator	f	90 ppm/K	0,05 K	F	Quarzthermometer [22]
	0 ... +4000°C	Strahlungsmessung	indir.			A	Strahlungs-Pyrometer
Magnetfeld	< 2 T	Hall-Effekt	U	1 ... 10 V/AT		A, B	Hallsonde [12, 17]
	< 2 T	- " -	R	0 ... 2000 %/T		A, B	Feldplatte [12, 17]
	< 0,5 T	Magnetoresistiver Effekt	R	~ 1000 %/T	1 ... 5 %	A	Magnetfeldsensor [17]
Druck, Kraft		Verformung, Dehnung	indir.				DMS-Sensor
	< 100 kN	Piezoelektr. Effekt	Q	1 ... 100 pC/N		A	Piezoelektr. Drucksensor [17]
	1kN ... 2,5 MN	Magnetoelast. Effekt	µ, M			A	Pressduktor, Torduktor
		Piezoelektr. Resonator	f			F	Schwingquarzdrucksensor [1]
Verformung, Dehnung	< 50 mm/m	Widerstandsänderung	R	~ 2	1 %	A	Metall-Dehnmeßstreifen [8]
		- " -	R	-80 ... +200		A	Si-DMS [17]
		Positionsänderung	indir.	je nach Prinzip			(vor allem ind., kap.)
Position, Drehwinkel	1 cm ... 2 m	Widerstandsabgriff	R			A	Potentiometer
	1 µm ... 1 m	Induktivitätsänderung	L	0,01 µm		A	Quer-, Tauchankerwandl. [12]
		- " -	I			A	Kurzschlußringwandler [12]
		- " -	M			A	Differentialtransformator
	360 °	- " -	I			A	Resolver, Drehmelder
	1 µm ... 10 cm	Kapazitätsänderung	C			A	Kapazitiver Sensor
	bis 20 mm	Photoeffekt + Stromverteilung	I		1 %	A	Positionsemfindl. Diode [17]

Tabelle 2.2.1 Übersicht über Sensoren (Fortsetzung)

Meßgröße	Meßbereich	Sensorprinzip	Ausg.-größe	Empfindlichk. Auflösung	erreichbare Abweichg.	Aus-wertg.	Sensorbezeichnung
Position, Drehwinkel	<360°, < 1 m	Strichraster mit Abtastung	-	> 10 μm		D	Inkrementalgeber
	>360°, < 1 m	Code mit Abtastung	-			D	Absolutgeber
	< 100 m	optische Interferenzmuster	-	0,1 μm	0,1 μm	D	Interferometer
Entfernung		Induktivitätsänderung	L		5 %	B	Ind. Näherungsschalter
		Kapazitätsänderung	C		10 %	B	Kap. Näherungsschalter
		Echolaufzeit	t			Z	Ultraschallentfernungsmesser
		Triangulation	-				
		Bildvermessung	-				Photogrammetrie
Geschwindigkeit, Drehzahl		Positionsänderung	indir.	je nach Prinzip			
		Induktionsgesetz	U			A	Tachogenerator
		Dopplereffekt	f			F	Laser- und Ultraschallvelocimeter
Beschleunigung		Kraft auf eine def. Masse ("seismische Masse")	indir.	je nach Prinzip			ind., kap., piezoelektr., DMS-Beschleunigungssensor
		Geschwindigkeitsänderung	indir.	je nach Prinzip			
Licht, Strahlung		Innerer photoelektr. Effekt	I	frequabh.		A, B	Photo-Diode, -Transistor [17]
		- " -	U,I			A	Photo-Element [17, 12]
		- " -	R			A, B	Photo-Widerstand [17, 12]
		Widerstandserwärmung	indir.			A	Bolometer
	1 ... 25 μm	Pyroelektr. Effekt	Q			A	Pyrosensor
Feuchte	15 ... 90 %	Taupunktstemperatur	indir.			A	LiCl-Feuchtesensor [6]
	0 ... 98 %	feuchteabh. Dielektrikum	ε, C	0,4 ... 2 pF/%	<1 %	A	Kapazitiver Feuchtesensor [6]
	30 ... 90 %	feuchteabh. Widerstand	R			A	Keramikhygrometer [6]
Ionenkonzentration		Elektrochem. Effekt	U			A	z.B. pH-Wert-Sensor [17]
		Ionenselektive Membran+FET	-			A	ISFET [17]

Auswertung: A ... analog, B ... binär (schaltend), F ... Frequenzmessung, Z ... Zeitmessung, D ... digital

Sensorprinzip beruhenden Sensortypen sind einander in ihren erreichbaren Meßbereichen, ihrer typischen Empfindlichkeit oder Auflösung und ihrer charakteristischen Meßabweichung gegenübergestellt. Weiters wird auf die typische Art der Auswerteschaltung hingewiesen.

Eine Reihe von praktisch wichtigen Meßgrößen ist in der Übersicht nicht angeführt. Für sie wird auf die Literatur verwiesen. Dazu gehören Sensoren zur Durchfluß- und Strömungsmessung [19], chemische Sensoren [16, 6] und Ultraschall-, Laser- und Radar-Sensorsysteme.

2.2.2.2 Signalanpassung und -vorverarbeitung

Auch in der Auswertung und Weiterverarbeitung der Sensor-Ausgangsgröße findet man eine Vielfalt verschiedener Verfahren entsprechend der gegebenen elektrischen Ausgangsgröße, ihrer zu verarbeitenden Größenordnung, notwendiger Störunterdrückungsmaßnahmen, dem Einfluß der Leitungsverbindung zwischen Sensor und Auswerteschaltung und anderer Einflüsse. Ohne Anspruch auf Vollständigkeit werden hier häufig verwendete Methoden angeführt, wobei jeweils auf die entsprechenden Kapitel dieses Buches oder auch auf die Literatur verwiesen wird.

Bei Sensoren mit den passiven Ausgangsgrößen Widerstand R, Kapazität C, Induktivität L oder Gegeninduktivität M kommen alle entsprechenden Meßschaltungen zum Einsatz (siehe Kapitel 3.1). Eine wesentliche Rolle für eine Reihe von Sensoranwendungen spielen Ausschlagbrückenschaltungen (siehe Kapitel 3.3.3.3). Dafür sind drei Gründe zu nennen:

- Bei der Brückenschaltung kompensieren sich gleichlaufende Veränderungen der Brückenelemente. Besonders wichtig ist hier die Kompensation des Temperatureinflusses auf gleichartige Brückenelemente, eine Technik, die z.B. bei Dehnungsmeßstreifen vorzugsweise zur Anwendung kommt.
- Sensoren werden in manchen Fällen als Doppelsensor ausgeführt, bei dem die beiden Teilsensoren durch das Sensorprinzip gegenläufig verändert werden. Beispiele dafür sind Differenzinduktivitäten oder -transformatoren und Differenzkondensatoren. Eine Anordnung der beiden Sensorausgangsgrößen als Halbbrücke hat eine starke Linearitätsverbesserung, sowie eine Vergrößerung der Empfindlichkeit zur Folge.
- Mehrere Sensorelemente (bis zu vier) können in einer Brückenschaltung zusammenwirken und damit die erreichte Empfindlichkeit vergrößern.

Bei Sensoren mit Widerständen als Ausgangsgröße werden häufig Gleichspannungsbrücken verwendet, für Kapazitäten und Induktivitäten Wechselspannungsbrücken. Bei Wechselspannungsbrücken ermöglicht eine Messung der Diagonalspannung mit phasenselektivem Gleichrichter (siehe Kapitel 2.4.10), synchron zur Brückenversorgungsspannung, eine Verbesserung der Störunterdrückung. Auch bei Ohmschen Widerständen wird oft eine Wechselspannung zur Messung verwendet, wodurch neben störenden Wechselsignalen auch alle Gleichstörgrößen wie z.B. Thermospannungen unterdrückt werden. Brücken mit einer phasenselektiven Gleichrichtung des Ausgangssignals werden als Trägerfrequenzbrücke bezeichnet.

Bei kleinen zu erfassenden Widerstandsänderungen muß meist ein Potentialklemmenanschluß (siehe Kapitel 3.1.9, S. 303) des Sensorelementes angewendet werden, bei dem die Stromzuführung und der Spannungsabgriff über getrennte Anschlüsse erfolgt. Dadurch wird der Einfluß von unbekannten und veränderlichen Leitungs- und Übergangswiderständen eliminiert.

Eine andere Vorgangsweise bei Sensoren mit kapazitiver Ausgangsgröße, fallweise auch bei induktiver Ausgangsgröße, besteht darin, unter Einbeziehung des Sensorelements einen Oszillator aufzubauen, dessen Frequenz durch das Sensorelement bestimmt wird. Dazu sind beispielsweise Schaltungen für Spannungs-Frequenz-Wandler (siehe Kapitel 2.8.2.4) geeignet. Damit ergibt sich eine Ausgangsfrequenz, die der gemessenen nicht-elektrischen Größe entspricht. Vorteile dieses Verfahrens bestehen darin, daß die Meßgröße in frequenzanaloger Darstellung sehr gut über große Distanzen fernübertragbar ist und daß die Frequenz vor allem mit elektronischen Zählern (siehe Kapitel 2.7 und 3.4) einfach und mit wählbarer Auflösung meßbar ist. Diese Vorteile werden manchmal auch bei anderen Sensor-Ausgangsgrößen genutzt, indem die in eine Spannung gewandelte Ausgangsgröße über einen Spannungs-Frequenz-Wandler in eine frequenzanaloge Darstellung übergeführt wird.

Die Sensor-Ausgangsgrößen Spannung U, Strom I und Ladung Q werden durch entsprechende Verstärkertypen (siehe Kapitel 2.4) abgegriffen und weitergeführt. Wesentliche Bedeutung bei den oftmals kleinen Bereichen der Sensor-Ausgangsgröße hat die Stabilität der Verstärkung der entsprechenden Gleichgröße, die Offsetgrößen und ihre Drift und das Verstärkerrauschen. Weiters ist eine geringe Rückwirkung auf den Sensor erforderlich.

Nullpunktsdrift und Abweichungen des Meßkoeffizienten stellen wesentliche Störgrößen in der Sensor-Signalverarbeitung dar. Häufig werden daher Maßnahmen zur automatischen Korrektur des Nullpunktes, manchmal auch der Verstärkung bzw. Abschwächung vorgesehen. Eine Nichtlinearität der Sensorkennlinie wird nur bei starker Linearitätsabweichung (z.B. NTC-Thermistor) oder größerer Genauigkeitsforderung berücksichtigt, bei vielen Anwendungen können die geringen Linearitätsabweichungen vernachlässgt werden (z.B. bei Metallwiderstandsthermometern). Wird die Meßgröße ohnehin digitalisiert, so ist eine digitale Korrektur einfach, genau und sicher driftfrei möglich. Analoge Korrekturschaltungen kommen insbesondere für niedrigen Aufwand und niedrigen Stromverbrauch in Frage.

2.2.2.3 Ausgangssignale

In vielen Fällen, vor allem auch in Industrieanwendungen, werden Sensoren in einem kompakten Aufbau mit der erforderlichen Sensorsignalvorverarbeitung versehen. Für die Übertragung der Sensor-Meßergebnisse an die weiterverarbeitende Einheit (Prozeßrechner, Steuerung, Regelung) gibt es Standards für die Form des analogen Signals oder das digitale Übertragungsprotokoll.

Analoge Standardsignale verwenden die Darstellungsformen Spannung, Strom und Frequenz. In dieser Reihenfolge steigt auch die Störsicherheit der Signaldarstellung.

Für eine spannungsproportionale Meßwertdarstellung sind die Bereiche 0 bis 10V, 0 bis 5V oder -10V bis 10V üblich.

Für eine stromproportionale Meßwertdarstellung werden meist die Strombereiche 0 bis 20 mA oder 4 bis 20 mA benützt.

Eine Stromschleife mit hochohmigem Sender und niederohmigem Empfänger ist weitgehend unempfindlich gegen eingestreute Störungen. Der Bereich 4 bis 20 mA ermöglicht die Erkennung eines Aderbruchs und eine Versorgung der Sensorschaltung über die beiden Leitungen, die das Ausgangssignal liefern mit einem Strom von mindestens 4 mA.

Bei einer frequenzanalogen Übertragung wird der Meßwert in einem Frequenzbereiche von 1 bis 10 oder 10 bis 100 kHz dargestellt. Die Störfestigkeit ist sehr gut, da die Information nicht in der Amplitude oder Signalform liegt, sondern nur in der Frequenz. Eine Störung muß mindestens einen zusätzliche Zählflanke hervorrufen, selbst dann ist die Auswirkung gering.

Die Übertragung in digital codierter Form ist zugleich sehr effizient und störsicher. Sie setzt eine Analog-Digital-Wandlung der Sensor-Meßgröße im Sensorsystem voraus. Für die digitale Übertragung werden unterschiedlichste Verfahren und Standards mit Maßnahmen zur Sicherung der Datenübertragung benutzt. Grundlegend ist die serielle Übertragung der Meßwerte in zeichenorientierter Form (Byte-weise). Besonders leistungsfähig und flexibel ist die Datenübertragung gemäß einem üblichen Feldbusstandard, bei einfachen Sensoranwendungen vor allem eine Datenübertragung gemäß dem Standard eines "Sensor-Aktor-Bus".

2.2.3 Temperatursensoren

2.2.3.1 Widerstandsthermometer

Metallwiderstände

Metalle und Metallegierungen weisen eine beinahe lineare Abhängigkeit des Widerstandes von der Temperatur auf, die aus der Abnahme der Elektronenbeweglichkeit mit steigender Temperatur aufgrund der thermischen Gitterschwingungen entsteht. Sie sind daher gut als Temperatursensoren geeignet (Abb. 2.2.1). Die Temperaturcharakteristik hängt von der Stoffzusammensetzung bzw. der Reinheit ab. Der Temperaturkoeffizient des Widerstandes

$$\alpha_R = \frac{1}{R} \cdot \frac{dR}{dT} \tag{1}$$

für reine Metalle beträgt etwa 0,4%/K. In Normen (IEC 751 [10], DIN 43760) wurden die wichtigsten Metall-Widerstandsthermometer-Sollcharakteristiken festgelegt, wodurch die Austauschbarkeit der Sensoren sichergestellt ist.

Für Temperatursensoren ist es weiters oft wichtig, daß sie widerstandsfähig gegen physikalische und chemische Beanspruchung sind. Als Metall hat sich Platin bewährt, das einen Meßbereich bis +850°C ermöglicht. Die genormte Charakteristik für Platin, die für leicht verunreinigtes Platin gilt, weist im Bereich von 0°C bis 100°C einen mittleren Temperaturkoeffizienten α_R von 0,385 %/K auf. Als Nennwerte bei 0°C sind 100 Ω bzw. 1000 Ω (Pt-100, Pt-1000) üblich. Wegen des geringeren Preises wird für Temperaturen bis 150°C oft Nickel eingesetzt, sein mittlerer Temperaturkoeffizient α_R zwischen 0 und 100°C beträgt 0,617%/K.

Metallwiderstandsthermometer zählen zu den genauesten Temperatursensoren. Die Meßunsicherheit beträgt je nach Meßverfahren ± 0,15°C bis ± 6°C, bei größerem Aufwand sind ± 0,01°C erreichbar. Für die Internationale Temperatur-Skala 1990 (ITS-90) wird zur Interpolation zwischen thermodynamisch festgelegten Fixpunkten im Temperaturbereich von -259,35°C bis +961,78°C ein Platin-Widerstandsthermometer als Normalmeßgerät eingesetzt [13].

Je nach Aufbau des Fühlers und dem Kontakt zur Umgebung ergeben sich Zeitkonstanten von 0,1 s bei Dünnschichtsensoren, jedoch bis zu 2 min bei Schutzrohr-armierten Drahtsensoren, wie sie industriell häufig verwendet werden.

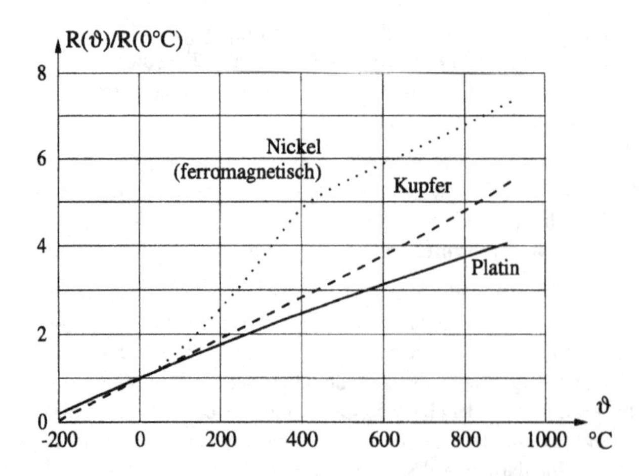

Abb. 2.2.1 Temperaturabhängigkeit des Widerstandes von Metallwiderstandsthermometern normiert auf R(0°C) (nach [11])

Si-Widerstandsthermometer

Der spezifische Widerstand von dotiertem Silizium wird für integrierbare Widerstandsthermometer verwendet. Er steigt bei Temperaturen bis etwa 200°C durch die abnehmende Beweglichkeit der Ladungsträger, bei höheren Temperaturen sinkt er wieder aufgrund der zunehmenden Ladungsträgergeneration (Abb. 2.2.2 c). Für Meßzwecke eignet sich der Bereich des steigenden Widerstandes bis etwa 120 °C, der einen Temperaturkoeffizient α_R von etwa 1%/K aufweist. Für den Aufbau der Sensoren wird das Prinzip der Messung des spezifischen Widerstandes über den Ausbreitungswiderstand verwendet, bei dem eine schmale Kontaktelektrode einer großflächigen Elektrode gegenüberliegt. Diese Anordnung ergibt einen Widerstand, der nur vom spezifischen Widerstand und vom Durchmesser der Kontaktelektrode abhängt. Die Kontaktelektrode an der Oberfläche kann sehr genau gefertigt werden. Dies ermöglicht es, sehr kleine Toleranzen des Widerstandswertes zu erreichen [16].

Heißleiter, NTC-Widerstände

Bei einer Reihe von polykristallinen Halbleiter-Keramiken nimmt der Widerstand mit steigender Temperatur sehr stark ab (Abb. 2.2.2 a). Dieses Verhalten wird durch eine Zunahme der Ladungsträgerkonzentration und der Ladungsträgerbeweglichkeit hervorgerufen [7, 16]. Der Widerstand weist daher einen negativen Temperaturkoeffizienten auf (**NTC-Thermistor**). Diese Sensoren werden auch als **Heißleiter** bezeichnet. Die Charakteristik ist stark nichtlinear. Für den Widerstand eines Heißleiters in Abhängigkeit von der Temperatur gilt näherungsweise:

$$R = A \cdot e^{B/T} \quad . \tag{2}$$

Dabei stellt A einen Widerstandswert dar, der von der Größe und der Struktur des Halbleiters abhängt, B eine Materialkonstante und T die absolute Temperatur. Der Widerstandstemperaturkoeffizient ergibt sich zu

$$\alpha_R = \frac{1}{R} \cdot \frac{dR}{dT} = \frac{B}{T^2} \quad . \tag{3}$$

Er ist stark von der Temperatur abhängig und liegt im Bereich von -2 bis -5%/K. Heißleiter weisen eine sehr hohe Empfindlichkeit auf. Die Widerstandswerte weisen allerdings große Exemplarstreuungen von ±5 bis ±10% auf. Für eine genaue Temperaturmessung können die Thermistoren speziell konstruiert und durch Alterung stabilisiert werden. Die erreichbare Meßunsicherheit beträgt weniger als 0,1 K (Verwendung in Fieberthermometern).

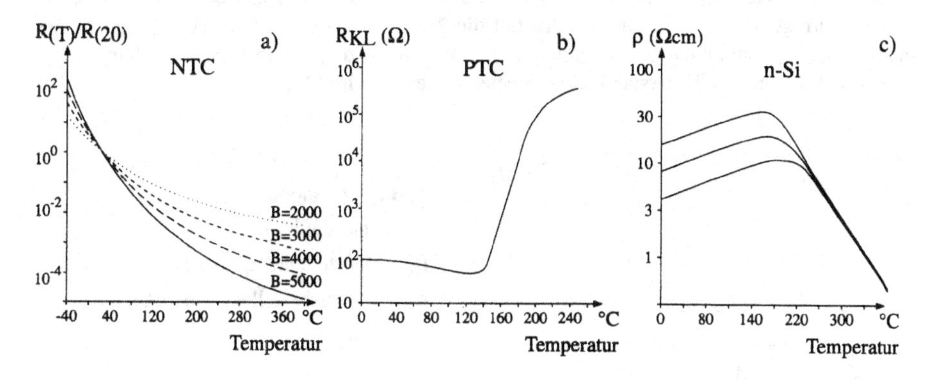

Abb. 2.2.2 Temperaturabhängigkeit des Widerstandes bei:
a) Heißleitern, b) Kaltleitern und c) n-Si

Bei Ansteuerung mit konstanter Spannung nimmt die Leistung und damit die Eigenerwärmung mit steigender Temperatur zu, daraus ergibt sich eine Instabilität ab einer Grenztemperatur. Daher ist eine Messung mit konstantem Strom oder bei konstanter Leistung nötig. Da die verwendeten Halbleitermaterialien einen hohen spezifischen Widerstand aufweisen, sind kleine Abmessungen der Temperaturfühler möglich, die eine geringe Wärmekapazität besitzen. NTC-Thermistoren eignen sich bei entsprechend kleiner Baugröße zur dynamischen Messung von Temperaturen und zur punktförmigen Aufnahme von Temperaturfeldern.

Kaltleiter, PTC-Widerstände

Bei Bariumtitanat und ähnlichen Stoffen erfolgt in einem engen Temperatur-Bereich ein sehr starker Anstieg des Widerstandes über mehrere Größenordnungen (Abb. 2.2.2 b). Der absolute Widerstandswert ist nicht gut reproduzierbar, der Temperaturbereich des Widerstandsanstieges kann jedoch in der Produktion auf ±5 K vorgegeben werden. Daher eignen sich Kaltleiter oder **PTC-Termistoren**, vor allem für einen inhärenten Überlastschutz durch Leistungsbegrenzung.

2.2.3.2 Thermoelemente

An jedem Kontakt zwischen zwei Metallen entsteht eine temperaturabhängige Spannungsdifferenz, die **Thermospannung** oder **Temperaturspannung** genannt wird. Wenn alle Übergangsstellen in einem Leiterkreis auf gleicher Temperatur liegen, heben sich die Spannungsdifferenzen auf. Setzt man eine Kontaktstelle einer Temperaturänderung aus, so erhält man eine Spannung, die der Temperaturdifferenz dieser Kontaktstelle zu den anderen Kontaktstellen in guter Näherung proportional ist (**Seebeck-Effekt**). Ist die Temperatur der Meßstelle ϑ_1 und die der anderen Übergänge ϑ_2, so ergibt sich die Spannung

$$U_{th} = k \cdot (\vartheta_1 - \vartheta_2) = k \cdot \Delta\vartheta \quad . \tag{4}$$

Die Konstante k ist von den geometrischen Abmessungen unabhängig und hängt nur vom Material der beiden Leiter ab. Sie wird als **Seebeck-Koeffizient** oder **thermoelektrische Kraft** bezeichnet und hat Werte von einigen Mikrovolt pro Kelvin. Die Koeffizienten werden in der thermoelektrischen Spannungsreihe mit Platin als Referenz angegeben.

Zur Messung der Temperatur muß eine Übergangsstelle des Thermoelements, die Vergleichsstelle, auf einer konstanten Bezugstemperatur z.B. bei 0°C gehalten werden. Alle anderen Kontaktstellen, müssen symmetrisch angeordnet sein und auf jeweils gleicher Temperatur gehalten werden, so daß sich die Temperaturspannungen jeweils kompensieren (Abb. 2.2.3). Die konstante Bezugtemperatur an der Vergleichsstelle kann durch ein Eisbad oder durch eine Temperaturregelung erreicht werden. Anstatt die Temperatur konstant zu halten, wird heute meist eine temperaturabhängige Kompensationsspannung erzeugt, wobei die Umgebungstemperatur z.B. mit einem Widerstandsthermometer gemessen wird [21].

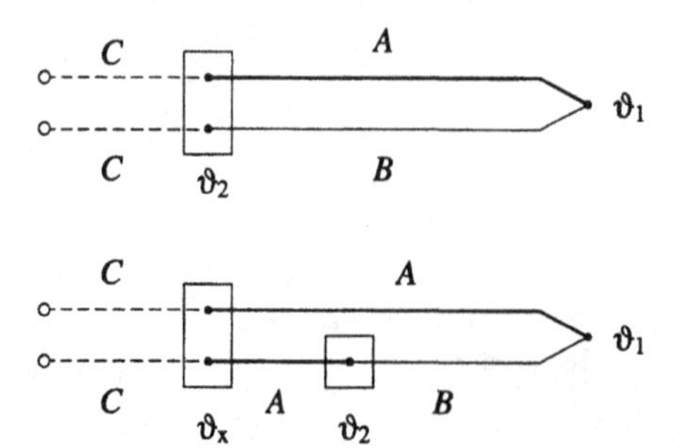

A, B ... Thermopaar
C ... Anschlußleitung
ϑ_1... Meßstellentemperatur
ϑ_2... Vergleichsstellentemperatur

Abb. 2.2.3 Prinzip eines Thermoelementes

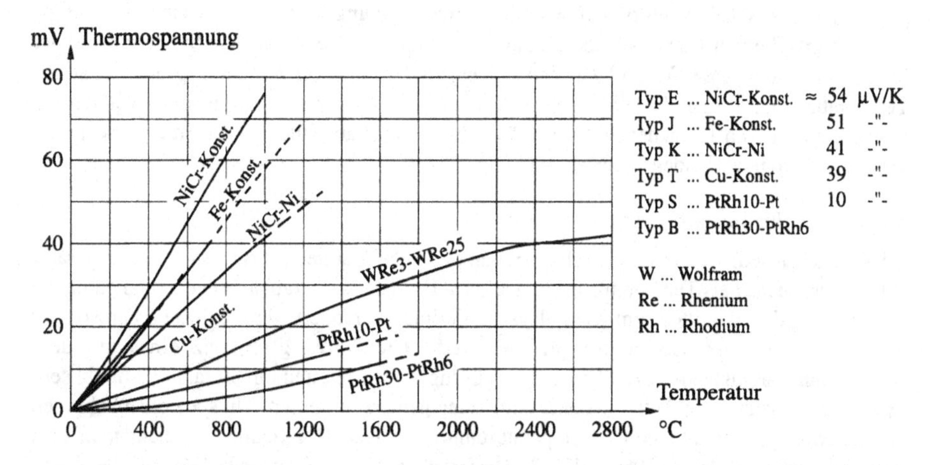

Abb. 2.2.4 Thermospannungen für wichtige Thermopaare (nach [9, 16])

Die Sollcharakteristiken der wichtigsten Metallkombinationen sind zur besseren Austauschbarkeit in Normen (IEC 584, DIN 43710) festgelegt (Abb. 2.2.4). Dazu gehören: Eisen/Konstantan (Typ J), Kupfer/Konstantan (Typ T), Nickelchrom/Konstantan (Typ E), Nickelchrom/Nickel (Typ K), Platinrhodium/Platin (Typen R, S) und Platinrhodium/Platinrhodium (Typ B). Thermoelemente wirken als sehr niederohmige Spannungsquelle. Die Charakteristik Spannung/Temperatur ist sehr genau definiert, aber schwach nichtlinear. Speziell bei erhöhten Temperaturen können Änderungen im Gefüge der Lötstelle auftreten und die Stabilität der Charakteristik beeinträchtigen.

Der Meßbereich umfaßt für Thermoelemente mit unedlen Metallen - 200 bis + 700°C, mit Edelmetallen 0 bis + 1500°C. Die Meßunsicherheit beträgt ± 2% bis ± 0,5% vom Endwert. Bei Schutzrohr-armierten Thermoelementen ergibt sich eine Zeitkonstante von einigen Minuten, bei sog. Miniaturthermoelementen sind Zeitkonstanten bis 0,1 s erreichbar.

2.2.3.3 Integrierte Si-Temperatursensoren mit pn-Übergang

Die Strom-Spannungs-Kennlinie einer Si-Diode besitzt eine wohl definierte Temperaturabhängigkeit, die sich für einen Temperatursensor nutzen läßt. Für Temperatursensoren sind Transistoren günstiger, da bei Transistoren die Kennlinie $I_C = f(U_{BE})$ besser definiert ist als bei Dioden. Bei konstanter Stromdichte ist der Temperaturkoeffizient der Basis-Emitter-Spannung

$$\alpha_U = \frac{1}{U_{BE}} \cdot \frac{dU}{dT} = -\frac{1}{T} \cdot \left(\frac{U_g}{U_{BE}} - 1 \right) . \tag{5}$$

Dieser Wert ist zwar temperaturabhängig, für den Temperaturbereich von −50°C bis +150°C ergibt sich aber trotzdem eine nur geringe Linearitätsabweichung. Der Temperaturkoeffizient wird allerdings auch von der Charakteristik des Kollektorstroms in Abhängigkeit von der Basis-Emitter-Spannung beeinflußt.

Verwendet man zwei Transistoren, bei denen man das Stromverhältnis konstant hält, so läßt sich die Temperaturabhängigkeit der Differenz der Basis-Emitter-Spannungen über das Stromverhältnis genau einstellen. Dies ist das gleiche Prinzip, das auch bei der Bandgap-Referenz (Kapitel 2.1.5.2) zur Temperaturkompensation verwendet wird. Gleichartige Schaltungen sind daher auch als Temperatursensoren geeignet. Bei der in Abb. 2.1.11 gezeigten Schaltung ist die Spannung U_{R4} direkt proportional zur absoluten Temperatur.

Als integrierter Si-Temperatursensor wird auch eine Schaltung verwendet, die einen Ausgangsstrom liefert. Die Schaltung läßt sich ebenfalls aus Abb. 2.1.11 ableiten. Die Spannung und der Strom der Widerstände R_3 und R_4 sind bei einem festen Stromverhältnis proportional zur Temperatur. Ersetzt man die beiden Widerstände R_1 und R_2 durch einen Stromspiegel, der ein Stromverhältnis von 1:1 sicherstellt, so erhält man einen zur absoluten Temperatur proportionalen Gesamtstrom der beiden Transistoren [7].

2.2.3.4 Schwingquarzthermometer

Da die Resonanzfrequenz eines Schwingquarzes (siehe Kapitel 2.1.6) von der Temperatur abhängt, ist auch er als Temperatursensor geeignet. Die Temperaturabhängigkeit kann durch die Orientierung des Schnittes zum Kristallsystem definiert verändert werden. Man erhält so sehr genaue Temperatursensoren mit geringer Drift. Die Schwingfrequenz eines mit dem Schwingquarz aufgebauten Oszillators kann günstig übertragen und mit einfachen Mitteln sehr genau und prinzipiell mit beliebig hoher Auflösung gemessen werden. Mit speziellen Schnitten von Schwingquarzen mit hoher Temperaturempfindlichkeit (HT-Schnitt) erreicht man eine Empfindlichkeit von bis zu 90 ppm/K [23]. Dies ist ein an sich kleiner Meßeffekt, der aber durch die genaue Frequenzmessung und die Stabilität der Frequenz gut auswertbar ist.

2.2.4 Magnetfeldsensoren

Für die Messung magnetischer Felder werden induktive Aufnehmer, Hall-Sonden oder Feldplatten verwendet. Mit induktiven Aufnehmern können magnetische Wechselfelder direkt über die Spannung gemessen werden, die sie induzieren. Für die Messung von Gleichfeldern muß die Leiterschleife im Magnetfeld bewegt werden. Hall-Sonden und Feldplatten eignen sich für die Messung von Gleich- und Wechselfeldern.

Hall-Sonden und Feldplatten werden, meist in Verbindung mit Permanentmagneten, auch für eine Reihe von indirekten Messungen eingesetzt. So lassen sich damit Positions- und Winkelsensoren aufbauen, die bei geeigneter Gestaltung des Magnetfeldes ein annähernd linear von der Stellung abhängiges Ausgangssignal liefern (z.B. Feldplattenpotentiometer). Weitere wichtige Anwendungen sind die Impulsgabe für inkrementale oder absolut kodierte Positionssensoren oder Drehzahlmesser.

2.2.4.1 Hall-Sonde

In einem stromdurchflossenen Festkörper, der einem magnetischen Feld ausgesetzt ist, werden die bewegten Ladungsträger durch die Lorentz-Kraft senkrecht zur Strom- und Magnetfeldrichtung abgelenkt. Durch diese Ladungsverschiebung entsteht im Festkörper ein elektrisches Querfeld und damit an den Längsseiten eine Potentialdifferenz, die Hallspannung U_H (Abb. 2.2.5). Wenn die Abmessung des Leiters in Stromrichtung ausreichend groß ist, so daß Randef-

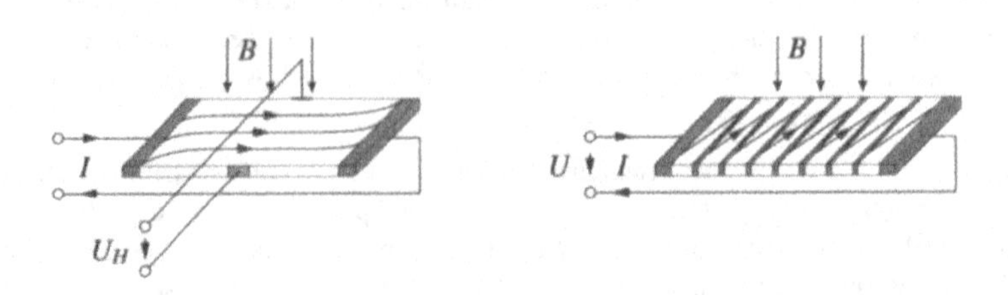

Abb. 2.2.5 Hall-Sonde und Feldplatte mit eingezeichneten Strombahnen

fekte vernachlässigt werden können, ergibt sich durch den Halleffekt bei einem Strom I (Steuerstrom), der magnetischen Induktion B und der Dicke d des Leiters eine Spannung von

$$U_H = R_H \cdot \frac{I \cdot B}{d} \tag{6}$$

Der Hallkoeffizient R_H ist eine Materialkonstante. Sie ist von der Temperatur abhängig (etwa 0,1%/K) und hat bei für Hall-Sonden gebräuchlichen Halbleitermaterialien (InAs, InAsP) einen Wert von etwa 100 bis 200 cm^3/As. Bei Hallsonden tritt durch Unsymmetrien im Aufbau auch ohne Magnetfeld eine kleine Offsetspannung auf.

Hallsonden sind direkt zur Magnetfeldmessung geeignet. Weiters haben sie eine große Bedeutung für die kontaktlose Messung von Gleichströmen. Um eine von der Leiteranordnung unabhängige Feldstärke zu erhalten, muß dazu das Magnetfeld durch einen Magnetkreis hoher Permeabilität gebündelt werden. Dazu kann der Leiter in mehreren Windungen um einen Ferritring geführt werden, der einen Luftspalt für die Hallsonde besitzt.

2.2.4.2 Feldplatte

Feldplatten stellen magnetisch steuerbare ohmsche Widerstände dar. Aufgrund des oben geschilderten Halleffektes werden die Ladungsträger durch ein Magnetfeld aus ihrer Bahn abgelenkt. Dabei wächst auch der Spannungsabfall des Steuerstromes, da die Bahnen der Ladungsträger länger werden (Abb. 2.2.5). Durch eine Serienschaltung von kurzen Leiterabschnitten kann der Effekt verstärkt werden. Der Zusammenhang zwischen magnetischer Induktion und Widerstand ist nichtlinear. Eine typische Kennlinie einer Feldplatte wird in Abb. 2.2.6 gezeigt. Die Widerstandsänderung ist unabhängig von der Orientierung des Feldes, es kann also nur der Betrag des einwirkenden Feldes gemessen werden. Die maximale Empfindlichkeit beträgt etwa 2000%/T. Durch eine Vormagnetisierung mit einem Permanentmagneten kann die Empfindlichkeit über den gesamten Bereich erhöht und eine Richtungserkennung erreicht werden. Da der Widerstand der Feldplatten temperaturabhängig ist, werden sie sehr oft in einer Differenzanordnung eingesetzt, bei der sich die Temperatureinflüsse kompensieren.

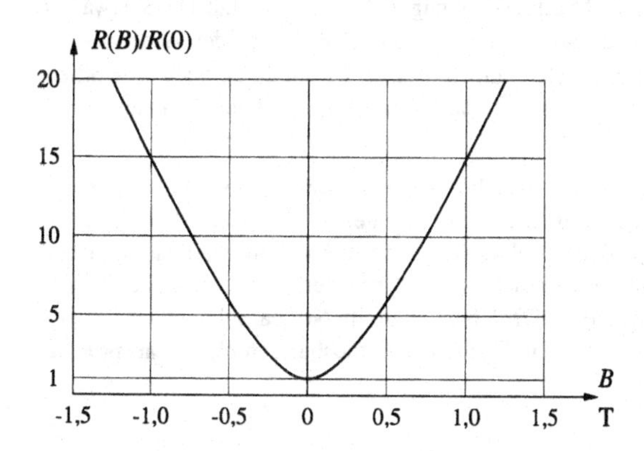

Abb. 2.2.6 Widerstandsverhältnis in Abhängigkeit vom Magnetfeld bei der Feldplatte

2.2.5 Dehnungssensoren

Die Dehnung hat in der Mechanik eine große Bedeutung, da die Verformung eines Körpers Aufschluß über die mechanische Beanspruchung eines Materials gibt. Außerdem können über die Dehnung indirekt Kräfte und Momente gemessen werden. Zur Messung der Verformung werden vor allem Dehnmeßstreifen eingesetzt, auch Positionssensoren (v.a. induktive oder kapazitive) kommen in Betracht.

2.2.5.1 Dehnmeßstreifen

Durch Strecken oder Stauchen eines elektrischen Leiters ändert sich sein Widerstand. Im Bereich der elastischen Verformung sind die Änderungen proportional zur Dehnung. Für den durch die Dehnung $\Delta l/l = \varepsilon$ veränderten Widerstand erhält man

$$R' = R \cdot (1 + k \cdot \varepsilon) \quad . \tag{7}$$

Die Proportionalitätskonstante zwischen Dehnung und relativer Widerstandsänderung wird meist als k-Faktor bezeichnet. Die Widerstandsänderung kommt durch die Änderung aller widerstandsbestimmenden Größen: der Länge, der Querschnittsfläche und des spezifischen Widerstandes zustande. Bei linearer Näherung der Widerstandsänderung aus den einzelnen Komponenten ergibt sich für den k-Faktor

$$k = \frac{\Delta R/R}{\varepsilon} = 1 + 2\mu + \frac{\tau}{\varepsilon} \quad . \tag{8}$$

Darin ist μ das als Poissonsche Zahl bezeichnete Verhältnis von Querkontraktion zur Dehnung, das bei den meisten Metallen etwa 0,3 ist. Die Größe τ bezeichnet die relative Änderung des spezifischen Widerstandes. Bei dem bei Metall-DMS häufig verwendeten Konstantan als Leitermaterial beträgt der k-Faktor ungefähr 2.

Für DMS werden auch Halbleiterwerkstoffe verwendet, bei denen außer der Formänderung besonders der spezifische Widerstand einer starken Änderung unterliegt (**Piezoresistiver Effekt**), sodaß k-Faktoren von -80 bis +200 erreichbar sind. Nachteilig bei Halbleiter-DMS ist die starke Abhängigkeit des k-Faktors von der Temperatur. Der Temperaturkoeffizient α_k hängt von der Leitfähigkeit des Halbleiters ab und liegt im Bereich von -500 bis -2000 ppm/K [16].

Die aus der Dehnung resultierende Widerstandsänderung ist sehr gering, da man innerhalb des elastischen Bereichs arbeiten muß. Die Maximaldehnung beträgt für Metall-DMS etwa 20 mm/m. Bei einem k-Faktor von 2 erhält man also höchstens eine Zunahme des Widerstandes eines DMS von 4%. Da man auch kleinere Dehnungen messen will, müssen noch wesentlich kleinere Widerstandsänderungen erfaßt werden. Übliche Nennwerte für den Widerstand eines DMS sind 120, 350, 600 und 1000 Ω.

Die wichtigste Störgröße ist die Temperatur. Die Widerstandsänderung des DMS bei einer Temperaturänderung ergibt sich aus dem Temperaturkoeffizienten des Widerstandswerkstoffes und zusätzlich aus der Differenz der Wärmedehnung des zu messenden Materials und der Wärmedehnung des DMS. Sie hängt also wesentlich vom Trägermaterial ab. Für eine Reihe von Werkstoffen lassen sich selbstkompensierende DMS herstellen. Im Normalfall muß die Temperaturabhängigkeit der DMS kompensiert werden. Dazu können mechanisch nicht beanspruchte

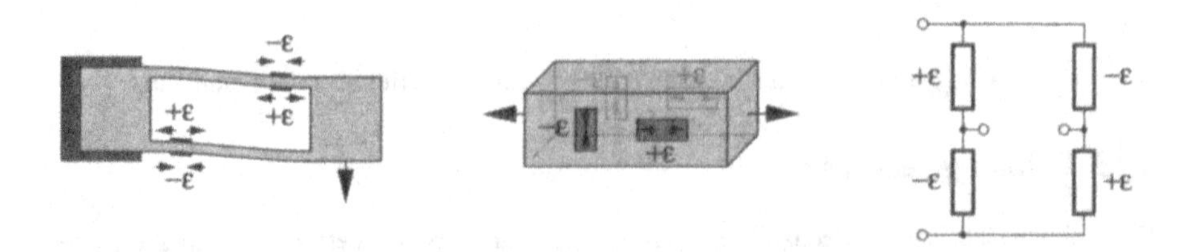

Abb. 2.2.7 Verformungskörper und Brückenschaltung für Dehnmeßstreifen

Kompensationsstreifen verwendet werden. Die Dehnungsmeßstreifen-Sensoren werden dabei in einer Brückenschaltung verwendet, bei der in einer Halbbrücke jeweils ein DMS der zu messenden mechanischen Spannung und der Temperatur ausgesetzt werden und der andere, gleichartige DMS nur der Temperatur. Eine andere Möglichkeit ist, in einer Halbbrücke den oberen DMS einer Spannungsrichtung und den unteren DMS der entgegengesetzten Spannungsrichtung auszusetzen, so daß sich die mechanischen Effekte verstärken, die Temperatureffekte kompensieren (Abb. 2.2.7).

Dehnmeßstreifen werden zur Messung aller von Kräften abgeleiteten Größen verwendet, so z.B. in Kraftmeßdosen, bei Waagen, auf Membranen zur Druck-Messung, auf Wellen zur Drehmoment-Messung. Auf die mechanischen Gesetze, die den Zusammenhang zwischen der Meßgröße und den am DMS auftretenden Effekten herstellen, wird hier nicht eingegangen. Diese Zusammenhänge sind von entscheidender Bedeutung bei der Konstruktion des Sensors aus mechanischem Wandler und DMS, die Charakteristik Meßgröße/elektrische Ausgangsgröße muß im allgemeinen durch eine Kalibrierung genau ermittelt werden.

2.2.6 Kraft- und Drucksensoren

Mit Kraft- und Druckmeßdosen (speziell ausgeführten Verformungskörpern und Membranen) und Dehnungsmeßstreifen können hochempfindliche, indirekt arbeitende Sensoren hergestellt werden. Bei piezoelektrischen und magnetoelastischen Sensoren wirkt die zu messende Kraft im Gegensatz dazu direkt auf das Sensorelement.

2.2.6.1 Piezoelektrischer Kraftsensor

Bei einer Reihe kristalliner, nichtleitender Stoffe führt eine Verformung zur Bildung einer elektrischen Ladung an der Oberfläche (**Piezoelektrischer Effekt**). Die Ladung ist bei elastischer Verformung proportional zur einwirkenden Kraft. Da die Ladung praktisch ohne Verzögerung gebildet wird, sind piezoelektrische Aufnehmer für die Messung schnell verlaufender Vorgänge besonders geeignet. Sie werden daher vor allem für Beschleunigungsmesser verwendet (Abb. 2.2.8). Da die erzeugten Ladungen über Isolationswiderstände und über den Eingangswiderstand des Meßverstärkers abfließen, ist der Effekt für statische Kraftmessungen nicht geeignet.

Für Meßzwecke wird fast nur Quarz verwendet, da dieses Material eine sehr geringe Temperaturabhängigkeit aufweist und wegen seines hohen Elastizitätsmoduls von etwa $8 \cdot 10^{10}$N/m^2 eine praktisch weglose Messung gestattet. Oberhalb einer Temperatur von 573°C verschwindet der Piezoeffekt. Man nennt diese Temperatur, bei der das Quarzgefüge in ein nicht piezoelektrisches Gefüge übergeht, "Curie - Temperatur".

Die Ladungen können mit Kontaktelektroden an der Oberfläche des Kristalls abgegriffen werden. Die von der Kraft F erzeugte Ladung Q führt am Sensor mit der Kapazität des Sensors C_0 und der unvermeidlichen Schalt- und Leitungskapazität C_s zu einer Spannung von

$$U = \frac{Q}{C} = \frac{k \cdot F}{C_0 + C_s} , \qquad (9)$$

die mit einem hochohmigen Spannungsverstärker gemessen werden kann. Die Spannung ist von der Kapazität C_s wesentlich beeinflußt, die meist größer als die des Piezo-Kristalls C_0 ist. Da in C_s auch die Kabelkapazität enthalten ist, werden die Leitungen vom Hersteller mitgeliefert und in ihren Kapazitätswerten bei der Kalibrierung berücksichtigt. Für die Entladung über die Isolationswiderstände und den Eingangswiderstand des Verstärkers ergibt sich mit dem Gesamt-

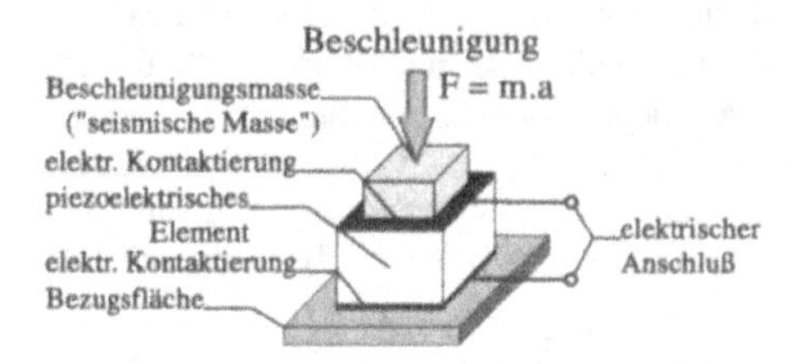

Abb. 2.2.8 Prinzip eines piezoelektrischen Beschleunigungssensors

widerstand R_i aus Isolationswiderstand und Eingangswiderstand des Meßverstärkers als Zeitkonstante $\tau = R_i \cdot (C_0 + C_s)$.

Bei genauen Messungen wird der Einfluß der Kapazitäten C_0 und C_s durch die Verwendung einer Ladungsverstärkerschaltung vermieden (Kap. 2.4.2.4). Diese Schaltung saugt die entstehende Ladung am Sensor ab und wandelt sie in eine Spannung um, die Spannung am Sensor bleibt gleich Null, wodurch die Kapazitäten keine Rolle spielen.

Neben der direkten Ausnutzung des piezoelektrischen Effekts gibt es auch die Möglichkeit einen Druck bzw. eine Kraft indirekt über einen Piezoresonator, z.B. einen Schwingquarz, zu messen. Dazu wird die mechanische Resonanzfrequenz des Schwingquarzes durch die mechanischen Spannungen verstimmt. Dieses Prinzip entspricht dem einer Schwingsaite, deren Tonhöhe durch die mechanische Spannung eingestellt wird [1].

2.2.6.2 Sensoren nach dem magnetoelastischen Prinzip

Bei ferromagnetischen Werkstoffen wird durch eine mechanische Spannung die Permeabilität beeinflußt, wobei zwischen Permeabilitätsänderungen und mechanischer Spannung ein näherungsweise linearer Zusammenhang besteht. Besonders geeignet sind Nickel-Eisen-Legierungen mit etwa 80 % Nickelanteil, bei denen man bei mechanischen Spannungen von 100 N/mm^2 Permeabilitätsänderungen von etwa 40 % erreicht. Die Permeabilitätsänderung kann durch einen Transformator gemessen werden, bei dem die Gegeninduktivität der beiden Wicklungen beeinflußt wird (Preßduktor).

Magnetoelastische Meßgrößenaufnehmer werden vorwiegend für große Kräfte ab etwa 100 N unter rauhen Betriebsbedingungen verwendet, wenn der größere Fehler gegenüber Kraftaufnehmern mit DMS nicht entscheidend und der größere Meßeffekt mit dem verstärkerlosen Betrieb ausschlaggebend ist.

2.2.7 Positionssensoren

Die Position ist eine wichtige Meßgröße an sich. Zusätzlich dient sie oft als Zwischengröße bei indirekten Sensoren, inbesondere für Kraft- und Druckmessungen oder für Geschwindigkeitsmessungen. Für die Position stehen eine Reihe von direkten Sensoren zur Verfügung, wobei im folgenden Sensoren angeführt werden, bei denen beide Teile, deren Relativposition bestimmt werden soll, zum Sensor gehören. Für die genaue Messungen von Entfernungen und die Vermessung entfernter Meßobjekte sind optische und bildverarbeitende Meßsysteme von großer Bedeutung, die hier nicht erläutert werden.

2.2.7.1 Potentiometer

Eine einfache Möglichkeit, eine Position oder einen Winkel zu messen, besteht darin, einen Abgriff an einem linearen oder einem Drehpotentiometer zu verschieben. Die Messung einer Teilspannung ergibt einen linearen Zusammenhang zwischen der Position des Schleifers und der abgegriffenen Spannung.

Bei drahtgewickelten Potentiometern entsteht eine begrenzte Auflösung durch den Widerstandssprung zwischen zwei benachbarten Windungen der Widerstandswicklung. Von praktischer Bedeutung für Geberanwendungen sind daher vor allem Potentiometer, die als Widerstandsmaterial leitfähigen Kunststoff ("Leitplastik") verwenden und kontinuierlich einstellbar sind. Wichtig für eine rückwirkungsarme Meßwerterfassung ist eine geringe Verstellkraft bzw. ein geringes Verstellmoment, das mit sogenannten Feinschleifwiderständen erreichbar ist. Es gibt Ausführungen mit einem geringen Antriebsmoment in der Größenordnung von mN·cm, sodaß eine Rückwirkung auf die primäre Meßgröße in den meisten Fällen zu vernachlässigen ist.

2.2.7.2 Induktive Sensoren

Induktive Positionssensoren verwenden die stellungsabhängige Änderung einer Induktivität oder einer der Gegeninduktivität. Ein Vorteil der induktiven Sensoren ist der robuste mechanische Aufbau.

Die Induktivität einer Spule kann durch einen beweglichen Eisenkern beeinflußt werden, wobei man je nach der Anordnung zwischen Tauchankerwandlern und Querankerwandlern unterscheidet (Abb. 2.2.9). Mit einer Spule ergibt sich ein stark nichtlinearer Zusammenhang zwischen Weg und Induktivität. Durch eine Anordnung mit zwei Spulen, bei der die Induktivität der beiden Spulen gegengleich beeinflußt wird, kann die Empfindlichkeit verbessert und der Linearitätsbereich erweitert werden. Die Auswertung erfolgt am günstigsten mit einer Brückenschaltung, bei der eine Temperaturabhängigkeit der Einzelspulen kompensiert wird.

Induktive Sensoren, die mit einer Änderung der Gegeninduktivität arbeiten, werden mit einer

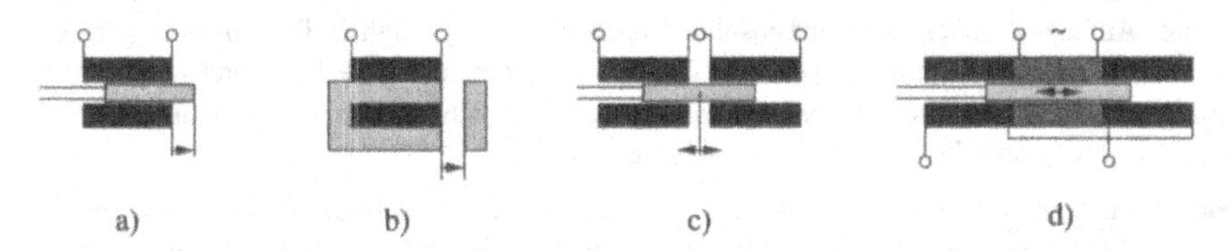

Abb. 2.2.9 Induktive Positionssensoren: a) Tauchankerwandler b) Querankerwandler c) Differenzdrossel d) Differenztransformator

Wechselspannung gespeist und liefern so als Ausgangssignal eine positionsabhängige Wechselspannung. Ein Beispiel für einen Positionssensor ist der Differentialtransformator (engl. LVDT: Linear Variable Differential Transformer), bei dem die Kopplung durch einen beweglichen Eisenkern verändert wird. Für eine sehr genaue Erfassung von Drehwinkeln, z.B. bei Antrieben, werden Sensoren nach dem Prinzip eines Drehtransformators verwendet, die als Drehmelder bzw. Resolver bezeichnet werden.

2.2.7.3 Kapazitive Sensoren

Kapazitive Positionssensoren nutzen die Änderung einer Kapazität durch die Änderung des Abstandes der seitlichen Anordnung der beiden Elektroden oder des Dielektrikums (Abb. 2.2.10). Sie sind sehr gut für eine Miniaturisierung geeignet.

Bei einer Abstandsänderung besteht ein nichtlinearer Zusammenhang zwischen Positionsänderung und Kapazität. Bei einer seitlichen Verschiebung der beiden Elektroden ändert sich die wirksame Kondensatorfläche. Die Abhängigkeit wird durch die Form der Elektroden bestimmt und ist bei rechteckigen Elektroden linear. Verwendet man Platten, die Kreisflächen darstellen und drehbar gelagert sind, so erhält man den bekannten Drehkondensator, der zur Winkelmessung geeignet ist. Die Änderung des Dielektrikums wird z.B. für Füllstandsmessungen verwen-

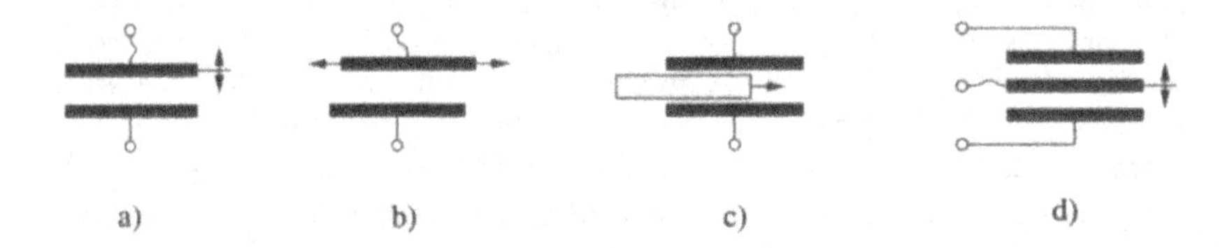

Abb. 2.2.10 Kapazitive Positionssensoren: a) Elektrodenabstand, b) seitliche Verschiebung, c) verschiebliches Dielektrikum, d) Differenzkondensator

det. Aber auch Schichtdicken können über die Änderung der Kapazität gemessen werden.

Benötigt man einen größeren linearen Bereich, so kann man einen Differenzkondensator verwenden, bei dem zwei in Serie geschaltete Kapazitäten gegengleich verändert werden (Abb. 2.2.10). Das Differenzprinzip ergibt auch hier neben einer Verdopplung der Empfindlichkeit eine Vergrößerung des linearen Bereichs und eine Kompensation der Temperaturabhängigkeit.

2.2.7.4 Inkrementalgeber und Absolutgeber

Strich-Raster oder Strich-Scheiben ergeben mit einer optischen oder magnetischen Abtastung einen sogenannten inkrementalen Geber (Abb. 2.2.11). Durch die Verwendung von zwei versetzten Abtasteinheiten kann auch die Bewegungsrichtung erkannt werden. Mit geringem Aufwand sind so sehr hohe Auflösungen erreichbar. Das Ergebnis ist allerdings nur als Differenz zu einem Anfangswert definiert, eine absolute Messung ist nicht möglich. Der Positionswert ist nur in der Auswerteschaltung gespeichert. Er geht bei Stromausfall verloren und wird durch Störungen bleibend verfälscht. Daher wird meist eine zusätzliche Spur mit einer Nullmarke für die Initialisierung und die laufende Überwachung verwendet.

Code-Lineal oder Code-Scheibe verwenden eine mehrkanalige (absolute) Codierung mit einem Sensor je Kanal, meist mit optischen Sensoren und einer Codierung mit Wechsel von durchsichtigen und undurchsichtigen Segmenten. Der Aufwand ist wesentlich höher, speziell bei feiner Auflösung. Diese Methode ergibt absolute Positionswerte, unabhängig von Versorgungsspannung und vorübergehenden Störungen. Da die Umschaltpunkte keinesfalls genau übereinstim-

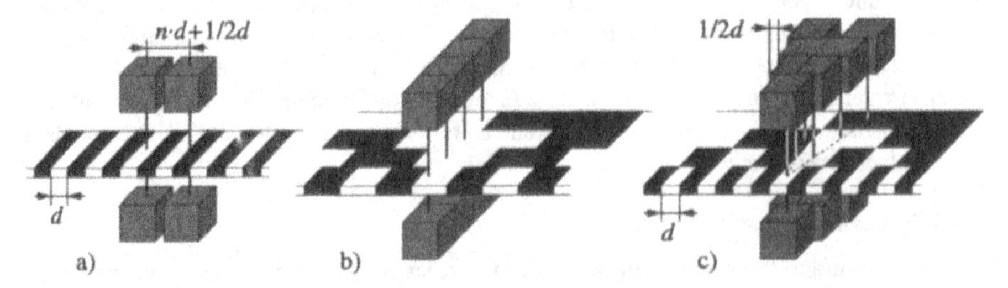

Abb. 2.2.11 Weggeber: a) Inkrementalgeber, b) Gray-codierter Absolutgeber und c) binär-codierter Absolutgeber mit V-förmiger Abtastung

men, können beim Binär-Code zwischen zwei Positionen, bei denen mehrere Bit zwischen 0 und 1 umschalten, alle denkbaren Kombinationen von 0- und 1-Werten auftreten. Daher ist entweder eine spezielle Codierung (Gray-Code) oder eine spezielle Auswerte-Schaltung (V-förmige Abtastung) nötig, um falsche Übergangs-Zustände zu vermeiden. Bei der V-förmigen Abtastung (Abb. 2.2.11c) entscheidet das niederwertigste Bit, welche der beiden Reihen ausgewertet wird, wobei die Reihen so angeordnet sind, daß sie nicht gleichzeitig im Übergangsbereich stehen [22].

2.2.8 Geschwindigkeitssensoren

Eine Geschwindigkeit kann indirekt über die Positionsänderung pro Zeit gemessen werden. Über das Induktionsgesetz bzw. das elektrodynamische Prinzip läßt sie sich jedoch direkt in eine Spannung umwandeln. Bewegt man einen Leiter in einem Magnetfeld, so entsteht die Spannung

$$U = B \cdot l \cdot v \tag{10}$$

mit der mittleren Flußdichte B senkrecht zum Leiter und der Leiterlänge l. Die Spannung ist proportional der Geschwindigkeit v senkrecht zum Leiter und zum Feld. Da es nur auf die Änderung des Flusses in der Leiterschleife bzw. die Relativgeschwindigkeit ankommt, ist es gleichgültig, ob das Magnetfeld feststeht und der Leiter bewegt wird oder umgekehrt. Die geschwindigkeitsproportionale Spannung von elektrodynamischen Sensoren kann durch Integration oder Differentiation in eine weg- oder beschleunigungsproportionale Größe umgewandelt werden.

Für lineare Bewegungen sind nur kleine Wege möglich. Es lassen sich je nach Aufbau Tauchspul- oder Tauchmagnetgeber unterscheiden. Elektrodynamische Sensoren zur Messung der Winkelgeschwindigkeit werden als **Tachometergeneratoren** bezeichnet. Sie erzeugen eine drehzahlproportionale Spannung. Wegen Kommutierungsschwierigkeiten und Bürstenverschleiß des Gleichstromdynamos werden oft Wechselspannungsgeneratoren mit nachfolgender Gleichrichtung verwendet. Trotzdem ist der Gleichstromdynamo als Drehzahlgeber sehr verbreitet.

Mit elektrodynamischen Aufnehmern können auch Impulse erzeugt werden, deren Frequenz proportional der Drehzahl ist.

2.2.9 Optische Sensoren

Grundlage für eine Reihe optischer Sensoren ist der **innere photoelektrische Effekt**. Wird elektromagnetische Strahlung von einem Halbleiter absorbiert, so werden bei ausreichender Photonenenergie bzw. Kurzwelligkeit der Strahlung freie Ladungsträger erzeugt. Die Menge der freigesetzten Ladungsträger ist ein Maß für die einfallende Strahlungsleistung. Enthält der Halbleiter einen pn-Übergang, so werden die in der Raumladungszone entstehenden Ladungsträger getrennt und es entsteht bei offenen Anschlüssen eine Spannung bzw. bei kurzgeschlossenen Anschlüssen ein Strom (Sperrschichtphotoeffekt).

2.2.9.1 Photoelemente

Die Kennlinie eines Photoelements entspricht einer Diode, bei der ein von der Beleuchtung abhängiger Strom in Sperrichtung addiert wird (Abb. 2.2.12). Die Leerlaufspannung hängt logarithmisch von der Beleuchtungsstärke ab, der Kurzschlußstrom linear. Auch bei einem Lastwiderstand größer Null bleibt für Spannungen bis etwa zur Hälfte der Leerlaufspannung die Linearität zwischen Strom und Beleuchtungsstärke gut erhalten. Daher werden Photoelemente für Meßzwecke meist im Kurzschluß bzw. mit niederohmiger Last betrieben und der Strom als Ausgangssignal verwendet.

Eine wichtige Eigenschaft ist die spektrale Empfindlichkeit, die bei dem Selen-Photoelement, gut an die Augenempfindlichkeit angepaßt werden kann. Da die eingestrahlte Leistung für das Ausgangssignal wesentlich ist, werden Photoelemente großflächig ausgeführt, daraus ergibt sich eine großen Kapazität und Trägheit.

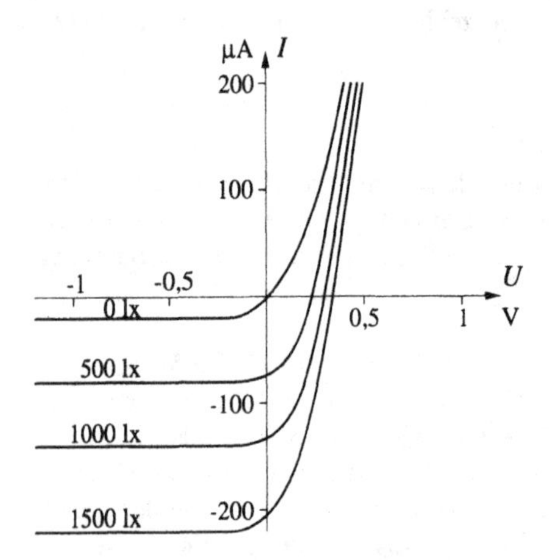

Abb. 2.2.12 Kennlinie einer Photodiode bei unterschiedlicher Beleuchtungsintensität

2.2.9.2 Photodiode

Photodioden beruhen ebenso auf dem Sperrschichtphotoeffekt wie Photoelemente. Allerdings wird die Spannung an der Raumladungszone durch das Anlegen einer Sperrspannung erhöht und der Sperrstrom gemessen. Dadurch wird die Raumladungszone breiter, die Sperrschichtkapazität geringer und die Trägheit sehr klein. Bei schnellen Photodioden wird die Raumladungszone zusätzlich mit einer pin-Struktur verbreitert, wodurch Anstiegszeiten von bis zu 0,1 ns erreichbar sind. Aufgrund der Sperrspannung und der thermischen Ladungsträgergeneration fließt auch ein Sperrstrom ohne Beleuchtung, der sogenannte Dunkelstrom.

2.2.9.3 Phototransistor

Beim Phototransistor wird der lichtelektrische Effekt der Photodiode mit der Verstärkerwirkung des Transistors kombiniert. Als strahlungsempfindliche Fläche wird die Basis-Kollektor-Sperrschicht verwendet. Die generierten Ladungsträger wirken wie eine Photodiode parallel zu Basis und Kollektor, deren Photostrom als Basisstrom den Transistor steuert. Der Basisstrom wird durch den Transistor verstärkt. Dadurch hat der Phototransistor eine etwa 30fach höhere Empfindlichkeit als die Photodiode. Allerdings ist auch die Trägheit größer.

2.2.9.4 Photowiderstand

Aufgrund der beim photoelektrischen Effekt generierten Ladungsträger ändert sich auch der Widerstand des Halbleiters, dies wird beim Photowiderstand bzw. Photoleiter ausgenutzt. Photowiderstände werden vor allem für langwelliges Licht eingesetzt, für das keine geeigneten Werkstoffe für Sensoren mit pn-Übergängen zur Verfügung stehen.

Als Materialien für Photowiderstände haben vor allem Cadmiumsulfid und Kaliumselenid Bedeutung. Die Trägheit des Sensors ist sehr hoch, besonders beim Abfall der Helligkeit. Der Dunkelwiderstand beträgt bis zu 100 MΩ und geht beispielsweise bei einer Beleuchtungsstärke von 100 Lux auf 100 kΩ zurück.

2.2.10 Literatur

[1] Benes E., Gröschl M., Piezoelektrische Resonatoren als Sensorelemente. Elektrotechnik und Informationstechnik e&i 112 (1995) S. 471.

[2] Benzel H., Bau linearisierter kapazitiver Drucksensoren mit Auswerteschaltungen in Schalter-Kondensator-Technik. VDI-Verlag, Düsseldorf 1995.

[3] DIN 1319 Teil 1, Grundbegriffe der Meßtechnik, Messen, Zählen, Prüfen.

[4] DIN (Hrsg.), Internationales Wörterbuch der Metrologie 2. Aufl. Beuth, Berlin Wien Zürich 1994.

[5] Göpel W., Entwicklung chemischer Sensoren: Empirische Kunst oder systematische Forschung. Technisches Messen 52 (1985) S. 47, 92, 175.

[6] Hauptmann P., Sensoren. Hanser, München Wien 1990.

[7] Heywang W. (Hrsg.), Sensorik. Springer, Berlin Heidelberg 1993.

[8] Hoffmann K., Eine Einführung in die Technik des Messens mit Dehnungsmeßstreifen. Hottinger Baldwin Meßtechnik, Darmstadt 1987.

[9] IEC 584-1: Thermocouples - Part 1: Reference Table.

[10] IEC 751: Industrial platinum resistance thermometer sensors.

[11] Klappe H.J.A., Platin-Widerstandsthermometer für industrielle Anwendungen. Technisches Messen 54 (1987) S. 130.

[12] Niebuhr J., Lindner G., Physikalische Meßtechnik mit Sensoren. Oldenburg, München Wien 1994.

[13] Preston-Thomas H., The International Temperature Scale of 1990 (ITS-90). Metrologia 27 (1990) S. 3.

[14] Profos P., Pfeifer T. (Hrsg.), Handbuch der industriellen Meßtechnik. Oldenburg, München Wien 1992.

[15] Reichl H. (Hrsg.), Halbleitersensoren. expert verlag, Ehningen 1989

[16] Schaumburg H., Werkstoffe und Bauelemente der Elektrotechnik Band 3: Sensoren. Teubner, Stuttgart 1992.

[17] Schaumburg H., Werkstoffe und Bauelemente der Elektrotechnik Band 8: Sensoranwendungen. Teubner, Stuttgart 1995.

[18] Schubert D., Beschleunigungssensoren in Silizium-Technik. Technisches Messen 62 (1995) S. 424.

[19] Schwarz R., Verfahren zur Durchflußmessung. Technisches Messen 56 (1989) S. 51.

[20] Schanz G.W. (Hrsg.), Jahrbuch Sensortechnik 1995/96 - Trends, Produkte und Entscheidungshilfen. Oldenburg, München Wien 1995.

[21] Thiel R., Elektrisches Messen nichtelektrischer Größen. Teubner, Stuttgart 1990.

[22] Tränkler H.-R., Taschenbuch der Meßtechnik. Oldenbourg, München Wien 1990.

[23] Ziegler H., Temperaturmessung mit Schwingquarzen. Technisches Messen 54 (1987) S. 124.

2.3 Meßverstärker

Fritz Kreid

2.3.1 Einleitung

Ein grundsätzliches Problem jeder Messung ist die Rückwirkung des Meßgerätes auf das Meßobjekt. In der klassischen Meßtechnik wurde dieses Problem mit kompensierenden Verfahren gelöst. In der modernen Meßtechnik nähert man sich dem Idealfall der rückwirkungsfreien Messung durch den Einsatz von elektronischen **Meßverstärkern**. Ein weiterer Grund für den Einsatz von Meßverstärkern ist die Tatsache, daß immer mehr Meßdaten digitalisiert und anschließend digital weiterverarbeitet werden. Um die unterschiedlichsten Meßsignale mit Analog-Digital-Konvertern digitalisieren zu können, ist häufig eine analoge Aufbereitung notwendig. So ist bei der Messung sehr kleiner Größen meist eine Verstärkung unumgänglich, da bei einer direkten Messung die Empfindlichkeit der Meßwerke oder Analog-Digital-Konverter nicht ausreicht. Mit Verstärkern sind Messungen im Bereich bis zu mV und sogar nV möglich.

Prinzipiell kann man analoge Meßschaltungen in diskreter Bauweise, d.h. mit Transistoren, Widerständen usw., ausführen. Dies ist jedoch immer seltener der Fall und beschränkt sich im wesentlichen auf Anwendungen für sehr hohe Frequenzen, für höhere Spannungen oder für größere Leistungen. Vorwiegend werden integrierte Operationsverstärker eingesetzt. Es gibt preiswerte Typen für Frequenzen bis in den Bereich von einigen 10 MHz und für Spezialanwendungen sogar bis zu einigen 100 MHz. Auch der Bereich der höheren Spannungen und höheren Leistungen wird inzwischen von integrierten Operationsverstärkern teilweise abgedeckt.

Ein weiterer Problembereich für viele Anwendungen von Meßverstärkern ist die Stabilität im Gleichspannungsbereich, wie sie z.B. bei der Verstärkung von Sensorsignalen notwendig ist. Seit der Einführung von integrierten Operationsverstärkern in den späten sechziger Jahren, konnten die dafür maßgeblichen Eigenschaften ungefähr um den Faktor 100 verbessert werden. Damit ist aus heutiger Sicht der Operationsverstärker das optimale Standardbauelement, um unterschiedlichste Meßsignale zur Weiterverarbeitung aufzubereiten.

2.3.2 Operationsverstärker

Operationsverstärker (OPV, Operational Amplifier, OP-AMP) wurden ursprünglich für die Analogrechentechnik als universelle Grundbausteine für die benötigten Schaltungen zum Verstärken, Addieren, Subtrahieren und Integrieren von analogen Signalen entwickelt. Es handelt sich dabei um Verstärker, deren Eigenschaften in der Weise optimiert sind, daß die Funktion einer mit ihnen aufgebauten Schaltung nicht vom Verstärker, sondern nur von der äußeren Beschaltung (= **Gegenkopplungsnetzwerk**) abhängt. Die wichtigsten Eigenschaften eines Operationsverstärkers sind eine extrem hohe Spannungsverstärkung, gute Nullpunktstabilität, geringe Eingangsströme, ein hoher Eingangswiderstand und ein geringer Ausgangswiderstand. Eine ausschließliche Abhängigkeit der Eigenschaften einer gegengekoppelten Operationsverstärker-Schaltung vom Gegenkopplungsnetzwerk gilt streng nur für den "idealen" OPV, ist aber in der Praxis durch die Verwendung eines geeigneten Typs fast immer erfüllbar. Allein durch die äußere Beschaltung kann so eine praktisch unbegrenzte Anzahl von analogen Funktionen von einfachen Verstärkern, Gleichrichtern usw., bis zu komplexen Filtern, Rechenschaltungen und vieles andere mehr realisiert werden.

Das allgemein verwendete Schaltsymbol eines Operationsverstärkers wird in Abb. 2.3.1 links gezeigt. In Prinzipschaltungen werden meist nur die beiden Eingänge und der Verstärkerausgang

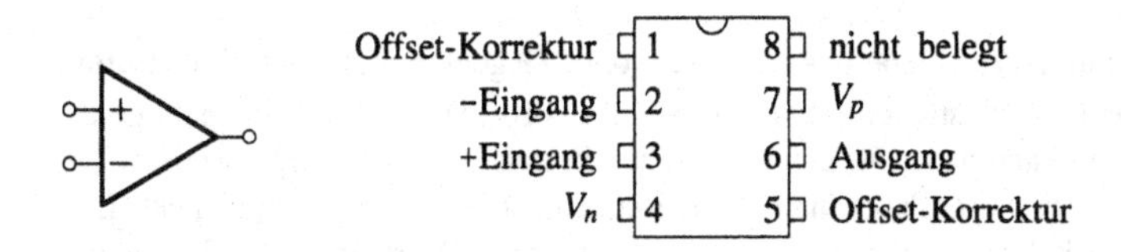

Abb. 2.3.1 Symbol eines Operationsverstärkers mit häufig verwendeter Anschlußbelegung

eingezeichnet. Weitere Anschlüsse für die Versorgungsspannung(en) sowie für Abgleichelemente werden der Übersicht wegen meist weggelassen. Im rechten Teil von Abb. 2.3.1 wird die Anschlußbelegung für eine häufig verwendete Gehäuseform angegeben, die für die meisten Typen gilt. Unterschiede gibt es bei den Anschlüssen zur Offsetkorrektur und bei den unbelegten Anschlüssen.

In Abb. 2.3.2 wird ein Operationsverstärker ohne äußere Beschaltung aber mit der Spannungsversorgung gezeigt, die meist aus zwei symmetrischen Spannungsquellen besteht.

Die beiden Versorgungspotentiale V_P und V_N definieren den möglichen Ausgangsspannungsbereich zu $U_- < u_a < U_+$. Operationsverstärker haben keinen Bezugspotential-Anschluß, in den meisten Schaltungen wird das Nullpotential der Versorgung als Bezugspotential herangezogen. Die beiden Eingänge werden durch ein "+" und ein "−" Symbol gekennzeichnet. Der "+" Eingang wird auch nichtinvertierender Eingang genannt, sein Potential wird im folgenden mit u_{ep} bezeichnet. Der "−" Eingang wird auch invertierender Eingang genannt, sein Potential mit u_{en} bezeichnet. Für konstante Größen werden im folgenden groß geschriebene Symbole verwendet, für (zeitlich) veränderliche Größen klein geschriebene.

Im Idealfall ist die Ausgangsspannung ausschließlich eine Funktion der Differenzspannung zwischen den beiden Eingängen nach

$$u_a = v_g \cdot (u_{ep} - u_{en}) = v_g \cdot u_{ed} \tag{1}$$

mit einer gegen unendlich gehenden Kleinsignaldifferenzverstärkung v_g .

Zur Berechnung von OPV-Schaltungen werden verschiedene Modelle verwendet. Durch sie wird eine formale Berechnung der Funktionsweise der Schaltung ermöglicht, indem die Funktion des Operationsverstärkers, soweit wie möglich, durch linearisierte Ersatzgrößen beschrieben wird.

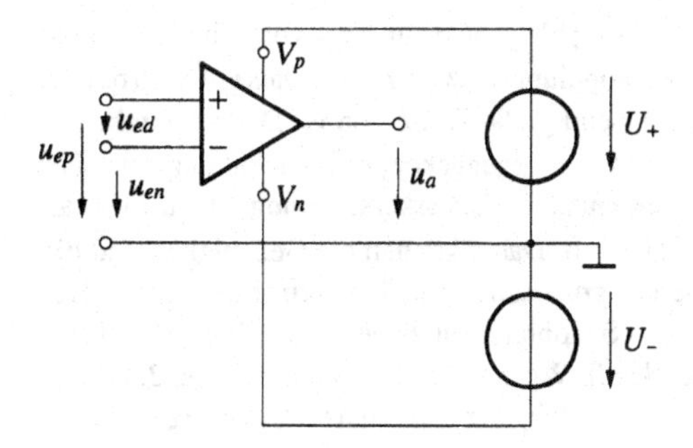

Abb. 2.3.2 Operationsverstärker ohne äußere Beschaltung mit eingezeichneter Versorgungsspannung

2.3.3 Gegengekoppelte OPV-Schaltungen

Die Differenzverstärkung eines Operationsverstärkers ohne Gegenkopplung geht im Idealfall gegen ∞, für reale Operationsverstärker beträgt sie ca. 10^3 bis 10^7. Dieser Wert ist weder genau definiert, noch stabil und kann daher für den praktischen Einsatz nicht verwendet werden. Ein OPV ohne Gegenkopplung ist deshalb für lineare Verstärkeranwendungen ungeeignet. Erst durch Gegenkopplung erhält man einen Verstärker mit definiertem Verhalten. Das Prinzip der **negativen Rückkopplung** (**Gegenkopplung**) besteht darin, daß ein Teil des Ausgangssignales über ein Gegenkopplungsnetzwerk an den Eingang des Verstärkers zurückgeführt wird. Der OPV wirkt als (Proportional-)Regler und steuert das Ausgangssignal so, daß das zurückgeführte Signal möglichst genau dem Eingangssignal entspricht.

In Abb. 2.3.3 wird das Prinzip eines Verstärkers mit Gegenkopplung gezeigt. Die Ausgangsspannung gelangt über das Gegenkopplungsnetzwerk, dessen Übertragungsfunktion im folgenden mit β bezeichnet wird, zum "–" Eingang des Operationsverstärkers und wird damit vom Eingangssignal subtrahiert.

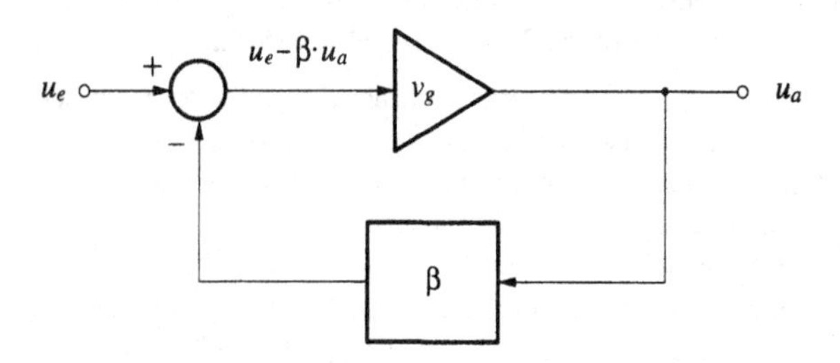

Abb. 2.3.3 Gegengekoppelter Verstärker als Regelkreis

Für die Ausgangsspannung ergibt sich daher eine geometrische Reihe mit der Summe

$$u_a = u_e \cdot (v_g - \beta \cdot v_g^2 + \beta^2 \cdot v_g^3 - .....) = \frac{u_e \cdot v_g}{1 + \beta \cdot v_g} \tag{2}$$

Für den idealen Operationsverstärker gilt $v_g \to \infty$, als Grenzwert von Gl. (2) ergibt sich

$$u_a = \lim_{v_g \to \infty} \left(\frac{u_e \cdot v_g}{1 + \beta \cdot v_g} \right) = \frac{u_e}{\beta} \ . \tag{3}$$

Das Ausgangssignal der gegengekoppelten Schaltung hängt also nur mehr vom Eingangssignal u_e und von der Übertragungsfunktion β des Gegenkopplungsnetzwerkes ab. Dies gilt auch bereits in sehr guter Näherung für endliche, aber hinreichend große Werte von v_g. Dann beeinflussen die Eigenschaften des Verstärkers das Verhalten der gegengekoppelten Schaltung nur sehr gering. Die Übertragungsfunktion der gegengekoppelten Verstärkerschaltung ist im Idealfall invers zu der des Rückkopplungsnetzwerkes, also 1/β. Daher können die Genauigkeit und die zeitliche Konstanz des Rückkopplungsnetzwerkes grundsätzlich nicht übertroffen werden. Der Gewinn an Genauigkeit, Linearität, Konstanz und Bandbreite durch Gegenkopplung wird durch entsprechende Verringerung der Verstärkung erkauft. Wie noch gezeigt wird (Kapitel 2.3.8), ist eine wichtige Kenngröße für die rückgekoppelte Schaltung die **Schleifenverstärkung** v_s. Sie ist jene Verstärkung, die auftritt, wenn man die Rückkopplungsschleife an einem Punkt auftrennt, und die Verstärkung entlang dieser Schleife betrachtet:

$$v_s = v_g \cdot \beta \ . \tag{4}$$

Man kann sich die Schleifenverstärkung als eine Art Verstärkungsreserve, bzw. als Maß für die Verbesserung der Eigenschaften des Verstärkers durch die Rückkopplung vorstellen. Durch die Frequenzabhängigkeit der Leerlaufverstärkung v_g bei realen Verstärkern ist sie immer frequenzabhängig und sinkt mit steigender Frequenz.

Beispiel: Das Gegenkopplungsnetzwerk könnte z.B. ein einfacher Spannungsteiler aus rein Ohmschen Widerständen sein. Die Übertragungsfunktion β vereinfacht sich dann zu einem Faktor kleiner als Eins. Mit $\beta = 1/10$ ergibt sich für die ideale Verstärkung des rückgekoppelten Verstärkers $v_r = 10$. Wenn der Operationsverstärker eine Leerlaufverstärkung $v_g = 100000$ hat, beträgt die Schleifenverstärkung v_s 10000 und die reale Verstärkung 9,99900.

2.3.4 Der ideale Operationsverstärker

Der ideale OPV bildet die Ausgangsbasis bei allen Schaltungsentwürfen und Dimensionierungen. Damit der Forderung nach Unabhängigkeit der Eigenschaften einer gegengekoppelten Verstärkerschaltung von den Operationsverstärker-Eigenschaften entsprochen werden kann, muß ein OPV die im folgenden angegebenen Bedingungen erfüllen.

2.3.4.1 Eigenschaften des idealen Operationsverstärkers

- Die Spannungsverstärkung v_g ist frequenzunabhängig und unendlich: $v_g \rightarrow \infty$.
  Als Spannungsverstärkung (Leerlaufverstärkung, Geradeausverstärkung, Differenzverstärkung, open-loop gain) bezeichnet man das Verhältnis

$$v_g = \frac{du_a}{du_{ed}} = \frac{du_a}{d\,(u_{ep} - u_{en})} \quad . \tag{5}$$

- Die Gleichtaktverstärkung ist gleich Null: $v_{gt} = 0$.
  Unter Gleichtaktverstärkung (common mode gain) versteht man das Verhältnis

$$v_{gt} = \frac{du_a}{du_{egt}} = \frac{du_a}{d\left(\dfrac{u_{ep} + u_{en}}{2}\right)} \quad . \tag{6}$$

- Der (Gleichtakt- und Differenz-) Eingangswiderstand ist unendlich: r_{eg}, $r_{ed} \rightarrow \infty$.

$$r_e = \frac{du_e}{di_e} \tag{7}$$

- Der Ausgangswiderstand ist gleich Null: $r_a = 0$.

$$r_a = -\frac{du_a}{di_a} \tag{8}$$

- Der Verstärker ist frei von Eingangsstörgrößen.
  Dazu gehören die Eingangsoffsetspannung und die Eingangsströme (siehe 2.3.5.2).

Diese Kriterien können natürlich von keinem technisch realisierbaren Operationsverstärker tatsächlich erfüllt werden. Je nach Qualität des Verstärkers nähern sich seine Daten mehr oder weniger gut an den Idealfall an.

In Abb. 2.3.4 ist der Zusammenhang zwischen Ausgangsspannung und Differenz-Eingangsspannung für einen idealen OPV gezeigt. Da die Leerlaufverstärkung unendlich ist, verläuft die Funktion $U_a\,(\,U_{ed}\,)$ im Nullpunkt senkrecht. Die Ausgangsspannung ist durch die Versorgungsspannungen begrenzt.

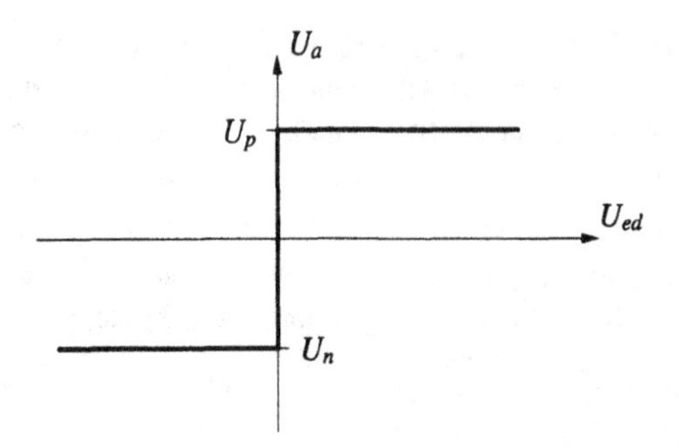

Abb. 2.3.4 $U_a(U_{ed})$-Kennlinie des idealen Operationsverstärkers

2.3.5 Der idealisierte (linearisierte) Operationsverstärker

Bei diesem Modell haben alle entscheidenden Ersatzgrößen endliche, aber konstante Werte. Damit können die wichtigsten Abweichungen vom idealen Operationsverstärker in guter Näherung berücksichtigt werden, ohne die Berechnung wesentlich zu erschweren. In Abb. 2.3.5 ist eine Ersatzschaltung des idealisierten Operationsverstärkers gezeigt, die als lineares Modell Ruhegrößen und Kleinsignalgrößen beinhaltet.

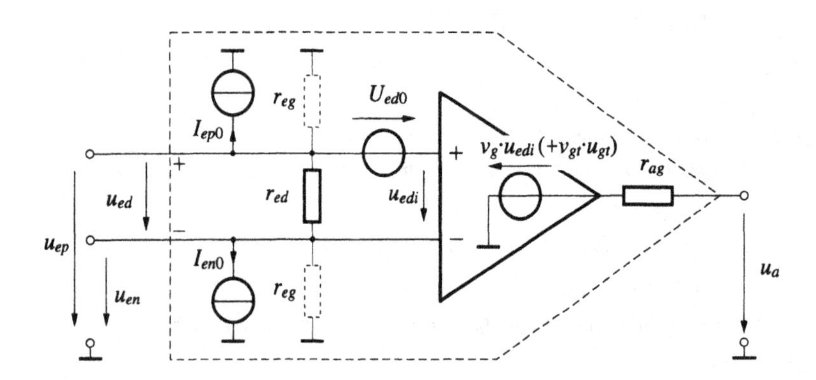

Abb. 2.3.5 Modell des idealisierten Operationsverstärkers

2.3.5.1 Eigenschaften des idealisierten Operationsverstärkers

Die Bereichsangaben beziehen sich auf typische Datenblattwerte

- Die (Kleinsignal-)spannungsverstärkung v_g
  Bereich: 10^3 bis 10^7 (60 bis 140 dB) bei Gleichspannung

Die Spannungsverstärkung $v_g = du_a/du_{ed}$ ist eine einfache Funktion der Frequenz mit Tiefpaß-Verhalten (Abb. 2.3.6) gemäß

$$\underline{v}_g(f) = \frac{v_{g0}}{\left(1 + j \cdot \frac{f}{f_g}\right)} \quad . \tag{9}$$

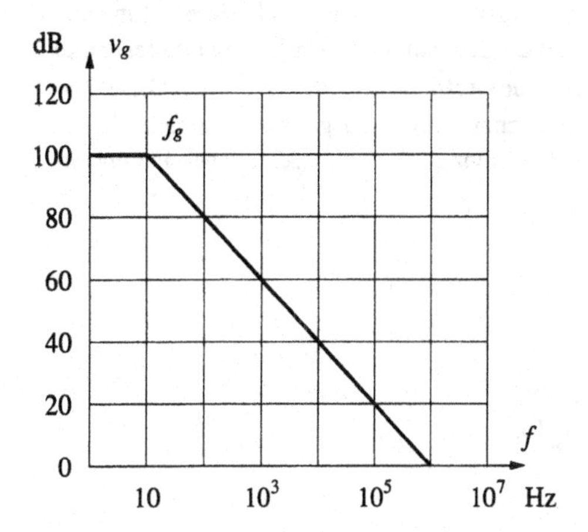

Abb. 2.3.6 Beispiel für den Frequenzgang der Spannungsverstärkung eines idealisierten Operationsverstärkers

Dabei beschreibt v_{g0} die Leerlaufverstärkung für Gleichspannungen, f_g die Grenzfrequenz des Verstärkers, die meist bei etwa 10 Hz liegt.

- Die Gleichtaktverstärkung v_{gt}
  Bereich: 1 bis 10.

Wenn beide OPV-Eingänge mit dem gleichen Signal angesteuert werden, tritt keine Differenz-Eingangsspannung auf und im Idealfall sollte die Ausgangsspannung den Wert 0 V haben. In Wirklichkeit hat jeder OPV eine geringe Gleichtaktverstärkung.

- Die Gleichtaktunterdrückung (*CMRR*, common mode rejection ratio)
  Bereich: 10^3 bis 10^7 (60 bis 140 dB).

In den Datenblättern wird meist nicht die Gleichtaktverstärkung sondern die Gleichtaktunterdrückung, das Verhältnis von Differenzverstärkung zu Gleichtaktverstärkung, angegeben.

- Der (differentielle) Differenz-Eingangswiderstand r_{ed}
  Bereich: 10^5 bis $10^{13}\Omega$.

- Der (differentielle) Gleichtakt-Eingangswiderstand r_{eg}
  Bereich: 10^9 bis $10^{15}\ \Omega$.

- Der (differentielle) Ausgangswiderstand r_{ag}
  Bereich: $10\ \Omega$ bis $1\text{k}\Omega$.

Solange der geforderte Strom am OPV-Ausgang unter seinem Maximalwert (typisch 10 bis 50 mA) bleibt, liegt die Ausgangsimpedanz im angegebenen Bereich. Beim Maximalstrom spricht meist ein aktiver Überlastschutz an und der Ausgang wird hochohmig.

Die Werte der einzelnen Parameter müssen dem Datenblatt des jeweiligen Verstärkers entnommen werden. In der Praxis ist es meist nicht notwendig sämtliche Parameter zu berücksichtigen, sondern nur jene, die einen signifikanten Einfluß auf das Ergebnis erwarten lassen. Der Rechenaufwand kann auf diese Art stark reduziert werden, ohne die Qualität der Aussagen zu vermindern. So kann zum Beispiel sehr oft der endliche Eingangswiderstand des Operationsverstärkers vernachlässigt werden, wenn sowohl die Signalquelle als auch das Gegenkopplungsnetzwerk nicht zu hochohmig sind.

In Abb. 2.3.7 wird der Zusammenhang zwischen Ausgangsspannung und Differenz-Eingangsspannung für einen linearisierten OPV gezeigt. Da die Leerlaufverstärkung konstant aber endlich ist, verläuft die Funktion $U_a(U_{ed})$ als steil ansteigende Gerade mit einem Versatz (der Offsetspannung) gegenüber dem Nullpunkt. Die erreichten Grenzwerte der Ausgangsspannung sind geringer als die Versorgungsspannung, wobei diese Differenz stark von verschiedenen Parametern, wie zum Beispiel der Temperatur, abhängen.

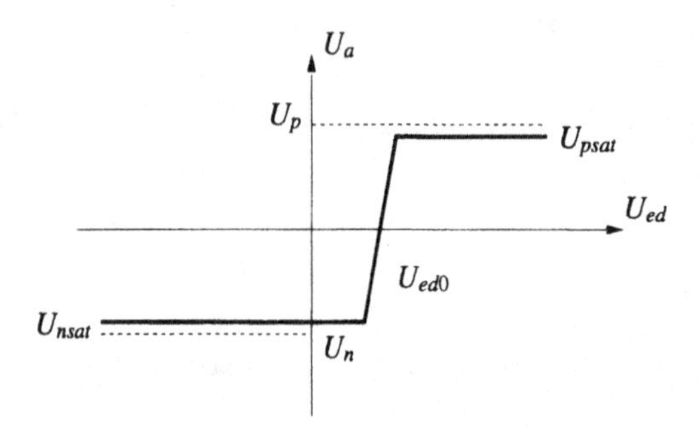

Abb. 2.3.7 Beispiel für die $U_a(U_{ed})$-Kennlinie eines linearisierten Operationsverstärkers bei stark unterschiedlicher Skalierung der Achsen

2.3.5.2 Eingangsstörgrößen

Die Eingangsstörgrößen sind vor allem bei der Verarbeitung von sehr kleinen Strömen und Spannungen bzw. sehr hochohmigen Signalquellen hinderlich. Sie wirken wie von außen eingeprägte Störungen auf einen idealen Operationsverstärker und werden durch die Gegenkopplung nicht verkleinert oder sonst beeinflußt. Der Einfluß auf die Schaltung ist klein im Verhältnis zum Aussteuerbereich und läßt sich daher durch eine lineare Näherung mit Anwendung der Superposition für die einzelnen Störgrößen getrennt berechnen. Die Auswirkungen der Eingangsstörgrößen und Kompensationsmaßnahmen werden in Kapitel 2.4.4.1 behandelt.

- Die Offsetspannung U_{ed0}
  Bereich: 2 µV bis 5 mV.

Als **Offsetspannung** bezeichnet man jene Spannung, die man zwischen den beiden Eingängen des OPV anlegen muß, um eine Ausgangsspannung von 0 V zu erzeugen. Wegen der hohen Leerlaufverstärkung weicht die Eingangsspannung u_{ed} auch bei Ausgangsspannungen ungleich Null meist wenig von der Offsetspannung ab und die "innere" Eingangspannung u_{edi} ist vernachlässigbar (Abb. 2.3.5). Die Offsetspannung resultiert aus unvermeidlichen Asymmetrien der Eingangsstufe vor allem in gering unterschiedlichen Transfercharakteristiken $I_C(U_{BE})$ der beiden Transistoren des Eingangsdifferenzverstärkers. Sie streut sehr stark und kann bei Operationsverstärkern desselben Typs unterschiedliche Vorzeichen annehmen.

- Die thermische Offsetspannungsdrift $dU_{ed0}/d\vartheta$
  Bereich: 0.001 µV/°C bis 15 µV/°C und mehr.

Die Offsetspannung ist leider nicht stabil und somit ist keine vollständige Kompensation möglich. Sie hängt vor allem von der Temperatur und in geringem Maße auch von der Versorgungsspannung und der Gleichtaktspannung am Eingang ab und ändert sich zufällig mit der Zeit.

- Die Eingangsruheströme I_{ep0} und I_{en0}
  Bereich: 3 fA bis 1 μA.

Die Änderung der Eingangsströme mit den Eingangsspannungen wird durch Differenz- und Gleichtakt-Eingangswiderstand erfaßt. Die Ströme, die bei Eingangsspannungen gleich Null fließen, werden als **Eingangsruheströme**, das arithmetische Mittel der Eingangsruheströme wird als **input-bias-current** bezeichnet. Die Eingangsruheströme wirken im linearen Modell als Stromquellen (Abb. 2.3.5). Ihre Größe hängt vom Aufbau der Eingangsstufe des OPV ab. Bei Verstärkern mit Bipolartransistoren sind diese Ströme (Basisströme) üblicherweise größer als bei Typen mit FET-Eingangsstufe, die zum Teil extrem kleine Eingangsströme im Sub-Picoampere-Bereich aufweisen. Die Leckströme eines FET verdoppeln sich aber etwa bei 10 Grad Temperaturerhöhung; daher kann bei höheren Einsatztemperaturen ein Operationsverstärker mit Bipolar-Eingangsstufe einem FET-Typ bezüglich der Eingangsruheströme überlegen sein.

- Die Differenz der Eingangsruheströme (input-offset-current) I_{ed0}
  Bereich: 3 fA bis 500 nA.

Die Eingangsruheströme für beide Eingänge sind praktisch immer ungleich, die Differenz wird als **Offsetstrom (input-offset-current)** bezeichnet. Sein Vorzeichen kann sowohl positiv wie auch negativ sein. Bei Eingangsstufen mit Bipolar Transistoren liegt der Offsetstrom im Bereich von 0 bis 10 % des Bias-Stromes, bei Typen mit FET-Eingängen oder mit Super-Beta-Transistoren kann der Offsetstrom Werte von bis zu 100 % des Bias-Stromes annehmen.

Zwischen Eingangsruheströmen I_{ep0} bzw. I_{en0}, Bias-Strom I_{e0} und Offsetstrom I_{ed0} gelten folgende Beziehungen:

$$I_{e0} = \frac{I_{ep0} + I_{en0}}{2} \, , \qquad I_{ed0} = I_{ep0} - I_{en0} \, , \tag{10}$$

$$I_{ep0} = I_{e0} + \frac{I_{ed0}}{2} \, , \qquad I_{en0} = I_{e0} - \frac{I_{ed0}}{2} \, . \tag{11}$$

- Die Eingangsstromdrift $dI_e / d\vartheta$
  Bereich: 10 fA/ °C bis 1nA/ °C.

Die Eingangsruheströme und damit auch der Offsetstrom ändern sich mit der Temperatur und natürlich geringfügig auch mit anderen Parametern.

2.3.6 Der reale Operationsverstärker

Ein linearisiertes Modell beschreibt das tatsächliche Verhalten eines Operationsverstärkers nur näherungsweise. Ein realer OPV verhält sich wesentlich komplexer. Eine exakte analytische Beschreibung des OPV-Verhaltens ist wegen der Vielzahl der Parameter nicht sinnvoll bzw. wegen der zum Großteil unbekannten gegenseitigen Abhängigkeiten der einzelnen Parameter und ihrer meist großen Streubereiche auch nicht möglich. In der Praxis wird daher die Computer-Simulation bevorzugt. Hersteller von Operationsverstärkern bieten für gängige Simulationsprogramme Computer-Modelle ihrer Produkte an.

In Abb. 2.3.8 wird der Zusammenhang zwischen Ausgangsspannung und Differenz-Eingangsspannung für einen realen OPV gezeigt. Die Leerlaufverstärkung ist in diesem Fall nur mehr in der Umgebung des Nullpunktes einigermaßen linear, der Verlauf der Funktion ist konstruktionsspezifisch und hängt auch von der Last, der Temperatur und anderen Parametern ab.

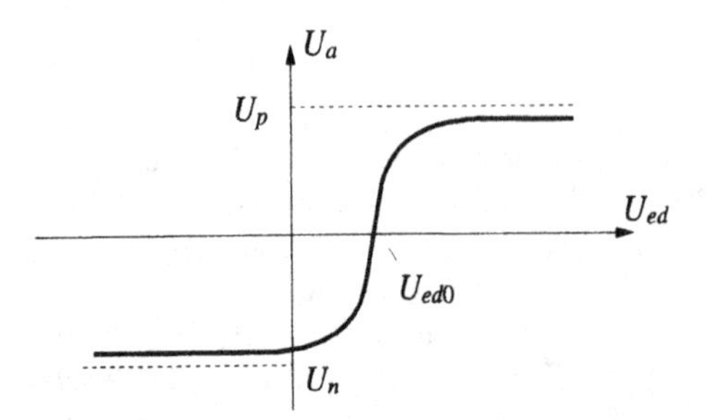

Abb. 2.3.8 Beispiel für die $U_a(U_{ed})$-Kennlinie eines realen Operationsverstärkers bei stark unterschiedlicher Skalierung der Achsen

2.3.6.1 Prinzipieller Aufbau von Operationsverstärkern

Für den Anwender von Operationsverstärkern ist es sehr sinnvoll, wenn er über deren inneren Aufbau zumindest grundlegend Bescheid weiß. Obwohl die Vielfalt an Typen sehr groß ist, ist die innere Grundschaltung bei den meisten Ausführungen im Prinzip ähnlich. Um die Signallaufzeit durch den Verstärker so kurz wie möglich zu halten, beschränken sich die Schaltungen meist auf 3 Stufen:

Die Eingangsstufe (Abb. 2.3.9 a)

Als Eingangsstufe dient ein Differenzverstärker. Spezielle Techniken in Schaltung und Chip-Layout, sorgen dafür, daß sich die Temperatureinflüsse in den Transistoren der Eingangsstufe möglichst vollständig kompensieren, um die Offsetspannung und ihre Temperaturdrift klein zu halten. Zur Reduktion der Eingangsruheströme und Erhöhung des Eingangswiderstandes werden manchmal Transistoren mit einer extrem hohen Stromverstärkung ("Super Beta Transistoren") eingesetzt, oft werden auch Emitterfolger vorgeschaltet. Eine weitere Möglichkeit besteht in der Verwendung von Sperrschicht-Feldeffekttransistoren bzw. von MOS-FETs, diese haben aber im allgemeinen eine etwas schlechtere Offset- und Temperaturdrift als Bipolartransistoren. Neuere Konstruktionen erreichen auch mit Bipolartransistoren mit einer internen Kompensation der Basisströme durch eine Hilfsschaltung extrem kleine Eingangströme; von außen muß nur mehr ein ganz geringer Anteil des Basisstroms (der Fehler der Kompensationsschaltung) aufgebracht werden. Die Eingangsstufe ist weiters optimiert für einen möglichst großen Gleichtaktbereich der Eingangsspannungen, für eine möglichst geringe Gleichtaktverstärkung sowie für möglichst geringes Rauschen.

Die zweite Verstärkerstufe, Treiberstufe (Abb. 2.3.9 b)

Auf die erste Stufe folgt eine weitere Stufe mit hoher Spannungsverstärkung zur Gewinnung einer möglichst hohen Gesamtverstärkung. Sie ist häufig ebenfalls als Differenzverstärker ausgeführt. Die Kapazität C_k dient zur Frequenzkompensation, die in Kapitel 2.3.7.1erläutert wird. Die Parallelschaltung von C_k und der parasitären Kapazität C_{par} bestimmt die Spannungsanstiegsgeschwindigkeit am Ausgang (Kapitel 2.3.7.2). ΔU ist eine Vorspannung zur Vermeidung von Übernahmeverzerrungen in der Ausgangsstufe.

Die Ausgangsstufe (Abb. 2.3.9 c)

Als dritte Stufe folgt eine komplementäre Emitterfolger-Schaltung als rückwirkungsarme und durch eine entsprechende Zusatzschaltung strombegrenzte Ausgangsstufe, um eine möglichst kleine Ausgangsimpedanz zu erreichen. Die Differenz zwischen der maximalen positiven bzw.

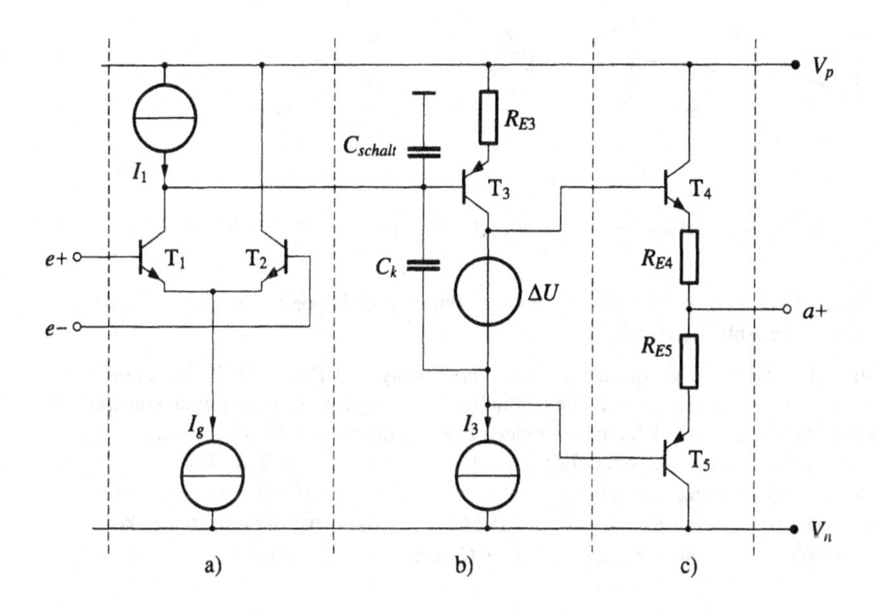

Abb. 2.3.9 Prinzip einer typischen Operationsverstärkerschaltung: a) Eingangsstufe, bestehend aus einem npn-Differenzverstärker, b) Treiberstufe, bestehend aus einer pnp-Emitterschaltung, c) Ausgangsstufe, bestehend aus einem komplementären Emitterfolger

negativen Ausgangsspannung und der positiven bzw. negativen Versorgungsspannung ist nicht konstant, sondern hängt vom Ausgangsstrom, von der Temperatur und anderen Parametern ab.

Die Typenvielfalt bei Operationsverstärkern ergibt sich zum Teil aus dem Umstand, daß es nach wie vor unmöglich ist, einen OPV zu entwickeln, der in möglichst allen Parametern dem Ideal nahekommt. Dies gelingt jeweils nur bei einigen Eigenschaften gut und dafür bei anderen weniger gut. Eine gleichzeitige Optimierung aller OPV-Eigenschaften resultiert in widersprüchlichen Forderungen an die Auslegung der Schaltung, die beim heutigen Stand der Schaltungstechnik nicht zu erfüllen sind. Häufig eingesetzte Universalverstärker stellen bezüglich ihrer Eigenschaften einen ausgewogenen Kompromiß dar. Sehr schnelle Verstärker wiesen meist deutlich schlechtere Daten bei den Eingangsstörgrößen sowie einen höheren Stromverbrauch auf. Präzisionsverstärker haben meist eine geringe Grenzfrequenz. Außerdem gibt es noch viele Spezialtypen, die für bestimmte Anwendungsfälle entwickelt wurden, z.B. mit extrem geringem Stromverbrauch oder für sehr kleine Versorgungsspannungen.

2.3.7 Das dynamische Verhalten des Operationsverstärkers

Erst ein dynamisches Modell ermöglicht Aussagen über schnell veränderliche und höherfrequente Vorgänge. Das dynamische Verhalten eines Verstärkers wird durch drei OPV-Eigenschaften bestimmt. Diese drei Parameter, der Frequenzgang der Leerlaufverstärkung, die Anstiegsgeschwindigkeit der Ausgangsspannung (slew-rate) und die Verzögerung zwischen Ein- und Ausgangssignal sind natürlich nicht unabhängig voneinander.

Ein OPV besteht üblicherweise aus drei Verstärkerstufen. Die erste und die zweite Stufe haben ein ausgeprägtes Tiefpaßverhalten. Die Grenzfrequenz der dritten Stufe liegt viel höher als die der beiden anderen und spielt daher eine untergeordnete Rolle. Im idealisierten OPV Modell

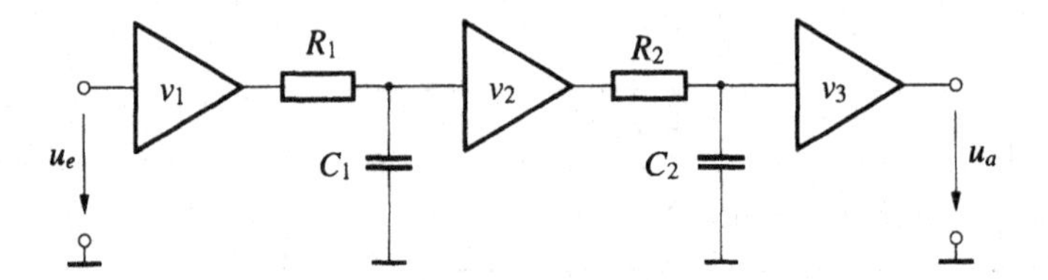

Abb. 2.3.10 Einfaches Modell zur Simulation des dynamischen OPV-Verhaltens

wird dieses Verhalten in sehr guter Näherung durch 2 entkoppelte Tiefpässe 1. Ordnung beschrieben, wie Abb. 2.3.10 zeigt.

In Abb. 2.3.11 wird der Frequenzgang von Verstärkung und Phase (Bodediagramm) eines solchen Systems angegeben. Bei allen üblichen Verstärkertypen wird durch konstruktive Maßnahmen dafür gesorgt, daß eine der beiden Grenzfrequenzen, meist die der Eingangsstufe (f_1 in Abb. 2.3.11), wesentlich höher liegt als die andere, die meist im Bereich von einigen 100 Hz liegt. Diese Verteilung der Grenzfrequenzen wird auch dadurch begünstigt, daß die zweite hochverstärkende Stufe infolge des Miller-Effekts (s. S. 184) meist die größere Zeitkonstante ($R_2 \cdot C_2$ in Abb. 2.3.10) und damit die niedrigere Grenzfrequenz f_2 aufweist.

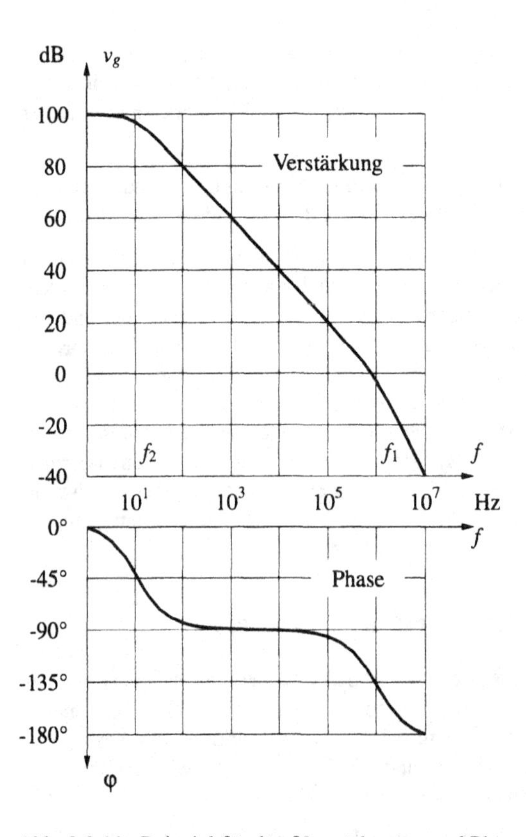

Abb. 2.3.11 Beispiel für den Verstärkungs- und Phasengang eines Operationsverstärkers

2.3.7.1 Frequenzkompensation

Der Grund für diese Aufteilung der Zeitkonstanten bzw. Grenzfrequenzen liegt darin, daß solche Verstärker einfacher zu stabilisieren sind. Ein Tiefpaß erster Ordnung bewirkt oberhalb der Grenzfrequenz einen Abfall der Verstärkung um 20 dB/Dekade sowie eine Änderung der Phase zwischen Ausgangsspannung und Eingangsspannung um - 90°. Beide Tiefpässe ergeben in Summe nach der zweiten Grenzfrequenz f_1 einen Abfall um 40 dB/Dekade und eine Phasendifferenz von -180°. Eine Phasendrehung von -180° bedeutet, daß aus der Gegenkopplung eine Mitkopplung wird. Wenn die Schleifenverstärkung v_s für diese Signale größer als Eins ist, dann tritt selbsterregtes Schwingen auf.

Die Stabilitätsbedingung für gegengekoppelte Verstärker lautet daher:

- Im Bereich, in dem die Phasenverschiebung den Wert -180° erreicht hat, bzw. in dem die Schleifenverstärkung v_s einen Abfall von 40 dB/Dekade hat, muß die Schleifenverstärkung v_s einen Betrag kleiner 1 haben .

Diese Bedingung entspricht einer vereinfachten Form des Nyquist-Stabilitätskriteriums und definiert die Stabilitätsgrenze. Für reale Verstärkerschaltungen sollte bei jener Frequenz, bei der die Schleifenverstärkung den Wert 1 erreicht (Transitfrequenz $f_T = f(v_s = 1)$), die Phasenverschiebung einen geringeren Betrag als 180° besitzen. Die Differenz zwischen der auftretenden Phasenverschiebung und dem Grenzwert von -180° wird als **Phasenreserve (Phasenrand, phase-margin)** bezeichnet. Beträgt die Phasenverschiebung bei der Transitfrequenz f_T z.B. -120°, dann ist die Phasenreserve 60°. Die Phasenreserve beeinflußt den Frequenzgang der Verstärkung der rückgekoppelten Schaltung und entsprechend das Rechteck-Übertragungsverhalten. Für eine Phasenreserve von 90° ergibt sich ein aperiodischer Einschwingvorgang ohne Überschwingen, bei einem Wert von 60° ergibt sich ein Überschwingen von 5%.

Die meisten Operationsverstärker sind voll kompensiert, d.h. sie sind für alle Verstärkungen v_r bis hinunter zum Wert $v_r = 1$ ohne zusätzliche kompensierende Schaltungsmaßnahmen stabil. Für eine Mindestverstärkung v_{rmin} von 5 oder 10 gibt es teilkompensierte OPV, sie müssen für Verstärkungen $v_r > v_{rmin}$ ebenfalls nicht extern kompensiert werden. Außerdem gibt es noch unkompensierte Verstärker, bei denen die Kompensationsschaltung für jede Anwendung optimiert werden kann. Das ermöglicht es, die Kompensation an die benötigte Verstärkung so anzupassen, daß die Bedingung für die Stabilität erfüllt ist. In Abb. 2.3.12 ist dies für eine

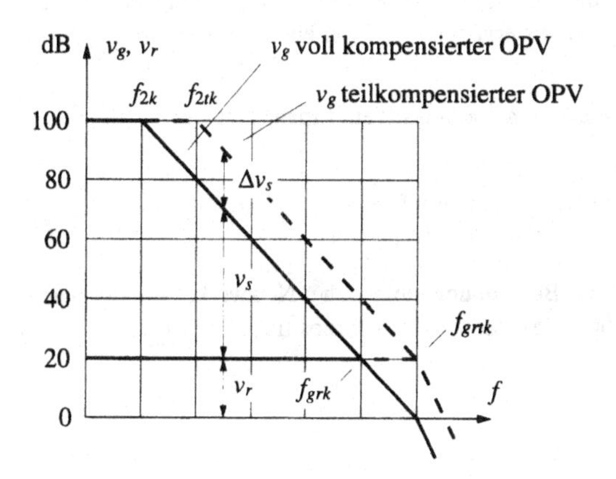

Abb. 2.3.12 Erhöhung der Schleifenverstärkung bei günstiger Frequenzkompensation

Verstärkung $v_r > 10$ gezeigt. Durch die höher liegende Grenzfrequenz der Leerlaufverstärkung f_{2tk} des teilkompensierten OPV ist bei allen Frequenzen über f_{2tk} die Schleifenverstärkung um $\Delta v_s = 10$ höher als beim teilkompensierten OPV. Ebenso ist die Grenzfrequenz f_{grtk} der rückgekoppelten Schaltung höher als mit dem vollkompensierten OPV f_{grk}.

2.3.7.2 Der Einfluß von Anstiegsgeschwindigkeit und Verzögerungszeit

Die **maximale Anstiegsgeschwindigkeit (Slew-Rate)** der Ausgangsspannung eines Operationsverstärkers ist eine wichtige Größe für das dynamische Verhalten. Sie ist ein Sättigungseffekt und wird im Gegensatz zu anderen Parametern durch eine Gegenkopplung nicht verbessert. Die Slew-Rate hängt von der Innenschaltung des Operationsverstärkers ab und wird bestimmt durch den für die Umladung von Schalt- und Kompensationskapazitäten verfügbaren Strom der Verstärkerstufen (Abb. 2.3.9). Der Wertebereich dieses Parameters ist sehr groß und bewegt sich von ca. 0,1 V/µs für einfache, bis zu einigen 1000 V/µs für sehr schnelle Verstärker.

Für ein sinusförmiges Signal mit der Frequenz f ergibt sich aus dem Anstieg im Nulldurchgang aus der Slew-Rate SR als obere Grenze der Amplitude für eine verzerrungsfreie Übertragung

$$\hat{u}_s = \frac{SR}{2 \cdot \pi \cdot f} \quad . \tag{12}$$

Die **Signallaufzeit** durch den Verstärker beeinflußt die Ausgangsimpulsform schneller Eingangsimpulse. Die Korrektur durch die Gegenkopplung kann erst mit Verspätung (= der Verzögerungszeit) wirksam werden. Dadurch kommt es bei Eingangssignalen mit steilen Flanken für die Dauer der Verzögerungszeit zu Spitzen am Ausgangssignal. Auch gegen dieses Problem hilft eine Gegenkopplung nicht, sondern nur die Verwendung eines schnelleren OPV.

2.3.8 OPV-Grundschaltungen

Für das Verständnis der Funktionsweise der negativ rückgekoppelten OPV-Schaltungen ist es oft hilfreich, sich den Operationsverstärker als Proportionalregler vorzustellen. Wenn das Potential am nichtinvertierenden Eingang höher ist als am invertierenden Eingang, dann steigt die Ausgangsspannung, bis $u_{ed} = u_{ep} - u_{en} = 0$ ist. Umgekehrt gilt, daß die Ausgangsspannung sinkt, bis $u_{ed} = 0$ ist, wenn das Potential am invertierenden Eingang höher ist als am nichtinvertierenden Eingang.

Für das Verständnis und die Berechnung der Funktion von OPV-Schaltungen bildet der ideale Operationsverstärker die Ausgangsbasis. Daraus ergeben sich zwei einfache maßgebliche Regeln:

- Die Spannungsdifferenz zwischen positivem und negativem Eingang ist Null, $u_{ed} = 0$.
- In die Eingänge des Operationsverstärkers fließt kein Strom, $i_{ep} = 0$ und $i_{en} = 0$.

Zusätzlich werden einfache Beziehungen zur Berechnung elektrischer Netzwerke benötigt, wie zum Beispiel die Spannungsteiler, das Ohmsche Gesetz, das Superpositionsgesetz etc.

2.3.8.1 Die nichtinvertierende Grundschaltung (Elektrometerverstärker)

Diese Schaltung (Abb. 2.3.13) entspricht einem Spannungskompensator. Sie wird daher **Elektrometerverstärker** genannt und wirkt als Impedanzwandler. Im Idealfall hat sie einen unendlich hohen Eingangswiderstand und einen Ausgangswiderstand von Null.

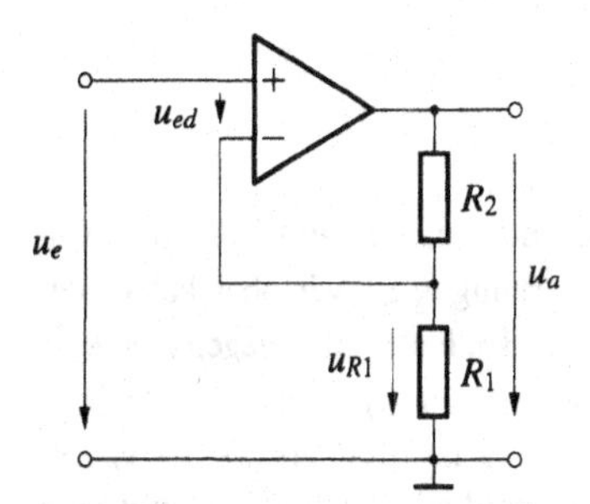

Abb. 2.3.13 Nichtinvertierende Grundschaltung des Operationsverstärkers

Mit Hilfe der beiden obigen Regeln kann die Kleinsignalverstärkung folgendermaßen berechnet werden: Aus der Forderung $u_{ed} = 0$ folgt: die Eingangsspannung u_e ist gleich der Teilspannung u_{R1} des Spannungsteilers, die Schaltung ist **spannungskompensierend**. Da die Eingangsströme im Idealfall gleich Null sind, ist der aus R_1 und R_2 gebildete Spannungsteiler unbelastet. Es gilt

$$u_e = u_a \cdot \frac{R_1}{R_1 + R_2} \quad , \qquad u_a = u_e \cdot \left(1 + \frac{R_2}{R_1}\right) \quad . \tag{13}$$

Für die *Kleinsignalspannungsverstärkung bei idealem OPV* ergibt sich

$$v_{r\infty} = \frac{du_a}{du_e} = \left(\frac{R_1 + R_2}{R_1}\right) \geq 1 \quad . \tag{14}$$

Diese Beziehung für die Verstärkung mit der Bezeichnung $v_{r\infty}$ gilt unter der Annahme, daß der OPV ideal ist. Der Differentialquotient kann, da die Transfercharakteristik $u_a(u_e)$ linear ist, durch den Differenzenquotienten ersetzt werden, und Gl. (14) gilt auch für Großsignale.

Eine häufig verwendete Variante der Elektrometerschaltung ist der **Spannungsfolger**, auch **Puffer-Verstärker**, bei dem $R_2 = 0$ und $R_1 \to \infty$ ist, das heißt, der invertierende Eingang direkt mit dem Ausgang verbunden wird. Dann ist die Verstärkung $v_{r\infty} = 1$. Diese Schaltung wird zur Impedanzanpassung an hochohmige Signalquellen verwendet, wenn keine Verstärkung der Amplitude notwendig oder erwünscht ist.

Annahme einer endlichen Leerlaufverstärkung

Die erste und sogar für viele Präzisionsanwendungen ausreichend genaue Annäherung an den realen OPV ist die Annahme einer endlichen, konstanten Leerlaufverstärkung v_g. Mit dem *Abschwächungsfaktor des Rückkopplungsnetzwerkes* $\beta = du_{en}/du_a$

$$\beta = \frac{R_1}{R_1 + R_2} = \frac{u_{R1}}{u_a} \tag{15}$$

gilt für die Eingangsdifferenzspannung u_{ed}

$$u_{ed} = u_e - u_{R1} = u_e - \beta \cdot u_a \quad . \tag{16}$$

Mit dem Ansatz für den Kehrwert der Verstärkung

$$\frac{1}{v_r} = \frac{u_e}{u_a} = \frac{u_{ed}}{u_a} + \frac{u_{R1}}{u_a} = \frac{1}{v_g} + \beta \tag{17}$$

ergibt sich für die *Spannungsverstärkung* v_r *bei endlicher Leerlaufverstärkung* v_g

$$v_r = \frac{u_a}{u_e} = \frac{1}{\beta + \frac{1}{v_g}} = \frac{1}{\beta} \cdot \frac{1}{1 + \frac{1}{\beta \cdot v_g}} = v_{r\infty} \cdot \frac{1}{1 + \frac{1}{v_s}} \approx v_{r\infty} \cdot \left(1 - \frac{1}{v_s}\right) . \tag{18}$$

Dabei ist $1/\beta$ die Verstärkung bei idealem Verstärker $v_{r\infty}$ und $1/v_s$ die Größe der relativen Abweichung vom Idealwert. Der Einfluß der endlichen Verstärkung v_g ist, wie oben behauptet, gering, solange v_g hinreichend groß im Vergleich zu $1/\beta$ ist. Für den Fall, daß v_g gegen den Wert ∞ geht, wird der Term $1/v_g$ zu 0 und es ergibt sich die Beziehung (14) für die Verstärkung. Aufgrund der Frequenzabhängigkeit der Leerlaufverstärkung v_g ist die Verstärkung v_r frequenzabhängig. Die Abweichung von der idealen Verstärkung wird mit zunehmender Frequenz größer (siehe auch Abb. 2.3.11 und Abb. 2.3.12).

Annahme einer endlichen Verstärkung, eines endlichen Eingangswiderstandes sowie eines Ausgangswiderstandes größer 0

Bei den folgenden Berechnungen eines Elektrometerverstärkers mit Hilfe eines idealisierten OPV-Modelles nach Abb. 2.3.14 werden ein endlicher Differenzeingangswiderstand r_{ed}, ein endlicher Gleichtakteingangswiderstand r_{eg}, eine endliche Verstärkung v_g und ein von 0 Ω verschiedener Ausgangswiderstand r_{ag} angenommen. Bei den Berechnungen werden jeweils nur die wichtigsten Störgrößen berücksichtigt.

Bei der Untersuchung des Einflusses der nichtidealen Größen auf die Kleinsignalverstärkung kann der Differenzeingangswiderstand r_{ed} und der Gleichtakteingangswiderstand r_{eg} in den meisten Fällen vernachlässigt werden.

Für $r_{ed}, r_{eg} \to \infty$ gilt weiterhin Gl. (15) und ebenso Gl. (16). Für die innere Ausgangsspannung u_{aq} gilt

$$u_{aq} = v_g \cdot u_{ed} \tag{19}$$

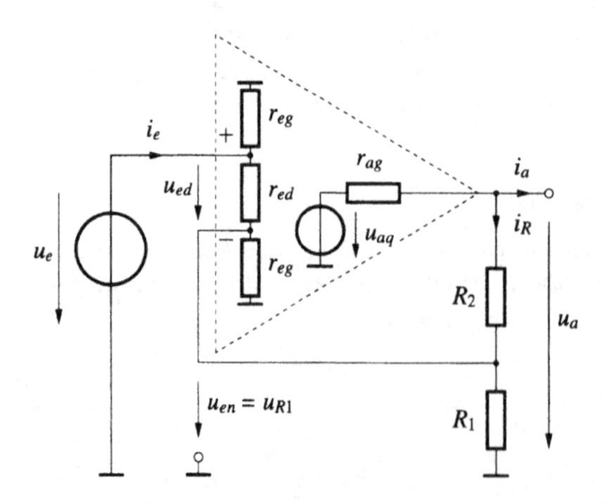

Abb. 2.3.14 Elektrometerverstärker mit idealisiertem OPV

Bei unbelastetem Ausgang ($i_a = 0$) wird

$$u_a = u_{aq} \cdot \frac{R_1 + R_2}{R_1 + R_2 + r_{ag}} = (v_g \cdot u_{ed}) \cdot \frac{R_1 + R_2}{R_1 + R_2 + r_{ag}} \quad . \tag{20}$$

Der Ausgangswiderstand führt zu einer Abschwächung der Ausgangsspannung von u_{aq} auf u_a, die auch bei einem zusätzlichen Lastwiderstand ähnlich berücksichtigt werden kann.

Durch Einsetzen von Gl. (16) in Gl. (20) erhält man für die *Spannungsverstärkung* v_r *des Elektrometerverstärkers*

$$v_r = \frac{1}{\beta} \cdot \frac{1}{1 + \dfrac{1}{\beta \cdot v_g \cdot \left(\dfrac{R_1 + R_2}{R_1 + R_2 + r_{ag}} \right)}} \quad . \tag{21}$$

Der Ausgangswiderstand führt zu einer Reduktion der Schleifenverstärkung und wirkt wie eine Verringerung der Leerlaufverstärkung. Eine tatsächliche Berechnung der Abweichung mit Gl. (21) ist in der Praxis kaum möglich, da der Ausgangswiderstand nicht konstant ist und selten genau spezifiziert wird. Berücksichtigt man auch die Gleichtaktverstärkung, so kommt zusätzlich der Kehrwert der Gleichtaktunterdrückung als Fehlerterm im Nenner dazu [6].

Die Eingangsimpedanz der rückgekoppelten Schaltung wird aus der Beziehung $r_{er} = du_e / di_e$ oder $r_{er} = u_e / i_e$ für $i_a = 0$ berechnet

$$r_{er} = \frac{du_e}{di_e} = \frac{u_e}{u_{ed} / r_{ed} + u_e / r_{eg}} = r_{ed} \cdot \left(1 + \frac{\beta \cdot u_a}{u_{ed}} \right) \parallel r_{eg} \quad . \tag{22}$$

Mit Gl. (20) unter Vernachlässigung der Gleichtaktverstärkung ergibt sich für den *Eingangswiderstand des Elektrometerverstärkers*

$$r_{er} = r_{ed} \cdot \left(1 + \beta \cdot v_g \cdot \frac{R_1 + R_2}{R_1 + R_2 + r_{ag}} \right) \parallel r_{eg} \quad . \tag{23}$$

Bei einem Ausgangswiderstand des Operationsverstärkers $r_{ag} = 0$ gilt

$$r_{er} = r_{ed} \cdot (1 + \beta \cdot v_g) \parallel r_{eg} = r_{ed} \cdot (1 + v_s) \parallel r_{eg} \quad . \tag{24}$$

Diese Beziehung für die Eingangsimpedanz zeigt, daß der Differenzeingangswiderstand mit der Schleifenverstärkung v_s hochtransformiert wird und somit, wie behauptet, mit Hilfe der Gegenkopplung verbessert wird.

Vergleicht man den Elektrometerverstärker mit einer Spannungsmessung nach dem Kompensationsprinzip, so wird die aktive Erhöhung der Eingangsimpedanz leicht verständlich. Die Funktion des Differenzeinganges entspricht dem Nullindikator, die Funktion des Ausganges der Regelung der Vergleichsspannungsquelle. Ein Anstieg der Spannung am "+" Eingang in Abb. 2.3.14 hätte ohne Gegenkopplung und bei konstantem Potential am "–" Eingang einen proportionalen Anstieg des Eingangsstromes über den Widerstand r_{ed} zur Folge, d.h. der Eingangswiderstand wäre r_{ed}. Beim gegengekoppelten Verstärker wird das Potential am "–" Eingang vom Ausgang über das Gegenkopplungsnetzwerk mit dem Eingangspotential nahezu vollständig mitgeführt. Die Spannung am Widerstand r_{ed} ändert sich im Vergleich zur Eingangsspannungsänderung nur sehr wenig. Damit ändert sich auch der Strom durch den Widerstand r_{ed} entsprechend weniger, was nichts anderes als eine Vergrößerung der Eingangsimpedanz bewirkt.

Beispiel: Ein realer OPV vom Typ OP-07 hat laut Datenblatt einen minimalen Differenzeingangswiderstand von 30 MΩ, einen typischen Gleichtakteingangswiderstand von 200 GΩ und eine minimale Leerlaufverstärkung von 300000. Ein damit aufgebauter Elektrometerverstärker mit einer Verstärkung von 10, hat laut Gl. (24) einen Eingangswiderstand von

$$r_e \approx r_{ed} \cdot v_g \cdot \beta \parallel r_{eg} = 30 \cdot 10^6 \cdot 300 \cdot 10^3 \cdot 0{,}1 \parallel 200 \cdot 10^9 \Omega = 164 \cdot 10^9\,\Omega \quad . \tag{25}$$

Dieser Wert ist für die meisten technischen Anwendungen als ausreichend hoch zu betrachten, obwohl es sich bei dem Typ OP-07 gar nicht um einen speziell hochohmigen Typ handelt.

Die Ausgangsimpedanz der rückgekoppelten Schaltung ergibt sich aus der Beziehung $r_{ar} = -\,du_a/di_a$ oder $r_{ar} = -\,u_a/i_a$ für $u_e = 0$. Das Minuszeichen ergibt sich aus dem für einen Ausgang verwendeten Generatorbezugssystem. Es gilt

$$u_{R1} = -u_{ed} = u_a \cdot \beta \quad , \tag{26}$$

$$v_g \cdot u_{ed} = u_a + \Delta u_a = u_a + (i_a + i_R) \cdot r_{ag} \quad . \tag{27}$$

Aus (26) und (27) folgt

$$-v_g \cdot u_a \cdot \beta = u_a + r_{ag} \cdot i_a + r_{ag} \cdot \frac{u_a}{R_1 \parallel r_{ed} + R_2} . \tag{28}$$

Daraus ergibt sich für den *Ausgangswiderstand des Elektrometerverstärkers*

$$r_{ar} = -\frac{u_a}{i_a} = \frac{r_{ag}}{1 + \beta \cdot v_g + \dfrac{r_{ag}}{R_1 \parallel r_{ed} + R_2}} \quad . \tag{29}$$

Diese Beziehung kann nach einer Division von Zähler und Nenner durch r_{ag} auch in der leicht im Ersatzschaltbild (Abb. 2.3.14) nachvollziehbaren Form

$$r_{ar} = -\frac{u_a}{i_a} = \left(\frac{r_{ag}}{1 + \beta \cdot v_g}\right) \parallel (R_1 \parallel r_{ed} + R_2) \tag{30}$$

angeschrieben werden, die den Ausgangswiderstand als Parallelschaltung eines aktiven Teils $r_{ag}/(1+v_s)$ und eines passiven Teils $(R_1 \parallel r_{ed} + R_2)$ ersichtlich macht. Normalerweise ist der passive Teil viel größer und kann daher weggelassen werden. Dann vereinfacht sich (30) zu

$$r_{ar} = -\frac{u_a}{i_a} = \frac{r_{ag}}{1 + \beta \cdot v_g} = \frac{r_{ag}}{1 + v_s} \approx \frac{r_{ag}}{v_s} \quad . \tag{31}$$

Gleichung (31) zeigt, daß der Ausgangswiderstand r_{ag} mit Hilfe der Gegenkopplung um den Faktor v_s auf die Ausgangsimpedanz r_{ar} reduziert wird. Damit ergeben sich Werte für r_{ar}, die meist weit unter 1 Ω liegen, und daher können Fehler, die durch "normale" Lastwiderstände verursacht werden, vernachlässigt werden. Dieser Wert verschlechtert sich aber ebenso wie der Eingangswiderstand mit sinkender Schleifenverstärkung durch die abnehmende Leerlaufverstärkung des OPV bei steigender Frequenz.

Die dynamische Verkleinerung des Ausgangswiderstandes ist ebenfalls leicht zu verstehen. Bei einem Lastwechsel am Ausgang, z.B. durch Verkleinerung des Lastwiderstandes, würde ohne Gegenkopplung, infolge des Anstiegs des Ausgangsstromes und des damit zunehmenden Spannungsabfalles am Innenwiderstand r_{ag}, die Ausgangsspannung sinken. Durch die Gegenkopplung sinkt die Spannung am "–" Eingang proportional zur Ausgangsspannung und u_{ed} steigt entsprechend an. Dies hat aber sofort zur Folge, daß die Ausgangsspannung ebenfalls ansteigt, und zwar so weit, daß u_{ed} nahezu verschwindet. Damit gleicht u_1 wieder u_e bis auf die kleine Änderung des an sich kleinen Wertes von u_{ed} . Dadurch erreicht auch die Ausgangsspannung nahezu wieder ihren ursprünglichen Wert. Das heißt, trotz Lastwechsel am Ausgang ändert sich die Ausgangsspannung nur ganz wenig, der aktive Ausgangswiderstand ist daher nahezu Null.

2.3.8.2 Die invertierende Grundschaltung

Da bei idealem Operationsverstärker der nicht invertierende Eingang bei dieser Schaltung nach Abb. 2.3.15 auf Nullpotential liegt, muß im stationären Zustand wegen $u_{ed} = 0$ auch die Spannung am invertierenden Eingang Null sein, das heißt $u_{en} = 0$. Der invertierende Eingang stellt bei dieser Schaltung einen virtuellen Nullpunkt dar. Das bedeutet, dieser Punkt liegt auf dem Potential Null, hat jedoch keine direkte galvanische Verbindung zu Masse. Es wird lediglich die Ausgangsspannung u_a vom Operationsverstärker so nachgeregelt, daß u_{ed} gleich Null wird.

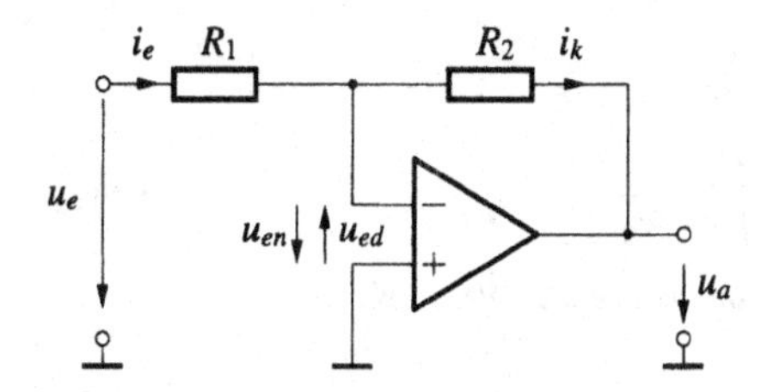

Abb. 2.3.15 Invertierende Grundschaltung des Operationsverstärkers

Laut Regel ist der Eingangsstrom des OPV Null, so daß die Ströme in beiden Widerständen gleich sind, die Schaltung ist **stromkompensierend**. Sie wird oft Summierverstärker genannt, da dies durch den virtuellen Nullpunkt auch für eine Summe von Eingangsströmen über mehrere Widerstände ohne gegenseitige Rückwirkung der einzelnen Zweige gilt. Es gilt also

$$i_e = \frac{u_e}{R_1} = -\frac{u_a}{R_2} = i_k \quad , \tag{32}$$

$$u_a = -u_e \cdot \frac{R_2}{R_1} \quad , \tag{33}$$

und damit die *Kleinsignalspannungsverstärkung bei idealem OPV* $v_g \to \infty$

$$v_{r\infty} = \frac{du_a}{du_e} = \frac{u_a}{u_e} = -\frac{R_2}{R_1} \quad . \tag{34}$$

Bei der invertierenden Grundschaltung ist der Verstärkungsfaktor negativ, d.h. die Eingangsspannung erscheint verstärkt und invertiert (Phase einer sinusförmigen Wechselspannung um 180° gedreht) am Ausgang. Der Eingangswiderstand ist gleich R_1, da R_1 zwischen den Potentialen u_e und 0 (virtueller Nullpunkt) liegt. Es können auch Verstärkungsfaktoren kleiner als 1 erreicht werden.

Mit dem Rückkopplungsfaktor $\beta = du_{en}/du_a$

$$\beta = \frac{R_1}{R_1+R_2} \tag{35}$$

ergibt sich für die *ideale Verstärkung des invertierenden Verstärkers*

$$v_{r\infty} = -\frac{1-\beta}{\beta} \quad . \tag{36}$$

Ein Vergleich mit Gl. (3) auf S. 156 zeigt einen Unterschied, der daraus entsteht, daß beim invertierenden Verstärker das Rückkopplungsnetzwerk zwischen Eingang und Ausgang liegt. Die Eingangsspannung gelangt daher um den Faktor $1-\beta = R_2/(R_1+R_2)$ abgeschwächt an den invertierenden Eingang, im Gegensatz zum Modell in Kapitel 2.3.3.

Annahme einer endlichen Leerlaufverstärkung

Als erste Näherung an den realen Operationsverstärker wird die Annahme $v_g \to \infty$ aufgegeben. Für die Eingangsspannung ergibt sich dann

$$u_e = -u_{ed} + u_{R1} \quad . \tag{37}$$

Für den Kehrwert der Verstärkung der rückgekoppelten Schaltung gilt daher

$$\frac{1}{v_r} = \frac{du_e}{du_a} = \frac{u_e}{u_a} = -\frac{u_{ed}}{u_a} + \frac{u_{R1}}{u_a} \quad . \tag{38}$$

Dies führt mit den obigen Bezeichnungen auf

$$\frac{1}{v_r} = -\frac{1}{v_g} - \frac{u_a + u_{ed}}{u_a} \cdot \frac{R_1}{R_2} = -\frac{1}{v_g} - \frac{R_1}{R_2} \cdot \left(1 + \frac{1}{v_g}\right) \tag{39}$$

und umgeformt auf die *Spannungsverstärkung des invertierenden Verstärkers*

$$v_r = -\frac{R_2}{R_1} \cdot \frac{1}{1 + \dfrac{1}{\beta \cdot v_g}} = v_{r\infty} \cdot \frac{1}{1 + \dfrac{1}{v_s}} \quad . \tag{40}$$

Für den Fall, daß v_g gegen den Wert unendlich geht, ergibt sich die Beziehung für die Verstärkung $v_{r\infty}$ unter Annahme eines idealen Operationsverstärkers.

Annahme einer endlichen Leerlaufverstärkung, eines endlichen Eingangswiderstandes sowie eines Ausgangswiderstandes größer 0

Eine bessere und für die meisten Anwendungsfälle ausreichende Annäherung an den realen Operationsverstärker ergibt die zusätzliche Berücksichtigung des Ausgangswiderstandes r_{ag}. Der Eingangswiderstand r_{ed} hingegen kann in den meisten Fällen vernachlässigt werden (Abb. 2.3.16).

Unter Anwendung von Gl. (39) ergibt sich

$$-\frac{u_e}{v_g \cdot u_{ed}} = \frac{1}{v_g} + \frac{R_1}{R_2 + r_{ag}} \cdot \left(1 + \frac{1}{v_g}\right) \quad . \tag{41}$$

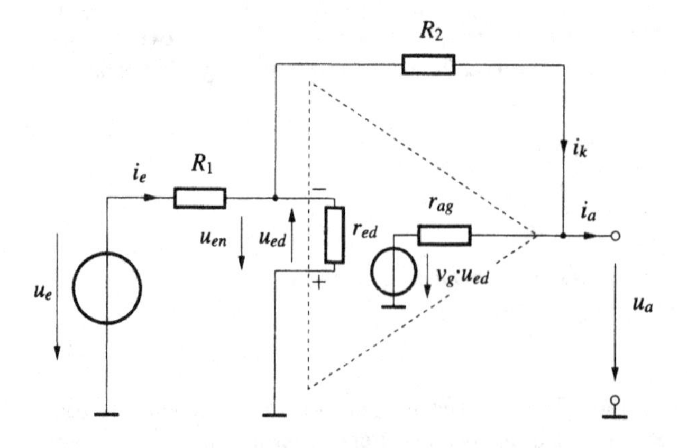

Abb. 2.3.16 Invertierende Grundschaltung des Operationsverstärkers mit idealisiertem OPV

Bei unbelastetem Ausgang wird unter Annahme einer sehr großen Leerlaufverstärkung ($u_{ed} \approx 0$)

$$\frac{v_g \cdot u_{ed}}{u_a} = \frac{R_2 + r_{ag}}{R_2} \quad . \tag{42}$$

Es folgt durch Einsetzen

$$-\frac{u_e}{u_a} = \frac{R_2 + r_{ag}}{R_2} \cdot \left(\frac{1}{v_g} + \frac{R_1}{R_2 + r_{ag}} \cdot \left(1 + \frac{1}{v_g} \right) \right) \tag{43}$$

und nach Umformen die *Spannungsverstärkung des invertierenden Verstärkers*

$$v_r = v_{r\infty} \cdot \frac{1}{1 + \dfrac{1}{v_s \cdot \left(\dfrac{R_1 + R_2}{R_1 + R_2 + r_{ag}} \right)}} \quad . \tag{44}$$

Im Idealfall ergibt sich als Grenzwert der Gl. (44) für $v_g \rightarrow \infty$ wieder die einfache Beziehung aus Gl. (34).

Zur Berechnung des Eingangswiderstandes $r_{er} = du_e / di_e = u_e / i_e$ ist es günstig, von der Berechnung des Eingangswiderstandes $r_{er}(0)$ der Schaltung für $R_1 = 0$ auszugehen. Es ist für Leerlauf am Ausgang mit $r_{er}(0) = u_{en} / i_e = -u_{ed} / i_e$ und $i_a = 0$

$$u_{ed} + (R_2 + r_{ag}) \cdot i_k + v_g \cdot u_{ed} = 0 \quad , \tag{45}$$

$$i_k = i_e + \frac{u_{ed}}{r_{ed}} \quad . \tag{46}$$

Daraus berechnet man $r_{er}(0)$. Für den *Eingangswiderstand des invertierenden Verstärkers* ergibt sich

$$r_{er} = \frac{u_e}{i_e} = R_1 + r_{er}(0) = R_1 + \left(\frac{R_2 + r_{ag}}{v_g + 1} \right) \| \, r_{ed} \approx R_1 \quad . \tag{47}$$

Für große Werte von v_g ergibt sich R_1 als Eingangswiderstand.

Der Ausgangswiderstand der Schaltung wird unter der Bedingung $u_e = 0$ berechnet. Da die Schaltung für eine Eingangsspannung $u_e = 0$ identisch zum Elektrometerverstärker bei $u_e = 0$ wird (S. 170), ergibt sich auch der gleiche *Ausgangswiderstand*

$$r_{ar} = \left(\frac{r_{ag}}{\beta \cdot v_g + 1} \right) \| \, (R_1 \, \| \, r_{ed} + R_2) \quad . \tag{48}$$

Der Term $R_1 \| r_{ed} + R_2$ kann gegenüber dem kleinen Wert von $r_{ag}/(\beta \cdot v_g + 1)$ meist vernachlässigt werden. Die Gl. (48) vereinfacht sich dann für große v_g zu.

$$r_{ar} \approx \frac{r_{ag}}{\beta \cdot v_g} = \frac{r_{ag}}{v_s} \quad . \tag{49}$$

Die Ausgangsimpedanz wird, wie die Gl. (49) angibt, durch die Gegenkopplung um den Faktor der Schleifenverstärkung reduziert, das heißt stark verbessert. Es sei jedoch noch einmal darauf hingewiesen, daß bei höheren Frequenzen die angeführten Vernachlässigungen wegen der sinkenden Leerlaufverstärkung des OPV auf ihre Zulässigkeit überprüft werden müssen.

2.3.8.3 Vergleich Elektrometer- und invertierender Verstärker

Nahezu alle analogen OPV-Meßschaltungen lassen sich auf eine der beiden oben erwähnten Grundschaltungen oder eine Kombination davon zurückführen. Im allgemeinen Fall kann das Gegenkopplungsnetzwerk nicht nur aus ohmschen Widerständen sondern aus komplexen Netzwerken mit Widerständen, Kondensatoren und Induktivitäten oder auch nichtlinearen Elementen (Dioden, Z-Dioden, Transistoren etc.) bestehen. Die Berechnung solcher Schaltungen basiert grundsätzlich auf den gleichen Regeln und Verfahren, wie in Kapitel 2.3.8 angewandt. Im folgenden wird eine kurze Gegenüberstellung der wichtigsten Eigenschaften der beiden wichtigsten OPV-Grundschaltungen gegeben.

Elektrometer-Verstärker

Die Eingangsspannung u_e wird durch die über das Gegenkopplungsnetzwerk rückgeführte Spannung u_k kompensiert.

Die Schaltung wirkt zwischen Ausgang und dem invertierenden Eingang wie eine Stromquelle. Die Ausgangsspannung stellt sich so ein, daß der Strom, der durch Z_2 fließt, über Z_1 den Spannungsabfall $u_k = u_e$ erzeugt.

Der Eingang ist hochohmig.

Die Ausgangspolarität ist gleich der Eingangspolarität.

Die Gleichtaktaussteuerung ist gleich der Eingangsspannung.

Im einfachsten Fall (das Gegenkopplungsnetzwerk besteht aus zwei Widerständen) ergibt sich für die Spannungsverstärkung:

$$v_{r\infty} = \frac{R_1 + R_2}{R_1}$$

Invertierender Verstärker

Der Eingangsstrom i_e wird durch den über das Gegenkopplungsnetzwerk rückgeführten Strom i_k kompensiert

Die Schaltung wirkt zwischen Ausgang und dem invertierenden Eingang wie eine Stromquelle. Die Ausgangsspannung stellt sich so ein, daß der Eingangsstrom i_e auch durch Z_2 fließt.

Der Eingang ist niederohmig (bzw. = Z_1).

Die Ausgangspolarität ist umgekehrt zur Eingangspolarität.

Die Gleichtaktaussteuerung ist gleich Null, die Spannung am Summierpunkt bleibt konstant gleich Null.

Im einfachsten Fall (das Gegenkopplungsnetzwerk besteht aus zwei Widerständen) ergibt sich für die Spannungsverstärkung:

$$v_{r\infty} = -\frac{R_2}{R_1}$$

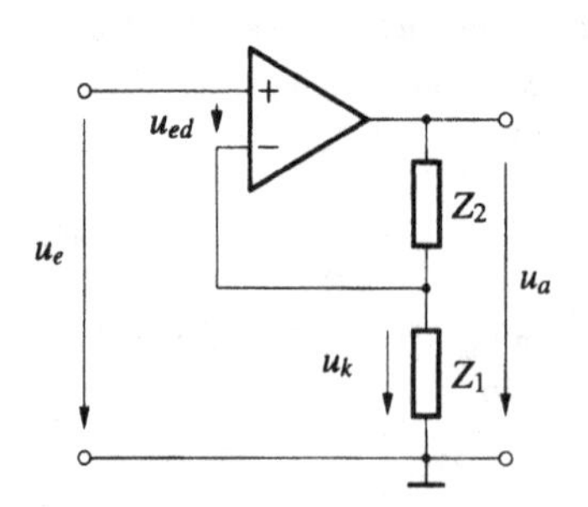

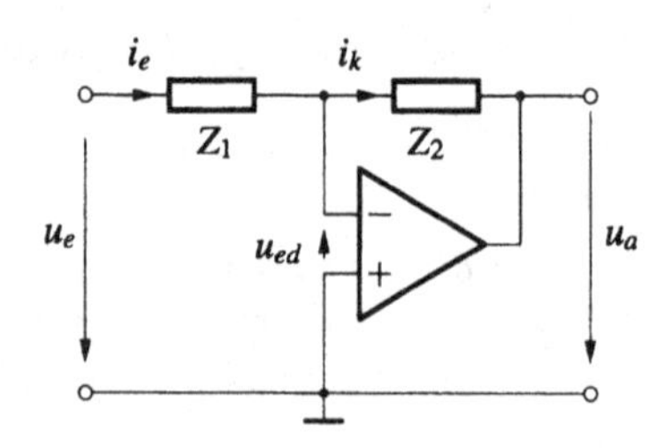

Abb. 2.3.17 Die zwei grundlegenden OPV-Grundschaltungen

2.3.8.4 Die Additionsschaltung (Summierverstärker)

Durch einfaches Hinzufügen von Widerständen am Eingang kann man die invertierende Grundschaltung zu einer Additionsschaltung (Abb. 2.3.18) erweitern.

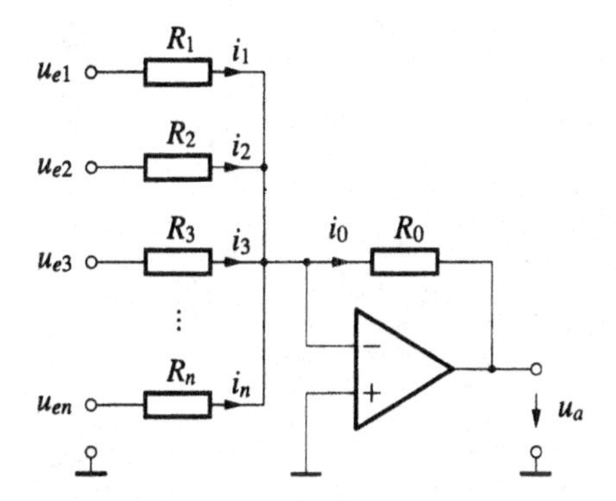

Abb. 2.3.18 Addierverstärker

Unabhängig von der Anzahl der Eingangswiderstände bleibt das Potential des invertierenden Einganges virtuell auf 0 Volt. Der Eingang nimmt keinen Strom auf. Es gilt

$$i_1 + i_2 + i_3 + ... + i_n = i_0 \quad . \tag{50}$$

Alle Eingangsströme werden summiert zum Strom durch R_0, der "–" Eingang wird deshalb auch als **Summierpunkt** bezeichnet.

Bei idealem OPV gilt

$$\frac{u_{e1}}{R_1} + \frac{u_{e2}}{R_2} + \frac{u_{e3}}{R_3} + \ldots + \frac{u_{en}}{R_n} = - \frac{u_a}{R_0} \tag{51}$$

und damit

$$u_a = - u_{e1} \cdot \frac{R_0}{R_1} - u_{e2} \cdot \frac{R_0}{R_2} - u_{e3} \cdot \frac{R_0}{R_3} - \ldots - u_{en} \cdot \frac{R_0}{R_n} \quad . \tag{52}$$

Die Schaltung addiert die mit R_0/R_k gewichteten Eingangsspannungen, wobei das Ergebnis am Ausgang invertiert erscheint. Die Addition der Ströme im Summierpunkt gilt auch für Kondensatoren, Induktivitäten und nichtlineare Komponenten im Rückkopplungsnetzwerk.

2.3.8.5 Die Subtraktionsschaltung

Die Subtraktionsschaltung in Abb. 2.3.19, auch Subtrahier- oder Differenzverstärkerschaltung, dient der Messung von Spannungsdifferenzen mit überlagerter Gleichtaktspannung. Sie eignet sich z.B. zur Verarbeitung der Diagonalspannung in Meßbrücken oder von Spannungsabfällen, wenn keiner der Meßpunkte geerdet werden darf. Da viele Sensoren in Brückenschaltungen mit erdfreiem Ausgang verwendet werden, wird die Subtrahierschaltung häufig zur Aufbereitung von Sensorsignalen verwendet. Die Subtraktionsschaltung ist eine Kombination von invertierender und nichtinvertierender Grundschaltung.

Bei idealem Verstärker gilt im Rückkopplungszweig

$$i_3 = \frac{u_{e2} - u_{en}}{R_3} = i_4 = \frac{u_{en} - u_a}{R_4} \tag{53}$$

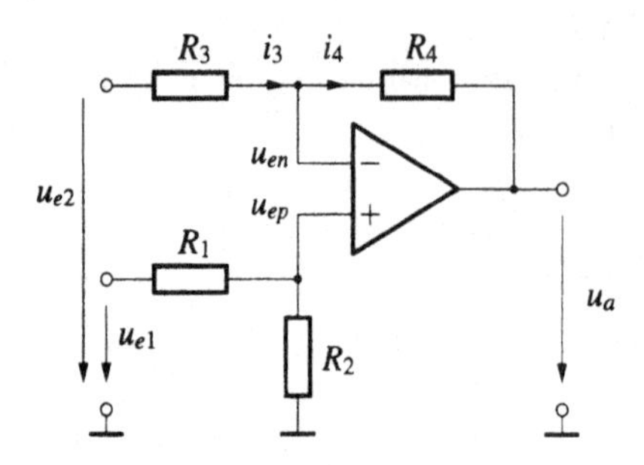

Abb. 2.3.19 Subtrahierverstärker

und für den Spannungsteiler aus R_1 und R_2

$$u_{en} = u_{ep} = u_{e1} \cdot \frac{R_2}{R_1 + R_2} \quad . \tag{54}$$

Wenn die Bedingung $R_3/R_4 = R_1/R_2$ erfüllt ist, ergibt sich daraus

$$u_a = (u_{e1} - u_{e2}) \cdot \frac{R_2}{R_1} \quad . \tag{55}$$

Es wird also nur die Differenz zwischen u_{e1} und u_{e2} verstärkt, die Gleichtaktverstärkung ist im Idealfall Null, d.h. bei dem geforderten Verhältnis der Widerstände und bei idealem OPV. Eine Gleichtaktverstärkung größer Null ergibt sich in der Praxis aus der Gleichtaktverstärkung des Operationsverstärkers oder häufig daraus, daß die Widerstandsverhältnisse nicht gleich sind. Die Ursache dafür kann ein zu großer Innenwiderstand der Signalquelle (Sensor) sein. Der Innenwiderstand der Signalquelle liegt in Serie zu den Widerständen R_1 bzw. R_3 (Abb. 2.3.19) und stört damit das Widerstandsverhältnis zur optimalen Gleichtaktunterdrückung. Hochohmige Signale können daher nicht mit normalen Subtrahierverstärkern aufbereitet werden. Man verwendet dazu Instrumentationsverstärker oder Pufferverstärker vor jeden der beiden Eingänge.

2.3.8.6 Der Integrator

Der Integrator ist eine der am häufigsten verwendeten OPV-Grundschaltungen. Er liefert als Ausgangsspannung das Zeitintegral der Eingangsspannung. Die Standard-Integrator-Schaltung basiert auf dem invertierenden Verstärker, bei dem sich im Rückkopplungszweig ein Kondensator befindet (Abb. 2.3.20).

Für einen idealen Operationsverstärker ($u_{ed} = 0$, $i_{en} = 0$) gilt

$$u_C = \frac{1}{C} \int i_C \cdot dt = \frac{1}{C} \int \frac{u_e}{R} \cdot dt \quad . \tag{56}$$

und für das Ausgangssignal des Integrators

$$u_a = -u_C = -\frac{1}{R \cdot C} \int u_e \cdot dt \quad . \tag{57}$$

Da beim Integrator eine gleichstrommäßige Rückkopplung fehlt, ist der Ruhezustand nicht stabil. Das Integral über jeden auch noch so kleinen Wert der Eingangsspannung bzw. des Eingangsstromes überschreitet rasch die Aussteuergrenze. Beim realen Operationsverstärker kommen die Eingangsstörgrößen als Fehlerquellen dazu. Die Offsetspannung wirkt sich wie eine

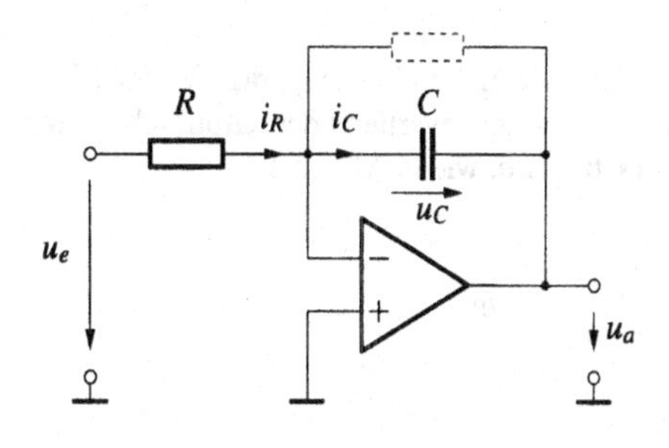

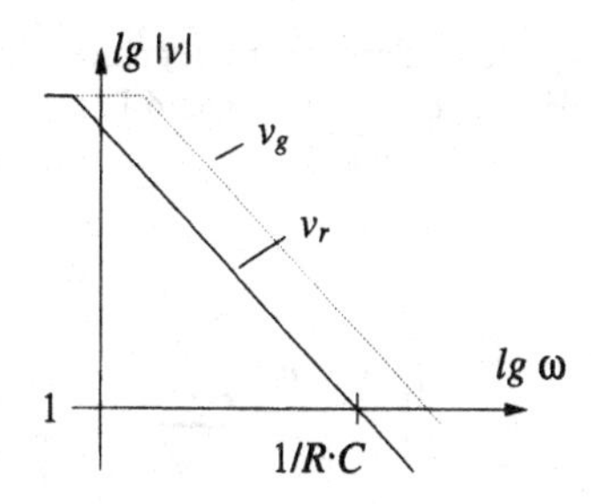

Abb. 2.3.20 Integrator: Schaltung mit Widerstand zur Festlegung des Ruhepunktes und Verstärkung in Abhängigkeit von der Frequenz

von außen angelegte Eingangsspannung aus, die Bias- und Offsetströme fließen praktisch zur Gänze über den Integrationskondensator.

Eine offene Integration über längere Zeit, wie z.B. zur Bildung eines Dreieckssignales aus einem Rechtecksignal, ist daher nicht möglich. Integratoren werden deshalb in den meisten Anwendungen durch den Aufbau eines geschlossenen Regelkreises stabilisiert bzw. direkt vor Beginn der Integration auf eine definierte Anfangsspannung gesetzt. Der Ruhepunkt kann prinzipiell auch durch einen Widerstand parallel zum Kondensator festgelegt werden, wodurch man allerdings einen Tiefpaß anstatt eines Integrators erhält.

Die frequenzabhängige Verstärkung ist der Frequenz umgekehrt proportional. Das komplexe Übertragungsverhältnis berechnet sich zu

$$\underline{v_{r\infty}} = \frac{\underline{U_a}}{\underline{U_e}} = -\frac{\underline{Z_2}}{\underline{Z_1}} = -\frac{1/j \cdot \omega \cdot C}{R} = -\frac{1}{j \cdot \omega \cdot R \cdot C} \quad . \tag{58}$$

Das Bodediagramm ist eine Gerade mit einer Steigung von -20dB / Dekade, die Phasendrehung ist unabhängig von der Eingangsfrequenz immer

$$\varphi_{u_e,\,u_a} = +\frac{\pi}{2} = +90^{\circ} \quad . \tag{59}$$

Mit sinkender Frequenz geht die Schleifenverstärkung als Produkt aus der Leerlaufverstärkung des OPV und dem Abschwächungsfaktor des Rückkopplungsnetzwerkes (vgl. Gl. (4) und Gl.(9))

$$v_s = \frac{v_{g0}}{1 + j \cdot \omega/\omega_{vg}} \cdot \frac{j \cdot \omega \cdot R \cdot C}{1 + j \cdot \omega \cdot R \cdot C} \tag{60}$$

gegen Null, die Rückkopplung wird für $\omega < 1/\, v_{g0} \cdot R \cdot C$ unwirksam.

Der Integrator wird in der Meßtechnik sehr häufig verwendet, er findet Anwendung bei der

- Mittelwertbildung.
- Messung kleiner Ladungen und Ströme.
- Erzeugung streng zeitproportional ansteigender Spannungen: z.B. für dreieck- und sägezahnförmigen Signale in Funktionsgeneratoren oder wie sie von verschiedenen Analog-Digital-Konvertern, mit Zeit als Zwischengröße, benötigt werden.
- Erzeugung einer einstellbaren Frequenz.
- Bildung des Zeitintegrals einer Funktion einer Spannung: z.B. Analogrechner, Simulation.

2.3.8.7 Der Differentiator

Auch die Umkehrung der Integration, die Differentiation, kann mit einem Operationsverstärker realisiert werden. Der Standard-Differentiator entsteht aus der invertierenden Grundschaltung (Abb. 2.3.15), wenn R_2 durch einen Kondensator ersetzt wird, wie in Abb. 2.3.21.

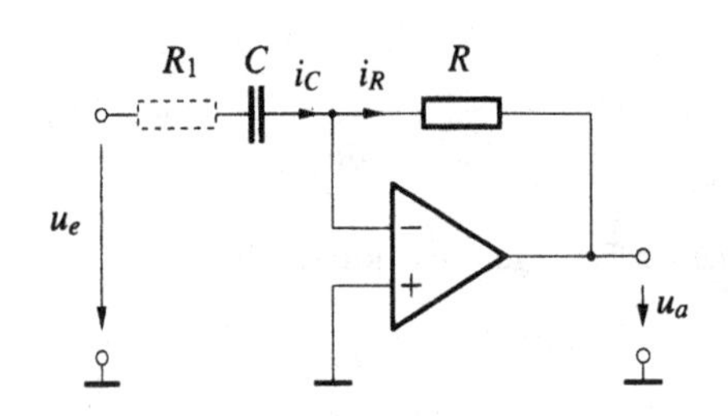

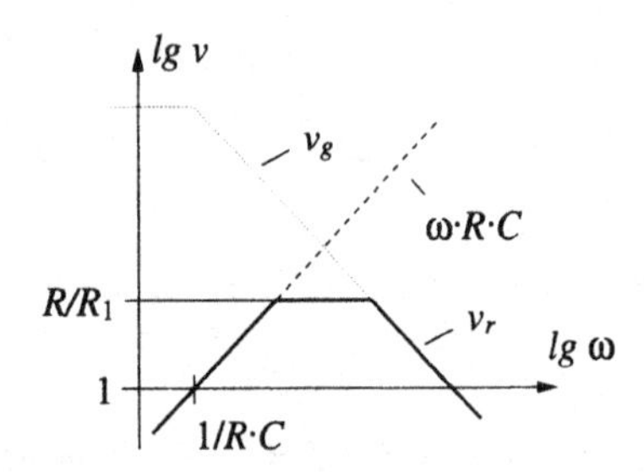

Abb. 2.3.21 Differentiator: Schaltung mit Widerstand zur Stabilisierung und Verstärkung in Abhängigkeit von der Frequenz

Bei idealem Verstärker und $R_1 = 0$ folgt aus der Bedingung $u_{ed} = 0$ und $i_{en} = 0$

$$u_a = -\, i_R \cdot R = -\, i_C \cdot R = -\, \frac{du_e}{dt} \cdot C \cdot R \quad . \tag{61}$$

Die frequenzabhängige Verstärkung ist der Frequenz proportional. Das komplexe Übertragungsverhältnis berechnet sich zu

$$\underline{v_{r\infty}} = \frac{\underline{U_a}}{\underline{U_e}} = -\, \frac{\underline{Z_2}}{\underline{Z_1}} = -\, \frac{R}{1/j \cdot \omega \cdot C} = -\, j \cdot \omega \cdot R \cdot C \quad . \tag{62}$$

Das Bodediagramm entspricht einer Geraden mit einem Verstärkungsanstieg von konstant 20dB/Dekade, die Phasendrehung ist unabhängig von der Eingangsfrequenz immer

$$\varphi_{u_e\,,\,u_a} = -\, \frac{\pi}{2} = -\, 90^{\circ} \quad . \tag{63}$$

Die Schleifenverstärkung mit Berücksichtigung des Frequenzganges der Leerlaufverstärkung v_g (vgl. Gl. (4) und Gl.(9))

$$v_s = \frac{v_{g0}}{1 + j \cdot \omega / \omega_{vg}} \cdot \frac{1}{1 + j \cdot \omega \cdot R \cdot C} \tag{64}$$

wird mit steigender Frequenz immer geringer und kann bereits vor der zweiten Grenzfrequenz des Verstärkers eine Phasendrehung von -180° erreichen. Dies führt zu einer Schwingneigung der Schaltung. Die Rückkopplung wird für $\omega > \sqrt{v_{g0} \cdot \omega_{vg} / R \cdot C}$ unwirksam.

Problematisch an dieser Schaltung ist auch die Eingangsimpedanz, die für hohe Frequenzen gegen Null geht; die Signalquelle kann dadurch unzulässig belastet werden. Als Abhilfe kann ein Widerstand R_1 in Serie zum Kondensator geschaltet werden. Dadurch wird der minimale Eingangswiderstand gleich R_1, gleichzeitig wird die Phasenverschiebung der Rückkopplung für hohe Frequenzen gleich Null. Die Schaltung verliert für hohe Frequenzen ihre differenzierende Eigenschaft und nimmt den Verstärkungsfaktor des invertierenden Verstärkers von $-R/R_1$ an. Die Grenzfrequenz wird durch die Zeitkonstante $R_1 \cdot C$ bestimmt.

2.3.9 Präzisionsverstärker für niederfrequente Spannungen

Obwohl die Driftdaten der Operationsverstärker laufend verbessert werden, kann bei besonders kritischen Applikationen der Fehler infolge der Offsetspannungsdrift unzulässig groß sein. Weiters kann sich ein OPV, der laut Datenblatt aufgrund seiner Drift- und Offsetdaten für eine bestimmte Anwendung geeignet sein sollte, in der Praxis als unbrauchbar erweisen. Eine Reihe von Einflüssen, die in keinem Datenblatt zu finden sind (z.B. Warm Up Drift) können zu störenden Offsetwerten führen. Für solche Fälle gibt es spezielle Verstärkertypen, von denen der bekannteste der Zerhackerverstärker ist, und andere umschaltend-vergleichende Ausführungen.

2.3.9.1 Der Zerhackerverstärker (Chopper-Verstärker)

Zerhacker- oder Chopper-Verstärker wurden schon im Röhrenzeitalter angewandt, um hochwertige Gleichspannungsverstärker zu realisieren. Gute Chopper-Verstärker weisen Spannungsdriften im Bereich von 1...30 nV/K auf und sind damit in dieser Hinsicht um den Faktor 10 besser als die besten Operationsverstärker ohne Chopper. Chopper-Verstärker scheinen somit die idealen Gleichspannungsverstärker zu sein. Leider liefern sie aber bedingt durch die notwendigen Umschaltvorgänge im allgemeinen weit höhere Rauschpegel als Verstärker ohne Chopper.

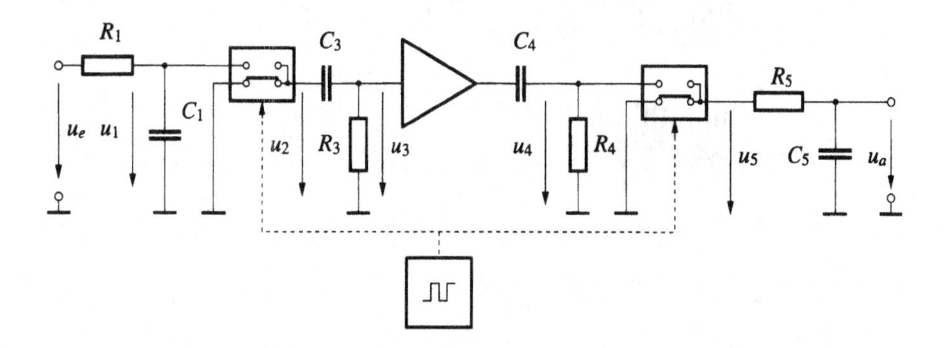

Abb. 2.3.22 Prinzip eines Zerhackerverstärkers. Die Zeitkonstante τ_3 bestimmt, wie schnell die Amplitude von u_3 dem Betrag von u_e folgt, τ_5 siebt die Zerhackerfrequenz aus und begrenzt die Bandbreite. R_4 muß so klein sein, daß die Niveauverschiebung vernachlässigbar bleibt

In Abb. 2.3.22 wird das Prinzip eines Chopper-Verstärkers gezeigt. Der zeitliche Spannungsverlauf an den wichtigsten Punkten der Schaltung ist in Abb. 2.3.23 dargestellt. Das Eingangssignal u_1 wird vom Chopper in ein Wechselspannungssignal u_2 zerhackt. Dieses Wechselsignal, dessen Amplitude proportional zur Eingangsspannung ist, wird durch Kopplung mittels Kondensator von seinem Gleichanteil getrennt (u_3) und von einem Wechselspannungsverstärker verstärkt. Durch kapazitive Kopplung am Ausgang wird gewährleistet, daß ausschließlich der Wechselspannnungsanteil des verstärkten Signales übertragen wird, jeder Gleichanteil und damit auch ein eventueller Offsetspannungsanteil wird unterdrückt. Das verstärkte Wechselsignal u_4 wird durch phasenrichtiges Umschalten (synchrone Demodulation) gleichgerichtet zur Ausgangsspannung u_5. Bei der synchronen Demodulation erfolgt in jeder Schaltperiode ein Vergleich mit Null, wodurch die Stabilität des Nullpunktes gewährleistet wird. Der überlagerte Wechselspannungsanteil wird durch ein nachgeschaltetes Tiefpaßfilter ausgefiltert. Die erreichbare Bandbreite ist sehr gering und liegt, je nach akzeptierter Störspannung, im Bereich von Hertz bis Kilohertz.

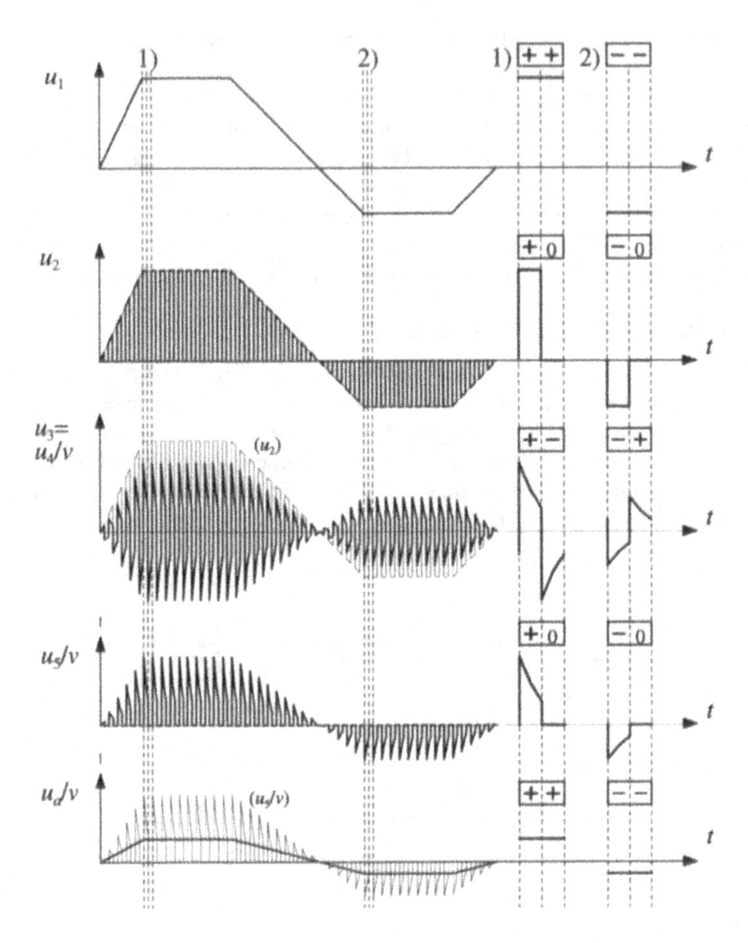

Abb. 2.3.23 Zeitverlauf der Signale im Zerhackerverstärker, vereinfacht dargestellt. Angedeutet ist die Wirkung von Hochpaßfilter (bei u_3), Synchrongleichrichter (bei u_5) und Tiefpaßfilter (bei u_a). Die Zeitabschnitte 1) und 2) sind zusätzlich gedehnt gezeigt.

Die Information über die Polarität des Meßsignals im Wechselspannungsteil ist in der Phasenlage des Signales gegenüber dem Zerhackersignal enthalten und wird durch den phasenrichtig arbeitenden Umschalter am Ausgang wieder in die richtige Polarität verwandelt.

Das Eingangssignal muß mit Hilfe eines Tiefpaßfilters bandbegrenzt werden, damit nicht Signalanteile, die synchron zur Chopperfrequenz oder einer vielfachen Frequenz sind, Gleichspannungsfehler erzeugen. Dies kann anschaulich an einem Beispiel erklärt werden: Wenn ein sinusförmiges Eingangssignal zerhackt wird, dessen Signalfrequenz gleich der Zerhacker-Frequenz ist, dann besteht (bei geeigneter Phasenlage) das Ausgangssignal des Choppers aus einer Halbwelle des Eingangssignales und diese hat einen hohen Gleichspannungsanteil. Der Zerhacker wirkt in diesem Fall als synchroner Einweggleichrichter.

Es treten dieselben Probleme auf wie bei Abtastsystemen: gelangen Signale mit Frequenzanteilen nahe der Chopper-Frequenz bzw. einem Vielfachen an den Eingangs-Zerhacker, dann entstehen am Ausgang niederfrequente Schwebungen; dieser Vorgang wird als Aliasing bezeichnet. Daher muß die Zerhackerfrequenz wesentlich größer sein als die höchste vom Verstärker zu verarbeitende Signalfrequenz.

Neben den Fehlern durch Aliasing können noch Fehler durch kapazitiv eingekoppelte Störladungen in den Schaltern, insbesondere durch das Übersprechen des Steuersignals, entstehen sowie durch die Signallaufzeit im Verstärker. Da die Gleichspannungsinformation in der Phasenlage zwischen Eingangs- und Ausgangs-Choppersignal liegt, führt eine Verzögerung des Meßsignales im Verstärker zu Gleichspannungsfehlern. Der Demodulator muß daher mit einem zeitlich versetzten Signal angesteuert werden.

Ein Nachteil der Schaltung ist die ungenau definierte Verstärkung. Auch wenn der Wechselspannungsverstärker eine stabile Verstärkung hat, können in den beiden Zerhackern nicht genau definierbare Verluste auftreten. Aus diesem Grund wird diese Art von Chopperverstärker für meßtechnische Anwendungen in rückgekoppelten Schaltungen eingesetzt. Eine wichtige Anwendung finden Chopperverstärker bei chopperstabilisierten Operationsverstärkern, die als Split-Band-Verstärker aufgebaut sind und in Kapitel 2.3.11 behandelt werden.

2.3.9.2 Der Auto-Zero-Verstärker

Bei diesem Typ folgt periodisch auf einen Meßzyklus ein Null-Abgleichzyklus (Auto-Zero-Zyklus). Beim Meßzyklus sind die Schalter S_1 und S_4 geschlossen und die Schalter S_2 und S_3 geöffnet, beim Null-Abgleich ist es umgekehrt. Während der Null-Abgleich-Phase wird mit einem Hilfsverstärker (V_2 in Abb. 2.3.24) die Ausgangsspannung des Hauptverstärkers V_1 gemessen. Der Hilfsverstärker hat einen Ausgang mit Stromquellencharakteristik. Er ist in einer einfachen Regelschleife so angeordnet, daß am Kondensator C_1 eine Korrekturspannung erzeugt wird, mit der die Ausgangsspannung von V_1 möglichst Null wird. Diese Korrekturspannung, die im Kondensator C_1 gespeichert bleibt, kompensiert im folgenden Meßzyklus die Offsetspannung. Auch bei diesem Verstärker verschwinden Offset- und Driftfehler nicht vollständig. Beim Nullabgleich wird am Ausgang des Hauptverstärkers nicht der Wert 0, sondern die Eingangsoffsetspannung des Hilfsverstärkers eingestellt. Auf den Eingang bezogen wirkt dieser Fehler um die Verstärkung $v_r = (R_1 + R_2)/R_1$ verkleinert.

Verstärker dieser Art eignen sich besonders zur Verstärkung sehr kleiner Gleichspannungen. Wenn eine anschließende AD-Konversion nur während der Meßphase durchgeführt wird, d.h., außerhalb aller Umschaltvorgänge, dann tritt kein zusätzlicher Rauschanteil bedingt durch Schaltvorgänge im Meßergebnis auf.

Während des Auto-Zero-Zyklus ist das Ausgangssignal des Verstärkers nicht verfügbar. Durch Verwendung einer Track and Hold Schaltung am Ausgang kann dieser Nachteil vermindert werden.

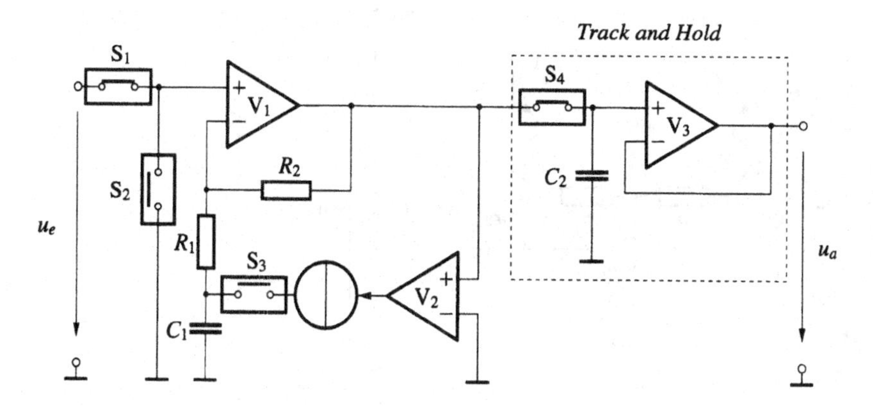

Abb. 2.3.24 Auto-Zero-Verstärker

Beim Commutating-Auto-Zero-Verstärker wird dieses Problem umgangen, indem zwei gleichwertige Auto-Zero-Verstärker eingesetzt werden. Während ein Verstärker in der Auto-Zero-Phase ist, kann der jeweils andere das Eingangssignal verstärken. Ähnlich wie beim Chopper-Verstärker tritt auch bei diesem Typ ein höherer Rauschpegel (chopper-noise) auf als bei "normalen" Verstärkern.

2.3.10 Breitbandmeßverstärker

Breitbandverstärker sind Verstärker, mit denen Spannungen im Bereich von Gleichspannung bis zu einigen hundert MHz verstärkt werden können. Sie werden vor allem in Oszilloskopen und anderen breitbandigen Meßgeräten verwendet. Beim Entwurf solcher Schaltungen ist sowohl auf die Gleichspannungsstabilität bezüglich Temperaturdrift und Langzeitdrift als auch auf damit erreichbare Grenzfrequenz zu achten.

In Breitbandverstärkern ist es aus Stabilitätsgründen schwierig, über mehrere Stufen gegenzukoppeln, da die großen Phasenverschiebungen bei höheren Frequenzen zum Schwingen des Verstärkers führen. Um eine definierte Verstärkung zu erreichen, werden solche Verstärker daher häufig aus mehreren Verstärkerstufen konstruiert, die jeweils in sich gegengekoppelt sind.

2.3.10.1 Breitbanddifferenzverstärker

Die angeführten Forderungen bezüglich hoher Stabilität für Gleichspannungen und nach hoher Bandbreite werden sehr gut vom **Differenzverstärker** erfüllt. Die beiden gleichartigen und zueinander nahe angeordneten Verstärkerelemente zeigen gleiches thermisches Verhalten und annähernd gleiches Langzeitverhalten. Die thermische Drift der Differenzeingangsspannungen ist beträchtlich kleiner als die der einzelnen Eingangsspannungen, z.B. einige µV/K statt mV/K.

Ein Breitbanddifferenzverstärker wird in Abb. 2.3.25 gezeigt. Ohne die Emitterwiderstände R_E ergibt sich für eine einigermaßen lineare Verstärkung ein sehr kleiner Aussteuerungsbereich von einigen zehn mV mit schlecht definierter Verstärkung. Daher wird über die Widerstände R_E eine **Stromgegenkopplung** eingeführt. Die Schaltung liefert dadurch eine niedrige, aber linearisierte, konstante, von den Verstärkerelementen weitestgehend unabhängige Verstärkung.

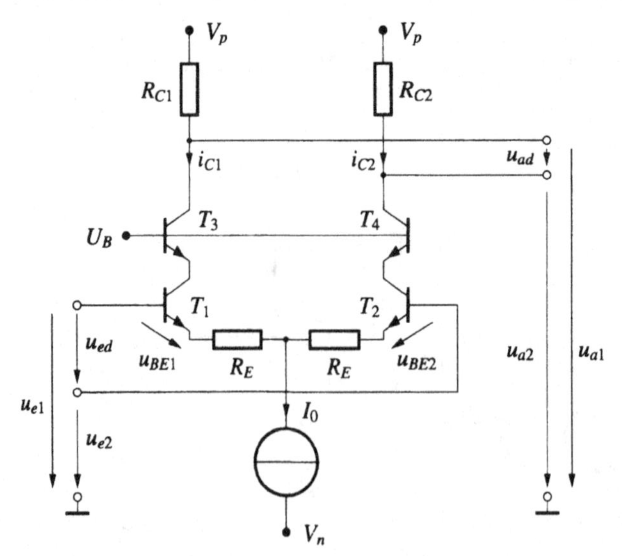

Abb. 2.3.25 Breitbanddifferenzverstärker mit Stromgegenkopplung und Kaskodeschaltung

Die Transistoren T3 und T4 bilden mit den Transistoren T1 und T2 eine **Kaskodeschaltung**, die eine hohe Bandbreite des Verstärkers ermöglicht. Für die Kleinsignalanalyse bei niederen Frequenzen kann der Kollektorstrom der Transistoren T1 und T3 bzw. T2 und T4 als näherungsweise gleich angenommen werden.

Der Strom der Stromquelle I_0 wird in Abhängigkeit von der Eingangsdifferenzspannung auf die beiden Transistoren T1 und T2 und die Lastwiderstände R_{C1} und R_{C2} aufgeteilt. Dadurch ergibt sich die Ausgangsdifferenzspannung

$$u_{ad} = (U_+ - i_{C1} \cdot R_C) - (U_+ - i_{C2} \cdot R_C) = -R_C \cdot (i_{C1} - i_{C2}) \quad . \tag{65}$$

Für die Eingangsdifferenzspannung gilt

$$u_{ed} = u_{BE1} + R_E \cdot i_{C1} - (u_{BE2} + R_E \cdot i_{C2}) \quad . \tag{66}$$

Da die Summe $i_{C1} + i_{C2} = I_0$ konstant ist, muß i_{C2} in dem Maße kleiner werden, in dem i_{C1} größer wird. Mit der Steilheit der Transistoren

$$g_{md} = \frac{di_C}{du_{BE}} \tag{67}$$

erhält man für die Serienschaltung von $1/g_{md}$ und R_E

$$\frac{du_{ed}}{d(i_{C1} - i_{C2})} = \frac{1}{g_{md}} + R_E \quad . \tag{68}$$

Daraus ergibt sich die differentielle Spannungsverstärkung

$$v_{ud} = -\frac{R_C}{1/g_{md} + R_E} \approx -\frac{R_C}{R_E} \quad , \tag{69}$$

die sich für große Steilheit ($1/g_{md} \ll R_E$) aus dem Verhältnis der Widerstände ergibt.

Breitbandverstärker bestehen aus mehreren solchen gegengekoppelten Differenzverstärkern mit Einzelverstärkungen im Bereich von 3-5. In der Kettenschaltung mehrerer multiplizieren sich diese Einzelverstärkungen und führen so auf die gewünschte Gesamtverstärkung.

Das Verhalten bei höheren Frequenzen wird einerseits durch das Frequenzverhalten der Steilheit der Transistoren bestimmt, andererseits durch parasitäre Kapazitäten der Transistoren und des Aufbaus, die zusammen mit den Widerständen der Schaltung Tiefpässe bilden. Die Steilheit

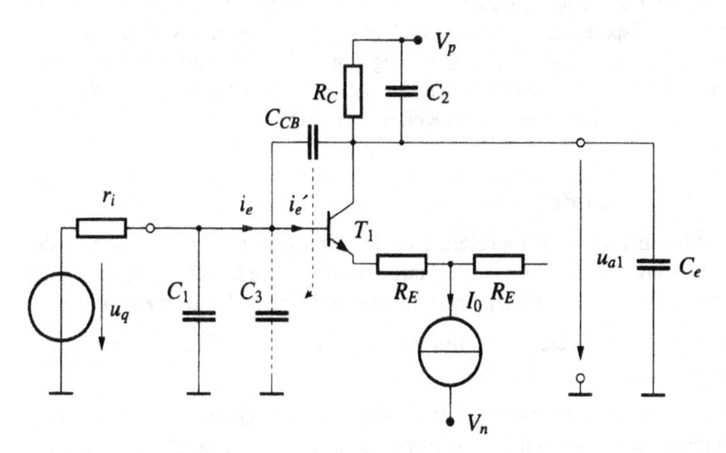

Abb. 2.3.26 Bandbegrenzende Kapazitäten eines einfachen Differenzverstärkers

eines Transistors läßt sich mit guter Näherung durch einen Tiefpaß erster Ordung beschreiben. Transistoren mit einer Transitfrequenz von einigen GHz sind heute Stand der Technik.

Die wichtigsten störenden Kapazitäten sind die Kapazitäten der Widerstände und der Leitungen, die Eingangskapazität der Last und die Transistorkapazitäten zwischen Kollektor, Basis und Emitter, wie sie in Abb. 2.3.26 für einen Differenzverstärker ohne Kaskodeschaltung gezeigt werden. Durch den Ausgangswiderstand der Schaltung, der ungefähr gleich dem Kollektorwiderstand R_C ist, ergibt sich mit der Schaltkapazität C_2, den Transistorkapazitäten, sowie der Eingangskapazität der nachfolgenden Schaltung C_e ein Tiefpaß.

Die Kapazität C_1 stellt die Summe aus Basis-Emitter-Kapazität und Schaltkapazität dar, sie bildet gemeinsam mit dem Innenwiderstand r_i der Signalquelle einen eingangsseitigen Tiefpaß. Die Eingangskapazität der Schaltung wird zusätzlich durch die zwischen Eingang und Ausgang liegende Kollektor-Basis-Kapazität erheblich vergrößert. Betrachtet man allgemein einen Verstärker mit der Verstärkung v_u und einer Spannungsgegenkopplung durch eine Impedanz Z statt der Kollektor-Basis-Kapazität, dann ist

$$\frac{1}{r_e} = \frac{i_e}{u_{e1}} = \frac{i_e'}{u_{e1}} + \frac{\left(\dfrac{u_{e1} - u_{a1}}{Z}\right)}{u_{e1}} = \frac{i_e'}{u_{e1}} + \frac{(1 - v_u)}{Z} \approx \frac{(1 - v_u)}{Z} \quad . \tag{70}$$

Das heißt, die Impedanz Z transformiert sich durch $(1 - v_u)$ dividiert an den Eingang und vermindert dadurch den Eingangswiderstand. Für die Differenzverstärkerschaltung ist die Spannungsverstärkung negativ, sodaß der zugeschaltete Leitwert, und somit die Kapazität C_{CB}, vergrößert an den Eingang transformiert wird. Dieses Verhalten wird als **Miller-Effekt**, die dynamisch wirksame Eingangskapazität wird als **Miller-Kapazität** bezeichnet. Die Eingangskapazität wirkt also vergrößert als

$$C_3 = (1 - v_u) \cdot C_{CB} \quad . \tag{71}$$

Der Effekt kann auch sehr leicht anschaulich erklärt werden. Der Spannungshub an der Kollektor-Basis-Kapazität ist um den Faktor $(1 - v_u)$ größer als der Eingangsspannungshub. Damit ist auch der Strom und die wirksame Ersatzkapazität entsprechend größer, als wenn die Kapazität gegen Masse liegen würde.

Zur Reduzierung des Miller-Effektes dient die Kaskodeschaltung. Dabei arbeiten die Eingangstransistoren T_1 und T_2 in Emitterschaltung, die Transistoren T_3 und T_4 in Basisschaltung. T_3 und T_4 haben am Emitter den Eingangswiderstand $1/g_m$. Das Kollektorruhepotential von T_1 bzw. T_2 wird durch das Basispotential U_B festgelegt. Der Wechselanteil am Kollektor von T_1 entspricht dem Wechselanteil der Basis-Emitterspannung von T_3 bzw. T_4 und ist entsprechend klein. Unter der Annahme, daß die beiden Steilheiten etwa gleich sind, ergibt sich zum Beispiel für die Spannungsverstärkung von der Basis zum Kollektor des Transistors T_1

$$|v_u| = \left|\frac{du_{a1}}{du_{e1}}\right| = \frac{1/g_m}{1/g_m + R_E} < 1 \quad . \tag{72}$$

Dadurch wird der Miller-Effekt stark reduziert. Bei den Transistoren T_3 und T_4 tritt der Miller-Effekt ebenfalls stark vermindert auf, weil ihre Basen praktisch beliebig niederohmig versorgt werden können, wodurch die Millerkapazitäten schnell umgeladen werden können.

Mit solchen Verstärkern können Grenzfrequenzen von einigen hundert MHz erreicht werden, allerdings nur für geringe Spannungsverstärkungen.

Eine Möglichkeit, die Bandbreite weiter zu erhöhen, besteht darin, die Gegenkopplung für hohe Frequenzen zu verringern, indem die Gegenkopplungswiderstände durch Kondensatoren überbrückt werden, und dadurch den Verstärkungsabfall zu kompensieren.

2.3.10.2 Current-Feedback-Verstärker

Seit es gelingt, in integrierten Schaltungen sowohl pnp-Transistoren als auch npn-Transistoren in vergleichbarer Qualität zu realisieren, gibt es für hohe Bandbreiten Verstärker, die nach dem Prinzip der Stromgegenkopplung arbeiten. Die wesentlichen Eigenschaften dieser Verstärker sind eine von der eingestellten Verstärkung (nahezu) unabhängige Bandbreite bis zu einigen hundert MHz und eine Slew-Rate von mehreren tausend V/μs.

Bei herkömmlichen Operationsverstärkern, die im Gegensatz zu Current-Feedback-Verstärkern auch Voltage-Feedback-Verstärker genannt werden, ist die Forderung nach hohem Eingangswiderstand, niedriger Verlustleistung und hoher Verstärkung nur mit geringen Ruheströmen zu erfüllen. Diese kleinen Ruheströme begrenzen zusammen mit den parasitären Schaltkapazitäten bzw. mit den Kompensationskapazitäten die Slew-Rate des Verstärkers.

Bei einem schnellen Verstärker müssen die Ruheströme entsprechend erhöht werden, dies steht in klarem Widerspruch zu den obigen Forderungen und bedeutet daher eine Verschlechterung der Eingangsdaten. Aber auch bei schnellen Voltage-Feedback-Verstärkern bleibt die Slew-Rate prinzipiell beschränkt, da die erste Differenzverstärker-Stufe keinen größeren Strom als den der gemeinsamen Emitterstromquelle liefern kann. In diesem Punkt liegt der entscheidende Unterschied zum Current-Feedback-Verstärker.

In Abb. 2.3.27 wird stark vereinfacht das Prinzip gezeigt. Bei dieser Schaltung wird der Ausgangsstrom der ersten Stufe (T_1) nicht begrenzt, wenn die Gegenkopplung mit R_1 und R_2 nicht zu hochohmig ist. Der Kollektorstrom von T_1 gelangt über den Stromspiegel, bestehend aus T_2 und T_3, zur Kapazität C. Bei schnellen Signalen liefert die Ausgangsstufe entsprechend mehr Strom, um über die Gegenkopplung die Kapazität C umzuladen. Mit dem Innenwiderstand des Gegenkopplungsnetzwerkes kann daher die Grenzfrequenz eingestellt werden.

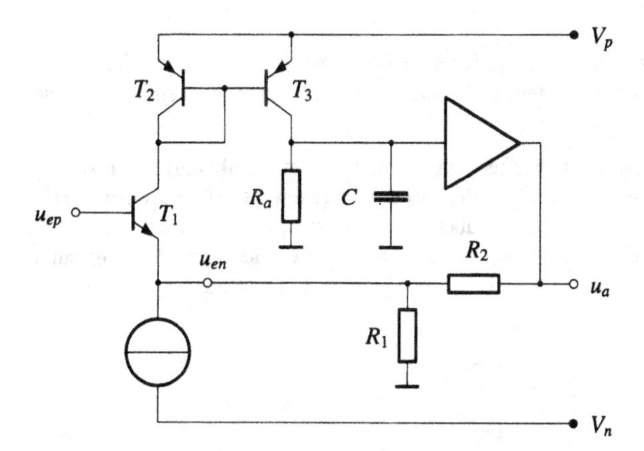

Abb. 2.3.27 Prinzip des Current-Feedback-Verstärkers

Die Schaltung in Abb. 2.3.27 ist unsymmetrisch: die Kapazität C kann zwar schnell geladen, aber nicht entsprechend schnell entladen werden, außerdem tritt die Basis-Emitterspannung von T_1 als Offsetspannung auf. Eine verbesserte, symmetrische Schaltung wird in Abb. 2.3.28 gezeigt. Zusätzlich sind zwei komplementäre Emitterfolger vorgeschaltet, die einerseits den Eingangswiderstand erhöhen und andererseits die Vorspannung für die Transistoren T_3 und T_4 liefern.

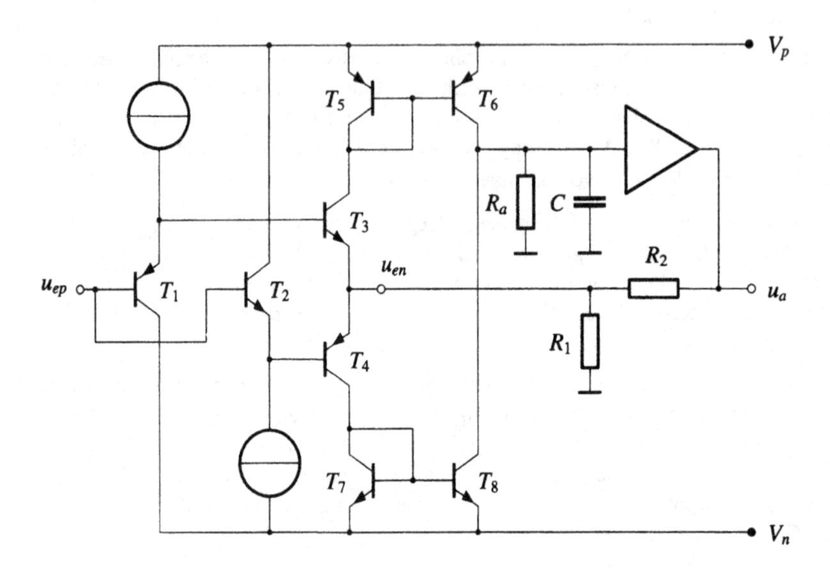

Abb. 2.3.28 Vereinfachte Schaltung eines Current-Feedback-Verstärkers

Der wichtigste Nachteil des Current-Feedback-Verstärkers ist der geringe Eingangswiderstand des invertierenden Einganges, wodurch er für eine Reihe von Anwendungen ausscheidet.

2.3.11 Split-Band-Amplifier

Es ist nicht möglich, Verstärker zu bauen, die gleichzeitig driftarm und schnell sind. Wenn beide Eigenschaften gleichzeitig benötigt werden, kann man zwei Verstärker in geeigneter Weise kombinieren.

Es liegt nahe, für die Verstärkung der höherfrequenten Anteile einen breitbandigen Verstärker und für die niederfrequenten einen hochpräzisen Verstärker mit geringer Bandbreite einzusetzen. Solche Kombinationen von einem langsamen, aber nullpunktsstabilen Verstärker mit einem weniger stabilen, aber schnellen Verstärker werden allgemein **Split-Band-Amplifier** genannt (Abb. 2.3.29). Über den Hochpaß aus R_H und C_H gelangen nur höherfrequente Signalanteile

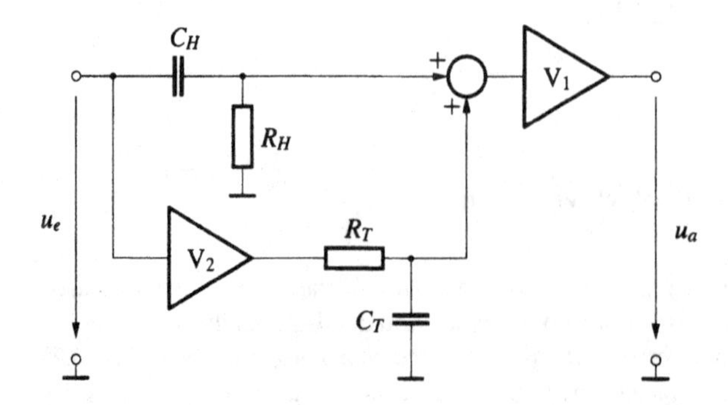

Abb. 2.3.29 Prinzip des Split-Band-Verstärkers

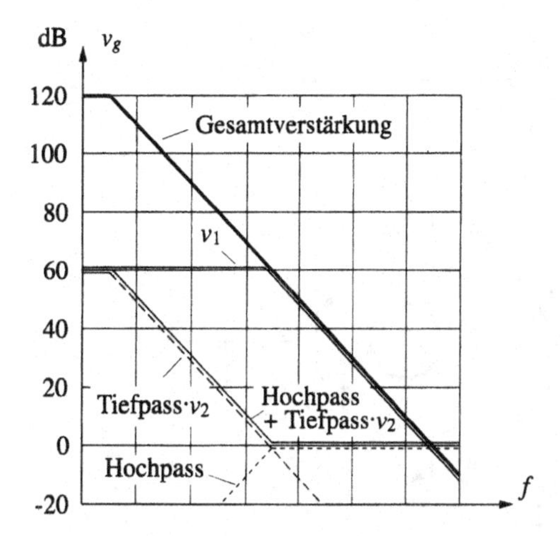

Abb. 2.3.30 Frequenzgang eines Split-Band Verstärkers

zum Verstärker V_1. Die niederfrequenten Signalanteile und der Gleichanteil werden vom NF-Verstärker V_2 verstärkt, wobei die obere Grenzfrequenz dieses Signalpfades durch den Tiefpaß R_T und C_T bestimmt wird.

Die Offset- und Driftfehler des Verstärkers V_1 wirken sich natürlich auf den Ausgang der Schaltung aus. Auf den Eingang bezogen werden ihre Werte durch die Verstärkung des NF-Verstärkers V_2 dividiert und damit auf sehr kleine Werte reduziert.

Damit der Frequenzgang des gesamten Verstärkers den gewünschten Verlauf aufweist, müssen die Grenzfrequenzen von Hoch- und Tiefpaß sowie der Verstärker sorgfältig aufeinander abgestimmt werden. In Abb. 2.3.30 sind die Frequenzgänge aller wichtigen Komponenten angegeben. Die Verstärkungsfaktoren des NF-Verstärkers mit dem Tiefpaß und des Hochpaßfilters überlagern sich additiv. Wie im Bodediagramm ersichtlich, folgt daher der kombinierte Frequenzgang dem Maximum aus der Kennlinie des NF-Verstärkers mit dem Tiefpaß und der Kennlinie des Hochpasses. Der Frequenzgang der Gesamtschaltung, die eine Serienschaltung von NF-Verstärker plus Hochpaß mit dem Verstärker V_1 darstellt, ergibt sich durch Multiplikation, im Bodediagramm durch Addition. Für einen Frequenzgang mit einem konstanten Abfall müssen die Grenzfrequenzen des Verstärkers V_1 und des Hochpasses genau gleich groß sein.

Chopperstabilisierter Operationsverstärker

Für Operationsverstärker mit extrem kleinen Offsetgrößen wird das Prinzip des Split-Band-Amplifiers angewandt. Der niederfrequente Verstärker wird dabei mit einem Chopperverstärker realisiert. Operationsverstärker dieser Art werden von verschiedenen Herstellern in Hybridtechnik angeboten, ihre Offsetspannungsdrift liegt bei 50 nV/K und darunter. Chopperstabilisierte Operationsverstärker weisen allerdings ein hohes Rauschen auf.

Split-Band-Breitbandverstärker

Für genaue Breitbandverstärker reicht die Nullpunktstabilität des Differenzverstärkers oft nicht aus. Daher wird häufig das Prinzip des Split-Band-Verstärkers angewendet. Der hochfrequente Verstärker wird mit einem Breitbanddifferenzverstärker aufgebaut, für den niederfrequenten Verstärker kann ein genauer, driftarmer Operationsverstärker verwendet werden.

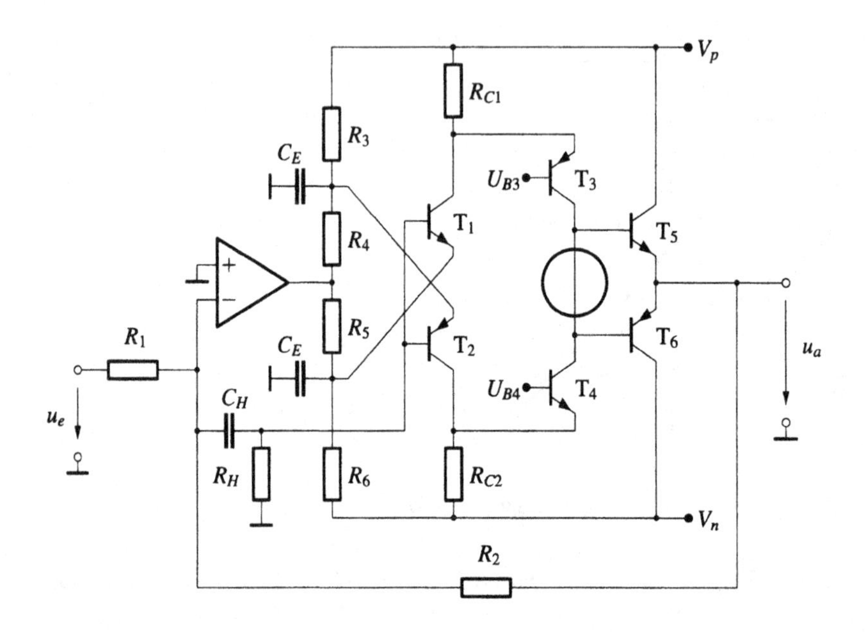

Abb. 2.3.31 Vereinfachte Schaltung eines als Split-Band-Verstärker aufgebauten, breitbandigen und genauen Leistungsverstärkers

Ein anderes Prinzip eines Split-Band-Verstärkers, das für hohe Ausgangsleistungen geeignet ist, wird in Abb. 2.3.31 gezeigt. Eine Besonderheit der Schaltung ist der symmetrische Aufbau bezüglich der Versogungsspannung, der auch bei hohen Strömen, insbesondere bei steilen Spannungsflanken an einer kapazitiven Last, ein symmetrisches Ausgangssignal ermöglicht.

Für Gleichsignale und niederfrequente Signale steuert der Operationsverstärker über die Widerstände R_3 bis R_6 die Transistoren T_1 und T_2 (oder anders betrachtet, ihren Arbeitspunkt) strommäßig so an, daß sich die Ausgangsspannung auf den Wert $u_a = -R_1/R_2 \cdot u_e$ einstellt. Der Operationsverstärker gewährleistet die nötige hohe Verstärkung und Nullpunktsstabilität. Hochfrequente Signale werden über den Hochpaß aus C_H und R_H direkt in die Basis der Transistoren T_1 und T_2 eingekoppelt. Die Kondensatoren C_E halten für die Hochfrequenzansteuerung das Emitterpotential der beiden Transistoren konstant. T_3 und T_4 wirken als inverse Kaskodestufen. U_{B3} und U_{B4} sind konstante Spannungen, die die Arbeitspunkte bestimmen. Die symmetrische Anordnung der Transistoren ergibt für Signale beider Polaritäten ein symmetrisches dynamisches Verhalten; jeweils die beiden oberen oder die beiden unteren Transistoren werden mit zunehmender Signalamplitude zu höheren Strömen hin ausgesteuert. Für die Erreichung des gewünschten Verlaufes des Frequenzganges des gesamten Verstärkers und einer ausreichenden Stabilität müssen die Grenzfrequenzen von Hochpaß, Transistoren und OPV sorgfältig aufeinander abgestimmt werden.

2.3.12 Literatur

[1] Germer H., Wefers N., Meßelektronik, Bd. 1. Hüthig, Heidelberg 1988.

[2] Klein J.W., Dullenkopf P., Glasmachers A., Elektronische Meßtechnik: Meßsysteme und Schaltungen. Teubner, Stuttgart 1992.

[3] Müller R., Grundlagen der Halbleiterelektronik. Springer, Berlin Heidelberg New York Tokyo 1991.

[4] Müller R., Bauelemente der Halbleiterelektronik. Springer, Berlin Heidelberg New York Tokyo 1991.

[5] Roberge J.K., Operational Amplifiers. Wiley, Chichester 1975.

[6] Seifart M., Analoge Schaltungen. Verlag Technik, Berlin 1994.

[7] Tietze U., Schenk Ch., Halbleiterschaltungstechnik. Springer, Berlin Heidelberg New York Tokyo 1990.

2.4 Analoge Meßschaltungen

F. Kreid und Ch. Mittermayer

2.4.1 Einleitung

Unter **Meßverstärkern** versteht man elektronische Verstärkerschaltungen zur Anpassung der Meßgröße an Einheiten zur Ausgabe, Anzeige oder Auswertung von Meßwerten. Die Aufbereitung von Signalen, die von Sensoren für physikalische Größen (z.B. Temperatur, Druck, Durchfluß usw.) geliefert werden, ist eine typische Aufgabe. Die Funktionen von Meßverstärkern können vielfältig sein. Außer zur linearen Verstärkung werden Meßverstärker auch zur Impedanzanpassung, Nullpunktsverschiebung, Linearisierung, Filterung, Gleichrichtung, Bestimmung des Effektivwertes und vieles andere mehr verwendet.

2.4.2 Meßverstärker für Spannung und Strom

2.4.2.1 Spannungspuffer

Der Spannungspuffer-Verstärker in Abb. 2.4.1 ist ein Spezialfall des Elektrometerverstärkers aus Abb. 2.3.13 mit $R_1 \to \infty$ und $R_2 = 0$, die Verstärkung hat daher den Wert 1. Sein Eingang ist extrem hochohmig, der Ausgang ist sehr niederohmig, alternative Bezeichnungen sind daher Spannungsfolger oder Impedanzwandler. In der Meßtechnik dient er als Anpassungsglied, mit dessen Hilfe hochohmige Meßfühler an niederohmige Schaltungen zur Weiterverarbeitung angepaßt werden. Spannungspuffer werden auch eingesetzt, um hochohmige Wechselspannungsquellen von kapazitiven Lasten, zum Beispiel von Leitungen, zu entkoppeln.

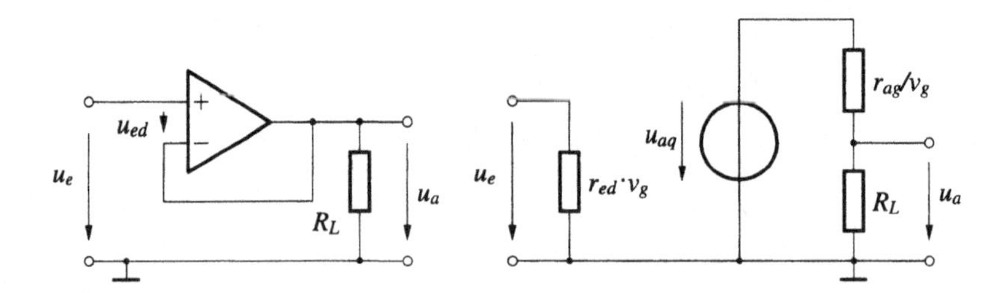

Abb. 2.4.1 Spannungspuffer mit vereinfachter Ersatzschaltung

Die Ausgangsspannung wird vollständig zum invertierenden Eingang rückgeführt, d.h. der Rückkopplungsfaktor β hat den Wert 1. Für die Schleifenverstärkung $v_s = \beta \cdot v_g$ ergibt sich daher der Maximalwert v_g. Der Eingangswiderstand nimmt seinen Maximalwert an, nämlich

$$r_{er} \approx v_g \cdot r_{ed} \parallel r_{eg} \quad . \tag{1}$$

Der Ausgangswiderstand sinkt mit steigender Schleifenverstärkung und wird daher minimal

$$r_{ar} \approx \frac{r_{ag}}{v_g} \quad . \tag{2}$$

Er ist daher ebenfalls in vielen Fällen vernachlässigbar. Eine wichtige Ausnahme davon sind Fälle von kapazitiven Lasten in Kombination mit hochfrequenten und steilen Eingangssignalen.

Durch die Frequenzabhängigkeit der Leerlaufverstärkung des Operationsverstärkers (Abb. 2.3.11) nimmt die Schleifenverstärkung mit 20 dB/Dekade ab, das bedeutet, daß die Ausgangsimpedanz bei steigender Frequenz um 20 dB/Dekade zunimmt und für höhere Frequenzen nicht mehr vernachlässigbar ist. Der Ausgangswiderstand bildet, wie im rechten Teil von Abb. 2.4.1 gezeigt, mit dem Lastwiderstand R_L einen Spannungsteiler. Die tatsächliche Ausgangsspannung wird daher kleiner bzw. die Verstärkung verkleinert sich auf

$$v_r = \frac{R_L}{\dfrac{r_{ag}}{v_g(\omega)} + R_L} < 1 \quad . \tag{3}$$

Im Falle einer kapazitiven Last wird zusätzlich deren Impedanz mit steigender Frequenz kleiner, die Abschwächung des Spannungsteilers wird damit noch stärker, und der resultierende Fehler bei der Übertragung von Signalen mit höheren Frequenzanteilen wird noch größer. Bei impulsförmigen Signalen kommt es daher zu Verzerrungen der Impulsform.

2.4.2.2 Strompuffer

Der Strompuffer-Verstärker wandelt Ströme in Spannungen um. Er ist ein Spezialfall des invertierenden Verstärkers (Abb. 2.3.15), bei dem $R_1 = 0$ gilt. Wie Abb. 2.4.2 zeigt, ist der invertierende Eingang gleichzeitig Schaltungseingang.

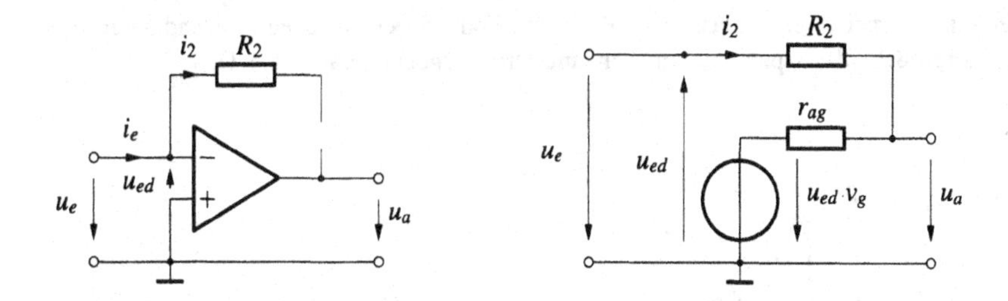

Abb. 2.4.2 Strompuffer mit vereinfachter Ersatzschaltung

Der Verstärkerausgang regelt über die Gegenkopplung das Potential am "–" Eingang so, daß die Eingangsdifferenzspannung u_{ed} gleich Null wird. Da der "+ " Eingang auf 0 Volt liegt, stellt der " – " Eingang einen virtuellen Nullpunkt dar. Unter der Voraussetzung, daß in den Verstärkereingang keine Ströme hineinfließen, muß gelten

$$i_e = i_2 \quad , \tag{4}$$

d.h., der Eingangsstrom, der ja dem zu messenden Strom entspricht, fließt auch über den Rückkopplungszweig, gebildet aus R_2. Der hereinfließende Strom wird vom OPV-Ausgang kompensiert (abgesaugt), die Schaltung wird deshalb auch als Saugschaltung bezeichnet. Da der Widerstand R_2 zwischen dem Ausgang und dem 0 Volt Potential des "–" Einganges liegt, entspricht der Spannungsabfall an ihm unmittelbar der Ausgangsspannung, d.h., diese ist dem zu messenden Strom direkt proportional. Mit entsprechend großen Werten für R_2 und geeigneten Operationsverstärkern lassen sich Schaltungen zur Messung von Strömen bis in den Picoampere-Bereich aufbauen (siehe auch Kap. 3.1.9).

Der Vorteil gegenüber einer passiven Strommessung ist der Umstand, daß die Messung praktisch verlustlos geschieht, weil zwischen den beiden Eingangsklemmen der Schaltung keine Spannung liegt, entsprechend einem verschwindenden Eingangswiderstand.

Beim realen OPV tritt am Eingang die geringe Restspannung u_{ed} auf. Dann gilt

$$u_e = -u_{ed} = i_2 \cdot \frac{R_2 + r_{ag}}{(v_g + 1)} \quad . \tag{5}$$

Infolge der Gleichheit von i_e und i_2 gilt für den differentiellen Eingangswiderstand

$$r_{er} = \frac{u_e}{i_e} = \frac{R_2 + r_{ag}}{(v_g + 1)} << R_2 \quad . \tag{6}$$

Dieser Wert ist um Größenordnungen kleiner als der Widerstand R_2, der dem Innenwiderstand einer passiven Strommessung durch eine Spannungsmessung an R_2 entspricht, wie sie beispielsweise bei den meisten Digitalmultimetern angewandt wird.

2.4.2.3 Spannungsmeßverstärker-Schaltungen

Zur Messung von Spannungen ist ein möglichst hoher Eingangswiderstand erwünscht. Aus diesem Grund wird vorzugsweise die Elektrometerschaltung nach Abb. 2.4.3 verwendet.

Der Ausgang eines geeigneten Operationsverstärkers muß hinreichend niederohmig bzw. die Leerlaufverstärkung genügend hoch sein, damit die Belastung mit dem Spannungsmesser bzw. mit dem Eingangswiderstand der nachfolgenden Stufe (z.B. ein ADC) keine nennenswerten Fehler verursacht.

Der Eingangswiderstand ist bei der gezeigten Schaltung infolge der Gegenkopplung sehr hoch und sein Einfluß meist vernachlässigbar. Probleme können bei manchen Anwendungen die Eingangsstörgrößen Offsetspannung und Eingangsstrom ergeben (Kap. 2.4.4.1).

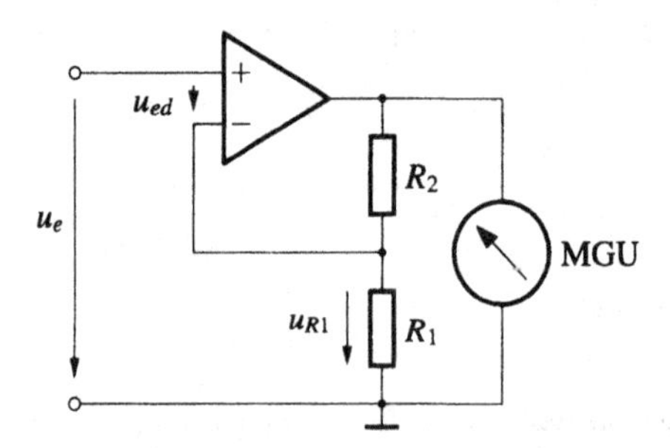

Abb. 2.4.3 Spannungsmeßverstärker mit Spannungsmeßgerät zur Meßwertanzeige

2.4.2.4 Ladungsverstärker

Piezo- und pyroelektrische Sensoren liefern eine Ladung als Ausgangssignal. Diese Ladung erzeugt an der Kapazität des Sensors und der angeschlossenen Leitung eine Spannung, die mit einem hochohmigen Spannungsverstärker gemessen werden kann. Die Größe der Spannung wird dabei von der Kapazität der Leitung wesentlich mitbestimmt. Um den Einfluß der Sensorkapazität und der Leitungskapazität zu eliminieren, werden sogenannte Ladungsverstärker verwendet.

Da die Ladung das Integral des Stromes über der Zeit ist, ergibt sich als Schaltung ein Integrator mit einem Stromeingang bzw. ein Strompuffer mit einem Kondensator im Rückkopplungszweig (Abb. 2.4.4). Die vom Sensor erzeugten Ladungen werden von der Verstärkerschaltung abgesaugt und fließen direkt auf den Kondensator C_V, wo sie eine der Ladung proportionale Spannung erzeugen. Auf die Kapazitäten C_S und C_K am Eingang fließt keine Ladung ab, da die Eingangs-

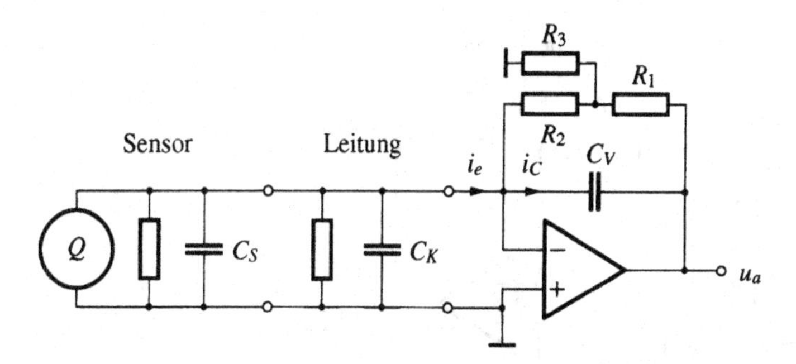

Abb. 2.4.4 Ladungsverstärker mit Ladungsquelle und Zuleitung

spannung des Verstärkers auf Null gehalten wird. Der Eingangsstrom des OPV führt zu einer Drift der Ausgangsspannung. Das Widerstandsnetzwerk R_1, R_2 und R_3 ergibt eine erhöhte Abschwächung im Rückkopplungszweig und wirkt wie ein großer Widerstand, der den Ruhepunkt stabilisiert (siehe Kap. 3.1.9).

2.4.2.5 Instrumentationsverstärker

Brückenschaltungen und daher auch viele Sensoren, die nach dem Brückenprinzip aufgebaut sind, verlangen eine "erdfreie" Spannungsmessung. D.h. die Ausgangsspannung der Signalquelle ist mit keinem ihrer Anschlüsse mit dem Bezugspotential ("Erde") verbunden und kann auch nicht damit verbunden werden. Häufig müssen auch leistungsschwache Signale über längere Leitungen in elektromagnetisch gestörter Umgebung übertragen werden, bevor sie ausgewertet werden können. Die vorhandenen Störfelder ergeben hauptsächlich Gleichtaktstörspannungen, wie in Abb. 2.4.5 gezeigt, wobei die induzierten Störspannungen das Nutzsignal, ein Differenzsignal, sogar um ein Vielfaches übertreffen können. Bei der Messung sehr kleiner Spannungen mit hoher Genauigkeit kann eine mit anderen Schaltungsteilen gemeinsame Masseverbindung zur Signalquelle einen störenden Spannungsabfall ergeben, auch wenn sie nur kurz ist (verursacht durch Versorgungsströme und Ströme anderer Schaltungsteile). Dieser Effekt kann durch eine Führung als Differenzsignal unwirksam gemacht werden.

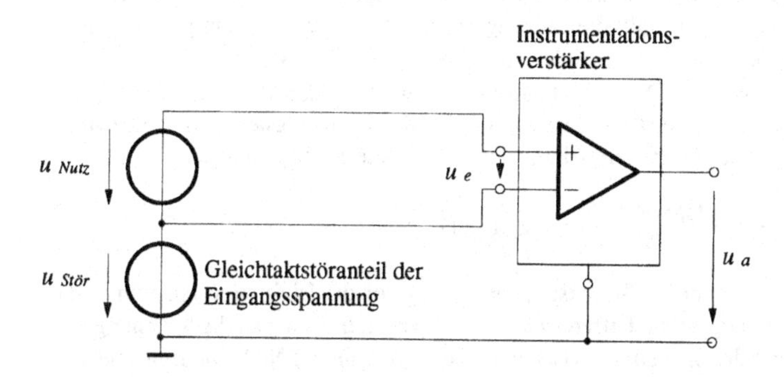

Abb. 2.4.5 Auswertung eines Signales mit Gleichtaktfehler mittels Instrumentationsverstärkers

All diesen Aufgaben ist gemeinsam, daß ein Differenzsignal zu verstärken ist, das einen hohen Gleichtaktstöranteil besitzt. Elektrometerverstärker und invertierende Verstärker sind dafür ungeeignet, weil bei ihnen ein Eingang mit Masse verbunden ist. Die Subtrahierschaltung aus

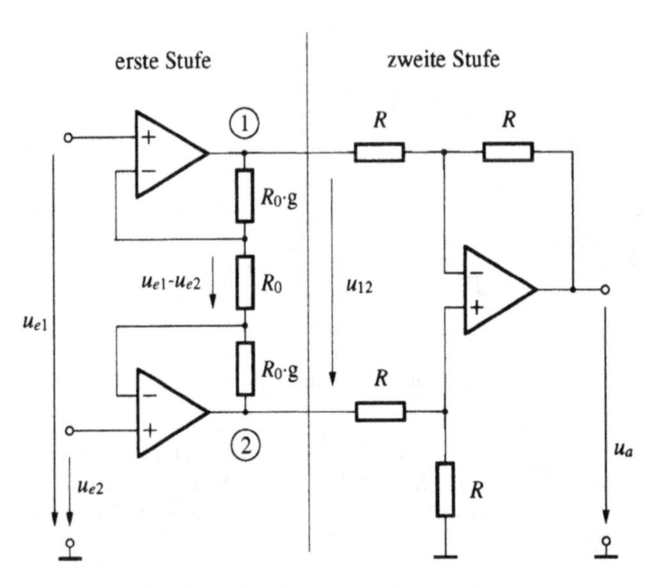

Abb. 2.4.6 Schaltung eines Instrumentationsverstärkers

Kap. 2.3.8.5 hat für viele Anwendungen eine zu geringe Eingangsimpedanz. In Abb. 2.4.6 ist eine geeignete Erweiterung des Subtrahierverstärkers mit zwei zusätzlichen Operationsverstärkern in Elektrometerschaltung zur Erhöhung der Eingangsimpedanz gezeigt. Diese Schaltung wird meist Instrumentationsverstärker genannt und stellt einen universell einsetzbaren Meßverstärker dar.

Die wesentlichen Eigenschaften eines Instrumentationsverstärkers sind:

- Erdfreier, hochohmiger Differenzeingang.
- Gute Gleichtaktunterdrückung.
- Gute Linearität.
- Rückwirkung auf das Meßobjekt nur durch die Eingangsstörgrößen wie beim OPV.

Die Standardschaltung eines Instrumentationsverstärkers in Abb. 2.4.6 funktioniert wie folgt: Bei idealen Operationsverstärkern fällt die Eingangsspannung $u_e = u_{e1} - u_{e2}$ am gemeinsamen Gegenkopplungswiderstand R_0 ab, dieser bildet mit den beiden anderen Widerständen $R_0 \cdot g$ den Rückkopplungs-Spannungsteiler. Die Potentialdifferenz zwischen den Punkten 1 und 2 als Differenzausgang der ersten Stufe kann damit mit Hilfe der Spannungsteilerregel berechnet werden. Für die Kleinsignaldifferenzverstärkung der ersten Stufe ergibt sich daher

$$v_{1diff} = \frac{u_{12}}{(u_{e1} - u_{e2})} = \frac{2 \cdot g \cdot R_0 + R_0}{R_0} = (2 \cdot g + 1) \quad . \tag{7}$$

Die Gleichtaktverstärkung der ersten Stufe ist 1, unabhängig von der Differenzverstärkung. Bei reiner Gleichtaktaussteuerung ist die Differenz u_{e1}-u_{e2} gleich Null. Daher ist die Spannung am Widerstand R_0 und damit die Spannung zwischen Punkt 1 und Punkt 2 Null. Die Eingangsdifferenzspannung der Operationsverstärker ist ebenfalls Null, sodaß die Spannungen an den Punkten 1 und 2 gleich den Eingangsspannungen sind. Daher entspricht der Gleichtaktanteil der Ausgangsspannung der ersten Stufe der Gleichtaktspannung am Eingang, somit gilt

$$v_{1gl} = 1 \quad . \tag{8}$$

Die zweite Stufe besteht aus einem Subtrahierverstärker, der für die nötige Gleichtaktunterdrückung (*CMRR* = common mode rejection ratio) sorgt. Die Gesamtdifferenzverstärkung ergibt sich als Produkt der Verstärkungen der beiden Stufen

$$v = v_{1diff} \cdot v_2 = (2 \cdot g + 1) \cdot v_2 \quad . \tag{9}$$

Wird die Verbindung über den Widerstand R_0 unterbrochen, wird $v_{1diff} = 1$ und die Gesamtverstärkung gleich v_2. Damit auch eine Gesamtverstärkung von 1 möglich ist, wird der Subtrahierverstärker meist mit der Verstärkung 1 versehen, indem er mit vier gleichen Widerständen beschaltet wird. Diese Beschaltung ist auch für eine gute Gleichtaktunterdrückung günstig, weil in diesem Fall die Gleichheit von vier Widerständen dafür maßgeblich ist. Technologisch lassen sich auf einem Träger vier gleiche Widerstände leichter realisieren, als Widerstände mit einem bestimmten Verhältnis. Außerdem haben diese Widerstände gleiche Temperaturkoeffizienten, sodaß die Gleichtaktunterdrückung nicht von der Temperatur abhängig ist. Typische Werte der Gleichtaktunterdrückung liegen für Gleichspannung im Bereich von 100 bis 120 dB, bei höheren Frequenzen nimmt die Gleichtaktunterdrückung deutlich ab.

Es ist eine galvanische Verbindung der Schaltung von den Eingängen zur Masse des Instrumentationsverstärkers notwendig, um die Eingangsströme abzuleiten. Bei einer fehlenden Verbindung werden die Eingänge der Schaltung durch die Eingangsströme so weit aufgeladen, daß die Schaltung durch das Gleichtaktsignal in die Sättigung getrieben wird.

2.4.3 Trennverstärker (Isolationsverstärker)

Trennverstärker sind Verstärkerschaltungen, bei denen Eingang und Ausgang, und eventuell auch die Versorgung beider Schaltungsteile, galvanisch voneinander getrennt sind. Die galvanische Trennung ermöglicht es, sehr hohe Gleichtaktspannungen (im Bereich von kV) zu beherrschen, wie sie zum Beispiel bei der Strommessung in Leistungskreisen auftreten. Aber auch bei der Messung kleiner Differenzspannungen ist die äußerst hohe Gleichtaktunterdrückung eines Trennverstärkers von Vorteil. Nicht zuletzt liegt der Grund für die Verwendung eines Trennverstärkers oft bei den Sicherheitsanforderungen, insbesondere im medizinischen Bereich.

Die Übertragung des Signales über die Isolationsbarriere kann durch induktive Kopplung, durch kapazitive Kopplung oder durch Optokoppler erfolgen. Bei Optokopplern kann das Signal mit einer geeigneten Kompensationsschaltung direkt ohne Modulation übertragen werden [11]. Bei einer induktiven Kopplung wird die Modulation eines Wechselsignales verwendet, ähnlich dem Prinzip eines Chopperverstärkers. Für kapazitiv gekoppelte Verstärker und auch für Verstärker mit Optokopplern, wenn eine hohe Genauigkeit erzielt werden soll, werden meist frequenzanaloge Signale oder Signale mit Tastverhältnis- oder Impulsbreitenmodulation verwendet. Durch die Modulation ist die Bandbreite eines Trennverstärkers stark eingeschränkt.

2.4.4 Probleme bei Meßverstärkern

Bei der Erfassung elektrischer Signale, wie sie von vielen Sensoren in Technik und Medizin geliefert werden, stößt man leicht in die Grenzbereiche der Meßtechnik vor. Thermoelemente zur Temperaturmessung oder Hallelemente liefern Signale im Mikrovoltbereich, ebenso EEG oder EKG in der Medizin. Piezoelektrische Sensoren, wie z.B. Beschleunigungsaufnehmer, und chemische Sensoren, z.B. pH-Wert-Sensoren, sind wiederum sehr hochohmig. In all diesen Fällen sind die Störungen der zu messenden Signale durch den Verstärker bzw. durch die Aufbautechnik sehr kritisch.

2.4.4.1 Fehler durch Eingangsstörgrößen

Bei der Verstärkung sehr kleiner Spannungen und Ströme sowie bei hochohmigen Signalquellen mit hohen Genauigkeitsansprüchen stellen vor allem die Eingangsstörgrößen (Kap. 2.3.5.2) ein Problem dar. Die Offsetspannung und die Eingangsstörströme bewirken Gleichspannungsfehler am Ausgang, die wie von außen am Eingang aufgebrachte Störungen wirken und durch die Gegenkopplung nicht reduziert werden. Da ihre Auswirkungen durch lineare Näherung und Superposition berechnet werden können und die beiden Grundschaltungen Elektrometerverstärker und invertierender Verstärker für eine Eingangsspannung gleich Null identisch werden, sind auch die Ergebnisse für die beiden Schaltungen identisch. Externe Kompensationsschaltungen wirken sich jedoch bei den beiden Schaltungen unterschiedlich aus.

Die Wirkung der Eingangsoffsetspannung

Die Eingangsoffsetspannung tritt beim Elektrometerverstärker in Serie mit der Eingangsspannung auf. Am Ausgang tritt die verstärkte Summe der beiden Spannungen auf. Dadurch ergibt sich auch bei einer Eingangsspannung gleich Null am Verstärkerausgang eine unerwünschte Spannung. Bei unendlicher Leerlaufverstärkung ist dies, wie aus Abb. 2.4.7 hervorgeht, die um den Faktor $(R_1 + R_2)/R_1$ verstärkte Offsetspannung. Dieser Fehler ist für viele Anwendungen meßtechnischer Art nicht vernachlässigbar und muß korrigiert werden. Leider ist eine wirksame Korrektur aufgrund der Offsetspannungsdrift nur eingeschränkt möglich.

Viele Operationsverstärker haben Anschlüsse zur Korrektur der Offsetspannung mit Hilfe eines Potentiometers. Der Offsetabgleich besteht in der Erzeugung einer gleich großen Spannung mit entgegengesetzter Polarität. Dies kann mit einer geringfügigen Änderung der Stromverteilung in den beiden Zweigen des Differenzverstärkers bewerkstelligt werden. Dabei kann sich die Offsetdrift infolge des Abgleichs verschlechtern. Manche Typen bieten auch keine Möglichkeit zur Offsetkorrektur. Es ist daher manchmal günstig oder notwendig, die Schaltung soweit zu modifizieren, daß der Abgleich extern durchgeführt werden kann.

In Abb. 2.4.8 wird ein invertierender Verstärker mit externer Nullpunktkorrektur gezeigt. Die Offsetspannung fällt unmittelbar an R_1 ab. Ohne Offsetabgleich liefert der Ausgang über R_2 den nötigen Strom, um diesen Spannungsabfall zu erzeugen. Dieser Strom kann aber auch über ein Korrekturnetzwerk (R_K, P) geliefert werden. Dieses entspricht dem Prinzip des Addierverstärkers: ein kleiner Spannungswert wird addiert, um die geforderte Ausgangsspannung von 0 V zu erreichen. Es kann zum Offsetabgleich auch das Potential am "+" Eingang verschoben werden.

Beim Elektrometerverstärker führt die gezeigte Kompensation zu einer Änderung der Verstärkung, da das Kompensationsnetzwerk parallel zu R_1 wirkt. Sie muß durch eine geeignete

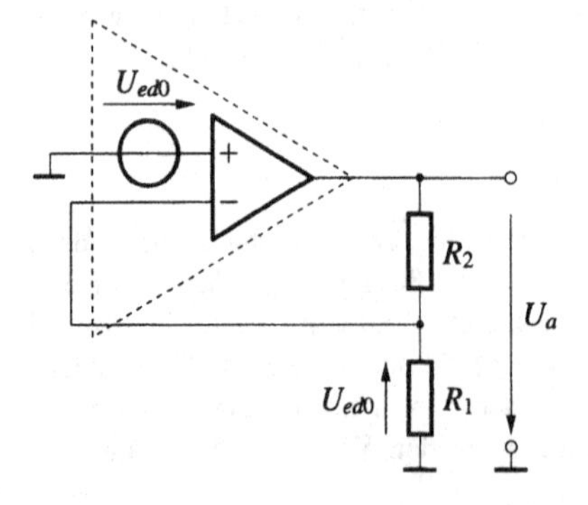

Abb. 2.4.7 Prinzipschaltung zur Bestimmung der Wirkung der Offsetspannung gültig für den Elektrometerverstärker und den invertierenden Verstärker

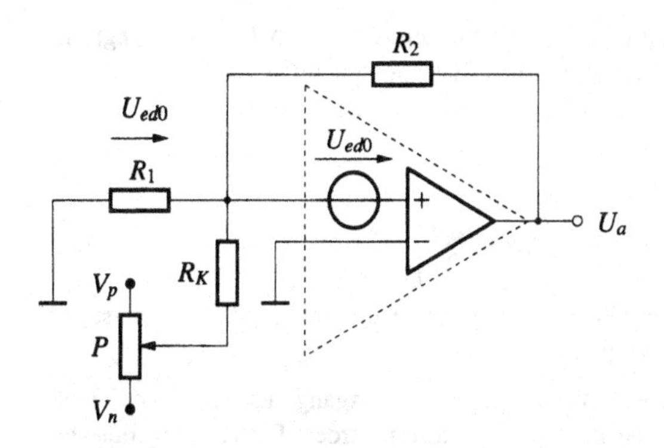

Abb. 2.4.8 Externe Offsetkorrektur beim invertierenden Verstärker

hochohmige Dimensionierung klein gehalten werden. Eine andere Möglichkeit ist es, den Masseanschluß von R_1 mit einem niederohmigen Netzwerk zu verschieben.

Der Offsetabgleich müßte temperaturabhängig sein, um auch die Temperaturdrift der Offsetspannung zu kompensieren. Andere Einflüsse auf die Offsetspannung können nicht kompensiert werden. Bei extremen Ansprüchen an die Nullpunktstabilität müssen daher spezielle Verstärker wie Chopper-Verstärker oder Autozero-Verstärker eingesetzt werden. Bei Systemen mit digitaler Weiterverarbeitung besteht die Möglichkeit Offsetfehler rechnerisch zu korrigieren.

Die Wirkung der Eingangsruheströme

Die Eingangsruheströme (siehe Kap. 2.3.5.2) haben Stromquellencharakter und bewirken über das Rückkopplungsnetzwerk wieder Gleichspannungsfehler am Ausgang. In den folgenden Berechnungen werden auch der Bias-Strom und der Offsetstrom verwendet, da in den Datenblättern meist Angaben über diese Werte zu finden sind. Der Ruhestrom des "+" Einganges I_{ep0} erzeugt, wie aus Abb. 2.4.9 ersichtlich ist, einen Spannungsabfall am Innenwiderstand R_S der Signalquelle und damit eine unerwünschte Eingangsfehlerspannung

$$U_e = -R_S \cdot I_{ep0} = -R_S \cdot \left(I_{e0} + \frac{I_{ed0}}{2} \right) . \tag{10}$$

Die Ausgangsspannung kann mit Hilfe des Superpositionsgesetzes aus zwei Anteilen bestimmt werden. Ein Anteil besteht in der verstärkten Spannung U_e. Der zweite Anteil besteht in dem Spannungsabfall, den der Strom I_{en0} an dem Widerstand R_2 erzeugt. Dies gilt deshalb, weil die

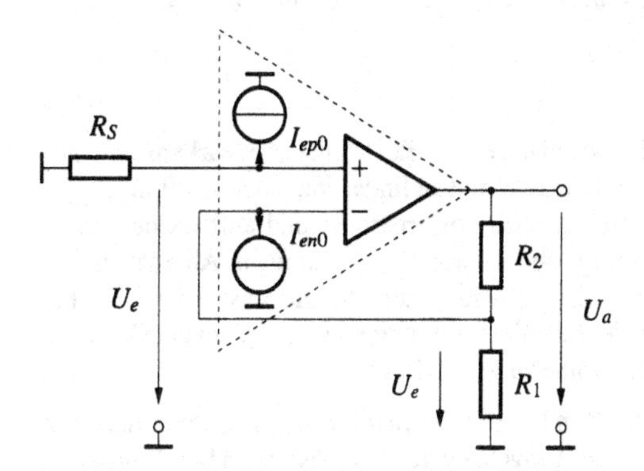

Abb. 2.4.9 Ersatzschaltung zur Bestimmung der Wirkung der Eingangsruheströme

Spannung an R_1 der Eingangsspannung entspricht und daher vom Strom I_{en0} unabhängig ist. Für die durch die Eingangsruheströme hervorgerufene Ausgangsspannung gilt daher

$$U_a = U_e \cdot \frac{R_1 + R_2}{R_1} + R_2 \cdot I_{en0} \quad , \tag{11}$$

$$U_a = -R_S \cdot \left(I_{e0} + \frac{I_{ed0}}{2} \right) \cdot \frac{R_1 + R_2}{R_1} + R_2 \cdot \left(I_{e0} - \frac{I_{ed0}}{2} \right) \quad . \tag{12}$$

Um den maximal möglichen Fehler mit Gleichung (12) zu bestimmen, muß die ungünstigere Polarität des Offsetstromes verwendet werden.

Da sich die Eingangsruheströme in einer Offsetspannung am Ausgang auswirken, können sie prinzipiell gleich wie die Eingangsoffsetspannung kompensiert werden. Die Eingangsruheströme sind temperaturabhängig, sodaß ein Abgleich wieder nur für eine bestimmte Temperatur gilt.

Wenn die beiden Eingangsströme annähernd gleich sind bzw. der Offsetstrom klein im Vergleich zum Bias-Strom ist, kann die Wirkung der Eingangsruheströme dadurch reduziert werden, daß die Widerstände, die der OPV an den Eingängen "sieht", gleich groß gemacht werden. Annähernd gleiche Eingangsströme treten speziell bei vielen OPV-Typen mit bipolarer Eingangsstufe auf.

Mit der Bedingung $U_a = 0$ und unter der Annahme $I_{ed0} = 0$ ergibt sich aus Gl. (12)

$$U_a = 0 = -R_S \cdot I_{e0} \cdot \frac{R_1 + R_2}{R_1} + R_2 \cdot I_{e0} \quad . \tag{13}$$

Daraus erhält man als Bedingung für die Kompensation der Wirkung des Biasstromes

$$R_S = \frac{R_1 \cdot R_2}{R_1 + R_2} \quad . \tag{14}$$

Dies bestätigt die obige Forderung nach der Gleichheit der Widerstände an den beiden Eingängen des Operationsverstärkers. Der Absolutwert des Eingangsruhestromes kommt in dieser Beziehung nicht vor, die Korrekturwirkung für den Biasstrom ist daher temperaturunabhängig. Die Bedingung, daß der Innenwiderstand des Gegenkopplungsnetzwerkes gleich dem Innenwiderstand der Signalquelle R_S ist, kann prinzipiell erfüllt werden, da die gewünschte Verstärkung nur das Verhältnis von R_1 zu R_2 definiert. Wegen der Belastung des OPV-Ausganges sollte das Gegenkopplungsnetzwerk nicht zu niederohmig sein, andererseits sollte es nicht zu hochohmig sein, weil das Rauschen zu groß werden kann und weil hochohmige Widerstände im allgemeinen thermisch weniger stabil sind. Bei hochohmigen Signalquellen ist es daher günstiger, einen zusätzlichen Widerstand zwischen "–"Eingang und dem Abgriff der Gegenkopplung vorzusehen. Für den umgekehrten Fall einer niederohmigen Signalquelle muß ein Widerstand in Serie zu R_S geschaltet werden.

2.4.4.2 Die Eingangsimpedanz

Die erreichbaren Werte für den Eingangswiderstand liegen bei Elektrometerverstärkern im Giga- oder Tera-Ohm-Bereich und zum Teil noch höher. Damit befindet man sich im Bereich der Isolationswiderstände, und es bedarf oft eines großen konstruktiven und aufbautechnischen Aufwandes, um die hohen Eingangsimpedanzen überhaupt nutzen zu können. Abgesehen von der Verwendung gut isolierender Materialien für die Leiterplatte und die verwendeten Sockel (z.B. Teflon) sind auch spezielle Methoden der Leiterbahnführung notwendig, um eine Verkleinerung der Eingangsimpedanz durch Kriechströme zu verhindern.

Die wichtigste Methode, um Leckströme zu verhindern, ist die Guard- oder Schutzschirmtechnik (Abb. 2.4.10.). Das Prinzip ist sehr einfach. In der Umgebung der zu schützenden Schaltungsteile werden Leiterbahnen und -flächen so angeordnet, daß sie diese möglichst vollständig umhüllen.

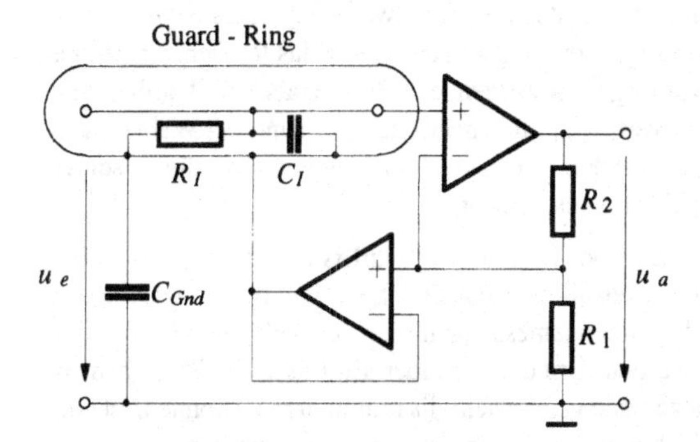

Abb. 2.4.10 Elektrometer-Verstärker mit Guard-Ring zur Erhöhung der Eingangsimpedanz

Wenn das Potential dieser Leiterbahnen auf dem Potential der zu schützenden Leitungen gehalten wird, ist die Ursache für Ausgleichsströme über den Isolationswiderstand R_I aufgehoben.

Ein weiterer Vorteil der Schutzschirmtechnik ist die Verringerung der Eingangskapazität. Wenn das Potential der Eingangsleitungen gleich dem Potential der Umgebung ist, dann fließen auch keine kapazitiven Ausgleichsströme über die unvermeidlichen aufbaubedingten Streukapazitäten C_I in Abb. 2.4.10. Die effektive Eingangskapazität der Schaltung wird damit stark verringert und das Übertragungsverhalten für Signale mit höherfrequenten Anteilen verbessert.

Bei Puffer-Verstärkern mit Verstärkung 1 kann der Guard-Ring direkt mit dem Ausgang verbunden werden. Dieser Punkt erfüllt genau die genannten Anforderungen, er ist niederohmig und sein Potential entspricht dem Potential des empfindlichen Einganges. Bei Verstärkern, deren Verstärkung größer als 1 ist, eignet sich der Ausgang nicht zum Ansteuern des Guard-Ringes, sondern es muß, wie in Abb. 2.4.10 angegeben, das Signal am "–"Eingang herangezogen werden, das dem Eingangssignal praktisch gleich ist. Der in Abb. 2.4.10 eingezeichnete Puffer-Verstärker ist nur dann notwendig, wenn die Kapazität C_{Gnd} den Abgriff des Rückkopplungsteilers zu sehr belastet. Für Gleichspannungen und niederfrequente Signale am Eingang kann der Puffer-Verstärker weggelassen und der Guard-Ring kann direkt mit dem Abgriff der Gegenkopplung verbunden werden, da der Innenwiderstand dieses Punktes normalerweise ausreichend klein ist.

Die Impedanzerhöhung durch die Verwendung des Schutzringes wirkt nur bis zu einer bestimmten Grenzfrequenz. Diese Grenzfrequenz wird für den Fall, daß kein Pufferverstärker verwendet wird, durch die Zeitkonstante $(R_1 \parallel R_2) \cdot C_{Gnd}$ bestimmt. Bei Verwendung eines entsprechend schnellen Puffers ergibt sich die Zeitkonstante zu $r_{ar} \cdot C_{Gnd}$. Da der Ausgangswiderstand r_{ar} des Pufferverstärkers wesentlich kleiner sein kann als der Innenwiderstand des Spannungsteilers aus R_1 und R_2, ist auch die Grenzfrequenz wesentlich höher.

2.4.4.3 Rauschen

Neben den bereits erwähnten Eingangsstörgrößen spielen noch andere Störmechanismen wie die (zeitliche und thermische) Drift oder das Rauschen ein wichtige Rolle bei der Aufbereitung leistungsschwacher Signale. Während es mit Hilfe geeigneter schaltungstechnischer Maßnahmen in vielen Fällen möglich ist, das Driftverhalten zu kompensieren, sind Maßnahmen zur Reduktion der Auswirkungen des Rauschens meist mit wesentlich größerem Aufwand verbunden. Ein Verstärker, der aufgrund seiner guten Verstärkungskenngrößen und Eingangsstörgrößen oder durch schaltungstechnische Maßnahmen für eine bestimmte Anwendung geeignet wäre, kann sich in der Praxis als völlig unbrauchbar herausstellen, wenn sein Rauschen im unteren Frequenzbereich so groß ist, daß es die Drift völlig überdeckt.

Allgemein versteht man unter dem Rauschen die statistische Abweichung eines Signales von seinem Sollwert (siehe Kap. 1.3.1.2). Aufgrund seines Charakters kann das Rauschen nicht als eine Funktion der Zeit dargestellt bzw. vorausgesagt werden, es läßt sich, als Zufallsgröße, nur durch seine mittleren Kennwerte (Effektivwert, Amplitudenverteilung, ...) und mit Wahrscheinlichkeitsbegriffen beschreiben. In der technischen Praxis wird es üblicherweise durch seinen Effektivwert bzw. das Leistungsdichtespektrum beschrieben.

Obwohl der Mittelwert von Rauschsignalen über längere Zeit Null ist, kann innerhalb einer begrenzten Meßzeit, während der die Mittelwertbildung stattfindet, ein von Null abweichender Wert auftreten. Bei empfindlichen Gleichspannungsmessungen muß beispielsweise der Einfluß des Verstärkerrauschens berücksichtigt werden. Um die störenden Einflüsse des Rauschens in einer bestimmten Meßanordnung abschätzen und gegebenenfalls minimieren zu können, ist eine genaue Kenntnis der verschiedenen Rauschursachen und -mechanismen notwendig.

Es können fünf Arten von Rauschen unterschieden werden.

Thermisches Rauschen

Das **thermische Rauschen** elektrisch leitender Materialien stellt für praktische Anwendungen eine sehr bedeutende Störquelle dar und wird durch stochastische (zufällige) Bewegungen geladener Teilchen (Elektronen) infolge der thermischen (kinetischen) Energie hervorgerufen. Als Folge dieser Ladungsträgerbewegung entsteht eine statistisch schwankende Aufladung der Enden eines Leiters und damit eine elektrische Spannung zwischen den Endpunkten dieses Leiters. Die spektrale Leistungsdichte des thermischen Rauschens ist für alle technischen Frequenzen bis weit in den GHz-Bereich frequenzunabhängig. In Analogie zur spektralen Zusammensetzung des weißen Lichtes werden Rauschformen mit konstantem Leistungsdichtespektrum als **Weißes Rauschen** bezeichnet.

Das Quadrat des Effektivwertes $U_{r,eff}$ der thermischen Rauschspannung an einem Widerstand R im Frequenzbereich Δf wird mit der Formel von Nyquist angegeben zu

$$U_{r,eff}^2 = 4 \cdot k_B \cdot T \cdot R \cdot \Delta f \quad . \qquad (15)$$

Ein rauschender Widerstand läßt sich somit durch eine Reihenschaltung eines rauschfreien Widerstandes und einer Rauschspannungsquelle darstellen.

Stromrauschen

Das in der Literatur auch **Schottky-Rauschen** genannte **Stromrauschen** beruht auf der statistischen Schwankung der am Ladungstransport beteiligten beweglichen Ladungsträger. Die Tatsache der Quantisierung des Stromes in Vielfachen der Elementarladungen, die besonders bei sehr geringen Stromstärken nur mehr wenige Elektronen pro betrachteter Zeiteinheit beträgt, führt auch auf die Bezeichnung Schrotrauschen. In stromdurchflossenen Halbleitern tritt zusätzlich eine zufällige Rekombination und Generation von Ladungsträgern auf. Das Stromrauschen ist ebenso wie das thermische Rauschen ein Weißes Rauschen. Bei Transistoren, FET und Verstärkern entsprechen die statistischen Schwankungen des Ausgangsstromes einer Störspannung $U_{re}=I_{ra}/g_m$ am Eingang. Außerdem erzeugt der Eingangsruhestrom einen Rauschstrom, für dessen Quadrat des Effektivwertes gilt

$$I_{rStr\,eff}^2 = 2 \cdot |\,e\,| \cdot I \cdot \Delta f \quad . \qquad (16)$$

mit der Elektronenladung $|\,e\,| = 1{,}6021 \cdot 10^{-19}$C, dem Eingangsruhestrom I und dem Frequenzbereich Δf.

1/f- Rauschen

Diese Rauschkomponente wird auch Funkelrauschen genannt und kann als eine statistische Änderung des Widerstandes modelliert werden [8]. Im Gegensatz zu den bisher beschriebenen Rauschmechanismen ist die spektrale Leistungsdichte nicht mehr konstant. Ein derartiger Rauschprozeß wird auch als rosa Rauschen bezeichnet. Beim Funkelrauschen nimmt die Leistungsdichte mit zunehmender Frequenz etwa proportional mit $1/f$ ab und es stellt daher in niederfrequenten Anwendungen meist die dominierende Rauschquelle dar. Für sehr tiefe Frequenzen besitzt dieses Rauschen ein annähernd konstantes Leistungsdichtespektrum. Bei Halbleitern liegt der Hauptgrund für das $1/f$-Rauschen in Strukturfehlern auf Grund von fehlerhaften Umgebungsbedingungen bei der Herstellung. Beim MOS-FET ist das $1/f$-Rauschen relativ stark ausgeprägt. Bei Widerständen zeigen drahtgewickelte Typen das geringste, Graphitmassewiderstände das größte $1/f$-Rauschen.

Stromverteilungsrauschen

Können die Ladungsträger, die den Strom führen, auf zwei verschiedenen Elektroden landen, dann wird durch statistische Schwankungen ein zusätzliches Rauschen hervorgerufen. Bezeichnet man mit p und $q=1-p$ die Wahrscheinlichkeiten für das Auftreffen der Ladungsträger auf die beiden Elektroden, dann ist das Rauschstromquadrat dem Produkt $p \cdot q$ proportional und beträgt:

$$\overline{i^2} = 2 \cdot p \cdot q \cdot e \cdot I \cdot \Delta f \tag{17}$$

Ein typisches Beispiel ist bei der Aufteilung des Emitterstromes auf Basis und Kollektor im Bipolar-Transistor zu finden.

Popcorn-Rauschen

Diese Komponente wird manchmal auch mit Burst-Rauschen bezeichnet. Es äußert sich durch eine sporadisch auftretende Änderung von Gleichstromparametern und kann durch eine δ-Funktion bei der Frequenz $f = 0$ modelliert werden. Die Ursachen für diesen Fehler sind meist metallische Verunreinigungen im Halbleiter, sie können durch Sorgfalt bei der Herstellung weitgehend vermieden werden.

In Abb. 2.4.11 wird qualitativ der Verlauf der Leistungsdichte der fünf oben erwähnten Rauschkomponenten angegeben.

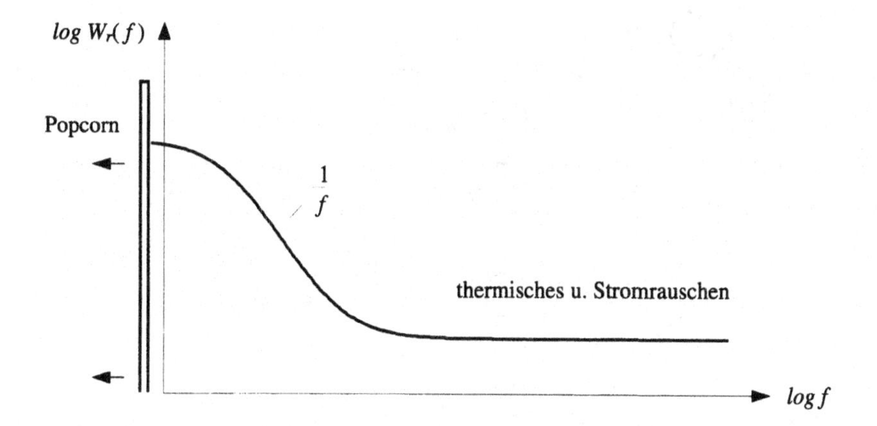

Abb. 2.4.11 Die Leistungsdichte der 5 Rauschkomponenten (qualitativ)

Rauschfehler-Analyse

Um die Zusammenhänge quantitativ untersuchen zu können, benutzt man Ersatzschaltungen. Ein rauschender Verstärker läßt sich als rauschfreier Verstärker mit einer Rauschspannungsquelle und einer Rauschstromquelle am Verstärkereingang darstellen. Ein rauschender Widerstand wird als Reihenschaltung eines rauschfreien Widerstandes und einer Rauschspannungsquelle dargestellt. Auch die äquivalente Darstellung in Form eines rauschfrei gedachten Leitwertes und einer parallel geschalteten Rauschstromquelle ist für praktische Berechnungen oft sinnvoll.

Die rauschärmsten Verstärker, die zur Zeit erhältlich sind, haben eine so geringe Eingangsrauschspannung, daß bei Quellwiderständen von ca. 100 Ω das thermische Rauschen dieser Widerstände bereits höher als das des Verstärkers ist. Deshalb ist es notwendig, nicht nur das Verstärkerrauschen zu berücksichtigen, sondern das Rauschen der gesamten Schaltung, wobei vor allem das Widerstandsrauschen eine wichtige Rolle spielt. Rauscharme Schaltungen sind, wie aus den Formeln zu sehen ist, möglichst niederohmig und schmalbandig aufzubauen. Kondensatoren und Induktivitäten sind weitgehend rauschfrei, soferne ihre Verlustwiderstände gegenüber den übrigen Widerständen der Schaltung vernachlässigbar sind. Dagegen weisen alle Halbleiterbauelemente ein mehr oder weniger starkes Rauschen auf.

Das Rauschersatzschaltbild eines Operationsverstärkers ist in Abb. 2.4.12 dargestellt, es enthält eine Rauschspannungsquelle $U_{re,eff}$ und eine Rauschstromquelle $I_{re,eff}$. Die Effektivwerte dieser Rauschgrößen sind umso kleiner, je schmäler der betrachtete Frequenzbereich ist. In den Datenblättern von Operationsverstärkern werden meist die spektralen Rauschgrößen e_n und i_n angegeben, die die Effektivwerte der Rauschspannung und des Rauschstromes bei jeweils 1 Hz Bandbreite darstellen. Aus diesen spektralen Größen ergeben sich innerhalb des Frequenzbereiches $[f_1 \dots f_2]$ die Effektivwerte von Rauschspannung und Rauschstrom

$$U_{re,eff} = \sqrt{\int_{f_1}^{f_2} e_n^2 \cdot df} \qquad \text{und} \qquad I_{re,eff} = \sqrt{\int_{f_1}^{f_2} i_n^2 \cdot df} \quad . \tag{18}$$

Anhand der Schaltung in Abb. 2.4.12 soll gezeigt werden, wie die gesamte Rauschspannung $U_{ra,eff}$ am Ausgang einer Schaltung und der durch sie verursachte Meßfehler abgeschätzt werden können. Die Schaltung enthält fünf Rauschquellen, von denen angenommen wird, daß ihre

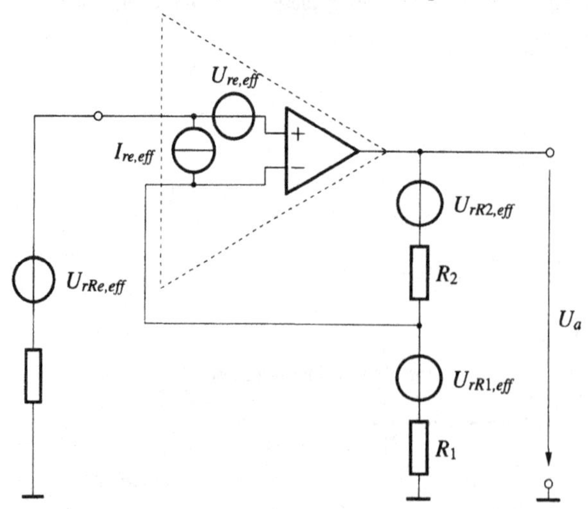

Abb. 2.4.12 Rauschmodell eines Elektrometerverstärkers

Signale voneinander unabhängig (unkorreliert) sind. Bei unkorrelierten Teilsignalen ergibt sich der Effektivwert der Rauschausgangsspannung durch die geometrische Addition der Effektivwerte der Einzelspannungen. Dabei ist für jede Rauschsignalquelle die Rauschausgangsspannung entsprechend der Übertragungsfunktion von der Signalquelle zum Ausgang zu berechnen. Die beiden ersten Komponenten sind die Rauschspannung des Innenwiderstandes der Signalquelle und des Verstärkers, sie treten am Ausgang näherungsweise mit $v_{r\infty}$ verstärkt auf. Die Frequenzabhängigkeit der Übertragungsfunktion ist dabei vernachlässigt.

$$U_{ra,eff}{}^2 = (U_{re,eff}{}^2 + U_{rRe,eff}{}^2)\left(\frac{R_1 + R_2}{R_1}\right)^2 + \ldots \tag{19}$$

Die nächste Komponente ist die Rauschstromquelle. Sie erzeugt einen Spannungsabfall am Innenwiderstand der Signalquelle, der mit $v_{r\infty}$ verstärkt wird. Da an R_1 die Eingangsspannung liegt, fließt $I_{re,eff}$ ausschließlich über R_2 und erzeugt an ihm einen Spannungsabfall, der unverstärkt zur Ausgangsspannung addiert wird

$$\ldots + I_{re,eff}{}^2\left(R_e \cdot \frac{(R_1 + R_2)}{R_1} + R_2\right)^2 + \ldots \tag{20}$$

Der Anteil der Rauschspannung des Widerstandes R_2 tritt unverstärkt am Ausgang auf

$$\ldots + U_{rR2,eff}{}^2 + \ldots \tag{21}$$

Die Rauschspannung des Widerstandes R_1 erzeugt einen Strom durch R_1, der auch durch R_2 fließt, der Anteil an der Ausgangsspannung ist daher

$$\ldots + U_{rR1,eff}{}^2 \cdot \frac{R_2{}^2}{R_1{}^2} \quad . \tag{22}$$

Eine zahlenmäßige Auswertung zeigt, daß das Rauschen der Schaltung überwiegend von den beiden OPV-Rauschquellen $U_{re,eff}$ und $I_{re,eff}$ bestimmt wird.

Nur der Anteil des Rauschstromes $I_{re,eff}$ kann reduziert werden, indem das Gegenkopplungsnetzwerk und damit R_2 niederohmiger gemacht wird und eine möglichst niederohmige Signalquelle verwendet wird. Weiter kann das Rauschen der Schaltung nur mehr verringert werden, indem man den OPV durch einen rauschärmeren Typ ersetzt.

2.4.5 Präzisions-Spannungsquellen

Für Kalibrier-Aufgaben und Testzwecke werden oft temperatur- und langzeitstabile Spannungsquellen benötigt, deren Ausgangsspannung manuell oder digital gesteuert (z.B. über den IEEE-488 Bus, Kap. 4.5.3.2) exakt einstellbar ist.

Mit Operationsverstärkern, Spannungsteilern und Referenzspannungsquellen können hochwertige Spannungsquellen realisiert werden, deren Stabilität im wesentlichen von der Konstanz der Referenzspannung bestimmt wird. Die meisten Schaltungen basieren auf der Elektrometerschaltung, wie Abb. 2.4.13 zeigt. Schaltungen zur Erzeugung der Referenzspannung werden in Kap. 2.1.5.1 behandelt. Im linken Teil des Bildes wird eine Lösung mit einem manuell einstellbaren Spannungsteiler gezeigt, im rechten Teil eine digital programmierbare Version. Der Spannungsteiler wird dabei durch einen Digital-Analog-Konverter (DAC) ersetzt, dessen Ausgangsspannung mit Hilfe eines digitalen Eingangssignales d einstellbar ist. Für diese Anwendung bietet sich aufgrund der besonders guten Linearität bei relativ geringem Aufwand ein DAC-Typ mit Zeit als Zwischengröße an (Kap. 2.7.3.4).

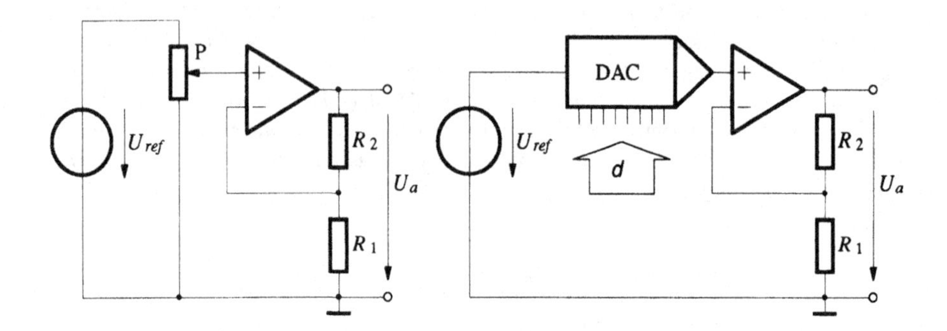

Abb. 2.4.13 Spannungsquelle mit manueller (links) bzw. mit digitaler (rechts) Einstellung der Ausgangsspannung

Entscheidend für die Qualtität der gezeigten Schaltung sind folgende Parameter:

- Der Absolutwert und die Konstanz der Referenzspannung.
- Die Linearität des Spannungsteilers oder des Digital-Analog-Konverters.
- Die Nullpunktstabilität des Operationsverstärkers.
- Eine hohe Leerlaufverstärkung des Operationsverstärkers: Die hohe Schleifenverstärkung ist in diesem Fall vor allem für die Reduzierung der Ausgangsimpedanz und das Ausregeln von Störungen wichtig.
- Eine kleine Ausgangsimpedanz des Operationsverstärkers.

Um der Modellvorstellung einer idealen Spannungsquelle möglichst nahe zu kommen, sollte die Ausgangsimpedanz des Verstärkers selbst so klein wie möglich sein. Die Verkleinerung eines an sich hohen Ausgangswiderstandes r_{ag} mit Hilfe einer hohen Schleifenverstärkung ist ungünstig. Da die Schleifenverstärkung mit zunehmender Frequenz kleiner wird, nimmt die Ausgangsimpedanz mit steigender Frequenz des Laststromes zu. Bei einem dynamischen Lastwechsel tritt ein Sprung der Ausgangsspannung auf, der Fehler wird erst nach einer Verzögerungszeit ausgeregelt, wobei es auch zu einem Überschwingen kommen kann.

2.4.5.1 Spannungsquelle mit Leistungsendstufe

Oft übersteigen der Strombedarf am Ausgang und auch der gewünschte Ausgangsspannungsbereich die Möglichkeiten von Standard-Operationsverstärkern, es werden daher Spezialtypen eingesetzt. Eine Alternative besteht darin, einen "normalen" Operationsverstärker in Kombination mit einer nachgeschalteten Leistungsendstufe zu verwenden. Dies ist oft von den Kosten und meist auch von den elektrischen Eigenschaften günstiger, weil die Eingangsstörgrößen bei Leistungs-Operationsverstärkern oft wesentlich schlechter sind als bei Standard-Typen.

Um den Ausgangswiderstand möglichst klein zu halten, sollte der Leistungsverstärker als Emitterfolger mit hoher Stromverstärkung ausgelegt werden, da der Ausgangswiderstand r_{ag} des Operationsverstärkers um die Stromverstärkung der zusätzlichen Endstufe verkleinert am Ausgang wirkt. Für einen OPV mit $r_{ag} = 100\,\Omega$ und einen Leistungstransistor mit einer Stromverstärkung $B = 50$ ergibt sich unter Vernachlässigung von R_3 eine Ausgangsimpedanz der Kombination von

$$r_{agg} = \frac{r_{ag}}{B} = \frac{100}{50} = 2\,\Omega\,. \tag{23}$$

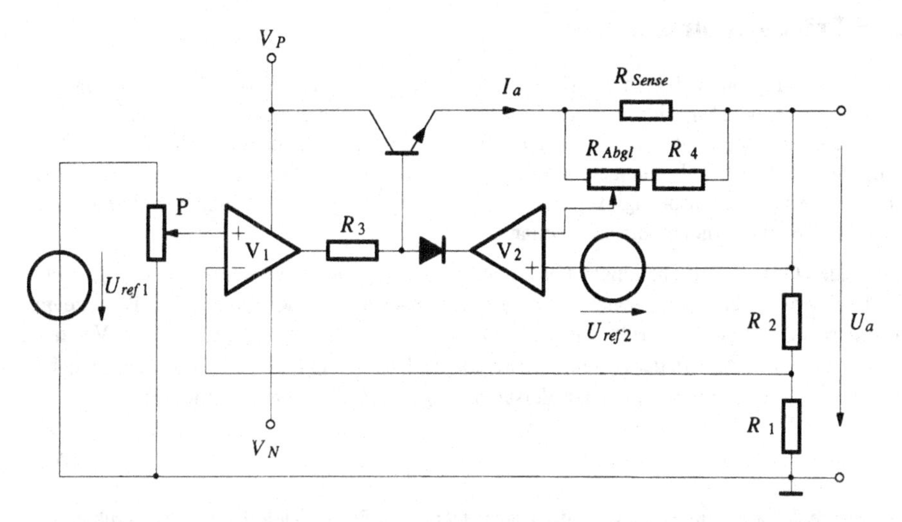

Abb. 2.4.14 Spannungsquelle mit präziser Strombegrenzung

Dieser Wert wird durch die Gegenkopplung zumindest im unteren Frequenzbereich auf vernachlässigbar kleine Werte reduziert. Für eine Schleifenverstärkung von 10000 ergibt sich

$$r_{ar} = \frac{r_{agg}}{v_S} = \frac{2}{10000} = 0{,}2\ \mathrm{m}\Omega\,. \qquad (24)$$

Bei höheren Frequenzen steigt aber die Impedanz wieder auf höhere Wert an.

Der maximal entnehmbare Strom ergibt sich aus dem Maximalstrom des OPV (typ. 20 mA) multipliziert mit der Stromverstärkung des Emitterfolgers

$$I_{a,max} = 20 \cdot 10^{-3} \cdot 50 = 1\ \mathrm{A}\quad . \qquad (25)$$

Für kleinere Ausgangsimpedanzen bzw. größere Ströme sollte ein Emitterfolger in Darlington-Schaltung mit einer typischen Stromverstärkung von 1000 und noch höher verwendet werden.

Um den maximalen Ausgangsstrom definiert zu begrenzen oder auch nur zum Schutz vor Zerstörung durch Überlastung muß auch der Ausgangsstrom geregelt werden. Die Prinzipschaltung einer Spannungsquelle mit Strombegrenzung wird in Abb. 2.4.14 gezeigt.

Ein zweiter Regelverstärker vergleicht den Spannungsabfall an einem Widerstand R_{Sense} im Ausgangsstrompfad mit einer Referenzspannung. Mit Hilfe des Spannungsteilers kann der maximale Strom eingestellt werden. Solange das Potential am invertierenden Eingang von V_2 kleiner als das Potential am nichtinvertierenden Eingang ist, nimmt die Ausgangsspannung von OPV2 den oberen Sättigungswert an, die Diode ist daher gesperrt und OPV2 hat keinen Einfluß auf die Regelung der Ausgangsspannung durch OPV1.

Wenn die Spannung am invertierenden Eingang die Vergleichsspannung U_{ref2} am "+" Eingang erreicht, dann wird die Strombegrenzung aktiviert. Das Ausgangspotential von OPV2 sinkt solange, bis die Diode leitend wird, OPV2 übernimmt damit die Kontrolle über die Leistungsstufe, die Ausgangsspannung wird so geregelt, daß der Ausgangsstrom konstant bleibt. Der OPV1 versucht nach wie vor die Ausgangsspannung konstant zu halten, sein Einfluß wird mit Hilfe von R_3 begrenzt, er kann sich daher gegen den niederohmigen Ausgang von OPV2 nicht durchsetzen. (Der Strom durch R_1 und R_2 ist meist gegenüber dem Ausgangsstrom zu vernachlässigen, der verfügbare Ausgangsstrom ist um diesen Wert niedriger.)

2.4.6 Präzisions-Stromquellen

Der Bedarf an Stromquellen in der Meßtechnik ist vielfältig. Zur Widerstandsmessung und bei der Auswertung von Signalen resistiver Sensoren werden Konstantstromquellen benötigt. Ebenso werden eingeprägte Ströme infolge der geringen Störempfindlichkeit zur analogen Übertragung von Meßwerten über längere Leitungen herangezogen. Die wichtigste Eigenschaft von Stromquellen ist die Unabhängigkeit des Stromes von der Ausgangsspannung, gleichbedeutend mit einem möglichst hohen Innenwiderstand.

Die beiden OPV-Grundschaltungen können auch als Stromquellen verwendet werden. In Abb. 2.4.15 a wird die häufig verwendete Variante einer Konstantstromquelle gezeigt, die auf dem invertierenden Verstärker beruht. Die Stromquellenwirkung ergibt sich daraus, daß der Verstärkerausgang durch Ändern der Ausgangsspannung die Bedingung $U_{ed} = 0$ einzuhalten versucht. Wenn dies gilt und kein Strom in den Verstärkereingang hineinfließt, dann folgt für I_L

$$I_{R1} = \frac{U_{ref}}{R_1} = I_L \quad . \tag{26}$$

Der Strom I_L hängt nur von U_{ref} und R_1, aber nicht von R_L ab. Viele Ohmmeter beruhen auf dieser Schaltung, da die Ausgangsspannung gleich der Spannung am zu messenden Widerstand R_L und daher zu diesem proportional ist gemäß

$$U_a = -\, I_{R1} \cdot R_L = -\, \frac{U_{ref}}{R_1} \cdot R_L \quad . \tag{27}$$

Nachteilig an der Schaltung ist, daß der Verbraucher R_L nicht geerdet werden kann und daß die Referenzspannungsquelle mit dem vollen Ausgangsstrom belastet wird.

Die Verwendung der Elektrometerschaltung als Stromquelle wird in Abb. 2.4.15 b gezeigt. Bei dieser Schaltung wird die Referenzspannungsquelle nicht belastet, der Verbraucher darf aber ebenfalls nicht geerdet werden.

Aufgrund von $U_{ed} = 0$ gleicht der Spannungsabfall an R_1 der Eingangsspannung U_{ref}, und wenn diese konstant ist, dann ist auch der Strom durch R_1 und folglich auch durch R_L konstant. Für den Verbraucherstrom ergibt sich

$$I_{R1} = \frac{U_{ref}}{R_1} = I_L \quad , \tag{28}$$

wobei I_L unabhängig von R_L ist, solange die Ausgangsspannung des OPV nicht in Sättigung gerät.

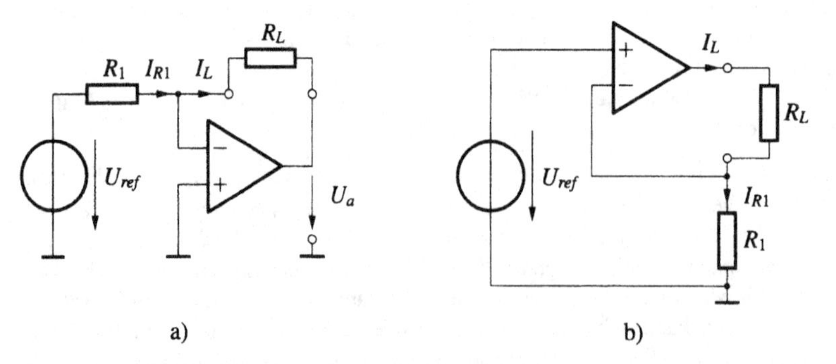

Abb. 2.4.15 Stromquelle für schwimmende Last a) mit invertierendem Verstärker
b) mit Elektrometerverstärker

Für viele Anwendungen ist es wichtig, daß der Verbraucher geerdet werden kann. In Abb. 2.4.16 wird das Prinzip einer solchen Stromquelle gezeigt. Aus der Bedingung $U_{ed} = 0$ folgt, daß die Spannung am Widerstand R_1 gleich der Referenzspannung ist. Da durch R_1 nur der Ausgangsstrom fließt, ist dieser konstant und ergibt sich zu

$$I_L = \frac{U_{ref}}{R_1} \quad . \tag{29}$$

Diese Schaltung hat den Nachteil, daß die Referenzspannung erdfrei sein muß, man kann sie mit Hilfe einer Zener-Diode und einer Stromquelle realisieren.

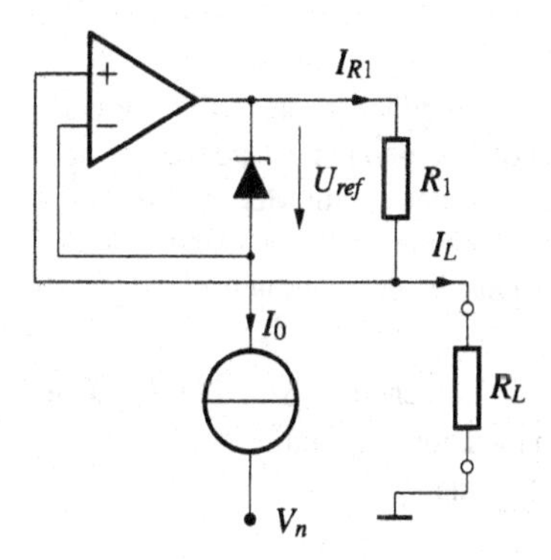

Abb. 2.4.16 Stromquelle mit an Masse liegender Last

Alle bisher behandelten Stromquellen sind in ihrer Ausgangsleistung auf die Möglichkeiten des Operationsverstärkers begrenzt. Für höhere Leistungen werden meist zusätzliche Transistor- oder MOSFET-Leistungsstufen vorgesehen, wie in Abb. 2.4.17 gezeigt wird. Diese oder ähnliche Schaltungen werden vor allem für Stromausgänge (z.B. 0 .. 20 mA oder 4 .. 20 mA, siehe Kap. 4.5.3.1) verwendet.

Der Operationsverstärker steuert die Gate-Spannung des MOSFET so, daß der Source-Strom einen Spannungsabfall an R_1 erzeugt, welcher der Eingangsspannung U_{ref} gleicht. Dadurch regelt der OPV den Source-Strom auf einen konstanten Wert. Da bei einem MOSFET der Drain-Strom und der Source-Strom bis auf den meist vernachlässigbar kleinen Gatestrom gleich sind, entspricht der Ausgangsstrom dem Source-Strom.

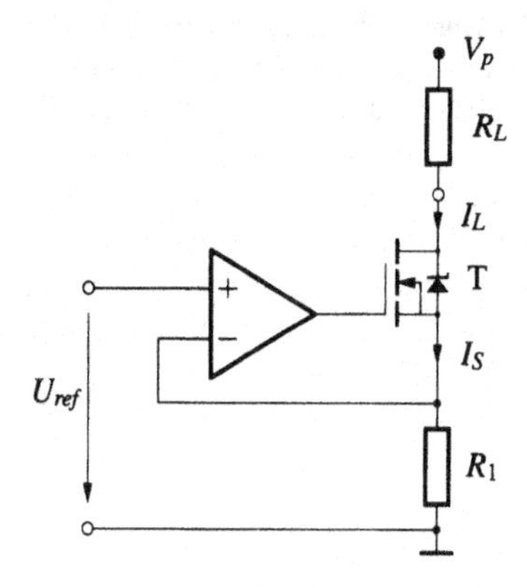

Abb. 2.4.17 Stromquelle mit externem Transistor

2.4.7 Nichtlineare Verstärkerschaltungen

Es gibt in der Meßtechnik eine Reihe von Anwendungen, bei denen eine genau definierte nichtlineare Übertragungsfunktion benötigt wird. Eine besonders wichtige nichtlineare Schaltung ist der Gleichrichter. Außerdem werden nichtlineare Schaltungen auch zum Linearisieren von nichtlinearen Kennlinien von Sensoren verwendet. Eine weitere Anwendung ist die Signalumformung, wie sie in vielen Funktionsgeneratoren zur Bildung eines sinusförmigen Signales aus einem dreieckförmigen Signal eingesetzt wird. In analogen Rechenschaltungen zum Ermitteln des Effektivwertes oder für logarithmische Kennlinien werden ebenfalls nichtlineare Verstärker benötigt.

2.4.7.1 Meßgleichrichter

Zur Verarbeitung und Messung von Wechselgrößen werden möglichst ideale Gleichrichter benötigt. Dioden werden allgemein in der Elektronik für Gleichrichtung eingesetzt, da sie aber im leitenden Zustand eine Flußspannung von ca. 0,6 Volt haben, sind sie für Meßzwecke häufig ungeeignet. Erst in Verbindung mit Operationsverstärkern können nahezu ideale "aktive" (Meß-)Gleichrichterschaltungen aufgebaut werden. Man unterscheidet zwischen Einweg- und Vollweggleichrichtern.

Der aktive Einweggleichrichter in Abb. 2.4.18 funktioniert folgendermaßen: Bei negativer Eingangsspannung u_e fließt der Strom $i_{D2} = - u_e/R_1$ durch die Diode D_2 und erzeugt an R_2 den Spannungsabfall völlig analog zur invertierenden Grundschaltung

$$u_{a+} = - u_e \cdot \frac{R_2}{R_1} \quad . \tag{30}$$

Die Diode D_1 ist für $u_{a+} > 0$ V d.h. für $u_e < 0$ V gesperrt. Über R_3 fließt somit kein Strom und u_{a-} hat daher den Wert 0 V. Für positive Eingangsspannungen fließt der Eingangsstrom vollständig über die Diode D_1 und R_3, während D_2 gesperrt ist, u_{a+} und u_{a-} tauschen ihre Rolle.

Die symmetrische Ausführung mit zwei Gegenkopplungspfaden hat die Aufgabe, die Gegenkopplung des Operationsverstärkers für Eingangsspannungen sowohl für $u_e > 0$ als auch für $u_e < 0$ aufrecht zu erhalten. Wäre sie nicht vorhanden, dann wäre der (reale) Verstärker entweder für $u_e > 0$ oder für $u_e < 0$ übersteuert.

Die Flußspannung und der Durchlaßwiderstand der Dioden spielen bei einem idealen Operationsverstärker keine Rolle, d.h. die Schaltung funktioniert auch für kleinste Eingangsspannungen als Gleichrichter. Beim realen Operationsverstärker wird ihr Einfluß um den Faktor der Schleifenverstärkung reduziert und ist ebenfalls meistens vernachlässigbar. Probleme können bei sehr kleinen Spannungen und Strömen auftreten, da in diesem Bereich der differentielle Widerstand der Diode sehr groß ist und daher die Schleifenverstärkung klein wird.

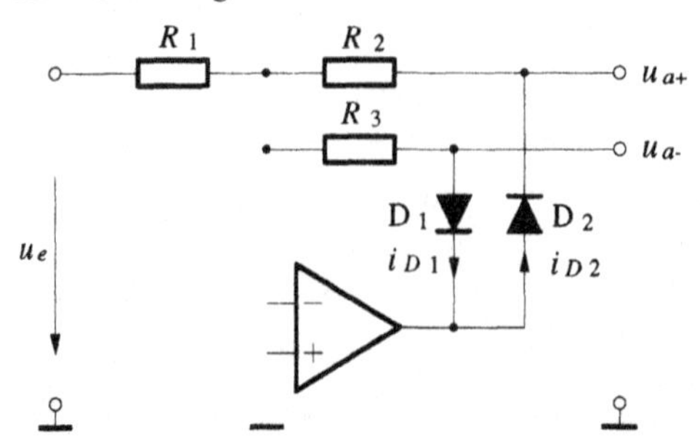

Abb. 2.4.18 Aktiver Einweggleichrichter mit zweifachem Ausgang

Aktiver Vollweggleichrichter

Als Vollweggleichrichter kann die Schaltung aus Abb. 2.4.18 mit einem folgenden Subtrahierverstärker dienen. Für genaue Schaltungen werden jedoch Schaltungen bevorzugt, die auf invertierenden Verstärkern beruhen, da sie eine Gleichtaktaussteuerung des Operationsverstärkers vermeiden. Eine entsprechende Schaltung für einen aktiven Vollweggleichrichter ist in Abb. 2.4.19 dargestellt, sie liefert am Ausgang den Betrag der Eingangsspannung. Der Zweiweggleichrichter besteht aus einem Einweggleichrichter, dem linken Teil der Schaltung, und einem Summierverstärker, dem rechten Schaltungsteil. Die Vollweggleichrichtung entsteht durch Summation des invertierten Einweggleichgerichteten und des doppelt gewichteten Eingangssignales.

Für positive Eingangsspannungen ist die Spannung am Ausgang des Einweggleichrichters $u_{a1} = -u_e$. Der Strom i_2 bekommt durch den Widerstand $R/2$ doppeltes Gewicht. Es gilt

$$i_2 = -2 \cdot \frac{u_e}{R} \quad . \tag{31}$$

Der Strom i_1 hat den Wert

$$i_1 = \frac{u_e}{R} \quad . \tag{32}$$

Der Summierverstärker bildet die Funktion

$$u_a = -(i_1 + i_2) \cdot R = -\left(\frac{u_e}{R} - \frac{2 \cdot u_e}{R}\right) \cdot R = u_e \quad . \tag{33}$$

Für negative Eingangsspannungen ist die Spannung am Ausgang des Einweggleichrichters u_{a1} gleich Null. Der Strom i_2 ist daher ebenfalls Null. Der Strom i_1 hat denselben Wert wie vorher. Der Summierverstärker bildet die Funktion

$$u_a = -(i_1 + i_2) \cdot R = -\left(\frac{u_e}{R} + 0\right) \cdot R = -u_e \quad . \tag{34}$$

Die Schaltung liefert am Ausgang also den Betrag der Eingangsspannung

$$u_a = |\, u_e \,| \quad . \tag{35}$$

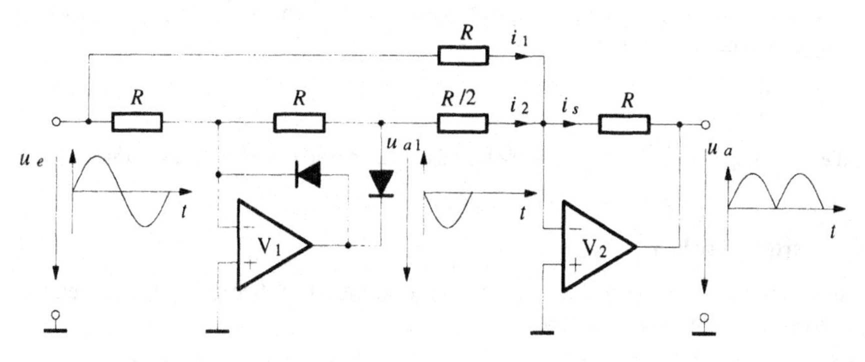

Abb. 2.4.19 Aktiver Vollweggleichrichter

Aktiver Vollweggleichrichter für erdfreie Lasten

Die Schaltung in Abb. 2.4.20 stellt einen Vollweggleichrichter für erdfreie Lasten dar. Im Gegensatz zur vorher erwähnten Schaltung ist das Ausgangssignal nur mittels Drehspulinstrument oder Differenzverstärker verwertbar.

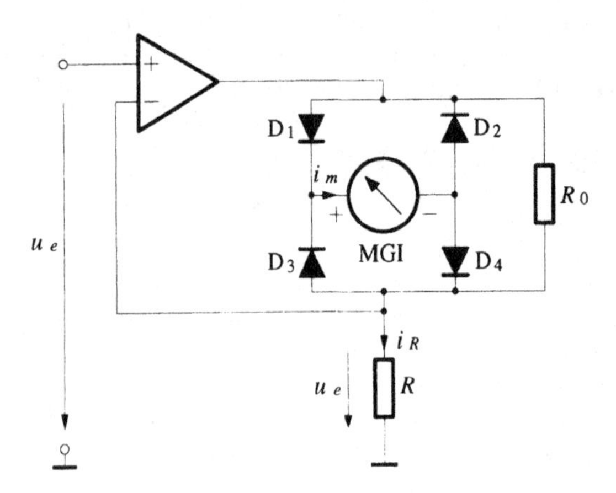

Abb. 2.4.20 Aktiver Vollweggleichrichter mit erdfreiem Ausgang

Die Funktionsweise ist wie folgt: Aus der Forderung $u_{ed} = 0$ ergibt sich, daß die Spannung am Widerstand R gleich der Eingangsspannung u_e ist, das heißt

$$i_R = \frac{u_e}{R} \; . \tag{36}$$

Der Strom i_R hängt nur von u_e und R ab, das heißt, daß die Schaltung zwischen dem OPV-Ausgang und R wie eine Stromquelle wirkt, da kein Strom in den Verstärkereingang fließt. Durch dieses Stromquellenverhalten spielen die Flußspannungen der Dioden und ihre Durchlaßwiderstände keine Rolle. Für positive Eingangsspannungen fließt der Strom $i_m = i_R$ über D_1 und D_4 durch das Meßwerk, für negative Eingangsspannungen fließt er über D_3 und D_2 in der gleichen Richtung durch das Meßwerk, es gilt

$$i_m = \left| \frac{u_e}{R} \right| \; , \tag{37}$$

d.h., die Schaltung funktioniert als Gleichrichter. Der Widerstand R_0 definiert das Verhalten nahe 0V.

Spitzenwertgleichrichter

Häufig tritt auch das Problem auf, den positiven oder negativen Scheitelwert eines zeitlich veränderlichen Signales zu bestimmen.

Eine Schaltung für den praktischen Einsatz zeigt Abb. 2.4.21. Die Schaltung beruht auf der invertierenden Grundschaltung und dient in der gezeigten Form zur Erfassung des negativen Scheitelwertes. Für negative Eingangsspannungen, deren Betrag zunimmt, und unter der Vor-

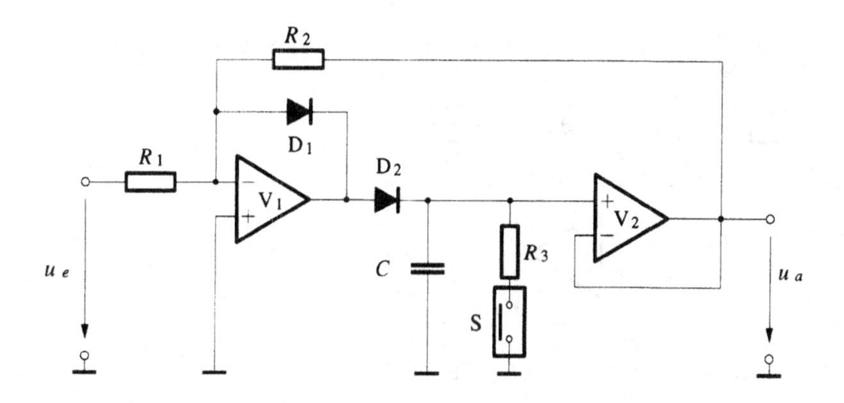

Abb. 2.4.21 Invertierender Spitzenwertgleichrichter

aussetzung, daß der Betrag der Eingangsspannung nicht kleiner als $u_C \cdot R_1/R_2$ ist, gilt, daß die Diode D_1 gesperrt ist und die Diode D_2 leitet. In diesem Fall arbeitet die gesamte Schaltung als invertierender Verstärker mit der Verstärkung $v = -R_2/R_1$. Die Ausgangsspannung nimmt solange zu, bis der Maximalwert von u_e erreicht ist. Nimmt der Betrag der Eingangsspannung ab, dann sperrt die Diode D_2 und D_1 wird leitend. Die beiden Verstärker arbeiten unter diesen Bedingungen unabhängig voneinander. Der Verstärker V_1 bleibt über D_1 gegengekoppelt, wodurch er nicht in die Sättigung geht. Der Verstärker V_2 wirkt als Impedanzwandler und verhindert eine Entladung des Kondensators. Dieser Zustand bleibt solange erhalten, bis ein neuer negativer Maximalwert der Eingangsspannung auftritt oder der Kondensator C durch Schließen des Schalters S entladen wird.

Während der Haltephase kann es zu Driftfehlern kommen, hervorgerufen durch Leckströme und die Eingangsströme der Verstärker. Die dynamischen Anforderungen an den Verstärker V_1 sind sehr hoch, er muß in der Lage sein, den Kondensator rasch auf den Sollwert zu laden, und daher möglichst viel Strom liefern. Außerdem muß er eine hohe Slew-Rate haben, um möglichst schnell die Schaltspannungen der Dioden zu überwinden.

2.4.7.2 Nichtlineare Verstärker mit Knick-Kennlinie

Mit dieser Art von Beschaltung kann man nahezu beliebige nichtlineare Kennlinienverläufe realisieren. Typische Anwendungen dieses Verfahrens sind die Sinusapproximation aus dreieckförmigen Spannungsverläufen, die Realisierung von Verstärkern mit quadratischer oder logarithmischer Kennlinie und ganz allgemein die Linearisierung von Sensorkennlinien.

Die gewünschte Kennlinie wird durch Geradenstücke angenähert, d.h. die Verstärkung ist abschnittsweise konstant und wird in Abhängigkeit von der Eingangsspannung bzw. von der Ausgangsspannung umgeschaltet. Als Schalter werden normalerweise Dioden verwendet.

Eine Schaltung für 2 Knickpunkte, die auf der invertierenden Grundschaltung beruht, ist in Abb. 2.4.22 gezeigt. In Abb. 2.4.23 ist eine mögliche Transfercharakteristik $u_a(u_e)$ der Schaltung dargestellt. Das Prinzip der Schaltung besteht darin, daß mit Hilfe von Dioden je nach Eingangsspannung bzw. Ausgangsspannung zusätzliche Widerstände im Eingangszweig und im Ausgangszweig parallel oder weg geschaltet werden.

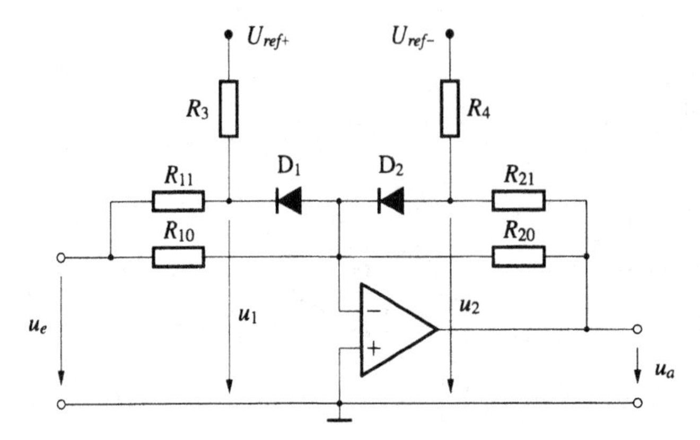

Abb. 4.2.22 Verstärker mit nichtlinearer $u_a(u_e)$ Kennlinie

Für die Erklärung der Funktion werden ideale Dioden mit einer Flußspannung U_D angenommen. Zunächst soll der Eingang betrachtet werden. Bei einer Eingangsspannung von Null ergibt sich die Spannung u_1 durch Spannungsteilung über R_{11} und R_3 aus der Eingangsspannung und der positiven Referenzspannung; die Diode D_1 sperrt, da am Summierpunkt virtuelle Masse liegt. Die Widerstände R_{11} und R_3 sind für die Verstärkung der Schaltung also nicht wirksam, sondern nur R_{10}. R_{11} und R_3 bewirken in diesem Zustand nur einen zusätzlichen Strom, der von der Spannungsquelle am Eingang aufgenommen wird. Unter der Annahme, daß im Ausgangszweig nur R_{20} wirksam ist, ergibt sich für die Kleinsignalverstärkung in der Nähe des Nullpunktes

$$v_0 = -R_{20} / R_{10} \quad . \tag{38}$$

Wird die Eingangsspannung negativ, so sinkt auch die Spannung u_1, und zwar so lange, bis der Betrag der Spannung u_1 die Flußspannung der Diode D_1 erreicht. Hier beginnt die Diode zu leiten. Bei einer weiteren Absenkung der Eingangsspannung bleibt die Spannung u_1 konstant, da sie durch die Diode auf der Flußspannung U_D festgehalten wird. Weil die Spannung an R_3 konstant bleibt und damit auch der Strom, muß die Stromänderung, die sich durch eine Änderung der Eingangsspannung im Widerstand R_{11} ergibt, über die Diode D_1 und damit über den Ausgangszweig fließen. Die Kleinsignalverstärkung wird bei leitender Diode D_1 durch $R_{10} \| R_{11}$ bestimmt

$$v_1 = -R_{20} / (R_{10} \| R_{11}) \quad . \tag{39}$$

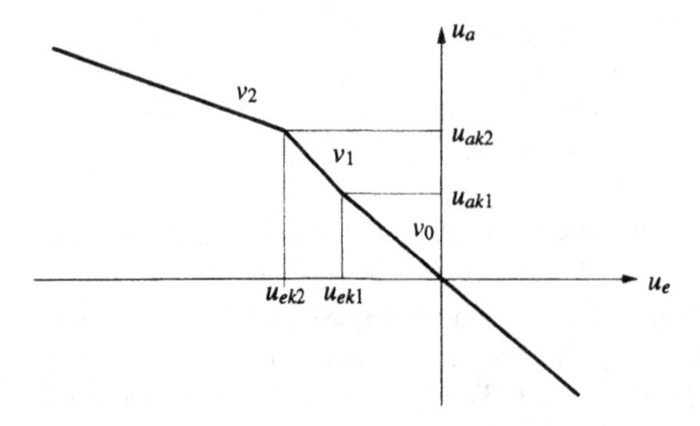

Abb. 2.4.23 Beispiel für Verlauf der nichtlinearen $u_a(u_e)$ Kennlinie

Für den Spannungsteiler aus R_{21} und R_4 im Ausgangszweig gelten ganz ähnliche Überlegungen. Die Spannung u_2 ist beim Nullpunkt aufgrund der negativen Referenzspannung zunächst negativ und kann steigen, bis die Diode D_2 zu leiten beginnt. Ab dann ergibt sich unter der Annahme, daß D_1 bereits leitet, eine Verstärkung von

$$v_2 = -(R_{20} \parallel R_{21}) / (R_{10} \parallel R_{11}) \quad . \tag{40}$$

Die Widerstände R_3 und R_4 spielen für die Verstärkung keine Rolle. Durch sie wird zusammen mit den Referenzspannungen die Lage der Knickpunkte festgelegt; R_3 z.B. definiert den Übergang von v_0 auf v_1, d.h. den Knick k_1 in Abb. 2.4.23.

Solange die Diodenkennlinien keine Rolle spielen, hängt der Kennlinienverlauf nur von den Referenzspannungen und den Widerständen ab. Der reale Verlauf der Diodenkennlinien kann dazu verwendet werden, den genauen Verlauf der Kennlinie an einen gewünschten Verlauf fein anzupassen. Mit diesem Verfahren ist es möglich, bei guter Auslegung mit vertretbarem Aufwand, d.h. mit maximal 5 bis 6 Zweigen, Kennlinien so zu approximieren, daß die Abweichungen unter einigen Promille bleibt. Häufig werden Diodenbrücken statt der einzelnen Dioden verwendet.

2.4.7.3 Logarithmierer

Für analoge Rechenschaltungen, z.B. für Multiplizierer und Quadrierschaltungen, sowie zur Realisierung von logarithmischen Skalen, werden oft Verstärker mit logarithmischer Kennlinie benötigt. In analogen Rechenschaltungen, z.B. bei Schaltungen zur Bildung des Effektivwertes, wird oft die Aufgabe des Multiplizierens bzw. des Quadrierens auf eine einfacher durchzuführende Addition reduziert, indem die Eingangsgrößen logarithmiert werden und das Ergebnis wieder exponentiert wird. Bei solchen Logarithmierern wird meist der exponentielle Verlauf von Dioden- oder Transistorkennlinien verwendet. Für Transistoren gilt für den Kollektorstrom in Abhängigkeit von der Basis-Emitterspannung in guter Näherung

$$i_C = I_S \cdot e^{\frac{u_{BE}}{U_T}} \quad , \tag{41}$$

wobei $U_T = k_B \cdot T/e \approx 26\,\text{mV}$ für Zimmertemperatur, mit der Boltzmannkonstanten k_B, der absoluten Temperatur T und der Elementarladung e. Durch Umformung erhält man die Basis-Emitterspannung als logarithmische Funktion des Kollektorstromes (im Verhältnis zu einem Referenzstrom)

$$u_{BE} = U_T \cdot \ln \frac{i_C}{I_S} = \ln 10 \cdot U_T \cdot \lg \frac{i_C}{I_S} = 60\,\text{mV} \cdot \lg \frac{i_C}{I_S} \quad . \tag{42}$$

Wenn ein Transistor, wie in Abb. 2.4.24 gezeigt, in geeigneter Weise in der Gegenkopplung eines Operationsverstärkers angeordnet wird, dann wird der Kollektorstrom durch die Eingangsspannung bestimmt ($i_C = u_e/R$). Die Ausgangsspannung des Operationsverstärkers stellt sich

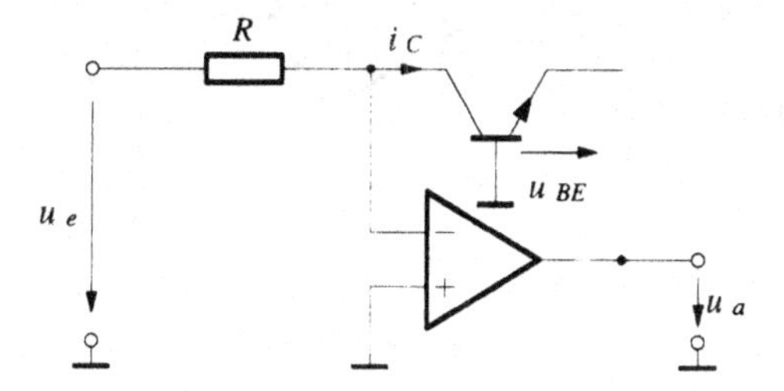

Abb. 2.4.24 Prinzip eines Logarithmierers

dabei so ein, daß ihr Betrag genau jener Basis-Emitterspannung entspricht, die zur Erzeugung dieses Kollektorstromes notwendig ist, somit

$$u_a = - u_{BE} = - U_T \cdot \ln \frac{u_e}{R} \cdot \frac{1}{I_S} \quad . \tag{43}$$

Man kann statt des Transistors auch eine Diode verwenden, deren Flußspannung prinzipiell denselben Verlauf hat wie die Basis-Emitterspannung eines Transistors. In der Praxis zeigt sich, daß für den Kollektorstrom als Funktion der Basis-Emitter-Spannung die Übereinstimmung mit der exponentiellen Kennline besser und über einen weiteren Bereich gilt, als bei einer normalen Diode.

Diese Tatsache kann folgendermaßen begreiflich gemacht werden: Bei Dioden kann nur eine der beiden Elektroden eindiffundiert werden, die andere muß als Trägermaterial ausgeführt werden und bedingt daher einen höheren Widerstand. Dieser Zuleitungswiderstand bewirkt bei größeren Strömen merkbare Abweichungen von der idealen Kennlinie. Bei Transistoren ist der Basisstrom infolge der Stromverstärkung wesentlich kleiner als der Kollektorstrom, daher wirkt die Basis bei der vorliegenden Schaltung wie eine Potentialklemme, Ohmsche Spannungsabfälle in der Basis-Zuleitung treten daher kaum in Erscheinung. Der vergleichsweise hohe Kollektor-Zuleitungswiderstand ist aufgrund der Anordnung wirkungslos, er verkleinert bloß die Kollektor-Emitterspannung. Der Emitter ist bei normalen Transistoren eindiffundiert und hat daher einen minimalen Zuleitungswiderstand. Die Störung der Exponentialfunktion durch Ohmsche Spannungsabfälle ist daher beim Transistor insgesamt viel geringer als bei der Diode.

Die Schaltung in Abb. 2.4.24 zeigt nur das Prinzip und ist für die meisten praktischen Bedürfnisse unbrauchbar, weil die Temperaturabhängigkeit zu groß ist. Die Basis-Emitterspannung eines Transistors hat bei konstantem Kollektorstrom einen Temperaturkoeffizienten von

$$\frac{dU_{BE}}{dT} \approx - 2\,\mathrm{mV}/\,^{\circ}\mathrm{C} \quad . \tag{44}$$

Bei konstantgehaltener Eingangsspannung ändert sich daher die Ausgangsspannung ebenfalls um 2mV/°C. In der Transistorkennlinie sind die Terme U_T und I_S, die beide temperaturabhängig sind, dafür verantwortlich. Die Realisierung temperaturkompensierter Logarithmierer ist möglich, wenn man die Differenz zweier Logarithmen bildet, wozu sich, wie Abb. 2.4.25 zeigt, ein Differenzverstärker anbietet.

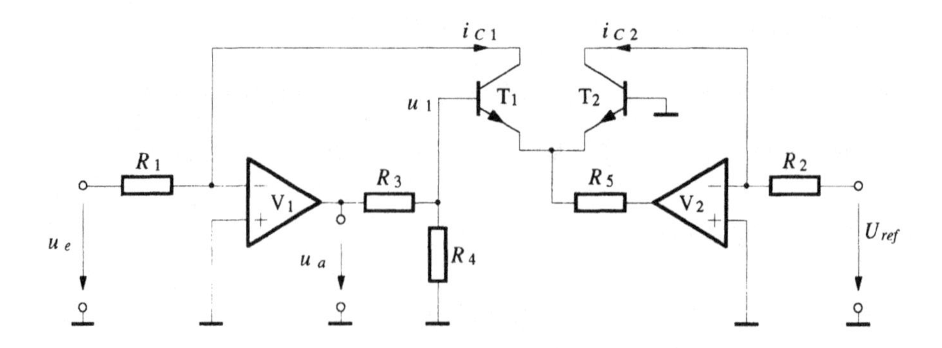

Abb. 2.4.25 Temperaturkompensierter Logarithmierer

Etwas vereinfacht läßt sich die Funktion wie folgt erklären: Der Verstärker V_1 steuert das Basispotential von Transistor T_1 so, daß der Kollektorstrom dem Strom durch R_1 entspricht. Die Ausgangsspannung ist der Differenz der Basis-Emitter-Spannungen der beiden Transistoren proportional. Für die Temperaturkompensation ist der rechte Teil der Schaltung mit T_2 verantwortlich. Das Potential des Emitters von T_2 ändert sich mit der Temperatur, das Potential am Emitter von T_1 wird mitgeführt. Die Änderungen der Basis-Emitter-Spannung von T_1 aufgrund von Temperaturschwankungen gleichen denen von T_2, und zwar näherungsweise unabhängig von den beiden Kollektorströmen. Das Basispotential von T_1 bleibt daher bei konstanter Eingangsspannung, aber veränderlicher Temperatur, konstant. Nur bei Änderungen des Stromes durch T_1 ändert sich das Basispotential u_1 und damit auch die Ausgangsspannung.

Die Spannung an der Basis von T_1 entspricht der Differenz der beiden Basis-Emitter-Spannungen

$$u_1 = u_{BE1} - u_{BE2} \quad . \tag{45}$$

Für die beiden Basis-Emitter-Spannungen gilt mit $i = 1, 2$

$$u_{BEi} = U_T \cdot \ln \frac{i_{Ci}}{I_S} = U_T \cdot \ln \frac{u_e}{R_i \cdot I_S} \quad , \tag{46}$$

und damit

$$u_1 = U_T \cdot \ln \frac{u_e}{R_1 \cdot I_{S1}} - U_T \cdot \ln \frac{U_{ref}}{R_2 \cdot I_{S2}} = U_T \cdot \ln \frac{\dfrac{u_e}{R_1 \cdot I_{S1}}}{\dfrac{U_{ref}}{R_2 \cdot I_{S2}}} \quad . \tag{47}$$

Unter der Annahme, daß beide Transistoren auf gleicher Temperatur sind und gleiche Parameter I_S haben, reduziert sich Gl. (47) auf

$$u_1 = U_T \cdot \ln \frac{u_e \cdot R_2}{U_{ref} \cdot R_1} \quad . \tag{48}$$

Die Spannung u_1 ist somit dem Logarithmus des Verhältnisses von u_e zu U_{ref} proportional. Der Ausgang ist über den Spannungsteiler, bestehend aus R_3 und R_4, mit der Basis von T_1 verbunden, das bedeutet, das Ausgangssignal entspricht der mit dem Faktor $(R_3 + R_4)/R_4$ verstärkten Spannung u_1

$$u_a = u_1 \cdot \frac{R_3 + R_4}{R_4} = U_T \cdot \frac{R_3 + R_4}{R_4} \cdot \ln \frac{u_e \cdot R_2}{U_{ref} \cdot R_1} \quad . \tag{49}$$

In Gleichung (49) ist noch U_T als temperaturabhängige Größe vorhanden. Ihr Einfluß kann mit einem temperaturabhängigen Widerstand an Stelle von R_3 kompensiert werden.

Für den praktischen Einsatz gibt es Logarithmierer in integrierter Form, die bis zu 9 Dekaden verarbeiten können. Logarithmierer haben grundsätzlich Schwierigkeiten mit der Stabilität und der Bandbreite, vor allem bei kleinen Eingangssignalen. Denn je kleiner das Eingangssignal ist, desto größer ist der Widerstand der Gegenkopplung und damit die Verstärkung. Als Folge ist die Schleifenverstärkung sehr klein und die Grenzfrequenz entsprechend gering. Die Stabilitätsprobleme ergeben sich ebenfalls aus der Inkonstanz der Verstärkung, es ist daher naheliegend, zur Phasenkompensation einen zweiten, rein wechselspannungsgekoppelten Gegenkopplungszweig einzuführen, der die Verstärkung begrenzt.

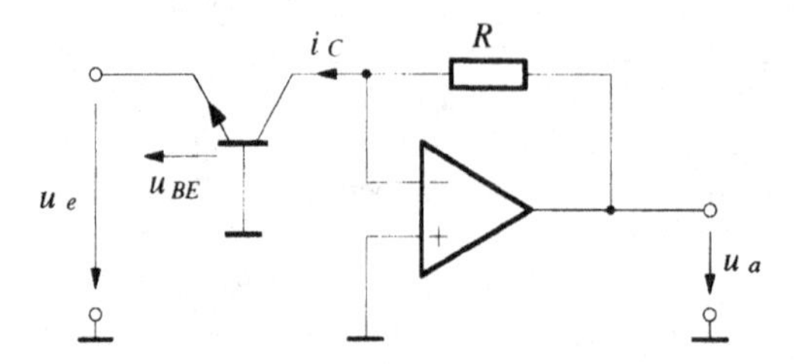

Abb. 2.4.26 Prinzip eines Exponentierers

2.4.7.4 Exponentierer

In analogen Rechenschaltungen besteht auch oft der Bedarf, logarithmische Größen zurückzutransformieren, d.h. zu exponentieren. Abb. 2.4.26 zeigt das Prinzip einer solchen Schaltung. Es wird wieder die exponentiell verlaufende Kennlinie eines Transistors verwendet. Es ist

$$i_C = I_S \cdot e^{\frac{u_{BE}}{U_T}} \quad . \tag{50}$$

Mit $u_{BE} = -\, u_e$ und $u_a = i_C \cdot R$ ergibt sich

$$u_a = R \cdot i_C = R \cdot I_S \cdot e^{-\frac{u_e}{U_T}} \quad . \tag{51}$$

Ebenso wie beim Logarithmierer ist auch die Funktion dieser Schaltung thermisch instabil. Eine praktisch einsetzbare Exponentier-Schaltung läßt sich analog zu Abb. 2.4.25 aufbauen. Dazu ist der Verstärker V_1 wegzulassen, der freigewordene Anschluß an R_3 als Eingang zu verwenden und der Strom des Transistors T_1 mit Hilfe eines Strompuffers in die Ausgangsspannung umzuwandeln.

2.4.8 Analoge Multiplikation und Effektivwertbildung

In der Meßtechnik werden elektronische Multiplizierer vor allem zur Leistungsmessung und zur Bestimmung des Effektivwertes benötigt. In Zukunft wird zwar die digitale Meßwertverarbeitung mit Mikroprozessoren, Signalprozessoren oder schnellen digitalen Multiplizierern einen wesentlichen Teil dieser Aufgaben übernehmen, vor allem wegen der hohen erreichbaren Genauigkeit, der Temperaturstabilität sowie der Unempfindlichkeit gegenüber Bauteiltoleranzen und Alterung. Für Applikationen mit geringen Anforderungen an die Genauigkeit werden aber analoge Multiplizierer ebenso eine Bedeutung behalten wie im Bereich hoher Frequenzen. Die wichtigsten Verfahren zur analogen Multiplikation werden im folgenden erläutert. Der Time-Division-Multiplizierer, der ein Verfahren zur Multiplikation über eine Tastverhältnissteuerung verwendet, wird in Kap. 2.8.2.6 behandelt.

2.4.8.1 Multiplizierer mit Logarithmierern und Exponentierer

Eine Multiplikation läßt sich mathematisch auf eine Addition, eine Division auf eine Subtraktion von Logarithmen zurückführen. Es gilt

$$\frac{u_{e1} \cdot u_{e2}}{u_{e3}} = e^{(\ln u_{e1} + \ln u_{e2} - \ln u_{e3})} \quad . \tag{52}$$

Aus der obigen Gleichung kann man wieder direkt eine Schaltung ableiten. Benötigt werden dafür Logarithmierer, Addier- bzw. Subtrahierverstärker und ein Exponentierer. Wenn man zum Logarithmieren die Schaltung in Abb. 2.4.24 und zum Exponentieren die Schaltung in Abb. 2.4.26 verwendet, dann folgt aus den dort angegebenen Beziehungen sowie aus Gl. (52)

$$u_a = R \cdot I_S \cdot e^{\frac{1}{U_T}\left(U_T \cdot \ln\frac{u_{e1}}{I_S \cdot R} + U_T \cdot \ln\frac{u_{e2}}{I_S \cdot R} - U_T \cdot \ln\frac{u_{e3}}{I_S \cdot R}\right)} =$$

$$= \frac{u_{e1} \cdot u_{e2}}{u_{e3}} \quad . \tag{53}$$

In diesem Ergebnis kommt keine temperaturabhängige Größe vor, daraus kann man folgern, daß sich eventuelle Temperatureinflüsse kompensieren, obwohl die verwendeten Logarithmierer und Exponentierer nicht temperaturkompensiert sind. Die Bedingung dafür ist, daß erstens die vier Transistoren möglichst ähnliche Kennlinien haben und auf gleicher Temperatur sind und zweitens, daß man n Faktoren durch n-1 Faktoren dividiert, damit der temperaturabhängige Ausdruck $I_S \cdot R$ aus dem Ergebnis herausfällt.

Der Eingangsspannungsbereich ist auf Werte größer Null beschränkt, es handelt sich daher um einen Einquadrantenmultiplizierer. Der Grund dafür ist, daß physikalisch gebildete Logarithmen im Gegensatz zur Forderung der Mathematik ($\ln 0 \to -\infty$) niemals Werte $\to -\infty$ annehmen können, daher muß die Eingangsgröße immer > 0 sein.

2.4.8.2 Multiplizierer mit Stromverteilungssteuerung

Dieser Typ wird am häufigsten verwendet, er arbeitet nach dem Prinzip der spannungsgesteuerten Stromverteilung ("variable transconductance"). In Abb. 2.4.27 wird eine vereinfachte Grundschaltung dargestellt. Der Multiplizierer besteht aus einem Differenzverstärker (T_1 und T_2), bei dem über einen eigenen Eingang u_{e1} der gemeinsame Emitterstrom ($i_1 + i_2$) gesteuert werden kann. Da der Transferleitwert und damit die Spannungsverstärkung proportional dem Emitterstrom ist, kann auf diese Art eine Multiplikation der Eingangsspannung, die den Emitterstrom steuert, mit der Differenzspannung an den beiden Basis-Eingängen ausgeführt werden. Infolge

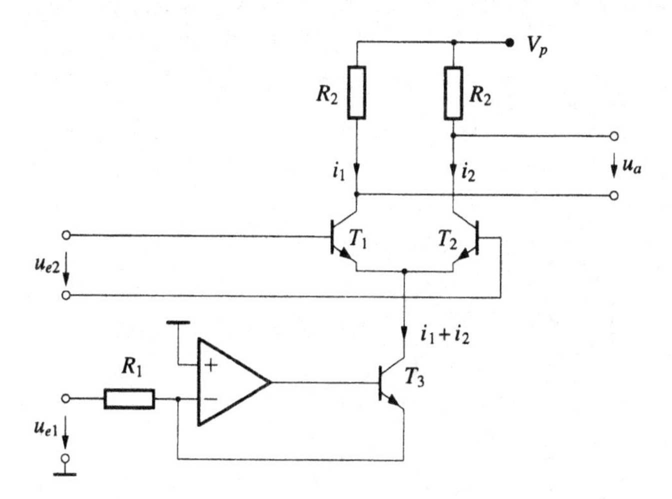

Abb. 2.4.27 Prinzipschaltung eines Multiplizierers mit Stromverteilungssteuerung

des exponentiellen Zusammenhanges zwischen Basis-Emitter-Spannung und Kollektorstrom ist der zulässige Bereich für die Differenz-Eingangsspannung sehr klein. Bei 0,35 · U_T bzw. 9mV ergibt sich bereits ein Fehler von 1%. Es ist daher naheliegend, die Eingangsspannung vorzuverzerren, d.h. logarithmieren, wofür sich eine Dioden- oder Transistorkennlinie anbietet.

2.4.8.3 Dividierer und Radizierer

Bei der analogen Meßwertverarbeitung, z.B. bei der Effektivwertbildung, werden oft auch **Dividierer** und **Radizierer** benötigt. Für diese Aufgaben werden normalerweise Multiplizierer in der Gegenkopplung eines Operationsverstärkers verwendet. In Abb. 2.4.28 wird die Schaltung eines Dividierers gezeigt. Die Konstante E ist ein Bezugsspannungswert von typisch 10 V.

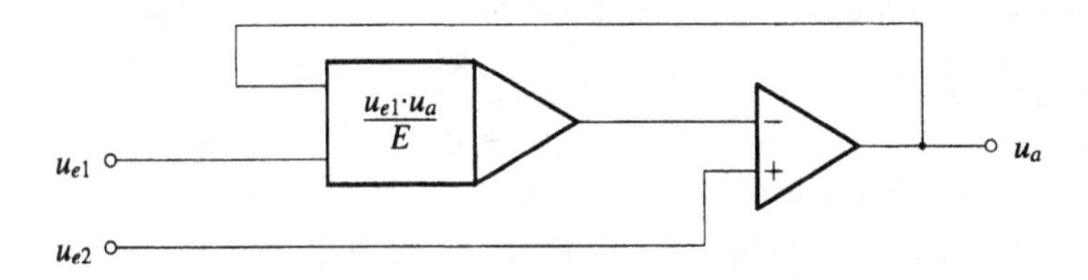

Abb. 2.4.28 Dividierer

Die Funktionsweise ist leicht mit Hilfe der Bedingung $u_{ed} = 0$ für gegengekoppelte OPV-Schaltungen zu verstehen. Es ist

$$u_{ed} = 0 = u_{e2} - \frac{u_{e1} \cdot u_a}{E} \quad . \tag{54}$$

Die Ausgangsspannung muß daher so gesteuert werden, daß sich

$$u_a = E \cdot \frac{u_{e2}}{u_{e1}} \quad . \tag{55}$$

ergibt. Auch bei Analog-Dividierern ist die Division durch Null unzulässig, wichtig ist daher, daß die Eingangsspannung u_{e1} nicht Null wird, um eine Übersteuerung zu vermeiden.

Die Schaltung eines Radizierers wird in Abb. 2.4.29 gezeigt. Die Schaltung funktioniert wieder nur für $u_e > 0$. Für die Ausgangsspannung gilt

$$u_a = \sqrt{E \cdot u_e} \quad . \tag{56}$$

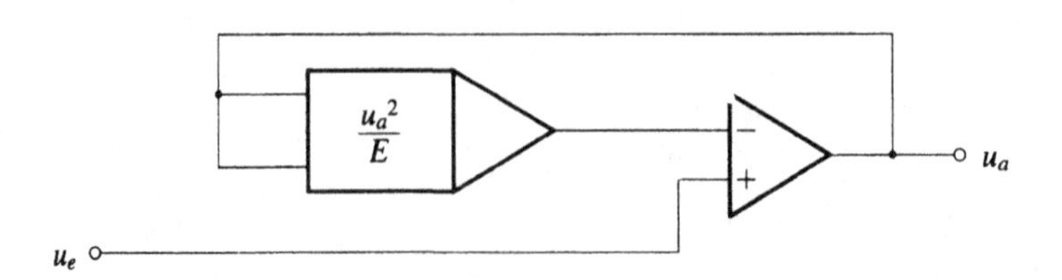

Abb. 2.4.29 Radizierer

2.4.8.4 Effektivwert-Gleichspannungs-Konverter

Der quadratische Mittelwert oder Effektivwert (RMS, Root Mean Square) ist ein häufig verwendeter Kennwert von Wechselspannungsgrößen und spielt in der Meßtechnik eine wichtige Rolle, seine mathematische Definition für Spannung lautet

$$U_{eff} = \sqrt{\frac{1}{T}\int_0^T u^2 \cdot dt} \quad . \tag{57}$$

Die gleichwertige praktische Definition geht von der Leistung an einem Ohmschen Widerstand aus. Ein Wechselstrom mit einem bestimmten Effektivwert ruft in einem Ohmschen Widerstand dieselbe Verlustleistung hervor wie ein Gleichstrom gleicher Stromstärke.

Die theoretisch einfachste Methode, den Effektivwert einer Spannung unabhängig von der Kurvenform zu messen, stellt der Thermoumformer dar. Bei diesem Verfahren wird die Erwärmung eines Widerstandes durch das unbekannte Meßsignal mit der Erwärmung eines Widerstandes gleicher Größe und Bauart durch eine Gleichspannung verglichen. Die Gleichspannung wird durch eine Regelung so justiert, daß kein Temperaturunterschied zwischen den beiden Widerständen besteht. Wenn beide Widerstände auf gleicher Temperatur sind, dann ist auch die Leistung und damit der Effektivwert der beiden Spannungen gleich, d.h., die Gleichspannung repräsentiert das Ergebnis. Dieses Verfahren funktioniert mit guter Genauigkeit bis zu sehr hohen Frequenzen. Ein Nachteil ist der außerordentlich hohe Aufwand bei der Implementierung des Verfahrens, der aber mit der Verwendung von integrierten Bausteinen für diesen Zweck stark vermindert wurde.

Eine andere Möglichkeit zur Bildung des Effektivwertes ist der Einsatz von analogen Rechenschaltungen nach der Definition aus Gl. (57), wie in Abb. 2.4.30 angegeben.

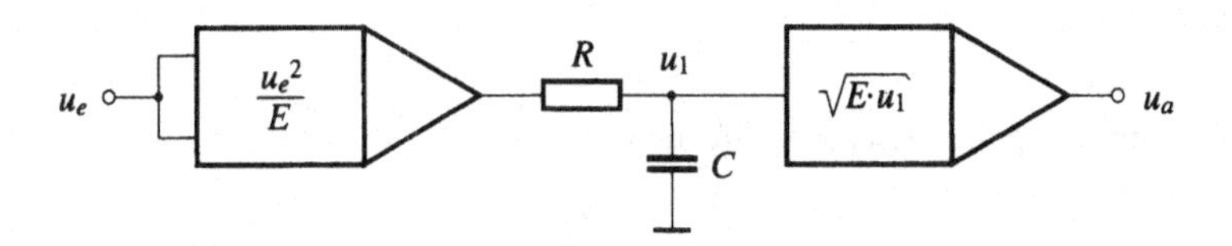

Abb. 2.4.30 Prinzipschaltung zur Bestimmung des Effektivwertes

Der Multiplizierer bildet das Quadrat der Eingangsspannung, das nachfolgende *RC*-Glied bildet den Mittelwert und der Radizierer zieht daraus die Wurzel. Dieses direkte oder explizit genannte Verfahren hat den Nachteil einer beschränkten Dynamik. Die Erklärung dafür ist, daß die Stufen, die dem Quadrierer folgen, große Amplitudenbereiche zu verarbeiten haben. Wenn z.B. die Amplitude des Eingangssignals im Bereich 1 zu 100 variiert, dann ändert sich das Signal nach der Quadrierstufe im Bereich 1 zu 10000. Bei praktischen Lösungen ist daher, um den Gesamtfehler klein zu halten (ca. 0,1 %), der Dynamikbereich auf etwa 1 zu 10 begrenzt. Ein Vorteil der Schaltung ist die relativ hohe Bandbreite.

Ein alternativer Aufbau eines Effektivwertmessers mit erhöhtem Dynamikbereich ist in Abb. 2.4.31 gezeigt. Dieses Verfahren wird auch indirekt oder implizit genannt, weil die Wurzelbildung am Ausgang indirekt durch eine Division am Eingang ersetzt wird. Durch diese Maßnahme variiert die Signalamplitude des Multipliziererausgangs nicht quadratisch, sondern linear mit der Eingangsamplitude, womit eine beträchtliche Dynamikerweiterung erreicht wird. Im Vergleich zur obigen Methode ist der Aufwand kleiner, aber die Bandbreite geringer.

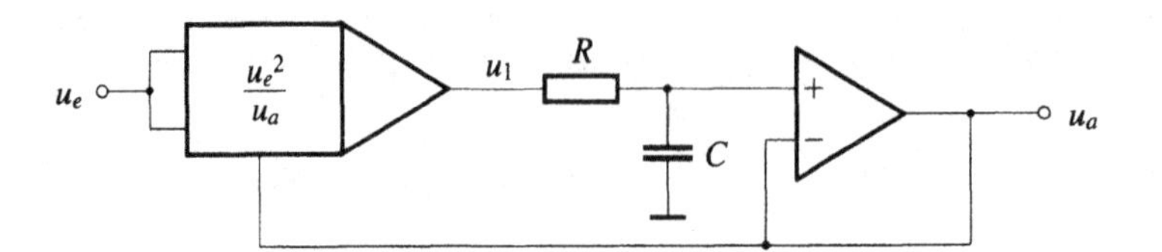

Abb. 2.4.31 Schaltung zur Effektivwertbildung mit erhöhtem Dynamikbereich

Für die Ausgangsspannung des Multiplizierers/Dividierers gilt

$$u_1 = u_e^2 / u_a \quad . \tag{58}$$

Am Ausgang des Tiefpaßfilters bzw. des Puffer-Verstärkers liegt die Spannung

$$u_a = \frac{1}{T}\int_0^T u_1 \cdot dt = \frac{1}{T}\int_0^T \frac{u_e^2}{u_a} \cdot dt \quad . \tag{59}$$

Im eingeschwungenen Zustand gilt $u_a = const.$, es folgt daher

$$u_a = \frac{1}{T \cdot u_a}\int_0^T u_e^2 \cdot dt \quad , \tag{60}$$

$$u_a^2 = \frac{1}{T}\int_0^T u_e^2 \cdot dt \quad . \tag{61}$$

Die Ausgangsspannung entspricht somit dem Effektivwert

$$u_a = U_{e,eff} = \sqrt{\frac{1}{T}\int_0^T u_e^2 \cdot dt} \quad . \tag{62}$$

2.4.9 Abtast-Halte-Verstärker

Abtast-Halte-Verstärker werden auch als "Sample-Hold-Amplifier", "S/H" oder "Track-Hold-Amplifier" bezeichnet. Sie wirken als Analogspeicher und werden bei der Analog-Digital-Konversion verwendet. Bei einigen weitverbreiteten Analog-Digital-Konverter-Verfahren ist eine konstante Eingangsspannung während der Konversion eine notwendige Voraussetzung für eine fehlerfreie Umsetzung. Die Eingangsspannung muß daher vor der Konversion gespeichert werden und für die Dauer der Umwandlung konstant gehalten werden.

Die prinzipielle Funktion solcher Schaltungen ist einfach, wie Abb. 2.4.32 zeigt, die praktische Realisierung ist überaus schwierig, weil die Forderungen an solche Schaltungen sehr hoch sind und einander aus schaltungstechnischer Sicht in wichtigen Punkten widersprechen.

Als Speicher für Analogwerte wird in allen Varianten von S/H-Verstärkern ein Kondensator verwendet. Im Folgezustand ist der Schalter leitend und die Spannung am Kondensator folgt der

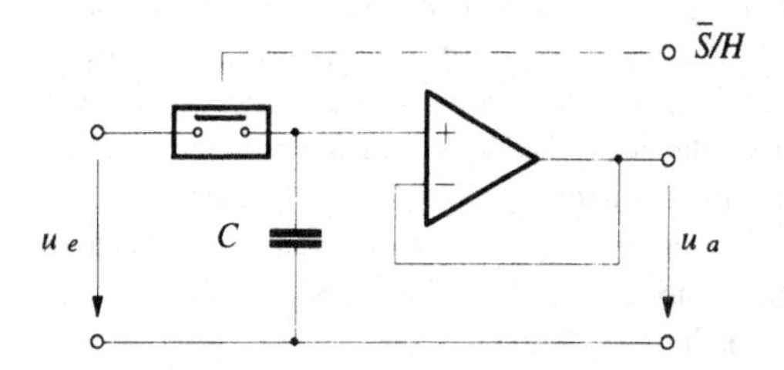

Abb. 2.4.32 Prinzip einer Sample-Hold-Schaltung

Eingangsspannung. Die Kapazität C ergibt mit dem Ausgangswiderstand der Signalquelle R_i und dem Schalterwiderstand R_S ein Tiefpaßfilter mit der Zeitkonstante

$$\tau = (R_i + R_S) \cdot C \quad . \tag{63}$$

In der Haltephase sperrt der Schalter, der Puffer-Verstärker verhindert, daß der Kondensator entladen wird. Der reale Abschaltvorgang dauert eine endliche Zeit (Aperturzeit), zwischen einigen ps und einigen µs, während der die Spannung am Kondensator in abnehmendem Maß dem Eingangssignal folgt. Der Endwert nach dem Abtasten entspricht einem gewichteten Mittelwert über das Eingangssignal während der Aperturzeit. Dadurch ergibt sich eine bandbegrenzende Tiefpaßwirkung des Abtastvorganges. Beim Umschalten in den Haltezustand werden kleine Ladungsmengen vom Schalter in den Kondensator injiziert, dies ist unvermeidlich und führt zu einer gewissen Störung der gespeicherten Spannung. Von den Ansprüchen her, die während der Haltephase gelten, sollte der Kondensator möglichst groß sein, um Spannungsänderungen durch Störeinflüsse möglichst gering zu halten. Mögliche Störeinflüsse sind die Leckströme des Schalters und der Eingangsruhestrom des Verstärkers, sowie die Eigenentladung und die dielektrische Absorption des Kondensators. Als Schalter werden ausschließlich elektronische Schalter, Diodenbrücken, FET oder CMOS-Schalter, verwendet (siehe Kap. 2.1.7).

Für die extrem hohen Abtastraten in Digital-Speicher-Oszilloskopen (bis zu 2 GSa/s) wird eine als Sample-and-Filter bezeichnete Technik verwendet. Das Eingangssignal liegt dauernd an einem Differenzverstärker, der beim Abtasten durch einen nur wenige ps langen Impuls aufgesteuert wird und eine der abzutastenden Spannung proportionale Ladungsmenge auf den Speicher-Kondensator injiziert. An diesem entsteht durch die laufende, gleichzeitige Entladung über einen Widerstand (durch die Tiefpaßfilterwirkung) ein gegenüber dem Abtastimpuls verlängerter Spannungsimpuls. Die Amplitude des abgeflachten Maximums dieses Impulses wird mit niedriger Auflösung, aber extrem schnell, zeitlich genau abgestimmt, digitalisiert. Die digitalisierte Spannung ist zwar nicht gleich, aber proportional der Eingangsspannung.

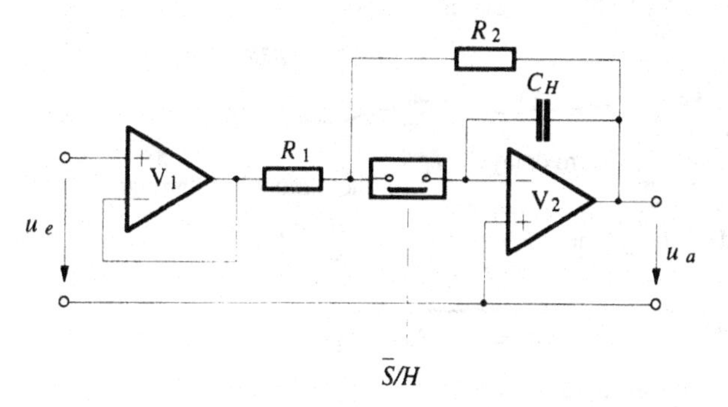

Abb. 2.4.33 Sample-Hold, basierend auf der invertierenden Grundschaltung

In Abb. 2.4.33 ist ein konventioneller S/H-Verstärker gezeigt, der auf der invertierenden Grundschaltung beruht. Im Abtastzustand ist der Schalter leitend. Die Schaltung stellt einen invertierenden Verstärker mit Tiefpaßverhalten dar und folgt der Eingangsspannung, solange deren Anstiegsgeschwindigkeit nicht höher als die des Verstärkers ist. Die bestimmende Zeitkonstante ist $\tau = R_2 \cdot C_H$. In der Haltephase ist der Schalter gesperrt, die Gegenkopplung über die Widerstände R_1 und R_2 wird dabei vom Verstärker weggeschaltet. Die Ausgangsspannung wird nur mehr durch die Spannung am Kondensator bestimmt und bleibt im Idealfall konstant. Die Schaltung funktioniert sehr präzise, aber nicht sehr schnell.

Eine wesentliche Steigerung der Geschwindigkeit ist möglich, wenn unmittelbar vor dem Schalter ein Strompuffer eingebaut wird. Wenn während der Abtastphase eine Differenz zwischen Ein- und Ausgangsspannung auftritt, dann liefert dieser Strompuffer entsprechend Strom, um den Kondensator möglichst schnell zu laden.

Kenngrößen von S/H-Verstärkern:

In Abb. 2.4.34 wird der zeitliche Verlauf des Eingangs- und Ausgangssignales und die wichtigsten Kenngrößen eines S/H-Verstärkers dargestellt.

Die wichtigsten Kenngrößen sind:

- Akquisitionszeit (acquisition time).
  Die Zeit vom Beginn des Übergangs in den Folgezustand bis zu dem Zeitpunkt, zu dem die Ausgangsspannung (selbst bei einem Sprung über den vollen Bereich) ihren Sollwert innerhalb einer vorgegebenen Genauigkeit erreicht.
- Aperturverzögerungszeit (aperture delay time).
  Die Zeitdauer vom Beginn des Haltebefehles bis zum Öffnen des Schalters. Die effektive Aperturverzögerungszeit als Differenz zwischen der Signallaufzeit durch den ersten Verstärker und der Zeitdauer vom Beginn des hold-Befehles bis zum Öffnen des Schalters kann 0, positiv oder negativ sein.
- Aperturzeit (aperture time).
  Während des Überganges vom Folge- in den Haltezustand findet eine Mittelung über die Eingangsspannung statt. Die Aperturzeit gibt die Dauer der Mittelwertbildung an.

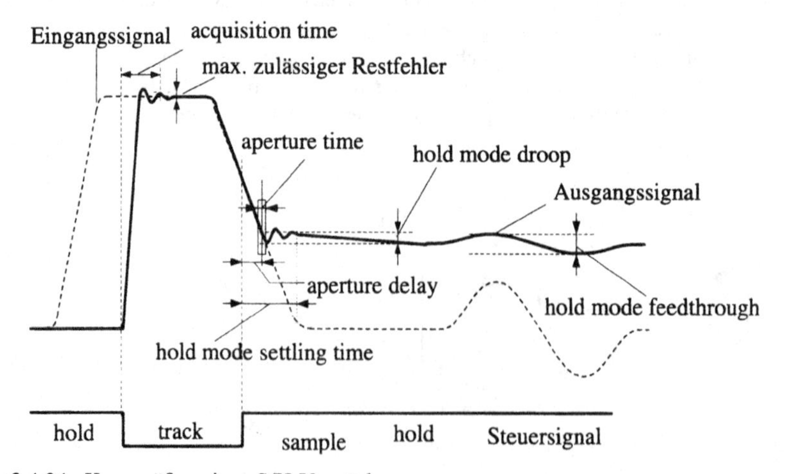

Abb. 2.4.34 Kenngrößen eines S/H-Verstärkers

- Aperturunsicherheit (aperture uncertainty oder aperture jitter).
  Die zeitliche Unsicherheit der "aperture delay time" kann im Gegensatz zu einer konstanten Verzögerung nicht kompensiert werden. Bei Eingangssignalen mit steilen Flanken kann die Abweichung vom Soll-Abtastzeitpunkt entsprechend große Fehler der erfaßten Spannung verursachen.
- Einschwing-Zeit (hold mode settling time).
  Die Zeit vom Beginn des Haltebefehles bis zu jenem Zeitpunkt, in dem die Ausgangsspannung ihren Endwert innerhalb einer vorgegebenen Genauigkeit erreicht.
- Die Änderung der Ausgangsspannung während der Haltephase (hold mode droop).
- Übersprechen im Haltezustand (hold mode feedthrough).
  Der gemessene Anteil, den ein sinusförmiges Eingangssignal am Ausgang während der hold-Phase erzeugt.

2.4.10 Phasenselektiver Gleichrichter

Gleichrichtung bedeutet, daß die negativen Abschnitte eines Signales invertiert werden. Wenn man also zwischen zwei Signalquellen, von denen eine das normale Signal und die andere das invertierte liefert, so umschaltet, daß bei positivem Eingangssignal die nicht invertierende und bei negativem die invertierende Signalquelle an den Ausgang geschalten werden, so erhält man eine Gleichrichtung. Das Umschalten kann durch ein entsprechendes Steuersignal erfolgen (siehe Abb. 2.4.35). Da das steuernde Schaltsignal synchron zum Eingangssignal sein muß, wird dies auch als **Synchrongleichrichtung** bezeichnet.

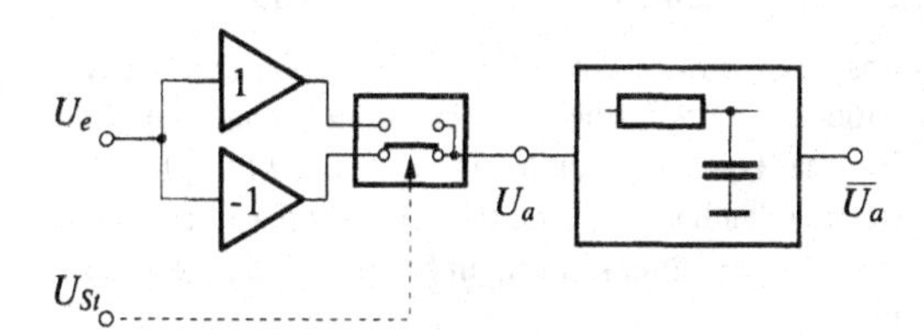

Abb. 2.4.35 Prinzipschaltung eines phasenselektiven Gleichrichters

Bei einem sinusförmigen Eingangssignal muß zur Gleichrichtung das Steuersignal genau bei 0° und 180° umgeschaltet werden, das Steuersignal ist somit ein symmetrisches Rechtecksignal mit einer Phasenverschiebung von 0° zum Eingangssignal (siehe Abb. 2.4.36 a). Besteht zwischen Steuersignal und Eingangssignal eine Phasenverschiebung φ, erhält man die in Abb. 2.4.36 b und c dargestellten Signalverläufe.

Durch eine anschließende Tiefpaßfilterung, die den Gleichanteil ermittelt, oder durch eine synchrone Integration über genau eine Signalperiode erhält man ein Ausgangssignal, das proportional zum Cosinus der Phasenverschiebung φ ist:

$$\overline{U_a} = \frac{1}{T} \cdot \int_0^{\frac{T}{2}} \hat{U} \cdot \sin(\omega \cdot t + \varphi)\, dt + \frac{1}{T} \cdot \int_{\frac{T}{2}}^{T} -\hat{U} \cdot \sin(\omega \cdot t + \varphi)\, dt = \frac{2}{\pi} \cdot \hat{U} \cdot \cos(\varphi) \quad . \tag{64}$$

Für eine Phasenverschiebung von 0° erhält man den Gleichrichtmittelwert des Eingangssignals. Bei einer Phasenverschiebung von 90° erhält man ein Ausgangssignal gleich Null. Dies ist auch

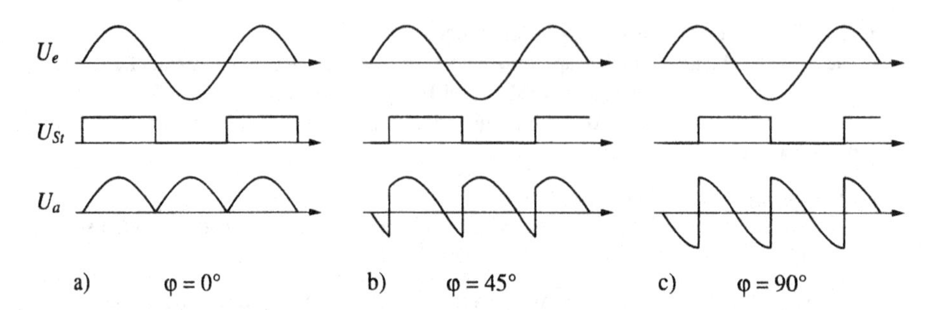

Abb. 2.4.36 Signalverläufe für verschiedene Phasenverschiebungen zwischen Eingangssignal und Steuersignal

unmittelbar einsichtig, da bei 90° Phasenverschiebung das Signal nach dem Schalter zu Null symmetrisch ist. Signale mit 90° Phasenverschiebung zum Steuersignal werden also vollständig unterdrückt. Zerlegt man ein sinusförmiges Signal mit beliebiger Phasenverschiebung in zwei Komponenten mit 0 und 90° Phasenverschiebung zum Steuersignal,

$$\hat{U}\cdot\sin(\omega\cdot t+\varphi) = \hat{U}\cdot\cos(\varphi)\cdot\sin(\omega\cdot t)+\hat{U}\cdot\sin(\varphi)\cdot\cos(\omega\cdot t) \quad , \tag{65}$$

so wird ersichtlich, daß der Gleichrichtmittelwert der Signalkomponente in Phase zum Steuersignal ermittelt wird, was zur Bezeichnung phasenselektiver Gleichrichter führt. Verwendet man zwei phasenselektive Gleichrichter, deren Steuersignale um 90° phasenversetzt sind, kann man damit ein Signal in zwei um 90° versetzte Komponenten aufteilen. Dies entspricht der Bildung von Real- und Imaginärteil einer komplexen Größe (z.B. Blind- und Wirkanteil) und wird bei Vektorvoltmetern und Impedanzmessungen (Kap. 3.1.14.1 und 3.1.14.2) ausgenutzt.

Es gibt auch einige Variationen des phasenselektiven Gleichrichters. Für die phasenselektive Messung reicht es, nur über eine halbe Periode zu mitteln und zwischen dem Signal und Null umzuschalten. Weiters kann statt des Umschalters auch ein Vierquadranten-Multiplizierer verwendet werden. Die Phasenabhängigkeit des Gleichanteils über den Cosinus der Phasenverschiebung bleibt auch erhalten, wenn dann statt des rechteckförmigen Steuersignals ein sinusförmiges Signal verwendet wird. Es ergibt sich

$$\sin(\omega\cdot t+\varphi)\cdot\sin(\omega\cdot t) = \frac{1}{2}\cdot(\cos(\varphi)-\cos(\omega\cdot t+\varphi)) \quad . \tag{66}$$

Wenn die Frequenz des Eingangssignals und des Steuersignals unterschiedlich sind, erhält man bei der Multiplikation mit einem sinusförmigen Signal einen Mittelwert des Ausgangssignals von Null. Fremde Frequenzen werden also unterdrückt, wobei die Zeit für die Mittelwertbildung wesentlich für das Maß der Unterdrückung ist. Bei der Multiplikation mit einem Rechtecksignal ist die Frequenzselektivität geringer.

Der phasenselektive Gleichrichter stellt damit einen einfachen Korrelator für sinusförmige Signale dar. Man kann aus einem Gemisch verschiedener Frequenzen die Amplitude einer ausgewählten Frequenz genau messen. Daher wird das Prinzip auch als **synchrone Demodulation** bezeichnet. Diese Eigenschaft wird dazu ausgenutzt, aus einem stark gestörten Signal ein Signal einer bestimmten Frequenz herauszufiltern, beispielsweise bei Lock-In-Verstärkern, bei Sensorbrücken, bei denen mit Wechselspannungen gearbeitet wird und bei optischen Sensorsystemen, bei denen so die Hintergrundbeleuchtung unterdrückt werden kann. Es ist damit möglich, Signale bekannter Frequenz und Phasenlage nachzuweisen, deren Amplitude bis zu 140 dB unter Störsignalen bzw. unter dem Rauschen liegt.

2.4.11 Literatur

[1] Feucht D. L., Handbook of Analog Cicuit Design. Academic Press, San Diego New York Boston London 1990.

[2] Germer H., Wefers N., Meßelektronik, Band 1. Hüthig, Heidelberg 1988.

[3] Kitchin Ch., Counts L., Instrumentation Amplifier Application Guide. Analog Devices, 1991.

[4] Kitchin Ch., Counts L., RMS to DC Conversion Application Guide. Analog Devices, 1986.

[5] Klein J.W., Dullenkopf P., Glasmachers A., Elektronische Meßtechnik: Meßsysteme und Schaltungen. Teubner, Stuttgart 1992.

[6] Müller R., Grundlagen der Halbleiterelektronik. Springer, Berlin Heidelberg New York Tokyo 1991.

[7] Müller R., Bauelemente der Halbleiterelektronik. Springer, Berlin Heidelberg New York Tokyo 1991.

[8] Müller R., Rauschen. Springer, Berlin Heidelberg New York Tokyo 1991.

[9] Roberge J.K., Operational Amplifiers. Wiley, Chichester 1975.

[10] Seifart M., Analoge Schaltungen. Verlag Technik, Berlin 1994.

[11] Tietze U., Schenk CH., Halbleiterschaltungstechnik. Springer, Berlin Heidelberg New York Tokyo 1990.

2.5 Meßgrößen-Bewertung, Diskriminator, Schwellwertschalter, Schwellwertverstärker

Ch. Mittermayer und A. Steininger

2.5.1 Bewertung einer Meßgröße

In der Meßtechnik ist die Bewertung (oder Klassifizierung) der Meßgröße eine der wichtigen Aufgaben. Dafür werden Schaltungen benötigt, die

- feststellen, ob das Eingangssignal positiver oder negativer ist als ein Schwellwert (z.B. eine Referenzspannung U_{ref}),
- und dementsprechend eines von zwei eindeutig unterscheidbaren Ausgangssignalen liefern (meist mit logisch "0" und "1" bezeichnet).

Solche als **Diskriminatoren** bezeichnete Schaltungen sind neben Verstärkern die zweite wichtige Art von Funktionselementen der Meßschaltungstechnik. Sie werden unter anderem als Grenzwertschalter für Zweipunktregler z.B. zum Ein- und Ausschalten der Heizung bei einer Temperaturregelung oder zur Feststellung von Amplitudenwerten verwendet, z.B. indem zwei Diskriminatoren zusammen mit logischen Schaltungen für Eingangssignale innerhalb eines Bereiches (zwischen zwei Schwellwerten) ein entsprechendes Ausgangssignal liefern. Diskriminatoren gehören zu den Grundelementen jedes Analog-Digital-Konverters.

Bei einem Verstärker besteht ein eindeutiger und umkehrbarer funktioneller Zusammenhang zwischen den Amplitudenwerten des Ausgangssignales Y_a und den Amplitudenwerten des Eingangssignales X_e:

$Y_a = f(X_e)$ **Übertragungsfunktion eines Verstärkers** (1)

$X_e = g(Y_a)$ Zugehörige Umkehrfunktion
(gültig für alle Werte im Aussteuerbereich von Y_a und X_e)

Im Gegensatz dazu liefert ein (idealer) Diskriminator nur zwei Werte seines Ausgangssignales Q_a, die als binäre, "logische" Signale mit 0 und 1 bezeichnet werden. Dabei wird der eine Wert von Q_a für Amplitudenwerte des Eingangssignales X_e negativer als der Schwellwert X_s geliefert, der andere Wert von Q_a für Amplitudenwerte des Eingangssignales X_e positiver als der Schwellwert X_s. Für einen "idealen" Diskriminator (ohne Hysterese) gilt:

$Q_a = f(X_e) = Q$ für $X_e > X_s$ **Übertragungsfunktion eines Diskriminators** (2)

$Q_a = f(X_e) = \overline{Q}$ für $X_e < X_s$

Die Darstellung der Übertragungsfunktion erscheint unvollständig, da die Bedingung $X_e = X_s$ nicht enthalten ist. Dies ist kein Fehler, da zwei reale Amplitudenwerte nicht exakt gleich sein können bzw. das Verhalten einer realen Schaltung bei $X_e = X_s$ undefiniert ist. Q_a ist die Ausgangsgröße, die nur die beiden logischen Werte 0 und 1 annehmen kann. Die Übertragungsfunktion ist gültig für alle Werte im Aussteuerbereich von X_e und nicht eindeutig umkehrbar, da der Wert von Q_a jeweils einem ganzen Bereich von Werten von X_e zugeordnet ist. Die Zuordnung der logischen Werte 0 und 1 zu Q und $\overline{Q}$ ist prinzipiell willkürlich.

Ein Diskriminator allein ermöglicht noch keine (statische) Bestimmung der Eingangsamplitude, da durch ihn nur der Amplitudenbereich in 2 Teile geteilt wird ($X_e > X_s$ und $X_e < X_s$).

Mit zwei Diskriminatoren mit den Schwellwerten X_{s1} und X_{s2} kann festgestellt werden, ob eine Eingangsamplitude im Bereich zwischen X_{s1} und X_{s2} liegt. Eine solche Kombination von

Diskriminatoren mit entsprechender Verknüpfung der Ausgangssignale wird **Fenster-Diskriminator** genannt. Auch in diesem Fall kann nur festgestellt werden, ob die Eingangsamplitude innerhalb eines Intervalles liegt, aber nicht, welchen mathematisch genauen Wert sie hat.

Der Vorgang der Diskrimination kann in zwei Teilaufgaben zerlegt werden:

1. Vergleich von Eingangssignal und Schwellwert (mit hinreichender Genauigkeit)

2. Herstellung eines eindeutigen Ausgangssignales (ohne stabile Zwischenzustände)

Bei realen Logikschaltungen werden die Ausgangszustände 0 und 1 nicht auf definierte **Spannungswerte** $U_{a(0)}$ und $U_{a(1)}$ abgebildet, sondern auf disjunkte **Bereiche,** zwischen denen ein verbotener Bereich liegt. Es gilt also für reale Schaltungen

$$\text{für } U_e < U_s \quad U_a < U_{aLmax} \text{ und} \tag{3}$$

$$\text{für } U_e > U_s \quad U_a > U_{aHmin}$$

Der verbotene Bereich liegt im Intervall $]\, U_{aLmax}\,, U_{aHmin}\, [$. Die Ausgangsspannung darf Werte in diesem verbotenen Bereich nur während des Umschaltvorganges annehmen. Diese Forderung kann nur mit einer Schaltung erfüllt werden, bei der im Umschaltpunkt $U_e = U_s$ die Übertragungskennlinie von U_{aLmax} bis U_{aHmin} senkrecht verläuft, d.h. die differentielle Verstärkung v_r den Wert unendlich hat.

Die zweite oben genannte Teilaufgabe läßt sich bei realen Diskriminator-Schaltungen daher nur durch eine positive Rückkopplung erreichen. Diese positive Rückkopplung ergibt zwangsläufig eine Schalthysterese. **Hysterese** bedeutet hier, daß das "Umschalten" bei steigendem Eingangssignal bei einem höheren Wert erfolgt als das "Zurückschalten" bei sinkendem Eingangssignal. Zwischen diesen beiden Schaltniveaus liegt ein Bereich von Eingangssignalwerten, für die der Ausgangszustand nicht eindeutig, sondern zweideutig definiert ist, abhängig von dem zeitlich vorhergehenden Verlauf des Eingangssignales. Die Hysterese U_H schützt vor ungewolltem Hin- und Herschalten (siehe Abb. 2.5.1 links). Sie stellt gleichzeitig eine Grenze für den Nachweis von Wechselspannungen oder wiederholten gleichartigen Spannungsänderungen ΔU_e dar, da für $|\Delta U_e| < U_H$ zwar eine der beiden Umschaltschwellen überschritten werden kann, das Ausgangssignal aber sicher nicht in den Anfangszustand zurückkehrt, da der Anfangswert $U_e(0)$ innerhalb des Hysteresebereiches liegen mußte. Da in den meisten Anwendungen des Diskriminators der Umschaltzeitpunkt eine wesentliche Rolle spielt (z.B. Elektronischer Zähler, Kap. 3.4.3), ist es wichtig zu beachten, daß die Hysterese eine Verschiebung ΔT_+ bzw. ΔT_- des Umschaltzeitpunktes bewirkt, die von Polarität und Steigung der Signalflanke abhängt (Abb. 2.5.1 rechts).

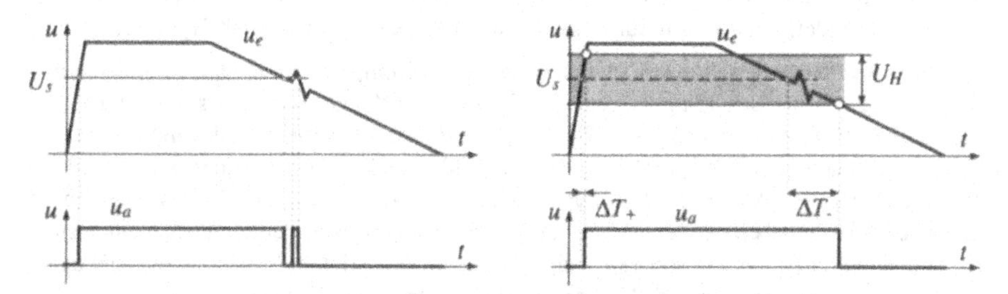

Abb. 2.5.1 Vergleich von Diskrimination mit und ohne Hysterese

Wenn für den Vergleich (1.) ein Schwellwertverstärker und für die Herstellung der Eindeutigkeit (2.) ein getrennter Diskriminator verwendet wird, so kann die Hysterese entsprechend der Verstärkung des Schwellwertverstärkers verkleinert werden. Will man die Hysterese völlig vermeiden, so muß man abtastende Diskriminatoren verwenden (siehe Kap. 2.5.4).

2.5.2 Bezeichnungsweise, Definitionen

Im Zusammenhang mit der Meßgrößenbewertung ist nicht nur der Begriff des Diskriminators von Bedeutung. Um eine Verwechslung mit ähnlichen Begriffen in diesem Umfeld zu vermeiden, werden in diesem Abschnitt Definitionen für folgende Begriffe gegeben:

- Diskriminator, Schwellwertschalter, Schaltverstärker, Schmitt-Trigger
- Komparator, Schwellwertverstärker
- Fensterverstärker

Ein **Diskriminator, Schwellwertschalter** oder **Schaltverstärker** liefert zwei definierte Werte des Ausgangssignals, zugeordnet zu den zwei Bereichen des Eingangssignales unterhalb und oberhalb eines einstellbaren Schwellwertes. Die Transferkennlinie hat also typisch eine Hysterese-Schleife und ist daher nicht umkehrbar eindeutig. Speziell in der englischsprachigen Literatur wird für den Diskriminator auch der Ausdruck **Schmitt-Trigger** verwendet.

Als **Komparator** wird eine Verstärkerschaltung bezeichnet, insbesondere eine integrierte Schaltung, die für Diskriminatoren und andere, positiv rückgekoppelte Schaltungen (Multivibratoren, Oszillatoren, u.ä.) verwendet werden kann. Sie muß folgende Eigenschaften besitzen:

- Die Differenz U_{ed} zwischen den beiden Eingangsspannungen wird hoch verstärkt.
- Die Transferkennlinie $U_a(U_{ed})$ ist innerhalb des Aussteuerbereiches der Ausgangsspannung umkehrbar eindeutig (also frei von Hysterese) und besitzt zumindest einen wohldefinierten Punkt. Sie verläuft mehr oder weniger steil, ohne eine Steigung von 90° zu erreichen, der genaue Verlauf der Transferkennlinie ist aber nicht wichtig.
- Der Aussteuerbereich für das Eingangssignal ist meist bipolar und reicht bis nahe zu den beiden Versorgungsspannungen. Der Aussteuerbereich für das Ausgangssignal ist an die angeschlossene Logik angepaßt oder anpaßbar, also z.B. 0 und +5 V für TTL-Logik und kompatible MOS- oder CMOS-Logik oder -0,7 und -1,5 V für ECL-Logik in sehr schnellen Anwendungen.
- Erholzeit und Ansprechverzögerung beim Übergang aus dem übersteuerten Zustand in den Aussteuerbereich sind sehr kurz. Der Frequenzgang ist hingegen nicht von Bedeutung, da der Komparator mit positiver Rückkopplung betrieben wird.

Als deutscher Ausdruck entspricht **Schwellwertverstärker** am besten dieser Definition. Der Ausdruck Komparator (comparator) wird manchmal auch für positiv rückgekoppelte Diskriminatoren verwendet, insbesondere für Logik-Schaltungen mit einer Umschalt-Hysterese.

Schaltungstechnisch besteht der Unterschied zwischen Komparator und Operationsverstärker darin, daß die in der Schaltung auftretenden Spannungsdifferenzen im übersteuerten Zustand klein gehalten werden (begrenzende Dioden), damit langdauernde Umladevorgänge an den Schaltkapazitäten vermieden werden. Die Arbeitswiderstände haben in beiden Stufen niedrige Werte, die Arbeitspunkte der Transistoren liegen bei Strom-Werten, die eine hohe Grenzfrequenz ergeben. Daraus ergeben sich für die Spannungsverstärkung typisch kleine, gleiche Zeitkonstanten und eine Phasendrehung von 180° bei einer hohen Verstärkung. Komparatoren sind daher für die Verwendung in negativ rückgekoppelten Schaltungen völlig ungeeignet, Operationsverstärker können zwar in Schaltverstärkern verwendet werden, dies ergibt aber erhebliche Schaltverzögerungen und lange Umschaltzeiten.

Ein **Fensterverstärker** liefert ein verstärktes, analoges Ausgangssignal proportional zur Differenz zwischen dem Eingangssignal und dem Referenzwert in einem Bereich ("Fenster") nahe diesem Referenzwert. Innerhalb des Fensters weist er eine umkehrbar eindeutige wohl definierte (meist lineare) Transferkennlinie auf, außerhalb liefert er definierte Sättigungspegel (Abb. 2.5.2). Dazu muß eine entsprechende negativ rückgekoppelte Schaltung verwendet werden, also z.B. ein Differenzverstärker mit Emitterwiderständen oder ein Operationsverstärker mit Dioden als Übersteuerungsschutz im Rückkopplungsnetzwerk. Fensterverstärker werden z.B. bei ADC-Schaltungen dazu verwendet, einen kleinen Bereich einer Eingangsspannung auf den vollen Bereich der ADC-Eingangsspannung abzubilden.

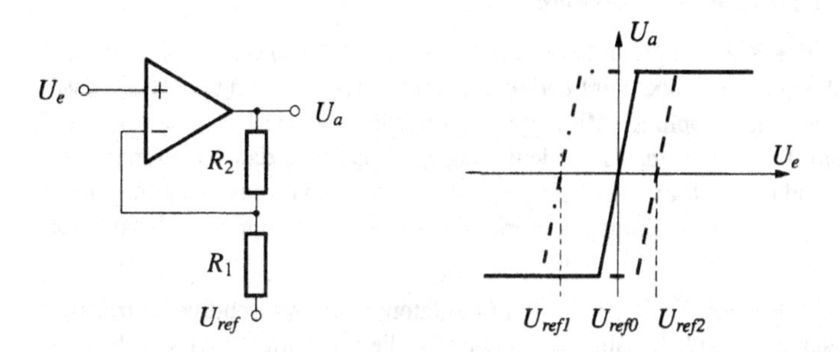

Abb. 2.5.2 Fensterverstärker: Prinzipschaltung, Transferkennlinien für verschiedene Werte der Referenzspannung U_{ref}

2.5.3 Zeitkontinuierlich arbeitende Diskriminatoren

Durch positive Rückkopplung eines Komparators erhält man die beiden in Abb. 2.5.2 dargestellten Diskriminatorschaltungen. Aufgrund der positiven Rückkopplung kann die Ausgangsspannung stationär nur den oberen oder unteren Extremwert $U_{a,max}$ bzw. $U_{a,min}$ annehmen. Bei der in Abb. 2.5.2 a dargestellten invertierenden Schaltung ergibt sich die Spannung U_s am nichtinvertierenden Eingang aus der Spannungsteilung zwischen U_a und U_{ref}. Für $U_a = U_{a,max}$ ergibt sich daraus eine Schwellspannung U_{sp}. Solange $U_e < U_{sp}$ bleibt, ändert sich an diesem Zustand nichts. Sobald jedoch U_e die Schwellspannung überschreitet, wird U_a negativ. Über den Spannungsteiler verschiebt sich dadurch auch der Wert von U_s gegenläufig, sodaß schließlich U_a den Sättigungswert von $U_{a,min}$ und die Spannung am nichtinvertierenden Eingang die neue Schwellspannung U_{sn} erreicht.

Bei der nichtinvertierenden Diskriminatorschaltung gelten die Überlegungen analog, wobei hier die Eingangsspannung U_e und die Referenzspannung U_{ref} vertauscht sind.

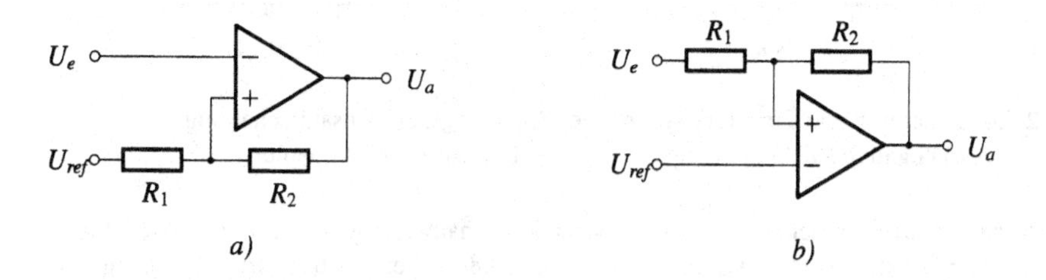

Abb. 2.5.3 Diskriminator, Prinzip-Schaltungen.
a) Invertierende Schaltung, Spannungs-Rückführung, hochohmiger Eingang
b) Nichtinvertierende Schaltung, Strom-Rückführung, niederohmiger Eingang.

Bei beiden Schaltungen bestimmt die Spannungsteilung durch R_1 und R_2 in der positiven Rückkopplung die Hysterese für die invertierende bzw. nichtinvertierende Schaltung:

$$U_H = U_{sp} - U_{sn} = \Delta U_a \cdot \frac{R_1}{R_1+R_2} \quad \text{bzw.} \quad U_H = U_{sp} - U_{sn} = \Delta U_a \cdot \frac{R_1}{R_2} \tag{4}$$

Das Teilerverhältnis von R_1 und R_2 ist weiters zusammen mit der Leerlaufverstärkung v_g des Komparators maßgeblich für die Schleifenverstärkung und damit für die Schaltgeschwindigkeit.

Vergleich negative und positive Rückkopplung

Ebenso wie durch negative Rückkopplung (Gegenkopplung, Kap. 2.3.6) die Verstärkung der rückgekoppelten Schaltung v_r gegenüber der Leerlaufverstärkung v_g verringert wird ($v_{rneg} < v_g$), so kann v_r durch positive Rückkopplung (Mitkopplung) vergrößert werden ($v_{rpos} > v_g$). Dabei wird vom Ausgang ein Teil des Signales so dem Eingang zugeführt, daß Änderungen des Eingangssignales "unterstützt" werden und $|U_{ed}|$ vergrößert wird. Im Gegensatz zur negativen Rückkopplung, die stabilisierende Wirkung hat, wirkt die positive Rückkopplung also destabilisierend.

Positive Rückkopplung bildet für die Funktion von Oszillatoren eine notwendige Vorraussetzung. Sie wird insbesondere auch für Schaltungen verwendet, die ein wohldefiniertes Schaltverhalten erfordern, wie z.B. Diskriminatoren und Multivibratoren.

In Abb. 2.5.4 sind negative und positive Rückkopplung einander gegenübergestellt.

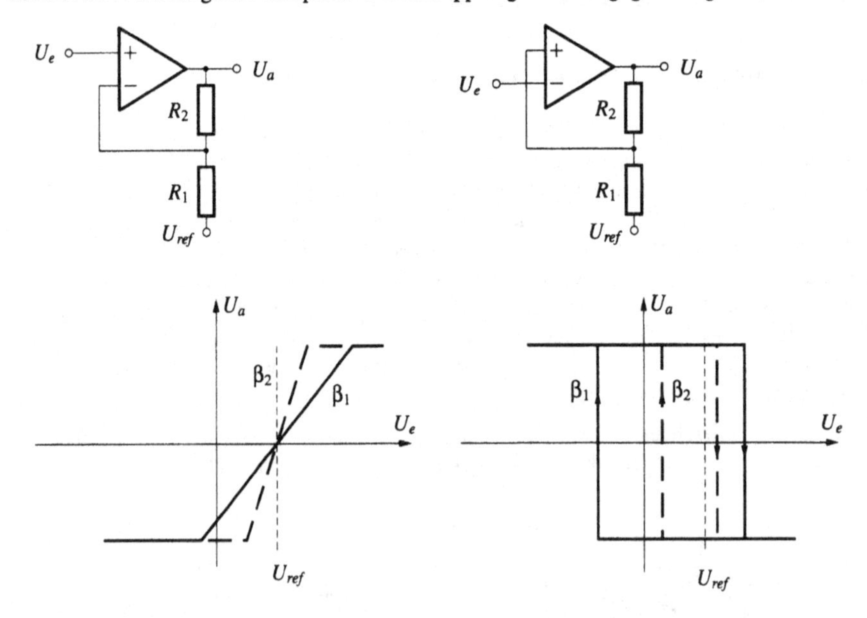

Abb. 2.5.4 Schaltung und Transferkennlinie der Spannungskompensatorschaltung
a) negative Rückkopplung b) positive Rückkopplung

Im dargestellten Beispiel der Spannungskompensationsschaltung ergibt sich bei negativer Rückkopplung der Elektrometerverstärker (siehe Kap. 2.3.8.1), bei positiver Rückkopplung der invertierende Diskriminator.

Die entsprechenden Kennlinien sind jeweils für zwei unterschiedliche Werte des Spannungs-Rückkopplungsverhältnisses $\beta = R_1 / (R_1 + R_2)$ dargestellt.

Die wichtigsten Auswirkungen der positiven Rückkopplung für Schaltanwendungen sind:

- Schneller Ablauf des Umschaltvorganges
- Eindeutiges Umschalten, ein bestimmter Bereich von U_a-Werten tritt statisch nicht auf.
- Hysterese-Effekt: Es ergeben sich zwei verschiedene Umschaltschwellspannungen U_{sn} und U_{sp}, deren Differenz als Hysteresespannung U_H oder Eingangshysterese bezeichnet wird.

Ein eindeutiges Umschalten ist nur sichergestellt, wenn die Transferkennlinie für einen hinreichend großen Bereich von U_a eine Steigung $\alpha = 90°$ hat. Wegen der praktisch auftretenden Inkonstanzen und Driften muß $\alpha > 90°$ sein, um $\alpha = 90°$ sicherzustellen. Daraus ergibt sich, daß auch die Hysterese $U_H > 0$ sein muß.

2.5.3.1 Invertierender Diskriminator

Die umkehrende Diskriminatorschaltung (Abb. 2.5.3 a bzw. Abb. 2.5.5 a) entspricht der Elektrometer-Schaltung (Rückführung der Ausgangs*spannung*) und weist einen hochohmigen Eingang auf.

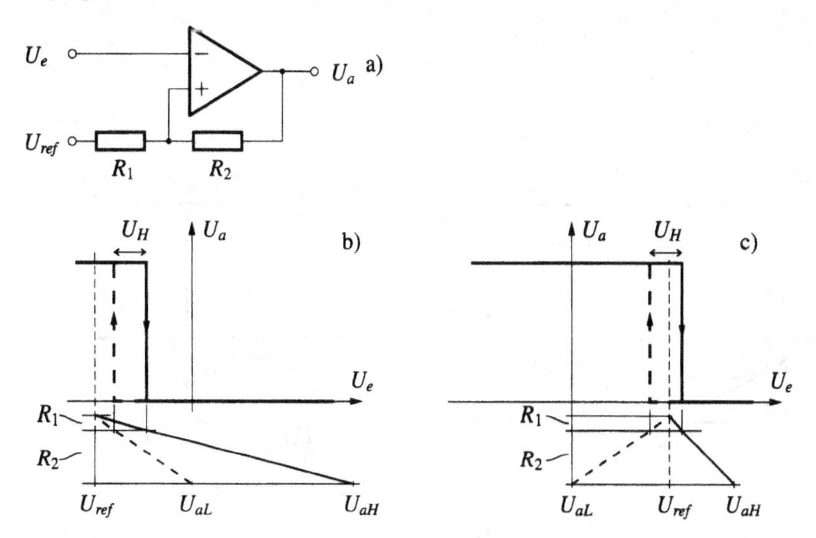

Abb. 2.5.5 Spannungsrückkoppelnde Verstärkerschaltung als invertierender Diskriminator, a) Schaltung, b) und c) Transferkennlinien bei unterschiedlicher Lage von U_{ref}

In Abb. 2.5.5 b und c sind zwei typische Transferkennlinien dargestellt. In den Grafiken darunter wird ersichtlich, wie sich die Schaltschwellen durch Spannungsteilung entsprechend dem Widerstandsverhältnis aus Ausgangsspannung und Referenzspannung ergeben.

Die invertierende Diskriminatorschaltung ist durch folgende Zusammenhänge charakterisiert:

$$\beta = \frac{R_1}{R_1 + R_2} \qquad \text{Spannungs-Rückkopplungs-Verhältnis} \qquad (5)$$

$$U_H = \Delta U_a \cdot \beta \qquad \text{Schalthysterese} \qquad (6)$$

$$U_{sp} = U_{ref} + (U_{aH} - U_{ref}) \cdot \beta \qquad \text{Schaltschwelle für steigendes Eingangssignal} \qquad (7)$$

$$U_{sn} = U_{ref} + (U_{aL} - U_{ref}) \cdot \beta \qquad \text{Schaltschwelle für fallendes Eingangssignal} \qquad (8)$$

2.5.3.2 Nichtinvertierender Diskriminator

Prinzipiell kann auch eine Schaltung entsprechend dem invertierenden Verstärker (Rückführung eines *Stromes* proportional zur Ausgangsspannung) mit positiver Rückkopplung als Diskriminator geschaltet werden, indem die beiden Verstärkereingänge vertauscht werden. Diese nichtumkehrende Diskriminatorschaltung (Abb. 2.5.3 b bzw. Abb. 2.5.6 a) hat den wesentlichen Nachteil eines niederohmigen Einganges. Das bedeutet, daß die Signalquelle über den Rückkopplungs-Spannungsteiler mit einem Eingangsstrom belastet wird, der sich zusätzlich beim Umschaltvorgang um den Betrag

$$|\Delta I_e| = \Delta U_a/(R_1+R_2) \tag{9}$$

sprunghaft ändert und dabei eventuell seine Polarität wechselt (Abb. 2.5.6 b und c). Da die starke Änderung von I_e am Ausgangswiderstand der Signalquelle zu Rückwirkungen führt, wird die Stromkompensatorschaltung kaum als Diskriminator verwendet. Bei der Spannungskompensatorschaltung fließt hingegen nur der sehr kleine Eingangsstrom I_e der Eingangsstufe, der sich bei dem Umschalten zwar auch sprunghaft ändert, aber nicht die Polarität wechselt. Aus diesem Grund wird fast ausschließlich die umkehrende Diskriminatorschaltung verwendet.

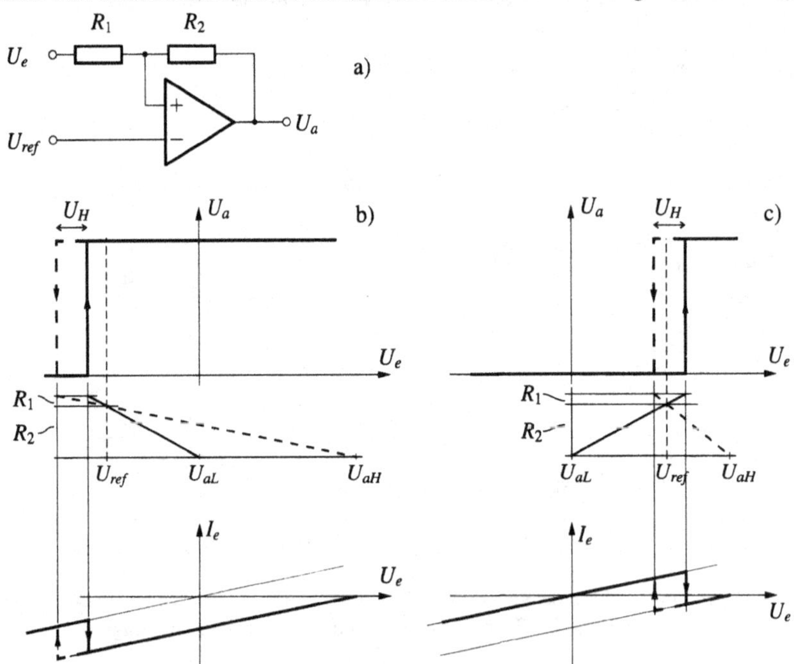

Abb. 2.5.6 Stromrückkoppelnde Verstärkerschaltung als nichtinvertierender Diskriminator, a) Schaltung, b) und c) Transfer- und Eingangskennlinien bei verschiedenen U_{ref}.

Für die nichtinvertierende Diskriminatorschaltung gelten folgende Zusammenhänge:

$$\beta = \frac{R_1}{R_2} \tag{10}$$ Spannungsübersetzungsverhältnis

$$U_H = \Delta U_a \cdot \beta \tag{11}$$ Schalthysterese

$$U_{sp} = U_{ref} + (U_{aL} - U_{ref}) \cdot \beta \tag{12}$$ Schaltschwelle für steigendes Eingangssignal

$$U_{sn} = U_{ref} + (U_{aH} - U_{ref}) \cdot \beta \tag{13}$$ Schaltschwelle für fallendes Eingangssignal

2.5.3.3 Dynamisches Verhalten

Beschreibung des Umschaltvorganges

Die Transferkennlinie des Komparators ist nichtlinear mit einer großen Verstärkung $v_g(u_{ed})$ im Aussteuerbereich und sehr geringer oder keiner Verstärkung im Sättigungsbereich. Stabile Arbeitspunkte ergeben sich bei positiver Rückkopplung nur im Bereich der Sättigung, in dem die Schleifenverstärkung $\beta \cdot v_g(u_{ed})$ kleiner als 1 ist. Bei realen Diskriminatoren treten daher nicht nur die beiden Extremwerte des Ausgangssignales U_{aL} und U_{aH} auf, bei Eingangssignalwerten in einem kleinen Bereich unterhalb der Schaltschwelle U_{sp} für das positiv gehende Eingangssignal tritt eine kleine Änderung des Ausgangssignales U_a auf, ohne daß es zum Umschalten kommt, solange die Schleifenverstärkung $v_s(u_{ed})$ noch nicht den Wert 1 erreicht. Das gleiche gilt oberhalb der Schaltschwelle U_{sn} für das negativ gehende Eingangssignal. Die reale Hystereseschleife der Transferkennlinie hat also zwei abgerundete Ecken.

Die Umschaltbedingung ergibt sich daraus, daß eine Änderung der Eingangsdifferenzspannung u_{ed} über den Ausgang des Komparators und das Rückkopplungsnetzwerk weiter vergrößert wird, d.h. die Schleifenverstärkung v_s muß größer als 1 sein. Für ein Umschalten muß daher der Komparator durch das Eingangssignal so weit in den Aussteuerbereich gebracht werden, daß der Betrag der Leerlaufverstärkung $v_g(u_{ed})$ größer ist als die Abschwächung $1/\beta$ im Rückkopplungsnetzwerk und daher gilt

$$v_g \cdot \beta > 1 \qquad \text{Umschaltbedingung für positiv rückgekoppelte Schaltungen} \qquad (14)$$

Sobald die Eingangsspannung diese Umschaltspannung erreicht, läuft der Umschaltvorgang ab. Im Aussteuerbereich ist $|\, v_g \cdot \beta \,| > 1$, daher gibt es dort keinen stabilen Arbeitspunkt.

Instabilitäten bei Eingangssignalen nahe der Umschaltschwelle

Die praktisch unvermeidliche Änderung des Eingangsstromes kann an Signalquellen mit hohem Quellwiderstand eine Spannungsänderung $\Delta U_q > U_H$ hervorrufen, sodaß eine Oszillation auch bei konstanter Spannung U_q der Signalquelle auftritt. Quellimpedanzen, Impedanzen in den Verbindungsleitungen und Schaltkapazitäten ergeben unerwünschte Verkoppelungen, die ebenfalls zu Instabilitäten führen können.

2.5.4 Taktgesteuerte Diskriminatoren

Taktgesteuerte bzw. abtastende Diskriminatoren können eingesetzt werden, wenn die Diskrimination zu bestimmten Zeitpunkten erfolgen soll, wie z. B. bei einer Reihe von Analog-Digital-Konvertern. Bei abtastenden Diskriminatoren wird das definierte Schaltverhalten durch die Kopplung zweier Differenzverstärker sichergestellt (Abb. 2.5.7). Der eine arbeitet als Schwellwertverstärker ohne Hysterese und ist direkt mit dem Eingangssignal verbunden. Ihm parallelgeschaltet wirkt der zweite als Diskriminator mit Hysterese, der aber nur während der Dauer des Abtastimpulses eingeschaltet ist.

Solange das Austastsignal U_{AT} die speichernde Stufe abgeschaltet hält (Schalter offen), wird die Ausgangsspannung U_a durch das Eingangssignal U_e bestimmt, und zwar entsprechend der Transferkennlinie des Schwellwertverstärkers. Es treten auch Werte zwischen 0 und 1 auf. Der Zustand des Diskriminators wird durch den Schwellwertverstärker bestimmt. Da die Rückkopplungsschleife offen ist, kann auch sein Ausgang Zwischenwerte annehmen.

Im Moment des Einschaltens wird die Rückkopplungsschleife des Diskriminators geschlossen. Dadurch werden Zwischenzustände instabil und der Diskriminator kippt in jenen der beiden stabilen Sättigungszustände, der dem Zustand beim Einschalten näher liegt. Die Schaltung ist so

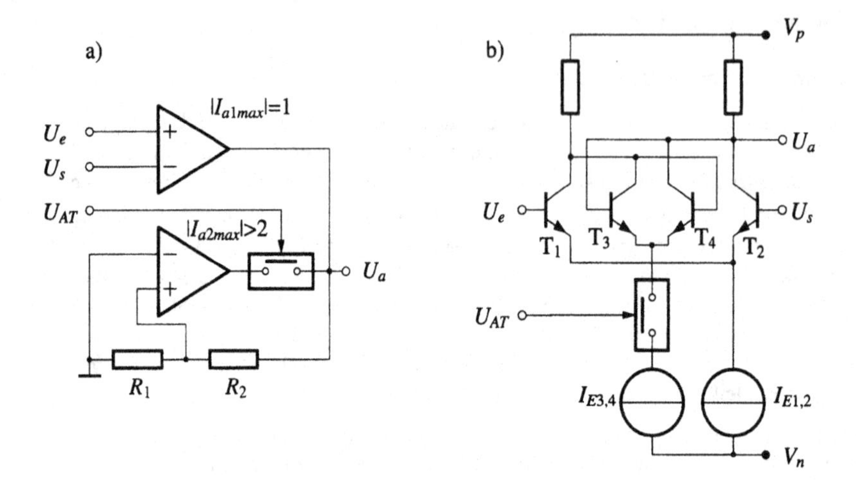

Abb. 2.5.7 Taktgesteuerter Diskriminator (hinzuschaltende Ausführung):
a) Prinzipschaltbild b) Realisierung mit Transistoren

ausgelegt, daß der Ausgang des Diskriminators gegenüber jenem des Schwellwertverstärkers dominiert.

Die Eingangsspannung U_e wird also mit der einschaltenden Flanke des Austastsignales U_{AT} abgetastet. Die Ausgangsspannung U_a wird für die Dauer des Austastimpulses auf einen binären Wert fixiert. Sobald der Schaltverstärker mittels U_{AT} abgeschaltet wird, bestimmt der Schwellwertverstärker wieder den Betriebszustand. Der Zustand beim Einschalten ist maßgeblich für das Ergebnis der Diskrimination. Da dieser Zustand sich ohne positive Rückkopplung einstellt, ergibt sich auch keine Hysterese. Zwischen den Austastimpulsen ist der Werte des Ausgangssignales nicht definiert.

Abb. 2.5.7 a zeigt eine Prinzipschaltung, in Abb. 2.5.7 b ist eine Realisierung mit Transistoren dargestellt. T_1 und T_2 bilden den Schwellwertverstärker, T_3 und T_4 den Diskriminator. Die Spannungsdifferenz zwischen den Kollektoren kann für ein schnelles Schalten durch antiparallele Dioden begrenzt werden. U_e und U_s können für Polaritätsumkehr vertauscht werden.

Neben der beschriebenen Ausführung mit **Hinzuschalten** eines dominierenden Diskriminatorausganges gibt es auch die Möglichkeit der **Umschaltung** zwischen Schwellwertverstärker und Diskriminator, wobei dei Steuerung in gleicher Weise durch U_{AT} erfolgt. Bei der umschaltenden Ausführung muß der Zustand kurzfristig während des Umschaltvorganges gespeichert bleiben (Schaltkapazitäten, innere Speichereffekte der Transistoren).

2.5.5 Literatur

[1] Klein J.W., Dullenkopf P., Glasmachers A., Elektronische Meßtechnik: Meßsysteme und Schaltungen. Teubner, Stuttgart 1992.

[2] Seifart M., Analoge Schaltungen. Verlag Technik, Berlin 1994.

[3] Tietze U., Schenk Ch., Halbleiterschaltungstechnik. Springer, Berlin Heidelberg New York Tokyo 1990.

2.6 Digitale Zählerbausteine

L. Gurtner und A. Steininger

2.6.1 Einleitung

Ein Zähler ist ein digitaler Baustein, der bei jeder (je nach Ausführung steigenden oder fallenden) Flanke an seinem Takteingang das von seinen Ausgangsbits gebildete Digitalwort in definierter Abfolge ändert. Dabei stellt die Abfolge von Digitalworten letztlich die Codierung der entsprechenden Zählerstände dar. Die Grundfunktion eines Zählers ist daher die Ereigniszählung, d.h. die Umsetzung der Anzahl von aufgetretenen Ereignissen (Taktflanken) in einen digitalen Code. Übliche Zählerbausteine haben 4 Bit, durch Kaskadierung mehrerer Bausteine kann die Wortbreite vervielfacht werden. Als Ergebniscodierung findet man überwiegend binäre Codierung, die sich für die digitale Weiterverarbeitung anbietet, und BCD-Codierung, da sich diese für die direkte Anzeige am besten eignet. Andere Zahlendarstellungen wie der Gray-Code (Kap. 1.5.3) oder die Biquinäre-Darstellung kommen nur für speziellere Anwendungen in Betracht.

Die Ereigniszählung ist eine meßtechnische Grundaufgabe, aus der z.B. die Zeitmessung unmittelbar abgeleitet werden kann: Werden die zu zählenden Ereignisse von einem Taktsignal mit definierter Periodendauer gebildet, so kann jedes gezählte Ereignis gleichgesetzt werden mit dem Verstreichen einer Taktperiode, folglich entspricht der Zählerstand unmittelbar einem Zeitintervall. Zählerbausteine finden daher in der Meßtechnik breite Anwendung nicht nur in Elektronischen Zählern (Kap. 3.4), sondern auch bei verschiedenen Verfahren der Analog-Digital-Konversion (Kap. 2.7.2), in Digitalspeicheroszilloskopen etc.

Nach ihrem internen Aufbau kann man grundsätzlich zwischen synchronen und asynchronen Zählern unterscheiden. Da diese Unterscheidung für die praktische Anwendung von wesentlicher Bedeutung ist, soll im folgenden auf die beiden Typen näher eingegangen werden.

2.6.2 Asynchrone Zähler

Eine naheliegende Art, einen Zähler aufzubauen, ist in Abb. 2.6.1 dargestellt. Das Blockschaltbild zeigt das Prinzip eines asynchronen Binärzählers anhand von 3 Stufen ("3 Bit-Zähler").

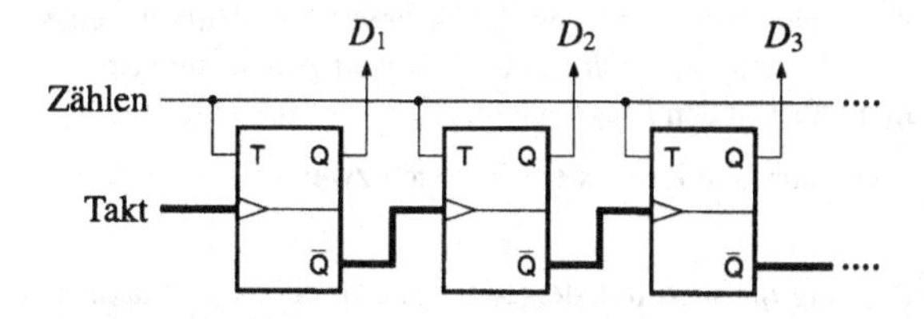

Abb. 2.6.1 Prinzipschaltbild eines asynchronen Binärzählers

Als logischer Grundbaustein wird ein Toggle-Flip-Flop eingesetzt, das bei jedem Taktimpuls umschaltet. Sobald der Zählvorgang durch eine logische "1" am Eingang "Zählen" freigegeben wird, invertiert das Flip-Flop den aktuellen logischen Zustand seines Ausganges mit jeder steigenden Taktflanke. Sein Ausgangssignal ist folglich ein symmetrisches Signal mit der halben Frequenz des Eingangssignales (Taktsignales). Für die Codierung der Zählerstände ergibt sich aus der Schaltung ein Binärcode, wobei der Ausgang D_1 des äußerst linken Flip-Flops das niederwertigste Bit darstellt. Der invertierte Ausgang eines jeden Flip-Flop bildet gleichzeitig den Takteingang für das dem nächst höherwertigen Bit zugeordnete Flip-Flop. Neben dem sehr einfachen internen Aufbau eines asynchronen Zählers ergibt sich daraus als weiterer Vorteil die einfache Kaskadierbarkeit von Bausteinen, wie in Abb. 2.6.1 durch die punktierten Linien angedeutet.

Zumeist verfügen asynchrone Zählerbausteine auch über einen Reset-Eingang, mit dem alle Flip-Flops asynchron in einen Grundzustand versetzt werden können (Zählerstand "0").

Trotz seiner scheinbaren Vorteile weist der asynchrone Zähler von seinem Funktionsprinzip her einen wesentlichen Mangel auf: Während des Weiterschaltens zum nächsten Zählerstand treten ungültige Zwischenzustände auf. Dieser Sachverhalt ist in Abb. 2.6.2 anhand eines Timing-Diagrammes für den in Abb. 2.6.1 beschriebenen asynchronen 3-Bit-Zähler dargestellt.

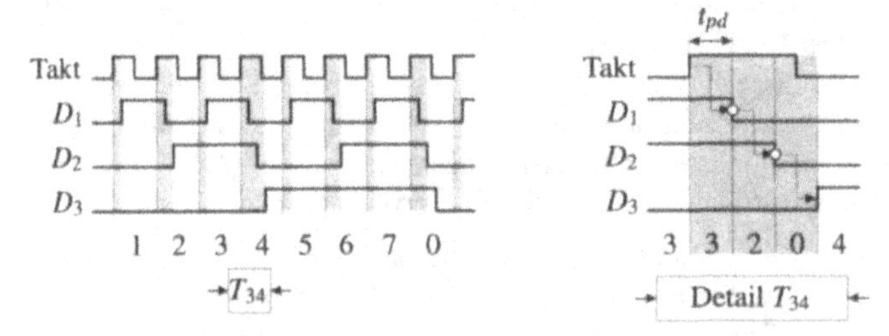

Abb. 2.6.2 Zeitlicher Verlauf der Zustandsübergänge beim asynchronen Zähler

Man erkennt, daß mit einer Durchlaufverzögerung t_{pd} nach einer Taktflanke am Eingang des Bausteines zunächst das niederwertigste Bit D_1 schaltet, erst in der Folge das nächst höherwertige usw., das Taktsignal durchläuft also mit den entsprechenden Verzögerungen entlang des in Abb. 2.6.1 fett dargestellten Pfades alle Bausteine. Bei einem Zähler mit n Bit stellt sich daher im ungünstigsten Fall ein gültiger Zustand am Ausgang erst ein, nachdem alle n Flip-Flops nacheinander umgeschaltet haben, also nach der n-fachen Durchlaufzeit t_{pd} eines Flip-Flop. Die Bereiche ungültiger Ausgangszustände sind in Abb. 2.6.2 grau unterlegt. Im rechten Teil des Bildes ist der Übergang von Zählerstand "3" auf "4" zeitlich gedehnt dargestellt, unter dem Zeitverlauf sind auch die auftretenden Zwischenzustände eingetragen. Zwischen der steigenden Taktflanke und dem Umschalten von D_1 bleibt der letztgültige Zählerstand "3" noch erhalten. Da jedoch bei üblichen integrierten Bausteinen für t_{pd} zumeist zwar ein Maximal- aber kein Minimalwert spezifiziert ist, kann für einen hinter der Taktflanke liegenden Zeitraum eine minimale Dauer, während der der alte Zählerstand noch seine Gültigkeit behält, nicht mehr definiert werden. Dieser Bereich wurde daher in den Diagrammen ebenfalls grau unterlegt.

Aus diesem Übergangsverhalten des asynchronen Zählers ergeben sich zwei wesentliche Einschränkungen für die Anwendung:

- Bei konstanter Durchlaufverzögerung t_{pd} sinkt mit steigender Wortbreite n die maximal erreichbare Zählfrequenz des asynchronen Zählers, da vor der nächsten Zählflanke das Einschwingen aller Ausgangsbits abgewartet werden muß.

- Das Ausgangssignal ist nur während bestimmter, vom Zählerstand abhängiger Intervalle gültig, die bei Frequenzen nahe dem zulässigen Maximum im Vergleich zur Dauer des Umschaltvorganges sehr kurz sein können (Abb. 2.6.2). Eine laufende Auswertung bzw. Weiterverarbeitung des Zählerstandes muß daher synchron verzögert erfolgen.

Aus diesen Gründen werden asynchrone Zähler heute kaum mehr verwendet und insbesondere in modernen, schnellen Logikfamilien gar nicht mehr angeboten.

In typischen integrierten Realisierungen von asynchronen Zählern erfolgt das Zählen mit der fallenden Flanke, sodaß für eine Kaskadierung der nichtinvertierte Ausgang verwendet werden kann. Dadurch wird der invertierte Ausgang nicht mehr benötigt und kann eingespart werden.

2.6.3 Synchrone Zähler

Auch beim synchronen Zähler stellt das Toggle-Flip-Flop das Grundelement dar. Der wesentliche Unterschied zum asynchronen Zähler besteht darin, daß hier alle Flip-Flops gleichzeitig den Taktimpuls erhalten. Die Folge der Zählerstände wird aus einer zusätzlichen kombinatorischen Verknüpfung abgeleitet. In Abb. 2.6.3 ist die Prinzipschaltung eines synchronen Binärzählers anhand von 3 Stufen dargestellt.

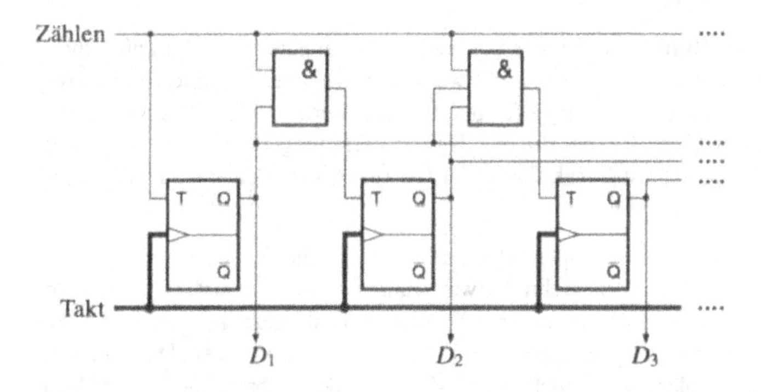

Abb. 2.6.3 Prinzipschaltbild eines synchronen Binärzählers

Da alle Flip-Flops den Taktimpuls gleichzeitig erhalten (über den fett eingezeichneten Pfad in Abb. 2.6.3), schalten ihre Ausgänge auch gleichzeitig und der gesamte Umschaltvorgang ist (unabhängig von der Anzahl der Bits) innerhalb einer Durchlaufverzögerung t_{pd} durch ein Flip-Flop abgeschlossen. Ungültige Zwischenzustände können sich nur aus der Ungleichheit der Durchlaufverzögerungen ergeben und sind jedenfalls deutlich kleiner als t_{pd}. Das Timing eines synchronen Binärzählers zeigt Abb. 2.6.4, wobei im rechten Teil wieder der Übergang von Zählerstand "3" auf "4" vergrößert dargestellt ist.

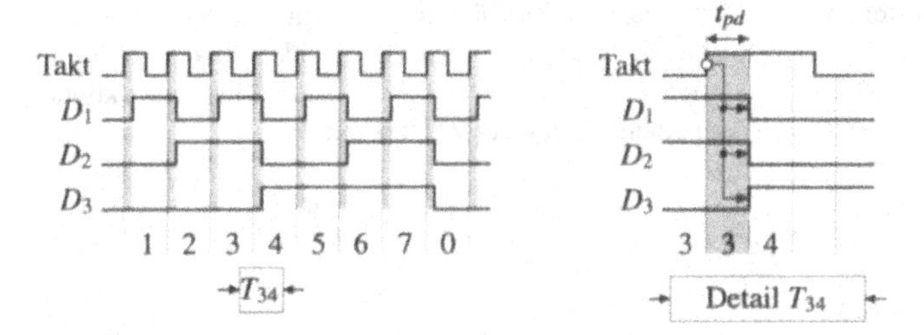

Abb. 2.6.4 Zeitlicher Verlauf der Zustandsübergänge beim synchronen Zähler

Eine Beschränkung der Taktfrequenz ergibt sich aus der Forderung, daß die kombinatorische Logik das aktuelle Verknüpfungsergebnis rechtzeitig vor der nächsten Zählflanke an den Toggle-Eingang des Flip-Flop liefert. Dies kann typischerweise innerhalb von 2 Durchlaufzeiten t_{pd} erfolgen.

Zur Erzielung größerer Wortbreiten *n* können mehrere Zählerbausteine kaskadiert werden. Aus Abb. 2.6.3 ist erkennbar, daß dazu im Unterschied zum asynchronen Zähler einiges an interner Logik erforderlich ist. Für einen *n*-Bit-Zähler müßte das Und-Gatter der letzten Stufe mit *n* Eingängen versorgt werden. Um diesen hohen Schaltungsaufwand zu vermeiden, weisen typische integrierte Zähler für die Kaskadierung ein **Carry-Bit** auf, das einen bevorstehenden Zählerüberlauf signalisiert, also z.B. bei einem 4-Bit Binärzähler den Zählerstand "F" (hexadezimal). Dieses Signal kann mit dem "Zählen"-Eingang (oft auch "Clock Enable" oder "Count-Enable" bezeichnet) des nächst höherwertigen Zählerbausteines verbunden werden, um eine synchrone Kaskadierung zu erreichen. Durch eine solche Kaskadierung synchroner Zählerbausteine wird die maximal zulässige Taktfrequenz nicht verringert.

Integrierte synchrone Zähler werden mit einer Reihe zusätzlicher Funktionen angeboten, die einen flexiblen Einsatz ermöglichen sollen:

- **Zählrichtungsumschaltung:** Durch einen zweiten Satz kombinatorischer Verknüpfungen kann eine Umkehr der Zählrichtung erreicht werden. Über einen "Up/Down"-Eingang kann der gewünschte Satz von Verknüpfungen aktiviert werden. Für die Kaskadierung steht (in Analogie zum Carry-Bit) ein **Borrow-Bit** zur Verfügung, das bei Zählerstand "0" signalisiert, daß mit der nächsten Taktflanke der Übergang von Zählerstand "0" auf "F" erfolgen wird.

- **Setzen:** In den meisten Anwendungen ist es erforderlich, für den Zählvorgang einen bestimmten Startwert vorzugeben. Beim Aufwärtszählen ist das zumeist "0", beim Abwärtszählen wird oft von einem vorgegebenen Wert auf "0" gezählt, wobei aus dem Übergang auf "0" dann weitere Aktivitäten abgeleitet ("getriggert") werden. Daher können fast alle synchronen Zähler - über einen "Load"-Eingang aktivierbar - ein an parallelen Eingängen anliegendes Codewort als Zählerstand übernehmen. Diese Funktion ("Load", "Preload", "Preset") läßt sich über eine Erweiterung der kombinatorischen Logik realisieren, daher erfolgt das Setzen fast immer taktsynchron.

- **Rücksetzen:** Als vereinfachte Alternative zum Setzen können manche Zähler über einen "Clear"-Eingang (auch "Reset") in einen fix vorgegebenen Ausgangszustand versetzt werden (Zählerstand "0"). Ein solcher Reset kann taktsynchron über die kombinatorische Logik implementiert sein. Bei einigen Bausteinen arbeitet er jedoch asynchron direkt über Reset-Eingänge der Flip-Flops, dies ist bei der Analyse des Zeitverhaltens zu beachten.

- **BCD-Zählung:** Bei Zählern, die für BCD-Code ausgelegt sind, stellt "9" den höchsten Zählerstand dar (anstelle von "F" bei binären 4-Bit-Zählern). Dementsprechend wird der Carry-Output bereits bei Zählerstand "9" gesetzt, als nächster Zählerstand folgt beim Aufwärtszählen "0". Beim Abwärtszählen folgt "9" auf "0", daher führt ein aktiver Borrow-Input bei Zählerstand "0" zu einem Setzen auf Zählerstand "9".

2.7 Digital-Analog-Konverter

P. Löw und J. Baier

2.7.1 Grundlagen

Digital-Analog-Konverter dienen zur Umwandlung einer beschränkten Anzahl dual codierter Zahlen in eine, dem Wert dieser Zahlen entsprechende analoge Größe. Dabei wird jeweils einer dualen Zahl ein konkreter analoger Wert zugeordnet. Diese analoge Ausgangsgröße steht üblicherweise als Strom oder Spannung zur Verfügung.

Für einen idealen DAC mit einer Auflösung von n Bit lautet die Übertragungsfunktion bei Verwendung einer Spannungsquelle als Referenzgröße

$$U_a = D \cdot q \quad \text{mit} \quad q = \frac{U_{ref}}{2^n} \tag{1}$$

und bei Verwendung einer Stromquelle als Referenzgröße

$$I_a = D \cdot q \quad \text{mit} \quad q = \frac{I_{ref}}{2^n} \quad . \tag{2}$$

Dabei ist

- U_a bzw. I_a die analoge Ausgangsgröße,
- U_{ref} bzw. I_{ref} die Bezugsgröße (Referenzspannung, Referenzstrom), die den Bereich der analogen Ausgangsgröße festlegt,
- D das digitale, hier immer dual codierte Codewort, das am Eingang des DACs anliegt,
- q die Stufenbreite oder Intervallbreite, das heißt die Differenz der Ausgangsspannungen, für die digitalen Eingangswerte D und D+1. Diese Stufenbreite q wird als **LSB** (**Least Significant Bit**) bezeichnet.

Unipolare DACs liefern am Ausgang Werte mit nur einem Vorzeichen. Die Abb. 2.7.1 zeigt die Übertragungsfunktion eines idealen unipolaren DACs.

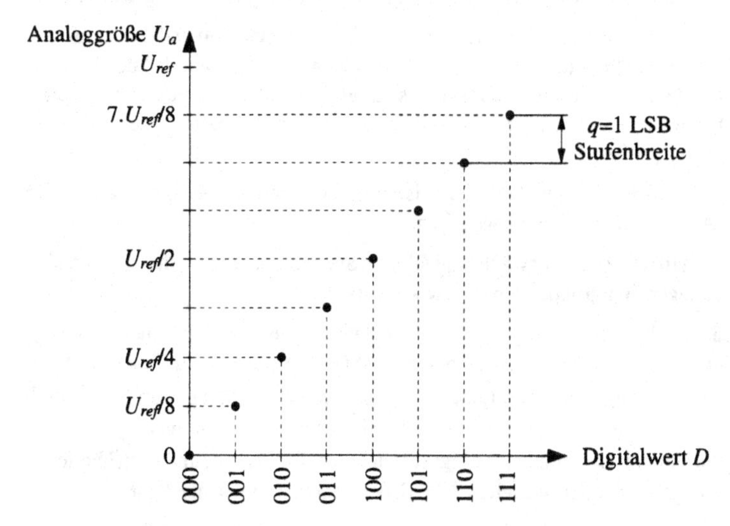

Abb. 2.7.1 Übertragungsfunktion eines idealen unipolaren DACs

Der Bereich der Ausgangsspannung liegt zwischen 0 und der um q verminderten Referenzspannung. Am Ausgang dieses DACs entstehen die diskreten Spannungswerte

$$U_a = [0 \ldots + (U_{ref} - q)] \quad . \tag{3}$$

Der DAC liefert entsprechend seiner Auflösung nur 2^n verschiedene diskrete Werte innerhalb eines durch seine Referenzgröße definierten analogen Bereiches. Soll bei gleichbleibender Stufenbreite q der gesamte Bereich bis zur Referenzspannung überstrichen werden, ist ein zusätzlicher Schaltzustand nötig.

Bipolare DACs liefern am Ausgang Werte mit beiden Vorzeichen. Bei bipolaren DACs wird zwischen zwei verschiedenen Übertragungscharakteristiken unterschieden (Kap. 1.4.2.4):

- **Bipolare DAC mit echter Null:**
  Der Bereich der Ausgangsspannung ist asymmetrisch zur analogen Null, der Analogwert Null kann jedoch eingestellt werden. Es gilt

$$U_a = [- U_{ref} \ldots + (U_{ref} - q)] \quad . \tag{4}$$

- **Bipolare DAC ohne echte Null:**
  Der Bereich der Ausgangsspannung ist symmetrisch zur analogen Null, der Analogwert Null kann jedoch nicht eingestellt werden:

$$U_a = \left[\left(- U_{ref} + \frac{q}{2} \right) \ldots \left(+ U_{ref} - \frac{q}{2} \right) \right] \quad . \tag{5}$$

Die Wahl eines bipolaren DACs mit oder ohne echte Null ergibt sich infolgedessen aus den Anforderungen der Anwendung. Für Anwendungen, die nichtlineare Übertragungsfunktionen verlangen, wurden spezielle Kennlinien definiert. Die bekanntesten sind die aus der digitalen Telefonie stammenden μ- bzw. A-Kennlinien (μ-Law, A-Law). Für eine eingehende Betrachtung sei auf [4] und [5] verwiesen.

2.7.2 Kenngrößen von Digital-Analog-Konvertern

In Kap. 1.5 werden die Möglichkeiten der Meßwertdarstellung durch Zahlen beschrieben. Die Kenngrößen von Analog-Digital-Konvertern werden ausführlich in Kap. 1.4.2 und 2.8.1 erläutert. Diese Kenngrößen entsprechen in vielem den Kenngrößen von Digital-Analog-Konvertern.

Man unterscheidet auch beim Digital-Analog-Konverter zwischen **statischen** und **dynamischen Kenngrößen**. Bei der Betrachtung der statischen Kenngrößen nimmt man an, daß der Konversionsvorgang des DACs völlig abgeschlossen ist und sich der DAC also im eingeschwungenen Zustand befindet. Dynamische Kenngrößen beschreiben das zeitliche Verhalten eines DACs bei Änderungen der Eingangsgröße.

Die **Auflösung** beschreibt die "Feinheit" der Quantisierung der analogen Ausgangsgröße. Sie wird in Bit oder als Anzahl der Intervalle angegeben.

Lineare Fehler sind **Offset**- und **Verstärkungsfehler**. Sie werden durch die nichtidealen Eigenschaften der analogen Baugruppen eines DACs verursacht.

Eine **Nichtlinearität** der Kennlinie ergibt sich aus Abweichungen der Komponenten (meist Widerstände) von ihrem Sollwert. Bei einem unipolaren DAC mit binärer Abstufung ist z.B. der kritischste Schritt der Übergang vom MSB (jenem Bit, bei dem der Ausgangswert $U_{ref}/2$ durch die Komponente mit dem höchsten Gewicht bestimmt wird) auf den nächst niedrigeren Wert $U_{ref}/2 - q$, bei dem alle anderen Komponenten eingeschaltet sind. Bei diesem und allen ähnlichen Übergängen treten die größten **differentiellen Nichtlinearitäten** (Fehler der Schrittweite der

Ausgangsamplitude) auf. **Integrale Linearitätsabweichungen** ergeben sich sowohl durch eine Belastung, d.h. Stromentnahme aus dem Widerstandsnetzwerk, als auch durch additive Fehler der Komponenten. Zusätzlich treten auch beim Umschalten dynamische Fehler auf.

Die **Umsetzrate** (**Konversionsrate**) gibt an, wie viele Werte pro Zeiteinheit umgesetzt werden können. Der **Full-Scale-Sprung** (Vollbereichssprung) ist die Reaktion des Ausganges auf das aufeinanderfolgende Anlegen des minimalen und des maximalen digitalen Codewortes am Eingang des DACs.

Eine der wichtigsten Kenngrößen eines DACs ist seine **Einschwingzeit** (siehe Kap. 1.3.2.4). Sie gibt die Zeitdauer an, die verstreichen muß, damit sich nach Anlegen des Full-Scale-Sprunges am Eingang die Ausgangsspannung des DACs innerhalb eines spezifizierten Toleranzbandes befindet. Üblicherweise wird eine Toleranz von ±0,5 LSB oder ±1 LSB gewählt. Bei einem Codewechsel am Eingang eines DACs tritt meist ein kurzes Überschwingen am Ausgang auf. Als Maß für dieses unerwünschte Überschwingen wird die überstrichene Fläche herangezogen, eventuell auch Spitzenamplitude und Dauer des Ausschwingens.

2.7.3 Ausführungsformen von Digital-Analog-Konvertern

2.7.3.1 DAC mit gewichtetem Widerstandsnetzwerk

Der DAC mit einem gewichteten Widerstandsnetzwerk ist die einfachste übliche Struktur. Die Abb. 2.7.2 zeigt einen auf diesem Verfahren beruhenden DAC.

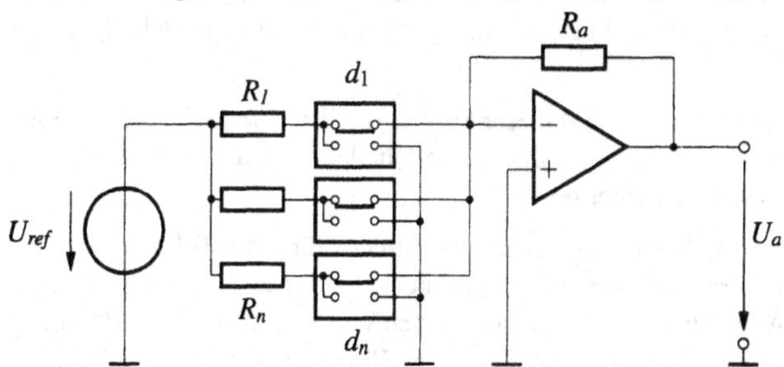

Abb. 2.7.2 DAC mit gewichtetem Widerstandsnetzwerk

Die Schalter d_i werden entsprechend dem digitalen Wert der umzuwandelnden Zahl gesteuert. Sie sind beim digitalen Zustand "1" geschlossen und werden bei "0" offen gelassen. Ist ein Schalter d_i geschlossen, fließt ein durch die Referenzspannungsquelle und den Widerstand R_i definierter Strom zum Summationspunkt des invertierenden Operationsverstärkers.

Die Übertragungsfunktion lautet somit

$$U_a = -U_{ref} \cdot R_a \cdot \sum_{i=1}^{n} \frac{d_i}{R_i} \tag{6}$$

mit $d_i = 1$ für einen geschlossenen und $d_i = 0$ für einen offenen Schalter bei einem DAC mit der Auflösung von n Bit.

Für binär abgestufte Widerstände erhält man

$$U_a = -U_{ref} \cdot \sum_{i=1}^{n} \frac{d_i}{2^i} \quad . \tag{7}$$

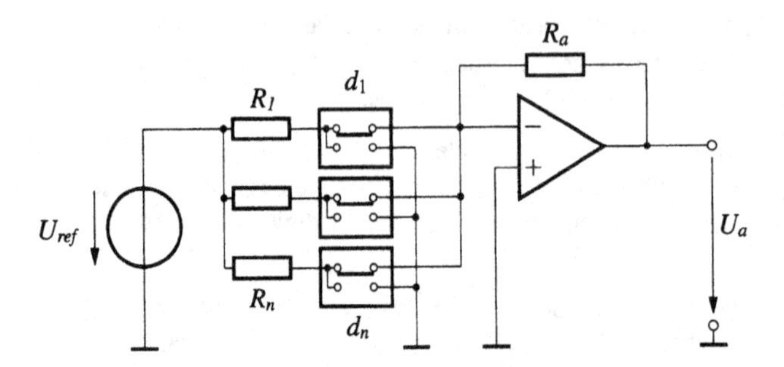

Abb. 2.7.3 DAC mit konstanter Strombelastung der Spannungsquelle durch Umschalter

Der dargestellte unipolare DAC liefert bei einer Auflösung von 3 Bit Ausgangsspannungen von

$$U_a = -\,[0, 1, 2 \ldots 5, 6, 7] \cdot \frac{U_{ref}}{8} \quad . \tag{8}$$

Bei der Schaltung nach Abb. 2.7.2 variiert das Widerstandsverhältnis in der Rückkopplung in Abhängigkeit von der Schalterstellung. Dadurch ergeben sich unterschiedliche Schleifenverstärkungen. Der markanterer Nachteil dieser Struktur ist die unterschiedliche Belastung der Referenzquelle in Abhängigkeit von der Schalterstellung. Eine Verbesserung bringen Umschalter zwischen U_{ref} und Masse (Abb. 2.7.3). Es kommt damit bei dem Umschalten zu keinerlei Spannungshub am Schalter und damit auch nicht zum Umladen von Schaltkapazitäten. Außerdem wird die Referenzspannungsquelle nicht in Abhängigkeit von der Schalterstellung unterschiedlich belastet.

Auch DACs mit bipolarer Kennlinie können mit dieser Struktur realisiert werden. Dazu ist eine zweite Referenzspannungsquelle erforderlich. Sollen beide Quellen konstanten Strom führen, sind zusätzliche Widerstände und Umschalter nötig.

Alle Verfahren mit gewichteten Widerstandsnetzwerken erfordern für jedes Bit einen Widerstand unterschiedlicher Größe. Der benötigte Widerstandsbereich wird umso größer, je höher die Auflösung des DACs ist. Abgesehen von den verschiedenen Werten sind die Anforderungen an die Toleranzen und das Temperaturverhalten der einzelnen Widerstände unterschiedlich. Die relative Abweichung des Widerstandes mit der höchsten Wertigkeit (MSB, niedrigster Widerstandswert) hat den größten Einfluß auf die differentielle Linearität des Konverters. Dieser Widerstand muß daher mit steigender Auflösung des DACs immer genauer werden. Außerdem sind die Durchgangswiderstände der Schalter und die Isolationswiderstände zu beachten.

Eine sinnvolle Forderung ist, daß die Übertragungsfunktion des DACs auch im kritischsten Bereich, nämlich in der Mitte der Kennlinie, monoton steigend ist und daher die Spannungsabweichung am Ausgang des DACs infolge der Abweichung jenes Widerstandes, der den Strom für das MSB bestimmt, nicht größer sein darf als 0,5 LSB:

$$\Delta U_{\Delta R_{MSB}} \leq q/2 \quad . \tag{9}$$

Die maximal zulässige Toleranz des Widerstandes mit der höchsten Wertigkeit ist daher

$$\frac{\Delta R_{MSB}}{R_{MSB}} = \frac{1}{2^n + 1} \quad . \tag{10}$$

Das bedeutet, daß die Toleranz des Widerstandes mit der höchsten Wertigkeit (R_{MSB}) für einen 8-Bit-Konverter besser als 0,4% und für einen 12-Bit-Konverter bereits besser als 0,025% sein muß. Darüber hinaus müssen die Widerstände über ein möglichst identisches Driftverhalten verfügen. Dafür eignen sich insbesondere Netzwerke aus Metallschichtwiderständen auf einem gemeinsamen Träger. Auf integrierten Schaltungen ist es schwierig, Widerstände in einem weiten Bereich mit sehr niedrigen Toleranzen herzustellen [6].

2.7.3.2 DAC mit Widerstands-Kettenleiter

Im Gegensatz zu DACs mit gewichteten Widerstandsnetzwerken benötigen DACs mit Kettenleiter-Netzwerken nur 2 Werte von Präzisionswiderständen. Für den Dualcode wird der Kettenleiter als ***R* – 2*R* Netzwerk** realisiert (Abb. 2.7.4). Es sind nur Widerstände mit den Werten R und $2R$ notwendig. Das ist besonders für den Aufbau eines DACs als integrierte Schaltung eine wichtige Eigenschaft.

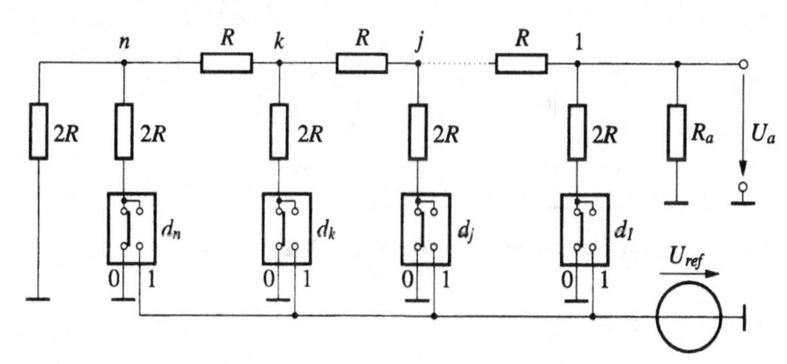

Abb. 2.7.4 DAC mit R-$2R$ Netzwerk

Die Stellungen d_1 bis d_n der Schalter entsprechen den Koeffizienten des digitalen Eingangssignales D. Ein Schalter d_i wird als geschlossen bezeichnet, wenn er den Widerstand $2R$ mit der Referenzspannungsquelle U_{ref} verbindet. Dies entspricht der Stellung 1 in der Abb. 2.7.4. Für einen bipolaren Bereich der Ausgangsspannung kann auch eine zweite Referenzspannungsquelle verwendet werden, an die alle Anschlüsse geführt werden, die bei der unipolaren Ausführung an Null liegen.

Der Ausgangswiderstand der Gesamtschaltung ist unabhängig von den Schalterstellungen, solange der Innenwiderstand der Referenzquelle und die Durchgangswiderstände der Schalter im Vergleich zum Innenwiderstand des Kettenleiters vernachlässigbar sind.

Die Ausgangsspannung U_a ergibt sich durch Superposition aller n Schalterzustände. Der durch den Querwiderstand $2R$ fließende Strom trägt umso mehr zur Ausgangsspannung bei, je näher der Knoten am Ausgang des DACs liegt.

Zuerst betrachtet man nur das Netzwerk links vom Knoten k (Abb. 2.7.5). Man erkennt, daß durch Parallel- und Serienschaltung aller Widerstände links vom Knoten k der Widerstand R, unabhängig von der Schalterstellung des Knotens, entsteht. Somit entsteht ein Spannungsteiler, der durch ein entsprechendes Ersatzschaltbild dargestellt werden kann. Man kann sich also am Knoten k eine Ersatzspannungsquelle mit der Leerlaufspannung $U_{L,k} = U_{ref}/2$ und dem Innenwiderstand $R_k = R$ vorstellen.

Im nächsten Schritt betrachtet man das Netzwerk bis zum Knoten $k-1$, also bis zum Knoten j. Dadurch entsteht wieder ein Spannungsteiler, der durch ein Ersatzschaltbild dargestellt wird (Abb. 2.7.6). Die Leerlaufspannung am Knoten j ist halb so groß wie die Leerlaufspannung am Knoten k:

$$U_{L,j} = U_{L,k}/2 = U_{ref}/4 \quad . \qquad (11)$$

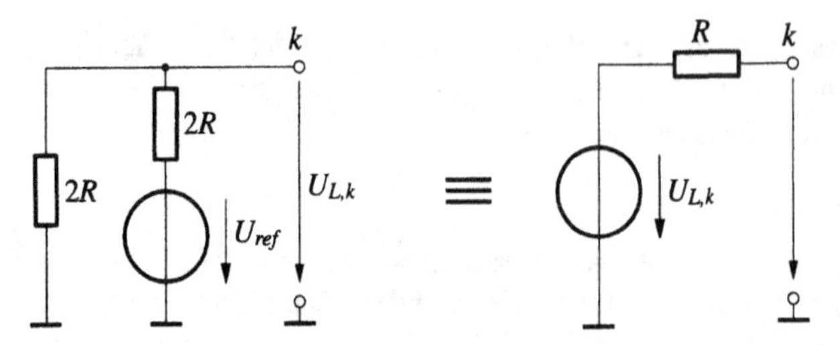

Abb. 2.7.5 Ersatzschaltung zur Bestimmung der Leerlaufspannung am Knoten k

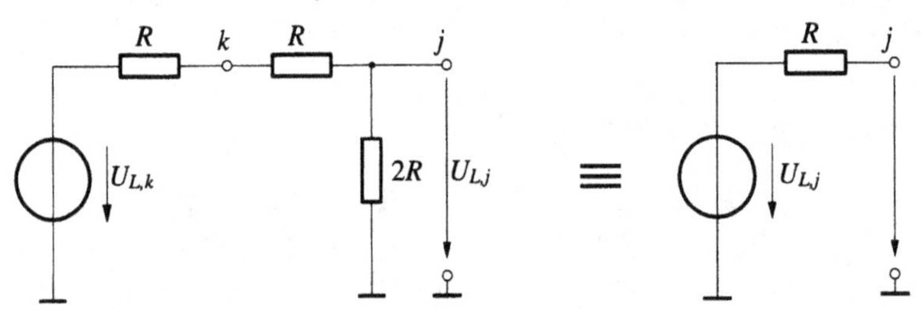

Abb. 2.7.6 Ersatzschaltung zur Bestimmung der Leerlaufspannung am Knoten j

Der Innenwiderstand ergibt sich wieder zu

$$R_j = R \quad . \tag{12}$$

Diese Überlegung kann man nun fortsetzen, bis man beim Knoten 1 ankommt. Bei einem unbelasteten Netzwerk ist dann die Leerlaufspannung am Knoten 1 die Ausgangsspannung. Bei einem Netzwerk, das mit einem Ausgangswiderstand R_a abgeschlossen ist, verringert sich die Ausgangsspannung um den Faktor

$$k_r = R_a/(R_a + R) \quad . \tag{13}$$

Allgemein formuliert erzeugt ein geschlossener Schalter am Knoten i die Ausgangsspannung

$$U_{a,i} = U_{ref}/2^i \tag{14}$$

bei einem unbelasteten und

$$U_{a,i} = \frac{R_a}{R_a + R} \cdot \frac{U_{ref}}{2^i} \tag{15}$$

bei einem belasteten Netzwerk. Summiert man nun gemäß dem Superpositionsgesetz alle Einzelspannungen, gelangt man zu

$$U_a = U_{ref} \cdot \sum_{i=1}^{n} \frac{d_i}{2^i} \tag{16}$$

bei einem unbelasteten und

$$U_a = \frac{R_a}{R_a + R} \cdot U_{ref} \cdot \sum_{i=1}^{n} \frac{d_i}{2^i} \tag{17}$$

bei einem belasteten Netzwerk mit $d_i = 1$ für einen geschlossenen und $d_i = 0$ für einen offenen Schalter bei einem DAC mit der Auflösung von n Bit.

2.7.3.3 DAC mit gewichteten Stromquellen

Bei einem DAC mit gewichtetem Widerstandsnetzwerk werden mit Hilfe von Widerständen und einer Referenzspannung gewichtete Ströme erzeugt. Diese werden mit einem Operationsverstärker summiert und in eine Ausgangsspannung umgewandelt. In integrierten Schaltungen lassen sich gute Stromquellen leichter realisieren als Präzisionswiderstände. Es liegt daher nahe, anstatt der gewichteten Widerstände Stromquellen zu verwenden.

Die Abb. 2.7.7 zeigt das Prinzipschaltbild eines DACs mit gewichteten Stromquellen. Die Ströme werden wieder in Zweierpotenzen gestuft. Sie werden am Summierpunkt eines invertierenden Operationsverstärkers zusammengeführt und aufsummiert. Als Schalter kann man für diese Art von DACs einfache Diodenschalter, ähnlich wie in Abb. 2.7.8, verwenden. Durch die Verwendung von Konstantstromquellen verursachen die Durchlaßspannungen der Dioden keinen Fehler. Allerdings müssen die Sperrströme entsprechend klein sein, da sie voll in die Stromsumme eingehen.

Bei höheren Anforderungen an die Genauigkeit ist es günstig, Stromquellen zu verwenden, die alle den gleichen Strom liefern. Die Gewichtung läßt sich in diesem Fall durch das Einspeisen der Ströme in einen Widerstands-Kettenleiter durchführen (Abb. 2.7.8). Der Widerstand des $R-2R$ Netzwerkes ist auch hier unabhängig vom logischen Zustand der Diodenschalter, solange die Stromquellen einen im Vergleich zum Innenwiderstand der Schaltung hinreichend hohen Innenwiderstand haben.

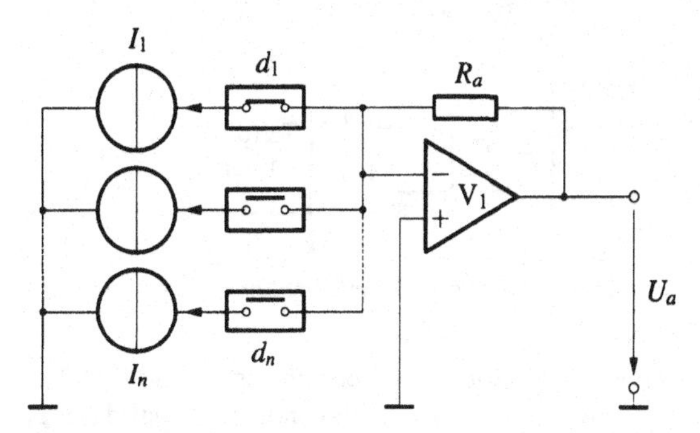

Abb. 2.7.7 Prinzip eines DACs mit gewichteten Stromquellen

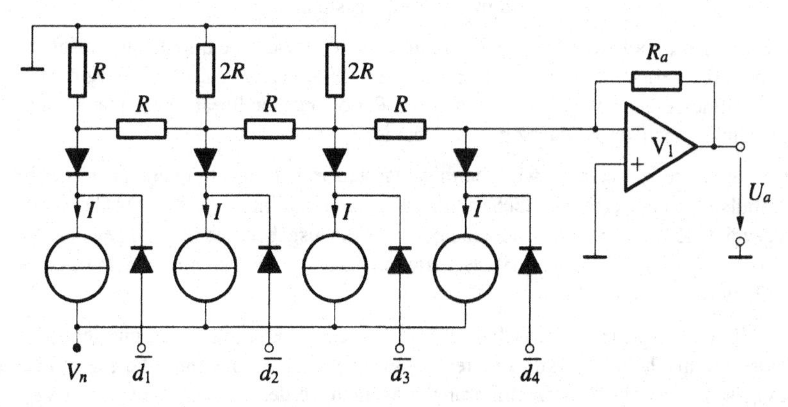

Abb. 2.7.8 DAC mit Stromschaltern und R - $2R$ Netzwerk

2.7.3.4 DAC mit Zwischengröße

Bei dieser Art von DACs wird das digitale Eingangssignal zuerst in eine Zwischengröße umgewandelt. Diese Zwischengröße soll einerseits einfach aus dem Digitalsignal zu gewinnen sein und andererseits einfach in das analoge Ausgangssignal umgewandelt werden können. Zwischengrößen, die diese Bedingungen erfüllen, sind die Zeit und die Frequenz. In einer realen Schaltung entspricht dieses Prinzip einer Impulsbreiten- bzw. einer Impulsfrequenzmodulation.

Das Prinzipschaltbild eines DACs mit Zwischengröße besteht darin, daß mit Hilfe einer Referenzspannung U_{ref} Spannungsimpulse U_s mit konstanter Amplitude an einen Tiefpaß angelegt werden. Die Amplitude der Ausgangsspannung U_a ist dadurch direkt proportional zum Integral der Impulse U_s über die Zeit (siehe Abb. 2.7.9). Alle auf diesem Prinzip beruhenden Verfahren sind langsam. Dies ergibt sich aus der nötigen niedrigen Grenzfrequenz des Tiefpaßfilters. Um die Schwankung des Ausgangssignals innerhalb vertretbarer Grenzen zu halten (z.B. 1 LSB), muß die Zeitkonstante sehr viel größer sein als die Periodendauer der Taktfrequenz.

Beim **Impulsbreiten-DAC** (Abb. 2.7.9), bildet die Zeit die Zwischengröße. Dabei wird mit Hilfe eines Zählers und eines digitalen Komparators ein Signal U_s mit konstanter Frequenz erzeugt. Das Tastverhältnis dieses Signales ist direkt proportional zur Größe des digitalen Eingangssignales D.

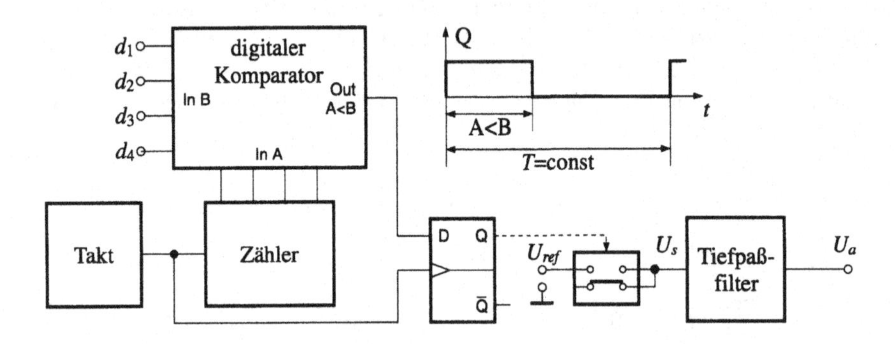

Abb. 2.7.9 DAC mit Zwischengröße: Prinzipschaltbild eines Impulsbreiten-DACs

Der **Impulsfrequenz-DAC** unterscheidet sich nur geringfügig vom Impulsbreiten-DAC. Die Zwischengröße bildet hier die Frequenz. Es werden Impulse U_s mit konstanter Impulsdauer T_i und variablem Zeitabstand erzeugt, freilaufend oder taktgesteuert. Der Mittelwert dieser Impulsfolge ist wieder direkt proportional zum digitalen Eingangssignal D.

In einem freilaufenden Impulsfrequenz-DAC wird direkt eine periodische Impulsfolge ausgegeben. Erzeugt man die Periodendauer mit einem digitalen Zeitgeber bzw. Zähler, so ergibt sich jedoch eine nichtlineare Einstellbarkeit, da zwar die Periodendauer linear einstellbar ist, die Ausgangsspannung jedoch der Frequenz proportional ist.

Um diesen Nachteil zu vermeiden, wird beim taktgesteuerten Impulsfrequenz-DAC (Abb. 2.7.10) die Impulsfolge nach einem ähnlichen Verfahren wie beim Impulsbreiten-DAC erzeugt. Der im Bild gezeigte Zahlengenerator muß eine Zahlenfolge ausgeben, die für eine gewünschte mittlere Frequenz eine möglichst gleichmäßige Verteilung der einzelnen Impulse innerhalb eines Zeitraumes T bewirkt.

DACs mit Zeit bzw. Frequenz als Zwischengröße haben den Vorteil, daß man mit geringem Aufwand Umsetzer mit hoher Genauigkeit realisieren kann. Allerdings muß die eigentliche Analogausgangsspannung durch Tiefpaßfilterung gewonnen werden. Alle drei erwähnten Ver-

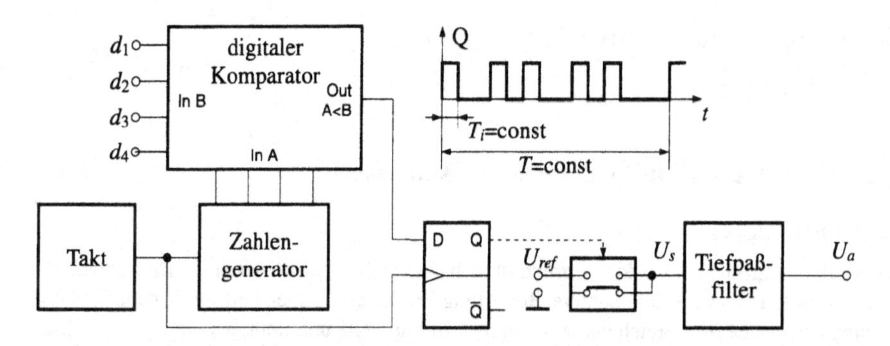

Abb. 2.7.10 DAC mit Zwischengröße: Prinzipschaltbild eines taktgesteuerten Impulsfrequenz-DACs

fahren weisen verschiedene Frequenzspektren des ungefilterten Ausgangssignales auf und stellen daher dem Anwendungsbereich entsprechend unterschiedliche Anforderungen an das Tiefpaßfilter. Die Notwendigkeit dieser Tiefpaßfilterung bewirkt in Abhängigkeit von der Taktfrequenz der Logik und der gewünschten Genauigkeit des DACs im Vergleich zu den direkten Konversionsverfahren längere Einstellzeiten.

2.7.4 Literatur

[1] CEI-IEC 748-4 Semiconductor Devices, Interface Integrated Circuits.

[2] Tietze U., Schenk Ch., Halbleiterschaltungstechnik. Springer, Berlin Heidelberg New York Tokyo 1990.

[3] Zander H., Datenwandler. Vogel Buchverlag, Würzburg 1990.

[4] Seitzer D., Pretzl G., Hamdy N., Electronic Analog-to-Digital Converters. Wiley, Chichester New York Brisbane Toronto Singapore 1983.

[5] Hoeschele D., Analog-to-Digital and Digital-to-Analog Conversion Techniques. Wiley, New York Chichester Brisbane Toronto Singapore 1994.

[6] Müller R., Bauelemente der Halbleiter-Elektronik. Springer, Berlin Heidelberg New York 1991.

2.8 Analog-Digital-Konverter

R. Patzelt, A. Wiesbauer und J. Baier

2.8.1 Eigenschaften von Analog-Digital-Konvertern

2.8.1.1 Funktionsprinzip

Eine **Analog-Digital-Konversion** ist grundsätzlich immer eine **Quantisierung** mit anschließender **Codierung** (so wie jede objektive Bewertung mit einem Zahlenwert als Ergebnis). Das bedeutet, daß der ganze Bereich der Analoggröße in Intervalle unterteilt, also quantisiert wird. Jeder dieser Unterbereiche ist einem Codeelement zugeordnet (Kap. 1.4, 1.5 und 1.6). Unter der **Auflösung** eines ADCs versteht man die Anzahl der Intervalle, die auch als Anzahl der Bits angegeben wird, wobei N Bit 2^N Intervallen entsprechen. Das Ergebnis wird meistens **dual codiert**, das heißt, die Codierung erfolgt im **natürlichen Dualcode** (Kap. 1.5.3). Formal dargestellt besteht die Funktion der Analog-Digital-Konversion also in der Bestimmung der Koeffizienten d_i der N Stellen des Codewortes D, des digitalen Ausgangssignals.

Wenn man das digitale Ausgangssignal D als ganze positive Zahl (Integer) betrachtet (oder so normiert, daß die kleinste Amplitudenstufe q, das LSB, dem Wert 1 entspricht), so hat die Dualzahl D die folgende Form

$$D = d_{N-1} \cdot 2^{N-1} + d_{N-2} \cdot 2^{N-2} + \ldots + d_k \cdot 2^k + \ldots + d_0 \cdot 2^0 \quad . \tag{1}$$

Dabei können die Koeffizienten d_i die Werte 0 oder 1 annehmen, d_{N-1} ist das MSB (**Most Significant Bit**) und entspricht der Hälfte des Bereichsendwertes, d_0 ist das LSB (**Least Significant Bit**) und entspricht der kleinsten Stufe. Die Bezeichnung der Bit im Digitalwort (und die Darstellung als elektrische Signale, seriell oder parallel) ist dabei willkürlich. Das Codewort hat N Stellen, die auf $m = 2^N$ verschiedene Codeelemente führen, wobei für den Wertebereich der Dualzahl D gilt:

$$0 \leq D \leq m - 1 = 2^N - 1 \quad . \tag{2}$$

Das heißt, daß das niedrigste Codewort den Wert 0 hat und das höchste einen Wert, der um 1 kleiner ist als die Zahl der Codeworte (also für 4 Bit dual 0000=dezimal 0 und dual 1111= dezimal 15 bei 2^4=16 Codeworten).

Die übliche Normierung ordnet dem Gesamtbereich den Wert 1 zu, D ist dann eine gebrochene Dualzahl mit dem Wertebereich 0 bis $(1 - 1/2^N)$, bei 4 Bit also 0/16 bis 15/16, sie geht formal aus der oben angegebenen Darstellung durch die Division durch 2^N hervor, die Koeffizienten bleiben dabei unverändert. Eine gegebene Analogspannung U_e wird als Bruchteil des nominellen Bereichsendwertes, der häufig gleich der Referenzspannung U_{ref} ist, dargestellt durch

$$U_e = U_{ref} \cdot D/2^N + qd = U_{ref} \cdot (d_{N-1} \cdot 2^{-1} + d_{N-2} \cdot 2^{-2} + \ldots + d_0 \cdot 2^{-N}) + qd \quad . \tag{3}$$

Dabei ist qd die Differenz zwischen dem Analogwert U_e und dem Analogwert $U(D)$, der dem Digitalwert D zugeordnet ist. qd kann alle Werte aus dem Bereich der Quantisierungsunsicherheit (-q/2 bis +q/2) annehmen.

Die größte bei dieser Zuordnung darstellbare Spannung ist somit um 1 LSB kleiner als der Bereichsendwert U_{ref}

$$U_{e,max} = U_{ref} \cdot (1 - 2^{-N}) \tag{4}$$

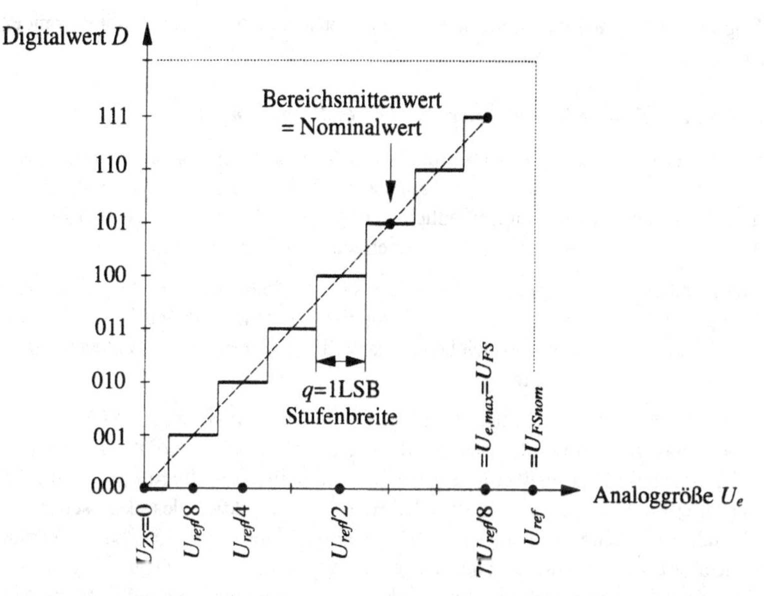

Abb. 2.8.1 ADC mit einer Auflösung von N=3 Bit (8 Intervalle). Ideale Zuordnung der analogen Wertebereiche zu den digitalen Ergebniswerten. Dargestellt ist eine übliche Zuordnung mit den Intervallen symmetrisch zum jeweiligen Ergebniswert; sie ist willkürlich, andere Arten sind ebenfalls möglich und üblich

Bei hoher Auflösung, also großer Stellenzahl und damit sehr kleiner Quantisierungseinheit werden diese genauen Definitionen häufig unwesentlich und es gilt die Näherung

$$U_{e,max} \approx U_{ref} \tag{5}$$

Die reale Ausführung eines ADC kann unabhängig von dieser formal exakten Darstellung an den Bedarf und die Ausführungsmöglichkeiten angepaßt werden. Der Konversionsbereich kann auch dem vollen Wert der Referenzspannung entsprechen (soweit überhaupt eine in dieser Form vorhanden ist), es kann das eine "fehlende" Intervall zusätzlich erfaßt und als zusätzliches Codewort am Ausgang geliefert werden (mit einem zusätzlichen Signal). Der Analogbereich kann unipolar oder bipolar ausgeführt sein. Liegt die Eingangsgröße außerhalb des eigentlichen Konversionsbereiches, kann dies durch den ADC selbst erfaßt und als das niedrigste und höchste Ergebnis angezeigt werden (die beiden Randbereiche sind dann nach außen offen) oder durch eine zusätzliche Schaltung erfaßt und durch zusätzliche Signale angezeigt werden.

Die Kennlinie in Abb. 2.8.1 zeigt die Zuordnung bei idealer, fehlerfreier Konversion und die Bezeichnungen bei dualer Codierung. Auf der Abszisse ist die Analoggröße, in diesem Fall eine Spannung, als Bruchteil des Bereichsendwertes aufgetragen, auf der Ordinate die zugeordneten Digitalwerte als natürliche Dualzahlen.

Wenn der Ergebniswert (der "Repräsentant" des Bereiches) dem Bereichsmittenwert entspricht, ergibt sich durch die Quantisierung bei 8 Intervallen für die Zahl 000 ein Bereich von 0 bis $U_{ref}/16$, für die Zahl 001 ein Bereich von $U_{ref}/16$ bis $3 \cdot U_{ref}/16$ usw. Jede (kleinste) Amplitudenstufe q entspricht immer dem LSB, die beiden Randbereiche sind nur halb so groß. Der Rückschluß auf den erzeugenden Eingangswert ist auf ± LSB/2 unbestimmt, entsprechend der Quantisierungsunsicherheit qd. Die maximale umsetzbare Spannung (**Bereichsendspannung**) $U_{e,max}$ heißt auch U_{FS} (**Full Scale Voltage**).

Eine Darstellung der Fehler und der Meß- oder Konversionscharakteristiken digitalisierender Meßeinrichtungen ist in Kap. 1.4 zu finden.

Kennwerte und ihre Definition in verschiedenen Anwendungsgebieten

Zur Beurteilung des realen Verhaltens eines Analog-Digital-Konverters ist die Kenntnis verschiedener beschreibender Kenngrößen und Parameter nötig. Die Bedeutung mancher dieser Begriffe wird je nach Anwendung unterschiedlich interpretiert. Daraus ergeben sich bei der Beurteilung der Eigenschaften von ADCs eventuell beträchtliche Unklarheiten.

Hinsichtlich Stückzahlen, Wertschöpfung und Bekanntheitsgrad übertrifft die Anwendung von ADCs für die digitale Übertragung und Speicherung von Sprache und Musik die für die Meßtechnik um ein Vielfaches. Eine vergleichende Darstellung von digitaler Meßtechnik und digitaler Audiotechnik ist daher wichtig.

Die Digitalisierung des Eingangssignals hat in der Meßtechnik den Zweck, Werte des Eingangssignals zahlenmäßig möglichst (absolut) genau zu erfassen. In der digitalen Audiotechnik besteht der Zweck der Digitalisierung darin, über eine effiziente und fehlerfreie Übertragung und/oder Speicherung die möglichst originalgetreue physikalische Rekonstruktion des akustischen Signals zu ermöglichen. Dabei ist im allgemeinen die Feststellung von (absoluten) Werten unwesentlich. Die akustischen Nutzsignale liegen in einem nach unten und nach oben begrenzten Frequenzbereich, sie sind bandbegrenzte Signale ohne Gleichwertanteil. Signalkomponenten außerhalb dieses Frequenzbandes stellen Störsignale dar und müssen im allgemeinen (möglichst schon bei der Digitalisierung) unterdrückt werden. Für die formgetreue Rekonstruktion müssen nur die Amplitudenverhältnisse (also die relativen Werte) erhalten bleiben, die dafür aber sehr genau. Entsprechend den definierten Anforderungen wurden dafür besonders geeignete ADCs, Filtertechniken u.ä. entwickelt und dazugehörende Kennwerte definiert, die sich von den für die Meßtechnik relevanten teilweise erheblich unterscheiden. In anderen Anwendungsbereichen, wie der Energietechnik, treten wieder andere, teilweise spezielle Anforderungen auf.

Die Aufgabe der Meßtechnik ist es häufig (und speziell auch bei bandbegrenzten Signalen), auftretende Abweichungen und Störungen festzustellen. Auch bei bandbegrenzten Signalen führen nichtlineare Verzerrungen zu Signalkomponenten (Oberwellen und Gleichanteilen) aus einem viel weiteren Frequenzbereich außerhalb des Nutz-Frequenzbandes.

Die meßtechnischen Kennwerte eines ADC sind:

- **Auflösung**, Zahl der Amplitudenintervalle der Quantisierung; daraus abzuleiten: Idealwert der Unsicherheit der Amplitudenerfassung
- **Maximale Abtastfrequenz**, maximal mögliche Zahl der Konversionen je Sekunde; daraus abzuleiten: Idealwert der Unsicherheit der zeitlichen Erfassung
- **Aperturzeit**, Dauer des Erfassungsvorganges, während der der Verlauf des Eingangssignals das Ergebnis beeinflußt; daraus abzuleiten: erreichbarer Wert der oberen Grenzfrequenz
- **Konversionszeit**, Dauer des Digitalisierungsvorganges bis zur Lieferung des Ergebnisses
- **Einstellzeit**, Einstellverzögerung, Verzögerung der fehlerfreien Erfassung nach einer sprunghaften Änderung des Eingangssignals
- **Abweichungen der Meßcharakteristik** (Quantisierungskennlinie), Nichtlinearität, Nichtmonotonie, fehlende Codeworte; daraus abzuleiten: reale Unsicherheit der Amplitudenerfassung

- **Apertur(verzögerungs)jitter**, Aperturverzögerungsschwankung, aperture (delay) jitter; daraus abzuleiten: reale Unsicherheit der zeitlichen Erfassung
- **dynamische Einflüsse** auf die statischen Kennwerte, abhängig von Signalfrequenz und Signalform; daraus abzuleiten: Abhängigkeit der Kennwerte von Frequenz und Signalverlauf

Auflösung und Abtastfrequenz eines ADCs können als eindeutig definierte Zahlenwerte angegeben werden, die anderen Kennwerte lassen sich zwar abstrakt definieren, haben aber teilweise auch einen beschreibenden Charakter, da sie von den Einsatzbedingungen beeinflußt werden können. Bei der Beschreibung von digitalen Meßgeräten sind gleichartige Begriffe oft anders definiert, wenn sie sich auf die Eingangsmeßgrößen beziehen.

Für die Aufnahme und Rekonstruktion von bandbegrenzten (Gleichwert-freien) Signalen werden speziell in der digitalen Audiotechnik, aber auch in der Meßtechnik folgende weiteren Kennwerte verwendet:

- **Effektive Auflösung**: Maß für die erreichbare Qualität der idealen Rekonstruktion von bandbegrenzten Signalen
- **Quantisierungsrauschen**: überlagertes Störsignal, das bei der Rekonstruktion infolge der Diskretisierung der Amplitude entsteht
- **Signal/Rauschverhältnis** des rekonstruierten Signals bei Aussteuerung durch ein definiertes (voll aussteuerndes) Signal
- **Oversamplingratio** (Überabtastverhältnis): Verhältnis der Taktfrequenz des Modulators zur doppelten Nyquistfrequenz des Signalfrequenzbereiches

Zwischen diesen Kennwerten und den teilweise ähnlich bezeichneten, auch für die Messung von Gleichsignalen und an Impulsen gültigen, können sich erhebliche Unterschiede ergeben.

Besonders wichtig ist die Definition der effektiven Auflösung eines realen ADCs: Mit einem idealen Sinus als Eingangssignal, der den Bereich voll aussteuert, wird eine Folge von digitalen Ausgangswerten aufgenommen und daraus ein ideal rekonstruiertes Ausgangssignal gebildet. Seine Abweichungen von dem erzeugenden sinusförmigen Eingangssignal werden als Rauschen aufgefaßt und rechnerisch mit dem reinen Quantisierungsrauschen eines idealen ADCs verglichen. Daraus wird die effektive Auflösung rückgerechnet, die Angabe erfolgt in "effektiven bit" und kann beliebige nichtganzzahlige Werte haben. Sie enthält den Einfluß aller Abweichungen vom idealen Verhalten des ADCs.

Die effektive Auflösung ist bei Momentanwert-abtastenden ADCs immer niedriger, als der Intervallzahl entspricht, und nimmt mit zunehmender Frequenz ab. Andererseits erreichen integrierend rückgekoppelte $\Sigma\Delta$-Modulatoren für Gleichsignale ihre hohe effektive Auflösung nur nach einer sehr langen Konversionszeit (durch Mittelwertbildung).

Die Abnahme der effektiven Auflösung mit zunehmender Frequenz ist nicht nur bei niederfrequenten Signalen bedeutungslos, sondern beispielsweise auch bei der Messung von Spitzenamplituden von Impulsen und Sinussignalen, wenn sich das Signal zwischen zwei aufeinanderfolgenden Abtastungen nur wenig ändert.

Das Quantisierungsrauschen tritt nur bei der realen Rekonstruktion, bei digitalen Regelungen und bei rekonstruierenden Messungen an bandbegrenzten Signalen in Erscheinung, wie z.B. bei der Messung der Qualität periodischer Signale (z.B. Klirrfaktor). Meßtechnisch hat es keine andere Bedeutung als die der Unsicherheit der Lage des gemessenen Wertes im Quantisierungsintervall, die prinzipiell immer zu berücksichtigen ist.

Überabtastung eines bandbegrenzten Signals ist im meßtechnischen Sinn nur gegeben, wenn mehr als auf Grund der Bandbegrenzung mindestens notwendige Meßwerte vorliegen, von denen jeder einzelne digitale Meßwert seinem Eingangswert mit der vollen Auflösung entspricht (d.h. bei verschwindender Einstellverzögerung). Ein höherer Wert der Frequenz des Quantisierungsrauschens hat nur bei Anwendungen eine Bedeutung, für die dieses Rauschen des rekonstruierten Signals relevant ist.

Während die Definition der effektiven Auflösung die Unsicherheiten der Erfassung von Amplituden- und Zeitwerten gemeinsam in einer Form beschreibt, die für bandbegrenzte Signale sehr gut geeignet ist, sind im allgemeinen für die Messung von Zeitwerten (Anstiegszeit, Impulsdauer u.ä.) nur die Zeitkennwerte wichtig, für die Messung von Amplitudenwerten nur die Auflösung und zusätzliche Amplitudenunsicherheiten. Für eine allgemeine meßtechnische Beurteilung sind diese Werte daher getrennt anzugeben und zu berücksichtigen.

Neben der Angabe der Kennwerte ist auch die beschreibende Angabe der Funktionsweise und bestimmter Eigenschaften für einen ADC kennzeichnend, da sie oft eine umfassendere Beurteilung bei gegebenen Einsatzbedingungen und Anforderungen ermöglicht.

2.8.1.2 Arten der Erfassung des Eingangssignals

Die **Momentanwert-abtastende Konversion** (Abtastung im engeren Sinn) stellt die bekannteste Art der Erfassung eines Signalverlaufes dar. Bei idealer Abtastung mit verschwindender Aperturzeit entspricht sie der formalen mathematischen Behandlung und dem Abtasttheorem mit der Bandbegrenzung durch die Abtastfrequenz. Das Abtasten wird dabei durch die Multiplikation mit Dirac-Impulsen beschrieben (siehe Kap. 1.6). Bei periodischen, wiederkehrenden Signalen ermöglichen geeignete Verfahren (Äquivalentzeit-Abtasten) theoretisch die Erfassung ohne Bandbegrenzung, real bis zur Grenzfrequenz der Abtastschaltung. Die endlich lange Aperturzeit des Abtastvorganges entspricht einer kurzdauernden Integration und bestimmt dadurch die Grenzfrequenz und Anstiegszeit. (Beispiele sind Parallelkonverter, kompensierendes Nachlaufverfahren bei Abgleich, alle ADCs mit vorgeschalteter Abtast/Halteschaltung).

Die **Integrierende Konversion** liefert ebenso zeitdiskret digitalisierte Ergebnisse und kann daher auch als Abtastung im weiteren Sinn bezeichnet werden. Wird über einen definierten Zeitraum T_{int} integriert, also der Mittelwert mit konstantem Gewicht gebildet, so ergibt sich eine definierte Tiefpaßfilterung mit vollständiger Unterdrückung bestimmter Frequenzen bei den Vielfachen von $1/T_{int}$. Das ist für die Konstruktion von ADCs zur Messung stationärer Gleichgrößen (Digitalvoltmeter) sehr wichtig. Von der Netzspannung eingestreute Störungen treten sehr häufig auf und können damit unwirksam gemacht werden. Die Integration über T_{int} wird dabei im analogen Teil des Konverters durchgeführt, kann aber andererseits auch durch eine entsprechende digitale Auswertung erfolgen.

Für die Berechnung der Störspannungsunterdrückung wird ein Eingangssignal betrachtet, das aus einer Gleichkomponente U_{e0} und überlagerten sinusförmigen (gleichwertfreien) Störkomponenten $u_e(t) = \hat{u}_e \cdot \sin(\omega \cdot t + \varphi)$ besteht. Der Nullphasenwinkel bezieht sich dabei auf den Beginn der Integrationszeit. Die folgenden Berechnungen gelten auch für eine beliebige Zahl von additiv überlagerten Störssignalen. Wird die Eingangsspannung über eine Zeit T_{int} integriert, hat das Ausgangssignal u_a den Wert

$$u_a = \frac{1}{T_{int}} \cdot \int_0^{T_{int}} [U_{e0} + \hat{u}_e \cdot \sin(\omega \cdot t + \varphi)] \cdot dt = U_{e0} + \hat{u}_e \cdot \frac{-\cos(\omega \cdot T_{int} + \varphi) + \cos\varphi}{T_{int} \cdot \omega} \qquad (6)$$

Der erste Term stellt das erwünschte Meßsignal dar, der zweite die Störkomponente u_{st}. Für Gleichspannungs-Nutzsignale beträgt der Übertragungsfaktor 1.

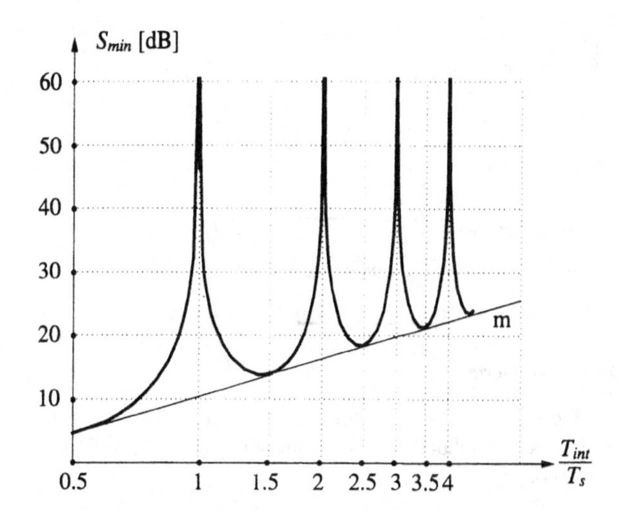

Abb. 2.8.2 Verlauf der minimalen Störspannungsunterdrückung eines integrierenden Analog-Digital-Konverters: für Integrationszeiten T_{int}, deren Dauer ein ganzzahliges Vielfaches der Periodendauer T_s einer Störfrequenz ist, wird diese ideal unterdrückt

Entsprechend ist die **Störspannungsunterdrückung** S definiert durch

$$S(\omega \cdot T_{int}, \varphi) = \frac{u_{st,a}}{u_{st,e}} = \frac{T_{int} \cdot \omega}{\cos \varphi - \cos(\omega \cdot T_{int} + \varphi)} \quad . \tag{7}$$

Sie gibt an, um welchen Faktor das Störsignal abgeschwächt wird.

Bei gegebener Kreisfrequenz ω und gegebener Integrationszeit T_{int} gibt es Phasenwinkel φ, bei denen die Störspannungsunterdrückung ein Maximum (im Idealfall unendlich) oder ein Minimum wird. Liegt nur ein Teil einer Periode (z.B. eine halbe Periode) der Störspannung im Integrationszeitraum, tritt das Maximum von S auf, wenn T_{int} zum Nulldurchgang der Störspannung symmetrisch liegt, das Minimum, wenn T_{int} symmetrisch zu einem Extremwert der Störspannung liegt. Das Minimum der Störunterdrückung S_{min} ergibt sich allgemein (für ganzzahlige k) jeweils für den Phasenwinkel

$$\varphi_{min} = -\frac{\omega \cdot T_{int}}{2} + \frac{\pi}{2} + k \cdot \pi \tag{8}$$

Der Wert von S_{min} ist, im logarithmischen Maßstab [dB] angegeben,

$$S_{min}\,[dB] = 20 \cdot \log\left[\frac{1}{\mathrm{si}(\omega \cdot T_{int}/2)}\right] \quad . \tag{9}$$

Die minimale Störunterdrückung wird unendlich für alle Integrationszeiten gleich einem ganzzahligen Vielfachen der Periodendauer T_s (Abb. 2.8.2). Für Digitalmeßgeräte wird daher häufig eine Integrationszeit von 100 ms verwendet, da dies einem Vielfachen der Periodendauern von 50 Hz und von 60 Hz entspricht.

Als integrierende Verfahren im weiteren Sinn werden alle Verfahren bezeichnet, bei denen Kennwerte über einen definierten Zeitraum gebildet werden oder ein analoges oder digitales Tiefpaßfilter bei der Konversion durchlaufen wird (Dual-Slope-Konverter, U/f-Konverter, Ladungskompensator, ΣΔ-Konverter).

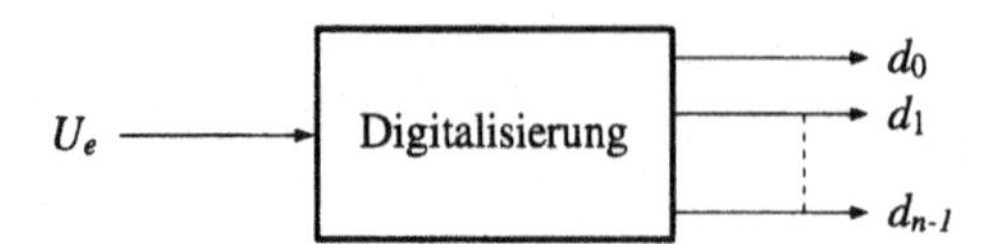

Abb. 2.8.3 Direkter Analog-Digital-Konverter

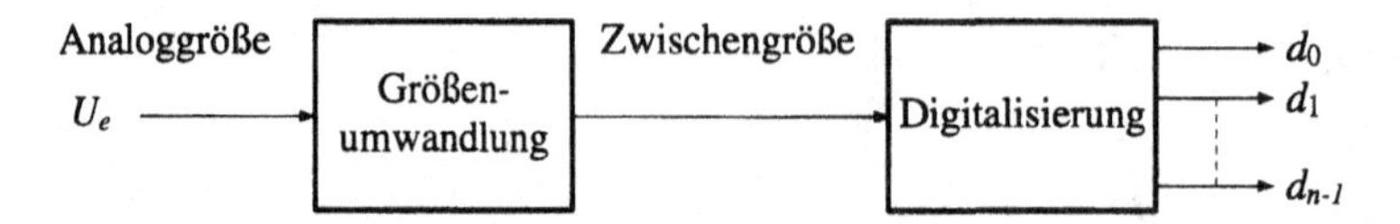

Abb. 2.8.4 Indirekter Analog-Digital-Konverter

Bei der **direkten Konversion** wird die Eingangsspannung direkt mit Spannungswerten verglichen (Abb. 2.8.3). Die Verfahren sind extrem schnell, der Schaltungsaufwand ist hoch (Parallelkonverter, sukzessive Approximation).

Bei der **indirekten Konversion** wird die Eingangsgröße in eine gut digitalisierbare, in ihrem Wert proportionale Zwischengröße umgewandelt, insbesonders in eine Zeit, Frequenz oder Ladung (Abb. 2.8.4). Dabei kann bei niedrigem Aufwand eine sehr hohe Auflösung erreicht werden, die Konversions-Charakteristik hat gleichmäßige Intervallbreiten, die Konversionszeit ist aber lang (Dual-Slope-Konverter, U/f-Konverter, Ladungskompensator).

Die Konversion in eine (analog-proportionale) **Frequenz** ergibt ein "frequenzanaloges" Signal, das in einem zweiten Schritt digitalisiert wird, bei dem erst Auflösung und Konversionszeit festgelegt werden. Sie ermöglicht bei niedrigem Aufwand sehr hohe Auflösung, potentialtrennende Fernübertragung und flexible Auswertung (U/f-Konverter, Ladungskompensator).

Die **Konversion mit Rückkopplung** (Abb. 2.8.5 a) enthält in einer kompensierenden Regelschleife einen DAC (parallel statisch oder seriell dynamisch angesteuert), dessen Ansteuersignal die Ausgangswerte ergibt. (Wägeverfahren: schnell bei hohem Aufwand; Ladungskompensator: langsam bei niedrigem Aufwand; Nachlaufverfahren).

Eine **interpolierende Konversion** (Abb. 2.8.5 b) ermöglicht eine Erhöhung der Auflösung bei konstantem Eingangswert durch Mittelung über mehrere Ergebniswerte. Dabei muß die Rundung statistisch erfolgen, wodurch die zwei benachbarten Ergebniswerte mit einer Häufigkeitsverteilung geliefert werden, die der Lage des Eingangswertes innerhalb des Intervalles entspricht

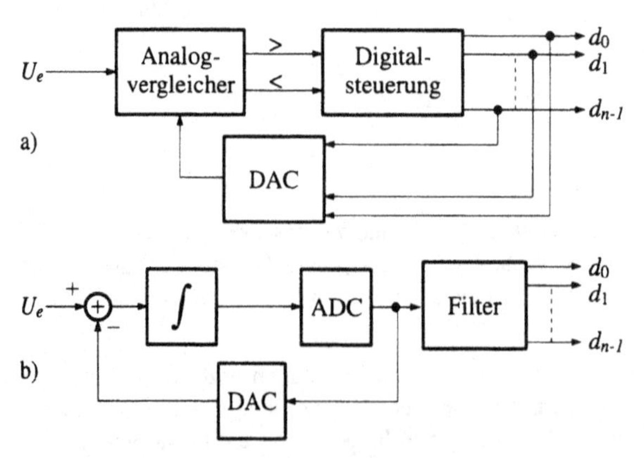

Abb. 2.8.5 Analog-Digital-Konverter mit Rückkopplung.
a) Kompensationsprinzip b) Sigma-Delta Konverter

(ΣΔ-Konverter, Ladungskompensator, alle Verfahren mit zusätzlich moduliertem Eingangssignal).

2.8.1.3 Übersicht über ADC-Verfahren

Direkte Konverter

- Parallelkonverter oder Vielfachdiskriminator: extrem schnell, hoher Aufwand
- Kaskadierter Parallelkonverter: Grob- und Feinstufen mit Bereichsgrenzen-Anpassung

Kompensierender ADC mit Rückkopplung über DAC

- Wägeverfahren, sukzessive Approximation: schnell, hohe Auflösung
- Nachlaufverfahren: laufende direkte, digital gesteuerte Kompensation

Indirekte Konverter mit Zeit als Zwischengröße, Digitalisierung durch Zeitmessung

- Sägezahn-Vergleich: gleichzeitige Verhältnismessung zu Referenzspannung
- lineare C-Entladung: für Impulsamplituden-Messung
- Dual-Slope: Integrierendes Zeitverhältnis-Verfahren mit Kompensation der Bauelemente-Werte und -Drift, dividierender ADC

Indirekte Konverter mit Frequenz als Zwischengröße und Digitalisierung durch Frequenzmessung

- Spannungs-Frequenz-Modulator, Spannungsgesteuerter Oszillator, VCO
- Ladungskompensator, freilaufend: uni- oder bipolar, analog rückgekoppelt
- Ladungskompensator, taktgesteuert: interpolierend, Ausgang 0/1-Folge

Weitere spezielle Konversionsverfahren

- ΣΔ-Modulator: kompensierendes Nachlaufverfahren mit Filterung in der Rückkopplung, Zahlenfolge mit Worten von 1 oder mehr Bit, digitale Filterung liefert die Ausgangswerte
- Tastverhältnis-Multiplikator: U/f-Modulator mit multiplikativ gesteuertem Tastverhältnis des Eingangssignals

2.8.2 Schaltungstechnische Ausführungen wichtiger ADC

In diesem Kapitel werden grundlegende Arten von ADCs behandelt. Die beschriebenen Verfahren sind im Prinzip nicht technologieabhängig und sind schon seit langem bekannt. Die Fortschritte der Halbleitertechnologie ermöglichten vor allem, die Abmessungen, den Stromverbrauch und den Preis so stark zu verringern, daß eine Anwendung in Massenprodukten möglich ist und bessere Stabilität und schnellere Funktionsweise erreicht wird. Die ersten ADCs mit 100 Intervallen bei einer Konversionszeit von Millisekunden für die Messung von Impulsen wurden noch mit Elektronenröhren in Form des Sägezahn-Konverters realisiert, die ersten ADCs nach dem Wägeverfahren für Digitalvoltmeter mit Relais. Parallelkonverter mit 100 und mehr Diskriminatoren und Schaltzeiten unter 1ns, die zugehörigen schnellen Speicher, Abtast/Halteschaltungen mit Aperturzeiten von wenigen ps, Σ-Δ-Modulatoren mit komplexen digitalen Filtern und vieles andere konnte nur mit moderner integrierter Technologie zu Massenprodukten werden.

Die verschiedenen Verfahren haben ihre speziellen Vor- und Nachteile, keines ist allgemein einsetzbar. Für jede Ausführungsform eines Analog-Digital-Konverters sind neben den erreich-

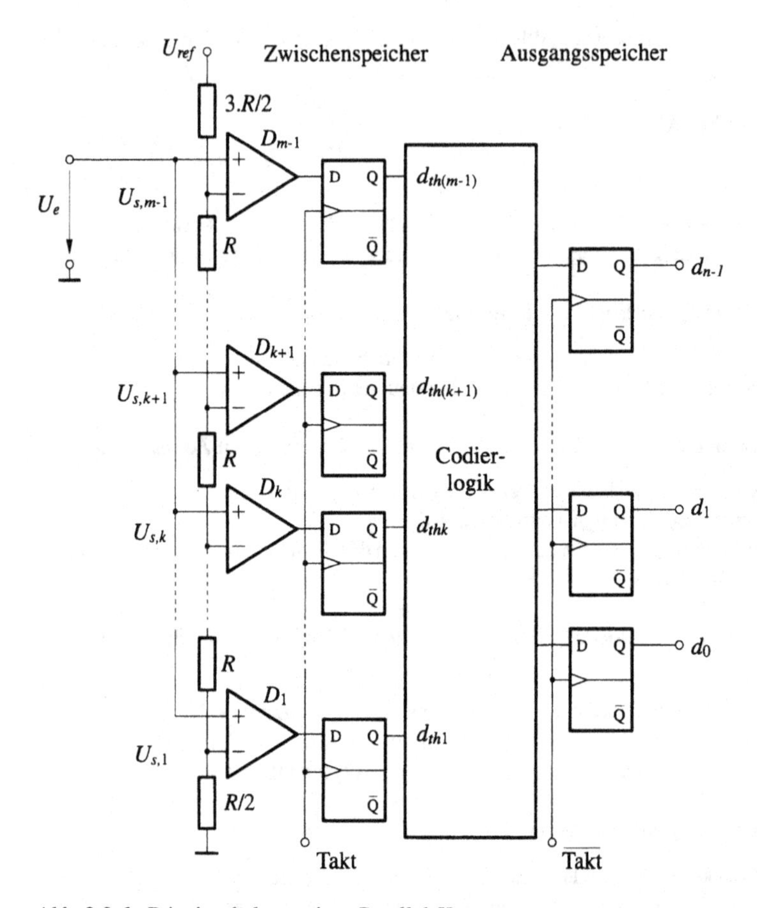

Abb. 2.8.6 Prinzipschaltung eines Parallel-Konverters

baren **Kennwerten** die **Referenzgrößen,** die einen wesentlichen Einfluß auf die Genauigkeit des Verfahrens haben, besonders wichtig.

2.8.2.1 Direkte Konversionsverfahren ohne Rückkopplung

Parallel-Konverter (Vielfachdiskriminator, Flash ADC)

Der Parallelkonverter ist die einfachste denkbare Struktur eines ADCs. Seine Funktion ist vergleichbar mit der eines Lineals zur Längenmessung, weshalb er auch als "Elektrisches Lineal" bezeichnet wird. Mit diesem Konversionsverfahren sind die höchsten Umsetzraten erreichbar, da die Quantisierung in einem einzigen Schritt gleichzeitig mit dem Abtasten erfolgt.

Mit Hilfe mehrerer Diskriminatoren wird die Eingangsspannung mit einer Reihe von Schwellspannungen $U_{s,k}$ verglichen, die sich üblicherweise um den gleichen Wert ΔU_s voneinander unterscheiden, ähnlich wie die Teilstriche eines Lineals. Jeder Diskriminator ermöglicht die Aufteilung des Eingangsspannungsbereiches in zwei Klassen, nämlich in ein Intervall I_k für alle Werte von U_e, die größer als $U_{s,k}$ sind, und ein Intervall I_{k-1}, für alle U_e kleiner als $U_{s,k}$. Die mathematische Bedingung $u_e = U_{s,k}$ ist technisch nicht realisierbar. Es werden taktgesteuerte Diskriminatoren ohne Hysterese verwendet, die gleichzeitig speichern. Mit jedem weiteren Diskriminator kann eine zusätzliche abgeschlossene Bewertungsklasse erzeugt werden, m-1

Tabelle 2.8.1 Anzahl der Diskriminatoren und Anzahl der unterscheidbaren Klassen

1 Diskriminator	untere	I_0	$u_e<U_s$	nach unten offen
2 Klassen	obere	I_1	$u_e>U_s$	nach oben offen
2 Diskriminatoren	untere	I_0	$u_e<U_{s,1}$	nach unten offen
3 Klassen	mittlere	I_1	$U_{s,1}<u_e<U_{s,2}$	abgeschlossen
	obere	I_2	$u_e>U_{s,2}$	nach oben offen
m-1 Diskriminatoren	unterste	I_0	$u_e<U_{s,1}$	nach unten offen
m Klassen	alle mittleren	I_k	$U_{s,k}<u_e<U_{s,k+1}$	abgeschlossen
	oberste	I_{m-1}	$U_e>U_{s,m-1}$	nach oben offen

Diskriminatoren ergeben (bei monoton steigenden Schwellspannungen $U_{s,k}$) insgesamt m Klassen, davon m-2 abgeschlossene Klassen und die beiden nach unten bzw. oben offenen Randklassen. Der prinzipielle Zusammenhang zwischen der Anzahl der Diskriminatoren und der Anzahl der unterscheidbaren Klassen bzw. Intervalle ist in der Tabelle 2.8.1 dargestellt.

Die Schwellspannungen werden im allgemeinen durch Teilung der Referenzspannung U_{ref} mit Hilfe einer Widerstandskette erzeugt. Diese Kette wird meist aus gleich großen Widerständen R gebildet. Wenn genau die in Abb. 2.8.1 gezeigte Art der Zuordnung erzielt werden soll, muß der unterste Widerstand den Wert R/2 haben, der oberste 3.R/2. Bei der realen Ausführung werden die Werte dieser Widerstände entsprechend der gewünschten Zuordnung gewählt. Sie können eventuell auch ganz weggelassen werden, wenn die unterste abgeschlossene Klasse bei 0 beginnen, die oberste bei U_{ref} enden und die beiden Randklassen die Bereichs-Unterschreitung und -Überschreitung enthalten sollen. Soll das Unterschreiten bzw. Überschreiten des Bereiches gesondert angezeigt werden, sind zwei zusätzliche Diskriminatoren nötig. Der Bereich wird in diesem Fall in m abgeschlossene Klassen unterteilt.

Liegt die Eingangsspannung u_e im Intervall I_k, so liefern die Diskriminatoren D_1 bis D_k eine logische 1, alle anderen Diskriminatoren mit Schwellspannungen größer als $U_{s,k}$ eine logische 0. Die Kombination der logischen Signale am Ausgang der Diskriminatorkette wird als Thermometercode d_{th} bezeichnet. Dieser Code wird mit Hilfe einer Umcodierlogik meist in den natürlichen Dualcode umgewandelt (Abb. 2.8.6).

Die Signale werden vor der Codierlogik (in den taktgesteuerten Diskriminatoren) zwischengespeichert, um eine sichere Funktion der Logik zu ermöglichen. Bei schnellen Änderungen des Eingangssignals können auf Grund unterschiedlicher Durchlaufzeiten durch die Diskriminatoren auch abweichende Signalzustände mit unzulässigen 0-Zuständen in dem Bereich der 1-Zustände (oder umgekehrt) auftreten. Diese fehlerhaften Codes können dann richtig verarbeitet werden, wenn die Codierlogik bei steigendem Eingangssignal die oberste 1 und bei fallendem die unterste 0 auswertet. Nach der Codierlogik ist eine zweite Speicherkette nötig, die die Ausgangssignale der Codierlogik erst nach Abschluß aller Umschaltvorgänge übernimmt.

Die Vorteile dieses Konvertertyps bestehen in der hohen Umsetzrate und für spezielle Anwendungen auch in der Möglichkeit, die Klassenbreiten unterschiedlich zu wählen. Ein wesentlicher Nachteil ist der hohe Aufwand, die Anzahl der Diskriminatoren steigt linear mit der Auflösung (oder, auf die Zahl der Bit bezogen, nach einer Zweierpotenz), der Aufwand an Codierlogik noch stärker.

Die wesentlichen, genauigkeitsbestimmenden Größen des Parallel-Konverters sind die Referenzspannung, die Toleranzen der Widerstände der Teilerkette, ihre Belastung durch die Eingangsströme der Diskriminatoren und die Offsetspannungen der Diskriminatoren.

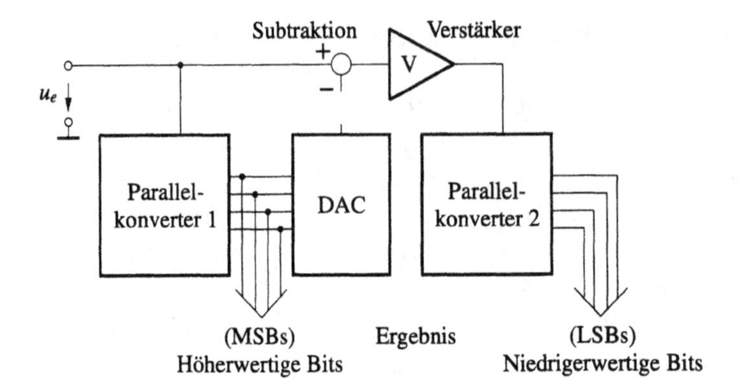

Abb. 2.8.7 Blockschaltbild eines Kaskadenkonverters

Es gibt derzeit Ausführungsformen mit Umsetzraten bis über 1 GS/s bei Auflösungen von 6 bis 10 Bit. Parallelkonverter werden nahezu bei allen Meß-Systemen und -Geräten mit Signalabtastung für hohe Frequenzen verwendet, insbesondere bei Digitaloszilloskopen.

Kaskadenkonverter (Kaskadierter oder Mehrbereichs-Vielfachdiskriminator)

Der kaskadierte Parallelkonverter ist ein Beispiel für eine allgemein gültige Methode: das gleiche Verfahren wird mehrmals hintereinander so angewendet, daß sich der gewünschte Effekt multipliziert. Es werden meist zwei Parallelkonverter in Kaskade verwendet, dazwischen wird vom Eingangssignal der Wert abgezogen, der von dem ersten Parallelkonverter bereits erfaßt wurde (Abb. 2.8.7).

Der gesamte Bereich des Eingangssignals wird durch (m_1-1) Diskriminatoren in m_1 Grobstufen eingeteilt, die jeweils den Teil $1/m_1$ des Gesamtbereiches enthalten. Von dem Eingangssignal wird der Wert der höchsten überschrittenen Schwellspannung $U_{sk,1}$ abgezogen, die Differenz verstärkt und dem zweiten Parallelkonverter zugeführt. Der Grobbereich, in dem das Eingangssignal liegt, wird durch die zweite Kette mit (m_2+1) Diskriminatoren in m_2 abgeschlossene Bereiche unterteilt. Der oberste Diskriminator zeigt dabei im höchsten Grobbereich das Überschreiten des Gesamtbereiches an, der unterste im niedrigsten das Unterschreiten (andere Einteilungen sind auch möglich). Die Verstärkung nach der Subtrahierschaltung dient dazu, den Einfluß der Unsicherheiten der Schwellen der Diskriminatoren der zweiten Kette klein zu halten.

Der Aufwand an Diskriminatoren ist für eine bestimmte Auflösung in einer kaskadierten Ausführung entsprechend geringer, zum Beispiel bei einer zweistufigen (m_1-1) + (m_2+1) Diskriminatoren, verglichen mit ($m_1 . m_2$) -1 Diskriminatoren, die in einer einstufigen Ausführung nötig wären. Das ergibt für 256 abgeschlossene Intervalle eine Gesamtzahl von 32 Diskriminatoren für einen zweistufigen 8-Bit Umsetzer mit 4 Bit in der ersten Stufe und 4 Bit in der zweiten statt 257 beim einstufigen Konverter.

Wie bei jeder Schaltung, die in mehreren Bereichen arbeitet, können sich Fehler im genauen Aneinanderschließen der Bereiche ergeben. Daher ist bei der Dimensionierung auf die Toleranzen der Widerstände und auf andere Störgrößen, wie Leitwiderstände der Schalter und Offsetgrößen der Komparatoren, besonders zu achten. Ungenauigkeiten der Diskriminatorschwellen der ersten Stufe können ermittelt, gespeichert und digital korrigiert werden, wenn nur der Bereichsschalter-DAC genau arbeitet und die zweite Stufe mit mehr Diskriminatoren einen etwas weiteren Bereich erfaßt, als der ungestörten Grobstufe entspricht. Ungenauigkeiten der Subtrak-

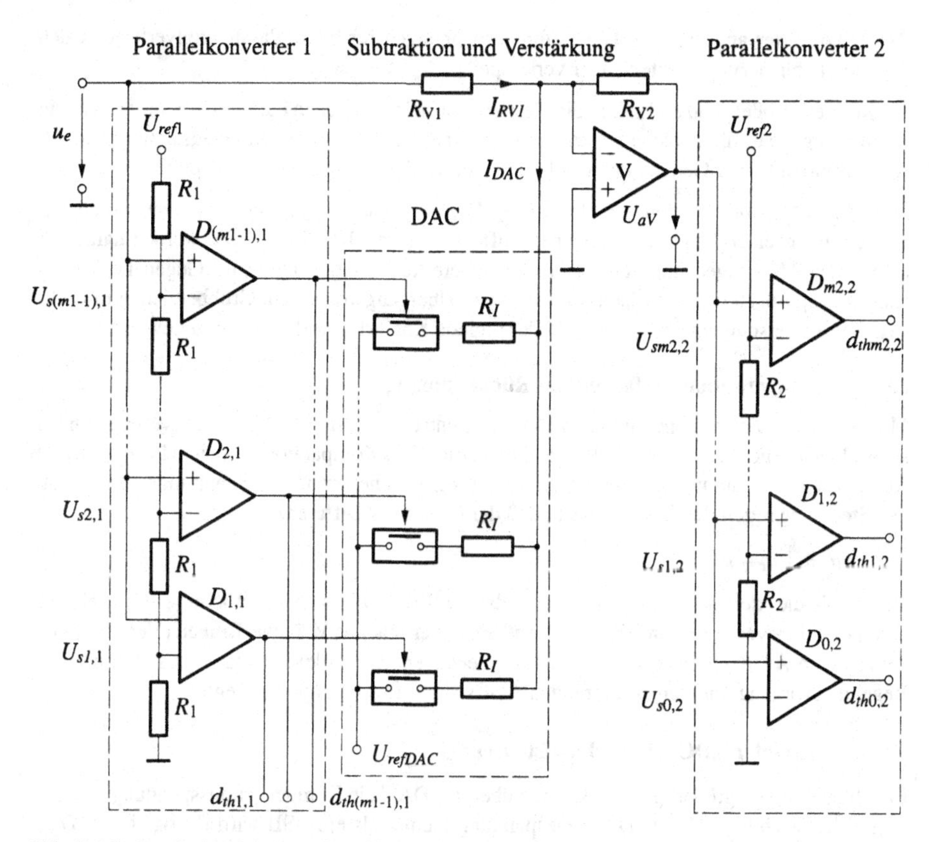

Abb. 2.8.8 Reale Ausführung eines Kaskadenumsetzers. Die Digitalausgänge sind im Thermometercode gezeigt, an sie wird eine geeignete Codierlogik angeschlossen. Die Ausgänge $d_{th0,2}$ und $d_{thm2,2}$ zeigen das Unter- und Überschreiten des Bereiches an

tion können ebenfalls entsprechend einer Kalibriertabelle digital korrigiert werden, wenn der zweite Parallelkonverter mehr Bit hat (häufig 2 Bit mehr, also viermal so viel Diskriminatoren).

Innerhalb jedes Bereiches arbeitet die Schaltung genauso schnell wie der einstufige Parallelkonverter. Das Umschalten des DAC beim Überschreiten jeder Grobbereichsgrenze ergibt Einschwingvorgänge in der Subtrahierschaltung. Dabei ist es gleichgültig, wieviele Bereichsgrenzen dabei überschritten werden, von Bedeutung ist nur, wie weit sich das Ausgangssignal des Subtrahierverstärkers ändern muß.

Abb. 2.8.8 zeigt die Prinzipschaltung einer praktischen Ausführung eines zweistufigen Kaskadenkonverters. Wenn die Eingangsspannung im k-ten Intervall der ersten Stufe liegt (das unterste Intervall wird als Intervall 0 bezeichnet), schließen k Schalter, und die zugehörigen Widerstände R_I sind mit der Referenzspannung U_{refDAC} verbunden, die die entgegengesetzte Polarität wie U_{ref1} hat. Am Ausgang des Summierverstärkers ergibt sich die Spannung

$$u_{aV} = - R_{V2} \cdot (u_e/R_{V1} + k \cdot U_{refDAC}/R_I) = - R_{V2} \cdot \left(I_{R_{V1}} - I_{DAC}\right) , \qquad (10)$$

die dem zweiten Parallelkonverter zugeführt wird. Der DAC ist aus (m_1-1) gleichen Widerständen aufgebaut, die direkt ohne Umcodierung, und daher schnell, angesteuert werden und die alle nur die gleiche Genauigkeit haben müssen. In Abb. 2.8.8 sind die digitalen Ausgänge im Thermometercode gezeigt, an sie wird eine geeignete Codierlogik ähnlich der beim einfachen

Parallelkonverter angeschaltet. Die Referenzspannungen für beide Parallelkonverter und den DAC sind üblicherweise miteinander verkoppelt.

Die Referenzgrößen sind im Prinzip die gleichen wie beim einfachen Parallel-Konverter, wichtig ist allerdings, daß die analoge Subtraktion der Grobstufen von dem Eingangssignal nach der ersten Stufe mit einer Genauigkeit erfolgt, die der des Gesamtkonverters entspricht.

Nach dieser Methode können schnelle Analog-Digital-Umsetzer mit hoher Auflösung realisiert werden, bis über 10 MS/s und mehr bei Auflösungen von 10 - 14 Bit. Sie werden daher bei abtastenden Messungen eingesetzt, bei denen höhere Auflösungen nötig sind. Gegen die Abweichungen (Sprungstellen der Charakteristik) beim Übergang von einem Grobbereich zum nächsten werden verschiedene analoge und/oder digitale Korrekturmechanismen angewendet.

2.8.2.2 Kompensationsverfahren mit Rückkopplung

Mit einem Komparator, einer digitalen Steuerung und einem Digital-Analog-Konverter kann ein selbstabgleichender Kompensator konstruiert werden. Der Komparator vergleicht Eingangs- und Kompensationsspannung und meldet der Steuerung, welche der beiden Spannungen größer ist. Die Steuerung regelt den DAC so nach, daß der Betrag der Differenz

$$\Delta u = | u_e - u_k | \tag{11}$$

kleiner als die kleinste Spannungsstufe q, das LSB des DACs, wird. Wichtige Beispiele für Kompensationsverfahren sind der **Nachlaufkonverter** und das **Wägeverfahren** (Verfahren der **sukzessiven Approximation**). Bei dem kompensierenden Abgleich handelt es sich um einen Regelungsvorgang, die kompensierenden ADCs sind Modelle digitaler Regler.

Kompensierender ADC mit Nachlaufsteuerung

Eine Steuerung vergrößert oder verkleinert über den DAC die Kompensationsspannung solange in gleicher Richtung, bis die Differenzspannung kleiner als ein LSB wird ("Abgleich"). Dies geschieht mit Hilfe eines Vor-Rückwärtszählers (Abb. 2.8.9), dessen Ausgänge den DAC

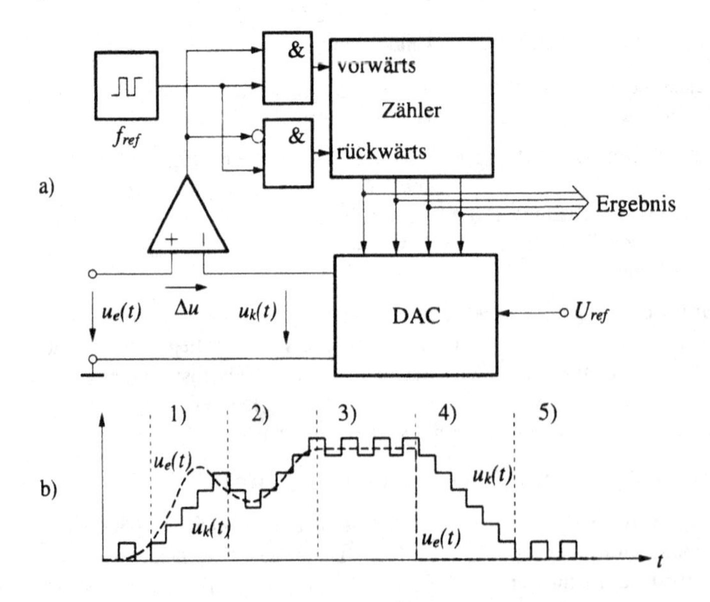

Abb. 2.8.9 ADC nach dem Nachlaufverfahren: a) Prinzipschaltung, b) Verlauf von $u_k(t)$ für zeitlich veränderliche $u_e(t)$

ansteuern. Je nach Größe und Vorzeichen von Δu liefert der Komparator an seinem Ausgang 1 oder 0. Diese Information wird dazu verwendet, den Zähler vor- oder rückwärts laufen zu lassen. Das digitale Ausgangssignal des DAC wird dadurch ständig dem analogen Eingangssignal nachgeführt.

Für nicht zu schnelle Amplitudenänderungen des Eingangssignals kann bei jedem Taktschritt der Abgleich erreicht werden, und es können Zeitauflösungen bis zu einigen Nanosekunden, entsprechend einer Abtastrate von über 100 MS/s, erreicht werden. Dabei gilt als Grenzbedingung, daß die Eingangsspannungsänderung während einer Taktperiode T des Zählers nicht größer als 1 LSB des DAC sein darf, also $dU_e/dt < q/T$. Bei schnellen Spannungsänderungen kann es bei diesem Verfahren lange dauern, bis der Abgleich erreicht ist und der ADC wieder ein richtiges Ergebnis liefert. Bei einem n-Bit Konverter sind dafür im ungünstigsten Fall, bei einem Sprung der Eingangsspannung über den vollen Bereich, $m=2^n$ Taktperioden nötig. Eine Anpassung der Schrittgröße bei dem Nachführen der Kompensationsspannung an die Differenz Δu ist möglich, aber nicht üblich, obwohl sich dadurch die Dauer des Abgleichs erheblich verringern läßt. Bei einer konstanten Eingangsspannung schalten Zähler und DAC, unabhängig von der genauen Lage der Eingangsspannung innerhalb des Intervalls, mit 50 % Tastverhältnis laufend zwischen den beiden benachbarten Werten hin und her.

Abb. 2.8.9 zeigt das Prinzipschaltbild und den zeitlichen Verlauf der Kompensationsspannung für einen angenommenen Eingangsspannungsverlauf. In den Abschnitten 1) und 4) ist die Eingangsspannungsänderung zu groß, u_k kann der Eingangsspannung nicht folgen. Der Abschnitt 2) zeigt die korrekte Nachführung, die Abschnitte 3) und 5) das Hin- und Herschalten des Zählers bei konstanter Eingangsspannung.

Wird vor den Komparator ein aktiver Integrator geschaltet, der das Zeitintegral der Differenz $\Delta u = u_e - u_k$ bildet, so entspricht das Tastverhältnis TV der beiden benachbarten Ausgangswerte dem genauen Wert von U_e innerhalb des Intervalls. Der Wert von TV ist nicht quantisiert, sondern analog, und eine Interpolation des Ergebniswertes zwischen den beiden Digitalwerten der Intervallgrenzen ist durch Mittelwertbildung (digitale Filterung) möglich. Bei konstanter Eingangsspannung kann die Auflösung soweit erhöht werden, wie es sich aus der Zahl der bei der Mittelung erfaßten Taktperioden (Einzelentscheidungen) ergibt. Diese Methode entspricht der Verwendung eines dynamischen, seriell arbeitenden DAC. Der Aufwand für einen seriellen DAC ist bei gleicher Auflösung wesentlich geringer als für einen parallelen, seine Linearität ist vom Verfahren her ausgezeichnet. Die ebenfalls inherenten überlagerten Schwankungen mit der Taktfrequenz haben wegen der Funktion des Integrators keinen störenden Einfluß.

Das insbesondere in der Audiotechnik allgemein angewendete Verfahren des Σ-Δ-Konverters (Kap. 2.8.2.5) wurde aus dieser Möglichkeit entwickelt. Es benützt den erwähnten Integrator vor dem Komparator, für die Rückkopplung einen seriellen DAC mit einem oder einigen wenigen Bit und mehrstufige analoge und/oder digitale Filter. Dadurch wird, bei nach unten und oben bandbegrenzten Signalen, mit einer internen Taktfrequenz über 1 MHz und einer "Abtastfrequenz" (Frequenz der gelieferten Digitalwerte) von etwa 50 kHz eine Qualität des rekonstruierten Analogsignals erreicht, die einer Abtastung mit sehr hoher Auflösung (bis über 18 bit) entspricht. Ausführungen für allgemeine meßtechnische Anwendungen erreichen bei entsprechend langer Einstellzeit Auflösungen bis über 20 Bit.

Wägeverfahren (Verfahren der sukzessiven Approximation)

Anstelle einer kontinuierlichen Nachführung des DACs wie beim Nachlaufverfahren wird beim Wägeverfahren das Eingangssignal über eine Abtast/Halteschaltung für jede Konversion fixiert und der DAC durch eine Logik so gesteuert, daß die Kompensationsspannung in Schritten aufgebaut wird. Zuerst wird die größte Teilspannung des DACs, dann die nächst kleinere und

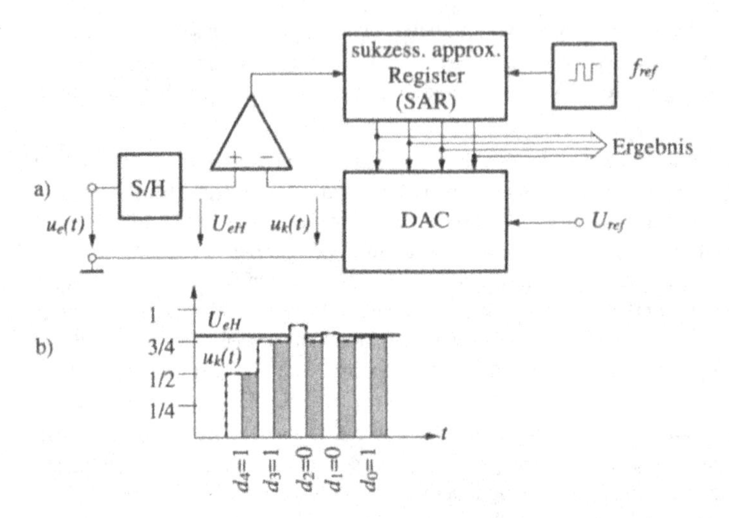

Abb. 2.8.10 ADC nach dem Verfahren der sukzessiven Approximation: a) Prinzipschaltbild, b) Abgleichvorgang eines 5 Bit Konverters für eine Meßspannung U_m zwischen $25.U_{ref}/32$ und $26.U_{ref}/32$

so fort bis zur kleinsten Teilspannung addierend eingeschaltet. Die Teilspannungen werden jeweils in der ersten Takthälfte zur letzten Kompensationsspannung addiert und entweder belassen, wenn u_k kleiner als u_e ist, oder wieder weggeschaltet, wenn u_k größer als u_e ist. Nach dem letzten Abgleichschritt ist die Kompensationsspannung u_k daher um maximal q kleiner als die Eingangsspannung u_e. In Abb. 2.8.10 ist das Prinzipschaltbild eines Konverters nach dem Wägeverfahren und als Beispiel der Abgleichvorgang für eine Eingangsspannung U_e zwischen $25 \cdot U_{ref}/32$ und $26 \cdot U_{ref}/32$ bei einer Auflösung von 5 Bit gezeigt. Die einzelnen Stufen haben daher Werte der Kompensationsspannung von $U_{ref}/2$ bis $U_{ref}/32$. Die Steuerlogik wird als sukzessiv approximierendes Register (SAR) bezeichnet. Der Abgleich dauert bei einem n-Bit Konverter n Taktschritte. Die Periodendauer muß mindestens so lange sein, wie für den Einstellvorgang des DACs, die Zustandserkennung durch den Komparator und die Verarbeitung in der Steuerlogik nötig ist.

Diese Methode ergibt eine schnelle und genaue Messung bei Auflösungen bis über 16 Bit. Schnelle Typen mit 8-10 Bit Auflösung haben Konversionszeiten bis unter 100 ns, Ausführungen in CMOS-Technik mit niedrigem Stromverbrauch 1 bis über 10 µs. Im Unterschied zum Nachlaufkonverter ist die Konversionszeit vom Signalverlauf unabhängig, da der Abgleichvorgang jedesmal neu von Null weg durchgeführt wird.

Die Intervallbreiten können stark streuen, da jede Intervallgrenze unabhängig von den benachbarten Intervallgrenzen durch einen Ausgangswert des DAC definiert ist. Das kritischste Intervall ist dabei das zwischen dem MSB ($U_{ref}/2$) und dem nächst niedrigeren Wert, da diese größte Stufe der Summe aller kleineren Stufen plus 1 LSB entsprechen muß. Schon kleine relative Abweichungen des MSB können (allerdings nur an dieser einen Stelle) zu einem überbreiten Intervall, zu einem fehlenden Ergebniswert ("missing code") oder sogar zu einer nichtmonotonen Konversionscharakteristik führen. Eventuell werden daher die höchstwertigen Stufen für die obersten 3/4 oder 7/8 des Bereiches nicht durch dual abgestufte Schritte, sondern durch 3 oder 7 gleiche Schritte realisiert, deren relative Abweichungen einen größeren Wert haben dürfen, als er für das MSB zulässig wäre. Dabei verlängert sich die Konversionszeit entsprechend.

Die Eingangsspannung muß während des Abgleichvorganges mit Hilfe einer Abtast-Halteschaltung (Sample-Hold-Schaltung, siehe Kap. 2.4.9) konstant gehalten werden.

In CMOS-Ausführungen wird oft die Ladung des Speicherkondensators nach einem gleichartigen Algorithmus sukzessive durch schnelles Umschalten zwischen zwei Referenzspannungen so auf einen Satz von dual abgestuften Kapazitäten (die die abgestuften Widerstände des DAC ersetzen) verteilt, daß die Spannungsdifferenz am Komparator auf Null kompensiert wird.

2.8.2.3 Indirekte Konversionsverfahren mit Zeit als Zwischengröße

Bei diesen Verfahren wird die Eingangsspannung mit Hilfe einer Analogschaltung in eine ihrem Wert proportionale Meßzeit umgewandelt. Dazu wird meistens die geeignet gesteuerte Auf- und/oder Entladung eines Kondensators verwendet. Das digitalisierte Ergebnis ergibt sich aus der Zahl der Perioden einer Referenz-Frequenz f_{ref}, die während der Meßzeit gezählt werden.

Gemeinsame Vorteile der verschiedenen Ausführungsformen dieses Verfahrens sind:

- Eine hohe Auflösung kann mit geringem Aufwand durch eine entsprechend lange Konversionszeit erreicht werden.
- Die Methode ergibt gleichmäßige Intervallbreiten und daher eine gute differentielle Linearität.

Eine höhere Auflösung erreicht man bei diesen ADC-Verfahren durch

- eine höhere Referenzfrequenz,
- eine geringere Steigung der linearen Vergleichsspannung, d.h. durch einen niedrigeren Entladestrom und/oder eine größere Kapazität,
- eine längere Meßzeit.

Die Auflösung kann bei entsprechend langer Konversionszeit nahezu beliebig hoch gemacht werden. Meßtechnisch ist es nur sinnvoll, die Auflösung so hoch zu wählen, daß die Quantisierungsunsicherheit vergleichbar der Unsicherheit aufgrund der Instabilitäten des Meßgerätes ist.

Referenzgrößen sind der Wert des Entladestroms, des Kondensators und damit die Steigung der linearen Vergleichsspannung sowie die Taktfrequenz.

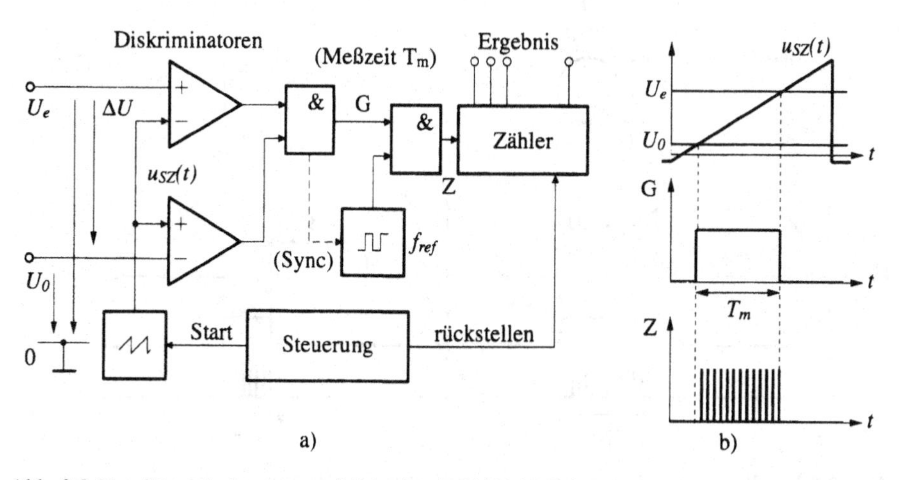

Abb. 2.8.11 Sägezahnkonverter: a) Prinzipschaltbild, b) Zeitabläufe

Sägezahnvergleichs-Konverter

Es wird die Differenz zwischen der Eingangsspannung U_e und ihrer Bezugsspannung U_0 mit Hilfe von zwei Diskriminatoren und einer linear verlaufenden Spannung $u_{SZ}(t)$, einer "Sägezahnspannung", in eine proportionale Meßzeit umgewandelt (Abb. 2.8.11). Solange sich die Sägezahnspannung zwischen Meßspannung und Bezugsspannung befindet, läuft die Meßzeit T_m, und es wird die Periodenzahl einer Referenzfrequenz $f_{ref} = {}^1\!/_{T_{ref}}$ von einem Zähler gezählt, der das Ergebnis z liefert.

$$z = f_{ref} \cdot T_m \quad \text{und} \quad \Delta U = z \cdot \frac{\mathrm{d}\, u_{SZ}(t)}{\mathrm{d}\, t} \cdot T_{ref} \tag{12}$$

Die Meßzeit und damit die Zahl der gezählten Impulse ist der Meßspannung U_e proportional. Gemessen wird der Momentanwert der Eingangsspannung, der Zeitpunkt der Erfassung ergibt sich aber aus dem Ansprechen des Komparators und damit aus der Eingangsspannung selbst. Die Eingangsspannung muß daher für eine wohl definierte Konversion konstant sein. Die Steigung des Sägezahns kann gleichzeitig durch eine zweite Kombination von Diskriminatoren und Zähler mit einer Referenzspannung überprüft werden. Diese Methode ermöglicht extrem genaue Messungen.

Lineare Kondensatorentladung

Dieser Impulshöhen-Konverter, Spitzenwertspannungsmesser oder **Wilkinson ADC** ist dem Sägezahnvergleichs-ADC ähnlich. Es wird eine Kapazität C auf den Wert der Eingangsspannung aufgeladen, $u_C(t) = u_e(t)$, durch eine Diodenschaltung oder einen Analogschalter von der Eingangsspannung abgetrennt und anschließend mit Hilfe einer Stromquelle linear auf den Ruhe-

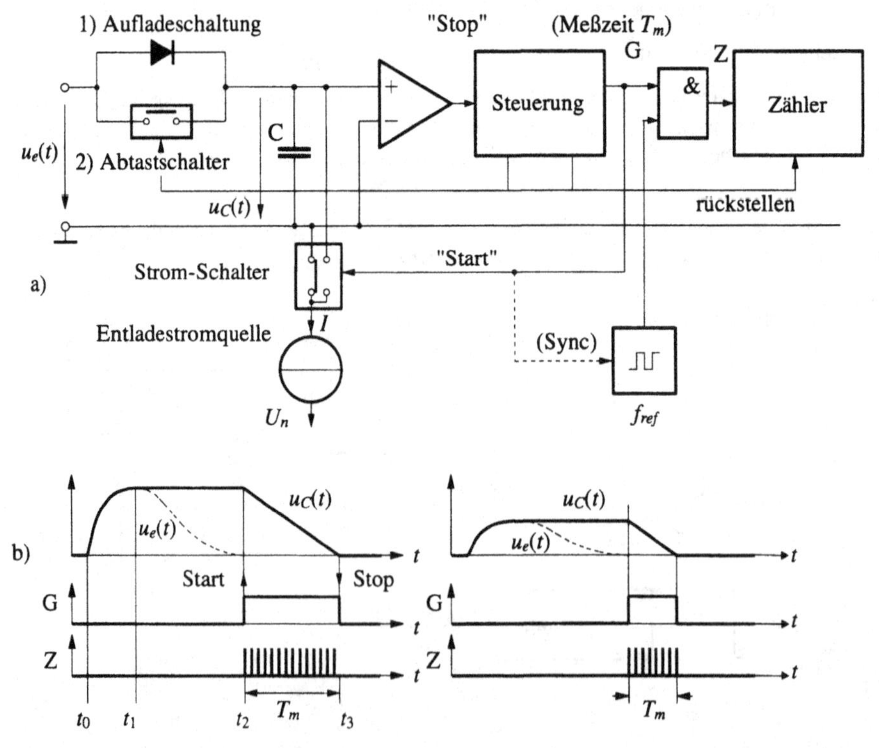

Abb. 2.8.12 Wilkinson ADC: a) Prinzipschaltung, b) Zeitabläufe für zwei unterschiedliche Impulsamplituden

wert, im allgemeinen $u_C(t) = 0$, entladen. Die Dauer der Entladung ergibt die Meßzeit T_m, die durch Zählung der Perioden einer Referenzfrequenz gemessen wird (Abb. 2.8.12).

Die Schaltung ist einfach und übersichtlich, die Referenzgrößen sind der Kondensator und die Entladestromquelle. Die differentielle Nichtlinearität ist besonders gering (sie stammt im wesentlichen nur von Rückwirkungen aus den digitalen Schaltungen auf die Komparatoren). Dies ermöglicht die genaue Messung von Amplitudenverteilungen, die durch Unterschiede der Intervallbreiten verfälscht würden.

Ein wesentlicher Nachteil ist die lange Konversionszeit, die für eine hohe Auflösung benötigt wird. Diese kann nach Bedarf durch eine mehrstufige Entladung abgekürzt werden, indem zum Beispiel die Entladung der Kapazität zuerst steil abläuft und zugleich das Ergebnis in entsprechenden Schritten im Zähler gezählt wird, bis der Ruhewert nahezu erreicht ist. Danach wird die Restamplitude mit einer flacheren Steigung entladen und das Ergebnis in Einheiten der kleinsten Stelle des Zählers fertig gemessen.

Dual-Slope ADC (Integratorverhältnismessung, Zweirampenverfahren)

Dieses Verfahren benützt ein ähnliches Prinzip wie der Sägezahnkonverter, ermöglicht es aber, Ungenauigkeiten und Langzeitdriften der wichtigsten Komponenten innerhalb jeder Messung so zu kompensieren, daß sie das Ergebnis nicht beeinflussen.

Die Messung läuft in zwei Abschnitten ab (Abb. 2.8.13):

Zuerst wird die Eingangsspannung während einer konstanten Integrationszeit T_{int} integriert, indem der Eingang des Integrators über den Eingangsumschalter mit U_e verbunden wird. Die Ausgangsspannung des Integrators hat nach dem Ende der Integrationszeit den Wert $u_a(t_1)$, der proportional zum Mittelwert von u_e über diesem Zeitraum ist. Somit ist bei konstantem U_e

$$u_a(t_1) = -T_{int} \cdot I_C / C = -T_{int} \cdot U_e / (R \cdot C) = k_1 \cdot U_e \cdot T_{int} \tag{13}$$

$$\text{mit } k_1 = -1/(R \cdot C) \ . \tag{14}$$

Der aktive Integrator liefert (im Gegensatz zu einem passiven RC-Tiefpaßfilter) eine Spannung, die proportional, aber nicht gleich der Eingangsspannung ist ($u_a(t1)$ kann, abhängig von den Parametern der Schaltung, beliebig kleiner oder größer als U_e sein!).

Anschließend wird der Integrator mit der Referenzspannung U_{ref} (mit entgegengesetzter Polarität zur Eingangsspannung) verbunden und der Kondensator dadurch mit einer konstanten Steigung $du_a(t)/dt = k_2 = U_{ref}/(R \cdot C)$ entladen, bis u_a wieder den Wert 0 erreicht hat. Die Meßzeit T_m ist daher zu $u_a(t_1)$ und damit zur Eingangsspannung U_e proportional, nämlich

$$T_m = \frac{u_a(t_1)}{k_2} = \frac{u_a(t_1) \cdot R \cdot C}{U_{ref}} \ . \tag{15}$$

k_2 hat den Wert $k_1 . U_{ref}$, und die Funktion der Umwandlung wird durch folgende Gleichung beschrieben:

$$\frac{T_m}{T_{int}} = \frac{k_1 \cdot U_e}{k_2} = \frac{U_e}{U_{ref}} \ . \tag{16}$$

Das Verhältnis der Meßzeit zur Integrationszeit entspricht also dem Verhältnis der Eingangs- zur Referenzspannung. Wird auch die Zeitmessung in beiden Abschnitten der Messung mit Hilfe desselben Frequenzgenerators ausgeführt, hängt die Meßgenauigkeit praktisch nur mehr von der Genauigkeit der Referenzspannung ab. Die absoluten Werte der Referenzfrequenz und der Zeitkonstante des Integrators gehen nicht ein, solange sie während einer Messung konstant bleiben. Wird anstelle der Referenzspannung eine zweite Eingangsspannung U_{e2} verwendet,

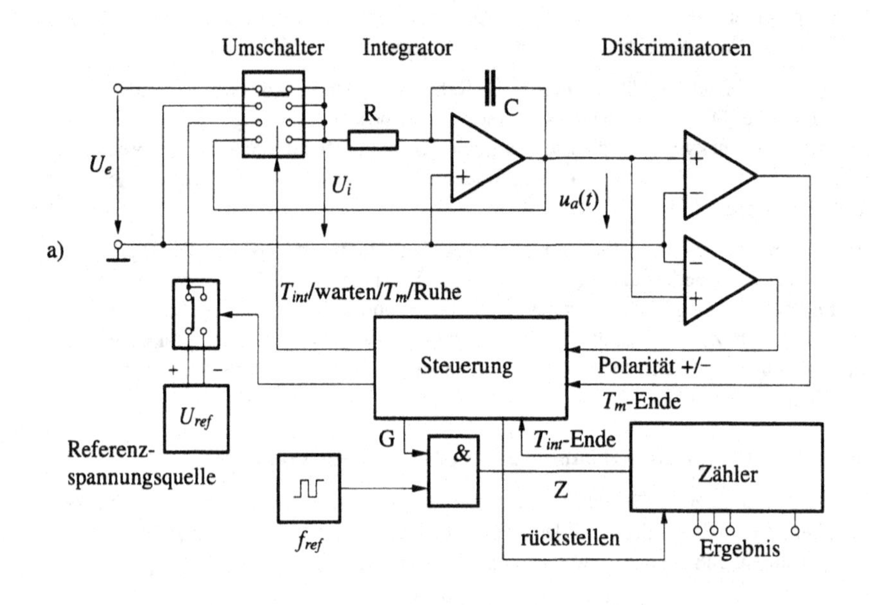

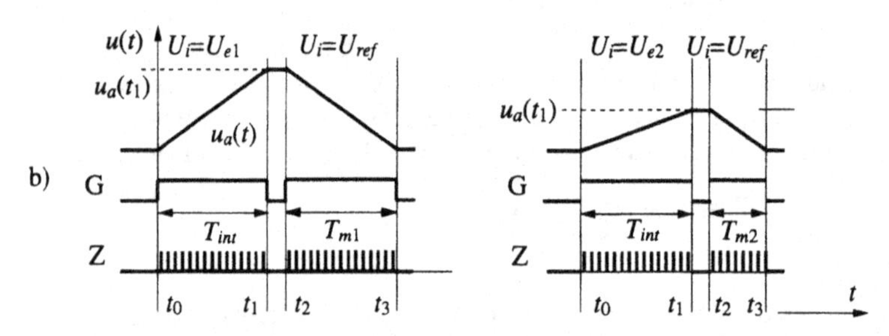

Abb. 2.8.13 Dual Slope Konverter: a) Prinzipschaltung, der Eingangsumschalter steht auf U_i=U_e (Integrationszeit), der Polaritätsschalter steht auf U_{ref} positiv, entsprechend U_e negativ. b) Zeitabläufe für zwei verschiedene Meßspannungen, U_{e2}<U_{e1}

entspricht das Ergebnis der Wandlung dem Verhältnis der beiden Eingangsgrößen, also einer Division entsprechend der Beziehung

$$\frac{T_m}{T_{int}} = \frac{U_{e1}}{U_{e2}} \quad . \tag{17}$$

Diese Eigenschaft wird zur Bestimmung von Bauteilimpendanzen verwendet. Dabei entspricht eine der Größen der Spannung über dem Bauteil, die andere wird aus dem Strom abgeleitet.

Mit dem Dual-Slope Verfahren kann relativ einfach eine sehr gute Genauigkeit für die Messung von Gleichspannungen erreicht werden, es wird daher häufig in Digitalvoltmetern verwendet. Die Grenzen der Genauigkeit ergeben sich aus folgenden Bedingungen:

- Die Ausgangsspannung des Integrators muß zu Beginn der Integration genau den Wert haben, bei dem die Messung beendet wird.
- Der Diskriminator, der das Ende der Meßzeit definiert, muß genau bei dem vorher erwähnten Wert schalten.

- Die elektronischen Schalter am Integratoreingang dürfen keine Störspannungen liefern und müssen gleiche und konstante Durchgangswiderstände haben.

Das Meßprinzip erlaubt zwar, Auflösungen unter 1µV zu realisieren, dafür müssen aber die erwähnten Bedingungen mit entsprechender Genauigkeit erfüllt werden. Jedenfalls erlaubt es das Verfahren, auch betriebsmäßig Abweichungen von unter 0,1% und mit guten Labormeßgeräten bis unter 1ppm zu erreichen.

Die Polarität der Ausgangsspannung $u_a(t_1)$ des Integrators muß vor Beginn der Entladung, also zwischen t_1 und t_2, ermittelt werden, damit die Referenzspannung mit der richtigen Polarität an den Integrator gelegt werden kann. Ein üblicher Kunstgriff ist dabei, den Diskriminator bei einer von Null verschiedenen Spannung die Messung beenden zu lassen, deren Betrag vom digitalen Ergebnis abgezogen wird und die jeweils das entgegengesetzte Vorzeichen der Referenzspannung hat. Dadurch kann bei sehr kleinen Werten der Eingangsspannung, und daher auch von $u_a(t_1)$, vermieden werden, daß die Vergleichsmessung von der Abschaltschwelle wegläuft oder durch die Schaltvorgänge gestört wird.

Bei genauen Gleichspannungsmessungen ist es besonders wichtig, Fehler durch überlagerte, eingestreute Wechselspannungen zu vermeiden. Speziell Störspannungen mit Netzfrequenz können fast nicht vermieden werden. Aus diesem Grund wird als Integrationszeit ein ganzzahliges Vielfaches der Netzperiode gewählt, da netzfrequente Störspannungen dann vollständig unterdrückt werden.

Derzeit sind auf dem Markt verschiedene hybride und integrierte Schaltungen dieses Konvertertyps mit Auflösungen von 16 - 18 Bit erhältlich.

2.8.2.4 Indirekte Konversionsverfahren mit Frequenz als Zwischengröße

Das Zeitintervall, das der Eingangsgröße proportional ist, kann auch entsprechend kurz gewählt und als Periodendauer einer Frequenz verwendet werden, die während einer festen Zeit ausgemessen wird.

Dabei ist zu beachten, daß die Umwandlung einer Spannung in eine Frequenz noch keine Digitalisierung, sondern nur die Umwandlung in die Zwischengröße des indirekten Konverters darstellt. Diese Zwischengröße ist hinsichtlich ihrer Amplitude ein digitales Signal, die Frequenz kann aber jeden analogen Wert aus einem Kontinuum annehmen; sie wird daher auch als "frequenzanaloges Signal" bezeichnet. Die bewertende Digitalisierung erfolgt erst durch die Frequenzzählung. Die erreichbare Auflösung und die benötigte Konversionszeit sind nicht durch die Konstruktion festgelegt, ihre Werte können vielmehr durch die Wahl der Meßzeit vorgegeben und jederzeit, auch zwischen zwei Messungen, geändert werden. Es können auch mit zwei unabhängigen Zählern gleichzeitig große Signaländerungen rasch, aber mit geringer Auflösung, und der Mittelwert langsam, dafür aber mit hoher Auflösung, gemessen werden.

Eine wichtige Anwendung ist die Fernübertragung von Meßwerten, die Telemetrie, bei der jede Meßstelle mit einem solchen Konverter ausgerüstet ist. Die Meßzentrale enthält den Frequenzmesser mit der Steuerlogik nur einmal und fragt die Meßstellen nacheinander ab, indem sie zu jeder Meßstelle einzeln für die Dauer der Messung eine Verbindung herstellt.

Spannungs-Frequenz-ADC (U/f -Konverter)

Die Frequenz eines Generators kann durch eine Spannung gesteuert werden, indem eine Dreieckswelle mit einstellbarer Steigung und konstanter Amplitude mit Hilfe von einem Integrator, Diskriminatoren und elektronischen Schaltern erzeugt wird. Diese Schaltung wird auch als VCO (voltage controlled oscillator) bezeichnet. Beim Integrator ist die Steigung der Ausgangsspannung $u_a(t)$ proportional der Eingangsgleichspannung U_e :

$$\mathrm{d}u_a(t)/\mathrm{d}t = k_1 \cdot U_e \quad \text{mit} \quad k_1 = -1/(R \cdot C) \ . \tag{18}$$

Das Zeitintervall T, das die Ausgangsspannung zum Durchlaufen des Intervalls Δu_a mit $\Delta u_a = U_{sp} - U_{sn}$ benötigt, ist der Eingangsspannung U_e umgekehrt proportional. Es gilt

$$T = \frac{\Delta u_a}{k_1 \cdot U_e} = \frac{k_2}{U_e} \quad \text{und} \quad f = \frac{1}{T} = \frac{U_e}{k_2} \ . \tag{19}$$

Die Frequenz ist der Eingangsspannung direkt proportional. Es ergibt sich jedoch nur dann ein periodischer Vorgang, wenn der Kondensator zwischen den Integrationsabläufen entladen wird. Da die Entladung eine endliche Zeit T_{entl} benötigt, ergibt sich in diesem Fall für die Frequenz die nichtlineare Funktion

$$f = \frac{1}{(k_2/U_e) + T_{entl}} \ . \tag{20}$$

Es bestehen zwei andere, reale Möglichkeiten zum Erreichen einer linearen Proportionalität zwischen der Eingangsspannung U_e und der Frequenz f:

- Es kann sowohl die Aufladung als auch die Entladung von der Eingangsspannung gesteuert werden, so daß ein dreiecksförmiges Ausgangssignal ensteht (*U/f*-Konverter),
- es kann aber auch die Entladung dem Aufladevorgang subtraktiv überlagert werden, sodaß die Aufladung weder unterbrochen noch gestört wird (Ladungskompensator).

Bei der ersten Methode wird dem Integrator die Eingangsspannung abwechselnd mit ihrer eigenen und mit invertierter Polarität zugeführt, so daß ein symmetrisches Dreieckssignal entsteht, deren Frequenz der Eingangsspannung proportional ist. Dabei müssen die Störungen der Umschaltvorgänge hinreichend klein sein, der Übergang vom Ladestrom in einer Richtung auf den gleich großen in anderer Richtung muß schnell gegenüber der kürzesten auftretenden Periode erfolgen und die auftretenden Störladungen müssen klein gegen die in einer Periode umgesetzte Ladung sein. Diese Forderungen betreffen die Ausgangsstufe des Operationsverstärkers und den Umschalter. Eine Prinzipschaltung und die zugehörigen Zeitabläufe sind in Abb. 2.8.14 dargestellt. Als elektronische Umschalter eignen sich speziell Diodenschalter mit Schottkydioden.

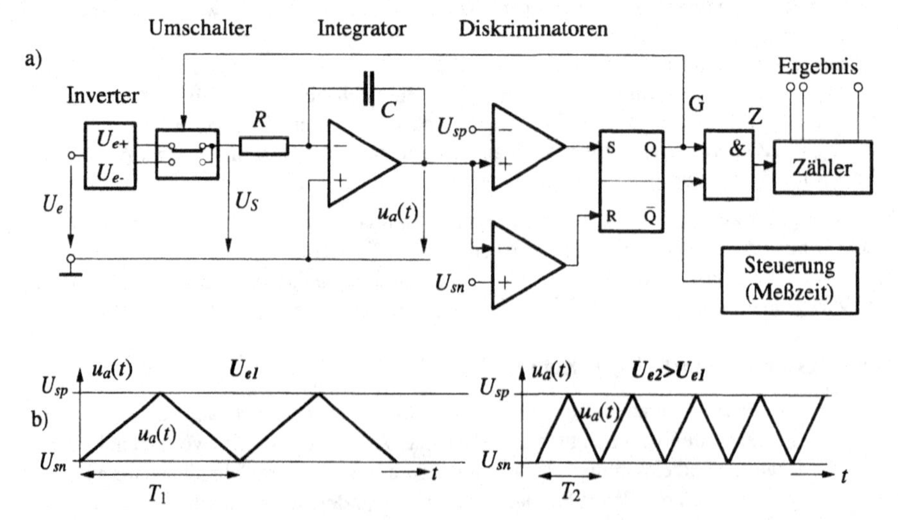

Abb. 2.8.14 Spannungs-Frequenz-Umsetzer ADC: a) Prinzipschaltung, b) Zeitverlauf für zwei verschiedene Eingangsspannungswerte, $U_{e2} > U_{e1}$

Schwankungen der Eingangsspannung, auch innerhalb einer Periode der erzeugten Meßfrequenz, stören die Funktion nicht, solange sich die Polarität nicht ändert. Die richtige Erfassung von Polaritätsänderungen oder Wechselspannungen ist mit zusätzlichen logischen Schaltungen oder durch Addition einer Gleichspannung am Eingang möglich, sodaß nur Meßspannungen einer Polarität auftreten können.

Die Steigung der erzeugten Dreieckswelle ist dem Momentanwert der Eingangsspannung proportional. Die Dauer jeder ganzen oder auch halben Periode der Dreieckswelle entspricht daher dem Zeitintegral von $u_e(t)$ während dieser Zeit. Das Prinzip dieses Verfahrens erlaubt es also, durch eine genaue Zeitmessung auch innerhalb sehr kurzer Zeit den Momentanwert der Eingangspannung zu bestimmen. Im Normalfall wird diese Möglichkeit des *U/f*-Konverters aber nicht ausgenützt.

Ladungs-Kompensations-ADC (Charge Balance Converter)

In einer geschlossenen Regelschleife kann die von der Eingangsspannung auf den Integrator zufließende Ladung auch gleichzeitig mit der Integration abgeführt und dabei gemessen werden. Mit einem schnellen elektronischen Schalter wird dabei aus dem Integrator die Ladung in wohldefinierten Ladungsimpulsen $Q = I \,.\, \Delta T$ gleichzeitig mit der Aufladung durch das Eingangssignal entnommen, ohne daß die Aufladung gestört oder unterbrochen wird (Abb. 2.8.15).

Während des Aufladevorganges ist der Schalter S anfänglich in Stellung 1 und die Ausgangsspannung erreicht die Diskriminatorschwelle U_s nach einer Zeit T_{aufl}

$$T_{aufl} = \Delta u_{a,auf} / (k_1 \cdot U_e) \quad \text{mit} \quad k_1 = -1/(R \cdot C)\ . \tag{21}$$

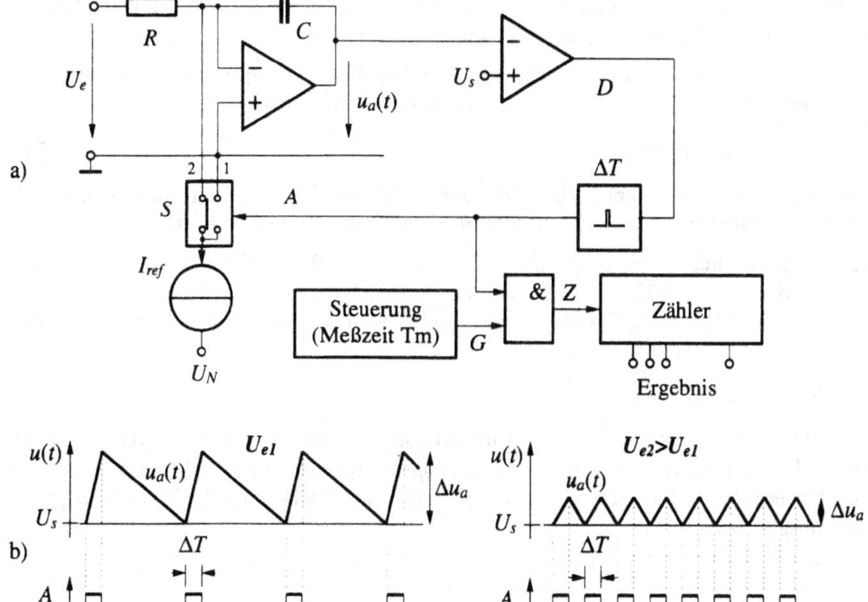

Abb. 2.8.15 Ladungskompensationskonverter: a) Prinzipschaltung, b) Zeitabläufe für zwei verschiedene Eingangsspannungswerte $U_{e2} > U_{e1}$, es ändert sich außer der Frequenz auch die Amplitude infolge der Überlagerung von Auf- und Entladung

Sobald der Diskriminator anspricht, steuert das Zeitglied den Schalter für die Zeit ΔT in Stellung 2. Während dieser Zeit wird der Kondensator mit der Differenz aus Referenzstrom und Eingangsstrom entladen. Es gilt für die Spannungsänderung während der Entladezeit

$$\Delta u_{a,entl} = -(k_1 \cdot U_e - k_2 \cdot I_{ref}) \cdot \Delta T \quad \text{mit} \quad k_2 = -1/C \quad . \tag{22}$$

Das Zeitglied wird gerade so oft getriggert, daß die entnommene Ladung im Mittel gleich groß ist wie die von der Eingangsspannung zugeführte Ladung. Die Frequenz f ergibt sich aus der Ladungsbilanz $I_e = U_e/R = I_{ref} \Delta T \cdot f$:

$$f = \frac{U_e}{R \cdot I_{ref} \cdot \Delta T} \quad . \tag{23}$$

Der Kondensator C dient nur als Ladungspuffer, sein Wert hat keinen Einfluß auf die erzeugte Frequenz und damit auf die Konversion. Der Diskriminator muß dafür sorgen, daß der Stromschalter jeweils rechtzeitig eingeschaltet wird. Seine Schaltschwelle U_s muß daher kleiner als jene Spannung sein, die sich am Integratorausgang ergibt, wenn eine Eingangsspannung entsprechend einem LSB des ADC eine Meßzeit lang anliegt. Das kritische Bauelement in der Schaltung ist das Zeitglied, das zusammen mit der Stromquelle die Ladung je Zählimpuls definiert. Auch die Schaltzeiten des Schalters beeinflußen das Ergebnis, insbesondere wenn sie nicht konstant sind. Der Ladungskompensator liefert ebenso wie der U/f-Konverter eine Frequenz, deren Momentanwert dem Wert der Eingangsspannung entspricht.

Im **taktgesteuerten Ladungskompensator** (Abb. 2.8.16) wird die Dauer und damit auch die Größe der Ladungsimpulse durch die Periodendauer einer Referenzfrequenz bestimmt, mit der auch die Meßzeit für den Frequenzzähler festgelegt werden kann. Der genaue Wert dieser Frequenz beeinflußt dadurch die Messung ebensowenig wie beim Dual Slope Konverter. Durch die Taktsteuerung ergibt sich im allgemeinen eine unregelmäßige Impulsfolge, deren mittlere Häufigkeit (Impulsrate) der Eingangsspannung proportional ist.

Besteht ein rationales Verhältnis zwischen der während einer Taktperiode vom Eingang zufließenden Ladung und der durch einen Ladungsimpuls entnommenen, ist also

$$I_e \cdot T_{ref}/Q_{ref} = N_1/N_2 \, , \tag{24}$$

so wiederholt sich diese Impulsfolge periodisch nach einer Zahl von Taktperioden, die durch den Wert des Nenners N_2 des gekürzten (irreduziblen) Bruches bestimmt wird.

Die Aufladung durch das Eingangssignal erfolgt kontinuierlich. Zur Entladung wird die Stromquelle I_{ref} durch ein Flip-Flop, dessen Taktsteuerung durch die Referenzfrequenz f_{ref} erfolgt, für die Dauer einer Taktperiode T_{ref} eingeschaltet, sodaß jedem Ausgangsimpuls der Schaltung eine definierte Ladungsmenge

$$Q_{ref} = I_{ref} \cdot T_{ref} \tag{25}$$

entspricht, die dem Integrator entnommen wird. Diese Ladungsmenge ist die Referenzgröße dieses ADCs. Die Schaltung wirkt als rückgekoppelter Regelkreis und stellt die mittlere Rate $\overline{f}$ der Steuerimpulse für den Stromschalter so ein, daß der Mittelwert des Entladestromes gleich dem Eingangsstrom ist

$$\overline{I_{entl}} = Q_{ref} \cdot \overline{f} = I_e = U_e/R \tag{26}$$

und damit der Eingangsspannung U_e proportional ist. Das Ausgangssignal des Flip-Flops wird nach dem Ansprechen des Diskriminators, synchronisiert durch die nächste Taktflanke, ausgelöst. Es ist daher im allgemeinen nicht periodisch. Das Verhältnis der mittleren Impulsrate zur Taktfrequenz ist

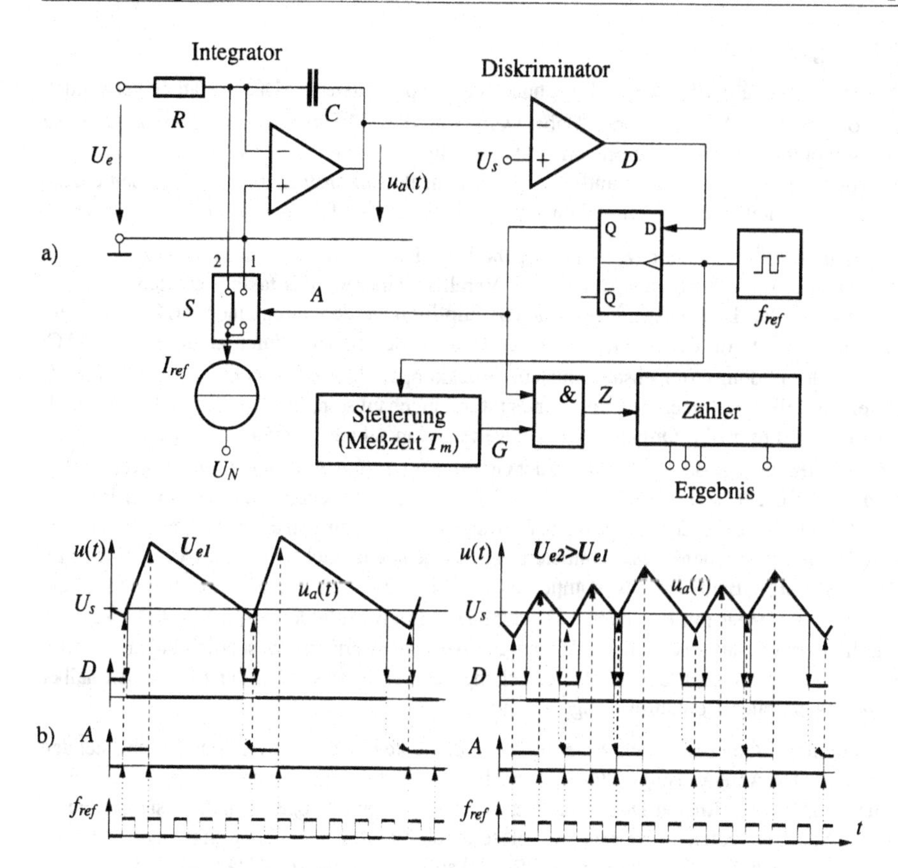

Abb. 2.8.16 Taktgesteuerter Ladungskompensationskonverter: a) Prinzipschaltung, b) Zeitablauf für zwei verschiedene Eingangsspannungswerte, $U_{e2} > U_{e1}$

$$\frac{\overline{f}}{f_{ref}} = \frac{U_e/R}{I_{ref}} \quad . \tag{27}$$

Die Schaltvorgänge im Stromschalter stellen eine der wichtigsten Störgrößen dar. Jede Art von elektronischen Schaltern hat endliche Schaltzeiten, die die Ladungsmenge je Steuerimpuls beeinflussen. Wie bei allen Störgrößen kann der Grundwert zwar berücksichtigt werden, Inkonstanzen führen aber zu Fehlern. Dioden arbeiten zwar als sehr schnelle Schalter, ihre Speicherladungen beeinflussen aber die geschalteten Ladungsmengen. Zu jedem Entladevorgang muß daher sowohl ein Einschalt- wie ein Ausschaltvorgang gehören, das Ansteuersignal für den Schalter darf ein Tastverhältnis von 50 % nicht überschreiten. Die Dauer der Stromimpulse muß hinreichend lang gegen die Umschaltzeiten sein, daher sind die Ladungskompensatoren nur für Taktfrequenzen bis zu einigen MHz geeignet.

Im Prinzip können auch zwei Stromquellen entgegengesetzter Polarität verwendet werden, zwischen denen der Schalter umschaltet, und dadurch bipolare Eingangsspannungen verarbeitet werden. Bei dem Eingangswert 0 hat das Ausgangssignal 50 % der maximalen Ausgangsfrequenz, bei den beiden Bereichsendwerten 0 % und 100 %, die Maximalfrequenz ist $f_{ref}/2$.

2.8.2.5 Sigma-Delta-Modulator

Für die hochqualitative digitale Audiotechnik werden optimalisierte ADC-Verfahren verwendet, insbesondere die Σ-Δ-Modulatoren. Dabei werden für die AD-Umsetzung analoge und digitale Filter so kombiniert, daß mit geringem Aufwand eine Folge von Digitalsignalen erzeugt wird, die extrem fein abgestuft sind und eine nahezu ideale Rekonstruktion von bandbegrenzten (Gleichwert-freien) Signalen ermöglichen (typisch bis zu 18 effektive Bit bei über 40 kS/s).

Der Sigma-Delta-Modulator (Σ-Δ-ADC) gehört zu den Konvertern mit einer geschlossenen Regelschleife. Im wesentlichen stellt er die Verallgemeinerung des taktgesteuerten Ladungskompensators dar. Der Diskriminator und das Flip-Flop werden durch einen ADC (mit einem oder wenigen Bit Auflösung) ersetzt, die geschaltete Stromquelle durch einen (1-Bit) DAC. Während der Ladungskompensator nur eine Rückkoppelschleife hat, können beim Σ-Δ-ADC mehrere, jeweils kombiniert mit einem Integrator, eingebaut sein. Die Anzahl der Rückkoppelschleifen beschreibt die Ordnung des Konverters. Ein taktgesteuerter Ladungskompensator entspricht demzufolge dem Σ-Δ-ADC erster Ordnung mit Einbit-ADC und Einbit-DAC (vergleiche dazu Abb. 2.8.16 und Abb. 2.8.17). Beide Konverter arbeiten mit einer hohen internen Taktrate und liefern das Ergebnis mit einer geringeren Rate, dafür mit einer größeren Wortbreite. Hinsichtlich der Frequenz des Quantisierungsrauschens entspricht dies einer **Überabtastung (Oversampling)**. Beim Ladungskompensator ist das Filter ein Zähler, entsprechend einem FIR-Filter, das linear mit konstantem Gewicht den Mittelwert bildet. Beim Σ-Δ-ADC wird ein Filter höherer Ordnung verwendet, das digitale Ausgangswerte mit wesentlich höherer Auflösung ergibt. Für die nachfolgende Untersuchung der Verhältnisse wird der Einfachheit halber ein ideales digitales Tiefpaßfilter angenommen.

Oversampling-Methoden bieten wesentliche Vorteile gegenüber konventionellen abtastenden Systemen. Das Anti-Aliasing-Filter und das Rekonstruktionsfilter können einfacher gehalten werden und die im Analog-Digital-Konverter verwendeten analogen Schaltungsteile können größere Nichtidealitäten aufweisen, weil diese durch die implementierten digitalen Filter teilweise kompensiert werden. Dies wird dadurch erkauft, daß die interne Abtastrate nicht nahe der Nyquistrate liegt, sondern um ein Vielfaches höher. Anstelle hochgenauer analoger Schaltungsteile wird eine schnelle und oft komplexe digitale Signalverarbeitung eingesetzt. Oversampling-Methoden sind demzufolge für niederfrequente Signale geeignet. Haupteinsatzgebiete der Σ-Δ-ADCs sind derzeit die digitale Audiotechnik, ISDN und (in speziellen Ausführungen mit langer Konversionszeit) die hochgenaue Messung von Gleichspannungen.

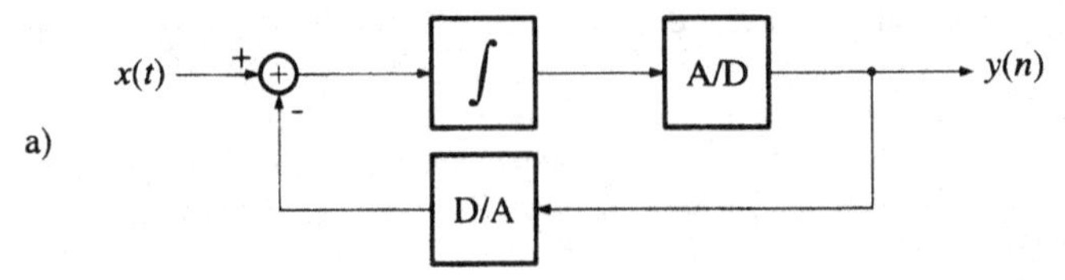

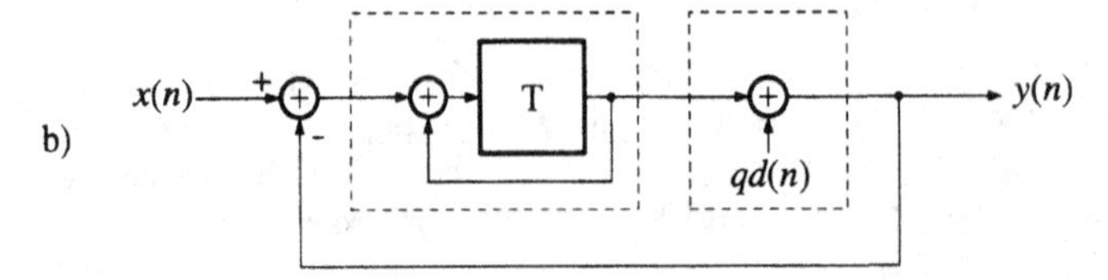

Abb. 2.8.17 a) Funktionales Ersatzschaltbild des Sigma-Delta-Modulators erster Ordnung
b) Zeitdiskrete Modellierung des Sigma-Delta-Modulators erster Ordnung

Grundlagen der Σ-Δ-Konversion

Die Digitalisierung wird durch die **Abtastrate** und die **Quantisierungsunsicherheit** charakterisiert. Durch die Quantisierung entstehen Abweichungen vom Originalsignal, die durch Erhöhen der Abtastrate und geeignete digitale Filterung verkleinert werden können. Dies führt so weit, daß beispielsweise in der digitalen Audiotechnik derzeit mit einem 1-Bit Quantisierer und einer Abtastrate (internen Taktfrequenz) von etwa 10 MHz eine Auflösung von 18 Bit für bandbegrenzte Signale (mit einem Frequenzband von 10 Hz - 20 kHz) erreicht wird.

Für die folgende Beschreibung der Oversampling Methoden wird das gängige **lineare Modell der Quantisierung**, das Rauschmodell, verwendet. Wie bereits im Kap. 1.6.3 gezeigt, ist dieses Modell nur unter bestimmten Voraussetzungen gültig. Sollte das Modell bei einem der folgenden Verfahren für bestimmte Signale nicht hinreichend gut anwendbar sein, so wird an entsprechender Stelle darauf hingewiesen, daß durch **Dithering** das Signal verrauscht wird und Korrelationseffekte im Quantisierungsrauschen vermieden werden.

Überabtastung ohne Rückkopplung (PCM-Oversampling)

PCM (Puls Code Modulation), ein Begriff der aus der Kommunikationstechnik kommt, ist gleichbedeutend mit der periodischen Momentanwertabtastung und Digitalisierung eines Signals, wie dies in Kap. 1.6 beschrieben ist. Ein Tiefpaßsignal mit der Maximalfrequenz f_m (d.h. ein bandbegrenztes Signal mit Frequenzen f im Bereich $0 \leq f \leq f_m$) wird mit der Abtastrate f_{abt} digitalisiert. Dabei muß f_{abt} mehr als zweimal so groß wie f_m sein, um Aliasing zu vermeiden. Der Grad der Überabtastung OSR (Oversampling Ratio) kann wie folgt definiert werden:

$$\mathrm{OSR} = f_{abt} / (2 \cdot f_m) \tag{28}$$

Im verwendeten Modell für die Quantisierung wird die Quantisierungsdifferenz (Quantisierungsunsicherheit) als weißes Rauschen und daher die Leistung der Quantisierungsdifferenz spektral gleichverteilt im Bereich $-f_{abt}/2 \leq f < +f_{abt}/2$ angenommen. Die folgende Gleichung beschreibt den Zusammenhang des Effektivwertes der Quantisierungsdifferenz QD_{eff} mit der spektralen Amplitudendichte der Quantisierungsdifferenz $QD(f)$, wobei q die Intervallbreite des Quantisierers ist (siehe Kap. 1.6.3):

$$QD_{eff}^2 = \int_{-f_{abt}/2}^{+f_{abt}/2} QD^2(f) \cdot df = \frac{q^2}{12} \tag{29}$$

Wenn nun die Bandgrenze f_m des Eingangssignals kleiner als die halbe Abtastrate ist, kann durch digitale Filterung die Leistung des Quantisierungsrauschens verringert werden, ohne das Nutzband zu beeinflussen. Optimalerweise erfolgt dies durch einen **idealen digitalen Tiefpaß** mit einer Grenzfrequenz gleich der maximalen Signalfrequenz f_m, der das Quantisierungsrauschen außerhalb des Nutzbandes vollständig unterdrückt. Die verbleibende Rauschleistung, der Effektivwert der Quantisierungsdifferenz beziehungsweise des Quantisierungsrauschens im Nutzband, $QD_{eff,TP}$, kann dann wie folgt berechnet werden:

$$QD_{eff,TP}^2 = \int_{-f_m}^{+f_m} QD^2(f) \cdot df = \frac{QD_{eff}^2}{\mathrm{OSR}} \tag{30}$$

Eine Verdopplung der Abtastrate bewirkt nach (30) eine Verbesserung des Signal-Rauschleistungsverhältnisses (SNR) von 3dB oder äquivalent dazu eine Erhöhung der Auflösung von 0,5 effektiven Bit (vergleiche Kap. 1.6.3).

Dieser Vorgang der Auflösungserhöhung ist sehr ähnlich einer Auflösungserhöhung durch Mittelwertbildung über mehrere Meßwerte einer Gleichgröße, denen eine zufällige Störgröße überlagert ist. Die Varianz des Mittelwerts (der Effektivwert der resultierenden Störgröße) sinkt dabei proportional mit der Anzahl der bei der Mittelung berücksichtigten Meßwerte (Kap. 1.4.3.5). Während die Mittelung nur für konstante Größen anwendbar ist, gilt obige Darstellung für beliebige Tiefpaßsignale unter der Voraussetzung, daß die bei der Quantisierung auftretenden Unsicherheiten mit hinreichender Genauigkeit als additives Rauschen beschrieben werden können. Genau diese Voraussetzung ist für Signale wie z.B. Gleichgrößen oder niederfrequente periodische Signale nicht erfüllt. Um auch bei solchen Signalen die Vorteile der Überabtastung ausschöpfen zu können, muß Dithering (die Überlagerung von Rauschen) angewendet werden, damit das lineare Modell für die Quantisierung und somit (30) gültig ist.

Sigma-Delta-Modulation

Wesentlich effizienter als PCM-(Momentanwert-) Oversampling sind die auf dem gleichen Prinzip beruhenden Σ-Δ-ADCs, die, von der Kommunikationstechnik kommend, auch als ΣΔ-Modulatoren bezeichnet werden. Am Beispiel des Modulators erster Ordnung wird das Prinzip erklärt. Anschließend werden andere Ausführungsformen und ihre Eigenschaften kurz beschrieben.

Die Abb. 2.8.17 zeigt einen Σ-Δ-ADC erster Ordnung. Das Eingangssignal wird über einen Integrator dem Quantisierer (A/D) zugeführt; der quantisierte Ausgang wird über einen Digital-Analog-Wandler (D/A) zurückgeführt und vom Eingangssignal subtrahiert. Durch die Rückkopplung wird der Mittelwert des Ausgangs dem Mittelwert des Eingangs nachgeführt. Dies ist am Beispiel eines langsam steigenden Eingangssignals in Abb. 2.8.18 gezeigt. Bei diesem Beispiel kann, im Gegensatz zum PCM Oversampling, bei der Verwendung eines Σ-Δ-ADCs die Genauigkeit durch Filterung (Mittelwertbildung) ohne zusätzliches Dithering erhöht werden. Bei deterministischer Momentanwert-Digitalisierung entstünde ein monoton steigendes, treppenfömiges Signal, bei dem eine Mittelung nur im Übergangsbereich der Treppenstufen sinnvoll wäre. Beim Σ-Δ-Modulator wechselt der Ausgang so häufig zwischen zwei Werten, daß dadurch eine Auflösungserhöhung durch Filterung ohne zusätzliches Dithering sinnvoll möglich ist.

Eine mathematische Analyse, basierend auf dem zeitdiskreten Modell in Abb. 2.8.17, zeigt die Vorteile des Sigma-Delta-Modulators. Das Ausgangssignal $y(n)$ kann wie folgt beschrieben werden:

$$y(n) = x(n-1) + [qd(n) - qd(n-1)] = x(n-1) + qd_{SD}(n) \qquad (31)$$

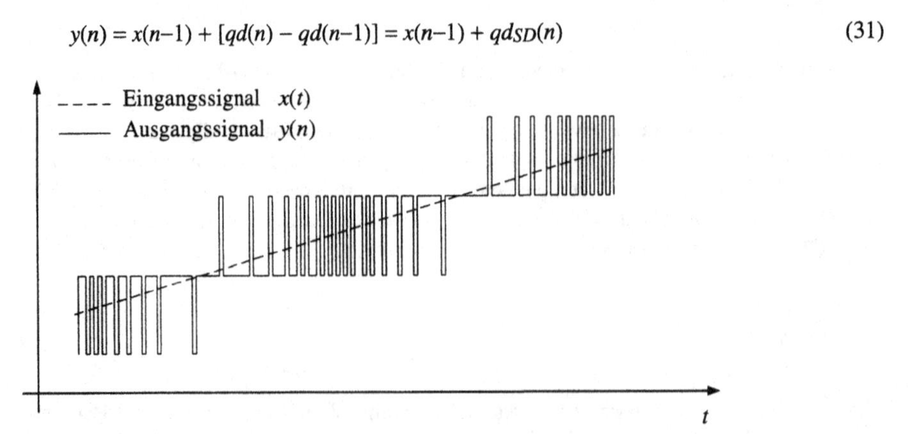

Abb. 2.8.18 Ausgangssignal eines Sigma-Delta-Konverters erster Ordnung bei einem rampenförmigen Eingangssignal

Das bedeutet, daß das Eingangssignal lediglich verzögert zum Ausgang kommt. Das Differenz- oder Störsignal $qd_{SD}(n)$ ist die Differenz zweier aufeinanderfolgender Quantisierungsdifferenzen $qd(n)$, also das differenzierte Quantisierungsrauschen. Das ist gleichbedeutend mit einer spektralen Formung des Quantisierungsrauschens. Differentiation bedeutet, daß niederfrequente Signalanteile gedämpft und hochfrequente Signalanteile verstärkt werden. Die Fouriertransformation von $qd_{SD}(n)$ ergibt die spektrale Amplitudendichte des Störsignals:

$$QD_{SD}(f) = QD(f) \cdot \left| 1 - \exp\left(-2\pi j \cdot \frac{f}{f_{abt}}\right) \right| = 2 \cdot QD(f) \cdot \left| \sin\left(\pi \cdot \frac{f}{f_{abt}}\right) \right| \qquad (32)$$

Daraus kann wieder der Effektivwert der Störleistung im Nutzband $QD_{eff,SD,TP}$ berechnet werden:

$$QD^2_{eff,SD,TP} = \int_{-f_m}^{+f_m} QD^2_{SD}(f) \cdot df \approx QD^2_{eff} \cdot \frac{\pi^2}{3 \cdot OSR^3} \quad , \quad OSR > 4. \qquad (33)$$

Beim PCM Oversampling war die Störleistung proportional zu 1/OSR, hier sinkt die Störleistung mit der dritten Potenz der Überabtastung. Bei einer Verdopplung der Abtastrate sinkt die Störleistung im Nutzband um 9 dB bzw. steigt die Auflösung um 1,5 effektive Bit, wenn als digitales Filter ein idealer Tiefpaß mit der Grenzfrequenz f_m eingesetzt wird. Dieser Vorteil ergibt sich, weil die spektrale Amplitudendichte des Quantisierungsrauschens $QD_{SD}(f)$ nicht mehr konstant ist, sondern niederfrequente Signalanteile gedämpft und hochfrequente verstärkt werden. Dieser Effekt wird auch **noise shaping** genannt und ist in Abb. 2.8.19 dargestellt.

Obwohl durch die Rückkopplung das lineare Fehlermodell wesentlich besser mit der Realität übereinstimmt als bei reiner PCM (siehe Abb. 2.8.18), muß bei Gleichgrößen nach wie vor Dithering eingesetzt werden, weil es sonst zu Grenzzyklen kommt, die Schwankungen (niederfrequentes Quantisierungsrauschen) hervorrufen.

Ausführungsformen

Die erreichbare Auflösung der Sigma-Delta-Modulatoren hängt, ein ideales digitales Tiefpaßfilter vorausgesetzt, von drei Größen ab: der Ordnung des Modulators, der Auflösung des internen ADCs und DACs sowie vom Grad der Überabtastung (OSR).

Die **Ordnung** des Modulators (ΣΔ-ADC höherer Ordnung) ist gleich der Anzahl der Rückkoppelschleifen und Integratoren. Je höher die Ordnung ist, desto stärker werden tiefe Frequenzen des Quantisierungsrauschens gedämpft (Abb. 2.8.19). Beim Modulator zweiter Ordnung steigt das SNR mit 15 dB bei einer Verdopplung des OSR, das entspricht einer Auflösungserhöhung von 2,5 effektiven Bit. Modulatoren höherer als zweiter Ordnung sind allerdings nur mehr bedingt stabil. Deshalb müssen Stabilisierungsmaßnahmen getroffen werden, die wiederum die Auflösungserhöhung verschlechtern. Derzeit sind Modulatoren fünfter Ordnung Stand der Technik, wobei das Verhalten bezüglich des Quantisierungsrauschens bei ca. 3 effektiven Bit Auflösungsgewinn je Verdopplung des OSR liegt [8]. Ein wesentlicher Vorteil der Modulatoren höherer als erster Ordnung ist, daß selbst für Gleichgrößen kein Dithering mehr erforderlich ist.

Die meisten Modulatoren sind sogenannte **1 Bit Konverter** und verwenden intern einen 1 Bit ADC und DAC. Der Grund dafür ist, daß die Nichtlinearitäten des internen DAC direkt in die Gesamtcharakteristik des Modulators eingehen, also der DAC bereits die Genauigkeit des gesamten Modulators haben muß. Der Vorteil eines internen 1 Bit Konverters ist, daß eine eventuell ungenaue Lage der einzigen Schaltschwelle lediglich einen Offsetfehler verursacht, der leicht kompensierbar ist.

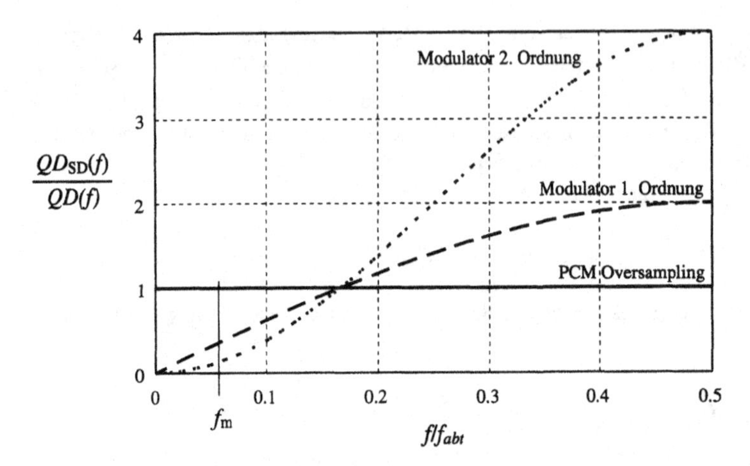

Abb. 2.8.19 Spektrale Amplitudendichteverteilung des Fehlersignals bei Sigma-Delta-Modulatoren bezogen auf die des PCM Oversamplings. f_m ist für ein OSR von 8 eingezeichnet

Der Grad der Überabtastung ist technologiebedingt beschränkt auf die Frequenz, mit der die digitale Signalverarbeitung möglich ist.

Zur Zeit werden die Sigma-Delta-Konverter ständig weiterentwickelt. Die Tendenz ist die Verwendung von komplexen Strukturen hoher Ordnung, um diese Konverter für höherfrequente Signale einsetzen zu können. Für ein Videosignal mit 3,5 MHz Bandbreite und einer Genauigkeit von 8-9 Bit würde man bei einem 1 Bit Modulator 5. Ordnung ca. 100 MHz Taktrate benötigen. Eine weitere wesentliche Verbesserung ist mit Modulatoren möglich, bei denen intern ein Mehrbit-ADC und ein 1-Bit-DAC verwendet werden. Diese Methode kombiniert die Vorteile eines 1 Bit Konverters hinsichtlich Linearität mit dem Vorteil der hohen Auflösung eines Mehr-Bit-Konverters durch den Einsatz zusätzlicher interner digitaler Filter.

Eine genaue und weiterführende Beschreibung der Sigma-Delta-Modulatoren sowie eine Sammlung zahlreicher Publikationen ist in [8] und [9] zu finden.

Einsatz in abtastenden Systemen

Gängige Sigma-Delta-ADCs haben bereits die digitalen Tiefpaßfilter implementiert. Für den Anwender erscheint es, als würde das Signal mit geringer Frequenz und hoher Auflösung digitalisiert. Tatsächlich stimmt diese Betrachtungsweise nur dann, wenn man sie auf das mit dem internen digitalen Filter vorverarbeitete Analogsignal anwendet, das zwar rechnerisch, aber nicht tatsächlich auftritt. Dies hat zur Folge, daß bei einer steilen Eingangsspannungsänderung der Ausgang erst nach mehreren Digitalwerten auf den richtigen Wert eingeschwungen ist. Eventuell benötigte Anti-Aliasing-Filter können sehr einfach ausgeführt werden, weil das digitale Filter Frequenzen außerhalb des Nutzbandes stark dämpft. Die digitalen Filter können bei vielen Sigma-Delta-ADCs konfiguriert werden. Dadurch ist Flexibilität bezüglich Nutzbandbreite und Wortbreite gegeben. Bei ADCs für niederfrequente Signale oder Gleichgrößen besteht die Möglichkeit, das Filter so einzustellen, daß für Störsignale mit 50 Hz bzw. 60 Hz eine hohe Dämpfung erreicht wird, also ähnlich wie die Störspannungsunterdrückung bei integrierenden Konvertern. Die differentielle Nichtlinearität ist bei diesen Konvertern mit typisch 0,5 LSB gut, die integrale Nichtlinearität entspricht typisch einer Auflösung von 16 Bit bis 18 Bit. Diese ADCs erreichen in speziellen Ausführungsformen (bei niedriger Abtastrate bzw. langer Konversionszeit) derzeit 21 Bit bis 24 Bit Auflösung für Gleichspannung.

2.8.2.6 Tastverhältnis-Multiplikator ADC (Time-Division-Multiplikator)

Eine Sonderform eines Analog-Digital-Konverters stellt der Tastverhältnis- oder Time Division-Multiplikator dar (Abb. 2.8.20). Ein *U/f*-Konverter wird durch eine Tastverhältnissteuerung so ergänzt, daß die Ausgangsfrequenz dem Produkt zweier Eingangsspannungen proportional ist. Die zweite Eingangsspannung u_2 wird mit einem Sägezahn- oder Dreieckssignal $u_{SZ}(t)$ konstanter Frequenz $f_{mod} = 1/T_{mod}$ in einem Diskriminator D_1 (Abb. 2.8.23) verglichen. Der Ausgang des Diskriminators liefert ein Rechtecksignal $u_{st}(t)$ mit der Frequenz f_{mod}, mit zwei variablen Teilperioden T_1 und T_2 und mit einem Tastverhältnis $TV_{mod} = T_1/T_{mod}$, das für den negativsten Wert von u_2 nahe 0, für den positivsten nahe 1 liegt und für $u_2 = 0$ den Wert 1/2 hat. Die Differenz der Teilperioden ist proportional u_2. Es gilt

$$T_1 + T_2 = T_{mod} = 1/f_{mod} \quad \text{und} \quad T_1 - T_2 = k_1 \cdot u_2 \tag{34}$$

Die Teilperiode T_1 dauert vom Zeitpunkt t_0 bis t_1, T_2 von t_1 bis t_2.

Das Rechtecksignal $u_{ST}(t)$ steuert den Umschalter S_1 des *U/f*-Konverters (Abb. 2.8.23) so, daß bei negativem Wert von u_2 das Signal u_1 überwiegend mit invertierter Polarität als Signal u_{aS} an den Integrator weitergeleitet wird, für positives u_2 aber überwiegend mit nicht invertierter. Da diese Aufteilung linear proportional zum Wert von u_2 erfolgt, ergibt sich eine Multiplikation der Eingangsgröße u_1 mit der zweiten Eingangsgröße u_2. Ist u_2 gleich 0, so sind beide Teile des Signals u_{aS} (der mit nicht invertierter und der mit invertierter Polarität) gleich und heben sich im Integrator auf.

Bildet man durch Integration den Mittelwert des Signals $u_{aS}(t)$, das am Ausgang des Umschalters auftritt, so erhält man mit $k_2 = k_1/T_{mod}$

$$\overline{u_{aS}(t)} = \frac{1}{T_{mod}} \cdot \int_{t_0}^{t_2} u_{aS}(t) \cdot dt = \frac{1}{T_{mod}} \cdot \left[\int_{t_0}^{t_1} u_1 \cdot dt + \int_{t_1}^{t_2} (-u_1) \cdot dt \right] =$$

$$= u_1 \cdot (T_1 - T_2)/T_{mod} = k_2 \cdot u_1 \cdot u_2 = p(t) \tag{35}$$

also eine Spannung, die dem Produkt der Eingangsspannungen entspricht.

Erreicht das Ausgangssignal $u_{aI}(t)$ des Integrators die Ansprechschwelle eines der beiden Diskriminatoren D_2 oder D_3, wird das Steuerflipflop FF umgeschaltet und in der Schaltlogik das von D_1 kommende Steuersignal für den Umschalter zusätzlich invertiert. Wie beim normalen *U/f*-Konverter (Abb. 2.8.14) läuft daraufhin das Ausgangssignal u_{aI} des Integrators in die entgegengesetzte Richtung, und es entsteht ein kontinuierliches Dreieckssignal, dessen jeweilige

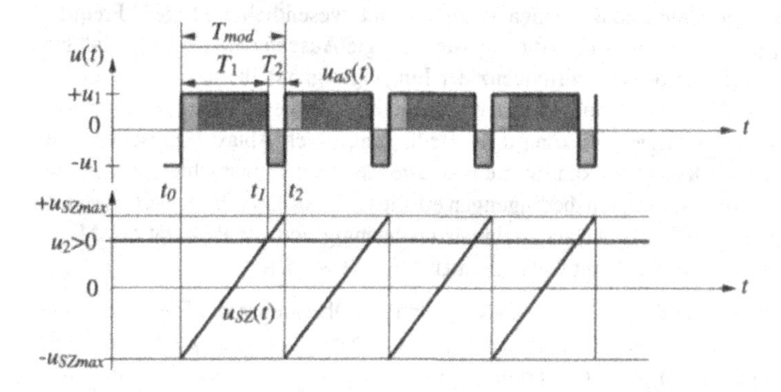

Abb. 2.8.20 Prinzip des Time-Division-Verfahrens: der Mittelwert von $u_{aS}(t)$ über den Zeitraum T_{mod} ist dem Produkt von u_1 und u_2 proportional

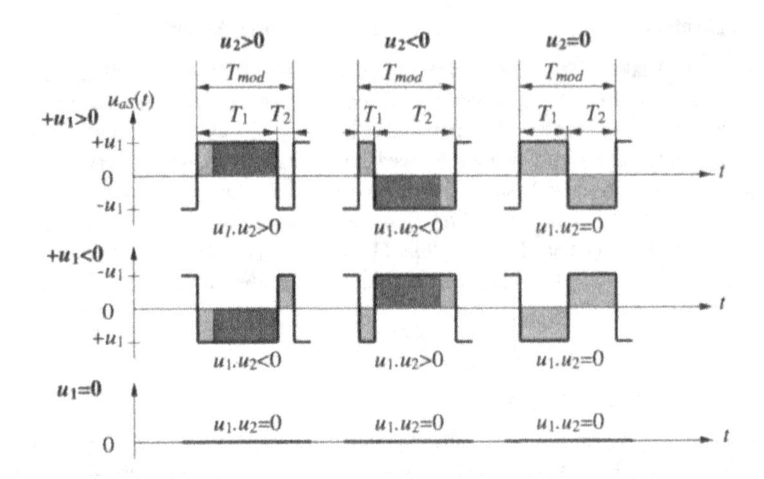

Abb. 2.8.21 Funktion des Time-Division-Verfahrens: Der Mittelwert von $u_{aS}(t)$ wird polaritätsrichtig in allen vier Quadranten erzeugt, das heißt für alle Vorzeichenkombinationen von u_1 und u_2

Steigung $du_{aI}(t)/dt$ proportional zum Produkt $P = U_1.U_2$ ist. Damit ist auch die Frequenz f_{aI} von u_{aI} proportional zu P. Dies gilt unter der Voraussetzung, daß die beiden Eingangssignale während jeder Periode der Modulationsfrequenz f_{mod} hinreichend konstant sind, das heißt, daß insbesondere die Amplitude eines veränderlichen Signals $u_1(t)$ während der Weitergabe mit der nicht invertierten oder invertierten Polarität innerhalb jeder Periode T_{mod} praktisch konstant ist.

Abb. 2.8.21 zeigt, wie $\overline{u_{aS}(t)}$ in allen vier Quadranten, das heißt für alle Vorzeichenkombinationen von u_1 und u_2, polaritätsrichtig erzeugt wird. Für $u_2 = 0$ liegt der Umschaltzeitpunkt symmetrisch, es ist $t_1 = t_2$, und für $u_1 = 0$ bleibt $\overline{u_{aS}(t)} = 0$.

Das Verhältnis der Differenz T_1-T_2 der beiden Teilperioden zur Gesamtperiode T_{mod} ist (vorzeichenrichtig) proportional zum Verhältnis der als Multiplikator verwendeten Spannung u_2 zum (einfachen) Spitzenwert der Vergleichs-Sägezahnspannung $u_{SZ\,max}$ (Abb. 2.8.20)

$$\frac{T_1 - T_2}{T_{mod}} = \frac{u_2}{u_{SZ\,\max}} \quad . \tag{36}$$

Angewendet auf die Multiplikation von Wechselsignalen bedeutet das, daß einerseits die höchsten Frequenzkomponenten beider Eingangssignale eine wesentlich niedrigere Frequenz haben müssen als f_{mod}. Andererseits muß die höchste erzeugte Ausgangsfrequenz des Integrators f_{aI} viel niedriger sein als die Grundfrequenz der Eingangssignale, damit die kurzzeitigen Polaritätswechsel des Produktes bei einer Phasenverschiebung zwischen beiden Eingangssignalen richtig erfaßt werden. Nötigenfalls kann diese Bedingung durch Abtast/Halteschaltungen sichergestellt werden. Der Konverter kann wie ein abtastendes System betrachtet werden, und es müssen die entsprechenden Frequenzbedingungen erfüllt sein. Ebenso wie bei dem normalen U/f-Konverter ist die Frequenz des Ausgangssignals unabhängig von der Polarität des Mittelwertes des Produktes, diese Polarität muß also zusätzlich erfaßt werden.

Die Wahl der Abtastfrequenz $f_{mod} = 1/T_{mod}$ im Vergleich zur Obergrenze des Frequenzbandes der Signale stellt zwangsläufig einen praktischen Kompromiß dar. f_{mod} soll möglichst hoch sein, um schnelle Signaländerungen und hohe Frequenzanteile richtig zu erfassen, T_{mod} muß aber hinreichend lang gegenüber allen Umschaltvorgängen sein.

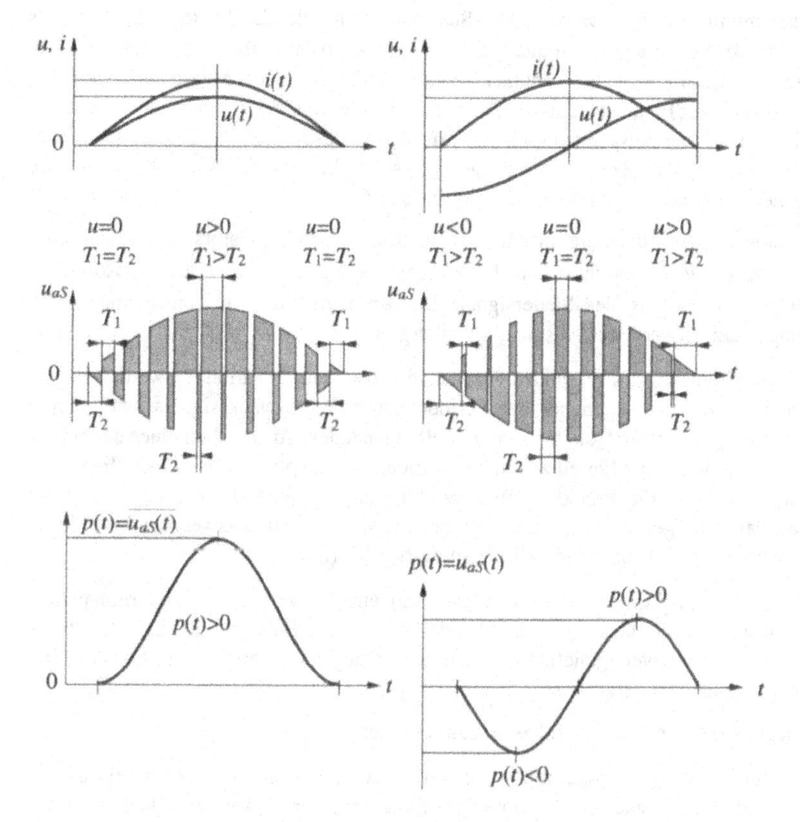

Abb. 2.8.22 Signalverlauf im Time-Division-Multiplikator bei Verwendung als Leistungs/Frequenz-Konverter: $u_{aS}(t)$ nach dem Umschalter und Verlauf des Produktes $p(t)$. Schematische Darstellung; die Modulationsfrequenz ist nur angedeutet, sie muß um ein Vielfaches höher sein als die Signalfrequenz

Für die Messung der Wirkleistung einer Wechselspannung verwendet man für das Eingangssignal u_2 die Spannung und für u_1 eine Spannung, die dem Strom entspricht

$$u_2(t) = u(t) \quad \text{und} \quad u_1(t) = k_3 \cdot i \quad . \tag{37}$$

Der Mittelwert der Spannung $u_{aS}(t)$ entspricht in jedem Zeitintervall T dem Produkt $u(t) \cdot i(t)$ und damit dem Momentanwert der Leistung $p(t)$.

Abb. 2.8.22 zeigt die Funktion eines Time-Division-Multiplikators am Beispiel zweier Wechselsignale, die einmal phasengleich mit $\varphi = 0^o$ und einmal zueinander phasenverschoben mit $\varphi = 90^o$ sind. Man sieht die Änderung des Tastverhältnisses (und des Verhältnisses der Teilperioden T_1 und T_2) über dem zeitlichen Verlauf der beiden Größen. Der zeitliche Mittelwert ergibt eine Spannung, die den gleichen zeitlichen Verlauf wie die Momentanleistung $p(t)$ hat. Der Ausgang des Integrators liefert eine Frequenz, die der jeweiligen Leistung entspricht. Die Zahl der abgeschlossenen Perioden entspricht der Energie (z.B. in kWh).

Wird das Ausgangssignal des Umschalters $u_{aS}(t)$ einem Integrator zugeführt, so ergibt sich an dessen Ausgang ein Signal $u_{aI}(t)$, dessen Steigung du_{aI}/dt während jeder Abtastperiode dem Produkt der Werte von u_1 und u_2 proportional ist. Die Schaltung des modifizierten U/f-Konverters mit seiner multiplikativen Tastverhältnis-Steuerung (Abb. 2.8.23) funktioniert daher als Leistungs-Frequenz-Konverter, die Frequenz f_{al} von $u_{al}(t)$ kann daher als f_P bezeichnet werden. Ihr jeweiliger Wert entspricht der momentanen Leistung, dabei gilt für die Messung der Leistung wie für die Messung der Frequenz, daß der Wert nur bei einer Meßdauer von mindestens einer Periode definiert ist. Jeder Ausgangsimpuls entspricht einer bestimmten Energie (in kWh oder Ws). Werden diese Impulse über die Zeit T_E gezählt, so ergibt der Zählerstand N_E die Menge der übertragenen (verbrauchten oder gelieferten) Energie E.

Es ist zu beachten, daß zwar die Steigung am Ausgang des internen Integrators vorzeichenrichtig dem Produkt von $u_1 \cdot u_2$ entspricht, in der Funktionsweise als Leistungs-Frequenz-Konverter die zusätzliche Umsteuerung des Steuersignals für den Umschalter nur unter bestimmten Voraussetzungen ein verwertbares Ausgangssignal ergibt:

- Behält der Mittelwert des Produktes über längere Zeit seine Polarität, so werden Polaritätswechsel, die kurz gegenüber der Periodendauer des Dreieckssignals sind, richtig berücksichtigt, es sei denn, sie treten unmittelbar nach dem Ansprechen eines der beiden Diskriminatoren auf und führen zu einem nochmaligen Ansprechen desselben. Insbesondere wird, solange die Periodendauer der Ausgangsfrequenz f_P lang gegenüber der Periodendauer des gemessenen Signals ist, der periodische Polaritätswechsel des Produktes bei Blindleistung neben einer Wirkleistung richtig erfaßt.
- Die Frequenz am Ausgang des Leistungs-Frequenz-Konverters ist proportional dem Absolutwert des Produktes von u_1 und u_2, daher wird zum Beispiel ein länger dauernder Übergang von positiver (gelieferter) Leistung auf negative (empfangene Leistung) im Ausgangssignal nicht dargestellt.

Bei der Auslegung der Schaltung ist folgendes zu beachten:

- Die Modulationsfrequenz f_{mod} muß, wie schon erwähnt, wesentlich höher sein als die höchsten Frequenzanteile der Eingangssignale, die richtig erfaßt werden sollen, damit die Änderung der Eingangssignale während jeder Abtastperiode vernachlässigbar klein bleibt.

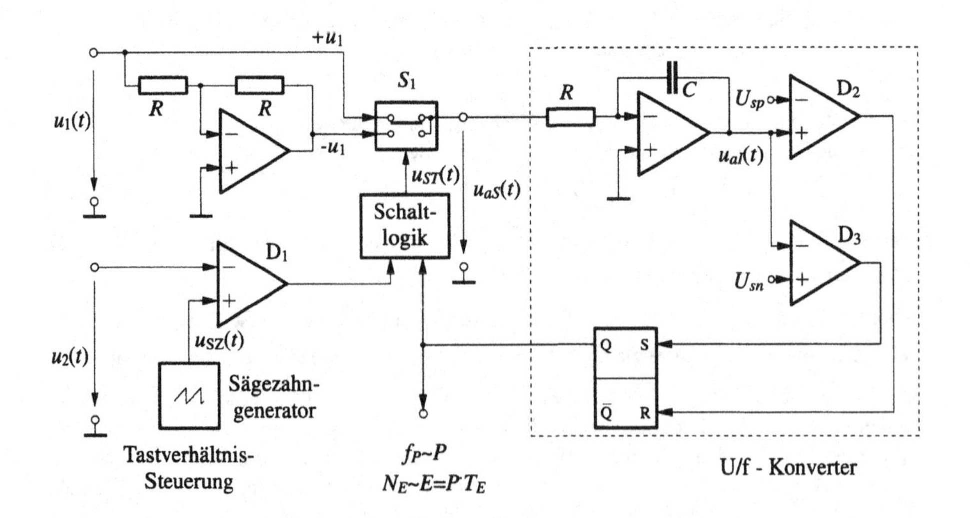

Abb. 2.8.23 Prinzipschaltbild eines Time-Division-Multiplikators; dieser kann durch einen Spannungs-Frequenz-Konverter zu einem Leistungs-Frequenz-Konverter ergänzt werden.

- Beim größten Wert des Produktes der Eingangssignale muß die Spannungsänderung am Ausgang des Integrators so langsam sein, daß auftretende kurzfristige Polaritätswechsel nur vernachlässigbare Fehler ergeben.
- Soll bei Netzfrequenz Leistung auch bei starkem Oberwellengehalt, zum Beispiel bis 10 kHz, gemessen werden, so muß einerseits die Abtastfrequenz merkbar über 100 kHz und andererseits die höchste Ausgangsfrequenz unter 1Hz liegen.

Das Verfahren eignet sich sehr gut für eine hochgenaue Energiemessung ("Kilowattstunden-Zähler") der Genauigkeits-Klasse 0,1, jede abgeschlossene Periode *von* f_P entspricht einer gemessenen Energie (in Ws oder kWh).

2.8.3 Literatur

[1] CEI-IEC 748-4 Semiconductor Devices, Interface Integrated Circuits.

[2] Tietze U., Schenk Ch., Halbleiterschaltungstechnik. Springer, Berlin Heidelberg New York Tokyo 1990.

[3] Tränkler H.-R., Taschenbuch der Meßtechnik. Oldenbourg, München Wien 1989.

[4] Seitzer D., Elektronische Analog-Digital-Umsetzer. Springer, Berlin Heidelberg New York 1977.

[5] Hoeschele D., Analog-to-Digital and Digital-to-Analog Conversion Techniques, John Wiley & Sons, New York Chichester Brisbane Toronto Singapore 1994.

[6] Seitzer D., Pretzl G., Hamdy N.A., Electronic Analog-to-Digital Converters. John Wiley & Sons, Chichester New York Brisbane Toronto Singapore 1983.

[7] Hnatek E., A Users Handbook of D/A and A/D Converters. John Wiley & Sons, Chichester 1976.

[8] Candy J., Temes G., Oversampling Delta-Sigma Converters. IEEE Press, New York NY 1992.

[9] Aziz P., Sorensen H., v.d.Spiegel J., An Overview of Sigma-Delta Converters. IEEE Signal Processing Mag., 1996 January.

2.9 Meßwandler

H. Dietrich

2.9.1 Übersicht

Allgemein betrachtet sind Meßwandler Vorrichtungen, die eine physikalische Größe in eine andere, meist elektrische, umwandeln.

In der klassischen Elektrotechnik bezeichnet man damit Transformatoren mit exakt definiertem Übertragungsverhältnis, die zwei wesentliche Aufgaben zu erfüllen haben:

- Die Übersetzung hoher und höchster Wechselströme und -spannungen auf bequem meßbare Größen.
- Eine galvanische Trennung zum Schutz von Bedienpersonal und Meßvorrichtung in Hochspannungsanlagen und als Explosionsschutzmaßnahme.

Darüber hinaus ermöglichen Meßwandler die örtliche Trennung von Meßstelle und Meßgerät, sowie auf Grund ihrer konstruktiven Eigenschaften einen Schutz des Meßgerätes vor Überspannungen bzw. -strömen, aber auch einen Schutz des Meßobjektes gegen Ausgleichsströme.

2.9.1.1 Idealer Wandler

Der ideale Wandler besteht aus zwei widerstandslosen Spulen mit den Windungszahlen N_1 bzw. N_2, die über ihre magnetischen Flüsse ideal gekoppelt sind. In diesem Fall ergeben sich aus dem Durchflutungssatz ($\Theta = N_1 \cdot i_1 + N_2 \cdot i_2 = 0$) und aus dem Induktionsgesetz ($\dot{\Phi} = u_1/N_1 = u_2/N_2$) folgende Übersetzungsverhältnisse:

Spannungsübersetzungsverhältnis $$\ddot{u}_U = \frac{U_{1,eff}}{U_{2,eff}} = \frac{N_1}{N_2} \tag{1}$$

Stromübersetzungsverhältnis $$\ddot{u}_I = \frac{I_{1,eff}}{I_{2,eff}} = \frac{N_2}{N_1} = \frac{1}{\ddot{u}_U} \tag{2}$$

2.9.1.2 Verlustbehafteter Wandler

Beim realen Wandler sind jene Verluste in Betracht zu ziehen, die eine Abweichung vom idealen Verhalten bewirken. Sie werden beim linearisierten Vierpolersatzschaltbild des Transformators (Abb. 2.9.1) folgendermaßen berücksichtigt, wobei die gestrichenen Größen die auf die Primärseite umgerechneten Sekundärgrößen repräsentieren:

$$i' = i \cdot \ddot{u}_I = \frac{i}{\ddot{u}_U} \quad , \quad u' = u \cdot \ddot{u}_U = \frac{u}{\ddot{u}_I} \quad , \quad Z' = Z \cdot \ddot{u}_U{}^2 = \frac{Z}{\ddot{u}_I{}^2} \quad . \tag{3}$$

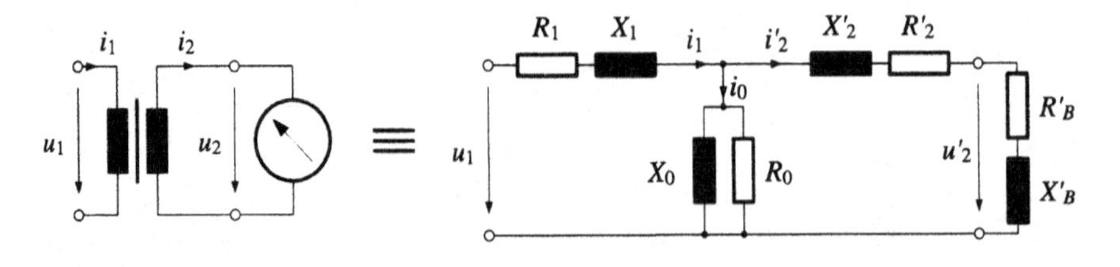

Abb. 2.9.1 Linearisiertes Ersatzschaltbild des Transformators, Hysterese und Sättigung vernachlässigt

- Die Kupferwiderstände R_1 und R'_2 der Wicklungen bewirken ohmsche Spannungsabfälle.
- Die Streufelder, d.h. jene Teile der magnetischen Flüsse, die nicht beide Spulen durchsetzen, werden durch die Streuinduktivitäten X_1 und X'_2 berücksichtigt.
- Um die benötigte sekundäre Klemmenspannung aufzubauen und die "inneren Verluste" an R'_2 und X'_2 abzudecken, muß der Kern entsprechend aufmagnetisiert werden. Der dafür notwendige Magnetisierungsstrom fließt über die Induktivität X_0. Der Ansatz einer konstanten Induktivität entspricht einer linearen Näherung der Magnetisierungskurve. Diese Vernachlässigung der Nichtlinearität hat zur Folge, daß Verzerrungen der Kurvenform, wie sie vor allem bei realen Spannungswandlern auftreten, im vorliegenden Ersatzschaltbild unberücksichtigt bleiben.
- Auf Grund des magnetischen Wechselflusses im elektrisch leitfähigen Kern kommt es zur Ausbildung von Wirbelströmen. Diese bewirken in erster Linie eine Erwärmung des Kerns, ebenso wie die zur Ummagnetisierung notwendige Leistung, die durch die Fläche der Hystereseschleife der Magnetisierungskurve repräsentiert wird (Hystereseverluste). Diese beiden Effekte werden als Eisenverluste bezeichnet und durch R_0 repräsentiert.
- Klassische elektromechanische Meßwerke stellen eine gemischt ohmsch-induktive Last dar (R'_B, X'_B). Bei modernen elektronischen Meßgeräten überwiegt die reelle Komponente bei weitem.

Durch die konstruktive Ausführung des Wandlers, z.B. als Ringkern mit konzentrisch aufgebrachten Wicklungen, können die Streuverluste sehr klein gehalten werden. Weiters erschwert ein lamellierter Aufbau des Kernes aus gegeneinander isolierten Blechen geringer elektrischer Leitfähigkeit (z.B. siliziumlegiertes Eisen, "Dynamobleche") oder die Verwendung von Ferriten als Kernmaterial die Ausbildung von Wirbelströmen und verringert damit die Eisenverluste stark. Somit kann man für eine einfache Abschätzung von Wandlerfehlern, speziell im Bereich technischer Frequenzen bis einige hundert Hertz, das vereinfachte Ersatzschaltbild nach Abb. 2.9.2 heranziehen.

Wegen der Strom- bzw. Spannungsteilung zwischen den ohmschen Komponenten und der Hauptinduktivität X_0 entsprechen die Sekundärgrößen nicht exakt den mit dem Übersetzungsverhältnis transformierten Primärgrößen. Es ergeben sich abhängig von der Frequenz sowohl eine Abweichung der Amplituden (**Betragsfehler** F_B) als auch eine der Verschiebung der Phasenbeziehung zueinander (**Phasenfehler** $F\varphi$). Letzterer ist immer dann von Bedeutung, wenn der zeitliche Bezug zu einer anderen Wechselgröße erhalten bleiben muß, wie z.B. für die Leistungsmessung.

Da es sich bei der Verwendung des Transformators als Strom- bzw. Spannungswandler um zwei grundsätzlich verschiedene Betriebszustände handelt, werden sie im folgenden getrennt behandelt.

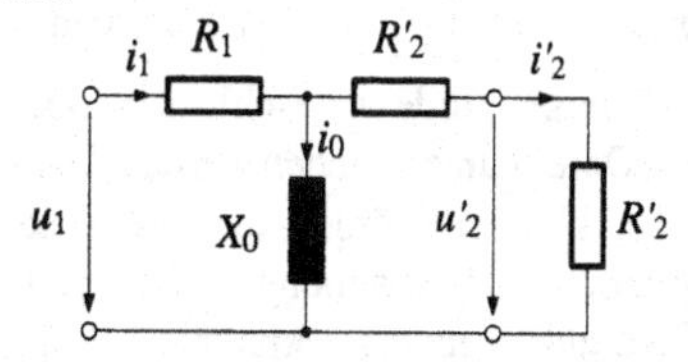

Abb. 2.9.2 Vereinfachtes Ersatzschaltbild des Transformators. Streufelder und Eisenverluste vernachlässigt

2.9.2 Stromwandler

2.9.2.1 Eigenschaften

Der Stromwandler stellt einen nahezu im Kurzschluß betriebenen Transformator dar, da an seinen Sekundäranschlüssen nur die niederohmige Bürde angeschlossen ist, während in der Primärwicklung der zu messende Strom fließt. Das Übersetzungsverhältnis wird vom Magnetisierungsstrom i_0 beeinflußt, denn dieser Strom muß durch die Primärwicklung fließen, um das magnetische Feld aufzubauen.

Der Primärstrom teilt sich also in die beiden, zueinander um 90° verschobenen Ströme i_0 und i'_2 auf (Abb. 2.9.3). Der Phasenfehler ist der Winkel φ zwischen $\underline{I}'_2$ und $\underline{I}_1$ und damit

$$F_\varphi = \varphi = \arccos\frac{|\underline{I}'_2|}{|\underline{I}_1|} = \arctan\frac{|\underline{I}_0|}{|\underline{I}'_2|} = \arctan\frac{R'_2+R'_B}{X_0} = \arctan\frac{R_2+R_B}{X_0\cdot \ddot{u}_I^2} \quad . \tag{4}$$

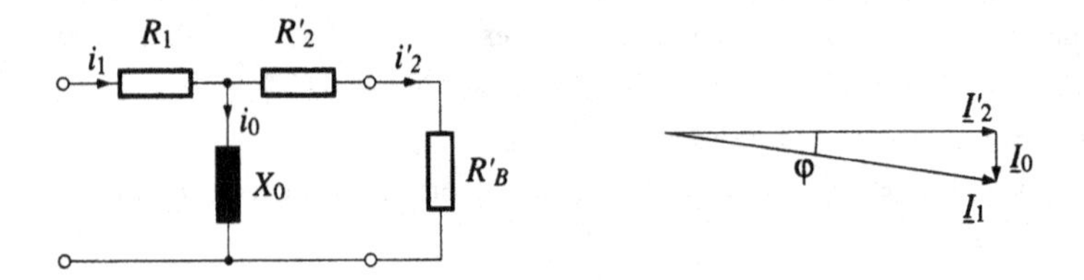

Abb. 2.9.3 Vereinfachtes Ersatzschaltbild und Zeigerdiagramm des Stromwandlers. Streufelder und Eisenverluste vernachlässigt

Der relative Betragsfehler ist definiert als $F_B = \frac{|\underline{I}'_2|-|\underline{I}_1|}{|\underline{I}_1|}$. Aus den geometrischen Beziehungen des Zeigerdiagramms und mit $\cos\varphi = \frac{1}{\sqrt{1+\tan^2\varphi}}$ wird er zu

$$F_B = \frac{|\underline{I}'_2|}{|\underline{I}_1|} -1 = \cos\varphi -1 = \frac{X_0}{\sqrt{(R'_2+R'_B)^2+X_0^2}} -1 \quad . \tag{5}$$

Um die Fehler des Stromwandlers klein zu halten, muß man also neben einer kleinen Bürde vor allem die Hauptinduktivität X_0 groß machen. Das wird durch die Verwendung eines Kernmaterials mit hoher Anfangspermeabilität erreicht.

Stromwandler bei Unterbrechung des Sekundärkreises

Eine Unterbrechung des Sekundärkreises ist strengstens zu vermeiden, da lebensgefährliche Spannungen auftreten können. Als Schutz können Überspannungsableiter eingesetzt werden.

Im normalen Betrieb ist an den Stromwandler eine niederohmige Bürde angeschlossen, doch kann der Sekundärkreis durch eine Fehlbedienung oder einen Defekt unterbrochen werden. Dann wirkt der gesamte Primärstrom als Magnetisierungsstrom. Bei kleinen Strömen, die den Wandlerkern nicht in die Sättigung treiben, arbeitet der Transformator nun als Spannungswandler; d.h. der primäre Spannungsabfall wird mit dem umgekehrten Stromübersetzungsverhältnis $1/\ddot{u}_I=\ddot{u}_U$ auf die Sekundärseite transformiert. Bei Hochstromwandlern mit Übersetzungsverhältnissen von 1:100 und mehr kann daher die Sekundärspannung 100V und darüber betragen. Ist der Primärstrom so groß, daß der Kern in die Sättigung kommt, nimmt der magnetische Fluß einen etwa trapezförmigen Verlauf an, der Spannungsspitzen bewirkt (Abb. 2.9.4). Diese werden mit dem Spannungsübersetzungsverhältnis auf die Sekundärseite transformiert, wo sie gefährliche Werte

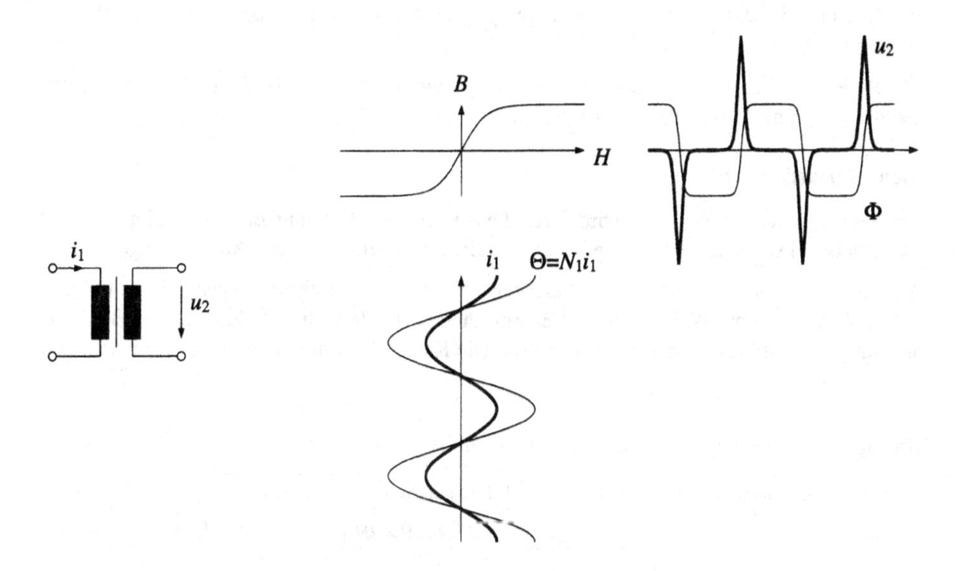

Abb. 2.9.4 Stromwandler mit offenem Sekundärkreis

annehmen können. Außerdem steigen die Eisenverluste wegen der hohen Induktion im Eisen drastisch an, und der Wandler wird so heiß, daß es schnell zu seiner Beschädigung oder Zerstörung kommen kann. Bei ölgefüllten Wandlern besteht wegen der plötzlichen starken Erhitzung sogar die Gefahr einer Explosion.

Im Moment einer Unterbrechung des Sekundärkreises wird der gerade fließende Sekundärstrom unterbrochen. Dadurch tritt eine, in ihrem Scheitelwert schwer abschätzbare Spannung auf, die vom zeitlichen Verlauf des Löschvorganges abhängt. Dieser Effekt wird bekanntlich in der Zündspule für Benzinmotoren ausgenützt, um Spannungen weit über 10 kV zu erzeugen.

2.9.2.2 Kenngrößen

Die betriebsmäßigen Eigenschaften von Stromwandlern werden durch ihre Kenngrößen beschrieben, die in den Vorschriften der VDE 0414 zusammengefaßt sind. Diese beziehen sich auf jene Ausführungsformen, die als eigenständige Vorschaltgeräte konstruiert sind. In elektronischen Meßgeräten (z.B. Wattmetern) eingebaute Stromwandler können speziell in ihren sekundärseitigen Kenndaten (Nennstrom, Bürde) von diesen Normwerten beträchtlich abweichen.

Nenndaten

Der primäre **Nennstrom I_N** legt den Meßbereich fest, in dem der Wandler verwendet werden kann. In der VDE 0414 sind folgende Nennströme genormt:

5, 10, 15, 20, 30, 50, 75A

sowie 100, 150, 200, 300, 400, 600, 800A mit ihren dekadischen Vielfachen bis 80 kA.

Bei primärem Nennstrom fließt sekundärseitig der **sekundäre Nennstrom**. Er beträgt üblicherweise 5A, in Ausnahmefällen 1A, z.B. um bei großer Entfernung zwischen Wandler und Meßgerät den Spannungsabfall an den Leitungen gering zu halten.

Die höchstzulässige sekundärseitige Belastung des Wandlers, bei der bei Nennstrom die spezifizierten Maximalabweichungen nicht überschritten werden, wird als **Nennbürde** bezeichnet.

Man gibt sie als Produkt von sekundärem Nennstrom und zugehörigem Spannungsabfall in VA an. Sie ist mit 5, 10, 15, 30 und 60VA festgelegt. (Ein höherer Widerstand der Bürde ergibt eine höhere Belastung!)

Die **Reihenspannung** ist die maximale Spannung zwischen Primär- und Sekundärwicklung, für die die Isolation des Wandlers bemessen ist.

Genauigkeitsklassen

Die Genauigkeit eines Wandlers wird durch die Angabe einer Genauigkeitsklasse (Kap. 1.4.3.4) beschrieben. Tabelle 2.9.1 zeigt die in den einzelnen Klassen zulässigen Abweichungen.

Wandler der Klasse 0,1 werden für Präzisionsmessungen und Kalibrierungen, Klasse 0,2 und 0,5 in Verbindung mit Wattmetern und Energiezählern zur Verrechnung, Klasse 1 für Betriebsmessungen und für Schutzzwecke eingesetzt. Die Klasse 5 hat nur bei extrem hohen Strömen eine Bedeutung.

Tabelle 2.9.1 Genauigkeitsklassen für Stromwandler nach VDE 0414

	Betragsabweichung in % bei				Phasenabweichung in Minuten			
Klasse	0,1 I_N	0,2 I_N	I_N	1,2 I_N	0,1 I_N	0,2 I_N	I_N	1,2 I_N
0,1	0,25	0,2	0,1	0,1	10	8	5	5
0,2	0,5	0,35	0,2	0,2	20	15	10	10
0,5	1,0	0,75	0,5	0,5	60	40	30	30
1	2,0	1,5	1,0	1,0	120	80	60	60
5	-	-	5,0	-	-	-	60	-

Belastbarkeit

Stromwandler sind mit dem 1,2-fachen Nennstrom dauernd belastbar. Kurzzeitig müssen sie jedoch auch den hohen Strömen, die bei Kurzschluß im Meßkreis auftreten können, gewachsen sein.

Die **Überstromzahl** gibt an, bei welchem Vielfachen des Primärstromes der Betragsfehler auf 10% ansteigt.

Der **thermische Grenzstrom** I_{th} ist derjenige Strom, den der Wandler 1s lang aushalten muß, ohne durch Überhitzung beschädigt zu werden. Er beträgt im Normalfall etwa das 100-fache des Nennstroms.

Die stromdurchflossenen Wicklungen des Wandlers sind elektrodynamischen Kräften ausgesetzt, die sie auseinander zu treiben versuchen. Der **dynamische Grenzstrom** I_{dyn} ist der Scheitelwert einer Halbwelle des Primärstromes, den der Wandler aushalten kann, ohne mechanisch Schaden zu nehmen.

2.9.2.3 Kompensierter Stromwandler

Man war von jeher bestrebt, die Wandlerfehler durch geeignete konstruktive und schaltungstechnische Maßnahmen zu minimieren. Auf der konstruktiven Seite bedeutet dies vor allem den Einsatz von Ringkernen mit hoher Anfangspermeabilität und eine konzentrische Anordnung der Wicklungen. Schaltungstechnisch gibt es ein breites Spektrum von Maßnahmen [1], von der primärseitigen Parallelschaltung eines Kondensators, der den Magnetisierungsstrom teilweise kompensiert, über Kunstschaltungen zur Vormagnetisierung des Kerns bis zu elektronischen

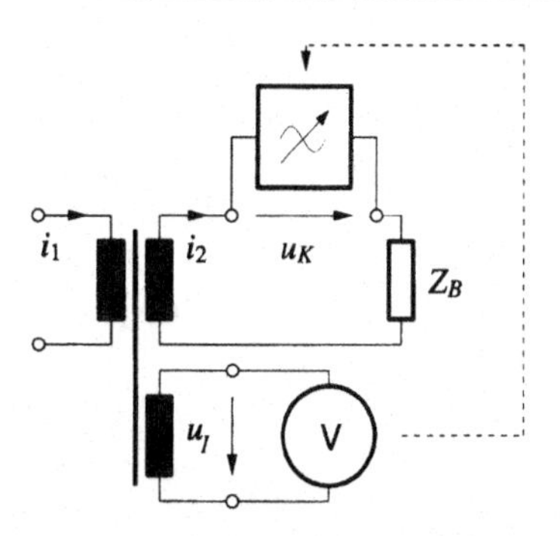

Abb. 2.9.5 Prinzip des kompensierten Stromwandlers

Kompensationsschaltungen. Letztere entsprechen dem Stand der Technik und erzielen die besten Ergebnisse.

Das Prinzip der Kompensation besteht darin, in den Sekundärkreis eines Stromwandlers nach Abb. 2.9.5 eine solche Spannung u_K einzuprägen, daß die Induktion im Wandlerkreis verschwindet. Genau genommen handelt es sich dann nicht mehr um einen Stromwandler, sondern um einen Stromkompensator. Zur Feststellung der Induktion im Kern besitzt dieser eine zusätzliche Indikatorwicklung, deren induzierte Spannung u_I durch Regelung der Kompensationsspannung u_K auf Null gebracht wird. In diesem Zustand wird die gesamte Energie zur Deckung der Verluste im Sekundärkreis einschließlich der Bürde von der Kompensationsspannungsquelle aufgebracht, und das Übersetzungsverhältnis des Wandlers entspricht dem Verhältnis der Windungszahlen, unabhängig von der Größe des Stroms und der Bürde.

Abb. 2.9.6 zeigt das Prinzipschaltbild eines elektronisch kompensierten Stromwandlers. Die Spannung u_I der Indikatorwicklung wird verstärkt und als Kompensationsspannung u_K in den Sekundärkreis eingespeist. Der Übertragungsfehler $\underline{F}$ beträgt dann nur mehr einen Bruchteil des Fehlers $\underline{F}_0$ des unkompensierten Wandlers. In erster Näherung gilt

$$\underline{F} = \frac{\underline{F}_0}{v \cdot \dfrac{N_I}{N_2}} , \tag{6}$$

wobei v die Verstärkung, N_I und N_2 die Windungszahlen der Indikator- bzw. Sekundärwicklung sind.

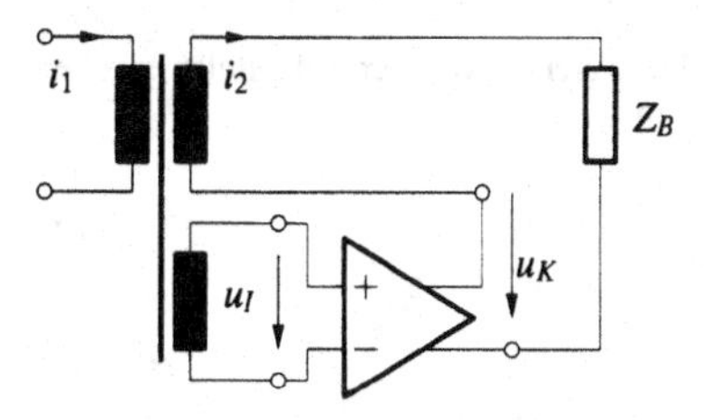

Abb. 2.9.6 Elektronische Kompensationsschaltung

Derartige Wandler werden in elektronischen Geräten eingesetzt, insbesondere um genaue Wechselstrommessungen über weite Amplitudenbereiche zu ermöglichen (Wattmeter). Sie führen zu sehr kleinen Wandlerabmessungen, benötigen aber einen Verstärker, der die gesamte Bürdenleistung aufbringen muß. Daher wird oft eine Anordnung nach Abb. 2.9.7 verwendet.

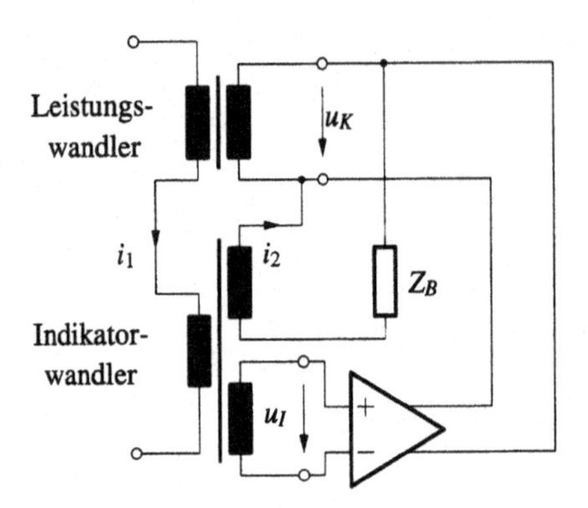

Abb. 2.9.7 Kompensationsschaltung mit Leistungswandler

Hier wird die Kompensationsleistung zum Großteil von einem Leistungswandler geliefert. Der Verstärker muß nur mehr die Differenzleistung aufbringen, um eventuelle Abweichungen auszugleichen. Mit derartigen Schaltungen gelingt es, Präzisionsstromwandler für Eichzwecke zu konstruieren, die bis zu einigen hundert Hertz im Bereich vom 0.01-fachen bis zum doppelten Nennstrom Betragsfehler von weniger als 1ppm und Winkelfehler unter 1′ aufweisen [4].

In modernen Ausführungen wird statt der Indikatorspule der klassischen Schaltung meist eine Hall-Sonde (Kap. 2.2.4.1) zur Erfassung des magnetischen Flusses im Wandlerkern eingesetzt. Das bringt neben der Einsparung der zusätzlichen Indikatorwicklung vor allem den Vorteil, daß derartige Wandler auch bei Gleichstrom eingesetzt werden können.

2.9.3 Spannungswandler

2.9.3.1 Eigenschaften

Beim Spannungswandler handelt es sich um einen schwach belasteten, also fast im Leerlauf arbeitenden Transformator. Sein Übersetzungsverhältnis wird durch die inneren Spannungsabfälle beeinflußt. Sie werden in der Sekundärspule durch den entnommenen Sekundärstrom, in der Primärspule durch den entsprechenden Primärstrom und den Magnetisierungsstrom verursacht. An Hand des vereinfachten Ersatzschaltbildes (Abb. 2.9.8) kann man eine grobe Abschätzung der Abweichungen vornehmen.

Bei sehr hochohmiger Bürde ($R_B \to \infty$), wie sie ein elektronisches Meßgerät darstellt, ergeben sich die Fehler aus der Spannungsteilung zwischen R_1 und X_0 zu

$$F_\varphi = \varphi = \operatorname{arc\,cos} \frac{|\underline{U}'_2|}{|\underline{U}_1|} = \operatorname{arc\,tan} \frac{|\underline{U}_{R_1}|}{|\underline{U}'_2|} = \operatorname{arc\,tan} \frac{R_1}{X_0} \quad , \tag{7}$$

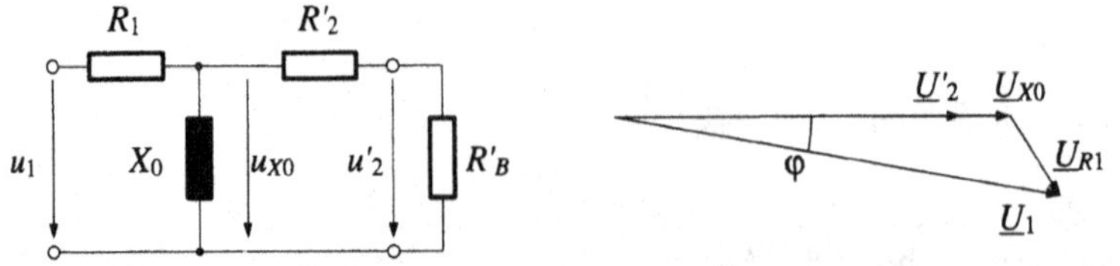

Abb. 2.9.8 Vereinfachtes Ersatzschaltbild und Zeigerdiagramm des Spannungswandlers. Streufelder und Eisenverluste vernachlässigt

$$F_B = \frac{|\underline{U}'_2|}{|\underline{U}_1|} - 1 = \cos\varphi - 1 = \frac{X_0}{\sqrt{R_1^2 + X_0^2}} - 1 \quad . \tag{8}$$

Für endliche Belastung ist zusätzlich der Spannungsteiler mit R'_2 und R'_B zu berücksichtigen. Aus dem Ersatzschaltbild ergeben sich

$$F_\varphi = \arctan \frac{R_1 \| (R'_2 + R'_B)}{X_0} \quad , \tag{9}$$

$$F_B = \frac{X_0}{\sqrt{[R_1 \| (R'_2 + R'_B)]^2 + X_0^2}} \cdot \frac{R'_B}{R_1 + R'_2 + R'_B} - 1 \quad . \tag{10}$$

2.9.3.2 Kenngrößen

Ebenso wie für den Stromwandler sind auch die Kenngrößen von Spannungswandlern in den Vorschriften der VDE 0414 festgelegt.

Nenndaten

Die primäre **Nennspannung** U_N bestimmt den Einsatzbereich des Wandlers. Sie ist zwischen 1 und 400 kV genormt.

Bei U_N entsteht bei **Nennbürde** an den Sekundärklemmen die **sekundäre Nennspannung**. Sie beträgt normalerweise 100 V. Übliche Werte für die Nennbürde liegen zwischen 30 und 300 VA. In elektronischen Geräten kommen neben Spannungsteilern auch Spannungswandler mit wesentlich niedrigeren Werten der sekundären Nennspannung zum Einsatz.

Genauigkeitsklassen

Auch bei Spannungswandlern wird die Genauigkeit durch Angabe einer Klassenziffer definiert (Kap. 1.4.3.4). Die zulässigen Fehler für die üblichen Genauigkeitsklassen sind in Tabelle 2.9.2 zusammengefaßt.

Tabelle 2.9.2 Genauigkeitsklassen für Spannungswandler nach VDE 0414

Klasse	Betragsfehler in %	Phasenfehler in Min.	Bei Spannungen
0,1	0,1	5	0,8 U_N - 1,2 U_N
0,2	0,2	10	0,8 U_N - 1,2 U_N
0,5	0,5	20	0,8 U_N - 1,2 U_N
1	1,0	40	0,8 U_N - 1,2 U_N
3	3,0	120	U_N

Belastbarkeit

Spannungswandler dürfen dauernd mit der 1,2-fachen Nennspannung betrieben werden.

Sekundärseitig darf der Wandler über die Nennbürde hinaus bis zu der auf dem Typenschild angegebenen **Grenzleistung** belastet werden. Es ist jedoch zu beachten, daß dann natürlich größere Fehler auftreten, als in Tabelle 2.9.2 angegeben.

Kurzschlüsse im Wandler können zu dessen Zerstörung führen. Deshalb werden üblicherweise sowohl auf der Primär- als auch auf der Sekundärseite Schmelzsicherungen eingebaut.

2.9.4 Literatur

[1] Goldstein J., Die Messwandler Theorie und Praxis. Birkhäuser, Basel 1952.

[2] Küchler R., Die Transformatoren. Springer, Berlin Heidelberg New York 1966.

[3] VDE 0414, Bestimmungen für Meßwandler.

[4] Friedl F., Stromwandler mit elektronischer Fehlerkompensation. Meßtechnik 10/68.

3. Meßgeräte, Meßmethoden

3.1 Direkte Messung elektrischer Größen

A. Steininger und R. Ertl

3.1.1 Einleitung

Mit mechanischen Zeigermeßwerken werden Ströme und Spannungen auf elektromechanischem Wege unmittelbar in einen Zeigerausschlag umgesetzt. ADCs wiederum können Spannungen oder Ströme in eine für eine Ziffernanzeige geeignete oder weiterverarbeitbare digitale Information umwandeln. Beiden Meßverfahren ist gemein, daß man den Meßwert unmittelbar und ohne (expliziten) Regel- oder Abgleichvorgang erhält. Diese sogenannten direkten Meßverfahren werden unterschieden von dem in Kap. 3.3 beschriebenen Brücken- und Abgleichverfahren.

In vielen Anwendungen der direkten Messung ist zur Erzielung einer ausreichenden Empfindlichkeit einerseits und zur Vermeidung einer Übersteuerung andererseits eine Anpassung des Meßbereiches an die jeweilige Meßaufgabe erforderlich. Der vorliegende Abschnitt beschäftigt sich daher sowohl mit Hilfsschaltungen aus passiven Bauelementen zur Anpassung von Meßgeräten in Richtung höherer Strom- bzw. Spannungsmeßbereiche bei direkter Messung, als auch mit der Anwendung von Meßverstärkern (auf deren Funktion und Aufbau bereits in Kap. 2.4 näher eingegangen wurde) zur Erhöhung der Empfindlichkeit.

Der Begriff **Meßwerk** steht in diesem Kapitel nicht nur für Zeigermeßwerke im klassischen Sinne. Alle im folgenden beschriebenen Grundschaltungen und Überlegungen gelten auch dann, wenn anstelle eines mechanischen Meßwerkes eine andere Einrichtung verwendet wird, die zur Anzeige eines Stromes bzw. einer Spannung geeignet ist, wie z.B. ein ADC mit Display. Daher soll der Begriff "Meßwerk" für die folgenden Überlegungen in diesem Sinne erweitert werden. Der Unterschied zwischen Strom- und Spannungsmeßwerk besteht einerseits natürlich in der Skalierung, andererseits aber auch in seiner Konzeption (angestrebter Innenwiderstand, etc.) und im physikalischen Effekt, der letztlich für die Anzeige ausgenutzt wird. So benötigt z.B. ein Flash-Konverter (Kap. 2.8) an seinem Eingang eine Spannung für den Vergleich mit den internen Referenzspannungen der Komparatoren, während sein Eingangsstrom ein störender Nebeneffekt ist und daher beim Entwurf minimiert wird. Dagegen ist beim Drehspulinstrument ein Strom nötig, um jenes Magnetfeld aufzubauen, das den Zeiger bewegt. Hier ist die an der Spule abfallende Spannung der störende Nebeneffekt. Dennoch werden Drehspulinstrumente wegen des durch den Innenwiderstand der Spule definierten Zusammenhanges zwischen Strom und Spannung oft auch als Spannungsmeßwerke mit hohem Innenwiderstand und Spannungsskalierung ausgelegt. Der Temperaturkoeffizient des Spulenwiderstandes (4‰ /K für Kupfer) geht in diesem Fall jedoch direkt in die Messung ein.

Als **Meßgerät** wird im folgenden eine Einrichtung bezeichnet, die es gestattet, einen Strom oder eine Spannung in einem an das Meßproblem angepaßten Meßbereich zu ermitteln, beziehungsweise daraus abgeleitete Größen wie Widerstand, Kapazität, Leistung etc. unmittelbar abzulesen. Das ist im allgemeinen eine Kombination aus Meßwerk und vorgeschalteter Hilfsschaltung, es ist jedoch auch denkbar, daß der Arbeitsbereich eines Meßwerkes unmittelbar den Anforderungen entspricht und daher die Hilfsschaltung entfallen kann. Das Meßwerk ist in diesem Fall direkt als Meßgerät verwendbar.

3.1.2 Rückwirkungen, Belastungsfehler

Bei einer idealen Messung würde das Meßgerät exakt den Zustand des Meßobjektes erfassen, ohne diesen zu beeinflussen. Im folgenden soll untersucht werden, wie realistisch diese Vorstellung ist.

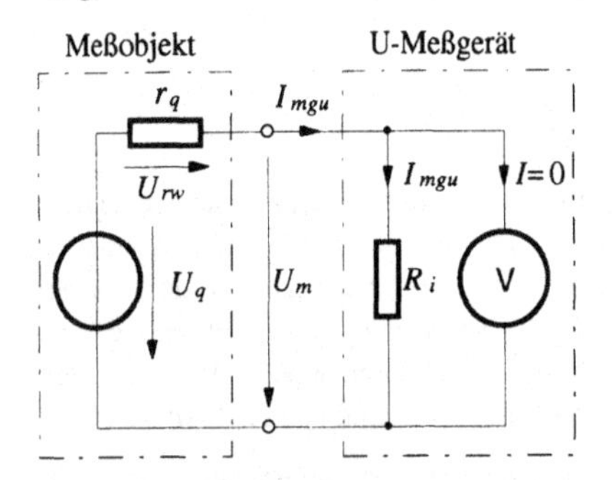

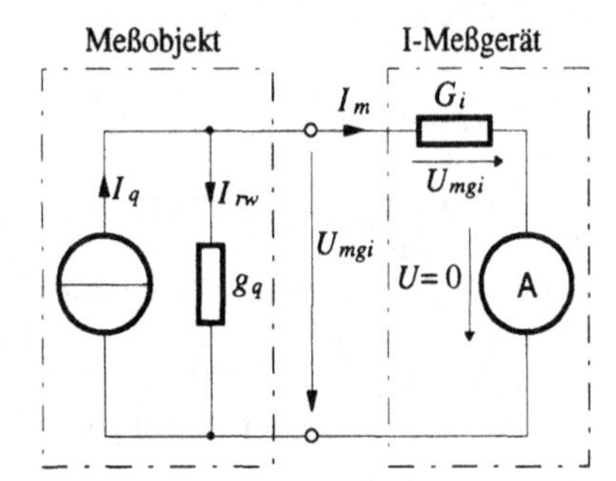

Abb. 3.1.1 Belastungsfehler durch das Meßgerät
a) bei der Spannungsmessung b) bei der Strommessung

Für eine **Spannungsmessung** wird das Meßobjekt, eine reale Spannungsquelle, zunächst linear durch eine Ersatzspannungsquelle U_q mit Innenwiderstand r_q dargestellt (Kap. 1.2). Mit dem Spannungsmeßgerät soll die Spannung am unbeeinflußten Meßobjekt, also dessen Leerlaufspannung ermittelt werden. Dem Meßobjekt darf also kein Strom I_{mgu} entnommen werden. Dies wird bei der Kompensationsmessung (Kap. 3.3.2) durch das Prinzip des Verfahrens erreicht. Bei der hier behandelten direkten Messung kann diese Forderung nur dadurch erfüllt werden, daß das Spannungsmeßgerät einen unendlich hohen Eingangswiderstand aufweist. Für die in Abb. 3.1.1 a dargestellte Meßanordnung bedeutet das, daß der Innenwiderstand R_i unendlich groß wird. Reale Meßgeräte weisen jedoch immer einen endlichen Eingangswiderstand R_i auf. Bei der Messung fließt daher durch R_i ein Strom I_{mgu}, der an r_q einen unerwünschten Spannungsabfall U_{rw} (der Index *rw* steht für "Rückwirkung"), einen **Belastungsfehler** hervorruft. Der Zusammenhang zwischen ungestörtem Wert U_q und gemessenem Wert U_m ergibt sich aus der Spannungsteilerregel.

In Dualität dazu darf ein ideales **Strommeßgerät** bei der Messung des Kurzschlußstromes I_q keinen Spannungsabfall am Meßobjekt (reale Stromquelle) hervorrufen, sein Eingangsleitwert G_i muß also unendlich groß sein (Abb. 3.1.1 b). Für reale Strommeßgeräte ergibt sich jedoch an G_i ein Spannungsabfall U_{mgi}, der einen unerwünschten Stromfluß I_{rw} , einen Belastungsfehler, an g_q bewirkt. Der Zusammenhang zwischen I_q und dem gemessenen Wert I_m ergibt sich aus der Stromteilerregel.

Durch Anwendung der Spannungs- bzw. Stromteilerregel errechnet man die mit einem realen Meßgerät erfaßten Werte von U_m und I_m gemäß

$$U_m = U_q \cdot \frac{R_i}{R_i + r_q} = U_q - U_{rw} \quad , \qquad I_m = I_q \cdot \frac{G_i}{G_i + g_q} = I_q - I_{rw} \quad . \tag{1}$$

Der Belastungsfehler bewirkt eine Abweichung des realen Ergebnisses vom idealen. Bezieht man diese auf das Ergebnis einer idealen Messung, so erhält man die Abweichung in % :

$$F_{rw} = \frac{U_m - U_q}{U_q} = -\frac{r_q}{r_q + R_i} = -\frac{1}{1 + \frac{R_i}{r_q}} \quad , \quad F_{rw} = \frac{I_m - I_q}{I_q} = -\frac{g_q}{g_q + G_i} = -\frac{1}{1 + \frac{G_i}{g_q}} \tag{2}$$

Man erkennt, daß der Belastungsfehler umso kleiner wird, je mehr sich das Meßgerät einem idealen Meßgerät mit $R_i \rightarrow \infty$ bei der Spannungsmessung bzw. $G_i \rightarrow \infty$ bei der Strommessung nähert. Diese Erkenntnis führt zu folgenden elementaren Forderungen für Spannungs- und Strommessung:

- **Spannungsmessung** soll mit möglichst geringer Stromaufnahme, das heißt "**hochohmig**" bezogen auf den Ausgangswiderstand des Meßobjektes durchgeführt werden.
- **Strommessung** soll mit möglichst geringem Spannungsabfall, das heißt "**niederohmig**" bezogen auf den Ausgangswiderstand des Meßobjektes durchgeführt werden.

Aus Gl. (2) ist zu erkennen, daß nur das Verhältnis von R_i/r_q bzw. G_i/g_q von Bedeutung ist und nicht der tatsächliche Wert von R_i bzw. G_i.

Um das Prinzip besser zu verdeutlichen, sind die obigen Überlegungen von einer rein Ohmschen Belastung R_i bzw. G_i und einer Quelle mit rein Ohmschem Innenwiderstand r_q bzw. $1/g_q$ ausgegangen. Das ist für Gleichspannungsbetrachtungen durchaus zulässig. Betrachtet man jedoch auch Wechselsignale, so hat man es in der Realität in den seltensten Fällen mit rein Ohmschen Größen zu tun. Die Konsequenzen daraus werden in Kap. 3.1.10 diskutiert.

Für viele Meßprobleme ist auch die bisher zugrunde gelegte lineare Betrachtung nicht ohne Einschränkungen gültig. Bei Meßobjekten mit stark nichtlinearer Strom/Spannungs-Charakteristik ist U_q bzw. I_q ebenso vom Arbeitspunkt (d.h. von der Belastung) abhängig wie r_q bzw. g_q. In der praktischen Anwendung sind drei Fälle zu unterscheiden:

Fall 1: Der Belastungsfehler ist vernachlässigbar

Für R_i bzw. G_i ist häufig nur ein unterer Grenzwert angegeben ("$R_i > 10\mathrm{M}\Omega$" o.ä.). Ist die Größenordnung von r_q bzw. g_q bekannt und ergibt sich damit ein sehr großes Verhältnis R_i/r_q bzw. G_i/g_q, so kann der Belastungsfehler vernachlässigt werden, wenn andere Fehlereinflüsse überwiegen oder die erforderliche Genauigkeit trotz des Belastungsfehlers erreicht werden kann. Dieser Fall ist durch die Wahl eines Meßgerätes mit hinreichend großem R_i bzw. G_i immer anzustreben! So gibt es für die Spannungsmessung "ideale" Meßwerke, die schon von ihrem Funktionsprinzip her unendlich hohen Eingangswiderstand aufweisen (abgesehen von Isolationswiderständen). Beispiele dafür sind Elektrostatische Meßwerke, Varaktorbrücken und Schwingkondensator [3, 11].

Fall 2: Der Belastungsfehler ist bekannt

Ist das Verhältnis R_i/r_q bzw. G_i/g_q hinreichend genau bekannt, so kann der Belastungsfehler rechnerisch korrigiert werden. Eine einfache rechnerische Korrektur ist allerdings nur dann zulässig, wenn die Strom/Spannungs-Charakteristik des Meßobjektes entweder linear ist, oder wenn die Änderung des Meßwertes hinreichend klein ist, sodaß eine Linearisierung der Ausgangskennlinie im Bereich zwischen U_q und U_m (bzw. I_q und I_m) zulässig ist. Anderenfalls muß die Ausgangskennlinie des Meßobjektes für diesen Bereich bestimmt und die durch den Belastungsfehler bewirkte Abweichung grafisch oder durch eine entsprechende numerische Näherung ermittelt werden. Dies ist aber nur selten mit vertretbarem Aufwand möglich.

Das Verhältnis R_i/r_q bzw. G_i/g_q läßt sich z.B. dadurch abschätzen, daß ein zweites Meßgerät mit gleichen Eigenschaften hinzugeschaltet wird (Spannungsmeßgeräte sind dabei parallel, Strommeßgeräte in Serie zu schalten). Unter der Voraussetzung der Linearität bzw. Linearisierbarkeit der Quelle (d.h. im allgemeinen bei kleiner Änderung des Meßwertes durch die zusätzliche Belastung) kann der Belastungsfehler mit der folgenden Faustregel abgeschätzt werden:

$$\textit{Abweichung durch zusätzliche Belastung} \cong \textit{Abweichung durch erstes Meßgerät} \quad (3)$$

Unter der gleichen Voraussetzung kann bei einem Meßgerät mit definiertem, vom Meßbereich abhängigem Innenwiderstand mittels der Differenz zweier mit verschiedenem Meßbereich ermittelter Meßwerte der Belastungsfehler rechnerisch korrigiert werden.

Fall 3: Der Belastungsfehler ist nicht bekannt

Ist das Verhältnis R_i / r_q bzw. G_i / g_q nicht bekannt und auch nicht bestimmbar, so kann die Messung kein brauchbares Ergebnis liefern und es muß entweder ein anderes Meßgerät oder ein anderes Meßverfahren (z.B. Kompensation, Kap. 3.3) verwendet werden. Oft kann aber dieser Fall durch sorgfältige Wahl des Meßpunktes in der Schaltung vermieden werden. Spannungsmessungen an hochohmigen Punkten wie am Eingang eines Operationsverstärkers sollten deshalb umgangen werden.

Bei der **gleichzeitigen Bestimmung von Strom und Spannung** ergeben sich durch die Nichtidealität der Meßgeräte (R_i, $G_i \neq \infty$) zusätzliche Fehlereinflüsse, sodaß eine fehlerfreie Messung beider Größen gleichzeitig im allgemeinen nur mit Korrekturrechnung möglich ist (in [13] wird eine Schaltung mit der Struktur einer Ausschlagbrücke beschrieben, die eine gleichzeitige Messung von U_L und I_L vom Prinzip her ohne Belastungsfehler erlaubt).

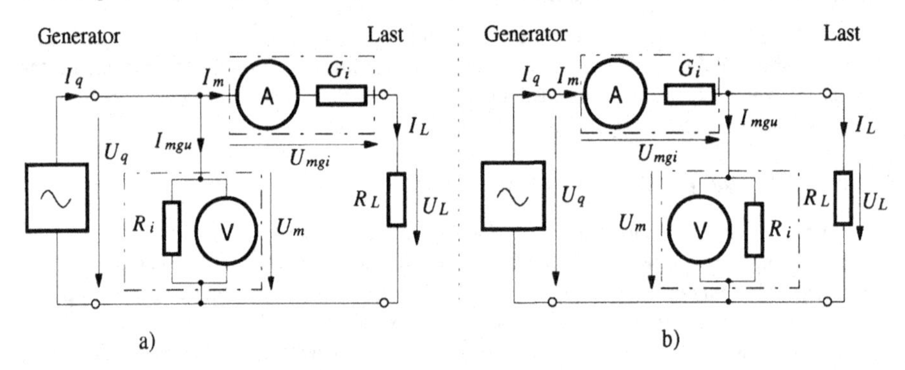

Abb. 3.1.2 Gleichzeitige Messung von Strom und Spannung

Bei der Anordnung in Abb. 3.1.2 a werden Generatorspannung U_q und Laststrom I_L korrekt angezeigt, Lastspannung U_L und Generatorstrom I_q werden jedoch aufgrund des Innenwiderstandes der Meßgeräte nicht richtig wiedergegeben. Eine Variante zur exakten Erfassung von Generatorstrom I_q und Lastspannung U_L zeigt Abb. 3.1.2 b. Hier beeinflußt der Innenwiderstand der Meßgeräte die Anzeige von Generatorspannung U_q und Laststrom I_L. Folgende einfache Zusammenhänge erlauben eine Korrektur der Meßwerte:

$$U_m = U_q = U_L + \frac{I_m}{G_i} \ , \qquad U_m = U_L = U_q - \frac{I_m}{G_i} \ , \tag{4}$$

$$I_m = I_L = I_q - \frac{U_m}{R_i} \ , \qquad I_m = I_q = I_L + \frac{U_m}{R_i} \ . \tag{5}$$

Eine solche Korrektur ist nur dann zulässig, wenn die Messung den Arbeitspunkt der Schaltung (die Belastung des Generators) nur unwesentlich verändert, was aber bei den meisten Anwendungen angenommen werden darf. Anderenfalls müßte einer Korrektur die Ausgangskennlinie des Generators zugrundegelegt werden.

Welche Anordnung die günstigere ist, hängt von den Werten der Spannungen und Ströme, von den Eigenschaften der Meßgeräte, sowie dem Zweck der Messung (Bestimmung der Größen des Generators oder der Last, "stromrichtige" oder "spannungsrichtige" Ergebnisse erforderlich) ab.

3.1.3 Spannungsmessung, Grundschaltungen

Wie in Abb. 3.1.3 dargestellt, können Spannungen auf zweierlei Arten gemessen werden:

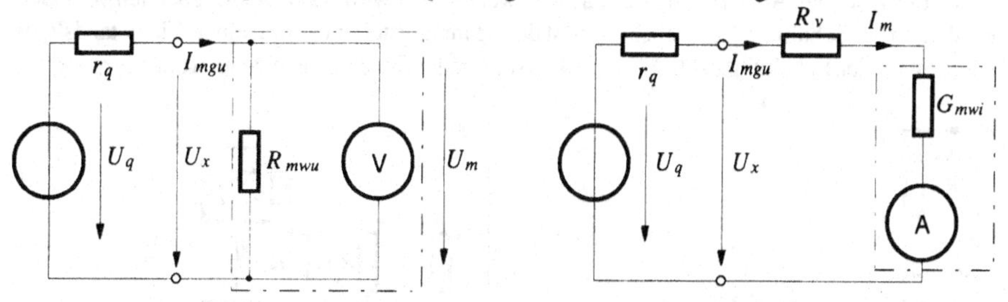

Abb. 3.1.3 Grundschaltungen für die Spannungsmessung:
a) mit Spannungsmeßwerk b) mit Strommeßwerk

Mit einem **Spannungsmeßwerk** (Abb. 3.1.3 a) oder mit einem **Strommeßwerk** (Abb. 3.1.3 b).

Soferne der Belastungsfehler vernachlässigbar ist (d.h. $R_i >> r_q$), gilt für die zu messende Spannung U_q folgende Grundgleichung der Spannungsmessung

$$U_q \approx U_x = U_m \qquad \text{bzw.} \qquad U_q \approx U_x = I_m \cdot \left(R_v + \frac{1}{G_{mwi}} \right) . \tag{6}$$

Die gesuchte Spannung U_q kann also im einen Fall am Spannungsmeßwerk unmittelbar abgelesen werden, im anderen Fall läßt sie sich aus dem Spannungsabfall errechnen, den der gemessene Strom am Vorwiderstand und dem Innenwiderstand des Strommeßwerkes verursacht.

Ein Belastungsfehler ergibt sich bei der Messung mit Spannungsmeßwerk aus dem Innenwiderstand R_{mwu} des Meßwerkes, der, wie bereits erläutert, möglichst groß sein soll, in der Realität aber immer einen endlichen Wert aufweisen wird. Bei der Messung mit Strommeßwerk läßt sich die Belastung aus der Serienschaltung von Vorwiderstand und Strommeßwerk bestimmen und ergibt sich durch das Prinzip der Messung, denn das Strommeßwerk kann prinzipiell nur bei Stromfluß ausschlagen. Nicht einmal ein ideales Meßwerk ($G_{mwi} = \infty$) bringt hier eine Verbesserung. Wegen der indirekten Bestimmung der Spannung über den gemessenen Strom geht die Temperaturabhängigkeit von R_v und G_{mwi} in die Messung unmittelbar ein.

Das Meßobjekt wird in den beiden Grundschaltungen durch die Innenwiderstände R_i belastet:

$$R_i = \frac{U_x}{I_{mgu}} = R_{mwu} \qquad \text{bzw.} \qquad R_i = \frac{U_x}{I_{mgu}} = R_v + \frac{1}{G_{mwi}} \approx R_v \ . \tag{7}$$

3.1.4 Mehrbereichs-Spannungsmessung

Sollen mit einem Umschalter mehrere Spannungsmeßbereiche für ein und dasselbe Spannungsmeßwerk bzw. Strommeßwerk hergestellt werden, so kann dazu entsprechend den eben erläuterten Grundschaltungen prinzipiell entweder ein Spannungsmeßwerk mit vorgeschaltetem veränderlichem Spannungsteiler oder ein Strommeßwerk mit veränderlichem Vorwiderstand verwendet werden. Einige Realisierungsmöglichkeiten sollen im folgenden beschrieben werden. Prinzipiell ist mit passiven Schaltungen nur eine Anpassung des Meßbereiches in Richtung geringerer Empfindlichkeit möglich. Der Meßbereich *MBU* eines mit einem Spannungsmeßwerk und Zusatzbeschaltung realisierten Meßgerätes ist daher immer größer oder gleich der Nennspannung U_{MW} des Meßwerkes.

3.1.4.1 Mehrbereichs-Spannungsmessung mit Spannungsmeßwerk

Die zu messende Spannung U_x wird durch einen Spannungsteiler in definierter Weise geteilt. Durch die Wahl des Abgriffes, an den das Meßwerk gelegt wird, kann der Meßbereich verändert werden. In der Schaltung laut Abb. 3.1.4 a ist der Spannungsteiler in Form einer Widerstandskette realisiert, in der Schaltung nach Abb. 3.1.4 b ist für jeden Bereich ein eigener Teiler vorgesehen.

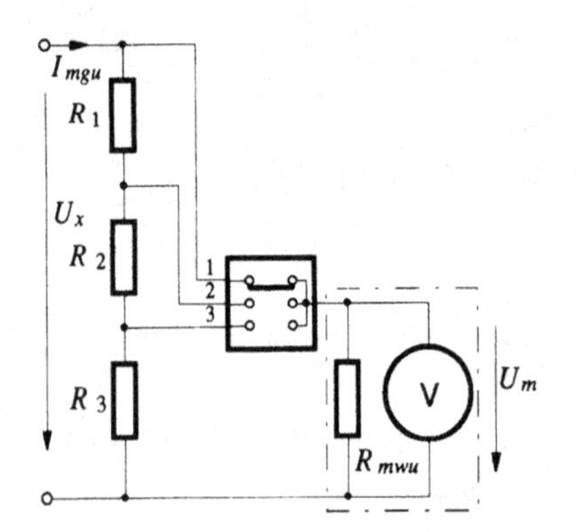

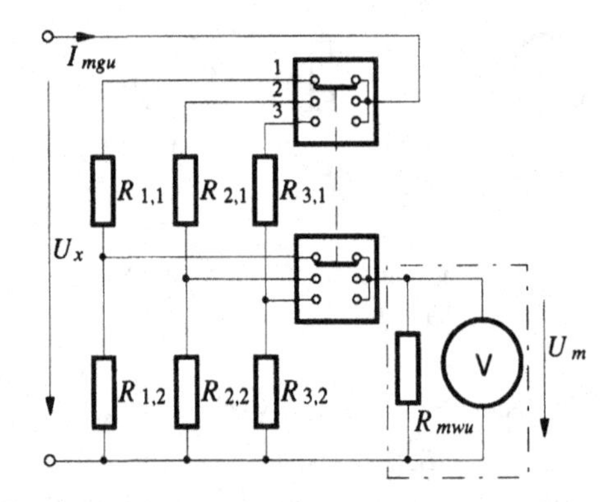

Abb. 3.1.4 Mehrbereichs-Spannungsmessung mit Spannungsmeßwerk
a) mit Widerstandskette b) mit einem Spannungsteiler je Bereich

Die Dimensionierung beider Schaltungen erfolgt grundsätzlich nach der Spannungsteilerregel, wobei im allgemeinen der Innenwiderstand R_{mwu} des Meßwerkes als Parallelwiderstand entsprechend der Schalterstellung zu berücksichtigen ist. (Nur wenn der Ausgangswiderstand des Spannungsteilers sehr viel kleiner ist als R_{mwu}, kann die Belastung des Teilers durch das Spannungsmeßwerk vernachlässigt werden.)

In der Schaltung in Abb. 3.1.4 b sind die Spannungsteiler entkoppelt und können unabhängig voneinander dimensioniert werden. Dadurch ist für jeden Bereich k der Innenwiderstand $R_i = \frac{U_x}{I_{mgu}}$ frei wählbar:

$$R_{i,k} = R_{k,1} + (R_{k,2} \parallel R_{mwu}) \quad . \tag{8}$$

Bei der Schaltung laut Abb. 3.1.4 a kann für jeden Meßbereich eine Gleichung angeschrieben werden, die die Umsetzung der dem Bereichsendwert entsprechenden maximalen Eingangsspannung MBU_i auf die Nennspannung U_{MW} des Meßwerkes beschreibt. Für Meßbereich MBU_2 ergibt sich z.B.

$$MBU_2 = \frac{R_1 + ((R_2 + R_3) \parallel R_{mwu})}{(R_2 + R_3) \parallel R_{mwu}} \cdot U_{MW} \quad . \tag{9}$$

Aus diesen Zusammenhängen können die Werte für R_1, R_2 und R_3 ermittelt werden.

Bei einer n-stufigen Teilerkette ergibt sich der Eingangswiderstand R_i im Meßbereich k zu

$$R_{i,k} = \sum_{j=1}^{k-1} R_j + \left(R_{mwu} \parallel \sum_{j=k}^{n} R_j \right) \quad . \tag{10}$$

Soferne $R_{mwu} >> R_i$, bleibt R_i über alle Meßbereiche konstant und ist gleich dem Gesamtwiderstand der Kette. Anderenfalls hat R_i sein Minimum im empfindlichsten Meßbereich MBU_1, wo die Widerstandskette (unerwünschterweise) parallel zum Meßwerk liegt. Es ist daher sinnvoll, zu Beginn der Dimensionierung für diesen Meßbereich einen Minimalwert für R_i vorzuschreiben, woraus sich bei Kenntnis von R_{mwu} der Gesamtwiderstand der Kette einfach ermitteln läßt.

Während bei entsprechend hochohmigem Meßwerk die Kontaktwiderstände $R_{ü,S}$ des am Meßwerk liegenden Umschalters vernachlässigbar sind, gehen bei der Schaltung nach Abb. 3.1.4 b jene des oberen Schalters unmittelbar in das Teilerverhältnis ein. Die Widerstände $R_{k,j}$ sind daher entsprechend größer zu dimensionieren.

Bei Wechselspannungsmessungen kann mit der einfacheren Schaltung nach Abb. 3.1.4 a keine für alle Meßbereiche wirksame Frequenzkompensation erreicht werden. Die etwas aufwendigere Schaltung in Abb. 3.1.4 b erlaubt eine Frequenzkompensation der gesamten Anordnung, indem alle Spannungsteiler einzeln kompensiert werden (Kap. 3.1.10.3).

3.1.4.2 Mehrbereichs-Spannungsmessung mit Strommeßwerk

In beiden in Abb. 3.1.5 dargestellten Schaltungen wird einem Strommeßwerk mittels eines Umschalters ein Vorwiderstand in Serie geschaltet, sodaß dieser zusammen mit dem Innenwiderstand des Meßwerkes bei einer Spannung U_x, die gleich ist dem Meßbereichsendwert MBU, einen Stromfluß ergibt, der gleich ist dem Nennstrom I_{MW} des Meßwerkes. Während in der Schaltung Abb. 3.1.5 b für jeden Meßbereich genau ein Widerstand vorhanden ist, wird in der Schaltung nach Abb. 3.1.5 a aus einer Kette von Vorwiderständen ein Abgriff gewählt. Es gilt daher folgender Zusammenhang für die Dimensionierung:

$$MBU_k = \left(\sum_{j=1}^{k} R_j + \frac{1}{G_{mwi}} \right) \cdot I_{MW} \qquad \text{bzw.} \qquad MBU_k = \left(R_k + \frac{1}{G_{mwi}} \right) \cdot I_{MW} \quad . \tag{11}$$

Der Eingangswiderstand R_i ist in beiden Fällen der Proportionalitätsfaktor zwischen zu messender Spannung U_x und angezeigtem Strom $I_m = I_{mgu}$

$$U_x = R_i \cdot I_m \tag{12}$$

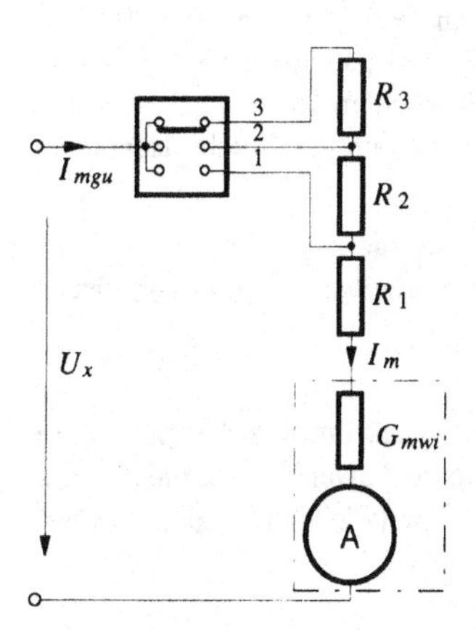

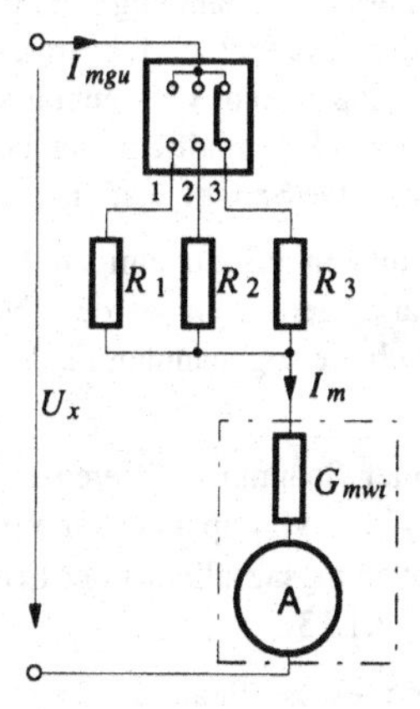

Abb. 3.1.5 Mehrbereichs-Spannungsmessung mit Strommeßwerk
a) mit Widerstandskette b) mit Umschaltung des Vorwiderstandes

und ist als solcher zwangsläufig vom Meßbereich k abhängig:

$$R_{i,k} = \sum_{j=1}^{k} R_j + \frac{1}{G_{mwi}} \qquad \text{bzw.} \qquad R_{i,k} = R_k + \frac{1}{G_{mwi}} \tag{13}$$

Aus diesem Grund wird bei Mehrbereichs-Spannungsmeßgeräten mit Strommeßwerk der Eingangswiderstand R_i oft in Abhängigkeit vom Meßbereich (in der Einheit "Ω/Volt") angegeben, wobei dieser Wert, wie sich aus den Gln. (11) und (13) erkennen läßt, dem Nennstrom I_{MW} des verwendeten Meßwerkes entspricht.

Da sich der undefinierte Übergangswiderstand $R_{ü,S}$ des Schalters zum Proportionalitätsfaktor R_i addiert, müssen die R_j entsprechend größer als $R_{ü,S}$ gewählt werden.

Eine für alle Meßbereiche wirksame Frequenzkompensation ist in der Widerstandskette (Abb. 3.1.5 a) wegen des wechselnden Abgriffes bei der Serienschaltung der Widerstände nicht erreichbar. Bei der Variante mit einzelnen Vorwiderständen (Abb. 3.1.5 b) ist eine Frequenzkompensation für alle Meßbereiche prinzipiell möglich, da die Widerstände einzeln für ihren jeweiligen Meßbereich kompensiert werden können.

3.1.5 Messung sehr großer oder sehr kleiner Spannungen

Mit den beschriebenen Grundschaltungen können im Prinzip auch Meßgeräte für hohe Spannungen konstruiert werden. Dabei ergeben sich aber Schwierigkeiten insbesonders am oberen Ende einer Widerstandskette, da infolge des hohen Potentiales Korona-Entladungen auftreten können, auch wenn jeder einzelne Widerstand die anliegende Spannungsdifferenz verträgt. Bei der Auslegung derartiger Meßschaltungen ist nicht nur auf die zulässige Verlustleistung und die Spannungsfestigkeit der verwendeten Bauelemente, sondern auch auf die Art des Aufbaues zu achten. Im besonderen müssen die einschlägigen Sicherheitsvorschriften unbedingt beachtet werden (Erdung, Isolation, Überspannungsableiter, gefährliche Feldstärke etc.).

Für die Meßbereichserweiterung bis zu einigen Kilovolt werden auch Hochspannungstastköpfe angeboten, die auf dem Prinzip des frequenzkompensierten Spannungsteilers beruhen (Kap. 3.1.10.3). Die zu messende Spannung wird mit einem geeigneten Teilfaktor von z.B. 1000:1 an den Meßbereich des verwendeten Meßgerätes angepaßt. Für Wechselspannungsmessungen sind auch Meßwandler (Kap. 2.9) in Verwendung, die neben der gewünschten Spannungsumsetzung gleichzeitig auch eine Potentialtrennung bewirken. Weiters kommen für Wechselspannung kapazitive oder induktive Spannungsteiler zum Einsatz.

Hohe Gleichspannungen bis zu einigen Megavolt können über die mit ihnen verbundene elektrische Feldstärke gemessen werden. Nach diesem Prinzip arbeiten z.B. elektrostatische Meßwerke oder auch die sogenannten Feldmühlen [2].

Die Messung kleiner Spannungsdifferenzen tritt als meßtechnisches Problem beispielsweise beim genauen Vergleich von Spannungsnormalen auf. Eine weitere Anwendung ist die Bestimmung kleinster Spannungsabfälle bei der Ermittlung extrem kleiner (z.B. quasi supraleitender) Widerstände (Kap. 3.1.13).

Zur Messung extrem kleiner Spannungen ist daher die Verwendung von speziellen Meßverstärkern erforderlich. Mit Hilfe elektronischer Verstärkerschaltungen ist es heute möglich, Spannungsempfindlichkeiten im nV-Bereich zu erzielen [9]. In diesem Bereich treten Rauschen (Kap. 2.4.4.3) und Kontaktspannungen (typisch im Bereich einiger µV) bereits sehr stark in den Vordergrund. Als Verstärker-Grundschaltung kann beispielsweise der Elektrometerverstärker

(Kap. 2.3.8.1) verwendet werden, wobei für den Operationsverstärker ein sehr rauscharmer Typ zu wählen ist. Der Aufbau derartiger Meßverstärker wird unter anderem dadurch besonders erschwert, daß Störungen (elektromagnetische Interferenz, Thermospannungen, Kap. 3.1.11) und parasitäre Effekte (Eingangsgrößen des OPV, Kap. 2.3) meist in der Größenordnung des zu messenden Signales liegen.

Für die Messung extrem kleiner Gleichspannungen eignen sich insbesondere Zerhackerverstärker (Kap. 2.3.9). Niedrige Wechselspannungen können unter gewissen Bedingungen gegenüber Störsignalen (Rauschen) durch korrelative Messung erfaßt werden, die im folgenden genauer erläutert wird.

Korrelationsmessung

Herkömmliche Methoden zur Messung von Signal-Kenngrößen sind meist nur dann anwendbar, wenn das zu messende Signal wesentlich größer ist als überlagerte Störungen. Die Korrelationsmeßtechnik gestattet nun für viele Signale eine wesentliche Erweiterung des Meßbereichs in bezug auf das Signal-Rausch-Verhältnis. Im folgenden wird das Pinzip der Korrelationsmessung am Beispiel der Spannungsmessung dargestellt. Die mathematischen Grundlagen der Korrelationsmeßtechnik wurden bereits in Kap. 1.3 vorgestellt, für weitergehende Betrachtungen sei auf die Spezialliteratur verwiesen (z.B. [10]).

Die **Autokorrelationsfunktion** ($AKF(\Delta t)$, Kap. 1.3) ist ein Maß für die Ähnlichkeit einer Signalfunktion $s(t)$ zu ihrer eigenen um Δt zeitverschobenen Darstellung. Sie hat bei $\Delta t = 0$ ein Maximum (das dem quadratischen Mittelwert entspricht) und strebt für größere Zeitverschiebung umso rascher gegen Null, je regelloser ("rauschähnlicher") die untersuchte Zeitfunktion ist. Die $AKF(\Delta t)$ eines periodischen Signales hingegen ist selbst wieder periodisch mit derselben Periodendauer, d.h. sie verschwindet auch für beliebig große Δt nicht. Diese Tatsache erlaubt das Erkennen von periodischen Anteilen in verrauschten Signalen auf folgendem Weg: Die Autokorrelationsfunktion $AKF_x(\Delta t)$ eines Signales $x(t)$, das sich aus einem periodischen (Nutz-) Anteil $s(t)$ und einem Rauschanteil $n(t)$ zusammensetzt, ergibt sich aus der Summe der Autokorrelationsfunktionen der beiden Anteile $AKF_s(\Delta t)$ und $AKF_n(\Delta t)$, also

$$AKF_x(\Delta t) = AKF_s(\Delta t) + AKF_n(\Delta t) \quad . \tag{14}$$

Je größer man die Zeitverschiebung Δt wählt, umso mehr dominiert der vom periodischen Signal $s(t)$ herrührende Anteil $AKF_s(\Delta t)$. Auf diese Weise lassen sich periodische Signalanteile $s(t)$ bestimmen, deren Amplitude um einige Größenordnungen kleiner ist als die des überlagerten Rauschens $n(t)$. Die praktische Realisierung dieser Methode erfolgt zumeist durch Abtastung des verrauschten Meßsignales und numerische Berechnung der Autokorrelationsfunktion z.B. in einem Signalprozessor.

Aus der obigen Beschreibung ist erkennbar, daß bei Anwendung der Autokorrelationsfunktion eine Kenntnis des zu messenden Signales $s(t)$ nicht erforderlich ist, es genügt zu wissen, daß $s(t)$ ein periodisches Signal ist. Steht hingegen das Signal $s(t)$ auch unverrauscht zur Verfügung (z.B. als Eingangssignal eines Filters, dessen Übertragungsfunktion ermittelt werden soll), so können auch "Lock-In" Verstärker verwendet werden [1]. Lock-In Verstärker sind vereinfachte Korrelatoren, deren Realisierung häufig ein phasenselektiver Gleichrichter zugrunde liegt (Kap. 2.4.10). Das unverrauschte Signal $s(t)$ liegt am Steuereingang dieses Gleichrichters, wodurch (nach entsprechender Mittelung) am Ausgang nur jene Komponenten des verrauschten Signales auftreten, die gleiche Frequenz und Phasenlage wie $s(t)$ aufweisen ("lock-in"). Je größer die Zeitkonstante der Mittelung gewählt wird, desto stärker werden Störanteile unterdrückt. Mit diesem Verfahren lassen sich Wechselsignale von wenigen µV in Signalen mit Rauschanteilen im Bereich einiger Volt nachweisen.

3.1.6 Überlastschutz

Meßschaltungen und Meßgeräte müssen gegen Beschädigungen durch Überlastung geschützt werden. Elektronische Meßschaltungen sind zwar sehr empfindlich gegen Überspannungen, können aber wegen ihres hohen Eingangswiderstandes wirksam geschützt werden. Ein Beispiel für eine solche Schutzschaltung zeigt Abb. 3.1.6.

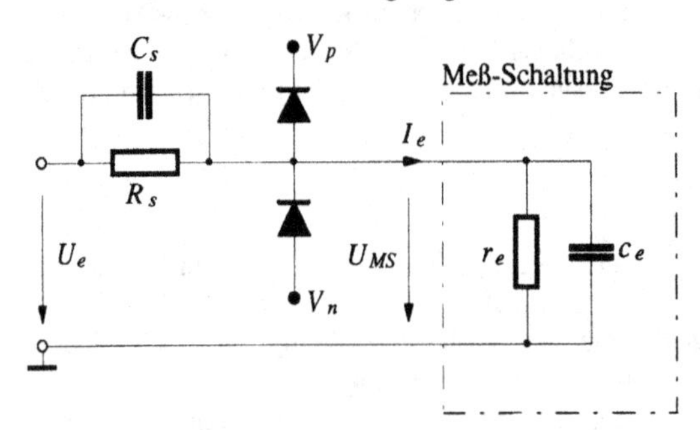

Abb. 3.1.6 Beispiel für eine Eingangsschutzschaltung

Im normalen Betriebszustand ist $V_n < U_e < V_p$, sodaß beide Dioden sperren. Über R_s fließt nur der (sehr geringe) Eingangsstrom der Meßschaltung, daher gilt näherungsweise $U_e = U_{MS}$. Tritt an der Meßschaltung eine Spannung U_{MS} auf, die größer ist als V_p bzw. kleiner als V_n, so leitet die entsprechende Diode (die Flußspannung wird zunächst vernachlässigt) und ermöglicht einen Stromfluß vom Eingang nach V_n bzw. V_p. Zwischen dem Eingang des Meßgerätes und dem Eingang der Meßschaltung muß ein hinreichend hoher Widerstand liegen (Innenwiderstand eines vorgeschalteten Spannungsteilers oder zusätzlicher Schutzwiderstand R_s), durch den bei der höchsten zu erwartenden Überspannung nur ein so geringer Strom fließt, daß die Schutzdiode und R_s nicht überlastet werden. Für die Schutzdiode darf üblicherweise keine Leistungsdiode verwendet werden, da der hohe Sperrstrom und die schlechten dynamischen Eigenschaften einer Leistungsdiode sich störend auswirken (siehe später).

Zur **Dimensionierung** ist folgendes zu beachten:

$U_{lim,p}$ und $U_{lim,n}$ seien jene Spannungswerte, die die Spannung U_{MS} am Eingang der inneren Meßschaltung nicht überschreiten bzw. unterschreiten darf. $I_{D,max}$ ist der maximal zulässige Flußstrom durch die Schutzdioden, U_f die zugehörige Flußspannung. Am (äußeren) Eingang der Meßschaltung wird im Fehlerfall eine Spannung von maximal $U_{emax,p}$ bzw $U_{emax,n}$ erwartet.

Zunächst werden aus den Grenzwerten $U_{lim,p}$ bzw. $U_{lim,n}$ unter Berücksichtigung der Flußspannung U_f der Diode die Hilfspotentiale V_p bzw. V_n ermittelt. Es gilt

$$V_p = U_{lim,p} - U_f \qquad \text{und} \qquad V_n = U_{lim,n} + U_f \ . \tag{15}$$

Die erforderliche Spannungsfestigkeit $U_{D,max}$ der Dioden ergibt sich aus

$$U_{D,max} = U_{lim,p} - V_n \qquad \text{und} \qquad U_{D,max} = V_p - U_{lim,n} \ . \tag{16}$$

Der Schutzwiderstand R_s ist so groß zu wählen, daß bei der maximal zu erwartenden Eingangs(fehl)spannung der Strom durch die Diode den Wert $I_{D,max}$ nicht überschreitet, somit

$$R_{s,p} > \frac{U_{emax,p} - U_{lim,p}}{I_{D,max}} \qquad \text{und} \qquad R_{s,n} > \frac{U_{emax,n} - U_{lim,n}}{I_{D,max}} \ . \tag{17}$$

Der größere Widerstandswert muß schließlich gewählt werden, nämlich

$$R_s = \max(R_{s,p}, R_{s,n}) \quad . \tag{18}$$

Damit der Schutzwiderstand im Falle einer andauernden Fehlspannung nicht überhitzt wird, muß seine Leistung entsprechend größer gewählt werden als

$$P_{Rs} = \frac{(U_{emax,p} - U_{lim,p})^2}{R_s} \qquad \text{und} \qquad P_{Rs} = \frac{(U_{emax,n} - U_{lim,n})^2}{R_s} \quad , \tag{19}$$

wobei auch hier wieder das Maximum zu wählen ist. Zusätzlich ist bei der Auswahl von R_s die erforderliche Spannungsfestigkeit zu beachten.

Bei der Dimensionierung der Schutzschaltung wurde zunächst eine Idealisierung in der Form vorgenommen, daß nur die erwünschten Effekte betrachtet wurden. Die Eingangsschutzschaltung bringt jedoch auch einige unerwünschte Auswirkungen auf das Verhalten der Gesamtanordnung mit sich, die im folgenden näher betrachtet werden sollen:

- Der Spannungsabfall an R_s hervorgerufen durch den Eingangsruhestrom I_e (z.B. OPV, Kap. 2.3.5.2) einerseits und die Sperrströme I_s der Schutzdioden andererseits führt zu einem Nullpunktsfehler. Die Verschiebung des Nullpunktes beträgt

$$F = R_s \cdot (I_e + I_{s,max} - I_{s,min}) \quad . \tag{20}$$

- Die Spannungsteilung zwischen R_s und r_e bewirkt einen Verstärkungsfehler. In gleicher Weise findet auch eine Spannungsteilung zwischen R_s und r_D, dem differentiellen Widerstand der Schutzdiode, statt. Die resultierende relative Abweichung beträgt

$$F_{rel} = -\frac{R_s}{(r_e \| r_{D1} \| r_{D2}) + R_s} \quad . \tag{21}$$

Diese beiden Fehlermechanismen führen zu der Forderung, daß die zu schützende Schaltung hohen Eingangswiderstand und geringen Eingangsstrom aufweisen muß, damit die durch die Schutzschaltung verursachten Abweichungen nicht zu groß werden. Kann diese Voraussetzung nicht erfüllt werden, so bleibt als wirksamer Schutz nur die Verwendung von Schutzrelais oder - insbesondere bei hohen Strombereichen - von Schmelzsicherungen.

Bei Sperrspannungen zwischen ca. 1 und 10V ändert sich der Sperrstrom einer Diode sehr wenig, bei paarweise gleichen Dioden können sich die Sperrströme daher annähernd aufheben. Außerdem ist in diesem Bereich der differentielle Widerstand r_D der Diode sehr groß.

Auch für $U_{\lim} \approx U_f$ sollte der Aufwand für die Bereitstellung von V_p und V_n in Kauf genommen werden und nicht, wie leider sehr üblich, zwei Dioden "antiparallel" ohne Vorspannung zwischen Eingang und 0 geschaltet werden. Entgegen der falschen Vereinfachung, daß Dioden erst ab Erreichen einer "Knickspannung" (schlagartig) zu leiten beginnen, ergeben schon kleine Werte der Eingangsspannung einen merklichen Flußstrom in jeweils einer Diode, der sich zum Sperrstrom der anderen addiert. Eine zusätzliche Fehlerquelle ist der niedrige (und sich zudem stark verändernde) Wert von r_D in der Umgebung von 0V.

- Die Eingangskapazität der inneren Meßschaltung bewirkt zusammen mit den dynamisch dazu parallel liegenden Sperrschichtkapazitäten c_D der Schutzdioden eine Frequenzabhängigkeit in Form eines Tiefpaßverhaltens mit der Zeitkonstante

$$\tau = (r_e \| R_s \| R_{D1} \| R_{D2}) \cdot (c_e + C_{D1} + C_{D2}) \quad . \tag{22}$$

Der Spannungsteiler kann durch Parallelschalten einer Kapazität C_s zum Schutzwiderstand R_s kompensiert werden (Kap. 3.1.10.3), wobei

$$C_s = (c_e + c_{D1} + c_{D2}) \cdot \frac{r_e \| r_{D1} \| r_{D2}}{R_s} \quad . \tag{23}$$

Für c_e und insbesondere für c_D muß die Arbeitspunktabhängigkeit beachtet werden, da die Sperrschichtkapazität des pn-Überganges stark von der Sperrspannung abhängt.

Gleichzeitig ist auch zu beachten, daß steile Spannungsflanken am Eingang (hohes $dU_e(t)/dt$) über C_s eine hohe Stromspitze hervorrufen können, die die Schutzdioden gefährdet. Daher ist bei vorgegebenem C_s die zulässige Spannungssteilheit beschränkt auf

$$\left(\frac{dU_e(t)}{dt}\right) \leq \frac{I_{D,max}}{C_s} \quad . \tag{24}$$

3.1.7 Strommessung, Grundschaltungen

Auch für die Strommessung gibt es zwei Grundschaltungen:

Strommessung mit **Strommeßwerk** (Abb. 3.1.7 a) oder Strommessung mittels **Spannungsmeßwerk** mit definiertem Parallelwiderstand ("Shunt", "Strommeßwiderstand") (Abb. 3.1.7 b):

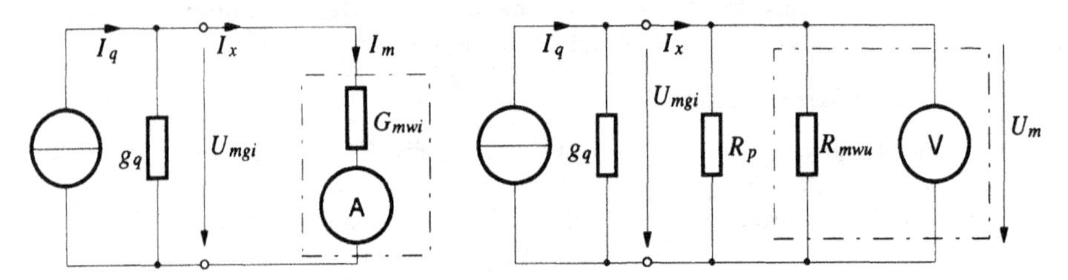

Abb. 3.1.7 Grundschaltungen für die Strommessung
a) mit Strommeßwerk b) mit Spannungsmeßwerk

Eine reale Strommeßschaltung wird immer einen endlichen Eingangsleitwert $G_i < \infty$ aufweisen. Vernachlässigt man den daraus resultierenden Belastungsfehler (d.h. $G_i >> g_q$), so ist der zu messende Strom I_q ablesbar als

$$I_q \approx I_x = I_m \qquad \text{bzw.} \qquad I_q \approx I_x = U_m \cdot \left(\frac{1}{R_p} + \frac{1}{R_{mwu}}\right) \quad . \tag{25}$$

Bei der Grundschaltung mit Strommeßwerk ist der gesuchte Strom also direkt ablesbar, während bei der Schaltung mit Spannungsmeßwerk der Spannungsabfall U_m an der Parallelschaltung von R_{mwu} und R_p, dem Parallelwiderstand, proportional dem zu messenden Strom I_q ist.

Der an g_q verursachte Belastungsfehler ergibt sich durch den endlichen Eingangsleitwert G_i der Schaltung

$$G_i = G_{mwi} \qquad \text{bzw.} \qquad G_i = \frac{1}{R_p} + \frac{1}{R_{mwu}} \approx \frac{1}{R_p} \quad . \tag{26}$$

Ein Belastungsfehler ist beim Meßprinzip nach Abb. 3.1.7 b selbst unter Verwendung eines idealen Spannungsmeßwerkes unvermeidlich, da das Spannungsmeßwerk nur dann ausschlägt, wenn an ihm eine Spannung abfällt, die ihrerseits aber bereits eine Manifestation des Belastungsfehlers ist. Bei üblichen Digitalmultimetern kann dieser Spannungsabfall auch für kleine Ströme 200mV und mehr betragen. Das ist deutlich schlechter als die früher übliche Norm von 60mV.

Im Unterschied zu der in Abb. 3.1.7 a beschriebenen Variante, wo der undefinierte Spannungsabfall an einer in Serie zum Meßwerk liegenden Sicherung sich nur auf den Belastungsfehler auswirkt, geht dieser hier unmittelbar in das Ergebnis ein.

3.1.8 Mehrbereichs-Strommessung

Um mit demselben Spannungsmeßwerk bzw. Strommeßwerk Strom in verschiedenen Meßbereichen zu messen, kann in Anwendung der beiden oben beschriebenen Meßprinzipien entweder die Spannung an einem umschaltbaren Strommeßwiderstand oder der Strom durch ein in einem Stromteiler liegendes Strommeßwerk bestimmt werden. Es kann nur eine Anpassung in Richtung geringerer Empfindlichkeit erreicht werden, der **Meßbereich** *MBI* eines aus Strommeßwerk und Zusatzbeschaltung aufgebauten Meßgerätes ist größer oder gleich dem Nennstrom I_{MW} des Meßwerkes. Die folgenden Schaltungen geben einen Überblick.

3.1.8.1 Mehrbereichs-Strommessung mit Spannungsmeßwerk

Einem Spannungsmeßwerk wird ein dem Meßbereich angepaßter Strommeßwiderstand parallelgeschaltet (Abb. 3.1.8 a).

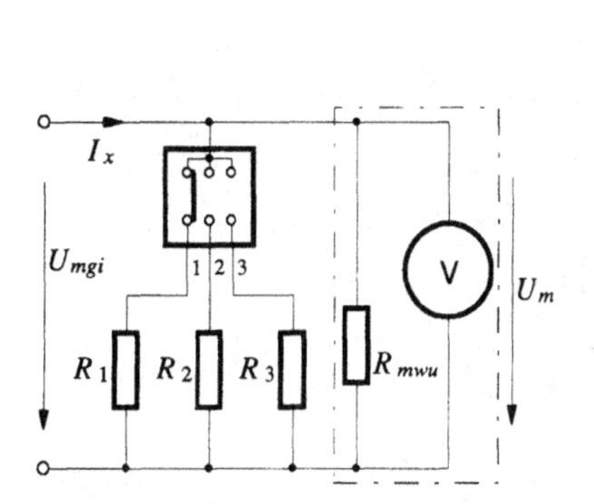

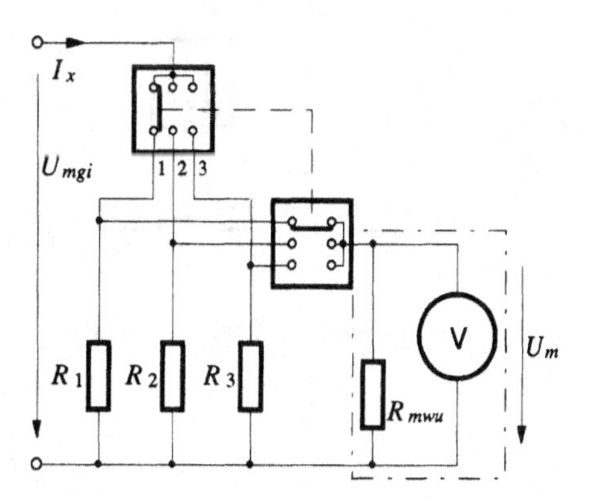

Abb. 3.1.8 Mehrbereichs-Strommessung mit Spannungsmeßwerk
a) Grundschaltung b) mit Umschaltung des Abgriffes

Die Dimensionierung eines Strommeßwiderstandes für den Meßbereich k erfolgt über den Zusammenhang

$$MBI_k = \left(\frac{1}{R_k} + \frac{1}{R_{mwu}} \right) \cdot U_{MW} \quad . \qquad (27)$$

Das Meßobjekt wird im Meßbereich k belastet durch

$$G_{i,k} = \frac{1}{R_{k,re}} + \frac{1}{R_{mwu}} \quad . \qquad (28)$$

Dabei ist

$$R_{k,re} = R_k + R_{ü} \qquad (29)$$

der real wirksame Widerstand parallel zum Spannungsmeßwerk. Man erkennt aus diesem Zusammenhang, daß die undefinierten Kontaktwiderstände $R_{ü}$ des Umschalters (typisch ca. 10..100 mΩ) voll in die Messung eingehen. Das wirkt sich vor allem bei Strömen über etwa 100 mA störend aus. Es bietet sich daher eine Variante an, bei der der Abgriff des Spannungsmeßwerkes auch umgeschaltet wird (Abb. 3.1.8 b). Zur Erläuterung siehe Abschnitt über Potentialklemmen (Kap. 3.1.9).

Für die praktische Anwendung muß sichergestellt sein, daß der Meßstrom niemals auch noch so kurze Zeit über das Meßwerk allein ohne Shunt fließt. Dazu verwendet man Umschalter, die zuerst den neuen Strompfad schließen, bevor sie den alten öffnen ("make before break").

3.1.8.2 Mehrbereichs-Strommessung mit Strommeßwerk

Eine Methode, die bei Verwendung nur eines Schalters den störenden Einfluß der Übergangswiderstände vermeidet, ist in Abb. 3.1.9 dargestellt. Es wird eine über das Meßwerk kreisförmig geschlossene Kette von Strommeßwiderständen verwendet, die nicht durch Schalterkontakte unterbrochen ist. Der Strom wird je nach Schalterstellung an verschiedenen Stellen eingespeist, und zwar so, daß der eine Teil der Widerstandskette als Strommeßwiderstand wirkt und der andere Teil einen (an sich überflüssigen und störenden) zusätzlichen Vorwiderstand darstellt. Der Übergangswiderstand $R_{ü,S}$ am Schalterkontakt beeinflußt in diesem Fall nur den Spannungsabfall am gesamten Meßgerät (und damit den Belastungsfehler), aber nicht die Stromaufteilung.

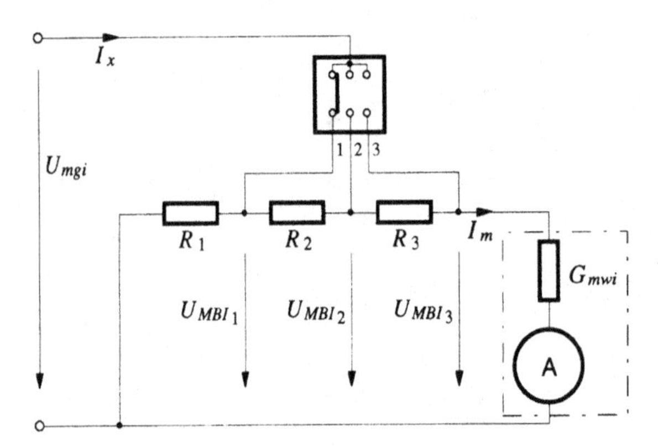

Abb. 3.1.9 Mehrbereichs-Strommessung mit Strommeßwerk und Widerstandskette

Die Dimensionierung basiert grundsätzlich auf der Stromteilerregel. Es ergibt sich ein unübersichtliches Gleichungssystem, eine Änderung der Werte eines Widerstandes beeinflußt sämtliche Strombereiche. Ein günstiger Ansatz für das Gleichungssystem ergibt sich aus der Tatsache, daß der Spannungsabfall bei jeder Schalterstellung in beiden Teilen der Widerstandskette (einschließlich $R_{mwi} = 1/G_{mwi}$) denselben Wert hat. Für den Bereichsendwerte MBI_1 gilt z.B.

$$R_1 \cdot (MBI_1 - I_{MW}) = (R_2 + R_3 + R_{mwi}) \cdot I_{MW} = U_{MBI_1} \quad . \tag{30}$$

Für die Berechnung ist es günstig, die Aufteilung des Gesamtwiderstandes der Kette auf die Teilwiderstände schrittweise entsprechend der Stromaufteilung im jeweiligen Bereich zu ermitteln.

Der Eingangsleitwert wird aus der Parallelschaltung der beiden Strompfade errechnet und ist vom gewählten Meßbereich k abhängig gemäß

$$\frac{1}{G_{i,k}} = R_{i,k} = \sum_{j=1}^{k} R_j \parallel \left(R_{mwi} + R_s - \sum_{j=1}^{k} R_j \right) \quad \text{mit} \qquad R_S = \sum_{j=1}^{n} R_j \quad . \tag{31}$$

Der am Meßgerät auftretende Spannungsabfall U_{MBI_k} kann in Verallgemeinerung von Gl. (30) angegeben werden als

$$U_{MBI_k} = I_m \cdot \left(R_{mwi} + R_s - \sum_{j=1}^{k} R_j \right) \quad . \tag{32}$$

Das Maximum U_{max} aller U_{MBI_k} soll möglichst klein sein. Es ergibt sich bei maximalem Strom im unempfindlichsten Meßbereich und ist für das Mehrbereichsmeßgerät deutlich ungünstiger als für eine einfache Kombination aus Meßwerk mit Parallelwiderstand (rechter Term von Gl. (33))

$$U_{max} = \max\left(U_{MBI_k} \right) = I_{MW} \cdot \left(R_{mwi} + R_s - R_1 \right) > I_{MW} \cdot R_{mwi} \quad . \tag{33}$$

Üblicherweise gilt $U_{\max} \approx [\, 1{,}5 ... 3 \,] \cdot I_{MW} \cdot R_{mwi}$.

Der empfindlichste Strombereich n ergibt sich aus der Stromaufteilung zwischen der Summe der Nebenwiderstände R_s und dem Innenwiderstand R_{mwi} des Meßwerkes, wobei $R_s = R_{mwi}$ und daher $MBI_n = 2 \cdot I_{MW}$ übliche Werte sind. Man erkennt, daß die Empfindlichkeit des Mehrbereichsmeßgerätes schlechter ist als die des Meßwerkes alleine.

Für die praktische Ausführung ist zu beachten, daß der Umschalter den nächsten Strompfad schließt, bevor er den vorigen öffnet. Andernfalls kann die Unterbrechung der Stromverbindung den Betriebszustand des Meßobjektes stören bzw. können Spannungsspitzen (leerlaufende Stromquelle, Induktivitäten im Stromkreis) Meßobjekt und Meßgerät gefährden.

3.1.9 Messung sehr kleiner oder sehr großer Ströme

Auch hohe Ströme können prinzipiell über den Spannungsabfall bestimmt werden, den sie an einem Strommeßwiderstand (Shunt) hervorrufen. Die Messung ist dabei unbedingt in Vierleitertechnik mit Potentialklemmen durchzuführen, der Shunt muß sehr gut gekühlt werden, da bei gut meßbaren Spannungen (etwa 100 mV) sehr hohe Verlustleistungen auftreten können. Für eine behelfsmäßige Messung kann ein Stück Draht (insbesondere Messing oder Neusilber, wegen des gegenüber Kupfer höheren spezifischen Widerstandes) verwendet werden, dessen Widerstand durch den Spannungsabfall bei einem leicht meßbaren Strom bestimmt werden kann.

Für die Messung hoher Wechselströme werden meist Meßwandler (Kap. 2.9) verwendet, die den zu messenden hohen Primärstrom auf einen viel kleineren Sekundärstrom transformieren und gleichzeitig eine Potentialtrennung erlauben.

Zur Messung hoher Gleichströme kommen magnetische Gleichspannungswandler zum Einsatz, deren Funktion auf der Kompensation des vom Meßstrom hervorgerufenen Feldes in einem Eisenkern durch ein Gegenfeld beruht (Kap. 3.3). Eine alternative Möglichkeit besteht darin, das mit dem Meßstrom verknüpfte Feld mittels Hallsonde oder Meßspule direkt zu bestimmen.

Prinzip der Potentialklemme ("Vierleitertechnik")

Soll ein Strom mit dem Verfahren "Spannungsmessung an einem Strommeßwiderstand" gemessen werden, so muß bei hohen Stromstärken und hohen Anforderungen an die Genauigkeit insbesondere der Einfluß der (undefinierten) Übergangswiderstände $R_{ü,S1}$, $R_{ü,S2}$ an den Stromzuführungsklemmen S_1, S_2 eliminiert werden.

Dies kann durch gesonderte Abgriffe P_1, P_2 für die Meßspannung ("Potentialklemmen"; Abb. 3.1.10) erreicht werden. Da die Potentialklemmen näher am Strommeßwiderstand R_m liegen als die Stromzuführungsklemmen, werden die Spannungsabfälle $I_x \cdot R_{ü,S1}$ und $I_x \cdot R_{ü,S2}$ vom Spannungsmeßwerk nicht erfaßt. Lediglich die Übergangswiderstände $R_{ü,P1}$ und $R_{ü,P2}$ der Potentialklemmen kommen zur Wirkung, diese sind aber meist vernachlässigbar, weil durch das

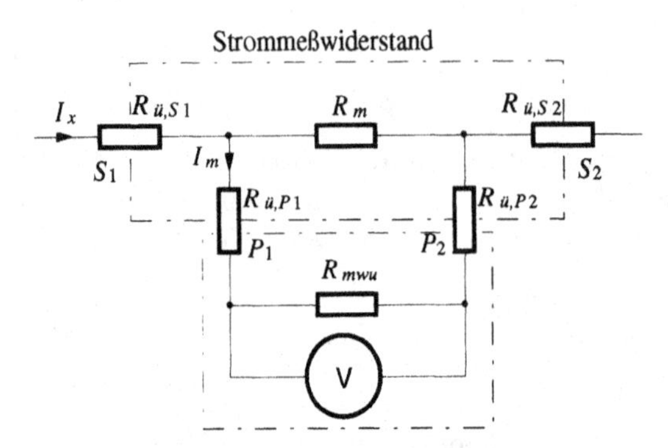

Abb. 3.1.10 Messung mittels Potentialklemmen

Spannungsmeßwerk (und damit auch über $R_{ü,P1}$ und $R_{ü,P2}$) nur der meist sehr geringe Strom I_m fließt.

Da schon bei geringen Spannungsabfällen am Shunt große Verlustleistungen auftreten, ist häufig eine nachfolgende Verstärkung der Meßspannung sinnvoll. Damit ist ein Teil des Meßproblems auf die Messung kleiner Spannungen (Kap. 3.1.5) verlagert. Aufgrund der meist erheblichen Verlustleistung sind Temperatureffekte wie Temperaturkoeffizienten der Bauteile und Thermospannungen besonders zu beachten, die in Kap. 3.1.11 näher behandelt werden (Unterschiede in der Wärmeableitung führen zu einem Temperaturunterschied an den beiden Seiten des Shunts und damit zu Thermospannungsdifferenzen).

Die indirekte Messung aufgrund des erzeugten magnetischen Feldes mit einer Hallsonde oder anderen magnetfeldabhängigen Sensoren ergibt einen sehr kleinen oder gar keinen Spannungsabfall im gemessenen Stromkreis, die erreichbare Genauigkeit ist aber meist gering.

Kleine Ströme werden mit einer elektronischen Verstärkerschaltung mit verschwindendem Spannungsabfall am Eingang in eine leicht verarbeitbare Spannung umgesetzt (Saugschaltung), die mit einem Analog-Digital-Konverter quantisiert wird. Die Weiterverarbeitung und Anzeige der Meßwerte erfolgt digital. Die Anzeige des Meßwertes mit einem Zeigerinstrument ist zwar möglich, aber nur mehr in Ausnahmefällen sinnvoll.

In einfachen und älteren Realisierungen werden auch sehr kleine Ströme an einem (hochohmigen) Strommeßwiderstand R_s in eine Spannung umgeformt (Abb. 3.1.11). Ein nachfolgender

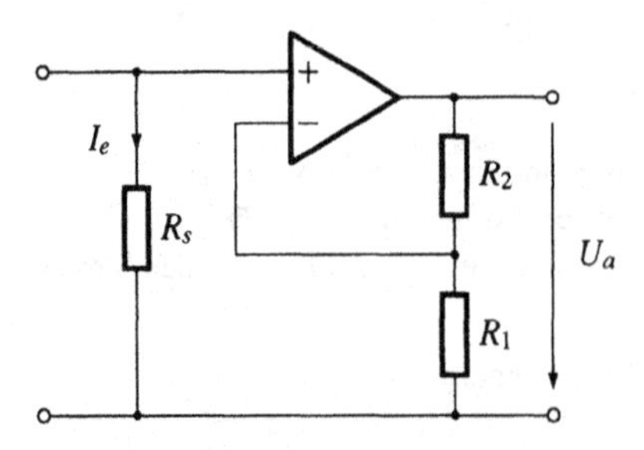

Abb. 3.1.11 Messung kleiner Ströme mittels Shunt, Prinzipschaltung

Elekrometerverstärker verstärkt diese Spannung und verhindert gleichzeitig eine Rückwirkung vom Ausgang auf den Meßwiderstand.

Die Ausgangsspannung dieser Schaltung ergibt sich zu

$$U_a = I_e \cdot R_s \cdot \frac{R_1 + R_2}{R_1} \quad . \tag{34}$$

Der am Widerstand auftretende Spannungsabfall (typisch etwa 100 mV) tritt auch an den Eingangsklemmen auf, selbst kleine parallel liegende Kapazitäten (Zuleitung, Eigenkapazität, etc.) im pF-Bereich ergeben zusammen mit einem hochohmigen R_s relativ große Zeitkonstanten und daher eine lange Einstellzeit, sodaß diese Methode nur für tiefe Frequenzen geeignet ist.

Abb. 3.1.12 zeigt das Prinzip üblicher Realisierungen, bei denen der Strommeßwiderstand in den Rückkopplungszweig eines Operationsverstärkers eingefügt wird.

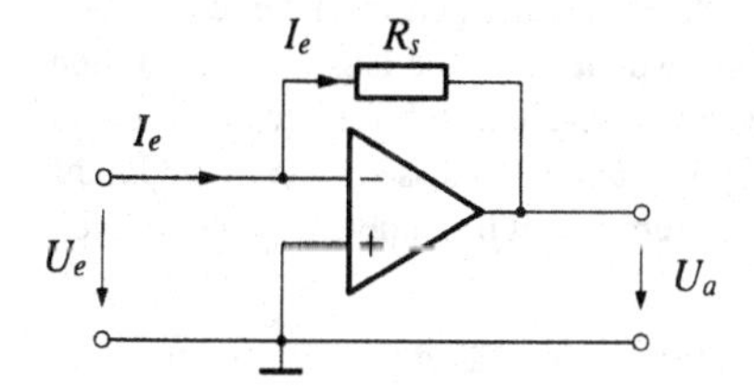

Abb. 3.1.12 Meßwiderstand im Rückkopplungszweig ("Saugschaltung")

Diese Grundschaltung wurde bereits in Kap. 2.4.2.2 ausführlich erläutert. Die Spannung an R_s und damit die Ausgangsspannung U_a ist proportional zum Eingangsstrom I_e. Mit einem hohen Wert für R_s und einem Operationsverstärker mit extrem geringem Eingangsstrom I_{e-} lassen sich Schaltungen für Ströme bis in den pA-Bereich aufbauen. Allerdings haben sehr hochohmige Widerstände meist nicht die gewünschten guten meßtechnischen Eigenschaften (z.B. Temperaturstabilität, Langzeitverhalten) für Präzisionsschaltungen. Parallel zu R_s liegende Kapazitäten bewirken eine relativ lange Einschwingzeit, die sich jedoch mit einer speziellen Schaltung kompensieren läßt [9].

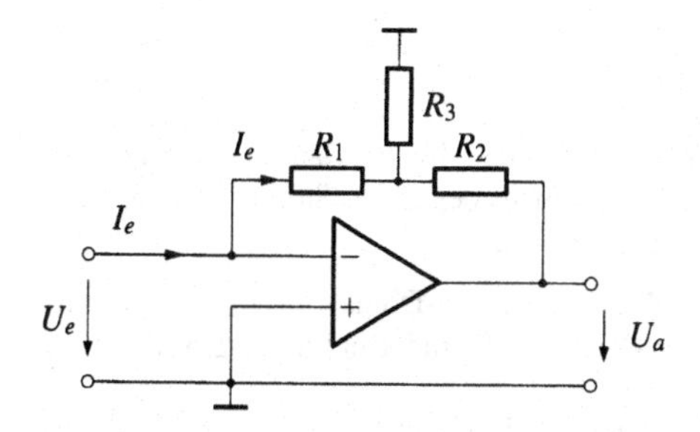

Abb. 3.1.13 Saugschaltung mit Stromteiler-Netzwerk in der Rückkopplung für die Messung kleiner Eingangsströme mit niedrigen Widerstandswerten

Das Prinzip der Schaltung in Abb. 3.1.13 ermöglicht Strommessungen bis in den fA-Bereich. Um den Eingangstrom zu kompensieren, muß ein, entsprechend dem aus R_1 und R_3 bestehenden Stromteiler größerer Strom durch R_2 fließen und daher vom Operationsverstärker eine entsprechende Spannung am Ausgang geliefert werden.

Der Zusammenhang zwischen Eingangsstrom I_e und Ausgangsspannung U_a ergibt sich zu

$$U_a = - I_e \cdot \left(R_1 + R_2 \cdot \frac{R_1 + R_3}{R_3} \right). \tag{35}$$

Für gegebene Werte des Strommeßbereiches und der Ausgangsspannung können um das (inverse) Teilerverhältnis niedrigere Widerstandswerte gewählt werden als in der einfachen Schaltung nach Abb. 3.1.12. Diese Methode gestattet somit die Verwendung von Widerständen, die sich genau und mit kleinen Temperatur- und Spannungskoeffizienten herstellen lassen. Aufgrund der kleineren Widerstandswerte wirken sich auch parasitäre Schaltungskapazitäten nicht so stark aus, sodaß die Schaltung eine kürzere Einschwingzeit aufweist. Die Offsetspannung am Verstärkereingang wirkt sich allerdings entsprechend stärker aus (relativ zu U_{R1} statt zu U_a).

Eine wesentliche Störgröße bei allen oben angeführten Schaltungen stellt der Eingangsstrom des Operationsverstärkers dar. Bei speziellen Typen beträgt er bei Zimmertemperatur nur mehr wenige fA (10^{-15}A). Allerdings sind für den Aufbau derartiger Schaltungen spezielle schaltungstechnische Maßnahmen (Shielding, Guarding, Kap. 2.4.4) sowie spezielle Isolationsmateralien notwendig. Übliche einfache Eingangsschutzschaltungen verursachen zu hohe Leckströme und können daher hier nicht mehr verwendet werden. Solche Bauelemente müssen wegen der Gefahr von Zerstörung durch elektrostatische Entladung beim Berühren mit besonderen Vorkehrungen verarbeitet werden.

Bei der Messung von Strömen unter 10^{-9}A muß das Meßobjekt sorgfältig abgeschirmt werden, da sonst allein durch die Bewegung des Messenden störende Ladungen influenziert werden. Auch geladene Staubpartikel, Ionen, und Alpha-Strahlen können bei ungeeigneter Schirmung wesentliche Fehlerquellen darstellen.

Da durch triboelektrische Effekte bei der Bewegung und Vibration der Meßleitung an der Grenzschicht Leiter/Isolator Ladungen generiert werden können, sind für derartige Anwendungen spezielle noise-free-Kabel erforderlich [9]. Verunreinigungen und eine hohe Luftfeuchtigkeit sind weitere Fehlerquellen.

Ein weiteres wichtiges Verfahren zur Messung kleiner Gleichströme beruht auf der Rückführung der Strommessung auf eine Ladungsmessung [9]. Der zu messende Strom wird dabei mit einer Integratorschaltung (Kap. 2.2.8) während einer bestimmten Zeitdauer T_{int} integriert. Aus der Spannungsänderung ΔU_C am Integratorausgang läßt sich der unbekannte Strom I_x berechnen:

$$I_x = \frac{C \cdot \Delta U_C}{T_{int}} \tag{36}$$

Aufgrund des integrierenden Verhaltens weist dieses Verfahren sehr gute Rauschunterdrückung auf und ist bei geeigneter Auslegung der Integrationszeit in der Lage, Störungen durch die Netzfrequenz zu unterdrücken (siehe dazu auch Kap. 2.8.1.2).

Zur Messung kleiner Ströme kommen speziell auch einige Analog-Digital-Wandler mit Stromeingang wie z.B. Charge-Balancing-ADC, Sigma-Delta-ADC und Dual-Slope-Konverter in Frage (Kap. 2.8.2).

Für die Messung extrem kleiner Stöme bis etwa 10^{-17}A kommen nur noch Schwingkondensator-Meßgeräte in Frage. Diese werten die Spannungsänderung an einer variablen Kapazität bei konstanter Ladung aus. Ihr mechanischer Aufbau ist sehr aufwendig, sie sind aber von ihrem Prinzip her überlastsicher und benötigen daher keinen (störenden) Überlastschutz [3, 11].

Mangels genauer, stabiler Hochohmwiderstände erfolgt die Kalibration von hochempfindlichen Strommeßgeräten über einen sehr genau bestimmbaren Luftkondensator, an den eine Spannungsrampe mit bekanntem $\frac{dU}{dt}$ angelegt wird [3]. Es ergibt sich dabei ein Strom $I_m = C \cdot \frac{dU}{dt}$.

3.1.10 Messung von Wechselstrom und Wechselspannung

3.1.10.1 Möglichkeiten der Messung

Es gibt spezielle Meßgeräte zur Erfassung der unterschiedlichsten Kenngrößen von Wechselströmen und -spannungen. Eine übliche Vorgangsweise dabei ist die Umwandlung der interessierenden Kenngröße durch eine Zusatzschaltung in eine Gleichspannung, die dann problemlos mit jedem Meßwerk angezeigt werden kann. Mittels Spitzenwertgleichrichtung läßt sich z.B. der Spitzenwert bzw. der Spitze-Spitze-Wert einer Spannung in eine Gleichspannung umwandeln, durch Integration bzw. Filterung des Meßsignales erhält man dessen Mittelwert, durch Vollweggleichrichtung und Filterung den Gleichrichtmittelwert. Geeignete Schaltungen sind in Kap. 2.4 beschrieben. Die Bestimmung spektraler Signalkenngrößen wie etwa des Klirrfaktors ist deutlich aufwendiger, da sie im einfachsten Fall einen über den zulässigen Bereich der Grundwelle abstimmbaren Bandpaß bzw. Bandsperre mit entsprechender Steilheit erfordert. Üblicherweise ist jedoch mit "Wechselspannungsmessung" die Messung des **Effektivwertes** gemeint. Für die direkte Bestimmung des Effektivwertes gibt es zwei Wege:

- Die Messung des "echten" Effektivwertes, wie sie mit diversen Analog-Funktions-Schaltungen (Kap. 2.4.8), Dreheiseninstrumenten [4, 6] etc. möglich ist. Bei diesen Verfahren wird auch für nichtsinusförmige Signale der Effektivwert richtig angezeigt. Wegen der erforderlichen Dynamik sind aber auch derartige Geräte nur für Signale mit einem beschränkten Crestfaktor (= Spitzenwert / Effektivwert) spezifiziert.

- Die Messung des Effektivwertes über Meßgleichrichter (Kap. 2.4.6.1). Hierbei wird eigentlich der Gleichrichtmittelwert gemessen und für die Anzeige in den für sinusförmigen Verlauf entsprechenden Effektivwert umgerechnet (bei Zeigermeßgeräten durch die Skalierung). Für nichtsinusförmige Signale ist diese Umrechnung jedenfalls ungültig! Allerdings kann bei Kenntnis der Signalform auf den Effektivwert rückgerechnet werden (Kap. 1.3.2).

Die Bestimmung des (echten) Effektivwertes eines Signales mittels Leistungskompensation wird in Kap. 3.3 beschrieben.

Grundsätzlich ist bei der Bestimmung von Kenngrößen von Wechselsignalen in Abhängigkeit von der Meßaufgabe zu entscheiden, ob die Messung bzw. Kenngröße sich auf den **reinen Wechselanteil** des Signales bezieht, oder ob der **Gleichanteil** mitgemessen wird. In sehr vielen Fällen ist nur der reine Wechselanteil von Interesse, daher wird mit einem entsprechend dimensionierten Serienkondensator am Eingang des Meßgerätes der Gleichanteil abgeblockt.

3.1.10.2 Störeinflüsse

Der in Kap. 3.1.2 diskutierte Belastungsfehler durch eine Ohmsche Belastung R_i der Quelle tritt als "Grundfehler" auch bei der Messung von Wechselstrom und Wechselspannung auf. Bei solchen Messungen ergeben sich jedoch noch zusätzliche Fehlereinflüsse aus dem Frequenzverhalten der Anordnung, das bisher noch nicht betrachtet wurde. In der Praxis stellt nämlich der Eingang des Meßgerätes selbst oft eine komplexe Impedanz dar, oder aber parasitäre Kapazitäten und Induktivitäten der Bauteile bzw. des Aufbaues führen zu merklichen Frequenzabhängigkeiten. An die Stelle von R_i tritt dann eine Kombination aus R, L und C, deren Struktur sich aus den konkreten Gegebenheiten ableitet. Grundsätzlich gelten Gln. (1) und (2) weiterhin, allerdings sind sie nun als komplexe Gleichungen anzuschreiben mit der Impedanz $\underline{Z}_i$ anstelle des Ohmschen Widerstandes R_i bzw. der Admittanz $\underline{Y}_i$ anstelle des Leitwertes G_i. Unerwünschte Frequenzabhängigkeiten treten vor allem aufgrund folgender Effekte in Erscheinung:

Eingangskapazität des Meßverstärkers oder Meßwerkes

Am Eingang einer elektronischen Meßschaltung dominiert neben dem (zumeist funktionsbedingten) Ohmschen Eingangswiderstand bei hohen Frequenzen fast immer eine parasitäre Eingangskapazität C_e. Daher wird die Impedanz eines solchen Meßgeräteeinganges üblicherweise angegeben als Ohmscher Eingangswiderstand R_e mit Parallelkapazität C_e (z.B. beim Oszilloskop). Die Eingangskapazität C_e prägt sehr oft in Verbindung mit zum Eingang in Serie liegenden Widerständen (Innenwiderstand der Signalquelle, Spannungsteiler) der Anordnung Tiefpaßcharakter auf (Abb. 3.1.14). Gemeinsam mit parasitären Induktivitäten kann sie auch einen Resonanzkreis bilden, der - je nach Anordnung - bei geringer Dämpfung zu deutlichen Überhöhungen oder Einbrüchen im Frequenzgang führen kann.

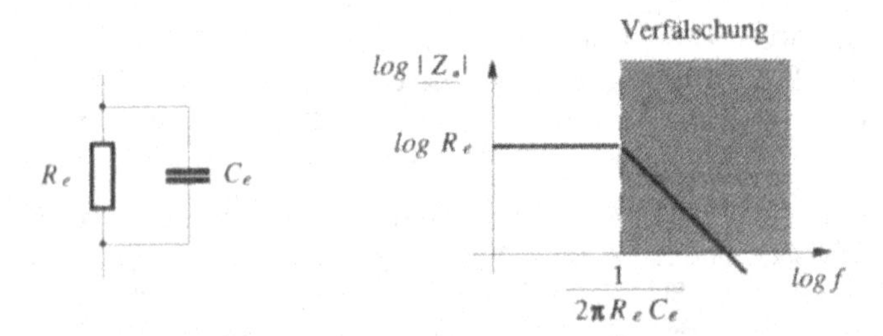

Abb. 3.1.14 Typische Charakteristik der Eingangsimpedanz einer Meßschaltung

Parallelkapazitäten in Spannungsteilern führen zu Verzerrungen des Teilerverhältnisses bei höheren Frequenzen (Kap. 3.1.10.3 "nicht kompensierter Spannungsteiler"). Parallelkapazitäten bei Vorwiderständen verringern deren Impedanz mit steigender Frequenz und verleihen der Meßanordnung Hochpaßcharakter.

Serieninduktivität von Strommeßwiderständen

Bei einem realen Shunt hingegen wird typischerweise in Serie zum (erwünschten) Ohmschen Widerstand noch eine parasitäre Induktivität wirksam. Strommeßwiderstände für höhere Leistungen weisen aufgrund ihrer Mäanderform eine nennenswerte parasitäre Serieninduktivität auf (Kap. 2.1.2). Bei höheren Frequenzen überwiegt daher die Reaktanz $\omega \cdot L$ gegenüber dem sehr kleinen Ohmschen Widerstand. Dadurch steigt der Spannungsabfall und damit scheinbar der gemessene Strom.

Serienkondensator zur Abtrennung des Gleichspannungsanteiles

Will man bei einer Messung nur den reinen Wechselanteil eines Signales erfassen, so kann man dies z.B. durch einen in Serie zum Meßgerät liegenden Kondensator erreichen (z.B. AC-Kopplung beim Oszilloskop, Kap. 4.2).

Dieser Serienkondensator C_S bildet mit dem Eingangswiderstand R_i des Meßgerätes einen Hochpaß (Kap. 1.2) mit der Grenzfrequenz

$$f_g = \frac{1}{2\pi \cdot R_i \cdot C_S} \quad . \tag{37}$$

Durch günstige Dimensionierung des Serienkondensators C_S kann erreicht werden, daß die Grenzfrequenz des Hochpasses für die meisten Messungen viel kleiner ist als die betrachtete Frequenz, sodaß C_S ohne Einfluß auf den Wechselanteil des Meßsignales bleibt. Bei der Messung von Signalen mit einer Frequenz in der Größenordnung der Grenzfrequenz oder gar darunter können sich jedoch erhebliche Phasen- und Amplitudenabweichungen ergeben.

Für die besonders häufig auftretenden (aus RC- und RL-Gliedern gebildeten) Filter erster Ordnung wird in Abb. 3.1.15 dargestellt, wie sich ein Frequenzfehler bemerkbar macht. Die Überlegungen beziehen sich auf den Fall, daß die Frequenzabhängigkeit zu einer unerwünschten Abschwächung des Meßsignales führt, können jedoch für den Fall einer Erhöhung der Meßsignalamplitude (z.B. "induktiver Shunt", siehe oben) in gleicher Weise angestellt werden. Bezüglich einer eingehenden Diskussion der auftretenden Signalformen und Effekte sei auch auf Kap. 1.2 verwiesen.

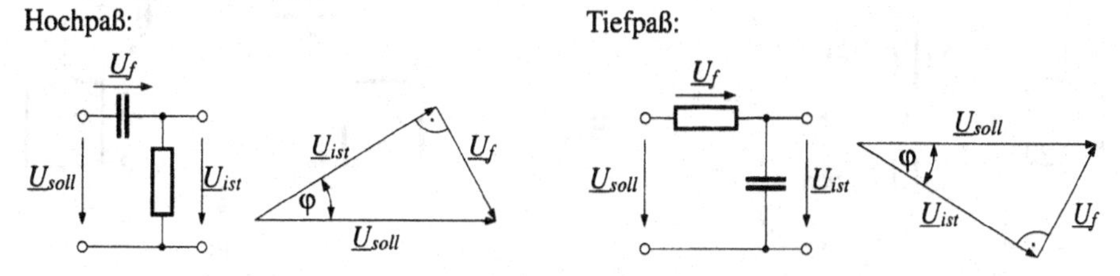

Abb. 3.1.15 Frequenzfehler bei Hochpaß bzw. Tiefpaß erster Ordnung

Folgende Zusammenhänge sind erkennbar:

Die für die reine Betragsmessung interessante relative Abweichung des Betrages der gemessenen Spannung ergibt sich zu

$$|F_f| = \left| \frac{|\underline{U}_{ist}| - |\underline{U}_{soll}|}{|\underline{U}_{soll}|} \right| = 1 - \cos\varphi \quad . \tag{38}$$

Für Messungen, bei denen die Phasenlage eine wesentliche Rolle spielt (z.B. Leistungsmessung, Kap. 3.2), ist die Länge des Differenzzeigers $\underline{U}_f$ zwischen wahrem Wert und gemessenem Wert die entscheidende Fehlerangabe:

$$|\underline{F}_f| = \frac{|\underline{U}_{ist} - \underline{U}_{soll}|}{|\underline{U}_{soll}|} = \frac{|-\underline{U}_f|}{|\underline{U}_{soll}|} = |\sin\varphi| \quad . \tag{39}$$

Wie man in Abb. 3.1.15 erkennt, ist die Länge des Differenzzeigers $\underline{U}_f$ immer größer als die Differenz der Beträge von $\underline{U}_{ist}$ und $\underline{U}_{soll}$, daher gilt insbesondere für kleine Phasenverschiebungen $|\underline{F}_f| >> |F_f|$.

Tabelle 3.1.1 gibt eine Übersicht über die Größenordnung des Frequenzfehlers $|F_f|$ bzw. $|\underline{F}_f|$ bezogen auf den gemessenen Wert U_{ist}. Parameter ist das Verhältnis von betrachteter Frequenz ω zur Grenzfrequenz ω_g.

Tabelle 3.1.1 Frequenzfehler als Funktion von verwendeter Frequenz und Grenzfrequenz

$\lvert F_f \rvert$ (=1-cos φ)	ω/ω_g (Tiefpaß)	ω/ω_g (Hochpaß)	Phasenversch. φ	$\lvert \underline{F}_f \rvert$ (= $\lvert\sin\varphi\rvert$)
10%	0,484	2,06	25,8°	43,6%
1%	0,142	7,02	8,11°	14,1%
0,1%	0,0448	22,3	2,56°	4,47%
100ppm	0,0141	70,7	0,81°	1,41%
10ppm	0,00447	224	0,256°	0,447%
1ppm	0,00141	707	0,081°	0,141%
29,3%	1	1	45°	70,7%
0,496%	0,1	10	5,71°	9,95%
50ppm	0,01	100	0,573°	1%

3.1.10.3 Kompensierter Spannungsteiler

Bei sehr vielen Meßanwendungen muß eine Wechselspannung durch einen Spannungsteiler in einem genau definierten Verhältnis geteilt werden. Bedingt durch den Aufbau gibt es jedoch immer parasitäre Kapazitäten (Eingangskapazitäten von nachfolgenden Stufen, Schaltkapazitäten) parallel zu den Widerständen, sodaß sich eine Anordnung wie in Abb. 3.1.16 links ergibt.

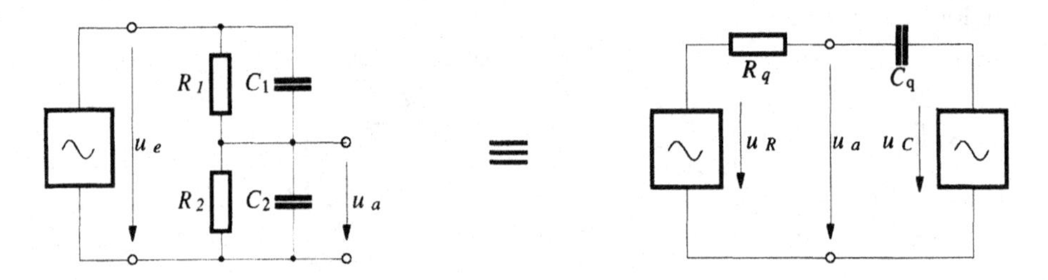

Abb. 3.1.16 Ohmscher Spannungsteiler mit Parallelkapazitäten, Ersatzschaltbild

Der rechte Teil zeigt eine Ersatzschaltung, die man erhält, wenn man den Ohmschen Spannungsteiler gemeinsam mit der Eingangsspannung als Ersatzspannungsquelle ansetzt, wobei gilt

$$u_R = u_e \cdot \frac{R_2}{R_1 + R_2} \qquad \text{und} \qquad R_q = R_1 \parallel R_2 \tag{40}$$

und für den kapazitiven Spannungsteiler ebenso vorgeht, mit

$$u_C = u_e \cdot \frac{C_1}{C_1 + C_2} \qquad \text{und} \qquad C_q = C_1 + C_2 \quad . \tag{41}$$

Man erkennt, daß sich das Ausgangssignal aus der Superposition zweier Anteile zusammensetzen läßt. Schließt man u_C kurz, so bildet u_R das Eingangssignal eines aus R_q und C_q gebildeten Tiefpasses. Bei Kurzschluß von u_R hingegen speist u_C einen Hochpaß aus C_q und R_q.

Ein besonderer Fall liegt dann vor, wenn $u_R = u_C$:

$$u_R = u_e \cdot \frac{R_2}{R_1 + R_2} = u_C = u_e \cdot \frac{C1}{C_1 + C_2} \quad . \tag{42}$$

Dann nämlich weisen die beiden Spannungsteiler gleiches Teilerverhältnis auf

$$\frac{R_1}{R_2} = \frac{C_2}{C_1} \quad , \tag{43}$$

was sich anschaulich aus Abb. 3.1.16 oder auch durch Umformung von Gl. (42) herleiten läßt. Aus Gl. (43) ergibt sich schließlich die allgemein zur Beschreibung des **kompensierten Spannungsteilers** verwendete Beziehung

$$R_1 \cdot C_1 = R_2 \cdot C_2 \quad , \tag{44}$$

die auch als Abgleichbedingung bezeichnet wird.

Die Bereiche mit nicht angeglichenem Teilerverhältnis sind charakterisiert durch

$$R_1 \cdot C_1 < R_2 \cdot C_2 \qquad \text{unterkompensierter Spannungsteiler} \tag{45}$$

$$R_1 \cdot C_1 > R_2 \cdot C_2 \qquad \text{überkompensierter Spannungsteiler.} \tag{46}$$

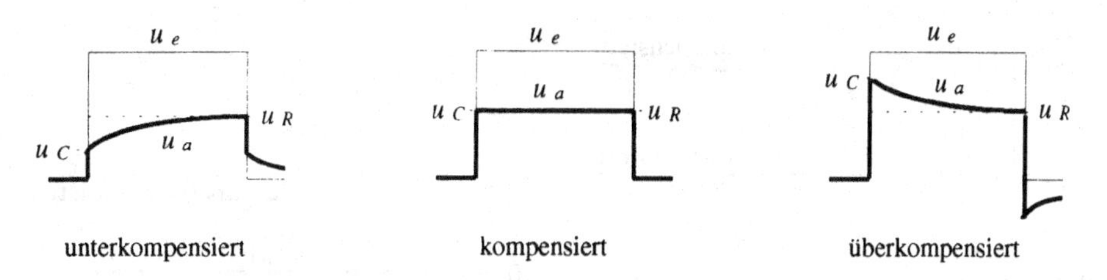

Abb. 3.1.17 Übertragung eines Rechtecksignals über einen richtig oder falsch kompensierten Spannungsteiler

Die Übertragung eines Rechtecksignals für die beschriebenen drei Fälle zeigt Abb. 3.1.17. Man erkennt, daß ein Spannungssprung am Eingang nur vom kompensierten Spannungsteiler richtig am Ausgang wiedergegeben wird (mittleres Bild), was nicht weiter erstaunlich ist, da das Teilerverhältnis wegen Gl. (43) hier für alle Frequenzen gleich ist.

Die Sprungantworten der nicht kompensierten Teiler lassen sich durch folgende Überlegung begründen: Die Flanke des Sprungsignales am Eingang enthält sehr hohe Frequenzanteile, daher werden hier die Impedanzen von C_1 und C_2 sehr klein, und die parallel dazu liegenden Widerstände R_1 und R_2 können vernachlässigt werden. Die Flanke selbst wird also mit dem Teilerverhältnis des kapazitiven Spannungsteilers übertragen. Der stationäre Endwert hingegen ist durch den Ohmschen Teiler festgelegt. Dazwischen erfolgt ein Übergang, der durch die Zeitkonstante der Gesamtanordnung charakterisiert ist:

$$\tau = (R_1 \parallel R_2) \cdot (C_1 + C_2) \quad . \tag{47}$$

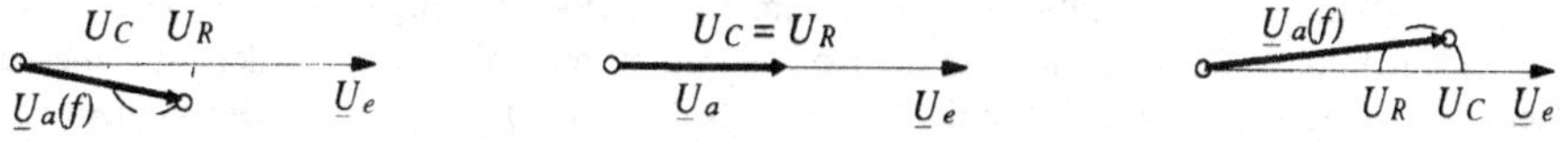

U_C U_R — $\underline{U}_a(f)$ — $\underline{U}_e$ — unterkompensiert

$U_C = U_R$ — $\underline{U}_a$ — $\underline{U}_e$ — kompensiert

$\underline{U}_a(f)$ — U_R U_C $\underline{U}_e$ — überkompensiert

Abb. 3.1.18 Zeigerdiagramme des kompensierten und unkompensierten Spannungsteilers

Die Zeigerdiagramme für die drei charakteristischen Fälle sind in Abb. 3.1.18 dargestellt. Im nicht kompensierten Fall ist die Ausgangsspannung für $f = 0$ reell und gleich U_R. Die Spitze des Zeigers $\underline{U}_a(f)$ wandert für Frequenzen ungleich Null im Uhrzeigersinn entlang eines Halbkreises. Als Grenzwert für $f = \infty$ ergibt sich schließlich $\underline{U}_a(f) = U_C$. Die Betragsabweichung ist hier maximal, die Phasenverschiebung verschwindet jedoch (U_C ist reell!). Beim kompensierten Teiler sind U_R und U_C definitionsgemäß gleich, der Halbkreis degeneriert daher zu einem Punkt und $\underline{U}_a(f)$ bleibt konstant und reell für alle Frequenzen.

Anhand des Bodediagrammes zeigt Abb. 3.1.19, wie sich die Kompensation auf den Frequenzgang des Spannungsteilers auswirkt.

Man erkennt auch hier, daß für niedrige Frequenzen der durch die Ohmschen Widerstände gebildete Teiler (Teilerverhältnis $\ddot{U}_R$) dominiert, für höhere Frequenzen der kapazitive Teiler ($\ddot{U}_C$). Der Übergang findet in einem Frequenzbereich statt, der durch den Kehrwert der Zeitkonstante τ_{komp} des kompensierten Spannungsteilers bestimmt ist. Dabei ist allerdings zu beachten, daß sich im unkompensierten Fall nach Gl. (47) im allgemeinen eine andere Zeitkonstante für die Anordnung ergibt. Für die dargestellte Situation ($\ddot{U}_R = 10 \cdot \ddot{U}_C$ bzw. $\ddot{U}_R = 0{,}1 \cdot \ddot{U}_C$) tritt eine

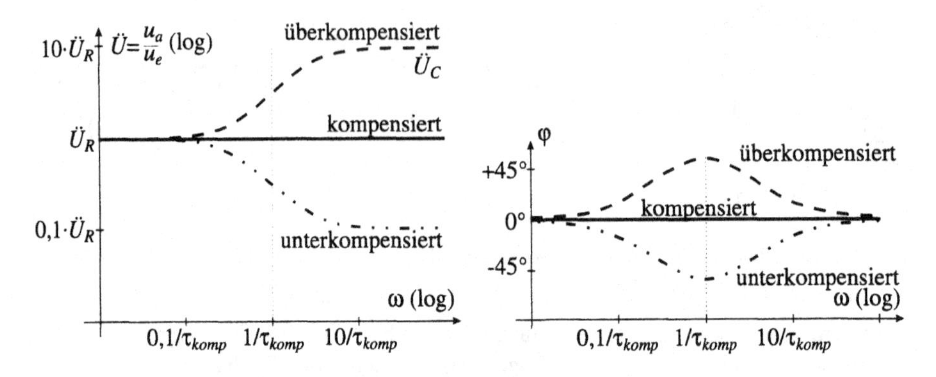

Abb. 3.1.19 Bodediagramm des kompensierten und des unkompensierten Spannungsteilers

merkliche Amplitudenverfälschung etwa bei $\omega = 0{,}1/\tau_{komp}$ auf, eine störende Phasenverschiebung bereits deutlich früher. Das Maximum der Phasenverschiebung liegt hier bei etwa 50°.

Aus den obigen Überlegungen folgt für die Anwendung in der Praxis, daß der Einfluß von parasitären Kapazitäten auf das Teilerverhältnis durch **Frequenzkompensation**, also das Hinzuschalten geeigneter Kondensatoren, eliminiert werden kann. Der so entstehende kompensierte Spannungsteiler ist in seinem Übertragungsverhalten frequenzunabhängig. Die beschriebene Vorgangsweise geht allerdings von völliger Verlustwinkelfreiheit und Linearität der Bauelemente aus. Außerdem dürfen parasitäre Induktivitäten im verwendeten Frequenzbereich keinen Einfluß auf das Verhalten haben. Schließlich ist der Ausgangswiderstand der Quelle bei einer Messung praktisch nie zugänglich (und fast immer auch eine virtuelle Größe und kein reales Bauelement!) und kann daher nicht in die Kompensation mit einbezogen werden. Aus diesen Überlegungen ergeben sich letztlich die Grenzen für die Verwendbarkeit und Genauigkeit des kompensierten Spannungsteilers (oder aber auch diese sekundären Effekte werden bei der Kompensation berücksichtigt). Eine Kompensation für einen Frequenzbereich über 100 MHz erfordert bereits einen erheblichen Aufwand.

3.1.10.4 Tastkopf

Zur Messung höherfrequenter Wechselspannungen werden sogenannte Tastköpfe verwendet. Es handelt sich dabei um frequenzkompensierte Spannungsteiler, die üblicherweise hochohmig ausgeführt sind, um die Belastung des Meßobjektes gering zu halten. Für sehr hohe Frequenzen werden niederohmige Abschwächer verwendet, die an den Wellenwiderstand des verwendeten Koaxialkabels angepaßt sind. Man unterscheidet zwischen Typen mit Abschwächungsverhältnis 1:1 bis 1000:1 und aktiven Tastköpfen mit eingebauten Verstärkern. Sehr häufig sind Ausführungen mit einem umschaltbaren Abschwächungsverhältnis von 1:1 und 10:1. Ein 1:1 -Tastkopf führt das Meßsignal direkt an die Eingangsbuchse des Oszilloskops. Dessen maximale Eingangsempfindlichkeit bleibt somit erhalten, die angeschlossene Schaltung wird jedoch mit der Eingangsimpedanz C_{eMG} des Meßgerätes und der Kabelkapazität C_K belastet.

Die im vorigen Abschnitt angestellten Überlegungen bezüglich der Frequenzkompensation entsprechen auch der Feststellung, daß der obere und der untere Teil des Spannungsteilers die gleiche Zeitkonstante haben müssen. Wird der Spannungsteilerabgriff belastet, das heißt, ein Kabel oder ein Verstärkereingang angeschlossen, so müssen die Impedanzen dieser Last berücksichtigt werden. Da speziell die Eingangskapazitäten von Verstärkern Streuungen aufweisen, wird bei Tastköpfen ein einstellbarer Parallelkondensator vorgesehen (Abb. 3.1.20), der für eine Kompensation so eingestellt wird, daß die Summe aus C_2, C_{eMG} und C_K mit C_1 denselben

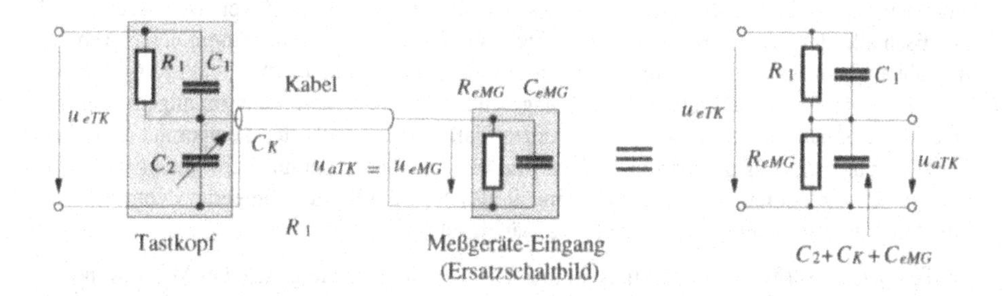

Abb. 3.1.20 Oszilloskoptastkopf mit frequenzkompensiertem Spannungsteiler

Abschwächfaktor ergibt wie R_2 mit R_1. Der Einstellbereich von C_2 ist maßgeblich dafür, welcher Bereich von $C_{eMG} + C_K$ kompensiert werden kann.

Der wichtigste Verwendungszweck dieser Tastköpfe, die einen Vorschaltspannungsteiler darstellen, ist es, die kapazitive Belastung des Meßobjektes zu verkleinern. Die Eingangskapazität C_e der Anordnung Meßgerät plus Tastkopf ergibt sich aus der Serienschaltung der Kompensationskapazität C_1 mit C_2 samt der parallelliegenden Kabel- und Eingangskapazität des Meßgerätes. Die kapazitive Belastung C_e des Meßobjektes beträgt daher

$$\frac{1}{C_e} = \frac{1}{C_1} + \frac{1}{C_2 + C_K + C_{eMG}} \quad . \tag{48}$$

Sie ist wegen der oben beschriebenen Kompensation mittels C_2 unabhängig von C_{eMG} und C_K und nahezu um den Abschwächfaktor kleiner als jene Eingangskapazität, die sich bei einem gleich langen Meßkabel ohne Spannungsteiler ergäbe. In manchen Realisierungen ist C_1 regelbar ausgeführt, wodurch C_2 entfallen kann. Damit ergibt sich zwar insgesamt eine kleinere Eingangskapazität C_e, diese ist allerdings dann abhängig von C_{eMG} und C_K.

Der Tastkopf muß zum Ausgleich der unterschiedlichen Kabel- und Eingangskapazitäten nach dem Anstecken an ein Oszilloskop mit Hilfe des Trimmkondensators C_2 abgeglichen werden. Zu diesem Zweck ist bei praktisch jedem Oszilloskop an einer Buchse ein Rechteck-Kalibrationssignal vorhanden, dessen Bild durch Verstellen von C_2 auf die richtige rechteckige Form gebracht wird. Die Zeitkonstante des Impulsverlaufes ergibt sich sinngemäß aus Gl. (47) und hat typisch Werte von etwa 100 µs. Bei der Messung kurzer Impulse wird daher eine falsche Einstellung am Signalverlauf nicht erkannt, es ergeben sich aber wegen der Abweichung von der Nennabschwächung falsche Amplitudenwerte am Oszilloskopschirm.

Das Kabel des Tastkopfes hat typisch eine Länge von 1 m, entsprechend einer Laufzeit von etwa 5 ns, die für Frequenzen über etwa 100 MHz zu berücksichtigen ist. Mögliche Reflexionen müssen durch eine entsprechende Konstruktion (wie z.B durch ohmsche Dämpfung) vermieden werden.

Besonders bei kritischen Meßanforderungen ist auf ein möglichst ungestörtes Bezugspotential zu achten. Die Eingangskapazität des Tastkopfes kann mit der Induktivität einer langen Signal- oder Erdungsleitung einen Resonanzkreis bilden. Dieser kann die Systembandbreite verringern und bei der Messung schneller Impulse zu Schwingungen führen. Um höchste Signalreinheit zu gewährleisten, sollten Signal- und vor allem Erdungsleitung des Tastkopfes immer so kurz wie möglich gehalten werden.

3.1.11 Temperaturabhängigkeit

Von den Eigenschaften des pn-Überganges bis hin zur Leitfähigkeit von Materialien sind praktisch alle elektrischen Bauelemente in ihrem Verhalten temperaturabhängig. Diese Temperaturabhängigkeit beruht auf grundlegenden physikalischen Vorgängen und Wirkungsmechanismen und muß daher als unvermeidlich angesehen werden. Ebenso kann im allgemeinen für eine Meßschaltung nicht vorausgesetzt werden, daß sie bei konstanter Temperatur betrieben wird, da einerseits im praktischen Einsatz die Umgebungstemperatur schwanken wird und andererseits auch durch die Eigenerwärmung der Bauteile die Betriebstemperatur vom Arbeitspunkt und der Einschaltdauer des Gerätes abhängig ist.

Da Temperatureinflüsse also praktisch immer auftreten, müssen sie gerade bei Meßanwendungen schon beim Entwurf berücksichtigt werden. Aus diesem Grund sollen ihre wesentlichsten Erscheinungsformen im folgenden kurz beschrieben und Maßnahmen zu ihrer Minimierung skizziert werden.

Thermospannung

An praktisch allen Kontakten und Lötstellen treten material- und temperaturabhängige Potentialdifferenzen auf, deren typische Größenordnung merkbar unter 1 mV liegt (7..75 µV/K). Im allgemeinen werden daher Meßgeräte so dimensioniert, daß die Meßsignale - z.B. die Spannungsabfälle an Shunts (typ. 60 mV oder 150 mV bei Nennstrom) - entsprechend größer sind. Allerdings muß dann eine erhöhte Eigenerwärmung in Kauf genommen werden.

Bei Präzisionsmessungen, bei denen die Thermospannungen nicht vernachlässigbar sind, kann ihr Einfluß durch vollständig symmetrischen Aufbau verringert oder ganz kompensiert werden.

Wechselnde Umgebungstemperatur

Widerstände weisen eine Temperaturabhängigkeit auf, die sich durch einen Temperaturkoeffizienten *TKR* von typisch *TKR* = 5...100 ppm/K für Metallschichtwiderstände beschreiben läßt. Bei Spannungsteilern, deren Widerstände gleiche Temperaturkoeffizienten aufweisen, kompensiert sich diese Abhängigkeit von der Umgebungstemperatur (dies gilt jedoch nicht für die Eigenerwärmung). Die absoluten Widerstandswerte ändern sich zwar, nicht aber das Teilerverhältnis. Abweichungen ergeben sich nur aus den Unterschieden der Temperaturkoeffizienten, die jedoch bei Spannungsteilern aus mehreren Metallschichtwiderständen auf einem keramischen Träger oft um einen Faktor 10 besser sein können als die Temperaturkoeffizienten der Einzelwiderstände. Als angenehmer Nebeneffekt kompensieren sich bei solchen Bauelementen außer dem Temperaturkoeffizienten häufig auch die Alterungseffekte zumindest teilweise.

Im Gegensatz dazu geht bei Messungen mit Vorwiderständen deren Temperaturkoeffizient voll in das Ergebnis ein. Ebenso ist bei Drehspulmeßwerken der Temperaturkoeffizient der Kupferwicklung zu beachten, der mit 4‰ /K deutlich höher liegt als der eines Widerstandes.

Folgendes Beispiel soll die Berechnung des Temperatureinflusses verdeutlichen:

Ein Drehspulmeßwerk mit Vorwiderstand soll zur Spannungsmessung benutzt werden (Kap. 3.1.4.2). Für die Temperaturabhängigkeiten wird eine lineare Näherung verwendet:

$$R(\vartheta) = R(\vartheta_0) \cdot [1 + TKR \cdot (\vartheta - \vartheta_0)] \quad . \tag{49}$$

Der Meßkoeffizient *MK* ist der Zusammenhang zwischen Ergebnisgröße und Meßgröße (Kap. 1.4.2.2). Für die untersuchte Schaltung kann der Meßkoeffizient angesetzt werden als

$$MK = \frac{I_m}{U_x} = \frac{1}{R_{mgi} + R_v} = \frac{1}{R_{ges}} \quad . \tag{50}$$

Seine Temperaturabhängigkeit wird analog zu Gl. (49) beschrieben durch

$$MK(\vartheta) = MK(\vartheta_0) \cdot [1 + TKMK \cdot (\vartheta - \vartheta_0)] \quad . \tag{51}$$

Der gesuchte Temperaturkoeffizient *TKMK* des Meßkoeffizienten ergibt sich aus dem Temperaturkoeffizienten des Gesamtwiderstandes TKR_{ges} zu

$$TKMK = \frac{1}{MK(\vartheta_0)} \cdot \frac{dMK(\vartheta)}{d\vartheta} = \ldots = -\,TKR_{ges} = -\,\frac{TKR_{mgi} \cdot R_i + TKR_v \cdot R_v}{R_i + R_v} \quad . \tag{52}$$

Die beiden beteiligten Widerstände beeinflussen den TKR_{ges} mit dem Gewicht, das sich aus dem Verhältnis ihres Wertes zum Gesamtwiderstand ergibt.

Eigenerwärmung der Widerstände

Die oben beschriebene Kompensation der Temperaturkoeffizienten bei Spannungsteilern ist nur dann sichergestellt, wenn die Temperaturschwankungen aller Widerständen gleich sind. Dies ist bei Eigenerwärmung i.a. nicht der Fall, da z.B. selbst bei gleichem Strom die Leistung gemäß der Formel $P = I^2 \cdot R$ proportional dem Widerstandswert ist. Günstig sind Netzwerke aus Metallschichtwiderständen auf einem gemeinsamen Keramikträger.

Auch bei allfälligen Berechnungen zur Korrektur des Temperatureinflusses ist, vor allem bei Strommeßwiderständen und Stromteilern, die Eigenerwärmung zu berücksichtigen. Weiters muß beachtet werden, daß ein verzerrtes Sinussignal u.U. zu weitaus höherer Erwärmung führen kann als ein unverzerrtes gleicher Amplitude.

3.1.12 Direkte Messung von Ohmschen Widerständen

Entsprechend dem Ohmschen Gesetz können Widerstände durch Messung von Spannung und Strom bestimmt werden. Praktisch werden dazu folgende Methoden angewandt:

3.1.12.1 Getrennte Messung von Strom und Spannung

Strom und Spannung am Meßobjekt werden getrennt erfaßt. Aus dem Ohmschen Gesetz folgt

$$R_x = \frac{U_m}{I_m} \quad . \tag{53}$$

Der Belastungsfehler durch das Meßgerät kann berücksichtigt werden (Kap. 3.1.2).

Da diese Methode jedoch zwei Einzelmessungen erfordert, wird sie für spezielle Präzisionsmessungen, behelfsmäßig oder in einfachen mikroprozessorgesteuerten Meßgeräten angewendet.

3.1.12.2 Lineare Ohmmessung

Ein konstanter Strom I_{ref} wird eingeprägt (Abb. 3.1.21 a), sodaß am Meßobjekt die Spannung U_m proportional dem Widerstandswert R_x ist gemäß

$$U_m = I_r \cdot R_x \quad . \tag{54}$$

Die Aufteilung des Stromes I_{ref} auf den Widerstand R_x und den Innenwiderstand R_{mwu} des für die Bestimmung von U_m verwendeten Spannungsmeßwerks ist zu berücksichtigen (eigentlich wird $R_x \parallel R_{mwu}$ bestimmt). Daraus ergibt sich eine Abweichung, die vernachlässigbar ist, solange $R_{mwu} \gg R_x$. Zusätzlich muß ggf. die Rückwirkung der Spannung U_m am Prüfling auf die Stromquelle beachtet werden (Kap. 3.1.2).

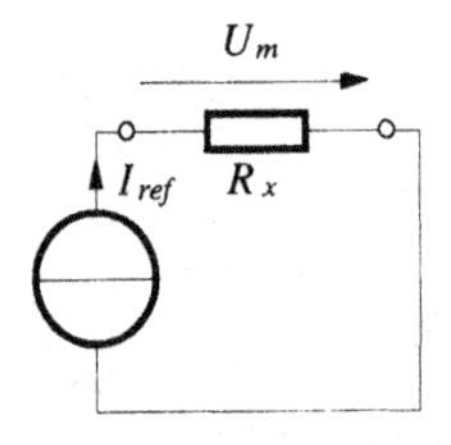

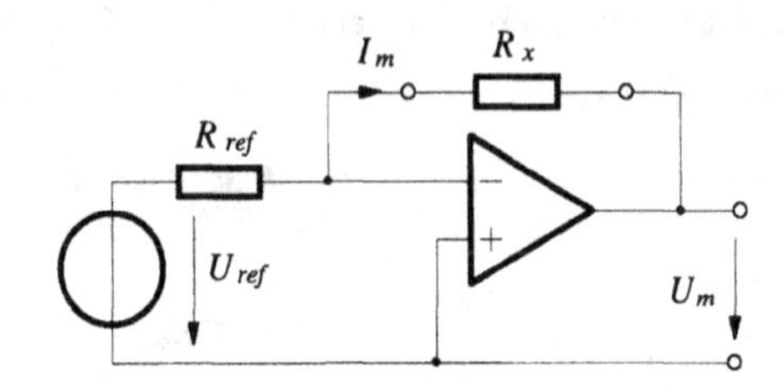

Abb. 3.1.21 Lineare Widerstandsmessung
a) Prinzip b) Realisierung mit OPV-Stromquelle

Mit Hilfe von Operationsverstärkerschaltungen lassen sich Konstantstromquellen gut realisieren. Diese Methode wird daher in vielen Digitalmultimetern angewendet. Ein Beispiel für eine OPV-Konstantstromquelle zeigt Abb. 3.1.21 b.

In der angegebenen Schaltung findet keine Stromteilung zwischen R_x und R_{mgu} statt. Nachteilig ist allerdings, daß das Meßobjekt nicht geerdet ist, sodaß äußere Störspannungen die Messung stärker beeinflussen als bei anderen Schaltungen.

In Digitalmultimetern wird häufig zur Messung von U_m ein Dual-Slope-Konverter verwendet. Für diesen wurde in Kap. 2.8.2.3 folgender Zusammenhang hergeleitet:

$$\frac{T_m}{T_{int}} = \frac{U_m}{U_{ref}} \quad . \tag{55}$$

Die als Ergebnis auftretende Meßzeit T_m steht demnach zur festen Integrationszeit T_{int} im selben Verhältnis wie die zu messende Eingangsspannung U_m zu einer gegebenen Referenzspannung U_{ref}. Verwendet man nun für den Dual-Slope-Konverter und für die Stromquelle dieselbe Referenzspannung U_{ref}, so läßt sich U_m auch anschreiben als

$$U_m = U_{ref} \cdot \frac{R_x}{R_{ref}} \quad . \tag{56}$$

Damit fällt U_{ref} aus dem Zusammenhang heraus, und es ergibt sich schließlich

$$\frac{T_m}{T_i} = \frac{R_{ref}}{R_x} \tag{57}$$

mit R_{ref} als einzigem genauigkeitsbestimmenden Element, da T_m und T_{int} üblicherweise mit demselben Takt ermittelt werden. Damit wurde das Meßprinzip der Widerstandsbestimmung durch Spannungsmessung bei vorgegebenem Strom nun in die Messung eines Widerstandsverhältnisses umgewandelt.

Da der invertierende Eingang des OPV virtuell an Massepotential liegt, stellt U_m die Spannung am Prüfling R_x dar. Hingegen kann R_{ref} als Strommeßwiderstand angesehen werden, wobei U_{ref} als Spannungsabfall an R_{ref} dem Strom am Prüfling proportional ist. Aus dieser Sicht handelt es sich um eine Strom-/ Spannungsmessung an R_x, wobei beide Messungen inklusive der Division von Spannung durch Strom in einem Meßvorgang durch den Dual-Slope-Konverter vorgenommen werden.

Ein ähnliches Prinzip liegt der automatischen RLC-Meßbrücke zugrunde, die in Kap. 3.3 präsentiert wird. Dort wird aber für die praktische Realisierung anstelle des hier mittels rückgekoppeltem OPV aufgebauten Regelkreises ein expliziter Regelvorgang durchgeführt, um die Brückenspannung auf Null abzugleichen.

3.1.12.3 Ratiometrische Widerstandsmessung

Bei der ratiometrischen Messung wird der zu bestimmende Widerstand R_x durch Vergleich mit einem bekannten Referenzwiderstand R_{ref} ermittelt.

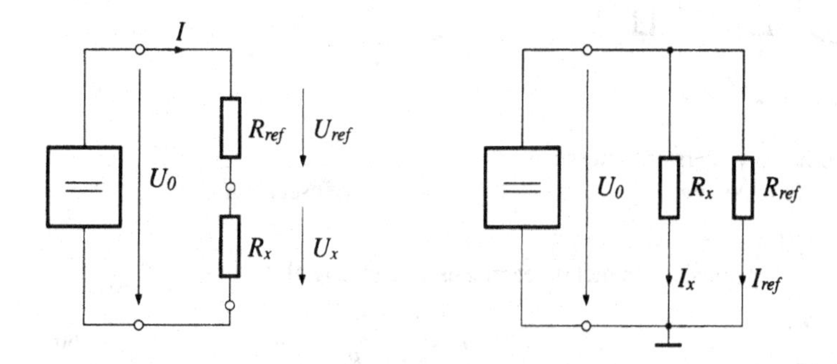

Abb. 3.1.22 Ratiometrische Widerstandsmessung:
a) Serienschaltung b) Parallelschaltung

In der Schaltung nach Abb. 3.1.22 a sind beide Widerstände in Serie geschaltet und werden somit vom gleichen Strom I durchflossen. Die beiden an den Widerständen R_x und R_{ref} abfallenden Spannungen U_x und U_{ref} werden gemessen. Daraus kann der unbekannte Widerstand R_x ermittelt werden gemäß

$$R_x = \frac{U_x}{U_{ref}} \cdot R_{ref} \quad . \tag{58}$$

Man erkennt, daß der Absolutwert der Spannung U_0 nicht in das Ergebnis eingeht. Daher sind an die Genauigkeit der Spannungsquelle (außer der Konstanz für die Dauer der Messung) keine besonderen Anforderungen zu stellen. Diese Meßmethode ist häufig in einfachen Digitalmultimetern zu finden, da dort für die Strommessung ohnehin genaue Referenzwiderstände erforderlich sind. Die Bildung des Quotienten U_x/U_{ref} kann wieder mit einem Dual-Slope-Konverter erfolgen (Kap. 3.1.12.2).

Die in Abb. 3.1.22 b dargestellte Realisierung wird vorteilhaft bei der Messung sehr hochohmiger Widerstände angewandt, wenn die Messung bei einer definierten Spannung durchgeführt werden soll. Dies wird beispielsweise bei Isolationsmessungen von Isolierstoffen vorgeschrieben. Gemessen wird hier der Strom durch den unbekannten Widerstand R_x und den Referenzwiderstand R_{ref}, wobei die ganze Meßanordnung geerdet sein kann.

Der Widerstand R_x ergibt sich zu

$$R_x = \frac{I_{ref}}{I_x} \cdot R_{ref} \quad . \tag{59}$$

Bezüglich der Anforderungen an die Spannungsquelle U_0 und der Möglichkeit der Quotientenbildung gelten die obigen Ausführungen sinngemäß.

3.1.12.4 Nichtlineare Ohmmessung

Eine Spannungsquelle mit definiertem Quellwiderstand $R_{a,q}$ wird mit dem Meßobjekt belastet. Aus der resultierenden Ausgangsspannung U_m bzw. dem Augangsstrom I_m kann der Widerstand R_x des Meßobjektes bestimmt werden. In Abb. 3.1.23 sind die beiden Grundschaltungen (Parallelschaltung, Serienschaltung) dargestellt.

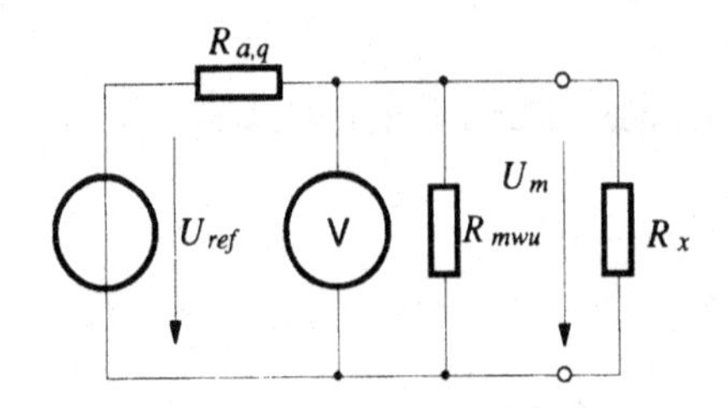

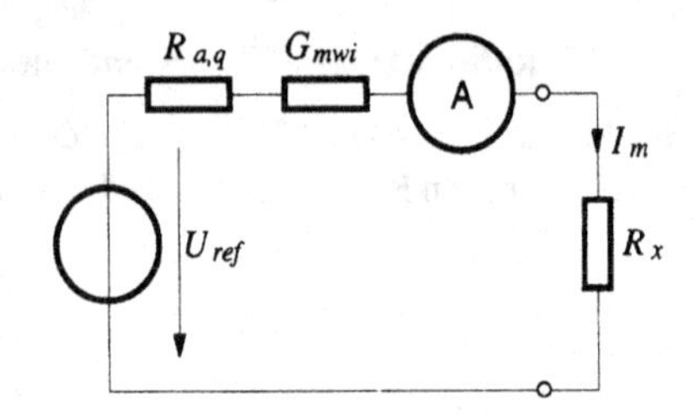

Abb. 3.1.23 Nichtlineare Widerstandsmessung:
a) Parallelschaltung b) Serienschaltung

Für $U_m(R_x)$ bzw. $I_m(R_x)$ ergibt sich ein nichtlinearer Zusammenhang als

$$U_m = U_{ref} \cdot \frac{R_x}{R_x + R_a} \qquad \text{und} \qquad I_m = \frac{U_{ref}}{R_x + R_a} \quad . \tag{60}$$

Der Einfluß von R_{mwu} bzw. G_{mwi} kann durch die Definition des effektiv wirksamen Ausgangswiderstandes R_a zu

$$R_a = R_{a,q} \parallel R_{mwu} \qquad \text{bzw.} \qquad R_a = R_{a,q} + \frac{1}{G_{mwi}} \tag{61}$$

berücksichtigt werden und wird daher nicht weiter betrachtet.

Der Ausschlag α ist der auf den maximal erreichbaren Wert von U_m bzw. I_m bezogene aktuelle Meßwert

$$\alpha = \frac{1}{U_{ref}} \cdot U_m = \frac{R_x}{R_a + R_x} \qquad \text{bzw.} \qquad \alpha = \frac{1}{\left(\frac{U_{ref}}{R_a}\right)} \cdot I_m = \frac{R_a}{R_a + R_x} \quad . \tag{62}$$

In Abb. 3.1.24 sind diese Abhängigkeiten graphisch dargestellt.

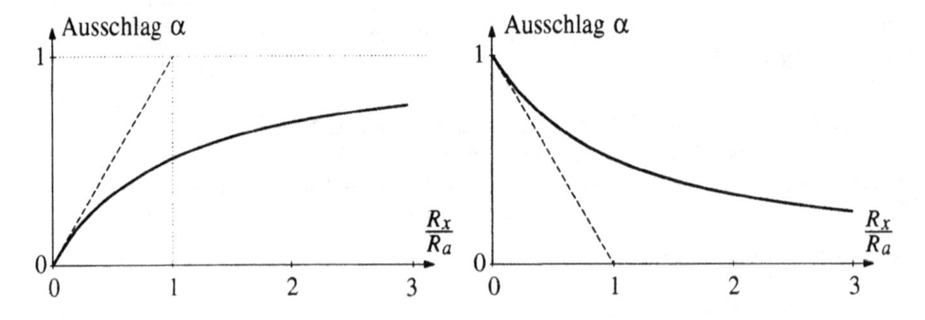

Abb. 3.1.24 Meßcharakteristik der nichtlinearen Ohmmeterschaltungen

Der Meßbereich eines nichtlinearen Ohmmeters kann nicht durch den Endwert oder Anfangswert beschrieben werden, da diese 0 und ∞ sind. Sinnvoll ist z.B. als Definition des Meßbereiches der Skalen-Mittenwert, bei dem $R_x = R_a$ gilt.

Eine wichtige Kenngröße für die Verwendbarkeit solcher Schaltungen ist die relative Empfindlichkeit ε_{rel} , die Änderung des Ausschlages $d\alpha$ abhängig von der relativen Änderung des Widerstandes dR_x / R_x , deren Betrag für beide Schaltungen gleich lautet, nämlich

$$|\varepsilon_{rel}| = \left| \frac{d\alpha}{(dR_x/R_x)} \right| = \frac{R_a \cdot R_x}{(R_a + R_x)^2} \quad . \tag{63}$$

Diese Empfindlichkeit hat bei halbem Vollausschlag ein flaches Maximum (Abb. 3.1.25 a). Der Wert von 0,25 bedeutet, daß für eine Änderung des Ausschlages um 1% vom Vollausschlag eine Änderung des gemessenen Widerstandes um 4% seines Wertes nötig ist, d.h., die relative Auflösung A_{Rx} eines nichtlinearen Ohmmeters mit einem Zeigermeßwerk mit 1% Ablesegenauigkeit beträgt im günstigsten Fall 4%. Gegen beide Bereichsenden hin sinkt diese Empfindlichkeit ab, und damit wird auch die relative Auflösung schlechter. In Abb. 3.1.25 b ist für eine Anzeige mit 1% Ablesegenauigkeit die Abhängigkeit der relativen Auflösung A_{Rx} vom Widerstandsverhältnis R_x/R_a in doppelt logarithmischem Maßstab dargestellt. Man erkennt, daß in einem weiten Bereich von $0{,}1 \cdot R_a < R_x < 10 \cdot R_a$ eine Auflösung von ca. 10% erreicht werden kann, eine genaue Bestimmung ist aber kaum möglich. Ein wichtiger Vorteil ist, daß eine grobe Abschätzung des Widerstandswertes über etwa 4 Dekaden ($0{,}01 \cdot R_a < R_x < 100 \cdot R_a$) möglich ist.

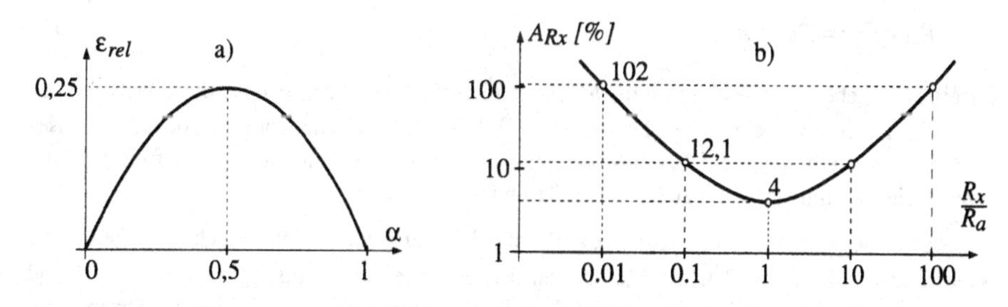

Abb. 3.1.25 Nichtlineare Ohmmeterschaltungen:
a) relative Empfindlichkeit über Ausschlag b) relative Auflösung über R_x/R_a

Der notwendige Ausgleich des nichtlinearen Zusammenhanges ist mit einer nichtlinearen Skala (einfache Zeigermeßgeräte) möglich. Die Methode der nichtlinearen Widerstandsmessung wird in Digital-Multimetern kaum verwendet, hat jedoch bei der Prüfung von Leitungen und Komponenten und bei Sensoren zur elektrischen Messung nichtelektrischer Größen Bedeutung.

3.1.13 Messung extrem großer und extrem kleiner Widerstände

Bei der Messung kleiner Widerstände sind die Übergangswiderstände an den Klemmen und die Leitungswiderstände vom Meßgerät zum Meßobjekt nicht mehr zu vernachlässigen, da sie meist schon in der Größenordnung des zu messenden Widerstandes liegen. Mit Hilfe der Vierleitertechnik ist es möglich, die Speisung des Meßobjekts und den eigentlichen Meßkreis so voneinander zu trennen, daß Spannungsabfälle durch den Meßstrom an den Klemmen und Zuleitungen zum Meßgerät vermieden werden.

In Abb. 3.1.26 sind die übliche Zweileiterschaltung und die Vierleiterschaltung einander gegenübergestellt.

Bei der Zweileitermessung fließt der Meßstrom I über die Meßleitungen zum Prüfling R_x. Das Voltmeter mißt die Spannung an den Ausgangsklemmen. Die Widerstände $R_{ü1}$ und $R_{ü2}$ symbolisieren jeweils den Widerstand der Meßleitung zusammen mit dem Widerstand an den Kontaktstellen. Diese in Reihe liegenden parasitären Widerstände erzeugen entsprechend dem Ohmschen Gesetz einen zusätzlichen Spannungsabfall, der zu einer Meßabweichung führt, da das Ohmmeter den Wert

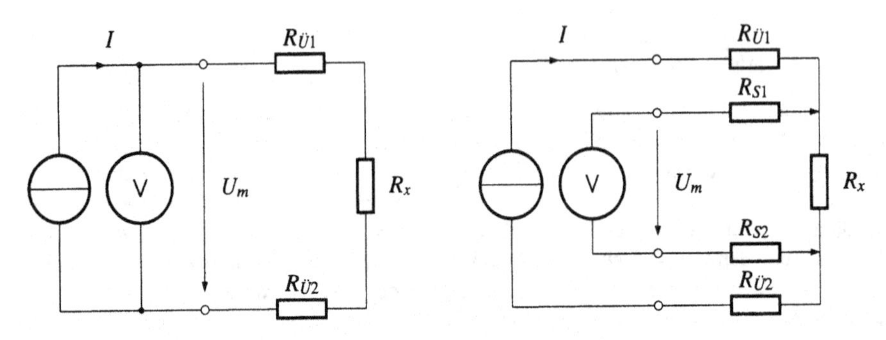

Abb. 3.1.26 Vergleich von Meßverfahren für extrem kleine Widerstände:
a) Zweileitermessung b) Vierleitermessung

$$R_m = \frac{U_m}{I} = R_{ü1} + R_x + R_{ü2} \tag{64}$$

anzeigt. Sie gehen hier also voll in die Messung mit ein. Typische Werte für diese Widerstände liegen im Bereich von einigen $m\Omega$ bis zu ca. 1 Ω. Eine rechnerische Korrektur des Ergebnisses ist kaum möglich, da die Übergangswiderstände in den meisten Fällen undefiniert, kaum reproduzierbar und stark von äußeren Einfüssen abhängig sind.

Aufgrund dieser Einschränkungen wird für die Messung kleiner Widerstände generell die Vierdrahttechnik verwendet, die Messungen mit bis zu einer Auflösung von typisch 10 μΩ ermöglicht. Bei der Vierdrahtmessung wird ein Klemmenpaar für den Anschluß der Stromklemmen ("Source-Leitung") und getrennt davon ein zweites Klemmenpaar ("Potentialklemmen", "Sense-Leitung") zur Messung des Spannungsabfalls am Bauelement verwendet. Da der Eingangswiderstand eines realen Spannungsmeßgerätes nicht unendlich hoch ist, fließt auch im Meßkreis ein kleiner Strom, der an den Meßleitungen und Kontaktstellen einen Spannungsabfall hervorruft. Im allgemeinen ist dieser Strom und damit die Spannungsabfälle an den Anschlüssen (Potentialklemmen, Kap. 3.1.9) und Leitungen zum Meßgerät um Größenordnungen kleiner als der Meßstrom. Damit sinkt auch die Meßabweichung entsprechend und kann zumeist vernachlässigt werden. Das Voltmeter zeigt nun also direkt den Spannungsabfall an R_x an.

Die Potentialklemmen sind am Meßobjekt so weit innerhalb der Stromklemmen anzubringen, daß eine gleichmäßige Stromdichte im gemessenen Teil sichergestellt ist (z.B. bei der Messung des Widerstandes oder des Widerstandsbelages (Ω/m) bei Kabeln).

Zusätzlich zu der an den Potentialklemmen auftretenden Meßspannung entstehen an den Kontaktstellen Thermospannungen (siehe auch Kap. 3.1.11), die elektrisch in Serie zum Meßobjekt liegen. Bei kleinen Meßspannungen können dadurch erhebliche Abweichungen entstehen. Dieser Effekt kann relativ einfach durch Anwendung des Superpositionsgesetzes kompensiert werden: Eine Möglichkeit ist die Mittelwertbildung aus zwei Einzelmessungen mit alternierender Richtung des Meßstroms I, wodurch die (konstante) Thermospannung eliminiert wird. Ein anderer Weg besteht darin, zuerst bei abgeschaltetem Meßstrom I die Spannung im Meßkreis zu bestimmen. Dieser Meßwert entspricht der Thermospannung und kann dann bei der eigentlichen Messung von der gemessenen Spannung abgezogen werden. Diese Methoden werden in [9] auch als "True-Ohm" bezeichnet.

Für die Messung sehr kleiner Widerstände wird in manchen Meßgeräten der Meßstrom I auch gepulst ausgeführt, um die Verlustleistung am Bauteil und damit dessen Eigenerwärmung gering zu halten. Diese Methode führt jedoch bei Bauteilen mit zusätzlich induktivem Verhalten (Spulen, Übertrager) zu Fehlern.

Die Messung kleiner Widerstände mit der Thomson-Brücke wird in Kap. 3.3 beschrieben.

Für die in Kap. 3.1.12.3 beschriebene ratiometrische Methode ist zur Messung kleiner Widerstände die Anwendung der Vierleitertechnik möglich.

Eine allgemein gebräuchliche Methode für die Messung sehr hoher Widerstände im Bereich von MΩ bis zu einigen TΩ ist in Abb. 3.1.27 dargestellt. Der unbekannte Widerstand R_x wird dabei mit einer Spannungsquelle U_0 und einem hochempfindlichen Amperemeter (Kap. 3.1.9) in Reihe geschaltet.

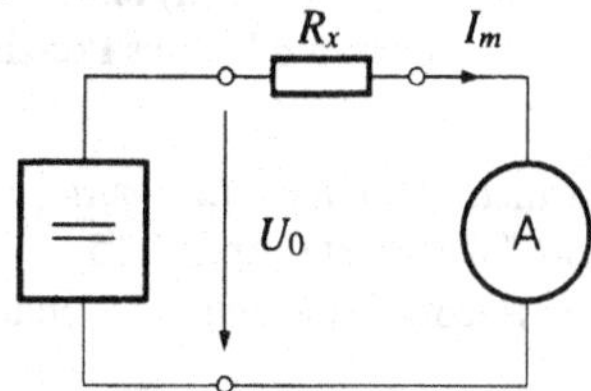

Abb. 3.1.27 Prinzipschaltung zur Messung extrem großer Widerstände

Da der Einfluß des Spannungsabfalls am Amperemeter und des Innenwiderstands der Spannungsquelle meist vernachlässigbar sind, erhält man für R_x bei bekannter Spannung U_0

$$R_x = \frac{U_0}{I_m} \quad . \tag{65}$$

Diese Meßmethode eignet sich besonders für die Messung von Isolationsmateralien, die meist bei einer definierten Spannung durchgeführt werden muß. Die Messung der Spannungskoeffizienten von Widerständen, d.h. der Abhängigkeit des Widerstandes von der anliegenden Spannung, ist mit dieser Anordnung ebenfalls gut möglich.

Parallel zu R_x liegende Isolationswiderstände gehen in Messung mit ein. Eine Korrektur ist möglich, indem zuerst ohne R_x der Strom I_m durch die Isolationswiderstände allein gemessen und dann im Endergebnis berücksichtigt wird. Bezüglich weiterer potentieller Fehlerquellen sei auf Kap. 3.1.9 verwiesen.

Das Amperemeter in Abb. 3.1.27 kann auch durch ein Ladungsmeßgerät ersetzt werden. Dem Strom I_m entspricht in diesem Fall die Änderung der Ladung während einer bestimmten Zeitdauer.

Als weitere Meßmethode kommt auch die in Kap. 3.1.12.3 beschriebene ratiometrische Widerstandsmessung in Frage.

3.1.14 Direkte Messung von Kapazität und Induktivität

Die direkte Messung von Kapazität, Induktivität und auch komplexen Impedanzen ist bei Verwendung von Wechselspannung anstelle von Gleichspannung prinzipiell in gleicher Weise möglich wie bei Widerständen (die in Abb. 3.1.21 angegebene Schaltung arbeitet dem Prinzip nach auch mit einer Wechselspannungsquelle als U_{ref}). Ist die Frequenz der Wechselspannung bekannt, kann über den Zusammenhang $X_L = j \cdot \omega \cdot L$ bzw. $X_C = 1/j \cdot \omega \cdot C$ der Wert von L bzw. C aus der gemessenen Impedanz errechnet werden bzw. kann bei konstanter Meßfrequenz dieser Zusammenhang gleich in der Anzeige berücksichtigt werden. Grundsätzlich kommt für U_{ref} auch eine nichtsinusförmige Spannung in Frage, da die Proportionalität zwischen X und L bzw. C für alle Frequenzanteile gegeben ist, und daher auch für deren Summe. Vom Prinzip her genügt es, daß die Signalform und damit das Frequenzspektrum von U_{ref} durch die Belastung mit dem Prüfling nicht verändert wird.

Voraussetzung für diese einfache Rückrechnung vom Betrag der Impedanz auf C bzw. L ist allerdings, daß Ohmsche Anteile der Impedanz entweder vernachlässigbar oder bekannt sind und daher gegebenenfalls in der Rechnung berücksichtigt werden können. Vielfach soll jedoch durch die Messung sowohl der Realteil als auch der Imaginärteil einer komplexen Impedanz bestimmt werden (z.B. Kapazität mit Verlustwinkel). Dazu ist es nötig, jene Komponenten von Strom und Spannung am Prüfling Z_x zu bestimmen, die zueinander um 0° (Realteil, Wirkanteil) bzw. 90° (Imaginärteil, Blindanteil) phasenverschoben sind. Im folgenden Abschnitt wird dieses Prinzip anhand zweier Verfahren dargestellt.

In Handmultimetern werden Kapazitäten bzw. Induktivitäten nicht über ihre Impedanz "im Frequenzbereich", sondern über ihr Ladeverhalten "im Zeitbereich" bestimmt (Kap. 3.1.15). Das bietet den Vorteil, daß als Meßspannung eine einfach erzeugbare Rechteckspannung verwendet werden kann.

3.1.14.1 Vektorielle Impedanzmessung durch Multiplikation

Verwendet man bei der in Abb. 3.1.21 angegebenen linearen Ohmmeterschaltung eine Wechselspannung $\underline{U}_{ref} = U_{ref} \cdot \sin(\omega \cdot t)$ anstelle der Gleichspannung und schaltet als Prüfling anstelle von R_x eine (allgemeine) Impedanz $\underline{Z}_x = R_x + j \cdot X_x$ in den Strompfad, so ergibt sich als Ausgangsspannung $\underline{U}_m = U_m \cdot \sin(\omega \cdot t + \varphi)$ im allgemeinen eine Spannung mit veränderter Amplitude und Phasenlage, aber gleicher Frequenz. Die Multiplikation der beiden Spannungen $\underline{U}_m$ und $\underline{U}_{ref}$ ergibt einen vom Cosinus ihrer Phasenverschiebung φ abhängigen Gleichanteil sowie einen Wechselanteil mit der Frequenz $2 \cdot \omega$:

$$\underline{U}_{ref} \cdot \underline{U}_m = U_{ref} \cdot \sin(\omega \cdot t) \cdot U_m \cdot \sin(\omega \cdot t + \varphi) = \tfrac{1}{2} \cdot U_{ref} \cdot U_m \cdot [\cos\varphi - \cos(2 \cdot \omega \cdot t + \varphi)] \ . \quad (66)$$

Der Wechselanteil läßt sich durch ein Filter einfach unterdrücken und wird daher im folgenden vernachlässigt. Aus dem Gleichanteil kann bei Kenntnis der Referenzspannung $\underline{U}_{ref}$ die mit ihr in Phase liegende Komponente $U_m \cdot \cos\varphi$ von $\underline{U}_m$ ermittelt werden (Abb. 3.1.28). Sie erlaubt die Ermittlung des Realteiles, also des Ohmschen Anteiles der unbekannten Impedanz gemäß

$$\underline{Z}_x = R_x + jX_x = R_{ref} \cdot \frac{\underline{U}_m}{\underline{U}_{ref}} = R_{ref} \cdot \frac{U_m \cdot \cos\varphi}{U_{ref}} + j \cdot R_{ref} \cdot \frac{U_m \cdot \sin\varphi}{U_{ref}} \ . \quad (67)$$

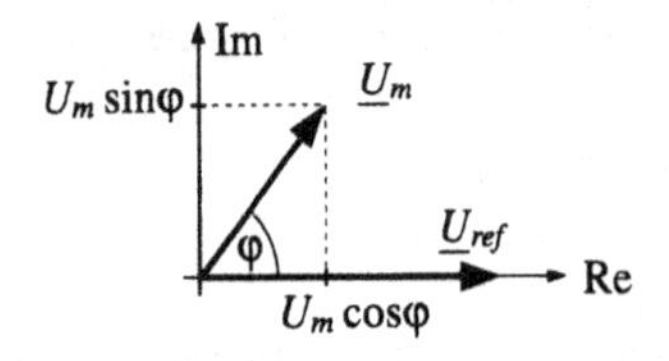

Abb. 3.1.28 Zeigerdiagramm der zu messenden Spannungen

Aus den obigen Zusammenhängen läßt sich leicht erkennen, daß die Multiplikation von $\underline{U}_m$ mit einer um 90° gegen die Referenzspannung verschobenen Spannung $\underline{U}_{ref}^*$ eine Bestimmung von $U_m \cdot \sin\varphi$ und damit nach Gl. (67) eine Berechnung des Imaginärteiles X der Impedanz erlaubt, also je nach Vorzeichen der 90°-Verschiebung entweder ωL oder $1/\omega C$.

Die Division der Spannung $\underline{U}_m$ am Prüfling durch die stromproportionale Spannung $\underline{U}_{ref}$ kann wie bei der linearen Ohmmessung elegant mit einem Dual-Slope-Konverter durchgeführt werden, durch dessen integrierendes Verhalten gleichzeitig auch die Filterung erfolgt. Als Ladespannung für den Integrator wird das Produkt von Eingangs- und Ausgangsspannung gewählt. Für die Entladung wird $\underline{U}_{ref}$ an beide Eingänge des Multiplizierers gelegt. Damit ergibt sich

$$\frac{T_m}{T_{int}} = \frac{\underline{U}_{ref} \cdot \underline{U}_m}{\underline{U}_{ref} \cdot \underline{U}_{ref}} = \frac{U_m \cdot \cos\varphi}{U_{ref}} = \frac{R_{ref}}{R_x} \quad , \tag{68}$$

beziehungsweise unter Verwendung von $\underline{U}_{ref}^*$ für den Imaginärteil

$$\frac{T_m}{T_{int}} = \frac{\underline{U}_{ref}^* \cdot \underline{U}_m}{\underline{U}_{ref}^* \cdot \underline{U}_{ref}^*} = \frac{U_m \cdot \sin\varphi}{U_{ref}} = \frac{R_{ref}}{X_x} \quad . \tag{69}$$

Die Integrationszeit T_{int} wie auch die Meßzeit T_m müssen viel größer sein als die Periodendauer der Signale, damit sich die erwünschte Filterwirkung ergibt. Für die variable Meßzeit T_m ist dies ggf. durch geeignete Anpassung von R_{ref} sicherzustellen.

Die obigen Überlegungen zugrunde liegende Schaltung (Abb. 3.1.21) soll nur das Prinzip verdeutlichen. In der Praxis wird sie aus Stabilitätsgründen modifiziert, sodaß u.a. R_{ref} und Z_x vertauscht sind (Kap. 3.3.5.1).

3.1.14.2 Vektorielle Impedanzmessung mit phasenselektiver Gleichrichtung

Der in Kap. 2.4.10 beschriebene phasenselektive Gleichrichter gestattet ebenfalls die Ermittlung von Real- und Imaginärteil einer komplexen Spannung $\underline{U}_m$ (bezogen auf eine Referenzspannung $\underline{U}_{ref}$). Er liefert mit $\underline{U}_m$ als Eingangssignal und $\underline{U}_{ref}$ bzw. einem 90° gegen $\underline{U}_{ref}$ phasenverschobenen Steuersignal $\underline{U}_{ref}^*$ eine Ausgangsspannung von

$$\overline{U_a} = \frac{2}{\pi} \cdot U_m \cdot \cos\varphi \qquad \text{bzw.} \qquad \overline{U_a} = \frac{2}{\pi} \cdot U_m \cdot \sin\varphi \tag{70}$$

Mit diesen Komponenten können nach Gl. (67) Real- und Imaginärteil der gesuchten Impedanz $\underline{Z}_x$ ermittelt werden. Zur Umsetzung des Stromes am Prüfling in eine amplitudenproportionale und phasenrichtige Spannung $\underline{U}_m$ kann wieder die Schaltung nach Abb. 3.1.21 eingesetzt werden, für die Elimination von $\underline{U}_{ref}$ aus dem Ergebnis ein Dual-Slope-Konverter.

Die Ausgangsspannung $\overline{U_a}$ des phasenselektiven Gleichrichters steuert den Lade- und Entladevorgang des Dual-Slope-Konverters, wobei für das Entladen $\underline{U}_{ref}$ nicht nur an den Steuereingang, sondern auch an den Signaleingang des phasenselektiven Gleichrichters gelegt wird. Der Ladevorgang erfolgt daher mit $U_e = {}^2\!/\!_\pi \cdot U_m \cdot \cos\varphi$ bzw. $U_e = {}^2\!/\!_\pi \cdot U_m \cdot \sin\varphi$, der Entladevorgang in jedem Fall mit $U_e = {}^2\!/\!_\pi \cdot U_{ref}$. Damit ergibt sich Realteil und Imaginärteil der unbekannten komplexen Impedanz wieder durch zwei getrennte Messungen gemäß

$$\frac{T_m}{T_{int}} = \frac{{}^2\!/\!_\pi \cdot U_m \cdot \cos\varphi}{{}^2\!/\!_\pi \cdot U_{ref}} = \frac{R_{ref}}{R_x} \quad \text{bzw.} \quad \frac{T_m}{T_{int}} = \frac{{}^2\!/\!_\pi \cdot U_m \cdot \sin\varphi}{{}^2\!/\!_\pi \cdot U_{ref}} = \frac{R_{ref}}{X_x} \tag{71}$$

3.1.14.3 Impedanzmessung in der Sensortechnik

Die Auswertung kapazitiver und induktiver Sensoren stellt eine wichtige meßtechnische Aufgabe dar. In vielen Fällen unterscheiden sich die für Sensorauswertung verwendeten Verfahren aber wesentlich von den oben beschriebenen dadurch, daß nicht die genaue Bestimmung eines Absolutwertes der Impedanz gefordert ist, sondern die Erfassung von Änderungen gegenüber einem früheren Wert oder gegenüber einem Referenzelement. Es kommen daher auch speziellere Verfahren in Betracht wie z.B. Verfahren zur direkten Auswertung einer Differenz von Kapazität oder Induktivität [10].

3.1.15 Messung extrem großer und extrem kleiner L- und C-Werte

Das Hauptproblem bei der Messung sehr kleiner Induktivitäten und Kapazitäten besteht darin, daß parasitäre Bauteileigenschaften bzw. Störgrößen des Meßaufbaues fast immer in der Größenordnung der zu messenden Werte liegen. Die Anschlußleitungen des Bauelements, dessen Geometrie sowie Einflüsse aus der unmittelbaren Umgebung bestimmen das Meßergebnis wesentlich mit. Beispielsweise tritt das gewünschte kapazitive Verhalten eines Kondensators alleine schon aufgrund der parasitären Induktivität der Zuleitungen nur bis zu einer bestimmten Grenzfrequenz auf. Über dieser Grenzfrequenz ist das Verhalten induktiv!

Genaue Messungen sind meist nur bei sehr gut definierten Meßbedingungen unter Berücksichtigung aller wesentlichen parasitären Einflüsse und durch Wahl geeigneter Meßverfahren durchführbar [7]. Unter anderem kommen dabei spezielle Meßmethoden der Hochfrequenztechnik zum Einsatz (Reflexionsfaktormessung, Netzwerkanalysatoren u.a.)

Stehen keine Spezialmeßgeräte zur Verfügung, so können für behelfsmäßige Messungen auch die im folgenden beschriebenen Verfahren zum Einsatz kommen.

3.1.15.1 Messung großer Kapazitäten

Wird ein Kondensator mit konstantem Strom I geladen, so ist der Spannungsanstieg $\frac{dU_C}{dt}$ konstant und direkt proportional zu seiner Kapazität C:

$$\frac{dU_C}{dt} = \frac{I}{C} \quad . \tag{72}$$

Eine Auswertung kann erfolgen, indem die Zeit Δt gemessen wird, die zwischen zwei verschiedenen Spannungswerten $U(t_1)$ und $U(t_1+\Delta t)$ verstreicht. Die Funktionsweise dieser Grundstruktur und Dimensionierungshinweise sind in den Abschnitten 2.2.8.5 und 2.5.3.4 zu finden.

Wird der Kondensator mit einem Widerstand in Serie an einen Rechteckgenenerator angeschlossen, so kann in ähnlicher Weise aus der Zeitkonstante des exponentiellen Verlaufes der Kondensatorspannung die Kapazität ermittelt werden. Die Auswertung kann, wie in Abb. 3.1.29 darge-

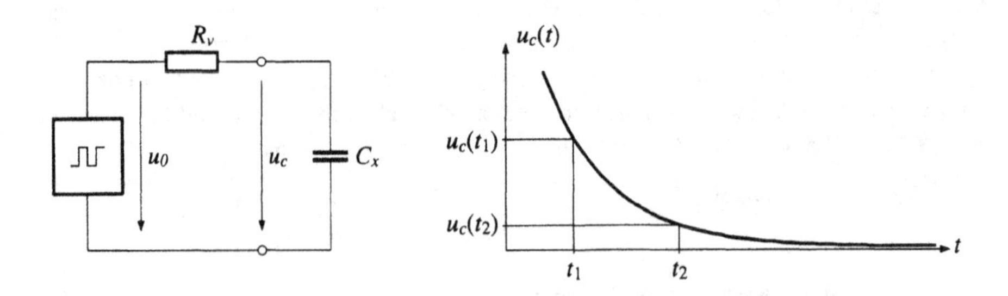

Abb. 3.1.29 Kapazitätsmessung mittels (langen) Rechteckimpulsen:
a) Meßaufbau b) Spannungsverlauf

stellt, auf die Messung zweier Spannungs-Zeit-Wertepaare während des Entladevorganges zurückgeführt werden.

Es läßt sich zeigen, daß

$$C_x = \frac{t_2 - t_1}{R_v \cdot \ln\left(\frac{u_C(t_1)}{u_C(t_2)}\right)} \quad . \tag{73}$$

In Meßgeräten wird diese Methode oft für die Kapazitätsmessung auch in kleineren und mittleren Bereichen angewendet. Meist werden $u_C(t_1)$ und $u_C(t_2)$ fix vorgegeben. Bei Erreichen von $u_C(t_1)$ wird ein Zähler gestartet und bei Erreichen von $u_C(t_2)$ wieder angehalten. Der Zählerstand ist dann nach Gl. (73) proportional zu C_x . Der Vorwiderstand R_v (ggf. in Kombination mit dem Innenwiderstand des Generators) geht als Proportionalitätsfaktor direkt in die Messung ein.

Durch Messung der Ladung Q, die erforderlich ist, um einen Kondensator auf einen bestimmten Spannungswert U aufzuladen, kann gemäß $Q = C \cdot U$ ebenfalls auf dessen Kapazität geschlossen werden.

3.1.15.2 Messung großer Induktivitäten

Wird eine Induktivität mit einem Widerstand R in Serie an einen Rechteckgenenerator angeschlossen, so kann aus der Zeitkonstante $\tau = L/R$ des exponentiellen Verlaufes der Spannung an der Spule die Induktivität L ermittelt werden. Die Auswertung kann für einfache Messungen mit dem Oszilloskop erfolgen oder wie in Kap. 3.1.15.1 beschrieben auf eine Zeitmessung zurückgeführt werden.

Fließt durch eine Spule ein Strom I_L mit dreieckförmigem Zeitverlauf, so entsteht an den Klemmen eine Spannung U_L, die dem Stromanstieg und der Induktivität L direkt proportional ist:

$$U_L = L \cdot \frac{dI_L}{dt} \quad . \tag{74}$$

Die Schaltung kann so ausgelegt werden, daß der in Reihe liegende Wicklungswiderstand keine zusätzliche Abweichung verursacht.

Grundsätzlich ist bei der Messung von Induktivitäten mit Eisenkern auf Nichtlinearitäten infolge von Sättigung zu achten. Diese führen zu einer Abhängigkeit des Meßwertes vom Arbeitspunkt (Gleichstrombelastung) und damit auch vom Meßverfahren.

3.1.15.3 Messung kleiner Kapazitäten

Kapazitäten im Bereich von ca. 0,1 pF bis 100 pF können z.B. durch das Anlegen von Rechteckimpulsen mit einem Oszilloskop gemessen werden (durch die kapazitive Belastung des Generators können Signalverzerrungen auftreten, daher ist die Flankensteilheit der Impulse an das Meßproblem anzupassen). Die unbekannte Kapazität C_x bildet mit der Eingangskapazität C_e des Oszilloskopes einen Spannungsteiler und mit dem Eingangswiderstand R_e einen Hochpaß. Da R_e und C_e üblicherweise spezifiziert sind, läßt sich C_x entweder aus der Zeitkonstante $\tau = R_e \cdot (C_e + C_x)$ des Einschwingvorganges bestimmen, oder aus dem Teilerverhältnis C_x/C_e bei der steilen Signalflanke.

Eine andere Möglichkeit zur Bestimmung kleiner Kapazitäten bietet sich durch Kombination mit einer bekannten Induktivität zu einem Schwingkreis, bzw. durch die Änderung der Resonanzfrequenz beim Hinfügen zu einem Schwingkreis ("Resonanzmethode"). Die Induktivität ist einerseits hinreichend groß zu wählen, damit sich eine gut meßbare Frequenz ergibt, andererseits dürfen ihre Störgrößen, insbesondere ihre Parallelkapazität, die Messung nicht zu sehr beeinflussen. Ihre Auswirkung ist jedenfalls zu überprüfen.

Eine Messung über die Bestimmung der Ladung bei gegebener Spannung kann ebenfalls möglich sein (Kap. 3.1.15.1).

3.1.15.4 Messung kleiner Induktivitäten

Induktivitäten im Bereich von einigen nH treten schon bei Leitungsstücken von wenigen mm Länge auf. Zur Messung kleiner Induktivitäten kann insbesondere die oben beschriebene Resonanzmethode verwendet werden, indem eine passend gewählte Kapazität parallel geschaltet wird.

Bei Anschluß an einen Rechteckgenerator über einen Vorwiderstand kann aus dem Zeitverhalten die Induktivität ermittelt werden [8].

3.1.16 Literatur

[1] Bergmann K., Elektrische Meßtechnik. Vieweg, Braunschweig 1988.

[2] Buschbeck F., Progresses in Measuring Electrostatic DC Fields. OEFZS-Bericht 4627, Seibersdorf 1992.

[3] Buschbeck F., Elektronische Präzisionsmeßschaltungen. Skriptum zur Vorlesung, Techn. Universität Wien.

[4] Cooper W.D., Helfrick A.D., Elektrische Meßtechnik. VCH, Weinheim 1989.

[5] Germer H., Wefers N., Meßelektronik. Bd. 1. Hüthig, Heidelberg 1988.

[6] Haug A., Haug F., Angewandte Elektrische Meßtechnik. Vieweg, Braunschweig 1991.

[7] Honda M., The Impedance Measurement Handbook. Yokogawa-Hewlett Packard, New Jersey 1989.

[8] Johnson H., High-Speed Digital Design. Prentice Hall, Englewood Cliffs 1993.

[9] Low Level Measurements. 4th edn. Keithley Inst., OH, USA, 1992.

[10] Schrüfer E., Signalverarbeitung. Hanser, München 1990.

[11] Seifart M., Analoge Schaltungen. Verlag Technik, Berlin 1994.

[12] Tränkler H.-R., Taschenbuch der Meßtechnik. Oldenbourg, München 1989.

[13] Unbehauen R., Elektrische Netzwerke. 2.Aufl. Springer 1981.

3.2 Leistungs- und Energiemessung

H. Dietrich

3.2.1 Leistungsmessung bei Gleichstrom

In Gleichstromkreisen tritt nur Wirkleistung auf, die sich aus dem Produkt von Strom und Spannung

$$P = U \cdot I \tag{1}$$

ergibt. Die Messung von Strom und Spannung kann entweder stromrichtig oder spannungsrichtig erfolgen. Beide Schaltungen verursachen eine unvermeidliche systematische Abweichung, da entweder der Spannungsabfall am Amperemeter oder die Stromaufnahme des Voltmeters mitgemessen wird. Für eine genaue Messung ist dieser Eigenverbrauch der Meßgeräte zu berücksichtigen.

Im folgenden bezeichnen U und I die angezeigten Werte von Spannung und Strom, R_{MGU} und R_{MGI} die Innenwiderstände der Meßgeräte und R_V den Widerstand des Verbrauchers.

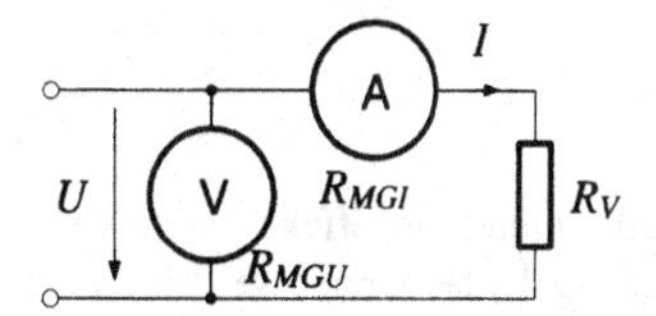

Abb. 3.2.1 Stromrichtige Meßschaltung für hochohmigen Verbraucher

Bei hochohmigem Verbraucher verwendet man die stromrichtige Meßschaltung (Abb. 3.2.1). Der Innenwiderstand R_{MGI} des Amperemeters ist viel kleiner als der Verbraucherwiderstand R_V, sodaß man den Spannungsabfall an ihm, der ja vom Voltmeter mit angezeigt wird, im allgemeinen vernachlässigen kann. Zur genaueren Bestimmung der Leistung muß der Eigenverbrauch des Amperemeters

$$P_{MGI} = I^2 \cdot R_{MGI} \tag{2}$$

rechnerisch berücksichtigt werden.

Der korrigierte Wert der vom Verbraucher aufgenommenen Leistung beträgt dann

$$P = U \cdot I - P_{MGI} = U \cdot I - I^2 \cdot R_{MGI} \ . \tag{3}$$

Duale Verhältnisse ergeben sich bei der spannungsrichtigen Messung (Abb. 3.2.2), die vorzugsweise bei niederohmigem Verbraucher zur Anwendung kommt. Hier kann die Stromaufteilung zwischen Verbraucher und Voltmeter (speziell bei elektronischen Meßgeräten) wegen $R_{MGU} >> R_V$ meist unberücksichtigt bleiben.

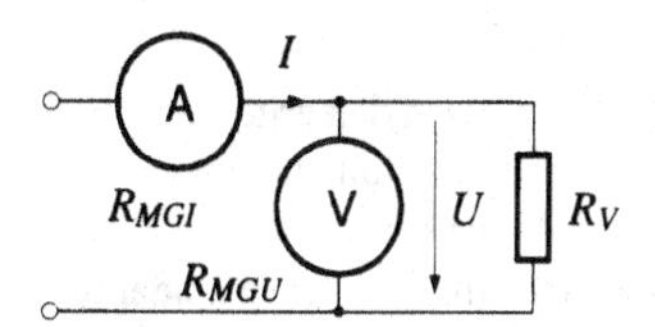

Abb. 3.2.2 Spannungsrichtige Meßschaltung für niederohmigen Verbraucher

Der Eigenverbrauch des Voltmeters beträgt

$$P_{MGU} = \frac{U^2}{R_{MGU}} \quad , \tag{4}$$

und der korrigierte Wert der verbrauchten Leistung ergibt sich zu

$$P = U \cdot I - P_{MGU} = U \cdot I - \frac{U^2}{R_{MGU}} \quad . \tag{5}$$

Die Korrekturformeln (3) und (5) beziehen sich auf den üblichen Fall, daß die vom Verbraucher aufgenommene Leistung bestimmt werden soll. Will man jedoch die vom Generator abgegebene Leistung P_G ermitteln, so sind statt dessen die folgenden Beziehungen anzuwenden. Für die Meßschaltung nach Abb. 3.2.1 gilt dann

$$P_G = U \cdot I + P_{MGU} = U \cdot I + \frac{U^2}{R_{MGU}} \tag{6}$$

und für die Schaltung gemäß Abb. 3.2.2

$$P_G = U \cdot I + P_{MGI} = U \cdot I + I^2 \cdot R_{MGI} \quad . \tag{7}$$

3.2.2 Leistungsmessung bei Wechselstrom

In Wechselstromkreisen genügt es zur Bestimmung der Leistung nicht, die Effektivwerte von Strom und Spannung zu messen, da daraus nur die Scheinleistung P_S berechnet werden kann (Kap. 1.3.2.2). Für die Ermittlung von Wirkleistung P_W und Blindleistung P_B muß zusätzlich die Phasenverschiebung zwischen Strom und Spannung berücksichtigt werden.

$$P_W = U_{eff} \cdot I_{eff} \cdot \cos\varphi \tag{8}$$

$$P_B = U_{eff} \cdot I_{eff} \cdot \sin\varphi \tag{9}$$

$$P_S = U_{eff} \cdot I_{eff} = \sqrt{P_W^2 + P_B^2} \tag{10}$$

Umgekehrt kann man durch Messung von Wirkleistung, Strom und Spannung die Größe des Verlustfaktors $\cos\varphi$ ermitteln:

$$\cos\varphi = \frac{P_W}{P_S} = \frac{P_W}{U_{eff} \cdot I_{eff}} \quad . \tag{11}$$

Außerdem ist zu beachten, daß diese Beziehungen nur für sinusförmige Verläufe von Strom und Spannung Gültigkeit besitzen. Das kann aber in der Praxis selten vorausgesetzt werden. Die Belastungen sind in zunehmendem Maße weder linear noch zeitinvariant (z.B. Phasenanschnittsteuerungen). Die Ströme sind oft hochgradig nicht-sinusförmig und ergeben an den Impedanzen der Zuleitungen Rückwirkungen auf den Spannungsverlauf. Zur Veranschaulichung betrachte man nur die Spannung an einer Steckdose mit einem Oszilloskop.

3.2.2.1 Wirkleistung

Instrumente zur Messung der Wirkleistung in Wechselstromkreisen müssen den arithmetischen Mittelwert der Momentanleistung $p(t)$ bilden, die durch Multiplikation der Momentanwerte von $u(t)$ und $i(t)$ gewonnen wird. Definitionsgemäß hat die Mittelwertbildung über eine oder mehrere ganze Perioden zu erfolgen. In elektronischen Meßschaltungen wird dies manchmal adaptiv, meist aber durch Verwendung einer festen Integrationszeit von Vielfachen von 100 ms bewerkstelligt. Dieser Wert stellt sowohl in 50 Hz- als auch in 60 Hz-Systemen ein ganzzahliges

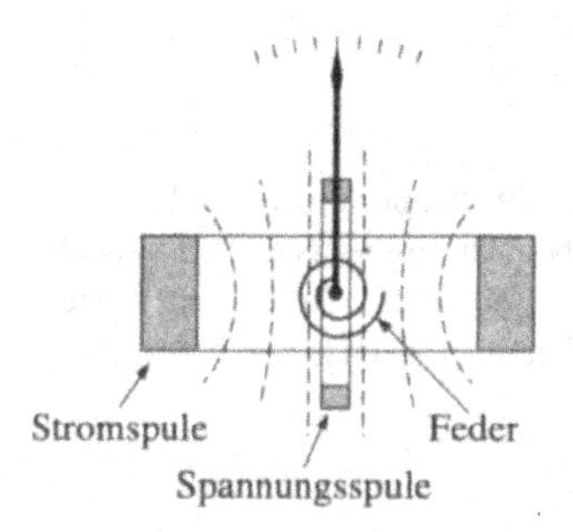

Abb. 3.2.3 Elektrodynamisches Meßwerk

Vielfaches der Grundperiode dar. Bei elektromechanischen Meßwerken, bei denen die Mittelwertbildung durch die mechanische Bedämpfung des beweglichen Teils bewirkt wird, muß ein Kompromiß gefunden werden. Denn einerseits muß die Zeitkonstante der Mittelung groß gegen die Periodendauer der Wechselstromfrequenz sein, um eine stabile Anzeige zu erhalten. Andererseits muß sie aber klein genug sein, um zeitlichen Änderungen der Wirkleistung folgen zu können.

In der meßtechnischen Praxis trifft man noch oft elektromechanische Zeigerinstrumente an, speziell in älteren Schaltwarten. Sie werden aber in zunehmendem Maß von elektronischen Wattmetern verdrängt.

Das **elektrodynamische Meßwerk** stellt das klassische multiplizierende Meßwerk zur Leistungsmessung dar. Sein Funktionsprinzip besteht darin, daß der Meßstrom in einer fest montierten Spule (Stromspule) ein Magnetfeld erzeugt, in dem sich eine Drehspule (Spannungsspule) befindet, die über einen Serienwiderstand R an die Meßspannung angeschlossen ist (Abb. 3.2.3). Sind beide Spulen von Wechselströmen durchflossen, so wird auf die Drehspule ein Drehmoment ausgeübt, das mit der doppelten Grundfrequenz oszilliert. Durch entsprechende Bedämpfung des beweglichen Teils wird jedoch nur der Mittelwert $\overline{M}$ des Moments wirksam. Es gilt

$$\overline{M} = k_1 \cdot \Phi_U \cdot B_I \cdot \cos\psi \quad . \tag{12}$$

Φ_U Fluß in der Spannungsspule

B_I Induktion in der Stromspule

ψ Phasenwinkel zwischen B_I und Φ_U

Ist die Impedanz der Spannungsspule vernachlässigbar klein gegenüber dem Vorwiderstand R, dann ist der Strom durch sie in Phase mit der anliegenden Spannung, und ψ ist gleich der Phasenverschiebung φ zwischen Strom und Spannung. Das ausgeübte mittlere Drehmoment ist dann

$$\overline{M} = k_2 \cdot U_{eff} \cdot I_{eff} \cdot \cos\varphi = k_2 \cdot P_W \quad . \tag{13}$$

Dieses elektromagnetische Moment wird durch das mechanische Gegenmoment M_m einer Spiralfeder kompensiert, das linear vom Verdrehungswinkel α abhängt

$$M_m = k_3 \cdot \alpha \quad . \tag{14}$$

Im Gleichgewichtszustand sind beide Momente gleich groß, aber entgegen gerichtet. Somit ergibt sich ein Zeigerausschlag α, der der Wirkleistung proportional ist

$$P_W = c_W \cdot \alpha \quad . \tag{15}$$

c_W "Wattmeterkonstante" (Leistung pro Skalenteil)

α Zeigerausschlag (in Skalenteilen)

Der Meßbereich des Meßwerks wird durch die Angabe der Nennspannung U_N für den Spannungspfad und des Nennstroms I_N für den Strompfad angegeben. Die zulässigen Maximalwerte U_{max} und I_{max} sind im allgemeinen deutlich größer als diese Nennwerte. Sie müssen **einzeln** eingehalten werden, da auf Grund der gegenseitigen Abhängigkeit auch bei kleinem Zeigerausschlag eine Überlastung möglich ist (z.B. bei $\cos\varphi \approx 0$).

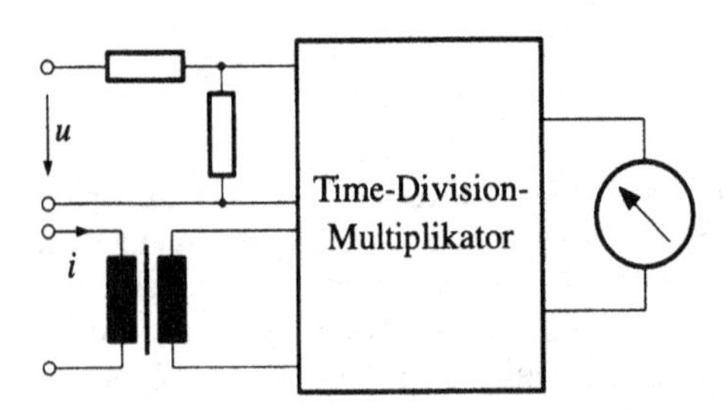

Abb. 3.2.4 Blockschaltbild eines elektronischen Wattmeters

Elektronische Wattmeter messen die Spannung im allgemeinen direkt über einen Spannungsteiler, den Strom indirekt über einen Stromwandler mit Ohmscher Bürde oder Stromkompensation (Abb. 3.2.4). Die Multiplikation der beiden Größen erfolgt fast ausschließlich nach dem Time-Division-Verfahren (Kap. 2.8.2.6).

Bei **digitalen Wattmetern** werden die beiden Eingangskanäle für Spannung und Strom simultan abgetastet und digitalisiert (Abb. 3.2.5). Die Wirkleistung wird durch Multiplikation der Abtastwerte und arithmetische Mittelwertbildung über eine Periode (oder auch mehrere ganze Perioden) berechnet und angezeigt. Da das Meßergebnis durch mathematische Verknüpfungen der abgetasteten Signalverläufe gewonnen wird, bieten derartige Meßgeräte die Möglichkeit, neben den Leistungskenngrößen (Wirk-, Schein-, Blindleistung, Leistungsfaktor) auch alle anderen Signalkennwerte und Kennwertfaktoren (Kap. 1.3.2) zu ermitteln. Das gilt auch für beliebige, nicht sinusförmige Verläufe von Spannung und Strom, solange das Abtasttheorem (Kap. 1.6.2.1) nicht verletzt wird.

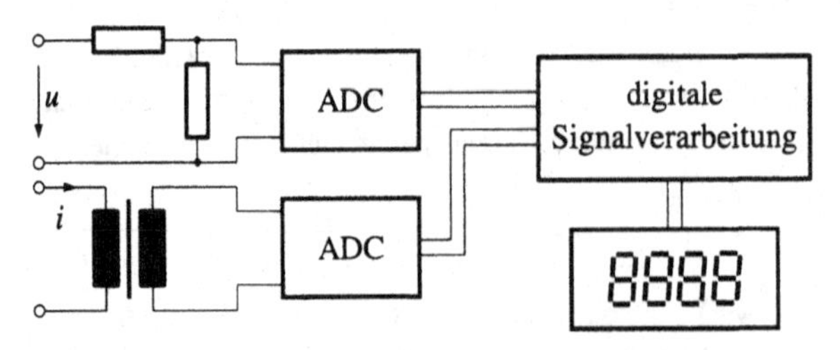

Abb. 3.2.5 Blockschaltbild eines digitalen Wattmeters

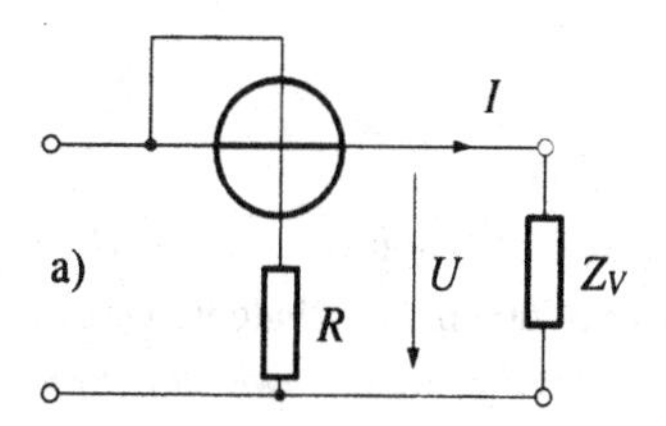

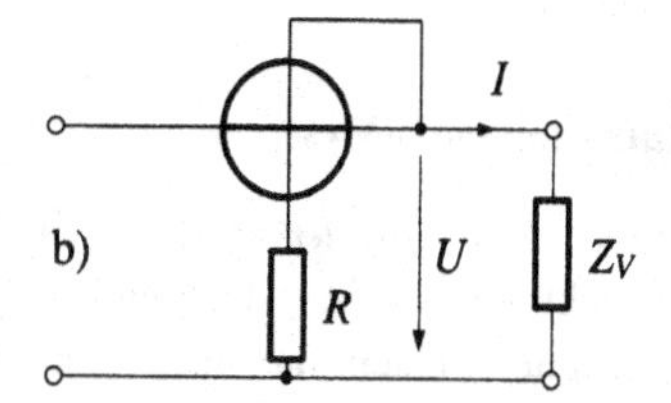

Abb. 3.2.6 Direkte Wattmeterschaltung für (a) hohe bzw. (b) niedrige Verbraucherimpedanz

Meßschaltungen mit Wattmeter

Wird das Wattmeter direkt in die Zuleitungen zum Verbraucher geschaltet, so ergeben sich die gleichen Verhältnisse wie bei der Leistungsmessung für Gleichstrom. Vor allem bei der Messung kleiner Leistungen ist der Eigenverbrauch des Wattmeters zu berücksichtigen, d.h. das angezeigte Ergebnis ist entsprechend zu korrigieren. Für die Schaltung nach Abb. 3.2.6a beträgt die Korrektur

$$P_W = P_a - I_{eff}^2 \cdot R_I \quad , \tag{16}$$

bzw. für die Schaltung nach Abb. 3.2.6b

$$P_W = P_a - \frac{U_{eff}^2}{R_U} \quad . \tag{17}$$

P_W	Wirkleistung am Verbraucher Z_V
P_a	Anzeige des Wattmeters
R_I	Wirkwiderstand des Strompfades
R_U	Wirkwiderstand des Spannungspfades (Spannungsspule + Vorwiderstand R)

Bei hohen Strömen und Spannungen schließt man das Wattmeter indirekt über Strom- und Spannungswandler an (Abb. 3.2.7). Die Verbraucherwirkleistung beträgt dann

$$P_W = ü_{UN} \cdot ü_{IN} \cdot P_a \tag{18}$$

P_W	Wirkleistung am Verbraucher
P_a	Anzeige des Wattmeters
$ü_{UN}$	Nennübersetzungsverhältnis des Spannungswandlers
$ü_{IN}$	Nennübersetzungsverhältnis des Stromwandlers

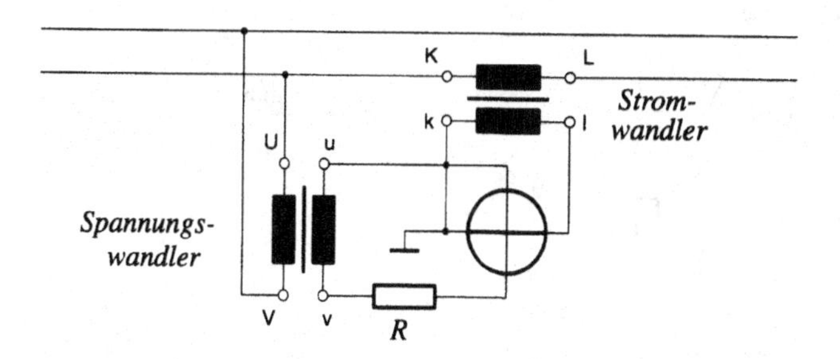

Abb. 3.2.7 Wirkleistungsmessung mit Meßwandlern

Durch die Fehler der eingefügten Meßwandler (Kap. 2.9) wird natürlich die Unsicherheit der Messung vergrößert.

Meßschaltung mit cosφ-Messung

Nach der Formel $P_W = U_{eff} \cdot I_{eff} \cdot \cos\varphi$ berechnet sich die Wirkleistung für sinusförmige Verläufe aus dem Produkt von Scheinleistung und cosφ. Sie läßt sich somit durch die Schaltung gemäß Abb. 3.2.8 ermitteln, indem man die Effektivwerte von Strom und Spannung sowie den cosφ multipliziert.

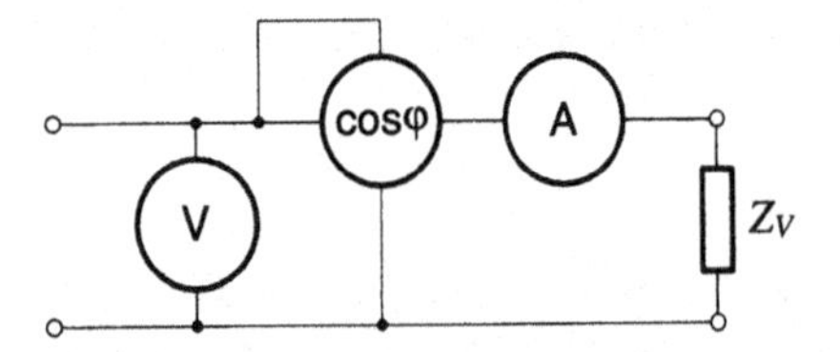

Abb. 3.2.8 Leistungsmessung mit Phasenwinkelmeßgerät

Die Phasenverschiebung kann auf klassische Weise mit einem Kreuzspulmeßwerk [1] angezeigt, mit einem Oszilloskop festgestellt (Kap. 4.2.5.2) oder mit einem Universalzähler bestimmt werden (Kap. 3.4.2.4). Darüber hinaus gibt es moderne cosφ-Meßgeräte, die wie der Universalzähler auf dem Prinzip der Zeitmessung basieren.

Meßschaltung mit 3 Amperemetern

Bei dieser Schaltung wird dem Verbraucher Z_V ein Ohmscher Hilfswiderstand R parallel geschaltet. Aus den gemessenen Beträgen der beiden Teilströme I_2 und I_3 und des Summenstromes I_1 kann man, wie man aus dem Zeigerdiagramm in Abb. 3.2.9 ersieht, mit Hilfe des Cosinussatzes $I_1^2 = I_2^2 + I_3^2 - 2 \cdot I_2 \cdot I_3 \cdot \cos(\pi - \varphi)$ den Leistungsfaktor bestimmen:

$$\cos\varphi = \frac{I_1^2 - I_2^2 - I_3^2}{2 \cdot I_2 \cdot I_3} \quad . \tag{19}$$

Die Wirkleistung ergibt sich damit zu

$$P_W = U_{eff} \cdot I_{2,eff} \cdot \cos\varphi = I_{3,eff} \cdot R \cdot I_{2,eff} \cdot \frac{I_{1,eff}^2 - I_{2,eff}^2 - I_{3,eff}^2}{2 \cdot I_{2,eff} \cdot I_{3,eff}} =$$

$$= \frac{R}{2} \cdot (I_{1,eff}^2 - I_{2,eff}^2 - I_{3,eff}^2) \ . \tag{20}$$

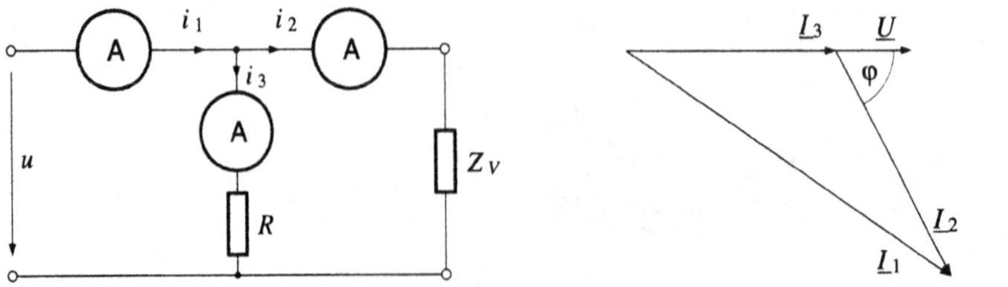

Abb. 3.2.9 Schaltung und Zeigerdiagramm zur 3-Amperemeter-Methode

Dabei wird der Verbrauch des Amperemeters für I_{2eff} mitgemessen und ist gegebenenfalls abzuziehen. Ebenso kann man den Innenwiderstand des Gerätes für I_{3eff} berücksichtigen, indem man in der Berechnung seinen Wert zum Hilfswiderstand R addiert. Dieser ist in der Praxis so zu wählen, daß I_{2eff} und I_{3eff} ungefähr gleich groß sind.

Das Vorzeichen der Phasenverschiebung, ob es sich also um einen Verbraucher mit induktivem oder kapazitivem Anteil handelt, kann nicht unmittelbar angegeben werden. Es läßt sich aber mit einer zweiten Messung ermitteln, bei der man zum Verbraucher eine kleine Induktivität oder Kapazität hinzufügt.

Diese Methode bietet den Vorteil, daß man mit drei Multimetern und einem bekannten Widerstand durch die Wahl der Strommeßbereiche einen großen Meßbereichsumfang erhält, und vor allem auch sehr kleine Leistungen im mW-Bereich und darunter messen kann, wofür sich übliche Wattmeter im allgemeinen nicht eignen.

Durch das Ablesen von drei Instrumenten mit ihren jeweiligen Fehlern ist das Verfahren jedoch umständlich und für Betriebsmessungen nicht geeignet. Werden I_{1eff}, I_{2eff} und I_{3eff} nacheinander mit einem Gerät gemessen, erhöht sich die Ungenauigkeit noch mehr. Eine ungefähre Bestimmung des Verlustfaktors cosφ ist jedoch sogar mit nur **einem** Vielfachmeßgerät möglich.

Eine gleichartige Messung ist auch mit drei Voltmetern möglich. Dabei muß der Widerstand R in Serie zum Verbraucher Z_V liegen, wodurch sich die Spannung am Verbraucher verringert. Im Gegensatz dazu verändert der Parallelwiderstand bei der 3-Amperemeter-Methode den Betriebszustand praktisch nicht.

3.2.2.2 Blindleistung

Durch die Messung von U_{eff}, I_{eff} und φ, oder auch U_{eff}, I_{eff} und Wirkleistung P_W, kann die Blindleistung

$$P_B = U_{eff} \cdot I_{eff} \cdot \sin\varphi = P_W \cdot \tan\varphi = \sqrt{U_{eff}^2 \cdot I_{eff}^2 - P_W^2} \tag{21}$$

berechnet werden.

Für eine direkte Messung bzw. Anzeige der Blindleistung verwendet man wie bei der Wirkleistungsmessung multiplizierende Meßwerke, wobei jedoch die Phase des Stroms im Spannungspfad um 90° gedreht werden muß (wegen cos(φ+90°) = sinφ) (Abb. 3.2.10).

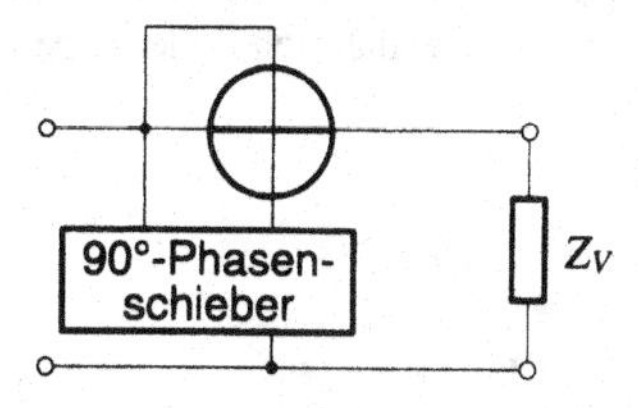

Abb. 3.2.10 Blindleistungsmessung mit Wirkleistungsmeßgerät

90°-Phasenschieberschaltungen

Die Aufgabe der 90°-Drehung kann mit sogenannten Kunstschaltungen aus passiven Bauelementen durchgeführt werden. Sie werden in der Literatur oft nach ihrem Erfinder als Hummelschaltungen bezeichnet. Da die Phasendrehung frequenzabhängig ist, kann bei allen Schaltungs-

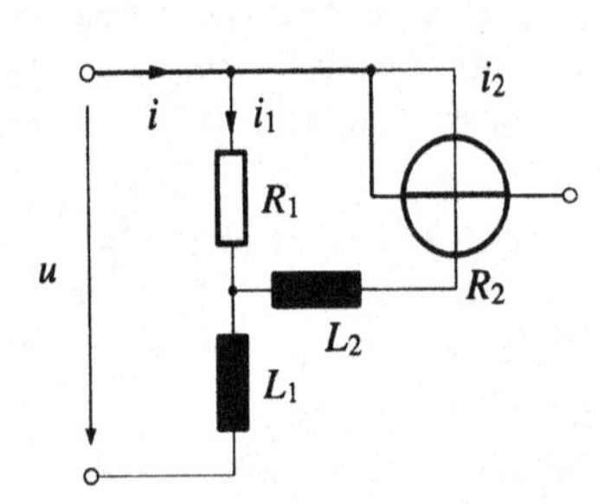

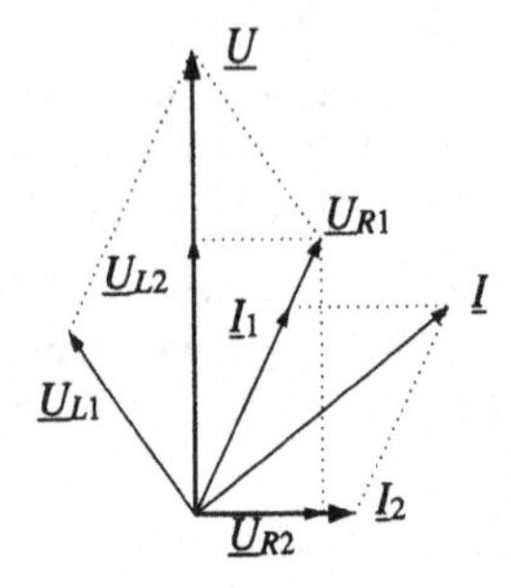

Abb. 3.2.11 Induktiver Phasenschieber

varianten die exakte 90°-Drehung nur bei einer einzigen Frequenz realisiert werden, d.h. klassische Blindleistungsmeßgeräte sind frequenzabhängig!

Beim **induktiven Phasenschieber** (Abb. 3.2.11) wird zur Spannungsspule (repräsentiert durch R_2) eine Induktivität L_2 in Reihe, zu beiden parallel ein Widerstand R_1 und insgesamt in Reihe dazu wieder eine Induktivität L_1 geschaltet. Die Spannung U teilt sich in eine voreilende Spannung U_{L1} und eine nacheilende U_{R1}. Durch L_2 wird I_2 noch weiter zurückgedreht. Für die Dimensionierung

$$R_1 \cdot R_2 = \omega^2 \cdot L_1 \cdot L_2 \tag{22}$$

ergibt sich eine Phasenverschiebung von 90° zwischen U und I_2. Die Gesamtimpedanz der Schaltung ist komplex. Daher ist es nicht möglich, durch Vorwiderstände eine Meßbereichsumschaltung durchzuführen.

Eine Modifikation der Schaltung ergibt den **Resonanzphasenschieber** (Abb. 3.2.12). Es läßt sich zeigen, daß sich für

$$\omega \cdot L_1 = \omega \cdot L_2 = R = \frac{1}{\omega \cdot C} \tag{23}$$

folgender Zustand einstellt, wie er im Zeigerdiagramm dargestellt ist:

$$|\underline{I}_2| = |\underline{I}| \; , \quad \underline{I}_2 \perp \underline{I} \; , \quad \underline{U} \parallel \underline{I} \; , \quad \underline{I}_2 \perp \underline{U} \; . \tag{24}$$

Von außen erscheint die Schaltung wie ein Ohmscher Widerstand mit dem Wert R. Somit können Vorwiderstände zur Bereichserweiterung in Serie geschaltet werden, ohne daß sich an dem oben beschriebenen Zustand etwas ändert.

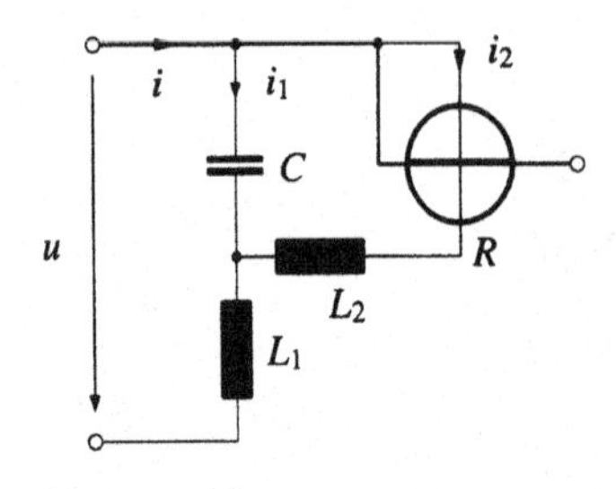

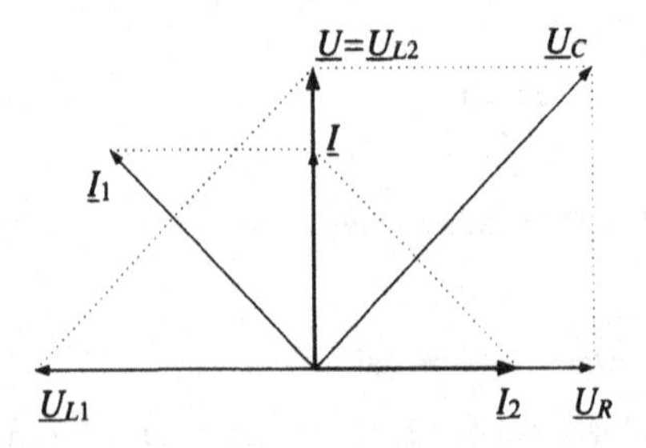

Abb. 3.2.12 Resonanzphasenschieber

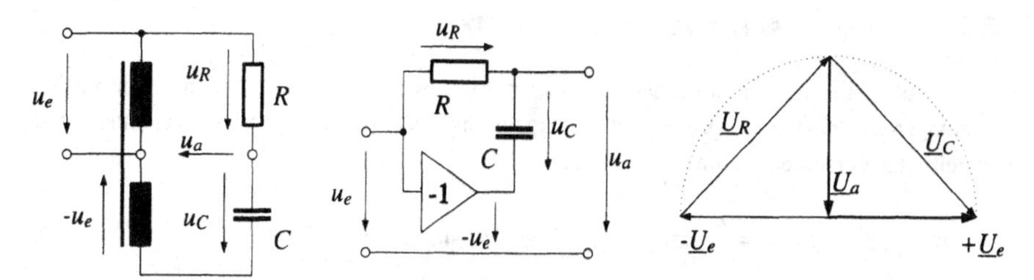

Abb. 3.2.13 Phasenschieber mit Spannungsinverter

Steht die Spannung U auch in invertierter Form, d.h. um 180° verschoben, zur Verfügung, so kann man mit einem RC-Teiler beliebige Phasenwinkel zwischen 0° und 180° einstellen. Da die Frequenzortskurve von $\underline{U}_a$ einen Halbkreis beschreibt (Abb. 3.2.13), ist der Betrag von $\underline{U}_a$ stets gleich jenem von $\underline{U}_e$. Für

$$\omega = \frac{1}{RC} \tag{25}$$

stellt sich die erwünschte Phasenverschiebung von 90° ein.

Die Erzeugung der invertierten Eingangsspannung kann entweder passiv mit einem Umkehrtransformator oder mit einer elektronischen Schaltung erfolgen. Die geschilderten Verhältnisse gelten nur bei praktisch unbelastetem Ausgang. Die Schaltung kann daher nur bei elektronischen Wattmetern mit hochohmigem Spannungspfad verwendet werden, möglichst unter Verwendung eines Spannungspuffer-Verstärkers.

Das gilt auch für die Phasenschieberschaltung nach Abb. 3.2.14. Auch hier kann die Ausgangsspannung $\underline{U}_a$, wenn sie praktisch unbelastet bleibt, alle Phasenlagen zur Eingangsspannung $\underline{U}_e$ durchlaufen. Dimensioniert man

$$R_1 = R_2 = R \quad \text{und} \quad R^2 = \frac{L}{C} \ , \tag{26}$$

so ergeben sich die gewünschten 90° bei

$$\omega = \frac{1}{\sqrt{LC}} \ . \tag{27}$$

Die Schaltung besitzt im Gegensatz zur vorherigen einen reellen Gesamtwiderstand, der unabhängig von der Frequenz den Wert R hat.

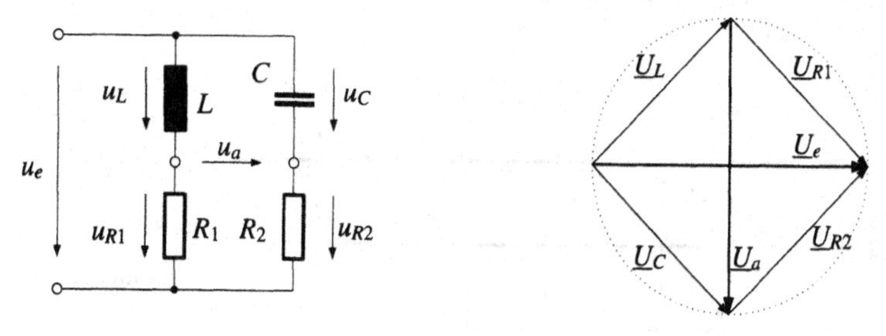

Abb. 3.2.14 LR-CR-Brücke als Phasenschieber

3.2.3 Leistungsmessung im Drehstromnetz

Im Idealfall stellt ein Drehstromnetz ein symmetrisches 3-Phasensystem von sinusförmigen Spannungen dar (Abb. 3.2.15), d.h. jede Sternspannung ergibt sich aus der vorhergehenden durch eine zeitliche Verschiebung um ⅓ Periode:

$$u_1 = \hat{u}_1 \cdot \sin(\omega t), \quad u_2 = \hat{u}_1 \cdot \sin\left(\omega t - \frac{2\pi}{3}\right), \quad u_3 = \hat{u}_1 \cdot \sin\left(\omega t - \frac{4\pi}{3}\right). \tag{28}$$

Die Dreieckspannungen haben wegen

$$u_{12} = u_1 - u_2, \quad u_{23} = u_2 - u_3, \quad u_{31} = u_3 - u_1 \tag{29}$$

ebenfalls eine Phasenverschiebung von ⅓ Periode und gleiche Amplitude:

$$\hat{u}_{12} = \hat{u}_{23} = \hat{u}_{31} = \sqrt{3}\,\hat{u}_1 \ . \tag{30}$$

Ist ein Neutralleiter N vorhanden, so spricht man von einem Vierleiter-Drehstromnetz, ist keiner vorhanden, von einem Dreileiter-Drehstromnetz.

Verbraucher können nun in unterschiedlicher Weise an die Leiter eines 3-Phasensystems angeschlossen werden. Bei der **Sternschaltung** liegen die Verbraucherimpedanzen zwischen jeweils einem Außenleiter und dem Neutralleiter, während sie bei der **Dreieckschaltung** zwischen zwei Außenleiter geschaltet werden. Die sternförmige Belastung ohne Anschluß des Neutralleiters ist einer Dreieckschaltung äquivalent und kann in diese umgerechnet werden (Stern-Dreieck-Transformation).

Belastet man ein symmetrisches Spannungssystem mit Verbrauchern, so stellt sich ein Stromsystem ein, das im allgemeinen nicht symmetrisch ist. Dabei ist grundsätzlich zu unterscheiden, ob es sich um ein System mit oder ohne Neutralleiter handelt. Im ersten Fall gilt bei normgerechter Bezugsrichtung der Ströme nach Abb. 3.2.15

$$i_1 + i_2 + i_3 = i_N \ , \tag{31}$$

ist kein Neutralleiter vorhanden, oder wird er nicht angeschlossen, dann ist

$$i_1 + i_2 + i_3 = 0 \ . \tag{32}$$

Um das resultierende Stromsystem zu veranschaulichen, werden im folgenden einige Sonderfälle beschrieben.

- Bei symmetrischer Belastung ($\underline{Z}_1 = \underline{Z}_2 = \underline{Z}_3$ bzw. $\underline{Z}_{12} = \underline{Z}_{23} = \underline{Z}_{31}$) sind die Ströme in den Außenleitern gleich groß, und es fließt kein Strom im Neutralleiter (Abb. 3.2.16a). Gilt zusätzlich $\underline{Z}_{12} = 3 \cdot \underline{Z}_1$, so sind Stern- und Dreiecklast völlig äquivalent, d.h. es stellt sich das gleiche Stromsystem ein.

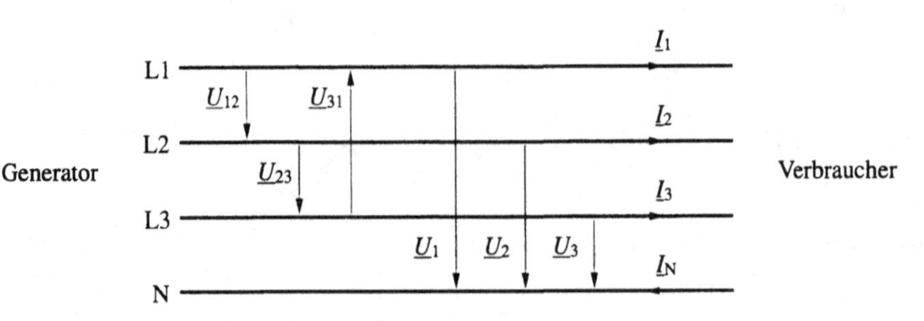

Abb. 3.2.15 Bezeichnung der Spannungen und Ströme im Drehstromnetz

- Eine unsymmetrische Sternbelastung (Abb. 3.2.16b) bewirkt einen Strom im Neutralleiter, der sich aus der Summe der einzelnen Außenleiterströme zusammensetzt. Diese ergeben sich aus der Sternspannung und der jeweiligen Lastimpedanz:

  $$I_{eff} = \frac{U_{eff}}{|\underline{Z}|}, \quad \varphi = \arctan \frac{\mathrm{Im}(\underline{Z})}{\mathrm{Re}(\underline{Z})} .$$

  Im Extremfall eines einphasigen Verbrauchers ist der Neutralleiterstrom gleich dem entsprechenden Außenleiterstrom (Abb. 3.2.16c).

- Stellt der Verbraucher eine unsymmetrische Dreiecklast (Abb. 3.2.16d) dar, so sind die Außenleiterströme die geometrische Summe der Ströme zu den beiden anderen Außenleitern und damit gegen die Sternspannung entsprechend gedreht. Der Sonderfall eines reellen Verbrauchers zwischen zwei Außenleitern (Abb. 3.2.16e) veranschaulicht die

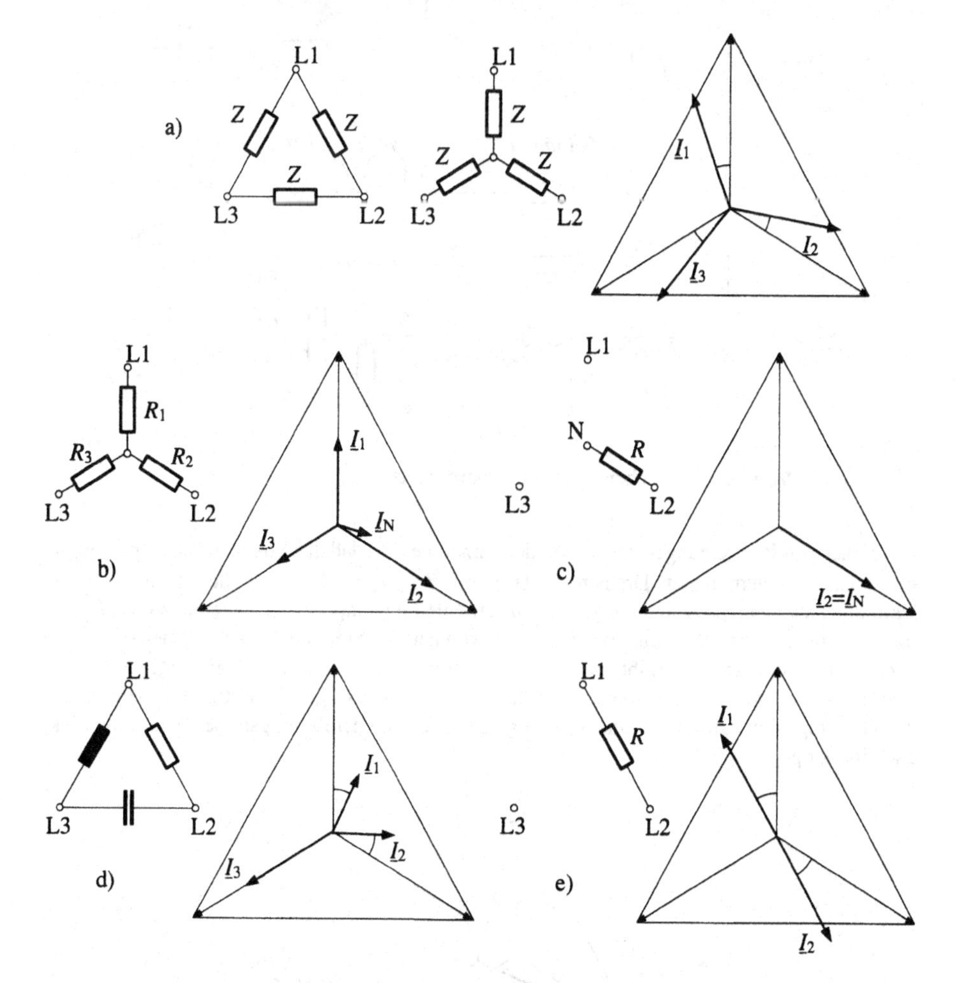

Abb. 3.2.16 Zeigerdiagramm der Ströme für verschiedene Belastungsfälle:
a) symmetrische Belastung
b) unsymmetrische Sternbelastung
c) einphasige reelle Sternbelastung
d) unsymmetrische Dreiecksbelastung
e) reelle Belastung zwischen zwei Außenleitern

Situation. Die Außenleiterströme sind mit den Sternspannungen nicht in Phase, d.h. in ihnen treten Blindleistungen entgegengesetzten Vorzeichens auf, die sich am Verbraucher kompensieren.

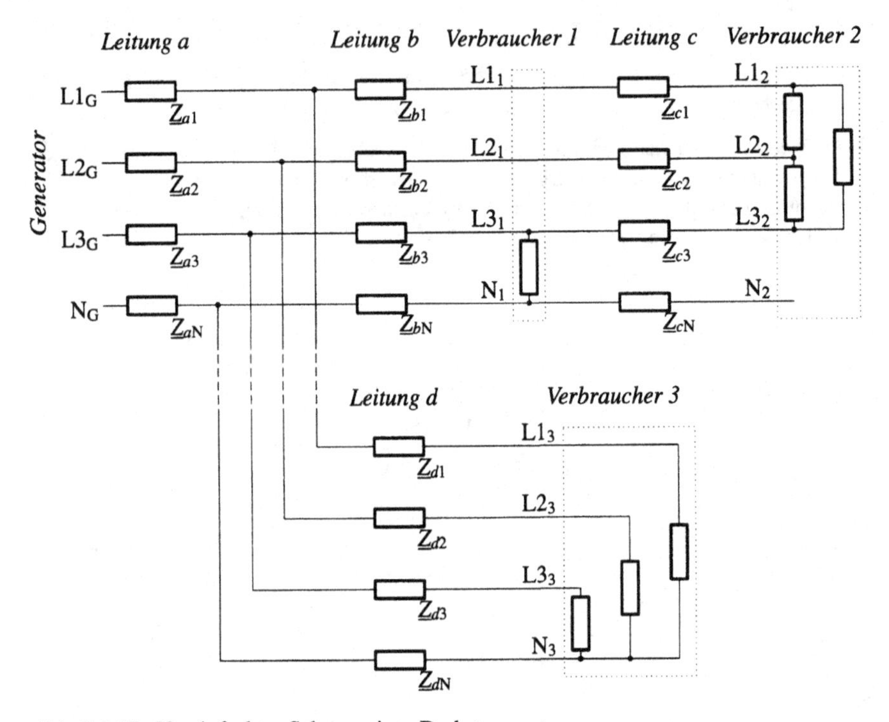

Abb. 3.2.17 Vereinfachtes Schema eines Drehstromnetzes

Die bisherigen Betrachtungen gehen von der Annahme aus, daß das Spannungssystem symmetrisch ist. In einem realen Drehstromnetz (Abb. 3.2.17) sind jedoch die Spannungen am Verbraucher wegen der Spannungsabfälle an den Zuleitungsimpedanzen gegenüber den Generatorspannungen in ihrer Amplitude reduziert und können in der Phasenlage verschoben sein (Abb. 3.2.18). Im allgemeinen ergibt sich ein zumindest leicht verzerrtes Spannungsdreieck bei gleichen Impedanzen, aber ungleichen Strömen ebenso wie bei gleichen Strömen, aber ungleichen Leitungsimpedanzen (zumindest geringe Unterschiede der Leitungsimpedanzen sind praktisch immer gegeben).

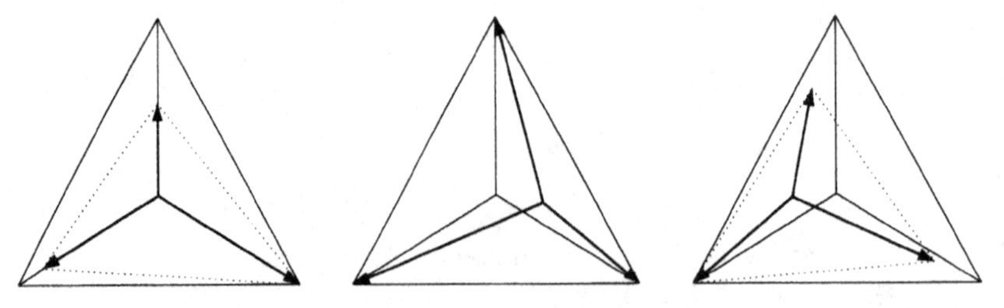

Abb. 3.2.18 Verzerrung des symmetrischen Spannungssystems durch unsymmetrische Last und/oder ungleiche Leitungsimpedanzen (stark übertrieben gezeichnet!)

3.2.3.1 Wirkleistung

Die gesamte Wirkleistung in einem Drehstromsystem ist immer die Summe der Wirkleistungen der einzelnen Phasen:

$$P_W = P_{W1} + P_{W2} + P_{W3} \; . \tag{33}$$

Somit kann man die gesamte Wirkleistung für beliebige Belastungsfälle mit Hilfe von drei Wattmetern durch Addition der Einzelergebnisse ermitteln (Abb. 3.2.19). Die Summenbildung erfolgt bei elektromechanischen Meßwerken, indem man die drei Drehspulen durch eine gemeinsame Achse mechanisch starr koppelt, womit sich das auf das bewegliche System ausgeübte Gesamtmoment aus der Summe der Einzelmomente ergibt. Bei elektronischen Wattmetern wird die Addition auf elektronischem Weg realisiert (Summierverstärker, Kap. 2.3.8.4).

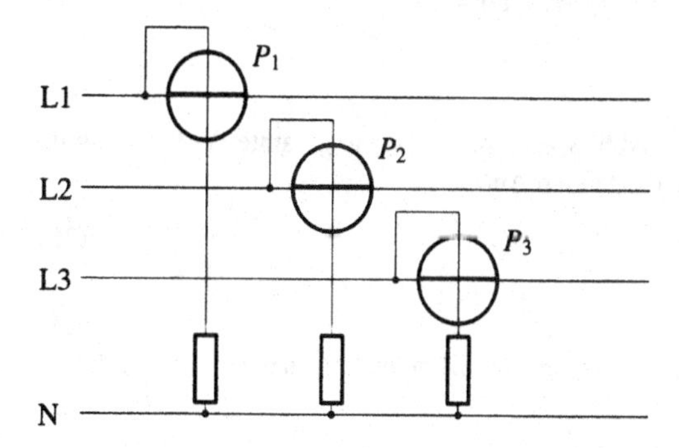

Abb. 3.2.19 Dreiwattmetermethode im 4-Leitersystem

Ist kein Neutralleiter vorhanden (Dreileiternetz), so erzeugt man einen künstlichen Nullpunkt, indem man durch gleiche Widerstände in den Spannungspfaden der Wattmeter einen symmetrischen Stern bildet (Abb. 3.2.20).

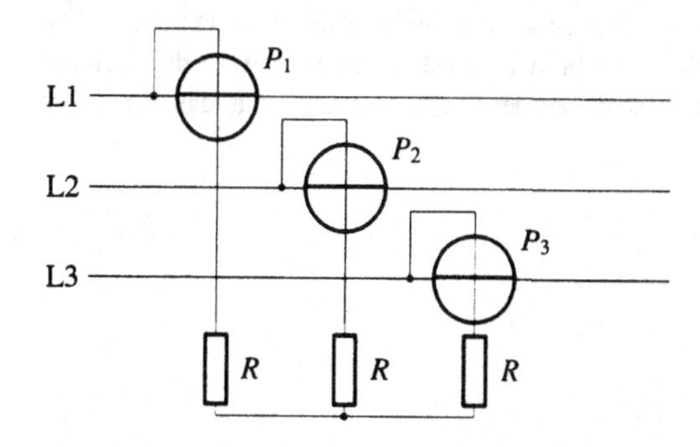

Abb. 3.2.20 Dreiwattmetermethode im 3-Leitersystem mit künstlichem Nullpunkt

In einem 3-Leitersystem ist eine weitere Möglichkeit zur Wirkleistungsmessung die Zweiwattmetermethode, auch Aaronschaltung genannt (Abb. 3.2.21). Hier wird der Umstand ausgenützt, daß kein Neutralleiterstrom existiert, d.h.

$$i_1 + i_2 + i_3 = 0 \;\; bzw \;\; i_3 = -(i_1 + i_2) \; . \tag{34}$$

Somit läßt sich die Momentanleistung folgenderweise beschreiben:

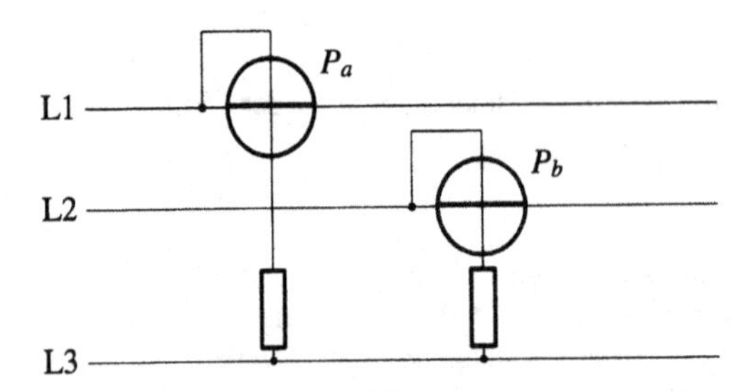

Abb. 3.2.21 Zweiwattmetermethode im 3-Leitersystem

$$p = u_1 \cdot i_1 + u_2 \cdot i_2 + u_3 \cdot i_3 = u_1 \cdot i_1 + u_2 \cdot i_2 - u_3 \cdot (i_1 + i_2) =$$
$$= (u_1 - u_3) \cdot i_1 + (u_2 - u_3) \cdot i_2 =$$
$$= u_{13} \cdot i_1 + u_{23} \cdot i_2 \quad . \tag{35}$$

Schließt man also zwei Wattmeter gemäß Abb. 3.2.21 an, so ist die gesamte Wirkleistung für beliebige Belastungen gleich der Summe der beiden Anzeigen

$$P_W = P_a + P_b \quad . \tag{36}$$

3.2.3.2 Blindleistung

Da die Blindleistung im Drehstromsystem die Summe der Blindleistungen der einzelnen Phasen

$$P_B = P_{B1} + P_{B2} + P_{B3} \tag{37}$$

ist, kann man sie analog zur Wirkleistungsmessung mit Hilfe von zwei oder drei Blindleistungsmeßgeräten ermitteln.

Beim Einsatz von Wattmetern (Wirkleistungsmeßgerät) müssen dazu die Ströme in den Spannungspfaden mit Phasenschiebern um 90° gedreht werden.

Bei nicht verformtem Spannungsdreieck kann man die Tatsache ausnützen, daß jeweils eine Dreieckspannung auf die gegenüberliegende Sternspannung senkrecht steht ($\underline{U}_{12} \perp \underline{U}_3$,...). Die Meßschaltung nach Abb. 3.2.22 macht davon Gebrauch. Dabei muß beachtet werden, daß der Betrag der Dreieckspannung um $\sqrt{3}$ größer ist als der der Phasenspannung, d.h. das angezeigte Ergebnis muß durch $\sqrt{3}$ dividiert werden:

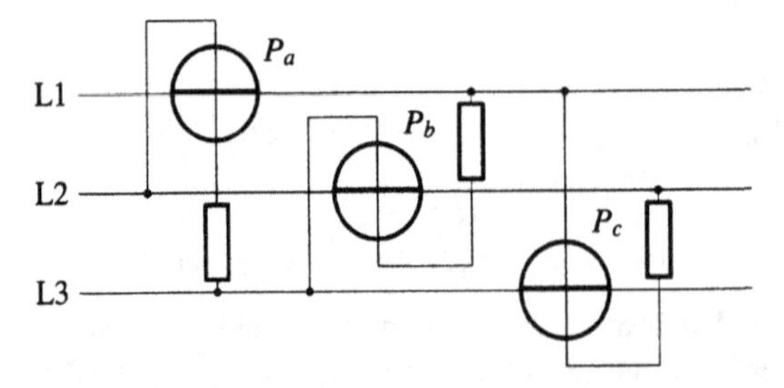

Abb. 3.2.22 Blindleistungsmessung bei symmetrischem Spannungsdreieck

$$P_B = \frac{P_a + P_b + P_c}{\sqrt{3}} \quad . \tag{38}$$

3.2.4 Leistungsmessung bei hohen Frequenzen

Die bisher beschriebenen Meßgeräte zur Leistungsmessung haben alle konstruktionsbedingte Frequenzobergrenzen, die ihren Einsatz für Hochfrequenzmessungen nicht zulassen. So sind elektrodynamische Meßwerke bis in den kHz-Bereich, elektronische Schaltungen nach dem Time-Division-Verfahren bis etwa 100 kHz und abtastende digitale Systeme bis in den MHz-Bereich verwendbar. Für Messungen bis in den GHz-Bereich kommen sogenannte Leistungsmeßköpfe zum Einsatz [6]. Das sind Sensoren, die an ihrem Ausgang eine Spannung liefern, die der Leistung mehr oder weniger genau proportional ist.

3.2.4.1 Sensoren

Üblicherweise wird das hochfrequente Signal in einem vom Meßgerät abgesetzten Meßkopf aufbereitet. In modernen Ausführungen enthält dieser neben dem eigentlichen Sensor einen Temperaturfühler und einen nichtflüchtigen Digitalspeicher mit den individuellen Eigenschaften des Sensors, die vom Hersteller durch Kalibration ermittelt wurden. Damit wird vom Meßgerät eine automatische Korrektur der systematischen Abweichungen (Nichtlinearität, Frequenzgang, Temperaturabhängigkeit) vorgenommen.

Nach dem Funktionsprinzip unterscheidet man zwischen thermischen und Diodensensoren.

Thermische Sensoren

Die aufgenommene Leistung bewirkt eine Erwärmung des Lastwiderstandes. Der wesentliche Vorteil dieser Umsetzung besteht in ihrer Unabhängigkeit von Frequenz und Kurvenform des Signals. Sie ist also für Gleichspannung ebenso geeignet wie für gepulste HF-Signale. Als Nachteil ist die Abhängigkeit von der Umgebungstemperatur zu sehen, die schon durch die Handwärme beim Hantieren des Sensors zu Abweichungen führen kann. Sie läßt sich aber einerseits durch gute thermische Isolation und andererseits durch Korrektur mit Hilfe einer Messung der Umgebungstemperatur minimieren.

Die verschiedenen Typen von thermischen Sensoren unterscheiden sich voneinander durch die Art, wie die erzeugte Wärme gemessen wird. Von praktischer Bedeutung sind eigentlich nur zwei Prinzipien:

Bei den **bolometrischen Sensoren** wird die Temperaturabhängigkeit des Widerstandes von Thermistoren ausgenützt (Kap. 2.2.3.1). Im Prinzipschaltbild (Abb. 3.2.23a) übernimmt ein

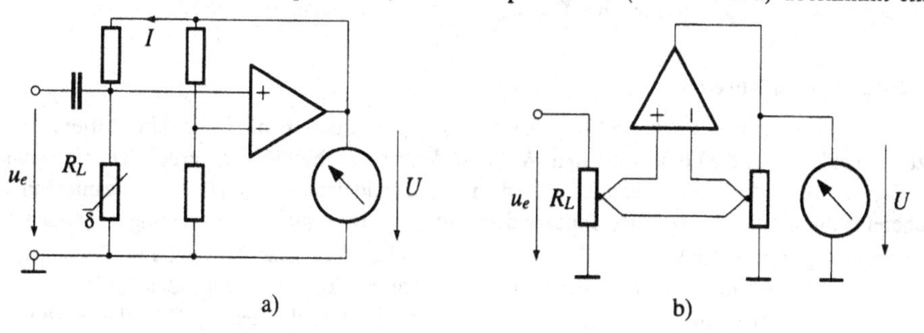

Abb. 3.2.23 Prinzipschaltungen thermischer Leistungssensoren
a) Thermistorsensor (Bolometer)
b) Thermoelektrischer Sensor

Thermistor die Funktion von Abschlußwiderstand und Temperaturfühler gleichzeitig. Ihm wird zusätzlich zum hochfrequenten Eingangssignal u_e über eine Brückenschaltung ein Gleichstrom I in der Weise zugeführt, daß sein Widerstand R_L konstant bleibt. Dadurch wird jede Änderung der HF-Leistung durch eine gegenläufige Änderung der Gleichstromleistung kompensiert, die mit einfachen Mitteln bestimmt werden kann.

Thermoelektrische Sensoren messen die Erwärmung des Lastwiderstandes mit Hilfe eines Thermoelements (Kap. 2.2.3.2). Aus dessen Spannung kann die Leistung über die Kennlinie direkt ermittelt werden. Wegen deren Parameterstreuung und dem Einfluß der Umgebungstemperatur wird jedoch üblicherweise die Spannung mit Hilfe einer zweiten, gleichartigen Anordnung von Widerstand und Thermoelement, an die eine Gleichspannung U angelegt wird, kompensiert (Abb. 3.2.23b). Im eingeschwungenen Zustand sind die beiden Thermospannungen und damit auch die Leistungen gleich groß.

Nach demselben Prinzip arbeiten **Kalorimeter**, die zur Messung sehr großer Leistungen bis in den Megawattbereich Anwendung finden. Hier wird der Lastwiderstand von flüssigem Kühlmittel umströmt, aus dessen Erwärmung die Leistung errechnet wird.

Diodensensoren

Für kleine Aussteuerungen um den Nullpunkt bis etwa zur Temperaturspannung U_T (~25-35 mV) läßt sich die I/U-Kennlinie einer Diode in guter Näherung durch eine quadratische Funktion annähern. Diese Eigenschaft wird benützt, einen Kondensator entsprechend der quadratisch gewichteten Eingangsspannung zu laden. Der Gleichspannungsanteil U der Kondensatorspannung ist somit der Leistung am Lastwiderstand R_L proportional (Abb. 3.2.24). Mit zunehmender Aussteuerung wird die Schaltung immer mehr zu einem Spitzenwertgleichrichter (Kap. 2.4.7.1). Damit wird aber der Zusammenhang zwischen Kondensatorspannung und Leistung nichtlinear und außerdem von der Kurvenform abhängig. Zur Bestimmung der Leistung ist dann die Kenntnis des Signalverlaufs oder zumindest seines Crestfaktors notwendig. In diesem Bereich werden Diodensensoren nur dann verwendet, wenn schnelle Änderungen der Leistung erfaßt werden müssen (z.B. bei amplitudenmodulierten Signalen), weil durch entsprechenden Aufbau Zeitkonstanten unter 100 ns realisiert werden können.

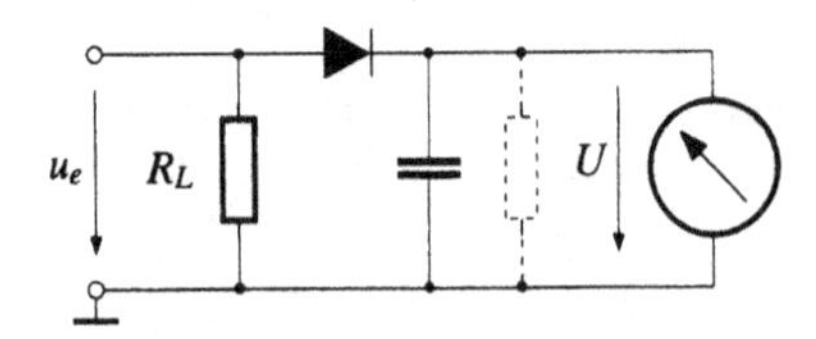

Abb. 3.2.24 Prinzipschaltung eines Diodensensors zur HF-Leistungsmessung

3.2.4.2 Meßverfahren

Bei hohen Frequenzen spielt die Frage der Anpassung eine dominante Rolle. Um Reflexionen zu vermeiden, muß die Leitung mit dem Wellenwiderstand abgeschlossen werden. Dies ist dann gegeben, wenn der Lastwiderstand mit dem Wellenwiderstand des Übertragungsmediums übereinstimmt, ebenso wie der Innenwiderstand der Signalquelle. Bei leitungsgebundener Übertragung beträgt der Wellenwiderstand üblicherweise 50 Ω. Eine Abweichung (Fehlanpassung) bewirkt, daß die vom Generator gelieferte Leistung (Vorlaufleistung, Incident Power P_i) nur zum Teil vom Verbraucher aufgenommen wird, der Rest wird reflektiert (Rücklaufleistung, Reflected Power P_r). Dementsprechend kommen verschiedene Methoden zur Anwendung, je nachdem, welche Leistung bestimmt werden soll.

Bei der **Absorptionsmessung** stellt das Meßgerät selbst den Verbraucher dar. Ist sein Eingangswiderstand an die Leitung angepaßt, kommt es zu keiner Reflexion, und die gemessene Leistung entspricht der Vorlaufleistung. Mit dieser Methode mißt man daher die maximal verfügbare Generatorleistung einer HF-Quelle.

Will man hingegen die von einem Verbraucher aufgenommene Leistung messen, kommt die Methode der **Durchgangsmessung** zum Einsatz. Dazu wird in die Übertragungsleitung ein Reflektometer (Doppel-Richtkoppler) eingeschaltet. Damit werden Vor- und Rücklaufleistung getrennt ausgekoppelt und gemessen. Die Differenz $P_i - P_r$ stellt dann die absorbierte Leistung dar.

3.2.5 Energiemessung

Elektrische Energie W ist die im Beobachtungszeitraum T_B transportierte elektrische Leistung

$$W = \int_{t_0}^{t_0+T_B} p(t)\, dt \quad . \tag{39}$$

Analog zur Leistung unterscheidet man auch hier zwischen Schein-, Wirk- und Blindenergie.

Zur Messung der Energie stehen einige grundsätzlich verschiedene Methoden zur Verfügung. Es sind dies einerseits die klassischen Verfahren der Motorzähler und der Elektrolytzähler, auf der anderen Seite moderne elektronische bzw. digitale Techniken.

Bei den **Motorzählern** wird ein drehbar gelagerter Teil in Rotation versetzt, dessen Winkelgeschwindigkeit der Leistung proportional ist. Durch Zählung der Umdrehungen mit einem (i.a. mechanischen) Zählwerk erfolgt die Anzeige der in der Meßzeit verbrauchten Energie. Je nachdem, wie das Drehmoment auf den beweglichen Teil erzeugt wird, unterscheidet man zwischen den Induktionsmotor-, Magnetmotor- (magnetodynamischen) und elektrodynamischen Zählern.

Elektrolytzähler basieren auf der Zersetzung eines Elektrolyten durch Stromfluß, wobei die an der Kathode ausgeschiedene Stoffmenge dem fließenden Strom proportional ist.

Moderne **elektronische Energiezähler** bestehen aus einer Schaltung zur Leistungsmessung, deren Ausgangsgröße über den Meßzeitraum integriert wird [7].

Bezüglich ihres Einsatzbereiches muß beachtet werden:

- Elektrolyt- und Magnetmotorzähler können nur bei Gleichstrom eingesetzt werden und messen eigentlich den Stromfluß, der unter Zugrundelegung einer konstanten Spannung als Energieverbrauch angezeigt wird.
- Induktionsmotorzähler sind nur für Wechselstrom geeignet.
- Elektrodynamische und elektronische Zähler können für jede Art von Mischstrom verwendet werden.

Das wichtigste, weil in großen Stückzahlen als Haushaltszähler in Verwendung stehende, klassische Meßgerät ist der **Induktionsmotorzähler**. Er arbeitet nach dem erstmals von **Ferraris** angegebenen Prinzip der Wechselwirkung zwischen einem sich periodisch ändernden magnetischen Fluß und dem von ihm in einem metallischen Leiter induzierten Wirbelstrom.

Das Meßwerk (Abb. 3.2.25) besteht aus der drehbar gelagerten Läuferscheibe aus elektrisch leitfähigem Material (meist Aluminium), dem Triebsystem, bestehend aus Strom- und Spannungsspule, und dem Bremssystem in Form eines Permanentmagneten. Der Strom durch die

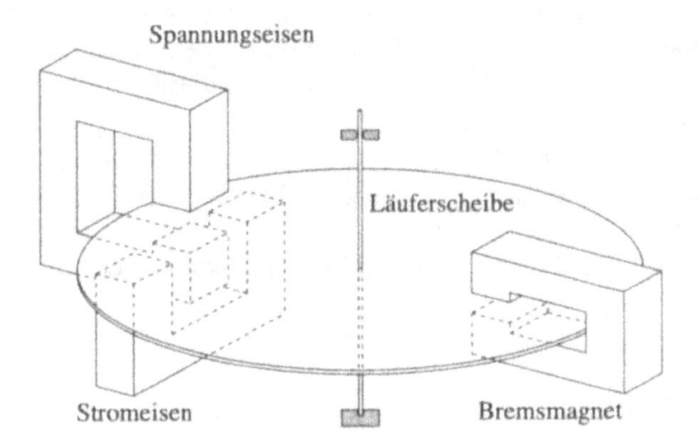

Abb. 3.2.25 Meßwerk des Induktionsmotorzählers

Stromspule erzeugt einen magnetischen Fluß, den sogenannten Stromtriebfluß Φ_I, der die Läuferscheibe durchsetzt, dort eine elektromotorische Kraft induziert, die wiederum den Scheibenstrom I_{SI} bewirkt. Ebenso entsteht durch den Spannungstriebfluß Φ_U ein Scheibenstrom I_{SU}. Der Strom- ebenso wie der Spannungstriebfluß übt mit dem, vom jeweils anderen Fluß herrührenden Scheibenstrom ein Drehmoment auf die Läuferscheibe aus. In Summe ergeben die beiden Teilmomente das gesamte Antriebsmoment

$$M_a = k_1 \cdot \Phi_U \cdot \Phi_I \cdot \sin\beta \ . \qquad (40)$$

Φ_U Fluß der Spannungsspule

Φ_I Fluß der Stromspule

β Phasenverschiebung zwischen Φ_U und Φ_I

Neben den vom Triebsystem verursachten Wechselflüssen durchsetzt der konstante Bremsfluß Φ_b des Permanentmagneten die Läuferscheibe, induziert in die rotierende Scheibe eine EMK, deren Ausgleichsströme mit dem Bremsfluß ein der Bewegung entgegengesetztes Bremsmoment erzeugen:

$$M_b = k_2 \cdot \omega_S \cdot \Phi_b^2 \ . \qquad (41)$$

Φ_b Fluß des Bremsmagneten

ω_S Winkelgeschwindigkeit der Läuferscheibe

Im eingeschwungenen Zustand heben sich die beiden Momente auf ($M_a = -M_b$), und die Scheibe dreht sich mit der Winkelgeschwindigkeit

$$\omega_S = k_3 \cdot \Phi_U \cdot \Phi_I \cdot \sin\beta \ . \qquad (42)$$

Im Idealfall ist die Impedanz der Spannungsspule rein induktiv, sodaß der Strom in ihr - und damit der Spannungstriebfluß - der angelegten Spannung um 90° nacheilt. Durch die Stromspule fließt der Strom, der auf Grund der Verbraucherimpedanz gegenüber der Spannung um φ verschoben ist. Wegen $\cos(90°-\varphi) = \sin\varphi$ wird damit (42) zu

$$\omega_S = k_4 \cdot U_{eff} \cdot I_{eff} \cdot \cos\varphi = k_4 \cdot P_W \ , \qquad (43)$$

d.h. die Winkelgeschwindigkeit der rotierenden Scheibe ist der Wirkleistung proportional. Durch Zählung der Umdrehungen mit einem mechanischen Rollenzählwerk wird die verbrauchte Energie angezeigt.

Tatsächlich hat jedoch die Spannungsspule stets einen kleinen reellen Widerstand, sodaß dieser sogenannte "innere 90°-Abgleich" durch konstruktive Maßnahmen realisiert werden muß. Das sind z.B. magnetische Nebenschlüsse und Kurzschlußwicklungen in den Eisenkreisen. Zu diesem Thema gibt es umfangreiche Spezialliteratur ([2],[3],[4]).

Für die Energiemessung im Drehstromnetz kommen die verschiedenen Schaltungen zum Einsatz, die schon bei der Leistungsmessung beschrieben wurden.

3.2.6 Literatur

[1] Pflier P.M., Jahn H., Jensch G., Elektrische Meßgeräte und Meßverfahren. Springer, Berlin Heidelberg New York 1978.

[2] Pflier P.M., Elektrizitätszähler. Springer, Berlin Heidelberg New York 1954.

[3] VDEW, Der Zählerprüfer. Frankfurt/Main 1964.

[4] Palm A., Elektrische Meßgeräte und Meßeinrichtungen. Springer, Berlin Heidelberg New York 1963.

[5] VDE 0418, Bestimmungen für Elektrizitätszähler.

[6] Meinke H., Gundlach F.W., Taschenbuch der Hochfrequenztechnik. Bd.1. 5. Aufl. Springer, Berlin Heidelberg New York 1992.

[7] Kahmann M., Elektrische Energie, elektronisch gemessen. VDE-Verlag, Berlin Offenbach 1992.

3.3 Kompensation und Meßbrücken

H. Schweinzer

3.3.1 Meßprinzip und Grundschaltungen

Als **Kompensationsmethoden** werden jene Meßverfahren bezeichnet, bei denen der zu messenden physikalischen Größe eine gleichartige, aber einstellbare physikalische Größe entgegengestellt wird. Bei **vollständiger Kompensation** wird die Vergleichsgröße so lange verändert, bis ihre "Gleichheit" zur Meßgröße durch ein Meßgerät, den **Nullindikator**, festgestellt wird. In diesem Zustand der Gleichheit - nicht jedoch während des Abgleichvorganges - benötigt die Vergleichsmessung keine Leistung, da der Differenzwert Null ist. Die vollständige Kompensation stellt somit eine **leistungslose Form der Messung** dar. Wesentlich für den Nullindikator ist eine hohe Empfindlichkeit im Bereich des Nullpunktes, gute Stabilität im Nullpunkt und Schutz gegen Überlastung.

Bei **Teilkompensation** wird einer im allgemeinen nur in geringem Maß variablen Meßgröße eine konstante Vergleichsgröße mit ähnlichem Betrag entgegengestellt. Die Differenz zwischen Meßgröße und Vergleichsgröße wird gemessen. Die Messung ist zwar nicht mehr leistungslos, bietet aber in manchen Anwendungsfällen Vorteile gegenüber der direkten Messung der Meßgröße: der Betrag der Vergleichsgröße wird in der Meßgröße unterdrückt, sodaß die Differenz in größerem Maß verstärkt und mit höherer Auflösung gemessen werden kann. Weiters sind Störeinflüsse (Temperaturdriften, etc.), die in gleicher Weise Meß- und Vergleichsgröße verändern, bei dieser Meßanordnung unterdrückt und somit nur von geringer Wirkung.

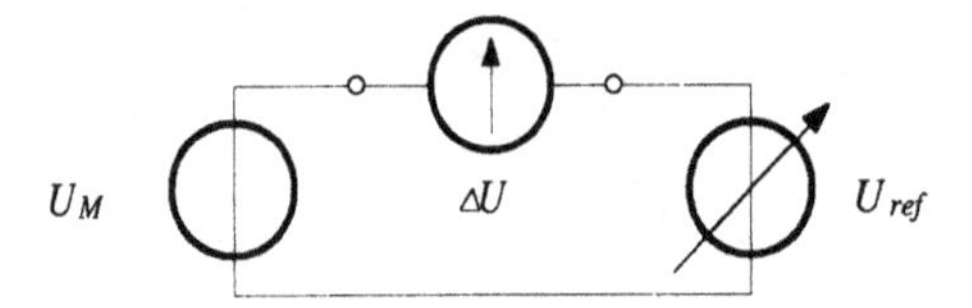

Abb. 3.3.1 Grundschaltung der Spannungskompensation

Kompensationsmessungen können bei verschiedenartigen physikalischen Größen angewandt werden (Abb. 3.3.1 und Abb. 3.3.2). Die bei vollständiger Kompensation notwendige Einstellbarkeit der Vergleichsgröße wird häufig durch Einstellung einer Hilfsgröße bei fester Referenzgröße erreicht: So wird bei vollständiger Kompensation von elektrischen Gleichspannungen und -strömen die jeweilige Vergleichsgröße durch Spannungs- bzw. Stromteilung mit Hilfe eines Widerstandsnetzwerkes von einer Referenzspannung bzw. einem Referenzstrom abgeleitet. Zum Erreichen des kompensierten Zustandes wird meist ein Widerstand verändert.

Eine direkte Kompensation von Wechselspannungen und Wechselströmen wird im allgemeinen nicht durchgeführt, da für die Durchführung eines Amplitudenvergleichs von Meßgröße und

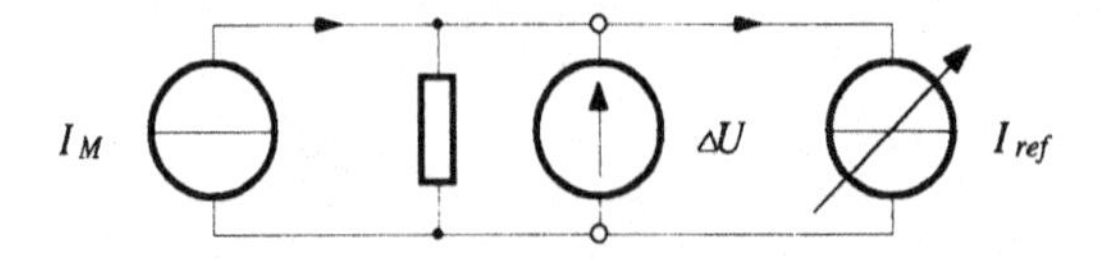

Abb. 3.3.2 Grundschaltung der Stromkompensation

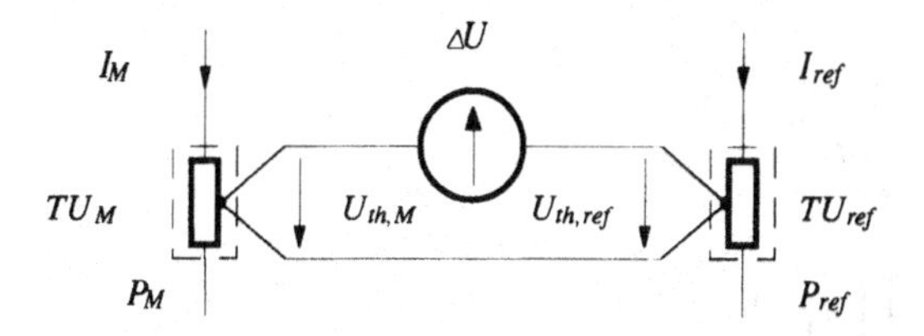

Abb. 3.3.3 Prinzip einer Leistungskompensation mit Thermoumformern

Vergleichsgröße die Gleichheit von Frequenz und Phasenlage der beiden Wechselsignale Voraussetzung ist. Wechselströme können jedoch indirekt durch Kompensation ihrer Wirkung (z.B. Drehmoment im Magnetfeld, Heizleistung) gemessen werden. Eine Messung des echten Effektivwertes (RMS) von Wechselströmen kann beispielsweise durch **Leistungskompensation** erfolgen (Abb. 3.3.3). Die von Thermoumformern *TU* gelieferten Thermospannungen U_{th} werden durch Einstellung eines als Vergleichsgröße dienenden Gleichstromes I_{ref} kompensiert. Voraussetzung dieses Verfahrens ist eine gleiche Wärmeleitfähigkeit der beiden Thermoumformer, somit eine definierte thermische Umhüllung mit gleicher Bezugstemperatur.

Zur Messung hoher Gleichströme kann eine **Magnetfeldkompensation** angewandt werden (Abb. 3.3.4). In einem Eisenkreis wird das vom Meß-Gleichstrom erzeugte Magnetfeld durch das Gegenfeld eines einstellbaren Gleichstroms geringerer Größe (in einer Wicklung größerer Windungszahl) kompensiert (kompensierender Wandler). Der Nullabgleich kann z.B. mit einem Hallelement detektiert werden. Remanenzeffekte im Eisen müssen vermieden werden.

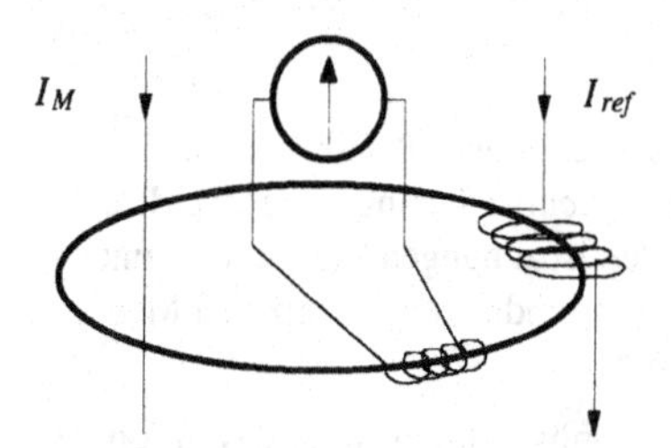

Abb. 3.3.4 Prinzip einer Magnetfeldkompensation (kompensierender Wandler)

Die Messung von Impedanzen durch Spannungskompensation hat auf Grund ihrer häufigen Anwendung eine Sonderstellung. Durch Parallelschaltung zweier Spannungsteiler, deren Teilspannungen miteinander verglichen werden, an einer gemeinsamen Spannungsquelle entsteht die **Meßbrücke** (Abb. 3.3.5). Durch Verändern eines (oder beider) Spannungsteilerverhältnisse läßt sich ein Nullabgleich der Differenzspannung ΔU erreichen. Die damit erreichte Gleichheit der beiden Spannungsteilerverhältnisse ermöglicht hierauf die Berechnung des unbekannten Widerstandes aus den drei übrigen, bekannten Widerständen, wobei durch die Vergleichsmessung Schwankungen der Versorgungsspannung und der Umgebungstemperatur (bei gleicher Erwärmung und gleichen Temperaturkoeffizienten der vier Widerstände) keinen Einfluß haben.

Häufig wird die Meßbrücke auch ohne Nullabgleich angewandt und die Differenzspannung gemessen. Sie wird in diesem Fall als **Ausschlagsbrücke** bezeichnet.

Durch Betrieb der Meßbrücke mit Wechselspannung einer bestimmten Frequenz wird die Messung komplexer Widerstände möglich. Der Abgleich der Brücke erfordert in diesem Fall jedoch im allgemeinen zwei Abgleichelemente (Abgleich von Betrag und Phase).

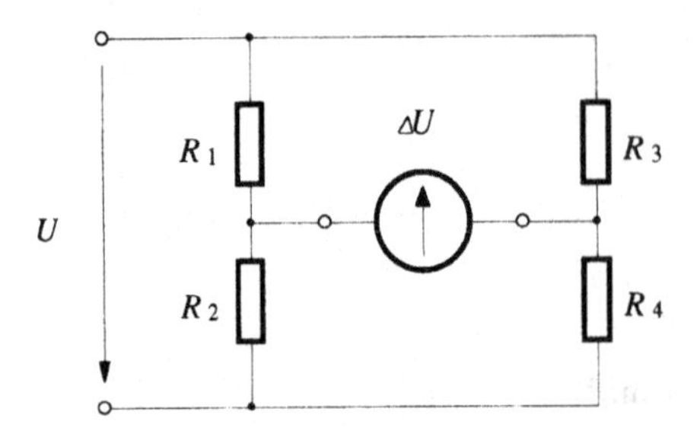

Abb. 3.3.5 Schaltung einer Meßbrücke

Als wesentlicher Nachteil des vollständigen Abgleichs von Kompensator oder Meßbrücke ist der Abgleichvorgang zu sehen, der konstruktive Aufwände (feineinstellbare Widerstände etc.) nötig macht, zeitaufwendig ist und unter Umständen - vor allem beim Betrieb mit Wechselspannung - Konvergenzprobleme aufweist. Die großen Fortschritte der elektronischen und vor allem der digitalen Meßtechnik haben die Bedeutung der Kompensations- und Brückenverfahren stark reduziert und auf den Bereich von Präzisionsverfahren mit automatischem Abgleich beschränkt. Teilkompensation und Ausschlagbrücken haben demgegenüber als Methode der Unterdrückung von Störeinflüssen und in Kombination mit einer elektronischen Weiterverarbeitung der Differenzgröße eher an Bedeutung gewonnen.

3.3.2 Vollständige und teilweise Kompensation von Spannung und Strom

3.3.2.1 Vollständige Kompensation von Gleichspannungen

Eine vollständige Gleichspannungskompensation kann als Präzisionsmeßmethode unter Benützung eines Spannungsnormals zum Erzielen hochgenauer Ergebnisse herangezogen werden. Sie kann andererseits auch zur "leistungslosen" Messung von Quellspannungen Verwendung finden, wobei jedoch diese Anwendung durch den wesentlich unaufwendigeren Einsatz von Meßverstärkern mit hochohmigen Eingängen weitgehend verdrängt ist.

Zur Spannungskompensation sind zwei Grundschaltungen möglich, abhängig davon, ob der Betrag der Meßspannung U_M kleiner oder größer als der der Referenzspannung U_{ref} ist (Abb. 3.3.6 und Abb. 3.3.7). Im Falle $U_M \leq U_{ref}$ wird die Referenzspannungsquelle belastet, wodurch bei Verwendung einer hochgenauen, elektronisch stabilisierten Referenzspannungsquelle kein Problem entsteht. Demgegenüber wird bei der Schaltung nach Abb. 3.3.7 die gemessene Spannung belastet. Nach Abgleich des Widerstandsabgriffes R_1 ergibt sich in diesem Fall

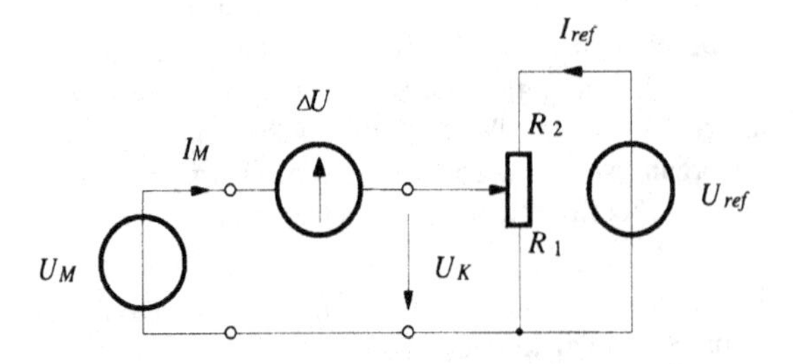

Abb. 3.3.6 Kompensation für $U_m \geq U_{ref}$ (mit belasteter Referenzspannungsquelle)

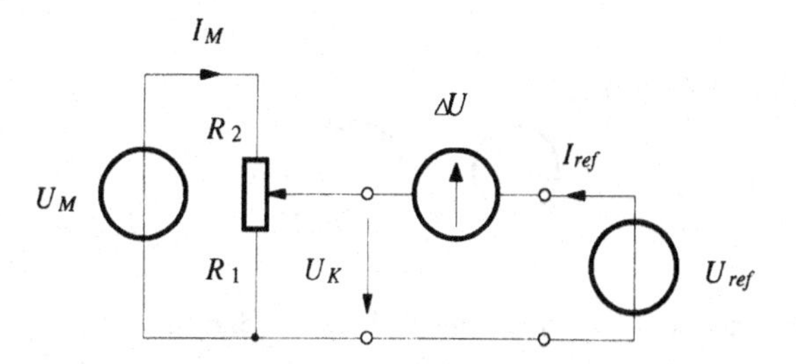

Abb. 3.3.7 Kompensation für $U_M \geq U_{ref}$ (mit belasteter Meßspannung)

$$U_{ref} = \frac{R_1}{R_1 + R_2} \cdot U_M. \tag{1}$$

Bei der Verwendung einer nur gering belastbaren Normalspannungsquelle (z.B. eines gesättigten Weston'schen Normalelements) wird oft eine **doppelte Kompensation** angewendet. In der entsprechenden Meßschaltung (Abb. 3.3.8) wird die Spannungsversorgung des Präzisionsspannungsteilers von einer einstellbaren Hilfsspannungsquelle U_H abgeleitet, die größer als U_{ref} und U_M ist und während der Meßdauer einen konstante Wert aufweisen muß. In einer ersten Messung zur Kalibrierung des Spannungsteilers (Stellung 1) wird der Spannungsteilerwiderstand R_1 auf einen bekannten, festgelegten Wert eingestellt und die ebenfalls bekannte Referenzspannung durch Einstellen der Hilfsspannung U_H kompensiert. In Stellung 2 wird bei unveränderter Einstellung der Hilfsspannung die Meßspannung U_M kompensiert, indem der Widerstandsabgriff auf R_2 verändert wird. Als Wert der gemessenen Spannung ergibt sich

$$U_M = \frac{R_2}{R_1} \cdot U_{ref}. \tag{2}$$

In der klassischen Meßtechnik wurden Kompensatoren meist mit Hilfe präziser Stufenwiderstände realisiert. Ein wesentlicher, konstruktiver Aufwand bestand dabei in der Aufgabe, trotz Veränderung des Abgriffes auf den Wert R_2 den Gesamtwiderstand der Meßanordnung konstant zu halten, um die Hilfsspannung nicht zu beeinflussen. Bezüglich der zahlreichen bekannten Lösungen - Feussner-Kompensator, Diesselhorst-Kompensator, Kaskaden-Kompensator, etc. - wird auf Kap. 2.1.4, bzw. auf die Literatur (z.B. [6]) verwiesen.

Das Prinzip der doppelten Kompensation kann auch ohne Umschaltung mit zwei parallelen Meßkreisen und zwei Nullindikatoren mit großem Innenwiderstand durchgeführt werden (Abb. 3.3.9). Die Hilfsspannung (bzw. der Hilfsstrom) wird wieder durch Abgleich mit Hilfe der Referenzspannung eingestellt, worauf direkt der Abgleich der Meßspannung U_M erfolgen kann.

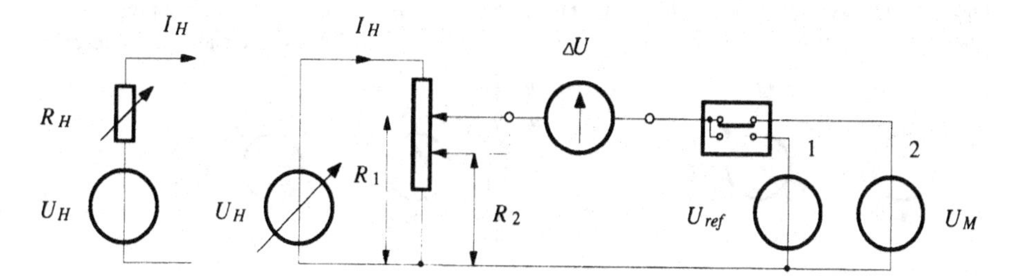

Abb. 3.3.8 Doppelte Spannungskompensation mit einstellbarer Hilfsspannung. (Es können auch eine konstante Hilfsspannung und ein einstellbarer Widerstand verwendet werden.)

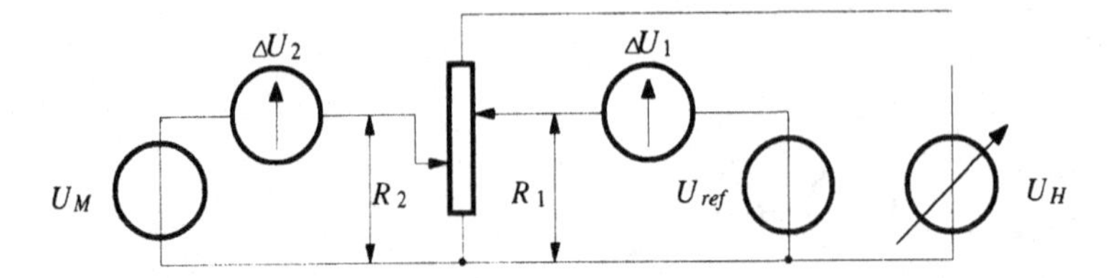

Abb. 3.3.9 Spannungskompensation mit zwei Nullindikatoren und zwei Meßkreisen

Die Einstellung der Hilfsspannung und eine fortlaufende Nachkorrektur kann bei dieser Parallelausführung des Referenzkreises auch automatisch erfolgen.

3.3.2.2 Teilweise Kompensation von Gleichspannungen

Die teilweise Kompensation von Gleichspannungen dient einer empfindlichen Messung von Spannungsdifferenzen. Durch die Referenzspannung wird ein "Nullpunkt" festgelegt, sodaß die Spannungsdifferenzen in einem kleinen Bereich um diesen Nullpunkt variieren (Abb. 3.3.10),

$$\Delta U = U_k - U_x = \frac{R_2}{(R_1 + R_2)} \cdot U_{ref} - U_x \quad , \qquad \text{für } R_e \to \infty \, . \tag{3}$$

Ist der Eingangswiderstand R_e des Spannungsmeßgeräts zu berücksichtigen, so gewinnt auch die Dimensionierung der Schaltung zusätzlichen Einfluß

$$\Delta U = \frac{R_e}{R_e + R_i + \dfrac{R_1 \cdot R_2}{R_1 + R_2}} \cdot \left(\frac{R_2}{R_1 + R_2} \cdot U_{ref} - U_x \right) \, . \tag{4}$$

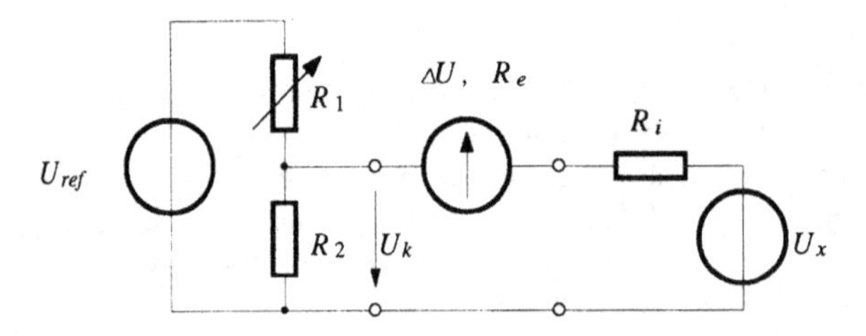

Abb. 3.3.10 Zur Berechnung der Spannungsdifferenz bei teilweiser Kompensation

3.3.2.3 Die Kompensation von Gleichströmen

Gleichströme können in folgender Weise kompensiert werden. Das Einschalten einer regelbaren Stromquelle (Stromregler) direkt in den Meßkreis (Abb. 3.3.11) erzwingt, daß der Differenz-

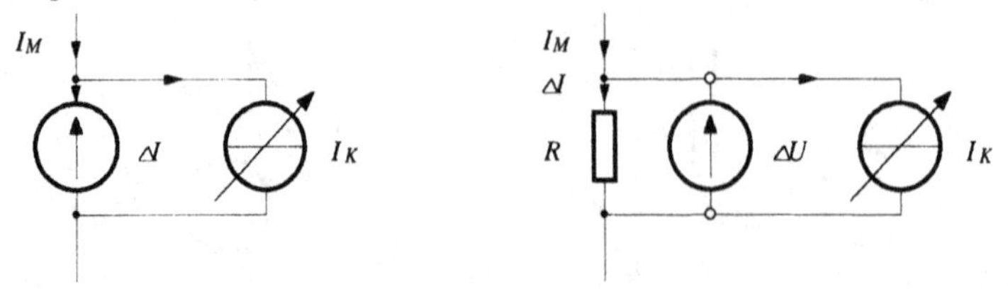

Abb. 3.3.11 Stromkompensation mit regelbarer Stromquelle im Meßkreis, mit stromempfindlichem Nullindikator oder spannungsempf. Nullindikator mit Parallelwiderstand

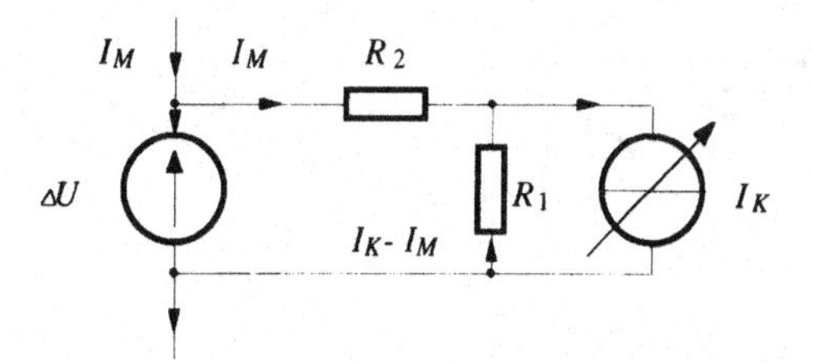

Abb. 3.3.12 Stromkompensation durch Nullabgleich von Spannungsabfällen für $I_M < I_K$

strom über den Nullindikatorzweig abfließt. Der Spannungsabfall im Meßkreis ist dabei durch den Innenwiderstand des Nullindikators bzw. durch einen parallelgeschalteten Widerstand definiert. Im abgeglichenen Zustand ist der Spannungsabfall Null.

In der Schaltung in Abb. 3.3.12 kann die Wirkung des unbekannten Stroms I_M an den Meßwiderständen durch die des Stroms einer Stromquelle I_K mit $I_K > I_M$ kompensiert werden. Es bewirken I_M und $I_K - I_M$ an den Widerständen R_2 bzw. R_1 entgegengesetzt gerichtete Spannungsabfälle, deren Summe auf Null abgeglichen wird. Im abgeglichenen Zustand ist damit der Spannungsabfall im Meßkreis Null und es gilt $(I_K - I_M) \cdot R_1 = I_M \cdot R_2$, womit sich ergibt

$$I_M = I_K \cdot \frac{R_1}{R_1 + R_2} \quad . \tag{5}$$

3.3.3 Gleichspannungsbrücken

3.3.3.1 Die Wheatstone-Brücke und ihr Abgleich

Die Wheatstone-Brücke ist aus vier Widerständen R_1, R_2, R_3 und R_4 aufgebaut, die zwei Spannungsteiler bilden und an einer gemeinsamen "Brücken-Versorgungsspannung" angeschlossen sind (Abb. 3.3.13). Die Potentialdifferenz zwischen den Spannungsteiler-Abgriffen A und B kann durch einen Abgleich der Brücke zu Null gemacht werden: einer der Widerstände stellt das unbekannte Meßobjekt dar und mindestens ein Widerstand wird in geeigneter Weise verändert, um einen Abgleich zu erreichen. In manchen Fällen wird ein Widerstand zum Grobabgleich stufig verändert, ein zweiter als Feinabgleich kontinuierlich verstellt. Die Kontrolle des Abgleichs, d.h. die Anzeige der Differenzspannung, erfolgt mit Hilfe eines Nullindikators, der bei der Gleichspannungsbrücke diese Differenzspannung vorzeichenrichtig anzeigt und damit die Richtung der Abweichung des Einstellwiderstands vom Abgleichzustand signalisiert.

Wird die Differenzspannung zwischen den Abgriffen A und B des Spannungsteilers im Leerlauf berechnet (Eingangswiderstand des Nullindikators $R_e \to \infty$), so ergibt sich

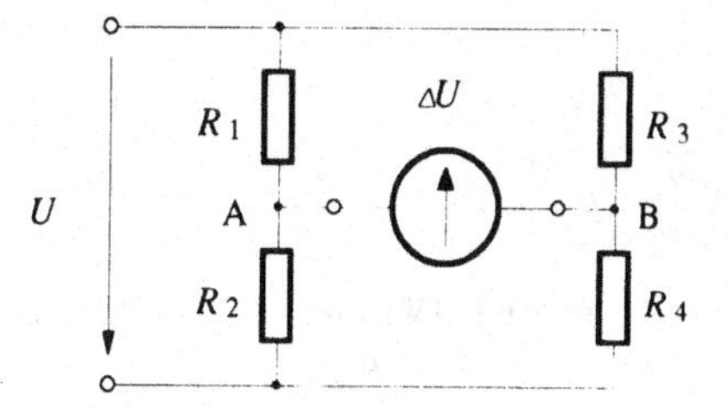

Abb. 3.3.13 Schaltung einer Wheatstone-Brücke, z.B. $R_1 = R_x$, Abgleich mit R_2

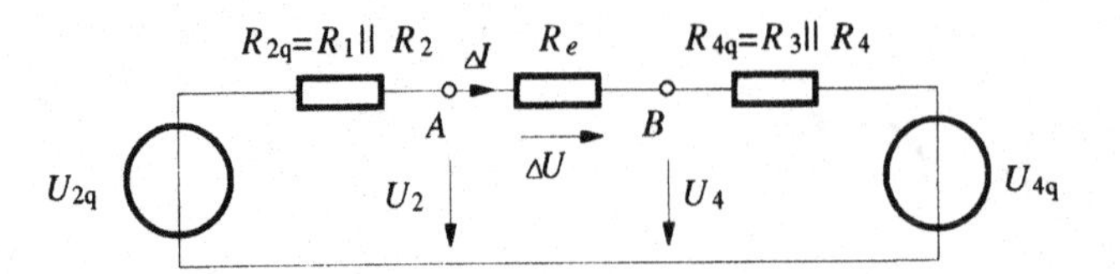

Abb. 3.3.14 Ersatzschaltung einer nicht abgeglichenen Wheatstone-Brücke

$$\Delta U = \left(\frac{R_2}{R_1 + R_2} - \frac{R_4}{R_3 + R_4} \right) \cdot U \ . \tag{6}$$

Im Abgleichfall wird $\Delta U = 0$, und damit haben beide Spannungsteiler das gleiche Verhältnis

$$\frac{R_2}{R_1 + R_2} = \frac{R_4}{R_3 + R_4} \ . \tag{7}$$

Daraus ergibt sich die Abgleichbedingung

$$\frac{R_1}{R_2} = \frac{R_3}{R_4} \qquad \text{bzw.} \qquad R_1 \cdot R_4 = R_2 \cdot R_3 \ . \tag{8}$$

Sie gilt in gleicher Weise auch bei einem Nullindikator mit endlichem Eingangswiderstand, da bei verschwindender Differenzspannung kein Eingangsstrom fließt und damit der Nullindikator keinen Einfluß auf die Brückenströme hat.

Ein endlicher Eingangswiderstand des Nullindikators hat jedoch Einfluß auf die Brücken-Differenzspannung im nicht abgeglichenen Zustand. Zu ihrer Berechnung betrachten wir die Ersatzschaltung der nicht abgeglichenen Brücke (Abb. 3.3.14). Sowohl der linke Spannungsteiler mit dem Abgriff A, als auch der rechte Spannungsteiler mit dem Abgriff B sind durch Ersatzspannungsquellen mit ihrem jeweiligen Innenwiderstand dargestellt. Die Brückenspannung kann man sich zur Vereinfachung zweimal, d.h. getrennt für jeden Spannungsteiler, vorstellen. Als Ersatzspannungen ergeben sich somit die Werte der Spannungsteiler

$$U_{2q} = \frac{R_2}{R_1 + R_2} U \quad \text{und} \quad U_{4q} = \frac{R_4}{R_3 + R_4} U \ . \tag{9}$$

Als Innenwiderstände erhält man die Parallelschaltungen der jeweiligen Spannungsteiler-Widerstände

$$R_{2q} = \frac{R_1 \cdot R_2}{R_1 + R_2} \quad \text{und} \quad R_{4q} = \frac{R_3 \cdot R_4}{R_3 + R_4} \ . \tag{10}$$

Damit erhält man den Wert der Brücken-Differenzspannung im nicht abgeglichenen Zustand als

$$\Delta U = (U_{2q} - U_{4q}) \cdot \frac{R_e}{R_{2q} + R_{4q} + R_e} =$$
$$= U \cdot \left(\frac{R_2}{R_1 + R_2} - \frac{R_4}{R_3 + R_4} \right) \cdot \frac{R_e}{\frac{R_1 \cdot R_2}{R_1 + R_2} + \frac{R_3 \cdot R_4}{R_3 + R_4} + R_e} \ . \qquad [11]$$

Der Innenwiderstand des Nullindikators R_e bewirkt somit eine Verkleinerung der gemessenen Differenzspannung, die vernachlässigt werden kann, sobald $R_e >> R_{2q} + R_{4q}$ ist.

Wesentlichen Einfluß auf den Abgleich einer Wheatstone-Brücke hat die **Empfindlichkeit**. Die Empfindlichkeit ε einer Brücke wird definiert als Ausschlagsänderung ΔA des Nullindikators bezogen auf eine relative Änderung ρ des unbekannten Widerstandes R_x

$$\varepsilon = \frac{\Delta A}{\rho} \quad \text{mit} \quad \rho = \frac{\Delta R_x}{R_x} \quad . \tag{12}$$

Die Empfindlichkeit ist bestimmt durch die Dimensionierung der Schaltung ("Schaltungsempfindlichkeit") und durch die Empfindlichkeit des Nullindikators. Durch die Empfindlichkeit wird der Abgleichvorgang beeinflußt, nicht jedoch das Meßergebnis, solange die Empfindlichkeit ausreichend groß ist.

Um diese Zusammenhänge zu erläutern, wird kurz auf den Abgleichvorgang eingegangen. Die letzte Phase des Abgleichs erfolgt durch Feineinstellung eines Widerstandes. Ist die Empfindlichkeit der Nullanzeige groß genug, so ist kein exakter Nullabgleich möglich, sondern zwei benachbarte Widerstandseinstellungen (bei stufiger Einstellbarkeit bzw. sinnvoll ablesbaren Widerstandseinstellungen) liefern geringfügige Abweichungen von Null, eine positiv, die andere negativ. Bei der damit gegebenen Auflösungsgrenze für die Einstellung des Abgleichwiderstandes läßt sich mit den beiden benachbarten Widerstandswerten aus der Abgleichbedingung ein Intervall für die Meßgröße R_x berechnen. Dieses Intervall bestimmt die Auflösung der Ergebniswerte des unbekannten Widerstandes, die Genauigkeit der Lage der Intervallgrenzen berechnet sich aus den Toleranzen der drei bekannten Widerstände.

Ist die Empfindlichkeit der Brücke zu gering, so ergibt sich ein scheinbarer Nullabgleich für einen endlichen Bereich des Einstellwiderstandes, d.h. einige Widerstandseinstellungen ergeben keine signifikante Abweichung von Null. Dadurch wird also die wirksame Auflösung der Widerstandseinstellung verringert. Entsprechend vergrößert sich auch das Intervall für die Meßgröße, obwohl die Intervallgrenzen an sich die hohe Genauigkeit behalten. Zu geringe Empfindlichkeit verringert somit die Auflösung des Meßergebnisses.

Der Gesamtwert der Empfindlichkeit ε kann in die Empfindlichkeit des Nullindikators und einen schaltungsabhängigen Teil zerlegt werden

$$\varepsilon = \frac{\Delta A}{\rho} = \frac{\Delta A}{\Delta U} \cdot \frac{\Delta U}{\rho} = \frac{\Delta A}{\Delta I} \cdot \frac{\Delta I}{\rho} \quad . \tag{13}$$

Der Nullindikator kann empfindlich auf Spannungs- oder Stromänderungen ($\Delta A/\Delta U$ bzw. $\Delta A/\Delta I$) sein und dementsprechend spielt in der Dimensionierung der Brücke die "Spannungs- oder Stromempfindlichkeit"

$$\varepsilon_U = \frac{\Delta U}{\rho} \quad \text{bzw.} \quad \varepsilon_I = \frac{\Delta I}{\rho} \tag{14}$$

die wesentliche Rolle. Um den Nullindikator bei Fehlabgleich der Brücke vor Überlastung zu schützen, wird seine Empfindlichkeit meist veränderlich und nur in einem geringen Bereich um den Nullpunkt groß gemacht (z.B. logarithmische Kennlinie, siehe Kap. 2.3).

Die folgende Berechnung der Spannungsempfindlichkeit $\varepsilon_U = \Delta U/\rho$ setzt einen Abgleich der Brücke voraus. In diesem Fall ergibt sich die Spannungsempfindlichkeit direkt aus der Abweichung der Nullindikatorspannung ΔU von Null, bezogen auf eine relative Änderung eines Abgleichwiderstandes z.B. $\rho = \Delta R_2/R_2$. Weiters wird für die Berechnung ein idealer, spannungsempfindlicher Nullindikator angenommen ($R_e \to \infty$).

Bei Veränderung von R_2 auf $R_2 + \Delta R_2$ ergibt sich

$$\Delta U = \left(\frac{R_2 + \Delta R_2}{R_1 + R_2 + \Delta R_2} - \frac{R_4}{R_3 + R_4} \right) \cdot U \quad . \tag{15}$$

Da im Abgleichfall gilt $\frac{R_2}{R_1 + R_2} = \frac{R_4}{R_3 + R_4}$, folgt mit

$\frac{R_2}{R_1 + R_2} = K$ ("Brückenspannungsteilerverhältnis") und $\frac{\Delta R_2}{R_1 + R_2} = \rho \cdot K$

$$\frac{\Delta U}{U} = \left(\frac{R_2 + \Delta R_2}{R_1 + R_2 + \Delta R_2} - \frac{R_2}{R_1 + R_2} \right) = \frac{R_1 \cdot \Delta R_2}{(R_1 + R_2 + \Delta R_2) \cdot (R_1 + R_2)} =$$

$$= \frac{R_1}{R_1 + R_2} \cdot \frac{\Delta R_2}{R_1 + R_2} \cdot \frac{1}{1 + \frac{\Delta R_2}{R_1 + R_2}} = (1 - K) \cdot \rho \cdot K \cdot \frac{1}{1 + \rho \cdot K} \quad . \tag{16}$$

Bei kleinen Werten von ρ gilt $\rho \cdot K << 1$ und damit

$$\frac{\Delta U}{U} \approx \rho \cdot K \cdot (1 - K) \quad . \tag{17}$$

Es ergibt sich somit für die Spannungsempfindlichkeit

$$\varepsilon_U = \frac{\Delta U}{\rho} \approx K \cdot (1 - K) \cdot U \quad . \tag{18}$$

Die Spannungsempfindlichkeit weist ein Maximum für $K = 1/2$, d.h. für den Fall $R_1 = R_2$, sowie $R_3 = R_4$ auf (ähnlich ist die Situation bei "nichtlinearen Ohmmetern", siehe Kap. 3.1). Es ergibt sich damit der Zusammenhang

$$\frac{\Delta U}{U} = \frac{\rho}{4} \quad \text{für} \quad R_1 = R_2 \quad \text{bzw.} \quad R_3 = R_4 \quad . \tag{19}$$

Somit bewirkt z.B. eine Veränderung des Widerstandes im Abgleichfall um 1% seines Wertes das Auftreten einer maximalen Differenzspannung ΔU von 0,25% von U.

Für die Auslegung von Gleichspannungsbrücken mit möglichst großer Spannungsempfindlichkeit empfehlen sich folgende Vorgangsweisen:

- Bei **gegebener Versorgungsspannung** U wird das Brückenverhältnis K möglichst $K = 1/2$ gewählt.
- Bei **gegebener Spannung am Prüfling** U_x (bei $R_x = R_2$) wird die Versorgungsspannung U möglichst groß, sowie K entsprechend klein gewählt, denn mit $U_x = K \cdot U$ wird $\varepsilon_U \approx K \cdot (1 - K) \cdot U = U_x \cdot (1 - K)$, womit sich der größte Wert von ε_U für $K \to 0$ ergibt, wobei wegen $U_x = \text{const.}$ $U \to \infty$ gehen müßte.

Für die Berechnung der Stromempfindlichkeit $\varepsilon_I = \Delta I/\rho$ kann man ähnlich vorgehen wie bei der Spannungsempfindlichkeit, wobei der Nullindikator ideal stromempfindlich ($R_e = 0$) angenommen wird. Da eine Brücke ein lineares Netzwerk darstellt, läßt sich die Stromempfindlichkeit aus der Spannungsempfindlichkeit berechnen. Die Brückenspannung ΔU wirkt wie eine Leerlaufspannung, die, durch die Brückenwiderstände beeinflußt, an einem Nullindikator mit $R_e = 0$ den Kurzschlußstrom

$$\Delta I = \frac{\Delta U}{R_i} \tag{20}$$

liefert. Kann man den Innenwiderstand der Anspeisung U vernachlässigen, so ergibt sich für R_i unmittelbar $R_i = R_1 \parallel R_2 + R_3 \parallel R_4$. Damit wird

$$\varepsilon_I = \frac{\Delta I}{\rho} = \varepsilon_U \cdot \frac{1}{R_1 \parallel R_2 + R_3 \parallel R_4} \quad . \tag{21}$$

Setzt man die Näherung für ε_U ein, so ergibt sich

$$\varepsilon_I \approx \frac{K \cdot (1-K) \cdot U}{R_1 \parallel R_2 + R_3 \parallel R_4} = \frac{(1-K) \cdot U}{R_1 + R_3} = \frac{K \cdot U}{R_2 + R_4} \quad . \tag{22}$$

Nimmt man z.B. R_4 als unbekannten Widerstand festgelegter Größenordnung an, so ist für eine möglichst große Stromempfindlichkeit jedenfalls $R_2 << R_4$ wünschenswert (niederohmiger Brückenzweig R_1 und R_2). Ferner ergibt sich:

- Bei **gegebener Versorgungsspannung** U wird das Brückenverhältnis K möglichst $K \to 1$ gewählt.
- Bei **gegebener Spannung am Prüfling** $U_x = K \cdot U$ ist das Brückenverhältnis K beliebig wählbar.

3.3.3.2 Die Thomson-Brücke

Die Thomson-Brücke (im englischsprachigen Raum auch "Kelvin bridge" genannt) dient zur Messung kleiner bis kleinster Widerstandswerte. Bei Widerständen dieser Größenordnung (z.B. mΩ) sind die Zuleitungswiderstände und Übergangswiderstände an den Stromklemmen des Widerstandes in der gleichen Größenordnung oder sogar größer als der gesuchte Widerstand. Der Widerstandswert muß daher in diesem Fall zwischen eigenen Spannungsklemmen ("Potentialklemmen") definiert werden, die von den außen liegenden Stromklemmen getrennt sind, innerhalb dieser Stromklemmen angebracht sind und über die nur vernachlässigbare Meßströme fließen ("Vierleitertechnik", siehe Kap. 3.1).

Die Thomson-Brücke stellt eine Methode dar, bei der die unbekannten Zuleitungs- und Übergangswiderstände kompensiert werden, ohne daß ihre konkreten Werte ermittelt werden. Die

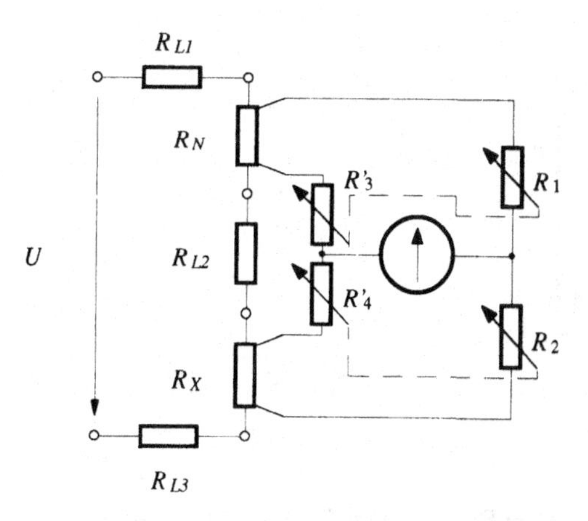

Abb. 3.3.15 Schaltung einer Thomson-Brücke

Brücke ist als Doppelbrücke aufgebaut: der unbekannte Widerstand R_X und ein in Serie geschalteter Vergleichswiderstand R_N bilden den niederohmigen Hauptstromkreis (Abb. 3.3.15). Die jeweils äußeren und inneren Potentialklemmen dieser Widerstände sind über Brückenspannungsteiler miteinander verbunden, die hinreichend hochohmig sind, damit die Übergangswiderstände der Potentialklemmen ohne Einfluß bleiben.

Im abgeglichenen Zustand teilt der Brückenspannungsteiler der inneren Potentialklemmen die in R_{L2} zusammengefaßten, unbekannten Übergangs- und Leitungswiderstände im Verhältnis von R_X und R_N auf, sodaß sie ohne Einfluß bleiben. Dabei ist vorausgesetzt, daß beide Brückenspannungsteiler immer dasselbe Widerstandsverhältnis $R_1/R_2 = R_3'/R_4'$ aufweisen. Dies wird durch mechanische Kopplung und somit gemeinsame Verstellung der Widerstände erreicht. Durch Änderung dieses Widerstandsverhältnisses wird die Brücke abgeglichen, womit schließlich gilt

$$\frac{R_X}{R_N} = \frac{R_2}{R_1} = \frac{R_4'}{R_3'} \quad . \tag{23}$$

Zur Ableitung dieser Abgleichbedingung wird das aus den Widerständen R_3' , R_4' und R_{L2} gebildete Dreieck in einen Stern umgewandelt. Es ergeben sich die Widerstände der Ersatzbrücke nach Abb. 3.3.16 zu

$$R_3 = \frac{R_3' \cdot R_{L2}}{R_{L2} + R_3' + R_4'} \quad \text{bzw.} \quad R_4 = \frac{R_4' \cdot R_{L2}}{R_{L2} + R_3' + R_4'} \quad \text{und damit} \quad \frac{R_3'}{R_4'} = \frac{R_3}{R_4} \quad . \tag{24}$$

Der dritte Widerstand des Sterns R_5 liegt in Serie zum Nullindikator und bleibt für den Abgleich ohne Einfluß.

Die Brücke ist abgeglichen, wenn gilt

$$\frac{R_1}{R_2} = \frac{R_N + R_3}{R_X + R_4} \quad . \tag{25}$$

Umgeformt und unter Berücksichtigung der Einstellung mit Doppelkurbeln, die $R_1/R_2 = R_3'/R_4' = R_3/R_4$ sicherstellt, erhält man (23)

$$R_X = R_N \cdot \frac{R_2}{R_1} + \frac{R_2}{R_1} \cdot R_4 \cdot \left(\frac{R_3}{R_4} - \frac{R_1}{R_2} \right) = R_N \cdot \frac{R_2}{R_1} \quad .$$

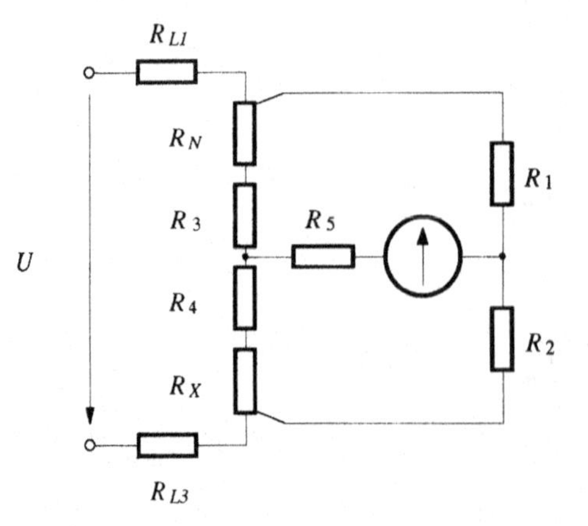

Abb. 3.3.16 Ersatzschaltung einer mit Hilfe einer Dreieck-Stern-Transformation umgewandelten Thomson-Brücke

3.3.3.3 Ausschlagbrücken

Ausschlagbrücken werden häufig zur Messung kleiner Widerstandsänderungen $\Delta R/R = \rho$ verwendet. Dabei wird zur Bestimmung der Widerstandsänderungen die Diagonalspannung, meist unter Anwendung eines Instrumentationsverstärkers (siehe Kap. 2.4), gemessen. Vor allem bei Sensorwiderständen wird diese Technik angewandt ("Sensor-Meßbrücken"), z.B. zur Temperaturmessung mit temperaturabhängigen Widerständen oder zur Kraftmessung mit Dehnungsmeßstreifen (siehe Kap. 2.2).

Je nach Anzahl der veränderbaren Brückenelemente unterscheidet man Viertel-, Halb-, Zweiviertel- und Vollbrücken. Mit der steigenden Anzahl an veränderlichen Brückenelementen ist auch eine Vergrößerung der auftretenden Diagonalspannung und damit der Empfindlichkeit verbunden, wie in der Folge gezeigt wird. Allen Brückenschaltungen gemeinsam ist aber die wesentliche Eigenschaft, daß Temperatureinflüsse bei gleichen Temperaturkoeffizienten der Brückenwiderstände (oder andere Störgrößen), z.B. durch Verwendung gleichartiger Widerstände, kompensiert werden können. Dehnungsmeßstreifen (DMS) sind z.B. stark temperaturabhängig, sodaß erst durch den (zumindest teilweisen) Aufbau der Brücke mit gleichartigen DMS-Widerständen, die unterschiedlich durch Kräfte belastet, entlastet, oder auch unbelastet sind, eine temperaturkompensierte Kraftmessung sinnvoll möglich wird.

Für die folgenden Berechnungen werden gleiche Nennwiderstände R und positive oder negative Widerstandsänderungen $\Delta R/R = \rho$ zugrunde gelegt:

$$R_{+} = R \cdot (1 + \rho) \quad \text{und} \quad R_{-} = R \cdot (1 - \rho) \ . \tag{26}$$

Weiters wird für die Messung der Differenzspannung ein unendlicher Eingangswiderstand $(R_E \to \infty)$ angenommen.

Die Abb. 3.3.17 a zeigt eine Viertelbrücke. Für diese gilt ein nichtlinearer Zusammenhang, der bei ausreichend kleinen Widerstandsänderungen ρ näherungsweise linear ist

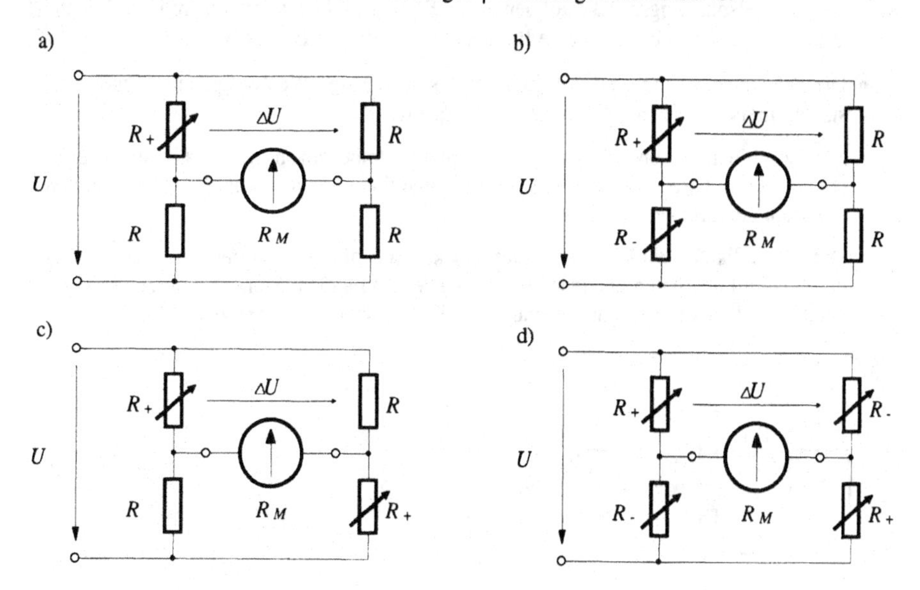

Abb. 3.3.17 Typen von Ausschlagbrücken: a) Viertelbrücke, b) Halbbrücke, c) Zweiviertelbrücke, d) Vollbrücke

$$\Delta U/U = \frac{R}{R+R_+} - \frac{1}{2} = \frac{1}{2+\rho} - \frac{1}{2} = -\frac{\rho}{2\cdot(2+\rho)} \approx -\frac{\rho}{4} \quad (\text{für } \rho \ll 1)\ . \tag{27}$$

Die Halbbrücke nach Abb. 3.3.17 b mit benachbarten, gegensinnig veränderten Widerständen weist einen streng linearen Verlauf der Diagonalspannung auf

$$\Delta U/U = \frac{R_-}{R_+ + R_-} - \frac{1}{2} = -\frac{\rho}{2}\ . \tag{28}$$

Demgegenüber gilt für die Zweiviertelbrücke nach Abb. 3.3.17 c mit diagonal angeordneten, gleichsinnig veränderten Widerständen

$$\Delta U/U = \frac{R}{R+R_+} - \frac{R_+}{R+R_+} = \frac{1}{2+\rho} - \frac{1+\rho}{2+\rho} = -\frac{\rho}{2+\rho} \approx -\frac{\rho}{2} \quad (\text{für } \rho \ll 1)\ . \tag{29}$$

Bei der Vollbrücke (Abb. 3.3.17 d) werden alle jeweils benachbarten Widerstände gegensinnig verändert. Diese Brücke hat einen linearen Verlauf der Diagonalspannung, die überdies viermal so groß wie bei der Viertelbrücke, bzw. doppelt so groß wie bei der Halb- und Zweiviertelbrücke ist:

$$\Delta U/U = \frac{R_-}{R_+ + R_-} - \frac{R_+}{R_+ + R_-} = \frac{1-\rho}{2} - \frac{1+\rho}{2} = -\rho\ . \tag{30}$$

3.3.4 Wechselspannungsbrücken

3.3.4.1 Allgemeine Behandlung der Wechselspannungsbrücke

Die Wechselspannungsbrücke ermöglicht die Messung realer Impedanzen, vor allem (verlustbehafteter) Kapazitäten und Induktivitäten mit Wechselspannungen festgelegter Frequenz. Obwohl die Wechselspannungsbrücke auf den ersten Blick der Gleichspannungsbrücke ähnlich ist (Abb. 3.3.18), ergeben sich jedoch eine Reihe unterschiedlicher Eigenschaften:

- Die Brückenanspeisung erfolgt durch eine sinusförmige Wechselspannungsquelle konstanter, meist im NF-Bereich liegender Frequenz.
- Die Kombination von (bis zu) vier komplexen Impedanzen erfordert zwei Abgleiche (Betrag- und Phasenabgleich), die, abwechselnd durchgeführt, schließlich zum iterativen Abgleich der Brücke führen.
- Der Nullindikator wird meist frequenzselektiv auf die Brückenfrequenz ausgelegt, um durch Nichtlinearitäten entstehende Oberwellen und andere Störeinflüsse zu verringern. Da der Nullindikator nur den Betrag der Differenzspannung anzeigen kann, erfolgt kein

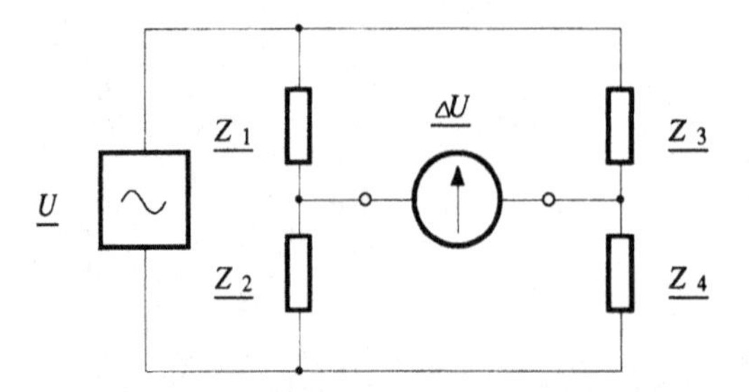

Abb. 3.3.18 Prinzipschaltung einer allgemeinen Wechselspannungsbrücke

eigentlicher Nullabgleich, sondern ein Abgleich auf Minimum der angezeigten Differenzspannung, welches auf Grund der Störeffekte immer größer Null ist.

Im allgemeinen Fall ist eine Wechselspannungsbrücke mit vier beliebigen Impedanzen $\underline{Z}_1$ bis $\underline{Z}_4$ aufgebaut. Bei sinusförmiger Anspeisung der Brücke und vorausgesetzter Linearität der Impedanzen ergibt sich eine zur Gleichspannungsbrücke formal gleichartige Abgleichbedingung

$$\frac{\underline{Z}_1}{\underline{Z}_2} = \frac{\underline{Z}_3}{\underline{Z}_4} \quad \text{bzw.} \quad \underline{Z}_1 \cdot \underline{Z}_4 = \underline{Z}_2 \cdot \underline{Z}_3 \quad . \tag{31}$$

In dieser komplexen Gleichung sind zwei Abgleichbedingungen enthalten, die sich in unterschiedlicher Weise darstellen lassen. Wählt man nämlich für die Impedanzen die Darstellung durch Betrag und Phasenwinkel $\underline{Z}_i = |\underline{Z}_i| \cdot e^{j \cdot \varphi_i}$, so erhält man

$$|\underline{Z}_1| \cdot e^{j \cdot \varphi_1} \cdot |\underline{Z}_4| \cdot e^{j \cdot \varphi_4} = |\underline{Z}_2| \cdot e^{j \cdot \varphi_2} \cdot |\underline{Z}_3| \cdot e^{j \cdot \varphi_3} \tag{32}$$

und damit die beiden reellen Abgleichbedingungen für den Betragsabgleich

$$|\underline{Z}_1| \cdot |\underline{Z}_4| = |\underline{Z}_2| \cdot |\underline{Z}_3| \tag{33}$$

und für den Phasenabgleich

$$\varphi_1 + \varphi_4 = \varphi_2 + \varphi_3 \quad . \tag{34}$$

Wählt man andererseits die Darstellung mit Real- und Imaginärteil der Impedanzen $\underline{Z}_i = R_i + jX_i$, so erhält man die beiden Abgleichbedingungen nach Trennung in Real- und Imaginärteil:

$$(R_1 + j \cdot X_1) \cdot (R_4 + j \cdot X_4) = (R_2 + j \cdot X_2) \cdot (R_3 + j \cdot X_3) \quad . \tag{35}$$

Ausmultiplizieren ergibt die beiden Abgleichbedingungen

$$R_1 \cdot R_4 - X_1 \cdot X_4 = R_2 \cdot R_3 - X_2 \cdot X_3 \quad \text{und} \tag{36}$$

$$R_1 \cdot X_4 + R_4 \cdot X_1 = R_2 \cdot X_3 + R_3 \cdot X_2 \quad . \tag{37}$$

Eine prinzipielle Abgleichbarkeit weist eine Wechselspannungsbrücke nur dann auf, wenn die in den beiden Brückenspannungsteilern erreichbaren Phasenverschiebungen gleiche Richtungen aufweisen, d.h. bei geeigneter Kombination frequenzabhängiger und daher phasendrehender Bauelemente in den Brückenzweigen. Der Abgleich erfordert zwei Abgleichelemente, die jedoch für Grob- und Feinabgleich auf mehrere Einstellelemente verteilt ausgeführt werden können. Zur Erfüllung beider Abgleichbedingungen werden die Abgleichelemente abwechselnd betätigt: jedes einzelne so lange, bis sich eine bestmögliche Einstellung ergeben hat ("lokales Minimum"). Danach wird mit dem jeweils anderen Abgleichelement fortgefahren, bis durch einen weiteren Abgleich keine Verbesserung mehr erreichbar ist ("globales Minimum").

Die Wechselspannungsbrücke kann ihrer Struktur entsprechend frequenzunabhängige oder frequenzabhängige Abgleichbedingungen aufweisen. Trotz möglicher Frequenzunabhängigkeit der Abgleichbedingungen kommt der Betriebsfrequenz immer Bedeutung zu, da die realen Kapazitäten und Induktivitäten nicht völlig frequenzunabhängig sind, Umgebungsstörungen auftreten und Schaltungskapazitäten wirksam werden, die in unterschiedlichem Maße den Abgleich beeinflussen. Nichtlinearitäten der Impedanzen hingegen bewirken ein Auftreten von Oberwellen, die nicht gemeinsam mit der Grundwelle abgeglichen werden können. Deshalb ist die Verwendung eines selektiv auf die Grundwelle abgeglichenen Nullindikators vorteilhaft, wodurch der Abgleich auf die Grundwelle beschränkt bleibt.

Tabelle 3.3.1 Bei Wechselspannungsbrücken wählbare Ersatzschaltungen für Kapazität und Induktivität mit je einem Verlustwiderstand

Ersatzschaltung	Definition des tan δ	Zeigerdiagramm
C_S R_S	$\tan\delta = \omega \cdot R_S \cdot C_S$	$\underline{I}$ $\underline{U}$ $\underline{U}_R$ $\underline{U}_C$
C_P R_P	$\tan\delta = \frac{1}{\omega \cdot R_P \cdot C_P}$	$\underline{I}_R$ $\underline{I}_C$ $\underline{I}$ $\underline{U}$
L_S R_S	$\tan\delta = \frac{R_S}{\omega \cdot L_S}$	$\underline{U}_L$ $\underline{U}_R$ $\underline{I}$ $\underline{U}$
L_P R_P	$\tan\delta = \frac{\omega \cdot L_P}{R_P}$	$\underline{U}$ $\underline{I}_L$ $\underline{I}$ $\underline{I}_R$

3.3.4.2 Brücken zur Kapazitäts- und Induktivitätsmessung

Reale Impedanzen werden in linearen Ersatzschaltungen durch Serien- und Parallelschaltungen verschiedener, linearer, konzentrierter Bauelemente dargestellt (Abb. 3.3.19 z.B. nichtideales L). Diese Ersatzschaltung darf nicht verwechselt werden mit dem bei einer Brückenmessung verwendeten Ersatzschaltbild der unbekannten Impedanz $\underline{Z}_x$. Da Brückenmessungen bei konstanter Frequenz durchgeführt werden und aus den zwei Abgleichbedingungen Real- und Imaginärteil der unbekannten Impedanz ermittelt werden, ist nur ein Ersatzschaltbild mit zwei idealen Bauelementen (reiner Blindwiderstand kombiniert mit idealem Ohm'schem Widerstand) anwendbar. Tabelle 3.3.1 zeigt die Alternativen für Kapazitäts- und Induktivitätsmessung. Das gewählte Ersatzschaltbild geht in die konkrete Formulierung der Abgleichbedingungen ein. Bei bekannter Brückenfrequenz ist allerdings jederzeit eine Umrechnung auf das alternative Ersatzschaltbild möglich. Für eine physikalische Entsprechung in einem beschränktem Frequenzbereich wird oft bei niederen Frequenzen die Parallel-Ersatzschaltung für die Kapazität bzw. die Serien-Ersatzschaltung für die Induktivität gewählt, bei hohen Frequenzen aber die jeweils

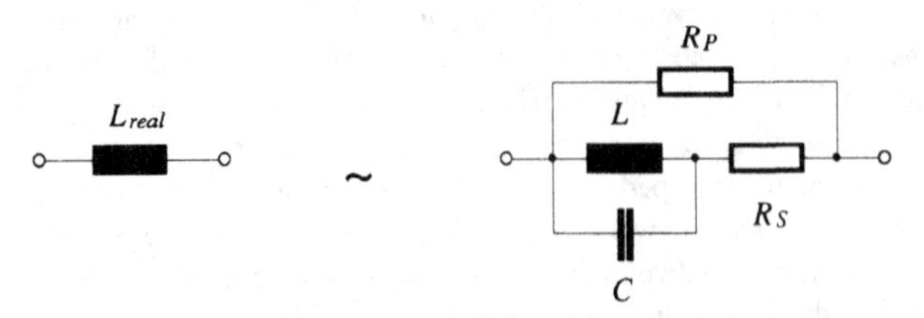

Abb. 3.3.19 Beispiel einer komplexen Ersatzschaltung einer realen Induktivität

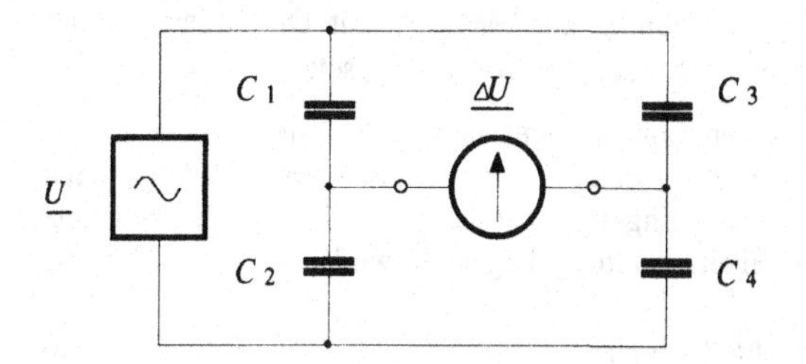

Abb. 3.3.20 Prinzipschaltung einer ausschließlich aus Blindwiderständen aufgebauten Wechselspannungsbrücke (z.B. Sensor-Ausschlagsbrücke mit vier Kapazitäten)

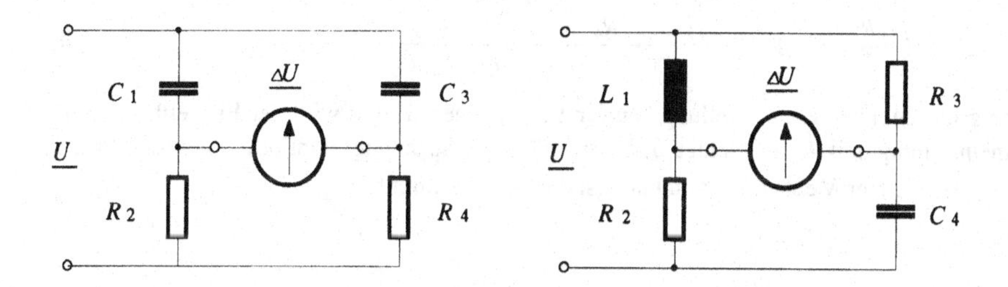

Abb. 3.3.21 Grundschaltungen zur Messung verlustfreier Kapazitäten und Induktivitäten

alternative Ersatzschaltung. Häufig wird jedoch auch der tan δ als Kennwert für die Abweichung δ der Phasendrehung vom Idealwert 90° ("Verlustwinkel") verwendet.

Die einfachsten Wechselspannungsbrücken zur Kapazitäts- bzw. Induktivitätsmessung entstehen aus Kombinationen von vier Blindwiderständen (Abb. 3.3.20) und sind damit frequenzunabhängig. Diese Brücken haben zu Meßzwecken nahezu keine Bedeutung, da sie einen Abgleich mit einstellbaren Blindwiderständen erfordern würden, diese aber, vor allem einstellbare Induktivitäten, aus Kosten- und Genauigkeitsgründen jedoch möglichst vermieden werden. Die Anwendung dieser Brücken bleibt somit auf Sensor-Ausschlagbrücken (z.B. für kapazitive oder induktive Wegsensoren) beschränkt, für die ähnliche Zusammenhänge wie bei Ohm'schen Ausschlagbrücken gelten (siehe Kap. 3.3.3.3).

Auch die Grundschaltungen der Wien-Brücke für Kapazitätsmessungen und der Maxwell-Wien-Brücke für Induktivitätsmessungen gehen von der Verwendung verlustfreier Kapazitäten bzw. Induktivitäten aus (Abb. 3.3.21) und weisen frequenzunabhängige Abgleichbedingungen auf.

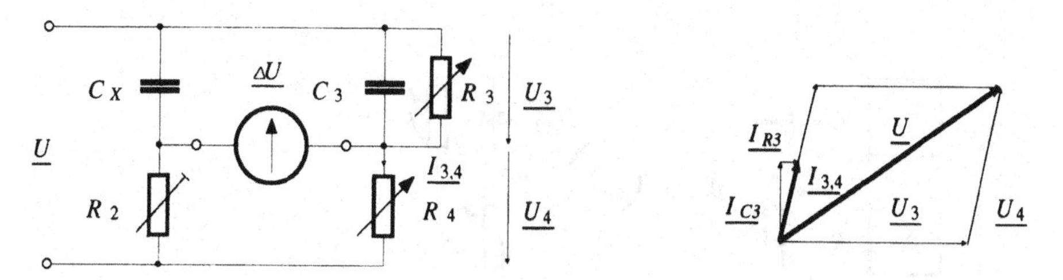

Abb. 3.3.22 Die "Wien-Brücke" zur Kapazitätsmessung: Schaltung und Zeigerdiagramm des rechten Brückenzweiges (linker Brückenzweig unterscheidet sich nur in den Beträgen der Ströme)

Diese Brücken haben ebenfalls geringe Bedeutung zur Messung mit Durchführung eines Abgleichs, werden jedoch häufiger als Sensor-Ausschlagbrücken eingesetzt.

Die wichtigste Wechselspannungsbrücke zur Kapazitätsmessung ist die Wien-Brücke für verlustbehaftete Kapazitäten (Abb. 3.3.22). Zur Berechnung der speziellen Brücken-Abgleichbedingungen wird in die allgemeine Abgleichbedingung eingesetzt, wobei die verlustbehaftete, unbekannte Kapazität durch die Parallel-Ersatzschaltung dargestellt wird:

$$(\omega \cdot C_x \cdot \tan\delta + j \cdot \omega \cdot C_x) \cdot R_2 = \left(\frac{1}{R_3} + j \cdot \omega \cdot C_3\right) \cdot R_4 \quad . \tag{38}$$

Trennung von Real- und Imaginärteil liefert die beiden Abgleichbedingungen und somit die Werte für die unbekannte Kapazität C_x und den $\tan\delta$

$$C_x = C_3 \cdot \frac{R_4}{R_2} \quad \text{und} \quad \tan\delta = \frac{R_4}{\omega \cdot C_x \cdot R_2 \cdot R_3} = \frac{1}{\omega \cdot R_3 \cdot C_3} \quad . \tag{39}$$

Eine grobe Meßbereichseinstellung kann mit R_2 erfolgen. Damit wird der Einstellbereich der Feineinstellung mit R_4 festgelegt und eine günstige Spannungsempfindlichkeit der Brücke sichergestellt. Der Meßbereich von $\tan\delta$ ist durch R_3 bestimmt.

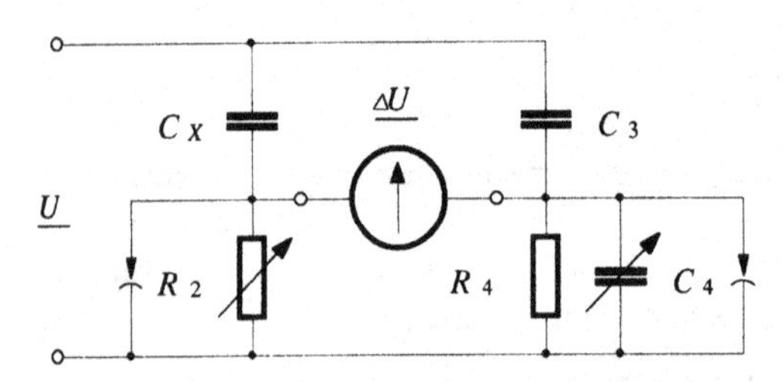

Abb. 3.3.23 Die "Schering-Brücke" zur Messung von Hochspannungskondensatoren (Überspannungsschutz, Abgleich bei niedrigen Spannungen)

Modifikationen der Wien-Brücke für Spezialanwendungen sind die Schering-Brücke und die Elektrolytkondensator-Meßbrücke. Die Schering-Brücke dient zur Messung von Hochspannungskondensatoren und ihrer Verlustwinkel (Abb. 3.3.23). Da die Brücke mit Hochspannung versorgt wird, ist sie derart verändert, daß alle Abgleichelemente auf der massenahen Seite des Nullindikators liegen und keine ohm'schen Verbindungen mit der Hochspannung gegeben sind. Die Abgleichzweige sind außerdem mit Überspannungsableitern geschützt. Bei Annahme einer Parallel-Ersatzschaltung der verlustbehafteten, unbekannten Kapazität ergeben sich als Abgleichbedingungen

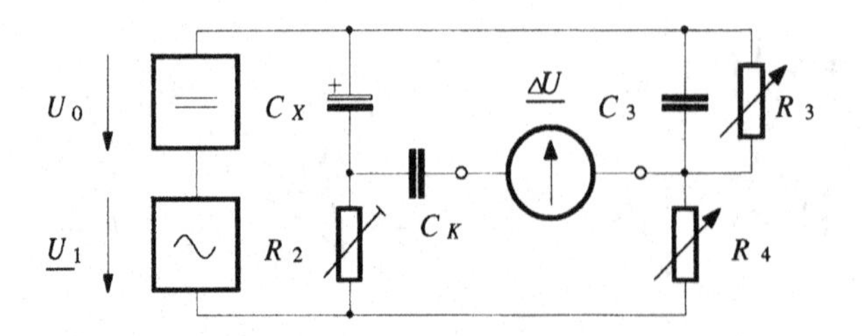

Abb. 3.3.24 Meßbrücke zur Messung von Elektrolytkondensatoren

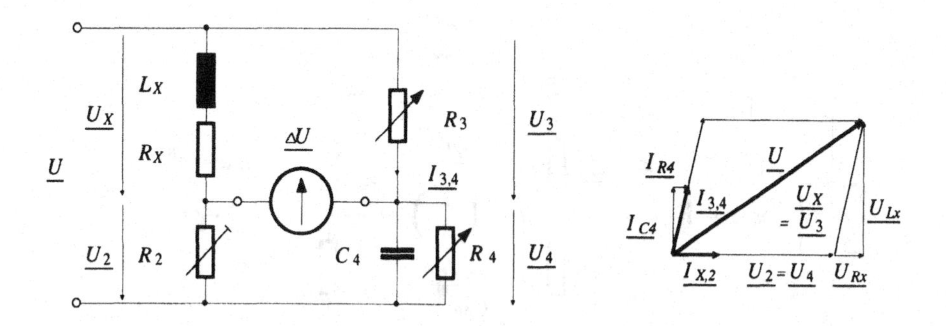

Abb. 3.3.25 Die "Maxwell-Wien-Brücke" zur Messung von Induktivitäten: Schaltung und Zeigerdiagramm

$$C_x = C_3 \cdot \frac{R_4}{R_2 \cdot (1 + \tan^2 \delta)} \quad \text{und} \quad \tan \delta = \omega \cdot R_4 \cdot C_4 \quad . \tag{40}$$

Bei der Messung von Elektrolytkondensatoren muß der Wechselspannung eine Gleichspannung überlagert werden, um Umpolung des Elkos zu vermeiden. Dementsprechend ist bei der Elektrolytkondensator-Meßbrücke (Abb. 3.3.24) eine Gleichspannung ausreichender Größe in Serie zur Brücken-Wechselspannung gelegt. Diese Gleichspannung, die über R_3 und R_4 anteilig zum Nullindikatorzweig gelangt, muß durch einen Koppelkondensator C_K vom Nullindikator ferngehalten werden. In ihren übrigen Eigenschaften gleicht die Brücke der Wien-Brücke.

Die wichtigste Brücke für Induktivitätsmessungen ist die Maxwell-Wien-Brücke (Abb. 3.3.25). Die frequenzunabhängigen Abgleichbedingungen ergeben sich nach kurzem Rechengang:

$$\frac{R_x + j\cdot\omega \cdot L_x}{R_2} = R_3 \cdot \left(\frac{1}{R_4} + j \cdot \omega \cdot C_4 \right) \quad . \tag{41}$$

Trennung von Real- und Imaginärteil ergibt unmittelbar

$$L_x = R_2 \cdot R_3 \cdot C_4 \quad \text{und} \quad R_x = R_2 \cdot \frac{R_3}{R_4} \quad . \tag{42}$$

3.3.4.3 Berücksichtigung von kapazitiven Störeinflüssen

Der reale Aufbau von Wechselspannungsbrücken kann wesentlich durch parasitäre Kapazitäten, Induktivitäten oder Gegeninduktivitäten beeinflußt sein. Praktisch unvermeidlich sind Streu- und Erdkapazitäten, deren Einfluß beachtet, durch Schaltungsmaßnahmen beseitigt oder zumindestens vernachlässigbar klein gemacht werden muß.

Abb. 3.3.26 zeigt eine Wechselspannungsbrücke mit den wirksamen Streu- und Erdkapazitäten zwischen den einzelnen Brückenpunkten. Dabei stören die zur Brücken-Versorgungsspannung und die zum Nullinstrument parallel liegenden Kapazitäten C_{CD} und C_{AB} als einzige den Abgleich nicht. Es ist somit wesentlich, definierte Erdungs- und Schirmungsverhältnisse herzustellen. Durch einen zwischen zwei Leitern eingebrachten Schirm auf konstantem Potential ist es möglich, die gegenseitige kapazitive Wirkung stark zu verringern. Die Gesamtkapazität gegen das Schirmpotential wird dadurch jedoch erhöht.

Abb. 3.3.27 zeigt eine einseitig geerdete Brücken-Versorgungsspannung. Durch Schirmung der Zuleitungen zu den Impedanzen $\underline{Z}_1$ und $\underline{Z}_3$ werden die Streukapazitäten C_{CA} und C_{CB} vernachlässigbar klein. Vergrößert werden jedoch die Streukapazitäten C_{AD} und C_{BD} durch die jeweils parallel wirksamen, zusätzlichen Kapazitäten der Punkte A und B gegen den Schirm und gegen Erde C_{AE} und C_{BE}. Können $\underline{Z}_2$ und $\underline{Z}_4$ ausreichend klein gemacht werden, so läßt sich der Einfluß

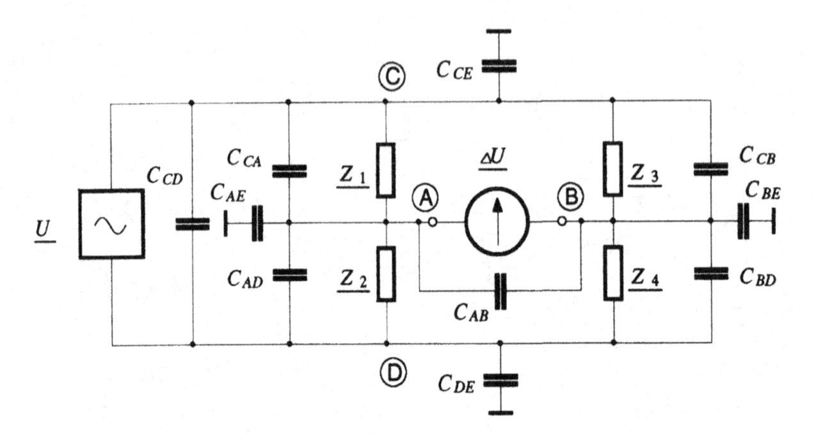

Abb. 3.3.26 Allgemeine Wechselspannungsbrücke mit den auftretenden Streukapazitäten

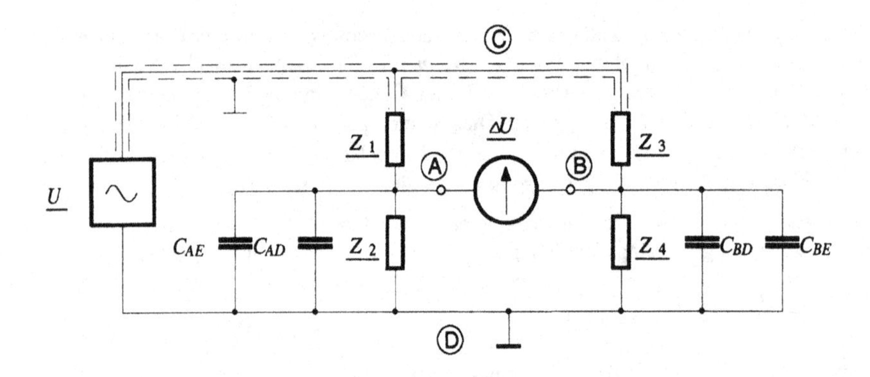

Abb. 3.3.27 Auswirkung einer einseitigen Erdung der Brücken-Speisespannung auf die Streukapazitäten

von C_{AD} und C_{BD} vernachlässigen. Die Vergrößerung der Erdkapazität C_{CE} der Versorgungsspannung bleibt hingegen ohne Einfluß auf den Abgleich.

Bei einer weiteren Ausführung werden die Zuleitungen zu den Punkten C und D geschirmt und der Nullindikator einseitig geerdet (Abb. 3.3.28). Die Streukapazitäten der Impedanzen werden dabei durch die Schirmung vernachlässigbar klein. Die Erdkapazitäten C_{CE} und C_{DE} werden jedoch vergrößert und liegen parallel zu $\underline{Z}_3$ und $\underline{Z}_4$. Man kann die Erdkapazitäten entweder in die Abgleichbedingungen einbeziehen oder sie durch niederohmige Wahl der Impedanzen $\underline{Z}_3$ und $\underline{Z}_4$ vernachlässigbar machen. Die Brückenversorgung muß in diesem Fall erdfrei sein.

Eine Möglichkeit, durch zusätzliche Symmetrierung der Brücke die Wirkung der Erdkapazitäten auszuschalten, wurde von K.W.Wagner angegeben (Abb. 3.3.29). Die Brücke wird dabei durch einen zusätzlichen, abgleichbaren Hilfszweig erweitert, dessen mittlerer Anschlußpunkt mit Erde verbunden ist und der wahlweise anstelle eines der Brückenzweige mit dem Nullindikator verbunden wird.

Wird die Brücke zuerst mit dem Wagnerschen Hilfszweig abgeglichen, so wird damit erreicht, daß die Versorgungsspannung derart symmetriert wird, daß der Nullindikatoranschlußpunkt A Erdpotential aufweist, ohne mit der Erde direkt verbunden zu sein. Der nachfolgende Abgleich mit dem angeschalteten rechten Brückenzweig bringt auch den Brückenpunkt B auf Erdpotential.

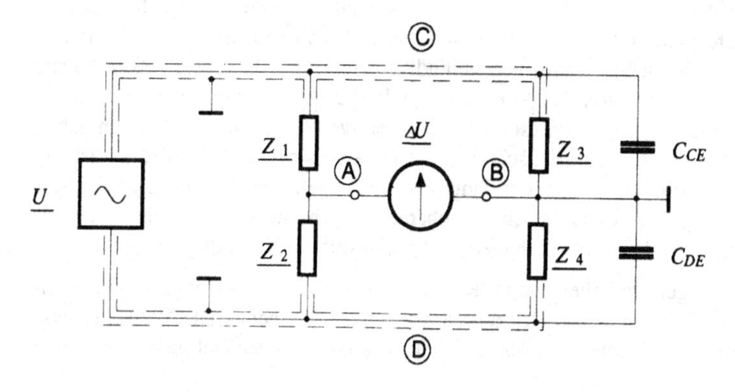

Abb. 3.3.28 Geschirmte Brücke mit einseitig geerdetem Nullindikator und erdfreier Brücken-Speisespannung

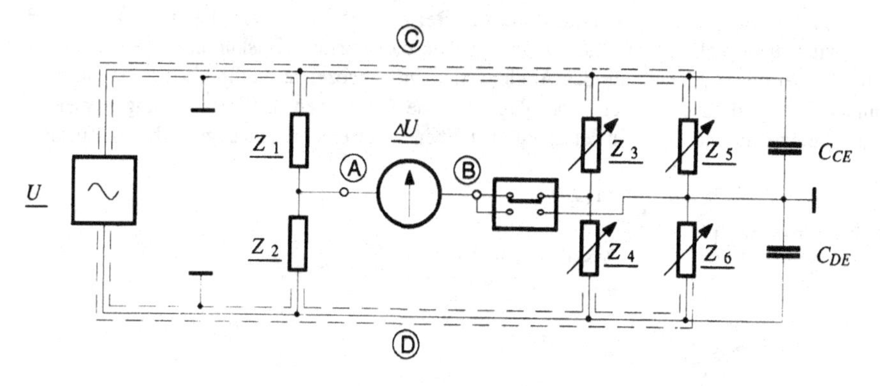

Abb. 3.3.29 Wechselspannungsbrücke mit Symmetrierung durch einen Wagnerschen Hilfszweig

Hier angreifende Erdkapazitäten sind damit wirkungslos, aber auch die Erdkapazitäten C_{CE} und C_{DE} verlieren ihren Einfluß, da sie nur mehr die Speisespannung belasten.

Sowohl die kompliziertere Schaltung als auch der aufwendigere Abgleich stehen dem praktischen Einsatz des Wagnerschen Hilfszweiges im Weg. Häufiger wird versucht, die parasitären Kapazitäten in den Abgleich miteinzubeziehen. Die Berücksichtigung parasitärer Kapazitäten wird durch Substitution ermöglicht. Die Brücke wird zuerst ohne Meßobjekt abgeglichen. Der Abgleich erfaßt somit die wirksamen Streu- und Erdkapazitäten. Danach wird mit dem Meßobjekt abgeglichen und der vorher gefundene Wert berücksichtigt.

3.3.4.4 Zur Konvergenz des Abgleichvorganges

Wie bereits mehrmals ausgeführt, benötigt die Wechselspannungsbrücke (mindestens) zwei Abgleichelemente für den vollständigen Brückenabgleich. Zum Erreichen des vollständigen Abgleichs ist ein abwechselnder Abgleich mit beiden Abgleichelementen notwendig. In einem einzelnen Abgleichschritt wird der Abgleich mit einem der Abgleichelemente durchgeführt, bis sich ein relatives Minimum am Nullindikator ergibt. Danach wird der Abgleich mit dem anderen Abgleichelement fortgesetzt. Diese Aufeinanderfolge von Abgleichschritten erfolgt so lange, bis eine Nullanzeige, bzw. ein globales Minimum (d.h. keine Verbesserung bei Wechsel zum anderen Abgleichelement) erreicht ist.

Wesentlich für eine Wechselspannungsbrücke ist die Schnelligkeit ihres Abgleichvorganges. Die beschriebene Aufeinanderfolge von Abgleichschritten stellt dabei ein universelles Verfahren zum Aufsuchen des globalen Minimums der Nullindikatorspannung dar, dessen **Konvergenz** vom Aufbau der Brücke und von der Wahl der Abgleichelemente abhängt. Eine schnelle Konvergenz des Abgleichvorganges führt somit zu einer geringen Anzahl von für den kompletten Brückenabgleich notwendigen Abgleichschritten. Je nach Auslegung einer Brücke ist ein schneller Abgleich möglich, oder tritt nur eine langsame Konvergenz zum Nullabgleich auf, oder aber das Zustandekommen eines Abgleichs ist überhaupt nicht sichergestellt. Bedeutenden Einfluß auf die Konvergenz hat dabei auch die Empfindlichkeit des Nullindikators.

Zur Analyse des Konvergenzverhaltens von Wechselspannungsbrücken bedient man sich grafischer Methoden unter Benützung von Ortskurven der Abgleichelemente. Die Vorgangsweise wird im weiteren nur kurz skizziert. Ausführliche Darstellungen finden sich bereits in früher Literatur [3].

Während des Abgleichvorganges wird die Nullindikatorspannung $\underline{\Delta U}$ durch Verstellen des Abgleichelementes verändert. Diese Änderung von $\underline{\Delta U}$ läßt sich in der komplexen Ebene darstellen. In Abb. 3.3.30 werden als einfaches Beispiel die Ortskurven des Abgleiches einer Induktivitätsmeßbrücke (Abb. 3.3.31) gezeigt. Die dargestellten Ortskurven geben in jedem Punkt die bei dieser Einstellung des Abgleichelements angezeigte Nullindikatorspannung sowohl in Betrag als auch in der Phasenlage an. Die Ortskurven der Veränderung nur eines Abgleichelements sind Kreise in der komplexen Ebene. Von einem nicht abgeglichenen Zustand

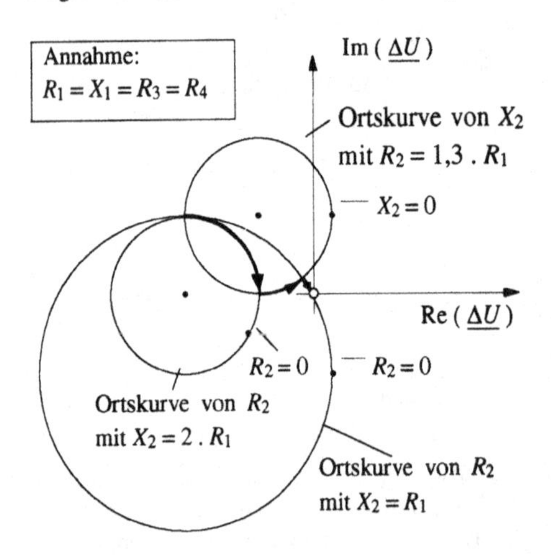

Abb. 3.3.30 Ortskurven des Abgleichs einer Induktivitätsmeßbrücke

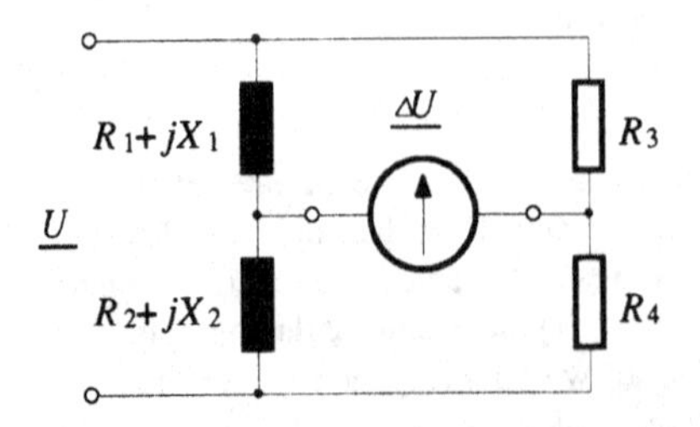

Abb. 3.3.31 Schaltung der zugrunde gelegten Induktivitätsmeßbrücke

ausgehend ($R_2 \rightarrow \infty$ und $X_2 = 2.R_1$) wird die Brücke zuerst durch Veränderung von R_2 bis zum ersten, lokalen Minimum abgeglichen. Die Widerstandsänderung stellt sich dabei als Wanderung auf der entsprechenden, kreisförmigen Ortskurve dar; das lokale Minimum entsteht beim geringsten Abstand des Kreises vom Ursprung des Koordinatensystems. Danach erfolgt durch Veränderung der Induktivität X_2 ein weiterer Abgleich auf ein lokales Minimum. Schließlich führt neuerlicher Abgleich mit R_2 in den Ursprung des Koordinatensystems, womit ein globaler Nullabgleich der Brücke erreicht ist.

Die beschriebene Darstellungsart führt bei vielen Brücken zu komplizierten Berechnungen der Ortskurven. Bei der folgenden prinzipiellen Betrachtung wird daher eine näherungsweise Berechnungsmethode vorgestellt, die bereits von Küpfmüller entwickelt wurde [3]. Die Nullindikatorspannung $\underline{\Delta U}$ ergibt sich allgemein zu

$$\underline{\Delta U} = \frac{\underline{Z_1} \cdot \underline{Z_4} - \underline{Z_2} \cdot \underline{Z_3}}{\underline{N}} \cdot \underline{U} = \frac{\underline{D}}{\underline{N}} \cdot \underline{U} \quad . \tag{43}$$

In der Nähe des Nullabgleichs wird die Nullindikatorspannung $\underline{\Delta U}$ wesentlich vom Zähler dieses Ausdruckes beeinflußt, während der Nenner weitgehend konstant angenommen wird. Man kann in diesem Fall die Konvergenzanalysen auf den Zähler beschränken, womit man eine lineare Näherung der kreisförmigen Ortskurven erhält. Der Zähler $\underline{D}$ stellt dabei ein Maß für die Nullindikatorspannung dar:

$$\underline{D} = \underline{Z_1} \cdot \underline{Z_4} - \underline{Z_2} \cdot \underline{Z_3} = (R_1 + jX_1) \cdot (R_4 + jX_4) - (R_2 + jX_2) \cdot (R_3 + jX_3) \quad . \tag{44}$$

Die Ortskurven der Veränderung von Abgleichelementen stellen sich somit als Gerade dar (Abb. 3.3.32). Die lokalen Minima der einzelnen Abgleichvorgänge ergeben sich im Normalabstand dieser Geraden vom Ursprung, der ja dem Nullabgleich entspricht. Eine gute Konvergenz der Brücke ergibt sich, wenn die jeweiligen Geraden der Abgleichelemente einen großen Winkel γ miteinander einschließen. Dies ist bei günstigem Brückenverhältnis (R_3/R_4 nahe 1) meist der Fall. Die Konvergenz ist schlecht, bzw. nicht mehr gegeben, wenn γ klein wird, bzw. gegen Null geht.

Durch eine (relativ angenommene) Anzeigeunsicherheit des Nullindikators $a = {}^{(\Delta A)}/_{A}$ kann es vorkommen, daß bei jedem Einzelabgleich das lokale Minimum nicht exakt erreicht wird. Im ungünstigsten Fall bleibt damit die der Nullindikatoranzeige entsprechende Größe $\underline{D}$ um einen Winkel ε gegenüber dem lokalen Minimum in der Phase gedreht, wodurch sich ebenfalls ein

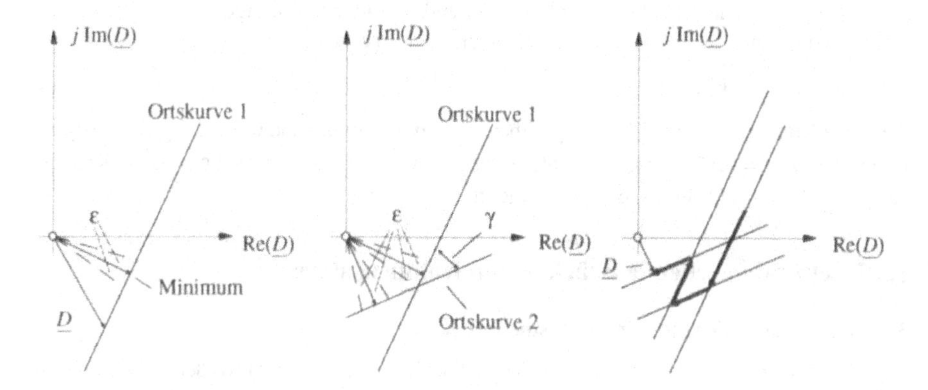

Abb. 3.3.32 Annäherung der Ortskurven durch Gerade, Einfluß der Ableseunsicherheit, Darstellung nacheinander ausgeführter Abgleichschritte

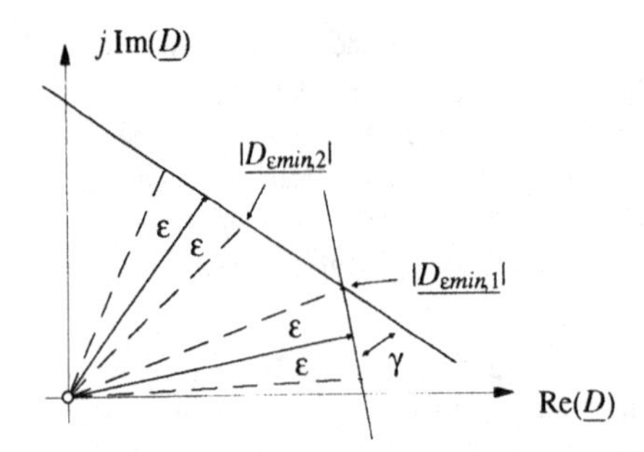

Abb. 3.3.33 Ungünstigster Fall eines Abgleichschrittes vom lokalen Minimum $\underline{D}_{\varepsilon min,1}$ zum nächsten lokalen Minimum $\underline{D}_{\varepsilon min,2}$

Einfluß auf die Konvergenz ergibt. Durch die Anzeigeunsicherheit $a = (\Delta A)/A$ wird nämlich anstelle des minimalen Anzeigewertes A der zu große Wert $A + \Delta A$ als Minimum betrachtet, sodaß gilt

$$\cos\varepsilon = \frac{A}{A+\Delta A} = \frac{1}{1+a} \quad . \tag{45}$$

Die Güte der Konvergenz kann nun durch einen "Konvergenzkoeffizienten" k beschrieben werden, der die Verbesserung eines nachfolgenden lokalen Minimums $|\underline{D}_{\varepsilon min,2}|$ gegenüber dem ursprünglichen Minimum $|\underline{D}_{\varepsilon min,1}|$ ausdrückt:

$$k = \log\left(\frac{|\underline{D}_{\varepsilon min,1}|}{|\underline{D}_{\varepsilon min,2}|}\right) \quad . \tag{46}$$

Der Konvergenzkoeffizient ist somit umso größer, je näher das nachfolgende Minimum dem Nullabgleich kommt. Berechnet man den Konvergenzkoeffizienten k unter Benützung von γ und ε für den ungünstigsten Fall, so ergibt sich gemäß Abb. 3.3.33

$$k = \log\left(\frac{\cos\varepsilon}{\cos(\gamma-\varepsilon)}\right) \quad . \tag{47}$$

Mit Hilfe des Konvergenzkoeffizienten k ist eine grobe Beurteilung des Konvergenzverhaltens ermöglicht. Will man z.B. die Anzahl der notwendigen Abgleichschritte m angeben, um die Nullindikatorspannung auf ihren n-ten Teil zu bringen, so ergibt sich

$$m = (\log n)/k \quad . \tag{48}$$

Sehr gute Konvergenz ist bei $k > 0{,}6$ gegeben, gute zwischen 0,6 und 0,3. Mäßige Konvergenz ist etwa bis zu $k = 0{,}15$ gegeben, darunter schlechte Konvergenz. Für $\gamma \leq 2\cdot\varepsilon$ ist keine Konvergenz des Abgleichverfahrens mehr zu erwarten.

3.3.5 Selbstabgleichende Brücken und Kompensatoren

3.3.5.1 Selbstabgleichende Präzisionsmeßbrücken

Zur Messung von Impedanzen (R, L, C, Verlustfaktor und Gütefaktor) werden neben anderen Verfahren (Strom/Spannungsmessung, Schwingkreismessung und andere) auch heute noch häufig Präzisionsmeßbrücken eingesetzt, die allerdings den Abgleich halb- oder vollautomatisch durchführen. Brückenverfahren bieten nämlich gegenüber anderen Verfahren den Vorteil der

Universalität, die sich durch einen großen Meßbereich für die Impedanzmessung, hohe Meßgenauigkeit und einen relativ großen Frequenzbereich (ca. 50 Hz bis 50 MHz) ausdrückt. Andere Verfahren werden vor allem in Spezialbereichen (Gütemessung, "In-circuit"-Messung, Messung bei sehr hohen Frequenzen) eingesetzt.

Halbautomatische Brückenmethoden vereinfachen den an sich zweikomponentigen Abgleich der Wechselspannungsbrücke, indem eine der Komponenten nicht abgelesen, sondern nur durch einen relativ einfachen Regelkreis automatisch abgeglichen wird. So kann beispielsweise die Verlustkomponente einer Kapazitätsmessung automatisch abgeglichen werden, während der Kapazitätsabgleich zwar händisch, aber einfach wie bei der Gleichspannungsbrücke erfolgt.

Ähnlich wie bei vollautomatischen Präzisionsbrücken werden halbautomatische Brücken als Universalbrücken zur Messung von R, L, C, Verlustfaktor und Gütefaktor ausgeführt. Für das jeweilige Bauelement wird die Parallel- oder Serien-Ersatzschaltung gewählt, wobei bei der halbautomatischen Brücke meist die Verlustkomponenten automatisch abgeglichen werden. Ebenfalls ähnlich wie bei vollautomatischen Brücken wird dazu die Brückendiagonalspannung durch phasenselektive Gleichrichtung (siehe Kap. 2.4) in einen zur Brückenversorgungsspannung gleichphasigen und einen um 90° phasenverschobenen Teil zerlegt, von denen einer automatisch auf Null geregelt, der andere händisch abgeglichen wird.

Vollautomatische Präzisionsmeßbrücken mit digitaler Anzeige der Ergebnisse werden heute bevorzugt eingesetzt und bieten neben der einfachen Bedienung auch den Vorteil der Integrierbarkeit in computergesteuerte Meßsysteme. Das Grundprinzip besteht dabei darin, daß einem Brückenzweig, bestehend aus der unbekannten Impedanz (z.B. $\underline{Z}_X = \underline{Z}_2$) und einer bekannten Vergleichsimpedanz ($\underline{Z}_1$), ein Zweig, bestehend aus zwei in Amplitude und Phasenlage einstellbaren Wechselspannungsquellen gleicher Frequenz, gegenübergestellt wird (Abb. 3.3.34). Im Abgleichfall ($\underline{\Delta U} = 0$) gilt sodann

$$\frac{\underline{Z}_1}{\underline{Z}_2} = \frac{\underline{U}_3}{\underline{U}_4} \quad . \tag{49}$$

Zum Abgleich der Brücke kann somit eine Wechselspannungsquelle konstant gehalten werden, während die zweite Quelle in Amplitude und Phase eingestellt wird. Um eine sichere und schnelle Konvergenz des Abgleichvorganges zu erreichen, ist als Voraussetzung eine Messung der Differenzspannung $\underline{\Delta U}$ in Amplitude und Phase notwendig. Dazu werden die Effektivwerte der zur Brückenfrequenz um 0° und um 90° phasenverschobenen Komponenten der Brückendifferenzspannung durch phasenselektive Gleichrichtung gemessen. Diese Komponenten ergeben unmittelbar den Realteil und den Imaginärteil der komplexen Differenzspannung. Im günstigsten Fall bei hoher Meßgenauigkeit können aus diesen gemessenen Komponenten in einem Schritt die für den Brückenabgleich notwendigen Einstellungen von Amplitude und Phase der zweiten Wechselspannungsquelle errechnet werden. Ähnlich wie bei einer Ausschlagsbrücke kann man

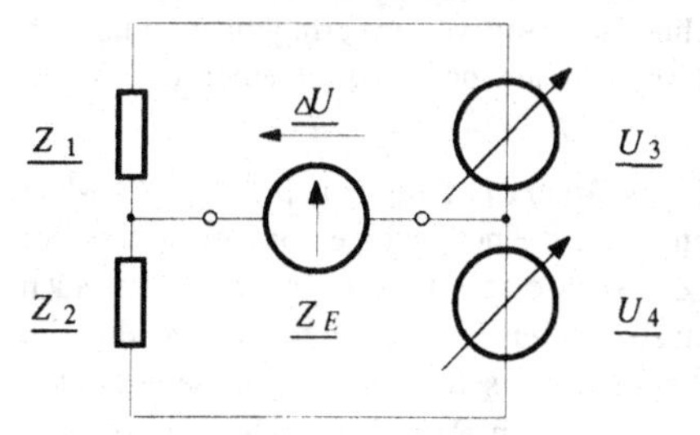

Abb. 3.3.34 Prinzip einer selbstabgleichenden Präzisionsmeßbrücke mit einstellbaren Wechselspannungsquellen

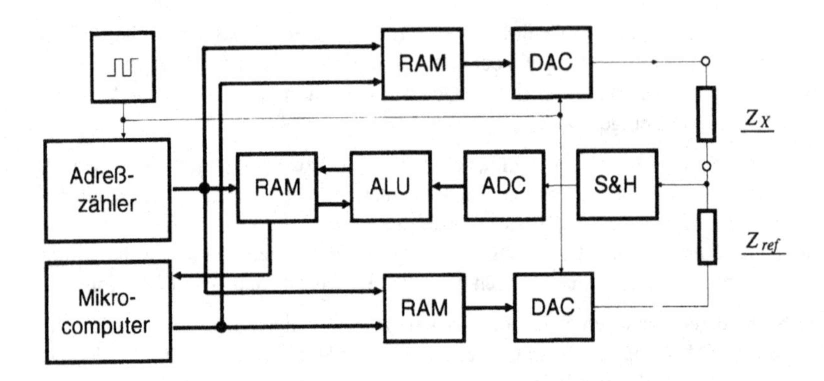

Abb. 3.3.35 Blockschaltbild einer mikrocomputergesteuerten, digitalen Meßbrücke

nämlich die Differenzspannung $\underline{\Delta U}$ der nicht abgeglichenen Brücke aus den Brückenelementen berechnen, wobei die Eingangsimpedanz der Meßeinrichtung für die Differenzspannung durch $\underline{Z_E}$ berücksichtigt wird

$$\underline{\Delta U} = (\underline{Z_1} \cdot \underline{U_4} - \underline{Z_2} \cdot \underline{U_3}) \cdot \frac{\underline{Z_E}}{\underline{Z_1} \cdot \underline{Z_2} + \underline{Z_1} \cdot \underline{Z_E} + \underline{Z_2} \cdot \underline{Z_E}} \quad . \tag{50}$$

Wird beispielsweise $\underline{U_3}$ als fest angenommen, so ergibt sich mit einer Anfangseinstellung von $\underline{U_4} = \underline{U_{4,1}}$ eine Differenzspannung $\underline{\Delta U_1}$, deren Messung die Berechnung eines verbesserten Wertes von $\underline{U_4} = \underline{U_{4,2}}$ ermöglicht. Da im Idealfall gelten sollte

$$\underline{U_{4,2}} = \frac{\underline{Z_2}}{\underline{Z_1}} \cdot \underline{U_3} \quad ,$$

läßt sich mit $\underline{\Delta U_1}$ und Eliminierung der unbekannten Impedanz $\underline{Z_2}$ berechnen

$$\underline{U_{4,2}} = \underline{U_3} \cdot \frac{\underline{U_{4,1}} - \underline{\Delta U_1}}{\underline{U_3} + \underline{\Delta U_1} + \underline{\Delta U_1} \cdot (\underline{Z_1}/\underline{Z_E})} \quad . \tag{51}$$

Eine Vorgangsweise, ähnlich wie eben dargestellt, findet sich in [4]. Bei der dort beschriebenen mikrocomputergesteuerten digitalen Präzisionsmeßbrücke werden die beiden phasenverschobenen sinusförmigen Wechselspannungen synthetisch erzeugt und mit Hilfe von Digital-Analog-Konvertern realisiert (Abb. 3.3.35). Die Auflösungen von Amplitude und Phase der approximierten Wechselspannungen haben dabei wesentlichen Einfluß auf die erreichbare Brückengenauigkeit. Die Brückendifferenzspannung wird durch einen hochauflösenden Analog-Digital-Konverter jeweils phasenbezogen auf die erzeugten Wechselspannungen gemessen, gemittelt und in ihre Komponenten zerlegt. Die rechnerische Auswertung ermöglicht schließlich den Brückenabgleich, während die unbekannte Impedanz aus den Einstellwerten der Wechselspannungen im Abgleichfall errechenbar wird.

Die rein digitale Realisierung einer selbstabgleichenden Brücke ist naturgemäß durch die on-line erfolgende Erzeugung synthetischer Wechselspannungen, die notwendige hohe Auflösung der Einstellbarkeit von Amplitude und Phasenlage der Wechselspannungen und vor allem auch durch die Präzision der analogen Umsetzung bis hin zu höheren Frequenzen sehr aufwendig. Ein anderes, häufig eingesetztes Realisierungskonzept einer universell verwendbaren, selbstabgleichenden Präzisionsmeßbrücke geht daher von einer analogen Realisierung der einstellbaren Wechselspannungsquellen aus [5]. Es wird eine sinusförmige Wechselspannung mit großem Frequenzbereich (z.B. 100 Hz bis 40 MHz), feiner Frequenzeinstellbarkeit (z.B. 1 mHz) und

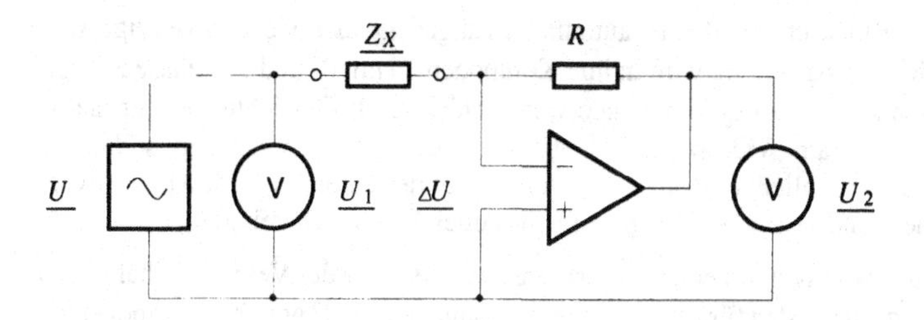

Abb. 3.3.36 Prinzip einer Impedanzmessung mit automatisch abgleichender Meßbrücke

einstellbarer Amplitude mit Hilfe eines Frequenzsynthesizers erzeugt. Diese Wechselspannung versorgt eine Brückenschaltung, die im Prinzip der Schaltung eines invertierenden Verstärkers entspricht (Abb. 3.3.36). Wird nämlich die Eingangsspannung des Verstärkers, die der Brückendifferenzspannung entspricht, auf Null geregelt, so liegt die Eingangswechselspannung an $\underline{Z_X}$, die vom rückgekoppelten Verstärker gelieferte Ausgangswechselspannung an R, sodaß gilt

$$\frac{\underline{Z_X}}{R} = -\frac{\underline{U_1}}{\underline{U_2}} \quad . \tag{52}$$

Bei bekanntem Widerstand R kann somit die unbekannte Impedanz $\underline{Z_X}$ durch Messung der Amplituden und Phasenwinkel der Spannungen $\underline{U_1}$ und $\underline{U_2}$ ermittelt werden.

Erst die Realisierung der Brücke macht die eigentlichen Unterschiede zu der Prinzipschaltung, die andererseits als Operationsverstärkerschaltung z.B. zur Messung großer Widerstände verwendet wird (siehe Kap. 3.1), deutlich. Erwünscht ist ein großer Frequenzbereich, in dem ΔU sehr gut auf Null abgeglichen wird. Ein Operationsverstärker wäre auf Grund seiner Frequenzabhängigkeit dieser Anforderung nicht gut entsprechend; seine Eingangsspannung ΔU würde mit steigender Frequenz deutlich ansteigen. Andererseits weist die Operationsverstärkerschaltung ein hochdynamisches Einschwingverhalten auf, eine Eigenschaft, die für den Brückenabgleich von nebensächlicher Bedeutung ist. In einer Realisierung als automatische Brücke werden demgegenüber Phasenlage-abhängige Gleichrichtmittelwerte der Brückendifferenzspannung ΔU gemessen.

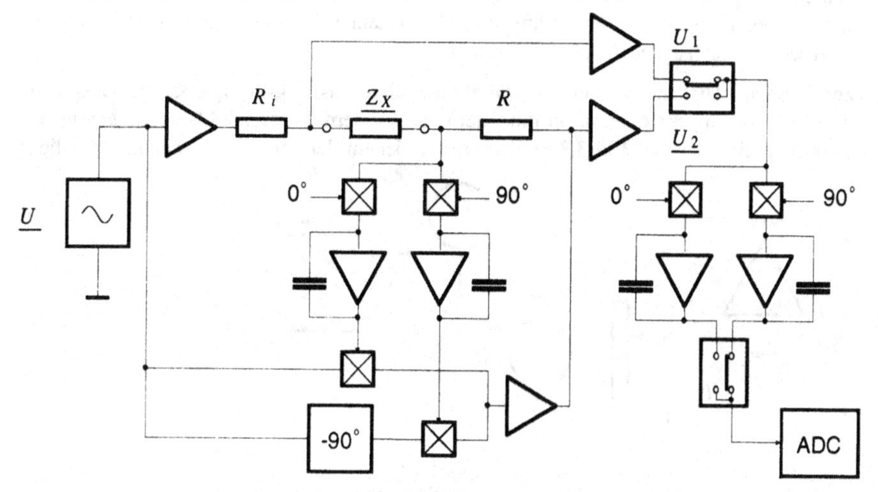

Abb. 3.3.37 Detaillierteres Blockschaltbild einer automatisch abgleichenden Meßbrücke

Das etwas detailliertere Blockschaltbild einer automatisch abgleichenden Meßbrücke zeigt Abb. 3.3.37. Die Brückendifferenzspannung wird in ihre Komponenten mit 0° und 90° Phase zerlegt. Die integrierten Phasendetektor-Ausgangssignale werden hierauf als Gewichtungen für die 0° und -90° Phasenanteile der am Widerstand R liegenden Spannung herangezogen, sodaß die Brückendifferenzspannung schließlich Null wird. Diese Form des automatischen Abgleichvorgangs bietet eine sichere und rasche Konvergenz im gesamten Frequenzbereich.

Die Bestimmung der unbekannten Impedanz $\underline{Z}_X$ erfordert die Messung des Vektor-Verhältnisses von $\underline{U}_1$ und $\underline{U}_2$. Auch dazu werden für beide Wechselspannungen die 0° und 90° Komponenten durch phasenselektive Gleichrichtung bestimmt und jede Komponente durch einen integrierenden Analog-Digital-Konverter gemessen. Die Messung von $\underline{U}_1$ erfolgt dabei direkt an $\underline{Z}_X$, um den Einfluß des Innenwiderstands R_i der Signalquelle auszuschalten. Durch Umschaltung des Widerstandes R und zusätzliche Wahl der Verstärkung bzw. Abschwächung im Meßkreis erhält man unterschiedliche Meßbereiche.

3.3.5.2 Selbstabgleichende Kompensatoren

Im Vergleich zu automatischen Wechselspannungsbrücken ist die Kompensation von Gleichspannungen, Leistungen etc. wesentlich einfacher automatisch durchführbar. Geräte dieser Art sind schon lange Zeit verfügbar. Der Nullabgleich wird automatisiert, indem anstelle einer Abgleichanzeige ein Regelverstärker verwendet wird, der eine entsprechende Verstelleinrichtung für die Vergleichsgröße beeinflußt. Aus der Vielzahl der Anwendungen sind zwei besonders wichtige in der Folge kurz dargestellt. Kompensierende Analog-Digital-Konverter wurden in Kapitel 2.8.2.2 behandelt.

Der **Kompensationsschreiber** dient zur laufenden, analogen Registrierung auf einem Papierstreifen (Abb. 3.3.38). Die Vergleichsspannung wird dabei durch motorische Verstellung des Potentiometerabgriffs solange angepaßt, bis die Differenz zwischen der Meß- und der Vergleichsspannung am Regelverstärker annähernd Null ergibt. Mechanisch gekoppelt mit der Potentiometerverstellung ist eine lineare Verschiebung der Schreibfeder, deren Auslenkung somit im eingeschwungenen Zustand proportional zur gemessenen Spannung ist. Ein Kompensationsschreiber kann bei einem gut abgestimmten Regelungsverhalten eine relativ hohe Genauigkeit erreichen (bis 0,1%). Die Meßgröße wird nur in sehr geringem Maße belastet, andererseits wird eine Hilfsenergiequelle benötigt, um die Reibungskräfte der Schreibfedern zu überwinden und die relativ großen Massen zu bewegen. Der Papiervorschub wird beim X/t-Schreiber konstant vorgegeben und kann bei schnellen Regelsystemen 1m/s erreichen. Kompensationsschreiber werden auch als X/Y-Schreiber ausgeführt.

Das zweite Beispiel behandelt einen **selbstabgleichenden Leistungskompensator**. Das Grundprinzip einer Leistungskompensation mit Thermoumformern (Abb. 3.3.39) wurde bereits am Beginn des Kapitels (siehe Bild 3.3.3) erwähnt. An jedem der beiden Thermoumformer liegt

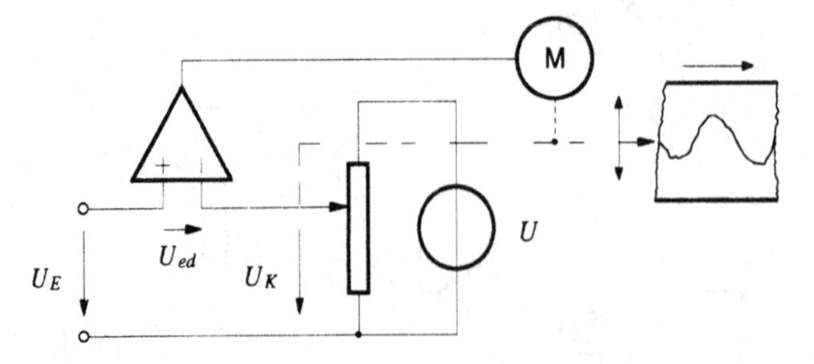

Abb. 3.3.38 Prinzipdarstellung eines Kompensationsschreibers

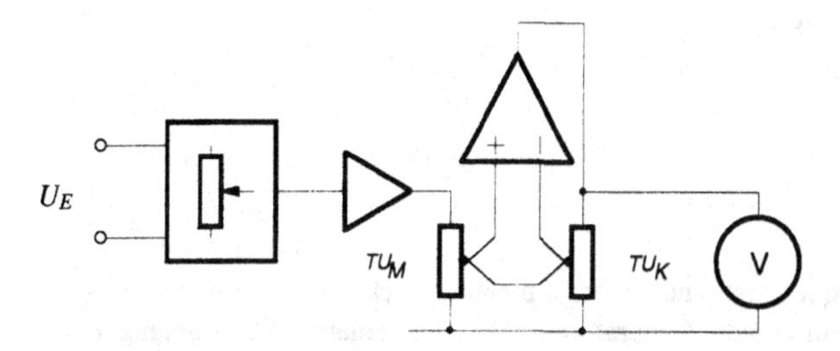

Abb. 3.3.39 Prinzipaufbau eines selbstabgleichenden Leistungskompensators

eine Spannung, die mit einer Leistung verbunden ist und damit eine lokale Erhitzung bewirkt. Damit entsteht eine Thermospannung, die dem *Effektivwert* der anliegenden Gleich- oder Wechselspannung *unabhängig von der Kurvenform und in weitem Bereich auch unabhängig von der Frequenz* entspricht. Unter der Voraussetzung gleicher Wärmewiderstände und gleicher Bezugstemperatur kann der eine Thermoumformer an der unbekannten Wechselspannung, der zweite aber an einer Gleichspannung angeschlossen sein, die vom Ausgang des Regelverstärkers geliefert wird. Der Regelverstärker gleicht nun die Thermospannungen auf Null ab, indem er seine Ausgangsspannung entsprechend anpaßt. Diese Ausgangsspannung wird gemessen. Sie ist ein Maß für den Effektivwert der zu messenden Wechselspannung.

3.3.6 Literatur

[1] Bergmann K., Elektrische Meßtechnik. Vieweg, Braunschweig Wiesbaden 1988.

[2] Cooper W.D., Helfrick A.D., Elektrische Meßtechnik. VCH, Weinheim 1989.

[3] Hague B., Alternating Current Bridge Methods. Pitman, London 1962.

[4] Helbach W., Marczinowski P., Precision microcomputer-controlled A.C.-bridge. IMEKO 9th World Congress, Berlin 1982.

[5] Honda M., The Impedance Measurement Handbook. Yokogawa-Hewlett-Packard LTD, Tokyo 1989.

[6] Pflier P.M., Elektrische Meßgeräte und Meßverfahren. Springer, Berlin Göttingen Heidelberg 1957.

[7] Thiel R., Elektrisches Messen nichtelektrischer Größen. Teubner, Stuttgart 1990.

[8] Tränkler H.-R., Taschenbuch der Meßtechnik. Oldenbourg, München Wien 1990.

3.4 Zeit- und Frequenzmessung

A. Steininger

3.4.1 Einleitung

Die Messung von Zeit und Frequenz ist eine wichtige meßtechnische Grundaufgabe. Sie stellt sich nicht nur bei der Kalibration von Generatoren oder der genauen Bestimmung eines Zeitintervalles an sich, sondern spielt auch eine wesentliche Rolle bei der Analyse jedes zeitabhängigen Vorganges und damit bei praktisch jeder elektronischen Schaltung. Mit preiswerten, einfachen elektronischen Zählschaltungen und Quarz-Generatoren lassen sich hochgenaue, stabile Zeitreferenzen bauen, bei der Digitalisierung eines kontinuierlichen Zeitintervalles läßt sich die Feinheit einer allfälligen Quantisierung (in Perioden) durch Wahl des Taktes problemlos an die Anforderungen anpassen. Aus diesen Gründen werden bei vielen Meßverfahren Zeit oder Frequenz als Zwischengröße verwendet. Ein Beispiel dafür sind die indirekten Analog-Digital-Konverter, die in Kap. 2.8 näher erläutert sind.

Für die Messung von Zeit oder Frequenz eignen sich eine Reihe verschiedenartiger Meßgeräte, wie z.B. Oszilloskop, Logikanalysator oder Spektrumanalysator. Bei all diesen Geräten ist die Zeit- oder Frequenzmessung jedoch eine notwendige Teilfunktion für deren eigentliche, oft viel komplexere Meßanwendung. Beim **elektronischen Zähler** hingegen ist die Messung von Zeit und Frequenz die zentrale Funktion und alle im Gerät vorhandenen Zusatzeinrichtungen dienen letztlich diesem Zweck. Aus diesem Grund soll der elektronische Zähler als typisches Beispiel eines Meßgerätes für Zeit oder Frequenz den weiteren Überlegungen zugrunde gelegt werden, wobei viele der angeführten Aspekte sich auch auf andere Geräte anwenden lassen. Es sei an dieser Stelle auch auf die entsprechenden Meßanwendungen des Oszilloskopes verwiesen, die in Kap. 4.2 beschrieben werden.

Im folgenden wird zunächst die Messung von Zeit, Frequenz und verwandten Größen grundsätzlich erläutert. Das Prinzip verschiedener Methoden wird anhand von Darstellungen des zeitlichen Verlaufes charakteristischer Signale erklärt. Solche Darstellungen werden insbesondere bei digitalen Schaltungen Impulspläne genannt. Die Signalbezeichnungen in den dargestellten Impulsplänen sind dabei mit einem Prinzipschaltbild eines Zählers (Abb. 3.4.6) abgestimmt, das in einem späteren Abschnitt beschrieben wird, in dem Aufbau, Grenzen und Möglichkeiten des elektronischen Zählers näher beleuchtet werden.

3.4.2 Meßmethoden

Bei der Messung von Zeit, Frequenz und verwandten Größen mit dem elektronischen Zähler ist dessen Zählerstand n durch die Anzahl der Zählimpulse bestimmt, die während einer Meßzeit T eintreffen. Zumeist werden die Zählimpulse von einer Frequenz f abgeleitet, sodaß gilt:

$$n = f \cdot T \quad . \qquad \text{Grundgleichung der Messung mit elektronischem Zähler} \qquad (1)$$

Allen im folgenden beschriebenen Meßverfahren liegt dieser Zusammenhang zugrunde. Sie unterscheiden sich im wesentlichen durch die Frage, welche der beiden Variablen f und T durch einen zählerinternen Referenztakt vorgegeben wird, und welche durch die Messung bestimmt werden soll.

3.4.2.1 Frequenzmessung

Eine Frequenz f_x kann mit einem elektronischen Zähler unmittelbar bestimmt werden aus der Anzahl n von Impulsen (aktiven Flanken), die während eines definierten Intervalles T_m (**Meßzeit, Torzeit**) eintreffen. Die Torzeit T_m wird dabei über eine Anzahl k von Perioden T_{ref} eines Referenztaktes f_{ref} festgelegt. Es gilt also

$$T_m = k \cdot \frac{1}{f_{ref}} = k \cdot T_{ref} \ , \qquad \text{Torzeit bei der Frequenzmessung} \qquad (2)$$

wobei üblicherweise f_{ref} fest vorgegeben ist und T_m über geeignete Wahl von k an das Meßproblem angepaßt wird. Sind während der Torzeit T_m am Zähler n aktive Flanken aufgetreten, so beträgt die Frequenz

$$f_x = \frac{n}{T_m} = \frac{n}{k} \cdot f_{ref} \ . \qquad \text{Ergebnis der Frequenzmessung} \qquad (3)$$

In Abb. 3.4.1 ist das Prinzip der Frequenzmessung anhand eines Impulsplanes dargestellt.

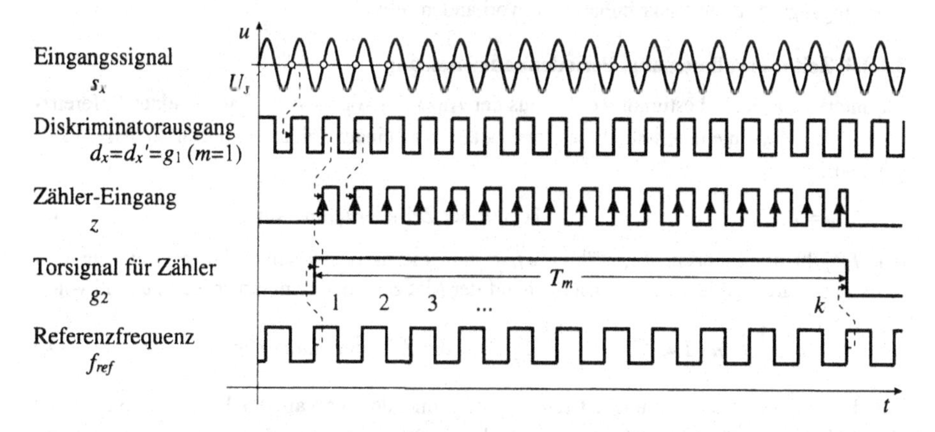

Abb. 3.4.1 Impulsplan einer Frequenzmessung (zur Bezeichnungsweise siehe Abb. 3.4.6)

Man erkennt, daß das (hier sinusförmig angenommene) Eingangssignal $s_x(t)$ zunächst von einem Diskriminator (Schwellspannung U_s) in ein digitales Signal d_x umgewandelt wird, bevor es an den internen Zähler gelangt. Nähere Erläuterungen hierzu finden sich in Kap. 3.4.3.1. Der Meßvorgang wird synchron mit einer aktiven Flanke von f_{ref} gestartet bzw. auch beendet, sodaß T_m exakt k Perioden von f_{ref} umfaßt (Gl. (2)). Als aktive Flanke wird hier und in den folgenden Ausführungen jene Flanke des Zähler-Eingangssignales bezeichnet, durch das der Zählerstand um 1 erhöht wird, in den dargestellten Bildern also die steigende. In den Impulsplänen wird sie aus dem Nulldurchgang des Meßsignales mit steigender Flanke abgeleitet (markierte Punkte in s_x). In Kap. 3.4.3.1 werden auch andere Möglichkeiten ausgeführt.

Der Zählvorgang erstreckt sich vom Prinzip her über eine Anzahl von Perioden von f_x. Verändert sich f_x während der Torzeit T_m, so stellt das Ergebnis daher einen Mittelwert dar, und zwar den Kehrwert des arithmetischen Mittels aller aufgetretenen Periodendauern von f_x.

3.4.2.2 Messung eines Frequenzverhältnisses

Die Messung eines Frequenzverhältnisses $f_{x1} : f_{x2}$ kann unmittelbar von der Frequenzmessung abgeleitet werden: Betrachtet man Gl. (3) genauer, so erkennt man, daß durch die Messung eigentlich das Verhältnis von f_x zu der bekannten Referenzfrequenz f_{ref} bestimmt wird. Verwendet man nun anstelle von f_{ref} für die Vorgabe der Torzeit T_m das zweite Eingangssignal s_{x2} mit Frequenz f_{x2}, so läßt sich durch Umformung von Gl. (3) schließlich das Frequenzverhältnis folgendermaßen ermitteln: Treffen während einer Meßdauer von k Perioden des Signales s_{x2} am Zähler n aktive Flanken des Signales s_{x1} ein, so beträgt das Frequenzverhältnis

$$f_{x1} : f_{x2} = n : k \quad . \qquad \text{Ergebnis der Frequenzverhältnis-Messung} \qquad (4)$$

Dabei ist k wieder so zu wählen, daß während der Torzeit

$$T_m = k \cdot \frac{1}{f_{x2}} \qquad \text{Torzeit der Frequenzverhältnis-Messung} \qquad (5)$$

hinreichend viele aktive Flanken von d_{x1} eintreffen, um die gewünschte Auflösung des Frequenzverhältnisses zu erreichen. Aus demselben Grund ist es auch günstig, für f_{x2} das Signal mit der niedrigeren Frequenz zu wählen und gegebenenfalls nachträglich den Reziprokwert des gemessenen Verhältnisses zu bilden.

Für diese Messung ist ein 2-Kanal-Zähler erforderlich, d.h. auch für den zweiten Kanal f_{x2} muß eine Eingangsstufe mit Diskriminator etc. vorhanden sein.

3.4.2.3 Zeitintervallmessung, Periodendauermessung

Ein Intervall T_x kann bestimmt werden aus der Anzahl n von aktiven Flanken eines Referenztaktes $f_{ref} = {}^1\!/_{T_{ref}}$, die innerhalb dieses Intervalles T_x an einem Zähler eintreffen. In diesem Fall gilt also

$$T_m = T_x \quad , \qquad \text{Torzeit der Zeitintervallmessung} \qquad (6)$$

d.h. T_x gibt die Meßzeit vor, während f_{ref} nun die aktiven Flanken liefert, mit denen T_x ausgezählt wird. Zählerstand "n" nach Ablauf der Meßzeit entspricht einem Zeitintervall von

$$T_x = n \cdot \frac{1}{f_{ref}} = n \cdot T_{ref} \quad . \qquad \text{Ergebnis der Zeitintervallmessung} \qquad (7)$$

Für die Periodendauermessung ist das zu bestimmende Intervall durch eine Signalperiode $T_x = 1/f_x$ gegeben. In Abb. 3.4.2 ist der Impulsplan für die Periodendauermessung dargestellt.

Der Meßvorgang wird synchron mit einer aktiven Flanke von f_x gestartet und mit der nächsten beendet ($T_m = T_x$).

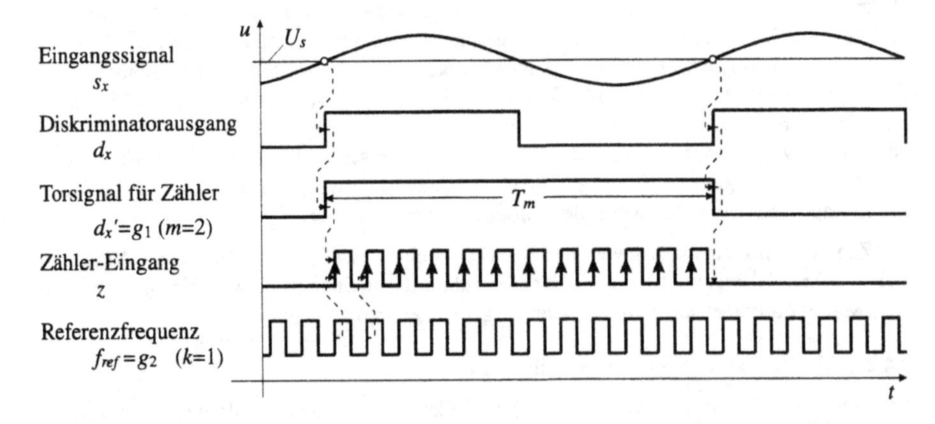

Abb. 3.4.2 Impulsplan der Periodendauermessung (zur Bezeichnungsweise siehe Abb. 3.4.6)

Dieses Meßverfahren ergibt bei niedrigen Frequenzen eine gute Auflösung. So erhält man z.B. für $f_x = 100$ Hz bei einer Referenz-Frequenz von $f_{ref} = 10$ MHz eine relative Auflösung von 10^5. Um eine höhere Auflösung zu erreichen, ist es nötig, statt einer Periode die Dauer von k Perioden (z.B. 10 oder 100) zu messen. Dabei ergibt sich bei veränderlichem Meßsignal wieder zwangsläufig eine arithmetische Mittelung über alle aufgetretenen Periodendauern.

3.4.2.4 Messung von Phasenverschiebung und Zeitdifferenz

Die Messung einer Zeitdifferenz T_{12} bezieht sich auf zwei Ereignisse auf verschiedenen Signalen s_{x1} und s_{x2}. Sie läuft ähnlich ab wie die Zeitintervallmessung, der Stop-Impuls für das Ende des Zeitintervalles muß nun jedoch von dem zweiten Eingangssignal abgeleitet werden. Es ist daher ein Zweikanalzähler erforderlich. Die Zeitdifferenz T_{12} wird wieder mit f_{ref} ausgezählt.

Eine Phasenverschiebung φ_{12} zwischen zwei Signalen kann auf die Messung des zeitlichen Abstandes T_{12} ihrer Nulldurchgänge in gleicher Richtung und auf die Messung der Periodendauer T_x (die für beide Signale natürlich gleich sein muß) zurückgeführt werden:

$$\varphi_{12} = \frac{T_{12}}{T_x} \cdot 2\pi \quad . \qquad \text{Ermittlung der Phasenverschiebung aus der Zeitdifferenz} \qquad (8)$$

Der Impulsplan für eine solche Zeitdifferenzmessung ist in Abb. 3.4.3 dargestellt.

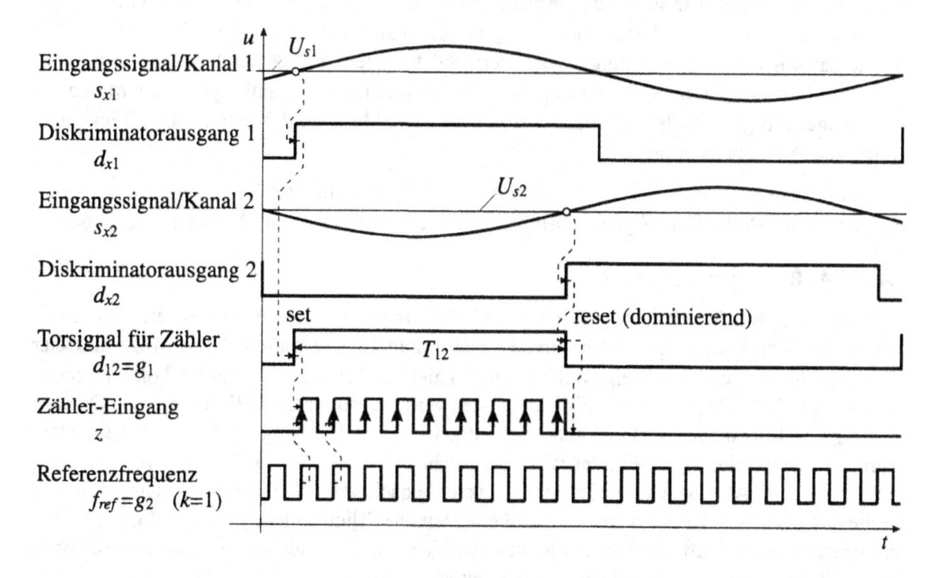

Abb. 3.4.3 Zeitdifferenzmessung zur Ermittlung der Phasenverschiebung zweier Signale

Wenn $s_{x1}(t)$ und $s_{x2}(t)$ verschiedene Amplituden haben, ist es besonders wichtig, daß die beiden Diskriminatoren auf Amplitudenwerte eingestellt sind, die in beiden Signalen der gleichen Phasenlage innerhalb der Periode entsprechen. Am sichersten ist hier die Wahl des Nulldurchganges (bei gleicher Polarität der Steigung) entsprechend der Definiton. Bei gleicher Signalform ist jedoch auch eine Einstellung jedes Schwellwertes auf den gleichen Anteil (k%) des zugehörigen Spitzenwertes von $s_{x1}(t)$ bzw. $s_{x2}(t)$ denkbar. Bei falscher Wahl der Schwellwerte ergibt sich die in Abb. 3.4.4 dargestellte Verfälschung des Meßergebnisses.

Die Phasenverschiebung kann ohne Messung der Periodendauer dann unmittelbar aus der Zeitdifferenz abgeleitet werden, wenn die für die Zeitdifferenzmessung verwendete Referenz-

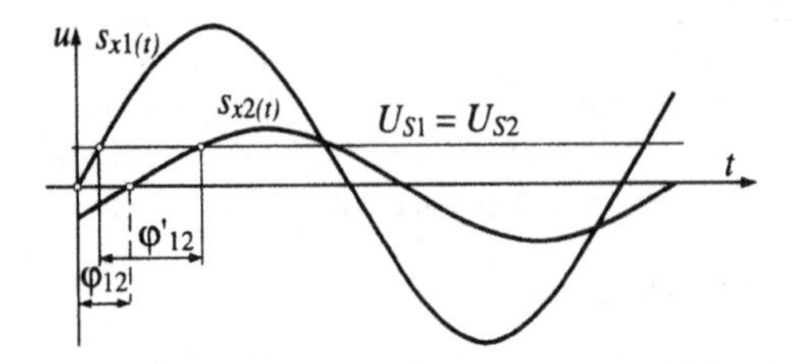

Abb. 3.4.4 Phasenmessung: Meßfehler durch falsche Wahl der Schwellwerte

frequenz f_{ref} ein definiertes Vielfaches der Signalfrequenz f_x ist, also $f_{ref} = a \cdot f_x$. In diesem Fall entspricht jede gezählte aktive Flanke von f_{ref} einer Phasenverschiebung von $2{\cdot}\pi/a$. Um die erforderliche starre Kopplung zwischen f_{ref} und f_x zu erreichen, kann z.B. ein Phasenregelkreis verwendet werden, der ein ganzzahliges Vielfaches der Grundfrequenz phasenstarr erzeugt.

3.4.2.5 Messung der Impulsrate, Ereigniszählung

Elektronische Zählschaltungen können nichtperiodische Signale ebenso verarbeiten wie periodische, solange der kürzeste auftretende Abstand zwischen zwei aufeinanderfolgenden Zählimpulsen nicht kürzer ist als die Periodendauer der maximal zulässigen Frequenz. Sie können daher für die Zählung beliebiger Eingangssignale verwendet werden. Je nach der Anwendung wird das Ergebnis dann bei kontinuierlichen Impulsfolgen als Impulsrate (Impulse je Sekunde) und bei allgemeinen Vorgängen als Ereigniszahl bezeichnet. Die Messung der Impulsrate erfolgt genau so wie die Frequenzmessung.

Bei der Messung von Ereignissen werden häufig der Anfang und das Ende der Messung durch ein oder zwei externe Gate-Signale bestimmt und nicht eine bestimmte Meßzeit vorgegeben.

3.4.2.6 Auflösung und Meßzeit

In Kap. 1.6.3 wurde erläutert, daß ein ADC die Eingangsspannung quantisiert, d.h. einen kontinuierlichen Spannungsbereich durch Gliederung in Teilintervalle auf eine Folge diskreter Werte abbildet. In analoger Weise werden mit den hier beschriebenen Verfahren kontinuierliche Größen wie Zeit, Frequenz etc. auf diskrete Meßwerte abgebildet, wobei durch diese **Quantisierung** jene Information verloren geht, die eine feinere Beschreibung des Meßwertes gestatten würde, als der Breite eines Teilintervalles entspricht. Als **zeitliche Auflösung** wird analog zur Auflösung eines ADC wieder die Differenz zweier benachbarter Meßwerte bezeichnet, also die Breite des kleinsten Zeitintervalls. Sie muß einerseits natürlich so fein sein, daß die relevanten Informationen dem Meßwert noch entnommen werden können, stößt aber andererseits nach oben hin an Grenzen, die im folgenden genauer erläutert werden.

Wie im Zusammenhang mit Gl. (1) erläutert wurde, basieren alle zuvor beschriebenen Methoden zur Frequenz- und Zeitmessung mittels elektronischem Zähler letztlich auf der Zählung von Ereignissen: Ein Zeitintervall wird mittels eines Referenztaktes ausgezählt, eine Frequenz wird über die Anzahl von Taktflanken während eines definierten Intervalles bestimmt. Als Meßergebnis wird im allgemeinen unmittelbar der Zählerstand angezeigt, wobei die Einheit des Ergebnisses ("µs", "MHz" etc.) und die Position des Dezimalpunktes den Einstellungen von Vorteilungsfaktor k bzw. m und Meßmethode angepaßt werden. Daraus folgt, daß eine Erhöhung der Auflösung nur über eine Erhöhung des Zählerstandes erreichbar ist, und zwar bedeutet jedes zusätzliche signifikante Digit (Dezimalstelle) eine Verzehnfachung der zu zählenden Impulse. Die Kapazität des Zählers setzt hier eine klare Grenze, innerhalb der eine Auflösungserhöhung grundsätzlich auf zwei Wegen erreicht werden kann, nämlich entweder über eine Erhöhung der Frequenz der gezählten Ereignisse oder über eine Verlängerung der Meßzeit.

Bei der *Frequenzmessung* ist die Frequenz der gezählten Ereignisse durch das Meßsignal fest vorgegeben (eine Vorteilung führt nur zu einer Verschlechterung der Auflösung), sodaß eine Auflösungserhöhung nur über eine Verlängerung der Meßzeit möglich ist. Das führt bei niedrigen Frequenzen zu extrem langen Meßzeiten. Um z.B. eine Frequenz von 100 Hz mit einer Auflösung von 10^5 darzustellen, benötigt man eine Meßzeit von

$$T_m = \frac{1}{100\ \text{Hz}} \cdot 10^5 = 1000\ \text{s} \quad , \tag{9}$$

das sind mehr als 16 Minuten! Die genaue Messung niedriger Frequenzen führt man daher günstiger über die Bestimmung der Periodendauer durch.

Für die Messung eines *Frequenzverhältnisses* ergibt sich eine ähnliche Situation wie bei der Frequenzmessung. Hier kann die erforderliche Verlängerung der Meßzeit durch entsprechende Vorteilung eines der beiden Signale erreicht werden.

Bei der Messung eines *Zeitintervalles* bzw. einer *Zeitdifferenz* ist die Meßzeit durch das Meßsignal fest vorgegeben. Damit wird die Referenzfrequenz zur auflösungsbestimmenden Größe. Eine Zeitauflösung besser als eine Periode des Referenztaktes (z.B. 100 ns für f_{ref} = 10 MHz) ist bei einer Einzelmessung nicht möglich. Probleme ergeben sich hier also für die Bestimmung kurzer Zeitintervalle bzw. Zeitdifferenzen. Bei der Messung einer Periodendauer kann man sich entweder über den Umweg der Frequenzmessung helfen, oder es wird in einem Meßvorgang die Dauer mehrerer Perioden ausgezählt (Vorteiler) und das Ergebnis entsprechend rückgerechnet. Dieser Weg wird auch allgemein für die Messung von Zeitintervallen bzw. Zeitdifferenzen beschritten, wobei in diesem Fall die Torzeit nicht ein kontinuierliches Zeitfenster darstellt, sondern die Summe einzelner Zählintervalle, zwischen denen Zählpausen auftreten. In jedem Fall bedeutet diese Vorgangsweise letztlich eine Mittelung über mehrere Einzelwerte.

Außerdem gibt es für die Zeitintervall- oder Zeitdifferenzmessung Verfahren mit Hilfsschaltungen zur Erhöhung der Auflösung. So kann z.B. für die Dauer T_{12} des zu messenden Intervalles ein Kondensator mit konstantem Strom I_L geladen werden. Erfolgt die Entladung mit einem Konstantstrom I_E, der um den Faktor a kleiner ist als I_L, so dauert der Abbau der Ladung Q_c des Kondensators genau um diesen Faktor a länger gemäß

$$Q_c = I_L \cdot T_{12} = \frac{I_L}{a} \cdot (a \cdot T_{12}) = I_E \cdot T_{12}^* \quad . \qquad \text{Prinzip der Analog-Interpolation} \tag{10}$$

Auf diese Weise kann T_{12} auf ein vergrößertes Intervall $T_{12}^* = a \cdot T_{12}$ abgebildet werden, wodurch die Messung mit den vorhandenen Mitteln letztendlich mit der a-fachen Auflösung möglich ist (Abb. 3.4.5). Diese Methode wird in der Literatur als **Analog-Interpolation** [2] oder **Dual-Slope-Interpolation** [1] bezeichnet.

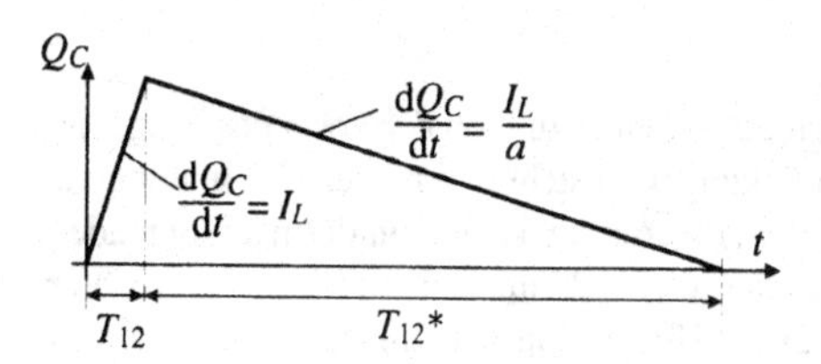

Abb. 3.4.5 Prinzip der Analog-Interpolation zur Erhöhung der Zeitauflösung

In Anwendungen, bei denen es um die exakte Bestimmung einer Meßgröße geht, deren ungefährer Wert ohnehin bekannt ist, kann es auch sinnvoll sein, einen Überlauf des Zählers zuzulassen, d.h. den Zählvorgang bei Zählerstand "0" einfach fortzusetzen. Damit wird zwar das Fehlen von höherwertigen Digits ignoriert, die in diesem Fall inkrementiert werden müßten, diese lassen sich jedoch wegen der ungefähren Kenntnis der Meßgröße leicht nachträglich ergänzen.

Viele moderne Zähler bieten auch mathematische, vor allem **statistische Zusatzfunktionen**. Aus einer Folge von Einzelmessungen können z.B. Maximal-, Minimal- und Mittelwerte abgeleitet werden. Gerade die Mittelung stellt ein wirksames Werkzeug zur weiteren Auflösungserhöhung dar, z.B. kann durch arithmetische Mittelwertbildung über 10 Meßwerte die Auflösung um ein Digit, also um den Faktor 10 erhöht werden. Damit wird zwar nicht das Problem der langen Meßzeit bei der Bestimmung niedriger Frequenzen gelöst (denn auch die Ermittlung von 10 Einzelwerten verzehnfacht die gesamte Meßzeit), aber die Limitierungen durch die Kapazität des Zählers und die interne Referenzfrequenz lassen sich überwinden. Folgende Einschränkungen bei der Anwendung statistischer Methoden zur Auflösungserhöhung bestehen jedoch:

- Die **Genauigkeit des Zählers** wird durch diese Methoden nicht verbessert. Man erreicht zwar bessere Auflösung, die Sinnhaftigkeit der gewonnenen Digits ist aber nur bei entsprechender Genauigkeit der Referenzfrequenz des Zählers gegeben.
- Die Anwendung statistischer Methoden setzt voraus, daß es sich bei der Messung um einen **Zufallsprozeß** im statistischen Sinne handelt. Dies bedeutet, daß Torzeit und aktive Zählflanken unkorreliert sein müssen, also keinesfalls synchronisiert sein dürfen. Eine eingehende Diskussion hierzu ist in Kap. 1.4.2.5 zu finden.
- Während durch Mittelung über die Meßwerte von n unkorrelierten Einzelmessungen die Auflösung um den Faktor n verbessert werden kann, werden Standardabweichung und Konfidenzintervall nur um den Faktor $1/\sqrt{n}$ verbessert. Man erreicht daher für steigende n rasch einen Bereich, in dem ein vergleichsweise großes Vertrauensintervall um den Mittelwert eine hohe Auflösung fragwürdig macht, also z.B. $64{,}2478ms \pm 2ms$ (Kap. 1.4.5).

3.4.3 Funktion und Eigenschaften elektronischer Zähler

Ein Prinzipschaltbild für einen Multi-Counter mit zwei Kanälen, der die zuvor beschriebenen Messungen gestattet, zeigt Abb. 3.4.6. Diese Darstellung soll dem Verständnis der Funktionalität eines elektronischen Zählers dienen, und hat nicht den Zweck, dessen realen Hardware-Aufbau zu beschreiben.

Im folgenden sollen nun die Funktionsgruppen dieses Prinzipschaltbildes einzeln näher betrachtet werden.

3.4.3.1 Eingangsstufe

Um eine möglichst flexible Anwendung zu gestatten, sollen bezüglich der Form des Eingangssignales eines Zählers möglichst wenig Einschränkungen bestehen. Andererseits müssen aus diesem Eingangssignal zählbare Ereignisse abgeleitet werden, wie sie von der nachfolgenden, ausschließlich digitalen Logik des Zählers verarbeitet werden können, das sind die bereits öfter zitierten aktiven Flanken der internen Impulse. Diese Umsetzung von allgemeiner Signalform in eine digitale erfolgt in der Eingangsstufe des Zählers (Abb. 3.4.7).

Sie besteht aus folgenden Funktionseinheiten:

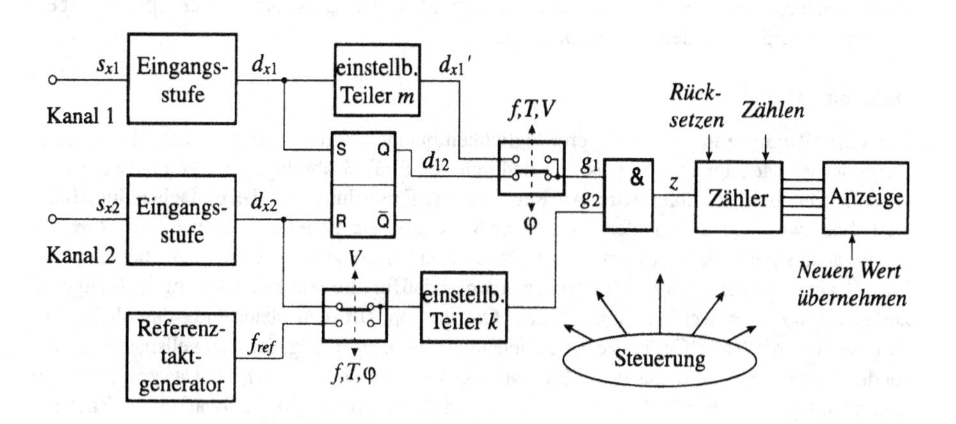

Abb. 3.4.6 Prinzipschaltung eines elektronischen Zählers zur Messung von Frequenz f, Frequenzverhältnis V, Periodendauer T und Zeitintervall bzw. Phasenverschiebung φ

Signalkopplung, Filterung:

Das Meßsignal $s_x(t)$ kann entweder direkt eingespeist werden (DC-Kopplung), oder es werden durch Zuschalten eines Serienkondensators in den Signalpfad Gleichspannungsanteile unterdrückt (AC-Kopplung). Die aus der AC-Kopplung resultierende Hochpaßfilterung kann jedoch bei niederfrequentem Meßsignal zu unerwünschten Verzerrungen führen, auf die nur indirekt aus erkennbar falschen Meßergebnissen geschlossen werden kann.

Zur Unterdrückung überlagerter hochfrequenter Störsignale kann oft auch ein Tiefpaßfilter mit fest vorgegebener Grenzfrequenz in den Signalpfad geschaltet werden.

Pegelanpassung:

In dieser Stufe kann das Meßsignal an den Eingangsspannungsbereich des nachfolgenden Diskriminators angepaßt werden. Eine exakte Einstellung der Verstärkung bzw. Abschwächung ist nicht möglich und auch meist nicht nötig. In vielen Geräten wird die Pegelanpassung auf eine grobe Bereichswahl in Form einer schaltbaren Abschwächung z.B. 10:1 reduziert. In jedem Fall

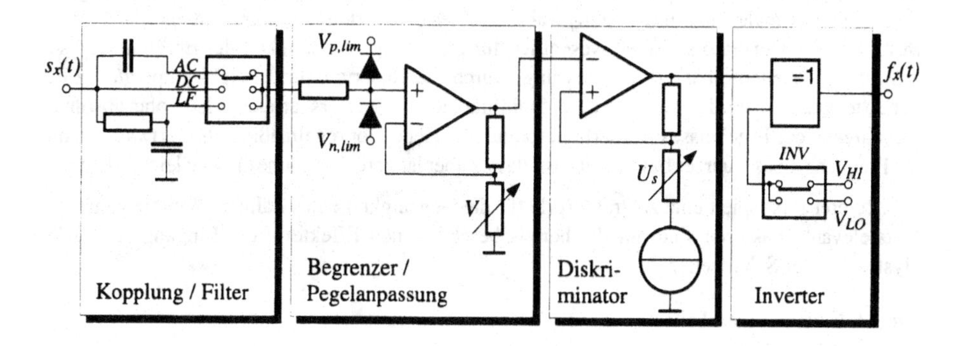

Abb. 3.4.7 Funktionsgruppen der Eingangsschaltung eines elektronischen Zählers

müssen Signalanteile oberhalb des verarbeitbaren Maximalpegels durch einen Spannungsbegrenzer unterdrückt werden (z.B. Kap. 3.1.6).

Diskriminator:

Die **Schwellspannung** U_S sollte nach Möglichkeit in einen Bereich gelegt werden, in dem die Steigung des Meßsignales hoch ist, da dadurch der Einfluß überlagerter Störungen auf den Umschaltzeitpunkt minimiert wird. Als Regel für ihre Einstellung kann bei einfachen Signalformen ohne Zwischenmaxima oder -minima die Mitte jenes Bereiches gewählt werden, innerhalb dessen noch stabile Meßwerte im erwarteten Bereich angezeigt werden. Bei manchen Geräten kann U_S auch an einer Buchse abgegriffen werden, sodaß für ihre exakte Einstellung ein Meßgerät zu Hilfe genommen werden kann, z.B. ein Oszilloskop, auf dem gleichzeitig das Meßsignal dargestellt wird. Viele Geräte gestatten jedoch keine Einstellung der Schwellspannung U_S, sondern leiten diese intern aus dem Mittelwert des Eingangssignales $s_x(t)$ ab. Das gewährleistet in den meisten typischen Meßanwendungen eine einfache, sichere Handhabbarkeit des Zählers.

Aus Stabilitätsgründen muß der Diskriminator über eine **Hysterese** verfügen (Kap. 2.5). Neben dem erwünschten Effekt der Störunterdrückung bewirkt diese auch eine Verschiebung des Umschaltpunktes gegenüber der eingestellten Schwellspannung U_S, abhängig von der Polarität der Signalflanke, und damit eine zeitliche Verschiebung des Schaltpunktes. Diese Effekte spielen im Meßergebnis keine Rolle, solange Beginn und Ende des Meßvorganges vom gleichen Ereignis abgeleitet werden, d.h. in beiden Fällen von dem Umschalten des Diskriminators in gleicher Richtung durch das gleiche Eingangssignal. Bei der Zeitdifferenzmessung ist die Wahl der effektiven Schaltpunkte mit entsprechender Sorgfalt vorzunehmen. Aus dem gleichen Grund muß der Ausgang des Diskriminators in beide Richtungen gleich schnell umschalten. Unterschiede in den Schaltzeiten beim Übergang in positiver und negativer Richtung ergeben sich aus den Eigenschaften der Ausgangsstufe im Zusammenhang mit Kapazität und Abschlußwiderstand der Leitung.

Inverter:

Um die Polarität der aktiven Flanke (steigend oder fallend) frei wählen zu können, besteht die Möglichkeit, das Ausgangssignal des Diskriminators wahlweise zu invertieren.

3.4.3.2 Referenztaktgenerator

Die Periodendauer des Referenztaktes bestimmt die zeitliche Auflösung, die mit dem elektronischen Zähler ohne Anwendung statistischer Methoden erreichbar ist (Kap. 3.4.2.6). Die **absolute Genauigkeit** des Frequenzgenerators bestimmt unmittelbar die absolute Genauigkeit der Ergebnisse. Die maximale Änderung von f_{ref} während eines definierten Zeitraumes ist ein Maß für die **Stabilität** des Generators. Sie ist wesentlich für die relative Genauigkeit der Ergebnisse, also z.B. für die Wiederholbarkeit der Messung. Durch Stabilisierung der Betriebstemperatur (z.B. geheizte Quarze) wird eine sehr gute Stabilität des Generators erreicht. Ist hohe absolute Genauigkeit der Ergebnisse erforderlich, so muß der Generator regelmäßig kalibriert werden, da die Frequenz jedes Quarzes bzw. Quarzoszillators über längere Zeiträume hinweg leicht "driftet".

Der Referenztakt spielt eine zentrale Rolle für die Genauigkeit eines Zählers. Weitere genauigkeitsrelevante Faktoren sind nur die bereits beschriebenen Effekte in der Eingangsstufe wie Hysterese oder Schaltzeiten.

3.4.3.3 Einstellbarer Teiler

Die Vorteilung des Eingangssignales (um $1/m$) bzw. des Referenztaktes (um $1/k$) erlaubt für einen weiten Bereich von Eingangsfrequenzen eine optimale Anpassung von Torzeit und

Frequenz der Zählimpulse an die gewünschte Auflösung: Durch geeignete Wahl von *k* bzw. *m* kann bei gegebenem f_{x1}, f_{x2} bzw. f_{ref} in den Gleichungen (1)...(6) immer ein günstiger Bereich für *n* eingestellt werden (z.B. maximale Ausnutzung der Kapazität des Zählers).

Die maximale Frequenz, die der Vorteiler und die analoge Eingangsstufe verarbeiten können, ist maßgeblich für die maximale Eingangsfrequenz des elektronischen Zählers. Wird z.B. eine Eingangsfrequenz von 100 MHz durch den einstellbaren Teiler auf 1/10 geteilt, so braucht die nachfolgende Logik nur noch 10 MHz zu verarbeiten.

Durch Mischen des Meßsignales f_x mit einem Signal bekannter Frequenz f_a entsteht eine Frequenz $f_s = |f_x - f_a|$, die bei günstiger Wahl von f_a weitaus niedriger als f_x ist und daher einfach gemessen werden kann. Mit derartigen **analogen Frequenzumsetzern** können Frequenzen bis in den GHz-Bereich gemessen werden.

3.4.3.4 Zähler, Anzeige

Die Kapazität des Zählers begrenzt die Anzahl der in einem Meßvorgang zählbaren Ereignisse. Daraus ergibt sich auch eine Beschränkung der erreichbaren Auflösung (Kap. 3.4.2.6).

Ein binärer Zähler mit *n* Bit hat eine Kapazität von 2^n, d.h. 20 Bit entsprechen rund 10^6, bei dekadischer Codierung (BCD) sind 4 Bit je Dekade nötig, also 24 Bit für 10^6 (Kap. 1.5). Die Anzeige ist so ausgelegt, daß sie den maximalen Zählerstand dezimal darstellen kann.

Oft ist man als Anwender nur an der Anzeige des Endergebnisses interessiert. In diesem Fall wird während eines Meßvorganges das letztgültige Ergebnis gespeichert und angezeigt. Bei der Ereigniszählung bzw. in manchen Fällen auch allgemein zur Kontrolle ist aber eine während des Zählvorganges mitlaufende Anzeige erforderlich. Üblicherweise entscheidet die interne Logik aufgrund der gewählten Meßfunktion, welche Anzeigeart die günstigere ist. Manche Zähler verfügen auch über eine Doppelanzeige (eine mitlaufende und eine speichernde Anzeige) oder erlauben eine manuelle Umschaltung des Anzeigemodus.

3.4.3.5 Steuerlogik

Die Aufgaben der Steuerlogik eines elektronischen Zählers sind sehr vielfältig und reichen von der Einstellung der Parameter wie Teiler und Meßfunktion bis hin zur Koordination des gesamten Meßablaufes. So ist es bei vielen Zählern möglich, nach einem Zählvorgang allfällige weitere Zählvorgänge für eine definierbare Zeitdauer zu unterdrücken und damit ein unerwünschtes Ansprechen auf nicht interessierende Signalflanken zu verhindern ("Hold-Off"-Funktion). Häufig werden auch noch mathematische und statistische Zusatzfunktionen (Differenzbildung, Min/Max, Mittelwert, Vergleich mit Sollwert etc.) angeboten. Für solche Aufgaben eignet sich naturgemäß ein Mikroprozessor hervorragend. Allerdings sind gerade bei der zeitlichen Koordination des Meßablaufes (insbesondere bei der Verarbeitung eines Überlaufes des Hardware-Zählers) die Echtzeitanforderungen sehr hoch, sodaß zum Prozessor noch externe Zusatzlogik benötigt wird. Aus diesem Grund, und nicht zuletzt auch wegen der Platz- und Preisersparnis, werden ganze Zählschaltungen einschließlich Steuerung, Quarz-Generator und Anzeige-Steuerung in integrierter Schaltungstechnik hergestellt und in ein Gehäuse mit meist etwa 40 bis 60 Pins eingebaut. Sie verarbeiten typisch 10 MHz.

3.4.4 Literatur

[1] Eskeldson D., Kellum R., Whiteman D., A Digitizing Oscilloscope Time Base and Trigger System Optimized for Throughput and Low Jitter. Hewlett-Packard Journal, Okt. 1993.

[2] Kalicz D., Pawlowski M., Pelka R., Präzisions-Zeitintervall-Meßsystem. Elektronik 14, Juni 1988.

4. Meßdatenerfassung und Darstellung

4.1 Übersicht und Einführung

R. Patzelt und A. Wiesbauer

Sehr viele physikalische, chemische, biologische und andere Vorgänge können mit Hilfe geeigneter Sensoren durch elektrische Größen beschrieben werden. Die elektrische Meßdatenerfassung ist daher ein wesentlicher Bestandteil der Diagnosetechnik auf allen Gebieten der Naturwissenschaft. Zwischen den spezialisierten Techniken jedes Anwendungsgebietes, wie Nachrichtenübertragung, Energietechnik oder Biotechnik, und der Meßtechnik besteht dabei ein wichtiger Unterschied: In einem wohldefinierten Anwendungsgebiet wird eine bestimmte Methode für eine klar definierte Aufgabe verwendet und bei der Entwicklung speziell an die Anforderungen dieser Aufgabe angepaßt. In der Meßtechnik ist das Ziel, universell anwendbare Methoden für alle Arten von Meßaufgaben zu entwickeln. Dementsprechend gilt es, Signalmodelle zu finden, die allgemein gültig und abstrakter als in anderen Gebieten sind.

Dieses Kapitel behandelt die Aufnahme, Verarbeitung und Darstellung von Meßwerten als Funktion der Zeit oder als Funktion einer anderen Größe. Gerade die Darstellung des zeitlichen Verlaufs oder der Art der gegenseitigen Abhängigkeit zweier Funktionen stellt dabei ein wesentliches Meßergebnis dar. Dies ergibt spezielle Anforderungen an die Technik der Aufnahme, an die Verarbeitung und an die für den Betrachter informative Darstellung. Im Kap. 4.1 werden die wesentlichen Grundlagen dafür erläutert und in den folgenden Abschnitten die wichtigsten Meßmethoden beschrieben. Die klassischen Geräte sind der **Schreiber** (Kap. 3.3.5.2) und das analog anzeigende **Kathodenstrahloszilloskop** (Kap. 4.2). Die **Digitalspeicheroszilloskope**, kurz DSOs (Kap. 4.3), ersetzen die analogen Oszilloskope zunehmend. Die Standardgeräte der Frequenzanalyse sind der weitgehend analog arbeitende **Spektrumanalysator** (Kap. 4.4.2) und der digital abtastende **Fourier-Analysator** (Kap. 4.4.3).

In einem weiten, mittleren Wertebereich der grundlegenden Parameter:

- Beobachtungs- oder Meßzeit, von Tagen bis ms
- Frequenzumfang von Gleichspannung bis über 100 MHz und
- Amplitudenauflösung von kleinen Werten (μV und nA) bis zu großen Werten (V und A)

können verschiedene Meßaufgaben mit für die Erfassung gleichartigen Geräten ausgeführt werden. Nur die Methoden der Verarbeitung und Darstellung müssen durch geeignete Programmierung an die Aufgabenstellung angepaßt werden. Gerade diese programmierbare Auswertung ist ein erfolgversprechendes und nahezu unbegrenztes Gebiet für Forschung und Entwicklung. Dies wird insbesondere in Kap. 4.5 **computergestützte Meßtechnik** behandelt.

Über diesen mittleren Bereich hinausgehende Anforderungen werden von speziell optimierten Geräten erfüllt, die zum Beispiel für höhere Frequenzen, feinere zeitliche Auflösung oder feinere Amplitudenquantisierung geeignet sind, oder eine spezialisierte analoge Signalaufbereitung vor der Digitalisierung ausführen.

4.1.1 Allgemeine Struktur der Meßdatenerfassung und Darstellung

Die Abb. 4.1.1 zeigt ein allgemeines Blockschaltbild für die Erfassung, Verarbeitung und Auswertung von Meßdaten. Die **Erfassung** besteht aus analoger Vorverarbeitung und Informationsselektion. Die analoge Vorverarbeitung gewährleistet die Umformung des Eingangssignals in eine Form, die eine Informationsselektion ermöglicht. Dabei kann das Ziel zum Beispiel die Anpassung an einen Amplitudenbereich mit Abschwächern oder Verstärkern, die Anpassung an

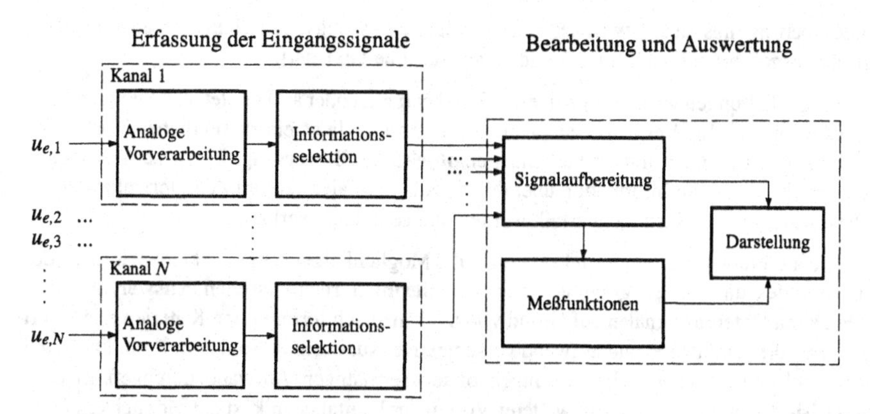

Abb. 4.1.1 Allgemeine Struktur der Meßdatenerfassung, -bearbeitung und -auswertung. Die Erfassung beinhaltet die analoge Vorverarbeitung, so daß die Selektion der relevanten und nicht redundanten Information möglich wird. Die Bearbeitung und Auswertung beinhalten die Signalaufbereitung für eine Darstellung sowie die Berechnung diverser Signalkennwerte. Die endgültige Auswertung erfolgt auf Grund der Darstellung durch einen Benutzer

einen Frequenzbereich mit Frequenzumsetzern, oder die Anpassung an eine Sensorkennlinie mit Logarithmierern oder anderen analogen Funktionsschaltungen sein. Informationsselektion bedeutet, daß die Aufzeichnung des Meßwertverlaufs möglichst so erfolgt, daß alle relevanten Werte rekonstruiert werden können und redundante und/oder irrelevante Daten weder die Verarbeitung erschweren noch das Speichermedium oder den Übertragungsweg unnötig belegen. Das ist durch eine problemspezifische Vorverarbeitung schon während der Erfassung möglich, wenn die Aufzeichnung der Daten adaptiv erfolgt, d.h. in Zeitabständen, die dem Signalverlauf angepaßt sind. Einfachere Beispiele sind die Unterdrückung von Störsignalen bekannter Frequenz durch Filter oder die Verringerung von Rauschen durch Mittelung.

Die von den Erfassungseinheiten gelieferten Signale werden bei der **Bearbeitung** so umgeformt, daß die Darstellung der wesentlichen Information möglich ist. Neben einer weiteren Informationsselektion und/oder Signalumformung in der Signalaufbereitung fällt darunter auch die Verknüpfung von mehreren Signalen. Über die Meßfunktionen werden aus den aufbereiteten Signalen Kennwerte ermittelt und angezeigt. Dies kommt einer objektiven Auswertung gleich.

Für eine Auswertung durch einen menschlichen Beobachter ist eine graphische Darstellung besonders gut geeignet. Die **Darstellung** erfolgt graphisch zweidimensional, die **Auswertung** durch die Ablesung durch den Beobachter - also durch eine subjektive Beurteilung. Dabei stehen zunehmend objektive Hilfsmittel, wie Fadenkreuz oder Cursor, zur Verfügung. Der menschliche Gesichtssinn ist besonders gut trainiert, aus dieser graphischen Darstellung Information aufzunehmen, zu verarbeiten und wesentliche Details abzuleiten. Das menschliche Gehirn kann ein Bild gut aufnehmen, sich eine Graphik gut merken und mit anderen gleichartigen oder zumindest ähnlichen Informationen vergleichen.

4.1.2 Gegenüberstellung analoger und digitaler Ausführungsformen

Außer der analogen Vorverarbeitung kann jede der Einheiten analog oder digital ausgeführt sein. Es kommen auch Mischformen in Frage, wenn beispielsweise die Meßfunktionen digital implementiert sind, aber die Anzeige analog ausgeführt ist. Es kann auch erforderlich sein, einen Signalverlauf mehrmals analog/digital und digital/analog umzusetzen, wenn zum Beispiel eine digitale Übertragungsstrecke zwischen einer analogen Erfassungseinheit und einer analog/digital gemischt ausgeführten Bearbeitungs- und Auswerteeinheit existiert.

Mit Analogschaltungen werden Signalverläufe so bearbeitet oder aufbereitet, daß ihre Kontinuität erhalten bleibt. Im Vergleich zur analogen Erfassung liegt ein wesentlicher Vorteil der digitalen Erfassung in der mit ihr verbundenen **objektiven Bewertung**. Bei dieser Digitalisierung kann allerdings die Information über den exakten Signalverlauf im Zeitintervall zwischen den Bewertungszeitpunkten nicht erfaßt werden und geht daher verloren.

Vorteile der digitalen Erfassung sind außerdem die Möglichkeiten des einfachen Speicherns des Signalverlaufes und der programmierbaren und **flexiblen rechnerischen Auswertung**. Ein Vergleich mit Referenzsignalen auf Grund von mathematisch formulierten Kriterien erleichtert oder ersetzt die ermüdende und aufwendige subjektive Auswertung, so daß in Produktion und Service viel weitergehende Überprüfungen ohne übermäßigen Aufwand durchgeführt oder **automatisiert** werden können. Ein weiterer Vorteil der Digitaltechnik ist die Möglichkeit einer **störsicheren Übertragung**. Auch die Berechnung von Kennwerten, wie Effektivwert oder Leistung, und eine mathematische Bearbeitung, die nahezu beliebig kompliziert sein kann, ist in digitaler Form meist weniger aufwendig. Selbst die **Darstellung** erfolgt häufig digital auf LCD- oder Fernsehröhren-Rasterschirmen. Gegenüber der Verwendung einer analogen Kathodenstrahlröhre ergeben sich die Vorteile einer geringeren Bautiefe (und bei LCD-Schirmen geringen Leistungsaufnahme), die Möglichkeit einer farbigen Darstellung und eine hohe Flexibilität durch genormte Schnittstellen. Sind alle Komponenten außer der analogen Vorverarbeitung digital ausgeführt, spricht man von **digital arbeitenden Geräten**. Bei digital arbeitenden Geräten in der mittleren Leistungsklasse werden die Werte der Dynamik, Grenzfrequenz und Bandbreite ebenso wie die Feinheit der Amplitudendarstellung überboten, die in der Analogtechnik erreicht wurden. In Labor und Prüffeld ersetzen universell verwendbare Geräte, wie das DSO, der Datenlogger und der PC mit Meßperipherie, das Analogoszilloskop und den Schreiber. Die handliche Kombination eines Multimeters mit einem einfachen DSO mit LCD-Bildschirm bringt auch im Feldeinsatz die zusätzliche Information über Signalform und Zeitverlauf.

Eine **analoge Bearbeitung** ist der digitalen Bearbeitung in bestimmten Fällen auch zukünftig überlegen: Bei der Messung hochfrequenter Signale, wenn die Digitalisierung nicht mit der nötigen Abtastrate und/oder Auflösung möglich ist, oder bei Meßschaltungen, die bei analoger Realisierung einen niedrigeren Aufwand oder geringeren Stromverbrauch ergeben. Ersteres trifft insbesondere beim Vergleich des Spektrumanalysators mit dem FFT-Analysator zu.

Durch eine dauerhafte **Speicherung** der erfaßten Meßwerte ist eine zeitlich unabhängige und/oder wiederholte Bearbeitung möglich. Eine Speicherung des analog angezeigten Signalverlaufes ist zwar mit speziellen Kathodenstrahlröhren möglich. Einerseits ist aber der Aufwand dafür im allgemeinen viel höher als für eine Digitalisierung und digitale Speicherung, und andererseits ist eine wiederholbare Bearbeitung nicht möglich. Mit einem Magnetband ist sowohl die analoge Speicherung als auch die wiederholte analoge Bearbeitung möglich; allerdings nur mit laufendem Informationsverlust. Die digitale Speicherung ist nicht nur aus Kostengründen einer analogen vorzuziehen. Schließlich können digitale Daten ohne laufenden Verlust an Genauigkeit beliebig lange gespeichert und mathematisch beliebig oft und in beliebiger Form bearbeitet werden.

Als **Protokollierung** bezeichnet man die dauerhafte Aufzeichnung, insbesondere von rechtlich relevanten Daten. Dabei ist dafür zu sorgen, daß die Daten nicht versehentlich gelöscht werden können. Die Registrierung auf Papierstreifen mit einem elektromechanischen Schreiber eignet sich dafür besonders gut, da ein unbeabsichtigtes Löschen kaum möglich ist. Eine Magnetband-Kassette, die nur in einer Richtung betrieben wird, ist in dieser Hinsicht z.B. sicherer als eine Diskette, bei der jederzeit ein wahlfreier Zugriff möglich ist.

4.1.3 Weiterführende Behandlung der Digitalisierung

Im Kap. 1.6 wurde bereits die Digitalisierung von Meßwertverläufen behandelt. Bei der Betrachtung der Zeitdiskretisierung wurde das **Abtasttheorem** und die damit verbundene Möglichkeit einer idealen Rekonstruktion erörtert. Die Unsicherheiten der Amplitudendiskretisierung bzw. Quantisierung wurde als **Quantisierungsunsicherheit** bezeichnet und mit dem zugehörigen **Rauschmodell** beschrieben. In diesem Abschnitt folgen Betrachtungen über die Anwendbarkeit des Abtasttheorems bei typischen Aufgaben der Meßtechnik. Es werden auch Alternativen zum äquidistanten Abtasten und zur Rekonstruktion durch si-Interpolation vorgestellt.

Voraussetzung für eine sinnvolle Anwendung der Methoden der digitalen Meßsignalverarbeitung ist, daß die erfaßten Daten hinreichend genau erfaßt werden:

- Die Amplitudenauflösung der Analog-Digital-Umwandlung muß so hoch sein, daß die Störeffekte durch die Quantisierungsunsicherheit kleiner als die geforderte Meßgenauigkeit sind.
- Die zeitliche Auflösung der Analog-Digital-Umwandlung muß so fein sein, daß alle wesentlichen Details und Signalkomponenten bis zu hinreichend hohen Frequenzen erfaßt werden, und dadurch Fehlinformationen vermieden werden, wie sie insbesondere durch den Aliasing-Effekt (Kap. 1.6.2.3) entstehen, der "verfremdete", verfälschte Frequenzen vortäuscht.

Die digitale Erfassung bringt zwei wesentliche Nachteile mit sich. Die Amplitudenwerte sind mit einer Unsicherheit behaftet, und die Information über den exakten Signalverlauf zwischen den Abtastwerten geht verloren. Je höher die Auflösung des Quantisierers ist und je kürzer die Abtastperiode ist, desto geringer werden die Nachteile der digitalen Erfassung. Dies entspricht dem Übergang von der Differenz zum Differential und dem damit verbundenen Übergang von diskreten zu kontinuierlichen Funktionen in der Mathematik.

4.1.3.1 Abtastung

Für die folgende Beschreibung der Abtastung ist keine bzw. eine unendlich feine Quantisierung vorausgesetzt. Für die exakte Rekonstruktion, die Interpolation des Signals zwischen den Abtastwerten, müssen nach dem Abtasttheorem folgende Voraussetzungen erfüllt sein:

- Die Rekonstruktion erfolgt unter Berücksichtigung unendlich vieler Abtastwerte, also eines unendlich langen Zeitraums.
- Die Abtastung erfolgt periodisch und die Abtastfrequenz f_{abt} ist größer als das zweifache der höchsten im Signal enthaltenen Frequenz $f_{sig,max}$.
- Der Abtastvorgang ermittelt den Amplitudenwert eines Signals $x(t)$ zu einem bestimmten Zeitpunkt t_{abt}. Der Abtastwert entspricht dem Momentanwert $x(t_{abt})$ des Signals.

Die exakte Periodizität der Abtastung kann im allgemeinen durch den Einsatz eines Quarzoszillators als Taktgenerator hinreichend gut gewährleistet werden. Die **Momentanwertabtastung** ist praktisch nicht exakt realisierbar. Die Einflüsse einer endlichen Dauer des Abtastvorganges, der Aperturzeit, sind in Kap. 1.6.2.2 behandelt. In erster Näherung bewirkt die endliche Aperturzeit eine Dämpfung hochfrequenter Signalanteile ähnlich einem Tiefpaß.

In der Praxis kann nur ein **endlicher Aufzeichnungszeitraum** ausgewertet werden. Im Sinne des Abtasttheorems wird dann nicht das tatsächliche Signal $x(t)$ verwendet, sondern ein "herausgeschnittenes" Signal $xw(t)$. $xw(t)$ hat Unstetigkeitsstellen am Anfang und am Ende des Aufzeichnungszeitraums, die bewirken, daß in $xw(t)$ wesentlich höherfrequente Signalanteile vorkommen als in $x(t)$. Die ideale Rekonstruktion im Sinne des Abtasttheorems ist somit nicht mehr möglich, weil durch dieses Herausschneiden, auch Fensterung genannt, Aliasingeffekte (Kap. 1.6.2.3) auftreten. Dieser störende Einfluß wird verringert, indem die aufgezeichneten

Werte mit gewichtenden Fensterfunktionen multipliziert werden. Der Verlauf dieser Fensterfunktionen wird so gewählt, daß sie einen stetigen Übergang des "gefensterten" Signals $xw(t)$ gewährleisten. Die Auswertung bzw. Rekonstruktion nach dem Abtasttheorem bzw. mit si-Funktionen ist dann im mittleren Bereich der Fensterfunktion hinreichend genau, an den Rändern weicht sie deutlich vom tatsächlichen Verlauf ab. Dies bedingt, daß nicht alle aufgezeichneten Werte mit guter Genauigkeit rekonstruiert werden können. Eine Auswahl häufig verwendeter Fensterfunktionen ist in Kap. 4.4.3.6 behandelt.

Das Abtasttheorem ist auf der Basis eines **bandbegrenzten Signalmodells** formuliert. Auf vielen Gebieten, zum Beispiel in der Audiotechnik, Nachrichtentechnik und der Frequenzanalyse, wird durch den Einsatz von Anti-Aliasing-Filtern die Gültigkeit dieses Signalmodells gewährleistet. Dies ist sinnvoll, wenn die relevante Information in einem wohl definierten und bekannten Frequenzbereich des Eingangssignals liegt. Die Frequenzkomponenten können dabei über diesen Bereich beliebig verteilt sein. Ist das Frequenzband, wie bei vielen meßtechnischen Aufgabenstellungen, nicht begrenzt, wird auf Anti-Aliasing-Filter verzichtet, weil sie wichtige, im Signal

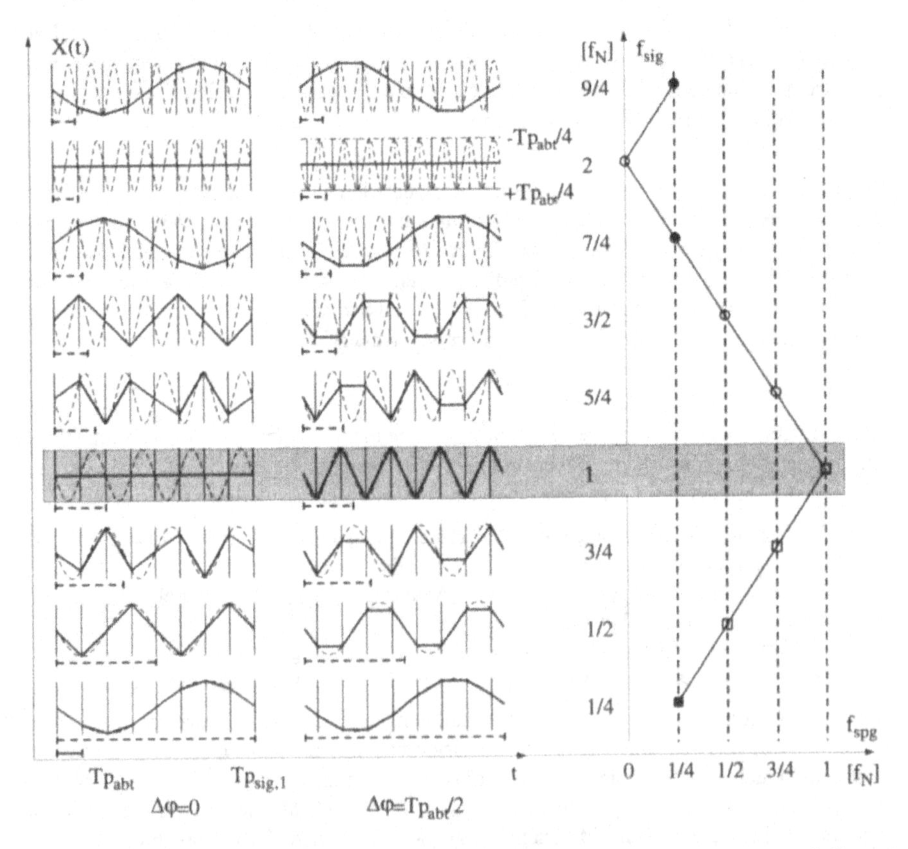

Abb. 4.1.2 Digitale Erfassung eines sinusförmigen Signals mit einer Frequenz unterhalb und oberhalb der Nyquistfrequenz, dargestellt mit linearer Interpolation: Abhängigkeit von der Phasenlage des Nulldurchganges des Signals zur Abtastfrequenz, Auftreten von Spiegelfrequenzen und Bildungsgesetz ihrer Werte. Die Werte der Signalfrequenz sind bezogen auf die Nyquistfrequenz $f_N = f_{abt}/2$ angegeben. Die Signalfrequenz $f_1=f_N/4$ tritt verfälscht wieder bei $7.f_1$ und $9.f_1$ auf, $f_2=f_N/2$ wieder bei $3.f_2$ (und $5.f_2$).

enthaltene Information unterdrücken würden. Durch Anwendung eines anderen, wohldefinierten Signalmodells können Frequenzkomponenten bis weit über die halbe Abtastrate erfaßt und ausgewertet werden. Die Gültigkeit des verwendeten Modells ist dabei zu überprüfen.

Das Abtasttheorem stellt also keine unüberschreitbare Grenze dar. Vielmehr bietet es eine Vereinfachung der Auswertung durch die Standardisierung von Auswerte- und Rekonstruktionsmethoden. Diese in Kap. 1.6.5 behandelten Standardmethoden sind in vielen Meßgeräten implementiert. Ihre Verwendbarkeit ist allerdings an die Grenze des Abtasttheorems gebunden ($f_{abt} > 2 \cdot f_{sig,max}$).

Bei DSOs werden generell keine Anti-Aliasing-Filter eingebaut, um die maximal erfaßbare Signalinformation auswerten zu können. Die Folge der Abtastwerte kann somit immer unverfälscht erfaßt und dargestellt werden. Für die richtige Interpolation zwischen den Abtastwerten muß ein Signalmodell bekannt sein. Wird allerdings ein falsches Signalmodell als Basis der Rekonstruktion herangezogen, kann das rekonstruierte Signal zwischen den Abtastwerten, im Rahmen des in Frage kommenden Wertebereichs, beliebig weit vom Originalsignal abweichen. Dies ist zum Beispiel der Fall, wenn bei der Erfassung Aliasing aufgetreten ist und für die Rekonstruktion bzw. Darstellung eine der standardmäßig angebotenen Interpolationen, lineare oder si-Interpolation, verwendet wird (Abb. 4.1.2).

Bei falsch angenommenem Signalmodell oder Überschreitung der Modellgrenzen ist die Unsicherheit auf Grund der Zeitdiskretisierung die wesentliche Fehlerquelle, unabhängig von der Quantisierung. Wird das richtige Modell für das Meßsignal angenommen, dann ist die Unsicherheit des rekonstruierten Signals im wesentlichen allein durch die Quantisierung bestimmt. Die Zeitdiskretisierung hat in diesem Fall keinen Einfluß, da die Kenntnis des Signalmodells theoretisch eine exakte Interpolation ermöglicht, die durch digitale und/oder analoge Filterung sehr gut angenähert werden kann.

Bei Messungen ohne Anti-Aliasing-Filter ist es oft schwierig, die nötige Abtastrate zu bestimmen, vor allem dann, wenn die maximale Signalfrequenz nicht bekannt ist. Für das Ausmaß einer allenfalls auftretenden Unsicherheit der Rekonstruktion kann ein realitätsnahes Beispiel dienen. Tritt ein Signaldetail, zum Beispiel eine Abweichung von einem Sinusverlauf, nur in einem beschränkten Zeitintervall auf, so kann es bei der Auswertung nur dann sicher erkannt werden, wenn mindestens ein Abtastwert in diesem Zeitintervall liegt. Für eine Charakterisierung der

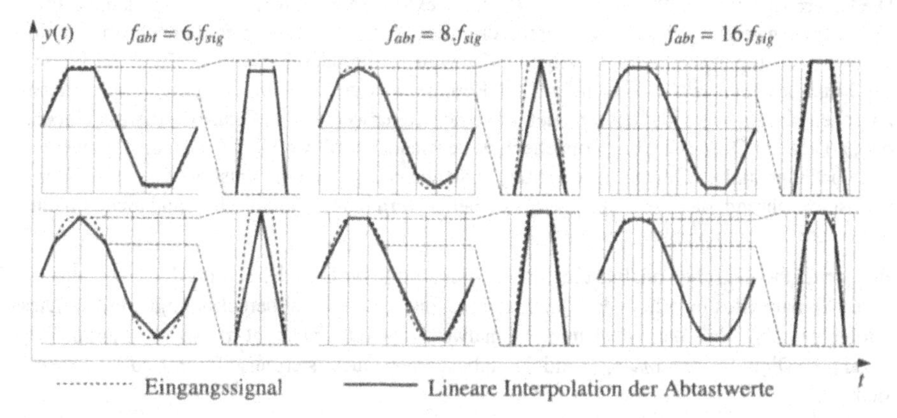

Abb. 4.1.3 Digitale Erfassung eines (z.B. übersteuerten) sinusförmigen Signals, das bei 90% des Spitzenwertes scharf begrenzt ist. Für ein sicheres Erfassen der Amplitude bei verschiedenen Phasenbeziehungen muß die Abtastfrequenz größer als die siebenfache Signalgrundfrequenz sein. Erst bei der 16-fachen Signalgrundfrequenz wird auch der Verlauf erfaßt

Störung müssen mindestens zwei Abtastwerte im Zeitintervall liegen. Ist zum Beispiel ein Sinussignal bei 90 % des Spitzenwertes in der Amplitude scharf begrenzt, so sind für die sichere Erfassung dieser Störung (bei jeder Phasenlage des Signals zur Abtastfrequenz) mehr als 7 Abtastungen pro Signalperiode notwendig, siehe auch Abb. 4.1.3, bei Begrenzung bei 99 % schon mehr als 23 Abtastungen. Ist das Signalmodell nicht bekannt und wird mit einer linearen Interpolation zwischen den Abtastwerten rekonstruiert, dann sind für eine qualitativ hochwertige Rekonstruktion noch erheblich mehr Abtastwerte je Signalperiode nötig. Diese Betrachtung des Zeitverlaufes ermöglicht es, in einfacher Form die nötige Abtastfrequenz abzuschätzen. Dazu äquivalent ist eine Abschätzung im Frequenzbereich mit Hilfe der Annahme, daß die Dauer der Störung in erster Näherung der Periodendauer der höchsten zu erfassenden Signalfrequenz entspricht.

Ein anderes Beispiel soll zeigen, daß Signalfrequenzen weit über der Abtastrate erfaßt und richtig ausgewertet werden können, wenn ein geeignetes Signalmodell bekannt ist, beziehungsweise zusätzliches a priori Wissen über das Signal eingebracht wird. Das Ausgangssignal eines Verstärkers, der mit einem rein sinusförmigen Signal mit der Frequenz $f_{sig,1}$ angeregt wird, wird mit Abtastrate f_{abt} digital erfaßt. Das Ziel der Messung ist es, die Nichtlinearität des Verstärkers festzustellen, indem die Amplituden der Oberwellen im Ausgangssignal gemessen werden. Selbst wenn $f_{sig,1} > f_{abt}/2$ ist, kann die Meßaufgabe gelöst werden, wenn bei der Erfassung kein Anti-Aliasing-Filter verwendet wird. Man kann ein Modell für das zu messende Ausgangssignal $y(t)$ bilden, das alle relevanten Größen enthält: $y(t)$ ist ein periodisches Signal und setzt sich aus der Summe von Sinussignalen zusammen, deren Frequenzen bekannt und ganzzahlige Vielfache von $f_{sig,1}$ sind. Es kann angenommen werden, daß nur endlich viele Oberwellen einen wesentlichen Beitrag zum Gesamtspektrum liefern. Bei der Auswertung des Spektrums des abgetasteten Signals werden alle relevanten Spektrallinien im Bereich $f = 0$ bis $f_{abt}/2$, also bei falschen Frequenzen dargestellt. Auf Grund der periodischen Fortsetzung des Signalspektrums bei der Abtastung (Kap. 1.6.2.1) können die tatsächlichen Frequenzen (Vielfache der bekannten Grundfrequenz) und ihre Amplituden ermittelt werden, insbesondere dann, wenn die Abtastfrequenz mit der Signalfrequenz nicht korreliert ist oder mit zwei verschiedenen, nicht korrelierten Frequenzen gleichzeitig abgetastet wird.

4.1.3.2 Quantisierung

Die Diskretisierung des Wertes $x(t_{abt})$ ist eine objektive Bewertung. Das Ergebnis kann prinzipiell nicht den genauen Wert $x(t_{abt})$ liefern, da einem kontinuierlichen Wertebereich ein digitaler Ergebniswert zugeordnet wird. Im allgemeinen wird als digitales Ergebnis $x_{dig}(t_{abt})$ der Wert in der Mitte des Intervalls als bestmöglicher Repräsentant gewählt. Im Abtastzeitpunkt besteht zwischen diesem Wert und der genauen Lage des Signalwertes eine **Quantisierungsdifferenz** $qd(t_{abt})$, die als **Quantisierungsunsicherheit** bezeichnet wird, weil ihre Größe im allgemeinen nicht bekannt ist. Die übliche Bezeichnung "Quantisierungs-**Fehler**" entspricht nicht der Norm und ist irreführend, da es sich um eine prinzipiell unvermeidbare Eigenschaft und nicht um eine behebbare Unzulänglichkeit handelt.

Bei der mathematischen analytischen Behandlung muß die Unsicherheit der Lage des abgetasteten Signalwertes innerhalb des Quantisierungsintervalls formal berücksichtigt werden. Dies erfolgt dadurch, daß der unbekannte Signalwert im Abtastmoment $x(t_{abt})$ als Summe des bekannten Digitalwertes $x_{dig}(t_{abt})$ und der unbekannten Quantisierungsdifferenz $qd(t_{abt})$ dargestellt wird:

$$x(t_{abt}) = x_{dig}(t_{abt}) + qd(t_{abt}) \quad . \tag{1}$$

Die Quantisierungsunsicherheit führt bei der realen Rekonstruktion oder der Weiterverarbeitung zu Effekten, die einem überlagerten Störsignal entsprechen. Der Zeitverlauf dieses zeitdiskreten Störsignals hat Eigenschaften, die stark vom Signalverlauf, der Abtastfrequenz und der Auflösung der Quantisierung abhängen. Wie in Kap. 1.6.3 erörtert, kann die Quantisierungsunsicherheit unter bestimmten Vorausetzungen durch ein Rauschen angenähert werden. Sie wird dann als **Quantisierungsrauschen** bezeichnet.

Bei niedriger Signalfrequenz, grober Amplitudenauflösung oder niedriger Amplitude können die Werte der Quantisierungsdifferenz zueinander oder zum Eingangssignal korreliert sein. Die Näherung als Rauschmodell ist dann für die mathematische Behandlung nicht zulässig. Liegen zum Beispiel mehrere aufeinanderfolgende Abtastwerte in demselben Quantisierungsintervall, so entspricht ihr Verlauf einer Rampe. In diesen Fällen kann am Signaleingang ein zusätzliches Störsignal überlagert werden ("Dithering"), durch das eine eventuell vorhandene Korrelation aufgehoben wird und die richtigen Voraussetzungen für die weitere Bearbeitung als Rauschen geschaffen werden.

Schließlich ist darauf hinzuweisen, daß sich diese Unsicherheitsbereiche für den abgetasteten Amplitudenwert zwangsläufig selbst bei einer idealen Funktion der verwendeten Schaltungen ergeben. Zusätzlich dazu haben reale Schaltungen Fehler und Unsicherheiten hinsichtlich der Grenzen der Amplitudenintervalle und der zeitlichen Erfassung, insbesondere die differentielle Nichtlinearität und der Aperture-(delay-)jitter, die zu zusätzlichen Effekten oder Fehlern führen. Für die Messung von Zeitwerten an Signalen mit steilen Flanken (wenn zwischen zwei Abtastungen mehrere Quantisierungsstufen überstrichen werden, z.B. bei der Messung der Impulsdauer), ergibt sich die Unsicherheit aus dem zeitlichen Abtastintervall und dem Aperture-jitter. Umgekehrt ergibt bei der Messung von Amplitudenwerten die Quantisierungsunsicherheit den wesentlichen Störeinfluß, wenn das Signal während mindestens zwei Abtastungen in demselben Quantisierungsintervall bleibt.

4.1.3.3 Alternative Aufzeichnungsarten

Für meßtechnische Anwendungen kann durch die zusätzliche Aufzeichnung anderer Kennwerte außer dem Momentanwert eine Verringerung der Unsicherheitsbereiche bei der Rekonstruktion erfolgen, insbesondere, wenn gleichzeitig mehrere Kennwerte zu jedem Aufzeichnungsintervall ermittelt werden. Die Aufzeichnung der Kennwerte kann in unregelmäßigen Zeitintervallen, an den Signalverlauf angepaßt, erfolgen.

Mit einer analogen Signalaufbereitung vor oder parallel zur Abtastung kann eine Verbesserung bei Signalen mit Frequenzen im Bereich um und über der Abtastfrequenz erreicht werden. Es kann zum Beispiel das Eingangssignal gleichzeitig mit zwei Abtastschaltungen erfaßt werden einer Momentanwert-Abtastschaltung und einer zweiten über die Abtastperiode integrierenden Kennwerterfassung. Mit beiden Werten zusammen kann der Verlauf zwischen den Abtastwerten besser rekonstruiert werden.

Viel weitergehende Möglichkeiten bestehen für den Frequenzbereich weit unterhalb der Abtastfrequenz durch eine digitale Vorverarbeitung. Es können Kennwerte digital ermittelt werden, und die Aufzeichnungsintervalle adaptiv an das Eingangssignal angepaßt werden. Besonders gut eignen sich dafür Kennwerte, die mit geringem Rechenaufwand laufend in Echtzeit errechnet werden können, z.B. der arithmetische Mittelwert oder der Gleichrichtwert. Beide Werte sind in leicht erkennbarer Form vom Verlauf des Signals zwischen den Abtastwerten abhängig und ermöglichen daher eine zumindest näherungsweise Interpolation für verschiedene Signalmodelle.

Eine Beschränkung auf einen periodischen und gleichen Takt für Aufzeichnung und Rekonstruktion ist nicht uneingeschränkt sinnvoll. Die Abtastung soll ständig mit der höchsten möglichen Abtastfrequenz des ADC erfolgen, um möglichst viel Information zugänglich zu machen. Allerdings sollen nur relevante und nicht redundante Werte aufgezeichnet werden, damit das Speichermedium optimal ausgenützt und die Auswertung erleichtert wird. Diese Vorgangsweise ist Stand der Technik bei DSOs für einfache Signalmodelle. Gleichzeitig stellt diese Methode ein nahezu unbegrenztes Gebiet für eine an das jeweilige Meßproblem angepaßte Diagnosetechnik dar. Die Aufnahme von Signalverläufen kann an vorliegende, kategorisierte Signalverläufe angepaßt werden, so daß die gespeicherte Datenmenge möglichst alle erhältliche Information über möglichst lange Zeit enthält. Wird nur die relevante und nicht redundante Information aufgezeichnet, so kann die weitere Auswertung mit optimalisiertem Aufwand erfolgen. Insbesondere können auch definierte, verschiedene Effekte durch verschiedene angepaßte Interpolationsmethoden selektiv hervorgehoben und dadurch unterschieden werden.

4.1.4 Gegenüberstellung der Auswertungen im Zeit- und Frequenzbereich

Die Erfassung von allgemeinen bandbegrenzten Signalen ist prinzipiell als Frequenzspektrum oder als Zeitverlauf möglich und sinnvoll. Je nach der für die Anwendung nötigen weiteren Verarbeitung ergeben sich aber in beiden Fällen erhebliche Unterschiede im Aufwand und der erreichbaren Genauigkeit. Ein Vergleich der digitalen Audiotechnik mit der Sprachkompression und Sprachsynthese zeigt sehr eindrucksvoll die Möglichkeiten, die sich aus den unterschiedlichen Darstellungsformen ergeben. Die Aufzeichnung in der Audiotechnik erfolgt als digitale Wertfolge im Zeitbereich. Die anfallende Datenmenge ist sehr groß, die Rekonstruktion kann aber mit nahezu idealer Qualität und sehr geringem technischen Aufwand erfolgen. Geringe Datenmengen ergeben sich bei einigen Methoden, beispielsweise bei der Sprach- und Bildkompression, wobei auch in aufeinanderfolgenden Zeitfenstern die Signalinformation als Spektrum erfaßt wird. Die Rekonstruktion dieser Information erfordert eine Umsetzung in den Zeitbereich, die in Echtzeit nur mit eingeschränkter Qualität möglich ist und trotzdem häufig einen hohen technischen Aufwand erfordert.

Zur Beschreibung von Signalen kann sowohl das Frequenzspektrum, als auch der Zeitverlauf besonders gut geeignet sein. Periodische, modulierte und stochastische Signale werden vorzugsweise im Frequenzbereich, aperiodische Signale eher im Zeitbereich beschrieben. Die Darstellung des Zeitverlaufes ist besonders auch bei den in der Elektrotechnik sehr wichtigen Schaltvorgängen vorteilhaft. Wichtige zeitlichen Kennwerte, wie Umschalt- oder Einschwingzeiten, können aus dem Zeitverlauf leicht, aber aus dem Frequenzspektrum kaum in einer einfachen Form ermittelt werden. Umgekehrt können Kennwerte wie Klirrfaktor und SNR günstiger im Frequenzbereich ermittelt werden.

Die Beschreibung der Eigenschaften eines linear arbeitenden Verstärkers oder Filters ist im Frequenzbereich besonders einfach möglich. Der Amplitudengang und der Phasengang - das sogenannte Bodediagramm - oder eine Ortskurve liefern eine vollständige Beschreibung. Wesentliche Kennwerte sind Grenzfrequenz, Bandbreite, Welligkeit und Sperrdämpfung. Für einfache Filter, speziell erster Ordnung, ist die Untersuchung und Darstellung der Sprungantwort häufig einfacher als die Aufnahme von Bodediagramm oder Ortskurve. Sie erfolgt mit sogenannten Rechteckimpulsen (trapezförmigen Impulsen mit steiler Flanke und hinreichender Dauer). Eine vollständige Erfassung der Eigenschaften eines nichtlinearen Übertragungsgliedes in Abhängigkeit von Amplitude und Frequenz verlangt auf alle Fälle einen größeren Aufwand. Die Überprüfung mit steilen trapezförmigen oder Dreiecksignalen ergibt im Zeitbereich oft rasch einen guten Überblick.

Im allgemeinen ist die Messung des Zeitverlaufs weniger aufwendig als die des Spektrums. Es gibt für beide Arten vollständig analoge Geräte, Mischformen und vollständig digitale Geräte. Der Verlauf des Frequenzspektrums kann über analoge Filter ermittelt, oder aus einer digitalen Wertefolge über die Fourier-Transformation berechnet werden.

4.2 Analogoszilloskopie

R. Patzelt und A. Steininger

4.2.1 Grundlagen

Das Wort **Oszillograph** bedeutet Schreibgerät, das Wort **Oszilloskop** bedeutet Sichtgerät zur Schwingungsdarstellung. Im Deutschen wird jedoch die Bezeichnung Oszillograph häufig auch für das Oszilloskop verwendet.

Das Analogoszilloskop ist ein vielseitig verwendbares Universalmeßgerät. Obwohl es zunehmend durch das Digitalspeicheroszilloskop (Kap. 4.3) ersetzt wird, ist es derzeit noch ein Standardmeßgerät zur Darstellung von elektrischen Signalen als Funktion der Zeit (*Y*/*t*-Darstellung) oder als Funktion einer anderen elektrischen Größe (*Y*/*X*-Darstellung). Es eignet sich insbesondere für periodische und repetitive Signale mit Wiederholraten über etwa 10 Hz. Langsamere oder einmalig auftretende Vorgänge werden mit Schreibern und digital speichernden Geräten wie Digitalspeicheroszilloskopen oder Transientenrekordern erfaßt. Für spezielle Anwendungen finden auch analoge Speicheroszilloskope Verwendung.

Im analog arbeitenden Kathodenstrahloszilloskop wird ein Elektronenstrahl mit konstanter Geschwindigkeit horizontal über den Bildschirm geführt und in vertikaler Richtung proportional zum Eingangssignal abgelenkt. Dadurch entsteht bei genügend großer Wiederholfrequenz beim Betrachter der Eindruck eines stehenden Bildes der Funktion $y = f(t)$.

Das analoge Kathodenstrahloszilloskop hat als Anzeigevorrichtung spezielle Eigenschaften:

- Der Elektronenstrahl wirkt als praktisch masseloser Zeiger und hat eine Einstellzeit von wenigen ns, in Kathodenstrahlröhren mit speziellem Vertikalablenksystem sogar bis unter 1ns. Dadurch ist es möglich, Signale mit Frequenzanteilen bis zu etwa 1 GHz darzustellen.
- Der Bildschirm ermöglicht eine zweidimensionale Darstellung, also eine Spannung als Funktion der Zeit oder auch einer zweiten Spannung. Eine Registrierung ist nur fotografisch möglich.
- Mit modernen Meßverstärkern läßt sich eine sehr hohe Eingangsempfindlichkeit erreichen.
- In Mehrkanaloszilloskopen können mehrere Eingangssignale auf dem Bildschirm scheinbar gleichzeitig dargestellt werden.

Den prinzipiellen Aufbau eines (Einkanal-) Oszilloskops zeigt Abb. 4.2.1. Die wichtigsten Teile sind ein *X*- und ein *Y*-Signalweg, auch Kanal genannt, und der Bildschirm.

Die erste Einheit im Signalpfad des **Vertikalteiles** ist die umschaltbare **Signalkopplung**. Über S_1 kann das Meßsignal direkt (DC) oder über einen Kondensator (AC) weitergeführt werden, oder der Verstärkereingang wird an Masse gelegt (GND). Danach gelangt es an einen hochohmigen, frequenzkompensierten **Abschwächer**, der in groben Stufen (meist dekadisch) umschaltbar ist, und schließlich an einen mehrstufigen **Eingangsverstärker**. Von dessen Stufen ist meist eine mit umschaltbarem Verstärkungsfaktor (typisch 1 : 2 : 5) und einer kontinuierlichen Feineinstellung ausgeführt, sodaß das Signalbild an die Höhe des Bildschirmes angepaßt werden kann. Nach diesem Verstärker wird ein Signal für die Triggerverarbeitung abgezweigt.

Mehrkanaloszilloskope haben mehrere gleiche Eingangskanäle für die Vertikalsignale, meist mit Y_1, Y_2 usw. bezeichnet, und einen Umschalter für die gleichzeitige Darstellung mehrerer Analogsignale.

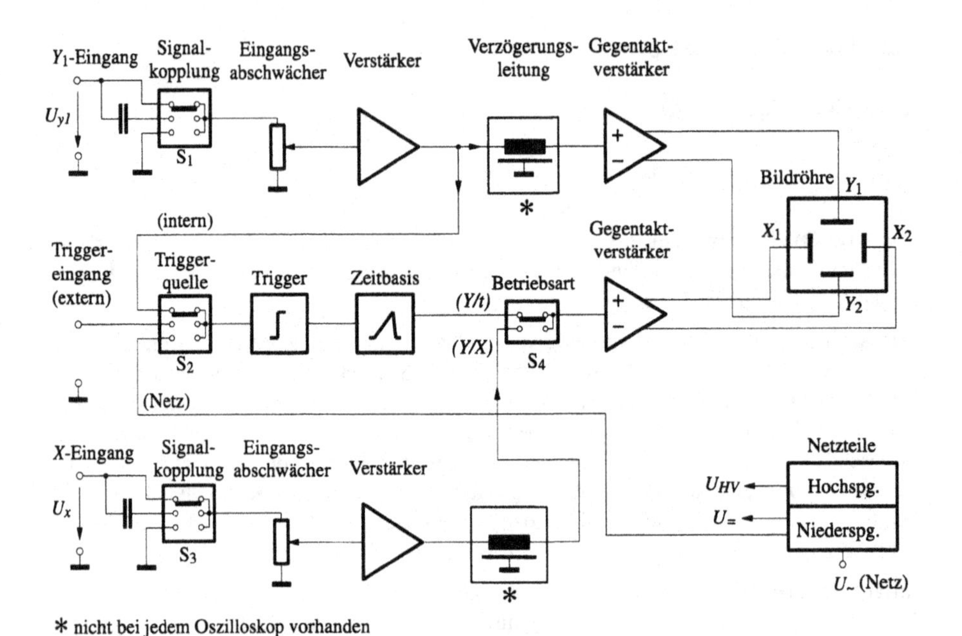

Abb. 4.2.1 Blockschaltbild eines Einkanaloszilloskops mit Zeitbasis zur *Y/t*-Darstellung und einem *X*-Verstärker für *X/Y*-Darstellung

Um Verzerrungen des Schirmbildes zu vermeiden, muß der Mittelwert der Potentials im Ablenksystem unabhängig von der Signalspannung konstant bleiben. Daher werden für die *X*- und *Y*-Ablenk-Platten über **Endverstärker** Signalspannungen mit jeweils entgegengesetzter Polarität erzeugt. Diese Verstärker müssen in der Lage sein, bei der höchsten verarbeiteten Frequenz die Kapazität der Ablenkplatten (einige 10 pF) mit einer Amplitude von einigen 10 V bei entsprechender Genauigkeit und Linearität auszusteuern.

Der **Horizontalteil** des Kathodenstrahloszilloskops umfaßt Zeitbasis, Trigger, *X*-Verstärker, *X*-Positionsregler und eventuell weitere Funktionseinheiten, wie eine zweite Zeitbasis. Der Umschalter S4 in Abb. 4.2.1 ermöglicht die Ansteuerung in *X*-Richtung entweder vom internen Zeitbasisgenerator oder von einem *X*-Eingang. Dieser sogenannte ***Y/X*-Betrieb** eignet sich für die Darstellung von Kennlinien und Übertragungsfunktionen.

Die Mehrzahl der üblichen Meßanwendungen erfolgt in der **Betriebsart Y/t** . Dabei sorgt die **Zeitbasis** für eine in weiten Grenzen einstellbare, gleichförmige Ablenkung des Elektronenstrahls in horizontaler Richtung. Der Leuchtpunkt wandert mit definierter, konstanter Geschwindigkeit von links nach rechts über den Schirm und wird bei Erreichen der rechten Schirmbegrenzung dunkelgetastet und gleichzeitig schnell nach links zurückgeführt. Die Zeitbasis muß durch eine **Triggerschaltung** mit dem Meßsignal synchron gestartet werden. Die Triggerung erfolgt, sobald das mit S2 als Triggerquelle gewählte Signal einen bestimmten Pegel erreicht. Dadurch wird der Nullpunkt der Zeitskala festgelegt, die Leuchtspuren der einzelnen Durchläufe decken sich und werden bei entsprechender Nachleuchtdauer des Schirms und genügend großer Wiederholfrequenz (>10 Hz) vom Betrachter als stehendes Bild wahrgenommen. Da das Triggerereignis erst die Zeitbasis auslöst, ist eine **Signalverzögerung** im Vertikalteil nötig, um den Beginn des Signals zum Triggerzeitpunkt und knapp davor am Bildschirm darstellen zu können.

Zusätzlich sind häufig **weitere Funktionen** zur Erhöhung des Bedienungskomforts oder zur Lösung spezieller Meßprobleme verfügbar. Bei Geräten mit zwei oder mehreren Eingangskanälen kann oft die Summe und die Differenz von zwei Signalen dargestellt werden. Diese Funktionen finden etwa zur Unterdrückung von überlagerten Gleichtaktsignalen Anwendung oder bei der Darstellung von Kennlinien von Bauelementen.

4.2.2 Kathodenstrahlröhre

Das Kathodenstrahloszilloskop für meßtechnische Anwendungen dient zur Darstellung von Signalverläufen in einem sehr weiten Frequenz- bzw. Zeitbereich. Es wird daher eine Kathodenstrahlröhre mit **elektrostatischer Ablenkung** verwendet. Die Grenzfrequenz des Ablenksystems solcher Röhren erreicht Werte bis zu 1 GHz. Kathodenstrahlröhren mit **magnetischen Ablenksystemen**, wie sie in Fernsehgeräten, Computern und DSOs verwendet werden, verfügen zwar über einen wesentlich größeren Ablenkwinkel und eignen sich gut dazu, Information auf einem zweidimensionalen Raster durch punktweise Hellsteuerung anzuzeigen, können aber einem beliebigen Signalverlauf mit Frequenzkomponenten aus einem weiten Frequenzbereich nicht folgen (sie werden zusammen mit einem Bildwiederholspeicher in Digitalspeicheroszilloskopen zur Anzeige verwendet). Den schematischen Aufbau einer Kathodenstrahlröhre mit elektrostatischer Ablenkung zeigt Abb. 4.2.2.

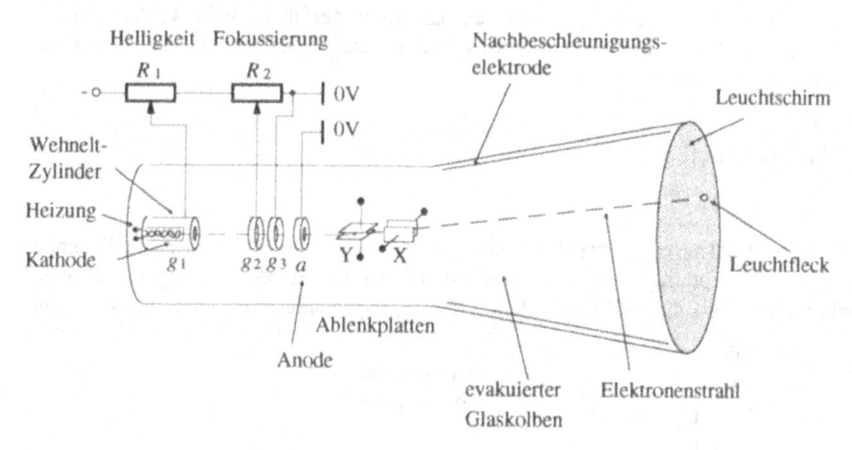

Abb. 4.2.2 Aufbau einer typischen Kathodenstrahlröhre mit elektrostatischer Ablenkung (schräges Schnittbild, schematisch)

Der Elektronenstrahl wird durch eine **Glühkathode** erzeugt, die Elektronen thermisch emittiert. Die Kathode ist vom **Wehneltzylinder** (g_1) umgeben, der ein feines Loch hat und dessen Spannung die Intensität des Elektronenstrahls steuert. Die Elektronen werden anschließend durch aufeinanderfolgende Zylinderelektroden entlang der Feldlinien beschleunigt. Um ein scharfes Strahlbild zu erhalten, muß der Strahl mit Hilfe des Fokussierungssystems aus elektrischen Linsen (g_2, g_3) fokussiert werden.

Die Ablenkung der Elektronen im Bereich des vertikalen und horizontalen Ablenksystems ist proportional zu der anliegenden Feldstärke und zur Durchflugdauer zwischen den jeweiligen Ablenkplatten. Soll eine Röhre eine hohe Empfindlichkeit haben, muß sie daher einen kleinen Plattenabstand haben, um bei kleiner Ablenkspannung eine ausreichende Feldstärke erreichen zu können. Außerdem müßte die Durchflugdauer lang und daher die Anodenspannung klein sein.

Dies ergibt aber eine geringe Helligkeit und eine niedrige Grenzfrequenz. Um dieses Problem zu umgehen, verwendet man Nachbeschleunigungselektroden, die die kinetische Energie der Elektronen nach dem Ablenksystem erhöhen, ohne jedoch die Richtung zu beeinflussen.

Da ein Elektron eine gewisse Zeit benötigt, die Ablenkeinheit zu durchqueren, und für eine unverzerrte Signaldarstellung die Feldverteilung während dieser Zeit konstant bleiben muß, ergibt sich aus Elektronengeschwindigkeit und Länge der Ablenkplatten eine für die Röhre charakteristische **Grenzfrequenz**. Es besteht ein umgekehrt proportionaler Zusammenhang zwischen Ablenkempfindlichkeit und Grenzfrequenz, weil ein Elektron bei konstanter Feldstärke umso stärker abgelenkt wird, je länger es im Bereich zwischen den Platten bleibt. Bei besonders schnellen, entsprechend aufwendigeren Röhrentypen ist daher jede Ablenkplatte in mehrere Sektionen gegliedert, die entsprechend der Elektronenstrahlgeschwindigkeit zeitlich versetzt angesteuert werden, sodaß das Ablenkfeld mit den durchfliegenden Elektronen mitwandern kann. Aber selbst dieses sogenannte **Wanderwellenablenksystem** erlaubt eine unverminderte Vertikalablenkung nur bis etwa 1 GHz.

Der **Bildschirm** ist mit einer gitterartigen, von innen beleuchteten Skalierung versehen, die zur Vermeidung von Ablesefehlern durch Parallaxe an der Röhreninnenseite angebracht ist. Die Leuchtschicht des Schirmes besteht aus einer Mischung von fluoreszenten und phosphoreszenten Stoffen und weist eine Nachleuchtdauer von bis zu 1 s auf. In Analogspeicheroszilloskopen kommen Röhren mit zusätzlichen Schirmbeschichtungen und gitterartigen Hilfselektroden zum Einsatz, die wesentlich längere Speicherzeiten bieten und gezielt gelöscht werden können. Mittels R_1 kann die Stärke des Strahlstromes und dadurch die Bildhelligkeit eingestellt werden, die auch von der Wiederholrate abhängt.

4.2.3 Horizontalteil

4.2.3.1 Zeitbasis

Im *Y*/*t*-Betrieb erfolgt die Horizontalablenkung des Elektronenstrahls entsprechend der Funktion als Zeitachse gleichförmig von links nach rechts. Die hierfür erforderliche sägezahnförmige Steuerspannung liefert die **Zeitbasiseinheit**. Die Steuerspannung steigt linear bis zu einem

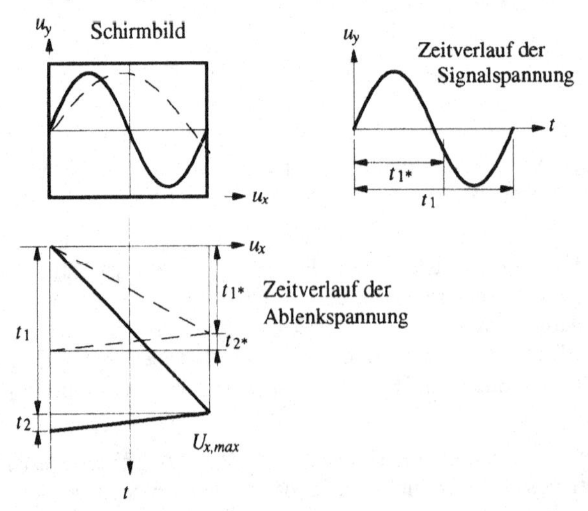

Abb. 4.2.3 Schirmbild und Verlauf der Spannungen $u_y(t)$ und $u_x(t)$ für zwei verschiedene Werte der Zeitablenkung

bestimmten Wert $U_{x,max}$ an und wird dann möglichst schnell wieder auf den Ausgangswert $U_{x,0}$ zurückgeführt. Man verwendet für die Erzeugung der Steuerspannung einen Integrator. Der Spannungshub $U_{x,max} - U_{x,0}$ ist durch die Amplitude der Ablenkspannung gegeben, die den Elektronenstrahl horizontal über die Schirmbreite (bzw. etwas darüber hinaus) aussteuert. Mit den Werten des Stroms und des Kondensators im Integrator wird die Steigung der Ablenkspannung und damit der **Zeitmaßstab** für das darzustellende Signal eingestellt (in der Einheit Zeit/cm oder Zeit/Skalenteil, Abb. 4.2.3); die auftretenden Abweichungen betragen dabei typisch 1...3%.

Während des Strahlrücklaufs und der anschließenden Wartezeit auf das nächste Triggerereignis wird der Elektronenstrahl durch Anlegen eines stark negativen Potentials an den Wehneltzylinder dunkelgetastet.

4.2.3.2 Triggerung

Zur Erzeugung eines stehenden Bildes auf dem Bildschirm ist es erforderlich, daß die Ablenkspannung u_x und die Signalspannung u_y in einer festen Zeitbeziehung zueinander stehen. Dies wird durch die **Triggerung** (nach dem englischen Wort "Trigger" = Auslösung) erreicht.

Die Zeitbasis befindet sich nach jedem Strahldurchlauf in einem Wartezustand, die Triggereinrichtung startet einen neuen Strahldurchlauf genau dann, wenn ihr Eingangssignal die Triggerbedingung erfüllt, d.h. die Schwelle des Triggerdiskriminators überschreitet. Dadurch wird der Nullpunkt für den Zeitmaßstab festgelegt.

Je nach Anwendungsbereich gibt es verschiedene Betriebsarten der Triggerung. Die wichtigsten davon sind die folgenden:

- Bei **interner Triggerung** wird das Triggersignal vom Meßsignal abgeleitet. Ein Strahldurchlauf wird ausgelöst, sobald dieses eine einstellbare Spannungsschwelle, den Triggerpegel, in positiver bzw. in negativer Richtung überschreitet. Es ist besonders zu beachten, daß sich der Nullpunkt des Zeitmaßstabes bei einer Amplitudenänderung verschieben kann. Insbesondere die Messung von Zeitdifferenzen zwischen verschiedenen Signalen kann daher ungenau oder undefiniert werden, wenn nicht sichergestellt ist, daß der Trigger nur von einem einzigen Signal konstanter Amplitude abgeleitet wird.
  Sofern der eingestellte Spannungswert in jedem Ablauf des Meßsignals nur einmal in derselben Richtung (d.h. zweimal in entgegengesetzten Richtungen) durchlaufen wird, ist ein eindeutiger Bezug zu einem bestimmten Zeitpunkt im Verlauf des Meßsignals gegeben. Bei periodischen Signalen entspricht dies einer bestimmten Phasenlage innerhalb der Periode (der Grundfrequenz).

- Bei **externer Triggerung** wird das Triggersignal über einen eigenen Trigger-Eingang zugeführt. Dafür eignet sich insbesondere der Synchronisierausgang eines Signalgenerators, der die Zeitablenkung in einer festen Beziehung zum verwendeten Testsignal auslöst, und zwar unabhängig von den gewählten Maßstäben in *X*- und *Y*-Richtung und unabhängig vom dargestellten Signal. Durch eine solche starre Kopplung der Zeitbasis an ein Referenzsignal wird eine eindeutige Messung von Zeitdifferenzen oder Phasenverschiebungen sicher gewährleistet. Oft läßt sich am Signalgenerator eine Zeitverschiebung (Delay) bzw. Phasenverschiebung zwischen Triggersignal und Meßsignal vorgeben, sodaß der Triggerzeitpunkt auch vor den Beginn des Meßsignals gelegt werden kann. Die externe Triggerung ist bei Messungen mit einem Signalgenerator daher günstiger als interne Triggerung und sollte bei der Messung von Zeit- und Phasenverschiebungen unbedingt benützt werden.

- Bei **Netztriggerung** wird das Triggersignal von der Netzfrequenz abgeleitet. Dies eröffnet die Möglichkeit von Messungen an Signalen, die in einer bestimmten Beziehung zur Netzfrequenz stehen, etwa den Nachweis von netzfrequenten Überlagerungen oder Störungen.

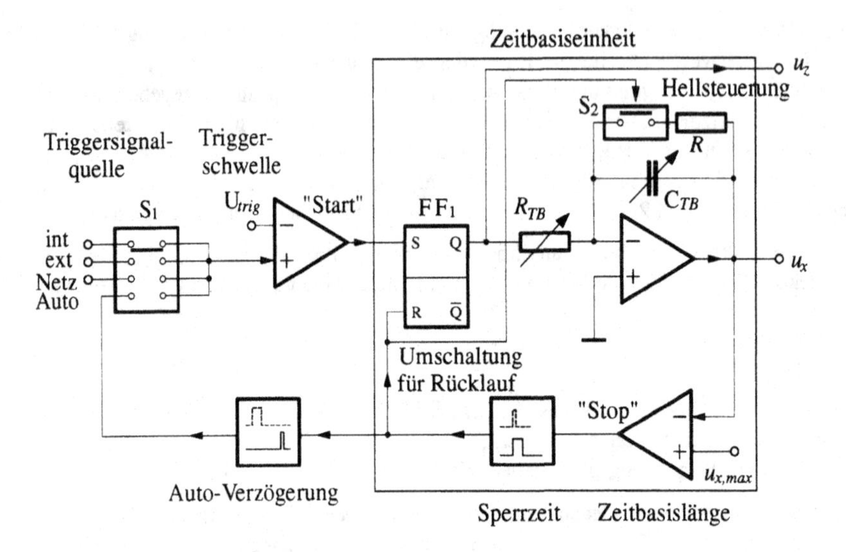

Abb. 4.2.4 Aufbau von Triggerschaltung und Zeitbasiseinheit: Die in Stufen einstellbaren Regler R_{TB} und C_{TB} bestimmen die Ablenkzeit

- Bei **Autotriggerung** erfolgt nach Ablauf einer Wartezeit (der Auto-Verzögerung) eine selbständige Auslösung der Zeitbasis, wenn bis dahin von der gewählten Triggerquelle kein Triggerereignis gekommen ist. Häufig kann der Triggerpegel automatisch in die Mitte des Aussteuerbereichs eines Signals gelegt werden, diese Methode heißt **Peak-Peak Autotriggerung**.

In Abb. 4.2.4 ist das Blockschaltbild der Triggereinrichtung mit der Zeitbasiseinheit dargestellt. Der Start-Diskriminator spricht an, wenn das durch S_1 ausgewählte Triggersignal den Triggerpegel U_{trig} überschreitet. Dadurch wird der Hauptschalter, der durch ein Flip-Flop FF_1 gebildet ist, eingeschaltet. Sein Ausgangssignal wird einerseits zur Hellsteuerung des Strahls und andererseits im Integrator zur Erzeugung einer linearen Rampe u_x verwendet. Die Steigung dieser Rampe ist mit Hilfe von R_{TB} und C_{TB} über einen weiten Bereich einstellbar. Hat die Spannung u_x ihren Maximalwert $u_{x,max}$ erreicht, spricht der Stop-Diskriminator an und setzt FF_1 zurück. Während der Sperrzeit wird der Schalter S_2 geschlossen und der Integrationskondensator C_{TB} über R schnell entladen. Danach wird die Triggereinrichtung wieder freigegeben.

In Abb. 4.2.5 sind die Signalverläufe in Triggerschaltung und Zeitbasiseinheit dargestellt.

Zusätzliche Einstellmöglichkeiten erlauben, den Gleichspannungsanteil zu unterdrücken, hohe oder niedrige Frequenzen auszufiltern oder die Richtung der auslösenden Signalflanke zu wählen und damit den Triggerzeitpunkt vom gewünschten Detail des Eingangssignalverlaufs abzuleiten.

Mit der **"Hold-Off"-Funktion** kann nach einem Zeitbasis-Ablauf eine Warteperiode eingestellt werden, während der das Oszilloskop auch bei Eintreten der Triggerbedingungen nicht getriggert wird. Diese Funktion bietet eine Hilfe, auch Signale mit mehreren nicht unterscheidbaren Triggerereignissen pro Signalperiode abschnittsweise als stehendes Bild darzustellen.

In der Betriebsart **Einzeldurchlauf** ("Single Shot") ist es möglich, jeweils nur einen einzigen Strahldurchlauf zuzulassen, bis durch den Benutzer ein Rücksetzvorgang erfolgt. Dadurch können mit einer Kamera auch einmalig auftretende Vorgänge festgehalten werden.

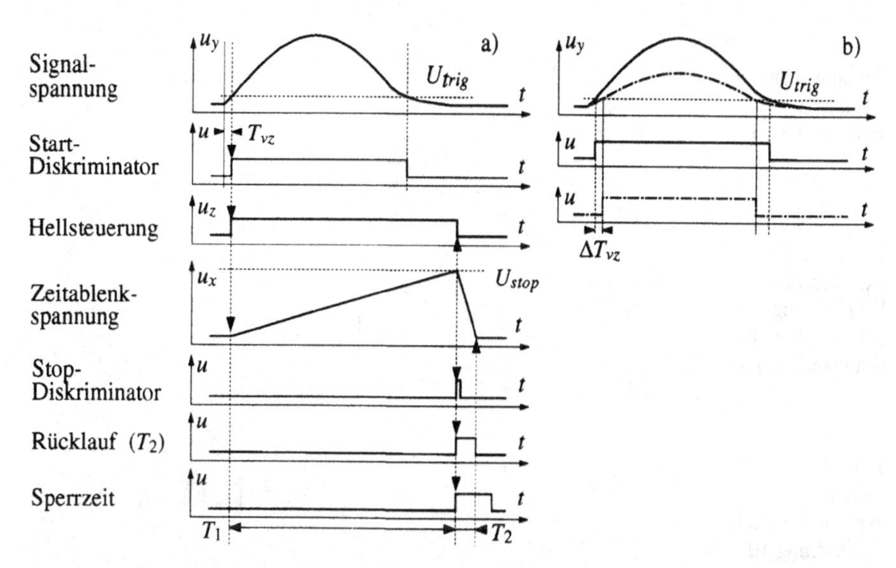

Abb. 4.2.5 Signalplan Trigger und Zeitablenkung: Bei einem Impulssignal wird der Trigger gegenüber dem Impulsbeginn abhängig von der Triggerschwelle um T_{vz} verzögert ausgelöst (T_{vz} in a), die Verzögerung ändert sich mit der Signalamplitude (ΔT_{vz} in b). Interne Signalverzögerungen sind nicht dargestellt.

Viele Geräte bieten zusätzliche Möglichkeiten, z.B. auf Zeilen- oder Bildsynchronimpulse eines Videosignals zu triggern oder durch Filter bestimmte Frequenzbereiche im Triggersignal auszuwählen.

4.2.3.3 Kombinierte Zeitbasis mit einstellbarer Verzögerung

Mit einer **zweiten Zeitbasis** ist es möglich, Signaldetails innerhalb einer längeren Grundperiode darzustellen. Die zweite Zeitbasis wird ausgelöst, wenn die Sägezahnspannung u_x der Hauptzeitbasis einen einstellbaren Schwellwert U_s erreicht (Abb. 4.2.6).

Die Verzögerung des Triggers der zweiten Zeitbasis kann durch den Schwellwert U_s fein eingestellt werden. Durch die Wahl des Zeitmaßstabes TB der zweiten Zeitbasis kann ein bestimmter Teil des Gesamtvorganges mit größerer zeitlicher Auflösung wie mit einer Lupe betrachtet werden. Die Methode wird **verzögerte Zeitbasis** genannt. Bei **verzögerter Triggerung** hingegen schaltet die Hauptzeitbasis bei Erreichen des Schwellwerts U_s lediglich die zugehörige zweite Triggerstufe zur Triggerung durch das Meßsignal ein. Dadurch wird eine klare, zeitlich schwankungsfreie Darstellung von Signaldetails ermöglicht, die nicht in fester Zeitbeziehung zur Grundperiode stehen.

Meist können auf dem Bildschirm der Gesamtvorgang und der ausgewählte, kürzere Zeitraum gleichzeitig dargestellt werden. Wenn bei der langsam laufenden Zeitbasis, die den Gesamtvorgang darstellt, der Strahl für die Dauer der zweiten Zeitbasis aufgehellt wird, so ist der Zusammenhang zwischen beiden leicht zu erkennen.

4.2.4 Vertikalteil

Die umschaltbare **Eingangskopplung** trennt in der Stellung "AC" den Gleichanteil des Signals ab, sodaß auch Wechselsignale kleiner Amplitude mit hohem überlagertem Gleichanteil dargestellt werden können. Die Grenzfrequenz des C-R-Koppelgliedes (Hochpaßfilters) liegt üblicher-

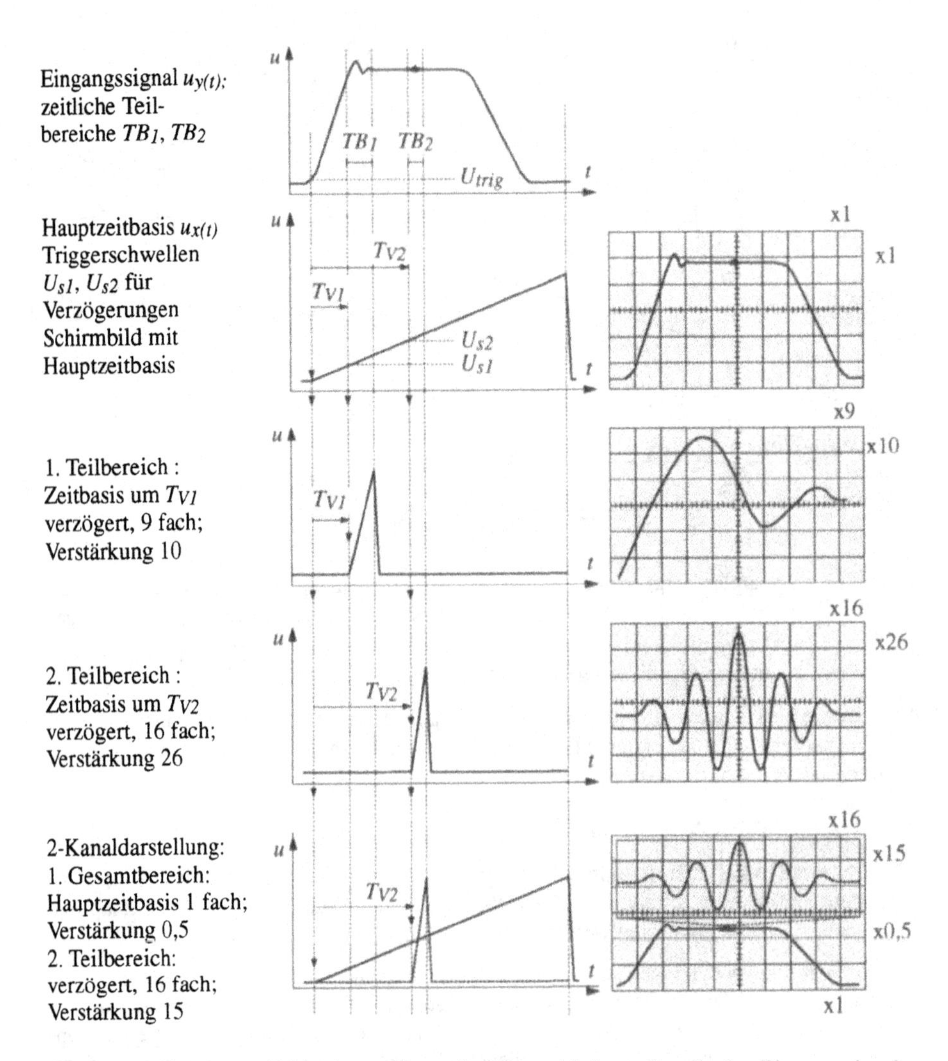

Abb. 4.2.6 Verzögerte Zeitbasis zur Darstellung verschiedener Details des Eingangssignals: Charakteristische Signalverläufe

weise im Bereich von einigen Hertz. Für spezielle Anwendungen kann auch mit einem **Fenster-** oder **Differenzverstärker** eine fein einstellbare Spannung vom Eingangssignal subtrahiert werden, sodaß kleine Signaländerungen dargestellt werden können, die einem hohen Gleichwert überlagert sind. In der Stellung "GND" kann mit der Positionseinstellung die Lage der Null-Linie für die Messung von Gleichspannungen eingestellt werden (bzw. für AC-Kopplung die Lage des Signalmittelwertes). Dazu verwendet man vorteilhaft externe oder Auto-Triggerung.

Der hochohmige, frequenzkompensierte **Eingangs-Abschwächer** ist meist in dekadischen Werten abgestuft (1:1, 10:1 und 100:1). Die Konstruktion ist für Frequenzen über 10 MHz kritisch, da die unvermeidlichen Schaltkapazitäten und -induktivitäten zu Frequenzabhängigkeiten und Resonanzerscheinungen führen und damit die Darstellung verfälschen.

Der **Eingangsverstärker** ist mehrstufig ausgeführt, die erste Stufe meist mit FET, um einen hohen Eingangswiderstand und eine niedrige Eingangskapazität sicherzustellen. Für eine gute Stabilität ist eine sorgfältige Temperaturkompensation besonders wichtig. Meist werden spezielle ASICs (Anwendungsspezifische IC) oder zumindest Arrays mit mehreren Transistoren auf einem Chip verwendet. Die feinstufige Einstellung der Verstärkung stellt bei höheren Frequenzen ebenfalls ein schwieriges Problem dar: Häufig ist eine kalibrierte Abstufung der Vertikal-Empfindlichkeit (in V/Skalenteil) in Schritten von 1, 2 und 5 eingebaut. Für die kalibrierte Ablesung von Spannungswerten muß die Feineinstellung ausgeschaltet sein.

Ein Vertikallageregler oder Y-Positionsregler ermöglicht eine vertikale Verschiebung des Schirmbildes für jeden Kanal und erlaubt damit eine übersichtliche Plazierung der angezeigten Signale (überlappend, getrennt etc.).

Die (obere) **Grenzfrequenz** eines Oszilloskops ist jene Frequenz, bei der das Meßsignal durch die Tiefpaßwirkung der internen Funktionsgruppen um 3 dB abgeschwächt und daher mit verminderter Amplitude (71% vom Sollwert) auf dem Bildschirm dargestellt wird. Bei manchen Oszilloskopen ist anstelle der Grenzfrequenz eine **Anstiegszeit** (rise-time) angegeben. Sie beschreibt, mit welcher Anstiegszeit eine am Eingang angelegte ideale Rechteckflanke am Bildschirm wiedergegeben wird. Unter der - nicht unbedingt immer zutreffenden - Annahme, daß das interne Frequenzverhalten des Oszilloskops sich in guter Näherung durch einen Tiefpaß erster Ordnung beschreiben läßt, besteht zwischen der Grenzfrequenz und der Anstiegszeit der Zusammenhang

$$t_r = \frac{1}{3 \cdot f_g} \quad , \quad \text{Zusammenhang zwischen Grenzfrequenz und Anstiegszeit.} \tag{1}$$

Die Eingangsimpedanz von Standardoszilloskopen beträgt 1MΩ mit einer Parallelkapazität von etwa 10 - 30pF, zu der bei der Messung noch die Kapazität der Meßleitung hinzukommt (typisch etwa 50 bis 100 pF). Es wird daher im allgemeinen ein abschwächender **Tastkopf** verwendet, dessen Eingang typisch eine Impedanz von 10 MΩ parallel zu etwa 10 bis 20 pF (inklusive Leitung) aufweist. In speziellen Anwendungsfällen kommen auch aktive Tastköpfe zum Einsatz. Für eine eingehendere Erläuterung der Funktion des Tastkopfs sei auf Kap. 3.1.10.4 verwiesen.

4.2.4.1 Signalverzögerung

Bei interner Triggerung wird der Start der Zeitbasis vom Meßsignal selbst abgeleitet. Aufgrund der Durchlaufzeit durch die Triggerschaltung ($T_{vSig} = T_{vD} + T_{vH} + T_{vZ}$) verzögert sich der Strahldurchlauf gegenüber dem Triggerereignis. Das Triggerereignis selbst, also z.B. der Beginn eines Impulssignals, wäre daher am Bildschirm nicht zu sehen. Deshalb ist bei den meisten Oszilloskopen eine Signalverzögerung im *Y*-Zweig eingebaut. In Abb. 4.2.7 sind die Schirmbilder ohne beziehungsweise mit Signalverzögerung bei gleichem Triggerzeitpunkt dargestellt.

Die Signalverzögerung wird mit einer **Verzögerungsleitung** erreicht, die ein Allpaßfilter mit frequenzproportionaler Phasenverschiebung darstellt. Die Signalverzögerung kann für den benötigten Frequenzbereich mit einer Kette von LC-Gliedern, mit einem speziellen Verzögerungskabel mit einer Spule als Innenleiter und einer sehr dünnen Isolation zum Außenleiter (für hohe Werte des *L*- und *C*-Belags), oder für sehr hohe Frequenzen auch mit einem hochwertigen Koaxialkabel ausgeführt werden. Zur Vermeidung von Reflexionen ist ein genauer Abschluß mit dem Wellenwiderstand besonders wichtig. Typische Verzögerungszeiten liegen in der Größenordnung zwischen 20 ns und 200 ns.

4.2.4.2 Mehrkanaldarstellung

Eine echt simultane Anzeige von zwei Signalspannungen ist nur mit einer technisch aufwendigen Kathodenstrahlröhre mit zwei Elektronenstrahlsystemen mit getrennter Vertikalablenkung mög-

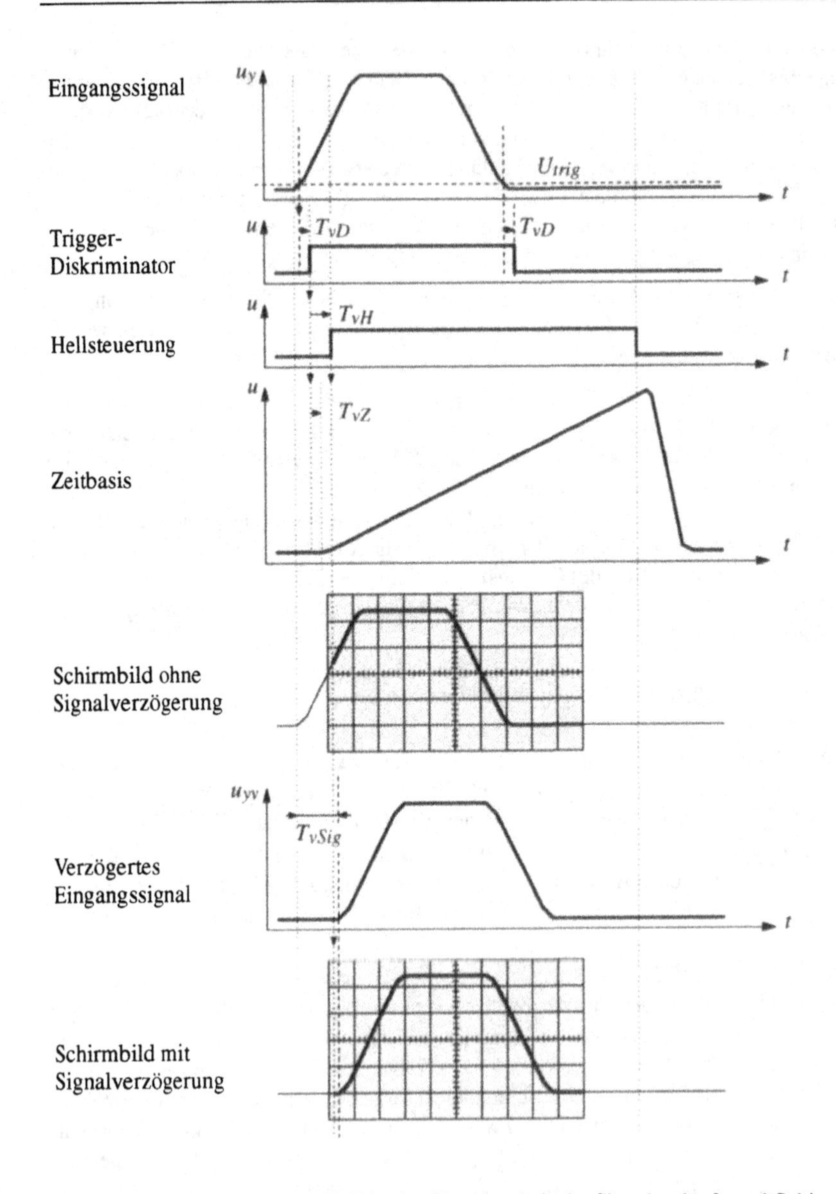

Abb. 4.2.7 Verzögerung des Y-Signals: Charakteristische Signalverläufe und Schirmbilder

lich. Mit einem elektronischen Umschalter für Analogsignale können jedoch auch mit den üblichen einstrahligen Kathodenstrahlröhren zwei oder mehrere Eingangssignale auf dem Bildschirm scheinbar gleichzeitig angezeigt werden (Abb. 4.2.8). Für die Steuerung des Umschalters kann zwischen den Betriebsarten chopped (zerhackt) und alternate (abwechselnd) gewählt werden.

In der Betriebsart "**chopped**" wird während eines Strahldurchlaufs der Vertikalverstärker mit hoher Frequenz zwischen den Eingangskanälen umgeschaltet. Die Umschaltfrequenz beträgt üblicherweise zwischen 100 kHz und 1 MHz. Der Elektronenstrahl wird während des Umschalt-

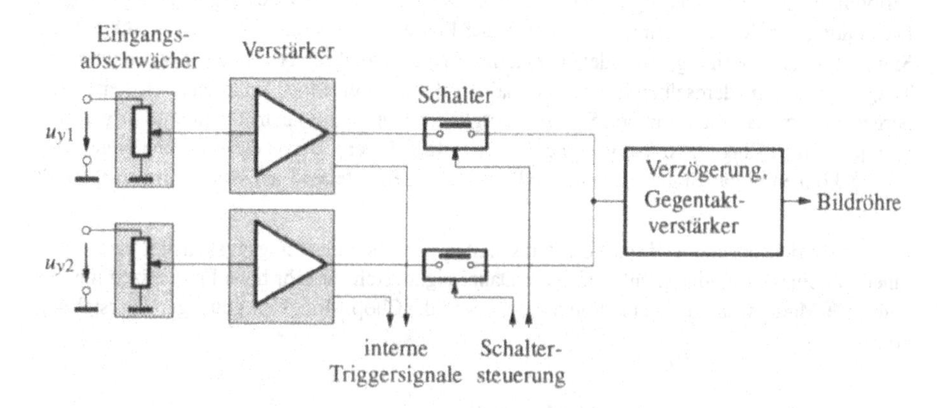

Abb. 4.2.8 Blockschaltbild für geschalteten Mehrkanalbetrieb

vorganges dunkelgetastet und liefert eine segmentweise versetzte Abbildung der beiden Signale. Die einzelnen Segmente liegen so nahe beieinander, daß sie eine geschlossenen Kurve ergeben. In Abb. 4.2.9 a ist die resultierende Darstellung der beiden Signale nach einem Durchlauf gezeigt. Ein Vorteil dieser Darstellungsart liegt in der eindeutigen und fehlerfreien zeitlichen Zuordnung der beiden *Y*-Signale. Dies ist für die Messung von Zeit- und Phasenbeziehungen wichtig.

In der Betriebsart **"alternate"** wird der Elektronenstrahl nicht während, sondern jeweils erst nach einem vollen Strahldurchlauf auf den anderen Kanal umgeschaltet. Bei entsprechend hoher Wiederholfrequenz der Strahldurchläufe erscheinen aufgrund der Nachleuchtdauer des Bildschirmes beide Signale scheinbar gleichzeitig am Schirm. Die Abb. 4.2.9 b zeigt sowohl das Schirmbild als auch den Vorgang der Darstellung der beiden Signale u_{y1} und u_{y2}. Bei Messungen in der Betriebsart "alternate" geht die Phasenbeziehung der beiden Eingangssignale zueinander

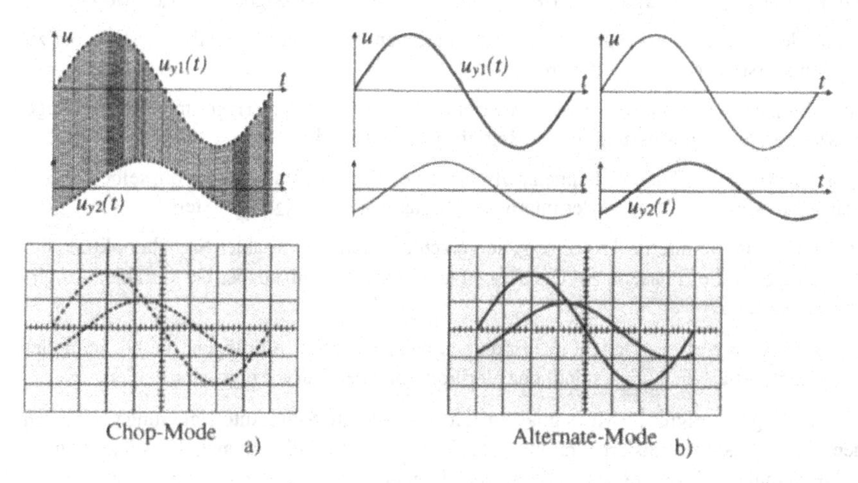

Abb. 4.2.9 Zweikanaldarstellung: a) zerhackt (chopped), b) abwechselnd (alternate): Signalverlauf bei Darstellung zweier phasenverschobener Sinussignale, Triggerung von Eingangssignal u_{y1}. Umschaltvorgänge dunkelgesteuert

verloren, wenn die Triggerung für die beiden Kanäle nicht vom gleichen Signal erfolgt. Für die Darstellung der Zeitbeziehung, insbesondere der Phasenverschiebung zwischen verschiedenen Signalen ist es daher nötig, entweder ein externes Triggersignal zu verwenden oder den internen Trigger immer von demselben Eingangssignal abzuleiten. Soll jedoch keinerlei zeitlicher Bezug hergestellt, sondern die Form von Signalen verglichen werden, ist auch eine interne Triggerung vom jeweiligen Eingangssignal geeignet (**composite Trigger**). Durch diese unabhängige Triggerung können sogar Signale unterschiedlicher Frequenz stehend am Bildschirm dargestellt werden.

Bei der Betriebsart chopped muß das Umschalten zwischen den Eingangskanälen viele Male innerhalb eines Strahldurchlaufs erfolgen. Daher eignet sich für sehr hohe Frequenzen nur der Alternate-Mode, während bei niedrigen Frequenzen der Chop-Mode eine günstigere Darstellung ergibt.

4.2.5 Meßanwendungen und Meßmethoden

4.2.5.1 Darstellung zeitabhängiger Vorgänge

Die Anzeige von zeitlichen Signalverläufen ermöglicht eine **Ablesung** von **Spannungswerten** und **Zeitdifferenzen**, wobei die Meßabweichung im allgemeinen bei 2% bis 10% liegt, in günstigen Fällen auch unter 1%. Amplituden-, Zeit-, Frequenz- und Phasenmessungen können entweder direkt oder durch Vergleich mit einem Referenzsignal erfolgen.

Die **direkte Bestimmung** der Ergebniswerte erfolgt durch Multiplikation der abgelesenen Rastereinheiten in X- und Y-Richtung mit den entsprechenden eingestellten Werten der Spannungsempfindlichkeit (in V/Rastereinheit) und der Zeitablenkung (in s/Rastereinheit). Zusätzlich muß das Abschwächungsverhältnis des Tastkopfs berücksichtigt werden.

Beim **Vergleich mit einem Referenzsignal** kann

- das Referenzsignal auf gleiche Amplitude und Dauer eingestellt werden wie das Meßsignal und die Werte am Referenzsignalgenerator abgelesen werden,

- Empfindlichkeit und Zeitbasis so eingestellt werden, daß das Meßsignal einer ganzen Zahl Rastereinheiten entspricht und die Anzeigeraster mit dem Referenzsignal kalibriert werden,

- insbesondere bei Zeitmessungen die Zahl der Perioden des Referenzsignals innerhalb der zu messenden Zeitspanne ausgezählt werden.

Es kann kaum genug betont werden, daß die richtige Einstellung der Triggerung die Grundlage jeder oszilloskopischen Messung (in der Betriebsart Y/t) darstellt:

- Bei der Messung von Zeitbeziehungen zwischen zwei Signalen muß immer vom selben Signal aus getriggert werden, d.h. entweder intern vom Signal u_{y1} oder u_{y2} oder extern.

- Verwendet man die interne Triggerung, so verschiebt sich bei variabler Signalamplitude die Verzögerung oder die "Phasenlage" des Triggerzeitpunkts. Es sollte daher bei variabler Amplitude extern getriggert werden.

- Triggerung vom Netz ermöglicht das Erkennen netzsynchroner Störungen, die bei schneller Zeitablenkung oft als eine unverständliche Verbreiterung des Kurvenzuges erscheinen.

- Wenn das Triggerereignis im Meßsignal nur zeitweise auftritt, sollte Autotriggerung vermieden werden, da sie unsynchronisiert Strahldurchläufe auslöst und dadurch unter Umständen unerwünschte Signalanteile dargestellt werden. Auch hier sollte möglichst extern getriggert werden.

- Störeinflüsse hoher oder niedriger Frequenzen können teilweise auch durch Filterung im Triggerpfad unterdrückt werden.

Die Ablesung von Amplituden- und Zeitwerten wird erheblich verbessert und erleichtert, wenn das Oszilloskop die Anzeige von Hilfslinien mit kalibriert einstellbaren Werten ermöglicht, die auf interessante Stellen in Signalverlauf positioniert werden können. Solche Hilfslinien werden **Cursor** (oder auch **Marker** oder **Fadenkreuz**) genannt, sie werden jedoch fast ausschließlich in Digitalspeicheroszilloskopen angeboten (Kap. 4.3).

Der wichtigste Vorteil des Oszilloskops gegenüber anderen Meßgeräten besteht aber sicher darin, daß der Zeitverlauf des Meßsignals auf dem Bildschirm sichtbar ist. Bei Meßaufgaben, für die keine einfach formulierbaren exakten Regeln bestehen, kann der beobachtende Mensch eine Signalform oft viel leichter und besser analysieren, als dies durch Berechnungen möglich wäre. So ist z.B. eine Abweichung einer Dreieckschwingung von einem linearen Verlauf qualitativ sehr gut zu erkennen, ebenso ein über einem periodischen Signal überlagertes Rauschen. Gleiches gilt auch für überlagerte periodische oder zu gleichen Zeitpunkten im Verlauf auftretende Störungen.

4.2.5.2 Messung der Phasenverschiebung zweier periodischer Sinus-Signale

Werden die Periodendauer T der beiden Signale und die Zeitdifferenz ΔT zwischen zwei gleichwertigen Punkten im Signalverlauf (z.B. den Nulldurchgängen in gleicher Richtung) in Y/t-Darstellung gemessen (Abb. 4.2.10), ergibt sich die Phasenverschiebung durch Berechnung im Bogenmaß ($T \hat{=} 2\cdot\pi$) oder Winkelgraden ($T \hat{=} 360°$):

$$\Delta\varphi = 2\cdot\pi\cdot\frac{\Delta T}{T} = 360°\cdot\frac{\Delta T}{T} \qquad (2)$$

Dabei kann die Zeitbasiseinstellung so gewählt werden, daß die Periodendauer des Bezugssignals der vollen Breite des Bildschirmrasters oder einer passenden Anzahl von Skalenteilen entspricht (d.h. auch unkalibriert). Aus der Position des Nulldurchganges des phasenverschobe-

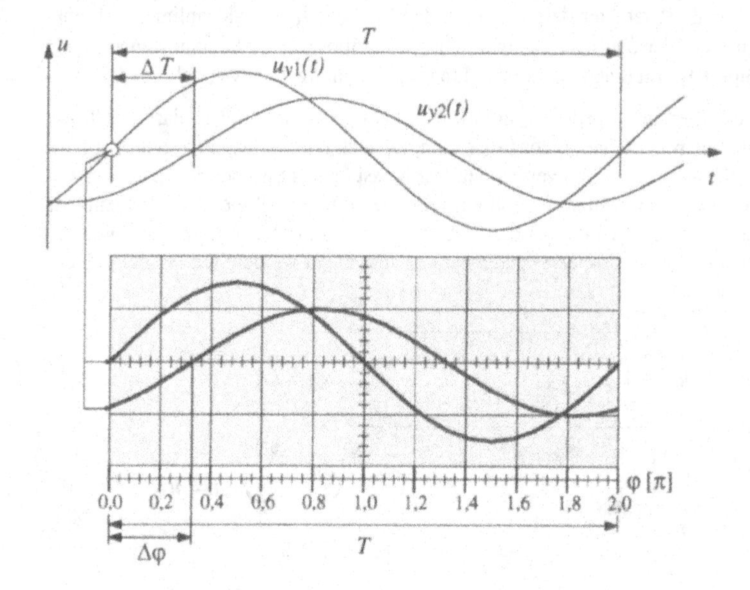

Abb. 4.2.10 Messung der Phasenverschiebung zwischen zwei Sinussignalen: Signalverlauf und Schirmbild bei Zweikanaldarstellung, Triggerung von Eingangssignal u_{y1}

nen Signals kann dann die Phasenverschiebung als Teil der Periodendauer abgelesen werden. Als phasengleich werden zwei Wechselgrößen bezeichnet, wenn $\Delta\varphi = 0$ ist, als gegenphasig können sie bezeichnet werden, wenn $\Delta\varphi = \pi = 180°$ ist. Dabei sollte für eine Polaritätsumkehr ohne zeitliche Verschiebung der Ausdruck "Phasenverschiebung von 180°" vermieden werden, da eine Polaritätsumkehr grundsätzlich frequenzunabhängig ist, die Phasenverschiebung eines Netzwerkes jedoch üblicherweise nicht.

Die Phasenlage zweier Wechselgrößen kann auch in der *Y*/*X*-Betriebsart festgestellt werden. Abhängig von ihrer Phasenverschiebung und Amplitude ergeben sich als charakteristische Lissajous-Figuren schrägliegende Ellipsen, die bei 0° und 180° zu Geraden entarten und bei 90° und 270° bei gleicher Amplitude am Bildschirm zu Kreisen werden. Eine sehr empfindliche qualitative Erkennung einer Phasenverschiebung ist mit dieser Methode nur für 0° und 180° möglich und eventuell für 90° und 270°. Die Darstellung der Lissajous-Figuren, die sich bei zwei Sinussignalen mit ganzzahligem Verhältnis der Frequenz ergeben, ist zwar eindrucksvoll, wird aber meßtechnisch kaum benützt, außer eventuell zur Erkennung, ob das Verhältnis konstant und die Korrelation phasenstarr ist (konstante Phasenverschiebung, verschwindende Frequenzabweichung).

4.2.5.3 Darstellung von Kennlinien

Eine graphische Darstellung der Eigenschaften eines Bauelementes oder einer Funktionseinheit in zweidimensionaler Form als Kennlinie ergibt einen guten Überblick in einer besonders einprägsamen Form. Dabei kann die eine Größe (*X*-Eingang) als unabhängige Variable willkürlich vorgegeben werden, während die andere, die abhängige Variable am *Y*-Eingang liegt. Ebenso können auch beide Größen als Ergebnis eines äußeren Signales gleichzeitig gemessen werden. Beispiele dafür sind der funktionelle Zusammenhang zwischen Strom und Spannung einer Diode (*I*/*U*-Kennlinie) oder zwischen Ausgangs- und Eingangssignal eines Filters oder eines Verstärkers (Übertragungskennlinie). Ein dreidimensionaler Zusammenhang kann als Kennlinienfeld mit der dritten Größe als Parameter dargestellt werden, wie das I_C/U_{CE}-Kennlinienfeld eines Bipolartransistors mit I_B oder U_{BE} als Parameter. Da das Oszilloskop nur Spannungen anzeigen kann, müssen Ströme z.B. mit einem Widerstand in eine Spannung umgewandelt werden.

Als Beispiel wird die Messung der *I*/*U*-Kennlinie einer Diode in Abb. 4.2.11 dargestellt. Die Schaltung wird von einem Signalgenerator (Sägezahn, Dreieck oder Sinus) angesteuert und die Spannung über der Diode als *X*-Signal verwendet. Die Messung des Stromes als Spannungsdifferenz über dem Strommeßwiderstand *R* muß entweder mit einem erdfreien Differenzeingang erfolgen (z.B durch Bildung von Y_1-Y_2), oder es muß der Punkt zwischen *R* und der Diode an Masse gelegt werden und ein erdfreier Signalgenerator verwendet werden. Die Signalfrequenz

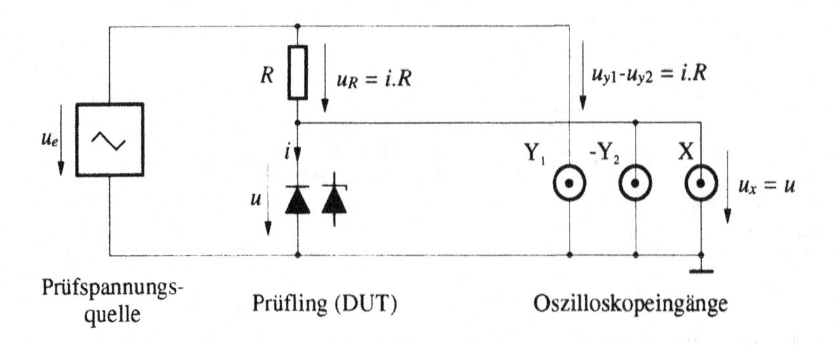

Abb. 4.2.11 Schaltung zur Aufnahme von Bauelementekennlinien

sollte so hoch sein, daß sich ein flackerfreies Bild ergibt. Andererseits soll sie aber so niedrig sein, daß die Effekte der Speicherladung (Diffusionskapazität) im pn-Übergang vernachlässigbar sind und sich die Störungen durch die Schaltkapazitäten nur bei sehr niedrigen Strömen störend auswirken. Sie wird daher typisch im Bereich von 50 Hz gewählt. Für hohe Ströme kann das Testsignal mit einem variablen Transformator - eventuell auch unter Verwendung eines Gleichrichters - direkt aus der Netzspannung erzeugt werden.

Soll bei hohen Strömen eine wesentliche Erwärmung oder eine thermische Überlastung vermieden werden, so kann ein kurzer Dreiecksimpuls verwendet werden. In Extremfällen kann für eine Abschätzung der Kennlinie auch nur ein Durchlauf der Spannung angelegt und der Strahldurchlauf verfolgt werden. Für eine komfortablere, genauere Messung ist in diesem Fall speziell das Digitalspeicheroszilloskop geeignet.

Bei der Messung sehr kleiner Ströme im Bereich unter etwa 1 µA ergeben die Schaltkapazitäten eine Verfälschung der Anzeige, da die Auf- und Entladeströme bei der Messung mit Wechselspannung dem Strom durch die Diode überlagert sind. Eine Kompensation wie im frequenzkompensierten Spannungsteiler (Kap. 3.1.10.3) ist nicht möglich, da sich ja der differentielle Widerstand (die Tangente an die *I/U*-Kennlinie) der Diode durch die Aussteuerung ändert. Die Sperrschichtkapazität der Diode wird während des Anstieges der Spannung aufgeladen, dieser Strom erhöht den Spannungsabfall am Meßwiderstand, während des Abfalls der Spannung kehrt sich der Effekt um. Es entsteht am Schirmbild eine Schleife statt einer Linie, da sich die Stromwerte zur gleichen Spannung um das Doppelte des kapazitiven Stromes unterscheiden.

Bei hohen Strömen kann die Eigenerwärmung der Diode zu einer Verfälschung führen. Wenn die thermische Zeitkonstante der Diode lang gegen die Periodendauer des Signales ist, wandert die Kennlinie wegen des positiven Temperaturkoeffizienten des Stromes im Laufe der Messung sichtbar zu höheren Stromwerten. Ist sie hingegen kurz, führt dies wieder zu einer schleifenförmigen Kennlinie bei jedem einzelnen Durchlauf.

In Abb. 4.2.12 ist eine Prinzipschaltung zur Aufnahme des Ausgangskennlinienfelds $I_C(U_{CE})$ eines Bipolartransistors oder $I_D(U_{DS})$ eines FET dargestellt. Um anstelle einer einzelnen Kennlinie eine Kennlinienschar mit I_B oder U_{BE} (oder U_{GS} bei FET) als Parameter darstellen zu können, liefert ein Treppenspannungsgenerator während eines Durchlaufs der Kollektor-Emitterspannung U_{CE} den jeweiligen Parameter-Wert. Die beiden Generatoren müssen synchron laufen, nach jedem Durchlauf der Kollektorspannung muß der Treppenspannungsgenerator um eine Stufe weiterschalten.

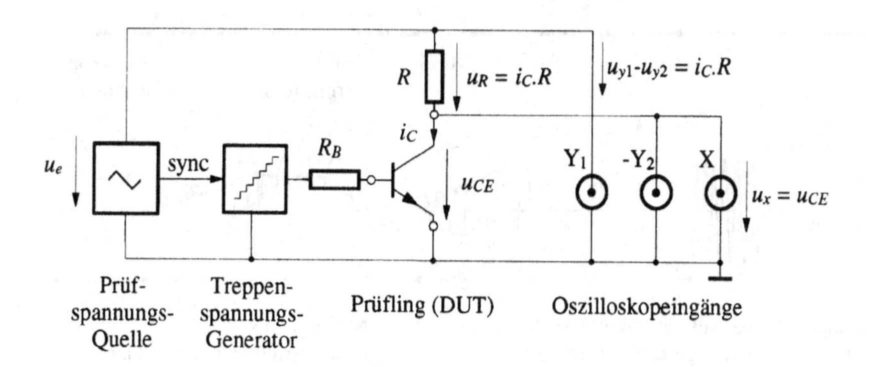

Abb. 4.2.12 Schaltung zur Aufzeichnung von Transistorkennlinienscharen

4.2.5.4 Erfassung des Frequenzgangs (Filterkurven, Bode-Diagramm)

Das Übertragungsmaß oder die Verstärkung einer Schaltung (eines Vierpols) kann in Abhängigkeit von der Frequenz in *Y*/*X*-Betriebsart mit dem Oszilloskop dargestellt werden. Dafür ist ein Signalgenerator nötig, der in Abhängigkeit von einer Steuerspannung seine Ausgangsfrequenz verändert (**VCO = voltage controlled oscillator**). Das Durchstimmen der Frequenz wird auch "**Wobbeln**" genannt. Je nach Bedarf ist die Abhängigkeit der Frequenz von der Steuerspannung linear oder logarithmisch (z.B. für ein Bodediagramm). Als Steuerspannung wählt man eine Sägezahnspannung, die gleichzeitig auch die frequenzproportionale *X*-Ablenkspannung für das Oszilloskop darstellt. Das in seiner Amplitude konstante, aber in der Frequenz veränderliche Ausgangssignal des VCOs wird an den Eingang des Vierpols gelegt. Die Ausgangsspannung des Vierpols hat eine Amplitude, die dem Betrag der Übertragungsfunktion bei der jeweiligen Frequenz proportional ist. Sie wird gleichgerichtet und durch ein Tiefpaßfilter so umgeformt, daß die Hüllkurve entsteht. Diese Einhüllende ergibt die darzustellende Übertragungsfunktion. Die Frequenz der Steuerspannung und die Grenzfrequenz des Tiefpaßfilters müssen aufeinander abgestimmt und entsprechend niedriger als die unterste gemessene Signalfrequenz sein, damit die Übertragungsfunktion gut dargestellt werden kann. Den dafür erforderlichen Meßaufbau zeigt Abb. 4.2.13.

4.2.6 Sampling-Oszilloskop, Äquivalentzeit-Abtasten

4.2.6.1 Grundlagen

Kathodenstrahlröhre und Verstärker können ohne allzu großen Aufwand 100 MHz verarbeiten, für höhere Frequenzen steigt der Aufwand rasch an, spezielle Kathodenstrahlröhren erreichen

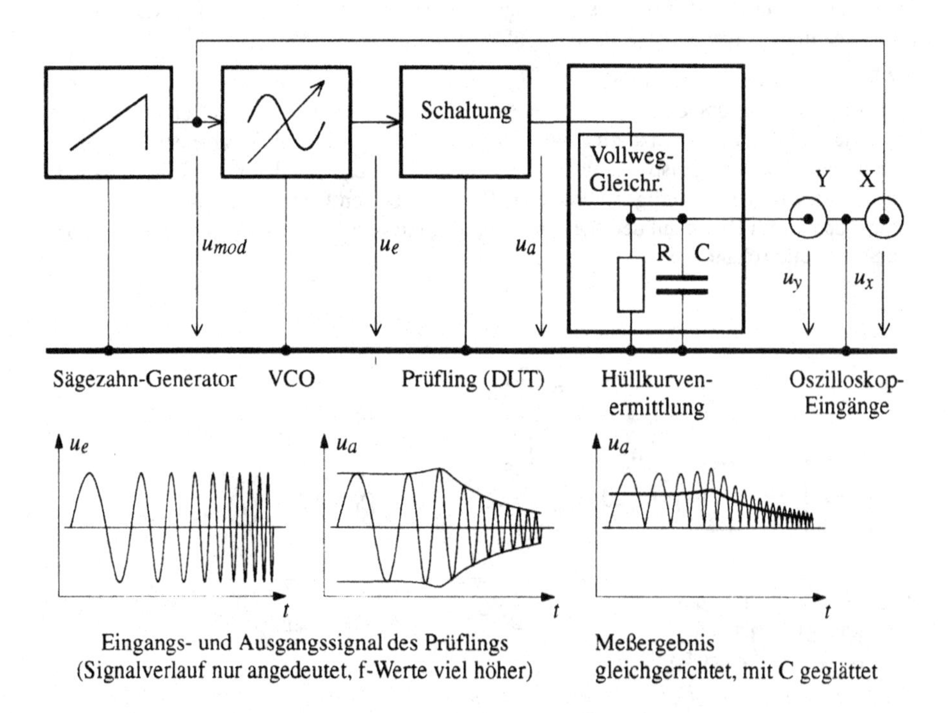

Abb. 4.2.13 Aufnahme von Filterkurven oder Übertragungsfunktionen von Verstärkern

im Vertikalablenksystem eine Bandbreite bis 1 GHz. Für eine Darstellung im Analogoszilloskop muß das Signal periodisch oder zumindest gleichförmig und repetitiv sein (gleiche Impulse in unregelmäßigen Abständen) und eine eindeutige Triggerung ermöglichen. Solche Signale können auch mit der Technik des "Äquivalentzeit-Abtastens" erfaßt und dargestellt werden. Dabei werden mit einer sehr schnell arbeitenden Abtastschaltung aus verschiedenen Abläufen des Signales Momentanwerte der Signalamplitude aufgenommen und zusammen mit dem Wert der zeitlichen Verschiebung gegenüber dem Triggerzeitpunkt kurzfristig gespeichert. Eine hinreichend große Anzahl dieser Wertepaare (Amplitude und Zeit) ermöglicht die Rekonstruktion als äquivalenter Zeitablauf am Schirmbild. Diese Weiterverarbeitung kann von der Signalfrequenz unabhängig und daher langsam erfolgen.

Das Sampling-Verfahren in der Oszilloskopie ist ein abtastendes Meßverfahren. Das Abtasten erfolgt jedoch nicht in Echtzeit, sondern durch die Triggerung an den Signalablauf angepaßt (d.h. der zeitliche Raster der Abtastung ist nicht fest, und stimmt - wie oben beschrieben - nicht mit dem zeitlichen Raster der Darstellung überein), daher gilt das Abtasttheorem nicht in der Form, daß die Abtastfrequenz mehr als doppelt so hoch wie die Signalfrequenz sein muß. Signalfrequenzen von 20 GHz und darüber werden mit einer Wiederholrate von 10^5 bis 10^6 Samples/Sekunde (S/s) abgetastet. Entscheidend ist nur, daß die Abtastschaltung innerhalb entsprechend kurzer Zeit den Amplitudenwert aufnimmt. Diese endlich lange Aperturzeit wirkt wie ein Tiefpaßfilter (Kap. 1.6.2.2), sie muß deutlich kürzer sein als die halbe Periodendauer der höchsten interessierenden Frequenzanteile im Signal.

Der Zeitpunkt des Abtastens wird entweder vom Triggersignal mit einer sequentiell zunehmenden Verzögerung abgeleitet (**sequentiell getriggert**), oder die Abtastung wird zufällig ausgelöst (**random**) und ihr zeitlicher Abstand zum Triggersignal gemessen.

4.2.6.2 Sequentielles (Triggered) Sampling

In Abb. 4.2.14 ist das Blockschaltbild eines Oszilloskops dargestellt, das nach dem Prinzip des sequentiell getriggerten Abtastens arbeitet, sowie die Signalverläufe bei der Abtastung und der anschließenden Rekonstruktion eines trapezförmigen Eingangssignals. Am Eingang des *Y*-Kanals liegen parallel die Triggerschaltung und die Abtastschaltung. Der Sampling-Kopf hat als Eingangswiderstand entweder eine hohe Impedanz (1 MOhm bis 1 kOhm) oder den Wellenwiderstand des gemessenen Systems. Sein Signalausgang wird über *Y*-Verstärker zur Darstellung der *Y*-Ablenkung zugeführt.

Der zeitliche Abstand zwischen zwei Abtastungen ist meist groß, typisch 10 bis 1000 Perioden der Signalfrequenz. Aus einem Signalablauf wird nur ein Meßwert entnommen, wobei die Abtastung gegenüber dem Triggerzeitpunkt jeweils um ein konstantes Zeitinkrement T_v verschoben wird. Die Darstellung des Meßsignals erfolgt durch Aneinanderreihen der aufeinanderfolgenden Einzelmeßwerte in äquivalenter Zeit, der Zeitmaßstab ist dabei durch das Inkrement T_v definiert, das entsprechend klein sein muß, sodaß das Signal dicht überdeckend abgetastet wird und alle interessierenden Details aufgezeichnet und erkannt werden können.

Das Inkrement der Verzögerungszeit T_v wird mit Hilfe eines schnellen Sägezahnsignals und einer Treppenspannung erzeugt: Die Sägezahnspannung wird durch den Trigger gestartet. Sobald sie die Treppenspannung überschreitet, liefert ein Diskriminator den Abtastimpuls, und der Amplitudenwert wird durch das Umschalten vom Folge- in den Haltezustand entnommen. Die Treppenspannung wird als X-Wert für das Schirmbild verwendet. Der Wert von T_v ergibt sich aus der Steilheit der Rampenspannung und dem Inkrement der Treppenspannung. Der abgetastete Signalspannungswert wird bis zum nächsten Abtastzeitpunkt gespeichert und an die vertikale Ablenkeinheit als Y-Wert für das Schirmbild angelegt. Das Schirmbild besteht daher aus einer Folge von Punkten, deren X- und Y-Werte den Wertpaaren von Zeit- und Amplitudenwert entsprechen.

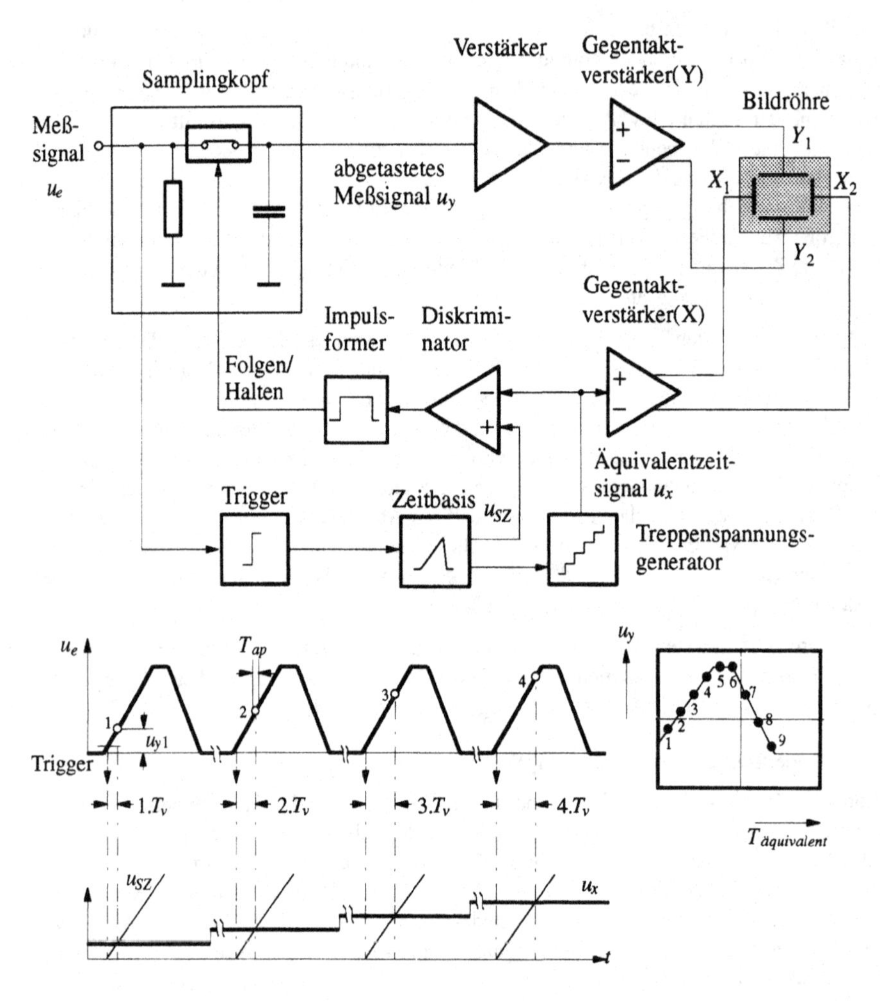

Abb. 4.2.14 Blockschaltbild und Signalverläufe bei sequentieller oder getriggerter Abtastung: Durch den Trigger wird ein Sägezahnsignal u_{SZ} ausgelöst. Überschreitet dieses die Treppenspannung u_X, so erfolgt eine Abtastung. Danach wird die Treppenspannung um ein Inkrement erhöht. (Darstellung ohne Verzögerungsleitung)

Der Beginn der Darstellung wird durch die Einstellung der Triggerschwelle festgelegt. Da das Abtasten (ebenso wie beim kontinuierlich arbeitenden Analogoszilloskop) erst *nach* dem Triggerzeitpunkt erfolgen kann, ist eine Verzögerung des Eingangssignals vor der Abtastschaltung nötig, wenn bei impulsförmigen Signalen der Beginn dargestellt werden soll. Diese Signalverzögerung verlangt für eine hohe Grenzfrequenz einen erheblichen Aufwand und ist nicht ohne Tiefpaßwirkung möglich, durch die die erreichbare Grenzfrequenz beeinflußt wird.

4.2.6.3 Zufällig gesteuertes (Random) Sampling

Bei dem zufällig gesteuerten Abtasten wird der Zeitabstand zwischen Trigger und Abtasten nicht vorgegeben, sondern gemessen. Das Abtastsignal wird (nach einer Wartezeit nach dem letzten Abtastvorgang) freilaufend oder "zufällig" ausgelöst, ein Triggersignal löst das Sägezahnsignal aus. Wenn die Abtastung innerhalb der Dauer T_{SZ} des Sägezahnsignals liegt, wird auch der

Momentanwert des Sägezahns abgetastet und als Äquivalentzeitsignal verwendet. Liegt der Abtastbefehl nicht innerhalb der Sägezahndauer, wird das abgetastete Signal nicht verarbeitet. Durch eine wählbare Verzögerung T_{vv} des Abtastens des Sägezahns kann der verarbeitete Zeitbereich zu früheren Zeiten hin verschoben werden, für $T_{vv} = T_{SZ}$ liegt er z.B. als ganzes vor dem Triggerzeitpunkt. Interne Verzögerungen der Steuersignale sind dabei zu berücksichtigen. Das zufällig gesteuerte Abtasten ermöglicht es daher, auch ohne Signalverzögerung sogar einen Zeitraum vor dem Triggersignal darzustellen.

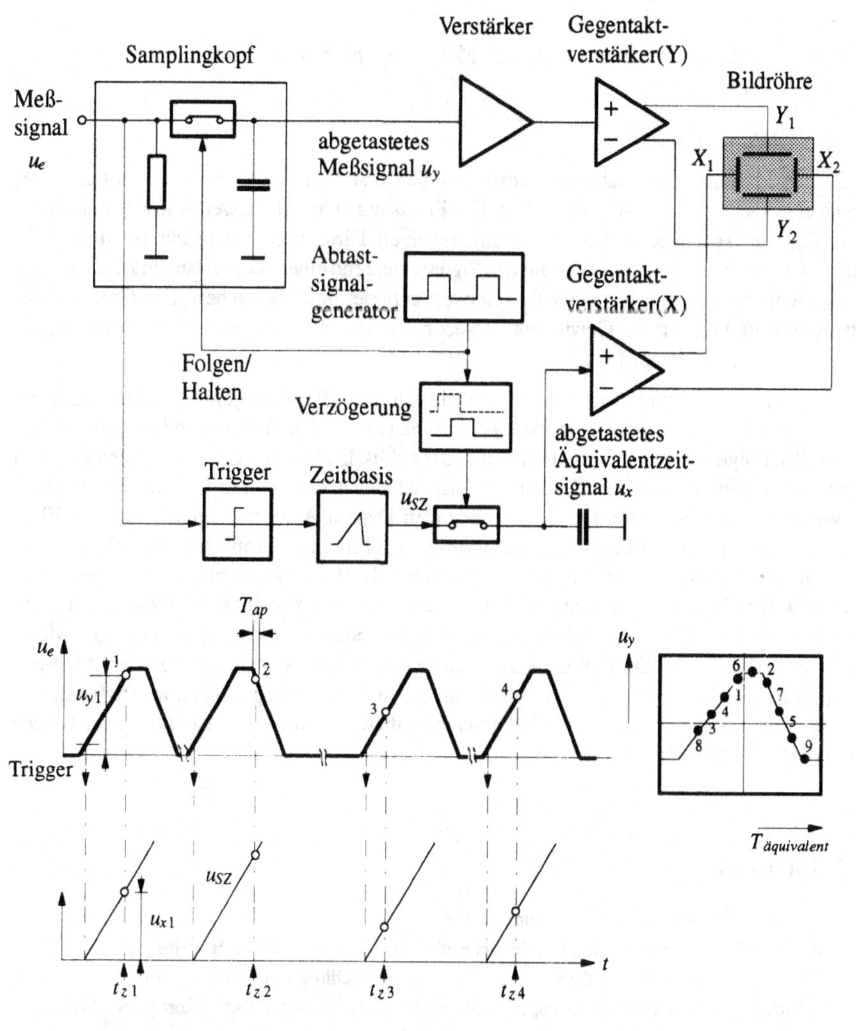

Abb. 4.2.15 Blockschaltbild und Signalverläufe bei der zufälligen Abtastung: Das Abtasten erfolgt freilaufend, unabhängig vom Triggersignal. Das zusätzliche Abtasten des Sägezahnsignals ergibt die Zeitdifferenz zum Triggersignal und damit den Zeitwert für die Rekonstruktion im Äquivalentzeitmaßstab. Durch eine Verzögerung des Abtastens des Sägezahns kann auch der Zeitraum vor dem Triggersignal dargestellt werden.

Das Meßwertpaar, bestehend aus dem Signalamplitudenwert und dem zum Abstand zwischen Abtast- und Triggerzeitpunkt proportionalen Zeitwert wird gespeichert, verstärkt und als Y- und X-Wert verwendet.

Da die Meßpunkte nicht systematisch, zeitlich sequentiell erfaßt werden, sondern zufällig, ist ihre Reihenfolge im äquivalenten Zeitmaßstab zufällig und die Überdeckung des Signalverlaufes unregelmäßig. Um eine gleich dichte Überdeckung sicherzustellen wie bei sequentieller Abtastung, müssen wesentlich mehr Meßpunkte aufgenommen werden. Bei einer rein analogen Darstellung kommt daher eventuell innerhalb der Nachleuchtdauer des Schirms kein klar gezeichnetes Bild zustande.

Das Blockschaltbild und die Erfassung des Meßsignals nach dem Random-Sampling-Prinzip zeigt Abb. 4.2.15.

4.2.6.4 Verfahrensgrenzen

Die Grenze des Samplingverfahrens in bezug auf die Darstellung schneller oder hochfrequenter Signale ergibt sich aus dem Abtastvorgang. Die Erfassung eines Abtastwertes in einem beliebig kurzen Zeitraum (entsprechend der Abtastung mit einem Dirac-Impuls) ist nicht möglich, in der Realität wird über den zeitlichen Verlauf des Signals während eines endlich langen Zeitintervalls T_{ap}, der **Aperturzeit**, ein gewichteter Mittelwert gebildet und gespeichert. Die Größe dieses Zeitintervalls und die Art der Gewichtung ergeben die Grenzfrequenz und die Verformung des abgetasteten Signales (Kap. 1.6.2.2).

Die Abtast-Halte-Schaltung (**"sample/hold"**) wird oft in der Form ausgeführt, daß der Ausgang zunächst dem Eingangssignal folgt, bis das Umschalten auf den Haltezustand erfolgt (**"track and hold"**). Folgen und Halten wechseln einander zyklisch ab, die Dauer des Umschaltens von Folgen auf Halten bestimmt die Aperturzeit. Als Schalter werden meist Diodenschalter (Kap. 2.1) verwendet, die mit extrem schnell schaltenden Dioden Aperturzeiten von einigen 10 ps erreichen. Eine andere Ausführung ist das Abtasten und Filtern (**"sample and filter"**), bei dem in einem Differenzverstärker ein kurzer Stromimpuls (Ladungsimpuls) proportional zum Meßwert aufgeteilt und den beiden Elektroden einer Kapazität zugeführt wird, die durch einen parallelgeschalteten Widerstand wieder rasch entladen werden muß (Hochpaßfilter). Das Maximum des Verlaufes der Differenzspannung am Kondensator ist dem abgetasteten Meßwert proportional. Die Dauer des Stromimpulses und die inneren Verzögerungen im Differenzverstärker ergeben dabei die Aperturzeit. Auf diverse Realisierungen von Abtast-Halte-Schaltungen wird in Kap. 2.4 genauer eingegangen.

4.2.7 Literatur

[1] Meyer G., Oszilloskope. Hüthig, Heidelberg 1989.

[2] Beerens A.C.J., Kerkhof A.W.N., 125 Versuche mit dem Oszilloskop. Hüthig, Heidelberg 1990.

[3] CEI-IEC 351-1, Expression of the properties of cathode-ray oscilloscopes, Part 1: General.

[4] CEI-IEC 351-2, Expression of the properties of cathode-ray oscilloscopes, Part 2: Storage Oscilloscopes.

4.3 Digitalspeicheroszilloskop

J. Baier

4.3.1 Einleitung

Das analoge Oszilloskop stellt den Verlauf der zu messenden Spannung mittels einer Kathodenstrahlröhre dar. Das ist wegen der begrenzten Nachleuchtdauer aber nur dann befriedigend, wenn es sich um einen repetitiven Signalverlauf handelt. Bei transienten Vorgängen (Kap. 1.3.1.1) liegt jedoch der Wunsch nach einer Speicherung des Signalverlaufes nahe. So wurden zwei Verfahren zur **analogen Speicherung** von Signalen entwickelt:

- Bistabiles Bildschirmmaterial: Das Bildschirmmaterial besitzt zwei stabile Zustände, wodurch der Signalverlauf in der Röhre gespeichert werden kann. Dieses Verfahren stellt zwar eine kostengünstige Lösung dar, die damit erreichbare Schreibgeschwindigkeit ist jedoch sehr gering, sodaß dieses Verfahren vor allem bei niederfrequenten Vorgängen wie in der Mechanik Anwendung gefunden hat.
- Veränderbare Nachleuchtdauer der Röhre: Die Nachleuchtdauer kann so eingestellt werden, daß das aufgezeichnete Signal dann zu verschwinden beginnt, wenn der neue Ablenkvorgang einsetzt. Dadurch können einerseits sehr langsame Signaländerungen, andererseits aber auch steile Flanken bei niederfrequenten Vorgängen aufgezeichnet werden.

Beide Verfahren haben den Nachteil, daß der an der Kathodenstrahlröhre sichtbare Kurvenzug nicht automatisch weiterverarbeitbar ist. Dies führte über die Entwicklung der **Transientenrekorder** (Geräten zur digitalen Aufzeichnung von Einzelvorgängen) zur Entwicklung der **Digitalspeicheroszilloskope**. Seit etwa 1994 ermöglichen schnelle ADCs Abtastfrequenzen von 1 GHz und mehr, mit denen Standard-DSOs die gleiche Frequenzbandbreite erreichen wie schnelle Analogoszilloskope, die sie daher vollkommen ersetzen können.

Durch die zeitliche und amplitudenmäßige Diskretisierung der Meßwerte (Kap. 1.6) können diese digital abgespeichert und weiterverarbeitet werden. Für die Auswertung und die Dokumentationen ist die Möglichkeit der Speicherung von Meßergebnissen von besonderer Wichtigkeit. Moderne DSOs bieten neben den üblichen Oszilloskopfunktionen noch viele zusätzliche Möglichkeiten, wie die Berechnung von Spitzen- und Mittelwerten, von Zeitwerten, wie Periodendauer und Anstiegszeiten, und vieles andere mehr (Kap. 4.3.3). Die bei DSOs meist vorhandene digitale Bus-Schnittstelle ermöglicht außerdem die Einbindung in automatische Meßsysteme. Die Bedienung moderner DSOs erfolgt entweder über die Frontplatte oder durch Programmierung über die Schnittstelle, über die meistens auf alle Funktionen des DSOs zugegriffen werden kann.

Ziel dieses Kapitels ist es, einerseits die vielfältigen Vorteile und Möglichkeiten der Digitalspeicheroszilloskope aufzuzeigen und andererseits auf die durch die Digitalisierung auftretenden Eigenheiten hinzuweisen.

4.3.2 Arbeitsweise und Funktionsgruppen

Die Abb. 4.3.1 zeigt das typische Blockschaltbild eines Digitalspeicheroszilloskops. Dieses besteht, abgesehen von der Steuerung, aus vier Funktionsgruppen. Prinzipiell erfolgt bei der Abgrenzung der einzelnen Funktionsgruppen voneinander eine Trennung zwischen Datenaufnahme, Datenverarbeitung und Darstellung. Die zur Erfassung des Signals nötigen Funktions-

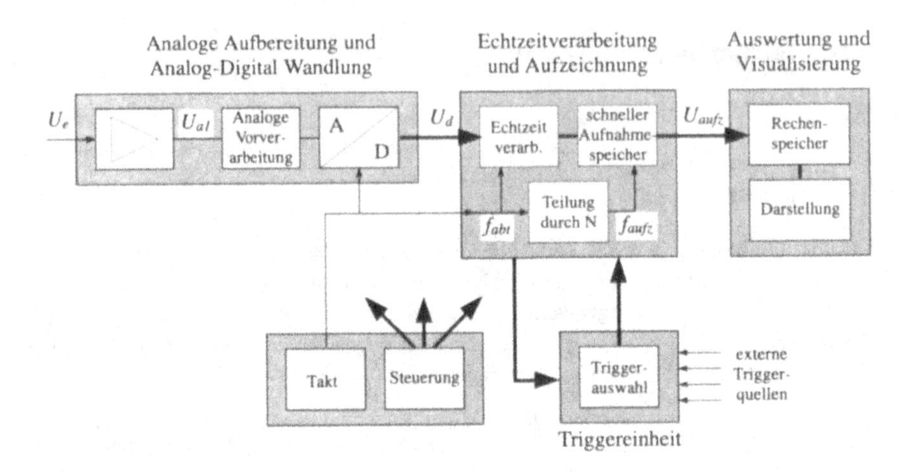

Abb. 4.3.1 Blockschaltbild eines Digitalspeicheroszilloskops

gruppen sind die analoge Aufbereitung mit der eigentlichen Analog-Digital-Wandlung und die Echtzeitverarbeitung und Aufzeichnung. Diese beiden Blöcke sind die einzigen, die das Signal bzw. die Abtastwerte jedenfalls in Echtzeit verarbeiten müssen. Für die korrekte Messung von Signalen und die richtige Auswertung bzw. Interpretation der Meßergebnisse ist das Wissen um die im Blockschaltbild dargestellte Trennung zwischen der eigentlichen Abtastrate und der Aufzeichnungsrate von größter Bedeutung. Die Funktionsgruppe Auswertung und Visualisierung übernimmt die Berechnung von Kenngrößen aus den aufgenommenen Abtastwerten und die Darstellung der Meßergebnisse in einer für den Bediener günstigen Form.

Die vierte Funktionsgruppe ist die Triggereinheit. Sie entspricht in der Grundfunktion der eines analogen Oszilloskops, bietet in modernen Geräten aber darüber hinaus eine Vielzahl von Triggermodi, die erst durch die Digitalisierung des Eingangssignals, die laufende Speicherung und die digitale Signalverarbeitung möglich werden.

Die Funktionen, Aufgaben und gängige Verarbeitungsverfahren der einzelnen Gruppen werden im folgenden beschrieben.

4.3.2.1 Analoger Teil der Signalerfassung

Der Eingangsteil des digitalen Oszilloskops unterscheidet sich kaum von dem des analogen Oszilloskops. Nach der analogen Aufbereitung (Signalkopplung, Eingangsabschwächer und Verstärker) wird das Signal über die analoge Vorverarbeitung dem Analog-Digital-Konverter zugeführt.

In der analogen Vorverarbeitung kann ein Spitzenwertdetektor enthalten sein. Er dient zur Erkennung von maximalen und minimalen Amplitudenwerten zwischen zwei aufeinanderfolgenden Abtastwerten. Im Vergleich zur Abtastperiode kurze Signaländerungen, wie zum Beispiel überlagerte Störimpulse, können bei niedriger Abtastfrequenz nur mit geringer Wahrscheinlichkeit erfaßt werden. Die Spitzenwerterkennung ermöglicht eine Aussage über das Auftreten und die Höhe dieser Impulse, der genaue Zeitpunkt wird allerdings nicht erfaßt und daher unrichtig dargestellt.

Die Abb. 4.3.2 zeigt diesen Effekt. Anstelle des mit (1) gekennzeichneten eigentlichen Abtastwertes wird der mit (2) bezeichnete, positivste bzw. negativste im Abtastintervall aufgetretene Wert dem ADC zugeführt und digitalisiert. Damit können auftretende Spitzenwerte aufgezeichnet werden. Naturgemäß hat auch dieser Erkennungsmechanismus eine Mindestansprechdauer.

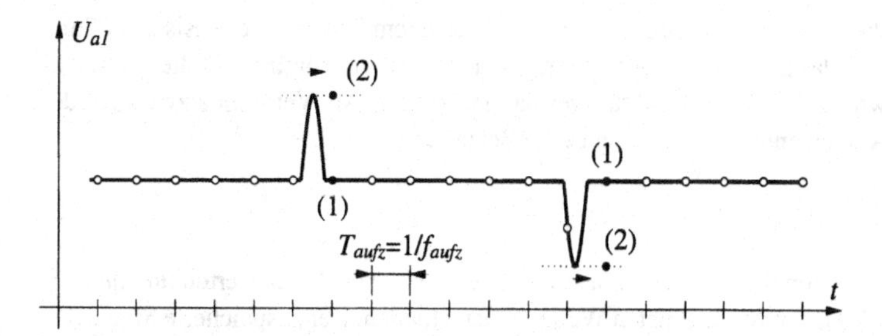

Abb. 4.3.2 Aufgezeichnete Werte bei eingeschalteter Spitzenwerterfassung. Dabei wird der zwischen zwei Aufzeichnungszeitpunkten auftretende Extremwert gespeichert. Ohne Spitzenwerterfassung werden die mit (1) gekennzeichneten Werte aufgenommen, mit Spitzenwerterfassung die mit (2) gekennzeichneten.

Aus ihr ergibt sich, wie lange der aufgetretene Impuls sein muß, um erkannt zu werden. Übliche Werte liegen nach dem heutigen Stand der Technik bei ca. 1 ns. Die Abb. 4.3.3 zeigt das Blockschaltbild einer gängigen Realisierung. Bei abgeschalteter Spitzenwerterkennung wird das Eingangssignal U_{al} direkt an den ADC geführt. Wird die Spitzenwerterkennung aktiviert, können der maximale oder der minimale Amplitudenwert digitalisiert werden. Die Steuerung dient zur Auswahl des gewünschten Wertes und zum Rücksetzen der Spitzenwertdetektoren. Welcher der beiden Werte gespeichert wird, ist vom gewählten Aufzeichnungsmodus abhängig und wird bei der Diskussion der Aufzeichnungsverfahren genauer behandelt.

Hat das DSO eine hohe Abtastfrequenz (typisch 1 GHz), so kann die Spitzenwerterkennung in allen Fällen, in denen die Aufzeichnungsfrequenz niedriger als die Abtastfrequenz ist, nach dem ADC mit einer schnell arbeitenden Digitallogik erfolgen. Dabei wird in jedem Aufzeichnungsintervall der maximale und der minimale Wert ermittelt und anstelle des (oder zusätzlich zu dem) aktuellen Wert abgespeichert. Dafür werden zwei oder drei Speicherplätze benötigt, und es können dementsprechend weniger Ergebniswerte gespeichert werden.

4.3.2.2 Echtzeitverarbeitung und Aufzeichnung

Arbeitsweise

Der in der Abb. 4.3.1 dargestellte Funktionsblock dient zur digitalen Echtzeitverarbeitung der Abtastwerte und zur Speicherung der Daten in einem schnellen Aufnahmespeicher. Um ein Signal über einen größeren Zeitraum aufnehmen zu können, werden im allgemeinen weniger

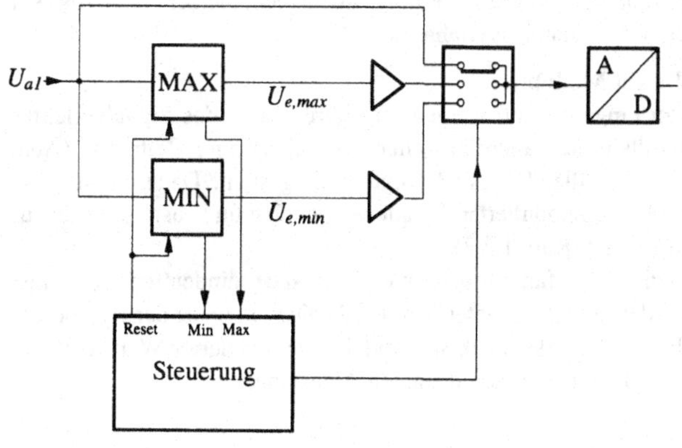

Abb. 4.3.3 Blockschaltbild der analogen Spitzenwerterfassung. Die im Min- bzw. Max-Block gespeicherten Extremwerte werden dem ADC abwechselnd zugeführt.

Abtastwerte gespeichert als zur Verfügung stehen. Wird bei einem DSO die Zeitbasiseinstellung verändert, so wirkt sich das nicht auf die Abtastrate f_{abt} aus, sondern lediglich auf die Aufzeichnungsrate f_{aufz}. Es wird nur jeder N-te Abtastwert aufgezeichnet. Als Verhältnis zwischen der Abtastrate und der Aufzeichnungsrate gilt daher die Beziehung

$$f_{aufz} = \frac{f_{abt}}{N} \quad . \tag{1}$$

Im folgenden wird zwischen den mit der Abtastrate f_{abt} gewonnenen Abtastwerten und den mit der Aufzeichnungsrate f_{aufz} aufgezeichneten Werten unterschieden. Der gespeicherte Signalverlauf wird als Aufnahme bezeichnet.

Das Teilungsverhältnis N wird so gewählt, daß die Anzahl der aufgezeichneten Abtastwerte pro Skalenteil der Zeitablenkung konstant bleibt, üblich sind etwa 50 Abtastwerte. Das bedeutet, daß mit langsamer werdender Zeitbasis die Aufzeichnungsrate sinkt. Der wichtigste Unterschied zwischen der Reduktion der Abtastrate und der Reduktion der Aufzeichnungsrate besteht in der Menge der über das Meßsignal gewonnenen Information. Eine Vorverarbeitung in Echtzeit hat in der Meßtechnik große Bedeutung. Sie ermöglicht, zusätzliche Aussagen über das Meßsignal zu treffen (unter anderem können durch eine adaptive Filterung Aliasingeffekte vermieden werden). Diesem Umstand wird durch unterschiedliche Aufzeichnungsmodi Rechnung getragen. Durch den Aufzeichnungsmodus wird die Art gewählt, nach der der Repräsentant eines Aufzeichnungs-Intervalls von N Abtastwerten bestimmt wird.

Aufzeichnungsmodi

Prinzipiell kann zwischen Aufzeichnungsmodi, die die relevanten Daten aus einer einzigen Aufnahme entnehmen, und solchen, die mehrere Aufnahmen verarbeiten, unterschieden werden. Die direkte Aufzeichnung, der Peak Detect Mode und die Filterung bzw. Mittelwertbildung gehören dabei zur ersten, der Envelope- und Average Mode zur zweiten Kategorie [2].

- **Direkte Aufzeichnung**:
  Aus einem Intervall von N Abtastwerten wird ein bestimmter Abtastwert als Repräsentant dieses Zeitintervalls aufgezeichnet. In Abb. 4.3.4 a ist dieser Vorgang in der Weise dargestellt, daß jedes Intervall durch seinen ersten Abtastwert repräsentiert wird. Der mit diesem Modus verbundene Vorteil liegt daher im eindeutig definierten zeitlichen Zusammenhang zwischen den gespeicherten Abtastwerten. Die Zeitdifferenz zwischen zwei aufeinanderfolgenden Werten ist immer $1/f_{aufz}$. Dadurch ergibt sich bei der direkten Aufzeichnung eine genaue Zuordnung der Amplitudenwerte zu den Zeitwerten. Kurze Details des Signalverlaufs (Glitches) können allerdings unentdeckt bleiben. Darin besteht der größte Nachteil dieses Aufzeichnungsverfahrens.

- **Min-Max Mode (Peak Detect Mode)**:
  Ist der Spitzenwertdetektor eingeschaltet, werden die Extremwerte des Signalverlaufes innerhalb des Abtastintervalls erfaßt, allerdings ohne den zugehörigen Zeitpunkt (Abb. 4.3.4 b). Es wird also die Einhüllende des Meßsignals dargestellt. Dadurch ist diese Methode zur Messung amplitudenmodulierter Signale verwendbar und ausgezeichnet zur Erkennung von Aliasing geeignet (Kap. 1.6.2).
  Ein wesentlicher Nachteil dieses Verfahrens besteht im Verlust des eindeutigen zeitlichen Zusammenhangs zwischen den aufgezeichneten Werten, da die Zeitpunkte der gespeicherten Abtastwerte innerhalb der Intervalle unbekannt sind. Die gespeicherten Werte entsprechen daher nicht mehr dem Modell einer äquidistanten Abtastung.

- **Filterung**:
  Eine weitere Möglichkeit zur Aufzeichnung einer einzelnen Aufnahme des Signals besteht

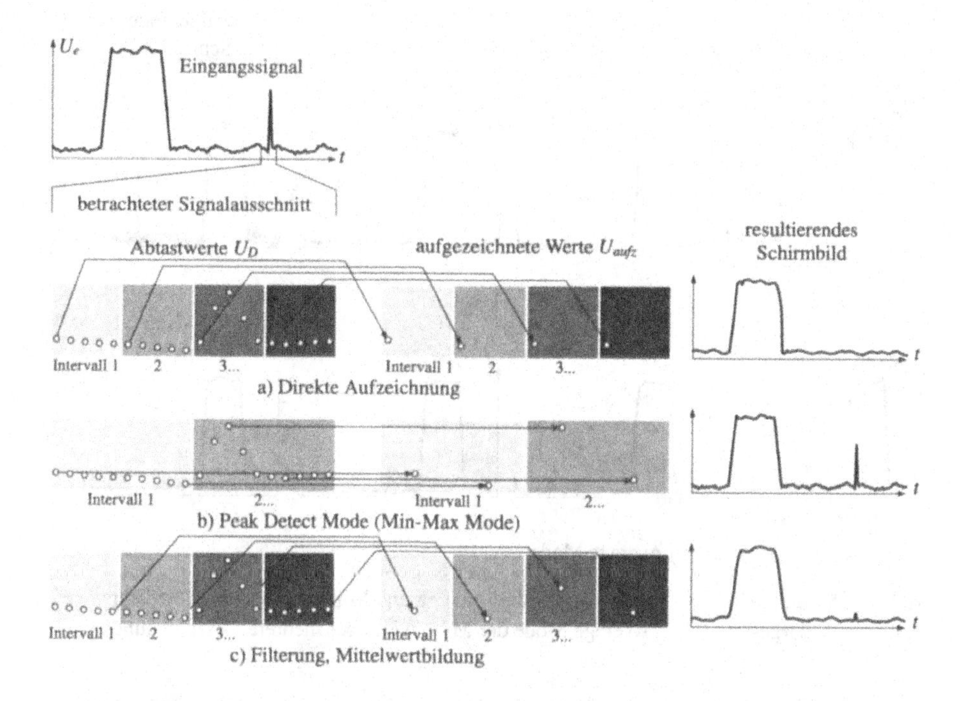

Abb. 4.3.4 Bei der direkten Aufzeichnung (a) wird aus jedem Intervall ein Abtastwert aufgezeichnet. Beim Peak Detect Mode (b) wird jeweils das Maximum und das Minimum innerhalb eines Intervalls entnommen. Bei der Filterung (c) wird üblicherweise der Mittelwert der Abtastwerte innerhalb eines Intervalls aufgezeichnet

in der Echtzeitfilterung der Abtastwerte. Derzeit beschränkt sich diese Methode noch auf die Berechnung des Mittelwertes der Abtastwerte innerhalb eines Intervalls (Abb. 4.3.4 c), da diese auch bei sehr hohen Abtastraten in Echtzeit implementiert werden kann. In Verbindung mit der Reduktion der Aufzeichnungsrate entspricht dies einer Tiefpaßfilterung. Wie bereits im Kap. 1.4 dargestellt, kann damit eine Auflösungserhöhung erreicht werden. Diese beiden Effekte sind allerdings gegenläufig. Ist das Verhältnis zwischen Abtastrate und Aufzeichnungsrate hoch, kann eine markante Auflösungserhöhung erzielt werden, dafür reduziert sich aber auch die Bandbreite erheblich. Durch die Mittelwertbildung kommt es auch zu einer Reduktion der Amplitude von kurzen Signaldetails, und zwar um den Faktor N. Damit vermindert sich die Möglichkeit der Erkennung.

- **Envelope Mode (Hüllkurve)**:
  Der Envelope Mode ist eine Kombination aus Peak Detect Mode und mehrfacher Aufzeichnung des Signals. Wie beim Peak Detect Mode werden auch bei diesem Verfahren Minima und Maxima des Signals aufgezeichnet und dargestellt, aber nicht aus einem, sondern aus mehreren hintereinander aufgezeichneten Signalverläufen, wovon jeder einzelne im Peak Detect Mode aufgenommen wurde (Abb. 4.3.5a). Als zusätzliche Information steht die Variation des Signals während der einzelnen Aufnahmen zur Verfügung. Vor allem die Amplitude überlagerter Rauschsignale kann somit sehr leicht bestimmt werden.

- **Average Mode (Mittelwertbildung)**:
  Beim Average Mode [3] werden mehrere Aufnahmen des Signals punktweise gemittelt (Abb. 4.3.5 b), wobei die einzelnen Aufnahmen mit einer direkten Aufzeichnung erfolgen

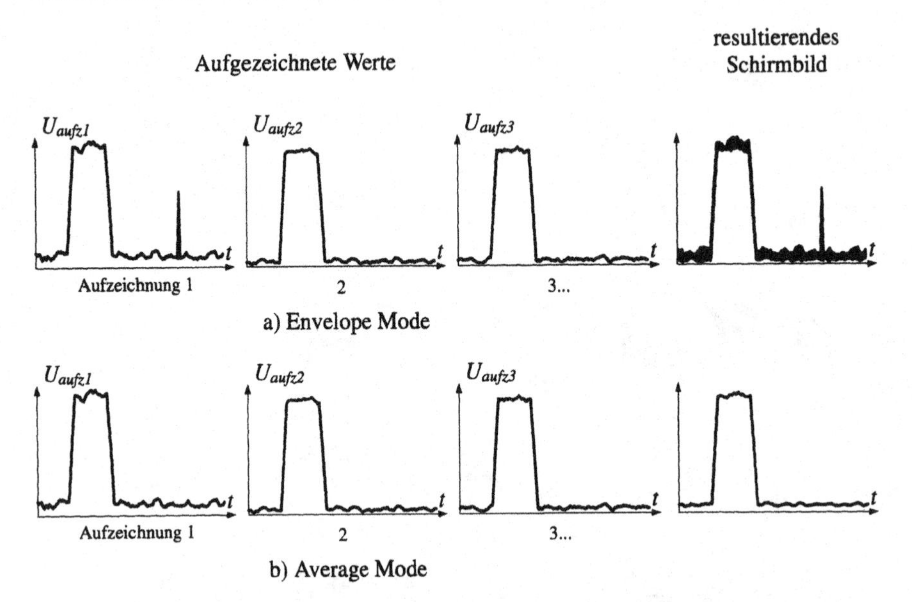

Abb. 4.3.5 Beim Envelope Mode werden die Maxima und Minima mehrerer Aufzeichnungen dargestellt, beim Average Mode der Mittelwert über mehrere Aufzeichnungen

müssen, da die korrekte Mittelung von Abtastwerten nur dann möglich ist, wenn ausschließlich Punkte miteinander kombiniert werden, die den gleichen Abstand zum Triggerereignis haben. Das ist also nur bei periodischen und repetitiven Signalen möglich. Verwendung findet dieses Verfahren bei der Reduktion überlagerten Rauschens und anderer überlagerter, nicht stationärer Signale, ohne daß das eigentliche Signal durch eine Tiefpaßfilterung verändert wird. Die Anzahl der gemittelten Aufzeichnungen kann vorgegeben werden und bewegt sich im Bereich von vier bis mehreren Tausend, üblicherweise in zweier-Potenzen.

Arten der Speicherung

Die aufzuzeichnenden Abtastwerte des Eingangssignals werden bei jeder Aufnahme in einen sogenannten **Ringspeicher** geschrieben. Zwei aufeinanderfolgende Abtastwerte werden auf zwei aufeinanderfolgende Speicherstellen geschrieben. Ist der Speicher voll, wird für jeden neu einlangenden Wert der älteste Wert überschrieben. Die Adresse wird also durch eine Modulo-M Operation bestimmt, wobei M die Anzahl der Speicherstellen des Ringspeichers darstellt. Als Abbruchkriterium wird der Trigger herangezogen. Durch die stete Aufzeichnung des Signals ist es möglich, auch Signalverläufe vor dem Auftreten des Triggerereignisses darzustellen. Die genaue Funktion des Triggers wird im folgenden Kapitel erklärt.

Grundsätzlich sind 3 Arten der Speicherung möglich:

- **Wiederholend** (refresh mode): Sobald eine Aufzeichnung beendet ist und die Daten in den Bildspeicher übertragen wurden, wird die nächste Aufzeichnung gestartet. Diese Methode entspricht der Funktion eines analogen Oszilloskops.
- **Einzelaufnahme** (single shot): Nach Beendigung der Aufnahme wird keine neue Aufnahme mehr gemacht. Die Einzelaufnahme kann, im Gegensatz zum Analogoszilloskop, beliebig lange am Bildschirm dargestellt werden. Sie eignet sich daher vor allem zur Darstellung einmaliger Vorgängen.

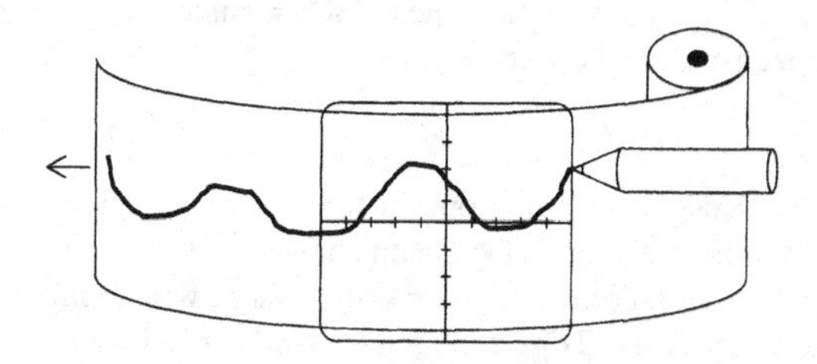

Abb. 4.3.6 Darstellung des Roll-Modus

- **Roll-Modus**: Diese Aufzeichnungsart ist besonders zur Beobachtung langsamer Vorgänge geeignet. Der Roll-Modus funktioniert ähnlich einem Schreiber. Die eingelesenen Werte werden von rechts nach links über den Bildschirm geschoben. Dadurch kann man langsame periodische oder einmalige Vorgänge mit dem Auge kontrollieren (Abb. 4.3.6). Dieser Modus ermöglicht besonders langsame Zeitbasen. Mehrere Sekunden oder sogar Minuten pro Skalenteil sind üblich.

4.3.2.3 Auswertung und Visualisierung

Die von der Aufzeichnungseinheit bereitgestellten Daten werden zur Darstellung und auch zur Berechnung gewünschter Kennwerte in einen langsameren Speicher, den Rechenspeicher, übernommen. Dadurch wird eine neue Aufzeichnung während der Auswertung der bereits aufgezeichneten Werte ermöglicht. Darüber hinaus kann für die Langzeitspeicherung von Signalen ein langsamer Speicher höherer Kapazität verwendet werden.

Die Darstellung selbst kann auf verschiedene Arten erfolgen:

- **Elektronenstrahlröhre** (mit elektrostatischer Ablenkung): Die digitalen Daten werden mit einem Digital-Analog-Konverter in ein analoges Signal umgewandelt. Die weitere Ausgabe erfolgt wie beim Analogoszilloskop. Die Anzeige eines Rasters oder alphanumerischer Zeichen ist zwar prinzipiell möglich, aber schwierig. Diese Methode wird nur noch selten angewandt, meist bei kombinierten Analog-Digital-Oszilloskopen.

- **Rasterbildschirm** (Elektronenstrahlröhre mit magnetischer Ablenkung): Die digitalen Daten werden zur punktweisen Hellsteuerung des Strahls verwendet, der wie bei einem Fernsehbildschirm in einem Raster von horizontalen Linien über den Sichtschirm geführt wird. Die Anzeige alphanumerischer Zeichen ist einfach, ebenso die Darstellung eines Rasters und eine mehrfarbige Darstellung. Diese Methode entspricht dem heutigen Standard.

- **LCD-Rasterbildschirm**: Der Leistungsverbrauch und das Gewicht sind sehr niedrig und die geometrische Abmessung klein, daher ist der Einsatz auch in tragbaren und batteriebetriebenen Geräten möglich. Im Vergleich zur Elektronenstrahlröhre ist der LCD-Schirm selbst gegen starke Magnetfelder unempfindlich.

Bei der Darstellung kann man weiters unterscheiden, ob die Daten nach abgeschlossener Aufzeichnung, also blockweise, dargestellt werden, oder ob der Aufzeichnungsprozeß selbst laufend dargestellt wird. Ersteres wird bei der direkten Aufzeichnung angewandt, die zweite Möglichkeit beim Roll-Modus und bei der Äquivalentzeitabtastung. Bei diesen Verfahren wird jeder einzelne aufgezeichnete Wert separat an die Visualisierung übergeben.

Die unter dem Begriff "Postprocessing" zusammengefaßten Eigenschaften eines DSOs betreffen die Auswertung des aufgezeichneten Signals. Darunter fallen vor allem Meßfunktionen, die bei analogen Oszilloskopen vom Benutzer auszuführen oder gar nicht möglich sind. Eine genaue

Darstellung der Möglichkeiten findet sich im Kap. 4.3.3. In modernen DSOs kommen für die Auswertung der Meßwerte meist Signalprozessoren zur Anwendung.

4.3.2.4 Trigger

Die Funktion des Triggers entspricht der eines analogen Oszilloskops: Er sorgt für ein stehendes Bild, bzw. für den Nullpunkt des Zeitmaßstabes. Während jedoch beim analogen Oszilloskop vom Trigger ein Sägezahngenerator ausgelöst wird, der die X-Ablenkung steuert, wird beim DSO die Speicherung gesteuert. Aus dem Auftreten des Triggerereignisses wird der Zeitpunkt abgeleitet, zu dem die Aufzeichnung abgebrochen wird. Durch einen einstellbaren Verzögerungszähler wird festgelegt, wie viele Datenpunkte vor und/oder nach dem Triggerereignis aufgezeichnet werden.

Der Vorgang der Datenaufnahme wird so lange durchgeführt, bis er von der Steuereinheit beendet wird. Üblich sind derzeit Werte der Speichertiefe des Aufnahmespeichers von einigen Kilobyte für sehr hohe Abtastfrequenzen (0,5 bis 2 GS/s) und bis 50 Kilobyte für niedrigere Abtastfrequenzen.

Post- und Pretriggering

Pretrigger: Der Triggerzeitpunkt ist in der Darstellung sichtbar (Abb. 4.3.7 a), das Schirmbild kann sowohl einen Teil der Vorgeschichte, als auch ein Stück des Signalverlaufes nach dem Triggerereignis zeigen. Der Anteil der Vorgeschichte an der gesamten Aufzeichnung ist dann maximal, wenn die Aufzeichnung mit dem Eintreffen des Triggers gestoppt wird.

Diese Möglichkeit der Messung eines Signalausschnittes vor dem Eintreten des Triggerereignisses ist bei analogen Oszilloskopen nur für sehr kurze Zeiten mit der in Kap. 4.2.4.1 erwähnten Verzögerungsleitung möglich. Durch die fast stufenlose Einstellbarkeit des Pretriggers beim DSO, eröffnen sich für dieses Gerät zusätzliche Anwendungsmöglichkeiten.

Posttrigger: Der Verzögerungszähler ist auf einen größeren Wert eingestellt, als es der maximalen Speichertiefe entspricht. Der Triggerzeitpunkt ist nicht mehr sichtbar (Abb. 4.3.7 b). Es

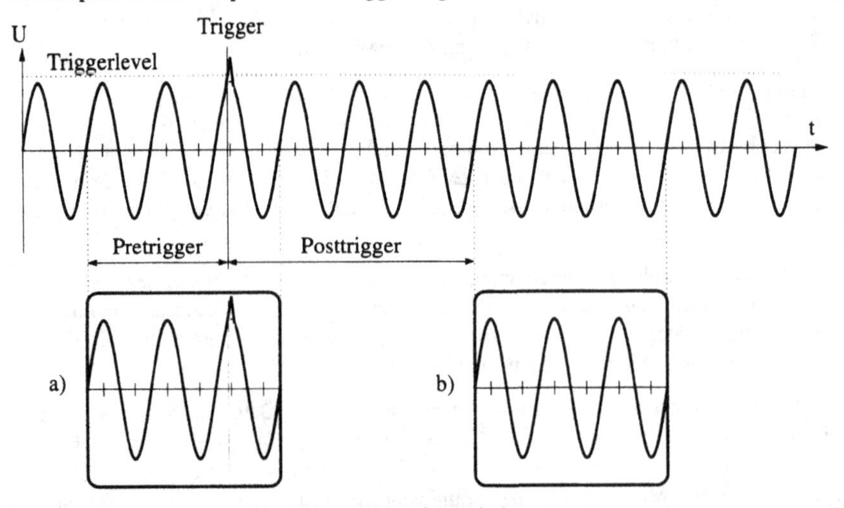

Abb. 4.3.7 a) Bei der Pretriggeraufzeichnung kann der Signalausschnitt vor dem Eintreten des Triggerereignisses gemessen werden. b) Durch einen Verzögerungszähler kann auch ein Signalausschnitt nach dem Triggerzeitpunkt dargestellt werden. Man spricht dann von einer Posttriggeraufzeichnung.

wird also ein Signalausschnitt aufgezeichnet, der eine bestimmte Zeit nach dem Eintreten des Triggerereignisses aufgetreten ist.

Spezielle Triggerfunktionen

Im Rahmen der Echtzeitverarbeitung der Abtastwerte eröffnet sich, abgesehen von den bereits beschriebenen Aufzeichnungsmodi, auch die Möglichkeit der Implementierung spezieller Triggerfunktionen. Die Anzahl der in modernen Geräten angebotenen Funktionen geht weit über die der analogen Oszilloskope hinaus. Im folgenden werden Repräsentanten der gängigsten Funktionen beschrieben.

Bei vielen dieser Triggerfunktionen ist allerdings darauf zu achten, daß innerhalb des Signalausschnittes, von dem die Triggerbedingung abgeleitet wird, eine genügend große Anzahl von Abtastwerten liegt. Liegen nur wenige Abtastwerte innerhalb dieses Bereiches, kann die Triggerbedingung nur ungenau überprüft werden.

- **Signalkenngrößen**:
  Dabei wird das Triggersignal durch das Über- und/oder Unterschreiten einer bestimmten Amplitude, Frequenz oder anderer Signalkenngrößen ausgelöst.
- **Impulskenngrößen**:
  Die Triggerung erfolgt auf eine oder mehrere der in Kap. 1.3.2.4 definierten Kenngrößen, wie Amplitude, Polarität, Dauer, Flankensteilheit usw. Bei DSOs sind meist alle Impulskenngrößen zur Triggerung verwendbar.
- **Runt-Trigger**:
  Der Runt-Trigger wird durch 2 Triggerschwellen definiert. Es kommt zu keiner Triggerung, wenn das Signal beide Schwellen hintereinander passiert. Der Trigger wird hingegen ausgelöst, wenn eine der beiden Schwellen überschritten und wieder unterschritten wird, ohne daß die 2. Schwelle passiert wird. Bei der Verwendung dieser Funktion in digitalen Schaltungen kommt es also so lange nicht zur Triggerung, solange jeder logische Pegel-

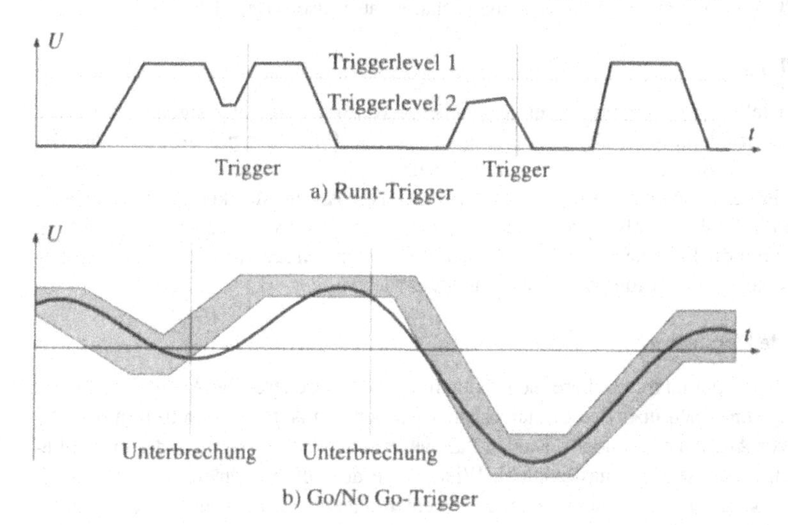

Abb. 4.3.8 a) Der Runt-Trigger löst den Trigger aus, wenn zwei unterschiedliche Triggerschwellen nicht hintereinander passiert werden. b) Die Go/No Go-Triggerung löst aus, wenn das Signal einen vorgegebenen Bereich verläßt.

wechsel korrekt abläuft. Tritt ein unvollständiger Pegelwechsel auf, wird der Trigger ausgelöst (Abb. 4.3.8 a).

- **Pattern-Trigger (Signalmuster-Trigger)**:
  Auch der Pattern-Trigger findet, wie der Runt-Trigger, vor allem in digitalen Schaltungen Anwendung. Das Triggersignal wird dabei von einer vorgebbaren logischen Verknüpfung mehrerer Eingangskanäle abgeleitet. Die Schwellen der logischen Pegel und die Verknüpfung können meist frei definiert werden.

- **Triggerung auf Toleranzmasken**:
  Verläßt das Signal eine vorgegebene Toleranzmaske oder einen Toleranzbereich, erfolgt die Triggerung. Bei der Anwendung in Service oder Produktionskontrolle werden meist weitere Maßnahmen ausgelöst. Aus diesem Grund ist dieses Verfahren auch unter der Bezeichnung Go/No Go-Trigger bekannt (Abb. 4.3.8 b). Zur Anwendung kommen dabei anwendungsspezifische Toleranzschemata oder genormte Toleranzmasken der Übertragungstechnik.

4.3.3 Meßwertverarbeitung und Visualisierung

4.3.3.1 Darstellung des Signalverlaufes

Im Unterschied zu analogen Oszilloskopen kann bei DSOs aufgrund der Speicherung der Abtastwerte auch nach Beendigung einer Aufzeichnung die Art der Darstellung des Signals verändert werden. Möglich sind das Dehnen eines Signalausschnitts (Zooming), das Verschieben des dargestellten Signalausschnitts auf der Zeitachse (Scrolling), allgemeine mathematische Operationen und der Vergleich mit gespeicherten Signalverläufen.

Die aufgezeichneten Werte des Eingangssignals liegen im Rechenspeicher als Amplitudenwerte des Signals zu diskreten Zeitpunkten vor. Um den digitalisierten Kurvenzug auf dem Bildschirm geeignet darstellen zu können, gibt es mehrere Möglichkeiten, die in Hinblick auf die Interpretation der Meßergebnisse unterschiedliche Eigenschaften aufweisen (Kap. 1.6).

Punktdarstellung

Bei dieser Darstellungsart werden die aufgezeichneten Werte des Eingangssignals als Punkte auf dem Bildschirm dargestellt. Die Darstellung von 40 bis 50 Punkten pro Skalenteil auf der Zeitachse ist üblich. Bei starker Dehnung des Signals auf der Zeitachse (Zooming) kann die Punktdichte sehr gering werden. Dadurch leidet vor allem die Anschaulichkeit des Ergebnisses. Bedeutsam ist die Punktdarstellung vor allem aus dem Grund, weil sie die einzige Darstellung ist, in der exakt nur die Information gezeigt wird, die gemessen wurde. Alle anderen Darstellungen enthalten eine Interpretation und Veränderung der Meßwerte.

Interpolierende Darstellung

Die im folgenden erklärten interpolierenden Darstellungen interpretieren die Abtastwerte in der Weise, daß sie Annahmen über den Signalverlauf zwischen den Abtastwerten treffen [4]. Die Gültigkeit dieser Annahmen ist aber für jeden Fall neu zu überprüfen. Der Sinn der interpolierenden Darstellungen ist eine quasi-analoge Wiedergabe des aufgezeichneten Signals durch einen ununterbrochenen Kurvenzug, der im allgemeinen die aufgezeichneten Werte als Stützpunkte enthält. Wie bereits im Kap. 1.6 beschrieben wurde, kommt es bei der Abtastung zu einer Periodisierung des Signalspektrums. Um nun das ursprüngliche Signal wiederherzustellen, müssen die periodisierten Spektralanteile entfernt, das heißt gefiltert, werden. Jede Verbindung der aufgezeichneten Werte entspricht einer solchen Filterung. Man kann also durch Wahl des

Interpolationsverfahrens die Filterfunktion vorgeben. Besonderes Augenmerk ist bei allen diesen Verfahren auf die mögliche Abweichung zwischen dem wahren und dem am DSO dargestellten Signalverlauf zu legen.

Lineare Interpolation: Bei dieser Interpolationsart werden benachbarte Punkte durch eine Gerade verbunden. Auch diese Art der Darstellung ist bei geringer Punktdichte wenig anschaulich und außerdem vom realen Signalverlauf abweichend.

Die lineare Interpolation entspricht einer Filterung der Abtastwerte mit der Übertragungsfunktion

$$H_{lin}(f) = T_{aufz} \cdot \left(\frac{\sin(\pi \cdot f \cdot T_{aufz})}{\pi \cdot f \cdot T_{aufz}} \right)^2 . \qquad (2)$$

Dadurch kommt es zu einer Dämpfung der höheren Signalfrequenzen. Um bei einer linearen Interpolation eine ausreichende Genauigkeit zu erreichen, müssen also genügend Punkte innerhalb einer Periode der höchsten vorkommenden Signalfrequenz zur Verfügung stehen. Das heißt, daß die Aufzeichnungsrate im Verhältnis zur Signalfrequenz hoch sein muß, damit die Differenzen zwischen dem interpolierten Signalverlauf und dem analogen Eingangssignal gering werden. Für genaue Messungen werden mindestens 10 Abtastwerte je Periode empfohlen.

si-Interpolation: Geht man davon aus, daß das Abtasttheorem erfüllt ist, kann das aufgezeichnete Signal prinzipiell verzerrungsfrei rekonstruiert werden (siehe Kap. 1.6.2). Durch jeden der einzelnen Abtastwerte wird dabei die Funktion

$$h_{si}(t) = \frac{\sin(\pi \cdot t \cdot f_{aufz})}{\pi \cdot t \cdot f_{aufz}} = \mathrm{si}(\pi \cdot t \cdot f_{aufz}) \qquad (3)$$

als Beitrag zum rekonstruierten Signal gelegt, das sich aus der Summe dieser Teilfunktionen ergibt. Diese Funktion ist die Impulsantwort eines idealen Tiefpasses mit der Grenzfrequenz $f_{aufz}/2$, also des idealen Rekonstruktionstiefpasses (Kap. 1.6.5). Darin ist auch die besondere Bedeutung der si-Interpolation zu sehen. Um auch bei der zeitbegrenzten Realisierung der si-Funktion eine gute Rekonstruktion zu erhalten, ist es notwendig, nicht nur mit mindestens 2 Abtastwerten pro Periode, wie es das Abtasttheorem vorschreibt, sondern mit ca. 2,5 - 2,7 Abtastwerten pro Periode der höchsten vorkommenden Signalfrequenz aufzuzeichnen.

Die si-Interpolation kommt auch häufig unter der Bezeichnung Sinusinterpolation vor. Dadurch wird oft fälschlich angenommen, daß diese Methode nur für Sinussignale gültig ist. Die Voraussetzung ist aber nur, daß die im Signal enthaltenen Frequenzanteile aus einem begrenzten Frequenzband stammen, das zu der Abtastfrequenz und der Dauer des verarbeiteten Signalverlaufes paßt.

Interpretation des Signals

Durch die Abtastung des Eingangssignals kann es zu Schwierigkeiten bei der Interpretation der Meßergebnisse kommen. Und zwar sowohl bei der Punktdarstellung als auch bei interpolierten Darstellungen.

Obwohl das DSO selbst bei der Punktdarstellung keine Interpretation des Meßergebnisses vornimmt, neigt der Benutzer bei der Betrachtung zur Verbindung der einzelnen Abtastwerte zu einem geschlossenen Signalverlauf. Dabei kann ein dem Aliasing vergleichbarer Effekt auftreten. Das Bild erscheint dem Benutzer eventuell, als ob es sich um ein niederfrequentes, nicht getriggertes Signal handelt (Abb. 4.3.9 a). Dieser Effekt ist auch unter der Bezeichnung Pseudo-Aliasing bekannt. Es sei aber nochmals ausdrücklich darauf hingewiesen, daß dieser Effekt kein Meßfehler ist, sondern eine falsche Interpretation des Benutzers, die auch bei völlig korrekten Messungen möglich ist. Wie in der Abb. 4.3.9 a ersichtlich ist, kann der Eindruck eines niederfrequenten Signals durch Verwendung einer Interpolation vermieden werden. In der Abbildung wurde eine lineare Interpolation angewandt.

Liegt die Signalfrequenz nicht hinreichend weit unter der Nyquistfrequenz und wird eine lineare Interpolation oder eine Punktdarstellung verwendet, kommt es zu einer scheinbaren Schwebung des Signals (Abb. 4.3.9 b). Auch bei diesem Effekt handelt es sich nicht um einen Meßfehler, sondern um eine fehlerhafte Interpretation.

Die si-Interpolation birgt zwei wichtige Eigenheiten in sich. Zum einen können scheinbar nichtkausale Signale entstehen. Das heißt Signale, die eine Umkehr des Ursache-Wirkungsprinzips zeigen. Dieser Effekt tritt bei einer Verletzung des Abtasttheorems und einer gleichzeitigen Dehnung des Signals auf. Durch die Dehnung des Signals verringert sich die Anzahl der Abtastwerte pro Skalenteil auf der Zeitachse. Werden dann si-Funktionen zur Interpolation des Signals durch die Abtastwerte gelegt, kommt es an allen Sprungstellen des Signals zu Überschwingern. Dieses Überschwingen tritt aber auch vor den Sprungstellen auf, das Signal ist scheinbar nichtkausal (Abb. 4.3.10 a). Der Grund dafür liegt darin, daß mit der Verwendung der si-Interpolation vorausgesetzt wird, daß das Signal korrekt abgetastet wurde (über unendlich lange Zeit und mit einer Abtastfrequenz über dem Doppelten aller im Signal enthaltenen Frequenzen). Bei einem Rechtecksignal ist das aber nur näherungsweise möglich. Dadurch kommt es bei der si-Interpolation zur Fehlinterpretation der aufgezeichneten Abtastwerte.

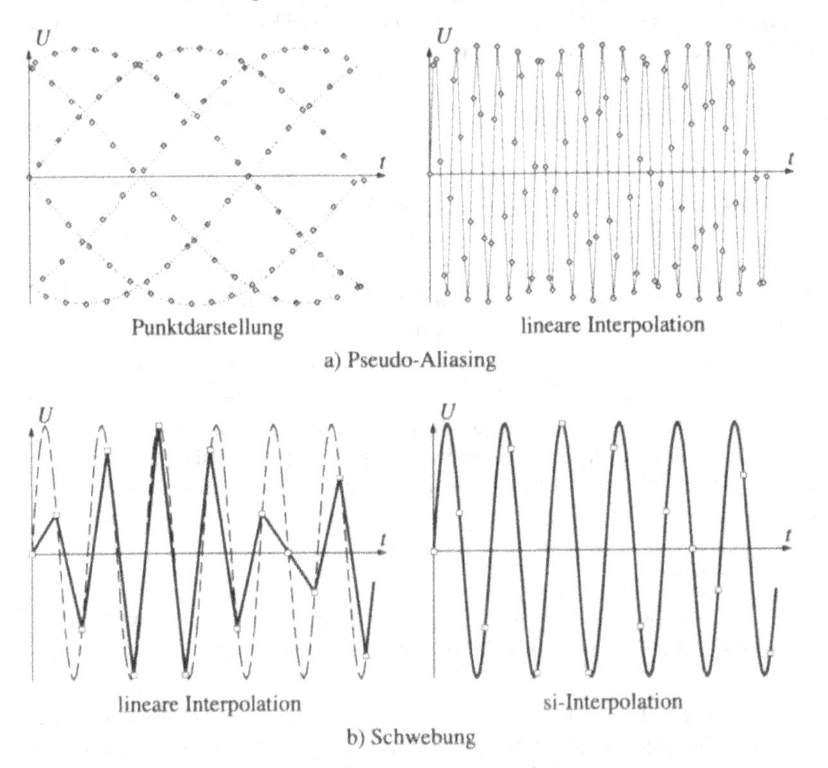

Abb. 4.3.9 a) Bei der Punktdarstellung kann es durch den Benutzer zu einer scheinbaren Verbindung der einzelnen Punkte kommen. Dadurch erscheint das Signal ungetriggert und niederfrequent. Dieser Effekt wird als Pseudo-Aliasing bezeichnet.
b) Die lineare Interpolation führt bei Signalen, deren Frequenz knapp unter der halben Aufzeichungsrate liegt, zu einer scheinbaren Schwebung.

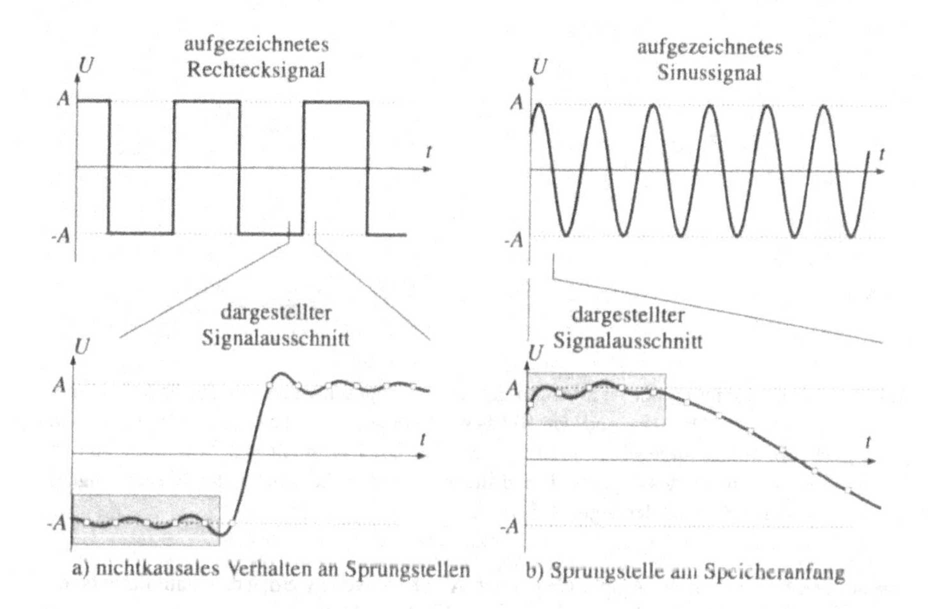

Abb. 4.3.10 Die si-Interpolation geht bei der Interpretation der aufgezeichneten Abtastwerte davon aus, daß das Abtasttheorem eingehalten wurde. Bei Sprungstellen kommt es daher zu Abweichungen und einem scheinbar nichtkausalen Verhalten des interpolierten Signals. Der gleiche Effekt ist auch bei Signalen ohne Sprungstellen am Beginn und am Ende des dargestellen Signalausschnitts zu erkennen

Der zweite Effekt rührt von scheinbaren Sprungstellen am Beginn und am Ende des Rechenspeichers her. Daher kommt es wieder zu einem Einschwingverhalten der si-Funktionen. Dieser Effekt wird üblicherweise dadurch unterdrückt, daß man vom Signal mehr aufzeichnet, als man darstellt. Das heißt, daß man den Bereich des Signals, in dem das Einschwingen vor sich geht, nicht darstellt. Bei älteren Geräten ist dieses Einschwingen aber unter Umständen noch sichtbar.

4.3.3.2 Meßfunktionen

Bei Digitalspeicheroszilloskopen werden viele Kennwertbestimmungen vom Gerät selbst durchgeführt. Vor allem Impulskenngrößen und lineare sowie quadratische Kenngrößen werden automatisch bestimmt. Damit können subjektive Fehler, wie falsches Ablesen vom Bildschirm oder fehlerhafte Berechnungen, unterbunden werden. Um korrekte Meßergebnisse zu erhalten, ist aber trotzdem die Kenntnis der zugrunde liegenden Algorithmen von Bedeutung. Im folgenden wird daher auf diese Algorithmen eingegangen.

Impulskenngrößen

Die Definitionen der Impulskenngrößen beziehen sich fast ausschließlich auf zwei eingeschwungene Zustände des Signals, denen die Werte 0% und 100% zugewiesen werden (Kap. 1.3.2.4). Überschwingende Signalflanken erschweren (wie bei der analogen Erfassung) die automatische Messung dieser Kenngrößen, da es nicht mehr möglich ist, sich bei der Messung auf die maximale und die minimale Signalamplitude zu beziehen.

Zur Bestimmung des 0%- und des 100%-Amplitudenwertes bei Impulsen werden vor allem drei Methoden verwendet. Die erste Methode besteht im Definieren dieser Werte durch den Benutzer mit Hilfe zweier Markierungen (Cursor). Es wird jeweils eine Markierung auf den 0%-Wert und

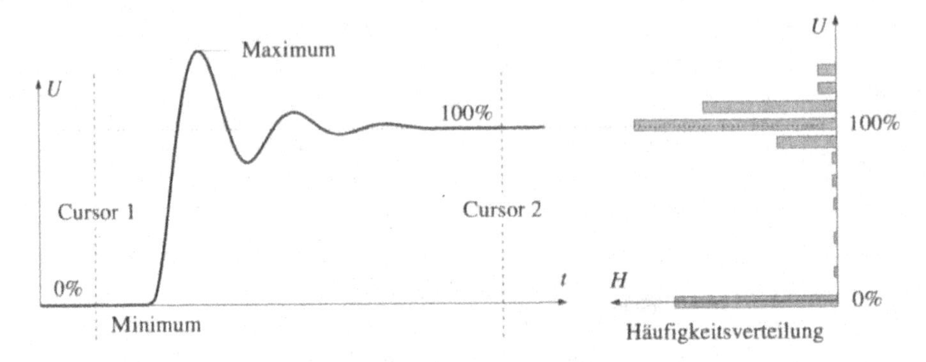

Abb. 4.3.11 Bestimmung der Amplituden der beiden eingeschwungenen Zustände bei einem Impuls. Der 0%- und der 100%-Wert können mit Markierungen (Cursor) vom Benutzer angegeben werden, oder das DSO ermittelt das Minimum und das Maximum des Signals. Die dritte Möglichkeit besteht in der Berechnung des Histogramms des Signals.

eine auf den 100%-Wert der Amplitude gesetzt. Alle Kennwerte werden dann, auf diese beiden Markierungen bezogen, bestimmt. Man verwendet diese Methode, wenn eine automatische Erkennung der eingeschwungenen Zustände schwierig ist. Dies kann der Fall sein, wenn es zu keinem eindeutigen Ausschwingen der oszillierenden Signalanteile kommt, oder wenn das Signal eine Dachschräge aufweist.

Die zweite Methode besteht in der automatischen Bestimmung der maximalen und der minimalen Amplitude. Diese Werte werden als 0% und 100% definiert. Schwingt das Meßsignal nach einer sprunghaften Änderung über, kommt es zu fehlerhaften Meßergebnissen, da die Spitzen der Überschwinger als Amplitude des eingeschwungenen Zustands interpretiert werden.

Die dritte Möglichkeit zur Bestimmung der Amplituden der beiden eingeschwungenen Zustände besteht in der Berechnung des Histogramms des Eingangssignals. Die am häufigsten vorkommenden Amplituden werden dann als die Amplituden der eingeschwungenen Zustände interpretiert, alle Impulskenngrößen werden auf diese Werte bezogen. Diese Methode ist speziell für die typischen Impulssignale, die zwei eingeschwungene Zustände aufweisen, geeignet. Existieren drei oder mehr eingeschwungene Zustände, ist diese Art der Messung ebenfalls fehlerhaft (Abb. 4.3.11).

Mit der Bestimmung der Amplituden der eingeschwungenen Zustände können bereits die Anstiegs- und Abfallzeiten, die Impulsbreite und auch die Einschwingzeit bestimmt werden. Berücksichtigt man zusätzlich das Minimum und das Maximum des Signals, kann auch das Über- und Unterschwingen ermittelt werden.

Lineare und quadratische Kenngrößen

Die meisten linearen Kenngrößen können ebenfalls aus dem Minimum, dem Maximum und den Amplituden der eingeschwungenen Zustände berechnet werden: Der Spitzenwert bzw. Scheitelwert entspricht dem Maximum des Signals, der Spitze-Spitze-Wert der Differenz zwischen Maximum und Minimum. Die Bestimmung des Gleichanteils eines Signals ist bereits in den meisten Geräten implementiert und wird durch Berechnung des arithmetischen Mittelwertes über den Signalverlauf ermittelt.

Als wichtigster quadratischer Kennwert sei hier der Effektivwert eines Signals genannt. Da dieser Wert bei einem DSO direkt aus den Abtastwerten ermittelt wird, ist er ein echter Effektivwert.

4.3.3.3 Mathematische Operationen

In dieser Gruppe werden signalverarbeitende Maßnahmen zusammengefaßt, die nicht unmittelbar zur Bestimmung von Kennwerten des aufgezeichneten Signals dienen. Üblicherweise findet man Transformationsalgorithmen (Fouriertransformation) oder Algorithmen zur nachträglichen digitalen Filterung des Signals.

Signalkombination

Die Kombination verschiedener aufgezeichneter Signalverläufe oder gespeicherter Signale durch die Grundrechnungsarten wird bei allen Geräten angeboten. Besondere Aufmerksamkeit erfordern die Subtraktion und die Division zweier Signale. Da diese Subtraktion digital durchgeführt wird, ist bei kleinen Differenzen darauf zu achten, daß die Auflösung dieser Differenz extrem schlecht werden kann. Wird beispielsweise bei einer 8-Bit-Quantisierung die Differenz zweier vollausgesteuerter Signale gebildet, deren Amplitudendifferenz lediglich 0,4% der Amplitude beträgt, erhält man ein mit 1 Bit quantisiertes Differenzsignal, also 50 % Quantisierungsunsicherheit. Entsprechend gering ist die erreichbare Genauigkeit der auf dieser Differenz basierenden Berechnungen. Ähnliche Effekte treten bei der Division auf.

Filterung

Die digitale Filterung des bereits aufgezeichneten Signals ist in manchen Geräten möglich. Sie dient zur nachträglichen Optimierung der Darstellung und zur Verbesserung der Meßergebnisse der Kennwertbestimmungen. Vorwiegend geht es dabei um die Reduktion überlagerter Rauschsignale. Üblich sind einfache Filter 1. Ordnung mit variabler Grenzfrequenz. In seltenen Fällen werden auch Filter höherer Ordnung angeboten.

Ein Spezialfall der Filterung ist die Berechnung eines gleitenden Mittelwertes. Dieses Verfahren ist unter der Bezeichnung Smoothing [5] bekannt und dient ebenfalls zur Reduktion des Rauschens.

Histogramm, Spektralanalyse

Histogramme werden intern zur Bestimmung von Impulskenngrößen verwendet oder zur Erkennung der Art überlagerter Störungen (ein Sinussignal ergibt ein badewannenförmiges Histogramm). Als Darstellungsart ist es für den Benutzer von Interesse, wenn überprüft werden soll, wie oft ein bestimmter Amplitudenwert auftritt. Diese Frage tritt vor allem bei der Beurteilung der Verteilungsfunktion von Rauschsignalen auf. Spektralanalysefunktionen sind meist durch einen FFT-Algorithmus implementiert (Kap. 4.4.3.3). Verwendung findet diese Funktion zum Beispiel bei der Bestimmung nichtlinearer Verzerrungen oder bei der quantitativen Beurteilung des Oberwellengehaltes des aufgezeichneten Signals.

4.3.4 Literatur

[1] Meyer G., Oszilloskope. Hüthig, Heidelberg 1989.

[2] Tektronix, Technical Brief, TDS 400/500 Acquisition Modes. Tektronix 1991.

[3] Tektronix, Technical Brief 47W-7444, Averaging. Tektronix 1989.

[4] Tektronix, Technical Brief 47W-7442, Interpolation. Tektronix 1989.

[5] Tektronix, Technical Brief 47W-7436, Smoothing. Tektronix 1989.

[6] CEI-IEC 351-2, Expressions of the Properties of Cathode-Ray Oscilloscopes, Part 2: Storage Oscilloscopes.

4.4 Frequenzanalyse

A. Wiesbauer

4.4.1 Überblick

Dieser Abschnitt beschäftigt sich hauptsächlich mit der Beschreibung von Meßgeräten für Meßfunktionen im Frequenzbereich. Dieser weit gestreute Bereich kann hier nicht vollständig erfaßt werden. Daher erfolgt eine Einschränkung auf FFT-Analysatoren und Spektrumanalysatoren. Diese Geräte beinhalten die wesentlichen Meßprinzipien und haben ein sehr breites Einsatzgebiet. Für Spezialanwendungen in der Audiotechnik oder Hochfrequenztechnik konzipierte Geräte, wie zum Beispiel Verzerrungs- und Audioanalysatoren, Meßempfänger und Modulationsanalysatoren, sowie spezielle Meßprobleme der Hochfrequenzmeßtechnik [8] und [9], werden nicht behandelt.

Beim **Spektrumanalysator** handelt es sich um einen durchstimmbaren Überlagerungsempfänger, der die Amplituden eines Signals in Abhängigkeit von der Frequenz auf einem Bildschirm darstellt. Er ist im wesentlichen ein frequenzselektives, auf Spitzenwerte ansprechendes Voltmeter, das zur Anzeige des Effektivwertes eines Sinussignals kalibriert wurde. Es werden die einzelnen Amplituden der Frequenzanteile eines Signals dargestellt, über die Phasenlage wird keine Information geliefert. Spektrumanalysatoren erlauben Messungen mit Bandbreiten von einigen Hz bis einigen zehn GHz mit großem Dynamikbereich, typisch mehr als 100 dB, für stationäre oder quasistationäre Signale. Unter Dynamikbereich versteht man das maximale logarithmierte Amplitudenverhältnis von Frequenzkomponenten, die gleichzeitig gemessen werden können, ohne daß der Pegel der kleineren Komponente im Eigenrauschen des Gerätes verschwindet.

Fourier-Analysatoren oder kurz **FFT-Analysatoren** verwenden die digitale Aufzeichnung des Signalverlaufes und ein mathematisches Transformationsverfahren, die Fast Fourier Transformation (als FFT bezeichnet), um ein Fourier-Spektrum eines Signals darzustellen. Dieses Verfahren eignet sich zur Messung von Signalen im Frequenzbereich von Hz bis einigen MHz, wobei die obere Frequenzgrenze technologieabhängig ist. Der Dynamikbereich wird von den verwendeten ADCs bestimmt und liegt typisch bei 90 dB. Wie beim Spektrumanalysator werden alle Informationen auf einem Bildschirm dargestellt. Zusätzlich zum Amplitudengang wird auch der Phasengang eines Signals ausgewertet. Geräteabhängig sind eine Reihe weiterer Meßfunktionen, wie zum Beispiel Zeitbereichsdarstellung, Übertragungsfunktion, Histogramm, Korrelation usw., implementiert. Im Gegensatz zum Spektrumanalysator, kann ein FFT-Analysator auch transiente Signale erfassen.

Netzwerkanalysatoren werden in diesem Kapitel nicht näher beschrieben. Diese Geräte sind eine Kombination aus einem Spektrum- oder FFT-Analysator und einem Signalgenerator. Dabei wird der Spektrumanalysator anstelle eines Spitzenwertgleichrichters mit einem phasenselektiven Gleichrichter (Kap. 2.4.7.1 bzw. 2.4.10) ausgestattet, um auch Phaseninformation liefern zu können. Ein zu untersuchendes Netzwerk, im allgemeinen ein Vierpol, wird mit einem definierten Signal angeregt und das Ausgangssignal gemessen. Daraus lassen sich wesentliche Eigenschaften des Netzwerks, wie Übertragungsfunktion, Impulsantwort oder Vierpolparameter, bestimmen. Von besonderer Bedeutung ist dabei die verwendete Art des Anregungssignals. In Frage kommen dafür sinusförmige Signale wie der Swept Sine, Multi Sine oder Log Tone, pulsförmige Signale oder Rauschsignale. Die Vor- und Nachteile dieser Anregungssignale sind in [11] untersucht.

4.4.2 Spektrumanalysator

4.4.2.1 Funktionsprinzipien

Bei der Messung der spektralen Anteile eines periodischen Signals kommen drei Grundschaltungen zur Anwendung. Nach Abb. 4.4.1 a wird die Mittenfrequenz eines schmalen Bandfilters kontinuierlich innerhalb des zu untersuchenden Frequenzbereichs verändert. Wenn eine Spektrallinie des Eingangssignals in den Durchlaßbereich des Filters fällt bzw. wenn ihre Frequenz gleich der Mittenfrequenz des Bandfilters ist, wird im Spitzenwertgleichrichter ihre Amplitude gemessen und angezeigt. Alle anderen Frequenzanteile werden vom Bandpaß unterdrückt und beeinflussen die Anzeige nicht. Bei der zweiten Grundschaltung Abb. 4.4.1 b ist die Mittenfrequenz des Filters fest, und die Frequenzlage des Eingangssignals wird mit einem durchstimmbaren Oszillator und einem Mischer kontinuierlich verändert. Solange die Spektrallinie eines Signals mit der Oszillatorfrequenz ein Mischprodukt bildet, das in den Durchlaßbereich des Filters fällt, wird dessen Amplitude gemessen und angezeigt. Andere Mischprodukte werden vom Bandpaß unterdrückt. Dieses Prinzip kommt unter anderem bei Rundfunk-Empfangsanlagen zur Anwendung, für die der Name Überlagerungsempfänger geprägt wurde. Eine weitere, nicht dargestellte Möglichkeit ist die Echtzeit-Spektralanalyse durch Parallelschaltung vieler fest abgestimmter Meßkanäle gemäß Abb. 4.4.1 a oder Abb. 4.4.1 b mit sich überlappenden Durchlaßbereichen, die auch als Filterbank bezeichnet wird.

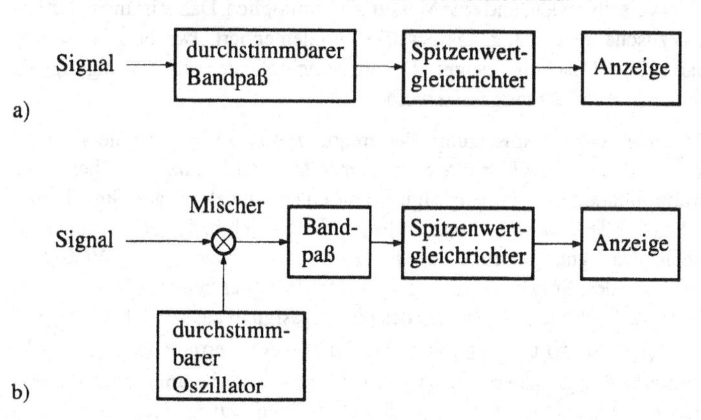

Abb. 4.4.1 Grundschaltungen zur Analyse eines Frequenzspektrums: a) durchstimmbares Bandfilter, b) Überlagerungsempfänger mit durchstimmbarem Oszillator

4.4.2.2 Spektralanalyse nach dem Prinzip des Überlagerungsempfängers

Schmalbandige durchstimmbare Bandfilter lassen sich wegen der benötigten hohen Güte nur mit sehr hohem Aufwand, und das für einen, im Vergleich zum Überlagerungsempfänger, kleinen Frequenzbereich, fertigen. Daher sind Spektrumanalysatoren meist nach dem in Abb. 4.4.1 b gezeigten Prinzip aufgebaut. Die Abb. 4.4.2 zeigt ein detaillierteres Blockschaltbild. Über einen Sägezahngenerator wird der Oszillator VCO (Voltage Controlled Oszillator) kontinuierlich durchgestimmt. Das um die Frequenz des VCOs verschobene Spektrum des Eingangssignals wird über das ZF-Filter dem Spitzenwertgleichrichter zugeführt. Das ZF-Filter ist ein schmaler Bandpaß mit Durchlaßbereich bei der festen Zwischenfrequenz f_{ZF}. Am Ausgang des Spitzenwertgleichrichters tritt nur die Amplitude der Spektralkomponente auf, die mit der VCO-Frequenz ein Mischpodukt bei f_{ZF} hat. Nachdem die VCO-Frequenz über einen Bereich durchgestimmt wird, wird ein entsprechender Frequenzbereich des Eingangssignals dem Spitzenwertgleichrichter zugeführt. Das Videofilter ist ein Tiefpaß und unterdrückt Rauschen, das

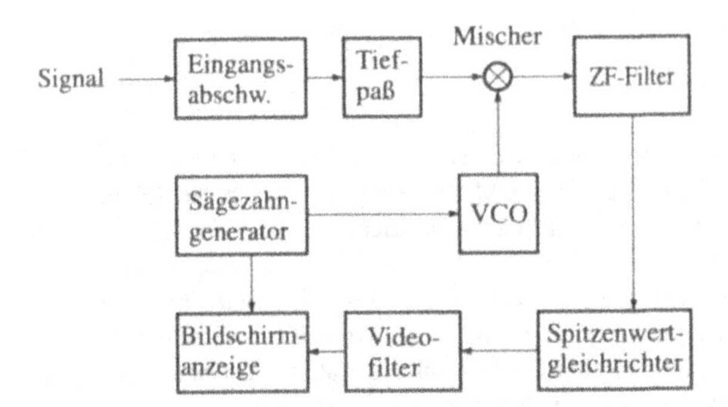

Abb. 4.4.2 Grundschaltung eines Spektrumanalysators nach dem Prinzip des Überlagerungsempfängers

im Spitzenwertgleichrichter entsteht. An die X-Achse des Bildschirmes wird die Sägezahnspannung gelegt, wodurch eine mit der Frequenz lineare Anzeige entsteht. Der Eingangsabschwächer ermöglicht die Anpassung des Signalpegels. Dies ist für die Mischstufe wichtig, da bei zu hoher Aussteuerung starke Nichtlinearitäten auftreten, die zusätzliche, im Signal nicht vorhandene Spektrallinien erzeugen. Bei zu geringer Aussteuerung können Spektralkomponenten im Eigenrauschen des Analysators verschwinden, und eine Messung ist unmöglich. Daher ist in Spektrumanalysatoren meist ein zuschaltbarer Eingangsverstärker implementiert. Der eingangsseitige Tiefpaß verhindert, daß bei der Mischung mehrere Frequenzkomponenten des Eingangssignals gleichzeitig auf die Zwischenfrequenz umgesetzt werden.

Die **Mischstufe** bewirkt eine Frequenzumsetzung oder Frequenzverschiebung, die die Verwendung eines leichter realisierbaren Bandfilters mit konstanter Mittenfrequenz ermöglicht. Die Mischung kann als Multiplikation des Eingangssignals mit einem sinusförmigen Signal, dem VCO-Signal, beschrieben werden. Diese Multiplikation im Zeitbereich bedeutet im Frequenzbereich eine Verschiebung des Signalspektrums um $+f_{VCO}$ und $-f_{VCO}$, wobei f_{VCO} die VCO-Frequenz ist. Die Auswertung des Spektrums erfolgt bei der Zwischenfrequenz f_{ZF}, bei der demzufolge gleichzeitig zwei Spektralkomponenten des Eingangssignals auftreten. Die Frequenzen berechnen sich zu $f_{S,1}=f_{ZF}-f_{VCO}$ und $f_{S,2}=f_{ZF}+f_{VCO}$. Für die Auswertung des Signalspektrums darf nur einer der beiden Frequenzbereiche $f_{ZF}-f_{VCO}$ oder $f_{ZF}+f_{VCO}$ herangezogen werden. Man spricht auch vom Nutzband und Stör- bzw. Spiegelfrequenzband. Das Spiegelfrequenzband muß vor dem Mischer unterdrückt werden, da allenfalls vorhandene Frequenzkomponenten die Messung verfälschen würden. Die Zwischenfrequenz wird im allgemeinen höher als die maximale Signalfrequenz $f_{S,max}$ festgelegt, weil dann die Spiegelfrequenzunterdrückung mit einem

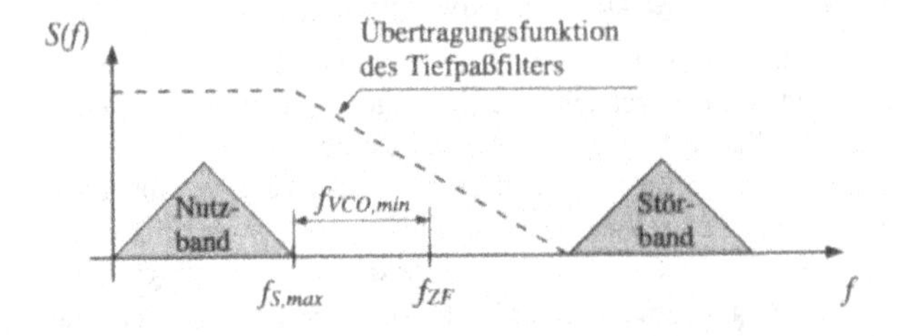

Abb. 4.4.3 Die Zwischenfrequenz f_{ZF} wird höher als die maximale Signalfrequenz $f_{S,max}$ gewählt, um einen einfachen fest abgestimmten Tiefpaß zur Spiegelfrequenzunterdrückung verwenden zu können. Der Übergangsbereich des Tiefpaßfilters kann breit sein (zweimal $f_{VCO,min}$), wodurch eine einfache Realisierung möglich ist

einfachen, **fest abgestimmten** Tiefpaß möglich ist. Zusätzlich gilt, daß dadurch die Realisierung des Tiefpaßes mit steigender Zwischenfrequenz einfacher wird, weil der Übergangsbereich breiter sein kann (Abb. 4.4.3). Bei dieser Anwendung liegen die Frequenzen $f_{ZF}+f_{VCO}$ im Stör- oder Spiegelfrequenzband und die Frequenzen $f_{ZF}-f_{VCO}$ im Nutzband.

Der **VCO** muß im Frequenzbereich $f_{VCO,min} = f_{ZF} - f_{S,max}$ bis $f_{VCO,max} = f_{ZF}$ abstimmbar sein. Ähnlich einer Zoom-Funktion kann man aber auch nur einen Teil des möglichen Frequenzbereichs untersuchen. Die Einstellung erfolgt dabei meist durch Vorgabe von Mittenfrequenz und Frequenzhub (Span).

Das **ZF-Filter** ist ein Bandpaß mit konstanter, fest eingestellter Mittenfrequenz. Die Bandbreite dieses Filters ist über einen weiten Bereich in Stufen einstellbar. Die kleinste Bandbreite liegt typisch bei einigen zehn Hertz. Da man einen Bandpaß mit geringer Bandbreite bei der hohen Zwischenfrequenz nicht oder nur mit sehr hohem Aufwand realisieren kann, werden in der Praxis noch eine oder zwei Frequenzumsetzungen durchgeführt. Dadurch kann der Bandpaß bei einer wesentlich niedrigeren Frequenz mit typisch einigen MHz Mittenfrequenz realisiert werden und zwar durch eine Filterbank, die die Auswahl verschiedener Bandbreiten ermöglicht. Dem Wunsch nach einer möglichst guten Frequenzauflösung zufolge, könnte man jede Messung mit der kleinsten zur Verfügung stehenden Bandbreite durchführen, und es würde ein einziger Bandpaß anstelle einer Filterbank genügen. Die Notwendigkeit der ZF-Filter verschiedener Bandbreite ergibt sich aus ihrer **Einschwingzeit**, die indirekt proportional zu ihrer Bandbreite ist. Die Messung eines großen Frequenzbereichs mit der kleinsten möglichen Bandbreite könnte sich sonst über mehrere Stunden hinziehen. In [5] findet sich ein Zusammenhang, der die Durchstimmzeit T_D in Abhängigkeit vom Frequenzhub f_H und der Bandbreite B_{ZF} des ZF-Filters beschreibt:

$$T_D = f_H / B_{ZF}^2 \quad . \tag{1}$$

Hohe Frequenzauflösung bedingt also, daß der Frequenzbereich langsam durchgestimmt werden muß. Bei der unter Umständen sehr langen Meßzeit muß das zu messende Eingangssignal entsprechend lange stationär sein. Weiters ist es nicht immer notwendig und sinnvoll, die größtmögliche Frequenzauflösung zu verwenden, da die optische Auflösung am Bildschirm auf ca. 1% des Frequenzhubs beschränkt ist. Entsprechend stellen moderne Spektrumanalysatoren die Bandbreite automatisch auf ca. 1/100 des Frequenzhubs und die Durchstimmzeit nach (1) ein, bieten allerdings auch die Möglichkeit einer beliebigen manuellen Einstellung.

Ein rein sinusförmiges Eingangssignal erscheint am Bildschirm nicht als feine Spektrallinie, sondern ist entsprechend der Durchlaßkurve des ZF-Filters verbreitert. Sollen zwei dicht benachbarte Spektrallinien gemessen werden, so hängt es von ihren Amplituden und der Form

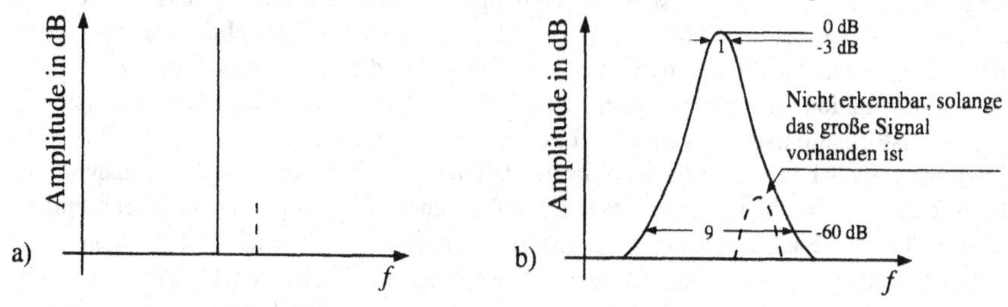

Abb. 4.4.4 Formfaktor des ZF-Filters (9:1):
a) Das Eingangssignal bestehend aus zwei diskreten Spektrallinien.
b) Die Bildschirmdarstellung zeigt die Filterkurve des ZF-Filters. Das kleine Signal bleibt am Bildschirm unerkannt, weil es von der Filterkurve des großen Signals verdeckt ist.

der Durchlaßkurve des ZF-Filters ab, ob sie unterscheidbar sind. Haben die Spektrallinien gleiche Amplituden, dann muß ihr Frequenzunterschied größer als die 3dB Bandbreite des ZF-Filters sein, bzw. ein ZF-Filter mit kleinerer Bandbreite gewählt werden. Soll eine kleine Spektrallinie neben einer großen gemessen werden, ist dafür ein ZF-Filter mit großer Flankensteilheit nötig. Ein Maß für die Flankensteilheit ist der **Formfaktor**, das Verhältnis der Bandbreite bei 60 dB Durchgangsdämpfung zu der bei 3 dB. Entsprechend dem in Abb. 4.4.4 dargestellten Sachverhalt werden kleine Spektrallinien, die unterhalb der durch ein größeres Nachbarsignal erzeugten Durchlaßkurve liegen, verdeckt und sind auf der Bildschirmanzeige nicht sichtbar.

Der **Spitzenwertgleichrichter** ist ähnlich der in Kap. 2.4.7.1 behandelten Schaltung ausgeführt.

Der Ausgang des Spitzenwertgleichrichters wird dem **Videofilter** - einem Tiefpaß, dessen Grenzfrequenz über einen weiten Bereich umschaltbar ist - zugeführt. Dieses Filter dient zur Unterdrückung von Rauschen. Wählt man die Filterbandbreite gleich der des ZF-Filters, dann wird lediglich das im Spitzenwertgleichrichter entstehende Rauschen gedämpft. Wird die Bandbreite kleiner gewählt, wirkt das Filter so, als würde ein schmalbandigeres Filter in der ZF-Stufe verwendet. Es wird also der Rauschpegel abgesenkt, und am Bildschirm erscheint eine schmälere Durchlaßkurve. Aber auch die Durchstimmzeit muß dann höher gewählt werden.

Die **Bildschirmanzeige** muß wegen der oft langsamen Horizontalablenkung speicherfähig sein, um ein stehendes Bild anzuzeigen. Tatsächlich wird bei modernen Geräten das Ausgangssignal des Videofilters digitalisiert und gespeichert, bevor es am Bildschirm dargestellt wird. Das ermöglicht neben der dauerhaften Speicherung auch die Implementierung von **objektiven Auswertealgorithmen** sowie die Darstellung und mathematische Verknüpfung mehrerer Signalspektren wie z.B. Addition, Multiplikation, Subtraktion und Division. Die Verknüpfung mehrerer Signalspektren kann nur sequentiell über die Speicherfunktion erfolgen, da Spektrumanalysatoren im allgemeinen nur einen einzigen Eingangskanal haben. Die **Darstellungsform** als Spitzenwerte der Spektralkomponenten kann ähnlich wie bei den Digitalspeicheroszilloskopen (Kap. 4.3.2.2) um andere Darstellungsarten erweitert werden. Der einer analogen Anzeige am nächsten kommende Min-Max-Modus und die auf dem Gebiet der elektromagnetischen Verträglichkeit übliche Mittelwertbildung, sowie Averaging zur Störsignalunterdrückung sind dabei die wichtigsten. Vielfach wird die Messung von Signal-Rauschleistungsverhältnis und Klirrfaktor angeboten. Üblich ist die cursorunterstützte Messung von relativen und absoluten Signalleistungen, sowie Frequenzen und Frequenzdifferenzen.

4.4.3 FFT-Analysator

4.4.3.1 Funktionsweise

Im Gegensatz zum Spektrumanalysator, bei dem die Frequenzanalyse direkt mit Filtern erfolgt, wird beim FFT-Analysator der Zeitverlauf eines Signals digital aufgezeichnet und aus diesem dann indirekt, mittels einer mathematischen Transformation, die Frequenzanalyse durchgeführt. Diese Transformation ist eine spezielle, besonders schnell berechenbare Form der diskreten Fourier Transformation, die sogenannte Fast-Fourier-Transformation oder kurz FFT. FFT-Analysatoren, auch Fourier-Analysatoren oder Digital-Spektrum-Analysatoren genannt, sind daher in ihrem prinzipiellen Aufbau einem Digitalspeicheroszilloskop (Kap. 4.3) sehr ähnlich. Sie bieten ähnliche Funktionen für die Signalauswertung im Zeitbereich und zusätzlich eine Reihe von Funktionen zur Spektralanalyse und Bewertung von Netzwerken. Die Abb. 4.4.5 zeigt den prinzipiellen Aufbau eines FFT-Analysators. Es erfolgt eine Aufteilung in die **Akquisitions-** oder **Erfassungseinheit** und die **Post Processing-** oder **Aufbereitungs- und Auswerteeinheit**. Die Erfassungseinheit umfaßt alle Schaltungsteile, die für die digitale Speicherung eines Signalverlaufes benötigt werden. Die Aufbereitungs- und Auswerteeinheit beinhaltet die Aufbereitung des Signals für eine Bewertung, insbesondere die Transformation und Visualisierung. Die

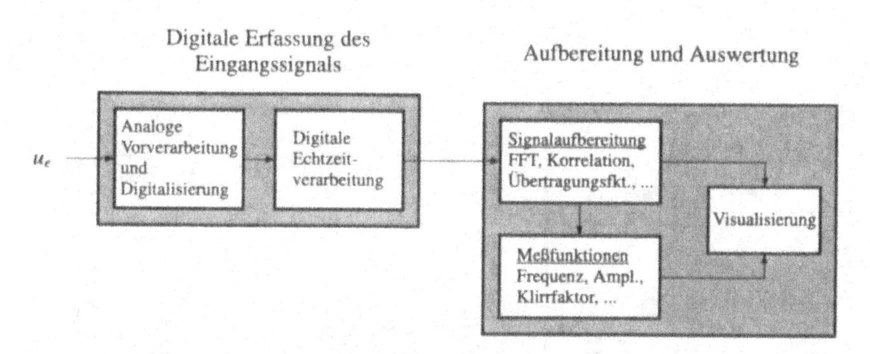

Abb. 4.4.5 Funktionales Blockschaltbild eines FFT-Analysators. Die Erfassung erfolgt in Echtzeit, die Aufbereitung und Auswertung kann off-line auf den gespeicherten Signalverlauf angewandt werden.

Darstellung des Spektrums oder Signalverlaufs ermöglicht eine subjektive Bewertung. Eine objektive Bewertung ist durch Anwenden geeigneter Meßfunktionen möglich.

4.4.3.2 Erfassung des Eingangssignals

Im Vergleich zum Digitalspeicheroszilloskop ergeben sich aus den Anforderungen für die Spektralanalyse zwei wesentliche Unterschiede in der Konstruktion der Akquisitionseinheit: Zum einen will man in der Frequenzanalyse Aliasing prinzipiell vermeiden. Daher wird am Eingang von FFT-Analysatoren immer ein Anti-Aliasing-Filter verwendet. Zum anderen wird ein hoher Dynamikbereich (typisch 90 dB) benötigt, weshalb die verwendeten ADCs hohe Auflösung und Linearität haben müssen. Eine effektive Auflösung von 15 Bit führt, wie in Kap. 1.6.3 erörtert, auf ein SNR bzw. einen Dynamikbereich des ADCs von ca. 92 dB. Da hochauflösende ADCs niedrige Umsetzraten haben und die in FFT-Analysatoren nötige on-line digitale Signalverarbeitung nur mit einer technologiebedingt beschränkten Taktrate durchgeführt werden kann, ist die maximale Abtastrate auf derzeit einige MHz beschränkt. Diese Rate ist im Vergleich zu Digitalspeicheroszilloskopen, die allerdings mit nur 8 Bit Auflösung und ohne Anti-Aliasing-Filter arbeiten, sehr gering.

Die Abb. 4.4.6 zeigt das Blockschaltbild einer für FFT-Analysatoren typischen Erfassungseinheit. Die **analoge Vorverarbeitung** besteht aus einer Pegelanpassung mittels eines Eingangsverstärkers und/oder Abschwächers sowie aus einem analogen Anti-Aliasing-Filter. Die **Digitalisierung** erfolgt mit einer festen Frequenz f_{abt}. Das analoge Anti-Aliasing-Filter ist ein Tiefpaß mit einer Grenzfrequenz von typisch $f_{abt}/2{,}5$ und einer hohen Flankensteilheit, sodaß bei der Frequenz $f_{abt}/2$ mindestens eine Dämpfung in der Größenordnung des Dynamikbereichs (typ. 90 dB) erreicht wird. Dadurch wird sichergestellt, daß Aliasing-Komponenten im digitalen Signal $u_{e,dig}$ so klein sind, daß sie für die Auswertung unwesentlich sind. Gleichzeitig wird der für die Analyse zur Verfügung stehende Frequenzbereich auf 0 Hz bis $f_{abt}/2{,}5$ eingeschränkt (vergleiche Kap. 1.6.2.3).

Die **digitale Echtzeitverarbeitung** hat drei wesentliche Aufgaben: Die Kompensation von Nichtidealitäten der analogen Vorverarbeitung und der Digitalisierung, die Wahl des gewünschten Frequenzbereichs mit dem für die Unterabtastung nötigen digitalen Anti-Aliasing-Filter und die Auswahl des gewünschten Signalauschnitts mit der Triggereinheit. Als Ergebnis der digitalen Echtzeitverarbeitung steht im Signalspeicher ein Signalausschnitt für die Auswertung zur Verfügung.

Die **digitale Kompensation** wird mit einem digitalen Filter durchgeführt, dessen Übertragungsfunktion invers zur Übertragungsfunktion der analogen Vorverarbeitung und Digitalisierung sein

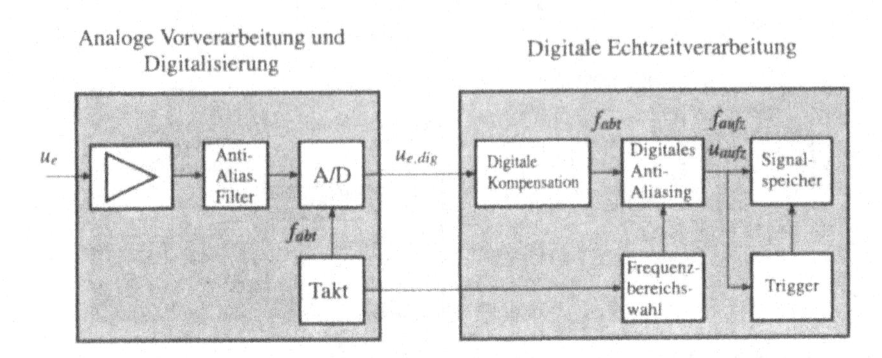

Abb. 4.4.6 Typisches Blockschaltbild der Erfassung des Eingangssignals bei einem FFT-Analysator. Wesentliche Unterschiede zum Digitalspeicheroszilloskop sind das digitale und analoge Anti-Aliasing-Filter, sowie die digitale Kompensation der Abweichungen in der analogen Vorverarbeitung.

soll. Es werden damit Abweichungen im Frequenzgang, die im Vorverstärker, dem analogen Anti-Aliasing-Filter und im ADC auftreten, kompensiert. Dieser Vorgang wird in einem Auto-Kalibrationsmodus des Geräts durchgeführt und kompensiert daher auch temperatur- und alterungsbedingte Abweichungen des Analogteils.

Die **Frequenzbereichswahl** erfolgt durch das sogenannte Resampling, **Subsampling** oder Unterabtasten des digitalen Eingangssignals. Die Frequenzauflösung nach der FFT hängt von der Aufzeichnungsrate f_{aufz} und der Anzahl der aufgezeichneten bzw. der FFT zugeführten Punkte N ab. Die FFT liefert N äquidistante, diskrete Werte des Spektrums von u_{aufz} im Frequenzbereich $-f_{aufz}/2$ bis $+f_{aufz}/2$. Die Frequenzauflösung beträgt damit f_{aufz}/N. Die Berechnungsdauer der FFT steigt mit der Anzahl der aufgezeichneten Signalwerte. Typisch werden daher in diesen Geräten einstellbar 512 bis 8 k Werte gespeichert und verarbeitet. Will man eine Analyse eines niederfrequenten Bereichs durchführen, ist es im Sinne einer möglichst guten Frequenzauflösung nötig, die Aufzeichnungsrate an den Frequenzbereich anzupassen. Eine Möglichkeit ist, direkt die Abtastrate f_{abt} zu verringern. Dies hätte aber zur Folge, daß das analoge Anti-Aliasing-Filter eine umschaltbare Grenzfrequenz haben müßte. Derartige Filter sind sehr aufwendig und teuer. Deshalb wurde in FFT-Analysatoren ein anderer Weg gewählt. Die Abtastrate und die Grenzfrequenz des analogen Anti-Aliasing-Filters sind fest. Die Reduktion der Abtastrate erfolgt digital durch Resampling. Die einfachste Möglichkeit ist es, die Abtastrate um einen ganzzahligen Faktor M zu verringern. Dieser Vorgang wird auch Dezimation um den Faktor M genannt. Es wird dem digitalen Signal $u_{e,dig}$ jeder M-te Wert entnommen, wodurch ein Signal entsteht, das einem mit der Rate f_{abt}/M digitalisierten gleich ist. Da das entstehende Signal frei von Aliasing sein soll, muß vor der Dezimation ein Tiefpaß, das digitale Anti-Aliasing-Filter, geschaltet sein. Dieses Filter muß Signalanteile mit Frequenzen größer als $f_{abt}/(2 \cdot M)$ unterdrücken. In FFT- Analysatoren werden oft mehrere dieser Dezimatoren und die entsprechenden Anti-Aliasing-Filter mit konstantem Faktor bzw. konstanter zugehöriger Grenzfrequenz kaskadiert, wodurch an deren Ausgängen die verschiedenen digitalen Signale u_{aufz} mit den verschiedenen Aufzeichnungsraten f_{aufz} angeboten werden. Welches Signal tatsächlich weiterbearbeitet wird, kann durch die Frequenzbereichswahl eingestellt werden.

Mit der **Triggerung** kann festgelegt werden, welcher Signalausschnitt von u_{aufz} gespeichert wird. Die Triggerbedingungen werden auf das digitale Signal u_{aufz} angewandt und können sehr vielfältig sein. Es besteht kein Unterschied zu den Möglichkeiten eines Digitalspeicheroszilloskops (Kap. 4.3.2.4).

4.4.3.3 Aufbereitung und Auswertung

Unter den Begriff Signalaufbereitung fallen alle im Gerät implementierten mathematischen Operationen.

- Die FFT zur Frequenzbereichsdarstellung von Amplituden- und Phasengang oder des phasenunabhängigen Leistungsdichte-Spektrums.
- Die Verknüpfung mehrerer Eingangssignale, wie Addition, Division usw. zur Ermittlung von Übertragungsfunktionen.
- Die inverse Fast-Fourier-Transformation zur Berechnung von Impulsantworten und Korrelationen.

Die Auswertung erfolgt über eine Visualisierung, wobei die cursorunterstützte Messung von Absolut- und Relativwerten angeboten wird. Für objektive Bewertungen sind Meßfunktionen wie Berechnung von Klirrfaktor, Leistung, Spitzenwerten und SNR implementiert.

Eine Signalanalyse kann im Zeitbereich mit den üblichen Oszilloskopfunktionen, oder im Frequenzbereich durch Anwenden der FFT erfolgen. Die Darstellung erfolgt dabei meist als Amplituden- und Phasengang. Um ein angezeigtes Spektrum richtig interpretieren zu können, ist es notwendig, die **Eigenschaften der FFT** zu kennen, bzw. die Frage zu klären, wie oder wie genau man aus der Anzeige auf das tatsächliche Signal schließen kann.

Es folgt nun eine Beschreibung der wesentlichen Vorgänge bei der Signalanalyse mittels FFT. Für eine genauere Analyse und die exakte Herleitung sei auf [10] verwiesen. Der Einfachheit halber wird im folgenden die Abtastratenreduktion nicht berücksichtigt und die Aufzeichnungsrate f_{aufz} durch die Abtastrate f_{abt} ersetzt. Aus der Fourier-Transformation für zeitkontinuierliche Funktionen $x(t)$ kann die Fourier-Transformation für zeitdiskrete Funktionen $x_{dig}(n)$ - die Diskrete Fourier-Transformation - hergeleitet werden:

$$X_{dig}(f) = \sum_{n=-\infty}^{+\infty} x_{dig}(n) \cdot e^{-j \cdot 2 \cdot \pi \cdot n \cdot f / f_{abt}} \quad , \qquad (2)$$

wobei f_{abt} die Abtastrate ist. Das Spektrum $X_{dig}(f)$ ist im allgemeinen bezüglich der Frequenz kontinuierlich und ergibt sich unter Berücksichtigung einer unendlichen Zahl von Abtastwerten. Für praktische Anwendungen ist es natürlich unmöglich, unendlich viele Abtastwerte zur Berechnung heranzuziehen. Man kann nur einen zeitlich begrenzten Signalausschnitt, bzw. nur eine endlich große Zahl von Abtastwerten N, berücksichtigen. Dementsprechend kann man die Diskrete Fourier-Transformation modifizieren

$$X_W(f) = \sum_{n=0}^{N-1} x_{dig}(n) \cdot e^{-j \cdot 2 \cdot \pi \cdot n \cdot f / f_{abt}} \quad . \qquad (3)$$

Es gilt die äquivalente Betrachtungsweise: Die Diskrete Fourier-Transformation wird nicht mehr auf das Eingangssignal $x_{dig}(n)$, sondern auf ein Signal $x_W(n)$ angewendet. $x_W(n)$ ist im Zeitfenster $n = 0 .. N-1$ gleich $x_{dig}(n)$ und sonst Null. Man spricht dann von Fensterung. Die Fensterung entspricht einer Multiplikation des Eingangssignals $x_{dig}(n)$ mit einer sogenannten **Fensterfunktion** $w(n)$. Das Spektrum $X_W(f)$ ist aufgrund dieser Fensterung im allgemeinen nicht mehr gleich dem Spektrum $X_{dig}(f)$, da ja nur ein Teil des Signalverlaufs von $x_{dig}(n)$ berücksichtigt wird. Dieser Umstand wird später noch genauer behandelt, prinzipiell kann der Einfluß der Fensterung exakt berechnet werden. $X_W(f)$ ergibt sich aus der Faltung des Spektrums $X_{dig}(f)$ und dem Spektrum $W(f)$ der Fensterfunktion $w(n)$. Die digitale Auswertung des Spektrums $X_W(f)$ kann nur für endlich viele Frequenzpunkte M erfolgen. Da das Spektrum eines abgetasteten Signals bezüglich der Abtastrate f_{abt} periodisch ist, genügt es, diese M Punkte von $X_W(f)$ aus dem Bereich

$0 \leq f < f_{abt}$ zu berechnen. Genau diese Operation führt die FFT durch, wobei im allgemeinen $N{=}M$ gilt. Die diskreten Werte des Spektrums werden äquidistant berechnet, und man erhält demzufolge eine Frequenzauflösung Δf gleich f_{abt} / N. Das Spektrum $X_W(f)$ steht nach der FFT in diskreter Form zur Verfügung.

$$X_{FFT}(k) = X_W(k \cdot \Delta f) = \sum_{n=0}^{N-1} x_{dig}(n) \cdot e^{-j \cdot 2 \cdot \pi \cdot k \cdot n / N} \quad \text{für} \quad k = 0 \,..\, N-1 \tag{4}$$

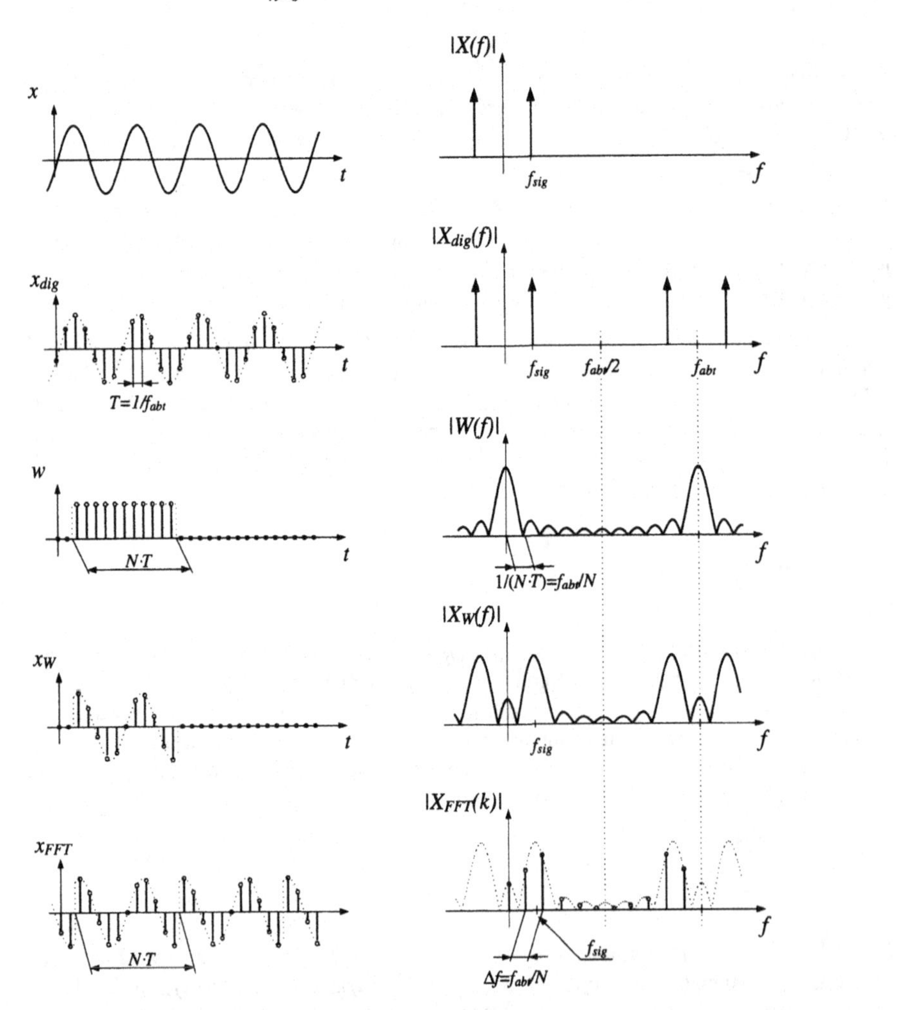

Abb. 4.4.7 Darstellung der Signale und Spektren, die in einem FFT-Analysator auftreten. x ist ein sinusförmiges Eingangssignal mit der Frequenz f_{sig}. Das digitalisierte Signal x_{dig} entsteht im Beispiel durch Abtastung mit der Frequenz $f_{abt} = 6{,}66\, f_{sig}$. Von x_{dig} wird entsprechend einer Triggerbedingung nur ein Ausschnitt (hier $N{=}11$) gespeichert, entsprechend einer Fensterung bzw. Multiplikation mit einer rechteckförmigen Fensterfunktion w. Auf den Signalausschnitt x_W wird die FFT angewendet. Dies entspricht einer äquidistanten Diskretisierung des Spektrums X_W und kann im Zeitbereich als periodische Fortsetzung von x_W interpretiert werden.

Die diskreten Werte des Spektrums werden auch als bins bezeichnet: $X_{FFT}(k) = \text{bin}(k)$. Prinzipiell kann aus den diskreten Werten des Spektrums nur mehr auf den Zeitverlauf des Signals innerhalb des betrachteten Fensters zurückgeschlossen werden. Der Verlauf außerhalb des Zeitfensters ist unbekannt. Man kann allerdings Überlegungen anstellen, welches zeitlich nicht begrenzte Signal dasselbe Spektrum erzeugen würde. Die Diskretisierung im Frequenzbereich ist der duale Vorgang zur Abtastung im Zeitbereich. Ein bin(k) ist dual zum Abtastwert $x(n)$, und die Abtastperiode T ist dual zur Frequenzauflösung Δf. Die Abtastung des Zeitverlaufs hat die Periodisierung des Spektrums zur Folge, die Diskretisierung der Frequenz führt zu einer Periodisierung des Zeitverlaufs. Die Periode ist bei der Abtastung $1/T$ und bei der Diskretisierung $1/\Delta f$. Der dem Spektrum X_{FFT} zugehörige Signalverlauf $x_{FFT}(n)$ ist demnach die periodische Fortsetzung des der FFT zugeführten Signals $x_W(n)$, wobei die Periode $1 / \Delta f = N / f_{abt}$, also die Fensterlänge ist (vergleiche Kap. 1.6.2.1). Diese Periodisierung ist auch logisch, weil nur periodische Signale ein Linienspektrum aufweisen. Zur Veranschaulichung der Zusammenhänge sind die Signale und Spektren, die während der Bearbeitung im FFT-Analysator auftreten, in Abb. 4.4.7 am Beispiel eines sinusförmigen Eingangssignals dargestellt.

4.4.3.4 Einfluß der Länge der Fensterfunktion

In Abb. 4.4.7 ist klar ersichtlich, daß die Frequenzauflösung hauptsächlich durch die Fensterung, bzw. die Anzahl der Punkte, die der FFT zugeführt werden, definiert ist. Die Fensterung im FFT-Analysator hat die gleiche Bedeutung wie das Durchstimmen des Bandpaßes beim Spektrumanalysator. Die Faltung eines Signalspektrums mit dem Spektrum der Fensterfunktion $W(f)$ erzeugt ein Spektrum, dessen Betrag gleich dem Verlauf des Ausgangssignals beim Durchstimmen eines Bandpasses mit gleicher Übertragungsfunktion $W(f)$ ist. Erhöht man die **Fensterlänge**, dann wird das Spektrum der Fensterfunktion entsprechend gestaucht. Dies entspricht im wesentlichen einem schmalbandigeren Bandfilter. In Abb. 4.4.8 ist der Sachverhalt für zwei rechteckförmige Fensterfunktionen dargestellt. Der Amplitudengang dieser Fensterfunktion ist eine si-Funktion mit Nullstellen bei $f = 1 / (N{\cdot}T)$ bzw. $f = f_{abt} / N$. Die Breite der "Hauptkeule" ist also indirekt proportional zu N. Mit steigender Fensterlänge werden auch entsprechend mehr Punkte des FFT-Spektrums berechnet. Die Anzahl der bins bleibt daher bezüglich der Breite der Hauptkeule konstant mit 2 und bezüglich der Breite der Nebenkeulen konstant mit 1.

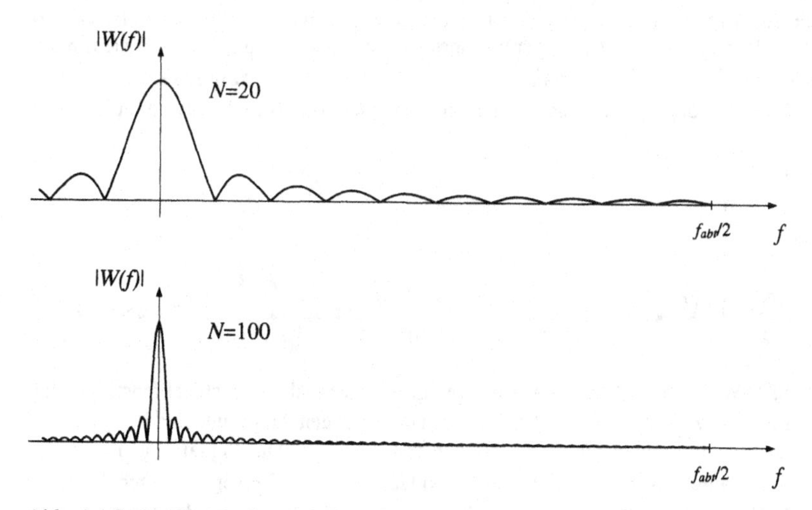

Abb. 4.4.8 Der Betrag des Amplitudengangs rechteckförmiger Fensterfunktionen in Abhängigkeit der Fensterlänge N.

4.4.3.5 Synchrone und asynchrone Aufzeichnung

Die FFT berechnet Abtastwerte des Spektrums $X_W(f)$ des gefensterten Signals bei **festen Frequenzen** $k \cdot \Delta f$, den sogenannten bin-Frequenzen. Betrachtet man das Spektrum der Fensterfunktion nicht bezüglich der Absolutfrequenz, sondern der bin-Nummer k, also einer normierten Frequenzachse, dann kann die Auswirkung der Fensterung unabhängig von der Anzahl N der Aufzeichnungspunkte durchgeführt werden. Bei dem in Abb. 4.4.7 gezeigten Beispiel wird ein sinusförmiges Signal der Frequenz f_{sig} analysiert, wobei f_{sig} nicht auf eine bin-Frequenz fällt. Die Abb. 4.4.9 zeigt im wesentlichen das gleiche Beispiel: Einmal ist die Frequenz des Eingangssignals gleich einer bin-Frequenz und einmal nicht.

Sind in einem Eingangssignal ausschließlich Frequenzkomponenten $f_{sig,i}$ enthalten, die exakt auf diskrete Frequenzen von $X_{FFT}(k)$ fallen, dann entspricht das angezeigte Ergebnis exakt dem Spektrum des Eingangssignals. Bedingung dafür ist: $f_{sig,i} = k \cdot \Delta f$ bzw.

$$T_{sig,i} \cdot k = T \cdot N \quad \text{für} \quad k = 0 \,..\, (N-1)/2 \quad , \tag{5}$$

es muß also im Aufzeichnungsintervall $N \cdot T$ ein ganzzahliges Vielfaches der jeweiligen Signalperiodendauer $T_{sig,i}$ enthalten sein. Dies wird auch in Abb. 4.4.7 verdeutlicht, wenn man das Signal $x_{FFT}(n)$ betrachtet. Wird die Bedingung nach (5) eingehalten, dann kommt es bei der Periodisierung zu keinen Unstetigkeiten. Bei praktischen Messungen ist dies allerdings sehr selten der Fall, es sei denn, man kennt die Signalfrequenzen und kann die Aufzeichnung bzw. die Aufzeichnungsrate mit der Signalfrequenz synchronisieren. Bedeutung hat dieser Fall, wenn ein FFT-Analysator mit einem Signalgenerator gekoppelt wird. Es ist dann leicht möglich, den Signalgenerator mit dem FFT-Analysator zu synchronisieren. Dies wird in Netzwerkanalysatoren ausgenutzt.

Erfüllt das Eingangssignal die Bedingung nach (5) nicht, hat dies zwei Auswirkungen, die zu Fehlinterpretationen führen können. Es können Spektrallinien angezeigt werden, die im Eingangssignal nicht unbedingt vorhanden sind, oder es werden vorhandene verfälscht. Dieser Effekt wird **Leckeffekt** oder **spectral leakage** bezeichnet. Zur Verdeutlichung kann man wieder das Signal x_{FFT} in Abb. 4.4.7 betrachten. Es führt nun die Periodisierung zu Unstetigkeitsstellen. Dadurch entstehen Oberwellen, die im FFT-Ergebnis als zusätzliche Spektrallinien erscheinen. Die zweite Auswirkung ist ein Amplitudenfehler. Geht man davon aus, daß die größte angezeigte Spektrallinie die Amplitude des Eingangssignals hat, so ergibt sich ein Fehler, der als **Lattenzauneffekt, picked fence-Effekt** oder **scallop loss** bezeichnet wird. In Abb. 4.4.9 sieht man, daß beim Rechteckfenster der Fehler maximal ist, wenn die Signalfrequenz um $\Delta f / 2$ neben einer bin-Frequenz liegt. In diesem Fall sind die beiden benachbarten bins in der Hauptkeule gleich

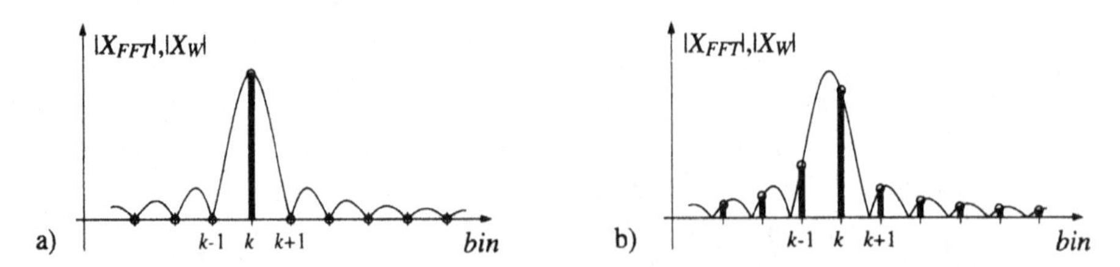

Abb. 4.4.9 FFT-Ergebnis bei einem sinusförmigen Eingangssignal und Rechteckfenster. a) Das Ergebnis zeigt nur eine Spektrallinie mit der richtigen Amplitude und Frequenz, da die Signalfrequenz gleich einer bin-Frequenz ist. b) Die Signalfrequenz ist um $\Delta f / 4$ keiner als in a). Es gibt zwei Nichtidealitäten: Den Leckeffekt, durch den viele Spektrallinien entstehen und den picked fence-Effekt, durch den die Amplitude der größten Spektrallinie abhängig vom Abstand zur bin-Frequenz gedämpft wird.

hoch. Da man im allgemeinen nicht weiß, ob bzw. wie weit die Signalfrequenz von einer bin-Frequenz entfernt ist, spricht man nicht von einem Fehler in der Amplitudenmessung, sondern von einer maximalen Amplitudenunsicherheit oder dem **maximum scallop loss**. Beim Rechteckfenster ist diese Unsicherheit 36% oder 3,92 dB.

4.4.3.6 Die Form der Fensterfunktion und analytische Korrekturen

Neben der Fensterlänge kann man auch die **Form der Fensterfunktion** und somit ihren Amplitudengang beeinflussen. Bisher wurde nur die einfachste Fensterfunktion behandelt, nämlich ein rechteckförmiges Fenster. Das Spektrum klingt langsam ab. Dadurch können bei Frequenzen weit von der eigentlichen Signalfrequenz noch beträchtliche Amplituden auftreten (Abb. 4.4.9). Diese große Bandbreite kommt von den Unstetigkeitsstellen des Zeitverlaufs der Fensterfunktion. Wird der Zeitverlauf so gewählt, daß an den Enden ein stetiger Übergang zum Wert Null auftritt, ist mit einem rascheren Abklingen des Amplitudengangs, und demzufolge mit einer Verringerung des Leckeffekts, zu rechnen (Abb. 4.4.10). Dies wird erreicht, indem die im Signalspeicher vorhandenen Werte mit den Werten der Fensterfunktion multipliziert werden, bevor sie der FFT zugeführt werden.

Gleichgültig, mit welcher speziellen Fensterfunktion gemessen wird, der picked fence-Effekt und der Leckeffekt können bei asynchroner Aufzeichnung nie eliminiert, sondern nur verringert werden. Die maximale Amplitudenunsicherheit kann durch geeignete Wahl einer Fensterfunktion auf weniger als 0,1 % verringert werden. Eine weitere Verbesserung kann durch Anwenden von **zero filling** oder **zero padding**, der **interpolated FFT** oder der **analytical leakage compensation** erreicht werden: Beim zero filling wird der FFT eine größere Anzahl an Werten zugeführt als aufgezeichnet wurden, indem am Ende des Aufzeichnungsfensters Nullen angehängt werden. Dadurch werden, bei gleichbleibender Fensterfunktion, mehr diskrete Werte des Spektrums berechnet. Die Anzahl der bins in der Hauptkeule wird erhöht, und folglich verringert sich die maximale Amplitudenunsicherheit. Die interpolated FFT verringert den picked fence-Effekt, indem aus den bins der Hauptkeule unter Berücksichtigung der verwendeten Fensterfunktion auf die tatsächliche Amplitude rückgerechnet wird. Zusätzlich ist es mit dieser Methode möglich, die Genauigkeit der Berechnung der tatsächlichen Frequenz und Phase wesentlich zu erhöhen. Die gegenseitige Beeinflussung zweier benachbarter Spektrallinien kann mit Hilfe der analytical leakage compensation eliminiert werden. Auch bei diesem Verfahren wird aus den bins der Hauptkeule auf das Vorhandensein von nicht vernachlässigbaren Leckeffekten geschlossen. Bei bekannter Fensterfunktion kann der Leckeffekt korrigiert werden. Alle drei Methoden sind derzeit gar nicht oder nur sehr selten in handelsüblichen Geräten implementiert. Für genauere Studien sei auf die einschlägige Literatur [12], [10], [4], [2] und [7] verwiesen.

Prinzipiell gibt es eine unendlich große Anzahl von verschiedenen möglichen Fensterfunktionen. Harris [3] und Nuttall [6] haben in ihren Arbeiten eine Vielzahl untersucht. In FFT-Analysatoren stehen die gebräuchlichsten zur Auswahl. In Abb. 4.4.10 sind fünf wichtige Fensterfunktionen und die zugehörigen Amplitudengänge dargestellt. Das **Rechteckfenster** kann für Signale verwendet werden, bei denen kein Leckeffekt auftritt. Dies ist bei synchronisierten Messungen mit periodischen Signalen der Fall. Das **Hanning-Fenster** ist universell einsetzbar. Die Hauptkeule ist relativ schmal, das bedeutet eine gute Frequenzauflösung. Die maximale Amplitudenunsicherheit ist mit 15% bzw. 1,42 dB für genaue Messungen zu groß. Ähnlich verhält sich auch das **Hamming-Fenster** mit 18% Amplitudenunsicherheit, es hat aber mit 43 dB eine bessere Nebenkeulendämpfung. Für eng benachbarte Spektrallinien mit hohen Amplitudenunterschieden werden **Minimum Term-Fenster** oder **Blackman-Fenster** verwendet, weil sie hohe Nebenkeulendämpfung aufweisen. Will man allerdings benachbarte Spektralkomponenten mit unwesentlichem Amplitudenunterschied erkennen, ist das Rechteckfenster wegen der geringen Breite der Hauptkeule besser geeignet. Bei der Amplitudenmessung von Linienspektren kommen **Flat-top-Fenster** oder **Flat-pass-Fenster** zum Einsatz. Diese haben besonders breite Hauptkeulen, dafür aber eine sehr geringe maximale Amplitudenunsicherheit. Die wichtigsten Kennwerte der erwähnten Fensterfunktionen sind in Tabelle 4.4.1 zusammengestellt.

Je nach Meßaufgabe ist bei der Frequenzanalyse die geeignete Fensterfunktion zu wählen. Außerdem muß darauf geachtet werden, daß die interessierenden Signalanteile in der Mitte des Fensters zu liegen kommen. Für Signale, wie sie bei der Messung von Impulsantworten oder

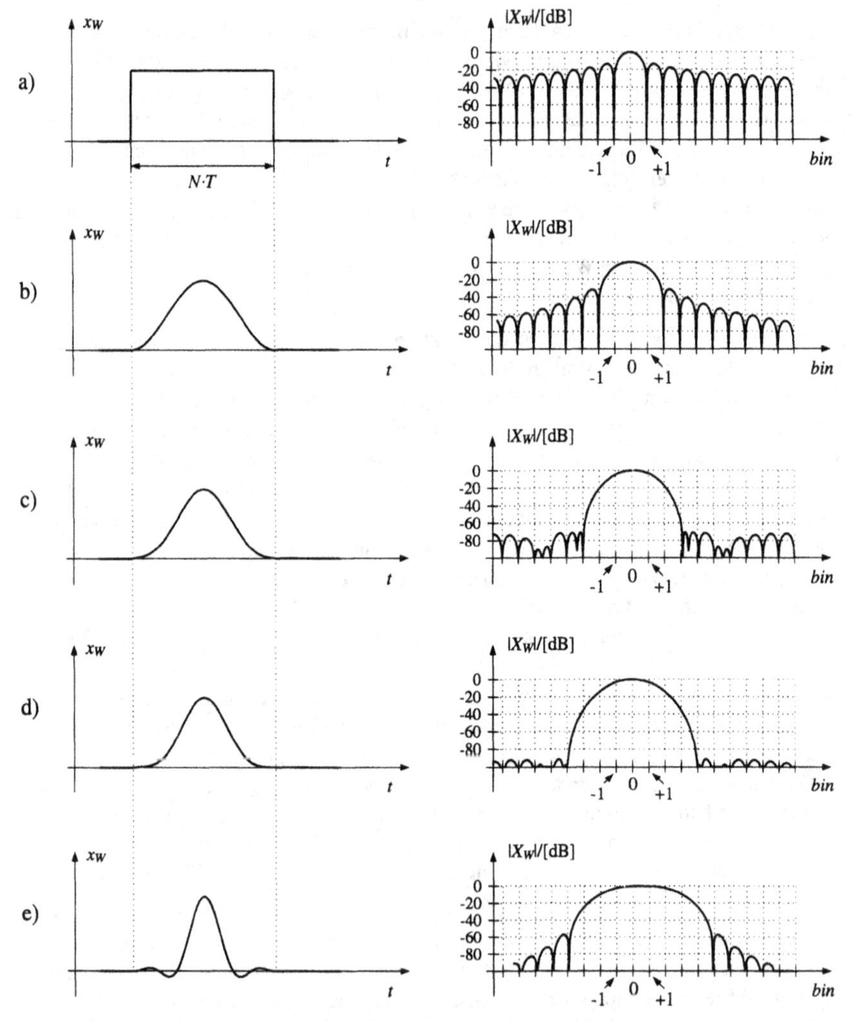

Abb. 4.4.10 Typische in FFT-Analysatoren verwendete Fensterfunktionen xw und ihr Amplitudengang (logarithmisch dargestellt). Ein stetiger Verlauf der Fensterfunktion bewirkt rasches Abklingen des Amplitudengangs. Je schmäler die Fensterfunktion ist, umso breiter wird die Hauptkeule. a) Das Rechteckfenster hat die schmalste Hauptkeule, aber auch geringe Nebenkeulendämpfung. b) Hanning-Fenster mit guter Frequenz- und Amplitudenselektion. c) Minimum 3 Term-Fenster ist optimiert auf maximale Nebenkeulendämpfung. d) Blackman/Harris-Fenster, hohe Nebenkeulendämpfung und 8 bin breite Hauptkeule. e) Ein 5 Term Flat-Top-Fenster zur exakten Amplitudenmessung hat nur 0,028% maximale Amplitudenunsicherheit, aber eine sehr breite Hauptkeule.

Tabelle 4.4.1 Die wichtigsten Kennwerte einiger Fensterfunktionen

Fenster-funktion	Höchste Nebenkeule [dB]	3 dB / 6 dB Bandbreite [bin]	60 dB Bandbreite [bin]	maximale Amplituden-unsicherheit [%] / [dB]	Breite der Hauptkeule [bin]
Rechteck	-13	0,9 / 1,2	60 (40 dB)	36 / 3,9	2
Hanning	-32	1,4 / 2,0	14	15 / 1,42	4
Minimum 3-Term	-71	1,6 /2,3	6	12 / 1,12	6
Blackman / Harris	-94	1,9 / 2,6	8	9 / 0,81	8
Flat-Top	-57	4,3 / 5,2	12	0,028 / 0,002	10

Transienten auftreten, findet man im allgemeinen mit dem Rechteckfenster das Auslangen, da diese typisch bei Null beginnen und auch wieder gegen Null gehen, also von sich aus nur geringe Unstetigkeiten bei der Periodisierung verursachen. Zur Analyse von periodischen Signalen sollen zumindest einige Perioden der Signalgrundfrequenz im Aufzeichnungszeitraum liegen, um die Leckeffekte zu minimieren. Die Anzahl der Grundfrequenzperioden im Aufzeichnungszeitraum entspricht dem Abstand zwischen den Oberwellen in bin, und der sollte wesentlich größer als die Hauptkeulenbreite sein.

4.4.4 Literatur

[1] Brigham E. O., FFT - Schnelle Fourier-Transformation. Oldenbourg, München Wien 1982.

[2] Grandke T., Interpolation Algorithms for Discrete Fourier Transforms of Weighted Signals. IEEE Transactions on Instrumentation and Measurement, vol. 32, no. 2, June 1983.

[3] Harris F. J., On the Use of Windows for Harmonic Analysis with the Discrete Fourier Transform. Proceedings of the IEEE, vol. 66, no. 1, January 1978.

[4] Jain V. K., Collins W. L., Davis D. C., High-Accuracy Analog Measurements via Interpolated FFT. IEEE Transactions on Instrumentation and Measurement, vol. 28, no. 2, June 1979.

[5] Lange K., Löcherer K.-H., Taschenbuch der Hochfrequenztechnik, 4. Aufl. Springer, Berlin Heidelberg New York Tokyo 1986.

[6] Nuttall A. H., Some Windows with Very Good Sidelobe Behavior. IEEE Transactions on Acoustic Speech and Signal Processing, vol. ASSP-29, no. 1, Feb. 1981.

[7] Rife D. C., Vincent G. A., Use of the Discrete Fourier Transform in the Measurement of Frequencies and Levels of Tones. Proceedings of the IEEE, vol. 66, no. 1, January 1978.

[8] Schiek B., Meßsysteme der HF-Technik. Hüthig, Heidelberg 1984.

[9] Schleifer R., Augustin P., Medenwald G., Hochfrequenz- und Mikrowellenmeßtechnik in der Praxis. Hüthig, Heidelberg 1981.

[10] Schoukens J., Pintelon R., Van Hamme H., The Interpolated Fast Fourier Transform: A Comparetive Study. IEEE Transactions on Instrumentation and Measurement, vol. 41, no. 2, April 1992.

[11] Schoukens J., Pintelon R., Van der Ouderaa E., Renneboog J., Survey of Excitation Signals for FFT Based Signal Analysers. IEEE Transactions on Instrumentation and Measurement, vol. 37, no. 3, Sept. 1988.

[12] Schrüfer E., Interpolation bei der Diskreten Fourier-Transformation durch Einfügen von Nullen. tm-Technisches Messen. Oldenbourg, München Wien, Februar 1994.

4.5 Computergestützte Meßtechnik

H. Dietrich und Ch. Mittermayer

4.5.1 Einleitung

Der Einsatz des Computers in der Meßtechnik war schon immer einem Wandel mit überproportional steigender Bedeutung unterworfen. War er noch anfangs der sechziger Jahre hauptsächlich auf die Instrumentierung von umfangreichen Experimenten in den Großforschungslabors und auf die off-line-Auswertung von Meßdaten beschränkt, so ist er bis heute auf den Arbeitsplatz nahezu jedes Meßtechnikers vorgedrungen. Verantwortlich für diese rasante Entwicklung sind neben der starken Verbreitung der Rechnerhardware in Form des Personal Computers vor allem die Normung der Schnittstellen zwischen Meßwerterfassungseinheit und Rechner, sowie das darauf aufbauende große Spektrum an "systemfähiger" Meßperipherie. Außerdem sprechen eine Reihe von Argumenten für den Rechnereinsatz:

- automatische Ablaufsteuerung komplexer Meßvorgänge
- große Anzahl von Meßstellen
- lange Meßzeit
- benutzerfreundliche Mensch-Maschinen-Schnittstelle
- numerische Auswertung, Protokollierung

Grundsätzlich besteht jedes computergestützte Meßsystem, unabhängig von seiner konkreten Ausführung, aus Einheiten zur analogen Erfassung und Aufbereitung der Meßgrößen, zur Digitalisierung und digitalen Aufbereitung, der Schnittstelle zum Rechner und der Rechnerhardware mit darauf laufender Software zur Erfassung, Verarbeitung und Darstellung der Meßwerte (Abb. 4.5.1). Gegebenenfalls sind auch Einheiten zur Stimulierung des Meßobjekts mit Testsignalen eingeschlossen.

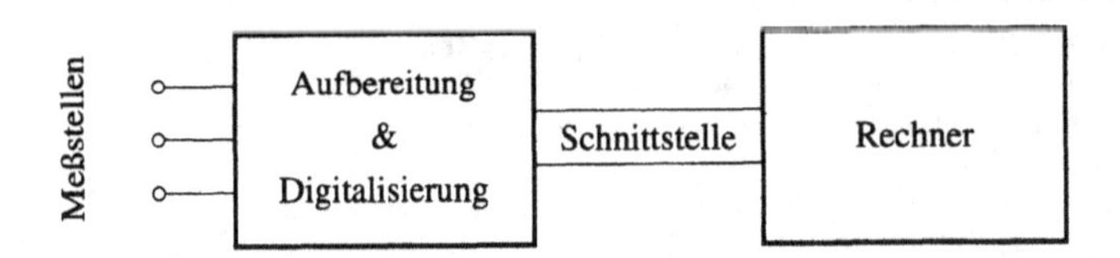

Abb. 4.5.1 Blockschaltbild eines computergesteuerten Meßsystems

Trotz des einheitlichen Blockschaltbilds trifft man in der Praxis auf eine Vielzahl von Ausführungen, die eine derartige Einheitlichkeit nicht unmittelbar erkennen lassen. Das breite Spektrum von Anwendungen für computergesteuerte Meßsysteme resultiert in unterschiedlichsten, oft widersprüchlichen Anforderungen und Randbedingungen, die nur mit angepaßten Strukturen erfüllt werden können. Die wichtigsten Parameter dabei sind die Anzahl der Meßgrößen, ihre Bandbreite, die räumliche Verteilung der Meßstellen und die Komplexität der Auswertungsalgorithmen. In Systemen, die der Überwachung oder Steuerung bzw. Regelung eines Prozesses dienen, spielen darüber hinaus Aspekte der Zuverlässigkeit und Verfügbarkeit eine wichtige Rolle.

4.5.2 Hardware

Damit man Meßwerte in einem Rechner verarbeiten kann, müssen sie in digitaler Form vorliegen. Die Umsetzung der im allgemeinen analogen Signale bewerkstelligt der ADC. Da dieser meist einen Spannungseingang mit einem Umsetzbereich im Voltbereich besitzt, muß die Meßgröße oft erst mit entsprechenden Analogschaltungen (Kap. 2.4.1) in eine Spannung umgewandelt und eventuell vorverarbeitet (Filterung, Linearisierung) werden. Die Position des ADC im Gesamtsystem bestimmt dessen Struktur und damit implizit die Eigenschaften des Systems.

Ist er auf einer Einschubkarte im Rechner realisiert, so ist die Kopplung zum digitalen System sehr eng. Damit werden besonders hohe Datenerfassungsgeschwindigkeiten möglich. Der Nachteil liegt jedoch in der sternförmigen Topologie des Systems (Abb. 4.5.2), wo jede Meßstelle mit einer eigenen Leitung bis zum Rechner geführt werden muß, was bei vielen, räumlich getrennten Meßstellen einen erheblichen Verdrahtungsaufwand bedeutet. Außerdem sind lange analoge Übertragungsleitungen empfindlich bezüglich Störeinstrahlungen. Eine derartige Ausführung ist also bei räumlich begrenzten Meßaufbauten unter Laborbedingungen von Vorteil. Ein weiterer Nachteil ist darin zu sehen, daß sich die Datenerfassungsplatine mit ihren empfindlichen Analogschaltungen im selben Gehäuse wie der Digitalrechner befindet. Sie ist somit von schnell schaltender Digitallogik umgeben und bezieht ihre Versorgungsspannung meist aus demselben Netzteil. An ihre Störfestigkeit sind also erhöhte Anforderungen gestellt.

Bezüglich der Störsicherheit ist es günstiger, den ADC möglichst nahe an der Meßstelle anzuordnen und die Meßgröße digital zu übertragen. Die Topologie des Systems wird dann durch die elektrischen Eigenschaften und durch das verwendete Übertragungsprotokoll der digitalen Schnittstelle bestimmt. So kann man mit der seriellen RS-232-Schnittstelle, die bei den meisten Rechnern standardmäßig zur Verfügung steht, eine Punkt-zu-Punkt-Verbindung zu **einem** Gerät herstellen. Viele Meßgeräte bieten diese Möglichkeit. Bei Verwendung eines Datensammlers (Data Logger, Multimeter mit Meßstellenumschalter) ist damit auch eine Baumstruktur realisierbar. Für die Verwendung anderer digitaler Schnittstellen muß der Rechner im allgemeinen mit entsprechender Interfacehardware und dazugehöriger Treibersoftware nachgerüstet werden. Von Bedeutung sind hier die Schnittstellen zum Aufbau von Busstrukturen, entweder auf paralleler Basis (GPIB) oder serielle Busse, die unter dem Sammelbegriff Feldbusse meist auf Basis der RS-485-Spezifikation aufbauen.

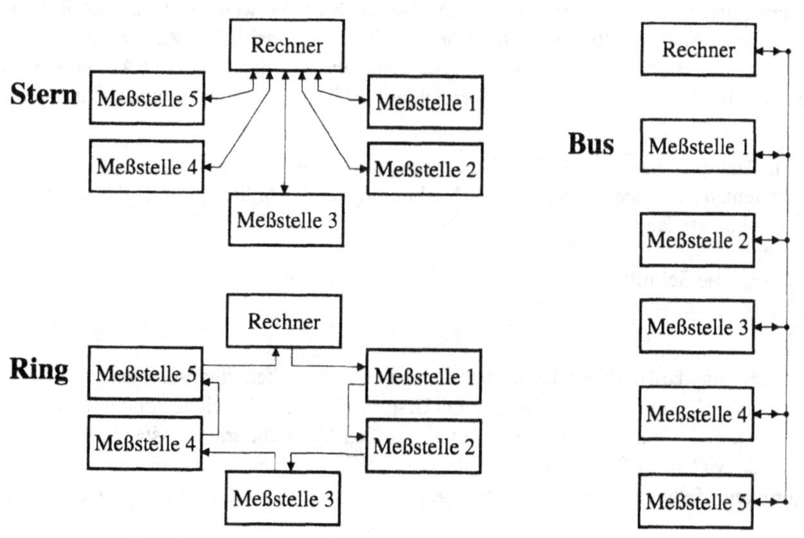

Abb. 4.5.2 Topologien computergesteuerter Meßsysteme

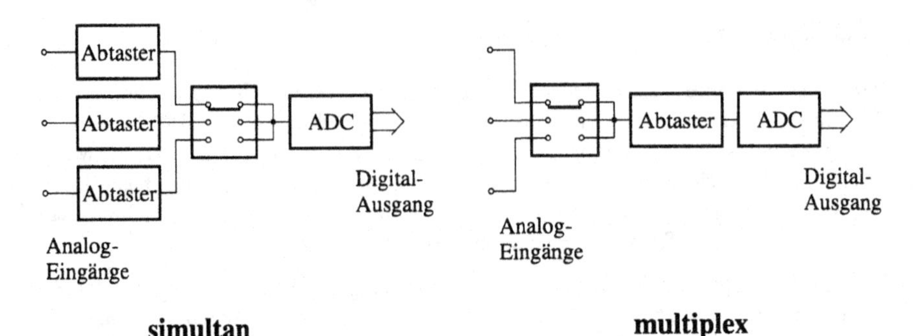

Abb. 4.5.3 Hardwarestrukturen für mehrkanalige Messungen

Meistens müssen von einem Meßsystem mehrere Signale parallel erfaßt werden. Dafür gibt es zwei mögliche Strukturen (Abb. 4.5.3). Bei der etwas einfacheren Multiplexstruktur werden die einzelnen Meßstellen unmittelbar hintereinander abgetastet. Damit sind die zugehörigen Meßwerte zueinander um eine Zeit versetzt, die im wesentlichen von der Umsetzzeit des ADC bestimmt ist. Bei quasistatischen Signalen spielt dieser Versatz keine Rolle, bei periodischen Signalen kann er rechnerisch korrigiert werden. Für die Erfassung von transienten Ereignissen ist jedoch eine simultane Messung zwingend notwendig. Diese ist nur mit einer Struktur zu realisieren, in der jeder Meßstelle ein eigener Abtaster zugeordnet ist. Durch gemeinsame Aktivierung wird die Gleichzeitigkeit der Meßwerte sichergestellt, abgesehen von Differenzen der Aperturkenngrößen der einzelnen Abtaster (Kap. 1.6.2.2), die aber im allgemeinen vernachlässigt werden können.

4.5.3 Schnittstellen

4.5.3.1 Analoge Schnittstellen

Während die analogen Schnittstellen früher **den** Standard für die Übertragung von Meßwerten darstellten, sind sie heute kaum mehr von Bedeutung, weil die digitale Übertragung wesentlich störsicherer ist. Ihre Bezugsgrößen werden aber noch oft verwendet, denn einerseits ist in Systemen mit Analogmultiplexer und einem ADC ein einheitlicher Aussteuerbereich von Vorteil, und andererseits liefern viele handelsübliche Sensoren entsprechende Ausgangsgrößen. Der Spannungsstandard bildet den Meßbereich auf 0 bis 10 V ab, der Stromstandard auf 4 bis 20 mA.

Der Vollständigkeit halber sei auch die frequenzanaloge Übertragung angeführt, die jedoch trotz ihrer inhärenten Störsicherheit keine weite Verbreitung fand. Ähnliches gilt für die Synchro- und Resolverschnittstellen.

4.5.3.2 Digitale Schnittstellen

RS-232

Der RS-232-Standard definiert die mechanischen und elektrischen Eigenschaften einer seriellen, bidirektionalen Punkt-zu-Punkt-Verbindung. Ursprünglich zum Anschluß von Modems entworfen, hat sich diese Schnittstelle zu einem universellen Datenübertragungsstandard für digitale Systeme entwickelt (z.B. COM-Schnittstelle bei PC's). Sie wird in einfachen, sternförmig strukturierten Meßsystemen zum Ansprechen von Meßgeräten oder Subsystemen verwendet.

Die in der Norm angegebenen Grenzen der Übertragungsgeschwindigkeit von 20 kBit/s und Leitungslänge von 20 m werden in der Praxis deutlich übertroffen.

RS-485

Der RS-485-Standard beschreibt die elektrischen Eigenschaften einer differentiellen Mehrpunktverbindung. Mit seiner differentiellen Pegelfestlegung und den abschaltbaren (TriState) Treibern stellt er die Basis verschiedener Bussysteme dar, vor allem aber für die seriellen Feldbusse. Übertragungsraten von 10 MBit/s bis zu 10 m bzw. 100 kBit/s bis zu 1 km ermöglichen den Aufbau verteilter Systeme mit bis zu 32 Teilnehmern. Mit Repeatern und verzweigten Subsystemen können sowohl die räumliche Ausdehnung als auch die Anzahl der Meßstellen mit relativ geringem Aufwand erweitert werden.

GPIB

Der GPIB (**G**eneral **P**urpose **I**nterface **B**us) stellt wohl die bekannteste und am weitesten verbreitete Schnittstellen zum Aufbau von Meßsystemen dar. Im normalen Sprachgebrauch wird mit dem Begriff Systemfähigkeit eines Gerätes das Vorhandensein dieser Schnittstelle beschrieben. Sie wird auch oft mit dem Namen der definierenden Standards als IEEE 488- oder IEC 625-Bus bezeichnet [5, 7].

Bis zu 31 Geräte können mit einem 25-poligen Kabel verbunden werden, dabei kann die Gesamtlänge der Leitungen bis zu 25 m betragen. Auf einem Parallelbus mit 8 Leitungspaaren werden Daten oder Steuercodes byteweise mit einer Taktfrequenz von bis zu 1 MHz übertragen, der Betriebszustand und die Datenübertragung wird mit 8 weiteren Leitungen gesteuert. Die Steuerung erfolgt mit dem Zeichenvorrat der ASCII-Bytes, wie sie auch von einfachen Terminals erzeugt werden können. In jedem Gerät ist eine standardisierte Steuerschaltung an die Schnittstelle angeschlossen, die es ermöglicht, alle einstellbaren Parameter von dem zentralen Controller zu steuern und alle Meßergebnisse an andere Geräte zu übertragen. Vorrichtungen zur manuellen Bedienung können bei Bedarf vorhanden sein, können aber durch einen Befehl abgeschaltet

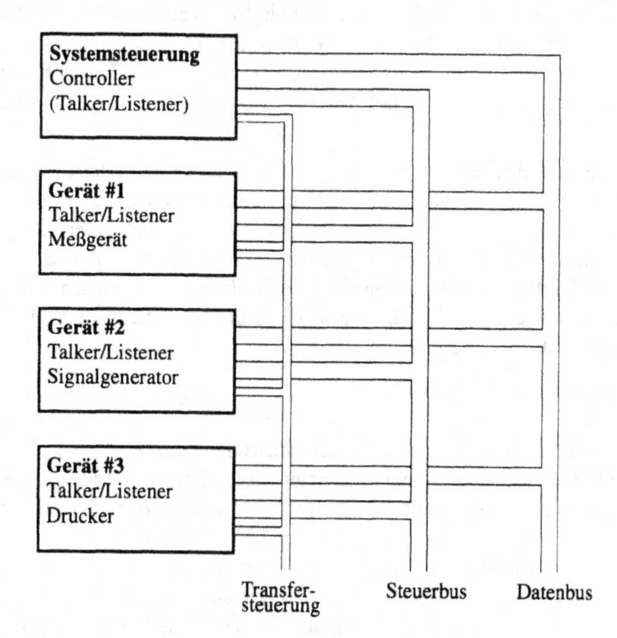

Abb. 4.5.4 GPIB-System

werden. Auch der Betriebszustand kann abgefragt werden. Es müssen nur die wichtigsten Steuerfunktionen unbedingt vorhanden sein, die Steuerfähigkeit kann also flexibel an den Bedarf angepaßt werden.

Alle Transfers auf dem Bus werden von dem Controller (Steuerung) eingeleitet, die angeschlossenen Geräte arbeiten als Listener (Zuhörer, Empfänger), wenn sie Steuerbefehle erhalten oder Daten von anderen Geräten übernehmen. Soll ein Gerät Daten als Talker (Sprecher, Sender) senden, werden zuerst ein (oder mehrere) Listener adressiert und dann dem Talker die Sendeerlaubnis und die Steuerung der Datentransfers durch die Adressierung als Talker übergeben. Nach Abschluß der Übertragung gibt der Talker den Bus durch ein Ende-Signal wieder frei.

Jeder Transfer auf dem byteparallelen Datenbus wird auf 3 Leitungen durch ein 3-Cycle-Handshake (eine 3-Zyklen-Quittierung) so gesteuert, daß der langsamste Empfänger die Dauer des Transfers bestimmt.

Die Übertragungsleitung kann mit Verzweigungen verlegt werden, Dämpfungswiderstände bei jedem Anschluß sorgen dafür, daß auftretende Reflexionen rechtzeitig innerhalb der kürzesten zulässigen Zykluszeit von 1 µs abgeklungen sind.

Es wurde ein systemspezifischer Codierungs-Standard festgelegt, der eine einfache und komfortable Steuerung und Programmierung ermöglicht [6].

Vom Prinzip her eignet sich das System insbesondere für ein Test- oder Experimentier-System mit leistungsfähigen Kompaktgeräten innerhalb eines Raumes, bei dem bei jedem Datentransfer Meßwerte von einigen bis zu einigen 10 Byte anfallen und jede Messung einige Zeit (typisch eher ms bis s) in Anspruch nimmt. Die Übertragung größerer Datenmengen ist möglich, blockiert das System aber entsprechend lange, da eine Unterbrechung eines Datentransfers nicht vorgesehen ist und daher nicht unterstützt wird. An jedem Transfer kann nur ein Talker (ein Daten lieferndes Meßgerät), aber mehrere Listener (Datenspeicher, Drucker, Anzeigegeräte) teilnehmen. Sollen verschiedene Geräte Meßergebnisse liefern, muß jeweils für jedes einzelne Gerät die Adressierungsprozedur ablaufen, bevor die Daten übertragen werden.

Die angeschlossenen Geräte können den Bedarf nach einem Datentransfer (ebenso Meßergebnisse wie Alarmmeldungen) nur durch einen Interrupt anmelden, dessen Quelle typisch durch eine serielle Abfrage von der Steuereinheit ermittelt wird. Bis zu 8 verschiedene Interrupts können auch durch eine Parallel-Abfrage (Parallel-Poll) in einem Datentransfer abgefragt werden.

Die Komplexität des Protokolls verlangt die Verwendung von leistungsfähigen Interfacesteuerungen, die als kompakte IC zur Verfügung stehen und daher auch in einfachen und tragbaren Meßgeräten eingesetzt werden können. Der Mehraufwand einer GPIB-Schnittstelle ist für leistungsfähige Laborgeräte, wie Signalgeneratoren, Frequenzanalysatoren, DSO, Logikanalysatoren, hochauflösende Digitalmultimeter oder Frequenzzähler u.ä., relativ gering. Bei einfachen tragbaren Meßgeräten wird zwar häufig auch eine Option mit GPIB-Anschluß angeboten, durch die sich der Aufwand aber merkbar erhöht.

VXI

Wie schon der Name (**VME EX**tention for **I**nstrumentation) besagt, stellt VXI [4] eine Erweiterung des VME-Standards [3] im Hinblick auf meßtechnische Bedürfnisse dar. Letzterer definiert ein Bussystem zum Aufbau leistungsfähiger 16/32-Bit-Rechnersysteme mit verteilter Intelligenz und Datenraten bis 40 MByte/s mit bis zu 13 Einsteckmodulen in einem 19"-Rahmen. Die Erweiterungen bestehen in mechanisch und elektrisch festgelegten Versorgungsspannungen für Analog- und ECL-Schaltungen, schnellen Takt- und Triggerleitungen (100 MHz) und lokalen Bussen zwischen den einzelnen Steckplätzen. Sie ermöglichen den Betrieb von analogen und digitalen Ein- und Ausgangs-Interfaceschaltungen. Damit lassen sich kompakte und sehr leistungsfähige Meßsysteme aufbauen, die sowohl stand-alone als auch als Subsystem konfiguriert werden können. Hauptsächlich aus Kostengründen werden derartige Systeme vor allem für Applikationen eingesetzt, bei denen die hohe Leistungsfähigkeit und Flexibilität notwendig ist. Dort stellen sie allerdings eine durchaus preiswerte, manchmal die einzige Lösung dar. Die Entwicklung des VXI-Standards wurde auf Initiative und entsprechend den Vorgaben amerikanischer Militärstellen betrieben, das System entspricht daher hohen Qualitätsanforderungen, insbesondere hinsichtlich der Leistungsfähigkeit, Betriebssicherheit und Flexibilität.

Firmenspezifische Spezialschnittstellen

Manche Meßgerätefirmen haben eigene Schnittstellen zum Aufbau spezifischer Meßsysteme entwickelt. Deren Bedeutung wird durch die Tatsache eingeschränkt, daß sie von anderen Herstellern nicht unterstützt werden.

4.5.4 Software

4.5.4.1 Funktionen der Software

Die Software für eine computerunterstützte Messung läßt sich in folgende grundlegende Funktionen unterteilen:

- Datenerfassung bzw. -übertragung
- Meßwertverarbeitung, Auswertung
- Darstellung
- Archivierung

Als unterste Ebene der Software übernehmen Treiber die Ansteuerung der Hardware auf Registerebene und stellen eine hardwareunabhängige Software-Schnittstelle zur Verfügung. Bei einer computerinternen Datenerfassung ermöglicht der Treiber als Minimum das Einlesen und Ausgeben von Analog- und Digitalwerten mit einer logischen Bezeichnung der analogen und digitalen Ein- und Ausgänge. Meist stellen die Treiber jedoch umfangreichere Funktionen zur Verfügung, wie z.B. das zeitgesteuerte selbständige Aufzeichnen eines Analogsignals mit einer automatischen Übertragung in einen Speicherbereich.

Bei der Verwendung einer externen Datenerfassung, also eines eigenständigen Meßgerätes, das über eine Schnittstelle (z.B. serielle Schnittstelle oder IEC-Bus) mit dem Computer verbunden ist, ermöglichen Treiber für die Schnittstellen eine Übertragung von Daten, ohne auf die Einzelheiten der Schnittstelle einzugehen. Die über die Schnittstelle übertragenen Daten umfassen einerseits Zeichenketten, die Befehle zum Einstellen von Geräteparametern und für die Durchführung der Messung beinhalten, vom Computer zum Meßgerät und andererseits die Übertragung der Meßdaten und Statusinformationen zum Computer.

Der Aufbau der Befehle und der vom Meßgerät gelieferten Daten ist gerätespezifisch, so daß eine Umwandlung, insbesondere von Zahlenwerten, zwischen der Darstellung des Meßgerätes und der programminternen Darstellung zur Weiterverarbeitung notwendig ist. Es wurde daher ein entsprechender Standard (SCPI = **S**tandard **C**ommands for **P**rogrammable **I**nstruments) entwickelt.

Die Meßwertverarbeitung bzw. Auswertung umfaßt eine Vorverarbeitung von Daten, wie eine Skalierung oder eine Linearisierung, eine Bildung von Signal-Kenngrößen, eine Analyse im Frequenzbereich oder eine statistische Analyse. Das Ergebnis der Auswertung kann je nach Zweck der Messung von mehrdimensionalen Charakteristiken bis hin zu einer zweiwertigen Entscheidung (Anforderungen erfüllt/nicht erfüllt) gehen.

Die Darstellung der Ergebnisse erfolgt bei Signalverläufen oder Kennlinien am günstigsten in graphischer Form, die durch eine Zahlendarstellung und Ablesemarken zur Ablesung von genauen Werten unterstützt wird. Für die Darstellung von Kennwerten wird eine Zeiger- oder Balkendarstellung mit einer Zahlendarstellung kombiniert.

Eine Archivierung der Meßdaten ist oft erforderlich, sei es für die technische Dokumentation oder für die spätere Auswertung von Meßreihen. Ein wesentlicher Beitrag zur einfachen Dokumentation ist die Möglichkeit, bei der Messung erstellte Graphiken mit Textverarbeitungsprogrammen und Zeichenprogrammen übernehmen zu können.

Zusätzlich zu den vier oben genannten Punkten gewinnt die Steuerung des Meßablaufes vom Computer aus immer mehr an Bedeutung, so daß auch Elemente der Bedienung hinzukommen. Sehr häufig werden dazu von Meßgeräten bekannte Bedienelemente auf einer grafischen Bedienoberfläche nachgebildet.

4.5.4.2 Möglichkeiten der Erstellung

Für systemfähige Meßgeräte wird oft vom Hersteller eine firmenspezifische Datenerfassungssoftware zur Verfügung gestellt. Sie beinhaltet jedoch meist nur die Datenübertragung zum Computer, die durch eine einfache Darstellung ergänzt wird, und für eine spezielle Anwendung nicht angepaßt werden kann. Sehr häufig ist es daher notwendig, die Anwendungssoftware für die computerunterstützte Messung selbst zu erstellen.

Für Messungen im Laborbetrieb kann es oft ausreichen, wenn die Meßdaten auf Dateien in einem einfach weiterverwendbaren Format (z.B. als ASCII-Datei mit geeigneter Festlegung von Trennzeichen, Zahlendarstellung, usw.) abgespeichert und anschließend mit Mathematik- und Graphikprogrammen ausgewertet werden. Für häufig durchzuführende Messungen mit umfangreicher Auswertung und für Messungen, die je nach den ersten Meßergebnissen einen unterschiedlichen weiteren Meßablauf erfordern, ist ein integriertes Programm, das alle der oben genannten Funktionen umfaßt, besser geeignet.

Da vor allem der Aufwand zur Erstellung einer benutzerfreundlichen Oberfläche für die graphische Darstellung und die Bedienung sehr hoch ist, ist die Verwendung von universell programmierbaren Datenerfassungsprogrammen oder zumindest von Programmbibliotheken (Toolboxes) anzustreben.

Programmbibliotheken enthalten eine Reihe von Funktionen, die aus höheren Programmiersprachen (C, Pascal, BASIC) als Unterprogramme in das Anwendungsprogramm eingebunden werden können. Für die Meßtechnik haben Programmbibliotheken für die Datenerfassung, für mathematische Funktionen zur Meßwertverarbeitung und für graphische Bedien- und Anzeigeelemente Bedeutung. Eine Erweiterung einer Programmbibliothek stellen Entwicklungsumgebungen dar, wie sie vor allem für die Erstellung von Benutzeroberflächen verwendet werden. Dabei wird die Oberfläche mit einem graphischen Editor aus vordefinierten Elementen, z.B. Drehknöpfen, Schiebereglern, Anzeigen und Graphiken, zusammengesetzt und in der Entwicklungsumgebung daraus automatisch Programmcode in einer höheren Programmiersprache generiert. Den entsprechenden Programmbibliotheken liegt meist eine objektorientierte Programmierung zugrunde, bei der vorhandene Eigenschaften und Funktionen der Elemente einfach an die speziellen Anforderungen angepaßt werden können.

Eine besonders einfache und komfortable Programmerstellung wird mit graphisch programmierbarer Datenerfassungssoftware erreicht. Hier wird das Programm durch das Zusammensetzen und Parametrieren von vordefinierten Objekten für die Datenerfassung, die Verarbeitung, die Darstellung und Bedienung erstellt. Der Unterschied zu den vorher genannten Entwicklungsumgebungen besteht darin, daß kein Programm in einer textuellen Programmiersprache erstellt wird. Das gesamte Programm liegt graphisch vor. Für die Programmierung sind zwei Methoden im

Einsatz: eine datenflußorientierte Programmierung und eine ereignisorientierte bzw. ablauforientierte Programmierung.

Bei der datenflußorientierten Programmierung werden die einzelnen Funktionsblöcke durch Datenflußlinien verbunden. So entsteht eine graphische Darstellung, die die Funktion des Programms als Blockdiagramm zeigt, z.B. für eine Spektralanalyse eines Signals ein Diagramm mit einem Block zum Einlesen des Signalverlaufes, einem Block zur Fouriertransformation und Block für die graphische Darstellung.

Bei der ereignisorientierten Programmierung werden zu den Bedienelementen zugehörige Aktionslisten erstellt, die Aktionen für die einzelnen Funktionselemente enthalten und bei der Betätigung des Bedienelementes ausgeführt werden. So kann zum Beispiel einem Startknopf auf der Oberfläche in seiner zugehörigen Aktionsliste das Einlesen von Meßwerten, die Verarbeitung der Daten und die Aktualisierung der graphischen Darstellung des Endergebnisses zugeordnet werden.

Entscheidend für die Auswahl einer programmierbaren Datenerfassungssoftware ist oft die vorhandene Funktions-Bibliothek für die Meßwertverarbeitung. Meist ist sie sehr umfangreich. Trotzdem kann aus Gründen der Komplexität oder der Verarbeitungsgeschwindigkeit wichtig sein, daß es möglich ist, für die Auswertung auch Benutzerprogramme, die in einer höheren Programmiersprache erstellt wurden, einzubinden. Zusätzlich ist damit das Datenerfassungsprogramm auch für den Test von Signalverarbeitungssoftware geeignet.

Die zunehmende Leistungsfähigkeit der Datenerfassungssoftware läßt es attraktiv erscheinen, eine universelle Hardware zur Meßwerterfassung zur Verfügung zu stellen, aus der erst durch die flexibel änderbare Software ein fertiges Meßgerät wird, dessen Bedienung über eine graphische Benutzeroberfläche erfolgt. Ein derartiges Konzept wird manchmal als **virtuelles Meßgerät** bezeichnet.

4.5.5 Literatur

[1] Lang T.T., Computerized Instrumentation.
John Wiley & Sons, Chichester New York Brisbane Toronto Singapur 1991.

[2] Schumny H., Meßtechnik mit dem Personal Computer. Springer, Berlin Heidelberg 1995

[3] 1014-1987 IEEE Standard for a Versatile Backplane Bus: VMEbus

[4] 1155-1992 IEEE Standard VMEbus Extensions for Instrumentation:

[5] IEEE-488.1, Standard Digital Interface for Programmable Instrumentation

[6] IEEE-488.2, Standard Codes, Formats, Protocols, and Common Commands for Use with IEEE Std 488.1

[7] IEC-625, An Interface System for Programmable Measuring Instruments

[8] Pietrovski A., IEC-Bus. Franzis, München 1982

Wichtigste Formelzeichen und Abkürzungen

a	Beschleunigung
ADC	Analog-Digital-Konverter
AW	Abweichung
B	Induktion
B	Stromverstärkung
C	Crestfaktor
C	Kapazität
$CMRR$	Gleichtaktunterdrückung
d	Digitalzahl
D	Diode
DAC	Digital-Analog-Konverter
e	Elementarladung
E	Ergebnis
ErG	Ergebnisgröße
$ErGB$	Ergebnisgrößenwertebereich
$ErGW$	Ergebnisgrößenwert
EW	Ergebniswert
f	Frequenz
f_{abt}	Abtastfrequenz
f_g	Grenzfrequenz
f_{ref}	Referenzfrequenz
f_{rek}	Rekonstruktionsfrequenz
F	Fehler
F	Formfaktor
F	Kraft
F_{abs}	Absoluter Fehler
F_B	Betragsfehler
F_{cTR}	chefbedingte Tippfe ler-Restwahrscheinlichkeit
F_{dnl}	Differentieller Linearitätsfehler
$FErG$	Fehler der Ergebnisgröße
F_{hyst}	Hysteresefehler
F_{inl}	Integraler Linearitätsfehler
$FMGr$	rückgeschlossener Fehler der Meßgröße
FMW	Fehler des Meßwertes
F_{null}	Nullpunktsfehler
F_{φ}	Phasenfehler
F_Q	Quantisierungsfehler, Quantisierungsunsicherheit
F_{rel}	Relativer Fehler
$F_{rel,FS}$	Relativer Fehler, bezogen auf Full Scale
F_{st}	Steigungsfehler

g_m	Steilheit
G	Leitwert
h	Planck'sche Konstante
H	Häufigkeit
I	Strom
I_{e0}	Ruhestrom
I_{ed0}	Offsetstrom
I_q	Quellstrom
IB	Intervallbreite
IG	Intervallgrenze
IMW	Intervallmittenwert
k	Klirrfaktor
k_B	Boltzmannkonstante
K	Teilungsverhältnis, Brückenverhältnis
l	Länge
L	Induktivität
LSB	Least Significant Bit
m	Masse
M	Moment
MB	Meßbereich
$MBEW$	Meßbereichsendwert
MBI	Strommeßbereich
MBU	Spannungsmeßbereich
MGr	Meßgröße
$MGrW$	Meßgrößenwert
MGI	Strommeßgerät
MGU	Spannungsmeßgerät
MK	Meßkoeffizient
MSB	Most Significant Bit
MW	Meßwert
N	Auflösung eines Quantisierers
N	Windungszahl
N_{eff}	Effektive Auflösung eines Quantisierers
OPV	Operationsverstärker
p	Wahrscheinlichkeitsdichte
P	Leistung
P	Wahrscheinlichkeit
P_B	Blindleistung
P_S	Scheinleistung
P_W	Wirkleistung
q	Quantisierungsintervall (1LSB)
qd	Quantisierungsunsicherheit
Q	Ladung

r_{ag}	Ausgangswiderstand eines Operationsverstärkers
r_{ar}	Ausgangswiderstand einer rückgekoppelten Verstärkerschaltung
r_{ed}	Eingangsdifferenzwiderstand eines Operationsverstärkers
r_{er}	Eingangswiderstand einer rückgekoppelten Verstärkerschaltung
R	Widerstand
S	Schalter
S	Störspannungsunterdrückung
SR	Anstiegsgeschwindigkeit, Slew Rate
t	Zeitpunkt
t_{abt}	Abtastzeitpunkt
T	Transistor
T	Periodendauer
T	Temperatur (Kelvin)
T_{abt}	Abtastperiode
T_{ap}	Aperturzeit
T_{apd}	Abtastverzögerungs-, Aperturverzögerungszeit
T_{aufl}	Aufladezeit
T_{entl}	Entladezeit
T_f	Abfallzeit
T_{int}	Integrationszeit
T_{imp}	Pulsbreite
T_m	Meßzeit
T_r	Anstiegszeit
T_v	Verzögerungszeit
TK	Temperaturkoeffizient
u_{ed}	Eingangsdifferenzspannung eines Operationsverstärkers
U	Spannung
U_b	Wechselversorgungsspannung (Effektivwert)
U_{ed0}	Offsetspannung eines Operationsverstärkers
U_{FS}	Full Scale-Spannung (eines ADC, DAC)
U_{FSnom}	nominal Full Scale-Spannung (eines ADC, DAC)
U_{FSR}	Full Scale Range (ADC, DAC)
U_{FSRnom}	nominal Full Scale Range (eines ADC, DAC)
U_p, U_n	Positive und negative Betriebsspannung
U_q	Quellspannung
U_T	Temperaturspannung
$ü_I$	Stromübersetzungsverhältnis
$ü_U$	Spannungsübersetzungsverhältnis
v	Geschwindigkeit
v_g	Leerlaufverstärkung eines Operationsverstärkers
v_{gt}	Gleichtaktverstärkung eines Operationsverstärkers
v_r	Verstärkung einer rückgekoppelten Verstärkerschaltung [OPV nichtideal]
$v_{r\infty}$	Verstärkung einer rückgekoppelten Verstärkerschaltung [OPV ideal]
v_s	Schleifenverstärkung
V	Verstärker
V_p, V_n	Positives und negatives Betriebspotential
w	Windungszahl
W	Energie, Arbeit
X	Reaktanz
z	Zahl, Ziffer
Z	Impedanz
α	Ausschlag, Ablenkung
β	Kleinsignalstromverstärkung
β	Übertragungsfunktion der Rückkopplung
δ	Verlustwinkel
$\delta(t)$	Diracimpuls
ΔT_{apd}	Aperturunsicherheit, Aperturjitter
Δf	Bandbreite
ε	Empfindlichkeit
ϑ	Temperatur (Celsius)
Θ	Durchflutung
μ	Erwartungswert
ρ	Relative Widerstandsänderung
σ	Standardabweichung
$\hat{\sigma}$	empirische Standardabweichung
τ	Zeitkonstante
φ	Phasenwinkel
Φ	Magnetischer Fluß
ω	Kreisfrequenz
ω	Winkelgeschwindigkeit

Symbole und Schreibweisen

x	Augenblickswert
$\overline{x}$	linearer Mittelwert, Zeitmittelwert
$\tilde{x}$	Scharmittelwert
$\overline{\mid x \mid}$	Gleichrichtwert
$\hat{x}$, X_s	Spitzenwert
X_{ss}	Spitze-Spitze-Wert
X	Gleichwert
X_0	Gleichanteil
$\underline{X}$	komplexe Größe
$\vec{X}$	vektorielle Größe
X_{eff}	Effektivwert
X_{ref}	Referenzgröße
$X(j\omega)$	Fouriertransformierte
$x_q(t)$	Quantisiertes Signal
$x_{dig}(n)$	Digitalisiertes Signal
$x_{abt}(n)$	Abgetastete Signalwertefolge
$\tilde{x}_{abt}(t)$	Abgetastetes Signal
$x(t)$	Analoges Signal

Index

L

M

Q

R

S

W

Y

Z

Springer-Verlag
und Umwelt

ALS INTERNATIONALER WISSENSCHAFTLICHER VERLAG sind wir uns unserer besonderen Verpflichtung der Umwelt gegenüber bewußt und beziehen umweltorientierte Grundsätze in Unternehmensentscheidungen mit ein.

VON UNSEREN GESCHÄFTSPARTNERN (DRUCKEREIEN, Papierfabriken, Verpackungsherstellern usw.) verlangen wir, daß sie sowohl beim Herstellungsprozeß selbst als auch beim Einsatz der zur Verwendung kommenden Materialien ökologische Gesichtspunkte berücksichtigen.

DAS FÜR DIESES BUCH VERWENDETE PAPIER IST AUS chlorfrei hergestelltem Zellstoff gefertigt und im pH-Wert neutral.